国家出版基金项目

"十三五"国家重点出版物出版规划项目

深远海创新理论及技术应用丛书

地球流体力学概论：

物理过程与数值计算
第二版

[美] 贝努瓦·库什曼-罗辛（Benoit Cushman-Roisin）
[美] 让-马里·贝克尔斯（Jean-Marie Beckers） 著

刘国强　何宜军　译

U0202277

海洋出版社

2024年·北京

图书在版编目（CIP）数据

地球流体力学概论：物理过程与数值计算：第二版/（美）贝努瓦·库什曼-罗辛（Benoit Cushman-Roisin），（美）让-马里·贝克尔斯（Jean-Marie Beckers）著；
刘国强，何宜军译. -- 北京：海洋出版社，2024. 9
书名原文：Introduction to Geophysical Fluid Dynamics，Physical and Numerical Aspects，second edition
ISBN 978-7-5210-1230-9

Ⅰ. ①地… Ⅱ. ①贝… ②让… ③刘… ④何… Ⅲ. ①地球物理学-流体动力学 Ⅳ. ①P3

中国国家版本馆 CIP 数据核字（2023）第 249599 号

图　字：01-2016-5777 号
审图号：GS 京（2024）2067 号

Introduction to Geophysical Fluid Dynamics：Physical and Numerical Aspects，second edition
Benoit Cushman-Roisin，Jean-Marie Beckers
ISBN：978-0-12-088759-0
Copyright © 2011，Elsevier Inc. All rights reserved.
Authorized Chinese translation published by China Ocean Press.

《地球流体力学概论：物理过程与数值计算（第二版）》（刘国强、何宜军译）
ISBN：978-7-5210-1230-9
Copyright © Elsevier Inc. and China Ocean Press. All rights reserved.

注　意

本书涉及领域的知识和实践标准在不断变化。新的研究和经验拓展我们的理解，因此须对研究方法、专业实践或医疗方法作出调整。从业者和研究人员必须始终依靠自身经验和知识来评估和使用本书中提到的所有信息、方法、化合物或本书中描述的实验。在使用这些信息或方法时，他们应注意自身和他人的安全，包括注意他们负有专业责任的当事人的安全。在法律允许的最大范围内，爱思唯尔、译文的原文作者、原文编辑及原文内容提供者均不对因产品责任、疏忽或其他人身或财产伤害及/或损失承担责任，亦不对由于使用或操作文中提到的方法、产品、说明或思想而导致的人身或财产伤害及/或损失承担责任。

丛书策划：郑跟娣	总编室：010-62100034
责任编辑：程净净　郑跟娣	发行部：010-62100090
责任印制：安　淼	承　印：侨友印刷(河北)有限公司印刷
出版发行：海洋出版社	版　次：2024 年 9 月第 1 版
网　　址：www. oceanpress. com. cn	印　次：2024 年 9 月第 1 次印刷
地　　址：北京市海淀区大慧寺路 8 号	印　张：43.5
邮　　编：100081	字　数：845 千字
开　　本：787 mm×1092 mm　1/16	定　价：520.00 元

本书插图系原插图。本书如有印装质量问题可与本社发行部联系调换。

序 言

读了贝努瓦·库什曼-罗辛和让-马里·贝克尔斯的这本关于地球流体力学(Geophysical Fluid Dynamics，GFD)的精彩著作，用安东尼·德·圣-埃克苏佩里(Antoine de Saint-Exupéry's)精巧简化的名言来形容恰如其分：

> 对于任何事物来说，最终达到完美，不在于无可添加，而在于无可删减。

任何的科学努力都需要一套逐层递进的研究方法，特别是要研究一个像流体地球这样重要又复杂的系统时，都要求我们不仅要去除无关的细节以揭示其背后的内容，也要研究由其各部分之间的相互作用导致的突发行为。如今，复杂的计算机模型可以如此全面地模拟虚拟的地球，甚至连一片云在海洋上的投影作用也可以再现出来，这些模型用于综合观测结果、预测变幻莫测的天气或地球大气层和海洋在人类活动作用下未来可能发生的演变。

但是，正如豪尔赫·路易斯·博尔赫斯(Jorge Luis Borges)关于"科学中的精确性"的一段寓言所警告我们的那样，我们应该警惕一头扎进复杂性的危险：

> 在那个帝国，制图学达到了一种极致，一个省的地图需要一个完整的城市才装得下，一个国家的地图需要一个完整的省才装得下……之后，人们发现这样巨大的地图根本毫无用处。

就像帝国完美的制图学，我们虚拟的地球，尽管远非毫无用处，但却通常不是用来定位我们在哪的最佳工具，也不是用来建立一种理解力或者直觉，并以此判断什么是否重要。简而言之，复杂的模型是比较差的教学工具，然而，如果我们要从中得出明智的推论，那么教学方法是至关重要的。

在他们这本最新的地球流体力学参考书中，库什曼-罗辛和贝克尔斯运用了精妙的简化与清晰的阐述技巧。根据当前的现象来精心挑选模型并量身定做，这样读者就可以通过模型的层次结构来学习。而且，地球流体力学物理和数值方面的平行发展，相互强化和呼应，成功地清除了分析方法与数值方法之间的人为障碍。

约翰·马歇尔(John Marshall)

麻省理工学院

2009 年 8 月

前　言

　　《地球流体力学概论：物理过程与数值计算》一书的目的是向读者介绍在大尺度上控制大气和海水的流动的原理以及用计算机模拟这些流动的方法。首先及最重要的是，这本书是针对动力气象学和物理海洋学方面的学生和科学家的。此外，由工业活动对气候方面造成的可能影响以及随之而来的大气和海洋的变化所引起的一些环境问题使一部分大气化学家、生物学家、工程师以及其他许多人产生了强烈愿望，想要了解大气动力学和海洋动力学的基本概念。希望读者在此找到为其提供基础知识的可读的参考书。

　　本书是对由普伦蒂斯-霍尔（Prenitice-Hall）出版公司 1994 年出版的《地球流体力学概论》一书的大幅扩充和更新修订版，但其目标没有改变，即提供一本入门教材和平易近人的参考书。简洁明了依然是这本书的写作原则。只要可能，物理原理都会借用最简单的现有模型来阐述，并将计算机方法和方程式同时展示。术语和符号都经过精心挑选，以最大程度减轻理解文本含义的智力工作。例如，行星波和层结频率的表述方式分别优于罗斯贝波和布伦特-维赛拉频率。

　　本书分为 5 个部分。第一部分介绍了基本原理，第二部分和第三部分分别探讨了旋转和层结的影响。第四部分研究了旋转和层结的共同效应，这是地球流体力学的核心。本书最后是第五部分，讨论更具应用性的一些热门话题。每部分被分为简短但内容相对完整的章节，以便为教师提供灵活的选择并且为研究者提供更加便捷的途径。物理原理和数值问题相互穿插在一起，以便能够表示出后者与前者的关系，但是章和小节的明确划分使得在需要时会把两者区分开。

　　本书作为教科书，应该能够满足在海洋学和气象学中几乎总是先后讲授的两门课程，即地球流体力学和地球物理流体的数值模拟。两门课程在本书中的合成使其授课过程中可以使用统一的符号，并且比传统的两门课程各自有自己的教科书更能够清晰地表达两部分之间的联系。为了便于作为教科书使用，本书在每章的最后都提供了大量的练习题，其中一些练习题更具理论性，以加强对物理原理的理解，而另一些练习题则需要借助计算机来应用数值方法。随附的网站（http：//booksite. academicpress. com/9780120887590/）包含了一系列的数据集和 MATLAB™代码，允许教师要求学生进行具有挑战性的练习。在每章的最后，读者会发现一些科学家简介，这些人物简介也

1

一起形成了这门学科的思想发展历史，并且应该激励学生达到相似的优秀水平。

关于符号的一般性说明是合适的，因为总的来讲，数学物理特别是该学科经常用一系列符号来表示大量的变量和常量，有量纲或无量纲。为了最大限度地提高清晰度并减少歧义，需要采用一些约定。为此，我们做了系统化的努力来为某些类型的变量设置一系列符号：有量纲变量用小写罗马字母表示（如 u、v 和 w 表示 3 个速度分量），有量纲常量和参数用大写罗马字母表示（如 H 表示域高，L 表示长度尺度），无量纲量用小写希腊字母表示（如 α 表示角度，ϵ 表示小的无量纲的比值）。为了与流体力学中的既有惯例保持一致，归功于特定科学家的无量纲数用他们名字的前两个字母表示（如 Ro 表示罗斯贝数，Ek 表示埃克曼数）。数值符号借鉴帕特里克·J. 罗奇（Patrick J. Roache），数值变量用"~"表示。当然，惯例也有例外（如 g 表示重力加速度，ω 表示频率，ψ 表示流函数）。

我们要感谢全球无数同行的帮助，由于人数众多，在这里无法一一列出。但是，有一个人值得特别鸣谢，那就是比利时的天主教鲁汶大学（Université catholique de Louvain, Belgium）的 Eric Deleersnijder 教授。他建议把数值方面的内容与地球流体力学的内容交织在一起，他也对数值方面的撰写提供了很大的帮助。另外，需要特别感谢的是我们的学生，他们作为学生，不仅检验了我们这些教学资料，而且也提出了无数珍贵的建议。我们需要感谢以下几位，他们根据上一版提出了中肯的评论和建议，使新版书的清晰度和准确性得到了提高：Aida Alvera-Azcárate, Alexander Barth, Emmanuel Boss, Pierre Brasseur, Hans Burchard, Pierre Lermusiaux, Evan Mason, Anders Omstedt, Tamay Özgökmen, Thomas Rossby, Charles Troupin 和 Lars Umlauf。我们也要提一下我们的妻子 Mary 和 Francoise，感谢她们的耐心和支持。

贝努瓦·库什曼-罗辛

让-马里·贝克尔斯

2011 年 1 月

第一版前言

《地球流体力学概论》一书的目的就是向读者介绍这个正在发展的领域。在 20 世纪 50 年代后期，在流体力学、气象学和海洋学的各种遗产的基础上，随着一些科学家通过相对简单的数学分析开始模拟复杂的大气和海洋流动，从而将大气物理学和海洋物理学统一起来，这一学科应运而生。

从一门艺术到一门学科，这门学科在 20 世纪 70 年代成熟。第一部名为《地球流体力学》的专著适时地在 1979 年由施普林格（Springer-Verlag）出版了，作者是约瑟夫·彼得罗斯基（Joseph Pedlosky）。从那时开始，其他几本权威的教科书也出版了。这些教科书的目标都是专门面向大气物理和物理海洋的研究生及学者。我的观点是，现在地球流体力学的教学正在进入气象学和物理海洋学之外的研究生课程（例如物理和工程）。同时，鉴于对全球变化问题，酸雨、海平面上升等的担忧，生物学家、大气化学家和工程师也越来越渴望了解气候和海洋动力的基本原理。从这一方面，我相信是时候该有一本针对环境流体力学方面高年级本科生、研究生和学者的入门性教科书了。

为了满足这一需求，表述简洁清晰是准备这本书的指导性原则。只要有可能，物理原理都会借助最简单的现有模型来描述。术语和符号的选择是为了最大限度地解释概念与方程的物理意义。例如，用行星波来表述罗斯贝波更为可取。也会避免使用下标，只要不是严格必须。

本书分为 5 个部分。第一部分介绍了基本原理，第二部分和第三部分分别探讨了旋转和层结的影响。第四部分研究了旋转和层结的共同效应，这是地球流体力学的核心。本书最后是第五部分，讨论更具应用性的一些热门话题。每部分被分为简短但内容相对完整的章节，以便根据课程需求或读者兴趣为讨论提供灵活选择的素材。每章节都相应的有 1~2 个课时，有时候 3 个。长度应该适合一学期（45 个课时）的课程。尽管这些难以避免地突出了我个人的选择，但是这些材料的挑选是为了强调观察到的现象背后的物理原理。这些重点很大程度上与传统的地球流体力学教学保持一致。对大气和海洋现象描述感兴趣的科学家可以找到大量关于气象学和海洋学的介绍性文章。

不像现有的地球流体力学教科书，本书在每章的最后都提供了大量的练习题。在这里，读者/教师也可以找到简短的传记和对实验室演示有帮助的建议。本书的最后以关于波的运动学的附录结尾，因为根据我的经验，不是所有的学生都了解波数、频散关系和群速度，而这些概念是理解地球物理波动现象的核心。

对符号的一般性说明是合适的，因为总的来讲，数学物理特别是该学科经常用符号来表示变量和常量，有量纲或无量纲。我相信某些类型的符号保留用于某些术语，会令该主题的数学描述更加清晰。本着这一精神，我们做了系统化的努力按以下惯例分配符号：有量纲变量用小写罗马字母表示（如 u、v 和 w 表示 3 个速度分量），有量纲常量和参数用大写罗马字母表示（如 H 表示域高，L 表示长度尺度），无量纲量用小写希腊字母表示（如 α 表示角度，ϵ 表示小的无量纲的比值）。为了与流体力学中的既有惯例保持一致，归功于特定科学家的无量纲数用他们名字的前两个字母表示（如 Ro 表示罗斯贝数，Ek 表示埃克曼数）。当然，惯例也有例外（如 g 表示重力加速度，ω 表示频率，ψ 表示流函数）。

最后，我要感谢来自全球无数同行所提供的灵感，由于人数众多，在这里无法一一列出。也特别感谢我在达特茅斯学院的学生，他们对知识的渴望促进了这本书的出版。亚利桑那州立大学的唐·博耶（Don L. Boyer），诺瓦大学的比朱什·坤杜（Pijush K. Kundu），罗伯特·虎克研究所的彼得·道格拉斯·基尔沃斯（Peter D. Killworth），伊利诺伊中央学院的弗雷德里克·鲁特更斯（Fred Lutgens），伍兹霍尔海洋研究所的约瑟夫·彼得罗斯基（Joseph Pedlosky）和耶鲁大学的乔治·维罗尼斯（George Veronis）提供了很多详细、宝贵的意见，这些意见提高了现有版本的清晰度和准确性。最后，衷心感谢洛丽·泰里诺（Lori Terino）在打字过程中的专业知识和耐心。

贝努瓦·库什曼–罗辛

1993 年

目　录

第一部分　基　本　原　理

1

第二部分 旋 转 效 应

第五部分　热点问题

第一部分

基 本 原 理

第1章 引 言

摘要: 首章定义地球流体力学这一学科的涵义,强调该学科的重要性并突显其特性。简述数值模拟在气象学和海洋学中的发展历程。通过介绍尺度分析与有限差分两者之间的关系来说明数值网格如何依赖于研究尺度,以及有限差分是如何确定在这些研究尺度下的导数近似值。对于网格无法分辨的尺度的运动情况,我们会在介绍离散化导致的混叠问题时进行说明。

1.1 目标

地球流体力学旨在研究地球或者其他地方(大部分是地球)自然发生的大尺度流动。虽然这门学科包含了两种相态的流体的运动——液体(海洋中的水、地球外核的岩浆)和气体(地球大气中的气体、其他行星的大气、恒星的电离气体),但是这些运动的尺度都会受到一定的限制。只有大尺度的运动才属于地球流体力学的范畴。例如,涉及河流中的运动、上层海洋的微湍流以及云中的对流通常分别被视为水文、海洋和气象学问题。地球流体力学专门研究各种系统中、不同形式但具有相似的动力学机制的运动。例如,天气现象中大的反气旋与由墨西哥湾流剥离出来的涡旋以及木星的大红斑的动力学机制都是类似的。事实证明,大多数类似问题都是大尺度的,要么旋转(地球、行星或恒星)重要,要么密度差异(冷暖气团、淡水和咸水)重要,或者两者同等重要。从这方面来说,地球流体力学涉及旋转-层结流体动力过程。

地球流体力学的典型问题包括大气(天气和气候的动力学)的变化、海洋(波动、涡旋和海流)的变化,以及狭义上诱导"发电机效应"的地球内部的运动、其他行星的涡旋(木星的大红斑和海王星的大黑点)和恒星上发生的对流(尤其是太阳)。

1.2 地球流体力学的重要性

没有大气和海洋,我们的星球是不会有生命的。因此,两者中自然发生的流体运动对我们人类而言至关重要，对于它们的理解已经不仅仅是满足我们的好奇或求知欲，这已经是必须要研究的内容。自古以来，无论是门外汉还是科学家都对天气的变化束手无策。而且，海上的环境状况对人类的活动如商业勘探、旅游、捕鱼甚至战争都有深远而广泛的影响。

得益于地球流体力学研究的巨大进展，我们能够相对准确地预测飓风的路径（图1.1和图1.2），并建立了相关的预警系统。毫无疑问，该系统已经拯救了海上和沿海地区无数人的生命（Abbott，2004）。但是，只有拥有足够密集的观测系统、快速预测的能力以及高效的信息流动才能保证预警系统的有效性。例如，2004年12月26日发生在印度尼西亚苏门答腊岛的地震，就是一个预警系统没有充分发挥作用来挽救更多生命的糟糕例子。由地震引发的海啸并没有被探测到，对它造成的后果没有进行评估，官方也没有在海浪即将到达海滩的两小时之内预警。在更大的尺度上，位于热带太平洋和南美洲西部洋面、每3~5年出现的异常温暖水团的现象，通常被称为"厄尔尼诺事件"，它长期被认为是对一些国家造成严重生态破坏以及灾难性经济损失的罪魁祸首（Glantz，2001；O'Brien，1978）。现在，得益于人们对大尺度长周期海洋波动、大气对流和海-气相互作用中的固有振荡的了解加强（D'Aleo，2002；Philander，1990），科学家们已经成功揭开了这些复杂事件的神秘面纱，数值模型（Chen et al.，2004）也可以提供至少提前1年的可靠预测，也就是说，做出预测的时间点和未来该预测发生的时间点之间有1年的时间。

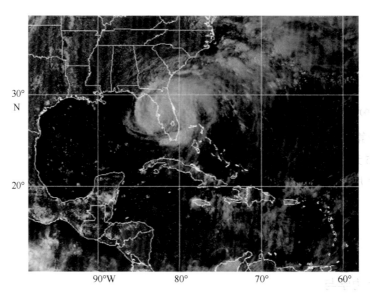

图1.1　2004年9月5日，飓风"弗朗西斯"通过佛罗里达州，其直径约为830 km，
最高风速接近200 km/h（由美国国家海洋和大气管理局发布）

我们已经意识到工业社会对我们的行星大气来说是一个巨大的负担，最终对所有人来说也是。因此，科学家、工程师及社会各界人士都越来越关注污染物和温室气体的去向，尤其是对环境的累积效应。大气中温室气体的积累会导致全球气候变化，反过来将影响我们的生活和社会吗？海洋在维持我们现在的气候中扮演了哪些角色？有没有可能扭转上层大气中臭氧损耗的趋势？将有害废弃物倾倒在海底安全吗？回答这些紧迫的问题需要两个前提，一是深入了解大气和海洋的动力学机制；二是发展预测模型。在这两者中，地球流体力学是关键的一环，考虑到发展预测工具的需要，我们不应低估数值方面的重要性。

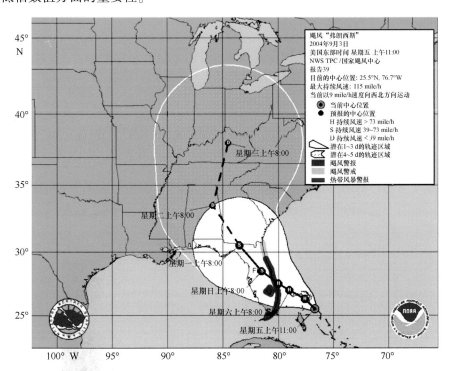

图 1.2　计算机预测的飓风"弗朗西斯"的运动路径。在 2004 年 9 月 3 日星期五进行了计算，预测未来 5 天(到 9 月 8 日星期三)飓风的路径和特征。周围的轮廓轨迹表示不确定的范围。比较预测的 9 月 5 日星期日的位置与图 1.1 所示的实际位置(由美国国家海洋和大气管理局发布)

1.3　地球流体流动的独特属性

地球流体力学与传统的流体力学的主要区别有两点：旋转和层结效应。其中，任意一个因素或者两者的共同影响都会导致地球流体流动具有其特有的表现。简而言之，这本书可以视为这些特有表现的汇总。

由于旋转的出现，例如地球绕轴自转，会在运动方程中引入两个加速度项。在旋转坐标系中，这两项可以视为作用力，即科里奥利力(简称科氏力)和离心力。尽管后者更容易被感觉到，但它在地球流体流动中是不起作用的，这看起来很不可思议①。前者不太直观，但在地球流体运动中是一个至关重要的因素。关于科氏力的详细解释，读者可以参考本书的后续章节或者参考 Stommel 等(1989)的著作。更直观的解释和实验室的展示可以在 Marshall 等(2008)的著作中的第 6 章找到。

在接下来的几章里，会提到科氏力的一个主要影响是向流体施加一定的垂向刚性强迫(不在这里解释)。在快速旋转的均匀流体中，这种垂向刚性效应十分强，所以流体会呈严格的柱状运动；也就是说，沿着同一垂直面内的所有质点的变化趋于一致，因此，这些质点可以长时间在垂向上处于对齐状态。此现象的发现归功于杰弗里·英格拉姆·泰勒(Geoffrey Ingram Taylor)，一位对流体动力学有诸多贡献的英国著名物理学家(参见第 7 章结尾的人物介绍)。据说泰勒仅仅利用数学论证就首次得到垂向刚性的特征，由于不确信这个结论是正确的，他随后做了相关实验，出乎其意料，结果表明他的理论预测是正确的。泰勒将几滴颜料滴在快速旋转的均匀流体中，这些颜料先是形成了垂直条纹，在旋转一会之后，产生了侧向剪切，形成了螺旋片状结构(图1.3)，这些片状结构的垂向一致性真的是非常迷人！

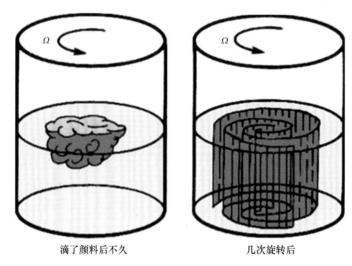

滴了颜料后不久　　　　　　　　几次旋转后

图 1.3　实验表明了快速旋转的均匀流体的刚性。在一个旋转的容器中装满
清水，最初不规则的染色水(左图)在一段时间的旋转之后
变成完美的垂直片状结构(右图)，这被称为泰勒帘

---

①　此处我们提及的是地球行星旋转相关的离心力，而非涡旋和飓风的剧烈旋转造成的离心力。

在大尺度的大气和海洋流动中，这样完美的垂向刚性状态无法实现，主要因为旋转速度不够快，而且密度不够均匀，难以抑制其他的动力过程。尽管如此，大气、海洋和其他行星上的运动都倾向于有柱状的特征。例如，据观测，北大西洋西边界流在垂向上可以延伸超过 4 000 m 而没有显著的幅度和方向上的改变（Schmitz，1980）。

层结，地球流体力学的另一个突出属性，它的产生是由于自然流动通常涉及不同密度液体（如冷暖气团、淡水和咸水）的运动。在这里，重力是非常重要的，因为它会导致高密度流体的下沉和低密度流体的上升。在平衡条件下，流体是稳定层结的，包含许多在垂向上堆叠的水平分层。然而，流体运动会破坏这种平衡，而重力却会恢复这种平衡。小的扰动会引起内波，类似于我们熟悉的表面波的一种三维结构波动。大的扰动，特别是随着时间的推移持续发生扰动，可能会引起混合和对流。例如，大气中的盛行风就是极地与赤道之间的温度差所引起的行星对流的外在表现。

值得一提的是一种比较复杂的情况：一艘船在看起来十分平静的水面上向前航行时可能感受到巨大的阻力。这种现象被水手们称为"死水"，是由挪威海洋学家弗里乔夫·南森（Fridtjof Nansen）首次记录的。这位海洋学家以他在 1893 年开始的驾驶弗拉姆（Fram）号船穿越北冰洋的探险活动而闻名。南森将这个问题报告给他的瑞典同事瓦根·沃尔弗里德·埃克曼（Vagn Walfrid Ekman），后者则进行了实验室模拟（Ekman，1904），确认内波是造成这个问题的原因。实验方案如下：当遇到"死水"时，南森的船一定是在一层厚度正好与船的吃水深度相同的相对较淡的水中航行，这层较淡的水覆盖在下面的咸水之上；船在界面处激发了一个内波（图 1.4），虽然在表面上看不见，但是会产生相当大的能量，导致船的前进受阻。

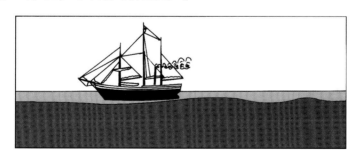

图 1.4 埃克曼的实验展示了内波生成的机制。一个模型船放在一个装有两种不同密度的液体的
水箱中，底部高密度的液体已经上色，可以看到清晰的界面。模型船（船的上层建筑是根据
"弗拉姆"号的原始图片制作的）被从右向左拖动，在流体界面上引起波动。产生这些波动
所消耗的能量引起了拖拽，对于一艘真正的船，这将阻止其向前运动。由于没有任何
明显的表面波，水手们就将这种情况称为"死水"［Gill（1982）根据 Ekman（1904）改编］

1.4　运动的尺度

为了判断在某个特定情况下，一个物理过程是否在动力学上是重要的，地球流体动力学家引入了运动的尺度。运动尺度是一个有量纲的量，表示所考虑变量的总的量级。它们是估计量而不是精确定义的量，仅仅为理解物理变量的数量级。在大多数情况下，关键是时间、长度和速度的尺度。例如，在埃克曼研究的"死水"情况中（图1.4），流体运动包括一系列波动，主要的波动波长大约是水下船体的长度，这个长度自然可以作为此问题的长度尺度 L；同样的，船速提供了一个可以被认为是速度尺度 U 的参考速度；最后，船以速度 U 航行距离 L 所花费的时间自然可作为时间的尺度，$T = L/U$。

第二个例子，采用飓风"弗朗西斯"在 2004 年 9 月初经过美国东南部的例子（图1.1）。卫星图像显示该飓风为横跨 7.5 个纬度（830 km）的近似圆形的形态。像"弗朗西斯"这种四级飓风，其持续的表面风速在 59~69 m/s。通常来说，飓风轨迹在每两天的间隔内会有明显的传播方向和速度的变化。总之，这些因素表明飓风的尺度选择：$L = 800\ \text{km}$，$U = 60\ \text{m/s}$ 和 $T = 2 \times 10^5\ \text{s}$ $(= 55.6\ \text{h})$。

第三个例子就是著名的木星大气层中的大红斑（图 1.5），已知它至少存在了数百年。其结构是一个椭圆漩涡，中心在 22°S，大约跨越了 12 个纬度和 25 个经度，最大风速超过 110 m/s。整个漩涡慢慢以纬向 3 m/s 的速度漂移（Dowling et al.，1988；Ingersoll et al.，1979）。已知木星赤道半径为 71 400 km，我们确定漩涡的半长轴和半短轴长度分别为 14 400 km 和 7 500 km，认为 $L = 10\ 000\ \text{km}$ 是一个适当的长度尺度。流动的自然速度尺度为 $U = 100\ \text{m/s}$。考虑到漩涡近似稳定状态，时间尺度的选择是有问题的：一种选择是流体质点以速度 U 经过距离 L 所需要的时间（$T = L/U = 10^5\ \text{s}$），而另一种选择是漩涡在纬向漂移与其经向范围近似的距离所需要的时间（$T = 10^7\ \text{s}$）。所以，还需要关于这个问题的其他物理信息来明确其时间尺度。这种模棱两可的情况并不少见，因为许多自然现象在不同的时间尺度上都是有变化的（例如，地面大气不仅有每日的天气变化，也有年代际气候变化，等等）。时间尺度的选择反映了要研究系统中的哪种物理过程。

此外，还有 3 个尺度在分析地球物理流体问题时有重要的作用。我们在前面已经提到，地球流体密度通常表现出一定程度的不均匀，称为层结。重要参数为平均密度 ρ_0，密度变化的范围 $\Delta\rho$，以及发生该密度变化的高度 H。在海洋中，水在压力、温度和盐度的变化的影响下，其压缩性很弱，造成 $\Delta\rho$ 的值远小于 ρ_0，而空气的可压缩性使 $\Delta\rho$ 在大气流动中的不同位置差别巨大。由于地球流体通常在垂直方向有边界，所以流体的总深度可以代替高度尺度 H。通常选择两个高度尺度中较小的高度。

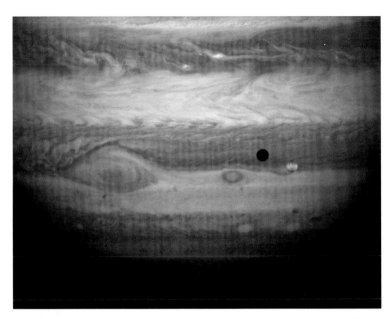

图 1.5 "卡西尼"号飞船于 2000 年观测的木星南半球。木星的卫星木卫一，
大小与月球相当，其投射的阴影位于木星的大红斑所在的纬向急流之间（左边）。
更多的影像请登录 http：//photojournal. jpl. nasa. Gov/target/Jupiter（感谢美国国家
航空航天局/喷气推进实验室/亚利桑那州立大学提供的图像）

例如，死水问题中的密度和高度尺度（图 1.4）可以选择如下参数：$\rho_0 =$
1 025 kg/m^3，即任意一层流体的密度（几乎相同）；$\Delta\rho = 1$ kg/m^3，即下层与上层之间的
密度差（远小于ρ_0）；$H = 5$ m，即上层的深度。

作为研究地球流体动力学的新人应当已经意识到，对于给定的问题，尺度的选择
与其说是科学，不如说更多的是一门艺术。选择是相当主观的。技巧是选择与问题相
关的量而非容易建立关系的量。尺度选择存在一定自由度，幸运的是，小的误差是无
关紧要的，因为尺度只是用来指导问题的分类，而非常不恰当的尺度通常会导致不可
避免的麻烦。多练习以形成直觉，对树立信心是必要的。

1.5 旋转的重要性

很自然地，我们想知道在什么尺度上，旋转会成为控制流体运动的重要因素。要
回答这个问题，我们首先必须知道旋转速率，用 Ω 表示：

$$\Omega = \frac{2\pi \text{ 弧度}}{\text{旋转 1 周的时间}} \tag{1.1}$$

事实上，我们的地球同时存在两种旋转运动，每天 1 次的自转和 1 年 1 次的围绕太阳的

公转，地球的 Ω 值由两部分组成，$2\pi/(24\ \text{h})+2\pi/(365.24\ \text{d})=2\pi/(1\ \text{恒星日})=7.292\ 1\times10^{-5}\ \text{s}^{-1}$。1 个恒星日(相当于 23 h 56 min 4.1 s)是连续两天在地球上同一点从同一角度看到同一颗恒星之间的时间间隔，1 个恒星日略短于 24 h 的太阳日，太阳日就是太阳连续两次到达它的最高点的时间间隔。地球绕太阳的轨道运动，使得地球在到达同一地球-太阳相对方位时相对恒星旋转所费时间会略长。

如果流体运动的时间尺度相当于或超过 1 次旋转的时间，我们预计流体会受到旋转的影响。因此，我们定义无量纲的量：

$$\omega=\frac{\text{旋转 1 周的时间}}{\text{运动时间尺度}}=\frac{2\pi/\Omega}{T}=\frac{2\pi}{\Omega T} \tag{1.2}$$

式中，T 表示流动的时间尺度。我们的标准为，如果 ω 近似等于或小于 1($\omega\lesssim1$)时，应考虑旋转的影响。在地球上，当 T 超过 24 h 时应考虑旋转。

然而，时间尺度较小($\omega\gtrsim1$)但空间尺度足够大的运动也可能受到旋转的影响。第二个，也是通常更有效的标准，是考虑运动的速度尺度和长度尺度得出的，这里我们分别使用 U 和 L 来表示。当然，如果质点以速度 U 经过距离 L 所用的时间比 1 个旋转周期长或与其相当，我们可以预见轨迹会受到旋转的影响，所以有

$$\epsilon=\frac{\text{旋转 1 周的时间}}{\text{质点以速度 } U \text{ 运动距离 } L \text{ 的时间}}=\frac{2\pi/\Omega}{L/U}=\frac{2\pi U}{\Omega L} \tag{1.3}$$

如果 ϵ 近似等于或小于 1($\epsilon\lesssim1$)，我们认为旋转是很重要的。

现在利用地球旋转速率 Ω 考察各种可能的长度尺度，表 1.1 列出了相应的速度标准。

表 1.1　在何种运动的长度尺度和速度尺度情况下，旋转效应是重要的

$L=1$ m	$U\leqslant0.012$ mm/s
$L=10$ m	$U\leqslant0.12$ mm/s
$L=100$ m	$U\leqslant1.2$ mm/s
$L=1$ km	$U\leqslant1.2$ cm/s
$L=10$ km	$U\leqslant12$ cm/s
$L=100$ km	$U\leqslant1.2$ m/s
$L=1\ 000$ km	$U\leqslant12$ m/s
$L=$地球半径$=6\ 371$ km	$U\leqslant74$ m/s

很明显，在大多数工程应用中，如以 5 m/s 的速度在直径 1 m 的涡轮机中的水的流动($\epsilon\sim4\times10^{5}$)或者以 100 m/s 的速度流过 5 m 的飞机机翼的空气流动($\epsilon\sim2\times10^{6}$)不满

足上述条件，可以忽略旋转的影响。同样地，常见的现象如清空浴缸（水平尺度1 m，排水速度0.01 m/s，排水时间1 000 s，可以得到$\omega \sim 90$和$\epsilon \sim 900$）不属于地球流体动力学的范畴。相反地，地球流体流动（如洋流以10 cm/s的速度蜿蜒经过10 km的距离或风以10 m/s的速度在1 000 km宽的反气旋场中运动）符合上述条件，这表明旋转在地球流体中通常是重要的。

1.6 层结的重要性

接下来考虑层结效应起重要作用的动力过程。地球流体通常由不同密度的水团组成，在重力作用下往往会垂向堆叠（图1.6），对应于最小势能状态。但是，运动不断对这种平衡施加扰动，倾向于抬升高密度流体而使低密度流体下沉。这个过程是以动能的损失为代价实现相应势能的增加，从而减缓了流动。有时候，相反的情况也会发生：先前被扰乱的层流重新回归平衡，势能转化为动能，流动获得动量。总之，层结的动力学重要性可以通过比较势能与动能来估计。

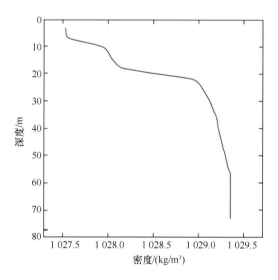

图 1.6　2003年5月27日，亚得里亚海北部（43°32′N，14°03′ E）的密度垂直廓线。密度随深度向下急剧增加，这表示不同的水团按照低密度水浮在高密度水之上的方式堆叠在一起。密度增加明显快于上方和下方水体的区域，标志着从一个水团过渡到下一个水团，我们称为密度跃层（数据由 Drs. Hartmut Peters 和 Mirko Orlić提供）

如果$\Delta\rho$是流体密度变化的尺度，H是高度尺度，对层流的典型的扰动为将一个密度为$\rho_0+\Delta\rho$的流体元抬升高度H，同时为了保持体积守恒，将一个密度为ρ_0的稍轻的流体元降低同样的高度，相应的每单位体积的势能变化为$(\rho_0 +\Delta\rho)gH- \rho_0 gH = \Delta\rho gH$。

根据典型的流体速度 U，单位体积的动能是 $1/2\,\rho_0 U^2$。因此，我们构建能量比率为

$$\sigma = \frac{\dfrac{1}{2}\rho_0 U^2}{\Delta \rho g H} \tag{1.4}$$

对上式的解释如下：如果 σ 近似于 $1(\sigma \sim 1)$，扰乱层结所需要的势能增加量会消耗掉同等大小的可用动能，因此会改变流场，那么层结就是重要的；如果 σ 远远小于 $1(\sigma \ll 1)$，则没有足够的动能来有效扰乱层结，后者将大大维持当前流动；如果 σ 远远大于 $1(\sigma \gg 1)$，动能的微小变化就能引起势能的变化，层结几乎不影响流动。综上所述，层结效应在前两个例子里不能忽略，也就是当式（1.4）中的无量纲比值接近或远小于 1 时（$\sigma \lesssim 1$）。换句话说，对层结问题来说，σ 相当于式（1.3）中对旋转定义的量 ϵ。

在地球流体中一个非常有趣的情况是，旋转效应和层结效应都非常重要，而主导性又不分主次。从数学上来说，这发生在 $\epsilon \sim 1$ 和 $\sigma \sim 1$ 的条件下，此时各种尺度有如下关系：

$$L \sim \frac{U}{\Omega} \text{ 和 } U \sim \sqrt{\frac{\Delta \rho}{\rho_0} g H} \tag{1.5}$$

忽略常数 2π 和 $1/2$，是因为它们在尺度分析中是次要的。消去速度 U，得到以下长度尺度：

$$L \sim \frac{1}{\Omega}\sqrt{\frac{\Delta \rho}{\rho_0} g H} \tag{1.6}$$

在给定流体中，若平均密度为 ρ_0，密度变化为 $\Delta \rho$，流体厚度为 H，位于以速度 Ω 旋转的行星上，并施加重力加速度 g，尺度 L 是运动发生的一个参考长度。在地球上（$\Omega = 7.29 \times 10^{-5}\ \mathrm{s^{-1}}$，$g = 9.81\ \mathrm{m/s^2}$），大气中的典型情况为 $\rho_0 = 1.2\ \mathrm{kg/m^3}$，$\Delta \rho = 0.03\ \mathrm{kg/m^3}$，$H = 5\,000\ \mathrm{m}$；海洋中的典型情况为 $\rho_0 = 1\,028\ \mathrm{kg/m^3}$，$\Delta \rho = 2\ \mathrm{kg/m^3}$，$H = 1\,000\ \mathrm{m}$，根据上述条件，可以得到以下的长度尺度和速度尺度：

$$L_{\mathrm{atmosphere}} \sim 500\ \mathrm{km} \qquad U_{\mathrm{atmosphere}} \sim 30\ \mathrm{m/s}$$

$$L_{\mathrm{ocean}} \sim 60\ \mathrm{km} \qquad U_{\mathrm{ocean}} \sim 4\ \mathrm{m/s}$$

虽然这些估计相对粗略，但我们依然能够轻易分辨出在低层大气天气模态中风速的典型大小以及上层海洋中主要潮流的典型速度和运动范围。

1.7　大气与海洋之间的区别

一般来说，大气运动和海水运动属于地球流体动力学范畴，其尺度从数千米到地球大小不等。大气动力现象包括沿海海风、与地形相关的局地至区域动力过程、与形

成日常天气过程有关的气旋、反气旋和锋面，大气环流以及气候变化。我们感兴趣的海洋现象包括河口流动、沿岸上升流，与海岸、大尺度涡旋和锋面相关的动力过程，主要的海流如墨西哥湾流以及大尺度环流。表 1.2 列出了这些运动的典型速度、长度和时间尺度，图 1.7 给出了根据一些大气和海洋过程的空间与时间尺度来对它们进行排列的例子。我们可以很容易地发现，总体而言，海洋运动比大气运动更缓慢、范围更局限一些。同时，海洋中的速度变化往往比大气中更慢。

表 1.2　在地球大气和海洋中，一些运动的长度尺度、速度尺度和时间尺度

现象	长度尺度 L	速度尺度 U	时间尺度 T
大气			
微湍流	10~100 cm	5~50 cm/s	数秒
雷暴	数千米	1~10 m/s	数小时
海风	5~50 km	1~10 m/s	6 h
龙卷风	10~500 m	30~100 m/s	10~60 min
飓风	300~500 km	30~60 m/s	数天到数周
地形波	10~100 km	1~20 m/s	数天
天气模式	100~5 000 km	1~50 m/s	数天到数周
盛行风	全球	5~50 m/s	数个季节到数年
气候变化	全球	1~50 m/s	数十年或更长
海洋			
微湍流	1~100 cm	1~10 cm/s	10~100 s
内波	1~20 km	0.05~0.5 m/s	数分钟到数小时
潮汐	海盆尺度	1~100 cm/s	数小时
沿岸上升流	1~10 km	0.1~1 m/s	数天
锋面	1~20 km	0.5~5 m/s	数天
涡流	5~100 km	0.1~1 m/s	数天到数周
主要潮流	50~500 km	0.5~2 m/s	数周到数个季节
大尺度环流	海盆尺度	0.01~0.1 m/s	数十年或更长

除了显著的尺度差异，大气和海洋也有它们各自的特性。例如，许多海洋过程是由于侧边界(大陆、岛屿)的存在造成的，而在大气中，除了在层结(大气)流动中山脊有时会扮

演一个如同层结海洋流动中的大洋中脊的角色之外，这样的约束几乎是不存在的。另一方面，大气运动有时会强烈依赖于空气的含水量(云、降水)，这是海洋中没有的特点。

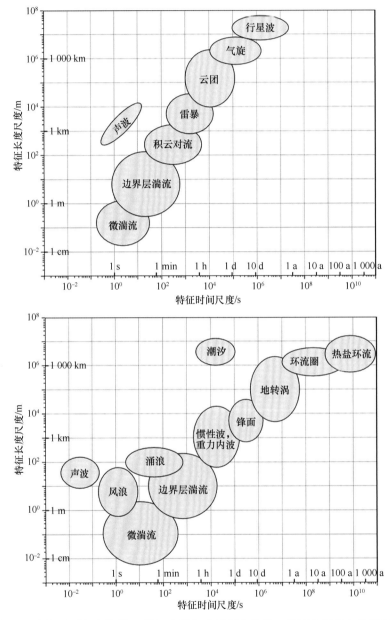

图 1.7　大气(上图)与海洋(下图)中的各种过程和结构，根据它们各自的长度尺度和时间尺度来进行排序(图由 Hans von Storch 提供)

　　大气和海洋中的流动形态通常是由截然不同的机制引起的。总的来说，大气是由热力学驱动的，也就是说，它的主要能量来自太阳辐射。简单地说，短波太阳辐射穿过大气层被大陆和海洋部分吸收，反过来会释放出长波辐射。这个二次辐射能有效地从底部加热大气，导致对流，驱动风的产生。

相比之下，海洋是被各种机制驱动的。除了引起潮汐的周期性的月球和太阳引力，海表面也会受到驱动大部分海流的风应力的影响。最后，空气和海洋的温度局地差异产生了热通量、蒸发和降水，反过来又会作为热力学强迫而调整风生流动或者引起其他的流动。

顺便说一下，当我们对比大气与海洋的时候，需要提及一个长期以来在学术用语中不同的地方。因为气象专家和非专业人员都对风从哪里来感兴趣，所以在气象学中通常提到空气流速时是指它们来的方向，如东风(来自东向，往西向吹)。相反地，水手和领航员想知道的是洋流会把他们带到哪里，因此，海洋学家指定流向为其下游方向，如西向流(从东向来的流动或流向西向的流动)。不过，气象学家和海洋学家在垂向运动的术语方面达成了一致：向上或向下。

1.8　数据采集

因为地球流体动力学专门研究自然发生的流动，而且是那些相当大尺度的运动，这种尺度的实验是无法实现的。实际上，我们难以想象为了一个科学问题来改变天气，即使是局地的。不管科学家想研究什么，墨西哥湾流决定了自己的流动路径。这种情况有点类似于经济学家不可能为了得到国民经济中的一些参数而请求政府促进灾难性的经济衰退。模拟方法的出现大大减轻了无法控制研究系统的情况。在地球流体力学里，这些研究是通过实验室实验和数值模型来实现的。

除了要注意到地球流体丰富的自然特性，观测地球流体还要面临其不切实际的巨大的长度和时间尺度。一个典型的挑战是调查数百千米宽的海洋动力特征。用一艘船(这已经相当昂贵了，特别是当关心的海洋过程远离海岸区域时)进行一次典型的调查需要花费数周的时间，这期间，想要调查的动力特征会变化、扭曲或者发生大幅演变。而快速调查可能无法得到高分辨率的细节。先进的卫星图像和其他的遥感方法(Conway et al.，1997；Marzano et al.，2002)也能提供天气场(准实时的)，但这些通常都在特定的垂向高度上(如云顶和海洋表面)或提供的是垂向积分的量。还有一些量是无法测量的，如热通量和涡度。这些量只能通过分析其他相关变量的观测结果来获得。

最后，还有一些过程的时间尺度会超出人类的寿命或者人类文明的年代。例如，气候研究需要一定的冰期循环。我们唯一可以依赖的就是一些过去的冰川作用留下的痕迹，如地质档案记录。这样一个间接的方法通常需要大量的假设，其中一些可能永远不会被充分证明。当然，探索其他行星或者太阳将更为艰巨。

此时我们可能会问：在大气和海洋中，我们到底可以测得什么具有可信度的量？

首先，许多标量属性可以直接通过传统仪器测量。一般不难测量大气和海洋的压力及温度。事实上，在海洋中，压力可能比深度测量更准确，所以一般来说，深度是由逐渐下潜到海里的仪器测得的压力算得的。在大气中，也可以精确测量水汽、降雨和一些辐射热通量(Marzano et al.，2002；Rao et al.，1990)。同样的，海水的盐度可以直接测量或者从电导率来推断(Pickard et al.，1990)。海平面也可以通过岸上监测站进行监控。但是典型的问题是测得的量不一定是从物理角度想要获得的量。例如，我们更想直接测量涡度场、伯努利函数、扩散系数和湍流相关量。

矢量通常比标量更难获得。水平的风和洋流现在可以根据各种各样的风速计和流速计来确定，包括一些没有旋转组件的测量仪器(Lutgens et al.，1986；Pickard et al.，1990)，尽管通常都达不到期望的空间分辨率。固定的设备，如建筑顶上的风速计和沿着锚链悬挂在特定深度的海流计，能提供充分长时间的观测，但足够的空间覆盖通常需要大量此类固定工具。针对这一状况，经常会采用移动平台上的设备(如大气中的气球或者海洋中的漂流浮标)。然而，这些设备提供的信息在时空上是混杂的，因此对大多数研究都不适合。一个长久存在的问题是垂向速度的测量。尽管垂向速度可以用声学多普勒剖面仪测量，但是有意义的信号往往被周围的湍流和仪器误差(位置和敏感性)所掩盖。测量矢量涡度对理论学家来说是珍贵的但也是无法实现的，三维热通量也是如此。

此外，观测所得量的解释还有一些不确定的因素。例如，建筑物附近测得的风可以被认为是城市上空的盛行风吗？它可以用于天气预报吗？还是它更多地代表由于建筑物对风的阻挡而产生的一个小尺度流动形态？

最后，采样频率的限制使我们可能无法清晰地识别一个过程。在给定的地点每周测量的量会形成一个数据集，这个数据集同样也包括了比周变化更快的过程残留的信息或者那些我们想得到的比周变化慢的信号。例如，如果我们在某一周的星期一下午3:00测量温度，并在下周的星期一早上7:00再次测量，这次测量将包括一个叠加在周变化上的热量日变化的成分。所以，这次测量也不能真实地代表想要研究的过程。

1.9 数值模拟的出现

鉴于天气形态和海流的复杂性，可以想到我们将要在本书中建立的控制地球流体运动的方程将是十分庞大的，而且除了在极少情况下或经过简化后，基本上是得不到解析解的。因此，我们面临的巨大挑战就是解决显然无法解决的问题。电子计算机的出现拯救了我们，但是需要付出一定代价。实际上，计算机无法解微分方程，只能执行最基本的算术运算。因此地球流体力学的偏微分方程(partial differential equations，PDEs)需要转换成一系列的算术运算。这个过程需要仔细的转换和对细节的注意。

地球流体力学数值模拟的目的不限于天气预报、动态海洋预报和气候研究。有些情况下，当我们想要深入理解特定的过程，比如一种特定形式的不稳定或在特定条件下摩擦的作用。计算机模拟是我们对行星进行实验的唯一方法。也会对实验采用新的数值技术的速度和准确性进行评估。模拟越来越伴随着观测同时进行，后者可以指出模式需要改进的地方，同时模式结果可以表明观测平台的最佳放置位置或者帮助决定采样的方案。最后，模拟可以追溯过去（后报）或对离散数据进行很好的插值（现报），以及预测未来的状态（预报）。

根据研究的地理范围（局地、区域、大陆、海盆或全球）和想要得到的物理效果，气象学、海洋学和气候研究中的地球流体力学模型有各种不同的类型和大小。鉴于区域模型太多，此处不再一一列举，在这里我们只阐述大气环流模式（atmospheric general circulations models，AGCMs）、海洋环流模式（oceanic general circulation models，OGCMs）和耦合环流模式（general circulation models，GCMs）。一个真正全面的模型是不存在的，这是因为行星上的大气、海洋、陆地和冰的耦合模式总有物理过程没有被包含其中。在对某些地球流体动力系统建立数值模型的时候，问题马上就来了：到底需要模拟什么？答案在很大程度上决定了解决问题的细节、物理近似的程度和数值分辨率的要求。

地球流体运动是由在四维时空中耦合的非线性方程组控制的，该流动表现出对细微过程的高敏感度。按照数学术语，系统具有混沌无序特点，所以就像几十年前洛伦茨证明的大气一样（Lorenz，1963），地球流体的流动本质上是不可预测的。物理现实是地球流体系统充满了不稳定性，会将一个有限时间里的很小的细节放大成显著的结构（比如蝴蝶效应）。中纬度天气的气旋和反气旋与沿岸流的蜿蜒只是众多例子中的几个。毫无疑问，对大气和海洋流体运动的模拟是一项非常具有挑战性的任务。

地球流体模拟发展的最初动力来自天气预报，从人类诞生就开始了对它的渴望。最近，气候研究已成为另一个模型发展的主导力量，这是因为气候研究需要很多庞大而复杂的模型。

天气预报发展中第一个决定性的一步是由威廉·皮叶克尼斯（Vilhelm Bjerknes，1904）在一篇题为"从力学和物理学的角度思考天气预报问题"的论文中走出的。皮叶克尼斯是第一个将这个问题作为一系列从物理中推导出的与时间有关的方程来讨论的，如果有给定的且最好是完整的初始条件，那么这些方程是可以求解的。但是，皮叶克尼斯马上又面临着对复杂的偏微分方程进行积分的艰巨任务，因为这是在使用电子计算机之前，还只能使用图解法求解。不幸的是，这些没有什么实用价值，还比不上由一个训练有素的人使用气象图表所做的主观预报。

刘易斯·弗莱·理查森（Lewis Fry Richardson，1922，参见第 14 章结尾的人物介绍）采取不同的策略，他认为最好是将微分方程组简化为一系列算术运算（加、减、乘、除专门分类），这样没有经过气象学相关训练的人也能逐步求解。他推断这样的简化是可以完成的，可以只挑选空间上的某些点求解，将未知变量的空间导数近似用经过这些点的有限差分表示。同样，时间可分为有限的间隔，时间导数可近似为这些时间间隔里的差值，数值分析由此产生。理查森的工作在其 1922 年的著作《数值天气预报》中达到巅峰。他的第一个用来预报西欧天气的模型网格在图 1.8 中给出。再将运动方程分为一系列单独的算术运算，这是在出现算法这个词之前的第一个算法，计算是由一大群称为计算员的人完成的，他们坐在礼堂中，每个人配备了计算尺并且将计算结果传递给他们周围的人。同步工作是通过一个在礼堂中间的领导者完成的，就像在礼堂指挥管弦乐队的指挥。不用说，这项工作是十分冗长而缓慢的，还需要大量的人以足够快的速度进行计算，以便在不到 24 h 的时间内给出 24 h 的预报。

尽管理查森付出了巨大的努力，项目还是失败了，因为预报的压力迅速偏离了气象学上可接受的范围，其 6 h 的时间步长也超过了数值稳定性的限制，当然，他当时并没有意识到这些。数值稳定性的概念，直到 1928 年才被理查德·柯朗（Richard Courant）、库尔特·弗里德里希斯（Kurt Friedrichs）和汉斯·列维（Hans Lewy）阐明。

理查森放弃了继续在这方面努力，仅将此作为好奇心驱使，或正如他所说的那样："一个梦想"，直到电子计算机的出现人们才重新研究它。20 世纪 40 年代，数学家约翰·冯·诺伊曼（John von Neumann，参见第 5 章结尾的人物介绍）对流体力学产生了兴趣，并寻求解决非线性微分方程的数学方法。在接触电子计算机的发明者阿兰·图灵（Alan Turing）之后，他有了设计一个自动化电子机器、以超过人类计算的速度来进行连续计算的想法。他与哈佛大学的霍华德·艾肯（Howard Aiken）进行了合作，该人研制出了第一台自动程序控制计算机（automatic sequence controlled calculator，ASCC）。1943 年，冯·诺伊曼在宾夕法尼亚大学帮助构建了电子数值积分计算机（electronic numerical integrator an computer，ENIAC），1945 年，又在普林斯顿大学构建了电子离散变量计算机（electronic discrete variable calculator，EDVAC）。因为战争需要更精确的天气预报，同时也是出于对自己的挑战，冯·诺伊曼和朱尔·查尼（Jule Charney）一起（参见第 16 章结尾的人物介绍），将天气预报作为一项科学挑战。但是，不同于之前的理查森，冯·诺伊曼和查尼谨慎地对动力机制进行极大简化，用一个方程来预报在对流层中层的压力，结果大大超过了预期（Charney et al.，1950）。

简化动力机制获得的成功进一步推动了数值模拟的发展。Phillips（1956）针对半球区域开发了一个两层准地转模型①，结果没有预报到实际天气，但是也像天气活动一样，产生了现实中存在的气旋，只是生成的时间和地点是错误的。尽管如此，这还是

---

① 准地转动力学见第 16 章，此处提及仅为了说明，当假设旋转效应足够强烈时，可以形式上消去速度分量，结果就是方程数量大大减少。

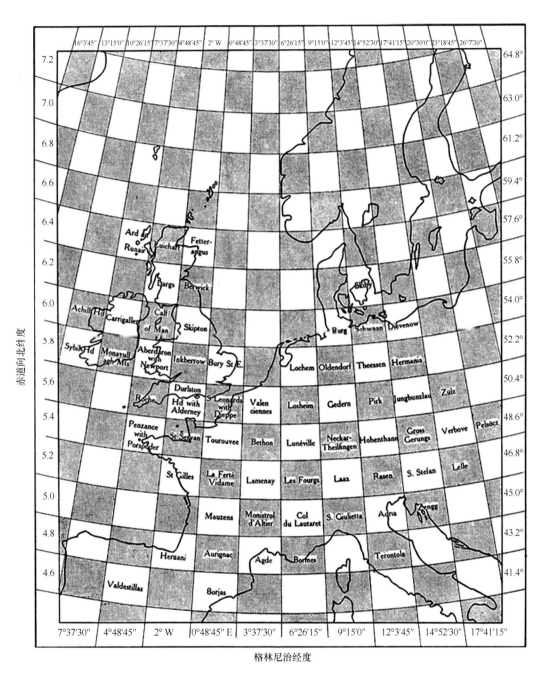

图 1.8　理查森在 1922 年的著作《数值天气预报》中所使用的模型网格。网格被设计成每个区块与现有的气象监测站最优匹配，观测到的表面压力在每一个阴影区块的中心使用，风则在每一个空白区块的中心

相当令人鼓舞的。准地转近似的一个主要缺陷是它在赤道附近不成立，只能借助于完

19

整的方程(称为原始方程)，即理查森使用的方程。那时最主要的问题是原始方程保留了快速移动的重力波，尽管这些波动只包含有少量的能量，但是由于对分辨率的要求需要更短的积分时间步长和更好的初始条件，而这些在当时是无法满足的。

从那以后，主要的挑战被克服了，天气预报开始取得稳步进展(图1.9)，这主要得益于更快速和更强大的计算机(图1.10)，以及越来越密集的全球数据。对天气预报发展史感兴趣的读者请参阅 Nebeker(1995)精彩的长篇记录。

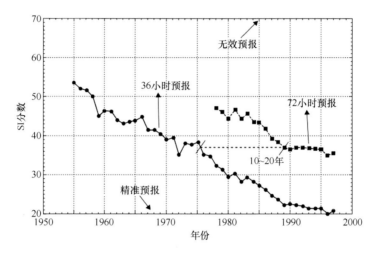

图1.9 北美地区天气预报能力随时间改善的历史。SI 分数在这里表示对流层中等高度中气压梯度预报的相对误差[来自 Kalnay 等(1998)，美国气象学会许可复制]

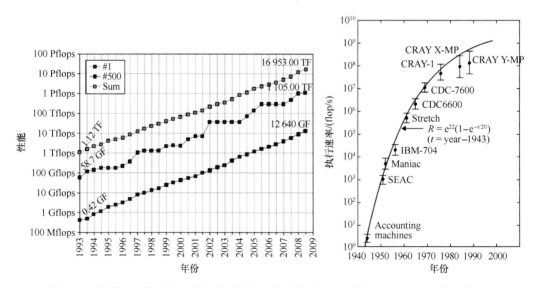

图1.10 计算机的提速史，以每秒所执行的操作数衡量[根据 Hack(1992)改编和增补，他得益于1987年与 Worlton 的私人交流(右图)和从 http://www.top500.org 下载的最新数据(左图)]

1.10 尺度分析和有限差分

在前面的小节中,我们看到计算机被用来求解通过其他手段难以解决的数值方程。然而,即使有最新的超级计算机和不变的物理规律,科学家仍要求要有比以往更多的计算能力,我们理所当然地要问造成这种无止境的需求的根本原因是什么。要回答这个问题,我们介绍一个简单的数值方法(有限差分),来说明尺度分析与数值需求之间的密切关联。这个典型的例子提前解释了接下来的章节里会用到的一个更复杂的数值方法的特点,这一方法将被用来解决更复杂的问题。

当进行时间尺度分析时,我们假设一个物理变量 u 在时间尺度 T 上显著变化了典型值 U(图 1.11)。这样定义尺度,则时间导数的量级表示为

$$\frac{\mathrm{d}u}{\mathrm{d}t} \sim \frac{U}{T} \tag{1.7}$$

如果假设函数 u 变化的时间尺度也是它的导数变化的时间尺度(换句话说,假设时间尺度 T 代表所有类型的变量,包括差值场),我们也可以估计变量的二阶导数的量级

$$\frac{\mathrm{d}^2 u}{\mathrm{d}t^2} = \frac{\mathrm{d}}{\mathrm{d}t}\left(\frac{\mathrm{d}u}{\mathrm{d}t}\right) \sim \frac{U/T}{T} = \frac{U}{T^2} \tag{1.8}$$

以及诸如此类的高阶导数。这种方法是估计时变方程中不同项的相对重要性的基础,我们将在接下来的章节重复几次这一练习。

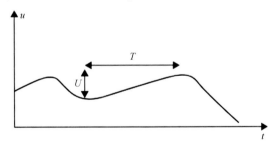

图 1.11 变量 u 的时间尺度分析。时间尺度 T 表示变量 u 发生与其标准差 U 相当的变化所用的时间间隔

现在我们将注意力转向另外一个问题:用更高精度的方法对导数进行估计。通常对方程进行离散时会有这个问题,离散时所有的导数都会被用函数 u 的几个离散值得到的代数近似所取代(图 1.12)。这种离散化是必要的,因为计算机拥有有限的内存,也不能直接处理导数。然后我们面临以下的问题:在仅存储了一些函数的值后,如何得到方程中出现的函数的导数值呢?

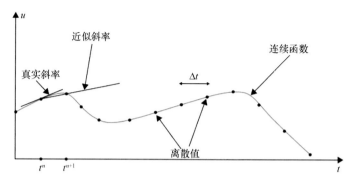

图 1.12　表示一个函数的有限数量的采样值和由有限差分近似的
在 Δt 间隔的一阶导数

首先，必须对独立变量时间 t 离散，因为我们进行数值求解的第一个动力学方程是随时间变化的。为简单起见，我们假设需要求解函数的离散时间点为 t^n，在时间轴上均匀分布，时间步长为常数 Δt

$$t^n = t^0 + n\Delta t \qquad (n = 1,\ 2,\ \cdots) \tag{1.9}$$

上标指数（不是指数的意思）代表离散时间。u^n 为 u 在 t^n 时刻的值，也就是说，$u^n = u(t^n)$。我们现在只知道离散的 u^n 值，想确定在 t^n 时刻导数 $\mathrm{d}u/\mathrm{d}t$ 的值。从导数的定义

$$\frac{\mathrm{d}u}{\mathrm{d}t} = \lim_{\Delta t \to 0} \frac{u(t + \Delta t) - u(t)}{\Delta t} \tag{1.10}$$

出发，我们可以通过假定 Δt 为有限的时间步长来直接进行近似

$$\frac{\mathrm{d}u}{\mathrm{d}t} \simeq \frac{u(t + \Delta t) - u(t)}{\Delta t} \to \left.\frac{\mathrm{d}u}{\mathrm{d}t}\right|_{t^n} \simeq \frac{u^{n+1} - u^n}{\Delta t} \tag{1.11}$$

这个近似的准确性可以通过泰勒级数来确定：

$$u(t + \Delta t) = u(t) + \Delta t \left.\frac{\mathrm{d}u}{\mathrm{d}t}\right|_t + \underbrace{\frac{\Delta t^2}{2}\left.\frac{\mathrm{d}^2 u}{\mathrm{d}t^2}\right|_t}_{\Delta t^2 \frac{U}{T^2}} + \underbrace{\frac{\Delta t^3}{6}\left.\frac{\mathrm{d}^3 u}{\mathrm{d}t^3}\right|_t}_{\Delta t^3 \frac{U}{T^3}} + \underbrace{\mathcal{O}(\Delta t^4)}_{\Delta t^4 \frac{U}{T^4}} \tag{1.12}$$

对于小 Δt 的一阶近似（首阶），我们可以获得以下估计结果：

$$\frac{\mathrm{d}u}{\mathrm{d}t} = \frac{u(t + \Delta t) - u(t)}{\Delta t} + \mathcal{O}\left(\frac{\Delta t}{T}\frac{U}{T}\right) \tag{1.13}$$

因此，导数的相对误差（有限差分近似与实际导数的差值，除以尺度 U/T）的量级为 $\Delta t/T$。要使近似可以接受，这个相对误差应该远小于 1，这要求时间步长 Δt 相对于时间尺度足够短：

$$\Delta t \ll T \tag{1.14}$$

考虑到各种变量 Δt 的值对时间导数的估计的影响，可以通过图形直观地表示这一

条件(图1.13)。接下来，我们将形式近似写为

$$\frac{\mathrm{d}u}{\mathrm{d}t}\bigg|_{t^n} = \frac{u^{n+1} - u^n}{\Delta t} + \mathcal{O}(\Delta t) \tag{1.15}$$

毫无疑问，衡量 Δt 是否"足够小"必须根据变量 u 变化的时间尺度。因为在简单的有限差分里[式(1.15)]，误差称为截断误差，是正比于 Δt 的，是一阶近似。对于一个与 Δt^2 成正比的误差，近似是二阶的，以此类推。

对于空间导数，前面的分析很容易适用，我们对水平网格大小 Δx 得到了一个与水平长度尺度 L 相关的条件，而垂向网格大小 Δz 是受所研究的垂向长度尺度 H 约束的：

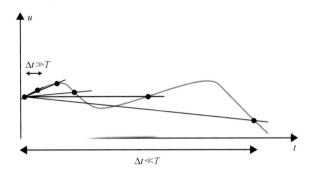

图 1.13 各种 Δt 下的有限差分。只有当时间步长相对于时间尺度足够短时，即 $\Delta t \ll T$，有限差分的斜率才接近导数，也就是说这时才是真的斜率

$$\Delta x \ll L \qquad \Delta z \ll H \tag{1.16}$$

有了这些对时间步长和网格大小的约束条件，我们就可以理解为什么地球流体力学模拟需要非常多的计算机资源：表面积为 S、高度为 H 的三维空间中的网格点数为

$$M = \frac{H}{\Delta z}\frac{S}{\Delta x^2} \tag{1.17}$$

而可以跨越整个时间周期 P 的总的时间步数 N 为

$$N = \frac{P}{\Delta t} \tag{1.18}$$

对模拟区域为大西洋，能够分辨地转涡旋(见图1.7：$\Delta x \sim \Delta y \leqslant 10^4$ m)和层结水团($H/\Delta z \sim 50$)的模式来说($S \sim 10^{14}$ m^2)，需要的网格点数为 $M \sim 5 \times 10^7$。然后对于以上每一点，一系列的变量需要存储和计算(三维速度、压力、温度等)。由于根据有效数字的不同，每个变量需要 4B 或 8B 的内存，所以 2 GB 的随机存取存储器是必需的。模拟一年时间所需的浮点运算次数可以通过考虑能分辨地球旋转周期的时间步长 $\Delta t \sim 10^3$ s 来估计，所需总的时间步长为 $N \sim 30\,000$。模拟一整年所需要的总的计算量可以根据每一个网格点和时间步所需要的计算量(通常是数百次)来估计，这样总的计算量可达到

$10^{14} \sim 10^{15}$。因此，在当代的超级计算机（500 强之一的机器），运算能力为每秒 1 Tflops $= 10^{12}$ 次模拟浮点运算，只进行这种模拟，至少需要半个小时才能得到结果。而在每秒只有 $1 \sim 2$ Gflops 运算能力的电脑上，我们需要等待数天的时间才能得出结果。然而，对于这样的模型，我们还是只能分辨最大尺度的运动(图1.7)，而更小空间和时间尺度上的运动根本无法用这种级别的网格分辨率模拟。然而，这并不意味着那些较小尺度的运动可以被完全忽略，在后面我们将看到(如第 14 章)，大尺度的海洋和大气模型中的一个问题就是需要对小尺度运动进行适当的参数化，这样它们才能正确地在大尺度运动中产生作用。

如果我们想通过对各尺度进行显式计算来避免这样的参数化，我们需要 $M \sim 10^{24}$ 个网格点，这要求 5×10^{16} GB 的计算机内存和 $N \sim 3 \times 10^{7}$ 个时间步长，操作总数的量级为 10^{34}。如果想在 10^{6} s 内获得结果，我们就需要一台每秒能达到 10^{28} 次浮点运算的计算机。这一数字($10^{16} = 2^{53}$)不管是在计算速度还是内存需求方面都超出了现在的计算能力。使用摩尔定律，一个著名预测计算机能力每 18 个月翻 1 倍的定律，我们将不得不等待 53×18 个月，也就是说大约 80 年后的计算机才能处理这样一个任务。

因此，继续增加分辨率会要求更强大的计算机，并且有时模型将需要对湍流或其他无法分辨的运动进行参数化。由于模拟区域巨大，并且运动的跨尺度特性，网格间距将是所有地球流体模型的一个至关重要的问题。

1.11 高阶方法

除了增加分辨率来更好地建模，我们想知道是否使用其他的导数近似会比简单的有限差分近似[式(1.11)]能允许更大的时间步长、更高质量的近似或更好的模式结果。基于泰勒级数

$$u^{n+1} = u^n + \Delta t \left. \frac{\mathrm{d}u}{\mathrm{d}t} \right|_{t^n} + \frac{\Delta t^2}{2} \left. \frac{\mathrm{d}^2 u}{\mathrm{d}t^2} \right|_{t^n} + \frac{\Delta t^3}{6} \left. \frac{\mathrm{d}^3 u}{\mathrm{d}t^3} \right|_{t^n} + \mathcal{O}(\Delta t^4) \tag{1.19}$$

$$u^{n-1} = u^n - \Delta t \left. \frac{\mathrm{d}u}{\mathrm{d}t} \right|_{t^n} + \frac{\Delta t^2}{2} \left. \frac{\mathrm{d}^2 u}{\mathrm{d}t^2} \right|_{t^n} - \frac{\Delta t^3}{6} \left. \frac{\mathrm{d}^3 u}{\mathrm{d}t^3} \right|_{t^n} + \mathcal{O}(\Delta t^4) \tag{1.20}$$

我们可以想象一下，不使用向前差分对时间导数进行近似[式(1.11)]，而是用向后的泰勒级数[式(1.20)]来设计一个向后差分近似。这个近似显然是一阶近似，因为其截断误差为

$$\left. \frac{\mathrm{d}u}{\mathrm{d}t} \right|_{t^n} = \frac{u^n - u^{n-1}}{\Delta t} + \mathcal{O}(\Delta t) \tag{1.21}$$

比较式(1.19)和式(1.20)，我们会看到一阶向前和向后有限差分的截断误差相同但符号相反，这样通过平均，我们可以得到一个二阶截断误差[可以通过计算方程式

（1.19）和式（1.20）的差值来验证］：

$$\frac{du}{dt}\bigg|_{t^n} = \frac{u^{n+1} - u^{n-1}}{2\Delta t} + \mathcal{O}(\Delta t^2) \tag{1.22}$$

在考虑高阶近似之前，我们先检验增加近似的阶数是否真的会改善导数的近似。为此，我们考虑周期为 T 的正弦函数（相应的频率为 ω）。

$$u = U\sin\left(2\pi\frac{t}{T}\right) = U\sin(\omega t) \qquad \left(\omega = \frac{2\pi}{T}\right) \tag{1.23}$$

已知准确的导数是 $\omega U\cos(\omega t)$，我们可以计算各种有限差分近似的误差（图 1.14）。

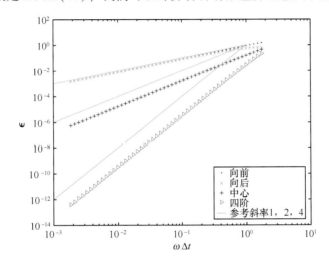

图 1.14　当 $\omega t = 1$ 时，以 $\omega\Delta t$ 为自变量的正弦函数的一阶导数的各种有限差分近似的相对误差 ϵ。坐标是对数的，与实线的斜率分别为 1、2 和 4。一阶方法的斜率为 1，二阶方法的斜率为 2。误差的行为随着 Δt 的减小表现与预期一样

当 $\omega\Delta t \to 0$ 时，向前和向后有限差分都会向准确解收敛，同时误差与 Δt 成比例减少。正如所料，二阶近似［式（1.22）］表现出二阶收敛（双对数图里斜率为 2）。

收敛速率遵循我们对 $\omega\Delta t \ll 1$ 的理论估计。然而当时间步长相对较大时（图 1.15），与有限差分近似相关的误差可能和导数本身一样大。对于粗分辨率，$\omega\Delta t \sim \mathcal{O}(1)$，其相对误差为一阶的，我们可以预料在有限差分近似上有 100% 的误差。显然，即使是用二阶有限差分，我们也至少需要 $\omega\Delta t \leqslant 0.8$ 来使相对误差低于 10%。信号的周期为 $T = (2\pi)/\omega$，我们需要时间步长不大于 $\Delta t \leqslant T/8$，这意味着如果要求 10% 的误差限，则在一个周期内需要 8 个点来分辨导数。甚至一个四阶方法（马上就会讲到）也不能正确重建在一个周期内只有几个采样点的函数的导数。

二阶差分可以很简单地通过泰勒级数来完成，而泰勒级数无法扩展来获得高阶近似。有另一种方法可以系统地得到任意阶数的有限差分近似，可以用对一阶导数进行

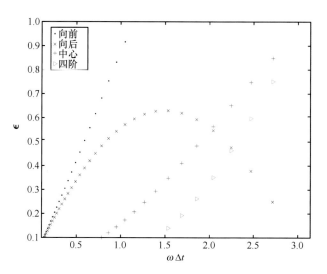

图 1.15 当 $\omega t = 1$ 时，以 $\omega \Delta t$ 为自变量的正弦函数的一阶导数的各种有限差分近似的
相对误差 ϵ。对于粗分辨率 $\omega \Delta t \sim \mathcal{O}(1)$，相对误差为一阶的，所以我们预计
对于有限差分近似将会有 100% 的误差

四阶中心有限差分近似的例子来说明。因为高阶近似需要函数在时间 t^n 下更多的信息来估计它的导数，所以我们会结合一段较长的时间间隔内的值，包括在 t^{n-2}、t^{n-1}、t^n、t^{n+1} 和 t^{n+2} 的值：

$$\frac{\mathrm{d}u}{\mathrm{d}t}\bigg|_{t^n} \simeq a_{-2}u^{n-2} + a_{-1}u^{n-1} + a_0 u^n + a_1 u^{n+1} + a_2 u^{n+2} \tag{1.24}$$

将 u^{n+2} 和其他值围绕 t^n 作泰勒展开，我们可以写为

$$\begin{aligned}
\frac{\mathrm{d}u}{\mathrm{d}t}\bigg|_{t^n} = {} & (a_{-2} + a_{-1} + a_0 + a_1 + a_2)\, u^n \\
& + (-2a_{-2} - a_{-1} + a_1 + 2a_2)\, \Delta t\, \frac{\mathrm{d}u}{\mathrm{d}t}\bigg|_{t^n} \\
& + (4a_{-2} + a_{-1} + a_1 + 4a_2)\, \frac{\Delta t^2}{2}\, \frac{\mathrm{d}^2 u}{\mathrm{d}t^2}\bigg|_{t^n} \\
& + (-8a_{-2} - a_{-1} + a_1 + 8a_2)\, \frac{\Delta t^3}{6}\, \frac{\mathrm{d}^3 u}{\mathrm{d}t^3}\bigg|_{t^n} \\
& + (16a_{-2} + a_{-1} + a_1 + 16a_2)\, \frac{\Delta t^4}{24}\, \frac{\mathrm{d}^4 u}{\mathrm{d}t^4}\bigg|_{t^n} \\
& + (-32a_{-2} - a_{-1} + a_1 + 32a_2)\, \frac{\Delta t^5}{120}\, \frac{\mathrm{d}^5 u}{\mathrm{d}t^5}\bigg|_{t^n} \\
& + \mathcal{O}(\Delta t^6) \tag{1.25}
\end{aligned}$$

这其中有 a_{-2} 到 a_2 5 个系数未知。要得到 $\Delta t \to 0$ 时为一阶导数的近似必须满足两个条件:

$$a_{-2} + a_{-1} + a_0 + a_1 + a_2 = 0$$

$$(-2a_{-2} - a_{-1} + a_1 + 2a_2)\Delta t = 1$$

满足这两个必要条件后,我们有 3 个参数可以自由选择,以获得尽可能高的精度。这是通过假设后面 3 个截断误差的系数为零来得到的:

$$4a_{-2} + a_{-1} + a_1 + 4a_2 = 0$$

$$-8a_{-2} - a_{-1} + a_1 + 8a_2 = 0$$

$$16a_{-2} + a_{-1} + a_1 + 16a_2 = 0$$

因为有 5 个方程和 5 个未知数,我们可以进行求解:

$$-a_{-1} = a_1 = \frac{8}{12\Delta t}, \ a_0 = 0, \ -a_{-2} = a_2 = -\frac{1}{12\Delta t}$$

所以,对一阶导数的四阶有限差分近似为

$$\left.\frac{du}{dt}\right|_{t^n} \simeq \frac{4}{3}\left(\frac{u^{n+1} - u^{n-1}}{2\Delta t}\right) - \frac{1}{3}\left(\frac{u^{n+2} - u^{n-2}}{4\Delta t}\right) \tag{1.26}$$

这个公式可看成是两个中心差分的线性组合,一个跨越 $2\Delta t$,另一个跨越 $4\Delta t$。截断误差可以通过序列[式(1.25)]中的下一项来估计

$$(-32a_{-2} - a_{-1} + a_1 + 32a_2)\frac{\Delta t^5}{120}\left.\frac{d^5 u}{dt^5}\right|_{t^n} = -\frac{\Delta t^4}{30}\left.\frac{d^5 u}{dt^5}\right|_{t^n} \tag{1.27}$$

表明了近似确实是四阶的。

这个方法可以推广到对任意 p 阶导数求近似,需要使用时间 t^n 上的值 u^n 以及过去 m 个时间点(t^n 之前)和未来 m 个时间点(t^n 之后)上的值:

$$\left.\frac{d^p u}{dt^p}\right|_{t^n} = a_{-m}u^{n-m} + \cdots + a_{-1}u^{n-1} + a_0 u^n + a_1 u^{n+1} + \cdots + a_m u^{n+m} \tag{1.28}$$

在近似里用到的离散点 $n-m$ 到 $n+m$ 就是所谓的操作中的数值模板。对每一项进行泰勒展开:

$$u^{n+q} = u^n + q\Delta t\left.\frac{du}{dt}\right|_{t^n} + q^2\frac{\Delta t^2}{2}\left.\frac{d^2 u}{dt^2}\right|_{t^n} + \cdots + q^p\frac{\Delta t^p}{p!}\left.\frac{d^p u}{dt^p}\right|_{t^n} + \mathcal{O}(\Delta t^{p+1}) \tag{1.29}$$

同时将式(1.29)在 $q=-m,\cdots,m$ 的表达式代入近似式(1.28)中,方程左边是我们想对其求近似的导数,右边为导数的和。我们要求与低于 p 阶的导数相乘的系数的总和为零,而与 p 阶导数相乘的系数之和是 1。这就形成了包含 $2m+1$ 个未知系数 a_q($q= -m,\cdots,m$)的由 $p+1$ 个方程组成的方程组。只有当我们使用的 $2m+1$ 个点正好等于或大于 $p+1$ 即 $2m \geq p$ 时,所有的约束才可以同时满足。当存在比需要的更多的点时,我们可以利用剩余自由度来抵消截断误差中后面的几项。通过 $2m+1$ 个点,我们就可以获

得 $2m-p+1$ 阶的有限差分。例如，当 $m=1$，$p=1$ 时，我们获得式（1.22），这是对一阶导数的二阶近似；当 $m=2$，$p=1$ 时，得式（1.26），为四阶近似。

我们现在来看二阶导数，二阶导数很常见，至少在考虑空间导数时，当 $p=2$ 时，m 至少为 1，也就是说至少需要函数的 3 个值：过去、现在、将来各 1 个。应用上述方法，我们立即获得以下公式：

$$\frac{\mathrm{d}^2 u}{\mathrm{d}t^2}\bigg|_{t^n} \simeq \left(\frac{u^{n-1} - 2u^n + u^{n+1}}{\Delta t^2}\right) \qquad (1.30)$$

这个结果我们也可以通过直接利用式（1.19）和式（1.20）获得。

附录 C 概括了对不同阶导数、有不同精度的各种离散化方案，它还包括偏度方案，这些方案在过去值和未来值之间并不对称，但可以用四阶有限差分近似一阶导数的类似方法来构造。

1.12 混叠

我们知道当时间步长 Δt 不是远小于变量的时间尺度 T 时，对一阶导数的有限差分近似的精度会迅速降低，同时我们也想知道如果 Δt 大于 T 时会发生什么。要回答这个问题，我们回到一个周期为 T 的物理信号 u：

$$u = U\sin(\omega t + \phi) \qquad \left(\omega = \frac{2\pi}{T}\right) \qquad (1.31)$$

信号在时间步长为 Δt 的均匀网格上采样：

$$u^n = U\sin(n\omega\Delta t + \phi) \qquad (1.32)$$

同时假设存在另一个具有更高频率 $\widetilde{\omega}$ 的信号 v：

$$v = U\sin(\widetilde{\omega}t + \phi) \qquad \left(\widetilde{\omega} = \omega + \frac{2\pi}{\Delta t}\right) \qquad (1.33)$$

另一个函数在同一时间间隔采样，得到一组离散值：

$$v^n = U\sin(n\widetilde{\omega}\Delta t + \phi) = U\sin(n\omega\Delta t + 2n\pi + \phi) = u^n \qquad (1.34)$$

虽然这两个信号显然是不同的，但是离散取值并不能区别这两个信号。因此，在时间间隔为 Δt 的采样中，不能区分频率 ω 和 $\omega + 2\pi/\Delta t$，因为高频信号会伪装成低频信号。这种在采样中不可避免的结果称为混叠。

由于频率为 $\omega + 2\pi/\Delta t$ 和 ω 的信号并不能相互区别，所以只有以下频率

$$-\frac{\pi}{\Delta t} \leqslant \omega \leqslant \frac{\pi}{\Delta t} \qquad (1.35)$$

可以在采样间隔 Δt 内被识别，所有其他频率最好不要出现，以免扰乱采样过程。

由于负的频率对应着 $180°$ 的相位变化，$\sin(-\omega t + \phi) = \sin(\omega t - \phi + \pi)$，所以起作

用的范围实际上是 $0 \leqslant \omega \leqslant \pi/\Delta t$，当对频率为 ω 的波动进行采样时，时间步长 Δt 不能超过 $\Delta t_{max} = \pi/\omega = T/2$，这意味着在每个周期内必须至少对信号进行两次采样。这个对采样频率的最低要求称为奈奎斯特频率（Nyquist frequency）。换种方式看这个问题，对于给定的采样间隔 Δt（而不是一个给定的频率），我们所能分辨的最高频率是 $\pi/\Delta t$，称为截止频率（cutoff frequency，图 1.16）。

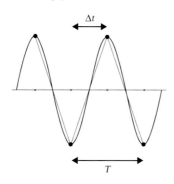

图 1.16　均匀时间的网格所能分辨的最短的波
（截止频率为 $\pi/\Delta t$ 或周期为 $2\Delta t$）

如果更高的频率出现或者被采样，不可避免地会发生混叠，如图 1.17 所示的正弦函数，每个周期内的采样点越来越少。读者可以尝试用 Matlab™ 的 aliasanim.m 脚本。直到 $\Delta t = T/2$，信号都可以被识别，但是超过它，连接采样值的线就会穿越波峰和波谷，造成一种存在长周期信号的错觉。

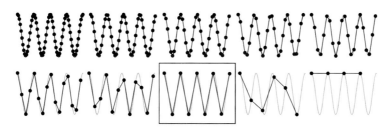

图 1.17　对给定的信号（灰色正弦曲线）用逐渐增加的时间间隔进行采样来说明混叠。
采样频率高能很好地分辨信号（上面一行图像）。图片底部框中的图像对应于截止频率，
采样后的信号形似跷跷板。最后两幅图对应过长的时间间隔采样而造成信号混叠，
使信号看起来好像有比实际更长的周期

混叠是一个很重要的问题，它造成的危害常常被低估。这是因为我们不知道离散方案代表的信号是否包含高于截止频率的频率，而这些频率的变化是没有保留和计算的。在地球流体问题中，时间步长和网格间距常常不是根据问题的物理特点来取值的，

而是受制于电脑硬件。这迫使操作模式的人员只能舍弃无法分辨的频率和波长上的变化，而造成混叠。在接下来的章节里会介绍避免混叠的方法。

解析问题

1.1　列举 3 个大气中自然发生的流动。

1.2　地球流体流动对克里斯托弗·哥伦布发现新大陆和后续探索北美东部海岸有什么贡献？（提示：考虑大尺度风和主要的洋流）

1.3　海陆风是由陆地与海洋之间的温差所导致的从海洋吹来的微风。因为温差日夜反向，所以会由白天的海风变成夜间的陆风。如果你要构建一个海–陆风的数值模型，你会考虑行星旋转的影响吗？

1.4　木星的大红斑（中心位于 22°S，跨越了 12 个纬度和 25 个经度），其风速约为 100 m/s，木星的赤道半径和旋转速率分别为 71 400 km 和 $1.763 \times 10^{-4} \text{s}^{-1}$，那么大红斑会受到木星自转的影响吗？

1.5　你能想出一个技巧，用没有方向旋转组件的仪器来测量风速和海洋流速吗？（提示：考虑这些可测量的变量受方向转换时的影响）

数值练习

1.1　利用南森测量的温度（图 1.18 左图），估计典型的垂向温度梯度值和典型的温度值，比较基于地中海温度剖面得到的估计值（图 1.18 右图）。在这两种情况下，估计梯度所用的温度尺度是什么？

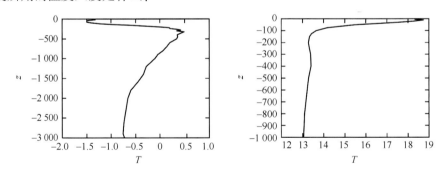

图 1.18　南森 1894 年北极探险时测得的温度（左图），一个典型的
地中海温度剖面（从 Medar© 数据库得到，右图）

1.2　分别使用 $\omega \Delta t = 0.1, 0.01, 0.001$ 来对 $e^{-\omega(t+|t|)}$ 进行数值差分，比较 $t = 1/\omega$ 时的一阶向前差分、一阶向后差分和二阶中心差分，然后用 $t = 0.000\,001/\omega$ 进行重复

推导和比较，你的结论是什么？

1.3 当 $x = 1/k$ 时，对 $\sinh(kx)$ 在 $k\Delta x$ 为 $[10^{-4}, 1]$ 的范围内进行向前、向后、二阶和四阶差分。在对数刻度上画出误差的变化，并推导收敛速率。在 $x = 0$ 时重复前面练习。你观察到什么奇怪的结果，为什么？

1.4 对一阶导数建立一个具有二阶或更高精度的纯粹向前的有限差分近似，所需的采样点数随着精度的阶数是怎样变化的？

1.5 假设你需要估计不在网格节点 i 上，而是在节点 $x_i = i\Delta x$ 和 $x_{i+1} = (i+1)\Delta x$ 之间的 $\partial u/\partial x$ 的值。利用二阶和四阶有限差分近似来进行估计，并将截断误差与以节点为中心进行离散得到的截断误差进行比较，这一分析表明什么？

1.6 假设一个二维空间由均匀的网格覆盖，x 方向间距为 Δx，y 方向间距为 Δy，你怎样将 $\dfrac{\partial^2 u}{\partial x \partial y}$ 离散为二阶？这种近似满足数学上的 $\dfrac{\partial^2 u}{\partial x \partial y} = \dfrac{\partial^2 u}{\partial y \partial x}$ 的特点吗？

1.7 波长为 $\dfrac{4}{3}\Delta x$、周期为 $\dfrac{5}{3}\Delta t$ 的波在网格间距为 Δx、时间步长为 Δt 均匀网格中是怎样的，离散采样得到的波动传播速度与真实的速度相比如何？

1.8 假设你使用数值有限差分来估计一个有采样噪声的函数的导数。假定噪声是不相关的（即纯粹的随机分布，与采样间隔无关），在对一阶导数、二阶导数等进行有限差分时，你估计会发生什么情况？假设一个函数 $A\sin(\omega t)$，其中频率 ω 可以很好地被数值采样所分辨（$\omega \Delta t = 0.05$），通过对该函数增加一个强度为 $10^{-5}A$ 的随机噪声，设计一个数值程序来验证你的猜想，你的猜想正确吗？画出在噪声强度分别为 $10^{-5}A$ 和 $10^{-4}A$ 时，收敛速率随 $\omega \Delta t$ 的变化。

伍兹霍尔海洋研究所的沃尔什茅舍
（美国马萨诸塞州，1962 年至今）

从 1962 年开始的每个夏天，在伍兹霍尔海洋研究所(美国马萨诸塞州法尔茅斯)这个不起眼的建筑里都会进行地球流体力学的暑期项目，来自全世界的海洋学家、气象学家、物理学家和数学家聚集在这里。该项目自 1959 年始，单枪匹马地推动了地球流体力学的诸多进展，从极不起眼到目前在物理科学中的公认地位。(Ryuji Kimura 绘图，经过允许后重新绘制)

英国气象局
(英格兰埃克塞特，1854 年至今)

英国气象局成立于 1854 年，开始是通过电报给海上的人们提供气象信息和海洋洋流信息，几年之后，也开始对海港进行风暴警告，对媒体发布天气预报。1920 年，第一次世界大战期间建立的独立的军事气象服务与英国空军管理的民政部办公室合并。第二次世界大战导致了人员和资源的大幅增加，包括探空气球的使用。英国气象局拥有许多率先使用新技术的纪录，如开始在电台进行广播(1922 年)，然后在电视上进行播出(1936 年播出简单的标题，1954 年进行直播)。1962 年，装备了第一台电子计算机。1964 年，开始使用卫星图像。

随着天气预报开始不再依赖训练有素的气象学家绘制天气图，而是更多依赖计算模型，对最新、最好的计算机平台的需求成了发展动力，促使英国气象局于 1981 年购置了赛伯(Cyber)超级计算机。20 世纪 90 年代，又购置了一系列更快的克雷超级计算机。

气象局的影响力不可低估：其数值活动不仅对气象学领域而且对计算流体动力学和物理海洋学的发展都做出了巨大贡献，其数据分析和预测的范围已经远远超出天气领域，对环境和人类健康等其他领域也有深远影响。(获取更多信息，登录 http://www. metoffice. gov. uk/about-us/who/our-history)

第2章 科氏力

摘要：本章旨在介绍科氏力，科氏力是由于使用旋转参考系作为参考而产生的一个虚拟力。本章对于这个不直观但在地球流体中非常关键的因素提供了一些物理解释。本章数值部分将在分析惯性振荡这个特例时引入时间步长的概念，随后推广到一般情况。

2.1 旋转参考系

从理论上来看，控制地球流体过程的所有方程都能在一个以恒星为参考的惯性坐标系中表达。但是，地球上的我们都是在以地球为参考的旋转坐标中观测流体运动。而且，陆地和海洋边界相对于地球来说是静止的。因此，常识要求我们必须在地球旋转坐标系内给出控制方程（其他行星或恒星也是如此）。使用惯性坐标系，我们不得不考虑运动边界带来的麻烦以及如何从得到的流动中系统地消除旋转的影响。相比而言，处理使用旋转坐标导致的控制方程中多出来的项要简单得多。

为了便于数学推导，我们首先讨论二维的流体运动（图 2.1）。设 X 轴和 Y 轴表示惯性坐标系，x 轴和 y 轴表示与惯性坐标系原点相同但以角速度 Ω（正负同三角函数中的定义）转动的坐标系。两个坐标系相应的单位向量记作（I, J）和（i, j）。任意时刻 t，x 轴相对于 X 轴相差角度 Ωt，则有下列表达式：

$$i = + I \cos \Omega t + J \sin \Omega t \tag{2.1a}$$

$$j = - I \sin \Omega t + J \cos \Omega t \tag{2.1b}$$

$$I = + i \cos \Omega t - j \sin \Omega t \tag{2.2a}$$

$$J = + i \sin \Omega t + j \cos \Omega t \tag{2.2b}$$

平面上任意一点的位置向量 $r = XI + YJ = xi + yj$ 的坐标有如下关系：

$$x = + X \cos \Omega t + Y \sin \Omega t \tag{2.3a}$$

$$y = - X \sin \Omega t + Y \cos \Omega t \tag{2.3b}$$

对上式求时间一阶导数有

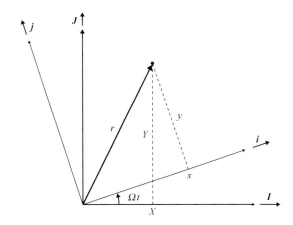

图 2.1　固定参考坐标系 (X, Y) 和旋转参考坐标系 (x, y)

$$\frac{\mathrm{d}x}{\mathrm{d}t} = + \frac{\mathrm{d}X}{\mathrm{d}t} \cos \varOmega t + \frac{\mathrm{d}Y}{\mathrm{d}t} \sin \varOmega t \overbrace{- \varOmega X \sin \varOmega t + \varOmega Y \cos \varOmega t}^{+\varOmega y} \tag{2.4a}$$

$$\frac{\mathrm{d}y}{\mathrm{d}t} = - \frac{\mathrm{d}X}{\mathrm{d}t} \sin \varOmega t + \frac{\mathrm{d}Y}{\mathrm{d}t} \cos \varOmega t \underbrace{- \varOmega X \cos \varOmega t - \varOmega Y \sin \varOmega t}_{-\varOmega x} \tag{2.4b}$$

$\mathrm{d}x/\mathrm{d}t$ 和 $\mathrm{d}y/\mathrm{d}t$ 表示位置坐标相对于旋转参考系的时间变化率，因此它们是相对速度的分量：

$$\boldsymbol{u} = \frac{\mathrm{d}x}{\mathrm{d}t} \boldsymbol{i} + \frac{\mathrm{d}y}{\mathrm{d}t} \boldsymbol{j} = u\boldsymbol{i} + v\boldsymbol{j} \tag{2.5}$$

类似的，$\mathrm{d}X/\mathrm{d}t$ 和 $\mathrm{d}Y/\mathrm{d}t$ 表示绝对坐标的变化率，并构成绝对速度的分量：

$$\boldsymbol{U} = \frac{\mathrm{d}X}{\mathrm{d}t} \boldsymbol{I} + \frac{\mathrm{d}Y}{\mathrm{d}t} \boldsymbol{J}$$

将绝对速度表示为旋转单位向量的形式，借助式(2.2)，我们有

$$\boldsymbol{U} = \left(\frac{\mathrm{d}X}{\mathrm{d}t} \cos \varOmega t + \frac{\mathrm{d}Y}{\mathrm{d}t} \sin \varOmega t \right) \boldsymbol{i} + \left(- \frac{\mathrm{d}X}{\mathrm{d}t} \sin \varOmega t + \frac{\mathrm{d}Y}{\mathrm{d}t} \cos \varOmega t \right) \boldsymbol{j} = U\boldsymbol{i} + V\boldsymbol{j} \tag{2.6}$$

因此，$\mathrm{d}X/\mathrm{d}t$ 和 $\mathrm{d}Y/\mathrm{d}t$ 是绝对速度 $\boldsymbol{U}$ 在惯性系的分量，而 U 和 V 是 $\boldsymbol{U}$ 在旋转参考系的分量。利用式(2.4)和式(2.3)可以得到如下的绝对速度和相对速度的关系：

$$U = u - \varOmega y, \ V = v + \varOmega x \tag{2.7}$$

以上等式简要地说明了绝对速度是由相对速度加上旋转参考系引起的额外速度构成的。

关于时间的二阶导数表达式如下：

$$\frac{\mathrm{d}^2 x}{\mathrm{d}t^2} = \left(\frac{\mathrm{d}^2 X}{\mathrm{d}t^2} \cos \varOmega t + \frac{\mathrm{d}^2 Y}{\mathrm{d}t^2} \sin \varOmega t \right) + 2\varOmega \underbrace{\left(- \frac{\mathrm{d}X}{\mathrm{d}t} \sin \varOmega t + \frac{\mathrm{d}Y}{\mathrm{d}t} \cos \varOmega t \right)}_{V}$$

$$- \varOmega^2 \underbrace{(X \cos \varOmega t + Y \sin \varOmega t)}_{x} \tag{2.8a}$$

$$\frac{\mathrm{d}^2 y}{\mathrm{d}t^2} = \left(\frac{\mathrm{d}^2 X}{\mathrm{d}t^2} \sin \Omega t + \frac{\mathrm{d}^2 Y}{\mathrm{d}t^2} \cos \Omega t\right) - \underbrace{2\Omega\left(\frac{\mathrm{d}X}{\mathrm{d}t} \cos \Omega t + \frac{\mathrm{d}Y}{\mathrm{d}t} \sin \Omega t\right)}_{U}$$

$$- \Omega^2 \underbrace{(-X \sin \Omega t + Y \cos \Omega t)}_{y} \tag{2.8b}$$

用相对加速度和绝对加速度表示为

$$\boldsymbol{a} = \frac{\mathrm{d}^2 x}{\mathrm{d}t^2}\boldsymbol{i} + \frac{\mathrm{d}^2 y}{\mathrm{d}t^2}\boldsymbol{j} = \frac{\mathrm{d}u}{\mathrm{d}t}\boldsymbol{i} + \frac{\mathrm{d}v}{\mathrm{d}t}\boldsymbol{j} = a\boldsymbol{i} + b\boldsymbol{j}$$

$$\boldsymbol{A} = \frac{\mathrm{d}^2 X}{\mathrm{d}t^2}\boldsymbol{I} + \frac{\mathrm{d}^2 Y}{\mathrm{d}t^2}\boldsymbol{J}$$

$$= \left(\frac{\mathrm{d}^2 X}{\mathrm{d}t^2} \cos \Omega t + \frac{\mathrm{d}^2 Y}{\mathrm{d}t^2} \sin \Omega t\right)\boldsymbol{i} + \left(\frac{\mathrm{d}^2 Y}{\mathrm{d}t^2} \cos \Omega t - \frac{\mathrm{d}^2 X}{\mathrm{d}t^2} \sin \Omega t\right)\boldsymbol{j} = A\boldsymbol{i} + B\boldsymbol{j}$$

式(2.8)简化成

$$a = A + 2\Omega V - \Omega^2 x, \quad b = B - 2\Omega U - \Omega^2 y$$

与绝对速度矢量类似，$\mathrm{d}^2 X/\mathrm{d}t^2$ 和 $\mathrm{d}^2 Y/\mathrm{d}t^2$ 是绝对加速度 $\boldsymbol{A}$ 在惯性参考系中的分量，而 A 和 B 是 $\boldsymbol{A}$ 在旋转参考系的分量。绝对加速度分量稍后会在牛顿定律的表达式中使用，利用式(2.7)求解 A 和 B 获得

$$A = a - 2\Omega v - \Omega^2 x, \quad B = b + 2\Omega u - \Omega^2 y \tag{2.9}$$

通过以上式子我们可以看到，绝对和相对加速度的差值有两项。第一项与 Ω 及相对速度成正比，称为科氏加速度；另一项正比于 Ω^2 及坐标，称作离心加速度。当将上述两项代入到牛顿定律等式的另一边时，这些加速度项也可以看成力(每单位质量上)。离心力表现为向外拉的力，而科氏力与相对速度的大小和方向有关。

更正式一些的话，前面的结果应该以矢量的形式给出。定义旋转矢量：

$$\boldsymbol{\Omega} = \Omega\boldsymbol{k}$$

其中，$\boldsymbol{k}$ 为第三维上的单位矢量(对两个参考系都一样)，式(2.7)和式(2.9)可以写作

$$\boldsymbol{U} = \boldsymbol{u} + \boldsymbol{\Omega} \times \boldsymbol{r}$$

$$\boldsymbol{A} = \boldsymbol{a} + 2\boldsymbol{\Omega} \times \boldsymbol{u} + \boldsymbol{\Omega} \times (\boldsymbol{\Omega} \times \boldsymbol{r}) \tag{2.10}$$

其中，符号"×"代表矢量积。上式意味着对惯性参考系中的矢量求时间导数相当于对旋转参考系中的矢量使用下列算子：

$$\frac{\mathrm{d}}{\mathrm{d}t} + \boldsymbol{\Omega} \times$$

对科氏加速度和离心加速度的详细介绍可以参考 Stommel 等(1989)的专著。另外，还可以参考 Ripa(1994)的文章了解其相关研究历史，阅读 Marshall 等(2008)的文章了解他们在实验室中演示这些现象。

2.2 离心力的非重要性

科氏力与运动速度成正比，与科氏力不同，离心力仅仅依赖于参考系的转速和质点到旋转轴的距离。即使物体相对于旋转的行星静止，它仍然会受到向外的拉力，但是地球和其他星球上的物体并不会飞到太空中，这是怎么回事呢？显然，是重力把这些物体拉了回来。

如果没有地球的自转，重力会将物质集中并呈一个球形（中心密度高，外围密度低）。而离心力引起的拉力打破了这种趋向于球形的平衡，使地球呈一种略扁的形状。地球的扁率正好与地球的自转速率保持平衡。

如图 2.2 所示，离心力向外，并垂直于旋转轴，而重力指向地球的中心，两个力的合力指向一个中间方向，即局地的垂向。这种情况下，自由的质点实际上不可能自己飞离地球。换句话说，在地球表面静止的质点仍然会保持静止，除非再受到其他力的作用。

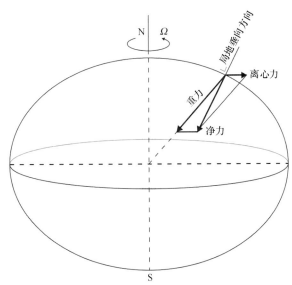

图 2.2　地球的扁率（本图过分夸大）使得重力和离心力的合力
与局地垂向方向相一致而达到平衡

地球或其他旋转天体的扁率，对于平衡离心力非常重要。但是扁率也不会对地球形状造成严重的扭曲。在地球上，因为重力远大于离心力，实际上变形程度很轻；赤道半径为 6 378 km，只略微大于极半径的 6 357 km。Stommel 等（1989）及 Ripa（1994）详细研究了旋转的椭球形的地球的形状特点。

为了表述简洁，我们称重力为合力，方向与垂向一致，大小与真正的重力和离心力的合力一致。由于地球上岩石圈层和岩浆圈层的不均匀分布，真实的重力并不总是指向地心。与离心力使地球呈椭球形的原因相同，这个不均匀的实际的重力使地球表面变形，直到总的(表面上的)重力与其垂直。这样形成的地球表面称为大地水准面，可以看成静止的海面(在陆地上继续延伸)。这个虚拟的连续表面在每个点上都与重力(包括离心力)的方向垂直，形成了一个等势面，这意味着在这个平面上运动的质点势能不发生变化。单位质量上的势能值称为位势，因此大地水准面也是等位势面。大地水准面是陆地高程、(动力)海平面高度和海水深度的参考面。更多介绍请参考Robinson(2004)的专著第11章。

实验室旋转水槽的情形与此类似，但并不完全相同。旋转造成流体向外移动，直到产生的向内的压力梯度阻止其继续向外。要使表面上任意一点达到平衡，需要向下的重力和向外的离心力形成的合力垂直于表面(图2.3)，使得流体表面变成一个等势面。尽管表面曲率是抵消离心力的关键，但垂向上的位移其实非常小。在一个每2秒转1圈(30 r/min)、直径为40 cm的旋转水槽中，边缘和中心的流体高度差仅为2 cm。

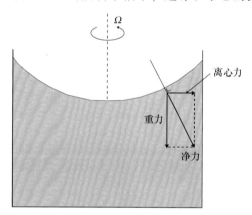

图2.3　开口容器内旋转流体形成的平衡面，表面斜率满足重力与离心力的合力处处垂直于表面

2.3　旋转平面上的自由运动

前面我们得到了重力和离心力的合力，但是没有包含科氏力。为了进一步了解科氏力的作用，我们讨论自由质点的运动。这里假设的自由质点是在从北极延伸出的水平面内运动，除了表观重力(真实重力与离心力的合力)外，不受其他任何外力的作用。

按照牛顿第二定律，惯性系中的自由质点在不受任何外力作用时，加速度为零。式(2.9)中，离心加速度项不再存在，质点速度分量的控制方程为

$$\frac{\mathrm{d}u}{\mathrm{d}t} - 2\Omega v = 0, \quad \frac{\mathrm{d}v}{\mathrm{d}t} + 2\Omega u = 0 \tag{2.11}$$

该线性方程的通解是

$$u = V\sin(ft + \phi), \quad v = V\cos(ft + \phi) \tag{2.12}$$

其中，为了简化，引入 $f = 2\Omega$，称为科氏参数。V 和 ϕ 是任意积分常数。为不失一般性，V 一般取为非负数(不要将此处的常数 V 与 2.1 节的绝对速度的 y 分量混淆)。上式首先说明质点的速度 $(u^2 + v^2)^{1/2}$ 不随时间变化，其值为由初始条件决定的常数 V。

尽管速度保持不变，速度分量 u 和 v 却是随时间变化的，这意味着速度的方向也随时间变化。为了说明这种曲线运动，最直观的是得到质点的轨迹。质点的位置坐标是变化的，根据速度矢量的定义 $dx/dt = u$，$dy/dt = v$，经过二次时间积分可以得到

$$x = x_0 - \frac{V}{f}\cos(ft + \phi) \tag{2.13a}$$

$$y = y_0 + \frac{V}{f}\sin(ft + \phi) \tag{2.13b}$$

其中，x_0 和 y_0 是由初始坐标决定的常数。从式(2.13)可以直接得到

$$(x - x_0)^2 + (y - y_0)^2 = \left(\frac{V}{f}\right)^2 \tag{2.14}$$

式(2.14)说明质点的运动轨迹是一个以 (x_0, y_0) 为中心，半径为 $V/|f|$ 的圆，详见图 2.4。

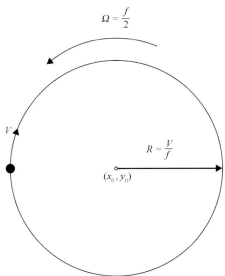

图 2.4　旋转平面内自由质点的惯性振荡，质点运动的轨道周期正好是平面旋转
周期的一半。本图描绘了科氏参数 f 为正时的情况，表示位于北半球。
如果 f 为负(位于南半球)，质点将转向左

在没有旋转的情况下（$f=0$），半径是无穷大的，也就是质点沿着直线运动。但存在旋转的情况下（$f \neq 0$），质点会匀速转动。考察式（2.13）可知，如果 f 为正，质点会偏向右运动（顺时针）；如果 f 为负，则质点偏向左运动（逆时针）。总而言之，质点转向的方向总与其所在平面的转动方向相反。

至此，我们或许会问，如果不是为了抵抗平面的旋转，质点的转动就会不存在吗？就如同在绝对参考系中使质点静止一个道理。然而，至少有两点不支持以上想法。第一，质点圆形轨迹的圆心的坐标是任意的，不必与旋转轴的坐标吻合。第二个更有说服力的原因是，两种运动的转动频率并不同：转动平面转动一圈的时间是 $T_a = 2\pi/\Omega$，而质点旋转一周的时间是 $T_p = 2\pi/f = \pi/\Omega$，也叫惯性周期。因此，质点绕轨道两次而平面刚好转动一圈。

在旋转坐标下的自由质点自发地以初始速度做圆周运动，称为惯性振荡。注意，由于质点速度可以变化，所以惯性半径 $V/|f|$ 也随之变化，而频率 $|f| = 2|\Omega|$ 是旋转坐标系的属性之一，与初始条件无关。

前面的解释可能看起来相当数学化，没有任何物理解释。然而，这其中存在着一个几何论证和一个物理类比。让我们先讨论一下几何论证，考虑一个旋转的桌子，其上有一个质点，在初始时刻 $t=0$ 与旋转轴的距离为 R，以速度 u 向旋转轴靠近（图 2.5）。到某一时刻 t，质点接近了旋转轴 ut 的距离，而在横向上已经运动了 $\Omega R t$，现在的位置如图 2.5 的实心点所示。时间间隔 t 内，桌子已经转过了 Ωt，对于随着桌子一起转动的观测者，质点就好像从图 2.5 所示的边缘处的空心圆所在的位置开始运动的。如图 2.5 所示，尽管质点的实际轨迹是直线，而在随桌子一起旋转的观测者看来路径却弯向右边。与此类似，质点从旋转中心以速度 u 沿径向推出，也能得到相似的结论。在绝对轴处来看，质点的轨迹就是一条距离中心为 ut 的直线。时间间隔 t 内，由于桌子是转动的，在旋转参考系中的观测者看到的质点没有到图 2.5 中星号的位置，而是明显转向右边。

要阐明这个问题，就需要得到质点的绝对轨迹。由于我们假定直线运动，这就意味着考虑了总的绝对加速度，在旋转坐标系下总的加速度是包括离心加速度的。而为了与地球自转情况下的情形相一致，离心加速度不应该被保留，因为它是一个径向力，不会引起横向位移。因此，质点的旋转，至少在短时间内，完全是由于科氏力的作用。

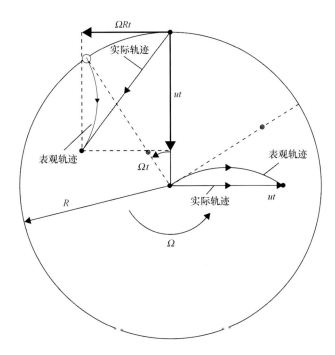

图 2.5 旋转坐标系中质点轨道的表观转向的几何说明。当坐标系逆时针旋转时，质点会向右偏转，
图中展示了两种情况下的质点轨迹，一个是从边缘处出发，另一个是从旋转轴处出发

2.4 类比及物理解释

假设某一位于重力场 g 的抛物面上的一定质量的质点[①]（图 2.6），其高度 Z 的表达式为

$$Z = \frac{\Omega^2}{2g}(X^2 + Y^2) \qquad (2.15)$$

假定抛物面相对于其半径 R 来说足够平坦（$\Omega^2 R/2g \ll 1$），容易得到其运动方程：

$$\frac{\mathrm{d}^2 X}{\mathrm{d}t^2} = -g\frac{\partial Z}{\partial X} = -\Omega^2 X, \quad \frac{\mathrm{d}^2 Y}{\mathrm{d}t^2} = -g\frac{\partial Z}{\partial Y} = -\Omega^2 Y \qquad (2.16)$$

式（2.16）描述了一个类似钟摆的运动。

频率 Ω 描述了所在平面的曲率也是钟摆振荡的自然频率，注意此处重力恢复力是如何呈现一种负的离心力的形式。不失一般性，我们将质点运动的初始位置定为 $X = X_0$，$Y = 0$，在此位置，质点以绝对坐标系下 $\mathrm{d}X/\mathrm{d}t = U_0$ 和 $\mathrm{d}Y/\mathrm{d}t = V_0$ 的初始速度释放。绝对坐标系下质点轨迹的方程很容易通过解式（2.16）写出

---

① 京都大学的 Satoshi Sakai 教授向作者提出了一个类似的类比。

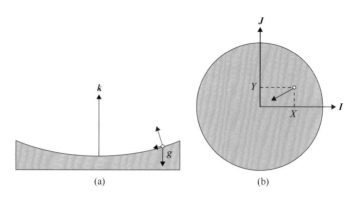

图 2.6　抛物面上物体受力的(a)侧视图和(b)俯视图

$$X = X_0 \cos \Omega t + \frac{U_0}{\Omega} \sin \Omega t \qquad (2.17a)$$

$$Y = \frac{V_0}{\Omega} \sin \Omega t \qquad (2.17b)$$

式(2.16)的两个特解是需要注意的。如果初始条件只有径向位移(即初始速度 $V_0 = 0$)，质点将永远沿着 $Y=0$ 振荡。这种情况下振荡周期为 $2\pi/\Omega$，也就是一个周期内质点经过中点两次，时间间隔是 π/Ω。另一种极端情况是，质点被施加了一个垂直于径向的方位向初始速度，速度大小恰能使得维持圆周运动的向外的离心力与向内的重力相互抵消，则有

$$U_0 = 0, \quad V_0 = \pm \Omega X_0 \qquad (2.18)$$

这种情形下，质点在距中心($X^2+Y^2 = X_0^2$)处以定常的角速度 Ω 做圆周运动，运动方向是顺时针方向还是逆时针方向取决于初始的方位向速度的方向。

除了以上两种极端情况外，质点的轨迹方程描述的是一个椭圆运动，椭圆的大小、偏心率及质点运动的相位均取决于初始条件。质点不经过椭圆的圆心，但是每一周期内会两次距中心最近(经过近地点)，两次距中心最远(经过远地点)。

至此，读者可能会问，跟以上描述类比，科氏力作用下的质点是如何运动的呢？为了分析这种情况下的类比运动，我们考虑在旋转坐标下运动的质点，当然并不是随便一个旋转坐标系：旋转坐标系的角速度 Ω 正好与质点的振荡频率相等，这样做是为了在旋转坐标系中，任意一点上向外的离心力总是与曲面上向内的重力相互抵消。因此，在旋转坐标下的运动方程仅包含相对加速度和科氏力项，也就是式(2.11)的形式。

现在进一步从旋转坐标系中观测者的视角出发考察质点的振荡运动(图 2.7 和图2.8)。质点严格地前后振荡，而转动着的观测者看到的却是一条弯曲的轨迹线。由于质点每次振荡都经过起始点两次，观测者看到的曲线也每周期内两次经过起始点。当

质点到达一侧位移的极值点时，旋转坐标系中的观测者看到的是它到达了轨道的远地点；尔后，经过 π/Ω 的时间质点又到达另一侧的极值点，旋转坐标系正好已经转过了半圈，这样第二次到达的远地点与第一个远地点重合。经过这样的讨论，读者就知道了：旋转坐标系下质点的轨迹线每个振荡周期内绘制两次。代数学或者几何学表明旋转坐标系下的质点轨迹线实际上是一个圆[图 2.8(a)]。

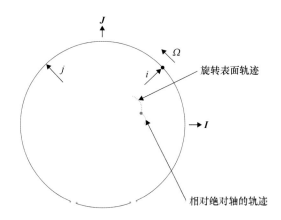

图 2.7　绝对参考系下的抛物面钟摆振荡，虚线代表以角速度 Ω 旋转的抛物面上的物体的轨迹

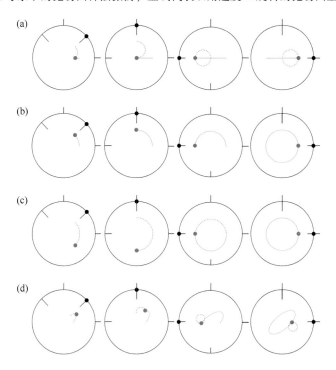

图 2.8　绝对参考系下的轨迹线(实线)和旋转参考系下的轨迹线(虚线，也就是表观轨迹线)，每一行表示了不同初始条件下，经过整周期($2\pi/\Omega$)的 1/8、1/4、1/2 和 1 的运动状况。轨迹线随初始速度变化：(a)展示了没有初始速度的质点振荡；(b)展示了初速度为 $U_0 = 0$，$V_0 = X_0\Omega$ 下的情况；(c)展示了与(b)初速度相反($U_0 = 0$，$V_0 = -X_0\Omega$)的情况；(d)对应于任意初速度条件的情况

在另外一种极端情况下，质点在距起始点为定值处做圆周运动，必须区分它的旋转方向是否与观测者所在的旋转坐标系旋转方向相同。如果两者旋转方向相同[式(2.18)取正号]，那么观测者是在追逐质点运动，质点看起来是静止的，轨迹将退化为一个孤立的点[图2.8(b)]。这种情形与旋转坐标系下处于静止状态的质点的情况一致[式(2.12)至式(2.13)，$V=0$]。如果两者旋转方向相反[式(2.18)取负号]，也就是旋转坐标系以角速度 Ω 朝一个方向运动，而质点以相同的速度向着相反方向运动。观测者看到的将是质点以 2Ω 的速度转动，质点的轨迹线很显然是以起点为中心，以质点径向位移为半径的圆，且旋转坐标系每转动一周质点转动两周[图2.8(c)]。最后一种情况，对于任意的振荡，旋转参考系下的轨迹是一个不以起始点为中心、有限半径的圆，轨迹线不经过起始点，圆可能包围也可能不包围起始点[图2.8(d)]。感兴趣的读者可以用 MATLAB 程序编写的 parabolic.m 文件，进一步研究质点的运动情况。

在惯性参考系中看整个运动系统，我们可以观察到质点的振荡其实是由于重力作为恢复力的运动。重力在抛物面上的投影会驱使质点向抛物面中心运动。如果从旋转坐标系来看，重力的这个分量总是被与旋转相关的离心力抵消，那么质点做振荡运动的恢复力就是科氏力了。

2.5   三维旋转行星上的加速度

考虑实际情况的质点运动，除了 2.2 节中讨论离心力的情况外，地球可以被当作一个理想的球体来处理，球体绕着贯穿南北极的轴转动。在任意给定的纬度 φ，南北向与当地的垂向偏离，科氏力与前述形式不一致。

图 2.9 展示了传统的局地笛卡儿参考系：x 轴向东，y 轴向北，z 轴向上。此坐标系下，地球自转矢量可以写为

$$\boldsymbol{\Omega} = \Omega\cos\varphi\,\boldsymbol{j} + \Omega\sin\varphi\,\boldsymbol{k} \tag{2.19}$$

减去离心力的绝对加速度为

$$\frac{\mathrm{d}\boldsymbol{u}}{\mathrm{d}t} + 2\boldsymbol{\Omega} \times \boldsymbol{u}$$

3 个分量为

$$x: \frac{\mathrm{d}u}{\mathrm{d}t} + 2\Omega\cos\varphi\,w - 2\Omega\sin\varphi\,v \tag{2.20a}$$

$$y: \frac{\mathrm{d}v}{\mathrm{d}t} + 2\Omega\sin\varphi\,u \tag{2.20b}$$

$$z: \frac{\mathrm{d}w}{\mathrm{d}t} - 2\Omega\cos\varphi\,u \tag{2.20c}$$

其中，x，y，z 均与局地的东向、北向和垂向方向一致，且坐标轴是弯曲的，相对加速度的分量导致了附加项的产生。在 3.2 节中这些附加项都因为大多数情况下比较小而被忽略。

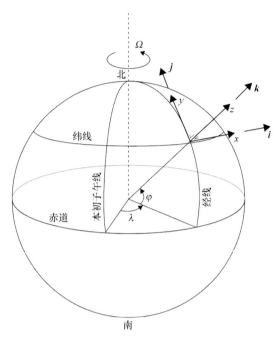

图 2.9   理想球形地球下定义的局地笛卡儿坐标，x 轴向东，y 轴向北，z 轴向上

为了便于表示，我们定义如下量：

$$f = 2\Omega \sin \varphi \qquad (2.21)$$

$$f_* = 2\Omega \cos \varphi \qquad (2.22)$$

式中，f 为科氏参数；f_* 没有惯用名称，在这里称为余科氏参数。f 在北半球为正、赤道为零、南半球为负，而 f_* 在南北半球均为正，在两极为零。在 4.3 节讨论各项的相对重要性时将会详细说明，一般来说，f 是重要的，而 f_* 可以被忽略。

水平方向上，无强迫的质点运动可以表述为

$$\frac{\mathrm{d}u}{\mathrm{d}t} - fv = 0 \qquad (2.23\text{a})$$

$$\frac{\mathrm{d}v}{\mathrm{d}t} + fu = 0 \qquad (2.23\text{b})$$

该运动的特点仍可由式 (2.12) 的形式表示，不同之处为根据式 (2.21) 给出的 f 取值。因此，地球上质点的惯性振荡周期为 $2\pi/f = \pi/\Omega \sin \varphi$，取值范围从极地的 11 h 58 min 一直到赤道的无穷大。因为压力梯度或者其他力的作用，地球上几乎不存在纯粹的惯性振荡。尽管如此，惯性振荡在观测海流中的贡献还是普遍存在的。Gustafson 等（1936）报道了一组观测，其信号几乎全是由惯性振荡构成。波罗的海的海流观测发现海流是在一个平均值附近的周期性振荡运动。如果将这些周期性振荡叠加起来构成一个连续行进的矢量图（图 2.10），海流运动清晰地显示其构成一个平均漂流，该漂流上叠加着相当有规律的顺时针方向的振荡。根据惯性振荡理论，北半球的振荡方向为顺时针，在观测地点纬度上的振荡周期为 $2\pi/f = \pi/\Omega \sin\varphi$，也即 14 h，这证实观测到的为惯性振荡运动。

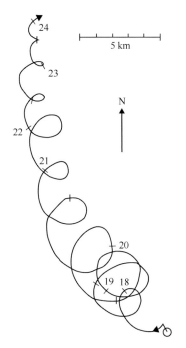

图 2.10　波罗的海海流惯性振荡运动的证据，据 Gustafson 等（1936）报道。图为连续行进矢量图，由定点观测的速度矢量连续叠加而成。对于均匀的流速或较小的流速，这样的曲线近似于以观察点为起点在观察期间做振荡运动的质点所遵循的轨迹。图中所标数字为每个月的日期。注意到，图中曲线总是偏向右，周期约为 14 h，恰等于该纬度（57.8°N）惯性振荡的振荡周期［取自 Gustafson 等（1936），由 Gill（1982）改绘］

2.6　振荡运动方程的数值求解

旋转平面上质点自由运动的方程式（2.11）在 2.3 节已经详细讨论过，现在考虑将其离散化，离散后对应的项属于地球流体数值模型的一部分。在引入时间增量 Δt 后，可以确定每个离散时刻 $t^n = n\Delta t$ 的速度分量的近似，记作 $\tilde{u}^n = \tilde{u}(t_n)$ 和 $\tilde{v}^n = \tilde{v}(t_n)$，其中

$n = 1$，2，3，…，波浪号用于区分离散解与精确解。采用所谓的基于一阶前向差分的欧拉法（Euler method）可以得到式（2.11）的最简离散形式：

$$\frac{\mathrm{d}u}{\mathrm{d}t} - fv = 0 \rightarrow \frac{\widetilde{u}^{\,n+1} - \widetilde{u}^{\,n}}{\Delta t} - f\widetilde{v}^{\,n} = 0$$

$$\frac{\mathrm{d}v}{\mathrm{d}t} + fu = 0 \rightarrow \frac{\widetilde{v}^{\,n+1} - \widetilde{v}^{\,n}}{\Delta t} + f\widetilde{u}^{\,n} = 0$$

上面两式后面的方程可以转化为如下的递归形式：

$$\widetilde{u}^{\,n+1} = \widetilde{u}^{\,n} + f\Delta t\,\widetilde{v}^{\,n} \tag{2.24a}$$

$$\widetilde{v}^{\,n+1} = \widetilde{v}^{\,n} - f\Delta t\,\widetilde{u}^{\,n} \tag{2.24b}$$

由此，当给定 t^0 时刻的初始值 $\widetilde{u}^{\,0}$ 和 $\widetilde{v}^{\,0}$，t^1 时刻的解就可以很容易地计算得到

$$\widetilde{u}^{\,1} = \widetilde{u}^{\,0} + f\Delta t\widetilde{v}^{\,0} \tag{2.25}$$

$$\widetilde{v}^{\,1} = \widetilde{v}^{\,0} - f\Delta t\widetilde{u}^{\,0} \tag{2.26}$$

类似地，t^2 和 t^3 等时刻的速度也可以用同样的算法迭代计算得到（注意不要将这里的时间指标与以下指数运算的表示方法混淆）。显然，以上所给的这个求解方案的优点是比较简洁，但是还不够完善，我们接下来继续讨论。

为了探究欧拉法产生的数值误差，我们对速度项进行泰勒展开：

$$\widetilde{u}^{\,n+1} = \widetilde{u}^{\,n} + \Delta t\left[\frac{\mathrm{d}\widetilde{u}}{\mathrm{d}t}\right]_{t=t^n} + \frac{\Delta t^2}{2}\left[\frac{\mathrm{d}^2\widetilde{u}}{\mathrm{d}t^2}\right]_{t=t^n} + \mathcal{O}(\Delta t^3)$$

对 $\widetilde{v}$ 做同样的处理，可以从式（2.24）得到如下结果：

$$\left[\frac{\mathrm{d}\widetilde{u}}{\mathrm{d}t} - f\widetilde{v}\right]_{t=t^n} = -\left[\frac{\mathrm{d}^2\widetilde{u}}{\mathrm{d}t^2}\right]_{t=t^n}\frac{\Delta t}{2} + \mathcal{O}(\Delta t^2) \tag{2.27a}$$

$$\left[\frac{\mathrm{d}\widetilde{v}}{\mathrm{d}t} + f\widetilde{u}\right]_{t=t^n} = -\left[\frac{\mathrm{d}^2\widetilde{v}}{\mathrm{d}t^2}\right]_{t=t^n}\frac{\Delta t}{2} + \mathcal{O}(\Delta t^2) \tag{2.27b}$$

对式（2.27a）的时间项进行差分，利用式（2.27b）消去 $\mathrm{d}\widetilde{v}/\mathrm{d}t$ 项，我们将式（2.27a）变成一种简单的形式，对式（2.27b）也做类似处理，可以有

$$\frac{\mathrm{d}\widetilde{u}^{\,n}}{\mathrm{d}t} - f\widetilde{v}^{\,n} = \frac{f^2\Delta t}{2}\widetilde{u}^{\,n} + \mathcal{O}(\Delta t^2) \tag{2.28a}$$

$$\frac{\mathrm{d}\widetilde{v}^{\,n}}{\mathrm{d}t} + f\widetilde{u}^{\,n} = \frac{f^2\Delta t}{2}\widetilde{v}^{\,n} + \mathcal{O}(\Delta t^2) \tag{2.28b}$$

从上式可以明显地看出，数值求解方案能够反映原来的方程，但是在方程的右边出现

了余项。这个余项呈反摩擦力的形式(摩擦力项会有负号)，所以随着时间的推移会使离散速度增加。

欧拉方案的截断误差，也就是前述表达式的右边项，随着 Δt 减小趋于 0，这就说明该方案是相容的。截断误差在一阶上的量级为 Δt，因此该方案是一阶精确的，也是最低精度的。然而，该方案的主要缺点在于离散方案中引入反摩擦力必然会产生非真实的加速度。事实上，基本的时间步进算法[式(2.24)]可以得到 $(\tilde{u}^{n+1})^2 + (\tilde{v}^{n+1})^2 = (1 + f^2 \Delta t^2)\{(\tilde{u}^n)^2 + (\tilde{v}^n)^2\}$，由此递归得到

$$\| \tilde{\boldsymbol{u}} \|^2 = (\tilde{u}^n)^2 + (\tilde{v}^n)^2 = (1 + f^2\Delta t^2)^n \{(\tilde{u}^0)^2 + (\tilde{v}^0)^2\} \tag{2.29}$$

因此，尽管我们在 2.3 节中看到惯性振荡的动能[正比于平方模(范数) $\|\tilde{u}\|^2$]是一个常量，但是在离散的数值解中却是不受约束地增长[1]，即使时间步长 Δt 比特征时间尺度 $1/f$ 小很多，式(2.24)也是"不稳定的"。这样显然是不能接受的，接下来必须讨论其他形式的离散化方案。

在第一个离散方案中，时间导数项利用时间 t^n 向前推进到 t^{n+1} 的值计算，其余项均在 t^n 时刻，也就是利用当前的值计算下一时刻的值的递归算法。相比之下，在隐式的离散方案中，除时间导数外的其他项均采用新的时刻 t^{n+1} 的值来计算(这类似于对时间导数进行后向差分)：

$$\frac{\tilde{u}^{n+1} - \tilde{u}^n}{\Delta t} - f\tilde{v}^{n+1} = 0 \tag{2.30a}$$

$$\frac{\tilde{v}^{n+1} - \tilde{v}^n}{\Delta t} + f\tilde{u}^{n+1} = 0 \tag{2.30b}$$

根据下式，离散解的模单调地趋向 0

$$(\tilde{u}^n)^2 + (\tilde{v}^n)^2 = (1 + f^2\Delta t^2)^{-n}\{(\tilde{u}^0)^2 + (\tilde{v}^0)^2\} \tag{2.31}$$

本方案可以认为是"稳定的"，但是由于动能在离散过程中既不能增加也不能减少，所以这个方案又被认为是"过稳定的"。

令人感兴趣的是基于显式和隐式方案加权平均的算法：

$$\frac{\tilde{u}^{n+1} - \tilde{u}^n}{\Delta t} - f[(1 - \alpha) v^n + \alpha\tilde{v}^{n+1}] = 0 \tag{2.32a}$$

$$\frac{\tilde{v}^{n+1} - \tilde{v}^n}{\Delta t} + f[(1 - \alpha) u^n + \alpha\tilde{u}^{n+1}] = 0 \tag{2.32b}$$

---

[1] 从上下文中可以看出，$(1 + f^2 \Delta t^2)^n$ 中的 n 是指数，而 $\tilde{u}^n$ 中的 n 是时间项的索引指标，下文将不再重申这一区别，请读者自己留意。

其中，$0 \leqslant \alpha \leqslant 1$。当 $\alpha = 0$ 时，数值方案是显式的；当 $\alpha = 1$ 时，数值方案是隐式的。因此，系数 α 代表了离散方案的显隐程度，它对动能随时间的变化起着关键作用：

$$(\tilde{u}^n)^2 + (\tilde{v}^n)^2 = \left[\frac{1 + (1-\alpha)^2 f^2 \Delta t^2}{1 + \alpha^2 f^2 \Delta t^2} \right]^n \{ (\tilde{u}^0)^2 + (\tilde{v}^0)^2 \} \qquad (2.33)$$

从式(2.33)可以看出，α 取小于、等于或大于 $1/2$ 时，动能相应地随时间增长、不变或减少。根据前面动能守恒的讨论，α 应该选 $1/2$，这样的方案被称为"半隐式方案"。

现在比较半隐式近似解与式(2.12)的精确解。为了使两者有可比性，指定相同的初始条件，也就是 $\tilde{u}^0 = V \sin \phi$ 和 $\tilde{v}^0 = V \cos \phi$。那么，任意时刻 t^n，离散速度(见数值练习 2.9)可以写作

$$\tilde{u}^n = V \sin(\tilde{f} t^n + \phi)$$

$$\tilde{v}^n = V \cos(\tilde{f} t^n + \phi)$$

其中，角频率 $\tilde{f}$ 由下式得出

$$f = \frac{1}{\Delta t} \arctan \left(\frac{f \Delta t}{1 - f^2 \Delta t^2 / 4} \right) \qquad (2.34)$$

尽管数值方案中振幅(V)是准确的，然而数值角频率 $\tilde{f}$ 却与真实值 f 不同。无量纲的乘积 $f \Delta t$ 越小，误差也就越小：

$$当 f \Delta t \to 0, \quad \tilde{f} \to f \left(1 - \frac{f^2 \Delta t^2}{12} \right)$$

也就是说，当时间增量 Δt 取值远小于 $1/f$(惯性振荡的时间尺度)时，数值解的角频率就能更好地逼近精确解。

2.7 数值计算的收敛性和稳定性

利用泰勒级数展开对惯性振荡方程进行离散，当 Δt 趋向于 0 时，截断误差会消失。但是，我们并不关心通过增加时间分辨率使得离散方程的极限逼近原始方程(相容性)，我们只需要确定离散方程的解能逼近原始微分方程的解(精确解)即可。如果随着 Δt 趋近于 0，离散解也趋近于精确解，那么我们称离散方案是"收敛的"。

遗憾的是，证明收敛性并非易事，尤其是在这种情况下，使用数值离散化就显得多余了。此外，因为离散化只是提供了一种构建解的方法和算法，离散方程的精确解很少能以封闭形式写出。

在既不知道离散方程解也不知道连续方程解的情况下，直接证明方程的收敛性涉及的数学内容超出了本书的范围，此处不再讨论。但是，我们可以依据著名的拉克斯-里克特迈耶(Lax–Richtmyer)等价定理(Lax et al.，1956)：

> 对于适定的线性偏微分方程的初值问题，一个与之相容的有限差分格式收敛的充分必要条件是该格式是稳定的。

因此，虽然方程收敛性的证明需要涉及较深的泛函分析内容，但是本书将从以上方法证明离散格式的相容性和稳定性，并进一步据此来保持格式的收敛性。这种方法是很吸引人的，不仅因为考察方程的稳定性和相容性比证明方程的收敛性更简单，而且稳定性分析可以进一步得到数值方案的传播特性(参见 5.4 节)。但是，如何定义稳定性以及设计方法来检验数值格式的稳定性呢？从用显式欧拉方案得到的对惯性振荡的离散化方程[式(2.24)]，我们可以得到结论：不稳定是由于速度的模以及系统的能量随着时间增加而造成的。

对于形容词"不稳定"，从上下文中看起来很自然但却不够准确，对此目前还缺乏准确的定义。设想对一个标准线性微分方程采用隐式欧拉方案(一般被视为稳定性方案的原型)：

$$\frac{\partial u}{\partial t} = \gamma u \rightarrow \frac{\widetilde{u}^{n+1} - \widetilde{u}^{n}}{\Delta t} = \gamma \widetilde{u}^{n+1} \tag{2.35}$$

当 $0 < \gamma \Delta t < 1$ 时，我们看到 $\widetilde{u}$ 的模增加：

$$\widetilde{u}^{n} = \left(\frac{1}{1 - \gamma \Delta t}\right)^{n} \widetilde{u}^{0} \tag{2.36}$$

然而，这种形式我们很难认为是不稳定的，因为精确解 $u = u^{0}\,\mathrm{e}^{\gamma t}$ 的模也是增加的。这个例子中，我们还可以看到数值解实实在在地收敛到了精确解：

$$\lim_{\Delta t \to 0} \widetilde{u}^{n} = \widetilde{u}^{0} \lim_{\Delta t \to 0} \left(\frac{1}{1 - \gamma \Delta t}\right)^{n} = \widetilde{u}^{0} \lim_{\Delta t \to 0} \left(\frac{1}{1 - \gamma \Delta t}\right)^{t/\Delta t} = \widetilde{u}^{0}\mathrm{e}^{\gamma t} \tag{2.37}$$

式中，$t = n\Delta t$。

由此可以看到，方程的稳定性不仅涉及离散解的特征，也与精确解的特征有关系。宽泛地讲，如果当数值解比精确解增长速度快很多时，我们可以认为数值方案是不稳定的；同样地，如果当数值解衰减速度远快于精确解时，则认为数值方案是过稳定的。

2.7.1 稳定性的形式定义

稳定性的数学定义允许离散解在一定程度内增长，其定义为：如果离散状态变量用数组 x 表示(所有空间网格点上的所有变量值均用一个统一的向量表示)，该向量按照所选离散方案的算法在时间上步进，如果存在一个常数 C，对所有 $n\Delta t \leq T$ 都有

$$\| x^{n} \| \leqslant C \| x^{0} \| \tag{2.38}$$

那么称相应的离散方案在固定的时间间隔 T 内是稳定的。也就是说，不考虑 $\Delta t\,(\leqslant T)$

的选取，只要数值解在 $t \le T$ 内是有界的，数值方案就是稳定的。

该稳定性的定义允许数值解在一定范围内增长，但是增长程度往往会超出数值建模人员能接受的范围。这个定义与拉克斯－里克特迈耶等价定理互为充分必要条件，因此可以用于判定数值方案的收敛性。只要数值解的增长率较慢，是不会破坏方案的收敛性的。特殊情况下，我们可以用所谓的"严格稳定性条件"以保证方案的收敛性。

2.7.2 严格稳定性

对于存在一个或若干积分模（如总能量或波作用）守恒的系统，我们自然要对数值解施加稳定性条件，也就是相应的范数不随时间增长，有

$$\| \boldsymbol{x}^n \| \le \| \boldsymbol{x}^0 \| \tag{2.39}$$

显然，满足式（2.39）稳定性条件的方案必然也满足式（2.38）的条件，反之则不然。更严格的定义式（2.39）称为"严格稳定性条件"，它保证了数值解的范数在时间域内不增长。

2.7.3 稳定性判据的选择

稳定性判据的选择很大程度上取决于所要解决的数学和物理问题，比如对于波传播问题，自然要选择严格稳定性条件（假定了物理过程中一些范数的守恒性），而对于物理上无界的问题，可以使用较弱的数值稳定性定义［式（2.38）］。

现在我们可以根据两种稳定性的定义来考察前面两种离散方案。对惯性振荡的显式欧拉离散方案［式（2.24）］，根据式（2.39）的判断是不稳定的（不满足能量守恒），但是我们接下来会证明，从理论上讲，它符合式（2.38）的稳定性条件。按照式（2.29）的形式，速度的范数为

$$\| \overline{\boldsymbol{u}}^n \| = (1 + f^2 \Delta t^2)^{n/2} \| \widetilde{\boldsymbol{u}}^0 \| \tag{2.40}$$

我们仅需要证明①其增长因子被限定在一个与 n 和 Δt 无关的常数范围内

$$(1 + f^2 \Delta t^2)^{n/2} \le (1 + f^2 \Delta t^2)^{T/(2\Delta t)} \le \mathrm{e}^{\frac{f^2 \Delta t T}{2}} \le \mathrm{e}^{\frac{f^2 T^2}{2}} \tag{2.42}$$

从式（2.42）可以看到，尽管速度的增量相当重要，但是按照拉克斯－里克特迈耶等价定理，数值解将随着时间步长的减小而变得收敛，因而前述的显式欧拉方案在式（2.38）的定义基础上是稳定的。我们可在图 2.11 中看到，也可以明确地证明（参见数值练习 2.5）。但是在实际操作中，受计算机计算能力的限制，时间步长从来都不能

---

① 证明中用到了不等式

$$(1 + a)^b \le \mathrm{e}^{ab} \quad (a, b \ge 0) \tag{2.41}$$

这个不等式可以通过当 $a \ge 0$ 时，$(1+a)^b = \mathrm{e}^{b \ln(1+a)}$ 和 $\ln(1+a) \le a$ 来得到。

设置太小。另外，数值模拟的时间段 T 可能会很长，因而即使数值解在小时间步长内会收敛，速度的范数的增长还是无法接受的。因此，需要选择严格稳定性定义［式（2.39）］，半隐式的欧拉离散方案才符合稳定性的要求。

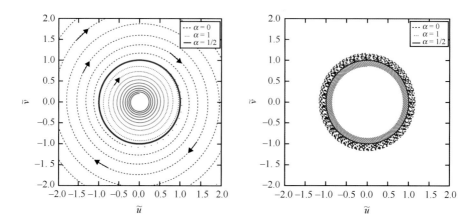

图 2.11　式（2.32a）和式（2.32b）所示惯性振荡的显式离散方案（$\alpha = 0$）、隐式离散方案（$\alpha = 1$）和半隐式离散方案（$\alpha = 1/2$）的数值解（$\tilde{u}$，$\tilde{v}$）的表示（称为矢端曲线），左边的矢端曲线在 $f\Delta t = 0.05$ 条件下计算得到，右边的矢端曲线在 $f\Delta t = 0.005$ 条件下计算得到。可以清楚地观察到图 2.4 的惯性振荡，但是显式离散方案导致振荡螺旋旋转向外，隐式离散方案则导致振荡螺旋旋转向内。当时间步长缩小（从左图变成右图），数值解会趋向于精确解。两种情况下都进行了 10 个惯性振荡周期的模拟

　　第二个例子，是对速度增长方程采用隐式欧拉方案，该方案［式（2.35）］在式（2.38）定义的稳定性下是稳定的（因为该方案是收敛的），但是允许数值解像精确解一样增长。

　　综合前面我们对于数值离散方案的讨论，现在我们对于构造收敛数值方案可以有一个大致的方法流程：首先设计一种离散方案，它的相容性（与方程有关的性质）可以通过直接的泰勒级数展开来验证，然后检验数值方案的稳定性（后面会介绍一些实用的方法），最后利用拉克斯-里克特迈耶等价定理证明离散方案的收敛性（与解有关的性质）。但是需要注意，拉克斯-里克特迈耶等价定理只对线性系统严格有效，对于非线性系统则可能出现意外。另外，通过这种间接方式建立的收敛性，也要求初始条件和边界条件收敛于连续的微分系统。最后还需要说明的是，只有适定初值问题才能保证收敛性。然而，我们一般不需要担心，因为我们考虑的所有地球流体模型均是在物理上适定的。

2.8 预估-校正方法

至此，我们已经阐明了描述惯性振荡的线性方程的数值离散化方法。这些方法可以很容易地推广到具有非线性源 Q 的关于变量 u 的方程中，如

$$\frac{\mathrm{d}u}{\mathrm{d}t} = Q(t, u) \tag{2.43}$$

为简单起见，此处将 u 作为标量考虑，并可直接将其推广为状态矢量 $\boldsymbol{x}$，如 $\boldsymbol{x} = (u, v)$。

前述方法可以概括如下：

- 显式欧拉法(前向差分方案)：

$$\widetilde{u}^{n+1} = \widetilde{u}^n + \Delta t Q^n \tag{2.44}$$

- 隐式欧拉法(后向差分方案)：

$$\widetilde{u}^{n+1} = \widetilde{u}^n + \Delta t Q^{n+1} \tag{2.45}$$

- 半隐式欧拉方案(梯形方案)：

$$\widetilde{u}^{n+1} = \widetilde{u}^n + \frac{\Delta t}{2}(Q^n + Q^{n+1}) \tag{2.46}$$

- 广义的两点方案(其中，$0 \leqslant \alpha \leqslant 1$)：

$$\widetilde{u}^{n+1} = \widetilde{u}^n + \Delta t \left[(1 - \alpha) Q^n + \alpha Q^{n+1}\right] \tag{2.47}$$

注意，以上方案既可以看成时间导数的有限差分近似，也可以看成源项 Q 的时间积分的有限差分近似。实际上有

$$u(t^{n+1}) = u(t^n) + \int_{t^n}^{t^{n+1}} Q\mathrm{d}t \tag{2.48}$$

所以，前面提到的几种方案也可以视为对时间积分的近似，如图 2.12 所示。所有离散方案都是利用 Q^n 和 Q^{n+1} 这两个点来估计 t^n 到 t^{n+1} 的积分，所以被称为"两点法"，除半隐式(或梯形)方案是二阶近似外，这些离散方案都是一阶近似的。二阶近似是两点法能得到的最高阶精度。要想达到比二阶近似更高的精度，则必须对 Q 项进行更密集的采样，来对时间积分进行近似。

然而，在讨论密集采样之前，有一个困难应该引起注意：源项 Q 依赖于未知变量 $\widetilde{u}$，这样的话，计算 Q^{n+1} 需要知道 $\widetilde{u}^{n+1}$，而 $\widetilde{u}^{n+1}$ 又从 Q^{n+1} 计算得来，这样就构成了一个死循环。在前面惯性振荡的例子中，在求解方程解之前先经过了代数处理，才克服了循环依赖的问题(即把所有的 $n+1$ 项都集中到了式子左边)。但是，源项在通常情况下都是非线性的，这样简单的操作通常行不通，我们需要通过寻找一个好的近似来避免精确计算带来的无限循环问题。

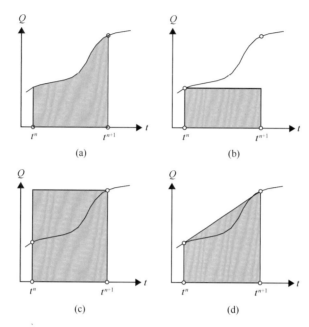

图 2.12　源项 Q 在 t^n 到 t^{n+1} 间的时间积分：（a）精确积分；（b）显式方案；
（c）隐式方案；（d）半隐式（或梯形）方案

可以通过在 Q 项中引入初始估值 $\widetilde{u}^*$ 来生成得到好的近似：

$$Q^{n+1} \simeq Q(t^{n+1},\ \widetilde{u}^*) \qquad (2.49)$$

只要 $\widetilde{u}^*$ 是 $\widetilde{u}^{n+1}$ 的一个充分好的估值，$\widetilde{u}^*$ 越逼近 $\widetilde{u}^{n+1}$，离散方案就越逼近理想的隐式方案。如果估值 $\widetilde{u}^*$ 是通过简单的显式计算（前向差分）得到的：

$$\widetilde{u}^* = \widetilde{u}^n + \Delta t Q(t^n,\ \widetilde{u}^n) \qquad (2.50a)$$

$$\widetilde{u}^{n+1} = \widetilde{u}^n + \frac{\Delta t}{2}\left[Q(t^n,\ \widetilde{u}^n) + Q(t^{n+1},\ \widetilde{u}^*)\right] \qquad (2.50b)$$

我们就从中得到了一个两步计算法，称为休恩法（Heun method），这个算法是具有二阶精度的。

上述的这个二阶方法其实是所谓的"预估-校正算法"中的一种，预估-校正算法就是在计算复杂项时利用初始估值 $\widetilde{u}^*$ 代替 $\widetilde{u}^{n+1}$ 的一类方法的统称。

2.9　高阶近似方案

如果需要精度高于二阶的方法，我们就需要引入 t^n 和 t^{n+1} 时刻外更多的 Q 项来计算。这可以有两种途径：一是引入 t^n 到 t^{n+1} 之间的时刻；二是引用前面的时间步 $n-1$，

$n-2$ 等时刻的 Q 项。前一种途径会得到所谓的龙格–库塔法（Runge–Kutta method），也叫多级法（multistage method），后一种途径会得到所谓的多步法（multistep method）。

最简单的方法是只引入单个中间点，称为中点法（midpoint method）（图 2.13）。积分是通过先计算中间点 $t^{n+1/2}$ 时刻的 $u^{n+1/2}$ 值（扮演了 $\tilde{u}^*$ 的角色），然后根据此中间点的估计对整个时间步进行积分：

$$\tilde{u}^{n+1/2} = \tilde{u}^{n} + \frac{\Delta t}{2} Q(t^{n},\ \tilde{u}^{n}) \tag{2.51a}$$

$$\tilde{u}^{n+1} = \tilde{u}^{n} + \Delta t Q(t^{n+1/2},\ \tilde{u}^{n+1/2}) \tag{2.51b}$$

然而，中点法仅是二阶精度的，相比于前述的休恩法［式（2.50）］并未有所改进。

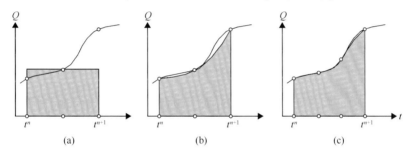

图 2.13　复杂性逐渐增加的龙格–库塔法：（a）中点积分；
（b）抛物线内插积分；（c）三次插值积分

采用抛物线内插可以构建比较常用的四阶精度方案，具体做法是在两个 Q 项之间利用抛物线内插法在中点上进行连续两次估值，然后推广到整个时间步上：

$$\tilde{u}_{a}^{n+1/2} = \tilde{u}^{n} + \frac{\Delta t}{2} Q(t^{n},\ \tilde{u}^{n}) \tag{2.52a}$$

$$\tilde{u}_{b}^{n+1/2} = \tilde{u}^{n} + \frac{\Delta t}{2} Q(t^{n+1/2},\ \tilde{u}_{a}^{n+1/2}) \tag{2.52b}$$

$$\tilde{u}^{*} = \tilde{u}^{n} + \Delta t Q(t^{n+1/2},\ \tilde{u}_{b}^{n+1/2}) \tag{2.52c}$$

$$\tilde{u}^{n+1} = \tilde{u}^{n} + \Delta t \left[\frac{1}{6} Q(t^{n},\ \tilde{u}^{n}) + \frac{2}{6} Q(t^{n+1/2},\ \tilde{u}_{a}^{n+1/2}) \right.$$
$$\left. + \frac{2}{6} Q(t^{n+1/2},\ \tilde{u}_{b}^{n+1/2}) + \frac{1}{6} Q(t^{n+1},\ \tilde{u}^{*}) \right] \tag{2.52d}$$

我们还可以采用更高阶的多项式插值来进一步提高精度的阶数（图 2.13）

除了前面提到的使用中间点来提高精度的阶数的方法，我们还可以利用由之前时间步得到的 Q 的估计值（图 2.14）。地球流体力学模型中最常用的方法就是蛙跳法（leapfrog method），它是简单地重复使用在时间步 $n-1$ 处的值，跨越 $2\Delta t$ 步长，跳过时

刻 t^n 的 Q 项：

$$\widetilde{u}^{n+1} = \widetilde{u}^{n-1} + 2\Delta t Q^n \tag{2.53}$$

该算法是二阶精度并且是全显式的。另外一种使用 $n-1$ 时刻上的 Q 值的二阶精度方法称为亚当斯-巴什福思法（Adams-Bashforth method）：

$$\widetilde{u}^{n+1} = \widetilde{u}^{n} + \Delta t \frac{(3Q^n - Q^{n-1})}{2} \tag{2.54}$$

详细说明如图 2.14 所示。

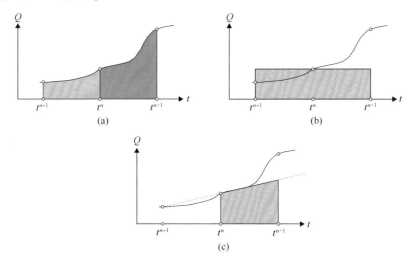

图 2.14 （a）从 t^{n-1} 或 t^n 向 t^{n+1} 的精确积分，（b）从 t^{n-1} 到 t^{n+1} 的蛙跳积分，（c）从 t^n 到 t^{n+1} 的亚当斯-巴什福思积分，利用已知值在积分区间 t^n 至 t^{n+1} 外推计算 Q

要获得更高阶精度的结果，可以通过调用更多已有时刻点（如 $n-2$，$n-3$，…），但是我们一般不这样做，原因主要有：①调用前面的点会在使用初始条件起步计算时产生问题。为了避免使用一个或几个不存在的点，第一步的计算必然与方案整体设计的计算方式不同，一般用显式欧拉方案。这样的一步已经足以开始蛙跳方案和亚当斯-巴什福思方案，但是对于使用更多前点（$n-2$，$n-3$，…）值的方案就需要复杂的处理，编写地球流体力学模型代码时需要相当大的努力；②使用几个前点值的方案要求计算机的存储能力也要成比例地增加，因为在产生新时刻值之前不能立刻丢弃旧值。对于简单的方程系统，这并不是很大的麻烦，但是在实际应用中，存储容量非常重要，计算机的中央存储只能容纳很少的一部分前点的旧值。前面提到的多级法也存在这样的存储限制问题，尽管多级法不需要特别的起步机制。

总的来说，高阶精度的方案可以设计实施，但是需要频繁估计方程的右边项（一般是很复杂的项），并且可能需要存储不同时间步上的数值结果。由于高阶方法的计算负荷太重，我们就需要权衡它们能否比低阶精度方法得到更好的数值解，因此我们要讨论这些方法的精度问题，具体的讨论详见 4.8 节。

解析解和数值解存在根本性的不同。有些方程可以不用求解就能得到解的性质。例如，很容易证明惯性振荡的速度大小是保持不变的。但是，相比解析解，数值解就不能保证满足相同的性质(显式欧拉离散方案就不是速度保范的)。因此，我们不能确保数值解能体现解析解的数学性质。虽然这是数值方法的一大弊病，却也恰好可以用来衡量数值方案的好坏。此外，对于存在可调参数(比如，隐式因子)的数值方案，可以通过调节参数而使数值解尽可能逼近精确解。

通过前面的总结，我们认识到数值解一般不具有精确解的数学性质(图 2.15)，比如惯性振荡的显式离散方案就有助于理解这一缺陷(图 2.16)。接下来，我们还会了解其他的一些性质(比如，能量守恒、位势涡度守恒、浓度的保正性)，利用这些性质，可以指导数值方案中参数的选取。

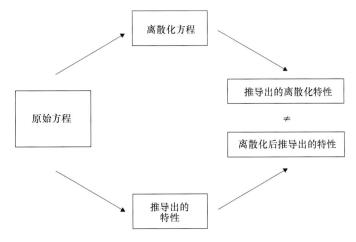

图 2.15　方程离散特性与数学特性相互影响的示意图

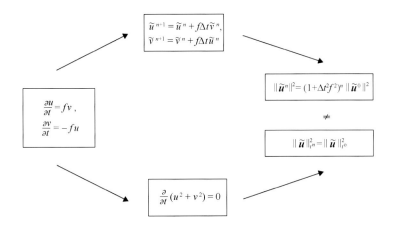

图 2.16　惯性振荡中离散性质和数学性质相互影响的示意图

解析问题

2.1 木星上的一天是地球上的 9.9 h，赤道周长是 448 600 km，已知赤道上测得的重力加速度为 26.4 m/s²，推导真实的重力加速度和离心加速度。

2.2 日本新干线列车（子弹头列车）以 185 km/h 的速度从东京开往大阪（两地都约位于 35°N）。在设计列车和轨道线时，你认为设计师是否需要考虑地球的自转？（提示：科氏力效应引起间接的力，其横向分量可能使列车产生倾斜）

2.3 一颗炮弹在伦敦（51°31′N）发射，以 120 m/s 的平均水平速度飞行了 25 s，求其侧向偏转量。同样的炮弹在摩尔曼斯克（68°52′N）和内罗毕（1°18′S）发射的偏转情况怎样？

2.4 设达特茅斯学院（43°38′N）有一块完全光滑且无摩擦的曲棍球场，求以多大速度驱动冰球才能使其运动轨迹是以球场宽度（26 m）为直径的惯性圆？

2.5 一块石头从 35°N 处一座 300 m 高的桥上坠下，受地球自转影响，石头将往下落方向的哪边偏？石头将在距离下落投影点多远的地方落地？（提示：忽略空气阻力）

2.6 在 43°N 上，雨滴从距地面 2 500 m 高的云层下落，假设大气相对静止（无风）。下落过程中，雨滴受到重力、三维的科氏力及线性拖曳力的作用，拖曳力的拖曳系数为 $C = 1.3$ s⁻¹（即在 x、y 和 z 3 个方向上，单位质量上的拖曳力分量分别为 $-Cu$、$-Cv$ 和 $-Cw$），求雨滴的轨迹？在雨滴下落过程中，科氏力分别在东向和北向造成多大的偏移量？（提示：相比整个下落过程所用时间，雨滴达到终极速度的时间很短）

2.7 两个相同的质量为 M 的固体质点通过一个无质量的长度为 L 的刚性杆连接，在旋转的水平面上运动，不受外力的作用（图 2.17）。在地球流体动力学框架下，忽略旋转导致的离心力。建立这个质点系的运动控制方程，并导出通解，探讨通解的物理意义。

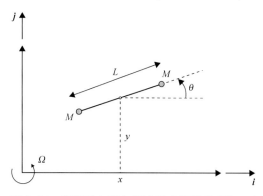

图 2.17 旋转面上两个相连质点的运动（题 2.7）

2.8 在 $t = 0$ 时刻，质量均为 M 的两个质点，带相反电荷量 q，在旋转面内（角速度 $\Omega = f/2$）距离 L 从静止状态释放。假定旋转面导致的离心力由外力平衡，写出两个质点的运动方程及相应的初始条件。并证明质心(两个质点距离的中点)在质点运动的过程中不移动，写出控制质点间距离 $r(t)$ 的差分方程。在不旋转的平面上，两个质点是否会相互吸引并最终碰撞合并($r = 0$)？

2.9　研究在一个旋转且倾斜的刚性平面上(图 2.18)，从静止状态释放的一个质量为 M 的自由质点的轨迹方程。假定平面转动角速度为 Ω，平面倾斜角为 α，摩擦力和离心力可以忽略。质点能达到的最大速度为多少？在坡面上的最大下落位移为多大？

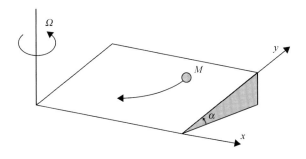

图 2.18　无摩擦旋转倾斜面上的自由质点运动

2.10　图 2.19 所示的曲线是海流计在地中海区域 43°09′N 处观测的海流前进矢量图，假定海流计的锚点附近流场均匀但随时间变化，曲线可以解释为水团的运动轨迹。利用图中曲线上代表天数的标记，证明观测到的是该区域的惯性振荡，求这些惯性振荡的平均轨道速度。

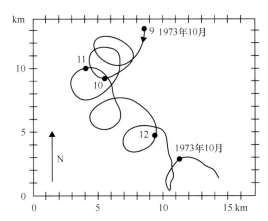

图 2.19　1973 年 10 月，海流计在地中海区域观测构建的水团前进矢量图

(题 2.10)(由挪威卑尔根大学的 Martin Mork 提供，在此谨致谢忱)

数值练习

2.1　使用半隐式方案[式(2.32a)和式(2.32b)]且当 $\alpha = 1/2$ 时，为了保证 f 的相

对误差不超过 1%，每个周期内 $(2\pi/f)$ 需要设定多少时间步？

2.2　设计一个欧拉方案，利用做惯性振荡的质点的速度分量 u 和 v 来计算质点的位置坐标 x 和 y，速度分量的计算同样也采用欧拉方案。画出当 $n=1$，2，3，…时质点轨迹 $[\tilde{x}^n, \tilde{y}^n]$ 的图像，你发现了什么？

2.3　对于惯性振荡的半隐式离散方案，计算当数值解和精确解相位相反（$180°$ 相位差）时振荡完成的圈数，并将圈数表示成参数 $f\Delta t$ 的函数。当 $f\Delta t = 0.1$ 时，观察解达到反相位所用的时间，你得到了什么结论？

2.4　设计惯性振荡运动的蛙跳方案，通过寻找如下形式的数值解来分析其稳定性及角频率特性[①]：

$$\tilde{u}^n = V\varrho^n \sin(\tilde{f} n\Delta t + \varphi), \quad \tilde{v}^n = V\varrho^n \cos(\tilde{f} n\Delta t + \varphi)$$

2.5　计算惯性振荡的显式欧拉方案如数值练习 2.4 形式的离散解，其中 ϱ 和 $\tilde{f}$ 是待定参数。证明离散解收敛到精确解式（2.12）。

2.6　证明方案 [式（2.51）] 是二阶的。

2.7　将 coriolisdis. m 应用于带摩擦项的惯性振荡的离散方案

$$\frac{\mathrm{d}u}{\mathrm{d}t} = fv - cu \tag{2.55}$$

$$\frac{\mathrm{d}v}{\mathrm{d}t} = -fu - cv \tag{2.56}$$

其中，$c = fk$。随着 k 在区间 $[0, 1]$ 增长，计算显式方案的结果。确定满足显式欧拉离散方案的范数为常数 k 的值，并从式（2.28）的观点对此结果予以解释。

2.8　对下列方程组使用几种不同的时间离散方案：

$$\frac{\mathrm{d}u}{\mathrm{d}t} = fv \tag{2.57}$$

$$\frac{\mathrm{d}v}{\mathrm{d}t} = -fu + fk(1 - u^2)v \tag{2.58}$$

其中，初始条件 $t = 0$ 时，$u = 2$，$v = 0$，分别计算 k 取 0.1、1 和 5 时以上方程的离散解，你发现了什么现象？

2.9　证明有修正角频率 [式（2.34）] 的惯性振荡运动是半隐式方案 [式（2.32）] 的精确解。（提示：将该惯性振荡的解插入半隐式方案的有限差分方程，找到对应 $\tilde{f}$ 值的条件）

---

① ρ^n 中 n 是幂次指数，不是时间步长指标。

皮埃尔·西蒙·德·拉普拉斯侯爵
（Pierre Simon Marquis de Laplace，1749—1827）

　　青年时代，凭借自己的杰出能力，出身卑微的皮埃尔·西蒙·德·拉普拉斯从法国乡村来到了巴黎。在法国科学院，让·达朗贝尔最先看出了年轻的拉普拉斯的天赋，并为他在军校谋得了一个职位。从这次任职，拉普拉斯开始了行星运动的研究，并在积分学和微分方程方面取得了一系列的进展。在混乱的法国大革命时期，通过不断地变换政治立场，拉普拉斯的研究活动几乎没受到任何冲击和中断。1799 年，他出版了研究内容充实丰富的《天体力学》*Mécanique Céleste* 第一卷，后来又扩充至五卷，该著作被视为经典物理学的基石。有人认为这本书是用微分学的语言写就的牛顿定理（1687 年），并阐明了困扰牛顿的许多重要问题。其中之一是关于海洋潮汐理论的，拉普拉斯是第一个将潮汐运动建立在坚实数学基础之上的人。

　　现在有以拉普拉斯的名字命名的一个微分算子（表示所有二阶导数之和），该算子出现在无数的物理问题中，也包括在地球流体动力学中（参见第 16 章）。［照片引自 19 世纪的彩色雕版画，纽约格兰杰收藏馆（The Granger Collection）］

61

加斯帕德·古斯塔夫·德·科里奥利
（Gaspard Gustave de Coriolis，1792—1843）

加斯帕德·古斯塔夫·德·科里奥利出生于法国，并成为一名工程师，在 24 岁时开始教学和研究生涯。他痴迷于机械转动的相关问题，推导了旋转参考系下的物体运动方程，相关研究成果在 1831 年夏提交给了法国科学院。1838 年，他升任巴黎高等工业学校的研究主任，不再教学，但是随后健康每况愈下，几年后逝世。

世界上最大的旋转实验平台就在法国格勒诺布尔的力学研究所，以他的名字命名，并已模拟了无数的地球流体现象。（照片引自位于巴黎的法国科学院的档案）

第3章　流体运动方程

摘要: 本章旨在建立旋转环境下层结流体的运动方程;然后,利用布西内斯克近似对这些方程进行简化;最后,介绍有限体积离散方案,并阐述这些方案与用来建立运动方程的各源项收支计算之间的关系。

3.1　质量收支

我们必须明确,在流体力学中的一个必要准则是质量守恒。也就是说,若流体在三维空间存在辐合和辐散之间的不平衡,必然会引起局地流体的压缩或膨胀。这种守恒性的数学形式为

$$\frac{\partial \rho}{\partial t} + \frac{\partial}{\partial x}(\rho u) + \frac{\partial}{\partial y}(\rho v) + \frac{\partial}{\partial z}(\rho w) = 0 \tag{3.1}$$

式中,ρ 是流体密度,单位为 kg/m^3;(u,v,w) 是速度的 3 个分量,单位分别为 m/s。以上 4 个分量随时间 t 和三维空间(包括水平方向 x、y,垂直方向 z)的改变而变化。

这个方程通常被称为连续方程(continuity equation),是传统流体力学中的经典方程。Sturm(2001,第 4 页)指出莱奥纳多·达·芬奇(1452—1519)曾通过对逐渐变窄的流体流动推导出了质量守恒方程的简化形式。然而,这里提到的三维差分格式的提出可能要晚很多年,最有可能是由莱昂哈德·欧拉(1707—1783)推导得到的。具体的推导,读者可以参考 Batchelor(1967)、Fox 等(1992)或本书的附录 A。

请注意,球面几何形态必然引入额外的曲率项,而前面我们曾限制研究长度尺度远远小于全球尺度,为了保持一致性,我们在这里忽略了曲率项。

3.2　动量收支

对于无旋转 $(\Omega = 0)$ 流体,艾萨克·牛顿第二定律"质量乘以加速度等于合力"可以用单位体积和密度代替质量来更好地表述,这个改进的方程被称为纳维−斯托克斯方

63

程（Navier-Stokes equations）。对于地球流体，旋转是非常重要的，加速度项必须如式（2.20）扩展为

$$x: \rho\left(\frac{\mathrm{d}u}{\mathrm{d}t} + f_* w - fv\right) = -\frac{\partial p}{\partial x} + \frac{\partial \tau^{xx}}{\partial x} + \frac{\partial \tau^{xy}}{\partial y} + \frac{\partial \tau^{xz}}{\partial z} \tag{3.2a}$$

$$y: \rho\left(\frac{\mathrm{d}v}{\mathrm{d}t} + fu\right) = -\frac{\partial p}{\partial y} + \frac{\partial \tau^{xy}}{\partial x} + \frac{\partial \tau^{yy}}{\partial y} + \frac{\partial \tau^{yz}}{\partial z} \tag{3.2b}$$

$$z: \rho\left(\frac{\mathrm{d}w}{\mathrm{d}t} - f_* u\right) = -\frac{\partial p}{\partial z} - \rho g + \frac{\partial \tau^{xz}}{\partial x} + \frac{\partial \tau^{yz}}{\partial y} + \frac{\partial \tau^{zz}}{\partial z} \tag{3.2c}$$

式中，x、y 和 z 轴分别指向东、北、上 3 个方向；$f = 2\Omega \sin \varphi$ 是科氏参数；$f_* = 2\Omega \cos \varphi$ 是余科氏参数；ρ 是密度；p 是压强；g 是重力加速度；τ 代表由摩擦力引起的法向应力和切应力。

其中，压力与压力梯度大小相等、方向相反，黏性力包含应力张量的导数，学习过流体力学入门课程的学生对这两个力应该是非常熟悉的。附录 A 为刚开始学习流体力学的学生回溯了这些项的推导。

单位体积的有效重力（引力与离心力的合力，参见 2.2 节）为 ρg，方向垂直向下。因此，重力项只出现在第三个描述垂直方向运动的方程中。

因为流体的加速度不是用固定位置的速度变化率来表示，而是用随着流体一起运动的流体质点的速度变化率来表示，所以加速度分量中的时间导数 $\mathrm{d}u/\mathrm{d}t$、$\mathrm{d}v/\mathrm{d}t$ 和 $\mathrm{d}w/\mathrm{d}t$ 由局地时间变化率和所谓的平流项组成：

$$\frac{\mathrm{d}}{\mathrm{d}t} = \frac{\partial}{\partial t} + u\frac{\partial}{\partial x} + v\frac{\partial}{\partial y} + w\frac{\partial}{\partial z} \tag{3.3}$$

这个导数被称为物质导数（material derivative，又称为随体导数）。

上述方程使用的是笛卡儿坐标系，仅在所考虑区域的尺度远小于地球半径时才成立，在地球上，长度尺度不超过 1 000 km 通常是可以接受的。忽略曲率项的结果类似于通过将弯曲的地球表面映射到平面上而产生失真。

如果所考虑区域的尺度与行星尺度相当，那么 x、y 和 z 轴需要由球面坐标系来代替，方程中就需要考虑曲率项。这些方程式见附录 A。为了简单地说明地球流体动力学的基本原理，我们在整本书中忽略外部曲率项，仅使用笛卡儿坐标系。

式（3.2a）至式（3.2c）是描述 3 个速度分量 u、v 和 w 的方程。它们涉及两个额外的变量，即压强 p 和密度 ρ。关于密度 ρ 的方程可由质量守恒［式（3.1）］提供，那么还需要另外一个方程。

3.3　状态方程

因为缺少密度与压强之间的关系，我们对流体系统的描述仍是不完整的。密度与

压强之间的关系称为状态方程(equation of state),可以用来描述流体的性质。进一步来说,我们需要区分空气和水的状态方程。

对于不可压缩流体,例如在常压、常温下的纯水,状态方程可以简单地表示为 ρ 等于常数,这样前面的方程就完整了。然而,在海洋中,海水的密度是与压强、温度和盐度有关的复杂的函数。但是对于大多数情况,详细信息可参考 Gill(1982,附录 3),可以假设海水的密度与压强(不可压缩性)无关,而与温度(较暖的水更轻)和盐度(盐度高的水更重)呈线性关系:

$$\rho = \rho_0 \left[1 - \alpha(T - T_0) + \beta(S - S_0) \right] \tag{3.4}$$

式中,T 是温度(以摄氏度或开尔文为单位);S 是盐度(过去以每千克海水中含盐的克数,即以"‰"表示;最近以实用盐标"psu"来表示,这源自电导率的测量,没有单位);常数 ρ_0、T_0 和 S_0 分别是密度、温度和盐度的参考值;α 是热膨胀系数;β 类似地被称为盐度收缩系数[①]。典型海水中的值为:$\rho_0 = 1\,028 \text{ kg/m}^3$,$T_0 = 10℃ = 283 \text{ K}$,$S_0 = 35$,$\alpha = 1.7 \times 10^{-4} \text{ K}^{-1}$,$\beta = 7.6 \times 10^{-4}$。

对于空气,因为是可压缩的,情况则完全不同。大气中的干燥空气近似为理想气体,因此写为

$$\rho = \frac{p}{RT} \tag{3.5}$$

式中,R 是常数,在常温、常压下等于 $287 \text{ m}^2/(\text{s}^2 \cdot \text{K})$。在前面的方程中,$T$ 是绝对温度(摄氏温度 $+273.15$)。

大气中的空气常常含有水汽。对于潮湿空气,上述方程需要引入一个随比湿 q 而变化的因子:

$$\rho = \frac{p}{RT(1 + 0.608q)} \tag{3.6}$$

比湿 q 定义为

$$q = \frac{水蒸气质量}{空气质量} = \frac{水蒸气质量}{干空气质量 + 水蒸气质量} \tag{3.7}$$

有关详细信息,读者可参考 Curry 等(1999)。

至此,我们的控制方程仍然是不完整的。尽管我们已经增加了一个关于温度的方程,但同时又引入了另外的变量,根据流体的性质,这个变量可能是盐度或比湿。所以,很明显还是需要另外的方程。

---

① 后一种表达式是一种误称,因为盐度增加不是因为水收缩,而是由于溶解的盐分的质量增加而造成的。

3.4　能量收支

温度控制方程来源于能量守恒。能量守恒定律也被称为热力学第一定律，即一个物体所获得的内能等于它所得到的热量减去所做的功。对于单位质量和单位时间，我们有

$$\frac{\mathrm{d}e}{\mathrm{d}t} = Q - W \tag{3.8}$$

式中，$\dfrac{\mathrm{d}}{\mathrm{d}t}$是在式(3.3)中引入的物质导数；$e$是内能；$Q$是获取热量的速率；$W$是压力对周围流体做功的功率，以上所有变量都是单位质量的值。其中，内能是流体元内部分子热运动的度量，与温度成正比：

$$e = C_v T$$

式中，C_v是恒定体积的比热容；T是绝对温度。对于海平面气压和温度下的空气，$C_v = 718\ \mathrm{J/(kg \cdot K)}$；对于海水，$C_v = 3\,990\ \mathrm{J/(kg \cdot K)}$。

在海洋中没有内部热源[①]，而在大气中是通过水汽凝结释放潜热，或者相反，是通过蒸发吸收潜热从而构成内部热源。在关于动力学和大气物理学的教科书中会考虑这些复杂的项(Curry et al., 1999)，而式(3.8)中的Q项只考虑水团通过扩散过程从周围水体获得的热量。使用傅里叶热传导定律，我们写为

$$Q = \frac{k_{\mathrm{T}}}{\rho} \nabla^2 T$$

式中，k_T是流体的热传导率；拉普拉斯算子∇^2定义为二阶导数的和：

$$\nabla^2 = \frac{\partial^2}{\partial x^2} + \frac{\partial^2}{\partial y^2} + \frac{\partial^2}{\partial z^2}$$

流体所做的功为压力(=压强×面积)乘以力方向上的位移。将作用面积乘以位移作为体积，则所做的功为压强乘以体积变化，对于单位质量和单位时间来说有

$$W = p \frac{\mathrm{d}v}{\mathrm{d}t}$$

式中，v是单位质量的体积，即$v = \dfrac{1}{\rho}$。

将各项代入，式(3.8)变为

$$C_v \frac{\mathrm{d}T}{\mathrm{d}t} = \frac{k_{\mathrm{T}}}{\rho} \nabla^2 T - p \frac{\mathrm{d}v}{\mathrm{d}t} = \frac{k_{\mathrm{T}}}{\rho} \nabla^2 T + \frac{p}{\rho^2} \frac{\mathrm{d}\rho}{\mathrm{d}t} \tag{3.9}$$

---

① 在大多数情况下，上层海洋 1 m 内吸收的太阳辐射被视为表面通量，但偶尔需要将其作为辐射吸收来考虑。

利用连续方程式 (3.1) 消除 $\dfrac{\mathrm{d}\rho}{\mathrm{d}t}$，得到

$$\rho\, C_{\mathrm{v}}\, \frac{\mathrm{d}T}{\mathrm{d}t} + p\left(\frac{\partial u}{\partial x} + \frac{\partial v}{\partial y} + \frac{\partial w}{\partial z}\right) = k_{\mathrm{T}}\,\nabla^2 T \tag{3.10}$$

即能量方程，用来控制温度的变化。

对于几乎不可压缩的水来说，散度项 $(\partial u/\partial x + \partial v/\partial y + \partial w/\partial z)$ 可以忽略（稍后将展示），而对于空气，可以引入位温 θ 定义如下：

$$\theta = T\left(\frac{\rho_0}{\rho}\right)^{R/C_{\mathrm{v}}} \tag{3.11}$$

其物理解释将在后面给出（11.3 节）。求其物质导数，并利用式 (3.5) 和式 (3.9)，依次得到

$$C_{\mathrm{v}}\, \frac{\mathrm{d}\theta}{\mathrm{d}t} = \left(\frac{\rho_0}{\rho}\right)^{R/C_{\mathrm{v}}}\left(C_{\mathrm{v}}\,\frac{\mathrm{d}T}{\mathrm{d}t} - \frac{RT}{\rho}\,\frac{\mathrm{d}\rho}{\mathrm{d}t}\right)$$

$$C_{\mathrm{v}}\,\frac{\mathrm{d}\theta}{\mathrm{d}t} = \frac{\theta}{T}\left(C_{\mathrm{v}}\,\frac{\mathrm{d}T}{\mathrm{d}t} - \frac{p}{\rho^2}\,\frac{\mathrm{d}\rho}{\mathrm{d}t}\right)$$

$$\rho C_{\mathrm{v}}\,\frac{\mathrm{d}\theta}{\mathrm{d}t} = k_{\mathrm{T}}\,\frac{\theta}{T}\,\nabla^2 T \tag{3.12}$$

这种变量转换的净效果是消除散度项。

当 k_{T} 为零或可忽略时，方程右边的项消失，仅留下

$$\frac{\mathrm{d}\theta}{\mathrm{d}t} = 0 \tag{3.13}$$

与服从压缩性效应（通过散度项）的实际温度 T 不同，空气团的位温 θ 在绝热的情况下守恒。

3.5　盐度和湿度收支

方程组仍是不完整的，因为还需要一个方程来定义剩余的变量：海洋中的盐度和大气中的比湿。

对于海水，密度随盐度而变化，如式 (3.4) 所示。它的变化是由盐度收支方程来控制的：

$$\frac{\mathrm{d}S}{\mathrm{d}t} = \kappa_{\mathrm{S}}\,\nabla^2 S \tag{3.14}$$

简单来讲，除了扩散造成的盐度重新分布之外，海水的盐度保持守恒。系数 κ_{S} 是盐度扩散系数，其作用类似于热扩散系数 κ_{T}。

而对于空气，剩余变量是比湿，由于蒸发和凝结的可能性，其收支是复杂的。这

里将这个问题留给气象学中更高深的书籍，我们只将方程写为类似于盐度控制方程的形式：

$$\frac{\mathrm{d}q}{\mathrm{d}t} = \kappa_q \nabla^2 q \tag{3.15}$$

可理解为，比湿是通过与相邻的不同含水量的空气团接触而重新分布，其中扩散系数κ_q类似于κ_T和κ_S。

3.6　控制方程总结

完整的控制方程，对于大气（或任何理想气体）来说，有7个变量（u、v、w、p、ρ、T和q），这些变量包括一个连续方程［式（3.1）］、3个动量方程［式（3.2a）至式（3.2c）］、一个状态方程［式（3.5）］、一个能量方程［式（3.10）］和一个湿度方程［式（3.15）］。一般认为，威廉·皮叶克尼斯（参见本章结尾的人物介绍）是第一个认识到在理论上大气物理学可以由一个控制上述7个变量的方程组来进行描述的人（Bjerknes，1904；也可参见Nebeker，1995，第5章）。

对于海水，情况类似，也有7个变量（u、v、w、p、ρ、T和S），对应地也有相同的连续方程，即动量方程和能量方程，以及状态方程［式（3.4）］和盐度方程［式（3.14）］。这组方程是谁提出的还无从考证。

3.7　布西内斯克近似

虽然在前面的章节中建立的方程已经包含许多简化近似，但是对于研究地球流体动力学来说，它们仍然太复杂了。可以通过布西内斯克近似，在不太影响精度的情况下对方程进行进一步的简化。

在大多数物理系统中，流体密度都是围绕着一个平均值上下波动且变化范围不太大。例如，海洋的平均温度和平均盐度分别为$T = 4℃$和$S = 34.7$，在海表压强下对应的密度$\rho = 1\,028\ \mathrm{kg/m^3}$。一个海盆内的密度变化很少超过$3\ \mathrm{kg/m^3}$。即使在淡水（$S = 0$）最终转变为咸水（$S = 34.7$）的河口地区，密度的变化也小于3%。

相比之下，大气中的空气随着高度增加逐渐变得稀薄，其密度变化从地面处的最大值到最高空的几乎为零，覆盖了100%的变化范围。大多数密度变化可以归因于静压效应，小部分变化是由其他因素引起的。此外，大气模式被限制在最低层，即对流层（厚约10 km），其中与风有关的密度变化通常不超过5%。

在大多数情况下[①]，假设流体密度ρ与平均参考值ρ_0相差不大都是合理的，我们可

---

　① 对于其他拥有流体层的行星（如木星和海王星）和太阳，情况显然有些不确定。

以写为如下形式：

$$\rho = \rho_0 + \rho'(x,\ y,\ z,\ t)，\ 其中\ |\rho'| \ll \rho_0 \tag{3.16}$$

其中，由现有层结和(或)流体运动引起的变化 ρ' 与参考值 ρ_0 相比是个小量。有了这个假设，我们可以继续简化控制方程。

连续方程式(3.1)可以展开为以下形式：

$$\rho_0\left(\frac{\partial u}{\partial x} + \frac{\partial v}{\partial y} + \frac{\partial w}{\partial z}\right) + \rho'\left(\frac{\partial u}{\partial x} + \frac{\partial v}{\partial y} + \frac{\partial w}{\partial z}\right) + \left(\frac{\partial \rho'}{\partial t} + u\frac{\partial \rho'}{\partial x} + v\frac{\partial \rho'}{\partial y} + w\frac{\partial \rho'}{\partial z}\right) = 0$$

地球流体的密度随时间和空间的相对变化不会大于(并且通常远小于)速度场的相对变化。这意味着方程中的第三项与第二项同阶——如果不是远小于的话。但是因为 $|\rho'| \ll \rho_0$，所以第二项总是远小于第一项。因此，只需保留第一项，我们写为

$$\frac{\partial u}{\partial x} + \frac{\partial v}{\partial y} + \frac{\partial w}{\partial z} = 0 \tag{3.17}$$

从物理上讲，这种表达意味着质量守恒转变成了体积守恒。这种转换是我们能料到的，因为对单位体积质量(=密度)几乎为常数的流体，其体积可以很好地替代质量。由于声波的传播依赖于流体的可压缩性，这种简化的隐藏含义是消除了声波。

对于 x 方向和 y 方向的动量方程式(3.2a)和式(3.2b)，由于彼此相似，可以同时来处理，ρ 作为乘法因子只出现在等式的左边，对于任何有 ρ' 出现的地方，ρ_0 都占主导，因此在这两个方程中可以忽略 ρ'。此外，利用牛顿流体假设(黏性应力与速度梯度成正比)和简化的连续方程式(3.17)，我们可以将应力张量的分量写为

$$\tau^{xx} = \mu\left(\frac{\partial u}{\partial x} + \frac{\partial u}{\partial x}\right),\ \ \tau^{xy} = \mu\left(\frac{\partial u}{\partial y} + \frac{\partial v}{\partial x}\right),\ \ \tau^{xz} = \mu\left(\frac{\partial u}{\partial z} + \frac{\partial w}{\partial x}\right)$$

$$\tau^{yy} = \mu\left(\frac{\partial v}{\partial y} + \frac{\partial v}{\partial y}\right),\ \ \tau^{yz} = \mu\left(\frac{\partial v}{\partial z} + \frac{\partial w}{\partial y}\right)$$

$$\tau^{zz} = \mu\left(\frac{\partial w}{\partial z} + \frac{\partial w}{\partial z}\right) \tag{3.18}$$

式中，μ 为动力学黏性系数，随后除以 ρ_0，并引入运动学黏度 $\nu = \mu/\rho_0$，得到

$$\frac{\mathrm{d}u}{\mathrm{d}t} + f_* w - fv = -\frac{1}{\rho_0}\frac{\partial p}{\partial x} + \nu\,\nabla^2 u \tag{3.19}$$

$$\frac{\mathrm{d}v}{\mathrm{d}t} + fu = -\frac{1}{\rho_0}\frac{\partial p}{\partial y} + \nu\,\nabla^2 v \tag{3.20}$$

下一个要简化的是 z 方向的动量方程式(3.2c)。其中，ρ 不仅作为乘法因子出现在左侧，而且出现在右侧与 g 的乘积中。在方程左侧同样可以忽略 ρ_0 前面的 ρ'，但在方程右侧却不可以。实际上，ρg 项代表流体的重量，正如我们所知，该项造成了压强随深度增加而增大(或者随着高度增加而减小)，这取决于我们考虑的是海洋还是大气。

将ρ_0部分的密度换算为流体静压力p_0，其仅为z的函数：

$$p = p_0(z) + p'(x, y, z, t)，其中 p_0(z) = P_0 - \rho_0 gz \tag{3.21}$$

所以，$dp_0/dz = -\rho_0 g$，垂向动量方程就可以简化为

$$\frac{dw}{dt} - f_* u = -\frac{1}{\rho_0}\frac{\partial p'}{\partial z} - \frac{\rho' g}{\rho_0} + \nu \nabla^2 w \tag{3.22}$$

为了形式简单，两边同除以ρ_0。上式无法进一步简化，因为剩余的ρ'项无法用与ρ_0成比例的相关项表达。实际上，在以后我们会看到，$\rho' g$项会引起浮力，是地球流体动力学中的关键因素。

注意，在简化的动量方程式（3.19）和式（3.20）中，可以从p中减去流体静压力$p_0(z)$，因为其对x和y的导数为零，在动力上是没有贡献的。

对于海水，可以直接处理能量方程式（3.10）。首先，利用体积连续方程式（3.17）消去中间项，剩下

$$\rho C_v \frac{dT}{dt} = k_T \nabla^2 T$$

其次，出于与动量方程相同的原因，第一项最前面的因子ρ又可以用ρ_0替换。定义热运动扩散系数$\kappa_T = k_T/\rho_0 C_v$，我们可以得到

$$\frac{dT}{dt} = \kappa_T \nabla^2 T \tag{3.23}$$

式（3.23）与盐度方程式（3.14）具有相同的形式。

对于海水，需要将盐度方程和温度方程［式（3.14）和式（3.23）］结合起来确定密度的变化。如果可以假定盐度扩散系数κ_S和热扩散系数κ_T相等，则能够得到一个简化的结果。如果扩散主要由分子过程造成，则该假设是无效的。事实上，盐和热扩散速率之间的主要差异造成了独特的小尺度特征，例如盐指（salt finger），其属于双扩散的研究范畴（Turner，1973，第8章）。然而，分子扩散通常仅影响小尺度过程，最大约到1 m，而湍流影响更大尺度的扩散。湍流通过涡旋实现有效扩散，涡旋以相等的速率对盐度和热量进行混合。在大多数地球流体应用中，扩散系数并不是指分子扩散的值，相反，它们应当比分子扩散的值大得多并且彼此相等。与之相应的是湍流扩散系数，也称为涡动扩散，通常表示为湍流涡旋速度与混合长度的乘积（Pope，2000；Tennekes et al.，1972），尽管不存在适用于所有情况的单一值，但经常采用$\kappa_S = \kappa_T = 10^{-2}$ m^2/s。注意利用$\kappa = \kappa_S = \kappa_T$并结合方程式（3.14）和式（3.23）以及状态方程式（3.4），我们得到

$$\frac{d\rho'}{dt} = \kappa \nabla^2 \rho' \tag{3.24}$$

式中，$\rho' = \rho - \rho_0$是扰动密度。总之，能量和盐度守恒方程已经被合并为密度方程，不要与质量守恒方程式（3.1）混淆。

对于大气, 能量方程式(3.10)的处理更巧妙, 若读者对严格的讨论感兴趣, 可以参考施皮格尔(Spiegel)及 Spiegel 等(1960)的文章。在这里为了简单起见, 我们仅限于提出提示性的推导方法。首先, 方程式(3.11)中变量从实际温度到位温的变化消除了方程式(3.10)中的散度项, 并且兼顾了可压缩效应。然后, 对于弱偏离参考状态的情况, 实际温度和位温之间的关系以及状态方程都可以被线性化。最后, 假设热量和湿度通过湍流运动以相同的速率扩散, 我们可以将它们各自的收支合并成一个方程式(3.24)。

总之, 根据布西内斯克近似假设以及密度变化相对于平均密度是小量, 我们可以用参考密度 ρ_0 替换掉任意位置的实际密度 ρ, 除了重力加速度前面的密度和已成为控制密度变化的能量方程中的密度。

至此, 由于原始变量 ρ 和 p 不再出现在方程中, 所以通常可以去掉 ρ' 和 p' 中的撇号, 而不会产生歧义。因此, 从这里开始, 变量 ρ 和 p 将分别表示扰动密度和扰动压力。这种扰动压力有时被称为动压力, 因为它对流场起主要贡献。总压力发挥作用的唯一地方是状态方程。

3.8　通量方程和守恒公式

前述方程形成一组完整的方程组, 并且不需要额外的物理定律。然而, 我们可以将方程写成另一种形式, 在数学上是等同的, 但在实际应用中更有优势。例如温度方程式(3.23)是使用布西内斯克近似从能量方程中推导得到的, 如果我们利用式(3.3)将它的物质导数展开得到

$$\frac{\partial T}{\partial t} + u\frac{\partial T}{\partial x} + v\frac{\partial T}{\partial y} + w\frac{\partial T}{\partial z} = \kappa_{\mathrm{T}}\,\nabla^2 T \tag{3.25}$$

然后利用同样在布西内斯克近似下得到的体积守恒式(3.17), 我们可以得到

$$\frac{\partial T}{\partial t} + \frac{\partial}{\partial x}(uT) + \frac{\partial}{\partial y}(vT) + \frac{\partial}{\partial z}(wT) - \frac{\partial}{\partial x}\left(\kappa_{\mathrm{T}}\frac{\partial T}{\partial x}\right) - \frac{\partial}{\partial y}\left(\kappa_{\mathrm{T}}\frac{\partial T}{\partial y}\right) - \frac{\partial}{\partial z}\left(\kappa_{\mathrm{T}}\frac{\partial T}{\partial z}\right) = 0$$

$$\tag{3.26}$$

后一种形式被称为守恒公式, 这种叫法的原因将在应用散度定理时变得清晰。这个定理也称为高斯定理(Gauss's theorem), 说明对于任何向量 $(q_x,\ q_y,\ q_z)$, 散度的体积分等于其在此体积面上的通量的面积分:

$$\int_V \left(\frac{\partial q_x}{\partial x} + \frac{\partial q_y}{\partial y} + \frac{\partial q_z}{\partial z}\right)\mathrm{d}x\mathrm{d}y\mathrm{d}z = \int_S (q_x\,n_x + q_y\,n_y + q_z\,n_z)\,\mathrm{d}S \tag{3.27}$$

式中, 向量 $(n_x,\ n_y,\ n_z)$ 是垂直于体积 V 的包络表面 S 向外的单位向量(图 3.1)。对守恒形式[式(3.26)]在固定体积上积分就变得特别简单, 可以将某个体积内的热含量的

变化表示为进出该体积的通量的函数：

$$\frac{\mathrm{d}}{\mathrm{d}t}\int_V T\mathrm{d}t + \int_S \boldsymbol{q} \cdot \boldsymbol{n}\mathrm{d}S = 0 \tag{3.28}$$

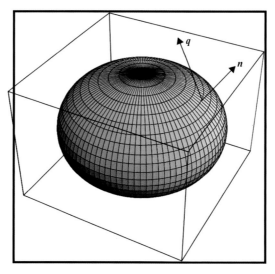

图 3.1　利用散度定理，可以将通量向量 $\boldsymbol{q}=(q_x,\ q_y,\ q_z)$ 的散度 $(\partial q_x)/\partial x + (\partial q_y)/\partial y + (\partial q_z)/\partial z$ 在体积 V 上的积分转变成通量向量与垂直于体积面的法向量 n 的乘积在体积面 S 上的面积分

　　温度通量 q 由穿过表面的平流通量$(u_\mathrm{T},\ v_\mathrm{T},\ w_\mathrm{T})$和扩散(热传导)通量 $-\kappa_\mathrm{T}(\partial T/\partial x,\ \partial T/\partial y,\ \partial T/\partial z)$组成。如果每个通量的值在闭合表面上是已知的，则可以在不知道体积元内部温度详细分布的情况下计算其平均温度变化。此属性将用于进行特定的离散化方案。

3.9　有限体积离散化

　　守恒公式[式(3.26)]会很自然地引出一个具有明确物理解释的数值方法，称为有限体积方法。为了说明这一概念，我们以一维的温度方程为例：

$$\frac{\partial T}{\partial t} + \frac{\partial q}{\partial x} = 0 \tag{3.29}$$

其中，关于 $T=T(x,\ t)$ 的通量 q 包含平流项 uT 和扩散项 $-\kappa_\mathrm{T}\partial T/\partial x$：

$$q = uT - \kappa_\mathrm{T}\frac{\partial T}{\partial x} \tag{3.30}$$

　　我们可以在给定区间(下标为 i)对式(3.29)积分，其中边界下标为 $i-1/2$ 和 $i+1/2$，因此我们在 x 方向上的积分范围是 $x_{i-1/2} < x < x_{i+1/2}$。尽管积分区间具有有限尺寸 $\Delta x_i = x_{i+1/2} - x_{i-1/2}$(图 3.2)，但是积分可以准确地表示为

$$\frac{\mathrm{d}}{\mathrm{d}t}\int_{x_{i-1/2}}^{x_{i+1/2}}T\mathrm{d}x + q_{i+1/2} - q_{i-1/2} = 0 \qquad (3.31)$$

通过将单元 i 内的单元平均温度 $\overline{T}_i$ 定义为

$$\overline{T}_i = \frac{1}{\Delta x_i}\int_{x_{i-1/2}}^{x_{i+1/2}}T\mathrm{d}x \qquad (3.32)$$

我们可以得到离散场 $\overline{T}_i$ 的发展方程：

$$\frac{\mathrm{d}\overline{T}_i}{\mathrm{d}t} + \frac{q_{i+1/2} - q_{i-1/2}}{\Delta x_i} = 0 \qquad (3.33)$$

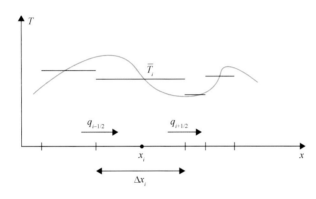

图 3.2　用连续函数 T 的单元平均的离散值 $\overline{T}_i$ 替换连续函数 T。有限体积内的平均温度
变化由在 $x_{i-1/2}$ 和 $x_{i+1/2}$ 处的界面之间的通量 q 之差给出

　　尽管看起来又回到了对空间导数的离散化，这种情况下是对 q 的空间导数的离散化，事实上我们刚刚得到的方程是精确的。这看起来与以前关于离散化会不可避免地产生误差的讨论是相矛盾的。乍看上去我们发现了一个没有误差的离散化方法，但是我们必须认识到，在式 (3.33) 中，当两个不同变量即离散化的平均值 $\overline{T}_i$ 和离散化的通量 $q_{i-1/2}$ 和 $q_{i+1/2}$ 同时出现在一个方程中时，该方程仍然是不完整的。这两个变量与连续温度场的局地值是相关的[在 $x_{i\pm 1/2}$ 处的平流通量是 $uT(x_{i\pm 1/2},\ t)$]，而积分方程是针对温度场的平均值。该方程的平均形式使我们得不到局地变化的信息，只能确定（在空间尺度 Δx_i 上的）平均值。因此，我们必须找到一种基于平均温度来估计局部通量的近似方法。我们还注意到，在尺度大小为 Δx_i 的网格中，只能得到尺度大于 Δx_i 的信息，这一性质在混沌一节中已经提过 (1.12 节)。而小于网格尺度的信息则通过空间平均简单地消除了（图 3.2）。

　　对式 (3.33) 进行精确地时间积分可得到

$$\overline{T}_i^{\,n+1} - \overline{T}_i^{\,n} + \frac{\int_{t^n}^{t^{n+1}} q_{i+1/2}\mathrm{d}t - \int_{t^n}^{t^{n+1}} q_{i-1/2}\mathrm{d}t}{\Delta x_i} = 0$$

这表示平均温度之差(即热含量)由在给定时间间隔内进入有限单元的净通量决定。至此，方程又不需要进一步近似了，方程是精确的，可以用时间平均的通量 $\hat{q}$ 来表示：

$$\hat{q} = \frac{1}{\Delta t_n}\int_{t^n}^{t^{n+1}} q\,\mathrm{d}t \tag{3.34}$$

从而产生一个关于离散的平均量的方程：

$$\frac{\overline{T}_i^{\,n+1} - \overline{T}_i^{\,n}}{\Delta t_n} + \frac{\hat{q}_{i+1/2} - \hat{q}_{i-1/2}}{\Delta x_i} = 0 \tag{3.35}$$

该方程式仍然是精确的，通过补充一个将平均通量 $\hat{q}$ 作为平均温度 $\overline{T}$ 的函数来进行计算的方案，该方程将会非常有用。只有在这一点上需要离散化近似，并且会引入离散化误差。

值得注意的是，目前为止，对非均匀网格间距和时间步长的引入非常容易。虽然用 $i\pm1/2$ 来代表界面，界面的位置不需要位于相连的网格节点 x_i 之间的中间位置，但是它们的逻辑和拓扑必须有序，即网格节点和接口必须交错排列。

我们没有进一步研究计算平均通量的方法，而是解释了与用来建立控制方程的数学收支公式相关的不同的离散方法(图3.3)。从强行用有限差分代替微分算子到有限体积和通量离散化方程的建立，所有方法旨在用有限的离散方程来替代连续问题。

这里提出的有限体积方法的主要优点之一是其守恒性，考虑连续单元的积分方程组：

$$\Delta x_1\, \overline{T}_1^{\,n+1} = \Delta x_1\, \overline{T}_1^{\,n} + \Delta t_n\, \hat{q}_{\frac{1}{2}} - \Delta t_n\, \hat{q}_{1+\frac{1}{2}}$$
$$\cdots$$
$$\Delta x_{i-1}\, \overline{T}_{i-1}^{\,n+1} = \Delta x_{i-1}\, \overline{T}_{i-1}^{\,n} + \Delta t_n\, \hat{q}_{i-1-\frac{1}{2}} - \Delta t_n\, \hat{q}_{i-\frac{1}{2}}$$
$$\Delta x_i\, \overline{T}_i^{\,n+1} = \Delta x_i\, \overline{T}_i^{\,n} + \Delta t_n\, \hat{q}_{i-\frac{1}{2}} - \Delta t_n\, \hat{q}_{i+\frac{1}{2}}$$
$$\Delta x_{i+1}\, \overline{T}_{i+1}^{\,n+1} = \Delta x_{i+1}\, \overline{T}_{i+1}^{\,n} + \Delta t_n\, \hat{q}_{i+\frac{1}{2}} - \Delta t_n\, \hat{q}_{i+1+\frac{1}{2}}$$
$$\cdots$$
$$\Delta x_m\, \overline{T}_m^{\,n+1} = \Delta x_m\, \overline{T}_m^{\,n} + \Delta t_n\, \hat{q}_{m-\frac{1}{2}} - \Delta t_n\, \hat{q}_{m+\frac{1}{2}}$$

由于每个通量会在两个接续的方程中出现并且具有相反的符号，通量在进入相邻单元的传输过程中没有数量上的减少或增加(在温度的情况下为热通量)。这就解释了网格单元之间具有局地守恒性(图 3.4)。

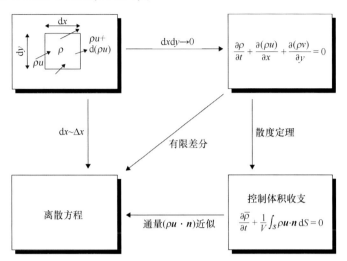

图 3.3　几种离散方法示意图。从收支计算(左上方框),对 dx、dy 的无穷小逼近可以导出连续
方程(右上方框),而保持有限值的差分形式会得到粗糙的有限差分(从左上方到左下方的路径)。
如果连续方程中的算子使用泰勒展开进行离散化,则可以获得更高质量的有限差分方法(从右上
到下的对角线路径)。最后,通过在有限体积上对连续方程进行初步积分,然后对通量进行
离散化(从右上到右下,然后到左下方的路径),可以得到满足守恒特性的离散方程

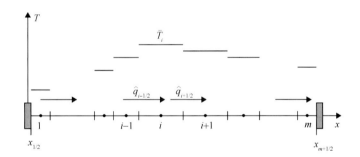

图 3.4　在由 m 个有限体积单元覆盖的区域内,界面处的通量确保了相关量(如在温度
情况下的热通量)的守恒,因为通量定义在界面处。因此,通量将特征在整个域中的
不同单元间进行重新分配,但并不改变总量,除非在端点处有通量的流入和流出。
有限体积方法非常容易地确保了局地和全局的守恒性

　　此外,所有方程求和导致除了最初和最后两个方程的通量之外,其他通量完全抵
消,最终我们获得的是关于总量的精确表达式。在变量取温度的情况下,这就是全局
的热量收支:

$$\frac{\mathrm{d}}{\mathrm{d}t}\int_{x_{1/2}}^{x_{m+1/2}}T\mathrm{d}x = q_{1/2} - q_{m+1/2} \tag{3.36}$$

式(3.36)表明系统总热量随时间的增加或减少是由该系统区域边界的热量输入或输出决定的。特别地，如果系统是绝热的(在两个边界处均为 $q=0$)，则总热含量在数值方案和原始数学模型中均是守恒的。此外，如果每个体积元界面 $x_{i+1/2}$ 处的通量被唯一确定的话，那么系统的能量守恒便与通过体积元平均温度计算热通量的方法无关。因此，有限体积方法也确保了全局守恒。

我们稍后将展示如何使用单元平均离散值 $\overline{T}_i$ 近似计算平流和耗散通量，但是值得注意的是，有限体积方法的守恒特性仅仅是通过对每一个体积元界面的唯一通量估计来保证的。

解析问题

3.1 由式(3.1)和式(3.9)推导能量方程式(3.10)。

3.2 根据体积守恒，推导连续方程式(3.17)。(提示：由于流体从空间微元的6个面流入和流出，空间维度的立方体 $\Delta x\Delta y\Delta z$ 所表示的体积是不变的)

3.3 一个直径为 30 cm 的圆柱体水槽，装满 20 cm 的淡水，并使其处于静止状态，然后以 30 r/min 的速度旋转。当水槽旋转达到稳定状态后，水槽边缘与中心之间的水位差是多少？比较该水位差与中心最小水深的大小？

3.4 鉴于地中海海表面积为 $S=2.5\times10^{12}$ m²，观测到的平均热损耗为 7 W/m²。如果不是通过直布罗陀海峡与大西洋进行水体交换得到了补偿，平均 0.9 m/a 的海表水体损耗(蒸发量大于降雨量与河流径流的总和)会导致地中海盐度增加、水位下降和温度降低。假设地中海的水、盐和热含量不随时间改变，并且跨越直布罗陀海峡的交换是通过两层过程实现的(图3.5)，建立全海域水、盐和热量的收支。给定大西洋流入的水团特征为 $T_a=15.5℃$，$S_a=36.2$，以及流量为 1.4 Sv(1 Sv $=10^6$ m³/s)，请给出溢流水团的温盐特征属性，溢流是发生于海表还是海底？

3.5 在布西内斯克近似下，忽略式(3.24)中的扩散项，解释处于静止状态下的海洋密度只与水深有关：$\rho=\rho(z)$。(提示：静止状态的特征是流体没有运动和时间变化)

3.6 忽略大气压力，计算大洋中水深 500 m 处的压力 $p_0(z)=-\rho_0 gz$。与密度为 $\rho=\rho_0-\rho'e^{z/h}$(其中，$\rho'=5$ km/m³，$h=30$ m)的处于静止状态的海洋动压力相比较，可以得出什么结论？你认为绝对压力的测量可以用于确定水深吗？

3.7 根据式(3.11)，位温恒定的干燥大气，其密度 $\rho(z)$ 可以用真实温度 $T(z)$ 表示为

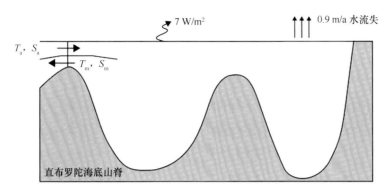

图 3.5　为便于收支计算，给出地中海海盆及其跨越直布罗陀海峡与大西洋进行水体交换的示意图。将大西洋水团(特征属性表示为 T_a 和 S_a，流向地中海海盆)与地中海溢流水团(特征属性为 T_m 和 S_m)联系起来

$$\rho(z) = \rho_0 \left[\frac{T(z)}{\theta} \right]^{C_v/R} \qquad (3.37)$$

这样状态方程式(3.5)可以仅用压力 $p(z)$ 和温度表示。通过对该表达式垂直方向求导，并结合水动力平衡($\mathrm{d}p/\mathrm{d}z = -\rho g$)证明垂直温度梯度 $\mathrm{d}T/\mathrm{d}z$ 是守恒的。这说明什么符号是不变的?

数值练习

3.1　采用多种 T、S 值，利用 Matlab™文件 ies80. m 中完整的海水状态方程得到的密度值与由线性方程式(3.4)所得值进行比较。然后，比较两种水团之间的密度差，并再次用两种状态方程计算。最后，在 Matlab™文件 ies80. m 的帮助下，使用完整状态方程的数值导数，你可以给出对应一种地中海水团($T_0 = 12.8℃$，$S_0 = 38.4$)引入方程式(3.4)中的膨胀系数 α 和 β 吗?

3.2　将有限体积法推广到二维系统。特别地，你必须定义哪些通量，如何解释它们? 局地和全局守恒仍然能保证吗?

3.3　推导出在球坐标系中不考虑摩擦时守恒形式的动量方程，并勾勒出有限体积离散化方案。(提示:使用球坐标系中的体积守恒表达和球坐标系中的体积积分，参考 $\int_V u\mathrm{d}V = \iint_r \int_\lambda \int_\varphi u r^2 \cos\varphi \,\mathrm{d}\varphi \mathrm{d}\lambda \mathrm{d}r$)

3.4　假设使用一维温度演化的有限体积方法中仅存在平流，流动方向指向 x 增加的方向($u > 0$)，对平均通量进行离散化。在允许你知道前一时间步长 $\overline{T}$ 的情况下，请问你需要做什么样的假设来获得一个算法计算 $\overline{T}_i^{n+1}$?

77

3.5 计算通量时，通常要在体积元界面处进行插值。分析使用两个相邻点的线性插值与 4 个点的 3 次插值的差异。为此，请采用样本函数 e^x 在 $x=-1.5$，-0.5，0.5，1.5 处的值，在 $x=0$ 处插值，并与精确值进行比较。如果所要计算的插值不在中心，而是在 $x=3$ 或 $x=-3$ 处（外推）会怎样？重做练习，但将交替出现 $+0.1$ 和 -0.1 的误差添加到 4 个采样值中。

约瑟夫·瓦伦丁·布西内斯克
(Joseph Valentin Boussjneso，1842—1929)

　　法国物理学家约瑟夫·布西内斯克贡献很大但知名度可能却不高，他在流体动力学、振动、光学和热学等理论方面做出了重要贡献。造成这种默默无闻的现象，一个可能的原因是他的著作风格过于沉闷。布西内斯克的研究方向包含水动力学，这促使他对湍流进行了大量研究。在 1896 年，奥斯本·雷诺的工作(参见第 4 章结尾的人物介绍)刚刚开始一年，布西内斯克也投入到了这项研究中，他把分离平均量和波动量应用于管道和河流流量的观测。这使得他能够正确地认识到，在这些情况下湍流是由于流体与边界层的摩擦造成的。这为路德维希·普朗特(Ludwig Prandtl)的边界层理论铺平了道路(参见第 8 章结尾的人物介绍)。

　　几乎可以这样说，"湍流"一词在很大程度上归功于布西内斯克。事实上，虽然奥斯本·雷诺称之为"弯曲的运动"，而布西内斯克使用了更具表现力的短语"écoulement tourbillonnant et tumultueux"，并被后来的研究者简写为"régime turbulent"，即 turbulence (湍流)。［照片引自法国驻加拿大大使馆(Ambassade de France au Canada)］

威廉·弗里曼·科伦·皮叶克尼斯
（Vilhelm Frimann Koren Bjerknes，1862—1951）

　　在职业生涯的早期，皮叶克尼斯逐渐对开尔文(Kelvin)勋爵和赫尔曼·冯·亥姆霍兹(Hermann von Helmholtz)的工作产生了兴趣，并将两人的研究成果应用于大气和海洋运动中能量及涡度动力学的研究。他认为，地球尺度上的空气和水流的动力学可以被描述为物理学问题，并且考虑到大气的特定状态，应该能够计算其未来状态。换言之，天气预报可以简化为寻求一个数学问题的解。这种表达，在今天是不言而喻的，而在当时(1904年)是相当具有革命性的。

　　1917年，皮叶克尼斯成为挪威卑尔根大学的教授，创建了卑尔根地球物理研究所(Bergen Geophysical Institute)，并开始努力系统地开发一个基于可测量物理量的关于天气变化的独立的数学模型。面对这些方程的复杂性，他逐渐将工作更多地转向定性描述天气方面，在这方面的工作中提出了现在人们熟悉的气团、气旋和锋面的概念。

　　在其整个工作过程中，皮叶克尼斯对自己的想法充满热情，并吸引和激励年轻科学家追随他的脚步，包括他的儿子雅各布·皮叶克尼斯(Jacob Bjerknes)。（照片由卑尔根地球物理研究所提供）

第4章 地球流体控制方程

摘要：本章继续介绍构成动力气象学和物理海洋学基础的控制方程的发展演变过程。对湍流脉动施加平均并基于尺度分析进一步简化，在这个过程中，引入了一些重要的无量纲数。最后，从数学、物理和数值3个角度出发，研究如何适当选择初始条件和边界条件。

4.1 雷诺平均方程

地球流体通常处于湍流状态，在大多数情况下，我们只关心统计平均流动，不考虑所有湍流脉动。为了达到这个效果，利用 Reynolds（1894）使用的方法，将每个变量分解为平均值和脉动值两部分：

$$u = \langle u \rangle + u' \tag{4.1}$$

式中，$\langle u \rangle$表示平均值；u'表示脉动值。根据定义有$\langle u' \rangle = 0$。

有几种方法来定义平均过程，其中一些较为严格，但这些并不是我们关注的重点。我们更喜欢将平均值视作快速湍流脉动在时间上的平均，时间间隔需要足够长以便得到的平均值具有统计意义，同时又要足够短以确保研究流动处于较慢变化的状态。我们假设存在这样的中间时间间隔。

两个速度分量的乘积 uv 的二次表达式具有以下性质：

$$\begin{aligned} \langle uv \rangle &= \langle \langle u \rangle \langle v \rangle \rangle + \langle \langle u \rangle v' \rangle^{=0} + \langle \langle v \rangle u' \rangle^{=0} + \langle u'v' \rangle \\ &= \langle u \rangle \langle v \rangle + \langle u'v' \rangle \end{aligned} \tag{4.2}$$

$\langle uu \rangle$、$\langle uw \rangle$、$\langle u\rho \rangle$等与上述公式相似。我们认识到一个乘积的平均值不等于平均值的乘积，这是一把双刃剑：一方面，它使数学问题复杂化；另一方面，它也产生了有趣的情况。

我们的目标是建立一个关于平均量$\langle u \rangle$、$\langle v \rangle$、$\langle w \rangle$、$\langle p \rangle$和$\langle \rho \rangle$的控制方程。首先对 x 方向动量方程式（3.19）进行平均，我们有

$$\frac{\partial \langle u \rangle}{\partial t} + \frac{\partial \langle uu \rangle}{\partial x} + \frac{\partial \langle vu \rangle}{\partial y} + \frac{\partial \langle wu \rangle}{\partial z} + f_* \langle w \rangle - f \langle v \rangle = -\frac{1}{\rho_0} \frac{\partial \langle p \rangle}{\partial x} + \nu \nabla^2 \langle u \rangle \tag{4.3}$$

进一步改写为

$$\frac{\partial \langle u \rangle}{\partial t} + \frac{\partial (\langle u \rangle \langle u \rangle)}{\partial x} + \frac{\partial (\langle u \rangle \langle v \rangle)}{\partial y} + \frac{\partial (\langle u \rangle \langle w \rangle)}{\partial z} + f_* \langle w \rangle - f \langle v \rangle$$

$$= -\frac{1}{\rho_0} \frac{\partial \langle p \rangle}{\partial x} + \nu \nabla^2 \langle u \rangle - \frac{\partial \langle u' u' \rangle}{\partial x} - \frac{\partial \langle u' v' \rangle}{\partial y} - \frac{\partial \langle u' w' \rangle}{\partial z} \qquad (4.4)$$

我们注意到，平均速度的最后一个方程看起来与原始方程相同，除了在等号右侧的末端存在 3 个新项。这些项表示湍流脉动对平均流的影响，将它们与相应的摩擦项相结合

$$\frac{\partial}{\partial x}\left(\nu \frac{\partial \langle u \rangle}{\partial x} - \langle u' u' \rangle \right), \quad \frac{\partial}{\partial y}\left(\nu \frac{\partial \langle u \rangle}{\partial y} - \langle u' v' \rangle \right), \quad \frac{\partial}{\partial z}\left(\nu \frac{\partial \langle u \rangle}{\partial z} - \langle u' w' \rangle \right)$$

表明对速度脉动的平均使黏性应力增加（例如，$\nu \partial \langle u \rangle / \partial z$ 增加了 $-\langle u' w' \rangle$），该项可以看作由湍流造成的摩擦应力。为了表彰首先将流动分解为平均分量和脉动分量的奥斯本·雷诺，将 $-\langle u' u' \rangle$、$-\langle u' v' \rangle$ 和 $-\langle u' w' \rangle$ 称为雷诺应力（Reynolds stress）。由于它们具有不同于黏性应力的表达形式，可以说平均湍流表现为受摩擦定律控制的流体特征，而不是受黏度定律控制的流体特征。换句话说，湍流表现为非牛顿流体的特征。

y 和 z 方向动量方程式（3.20）至式（3.22）关于湍流波动项取相似平均，可以得到

$$\frac{\partial \langle v \rangle}{\partial t} + \frac{\partial (\langle u \rangle \langle v \rangle)}{\partial x} + \frac{\partial (\langle v \rangle \langle v \rangle)}{\partial y} + \frac{\partial (\langle v \rangle \langle w \rangle)}{\partial z} + f \langle u \rangle + \frac{1}{\rho_0} \frac{\partial \langle p \rangle}{\partial y}$$

$$= \frac{\partial}{\partial x}\left(\nu \frac{\partial \langle v \rangle}{\partial x} - \langle u' v' \rangle \right) + \frac{\partial}{\partial y}\left(\nu \frac{\partial \langle v \rangle}{\partial y} - \langle v' v' \rangle \right) + \frac{\partial}{\partial z}\left(\nu \frac{\partial \langle v \rangle}{\partial z} - \langle v' w' \rangle \right) \qquad (4.5)$$

$$\frac{\partial \langle w \rangle}{\partial t} + \frac{\partial (\langle u \rangle \langle w \rangle)}{\partial x} + \frac{\partial (\langle v \rangle \langle w \rangle)}{\partial y} + \frac{\partial (\langle w \rangle \langle w \rangle)}{\partial z} - f_* \langle u \rangle + \frac{1}{\rho_0} \frac{\partial \langle p \rangle}{\partial z} = -g \langle \rho \rangle$$

$$+ \frac{\partial}{\partial x}\left(\nu \frac{\partial \langle w \rangle}{\partial x} - \langle u' w' \rangle \right) + \frac{\partial}{\partial y}\left(\nu \frac{\partial \langle w \rangle}{\partial y} - \langle v' w' \rangle \right) + \frac{\partial}{\partial z}\left(\nu \frac{\partial \langle w \rangle}{\partial z} - \langle w' w' \rangle \right) \qquad (4.6)$$

4.2 涡黏性系数

地球流体系统的计算模型受到空间分辨率限制。除了最大湍流脉动之外，它们不能分辨所有小于网格尺寸的湍流运动和其他运动。因此，我们必须包含这些未能分辨的湍流和子网格尺度运动对大尺度、可分辨的流动的影响，这个过程称为次网格尺度参数化。本节介绍最简单的参数化方案，更复杂的参数化方案将在本书的后续章节，特别是第 14 章中介绍。

湍流运动和次网格尺度运动（小的涡旋和翻腾波动）的主要作用是耗散能量，因此很容易想到将雷诺应力和未分辨运动的效果表示为某种形式的"超强黏性"。总体而言，就是将流体的分子黏性 ν 替换为大得多的涡黏性，其中涡黏性依据湍流和网格属性来

定义。这种比较粗略的参数化方法是由布西内斯克首先提出的。

然而，参数化的基本属性：其依赖于流场的各向异性及其网格。涡黏性在水平方面与垂直方向截然不同，其处理方式亦不相同，$\mathcal{A}$和ν_E分别表示水平方向和垂直方向的涡黏性。因为湍流运动和网格大小在水平方向上覆盖的范围要大于垂直方向，$\mathcal{A}$覆盖了更大尺度内的未分辨的运动，因此其值需要明显大于ν_E。此外，它们应以某种基本方式依赖于流动性质和网格尺寸，该依赖方式随位置的变化而变化，预期涡黏性应当呈现一些空间变化。回到建立动量平衡的基本方式，通过作用于右侧不同强迫项之间的应力差别，我们推导出在一阶导数内保留这些涡黏性系数的形式如下：

$$\frac{\partial u}{\partial t} + u\frac{\partial u}{\partial x} + v\frac{\partial u}{\partial y} + w\frac{\partial u}{\partial z} + f_* w - fv = -\frac{1}{\rho_0}\frac{\partial p}{\partial x} + \frac{\partial}{\partial x}\left(\mathcal{A}\frac{\partial u}{\partial x}\right) + \frac{\partial}{\partial y}\left(\mathcal{A}\frac{\partial u}{\partial y}\right) + \frac{\partial}{\partial z}\left(\nu_E\frac{\partial u}{\partial z}\right)$$

(4.7a)

$$\frac{\partial v}{\partial t} + u\frac{\partial v}{\partial x} + v\frac{\partial v}{\partial y} + w\frac{\partial v}{\partial z} + fu = -\frac{1}{\rho_0}\frac{\partial p}{\partial y} + \frac{\partial}{\partial x}\left(\mathcal{A}\frac{\partial v}{\partial x}\right) + \frac{\partial}{\partial y}\left(\mathcal{A}\frac{\partial v}{\partial y}\right) + \frac{\partial}{\partial z}\left(\nu_E\frac{\partial v}{\partial z}\right)$$

(4.7b)

$$\frac{\partial w}{\partial t} + u\frac{\partial w}{\partial x} + v\frac{\partial w}{\partial y} + w\frac{\partial w}{\partial z} - f_* u = -\frac{1}{\rho_0}\frac{\partial p}{\partial z} - \frac{g\rho}{\rho_0} + \frac{\partial}{\partial x}\left(\mathcal{A}\frac{\partial w}{\partial x}\right) + \frac{\partial}{\partial y}\left(\mathcal{A}\frac{\partial w}{\partial y}\right) + \frac{\partial}{\partial z}\left(\nu_E\frac{\partial w}{\partial z}\right)$$

(4.7c)

由于我们将在本书的其余部分（除非特别说明）中全部使用平均方程，不再需要用符号"⟨⟩"表示平均值，因此，⟨u⟩被u替换，并且对所有其他变量作类似替换。

在能量（密度）方程中，热量和盐的分子扩散同样需要被不能分辨的湍流运动和次网格尺度过程的分散效应所取代。使用与动量方程相同的水平方向涡黏性$\mathcal{A}$计算能量通常更合适，因为更大的湍流运动和次网格尺度过程对热量和盐度的扩散效果与动量效率相当。然而，在垂直方向上，通常是通过引入一个不同于垂向涡黏性ν_E的垂向涡动扩散κ_E来区分能量耗散与动量耗散。这种差异源于每个状态变量的特定湍流行为，将在 14.3 节中进一步讨论。能量（密度）方程变为

$$\frac{\partial\rho}{\partial t} + u\frac{\partial\rho}{\partial x} + v\frac{\partial\rho}{\partial y} + w\frac{\partial\rho}{\partial z} = \frac{\partial}{\partial x}\left(\mathcal{A}\frac{\partial\rho}{\partial x}\right) + \frac{\partial}{\partial y}\left(\mathcal{A}\frac{\partial\rho}{\partial y}\right) + \frac{\partial}{\partial z}\left(\kappa_E\frac{\partial\rho}{\partial z}\right)$$

(4.8)

线性连续方程不受此改变影响，保持不变：

$$\frac{\partial u}{\partial x} + \frac{\partial v}{\partial y} + \frac{\partial w}{\partial z} = 0$$

(4.9)

关于涡黏性和涡动扩散的更多细节以及一些使它们依赖于流动特性的方案，请读者参考关于湍流的教科书，如 Tennekes 等（1972）或 Pope（2000）。Smagorinsky（1963）提出了一种广泛使用的包含次网格尺度过程的水平涡黏性：

$$\mathcal{A} = \Delta x \Delta y \sqrt{\left(\frac{\partial u}{\partial x}\right)^2 + \left(\frac{\partial v}{\partial y}\right)^2 + \frac{1}{2}\left(\frac{\partial u}{\partial y} + \frac{\partial v}{\partial x}\right)^2} \tag{4.10}$$

其中，Δx 和 Δy 是局地网格尺寸。因为水平涡黏性用于表征物理过程，所以它应当服从某些对称性，特别是关于旋转坐标系在水平面上的不变性。我们留给读者验证上述公式中 $\mathcal{A}$ 确实满足这个要求。

4.3 运动尺度

上述章节建立的相关方程或许能够在布西内斯克近似和湍流波动取平均的方程之外作进一步的简化。然而这需要对量级进行初步讨论，为此为每个变量引入一个尺度，正如我们在 1.10 节所做的。对于尺度，我们是指规模上与变量相同的有量纲常数，并且其数值能够代表相应的变量取值。表 4.1 提供了感兴趣的地球流体中各变量的典型尺度。显然，尺度值随各种应用变化而变化，表 4.1 中列出的值只是一个建议。即便如此，使用这些特定值得出的结论在绝大多数情况下仍然成立。如果在特定情况下产生怀疑，可以重新进行下面的尺度分析。

表 4.1 大气和海洋流体典型尺度

变量	尺度	单位	大气取值	海洋取值
x, y	L	m	100 km $= 10^5$ m	10 km $= 10^4$ m
z	H	m	1 km $= 10^3$ m	100 m $= 10^2$ m
t	T	s	$\geqslant \frac{1}{2}$d $\simeq 4\times 10^4$ s	$\geqslant 1$ d $\simeq 9\times 10^4$ s
u, v	U	m／s	10 m／s	0.1 m／s
w	W	m／s		
p	P	kg/(m · s^2)	变量	
ρ	$\Delta\rho$	kg／m^3		

在建立表 4.1 的过程中，我们是非常谨慎的，为满足在 1.5 节和 1.6 节中概述的地球物理流体动力学准则，由

$$T \gtrsim \frac{1}{\Omega} \tag{4.11}$$

表示时间尺度，由

$$\frac{U}{L} \lesssim \Omega \tag{4.12}$$

表示速度尺度和长度尺度。对于两个水平分量通常不需要加以区分，两者的长度尺度我们均指定为 L，速度尺度为 U。然而，垂直方向却需要区别对待。地球流体通常会被限制在宽度明显大于厚度的空间中，也就是形态比 H/L 小。控制着天气的大气层厚度只有大约 10 km，而气旋和反气旋会传播数千千米。相似地，洋流一般局限在海洋上层数百米以内，但水平方向会延伸数十千米甚至海盆宽度。对于大尺度的运动有

$$H \ll L \tag{4.13}$$

同样，我们认为 W 与 U 区别显著。

简化的连续方程式(4.9)所包含的 3 项各自数量级如下：

$$\frac{U}{L}, \frac{U}{L}, \frac{W}{H}$$

我们应该来考察 3 种情况：W/H 远小于、大致相同或者远大于 U/L。其中第三种情况必须排除。实际上，如果 $W/H \gg U/L$，方程的一级近似就简化为 $\partial w/\partial z = 0$，这也就意味着 w 在垂直方向上为常数；因为在底部，垂向流动必须通过横向辐合提供（参见 4.6.1 节），因此我们推断，$\partial u/\partial x$ 和 $\partial v/\partial y$ 不可同时忽略。总之，W 必须比最初认为的要小得多。

在第一种情况下，主要的平衡是二维的，$\partial u/\partial x + \partial v/\partial y = 0$，这意味着在一个水平方向上的辐合必须通过在其他水平方向上的辐散来补偿。对于中间情况，W/H 与 U/L 具有相同的量级，意味着一种三维平衡，这也是可以接受的。垂直速度尺度必须受到如下约束：

$$W \lesssim \frac{H}{L} U \tag{4.14}$$

由方程式(4.13)可得

$$W \ll U \tag{4.15}$$

换句话说，大尺度的地球流体运动较浅（$H \ll L$）并近似二维（$W \ll U$）。

现在让我们先考虑进行布西内斯克近似和湍流平均后 x 方向动量方程的形式[式(4.7a)]。它的各项尺度依次为

$$\frac{U}{T}, \frac{U^2}{L}, \frac{U^2}{L}, \frac{WU}{H}, \Omega W, \Omega U, \frac{P}{\rho_0 L}, \frac{\mathcal{A} U}{L^2}, \frac{\mathcal{A} U}{L^2}, \frac{\nu_E U}{H^2}$$

由之前的讨论可以立即发现第五项（ΩW）总是远小于第六项（ΩU），因此略去该项是没问题的[1]。

---

① 注意，在赤道附近，f 变为零，而 f_* 达到最大值，简化可能无效。如果是这种情况，则需要重新检查各项尺度。第五项可能依然比其他一些项（如压力梯度）小得多，但可能存在必须保留 f_* 项的情况。因为这种情况是例外，我们此处消除 f_* 项。

由于旋转在地球流体动力学中的重要性是不容忽视的，我们可以预期压力梯度项（驱动力）将与科氏力项具有相同尺度，也就是

$$\frac{P}{\rho_0 L} = \Omega U \rightarrow P = \rho_0 \Omega L U \tag{4.16}$$

由于流体的质量，典型的地球流体的动压力远小于基本的静压力。

尽管由湍流和次网格尺度过程造成的水平和垂直耗散在方程（最后 3 项）中得以保留，但与科氏力相比，它们并没有明显优势，前者应该保留在重要项之中。这意味着

$$\frac{AU}{L^2} \text{ 和 } \frac{\nu_E U}{H^2} \lesssim \Omega U \tag{4.17}$$

类似的考量同样适用于 y 方向动量方程式（4.7b）。但是对于垂直动量方程式（4.7c）可能要遵循另外的简化，其各项的尺度按顺序表示为

$$\frac{W}{T}, \quad \frac{UW}{L}, \quad \frac{UW}{L}, \quad \frac{W^2}{H}, \quad \Omega U, \quad \frac{P}{\rho_0 H}, \quad \frac{g\Delta\rho}{\rho_0}, \quad \frac{AW}{L^2}, \quad \frac{AW}{L^2}, \quad \frac{\nu_E W}{H^2}$$

第一项（W/T）不超过 ΩW，由方程式（4.11）和方程式（4.15）可知它本身远小于 ΩU。接下来的 3 项也比 ΩU 小得多，参见方程式（4.12）、方程式（4.14）和方程式（4.15）。因此，与第五项相比，前 4 项完全可以忽略。但第五项本身相当小，它与右边第一项的比是

$$\frac{\rho_0 \Omega H U}{P} \sim \frac{H}{L}$$

根据方程式（4.16）和方程式（4.13），该比值远小于 1。

最后，方程最后的 3 项都很小，当用 W 代替方程式（4.17）中的 U 时，我们有

$$\frac{AW}{L^2} \text{ 和 } \frac{\nu_E W}{H^2} \lesssim \Omega W \ll \Omega U \tag{4.18}$$

因此，方程右侧的最后 3 项远小于左侧的第五项，后者已经被证明非常小。总的来说，最后只剩下两项，垂直动量平衡简化为简单的静力平衡：

$$0 = -\frac{1}{\rho_0}\frac{\partial p}{\partial z} - \frac{g\rho}{\rho_0} \tag{4.19}$$

在不存在层结（密度扰动 ρ 为零）的情况下，下一个被认为能够平衡压力梯度 $(1/\partial\rho_0)(\partial p/\partial z)$ 的项应该是 $f_* u$。然而在这种平衡下，压力 p 的垂直变化将由 $\rho_0 f_* u$ 的垂直积分给出，其尺度为 $\rho_0 \Omega H U$，远小于已经建立的压力尺度[式（4.16）]，因此该项是可以忽略不计的。我们可以得出结论：p 的垂直变化非常弱。换句话说，在没有层结的情况下，p 几乎是与 z 相互独立的：

$$0 = -\frac{1}{\rho_0}\frac{\partial p}{\partial z} \tag{4.20}$$

因此，静力平衡式(4.19)在 $\rho \to 0$ 下继续成立。

由于处于静力平衡中的动压力 p 相对于大得多的压力已经是小扰动，我们得出结论，地球流体的流动倾向于完全静水流体静力学，即使存在大量不同尺度的运动[①]。回过头来看，我们注意到，这种简化背后的主要原因是地球流体在几何形态上的强烈差异性 $(H \ll L)$。

在极少数情况下，当水平尺度和垂直尺度之间不存在差异时，例如在对流羽流和小尺度内波中，流体不适用静力近似，垂直动量方程是垂直加速度、压力梯度和浮力三者作用下的平衡。

4.4 地球流体控制方程概述

在上一章和前文中进行的布西内斯克近似极大地简化了方程，我们在此加以概括。

x 方向动量方程：

$$\frac{\partial u}{\partial t} + u\frac{\partial u}{\partial x} + v\frac{\partial u}{\partial y} + w\frac{\partial u}{\partial z} - fv = -\frac{1}{\rho_0}\frac{\partial p}{\partial x} + \frac{\partial}{\partial x}\left(\mathcal{A}\frac{\partial u}{\partial x}\right) + \frac{\partial}{\partial y}\left(\mathcal{A}\frac{\partial u}{\partial y}\right) + \frac{\partial}{\partial z}\left(\nu_{\mathrm{E}}\frac{\partial u}{\partial z}\right)$$

$$(4.21\mathrm{a})$$

y 方向动量方程：

$$\frac{\partial v}{\partial t} + u\frac{\partial v}{\partial x} + v\frac{\partial v}{\partial y} + w\frac{\partial v}{\partial z} + fu = -\frac{1}{\rho_0}\frac{\partial p}{\partial y} + \frac{\partial}{\partial x}\left(\mathcal{A}\frac{\partial v}{\partial x}\right) + \frac{\partial}{\partial y}\left(\mathcal{A}\frac{\partial v}{\partial y}\right) + \frac{\partial}{\partial z}\left(\nu_{\mathrm{E}}\frac{\partial v}{\partial z}\right)$$

$$(4.21\mathrm{b})$$

z 方向动量方程：

$$0 = -\frac{\partial p}{\partial z} - \rho g \tag{4.21c}$$

连续方程：

$$\frac{\partial u}{\partial x} + \frac{\partial v}{\partial y} + \frac{\partial w}{\partial z} = 0 \tag{4.21d}$$

能量方程：

$$\frac{\partial \rho}{\partial t} + u\frac{\partial \rho}{\partial x} + v\frac{\partial \rho}{\partial y} + w\frac{\partial \rho}{\partial z} = \frac{\partial}{\partial x}\left(\mathcal{A}\frac{\partial \rho}{\partial x}\right) + \frac{\partial}{\partial y}\left(\mathcal{A}\frac{\partial \rho}{\partial y}\right) + \frac{\partial}{\partial z}\left(\kappa_{\mathrm{E}}\frac{\partial \rho}{\partial z}\right) \tag{4.21e}$$

其中，参考密度 ρ_0 和重力加速度 g 是常数，科氏参数 $f = \Omega\,2\sin\varphi$ 取决于纬度或取常数，涡黏性系数和涡动扩散系数 $\mathcal{A}$、ν_{E} 及 κ_{E} 可以取为常数或关于流体变量和网格参数的函数。这 5 个方程关于 u、v、w、p 和 ρ 5 个变量形成一个封闭的方程组，是地球流体动

---

① 根据 Nebeker(1995，第 51 页)，地球流体中的静力平衡应该归功于亚历克西斯·克莱罗(Alexis Clairaut，1713—1765)。

力学的基石，有时称为原始方程。

使用连续方程式（4.21d），水平动量方程和密度方程可改写成如下守恒形式：

$$\frac{\partial u}{\partial t} + \frac{\partial (uu)}{\partial x} + \frac{\partial (vu)}{\partial y} + \frac{\partial (wu)}{\partial z} - fv = -\frac{1}{\rho_0}\frac{\partial p}{\partial x} + \frac{\partial}{\partial x}\left(\mathcal{A}\frac{\partial u}{\partial x}\right) + \frac{\partial}{\partial y}\left(\mathcal{A}\frac{\partial u}{\partial y}\right) + \frac{\partial}{\partial z}\left(\nu_E\frac{\partial u}{\partial z}\right)$$

$$(4.22a)$$

$$\frac{\partial v}{\partial t} + \frac{\partial (uv)}{\partial x} + \frac{\partial (vv)}{\partial y} + \frac{\partial (wv)}{\partial z} + fu = -\frac{1}{\rho_0}\frac{\partial p}{\partial y} + \frac{\partial}{\partial x}\left(\mathcal{A}\frac{\partial v}{\partial x}\right) + \frac{\partial}{\partial y}\left(\mathcal{A}\frac{\partial v}{\partial y}\right) + \frac{\partial}{\partial z}\left(\nu_E\frac{\partial v}{\partial z}\right)$$

$$(4.22b)$$

$$\frac{\partial \rho}{\partial t} + \frac{\partial (u\rho)}{\partial x} + \frac{\partial (v\rho)}{\partial y} + \frac{\partial (w\rho)}{\partial z} = \frac{\partial}{\partial x}\left(\mathcal{A}\frac{\partial \rho}{\partial x}\right) + \frac{\partial}{\partial y}\left(\mathcal{A}\frac{\partial \rho}{\partial y}\right) + \frac{\partial}{\partial z}\left(\kappa_E\frac{\partial \rho}{\partial z}\right)$$

$$(4.22c)$$

在数值离散化中将会发现这些改写的好处。

4.5　重要的无量纲数

4.3 节的尺度分析是为了证明忽略一些小项的合理性，但这并不一定意味着剩余的项就同等重要，我们现在评估那些已经保留的项的相对重要性。

水平动量方程的最后形式式（4.21a）和式（4.21b）中各项尺度按顺序排列表示为

$$\frac{U}{T},\ \frac{U^2}{L},\ \frac{U^2}{L},\ \frac{WU}{H},\ \Omega U,\ \frac{P}{\rho_0 L},\ \frac{\mathcal{A}U}{L^2},\ \frac{\nu_E U}{H^2}$$

地球流体动力学是处理旋转发挥重要作用的流体运动。因此，ΩU 是前面序列的中心项。与 ΩU 的比值用以评估其他项相对于科氏力项的重要性，得到以下无量纲比序列：

$$\frac{1}{\Omega T},\ \frac{U}{\Omega L},\ \frac{U}{\Omega L},\ \frac{WL}{UH}\cdot\frac{U}{\Omega L},\ 1,\ \frac{P}{\rho_0 \Omega L U},\ \frac{\mathcal{A}}{\Omega L^2},\ \frac{\nu_E}{\Omega H^2}$$

第一个比值，

$$Ro_T = \frac{1}{\Omega T} \qquad\qquad (4.23)$$

称为时间罗斯贝数，是速度的局地时间变化率与科氏力之比，与之前反复讨论的一样，时间罗斯贝数值小于或等于 1，参见式（4.11）。下一个数，

$$Ro = \frac{U}{\Omega L} \qquad\qquad (4.24)$$

为平流与科氏力之比，称为罗斯贝数[①]，是地球流体动力学的基础参数。与时间罗斯贝数 Ro_T 一样，由式（4.12）可知它的数量级最多为 1。一般情况下，地球流体的特性随着

---

① 参见本章结尾的人物介绍。

罗斯贝数的值变化很大。

下一个数是罗斯贝数与 WL/UH 的乘积，由方程式（4.14）可知其数量级为 1 或者更小。在 11.5 节中将表明，WL/UH 通常与罗斯贝数本身具有相同数量级。对于下一个比率 $P/\rho_0\Omega LU$，由方程式（4.16）可知其数量级为 1。

最后两个比用来评估水平和垂直摩擦的相对重要性，其中后者：

$$Ek = \frac{\nu_E}{\Omega H^2} \tag{4.25}$$

叫作埃克曼数。对于地球流体，这个数很小。例如，涡黏性 ν_E 差不多为 10^{-2} m^2/s，$\Omega = 7.3 \times 10^{-5}$ s^{-1}，$H = 100$ m，则 $Ek = 1.4 \times 10^{-2}$。在实验室实验中，埃克曼数甚至更小，其中黏性还原到其分子对应的值，并且高度尺度 H 更小［典型的实验值为 $\Omega = 4$ s^{-1}，$H = 20$ cm，$\nu($水$) = 10^{-6}$ m^2/s，导致 $Ek = 6 \times 10^{-6}$］。埃克曼数很小，这表明动量方程中的耗散项可以忽略不计，但这些项需要保留。因为垂直摩擦形成了非常重要的边界层，其具体原因将在第 8 章中说明。

在非旋转流体动力学中，通常通过定义雷诺数 Re 来比较惯性力和摩擦力。在前面的尺度分析中，没有将惯性力和摩擦力彼此比较，而是将二者均与科氏力相比，形成了罗斯贝数和埃克曼数。这 3 个常数与形态比 H/L 之间存在简单的关系：

$$Re = \frac{UL}{\nu_E} = \frac{U}{\Omega L} \cdot \frac{\Omega H^2}{\nu_E} \cdot \frac{L^2}{H^2} = \frac{Ro}{Ek}\left(\frac{L}{H}\right)^2 \tag{4.26}$$

由于罗斯贝数数量级为 1 或稍小，但是埃克曼数与形态比 H/L 的数量级都远小于 1，即使分子黏性被大得多的涡黏性替换后，地球流体的雷诺数也是非常大的。

利用方程式（4.16），静力方程式（4.21c）中的两项分别为

$$\frac{P}{H}, \; g\Delta\rho$$

并且后者与前者的比为

$$\frac{gH\Delta\rho}{P} = \frac{gH\Delta\rho}{\rho_0\Omega LU} = \frac{U}{\Omega L} \cdot \frac{gH\Delta\rho}{\rho_0 U^2} = Ro \cdot \frac{gH\Delta\rho}{\rho_0 U^2}$$

这形成了新的无量纲数

$$Ri = \frac{gH\Delta\rho}{\rho_0 U^2} \tag{4.27}$$

称为理查森数[1]，我们已经在 1.6 节中遇到过。对于地球流体，这个数字的量级可能远小于、等于或大于 1，这取决于层结效应是可忽略的还是重要的或主要的。

---

① 参见第 14 章结尾的人物介绍。

4.6　边界条件

在4.4节，我们推导了地球流体控制方程这一封闭的方程组，其未知函数的数量等于可用独立方程的数量。然而，仅当提供附加条件时，这些方程的解才被唯一地确定。这些辅助条件包括系统的初始状态和地理边界信息(图4.1)。

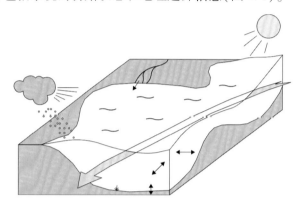

图4.1　正在调查的海岸带系统与周围环境之间可能发生的交换示意图。边界条件必须指明外界对区域内动力演化的影响，交换可能发生在海-气界面、底层、沿岸和/或区域的任何其他边界

因为控制方程式(4.21)包含u、v和ρ的一阶时间导数，所以对于这些三维场各需要一个初始条件。由于式(4.21a)、式(4.21b)和式(4.21e)分别提供相应变量的趋势以便计算其未来的值，因此需要指定从何处开始。这些需要此类初始条件的变量称为状态变量。在等式中剩余的、没有关于时间取偏导的变量w和p称为诊断变量，即任何时刻它们均可以借由相同时刻的其他变量值来确定。需要注意的是，如果保持非静力形式，则会出现垂直速度关于时间的偏导[参见式(4.7c)]，w从诊断变量变为状态变量，从而也需要初始条件。

压力的确定需要特别注意，这取决于是否应用流体静力近似以及模拟海面高度的方式。由于压力梯度是地球流体的主要作用力，压力的处理是地球流体力学模型开发中的一个核心问题。这一点值得详细分析，我们推迟到7.6节。

区域的空间边界处强迫条件比初始条件更难以确定。偏微分方程的数学理论告诉我们，所需边界条件的数量和类型取决于偏微分方程的性质。二阶偏微分方程的标准分类(Durran，1999)用于区分双曲线、抛物线和椭圆方程。这种分类是基于信息传播的特征。这些曲线的几何形状约束着何处的信息从边界向区域内部或者从区域内部向外穿越空间边界向外传播，因此需要确定区域边界中哪些部分的信息需要指定以便于确定区域内的唯一解。

地球流体力学控制方程的一个主要问题是它们的分类的建立并非一劳永逸。首先，方程组（4.21）比适用标准分类的单个二阶方程更复杂；其次，方程类型随解本身而变化。实际上，信息的传播主要通过流体平流和波动传播联合实现，并且它们可以在不同的时间离开和进入相同的边界。因此，所需边界条件的数量和类型与问题的解一起随时间变化，这显然无法预知。建立数学上正确的边界条件集合远远不是一个简单的任务，读者可以参考专业文献以获得更多信息（Blayo et al.，2005；Durran，1999）。在本书的分析研究中，边界条件的设置将从纯粹的物理角度出发，后续解决方法的良好性质将作为后验检验。

许多情况并不存在解析解，不仅后验验证不可能，而且问题会进一步复杂化，因为数值离散方案通过产生截断误差解决转换后的方程，而非原来的方程。求解方程需要更少或更多的边界条件和初始条件。如果数值方案要求的条件比原始方程提供的更多，这些条件必须与截断误差相关，当网格尺寸（或时间步长）消泯时它们消失；我们要求所有边界条件和初始条件一致。

例如，我们从这个角度重新审视蛙跳方案的初始化问题。正如我们已经看到的（2.9 节），蛙跳式离散化方案 $\partial u/\partial t = Q \rightarrow \tilde{u}^{n+1} = \tilde{u}^{n-1} + 2\Delta t\, Q^n$ 需要 $\tilde{u}^0$ 和 $\tilde{u}^1$ 两个值来开始时间起步。然而，原来的问题表明仅可以附加一个初始条件 $\tilde{u}^0$，$\tilde{u}^0$ 的值由问题本身的物理性质决定。第二个条件 $\tilde{u}^1$ 必须满足，极限 $\Delta t \rightarrow 0$ 时，其影响作用消失。这将是显式欧拉方案 $\tilde{u}^1 = \tilde{u}^0 + \Delta t Q$ 的情况 [其中，$Q(t^0, \tilde{u}^0)$ 表示 t^0 时刻方程中的其他项]。实际上，$\tilde{u}^1$ 趋于实际的初始值 $\tilde{u}^0$，第一步蛙跳得出 $\tilde{u}^2 = \tilde{u}^0 + 2\Delta t Q[t^1, \tilde{u}^0 + \mathcal{O}(\Delta t)]$，这与在 $2\Delta t$ 时间步长上的有限差分一致。

考虑到后面离散化方案的特点所需要附加条件的复杂性，以下内容给出了在地球流体力学问题中最常遇到的边界条件，它们来自基本的物理需求。

4.6.1　运动学条件

独立于任何物理性质或次网格尺度参数化的最重要的条件是，空气和水流不能穿透进入陆地[①]。为了将这种非穿透性转化为数学边界条件，我们简单地表示速度必须与陆地边界相切，即边界面的梯度矢量和速度矢量彼此正交。

考察研究区域的固体底部。底部边界定义为 $z - b(x, y) = 0$，梯度矢量由 $\left[\dfrac{\partial(z-b)}{\partial x}, \dfrac{\partial(z-b)}{\partial y}, \dfrac{\partial(z-b)}{\partial z}\right] = \left[-\dfrac{\partial b}{\partial x}, -\dfrac{\partial b}{\partial y}, 1\right]$ 给出，边界条件为

---

① 空气和水在地球物理尺度上没有明显的陆地渗透。对于已知对海岸系统的地球化学行为具有强烈影响的地面流，如果必要，总是可以施加适当的通量。

$$w = u \frac{\partial b}{\partial x} + v \frac{\partial b}{\partial y} \qquad (在底部) \qquad (4.28)$$

我们可以从以下途径理解上述边界条件：底部的流量收支(图4.2)或者替代另外的条件，即底部是一个流体的物质表面，不能被流体穿透并且固定不变。若认为底部是物质表面，实际上需要满足

$$\frac{\mathrm{d}}{\mathrm{d}t}(z - b) = 0 \qquad (4.29)$$

这相当于方程式(4.28)，因为 $\frac{\mathrm{d}z}{\mathrm{d}t} = w$ 和 $\frac{\partial b}{\partial t} = 0$。

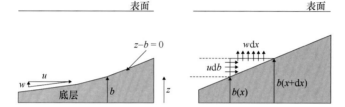

图4.2 图示给出了在地形变化与 y 轴无关的 (x, z) 平面上，底部边界条件的有关记号和两种物理解释。底部的非穿透性建立了由 $z-b=0$ 定义的速度与底部相切关系。从可以扩展到有限体积方法的流体收支方面，这说明水平流入匹配垂直流出需要满足 $u[\,b(x+\mathrm{d}x) - b(x)\,] = w\mathrm{d}x$，当 $\mathrm{d}x \to 0$ 便导出了方程式(4.28)。注意，速度比 w/u 等于地形坡度 $\mathrm{d}b/\mathrm{d}x$，后者的尺度类似于垂直长度尺度与水平长度尺度比，即形态比

在自由表面处，除了边界随着流体移动外，情况类似于底部。如果我们排除翻转波动，表面位置由每个水平点的垂直位置 η 唯一确定(图4.3)，$z-\eta=0$ 是边界方程。然后我们把它表示为一种物质面[1]：

$$\frac{\mathrm{d}}{\mathrm{d}t}(z - \eta) = 0 \quad (在自由表面) \qquad (4.30)$$

并且得到表面边界条件：

$$w = \frac{\partial \eta}{\partial t} + u \frac{\partial \eta}{\partial x} + v \frac{\partial \eta}{\partial y} \quad (在 z = \eta 时) \qquad (4.31)$$

一种特别简单的情况是，具有平底和自由表面的边界，其垂直位移可以忽略(如深海表面上的小波动)——称为刚盖近似，这将在7.6节中详细讨论。此时，相应的边界处的垂向速度为零。

因为边界条件采用 $z=\eta$，即位置随着时间的变化依赖于流体本身，这使自由表面

---

① 在海-气界面处的蒸发和降水是例外，当这些蒸发和降水重要时，可以作为边界条件直接给出。

边界成为困难。该问题被称为移动边界问题，这在计算地球流体力学中是一个分支（Crank，1987）。

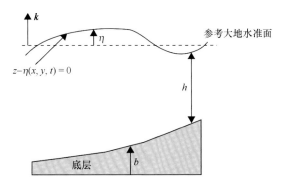

图 4.3　表面边界条件展示，移动表面 $z = \eta$ 非穿透性的表达导致边界条件式(4.31)，
为了便于图解，与 h 相比，放大了海面高度的抬升 η

　　在海洋模型中，除了底部和顶部边界之外还引入了侧边，使水深一直到边缘保持非 0(图 4.4)。这是因为海底的岩石露出地面部分，陆地有水与无水难以用固定网格来建模。在垂直侧壁处，非穿透性要求水平速度的法向分量为零。

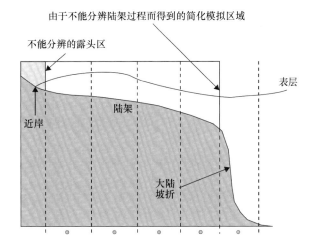

图 4.4　横跨海洋到达海岸的垂直剖面。除了表面和底部边界，海岸引入了额外的横向边界。有必要
引入一个人工垂直侧壁，因为固定的数值网格不能很好地描述水边缘的确切位置。偶尔，垂直侧壁
假定在陆架坡折处，从而移除整个陆架，因为简化的物理模型不能表示大陆架上的一些物理过程

4.6.2　动力学条件

　　之前的非穿透性条件是纯运动学的，仅涉及速度分量。涉及外界强迫的动力学条

件，有时也是必须的，例如，当需要海-气界面的压强的连续性时。

忽略仅对非常短的波动(波长不超过几厘米毛细波)重要的表面张力的影响，大气对海洋施加的压力 p_{atm} 必须等于海洋对大气施加的总压力 p_{sea}：

$$p_{atm} = p_{sea} \quad (\text{在海-气界面处}) \tag{4.32}$$

如果海平面高度为 η，压力为静压力，则实际表面 $z = \eta$ 的压力连续性意味着在海洋参考面 $z = 0$

$$p_{sea}(z = 0) = p_{atm}(\text{在海平面}) + \rho_0 g \eta \tag{4.33}$$

另一个动力学边界条件取决于流体被认为是非黏性的或黏性的。实际上，所有流体都有内部摩擦，理论上紧邻固定边界的流体质点必须黏附到该边界且速度为零。然而，由于黏性较弱，在边界附近速度降至零的距离通常较短。该短距离将摩擦的影响限制在沿着流体边界的狭长带状区域，称为边界层。如果与所关注的长度尺度相比，该边界层的厚度是可忽略的(通常确实如此)，在整个动量方程中允许彻底忽略摩擦。在这种情况下，必须允许流体与边界之间的滑移，而运用的唯一边界条件是非透过性条件。

然而，如果考虑黏性，则固定边界处速度必须设为零，而沿着两种流体之间的移动边界，需要满足速度和切向应力的连续性。从海洋的角度来看，这就需要

$$\rho_0 \nu_E \left(\frac{\partial u}{\partial z}\right)\bigg|_{\text{海表面}} = \tau^x, \ \rho_0 \nu_E \left(\frac{\partial v}{\partial z}\right)\bigg|_{\text{海表面}} = \tau^y \tag{4.34}$$

式中，τ^x 和 τ^y 是大气对海面施加的风应力的分量，它们通常取为海面上空 10 m 处的风速度 u_{10} 的二次函数，并使用拖曳系数进行参数化：

$$\tau^x = C_d \rho_{air} U_{10} u_{10}, \ \tau^y = C_d \rho_{air} U_{10} v_{10} \tag{4.35}$$

其中，u_{10} 和 v_{10} 分别是风矢量 u_{10} 的 x 和 y 分量；$U_{10} = \sqrt{u_{10}^2 + v_{10}^2}$ 是风速；C_d 是海风拖曳系数，近似为 0.001 5。

最后，模型的边缘可以是开边界，也就是模型区域在覆盖更宽的自然区域的某个位置终止。出现这种情况是因为计算机资源或现有数据的可用性将注意力限制到广阔区域中的一部分。例如，区域气象模型和近岸海洋模式(图4.5)。在理想情况下，外部系统对关注区域的影响应该沿着开边界给定，但是这在实践中通常是不可能的，原因很明显，系统未建模的部分是未知的。然而，可以利用一些特定条件，例如，可以允许波通过开边界离开但不允许进入，或者指定流入区域的位置处的流动性质，而非离开区域处。在海洋潮汐模型中，海面表示为时间的周期函数。

在过去 10 年中，随着计算机性能的提高，模型嵌套现在已经变得普遍，即将关注区域的有限模型嵌入低空间分辨率、区域较大的另一个模型中，后者又可以嵌入空间分辨率更低、区域更大的模型，逐步嵌套直至没有开边界(整个海盆或全球大气)的模型。一个很好的例子是一个特定国家的区域天气预报：覆盖这个国家和一些周边地区

的网格嵌套在一个覆盖整个大陆的网格中，而该网格本身又嵌套在覆盖整个地球的网格内。

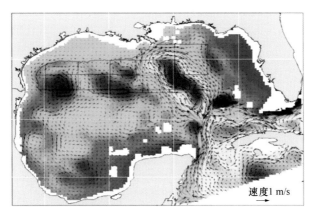

速度1 m/s

图 4.5　开边界常见于区域建模中。开边界的条件通常难以给定，特别地，边界条件的性质取决于流是否进入该区域(携带来自外部的未知信息)或离开它(输出已知信息)。

由 HYCOM Consortium on Data-Assimilative Modeling 提供

4.6.3　热、盐和示踪粒子边界条件

对于类似于控制温度、盐度或密度的演化的方程，也就是说，包括平流和扩散项，我们可以选择给定变量的值、梯度或两者的混合。在观测(如由卫星数据得到的海表温度)已知的情况下，自然能够指定变量的值(狄利克雷条件)。施加某种(如热通量)扩散通量时选择设置梯度条件(冯·诺伊曼条件)，通常在处理海-气交换时遇到此类情况。混合条件(柯西条件、罗宾条件)通常用于给定一个总体的、平流加扩散的通量，例如对于一维热通量，在边界处有一组 $uT - \kappa_T \partial T / \partial x$ 的值。对于绝缘边界，该通量简单地给定为零。

要在边界处选择变量的值或其梯度，可以使用观测值或交换定律。最复杂的交换定律是用于海-气界面的，涉及根据海表温度 T_{sea} (通常称为 SST)、大气温度 T_{air}、海面上空 10 m 处的风速 $\boldsymbol{u}_{10}$、云量、湿度等，形式上

$$-\kappa_T \frac{\partial T}{\partial z}\bigg|_{z=\eta} = F(T_{\text{sea}}, T_{\text{air}}, \boldsymbol{u}_{10}, 云量, 湿度, \cdots) \tag{4.36}$$

对于热通量，将条件设定在 $z=0$ 而非实际位置 $z=\eta$ 是一个非常好的简化，带来的误差远低于热通量估计本身的误差。

如果通过使用线性化状态方程 $\rho = -\alpha T + \beta S$ 将密度方程用作盐度方程和温度方程的组合，并且如果可以合理地假定所有方程都适用相同的湍流扩散系数，则密度的边界

条件可以表示为指定的温度和盐度通量的加权和：

$$\kappa_E \frac{\partial \rho}{\partial z} = -\alpha \kappa_E \frac{\partial T}{\partial z} + \beta \kappa_E \frac{\partial S}{\partial z} \qquad (4.37)$$

对于任何示踪物(通过流体平流和扩散的量)，可以利用与温度和盐度类似的条件，特别地，当边界处没有示踪物输入时，总通量通常为零。

4.7 边界条件的数值实现

一旦给定了数学边界条件并且在边界处分配了值，我们就可以处理实现边界条件数值化的任务，以温度为例说明该过程。

除了覆盖模型区域内的节点外，其他节点可以被精确地放置在边界上或稍微超过边界(图 4.6)。引入这些附加节点是为了更便于实现边界条件。如果要指定数值变量 $\widetilde{T}$ 的值 T_b，最自然的方法是将节点放置在边界处(图 4.6 右侧)，使得

$$\widetilde{T}_m = T_b \qquad (4.38)$$

不需要插值而保持精确值。

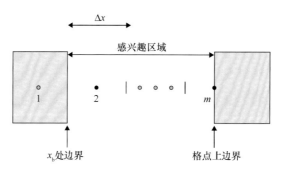

图 4.6 覆盖研究区域内部的网格节点。额外的节点可以放置在边界之外如左侧所示，
或者放置在如右侧所示的边界上。边界条件的数值方案取决于格点的排列方式

如果边界条件是通量的形式，更实用的做法是跨越边界设置两个网格节点，其中一个边界稍微靠外侧，另一个稍微靠内侧(图 4.6 左侧)。在这种处理方式下，变量在边界处的导数会更加精确。使用图 4.6 的指标符号，

$$\frac{\widetilde{T}_2 - \widetilde{T}_1}{\Delta x} \simeq \left. \frac{\partial T}{\partial x} \right|_{x_b} + \frac{\Delta x^2}{24} \left. \frac{\partial^3 T}{\partial x^3} \right|_{x_b} \qquad (4.39)$$

产生一个二阶估计，通量边界条件 $-\kappa_T \left(\dfrac{\partial T}{\partial x} \right) = q_b$ 变为

$$\widetilde{T}_1 = \widetilde{T}_2 + \Delta x \, \frac{q_b}{\kappa_T} \tag{4.40}$$

然而，这样处理在某些情况下并不太理想。当指定总的平流加扩散通量边界条件是 $\left[uT - \kappa_T \left(\dfrac{\partial T}{\partial x} \right) \right] = q_b$ 时，无论将结束节点放于边界(会使导数的离散复杂化)，还是放置在边界之外(T 值必须外推)，都不会太理想。在后一种情况下，以二阶精度外推，

$$\frac{\widetilde{T}_1 + \widetilde{T}_2}{2} \simeq T(x_b) + \frac{\Delta x^2}{8} \frac{\partial^2 T}{\partial x^2} \bigg|_{x_b} \tag{4.41}$$

总通量条件变为

$$u_b \frac{\widetilde{T}_1 + \widetilde{T}_2}{2} - \kappa_T \frac{\widetilde{T}_2 - \widetilde{T}_1}{\Delta x} = q_b \tag{4.42}$$

边界条件的最终值 $\widetilde{T}_1$ 为

$$\widetilde{T}_1 = \frac{2 \, q_b \Delta x + (2 \, \kappa_T - u_b \Delta x) \, \widetilde{T}_2}{2 \, \kappa_T + u_b \Delta x} \tag{4.43}$$

在前一种情况下，当结束节点正好位于边界时，直接差分

$$\frac{\partial T}{\partial x} \simeq \frac{\widetilde{T}_m - \widetilde{T}_{m-1}}{\Delta x} \tag{4.44}$$

在点 x_m 处的精度仅为一阶，并且为了得到该节点的二阶精度，我们需要进一步延伸到模拟区域内的数值模板(参见数值练习4.8)。因此，为了实现通量条件，结束节点的首选位置是超过边界半个网格步长。这种方案的精度要大于结束节点位于边界处的精度。对于有限体积方法，也有相同的结论，因为施加通量条件是利用强制的数值替换边界处通量计算组成。在这种情况下，边界的位置自然地位于网格点之间的接口处，因为它是在有限体积方法中计算通量的位置。

　　在这一点上需要考虑的问题是边界条件方案中的截断误差水平是否适当。为了回答这个问题，我们必须将这个截断误差与其他误差进行比较，特别是域内的截断误差。由于在相对少的边界点处拥有比大量内部点处更高精度的方法并没有什么有利之处，所以明智的选择是在边界处使用与在域内相同的截断阶数。这样，模型就具有了一致的近似程度。然而有时在边界附近使用更低阶数也是可以接受的，因为在边界处的点要远少于内部，从而局部较高的误差水平不会影响到解的整体精度。$\Delta x \to 0$ 时，边界点与总网格点数的比率趋向为零，并且在边界处近似精确度不足产生的影响也会消失。

　　在式(4.43)中，我们使用边界条件来计算在区域外一点的值，使得在第一个内部点应用数值方案时，边界条件能够自动满足要求。数值方案中时常需要的人工边界条

件也可以用相同的方法来构造。例如，考虑现在应用于内部区域空间导数的四阶离散化方案[式(1.26)]，同时需要在 x_m 处施加一个单独的狄利克雷型的边界条件。这个内部的离散算子为

$$\frac{\partial T}{\partial x}\bigg|_{x_i} \simeq \frac{4}{3}\left(\frac{\widetilde{T}_{i+1} - \widetilde{T}_{i-1}}{2\Delta x}\right) - \frac{1}{3}\left(\frac{\widetilde{T}_{i+2} - \widetilde{T}_{i-2}}{4\Delta x}\right) \tag{4.45}$$

直至 $i=m-2$，均可使用上式。在 $i=m-1$ 处，不能再使用该式，除非我们在虚拟点 $\widetilde{T}_{m+1}$ 处(图 4.7)提供一个值。在这里可以通过在边界附近使用偏心四阶离散化方案来实现，该方案与使用虚拟值的中心四阶离散方案效果相同。

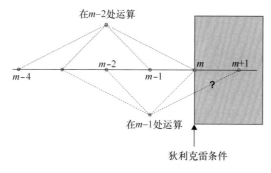

图 4.7　如果规定了一个单独的狄利克雷条件，跨越计算点每侧两点生成的运算符就只能计算到 $m-2$ 处。当在 $m-1$ 处应用相同的运算符时，我们将面临 $m-1$ 处的值不存在的问题

4.8　精度和误差

数值模型中的误差可分为几种类型。遵循 Ferziger 等（1999），我们根据误差的来源对其进行分类。

● 模型误差：该误差是由表达物理系统的数学模型的不足造成的。因此，它是真实系统与其数学表达式的精确解在演化上的差异。在本章前面，我们介绍了方程的简化和对加入无法分辨的过程的参数化，这些表达都引入了误差。此外，即使模型公式是理想的，系数仍然不完全已知。伴随边界条件的不确定性亦对模型误差有所贡献。

● 离散误差：这是将原始方程近似转换为计算机代码时所引入的误差。它是连续问题的精确解与离散方程的精确数值解之间的差异。通过有限差分替换导数和在预估-校正方案中使用估计都属于这方面的例子。

● 迭代误差：该误差起源于使用迭代方法来执行算法中的中间步骤，使用离散方程的精确解与实际获得的数值解之间的差异来度量。例如，在计算的某个阶段使用所谓的雅可比法逆矩阵；为了时间上的考虑，会在达到完全收敛之前中断迭代过程。

- 舍入误差：这些误差是由于在计算机中只使用有限字节的数字来表示真实数值而产生的。

一个良好的模型应该确保：

$$舍入误差 \ll 迭代误差 \ll 离散误差 \ll 模型误差$$

这些不等式的顺序很容易理解：如果离散误差大于模型误差，则没有办法判断数学模型是不是我们试图描述的物理系统的充分近似；如果迭代误差大于离散误差，则不能要求算法产生的数值解满足离散方程；等等。

在下文中，我们既不处理舍入误差(通常由适当的编译器选项、循环设置和双精度指令控制)，也不考虑迭代误差(通常由灵敏度分析或先验的在迭代中可接受的收敛误差水平控制)，而主要在使用尺度分析和附加模型假设或简化(参见如布西内斯克近似和流体静力学近似)时对模型误差进行讨论，这使得我们可以将注意力限制在与连续数学模型转换为离散数值相关联的离散化误差方案上。

第 1 章中提到的相容性、收敛性和稳定性的概念仅提供当 Δt 趋于零时关于离散误差表现的情况。然而在实践中，时间步长(以及空间步长)从不趋向于零，而是保持在固定值，那么问题出现了：数值解与精确解相比有多精确。在这种情况下，对收敛性仅给予最低限度的关注，甚至在不相容的方案中，如果足够巧妙，也许能够提供比相容和收敛方法产生的实际误差更低的结果。

根据定义，在变量 u 上的离散化误差 ϵ_u 是离散方程的精确数值解 $\tilde{u}$ 与连续方程的数学解 u 之差：

$$\epsilon_u = \tilde{u} - u \tag{4.46}$$

4.8.1　离散误差估计

在惯性振荡的显式离散化[式(2.24)]例子中，我们可以从精确连续方程[式(2.23)]中减去修正的方程[式(2.28)]来获得关于误差的微分方程：

$$\frac{\mathrm{d}\epsilon_u}{\mathrm{d}t} - f\epsilon_v = f^2 \frac{\Delta t}{2}\tilde{u} + \mathcal{O}(\Delta t^2)$$

$$\frac{\mathrm{d}\epsilon_v}{\mathrm{d}t} + f\epsilon_u = f^2 \frac{\Delta t}{2}\tilde{v} + \mathcal{O}(\Delta t^2)$$

显然，我们不会通过求解这些方程来计算误差，因为这相当于直接解决了精确问题。然而，我们注意到误差方程具有与 Δt 同阶的源项(因为方案的相容性，其会随着 $\Delta t \to 0$ 而消失)，并且我们预计这些将产生一个与 ϵ_u 和 ϵ_v 成比例的解。因此，解的截断误差应该为一阶：

$$\epsilon_u = \mathcal{O}(\Delta t) \sim \frac{f\Delta t}{2}\|\widetilde{\boldsymbol{u}}\|$$ (4.47)

当时间步长减半时，我们可以验证实际误差确实也减半(图4.8)。

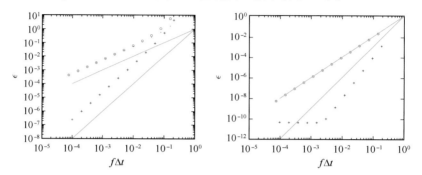

图4.8　在惯性振荡的例子中，相对离散误差 $\epsilon = \epsilon_u / \|\widetilde{u}\|$ 是无量纲变量 $f\Delta t$ 的函数。对数图表示
显式方案(左图)和半显式方案(右图)的真实误差(图中点)和误差估计值(图中圆圈)。
同时给出了理论收敛速率的斜率(左图 $m=1$ 和右图 $m=2$)以及下一阶 $m+1$。
理查森外推后的实际误差(图中十字)证明外推后阶数增加了1阶

这是可以预期的，因为等价定理还指出，线性问题的数值解和截断误差具有相同的阶数，即 m。这种方法的困难在于，对于非线性问题，不能保证该属性继续保持或者可以通过检查修正方程来估计实际误差。

为了量化非线性系统中的离散误差，我们可以借助灵敏度分析。假设解的主要误差是

$$\epsilon_u = \widetilde{u} - u = a\Delta t^m$$ (4.48)

其中，系数 a 是未知的，并且阶数 m 可以是已知的或者未知的。如果 m 是已知的，则可以通过比较双步长 $2\Delta t$ 获得的解 $\widetilde{u}_{2\Delta t}$ 和利用原始时间步长 Δt 获得的解 $\widetilde{u}_{\Delta t}$ 来确定参数 a：

$$\widetilde{u}_{2\Delta t} - u = a\,2^m\Delta t^m\,,\ \ \widetilde{u}_{\Delta t} - u = a\Delta t^m$$ (4.49)

从式(4.49)①可以得到 a 的值：

$$a = \frac{\widetilde{u}_{2\Delta t} - \widetilde{u}_{\Delta t}}{(2^m - 1)\,\Delta t^m}$$ (4.50)

与较高分辨解 $\widetilde{u}_{\Delta t}$ 相关的误差估计是

---

① 注意，差值必须在同一时刻 t，而不是在同一时间步长 n。

$$\epsilon_u = \widetilde{u}_{\Delta t} - u = a\Delta t^m = \frac{\widetilde{u}_{2\Delta t} - \widetilde{u}_{\Delta t}}{(2^m - 1)} \tag{4.51}$$

通过它，我们可以利用方程式(4.48)改进我们的解

$$\widetilde{u} = \widetilde{u}_{\Delta t} - \frac{\widetilde{u}_{2\Delta t} - \widetilde{u}_{\Delta t}}{(2^m - 1)} \tag{4.52}$$

这表明两步法可以产生准确的答案，因为它能够确定误差。不幸的是，这是不可能的，因为我们用的是连续函数的离散化表示。悖论的解决是通过以下方案实现的：利用式(4.50)，我们舍弃了较高阶项，因此只计算了 a 的估计值而非精确值。我们的操作消除了主要误差项，此过程称为理查森外推法：

$$u = \widetilde{u}_{\Delta t} - \frac{\widetilde{u}_{2\Delta t} - \widetilde{u}_{\Delta t}}{(2^m - 1)} + \mathcal{O}(\Delta t^{m+1}) \tag{4.53}$$

根据公式(4.51)，真实误差与误差估计的数值计算显示出在惯性振荡条件下估算表现良好(图4.8)。此外，理查森外推法会使阶数增加1，除非是在高分辨率下的半隐式方案，由于发生饱和而没有实现增益(图4.8，右图)。这个渐近线对应于不可避免的舍入误差，我们可以声称已经"精确地"求解了离散方程。

当考虑误差估计式(4.51)时，我们观察到一阶方案($m=1$)的误差估计仅仅是不同时间步长计算的两个解的差。这成为在更复杂的模型上进行分辨率灵敏度分析的基本理由：由于分辨率的变化而导致的模型结果的差异可以被用作离散误差的估计。引申开来，使用不同模型参数值模拟产生的差异是模型误差的指示器。

当截断阶数 m 未知时，用四倍时间步长 $4\Delta t$ 对数值解的第三次评估得到关于离散误差阶数 m 和系数 a 的估计：

$$m = \frac{1}{\log 2}\log\left(\frac{\widetilde{u}_{4\Delta t} - \widetilde{u}_{2\Delta t}}{\widetilde{u}_{2\Delta t} - \widetilde{u}_{\Delta t}}\right) \tag{4.54}$$

$$a = -\frac{\widetilde{u}_{2\Delta t} - \widetilde{u}_{\Delta t}}{(2^m - 1)\,\Delta t^m}$$

正如我们在实践中看到的(图4.9)，当分辨率足够高时，此方法提供了一个很好的 m 估值。因此，该方法可以用来确定数值离散化的截断阶数，这在评估非线性离散系统的收敛速度或验证一个离散化的合理数值方案(其中 m 的值是已知的)时是非常有用的。在后一种情况下，如果一种方案应该是二阶的，但根据方程式(4.54)所得到的 m 估计值只表现出一阶收敛，那么最大的问题很可能是某个程序或执行错误。

通过对误差估计的获取，我们可以考虑选择时间步长，以便将离散化误差保持在

规定水平以下。如果时间步长是预先规定的，则误差估计允许我们验证其解是否保持在误差范围内。使用固定的时间步长是常见的，但是当需要表现较慢和较快的混合进程时(图4.10)，这可能不是最适当的选择。而更可取的方法是时间步长随着系统的时间尺度而不断调整，也就是我们要讨论的自适应时间步长。

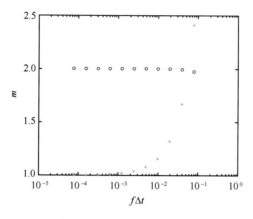

图4.9　显式(图中+字，时间步长变小时趋向于1)和半隐式
(图中圆圈，趋向于2)离散化的 m 估算，是 $f\Delta t$ 的函数

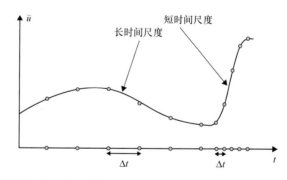

图4.10　局地误差和时间尺度作用下的不同时间步长 Δt 的使用。时间步长增加
直至局地误差估计小于规定值。当估算误差远超过允许时，缩短时间步长

自适应时间步长可以通过以下过程来实现：当误差估计开始过大时便缩短时间步长，反之当误差估计表明时间步长不必要过短时，应该允许它再次增加。自适应时间步长看起来很不错，但跟踪误差估计(加倍/减半时间步长和重新计算解)所需的额外工作可能会超过通过保持固定时间步长(有时会过短)的工作量。此外，多步方法不容易推广到自适应时间步长。

解析问题

4.1　从当天报纸上的天气图，确定主要大气特征的水平范围，并找到预报的风速。从这些数据，估计天气图的罗斯贝数。对科氏力的重要性有什么推论？（提示：将经纬度差换算为千米时，地球的平均半径设为 6 371 km）

4.2　使用方程式（4.16），将由墨西哥湾流（速度 = 1 m/s，宽度 = 40 km，深度 = 500 m）引起的动压力与由于相同水深的重量引起的主要流体静压力进行比较。另外，将动压力尺度转换为静压力（顶部）的等效高度。你能推断出通过压力表测量海洋动压力的可能性吗？

4.3　考虑以下二维周期性脉动类型：$u' = U \sin(\phi + \alpha_u)$，$v' = V \sin(\phi + \alpha_v)$，$w' = 0$，其中 $\phi(x, y, t) = k_x x + k_y y - wt$，其他物理量为常数。以相位 ϕ 的 2π 周期内的平均值来计算雷诺应力，例如 $-\langle u'v' \rangle$。证明这些应力通常不为零（证明行波可以施加有限应力，从而加速或减缓其所处的背景流）。在 α_u 和 α_v 之间存在何种关系时剪切应力 $-\langle u'v' \rangle$ 会消失？

4.4　证明当涡流的速度分量（$u = -\Omega y$，$v = +\Omega x$）中 Ω 为常数时，方程式（4.10）中定义的水平涡黏性消失。这是一个合理的性质吗？

4.5　为什么使用流体静力近似时我们需要知道表面的压力分布？

4.6　理论告诉我们，在关于温度 T 的纯粹的平流问题中，应该在流入处施加一个单一的边界条件，而在流出处则不需要施加边界条件，但是当存在扩散时，必须在两端都施加边界条件。当扩散非常小时，你期望在流出边界发生什么？你如何衡量扩散的"小"？

4.7　在计算能量收支时，需要将动量方程乘以它们各自的速度分量（即 $\partial u / \partial t$ 方程乘以 u，等等），并且将结果相加。证明在这个操作中，f 和 f_* 中的科氏力项彼此抵消。如果有人向你提议，在模型中因为 w 相对于 u 是个小量，可以将 $f_* w$ 项从方程式（4.7a）中删除，而基于同样的原因方程式（4.7c）中的 $f_* u$ 项应该保留，你应该如何做？

数值练习

4.1　当大气温度 T_{air} 与海表温度 T_{sea} 彼此接近时，可以使用线性化的形式来表示通过海-气热界面的热通量，例如

$$-\kappa_T \frac{\partial T_{sea}}{\partial z} = \frac{h}{\rho_0 C_v}(T_{sea} - T_{air}) \tag{4.55}$$

其中，$h[\text{W}/(\text{m}^2 \cdot \text{K})]$ 是交换系数。该系数乘以温度差 $T_{sea} - T_{air}$ 会具有速度单位，基于

这个原因，在本书中海-气界面的气体交换有时也称为"活塞速度"。为了实现有限体积海洋模型的边界条件，你如何计算与通量有关的温度 T_{sea}，以保证海洋区域内标准二阶导数的二阶精度？

4.2　在某些情况下，特别是理论分析和研究，未知场可以假定在空间上是周期性的。如果离散化方案要用到计算点的每一侧的一个点，那么如何在数值一维模型中实现周期性边界条件？如果内部离散化需要每边两点，你将如何调整该方案？在这种情况下你能想象环形过渡区(hola)是指什么吗？

4.3　如何将周期边界条件(参见前面的问题)推广到二维？有没有一个有效的算法方案，在没有对角点进行特殊处理的情况下保证周期性？(提示：考虑复制行/列的方法/命令，以确保边角处的值正确)

4.4　假设你沿着一个存在网格节点的边界对温度实施了狄利克雷条件，但是希望诊断跨越边界的热通量，你将如何以三阶精度确定该点处的湍流通量？

4.5　模型可以应用在并行机上。一种可能性是所谓的域分解，其中每个处理器专用于域的一部分。每个子域的模型可以理解为开放边界模型。假设单个变量的数值方案在本地节点的每一边使用 q 个点，那么如何将一维域细分为子域并在这些子域之间设计数据交换以避免引入新的误差？你能想象在二维时可能遇到的问题吗？(提示：想想如何在前面两个问题的环形过渡区方法中处理周期性边界条件)

4.6　开发一个 Matlab™程序来自动计算任意 p 阶导数的有限差分加权系数 a_i，其中使用计算点左侧的 1 个点和右侧域内的 m 个点：

$$\left.\frac{\mathrm{d}^p \widetilde{u}}{\mathrm{d}t^p}\right|_{t_n} \simeq a_{-l}\,\widetilde{u}^{n-l} + \cdots + a_{-1}\,\widetilde{u}^{n-1} + a_0\,\widetilde{u}^n + a_1\,\widetilde{u}^{n+1} + \cdots + a_m\,\widetilde{u}^{n+m} \qquad (4.56)$$

(时间)步长取为常数。在一阶导数的四阶近似上测试你的程序。(提示：构造要解决的线性系统，注意 Δt 应该在除相关导数之外的项中抵消，以便可以选择 $\Delta t^p a_i$ 作为未知数)

4.7　假设你对同一模型执行一系列模拟，时间步长为 $8\Delta t$、$4\Delta t$、$2\Delta t$ 和 Δt。数值离散方案是 m 阶。不同解决方案中哪个组合将最好地接近精确解，该解决组合方案具有什么截断阶数？

4.8　对于放置在边界上的网格节点，证明使用以下值

$$\widetilde{T}_m = \frac{2}{3}\left(-\Delta x\,\frac{q_{\text{b}}}{\kappa_T} - \frac{1}{2}\,\widetilde{T}_{m-2} + 2\,\widetilde{T}_{m-1}\right) \qquad (4.57)$$

允许我们以二阶精度在 m 节点施加通量条件。

奥斯本・雷诺
（Osborne Reynolds，1842—1912）

　　奥斯本・雷诺的数学和力学是其父亲教的。在青少年时期，雷诺在一个机械工程师和发明家的车间做学徒，在那里他意识到数学对于解释某些机械现象至关重要。这促使他到剑桥学习数学，并于 1867 年出色地完成学业。后来，雷诺成为曼彻斯特大学工程学教授，他的教学理念是将工程学归于数学描述，同时也强调工程对人类福祉的贡献。雷诺最著名的工作是流体湍流，其中最令人瞩目的成就是将流体的扰动与平均速度分离开来，以及在研究从层流向湍流过渡中引入的以他的名字命名的无量纲数。此外，在润滑、摩擦、热传递和水力学模型方面，他也作出了重要贡献，与流体力学有关的书籍中满是雷诺数、雷诺方程、雷诺应力和雷诺比拟（Reynolds analogy）等表达。（照片由曼彻斯特工程学院提供）

卡尔·古斯塔夫·阿维德·罗斯贝
（Carl-Gustaf Arvid Rossby，1898—1957）

瑞典气象学家卡尔·古斯塔夫·罗斯贝提出了地球流体动力学所依据的大多数基本原理。除了以上贡献，他还给出了变形半径（radius of deformation，9.2 节）、行星波（9.4 节）和地转适应（geostrophic adjustment，15.2 节）的概念。不过，以他的名字命名的无量纲数最初是由苏联科学家 I. A. Kibel 于 1940 年提出的。

罗斯贝将科学研究视为一项冒险和挑战，并一直鼓励着身边的年轻科学家们。他在许多领域均取得了成就，他喜欢称之为启发式方法，即去除不必要的复杂性而寻找一个有用的答案。在美国的数年时间中，他在麻省理工学院和芝加哥大学建立了气象系。后来回到了祖国瑞典并成为斯德哥尔摩气象研究所的所长。［照片由哈丽雅特·伍德科克（Harriet Woodcock）提供］

第 5 章 扩 散 过 程

摘要： 因为湍流的存在，地球流体运动过程都具有扩散性。这里，我们考虑一种相对简单粗略的描述湍流扩散的方式——涡动扩散。虽然这个理论很简明直接，但实际中对扩散项的数值处理还是要十分谨慎。本章的主要目的是讨论相关的数值问题，进而引出数值稳定性这一基本概念。

5.1 各向同性且均匀的湍流

3.4 节和 3.5 节中已经提到了热量、盐度和湿度扩散等流体特征，它们在相邻的粒子之间进行交换。在层流中，扩散通过分子的随机碰撞(所谓的布朗运动)实现。但是在大尺度的地球流体系统中，湍流涡旋可以更有效地实现扩散。这种情况与向咖啡或茶中加入牛奶而产生的混合非常类似：如果不加以搅拌，牛奶将会很慢地在饮料里扩散，但是搅拌过程可以产生湍流涡旋，使两种液体更快地混合，在更短的时间内混合均匀。不同之处在于，地球流体中的涡旋通常不是由搅拌产生的，而是由本身动力过程中的不稳定性产生的。

在 4.1 节中，我们介绍了湍流脉动，但没有具体讲解，这里我们开始详细阐述它们的特征。在最基本的层面上，湍流运动可以看成大量不同大小、不同强度、互相嵌套、不断变化的涡旋所造成的流动，并呈现一种随机的形态(图 5.1)。其中有两个基本的变量：涡旋的特征直径 d 和特征轨道速度 $\mathring{u}$。因为湍流是由大量不同大小、不同速度的涡旋组成的，所以 $\mathring{u}$ 和 d 并不是常数，而是在一定范围内变化。在定常的、各向同性且均匀的湍流中，也就是不随时间变化、在空间上均匀一致的湍流中，所有大小相同(d 相同)的涡旋的特征大体相同，可以假设有相同的特征速度 $\mathring{u}$。换句话讲，我们可以假定 $\mathring{u}$ 为 d 的函数(图 5.2)。

5.1.1 空间和速度尺度

根据 Kolmogorov(1941)的观点，湍流运动的尺度跨度很大，从有能量输入的宏观

图 5.1　莱奥纳多·达·芬奇于 1507—1509 年所画的湍流图，
他认为湍流包括了很多不同尺度的涡旋

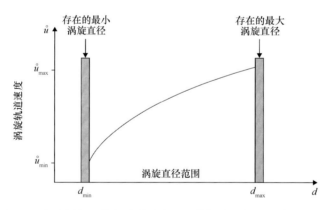

图 5.2　各向同性且均匀的湍流中的涡旋轨道速度及涡旋长度尺度，
最大的涡旋的轨道速度最大

尺度跨越到能量被黏性耗散掉的微尺度，涡旋之间的相互作用将能量从大的涡旋传递到小的涡旋上，这一过程被称为湍流能量串级（turbulent energy cascade）（图 5.3）。

如果湍流状态在统计学上是稳定的（湍流强度在统计学意义上不再发生改变），那么各尺度间的能量传递率必须是相同的，因此相同尺度的涡旋的总能量不会随着时间的推移而增加或减少。在最大尺度（d_{max}）上输入的能量和在最小尺度（d_{min}）上耗散的能量是相同的。我们用 ϵ 代表能量输入和耗散的比值，对单位质量的流体：

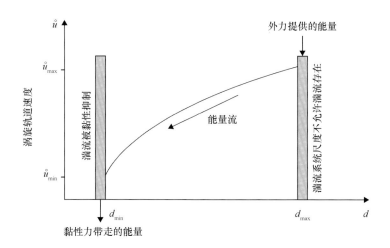

图 5.3　湍流能量串级。根据该理论，从外部获得的能量引起了最大的涡旋，逐渐将能量
向小的涡旋进行传递，直到在最小的尺度上，能量最终被黏性耗散掉

ϵ =单位质量、单位时间内输入流体的能量

　=单位质量、单位时间内从一个尺度串级到另一个尺度的能量

　=单位质量、单位时间内黏性耗散掉的能量

ϵ 的量纲为

$$[\epsilon] = \frac{M\,L^2\,T^{-2}}{MT} = L^2\,T^{-3} \tag{5.1}$$

根据科尔莫戈罗夫（Kolmogorov）的观点，我们进一步假设尺度为 d 的湍流涡旋的特征仅由 d 和能量串级率 ϵ 决定。也就是说，如果这些特征是一定的，那么涡旋的尺度、能量输入率、它们对下一级的能量传递率是一定的。在数学上，$\mathring{u}$ 仅由 d 和 ϵ 决定。因为 $[\mathring{u}] = LT^{-1}$，$[d] = L$，$[\epsilon] = L^2 T^{-3}$，唯一可能的量纲为

$$\mathring{u}(d) = A(\epsilon d)^{1/3} \tag{5.2}$$

式中，A 是无量纲常数。

因此，ϵ 越大，$\mathring{u}$ 也越大，这可以理解为对系统的能量输入越大，产生的涡旋也就越强。方程式（5.2）进一步告诉我们，d 越小，$\mathring{u}$ 也越小，这说明涡旋越小，速度也越小，涡旋越大，速度也越大，对动能的贡献也越大。

通常情况下，湍流中可能出现的最大涡流是那些从边界到对面边界横跨整个系统的涡流，因此

$$d_{\max} = L \tag{5.3}$$

式中，L 为系统的几何尺度（如所占范围的宽度或者体积的立方根）。在地球流体中，短的垂向尺度（深度、高度）和长的水平尺度（距离、长度）之间是有显著差距的，因

此，我们必须严格区分在垂向剖面（相对于水平轴）和在水平平面（相对于垂向轴）旋转的涡旋。后者近二维的特征产生了一种特殊的湍流，被称作地转湍流，将会在18.3节具体讨论。在本章，我们主要关注三维各向同性的湍流。

最短的涡旋尺度是由黏性决定的，可以被定义为分子黏性占主导的长度尺度。分子黏性用 ν 表示，其量纲为[①]

$$[\nu] = L^2\, T^{-1}$$

如果我们假设d_{min}由 ϵ（对某一尺度的能量输入率）和 ν（因为涡旋受到黏性影响）决定，根据量纲，它们之间唯一可能的关系为

$$d_{min} \sim \nu^{3/4}\, \epsilon^{-1/4} \tag{5.4}$$

$\nu^{3/4}\epsilon^{-1/4}$ 被称为科尔莫戈罗夫尺度，其量级通常为数毫米或更小。在这里，我们留给读者自己去验证，在这一长度尺度上相应的雷诺数的量级为1。

湍流的空间长度尺度与其雷诺数有关。根据最大的速度尺度，实际上是最大的涡旋的轨道速度，$U = \mathring{u}(d_{max}) = A(\epsilon L)^{1/3}$，能量输入/耗散率为

$$\epsilon = \frac{U^3}{A^3 L} \sim \frac{U^3}{L} \tag{5.5}$$

长度尺度比可以表示为

$$\frac{L}{d_{min}} \sim \frac{L}{\nu^{3/4}\, \epsilon^{-1/4}}$$

$$\sim \frac{L\, U^{3/4}}{\nu^{3/4}\, L^{1/4}}$$

$$\sim Re^{3/4} \tag{5.6}$$

其中，$Re = UL/\nu$，为流动的雷诺数。可以想到，雷诺数越大的流动包含的涡旋的尺度越大。

5.1.2 功率谱

在湍流理论中，通常需要考虑功率谱，即各种长度尺度上单位质量流体的动能的分布。因此，我们需要定义波数这个物理量。因为涡旋速度在跨涡旋直径后方向相反，所以涡旋的直径可被看作半波长：

$$k = \frac{2\pi}{\text{wavelength}} = \frac{\pi}{d} \tag{5.7}$$

最小和最大波数值分别为 $k_{min} = \pi/L$ 和 $k_{max} \sim \epsilon^{1/4}\, \nu^{-3/4}$。

---

① 环境空气和水的黏性取值为 $\nu_{air} = 1.51 \times 10^{-5}$ m²/s，$\nu_{water} = 1.01 \times 10^{-6}$ m²/s。

单位质量流体的动能 E 的量纲为 $ML^2T^{-2}/M = L^2T^{-2}$。波数从 k 到 $k+dk$ 的涡旋的能量分配 dE 可以定义为

$$dE = E_k(k)\,dk$$

量纲与 E_k 的量纲相同，为 L^3T^{-2}，量纲分析指出

$$E_k(k) = B\,\epsilon^{2/3}\,k^{-5/3} \tag{5.8}$$

其中，B 为第二个无量纲常数，与方程式（5.2）中的 A 有关。因为 $E_k(k)$ 从 $k_{min} = \pi/L$ 到 $k_{max} \sim \infty$ 的积分是系统单位质量的总能量，可以用最大的涡旋中的能量 $U^2/2$ 来很好地近似。因此

$$\int_{k_{min}}^{\infty} E_k(k)\,dk = \frac{U^2}{2} \tag{5.9}$$

进一步得到

$$\frac{3}{2\pi^{2/3}}B = \frac{1}{2}A^2 \tag{5.10}$$

B 的值是由实验得出的，约为 1.5（Pope，2000，第 231 页）。所以，我们估计 A 为 1.45。

研究发现，功率谱的 $-5/3$ 乘幂定律（power law）在那些涡旋半径既不是最大值也不是最小值的惯性子区范围内是成立的。图 5.4 是大量纵向功率谱的叠加图[①]。大部分数据覆盖的范围为 $10^{-4} < k\nu^{3/4}/\epsilon^{1/4} < 10^{-1}$，与科尔莫戈罗夫湍流串级理论预测的 $-5/3$ 衰变定律（decay law）一致。流动的雷诺数越大，$-5/3$ 乘幂定律成立的波数范围越大。在图 5.4 的顶部可以看到一些加号，是从下面被遮盖了的数据中延伸出来的，对应着雷诺数最大的潮汐通道中的数据（Grant et al.，1962）。

然而，目前对 E_k 的 $-5/3$ 乘幂定律还是存在一些争议的，一些学者（Long，1997，2003；Saffman，1968）提出了另一种 -2 乘幂定律。

5.2 湍流扩散

在这里，我们关注的并不是湍流本身，而是找到一种启发式的方法来表示湍流在数值模式所无法分辨的小尺度扩散效应。

湍流扩散或弥散是指，在流动中，在随机的湍流脉动的作用下，物质被从一个地方转移到另一个地方的过程。考虑到湍流脉动的复杂性，这种弥散过程是无法准确描述的，但是目前研究也得到了一些可以对湍流进行有效的参数化的方法。

---

① 纵向功率谱是与波数方向上的速度分量相关的动能谱。

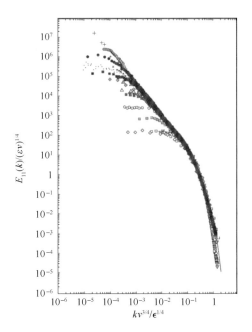

图 5.4　从大量野外及实验室观测中得到的湍流的纵向功率谱（Saddoughi et al.，1994）

考察图 5.5 中两个相邻单元进行流体交换，左边单元中流体的密度（单位体积的质量）为 c_1，右边单元中流体的密度与之不同，为 c_2。在这里，我们假设 $c_1 < c_2$。进一步，为了关注扩散，假定从一个单元到另一个单元没有净流体交换，流动只是以速度 $\mathring{u}$ 从一侧流向另一侧，同时有相反的流速 $-\mathring{u}$ 流回。垂直于 x 轴单位面积、单位时间内的流动的质量称为通量，是密度和速度的乘积，从左边到右边为 $c_1\mathring{u}$，在相反的方向为 $c_2\mathring{u}$。x 方向的净通量为从单元 1 到单元 2 的通量减去从单元 2 到单元 1 的通量：

$$q = c_1\mathring{u} - c_2\mathring{u}$$
$$= -\mathring{u}\Delta c$$

其中，$\Delta c = c_2 - c_1$，为两个单元流体的密度之差。先乘以再除以两个单元中心之间的距离 Δx，我们可以得到

$$q = -(\mathring{u}\Delta x)\frac{\Delta c}{\Delta x}$$

当考虑大尺度中 c 的变化时，涡旋大小的变化 Δx 相对较小，因此方程可简化为

$$q = -D\frac{\mathrm{d}c}{\mathrm{d}x} \tag{5.11}$$

其中，D 为乘积 $\mathring{u}\Delta x$，被称为湍流扩散系数或扩散率，它的量纲为 $[D] = L^2T^{-1}$。

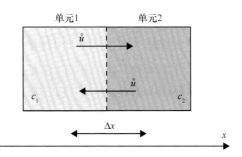

图 5.5　两个相邻的单元之间通过湍流扩散进行流体交换。因为密度不同，所以两者之间的
单元交换量不同，密度较小的单元失去的质量要小于它得到的质量

　　扩散通量正比于物质密度梯度，想来这是有道理的，如果两个单元之间没有密度差，那么从一个单元到另一个单元的通量将会完全被相反方向的通量抵消掉，所以存在密度差（梯度）才是最重要的。

　　扩散是顺着梯度的，也就是说，输运的方向是从高密度到低密度，正如空调把热量从暖的一侧输运到冷的一侧（在前面的例子中，$c_1 < c_2$，q 是负值，净通量从单元 2 到单元 1）。这表明，在密度小的一侧密度会增加，而密度大的一侧密度会减小。而尽管湍流是永不停息的，但是一旦密度相等（$\mathrm{d}c/\mathrm{d}x = 0$），扩散就会停止。所以扩散会使得系统内的物质分布趋向均一化。

　　扩散速度在很大程度上取决于湍流扩散系数 D 的值。这个系数是速度 $\mathring{u}$ 和长度尺度 Δx 的乘积，这两项分别代表湍流脉动运动的幅度和范围。由于数值模式可以分辨到的网格尺度为 Δx，湍流扩散代表的是从 $d = \Delta x$ 开始的所有更小的尺度。从之前的章节中我们可以看到，对于更小的尺度，d 对应着速度 $\mathring{u}$ 更慢的涡旋，因此扩散也更小。所以扩散主要是由无法分辨的那些涡旋中尺度最大的，也就是尺度为 Δx 的涡旋来完成的，因为这些涡旋可以产生最大的 $\mathring{u}\Delta x$ 值：

$$D = \mathring{u}(\Delta x)\,\Delta x = A\epsilon^{1/3}\,\Delta x^{4/3} \tag{5.12}$$

耗散率 ϵ 与局地流动属性（如速度梯度）相关的方式为多种可能的参数化方式开辟了路径。

　　之前考虑一维情况是具一般性的，因为 x 方向可以代表空间中的 x、y 及 z 方向。因为在地球流体力学模型中，水平和垂向的尺度不一致（$\Delta x \approx \Delta y \gg \Delta z$），所以应当谨慎使用两个不同的扩散系数，我们用 A 和 κ 分别代表水平方向和垂直方向的扩散①。κ 必须由长度尺度 Δz 决定，而 A 则必须由 Δx 和 Δy 混合得到的长度尺度决定。斯马戈林斯

————————————

　　①　地球流体力学模型中所有的变量水平方向通常使用相同的扩散系数，包括动量和密度［参见式（4.21）］，但垂直方向使用各自的扩散系数。

基（Smagorinsky）公式［式（4.10）］是一个很好的例子。

三维通量向量的各分量为

$$q_x = -\mathcal{A}\,\frac{\partial c}{\partial x} \tag{5.13a}$$

$$q_y = -\mathcal{A}\,\frac{\partial c}{\partial y} \tag{5.13b}$$

$$q_z = -\kappa\,\frac{\partial c}{\partial z} \tag{5.13c}$$

接下来，我们将要对图 5.6 所示的一个大小为 $\mathrm{d}x$、$\mathrm{d}y$、$\mathrm{d}z$ 的流体元中物质的密度进行收支分析。x 方向的净输运为两个 x 侧面上的通量乘以面积 $\mathrm{d}y\mathrm{d}z$ 之后的差，也就是 $[q_x(x,\,y,\,z) - q_x(x+\mathrm{d}x,\,y,\,z)]\,\mathrm{d}y\mathrm{d}z$，$y$、$z$ 方向上也是同理。那么单位时间内所有方向上的净输运为

$$\begin{aligned}
\mathrm{d}x\mathrm{d}y\mathrm{d}z = {}& [q_x(x,\,y,\,z) - q_x(x+\mathrm{d}x,\,y,\,z)]\,\mathrm{d}y\mathrm{d}z \\
& + [q_y(x,\,y,\,z) - q_y(x,\,y+\mathrm{d}y,\,z)]\,\mathrm{d}x\mathrm{d}z \\
& + [q_z(x,\,y,\,z) - q_z(x,\,y,\,z+\mathrm{d}z)]\,\mathrm{d}x\mathrm{d}y
\end{aligned}$$

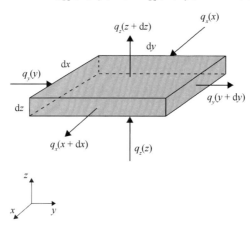

图 5.6　对流体中一块无穷小的流体进行局地质量和密度 c 的收支分析

这一净输运使流体元体积内 $c\mathrm{d}x\mathrm{d}y\mathrm{d}z$ 的质量增加：

$$\frac{\mathrm{d}}{\mathrm{d}t}(c\mathrm{d}x\mathrm{d}y\mathrm{d}z) = 净输运$$

极限情况下，流体元体积无穷小（$\mathrm{d}x$、$\mathrm{d}y$ 和 $\mathrm{d}z$ 趋于 0），有

$$\frac{\partial c}{\partial t} = -\frac{\partial q_x}{\partial x} - \frac{\partial q_y}{\partial y} - \frac{\partial q_z}{\partial z} \tag{5.14}$$

通量分量用表达式（5.13）代替后，得到

$$\frac{\partial c}{\partial t} = \frac{\partial}{\partial x}\left(\mathcal{A}\frac{\partial c}{\partial x}\right) + \frac{\partial}{\partial y}\left(\mathcal{A}\frac{\partial c}{\partial y}\right) + \frac{\partial}{\partial z}\left(\kappa\frac{\partial c}{\partial z}\right) \tag{5.15}$$

其中，$\mathcal{A}$ 和 κ 分别为水平方向和垂直方向的涡动扩散。涡动扩散的表达式与上一章中动量和能量方程式（4.21）中的耗散项类似。

对扩散及其应用的进一步阐述请参考 Ito（1992）及 Okubo 等（2002）。

5.3 一维数值方案

我们现在来讲解对扩散方程进行参数化的方法，首先从典型的一维系统开始，其代表水平方向均匀的海洋或大气，其中包含着某种污染物或示踪物，在底部和顶部都没有通量。为了进一步简化分析，我们先将 κ 当成常数。接下来，我们需要解方程：

$$\frac{\partial c}{\partial t} = \kappa\frac{\partial^2 c}{\partial z^2} \tag{5.16}$$

根据底部和顶部没有通量的边界条件，有

$$\text{在 } z=0 \text{ 及 } z=h \text{ 处，} q_z = -\kappa\frac{\partial c}{\partial z} = 0$$

此处 h 为区域的厚度。

为了解决这个问题，我们也指定了初始条件。假设初始条件是常数 C_0 加上振幅为 C_1（$C_1 \leqslant C_0$）的余弦函数：

$$c(z, t=0) = C_0 + C_1\cos\left(j\pi\frac{z}{h}\right) \tag{5.18}$$

式中，j 为整数。那么很容易证明

$$c = C_0 + C_1\cos\left(j\pi\frac{z}{h}\right)\exp\left(-j^2\pi^2\frac{\kappa t}{h^2}\right) \tag{5.19}$$

为满足偏微分方程式（5.16）及边界条件[式（5.17）]和初始条件[式（5.18）]的解，因此上式即该问题的精确解。从扩散的耗散性本质我们可以想到，此解代表了 c 的不均匀衰减，即扩散系数越大（κ 越大），尺度越小（j 越大），衰减越快。

现在我们要设计一种数值方法来解决这个问题，并与之前得到的精确解进行比较。首先，我们通过利用标准的有限差分格式来对空间导数进行离散。在每个边界处我们采用诺伊曼边界条件，我们并没有将最末端的点直接设置在边界上，而是设置在包围边界的点上（详见 4.7 节），将网格节点设置在下列位置：

$$z_k = \left(k - \frac{3}{2}\right)\Delta z \quad (k = 1, 2, \cdots, m) \tag{5.20}$$

其中，$\Delta z = h/(m-2)$，所以我们一共设置了 m 个点，其中第一个和最后一个点是位于边界外距离为 $\Delta z/2$ 的虚拟点（图 5.7）。

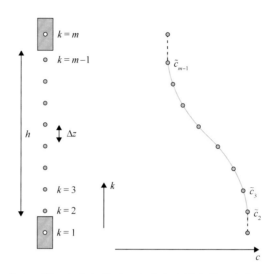

图 5.7　将垂向分为 m 个点，第一个点和最后一个点在边界之外，这种点被称为虚拟点。m 个点之间有 $m-1$ 个间隔，其中两个间隔的大小为其他间隔大小的一半，所以整个空间被 $m-2$ 倍的间隔覆盖，所以网格间距为 $\Delta z = h/(m-2)$。在两个边界上使用诺伊曼条件(导数为零)，指定 $\tilde{c}_1 = \tilde{c}_2$ 及 $\tilde{c}_m = \tilde{c}_{m-1}$，表示在第一个和最后一个间隔的中间导数为零。从 $k=2$ 开始到 $k=m-1$ 使用方程的离散化格式进行计算

对第二项空间导数进行离散采用三点中心格式，先不对时间项进行离散，得到

$$\frac{\mathrm{d}\,\tilde{c}_k}{\mathrm{d}t} = \frac{k}{\Delta z^2}(\tilde{c}_{k+1} - 2\,\tilde{c}_k + \tilde{c}_{k-1}) \quad (k = 2, \cdots, m-1) \tag{5.21}$$

因此，针对 $m-2$ 个关于时间的未知数 $\tilde{c}_k$ 我们得到了 $m-2$ 个常微分方程。在这一系列半离散的方程中引入的数值误差可以用类似精确解的一个解来代表，如下：

$$\tilde{c}_k = C_0 + C_1 \cos\left(j\pi\,\frac{zk}{h}\right) a(t) \tag{5.22}$$

利用三角函数公式，振幅 $a(t)$ 随时间的变化可以表示为

$$\frac{\mathrm{d}a}{\mathrm{d}t} = -4a\,\frac{k}{\Delta z^2}\sin^2\phi \quad \left(\phi = j\pi\,\frac{\Delta z}{2h}\right) \tag{5.23}$$

它的解为

$$a(t) = \exp\left(-4\sin^2\phi\,\frac{kt}{\Delta z^2}\right) \tag{5.24}$$

有了这一空间上的离散化，我们得到了振幅 a 的指数衰减，与式(5.19)类似，但是衰减速率不同。数值衰减速率 $4k\sin^2\phi/\Delta z^2$ 与真实衰减速率 $j^2\pi^2 k/h^2$ 的比值为 $\tau = \phi^{-2}\sin^2\phi$。与 c 分布的长度尺度 h/j 相比，Δz 较小，所以 ϕ 也较小，正确的衰减几乎可以

利用半离散数值方案得到。因此，只要域的离散化足够密集以充分得到 c 的空间变化，这种方法就不会发生异常。另外，边界条件也不存在问题，因为区域边界处满足的数学要求正好与我们计算离散值 $\tilde{c}_k (k=2, \cdots, m-1)$ 需要的条件一致。在每一个节点处还需要一个初始条件来进行时间积分。这与数学问题是一致的。

现在我们来对时间项进行离散。首先，我们尝试最简单的显式欧拉方法：

$$\frac{\tilde{c}_k^{n+1} - \tilde{c}_k^n}{\Delta t} = \frac{k}{\Delta z^2}(\tilde{c}_{k+1}^n - 2\tilde{c}_k^n + \tilde{c}_{k-1}^n) \quad (k = 2, \cdots, m-1) \qquad (5.25)$$

其中，$n \geq 1$ 代表时间层。方便起见，我们定义一个在离散过程和解中都起重要作用的无量纲数：

$$D = \frac{k\Delta t}{\Delta z^2} \qquad (5.26)$$

这一定义将离散化的公式简化为

$$\tilde{c}_k^{n+1} = \tilde{c}_k^n + D(\tilde{c}_{k+1}^n - 2\tilde{c}_k^n + \tilde{c}_{k-1}^n) \quad (k = 2, \cdots, m-1) \qquad (5.27)$$

这种方案可以利用初始值和边界条件(图 5.8)来得到离散的 $\tilde{c}_k$ 的值。很明显，这种算法很容易程序化(如 firstdiffusion.m)，并且可以迅速进行检验。

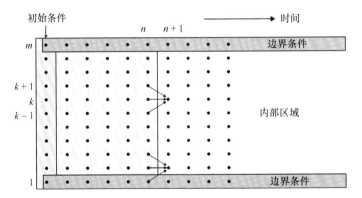

图 5.8　从每一个格点的初始值开始，算法式(5.27)利用上一个时间步 n 中第 $k-1$、k 及 $k+1$ 格点上的值计算第 k 个格点在 $n+1$ 时间步上的值。因此，区域的每一个边界处都需要边界条件，正如原始的数学问题要求的。离散后的控制方程从 $k=2$ 开始到 $k=m-1$ 进行计算

为了简便，我们先从一个简单的剖面开始($j=1$，整个区域的半波长)，基于之前的尺度分析，我们用一个足够小的空间网格距 $\Delta z \ll h$ 来很好地分辨余弦函数。为了确定，我们选取了 20 个网格点。对于物理过程中的时间尺度 T，我们使用原始方程中的尺度：

$$\frac{\partial c}{\partial t} = k\frac{\partial^2 c}{\partial z^2}$$

$$\frac{\Delta c}{T} \quad k\frac{\Delta c}{h^2}$$

来找到 $T = h^2/k$。将这一时间尺度分为 20 步，我们利用 $\Delta t = T/20 = h^2/(20k)$ 来向前计算式(5.27)。

令人惊讶的是，这种方法并不可行。在计算了 20 个时间步长后，$\tilde{c}_k$ 不仅未出现衰减反而出现了10^{20}倍的增长！进一步，将空间分辨率增加到 100 个点并且按比例减小时间步长也无法解决问题，甚至情况更糟(图 5.9)。但是程序 firstdiffusion. m 本身并没有错误，问题在于我们是被数值积分中一个很关键的方面——数值不稳定所困住了。数值不稳定的表现在于能量剧烈增长，空间分辨率越高，问题越严重。这种格式最多能在某个有效的范围内使用，最坏的情况下，这种格式无法使用，必须由其他更优、更稳定的格式来代替。究竟是何原因使得某种数值格式稳定而其他格式不稳定，这就是数值稳定性分析要解决的问题。

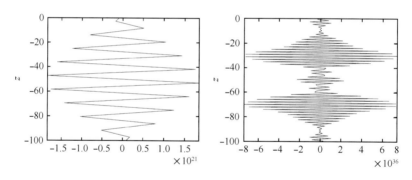

图 5.9　在用欧拉格式[式(5.27)]进行了 20 次计算后 $\tilde{c}$ 的值。左图为 20 个格点，$\Delta t = T/20$；
右图为 100 个格点，$\Delta t = T/100$。注意两种解中差别最大的解(分别为10^{21}和10^{36})，
第二种解比第一种解增长更快。结论为增加分辨率反而使问题更加糟糕

5.4　数值稳定性分析

对数值格式进行稳定性分析最常用的方法是由冯·诺伊曼[1]提出的。这种方法的基本思想是考虑简单的数值解的时间演变。因为连续的信号和分布可以看作傅里叶序列正弦函数和余弦函数，离散的函数也可以被分解为初等函数。如果有一个或者几个初等函数随着时间无限增长(爆炸式增长)，那么重构的解也会无限增长，这种格式就是

---

① 参见本章结尾的人物介绍。

不稳定的。换句话讲：如果所有的初等函数都不会随着时间无限增长，那么这种格式就是稳定的。

对于傅里叶序列和简单的波动传播，初等函数都是周期性的。与连续函数类似

$$c(z, t) = Ae^{i(k_z z - \omega t)} \tag{5.28}$$

通过用 $k\Delta z$ 来代替 z，用 $n\Delta t$ 来代替 t，我们使用离散函数 $\tilde{c}_k^n$：

$$\tilde{c}_k^n = Ae^{i(k_z k\Delta z - \omega n\Delta t)} \tag{5.29}$$

式中，k_z 为垂向波数；ω 为频率。考虑到空间中的周期性行为及时间上有可能剧烈增长，k_z 限制取为一个正实数，而 $\omega = \omega_r + i\omega_i$ 可为复数。如果 $\omega_i > 0$，那么解将会无限增长（如果 $\omega_i < 0$，函数会指数减小，可忽略）。z 和 t 的初始值影响不大，因为可以通过改变振幅 A 对它们进行调整。

k_z 的范围是有限制的，最小值为 $k_z = 0$，对应着方程式（5.22）中的常数。另一个极值 $k_z = \pi/\Delta z$ 对应着最短波长"$2\Delta x$ 模"或者"锯齿状"（+1，-1，+1，-1，…）。问题经常是因为后一个值而产生的，比如欧拉格式中不幸出现的快速振荡值（图5.9）以及之前1.12节中的混叠现象。

初等函数或者试探解可以被改写成下面的形式来区分随时间增长（或衰减）的项与随时间波动的项：

$$\tilde{c}_k^n = Ae^{+\omega_i \Delta t n}e^{i(k_z \Delta z k - \omega_r \Delta t n)} \tag{5.30}$$

另一种初等函数的表达形式是通过引入一个被称为放大因子的复数 ϱ，得到

$$\tilde{c}_k^n = A\varrho^n e^{i(k_z \Delta z)k} \tag{5.31a}$$

$$\varrho = |\varrho|e^{i\arg(\varrho)} \tag{5.31b}$$

$$\omega_i = \frac{1}{\Delta t}\ln|\varrho|, \quad \omega_r = -\frac{1}{\Delta t}\arg(\varrho) \tag{5.31c}$$

方程式（5.29）、方程式（5.30）及方程式（5.31a）取成如上的表达形式将使问题简化。

稳定性要求数值解为非增长的，$\omega_i \leqslant 0$，即 $|\varrho| \leqslant 1$。考虑到真实的指数增长——比如真实的不稳定波的增长——我们应该想到 $c(t)$ 可能会像 $\exp(\omega_i t)$ 一样增长，其中 $c(t+\Delta t) = c(t)\exp(\omega_i \Delta t) = c(t)[1+\mathcal{O}(\Delta t)]$，$\varrho = 1+\mathcal{O}(\Delta t)$。换句话说，我们不应该用 $|\varrho| \leqslant 1$，而应该采用要求低一些的判据：

$$|\varrho| \leqslant 1 + \mathcal{O}(\Delta t) \tag{5.32}$$

因为伴随着扩散将不会发生指数增长，所以这里的判据采用 $|\varrho| \leqslant 1$。

我们现在尝试将式（5.31a）当成离散的扩散方程式（5.27）的解。将所有项除以因子 $A\varrho^n \exp[i(k_z \Delta z)k]$，离散方程简化为

$$\varrho = 1 + D[e^{+ik_z \Delta z} - 2 + e^{-ik_z \Delta z}] \tag{5.33}$$

当放大因子为

$$\varrho = 1 - 2D[\,1 - \cos(k_z \Delta z)\,]$$
$$= 1 - 4D \sin^2\left(\frac{k_z \Delta z}{2}\right) \tag{5.34}$$

解将成立。

在这种情况下 ϱ 为实数，稳定性判据规定 $-1 \leqslant \varrho \leqslant 1$，也就是对所有可能的 k_z 值，$4D \sin^2(k_z \Delta z / 2) \leqslant 2$。最容易出问题的 k_z 值是使 $\sin^2(k_z \Delta z / 2) = 1$，即 $k_z = \pi / \Delta z$，为锯齿状模态的波数。在这种模态下，ϱ 不满足 $-1 \leqslant \varrho$，除非

$$D = \frac{\kappa \Delta t}{\Delta z^2} \leqslant \frac{1}{2} \tag{5.35}$$

换句话说，欧拉格式只有在时间步长小于 $\Delta z^2 / (2\kappa)$ 时才会稳定。此时，我们处于条件稳定的状态，方程式(5.35)称为格式的稳定性条件。

通常，判据[式(5.35)]或者其他情况下类似的条件既不是必要条件也不是充分条件，因为它忽略了边界条件的影响。但是大多数情况下通过这种方法得到的判据是必要条件，因为在区域中部，边界条件不可能使不稳定的解稳定，尤其是那些倾向于不稳定的短波。另一方面，某些情况下，边界可能使一个稳定模态在其附近变得不稳定。对于扩散方程之前采用的格式，这种情况不成立，判据[式(5.35)]既是必要条件也是充分条件。

除了稳定性信息，放大因子也使数值特征和物理特征之间可以进行比较。如在扩散方程中的阻尼率，对应到描述波传播的初始方程中，就应为频散关系。通过精确方程式(5.16)的通解式(5.19)可以得到如下关系：

$$\omega_i = -\kappa k_z^2 \tag{5.36}$$

可以与数值阻尼率进行比较

$$\widetilde{\omega}_i = \frac{1}{\Delta t} \ln |\varrho|$$
$$= \frac{1}{\Delta t} \ln \left| 1 - 4D \sin^2\left(\frac{k_z \Delta z}{2}\right) \right| \tag{5.37}$$

数值阻尼率与实际阻尼率之间的比值 τ 为

$$\tau = \frac{\widetilde{\omega}_i}{\omega_i} = -\frac{\ln |1 - 4D \sin^2(k_z \Delta z / 2)|}{D k_z^2 \Delta z^2} \tag{5.38}$$

对于较小的 $k_z \Delta z$ 来说，也就是数值上能很好地分辨的模态，有

$$\tau = 1 + \left(2D - \frac{1}{3}\right)\left(\frac{k_z \Delta z}{2}\right)^2 + \mathcal{O}(k_z^4 \Delta z^4) \tag{5.39}$$

如果 $D<1/6$，那么数值格式比物理过程($\tau<1$)阻尼率低，而 $D(1/6<D<1/2)$ 大一些时(比如，相对大一些但仍为稳定性时间步长)，将会发生过阻尼($\tau>1$)。实际中，当 $D>1/4$ 时(对于高 k_z 值，使得 $\varrho<0$)，这种过阻尼可能是不现实地大而非物理意义上的。空间网格大小为 $k_z\Delta z=\pi$ 所能分辨的最小的波，不仅会在空间上呈现一种锯齿状(理应如此)，也会随时间呈现一种翻转变化。这是因为，对于复实数 ϱ，序列 ϱ^1，ϱ^2，ϱ^3，…是交替变号的。对 $-1<\varrho<0$，解并不是单调减小为零，而是在零周围波动。尽管这种格式是稳定的，数值解和精确解还是不同，这种不同应该尽量避免。因此，限制 $D\leqslant1/4$ 来保证现实解是非常谨慎的。

现在我们来对稳定条件 $2\Delta t\leqslant\Delta z^2/\kappa$ 的物理意义进行解释。首先根据方程式(5.34)我们看到，不稳定在波数最大的部分最强，因为对应着这种信号的长度尺度为 Δz，相应的扩散时间尺度为 $\Delta z^2/\kappa$，所以稳定条件要求 Δt 比这一时间尺度的一部分小，也等同于保证时间步长能充分代表空间网格能够分辨的时间最短的成分。尽管数学上的解无法体现这个时间最短的部分(我们最初的问题只能体现单一长度尺度 h)，数值解由于计算机舍入误差，是包含最短部分的，因此必须有条件来保证这种可能分辨的最短部分的稳定性。稳定条件保证了所有可能解的成分都有适当的时间步长。

上面简单的例子表明，放大因子方法应用简单，并且提供了稳定条件以及数值解的其他特征。在实际中，非常数系数(空间变化的扩散系数 κ)或者非均匀的空间网格往往会增加应用难度。因为非均匀的空间网格可以被看作坐标变换或者对网格节点位置的拉伸或压缩(20.6.1 节)后的结果，所以非均匀的网格需要在方程里引入非常数系数。这一过程需要在应用放大因子方法之前先"固定"一些系数到某个值，然后用规定的范围内的不同的"固定值"进行分析。通常这种方法可以对允许的时间步长进行比较准确的估计。对非线性问题，这种方法可以对方程进行初步的线性化，但是稳定条件的质量并不可靠。最后有一点需要牢记，放大因子方法并没有处理边界条件。当需要准确地处理变系数及非均匀网格问题时，或者是需要考虑边界条件时，可以使用所谓的矩阵方法(Kreiss，1962；Richtmyer et al.，1967)。

我们现在有了一些可以保证稳定性的工具。既然我们的扩散方案具有相容性，我们依据拉克斯-里克特迈耶定理(2.7 节)可以预计收敛。接下来我们就要验证这种格式在数值上的误差是否随着时间步长减小而线性减小。与式(5.19)的精确解进行比较，我们发现(图 5.10)数值解确实表现为误差随着时间步长减小而减小，但是在到了某个点后(D 从稳定性要求的 0.5 减小到 1/6 后)，误差反而会随着更小的 Δt 而增加，这是何原因导致的呢？

事实上，两种来源的误差(空间和时间离散化导致的)是同时出现的，我们得到的误差是两种误差之和，而不仅仅是时间误差。这可以从利用方程式(5.21)及泰勒级数

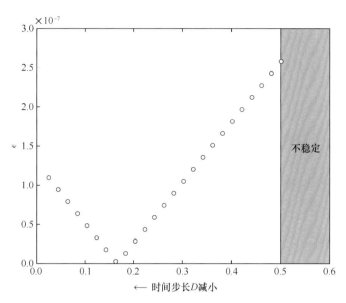

图 5.10　某个固定的空间点 ($m = 50$) 上，随着时间步长 D 的减小（图中从右到左），由初始变量 Δc 在时刻 $T = h^2/\kappa$ 进行缩小后的均方根误差 $c - \tilde{c}$ 的变化。当 $D = 1/2$ 时，该格式是不稳定的，误差非常大（图中没有画出）。当时间步长较小时，格式是稳定的，误差随着时间步长 D 线性减小。

当 $D = 1/6 = 0.167$ 时，误差又开始增加

将离散值 $\tilde{c}_{k+1}^n$ 在 $\tilde{c}_k^n$ 周围展开后得到的方程中看出。经过一系列代数运算后，有

$$\frac{\partial \tilde{c}}{\partial t} = \kappa \frac{\partial^2 \tilde{c}}{\partial z^2} + \frac{\kappa \Delta z^2 (1 - 6D)}{12} \frac{\partial^4 \tilde{c}}{\partial z^4} + \mathcal{O}(\Delta t^2, \ \Delta z^4, \ \Delta t \Delta z^2) \tag{5.40}$$

说明该格式一阶是时间变化（通过 D），二阶是空间变化。根据方程式 (5.40) 可以很好地解释图 5.10 中随着 Δt 逐渐减小（仅 D 变化）时而反弹的误差。

　　为了检验收敛性，我们需要考虑参数 Δt 和 Δz 同时减小的情况（图 5.11）。这很自然地可以通过固定稳定性参数 D 来实现，因为根据方程式 (5.26)，D 是两者组合的结果。$D = 1/6$ 时，格式为四阶的，除此之外，主要的误差（右边第二项）随着 Δz^2 减小。在前面那种情况下[①]，误差的量级为 Δz^4，这与方程式 (5.39) 一致，最小的阻尼率误差是当 $2D = 1/3$ 时得到的，也就是当时间步长对应着 $D = 1/6$（图 5.10）时，固定的 Δz 对应的误差最小。

---

　　① 　为说明这一点，可考虑对于 $D = 1/6$，$\Delta t = \Delta z^2/6\kappa$ 以及对误差项的所有贡献均与 Δz^4 成正比。

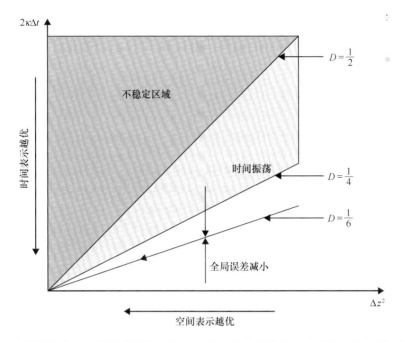

图 5.11　在显式格式中，利用不同的 $(\Delta z^2, \Delta t)$ 组合的收敛路径。对于过大的 Δt 值，格式是
不稳定的。只有在稳定性范围内，解才是收敛的。当仅减小 Δt 时（图中从上到下），误差先
减小后增大。当仅减小 Δz 时（图中从右到左），误差也是先减小后增大，直到格式变得
不稳定。而保持 D 在稳定性范围内不变，同时减小 Δt 和 Δz，会产生单调的
收敛性。收敛速率在 $D = 1/6$ 时最高，因为格式正好为四阶的

5.5　其他的一维格式

简单格式［式(5.25)］的一个缺点是，当空间分辨率很高时，计算量将迅速增加。
为了稳定，Δt 随着 Δz^2 减小，这就要求我们在更多空间点上计算的同时，计算频率也
要增加。在固定长度的时间上积分时，计算次数会以 m^3 的形式增加。也就是说，当空
间网格距减至十分之一后，计算量将增加 1 000 倍。因为这种增长来源于稳定条件，所
以我们必须探索其他稳定条件更好的方案。一种方式就是隐式格式。利用全隐格式，
离散后的值及算法可以重新表示为

$$\tilde{c}_k^{n+1} = \tilde{c}_k^n + D(\tilde{c}_{k+1}^{n+1} - 2\tilde{c}_k^{n+1} + \tilde{c}_{k-1}^{n+1}) \qquad (k = 2, \cdots, m - 1) \qquad (5.41)$$

应用稳定分析后，得到隐式格式的放大因子 ϱ 为

$$\varrho = 1 - \varrho\, 2D\big[1 - \cos(k_z \Delta z)\big],$$

其解为

$$\varrho = \frac{1}{1 + 4D \sin^2(k_z \Delta z/2)} \leqslant 1 \tag{5.42}$$

因为该放大因子总是为小于 1 的实数，所以并没有稳定条件要求，在任何时间步长上该格式都是稳定的，称为无条件稳定。因此，这种隐式格式原则上允许使用任意大的时间步长。我们可以想到过大的时间步长是不能接受的，如果时间步长过大，计算值不会"爆炸式"增长，但是对真实值的估计将会不准确。通过比较数值格式和真实值的阻尼率可以证实这个结论：

$$\tau = \frac{\widetilde{\omega}_i}{\omega_i} = \frac{\ln|1 + 4D \sin^2(k_z \Delta z/2)|}{4D (k_z \Delta z/2)^2} \tag{5.43}$$

如果 D 较小，这种格式将会很好地体现真实值，但是如果 D 较大，即使比空间网格尺度大 10 倍，阻尼率的误差也与阻尼率本身大小接近(图 5.12)。

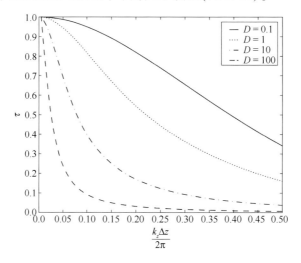

图 5.12　隐式格式的数值阻尼率与精确解的阻尼率之比 $\tau = \widetilde{\omega}_i/\omega_i$ 随着不同的 D 对应的 $k_z \Delta z/2$ 变化。随着时间步长的增加(D 增加)，即使有更好的分辨率，其所对应的数值阻尼率也在迅速变差，所以就算不为稳定性，为了准确性，也最好使用较小的时间步长

　　抛开精度的限制不谈，我们还需要克服另一个障碍。在节点 k 上计算方程式 (5.41)等号左边部分时，我们必须用到未知的 $\widetilde{c}_{k+1}^{n+1}$ 和 $\widetilde{c}_{k-1}^{n+1}$ 的值，而这两个值又需要它们周围节点的未知值才能得到。这就产生了一种循环依赖性，但是这是一种线性依赖，我们所要做的是将问题公式化为一系列同时发生的线性方程组，也就是将问题在每一个时间步上进行矩阵求逆。对待这种问题是有标准的数值方法的，大多数基于所谓的高斯消元法或者上下分解算法(Riley et al.，1977)。这些方法对求解任意维数为 N 的矩阵非常有效，计算成本以 N^3 的形式增长。在一维情况下，$N \sim m$，矩阵求逆需要 m^3 次操

作才能实现①。即使我们只计算一步，计算量也会与显式格式整个计算过程的计算量接近。我们不禁会想：困难不能解决吗？答案显然是否定的，但是我们可以利用某种特殊形式的系统来减少计算量。

因为要得到在某个节点上的未知值，仅仅需要该点周围节点的未知值，而不需要与它相隔很远的节点上的值，所以整个系统的矩阵是包含着许多 0 值的。除了对角线、对角线正上方（对应着一个相邻的点）和对角线正下方（对应着另一侧相邻的点）上不是 0 外，其余元素都为零。这种三对角矩阵或者带状矩阵是非常常见的，对它们的求解已经有完备的算法了。对矩阵求逆的计算量可减小到只有 $5\ m$ 次操作②，这与显式算法一个步长的计算量差不多。另外，由于隐式格式可以用较长的时间步长，所以比显式格式的效率更高。但是，效率和准确性之间是存在矛盾的。

另一种时间差分格式为蛙跳法，即跳过中间的值，也就是，时间步上计算从 $n-1$ 到 $n+1$ 的值，方程右边的项用中间时间步 n 的值。应用到扩散方程，蛙跳格式有如下算法：

$$\overset{\circ}{c}_{k}^{\,n+1} = \overset{\circ}{c}_{k}^{\,n-1} + 2D(\tilde{c}_{k+1}^{\,n} - 2\tilde{c}_{k}^{\,n} + \tilde{c}_{k-1}^{\,n}) \tag{5.44}$$

式中，$D = \kappa\Delta t/\Delta z^2$。

因为当计算时间层 $n+1$ 上的值时，第 n 层之前的值都已经知道了，所以这种算法是显式的，不需要对矩阵求逆。我们可以像之前一样，通过考虑这种方案的一个傅里叶模态［式(5.29)］来分析其稳定性。式(5.44)作为离散方程的变形，通过应用三角公式和傅里叶分解，可以得到蛙跳格式的放大因子 ϱ 为如下方程形式：

$$\varrho = \frac{1}{\varrho} - 8D\sin^2\left(\frac{k_z\Delta z}{2}\right) \tag{5.45}$$

此方程为二次的，所以 ϱ 有两个解，对应着两种时间模态。但是因为原始方程关于时间是一阶的，所以只有一个模态是合理的，很明显这种格式引入了一个虚假模态。若 $b = 4D\sin^2 k_z\Delta z/2$，则两个解为

$$\varrho = -b \pm \sqrt{b^2 + 1} \tag{5.46}$$

符合物理模态的解为 $\varrho = -b + \sqrt{b^2+1}$，因为对于能很好地分辨的过程（$k_z\Delta z \ll 1$，因此 $b \ll 1$），应该近似有 $\varrho \backsimeq 1 - b \backsimeq 1 - Dk_z^2\Delta z^2$［参见方程式(5.34)］。它的值总是小于 1，物理模态是稳定的。另一个解 $\varrho = -b - \sqrt{b^2+1}$ 对应着虚假模态，振幅总是大于 1，不利于格式总体的稳定。这是无条件不稳定的一个例子。需要注意的是，尽管蛙跳格式应用到

---

① 如果我们期望将其推广到具有 $N \sim 10^6 \sim 10^7$ 个未知值的三维，则矩阵求逆需要与 N^3 成正比二次操作（在每个时间步上！），我们不认为这是一个可行的方法。

② 参见附录 C 的算法公式。

扩散方程中是不稳定的，当用到其他方程中时可能就是稳定的。

虚假模态引起数值不稳定，因此必须加以抑制。一个基本的方法是进行滤波（参见 10.6 节）。因为数值不稳定表现为随时间翻转（因为 ϱ 为负值），对两个连续的时间步进行平均或者进行某种滑动平均，也就是滤波，可以消去这种翻转模态。但同时，滤波也会改变真正的物理模态，作为一个准则，如果开始没有很大的翻转模态，则需要谨慎使用滤波。滤波必须先使用而不是后来才使用。如果某个模型中，方程中的其他项如平流项使用了蛙跳格式并且可以稳定，那么扩散方程通常是在 $n-1$ 时间步上进行离散，而不是在第 n 个时间步上，扩散部分与显式欧拉格式相同，时间步长为 $2\Delta t$。

最后，我们可以在一般的非均匀扩散和变网格的例子中解释有限体积方法。与方程式（3.35）类似，我们对扩散方程在两个连续单元的边界以及一个时间步上进行积分，得到格元平均的 $\bar{c}$ 值（图 5.13）：

$$\frac{\bar{c}_k^{n+1} - \bar{c}_k^n}{\Delta t_n} + \frac{\hat{q}_{k+1/2} - \hat{q}_{k-1/2}}{\Delta z_k} = 0 \tag{5.47}$$

假设两个单元之间的界面上的时间平均通量为

$$\hat{q} = \frac{1}{\Delta t_n} \int_{t^n}^{t^{n+1}} -\kappa \frac{\partial c}{\partial z} \mathrm{d}t \tag{5.48}$$

这个量是未知的。到目前为止，方程是准确的。尽管方程式（5.47）只有空间–时间平均，通量表达式中出现的变量 c 是真实的函数，包括所有次网格尺度的变化。当我们把时间平均通量与空间平均函数 $\bar{c}$ 相联系时，需要在方程中进行离散化。举个例子，我们可以用一个隐含的因子 α 和一个梯度近似来对通量项进行估计：

$$\hat{q}_{k-1/2} \simeq -(1-\alpha)\kappa_{k-1/2}\frac{\tilde{c}_k^n - \tilde{c}_{k-1}^n}{z_k - z_{k-1}} - \alpha\kappa_{k-1/2}\frac{\tilde{c}_k^{n+1} - \tilde{c}_{k-1}^{n+1}}{z_k - z_{k-1}} \tag{5.49}$$

式中，$\tilde{c}$ 是空间平均的数值估计值。数值格式有

$$\tilde{c}_k^{n+1} = \tilde{c}_k^n + (1-\alpha)\frac{\kappa_{k+1/2}\Delta t_n}{\Delta z_k}\frac{\tilde{c}_{k+1}^n - \tilde{c}_k^n}{z_{k+1} - z_k} - (1-\alpha)\frac{\kappa_{k-1/2}\Delta t_n}{\Delta z_k}\frac{\tilde{c}_k^n - \tilde{c}_{k-1}^n}{z_k - z_{k-1}}$$
$$+ \alpha\frac{\kappa_{k+1/2}\Delta t_n}{\Delta z_k}\frac{\tilde{c}_{k+1}^{n+1} - \tilde{c}_k^{n+1}}{z_{k+1} - z_k} - \alpha\frac{\kappa_{k-1/2}\Delta t_n}{\Delta z_k}\frac{\tilde{c}_k^{n+1} - \tilde{c}_{k-1}^{n+1}}{z_k - z_{k-1}} \tag{5.50}$$

当网格空间间隔一致，κ 为常数，$\alpha = 0$ 时，我们重新使用方程式（5.25）。因为现在的有限体积格式是通过物质守恒（3.9 节）得到的，所以我们已经附带地证明了方程式（5.25）在网格均匀、扩散系数为常数的情况下是守恒的，甚至在不稳定的情况下，这种守恒性也可以用程序 firstdiffusion.m 来证明。

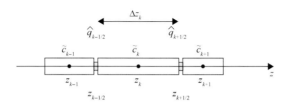

图 5.13　有限体积方法中单元和界面的分布。密度值定义在单元中心，
而通量值定义在单元之间。单元的大小不必一致

实际上，用密度值来对通量值进行计算和存储对程序是非常有利的。每一步的计算都需要分两个阶段进行：首先，利用同一个时间步上的密度值计算通量值，然后用新算得的通量值来重新计算密度值。以这种方式，我们可以很清楚地去考虑如局地扩散系数 κ（在计算单元的边界而非中心）、局地计算单元大小以及瞬时时间步长这些变量。这种方法也可以应用到通量边界条件。

5.6　多维数值格式

在二维或者在 x、y、z 方向上网格点位置分别为 i、j、k 的三维空间[①]中，显式格式很容易给出：

$$
\begin{aligned}
\tilde{c}_k^{\,n+1} = \tilde{c}^{\,n} &+ \frac{\mathcal{A}\,\Delta t}{\Delta x^2}(\tilde{c}_{i+1}^{\,n} - 2\tilde{c}^{\,n} + \tilde{c}_{i-1}^{\,n}) \\
&+ \frac{\mathcal{A}\,\Delta t}{\Delta y^2}(\tilde{c}_{j+1}^{\,n} - 2\tilde{c}^{\,n} + \tilde{c}_{j-1}^{\,n}) \\
&+ \frac{\kappa\Delta t}{\Delta z^2}(\tilde{c}_{k+1}^{\,n} - 2\tilde{c}^{\,n} + \tilde{c}_{k-1}^{\,n}) \qquad (5.51)
\end{aligned}
$$

通过使用放大因子分析方法可以很容易给出稳定性条件。在离散后的方程中替换掉傅里叶模态

$$
\tilde{c}^{\,n} = A\,\varrho^n\,\mathrm{e}^{\mathrm{i}(i\,k_x\Delta x)}\,\mathrm{e}^{\mathrm{i}(j\,k_y\Delta y)}\,\mathrm{e}^{\mathrm{i}(k\,k_z\Delta z)} \qquad (5.52)
$$

我们可以得到

$$
\frac{\mathcal{A}\,\Delta t}{\Delta x^2} + \frac{\mathcal{A}\,\Delta t}{\Delta y^2} + \frac{\kappa\Delta t}{\Delta z^2} \leqslant \frac{1}{2} \qquad (5.53)
$$

---

①　为了避免符号过多，只有在不同的网格点处，才会写入这些符号。因此，$\tilde{c}(t^n, x_i, y_j, z_k)$ 写为 $\tilde{c}^{\,n}$，而 $\tilde{c}_{j+1}^{\,n}$ 就表示 $\tilde{c}(t^n, x_i, y_{j+1}, z_k)$。

隐式格式的方程也并不是太复杂，并且是无条件稳定的。但是对应的矩阵不再是三对角矩阵，结构变得稍微复杂(图 5.14)。计算量仍然与问题尺度成正比，这一点仍然无法解决。有几种方案可以在可接受的计算量之内保持"隐式"格式。

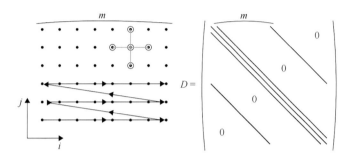

图 5.14　如果数值状态向量是二维的，那么 $\tilde{c}_{i,j}$ 是 x 的第 $(j-1)m+i$ 个元素。因为在点 i,j 的扩散算子包含 $\tilde{c}_{i,j}$、$\tilde{c}_{i+1,j}$、$\tilde{c}_{i-1,j}$、$\tilde{c}_{i,j-1}$ 和 $\tilde{c}_{i,j+1}$，求逆矩阵除了在对角线(计算点本身)、超对角线(点 $i+1,j$)、次对角线(点 $i-1,j$)和距离对角线为 $\pm m$ 的两条线(点 $i,j\pm1$)上的元素外，其余元素都为零

无论如何，直接求解往往适得其反。求逆矩阵时会在舍入误差的范围之内，而离散化往往有很大的误差(4.8 节)，我们并不需要这样高的精度。因此，我们可以通过迭代方法，通过控制迭代次数来给出不同精度的近似解，从而近似地求矩阵的逆矩阵。因为最开始的猜测值可以用前一个时间步的计算值，所以通常经过几次迭代计算就可以给出一个可以接受的解。在线性运算中，两种常用的迭代方法为高斯-赛德尔(Gauss-Seidel)法和雅可比(Jacobi)法。但是也存在针对不同问题和不同计算机进行了优化的其他的迭代方法(Dongarra et al.，1998)。通常，大多数软件库会提供大量方法，但是在这里我们只会提到几种常用方法，在后面需要解泊松方程得到压力或流函数(7.6节)时会对具体的方法进行详细的解释。

任何一个同时由多个方程组成的线性系统可以写成

$$Ax = b \qquad (5.54)$$

式中，矩阵 A 包含所有的系数，向量 x 是所有的未知量，向量 b 为边界条件或外强迫(如果存在)。迭代方法的目的是从初始的猜测值向量 x^0 出发得到一系列 $x^{(p)}$，逐渐向解收敛。这种算法就是重复利用下式

$$B x^{(p+1)} = Cx^{(p)} + b \qquad (5.55)$$

其中，B 必须容易求逆，否则无法得到结果，B 通常是对角矩阵或者三对角矩阵(非 0元素仅在对角线上或在对角线及对角线的一侧上)。收敛之后，$x^{(p+1)} = x^{(p)}$，因此为了解方程式(5.54)，必须有 $B-C=A$。B 与 A 越接近，收敛越快，在极限情况下，如果

$B=A$，那么经过一次迭代就能够得到精确解。若 $C=B-A$，则迭代步骤可以重新写成

$$x^{(p+1)} = x^{(p)} + B^{-1}\left[b - A\,x^{(p)}\right] \tag{5.56}$$

这与之前的时间积分方法类似。这里，B^{-1} 代表 B 的逆矩阵。在雅可比法中矩阵 B 为对角矩阵，而在高斯–赛德尔法中 B 为三对角矩阵。还有比这两种方法收敛更快的方法，将在 7.6 节中进行讲解。

在地球流体力学中，扩散往往不是决定性的项（除了在湍流很强，从而导致垂向扩散较强的区域），与扩散相关的稳定条件往往不是很严格。因此，这就有利于我们只在扩散很强的方向上（或者扩散系数变化最大的方向上）利用隐式格式，通常是垂向上，而水平分量则利用显式格式：

$$\begin{aligned}
\tilde{c}^{\,n+1} = \tilde{c}^{\,n} &+ \frac{A\Delta t}{\Delta x^2}(\tilde{c}^{\,n}_{i+1} - 2\,\tilde{c}^{\,n} + \tilde{c}^{\,n}_{i-1}) \\
&+ \frac{A\Delta t}{\Delta y^2}(\tilde{c}^{\,n}_{j+1} - 2\,\tilde{c}^{\,n} + \tilde{c}^{\,n}_{j-1}) \\
&+ \frac{\kappa\Delta t}{\Delta z^2}(\tilde{c}^{\,n+1}_{k+1} - 2\,\tilde{c}^{\,n+1} + \tilde{c}^{\,n+1}_{k-1})
\end{aligned} \tag{5.57}$$

然后，我们只需要求一个水平方向上的网格点组成的三对角矩阵的逆矩阵，而不需要对一个有很多非零元素的矩阵求逆。交替方向隐式（alternating direction implicit，ADI）方法会在每一步中交替改变使用隐式格式的方向。当需要关注水平扩散离散化的稳定性时，这种方法是有帮助的。

在使用地球流体力学模型时，与扩散相关的最大的问题不是它们的数值稳定性，而是它们的物理基础，因为扩散往往是作为对那些无法分辨的过程进行参数化而引入的。在某些情况下，离散化中的非物理属性会产生一些问题（Beckers et al., 2000）。

解析问题

5.1　在各个方向长度尺度对扩散的贡献都相同的湍流中能量谱 $E_k(k)$ 是怎样的？这种谱真实存在吗？

5.2　已知地球表面平均气压为 1.013×10^5 N/m²，地球的平均半径为 6 371 km，可推导出大气的质量。然后，根据大气质量以及整个地球从太阳获得的能量为 1.75×10^{17} W 的前提条件，假设从太阳获得的一半的能量都在大气中耗散了，估计大气的耗散率 ϵ。最后，假设大气中的湍流符合科尔莫戈罗夫理论，估计大气中最小的涡旋尺度、其与最大尺度（地球半径）的比值，以及最大尺度的风速。这种速度尺度真实存在吗？

5.3　在 15 m 范围的海岸带，水的密度为 1 032 kg/m³，水平速度的尺度为

0.80 m/s。雷诺数和最小的涡旋的直径是多少？在每平方米海洋中大约有多少瓦的能量被耗散？

5.4 如果要用垂向有 20 个网格点的数值模式模拟上题中的海岸带，垂向涡动扩散系数取为多少合理？

5.5 在海洋深度 $H = 1\,000$ m 处，盐度扩散系数为 κ 的情况下，盐度减少为原来的 1/2 估计需要多长时间？比较两种方案的用时：一种方案用分子扩散系数（$\kappa = 10^{-9}$ m^2/s），另一种方案用深海中典型的湍流扩散系数（$\kappa = 10^{-4}$ m^2/s）。

5.6 示踪物在海面的沉积（标准化，无单位）可用一个常数通量 $q = -10^{-4}$ m/s 表示。在深度 $z = -99$ m 处有一个很强的流冲刷着通过垂直扩散而来的示踪物，所以在此深度上保持 $c = 0$。假设扩散系数为图 5.15 所示的廓线（垂直分布），计算示踪物分布的稳定解。

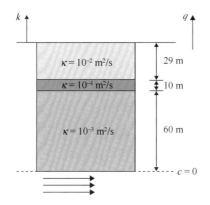

图 5.15 题 5.6 中非均匀涡旋扩散系数的值。表面通量已知，底部 $c = 0$

5.7 证明方程式（5.4）后面的结论，即科尔莫戈罗夫尺度对应的雷诺数为 1。

数值练习

5.1 通过改变时间步长改进非稳定的程序 firstdiffusion. m，并证明在式（5.35）的条件限制下，格式实际上是稳定的，并给出精确解（图 5.16）。

5.2 如果一维欧拉格式的隐式因子为 α，网格大小固定，扩散系数为常数，证明稳定条件为 $(1-2\alpha)D \leqslant 1/2$。

5.3 在一维扩散问题中使用周期边界条件（$c_{top} = c_{bottom}$，$q_{top} = q_{bottom}$）。然后，在互联网上搜索适合周期边界条件的三对角矩阵求逆算法并加以实现。

5.4 使用隐式因子为 α，扩散系数不是常数的一维有限体积方法。初始条件和边界条件与 5.3 节开头提到的条件相同。并将解与式（5.19）的精确解进行比较。

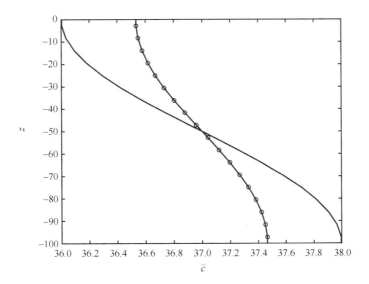

图 5.16　当时间步长 $D=0.1$ 时，一维扩散问题的初始条件(光滑曲线)经过 500 次
计算后减小了，而即使整个区域只有 30 个网格点，显式格式的数值解(圆圈代表)
与精确解(经过圆圈的曲线)也几乎相同

5.5　用 5.6 节中的程序求解解析问题 5.6。从任意初始条件开始，直到解稳定。根据隐式因子估计允许的时间步长及所需的最少的时间步数。取 $\Delta z=2$，检查计算过程中的收敛性，并将最终得到的解与精确解进行比较。另外，与简单的离散方法进行比较。

$$\frac{\partial}{\partial z}\left(\kappa\,\frac{\partial c}{\partial z}\right)\bigg|_{z_k} = \kappa\,\frac{\partial^2 c}{\partial z^2}\bigg|_{z_k} + \frac{\partial \kappa}{\partial z}\bigg|_{z_k}\frac{\partial c}{\partial z}\bigg|_{z_k}$$

$$\sim \frac{\kappa_k(\tilde{c}_{k+1} - 2\,\tilde{c}_k + \tilde{c}_{k-1})}{\Delta z^2}$$

$$+ \frac{(\kappa_{k+1} - \kappa_{k-1})}{2\Delta z}\frac{(\tilde{c}_{k+1} - \tilde{c}_{k-1})}{2\Delta z} \tag{5.58}$$

5.6　杜福特-弗兰克尔(Dufort-Frankel)格式可将扩散方程近似写为

$$\tilde{c}_k^{n+1} = \tilde{c}_k^{n-1} + 2D\big[\tilde{c}_{k+1}^n - (\tilde{c}_k^{n+1} + \tilde{c}_k^{n-1}) + \tilde{c}_{k-1}^n\big] \tag{5.59}$$

证明这种格式的相容性。当 Δt 和 Δz 趋于 0 时，为了保证相容性，两者必须满足什么关系? 然后，利用放大因子方法分析数值稳定性。

安德烈·尼古拉耶维奇·科尔莫戈罗夫
（Andrey Nikolaevich Kolmogorov，1903—1987）

科尔莫戈罗夫从小就被数学所吸引，在莫斯科国立大学读书期间，他寻求学校最杰出的数学家陪伴。当时他虽然只是名本科生，但是已经开始研究并发表了多篇具有国际影响力的论文，主要是关于集合论的。他在1929年完成博士学位时就已发表18篇论文。科尔莫戈罗夫对数学的贡献涵盖了各个领域，他最知名的工作也许是关于概率论和随机过程。

对随机过程的研究导致了他对喷气发动机湍流的研究，科尔莫戈罗夫于1941年发表了关于各向同性湍流的两篇著名论文。有人指出，这两篇论文是自奥斯本·雷诺开始的漫长而未完成的湍流理论史上最重要的论文之一。

科尔莫戈罗夫在同事和学生们的陪同下，在莫斯科郊外的散步中找到了很多工作灵感。回家后，在散步过程中发生的头脑风暴经常在餐桌旁进行认真的验证。（照片引自美国数学学会）

约翰·路易斯·冯·诺伊曼
（John Louis von Neumann，1903—1957）

约翰·冯·诺伊曼是一个神童。在 6 岁时，他可以在脑海中做 8 位数的除法，并在几分钟内记住一整页的电话簿，这让家中的客人感到惊讶。在 1928 年获得博士学位后不久，他离开了他的家乡匈牙利，到美国普林斯顿大学任教。高等教育研究所于 1933 年成立时，他成为最初的数学教授之一。

除了对遍历理论、群论和量子力学的开创性贡献外，他的工作还包括电子计算机在应用数学中的应用。在 20 世纪 40 年代与朱尔·查尼（参见第 16 章结尾的人物介绍）一起，选择天气预报作为新兴电子计算机的第一项挑战，而这台计算机是他帮助组装的。与之前的理查森不同，冯·诺伊曼和查尼从单个方程开始，即正压涡度方程。结果超出预期，科学计算从此开启。

冯·诺伊曼的一句名言是："如果人们不相信数学是简单的，那只是因为他们没有意识到生活是多么复杂。"（照片引自弗吉尼亚理工学院和州立大学）

第6章 输运与终态

摘要： 在本章中，我们将进一步讨论上一章中的扩散方程，包括平流效应（流动的流体造成的输运）以及流体最终的状态（扩散、可能的源以及沿途的衰减）。数值部分首先是将固定（欧拉）框架下的平流写成差分格式，然后进一步包括扩散项的离散格式以及源/衰减项。所有的例子都是先考虑一维框架，然后再推广至多维情况。

6.1 平流及扩散结合

当讨论地球流体动力学中的热量［式(3.23)］、盐度［式(3.14)］、湿度［式(3.15)］以及密度［式(4.8)］方程时，我们发现每个方程都有 3 种不同的项。第一种是时间导数项，描述变量随时间的变化。第二种是 3 项速度分量和空间导数组成的项，有时隐含在随体导数 $\mathrm{d}/\mathrm{d}t$ 中，它们代表流动对物质的输运，称为平流项。最后一种是方程右边包括表示扩散的项和二阶空间导数项，在第 5 章中，我们将这些项称为扩散项，它们代表着物质沿着流动以及横跨流动的分布。包括上述项的方程一般为下列形式：

$$\frac{\partial c}{\partial t} + u\frac{\partial c}{\partial x} + v\frac{\partial c}{\partial y} + w\frac{\partial c}{\partial z} = \frac{\partial}{\partial x}\left(\mathcal{A}\frac{\partial c}{\partial x}\right) + \frac{\partial}{\partial y}\left(\mathcal{A}\frac{\partial c}{\partial y}\right) + \frac{\partial}{\partial z}\left(\kappa\frac{\partial c}{\partial z}\right) \tag{6.1}$$

式中，变量 c 可以代表之前提到的变量或者是流体中的某种物质，比如大气或海洋中的污染物。有一点需要注意的是水平方向和垂直方向是各向异性的（通常 $\mathcal{A} \gg \kappa$）。

图 6.1 显示了平流和扩散共同作用的结果，其显示了罗讷河水进入地中海后的情况。平流使河水向外羽状扩散，而扩散将其冲淡。图 6.2 是一幅令人惊艳的卫星图片，展示了通过风的平流将撒哈拉沙漠的沙从非洲向西带到佛得角群岛（图片下端白色带状部分），同时，海水将悬浮沙尘自佛得角群岛向西南输运（图片中部左侧的冯·卡门涡旋）。尽管沙子被吹动的速度很快并且在空气中没有过多扩散，沉积物在水中沿蜿蜒的路径沉积下来，说明了大气与海洋中的平流和扩散效应的不一致性。

很多情况下，流体中携带的物质不仅会被流动输运和扩散，也会在此过程中产生或者消失，比如某些沉积到底部的颗粒物质。某些化学物质会相互作用产生新的化学物质，而某些化学物质参与了某些反应后就会消失。如大气中的硫酸(H_2SO_4)，在燃烧时由二氧化硫(SO_2)反应产生，又会通过降雨(酸雨或酸雪)消失。氚是氢的放射性同位素，会通过海-气界面进入海洋中，在海洋中又会逐渐转化为氦。海洋中的溶解氧会被生物活动所消耗又会在海表被大气补充。

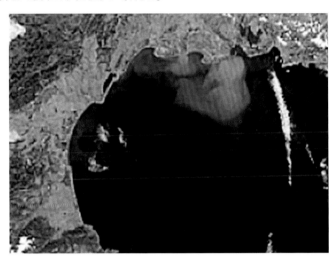

图 6.1　罗讷河在利翁湾(约 43°N)的羽状扩散，携带着沉积物进入地中海。该卫星图片摄于 1999 年 2 月 26 日(卫星图片来源于 SeaWiFS 项目，NASA/戈达德空间飞行中心)

图 6.2　撒哈拉沙漠的沙尘被从非洲大陆吹向海洋中的佛得角群岛(15°—17°N)，同时，水中的悬浮物被群岛周围的一系列冯·卡门涡流向西南输运。顺便注意一下，这些涡流如何与上层覆盖的云的分布相联系(Jacques Descloitres，MODIS Land Science Team)

为了包含这些物理过程，我们通过在方程右边加入源和汇项来对平流-扩散方程式(6.1)进行改写：

$$\frac{\partial c}{\partial t} + u\frac{\partial c}{\partial x} + v\frac{\partial c}{\partial y} + w\frac{\partial c}{\partial z} = \frac{\partial}{\partial x}\left(\mathcal{A}\frac{\partial c}{\partial x}\right) + \frac{\partial}{\partial y}\left(\mathcal{A}\frac{\partial c}{\partial y}\right) + \frac{\partial}{\partial z}\left(\kappa\frac{\partial c}{\partial z}\right) + S - Kc \qquad (6.2)$$

式中，S 代表源，其表述式取决于物质形成的具体过程；K 为衰减系数，影响着物质消失的快(K 值大)慢(K 值小)。

在一维情形下，如在 x 方向上，如果扩散系数 $\mathcal{A}$ 为常数，方程可简化为

$$\frac{\partial c}{\partial t} + u\frac{\partial c}{\partial x} = \mathcal{A}\frac{\partial^2 c}{\partial x^2} + S - Kc \qquad (6.3)$$

关于平流-扩散方程有几点需要注意：如果没有源和汇项，则物质是守恒的；进一步，如果同时没有扩散，则浓度变化也是守恒的。

当我们对整个区域的体积 V 积分[式(6.2)]时，可以立即对扩散项进行积分，如果各个边界的通量为零，那么扩散项积分后将会为零，我们可以得到下列方程：

$$\frac{\mathrm{d}}{\mathrm{d}t}\int_V c\,\mathrm{d}V = -\int_V \left(u\frac{\partial c}{\partial x} + v\frac{\partial c}{\partial y} + w\frac{\partial c}{\partial z}\right)\mathrm{d}V + \int_V S\,\mathrm{d}V - \int_V Kc\,\mathrm{d}V$$

经过一次分部积分后，方程右边的第一项可以写为

$$\frac{\mathrm{d}}{\mathrm{d}t}\int_V c\,\mathrm{d}V = +\int_V c\left(\frac{\partial u}{\partial x} + \frac{\partial v}{\partial y} + \frac{\partial w}{\partial z}\right)\mathrm{d}V + \int_V S\,\mathrm{d}V - \int_V Kc\,\mathrm{d}V$$

在所有边界上都没有通量或平流的情况下成立。利用连续式(4.21d)，方程右边第一项为零，方程进一步简化为

$$\frac{\mathrm{d}}{\mathrm{d}t}\int_V c\,\mathrm{d}V = \int_V S\,\mathrm{d}V - \int_V Kc\,\mathrm{d}V \qquad (6.4)$$

因为浓度 c 代表单位体积物质的量，所以对整个体积的积分得到的是其总量。式(6.4)说明当没有源($S=0$)或汇($K=0$)时，总量是不随时间变化的。换言之，物质是运动的，但是其总量是恒定的。

现在如果我们将式(6.2)乘 c，然后对整个区域进行积分，可以对扩散项每一部分分别积分，如果所有边界上通量仍为零，我们可以得到下列方程：

$$\frac{1}{2}\frac{\mathrm{d}}{\mathrm{d}t}\int_V c^2\,\mathrm{d}V = -\int_V\left[\mathcal{A}\left(\frac{\partial c}{\partial x}\right)^2 + \mathcal{A}\left(\frac{\partial c}{\partial y}\right)^2 + \kappa\left(\frac{\partial c}{\partial z}\right)^2\right]\mathrm{d}V$$
$$+ \int_V Sc\,\mathrm{d}V - \int_V K\,c^2\,\mathrm{d}V \qquad (6.5)$$

没有扩散、源及汇项时，方程右边为零，所以随时间的变化是守恒的。扩散和汇会使变化减小，而(正的)源会使其增加。

在没有扩散、源及汇项存在时，这种守恒性可以推广至 c 的任何幂次 c^p，通过积分前将方程乘以 c^{p-1} 即可实现。另外，这种守恒性对任意函数 $F(c)$ 都是成立的。毋庸置疑的是，数值方法无法使所有的量守恒，但是至少能使前两项(总量及变化)守恒已然

非常好了。

还有一个属性值得一提，我们将不加以证明，但给予简单解释。因为扩散使 c 的分布趋于均匀，所以它会使物质从浓度高的区域移动到浓度低的区域。因此，如果只有扩散存在，c 的最大值只会越来越小，而最小值会越来越大。而平流项会对已有的值进行重新分配，既不会改变最大值，也不会改变最小值。因此，在没有源或汇存在时，c 的值永远也不会在初始值的范围之外，这被称为最大-最小属性。当存在源和汇项，并且在一个边界处存在密度超出初始范围的输运时，这种属性不再成立。

我们称具有最大-最小属性的数值格式为单调格式或保守单调格式①。而有界属性可以描述不产生新极值的物理解。如果 c 的开初在整个空间上都为正值，那么在不产生新极值的情况下，c 的值将一直为正，这是另一个称为"正值性"的属性。因此，单调格式一定为正，但反过来不一定成立。

6.2 平流的相对重要性：佩克莱数

前面的方程同时包含了平流项和扩散项，所以需要比较两者的相对重要性。在特定的情况下，到底是其中一项更重要，还是两者对浓度 c 有同样重要的影响？为解决此问题，我们还要利用尺度分析。引入长度尺度 L、速度尺度 U、扩散尺度 D 和浓度变化尺度 Δc，因此平流尺度为 $U\Delta c/L$，扩散尺度为 $D\Delta c/L^2$。接下来我们通过比较平流和扩散两者的尺度比来比较这两个过程：

$$\frac{\text{平流}}{\text{扩散}} = \frac{U\Delta c/L}{D\Delta c/L^2} = \frac{UL}{D}$$

这个比值是无量纲的，被称为佩克莱数②，用 Pe 表示：

$$Pe = \frac{UL}{D} \tag{6.6}$$

式中，U、L 及 D 分别代表水平 $(u, v, x, y, \mathcal{A})$ 或者垂直 (w, z, κ) 变量的尺度，但不能代表它们混合的尺度。由佩克莱数可以立即得到一条判据如下。

如果 $Pe \ll 1$（实际中，如果 $Pe < 0.1$），那么平流项是显著小于扩散项的，即扩散项在物理过程中占主导，平流项是可以忽略的。除了在流比较弱的方向上，扩散几乎是均匀的。如想简化问题，我们可以假定 u 为零，去掉平流项［式 (6.3) 中 $u\partial c/\partial x$ 项］。解的相对误差与佩克莱数同量级，Pe 越小，误差也越小。之前章节中所使用的方法都是基于这种简化，因此总是令 $Pe \ll 1$。

———————————

① 一些计算流体力学专家对这两个术语做了区分，但这超出了本书范围。

② 为纪念法国物理学家让·克劳德·尤金·佩克莱(Jean Claude Eugène Péclet, 1793—1857)，他曾撰写关于热传导的专著。

如果 $Pe \gg 1$（实际中，如果 $Pe > 10$），则情况相反：平流项显著大于扩散项。平流项在物理过程中占主导，而扩散项可以忽略。扩散很弱的情况下，物质的分布大部分是随着流动分散，并可能被流动改变。如果想对问题进行简化，我们可以认为 $\mathcal{A}$ 为零，去掉扩散项［式（6.3）中的 $\mathcal{A}\,\partial^2 c / \partial x^2$］。此时，解的相对误差是与佩克莱数的倒数（$1/Pe$）同量级的，$Pe$ 越大，误差越小。

6.3 平流显著的情况

当一个系统在某个方向上的平流十分显著时（根据此方向上的尺度 U、L 及 D 得到的 Pe 很大），这个方向上的扩散项是可以忽略的，但是其他方向的扩散不能忽略。例如，水平方向上平流显著并不对垂向扩散产生影响，这种情况经常在低层大气中发生。在这种情况下，控制方程为

$$\frac{\partial c}{\partial t} + u\frac{\partial c}{\partial x} + v\frac{\partial c}{\partial y} = \frac{\partial}{\partial z}\left(\kappa\frac{\partial c}{\partial z}\right) + S - Kc \tag{6.7}$$

因为扩散项（二阶导数）比平流项（一阶导数）高一阶，所以忽略扩散项会降低方程的阶数，也会减少一个在各自方向所需要的边界条件。域下游端的边界条件必须被舍弃，因为那里的浓度和通量是由上游的流动决定的。当平流很显著，但是较小的扩散项没有被忽略时会产生另一个问题。这种情况下，因为方程的阶数没有降低，所以在域下游强制施加边界条件，从而可能在局地出现浓度梯度。

为了研究这种情况，我们考虑一维、定常、无源和汇存在的情形，在 x 方向上速度和扩散为常数。方程为

$$u\frac{\mathrm{d}c}{\mathrm{d}x} = \mathcal{A}\frac{\mathrm{d}^2 c}{\mathrm{d}x^2} \tag{6.8}$$

一般解为

$$c(x) = C_0 + C_1 \mathrm{e}^{ux/\mathcal{A}} \tag{6.9}$$

对 $u > 0$，下游在域的右侧，解朝着右边界指数增长，也可以说是解随着离此边界距离增加而减小。换言之，在域下游端的边界处存在一个边界层，该边界层的 e 折减长度为 $\mathcal{A}/u$，在平流显著的情况下 e 折减长度会很小（u 值很大而 $\mathcal{A}$ 很小）。也就是说，佩克莱数是区域长度与边界层厚度的比值，佩克莱数越大，边界层所占的空间比例越小。我们为什么要关心这个问题呢？因为在一个数值模式中，很有可能发生边界层厚度小于网格尺度的情况。因此，检查佩克莱数与空间分辨率的关系非常重要。如果网格大小与系统长度尺度的比值与佩克莱数的倒数相当或者前者更大一些，那么该方向上的扩散必须忽略，或者如果出于某种原因必须保留扩散项时，对域下游端的边界条件的处理需要特别小心。

6.4　中心和迎风平流格式

在地球流体力学中，相比于扩散项，通常是平流项占主导，所以我们先考虑只有平流的情况，x 方向上示踪物浓度为 $c(x, t)$。我们的目标是数值求解下列方程：

$$\frac{\partial c}{\partial t} + u \frac{\partial c}{\partial x} = 0 \tag{6.10}$$

为了简便，我们进一步将速度 u 取为正的常数，所以平流会将 c 向 x 的正轴方向输运。方程的精确解为

$$c(x, t) = c_0(x - ut) \tag{6.11}$$

式中，$c_0(x)$ 是初始浓度分布（$t = 0$ 时刻）。

对一个网格单元（图 6.3）从点 $x_{i-1/2}$ 到点 $x_{i+1/2}$ 进行空间积分，会得到下列收支方程：

$$\frac{\mathrm{d} \bar{c}_i}{\mathrm{d} t} + \frac{q_{i+1/2} - q_{i-1/2}}{\Delta x} = 0, \quad q_{i-1/2} = uc \big|_{i-1/2} \tag{6.12}$$

该方程是有限体积法的基础，如式（3.33）所述。为了使系统闭合，我们需要将局地通量 q 与网格单元平均的浓度 $\bar{c}$ 联系起来。为了达到该目的，需要引入近似，因为我们不知道各个网格单元之间界面上 c 的真实值，只知道在每一个网格单元每一面上的平均值。可以使用下列数值差分格式来对通量进行插值：

$$\tilde{q}_{i-1/2} = u \left(\frac{\bar{c}_i + \bar{c}_{i-1}}{2} \right) \tag{6.13}$$

相当于假设界面上示踪物浓度等于周围网格单元的平均值。在进行时间离散之前，可以看到这种中心近似无论是对物质总量 $\sum_i \bar{c}_i$ 还是它的变化 $\sum_i (\bar{c}_i)^2$ 都是守恒的。将通量的近似代入到式（6.12）中，得到下列对单元平均的浓度的半离散方程：

$$\frac{\mathrm{d} \bar{c}_i}{\mathrm{d} t} = -u \frac{\bar{c}_{i+1} - \bar{c}_{i-1}}{2 \Delta x} \tag{6.14}$$

对指标 i 求和使右边成对的项抵消掉，仅剩下第一个和最后一个 $\bar{c}$ 的值，然后将方程乘以 c_i，再对整个区域求和，得到离散后的变化项随时间变化的方程如下：

$$\frac{\mathrm{d}}{\mathrm{d} t} \Big[\sum_i (\bar{c}_i)^2 \Big] = -\frac{u}{\Delta x} \sum_i \bar{c}_i \bar{c}_{i+1} + \frac{u}{\Delta x} \sum_i \bar{c}_i \bar{c}_{i-1}$$

式中，总和包括所有的网格单元。将最后一项的指标 i 换成 $i+1$，我们又可以看到很多项两两抵消，只保留第一个和最后一个网格点的贡献。因此，除了边界可能有贡献外，数值格式像原始方程一样，会保持总量及变化的守恒性。

然而，全部变量的守恒性只对半离散方程成立。当对时间项进行离散后，守恒性最终是无法成立的。过去的研究都没有清楚地说明守恒性是否对半离散化或者全离散

方程成立。然而区别还是很重要的：中心差分格式中，半离散解的变化是守恒的，但是简单的显式时间离散会导致方案无条件不稳定，所以变化也自然不守恒；相反，变化会迅速增加。只有当一个格式既满足稳定性条件又满足相容性条件时，才会得到满足式(6.12)的解，并保证变化的守恒性成立。

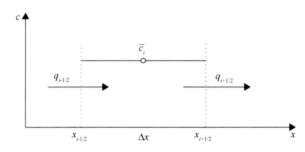

图 6.3　利用一维有限体积方法及网格单元之间界面上的通量来进行收支计算

我们可能想知道，既然在计算机上操作时，肯定需要使用空间和时间上都完全离散的数值方法，那么为何要强调半离散方程的守恒性呢？一个原因是某些特殊的时间离散格式在完全离散的情况下也是存在守恒性的。接下来我们会看到梯形时间离散就具有守恒性。

考虑更普遍的线性方程：

$$\frac{\mathrm{d}\,\tilde{c}_i}{\mathrm{d}t} + \mathcal{L}(\tilde{c}_i) = 0 \tag{6.15}$$

式中，$\mathcal{L}$ 为对离散场 $\tilde{c}_i$ 进行线性离散化的运算子，$\mathcal{L}(\tilde{c}_i) = u(\tilde{c}_{i+1} - \tilde{c}_{i-1})/(2\Delta x)$。假设指定运算子满足变化的守恒性，就需要在任何时间 t，对任何离散的场 $\tilde{c}_i$ 满足下列关系：

$$\sum_i \tilde{c}_i \mathcal{L}(\tilde{c}_i) = 0 \tag{6.16}$$

因为只有满足上述关系，根据式(6.15)及式(6.16)，$\sum_i \tilde{c}_i \mathrm{d}\,\tilde{c}_i/\mathrm{d}t$ 才会消失。对式(6.15)应用梯形时间离散得到

$$\frac{\tilde{c}_i^{n+1} - \tilde{c}_i^n}{\Delta t} = -\frac{\mathcal{L}(\tilde{c}_i^{n+1}) + \mathcal{L}(\tilde{c}_i^n)}{2} = -\frac{1}{2}\mathcal{L}(\tilde{c}_i^{n+1} + \tilde{c}_i^n) \tag{6.17}$$

式中，后一个等式是由运算子 $\mathcal{L}$ 线性化得来的。将此式乘上 $(\tilde{c}_i^{n+1} + \tilde{c}_i^n)$，然后对整个区域求和，得到

$$\sum_i \frac{(\tilde{c}_i^{n+1})^2 - (\tilde{c}_i^n)^2}{\Delta t} = -\frac{1}{2}\sum_i (\tilde{c}_i^{n+1} + \tilde{c}_i^n)\mathcal{L}(\tilde{c}_i^{n+1} + \tilde{c}_i^n) \tag{6.18}$$

根据式(6.16)，右边的项为零。因此当时间离散使用梯形格式时，所有对变化守恒的空间离散格式都将继续保持变化的守恒性。另外一个好处是，这样得到的格式是无条件稳定的。然而这并不意味着此格式就是完全让人满意的，数值练习 6.9 中对"顶帽"信号的平流会有所体现。此外，稳定性还有一个代价：如果运算子$\mathcal{L}$需要用到点 i 周围点的值，那么在系统每一个时间步上都需要解一系列联立的线性方程。

为了避免去解联立方程，必须使用别的时间差分方法。接下来我们在有限体积方法中使用蛙跳格式。对式(6.12)从时间步t^{n-1}到t^{n+1}进行时间积分，得到

$$\bar{c}_i^{\,n+1} = \bar{c}_i^{\,n-1} - 2\frac{\Delta t}{\Delta x}(\hat{q}_{i+1/2} - \hat{q}_{i-1/2}) \tag{6.19}$$

式中，$\hat{q}_{i-1/2}$是在时间t^{n-1}到t^{n+1}之间，穿过第 $i-1$ 个和第 i 个单元之间界面的时间平均的平流通量 uc。利用中心运算，可以得到通量约为

$$\hat{q}_{i-1/2} = \frac{1}{2\Delta t}\int_{t^{n-1}}^{t^{n+1}} uc\big|_{i-1/2}\,\mathrm{d}t \rightarrow \hat{q}_{i-1/2} = u\left(\frac{\tilde{c}_i^{\,n} + \tilde{c}_{i-1}^{\,n}}{2}\right) \tag{6.20}$$

所以最终的格式如下：

$$\tilde{c}_i^{\,n+1} = \tilde{c}_i^{\,n-1} - C(\tilde{c}_{i+1}^{\,n} - \tilde{c}_{i-1}^{\,n}) \tag{6.21}$$

式中，系数 C 定义为

$$C = \frac{u\Delta t}{\Delta x} \tag{6.22}$$

同样的离散方案可以通过对式(6.10)进行直接有限差分来得到。

参数 C 是一个无量纲的比值，是对平流问题进行数值离散的关键，称为柯朗数或者柯朗-弗里德里希斯-列维数（Courant-Friedrichs-Lewy Parameter，CFL 数）（Courant et al.,1928）。它比较了流体在一个时间步长内的位移 $u\Delta t$ 和网格大小 Δx。更一般地说，涉及传播速度(如波速)的过程的柯朗数定义为一个时间步长内的传播距离与波速之比。

为了利用式(6.21)，需要两个初始条件，一个是具有物理意义的，一个是人为引入的，后者必须与前者一致。通常，从单独的初始条件$\tilde{c}_i^{\,0}$开始可以使用显式欧拉起步：

$$\tilde{c}_i^{\,1} = \tilde{c}_i^{\,0} - \frac{C}{2}(\tilde{c}_{i+1}^{\,0} + \tilde{c}_{i-1}^{\,0}) \tag{6.23}$$

在考虑边界条件时，我们首先可以看到式(6.10)的精确解遵循下列简单定律：

$$c(x - ut) = 常数 \tag{6.24}$$

由于这一性质，在 $x-ut=a$ 的等值线某处的 c 值称为特征值，决定了这条等值线上各处的 c 值。从图 6.4 中容易看出，为了得到区域内的唯一解，必须在域上游端的边界提供边界条件，而在流出的边界不需要边界条件。但是空间中心差分需要两边边界的$\tilde{c}$

值。当讨论人为边界条件时(4.7 节)，我们认为只要提供的边界条件与数学上准确的边界条件一致即可。但是既然在流出的边界处没有相应的物理边界条件，那么此处人为设置的边界条件应满足什么要求呢？在实际应用中，流出边界的最后一个计算点 $i = m$ 处，运用的是单侧空间差分格式，所以它的值应该与局地变化方程一致：

$$\tilde{c}_m^{\,n+1} = \tilde{c}_m^{\,n} - C(\tilde{c}_m^{\,n} - \tilde{c}_{m-1}^{\,n}) \tag{6.25}$$

这提供了最后一个网格单元所需要的值。

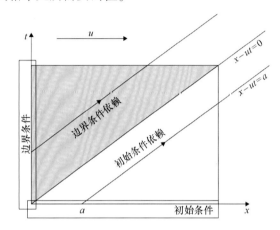

图 6.4　特征线 $x - ut = a$ 将初始条件或边界条件的信息传到区域内部。如果边界在 $x = 0$ 处，初始条件在 $t = 0$ 时刻给定，那么线 $x = ut$ 将整个时空区域分成两部分：当 $x \leqslant ut$ 时，边界条件决定了解；当 $x \geqslant ut$ 时，初始条件决定了解

对于入流条件，由物理边界条件施加，算式(6.21)从 $n = 1$ 开始，随着时间计算点 $i = 2, \cdots, m-1$。除了在初始条件和出流边界附近，我们有足够的信息去数值求解空间和时间上都有二阶精度的解。为了避免使用此方法时出现坏的意外情况，建议进行稳定性分析。

为了简便，我们使用写成傅里叶函数形式[式(5.31)]的冯·诺伊曼方法

$$\tilde{c}_i^{\,n} = A \mathrm{e}^{\mathrm{i}(k_x i \Delta x - \tilde{\omega} n \Delta t)} \tag{6.26}$$

式中，频率 $\tilde{\omega}$ 可能为复数。代入差分方程式(6.21)中可以得到数值频散关系

$$\sin(\tilde{\omega} \Delta t) = C \sin(k_x \Delta x) \tag{6.27}$$

如果 $|C| > 1$，方程对应 $4\Delta x$ 的波动有复数解 $\tilde{\omega} = \tilde{\omega}_r + \mathrm{i}\tilde{\omega}_i$，其中 $\tilde{\omega}_r \Delta t = \pi/2$

$$\sin(\tilde{\omega}_r \Delta t + \mathrm{i}\tilde{\omega}_i \Delta t) = \cosh(\tilde{\omega}_i \Delta t) = C \tag{6.28}$$

$\tilde{\omega}_i$ 有符号相反的两个实数解，其中一个对应着不断增长的振幅，所以相应的差分格式是不稳定的。

对 $|C| \leqslant 1$，频散关系式(6.27)有两个实数解 $\tilde{\omega}$，格式是稳定的。因此，数值稳定性要求满足 $|C| \leqslant 1$ 的条件。

在稳定的情况下，数值频率 $\tilde{\omega}$ 可以与写成离散参数化形式的精确解进行比较

$$\omega = uk_x \rightarrow \omega \Delta t = Ck_x \Delta x \qquad (6.29)$$

很明显，当 $k_x \Delta x \rightarrow 0$，并且 $\Delta t \rightarrow 0$ 时，数值关系式(6.27)与精确关系式(6.29)一致。但是，如果 $\tilde{\omega}$ 是式(6.27)的解，那么 $\pi/\Delta t - \tilde{\omega}$ 也将是解。所以数值解由物理模态 $\exp[\mathrm{i}(k_x i \Delta x - \tilde{\omega} n \Delta t)]$ 和数值模态叠加组成，可以表示为

$$\tilde{c}_i^{\,n} = A \mathrm{e}^{\mathrm{i}(k_x i \Delta x + \tilde{\omega} n \Delta t)} \mathrm{e}^{\mathrm{i}n\pi} \qquad (6.30)$$

由于 $\mathrm{e}^{\mathrm{i}n\pi} = (-1)^n$，所以无论时间步长多小或者空间分辨率多高，解都随着时间翻转。数值解的第二部分被称为虚假模或者计算模，会向上游传播，这可以从频率前面的符号变化看出。对这里讨论的线性情况来说，这种虚假模可以通过进行细致的初始化来进行控制(参见数值练习 6.2)。但是在非线性方程中，在对初始条件和边界条件进行了仔细设置后，这种虚假模仍然可能产生。这种情况下，就可能需要进行时间滤波(参见10.6 节)来消除虚假模，即使这种虚假模态满足 $|C| \leqslant 1$ 的稳定条件。

因此，蛙跳格式是条件稳定的。Courant 等(1928)对稳定性条件 $|C| \leqslant 1$ 进行了详细的物理解释。解释是基于这样的事实，算式(6.21)定义了一个相互依赖的区域式：计算点 i 在时刻 n 的值(图 6.5 中灰色锥形顶部的点)涉及相邻点 $i \pm 1$ 在时刻 $n-1$ 及点 i 在时刻 $n-2$ 的值，而这些值又会依赖它们相邻的点在过去时刻的值，所以对点 i 在时刻 t 的值有影响的点呈一种网络形式，这个网络就是数值依赖的范围。但是在物理上，根据式(6.24)，点 i 在时刻 n 的解仅仅是由特征线 $x - ut = x_i - ut^n$ 决定的。所以如果这条等值线不在依赖区域的范围内，试图从不相关的值中求得想要点的值，就会出现错误。数值不稳定是这种不合理方法的结果。因此就要求经过点(i, n)的特征线必须在数值依赖的范围之内。

除了我们不想要的虚假模态，蛙跳格式有很多非常好的特征，因为它满足稳定性条件 $|C| \leqslant 1$，对充分小的时间步长都能保持守恒性，并且对良好分辨的空间尺度能得到准确的频散关系。但是，这样就能保证得到合理的解吗？一个对平流格式的标准检验方法是"顶帽"信号变换。在这种情况下，利用式(6.21)可以得到图 6.6 所示的结果，结果有些令人失望。这种奇怪的现象可以解释为：就傅里叶模态而言，解是由一系列不同波长的正弦/余弦函数构成的，每一个模态由于不同的频散关系(6.27)，各自以其速度推进，所以随着时间的推移，信号波形就频散开来。这也可以用来解释为什么负值和超过初始最大值的解不具有物理意义。这种格式不具有单调性，会产生新的极值。

蛙跳格式存在问题的原因是显而易见的：实际上，积分应该是仅仅使用域上游端

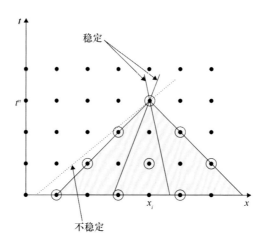

图 6.5　蛙跳格式(在灰色区)中计算点(i, n)的值所依赖点(带圈圆点)的范围。这种网络是通过依次向前追溯有影响的格点来构建的。物理解仅由特征线上的值决定，如果物理特征值在数值依赖的范围内(如其中一条实线)，那么这个值就可以通过计算得到；相反，如果物理特征值在依赖范围之外(如虚线)，说明数值格式需要与平流过程无关的物理信息，就会出现数值不稳定的错误。蛙跳格式根据这种类似棋盘的形式把网格点分为两类(带圈和不带圈的圆点)。除非经过平滑，否则有可能会产生两套数值上相互独立的解

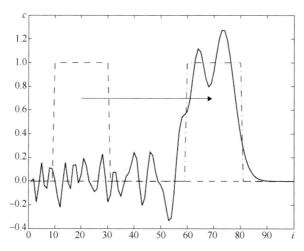

图 6.6　蛙跳格式($C = 0.5$)应用于"顶帽"信号的平流，为计算 100 个时间步后的结果。精确解仅仅是从初始位置(左侧虚线曲线)向后平移 50 个网格点(右侧虚线曲线)。数值方法生成的解与精确解大致相似，且在正确值附近变化

的信息，但是蛙跳格式使用的是中心平均，忽视了信息来源。换句话讲，它忽视了平流的物理偏向。

为了纠正这种情况，我们现在要考虑平流的方向信息，引入所谓的"迎风"或者"供体单元"格式。我们选择一个具有单一时间步长 Δt 的简单欧拉格式，通量是对这一时间步长上的积分。这种格式的实质是仅仅依赖流来的地方（供体单元）的信息，通过计算穿过网格边界的平均值来计算入流。对正的速度，从时间 t^n 积分到时间 t^{n+1}，我们得到

$$\bar{c}_i^{\,n+1} = \bar{c}_i^{\,n} - \frac{\Delta t}{\Delta x}(\hat{q}_{i+1/2} - \hat{q}_{i-1/2}) \tag{6.31}$$

式中，

$$\hat{q}_{i-1/2} = \frac{1}{\Delta t}\int_{t^n}^{t^{n+1}} q_{i-1/2}\mathrm{d}t \simeq u\,\tilde{c}_{i-1}^{\,n} \tag{6.32}$$

因此，这种格式是

$$\tilde{c}_i^{\,n+1} = \tilde{c}_i^{\,n} - C(\tilde{c}_i^{\,n} - \tilde{c}_{i-1}^{\,n}) \tag{6.33}$$

有意思的是，我们可以从算法[式（6.33）]或者数值依赖区域（图6.7）看到，这种格式不要求人为的边界条件或者特殊的初始化条件。柯朗-弗里德里希斯-列维（CFL）条件 $0 \leqslant C \leqslant 1$ 已经满足稳定性的必要条件。

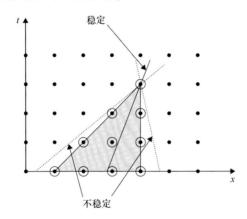

图 6.7　迎风格式的依赖区域。如果特征值在依赖区域范围之外（虚线），就会出现不具有物理意义的数值不稳定性。CFL稳定性的必要条件要求 $0 \leqslant C \leqslant 1$，这样特征值才会在依赖区域内（实线）。一个初始条件以及一个上游边界条件就足够得到数值解

格式的稳定性可以利用冯·诺伊曼方法来分析，但是由于这种格式的简单属性，可以用另一种称为"能量法"的方法来分析。能量法是考虑 $\tilde{c}$ 的平方和，来看此平方和随着时间变化是否有界，为稳定性提供充分条件。我们从式（6.33）开始，对它求平方，然后求整个区域的和：

$$\sum_i (\tilde{c}_i^{\,n+1})^2 = \sum_i (1-C)^2(\tilde{c}_i^{\,n})^2 + \sum_i 2C(1-C)\,\tilde{c}_i^{\,n}\tilde{c}_{i-1}^{\,n} + \sum_i C^2(\tilde{c}_{i-1}^{\,n})^2 \tag{6.34}$$

方程右边的第一项和最后一项可以通过移动最后一个和当中的指标 i，并且调用周期性边界条件，来合并成一项，得到

$$\sum_i (\tilde{c}_i^{n+1})^2 = \sum_i [(1-C)^2 + C^2](\tilde{c}_i^n)^2 + \sum_i 2C(1-C)\tilde{c}_i^n \tilde{c}_{i-1}^n \qquad (6.35)$$

可以看到，利用下列不等式，可知最后一项是有上界的：

$$0 \leqslant \sum_i (\tilde{c}_i^n - \tilde{c}_{i-1}^n)^2 = 2\sum_i (\tilde{c}_i^n)^2 - 2\sum_i \tilde{c}_i^n \tilde{c}_{i-1}^n \qquad (6.36)$$

式(6.36)可以再利用周期条件来证明。如果 $C(1-C)>0$，式(6.35)中的最后一项可以用式(6.36)的上边界代替，得到

$$\sum_i (\tilde{c}_i^{n+1})^2 \leqslant \sum_i (\tilde{c}_i^n)^2 \qquad (6.37)$$

因为解的范数不随时间增长，所以该格式是稳定的。虽然这种方法与物理能量无关，但由于它的二次形式与动能类似，所以称为能量法。证明二次形式随着时间守恒或者有界的方法与证明一个物理系统能量守恒的能量收支分析方法类似。

能量法仅是充分的稳定性条件，因为证明过程中的上边界条件不一定满足。但在现在这种情形下，充分的稳定性条件与必要的 CFL 条件是一致的，所以条件 $0 \leqslant C \leqslant 1$ 既是保证迎风格式稳定的充分条件也是必要条件。

在"顶帽"问题中检验迎风格式(图6.8)，我们可以看到，与蛙跳格式不同，迎风格式不会产生新的极大值或者极小值，但是会通过减小梯度造成分布扩散。通过检验式(6.33)，我们会发现这种格式是单调的：点 i 的新值是利用点 i 和 $i-1$ 之前时间步得到的值经过线性插值得到的，所以只要满足条件 $0 \leqslant C \leqslant 1$，新的值就不会在之前值的范围之外。

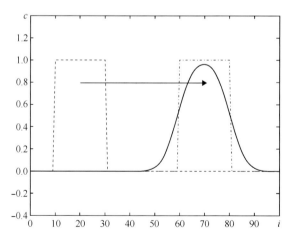

图6.8 迎风格式($C=0.5$)应用于"顶帽"信号的平流，为计算100个时间步后的结果。理想状态下，信号应该在经过50个网格点的传递后仍保持形状不变，但是特征解有一些扩散，梯度有所减小

扩散性可以通过分析与式(6.33)相关的方程来解释。将离散解在式(6.33)中点(i, n)附近进行泰勒展开，可以得到数值格式真正对应的方程：

$$\frac{\partial \tilde{c}}{\partial t} + \frac{\Delta t}{2} \frac{\partial^2 \tilde{c}}{\partial t^2} + \mathcal{O}(\Delta t^2) + u\left(\frac{\partial \tilde{c}}{\partial x} - \frac{\Delta x}{2} \frac{\partial^2 \tilde{c}}{\partial x^2} + \mathcal{O}(\Delta x^2)\right) = 0 \tag{6.38}$$

因为使用了单向有限差分，所以格式是一阶的。为了对方程进行物理解释，第二项时间导数应该用空间导数来代替。利用简化后方程中关于t的项可以得到一个关于我们想消去的第二项时间导数的方程，但是会涉及交叉导数①。这个交叉导数可以通过对关于x的简化方程求导得到。经过一些代数运算，最终会得到

$$\frac{\partial^2 \tilde{c}}{\partial t^2} = u^2 \frac{\partial^2 \tilde{c}}{\partial x^2} + \mathcal{O}(\Delta t, \Delta x^2)$$

将上式代入式(6.38)可以得到下列方程：

$$\frac{\partial \tilde{c}}{\partial t} + u \frac{\partial \tilde{c}}{\partial x} = \frac{u \Delta x}{2}(1 - C) \frac{\partial^2 \tilde{c}}{\partial x^2} + \mathcal{O}(\Delta t^2, \Delta x^2) \tag{6.39}$$

上述方程即为迎风格式真正求解的方程。

因为$\mathcal{O}(\Delta t^2, \Delta x^2)$，所以数值格式解的是一个平流-扩散方程而不是单纯的平流方程，扩散项为$(1-C)u\Delta x/2$。显然，这是一种虚假的扩散或者叫数值扩散，从图6.8可以看出。为了确定这种虚假的扩散是否可以接受，我们必须将其与真实的物理扩散进行对比。对于扩散系数A，数值扩散与物理扩散的比为$(1-C)u\Delta x/(2A)$。因为数值扩散等于或者超过物理扩散会造成偏差(参见4.8节中的误差分析：离散误差不应该比模式误差大)，所以为了使迎风格式有效，格点佩克莱数$U\Delta x/A$不能超过$\mathcal{O}(1)$的量级。

当不存在物理扩散时，我们必须要求数值扩散项与物理平流项相比很小，这个条件与另一个格点佩克莱数相关：

$$\widetilde{Pe} = \frac{UL}{U\Delta x(1 - C)/2} \sim \frac{L}{\Delta x} \gg 1 \tag{6.40}$$

其中，L代表任何一个能够分辨的解分量的长度尺度。即使对地球流体力学中能很好分辨的信号，这个与数值扩散相关的佩克莱数往往也不够大，所以数值扩散是迎风格式中一个很麻烦的问题。

格式中引入了虚假的扩散是一个既有趣又让人头疼的问题，现在的问题是找出它的源头来减小它。迎风格式与中心差分格式有所不同，中心差分具有对称性，是二阶

①　注意使用原始方程，物理解为$\partial^2 c/\partial t^2 = u^2 \partial^2 c/\partial x^2$，这有时被用作一种从调整后的方程消去第二项时间导数的捷径。然而这实际上是错误的，因为$\tilde{c}$无法求解原始方程。在实际运用中，这种捷径可以修正首项截断误差，但不能确保重要的项被忽略。

的，而迎风格式只使用域上游端的信息，即"供体单元"的信息，并且是一阶的。因此数值扩散一定是由通量计算得到的而非对称性引起的。为了减小数值扩散，我们必须考虑界面两边的 $\tilde{c}$ 值来计算通量，因此需要一种二阶精度的格式。

拉克斯-温德罗夫格式(Lax-Wendroff Scheme)满足上述要求，它对水体界面通量的计算是通过假设单元内的函数不是常数而是线性变化来进行的：

$$\tilde{q}_{i-1/2} = u\left[\frac{\tilde{c}_i^n + \tilde{c}_{i-1}^n}{2} - \frac{C}{2}(\tilde{c}_i^n - \tilde{c}_{i-1}^n)\right]$$

$$= u\tilde{c}_{i-1}^n + \underbrace{(1-C)\frac{u\Delta x}{2}\frac{\tilde{c}_i^n - \tilde{c}_{i-1}^n}{\Delta x}}_{\simeq (1-C)\frac{u\Delta x}{2}\frac{\partial \tilde{c}}{\partial x}} \tag{6.41}$$

其中最后一项，除了迎风的通量 $u\tilde{c}_{i-1}^n$，剩余部分被指定与数值扩散相反。将此通量代入有限体积格式中可以得到下列格式：

$$\tilde{c}_i^{n+1} = \tilde{c}_i^n - C(\tilde{c}_i^n - \tilde{c}_{i-1}^n) - \frac{\Delta t}{\Delta x^2}(1-C)\frac{u\Delta x}{2}(\tilde{c}_{i+1}^n - 2\tilde{c}_i^n + \tilde{c}_{i-1}^n) \tag{6.42}$$

与迎风格式相比，上述格式多出了一个抗耗散项，该项的系数可抵消迎风格式中的数值扩散。利用这种高阶方法得到的解，其总体误差会减小，但是会出现弥散(图6.9)。这是由于我们在消除与二阶空间导数成比例的截断误差(一个与扩散相关的偶数导数)时引入了一个与三阶空间导数成比例的截断误差(一个与弥散相关的奇数导数)。

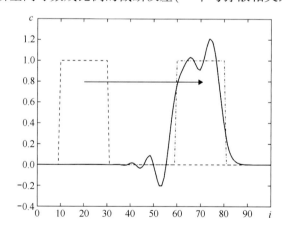

图6.9 二阶拉克斯-温德罗夫格式($C=0.5$)应用于"顶帽"信号的平流，
为计算100个时间步后的结果，发生了弥散和非单调现象

同样的弥散行为在比姆-沃明格式(Beam-Warming scheme)中也会发生，该格式中抗耗散项转换成迎风格式，所以界面处的梯度可以预期为

$$\tilde{q}_{i-1/2} = u\,\tilde{c}_{i-1}^{n} + (1 - C)\,\frac{u}{2}(\tilde{c}_{i-1}^{n} - \tilde{c}_{i-2}^{n}) \tag{6.43}$$

该格式仍是二阶的，因为修正项仅向上游移动 Δx。这种预期进入梯度的作用会增强格式的稳定性但是不会消除弥散性（参见数值练习6.8）。

我们可以构建其他利用更多网格点的方法来得到通量的高阶积分，用隐式格式来增强稳定性，用预估校正法或者组合使用这些方法。这里，我们仅仅列出其中一些方法，感兴趣的读者请参考更具体的文献（Chung，2002；Durran，1999）。

一个经常使用的预估校正法是二阶的麦科马克格式（MacCormack scheme）：预估项使用前向空间差分（抗耗散），

$$\tilde{c}_{i}^{*} = \tilde{c}_{i}^{n} - C(\tilde{c}_{i+1}^{n} - \tilde{c}_{i}^{n}) \tag{6.44}$$

校正项采用预估区域的后向空间差分（扩散）：

$$\tilde{c}_{i}^{n+1} = \tilde{c}_{i}^{n+1/2} - \frac{C}{2}(\tilde{c}_{i}^{*} - \tilde{c}_{i-1}^{*}),\ \text{其中}, \ \tilde{c}_{i}^{n+1/2} = \frac{\tilde{c}_{i}^{*} + \tilde{c}_{i}^{n}}{2} \tag{6.45}$$

消除开始校正步的中间值 $\tilde{c}_{i}^{n+1/2}$ 会产生一个扩展的校正步：

$$\tilde{c}_{i}^{n+1} = \frac{1}{2}\big[\tilde{c}_{i}^{n} + \tilde{c}_{i}^{*} - C(\tilde{c}_{i}^{*} - \tilde{c}_{i-1}^{*})\big] \tag{6.46}$$

仍然假设 $u>0$。将预估步代入校正步，我们可以发现麦科马克格式在线性问题中与拉克斯–温德罗夫格式一样，但是在非线性问题中可能不同。

隐式格式可以处理空间中心差分问题，通量估计形式为

$$\tilde{q}_{i-1/2} = \alpha u\,\frac{\tilde{c}_{i}^{n+1} + \tilde{c}_{i-1}^{n+1}}{2} + (1 - \alpha)\,u\,\frac{\tilde{c}_{i}^{n} + \tilde{c}_{i-1}^{n}}{2} \tag{6.47}$$

当 $\alpha = 1$ 时，格式为全隐格式，而当 $\alpha = 1/2$ 时，格式为半隐格式或者梯形格式［也称为克兰克–尼科尔森格式（Crank–Nicolson scheme）］。后者是无条件稳定的［参见变化守恒和梯形格式式(6.17)］。这种无条件稳定要求每一步都解一个线性代数系统。至于扩散问题，系统在一维情况下是三对角形式的，在更高维数下会更复杂一些。隐式格式的优点是当 C 偶尔在某个维度上超过1时，格式仍然是稳定的①。但是需要注意的是，如果柯朗数太大，那么准确性也会降低。

前述所有格式都可以进行线性组合，只要满足每个格式的权重之和为1的一致性要求。举个例子，可以用低阶格式 $\tilde{q}_{i-1/2}^{\mathrm{L}}$ 和高阶格式 $\tilde{q}_{i-1/2}^{\mathrm{H}}$ 的平均值求通量：

$$\tilde{q}_{i-1/2} = (1 - \varPhi)\,\tilde{q}_{i-1/2}^{\mathrm{L}} + \varPhi\,\tilde{q}_{i-1/2}^{\mathrm{H}}$$

---

① 通常情况下，垂直柯朗数可能变化很大，致使很难确保局地垂直柯朗数小于1。特别在模式具有不均匀网格间距以及垂直速度较弱时，应谨慎使用垂直方向的隐式格式，仅极少数情况除外。

式中，权重值 $\Phi(0 \leqslant \Phi \leqslant 1)$ 可以来平衡我们不想看到的低阶格式中的数值扩散和高阶格式中的数值弥散及非单调性。

所有这些方法都能得到准确解，但是除了迎风格式，其他的格式都不能保证单调性。这个让人失望的事实已经被 Godunov(1959)关于离散平流方程的定理解释过："一个单调一致的线性数值格式最多是一阶准确的"。

因此，当不允许过冲或下冲时，迎风格式是唯一的选择。为了避免戈杜诺夫(Godunov)定理，先进的平流格式依据解的形式来对离散的线性性质进行松弛，在局地调整参数 Φ。定义在局地可调整 Φ 的函数称为"限制器"。这种方法可以识别大的梯度(锋面)。因其高深的属性，所以我们在 15.7 节再进行详细介绍。一个称为全变差下降(total variation diminishing, TVD)的非线性格式的例子已经在分析多维空间平流格式的计算机代码中提供。

6.5 有源和汇的平流−扩散

在已经分别考虑了平流格式(本章)、扩散格式(第 5 章)和有任意的强迫项的时间离散格式(第 2 章)后，我们现在可以将它们组合起来处理一般的既有源又有汇的平流−扩散方程了。对于线性的汇，待离散的一维方程为

$$\frac{\partial c}{\partial t} + u\,\frac{\partial c}{\partial x} = -K\,c + \frac{\partial}{\partial x}\left(\mathcal{A}\frac{\partial c}{\partial x}\right) \tag{6.48}$$

因为对每一个单独的过程我们都已经有了多种离散格式，将它们以不同形式组合起来，会得到更多的可能格式，我们无法一一展示。在这里我们只展示一个简单的例子，来说明进行格式组合时不能忽略的两点：组合后格式的特征不是每个格式特征的简单叠加；另外，组合后格式的稳定性条件也不是单一格式中要求最严格的那个稳定性条件。

为了证明前一个说法，我们考虑式(6.48)没有扩散的情况($\mathcal{A}=0$)，应用二阶拉克斯−温德罗夫平流格式，对衰减项使用二阶梯形格式。在对一些项进行变形后，离散方程如下：

$$\tilde{c}_i^{\,n+1} = \tilde{c}_i^{\,n} - \frac{B}{2}\left(\tilde{c}_i^{\,n} - \tilde{c}_i^{\,n+1}\right) - \frac{C}{2}\left(\tilde{c}_{i+1}^{\,n} + \tilde{c}_{i-1}^{\,n}\right) + \frac{C^2}{2}\left(\tilde{c}_{i+1}^{\,n} - 2\tilde{c}_i^{\,n} + \tilde{c}_{i-1}^{\,n}\right) \tag{6.49}$$

式中，$B = K\Delta t$；$C = u\Delta t/\Delta x$。该格式实际上求解的是下列方程：

$$\frac{\partial \tilde{c}}{\partial t} + u\,\frac{\partial \tilde{c}}{\partial x} + K\tilde{c} = -\frac{\Delta t}{2}\frac{\partial^2 \tilde{c}}{\partial t^2} - K\frac{\Delta t}{2}\frac{\partial \tilde{c}}{\partial t} + \frac{u^2\Delta t}{2}\frac{\partial^2 \tilde{c}}{\partial x^2} + \mathcal{O}(\Delta t^2,\ \Delta x^2)$$

$$= -\frac{uK\Delta t}{2}\frac{\partial \tilde{c}}{\partial x} + \mathcal{O}(\Delta t^2,\ \Delta x^2) \tag{6.50}$$

其中，最后一个等式是通过与得到式(6.39)类似的步骤得到的。除了 $K=0$ 或者 $u=0$，我

们要使用二阶拉克斯–温德罗夫或者二阶梯形格式的情况，其余情况下右边的第一项是无法去掉的。因此，在混合的平流–衰减情况中，本来预期的二阶格式退化成了一阶格式。

为了说明第二个关于稳定性的陈述，我们将二阶拉克斯–温德罗夫平流格式（稳定性条件为 $|C| \leqslant 1$）与显式欧拉格式（稳定性条件为 $0 \leqslant D \leqslant 1/2$）以及对速率为 K 的汇项的显式格式（稳定性条件为 $B \leqslant 2$）相结合。对某些项进行变换后，得到的离散格式如下：

$$\tilde{c}_i^{n+1} = \tilde{c}_i^n - B \tilde{c}_i^n - \frac{C}{2}(\tilde{c}_{i+1}^n - \tilde{c}_{i-1}^n) + \left(D + \frac{C^2}{2}\right)(\tilde{c}_{i+1}^n - 2\tilde{c}_i^n + \tilde{c}_{i-1}^n) \qquad (6.51)$$

式中，$D = \mathcal{A}\Delta t/\Delta x^2$。应用冯·诺伊曼稳定性分析会得到下列的放大因子：

$$\varrho = 1 - B - 4\left(D + \frac{C^2}{2}\right)\sin^2\theta - \mathrm{i}2C \sin\theta \cos\theta \qquad (6.52)$$

其中，$\theta = k_x \Delta x/2$，所以有

$$|\varrho|^2 = \left[1 - B - 4\left(D + \frac{C^2}{2}\right)\xi\right]^2 + 4C^2\xi(1 - \xi) \qquad (6.53)$$

式中，$0 \leqslant \xi = \sin^2\theta \leqslant 1$。当 $\xi \simeq 0$ 时（长波），我们得到稳定性的必要条件为 $B \leqslant 2$，对应着仅考虑汇项的稳定性条件。当 $\xi \simeq 1$ 时（短波），我们会得到要求更高的稳定性的必要条件：

$$B + 2C^2 + 4D \leqslant 2 \qquad (6.54)$$

我们可以证明第二个条件同样也是充分条件（数值练习 6.13），这说明混合格式的稳定性条件比每个单独格式的稳定性条件更严格。只有当两个过程可以忽略时，稳定性条件才会与单个剩余过程的稳定性条件相同。这看起来合乎情理，但有些情况下也并不成立。在某些情况下，即使加入一个无穷小的稳定过程也可能会造成在时间变化中不连续的衰减（Beckers et al.，1993）。

在其他情况下，加入一个过程可能会使一个无条件不稳定的格式稳定（数值练习 6.14）。因此，理论上讲，不能分开考虑每一部分格式的稳定性条件，而需要进行整体考虑。但是在实际中，如果整个格式太复杂，分析起来有困难的话，就把各个子格式分离开来（若只包括几个过程），希望完整的格式所要求的时间步长不会比每个子格式中最严格的稳定性条件所要求的时间步长短太多。

稳定性是对任何一个格式而言都非常重要的特征，至少对示踪物的单调性来说是这样的。如果我们假设格式为显式的、线性的，包括域上游端的 p 个格点、域下游端的 q 个格点（共有 $p+q+1$ 个点），可以被写成下列一般格式：

$$\tilde{c}_i^{n+1} = a_{-p} \tilde{c}_{i-p}^n + \cdots + a_{-1} \tilde{c}_{i-1}^n + a_0 \tilde{c}_i^n + a_1 \tilde{c}_{i+1}^n + \cdots + a_q \tilde{c}_{i+q}^n \qquad (6.55)$$

为了与式（6.48）一致，我们必须至少保证 $a_{-p}+\cdots+a_{-1}+a_0+a_1+\cdots+a_q = 1-B$，否则即使空

间均匀的场也不能准确地表示。

如果有系数 a_k 为负值，那么格式将不会是单调的。事实上，如果函数在点 $i+k$ 是正的，在其他各处为零，那么它的值 $\tilde{c}_i^{n+1}$ 将会是负的。但是，如果所有的系数都是正值，很明显所有权重的和将是小于1的正值，因为等于 $1-B$。因此格式在插值的同时也起到减缓变化的作用，与物理衰减一致，并且由于衰减不会产生新的极值，我们可以得到结论：正的系数可以保证任何情况下的单调性。对于式(6.51)的例子，要求 $B+C^2+2D$ ≤ 1 及 $C \leq C^2+2D$。前一个条件比稳定性要求式(6.54)限制更多一些，而后一个条件对格点佩克莱数有所限制：

$$Pe_{\Delta x} = \frac{u\Delta x}{\mathcal{A}} = \frac{C}{D} \leqslant \frac{u^2\Delta t}{\mathcal{A}} + 2 \tag{6.56}$$

对短的时间步长，要求格点佩克莱数最大为2。这不是稳定性条件，而是单调性的必要条件。

现在用一个物理问题来测试格式。因为是二阶导数，我们在域上游端和域下游端都要施加边界条件，为了简便，在这些地方，要求 $\tilde{c} = 1$。接着我们从零时刻初始状态开始迭代，直到格式收敛到保持不变的解。这个解(图6.10)显示因为弱的扩散，在域下游端有一个边界层存在，与6.3节中所讨论的一致。对于弱的扩散，格点佩克莱数 $Pe_{\Delta x}$ 太大，违背了式(6.56)，虽然解仍是稳定的，但是会出现下冲的情况。所以我们可以得出结论，除了参数 B、C 和 D 控制稳定性，格点佩克莱数 C/D 则控制单调性。

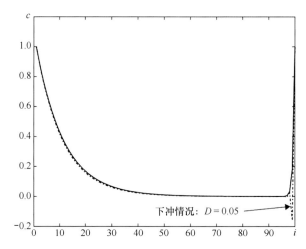

图6.10 用式(6.51)进行的模拟，在收敛到保持不变的解之后(实线)，$B=0.05$，$C=0.5$，
$D=0.25$。当扩散越来越小，格式最终无法充分模拟出流的边界层时，出现下冲的情况
（$D=0.05$，点虚线），这对应着数值格式中的某个参数已经变为负值。
程序 advdiffsource.m 可以用来检验其他参数的组合

6.6　多维方法

除了一维问题中已经遇到的各种组合，多维问题中会有更多的选择和不同的方法。这里，我们主要介绍二维平流问题，因为三维问题中在本质上不会有更多的复杂性。

有限体积方法很容易可以扩展到二维网格单元，通量与界面垂直（图 6.11）：

$$\frac{\tilde{c}_{i,j}^{n+1} - \tilde{c}_{i,j}^{n}}{\Delta t} + \frac{\tilde{q}_{x,\,i+1/2,\,j} - \tilde{q}_{x,\,i-1/2,\,j}}{\Delta x} + \frac{\tilde{q}_{y,\,i,\,j+1/2} - \tilde{q}_{y,\,i,\,j-1/2}}{\Delta y} = 0 \qquad (6.57)$$

式中，$\tilde{q}_{x,i\pm1/2,j}$、$\tilde{q}_{y,i,j\pm1/2}$ 分别为实际的通量 uc 和 vc 的估计值。

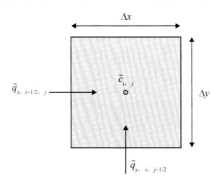

图 6.11　界面处有通量的二维有限体积单元。单元内的收支参与一个
时间步长内流入和流出通量的平衡

对任意通量的计算，至少我们要求它能够准确代表一个均匀的示踪场 C，所有对一维通量的计算都是如此而且理应如此。当将式（6.57）应用到均匀的密度场 $\tilde{c} = C$ 的情形下，我们可以得到

$$\frac{\tilde{c}_{i,j}^{n+1} - C}{\Delta t} + \frac{\tilde{u}_{i+1/2,\,j} - \tilde{u}_{i-1/2,\,j}}{\Delta x} C + \frac{\tilde{v}_{i,\,j+1/2} - \tilde{v}_{i,\,j-1/2}}{\Delta y} C = 0$$

如果离散的速度场满足下列条件，那么只能得到在下一个时间步上 $\tilde{c}^{n+1} = C$：

$$\frac{\tilde{u}_{i+1/2,\,j} - \tilde{u}_{i-1/2,\,j}}{\Delta x} + \frac{\tilde{v}_{i,\,j+1/2} - \tilde{v}_{i,\,j-1/2}}{\Delta y} = 0 \qquad (6.58)$$

因为这个要求很明显是 $\partial u/\partial x + \partial v/\partial y = 0$，即连续方程式（4.21d）的二维形式的离散化，所以它满足一个用有限体积方法解浓度方程的前提条件，那就是离散后的流场是无辐散的。保证式（6.58）成立的是动量方程的离散化，它控制着速度和压力。

这里，为了测试数值平流格式，我们假设流场已知并且满足式（6.58）。我们可以很容易地利用离散的流函数 ψ 来构造这样一个离散的流场：

$$\widetilde{u}_{i-1/2,\,j} = -\frac{\psi_{i-1/2,\,j+1/2} - \psi_{i-1/2,\,j-1/2}}{\Delta y} \tag{6.59}$$

$$\widetilde{v}_{i,\,j-1/2} = \frac{\psi_{i+1/2,\,j-1/2} - \psi_{i-1/2,\,j-1/2}}{\Delta x} \tag{6.60}$$

很容易证明这些 $\widetilde{u}$ 和 $\widetilde{v}$ 值在任何流函数值下都满足式（6.58）。

如果我们直接对连续方程进行离散化：

$$\frac{\partial c}{\partial t} + u\frac{\partial c}{\partial x} + v\frac{\partial c}{\partial y} = 0 \tag{6.61}$$

我们将会得到

$$\frac{\partial \widetilde{c}_{i,\,j}}{\partial t} + u_{i,\,j}\left.\frac{\partial \widetilde{c}}{\partial x}\right|_{i,\,j} + v_{i,\,j}\left.\frac{\partial \widetilde{c}}{\partial y}\right|_{i,\,j} = 0$$

不管离散的速度场如何分布，只要空间导数的离散形式对均匀的分布变为零（均匀性的最低要求），那么上式可以保证一个初始均匀的示踪场在以后的时间内都保持均匀。这似乎是这种格式一个非常明显的优势，但是也很容易发现它有一个主要的缺点，即这种格式无法保持守恒的特征，包括示踪物数量的守恒（如温度对应的热量，盐度对应的盐量等）。

假设离散的速度场在满足式（6.58）的同时无辐散，首先想到的方法就是用一维问题中用的计算各坐标通量分量的离散方法（图 6.12）。使用迎风格式很容易得到下式：

$$\widetilde{q}_{x,\,i-1/2,\,j} = \widetilde{u}_{i-1/2,\,j}\,\widetilde{c}_{i-1,\,j}^{\,n} \qquad 若\ \widetilde{u}_{i-1/2,\,j} > 0,\ 则\ \widetilde{u}_{i-1/2,\,j}\,\widetilde{c}_{i,\,j}^{\,n} \tag{6.62a}$$

$$\widetilde{q}_{y,\,i,\,j-1/2} = \widetilde{v}_{i,\,j-1/2}\,\widetilde{c}_{i,\,j-1}^{\,n} \qquad 若\ \widetilde{v}_{i,\,j-1/2} > 0,\ 则\ \widetilde{v}_{i,\,j-1/2}\,\widetilde{c}_{i,\,j}^{\,n} \tag{6.62b}$$

其他的一维格式也可以做类似推广。将此格式应用到初始为圆锥体形分布（只有一个极值，在所有方向上都有相同的线性递减），以 45° 角流过均匀流场的平流问题中，我们发现迎风格式会产生很强的数值扩散（图 6.13 左图）。利用 TVD 格式虽然能最大限度地保持信号的振幅，但是会使信号的分布失真（图 6.13 右图）。

解的失真变形容易通过平流过程来理解：信息应该是被倾斜的流动传递的，但是对于通量的计算是严格按照沿着 x 轴或者 y 轴的信息。在流的方向与 x 轴呈 45° 的情况下，这忽视了点 (i, j) 主要是受点 $(i-1, j-1)$ 的影响，而是用点 $(i-1, j)$ 和 $(i, j-1)$ 来计算通量。总而言之，解双重一维问题的方法得到的结果并不好，很少被使用。

Corner Transport Upstream（CTU）格式（Colella, 1990）考虑到了传递过程中涉及的 4 个网格单元的不同分布（图 6.14）。假设流动为均匀的正值，下列的离散形式保证了斜对角形式的流动带到两个相邻的供体单元界面的通量是正确的形式：

$$\widetilde{q}_{x,\,i-1/2,\,j} = \left(1 - \frac{C_y}{2}\right)\widetilde{u}\,\widetilde{c}_{i-1,\,j}^{\,n} + \frac{C_y}{2}\widetilde{u}\,\widetilde{c}_{i-1,\,j-1}^{\,n} \tag{6.63a}$$

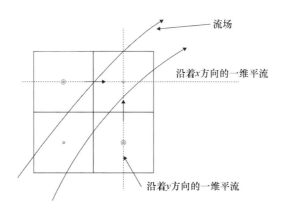

图 6.12　利用在一维平流中每个坐标轴的分量来简单估计二维平流的方法，
将平流算子近似为 $\partial(uc)/\partial x$ 与 $\partial(vc)/\partial y$ 之和

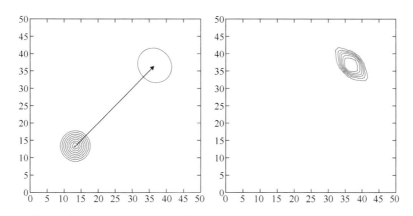

图 6.13　圆锥体形分布的流场的倾斜平流，使用迎风格式推广到二维（左图）和 TVD 格式（右图），
$C_x = C_y = 0.12$。迎风格式严重阻滞了信号的平流，只剩下小于初始信号振幅 20% 的信号，
而 TVD 格式相当于解双重一维问题，使解严重失真

$$\tilde{q}_{y,\,i,\,j-1/2} = \left(1 - \frac{C_x}{2}\right)\tilde{v}\,\tilde{c}_{\,i,\,j-1}^{\,n} + \frac{C_x}{2}\tilde{v}\,\tilde{c}_{\,i-1,\,j-1}^{\,n} \tag{6.63b}$$

可以得到下列展开格式：

$$\tilde{c}_{\,i,\,j}^{\,n+1} = \tilde{c}_{\,i,\,j}^{\,n} - C_x\left(\tilde{c}_{\,i,\,j}^{\,n} - \tilde{c}_{\,i-1,\,j}^{\,n}\right) - C_y\left(\tilde{c}_{\,i,\,j}^{\,n} - \tilde{c}_{\,i,\,j-1}^{\,n}\right)$$

$$+ C_x C_y\left(\tilde{c}_{\,i,\,j}^{\,n} - \tilde{c}_{\,i-1,\,j}^{\,n} - \tilde{c}_{\,i,\,j-1}^{\,n} + \tilde{c}_{\,i-1,\,j-1}^{\,n}\right) \tag{6.64}$$

其中最后一项是比双重一维方法多出来的一项。对应着两个方向，有两个柯朗数：

$$C_x = \frac{u\Delta t}{\Delta x}, \quad C_y = \frac{v\Delta t}{\Delta y} \tag{6.65}$$

如果$C_x = C_y = 1$，这种格式可以得到$\tilde{c}_{i,j}^{n+1} = \tilde{c}_{i-1,j-1}^{n}$，在物理上解释得通。格式也可以写成

$$\tilde{c}_{i,j}^{n+1} = (1 - C_x)(1 - C_y)\tilde{c}_{i,j}^{n} + (1 - C_y)C_x \tilde{c}_{i-1,j}^{n}$$
$$+ (1 - C_x)C_y \tilde{c}_{i,j-1}^{n} + C_x C_y \tilde{c}_{i-1,j-1}^{n} \tag{6.66}$$

参与计算的4个格点都有相对的权重(图6.14)。这种表达方式可以证明当柯朗数小于1时(保证方程右边所有的系数都是正值)，这种方法是单调的。根据戈杜诺夫定理，这种方法是一阶的，它比之前的方法引起的变形失真程度更小(图6.15)，但是仍然存在使信号过度衰减的问题。

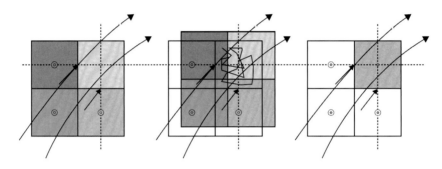

图6.14　沿着流线倾斜平流的二维问题。相关的数值扩散可被看成有限体积方法中供体单元转换之后必要的网格平均(混合)。通量的计算(粗箭头)需要沿着流动的方向对入流 c 进行积分而不是沿着网格线积分

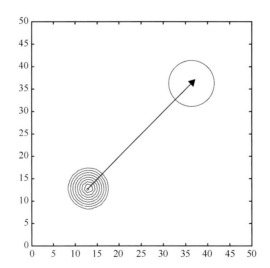

图6.15　对二维倾斜平流使用CTU格式［式(6.66)］。解的非对称变形减轻了，但是数值扩散仍然大大减小了信号的振幅

其他沿着流动方向积分的一维方案虽然也有可能解决问题，但是都很复杂。因此我们介绍一种像解决一维问题那样简单的，但是又会考虑到问题的多维本质的方法。

这种方法是一种被称为算子分裂或者分步法的特殊方法。我们从半离散方程来对这种方法进行说明：

$$\frac{\mathrm{d}\widetilde{c}_i}{\mathrm{d}t} + \mathcal{L}_1(\widetilde{c}_i) + \mathcal{L}_2(\widetilde{c}_i) = 0 \tag{6.67}$$

式中，$\mathcal{L}_1$ 和 $\mathcal{L}_2$ 是两个离散算子，在这个问题中是沿着 x 方向和 y 方向的平流算子。通过时间分裂得到时间的离散化为下列格式：

$$\frac{\widetilde{c}_i^* - \widetilde{c}_i^n}{\Delta t} + \mathcal{L}_1(\widetilde{c}_i^n) = 0 \tag{6.68a}$$

$$\frac{\widetilde{c}_i^{n+1} - \widetilde{c}_i^*}{\Delta t} + \mathcal{L}_2(\widetilde{c}_i^*) = 0 \tag{6.68b}$$

其中，第一个算子是用第一个算子得到的值向前递进得到的。

用这种形式，我们实际上是解了两个连续的一维问题，并不十分复杂，但是对比之前式(6.62)的简单双重一维问题又是一个巨大的进步：第一步(预估)已经创造了一个沿着 $\mathcal{L}_1$ 算子方向平流的场；第二步(校正)将部分改变的场继续沿着该方向平流。在这种方法中，如果流速为正值，点 (i, j) 的值将会由上游的点 $(i-1, j-1)$ 决定(图 6.16)。

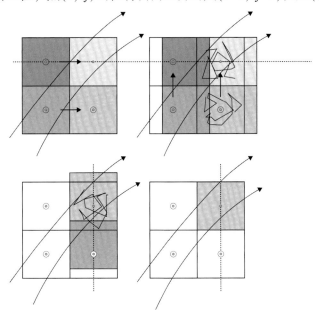

图 6.16　分裂法使用了两个连续的一维平流格式。首先，信号沿着 x 方向传播，然后中间解沿着 y 方向传播。所以，域上游端点 $(i-1, j-1)$ 的信息就会被包含在点 (i, j) 的值的变化中(在流速为正值的情况下)

为了证明这一点，我们可以看看分裂法的一维迎风格式对正的、均匀的速度场是怎样的：

$$\tilde{c}^{*}_{i,j} = \tilde{c}^{n}_{i,j} - C_x(\tilde{c}^{n}_{i,j} - \tilde{c}^{n}_{i-1,j}) \qquad (6.69a)$$

$$\tilde{c}^{n+1}_{i,j} = \tilde{c}^{*}_{i,j} - C_y(\tilde{c}^{*}_{i,j} - \tilde{c}^{*}_{i,j-1}) \qquad (6.69b)$$

将中间值 $\tilde{c}^{*}_{i,j}$ 代入最后一步中，然后证明对均匀的速度，这种格式与 CTU 格式[式(6.64)]是一致的。实际操作中并不是这样消除的，而是用式(6.69)。这样非常方便，因为在计算机程序中，$\tilde{c}^{*}$ 在第一步中可能被存储在 $\tilde{c}^{n+1}$ 未来的位置上，然后在第二步中移动到了 $\tilde{c}^{n}$ 的位置上；$\tilde{c}^{n+1}$ 的计算就可以不需要多余的存储空间。

对流速点是使用同一个算子而对"预估值"使用其他算子并不是太好，因为这样就破坏了空间两个维度上的对称性。因此，我们建议根据时间步的奇偶性来交替改变使用算子的顺序。接着式(6.68)中的时间步，我们通过下列方式来转变算子的顺序：

$$\frac{\tilde{c}^{*}_{i} - \tilde{c}^{n+1}_{i}}{\Delta t} + \mathcal{L}_2(\tilde{c}^{n+1}_{i}) = 0 \qquad (6.70a)$$

$$\frac{\tilde{c}^{n+2}_{i} - \tilde{c}^{*}_{i}}{\Delta t} + \mathcal{L}_1(\tilde{c}^{*}_{i}) = 0 \qquad (6.70b)$$

这种方法轮流改变分裂的方向，是更普遍的"斯特朗分裂法"的特例。斯特朗分裂法当使用时间分裂时可以保持二阶时间精度(Strang，1968)。

分裂法看起来很吸引人。它并不比使用两个连续的一维格式更复杂。在一般情况下，必须注意局地流动的方向，保证无论是何方向，"迎风"是一直从域上游端得到信息。除此再无其他问题，接着我们用 TVD 格式来对该方法进行实验。如图6.17所示，结果在计算量不增加的情况下大大改善。

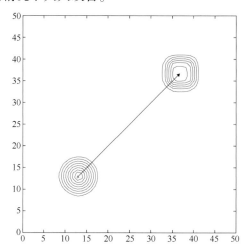

图6.17　对初始流场为圆锥体形，倾斜角呈45°的二维平流使用分裂法和 TVD 格式

我们可以尝试更复杂的平流。我们设定示踪物初始分布为正方形，将它放在狭窄的具有切变的流场中（图 6.18）。我们预计示踪物的分布将会被切变流改变变形。为了评估平流格式的质量，我们可以尝试通过从已知计算轨迹来得到解析解，但是一个更简单的方法是在一段时间后改变流场的符号，继续积分相同的时间。如果格式是完美的，那么分布又会恢复初始的位置和形状（没有扩散，系统是可逆的，先向前积分再向后积分的轨迹会使物质回到初始位置），但是如果不是这样，那么初始和最终状态的差距就可以来衡量误差。因为在一个方向上流动产生的误差有可能会被回流中的误差抵消掉，所以我们也要考虑在流动反转时刻的结果，也就是示踪物传播到最远时刻的结果。

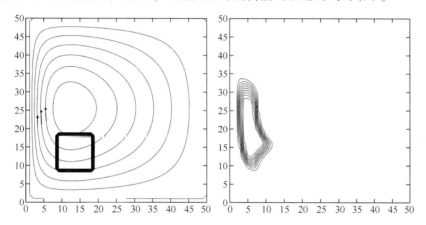

图 6.18　一个正方形分布的信号在具有剪切的边界层流动中的传播。左图为最初的
分布及流线；右图为在经过一段时间平流后。分布的变形主要是由于流动的剪切，
造成了当示踪物进入边界层时，产生了跨流线的挤压和沿流线的拉伸

对目前所得到的方法，即使在几乎均匀的流场中，仍存在着一些退化的问题，会得到一些奇怪的结果（参见数值练习 6.15）。为了探究退化的原因，首先我们需要认识到倾斜平流具有特殊性，因为在一维平流的一步中，相应的流速是均匀的。在现在的例子中，在每一个分步中流速将不再均匀，对 $\tilde{c} = C$ 的均匀场使用第一个分步得到

$$\frac{\tilde{c}^{*}_{i,j} - C}{\Delta t} + \frac{\tilde{u}_{i+1/2,j} - \tilde{u}_{i-1/2,j}}{\Delta x} C = 0$$

从上式可以得到与常数 C 不同的值 $\tilde{c}^{*}_{i,j}$。下一步无法通过使分布回到常数来对此进行纠正。这个问题产生是因为分步并不是一维无辐散的，所以无法保持示踪物的守恒性。一维中辐合/辐散的守恒性在另一个物理问题中有所体现：可压流体。效仿这个问题，我们引入"虚拟可压缩法"。该方法引入了一个像密度一样的变量 ρ，来计算虚拟质量守

恒方程：

$$\frac{\partial}{\partial t}(\rho) + \frac{\partial}{\partial x}(\rho u) + \frac{\partial}{\partial y}(\rho v) = 0 \qquad (6.71)$$

和示踪物收支分析：

$$\frac{\partial}{\partial t}(\rho c) + \frac{\partial}{\partial x}(\rho u c) + \frac{\partial}{\partial y}(\rho v c) = 0 \qquad (6.72)$$

分裂法在第一个分步中从常数 ρ 开始，得到

$$\frac{\rho^* - \rho}{\Delta t} + \frac{\widetilde{u}_{i+1/2,\,j} - \widetilde{u}_{i-1/2,\,j}}{\Delta x}\rho = 0$$

对虚拟质量守恒方程和示踪物密度：

$$\frac{\rho^* \widetilde{c}_i^* - \rho \widetilde{c}_i^{\,n}}{\Delta t} + \rho \mathcal{L}_1(\widetilde{c}_i^{\,n}) = 0 \qquad (6.73)$$

在每一次计算中，常数 ρ 都是一个乘上去的常数，可以被移到平流算子 $\mathcal{L}_1$ 之外。第二个分步类似，有

$$\frac{\rho^{n+1} - \rho^*}{\Delta t} + \frac{\widetilde{v}_{i,\,j+1/2} - \widetilde{v}_{i,\,j-1/2}}{\Delta y}\rho = 0$$

$$\frac{\rho^{n+1} \widetilde{c}_i^{\,n+1} - \rho^* \widetilde{c}_i^*}{\Delta t} + \rho \mathcal{L}_2(\widetilde{c}_i^*) = 0 \qquad (6.74)$$

在空间算子中使用相同的常数 ρ。使虚假的密度 ρ^{n+1} 和前一个值 ρ 相等，可以在完整的一个时间步后消掉 ρ，所以在满足式(6.58)的情况下速度是无辐散的。在这种情况下，如果 $\widetilde{c}^n = C$ 时，可以保证 $\widetilde{c}^{n+1} = C$。

也有学者发明了其他的分裂技巧(Pietrzak，1998)，但是这些方法本质是相同的：在第一个分步中在一个方向上虚拟地可压缩，而第二个分步在另一个方向上等量补偿解除压缩。

基于虚拟可压缩性，用通量限制模拟剪切流中的平流表明该格式非常准确(图6.19)，既比迎风格式少了扩散(图6.20)，又比拉克斯-温德罗夫方法少了弥散(图6.21)。Matlab 程序 tvdadv2D.m 令读者可以用各种方案进行实验，可以将虚拟可压缩性打开或者关闭，使用或者不用时间分裂，在剪切或者非剪切流动中使用不同的限制(数值练习6.15)。

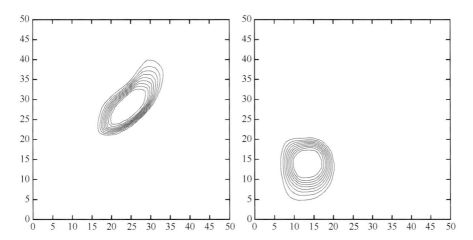

图 6.19　使用 TVD 格式，利用斯特朗分裂和虚拟可压缩性的平流。初始状态如图 6.18 左图所示。左图为示踪物在流动反转时离释放点最远处的分布，它的变形主要是由于物理原因，应该在往回流动的过程中完全消除；右图为经过回流之后的状态，已经基本恢复到初始的位置和形状，说明这种格式很好

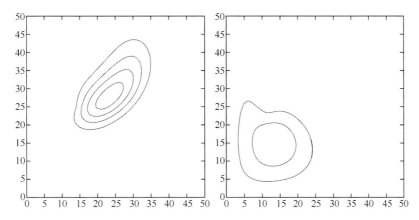

图 6.20　与图 6.19 类似，但是使用迎风格式，利用斯特朗分裂和虚拟可压缩性。在流动反转时刻示踪物的分布(左图)和经过回流后的分布(右图)表明迎风格式比 TVD 格式有更强的数值扩散。最终的分布基本上看不出初始分布的影子。等值线的值与图 6.19 相同

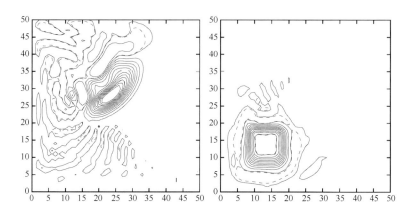

图 6.21　与图 6.19 类似，但是使用拉克斯-温德罗夫格式，利用斯特朗分裂和虚拟可压缩性。在流动反转时刻示踪物的分布(左图)表现出很强的弥散性，部分在回流过程中被抵消(右图)。最终，示踪物的分布相对较好地恢复了初始状态，但是存在边界部分下冲而中心部分过冲的问题。虚线表示值在初始范围之外

解析问题

6.1　证明

$$c(x, y, t) = \frac{M}{4\pi \mathcal{A} t} e^{-[(x-ut)^2+(y-vt)^2]/(4\mathcal{A}t)} \tag{6.75}$$

是具有均匀速度分量 u 和 v 的二维平流-扩散方程的解。画出随着 t 减小情况下解的形式，并推断初始条件所代表的物理问题的类型。给出 M 的解释。(提示：在无限域上积分)

6.2　将式(6.75)的解扩展到具有衰减常数为 K 的放射性示踪物。(提示：找一个具有类似结构但是多一个指数因子的解)

6.3　假定一个强平流的例子(佩克莱数很大)，从一个源处(在 $x = y = 0$ 处)定时连续释放物质(S，单位时间的质量)，x 方向速度为 u，y 方向的扩散为 $\mathcal{A}$，构建一个相应的二维的解。

6.4　一次没有报道过的航船事故造成了一种具有守恒性的污染物的瞬间泄漏。这种物质在海面漂浮、弥散了一段时间后，被发现并测量。最大的浓度为 $c = 0.1\ \mu g/m^2$，在位于 38°30′N，30°00′W 的亚速尔西部测得。一个月后，在往南 200 km 处，最大浓度已经降低为 $0.05\ \mu g/m^2$。假设扩散速率一定，为 $\mathcal{A} = 1\ 000\ m^2/s$，流场均匀定常，能否推断出从船上泄漏的物质的量以及这次事故发生的时间和地点？多长时间之后浓度将小于 $0.01\ \mu g/m^2$？

6.5　探究方程的频散关系：

$$\frac{\partial c}{\partial t} = \kappa \frac{\partial^p c}{\partial x^p} \tag{6.76}$$

式中, p 为一正整数, 区分 p 为奇数和偶数的情况。为了使解具有意义, 系数 κ 的符号是什么? 比较 $p = 2$ (标准的扩散) 和 $p = 4$ (双调和扩散) 的情况。证明后者比前者在不同尺度下有更多不同的衰减情况。

6.6 通过找出相应物理问题 [式 (6.48)] 的解析解来解释图 6.10 所表现出的特征。

6.7 在太平洋内部, 一个缓慢的上升流补偿了高纬度海区的深对流, 使在深度 4 km 至 1 km 处存在平均值为 5 m/a 的上升运动。该区域的背景湍流量级为 $10^{-4}\,\mathrm{m}^2/\mathrm{s}$。从深海区, 沉积物中的镭 $^{226}\mathrm{Ra}$ 被带到上层, 而来源于大气的氚 $^3\mathrm{H}$ 通过扩散从表面被带到深海。镭的半衰期 (衰减 50% 的时间) 为 1620 年, 氚的半衰期为 12.43 年。假定氚在表面为定值单位 1, 4 km 处为 0; 假定镭在 4 km 处为单位 1, 表面为零, 用一维垂向平流-扩散模型得到定常解。比较在有平流和无平流的情况下的解。哪一种示踪物受平流的影响更大? 对每一种示踪物分析 4 km 和 1 km 深度处平流和扩散的相对重要性。

6.8 假设你要使用一个带有迎风平流的数值格式来解上题中 $^{14}\mathrm{C}$ (半衰期为 5 730 年) 的平流问题, 为了使计算不引入过大的数值扩散, 垂向分辨率应为多少?

数值练习

6.1 证明时间前向差分, 对平流方程进行的空间中心差分近似是无条件不稳定的。

6.2 对蛙跳格式的第一个时间步使用 advleap.m 和不同的初始化技术。如果使用不一致的方法 (如 0 值) 会怎样? 当对纯正弦信号进行平流时, 你能通过对辅助初始条件 c^1 进行巧妙的初始化来完全消除虚假模吗?

6.3 在式 (5.31) 形式下, 利用放大因子进行稳定性分析, 证明稳定性条件为 $|C| \leqslant 1$。

6.4 证明当 $\Delta t \to 0$ 时, 蛙跳格式保持浓度分布变化的守恒性。比较相同时间步上拉克斯-温德罗夫格式的解。

6.5 分析迎风格式的数值相速度, 当 $C = 1/2$ 时会怎样? 当 $C = 1$ 时会有什么特殊的现象?

6.6 为一维平流问题设计一个四阶空间差分和显式时间差分。这种格式的 CFL 条件是什么? 与冯·诺伊曼稳定性条件进行比较。模拟标准平流测试算例。

6.7 通过利用高阶多项式计算通量积分来设计一个高阶有限体积方法。使用抛物线插值替代拉克斯-温德罗夫格式中的线性插值。

6.8 证明比姆-沃明格式的冯·诺伊曼稳定性条件为 $0 \leqslant C \leqslant 2$。

6.9 使用三对角算法 thomas.m 实现的中心空间差分的梯形格式, 并将它应用到"顶帽"信号的平流中, 证明你得到的是图 6.22 中的解。根据数值频散关系对该结果进

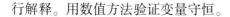

行解释。用数值方法验证变量守恒。

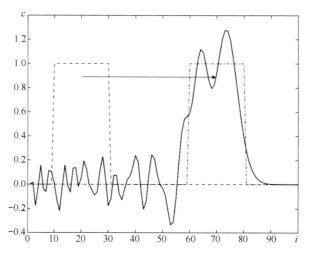

图 6.22　使用梯形格式和中心空间导数的标准测试算例

6.10　证明在空间网格距为 Δx_i 的非均匀网格的界面 i 处用线性插值对通量计算的高阶方法，不管速度的符号为何，都为如下形式：

$$\widetilde{q}_{i-1/2} = u \frac{(\Delta x_{i-1} - u\Delta t)\,\widetilde{c}_i^{\,n} + (\Delta x_i + u\Delta t)\,\widetilde{c}_{i-1}^{\,n}}{\Delta x_i + \Delta x_{i-1}} \tag{6.77}$$

6.11　对平流-扩散方程使用蛙跳中心格式，并将它应用到"顶帽"信号，使用不同的扩散参数，并对结果进行解释。

6.12　解释为何 $2\Delta x$ 模态在平流的离散化中是驻定的？〔提示：利用波长为 $2\Delta x$、相速度为零的正弦信号，然后对它取样。改变相速度（对应着有位移）为小于 π 的不同值，然后重新取样。你会发现什么？〕

6.13　证明式（6.54）是格式〔式（6.51）〕稳定性的充分条件。〔提示：改写 $|\varrho|^2$ 成 $(\phi - 2\,C^2\xi)^2 + 4\,C^2\xi(1-\xi)$，观察作为 ϕ 的函数，放大因子在 ϕ 的极值处达到最大值，其本身满足式（6.54）〕

6.14　考虑欧拉时间离散下的一维平流-扩散方程。对平流使用隐式系数 α 的中心差分，对扩散使用隐式系数 β 的标准二阶差分。证明数值稳定性要求 $(1-2\alpha)\,C^2 \leqslant 2D$ 及 $(1-2\beta)\,D \leqslant 1/2$。证明在没有扩散的情况下，显式中心平流格式是不稳定的。

6.15　使用 tvdadv2D. m 中在不同条件下（剪切流场或者刚体转动），不同的参数（分裂或者不分裂，有无虚拟质量守恒），不同的初始条件（平滑流场或者很强的梯度），不同的通量限制（迎风格式、拉克斯-温德罗夫格式和 TVD 格式等），来感受平流格式相比解析解所得到的不同的数值解。

理查德·柯朗
（Richard Courant，1888—1972）

　　理查德·柯朗出生于上西里西亚（现属于波兰，但当时是德国的一部分）。他是个早熟的孩子，由于家庭经济困难，从小就开始靠辅导补习来养活自己。他在数学方面的天赋令他前往当时数学家云集的哥廷根大学学习，柯朗师从戴维·希尔伯特（David Hilbert），最终于 1924 年与希尔伯特共同出版了一部关于数学物理方法的名著。在序言中，柯朗坚持数学需要与物理问题相联系并警告那个时代有淡化这个联系的趋势。

　　1928 年，早在计算机发明之前，理查德·柯朗与库尔特·弗里德里希斯和汉斯·列维共同发表了一篇关于偏微分方程解的最著名的文章。在这篇文章中，现在被称为 CFL 稳定性条件第一次被推导出来。

　　后来，柯朗离开德国前往美国，并获得了纽约大学的职位。柯朗数学科学研究所就是以他的名字命名的。（照片引自圣安德鲁斯大学 MacTutor 数学史档案馆）

彼得·戴维·拉克斯
（Peter David Lax，1926—）

  生于（匈牙利）布达佩斯的彼得·拉克斯由于其超凡的数学实力迅速引起了关注。在 1941 年的 12 月战争期间，他和他的父母乘坐最后一班从里斯本出发的船到了美国。彼得·拉克斯还在高中读书时，约翰·冯·诺伊曼（参见第 5 章结尾的人物介绍）就曾去其家中亲自拜访，他（拉克斯）早就听说过这位杰出的匈牙利数学家。拉克斯在 1945—1946 年间参与了绝密的曼哈顿原子弹计划后，于 1947 年在纽约大学完成了他的第一个大学学位并在 1949 年获得了该校博士学位。用他的话来说"计算方法在前几年爆炸性发展"。拉克斯迅速在数值计算方面名声大噪。

  1972—1980 年间，拉克斯任职纽约大学柯朗数学科学研究所所长并且促成了美国政府提供超级计算机以进行科学研究。（照片引自圣安德鲁斯大学 MacTutor 数学史档案馆）

第二部分

旋 转 效 应

第 7 章　地转流和涡旋动力学

摘要：本章主要关注具有小罗斯贝数和埃克曼数属性的均质流问题。研究表明这种流动一般会表现出垂向刚性的特点，因此引入了位势涡度的概念。垂向均匀流动的解通常涉及压力分布的泊松方程，并介绍了用于这一目的的数值技术。

7.1　均匀地转流

我们现在考虑快速旋转的流体，主要考虑科氏力主导加速度项的情况。我们进一步考虑均匀流动，忽略摩擦效应，假设

$$Ro_T \ll 1, \quad Ro \ll 1, \quad Ek \ll 1 \tag{7.1}$$

并且假设 $\rho = 0$（无密度变化）。这种均匀、无摩擦、快速旋转流体的最低阶控制方程为对动量方程式（4.21）进行简化后的形式：

$$-fv = -\frac{1}{\rho_0}\frac{\partial p}{\partial x} \tag{7.2a}$$

$$+fu = -\frac{1}{\rho_0}\frac{\partial p}{\partial y} \tag{7.2b}$$

$$0 = -\frac{1}{\rho_0}\frac{\partial p}{\partial z} \tag{7.2c}$$

$$\frac{\partial u}{\partial x} + \frac{\partial v}{\partial y} + \frac{\partial w}{\partial z} = 0 \tag{7.2d}$$

式中，f 为科氏参数。

这一系列简化的方程有很多令人惊奇的特征。首先，如果我们对第一个方程式（7.2a）垂向求导，会依次得到

$$-f\frac{\partial v}{\partial z} = -\frac{1}{\rho_0}\frac{\partial}{\partial z}\left(\frac{\partial p}{\partial x}\right) = -\frac{1}{\rho_0}\frac{\partial}{\partial x}\left(\frac{\partial p}{\partial z}\right) = 0$$

由方程式（7.2c），上式右边的项可以消掉。另一个水平动量方程式（7.2b）也是如此，

所以我们可以得出水平流速的垂向导数为零的结论：

$$\frac{\partial u}{\partial z} = \frac{\partial v}{\partial z} = 0 \qquad (7.3)$$

这一结果被称为泰勒-普劳德曼定理（Proudman，1953；Taylor，1923）。在物理上，这意味着水平流速场在垂向无剪切，在同一垂直面上的流体团运动一致。这种垂向刚性是旋转的均匀流体的一个基本特征。

接下来，我们可以轻松地根据流速分量来解动量方程：

$$u = \frac{-1}{\rho_0 f} \frac{\partial p}{\partial y}, \quad v = \frac{+1}{\rho_0 f} \frac{\partial p}{\partial x} \qquad (7.4)$$

因为有速度矢量(u, v)垂直于矢量$(\partial p/\partial x, \partial p/\partial y)$。由于后一个矢量除了在有压力梯度的情况外都为零，所以我们可以得出流动不是顺着梯度的而是垂直于梯度的结论。流体不会像无旋转的非黏流体那样从压力高的地方向压力低的地方流动，而是沿着压力为常数的线即等压线流动（图7.1）。流动是等压的，等压线即为流函数线。它也表明了流体本身既不会受到压力做功，也不会对外进行压力做功。因此，这种流动一旦开始，即可以在没有持续的能量源的情况下仍然保持流动。

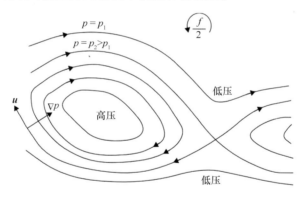

图 7.1　地转流示意图。任何地方的流矢量都与等压线平行。因此，等压线也就是流线。在北半球（如图所示），高压在流动方向的右手边，而在南半球则相反

这种在科氏力和压力相互平衡下产生的流动称为地转流（该词来源于希腊，$\gamma\eta$ 代表地球，$\sigma\tau\rho o\varphi\eta$ 代表旋转），这种特征称为地转。因此，根据定义，所有的地转流都是沿等压线的。

关于沿着等压线流动的方向还有一个问题。对式(7.4)的符号进行检查发现，当 f 为正值时（北半球，逆时针旋转），高压在流动/风方向的右手边；而当 f 为负值时（南半球，顺时针旋转），高压在流动/风方向的左手边。在物理上，压力是从高压处指向低压处，引起了该方向的初始流动，但是在旋转的地球上，在北（南）半球，流动会向

右(左)偏转。图 7.2 为北半球的一个气象学示例。

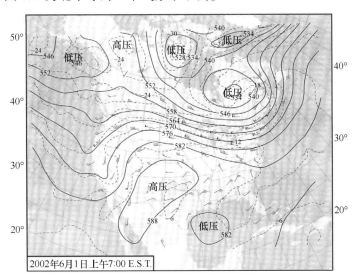

图 7.2　一个气象学示例，展示风速和等压线之间的高度平行性，这表明了地转平衡。实线是给定气压(本例中为 500 mbar*)上的等高线，并不是某个高度上的等压线。但是由于气压变化在垂向较大而水平上较弱，所以这两种等值线由于静力平衡而基本上是一致的。根据气象学的惯例，风矢量是用带旗帜标记和倒钩的箭头表示的：在每一个箭尾处，一个旗帜标记代表 50 kn 的速度，一个倒钩代表 10 kn 的速度，半个倒钩代表 5 kn 的速度(1 kn=1 n mile/h=0.514 4 m/s)。因为气象学上对风向的定义是风来的方向，所以风向是朝着箭头无标记的一端(美国商务部国家气象局制图)

　　如果流场在经向上所占范围并不是太大，那么科氏参数随纬度的变化是可以忽略的，f 可以被当成常数。这一参考系称为 f 平面。在这种情况下，地转流的水平散度为零：

$$\frac{\partial u}{\partial x} + \frac{\partial v}{\partial y} = -\frac{\partial}{\partial x}\left(\frac{1}{\rho_0 f}\frac{\partial p}{\partial y}\right) + \frac{\partial}{\partial y}\left(\frac{1}{\rho_0 f}\frac{\partial p}{\partial x}\right) = 0 \tag{7.5}$$

因此，地转流在 f 平面中是无辐散的。这样使得在垂向上没有辐合或者辐散，由连续方程式(7.2d)可以得到

$$\frac{\partial w}{\partial z} = 0 \tag{7.6}$$

　　因此，可以得出垂向速度与高度无关的推论。如果流体在垂向上有平底限制(对大气来说可以是水平陆地或者海面)或者水平刚盖限制(对海洋来说可以是海表面)，那么

---

　　* 1 mbar=1 hPa。——译者注

垂向速度必须为零，所以流动是严格的二维的。

7.2　经过不规则底部地形的均匀地转流

我们仍然考虑快速旋转的流体，流动是地转的，但是考虑经过不规则底部地形的情况。我们忽略表面可能的变化，假设它相对不规则的底部地形变化来说比较小（图7.3）。一个简单的例子为水深20～50 m（水体均匀），表面波动为几厘米的浅海中的流动。

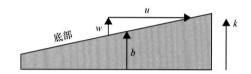

图7.3　倾斜底部流动示意图。垂向速度必定伴随穿越等深线的流动

在得到运动学边界条件式（4.28）的过程中，我们知道如果流动要随着底部地形攀升或者向下，它将会有一个与倾斜度成比例的垂向速度：

$$w = u \frac{\partial b}{\partial x} + v \frac{\partial b}{\partial y} \tag{7.7}$$

式中，b 为底部地形高于参考平面的高度。上节的分析表明垂向速度在整个流体中为常数。因为在顶部垂向速度必须为零，所以在底部也必须为零，即

$$u \frac{\partial b}{\partial x} + v \frac{\partial b}{\partial y} = 0 \tag{7.8}$$

所以流动无法攀升或者爬下倾斜的底部。这种特征有着深远的意义。特别的，如果底部地形为平坦地形上一个单独的凸起或者凹陷，平坦地形上的流动无法流到凸起上，而是必须要绕着凸起流动。因为流动的垂向刚性，流动中在所有高度上的质点——包括那些高于凸起高度的质点——都必须同样绕着凸起运动。同样的，所有经过凸起的流动不能离开凸起。这种在凸起或空泡上的永恒的管状流动称为泰勒柱（Taylor，1923）。

在平底区域，地转流可以为任意形式的，实际上地转流的形式反映了初始条件的形式。但是在经过一个倾斜度处处不为零的地形时（图7.4），地转流只能沿着深度的等值线（等深线）流动。压力等值线是与等地形线平行的，即等压线是与等深线一致的。这些线有时也被称为地转等值线。注意压力和流体厚度之间是存在关系的，但是需要其他的流动信息才能具体给出这种关系。

起始和结束于侧边界的开放等深线无法支持任何流动，否则流体将不得不穿过侧边界进出。整个不闭合的等深线都没有流动。换句话说，地转流只能沿着闭合的等深

线流动。

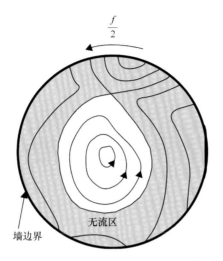

图 7.4　在封闭区域和不规则底部地形的地转流。实线为等深线(深度的等值线),
流动只能沿着闭合的等深线

只要上边界为水平,上述结论就会成立。如果上边界不是水平的,那么可以证明
地转流将会被限制沿着等深线流动(参见解析问题 7.3)。因此,流体可以有上下的运
动,但前提是在垂向上无挤压或者拉伸。这个特征是地转流二维无辐散的直接结果。

7.3　非地转流的推广

我们假设流体旋转并不快,所以科氏加速度与其他加速度项相比并不显著的情况。
我们仍然假设流体均匀无摩擦。动量方程现在需要包括相对加速度项:

$$\frac{\partial u}{\partial t} + u\frac{\partial u}{\partial x} + v\frac{\partial u}{\partial y} + w\frac{\partial u}{\partial z} - fv = -\frac{1}{\rho_0}\frac{\partial p}{\partial x} \tag{7.9a}$$

$$\frac{\partial v}{\partial t} + u\frac{\partial v}{\partial x} + v\frac{\partial v}{\partial y} + w\frac{\partial v}{\partial z} + fu = -\frac{1}{\rho_0}\frac{\partial p}{\partial y} \tag{7.9b}$$

压力仍然满足式(7.2c),连续方程式(7.2d)保持不变。

如果水平流场在开始时与深度无关,那么在将来的任一时刻也会如此。事实上,
非线性平流项和科氏项在初始是与 z 坐标无关的,压力项由于式(7.2c)的成立也是如
此。因此,$\partial u/\partial t$ 和 $\partial v/\partial t$ 也必须是与 z 无关的,这意味着 u 和 v 都不会随着深度变化,
因此在接下来的任何时间,都保持与 z 无关。我们接下来主要关注这种流动,在地球流
体动力学中,这种流动称为正压的。方程式(7.9)可以简化为

$$\frac{\partial u}{\partial t} + u\frac{\partial u}{\partial x} + v\frac{\partial u}{\partial y} - fv = -\frac{1}{\rho_0}\frac{\partial p}{\partial x} \tag{7.10a}$$

$$\frac{\partial v}{\partial t} + u\frac{\partial v}{\partial x} + v\frac{\partial v}{\partial y} + fu = -\frac{1}{\rho_0}\frac{\partial p}{\partial y} \tag{7.10b}$$

尽管流动没有垂向结构，但与地转流的相同点也仅限于此。正压流不必与等压线平行，也不必无垂向速度。为了得到垂向速度，我们需要利用连续方程式(7.2d)，

$$\frac{\partial u}{\partial x} + \frac{\partial v}{\partial y} + \frac{\partial w}{\partial z} = 0$$

其中前两项都与 z 无关，但是这两项之和不一定为零。可以存在随着深度线性变化的垂向速度，所以正压流可以是二维有辐散的，流动也可以穿越等深线。

对上一个方程在整个流体深度进行积分可以得到

$$\left(\frac{\partial u}{\partial x} + \frac{\partial v}{\partial y}\right)\int_b^{b+h}\mathrm{d}z + \left[w\right]_b^{b+h} = 0 \tag{7.11}$$

式中，b 是底部地形高于参考平面的高度；h 是流体局地的瞬时厚度(图7.5)。因为表面的流体质点不可能离开表面，并且底部的质点不可能穿透底部，所以表面和底部的垂向速度可以由式(4.28)和式(4.31)得到

$$w(z = b + h) = \frac{\partial}{\partial t}(b + h) + u\frac{\partial}{\partial x}(b + h) + v\frac{\partial}{\partial y}(b + h)$$

$$= \frac{\partial \eta}{\partial t} + u\frac{\partial \eta}{\partial x} + v\frac{\partial \eta}{\partial y} \tag{7.12}$$

$$w(z = b) = u\frac{\partial b}{\partial x} + v\frac{\partial b}{\partial y} \tag{7.13}$$

表面高度 $\eta = b+h-H$，式(7.11)变为

$$\frac{\partial \eta}{\partial t} + \frac{\partial}{\partial x}(hu) + \frac{\partial}{\partial y}(hv) = 0 \tag{7.14}$$

上式可以代替式(7.2d)，消掉垂向速度。

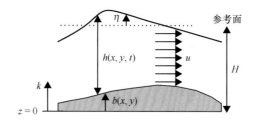

图7.5 流过不规则底部地形的非定常均匀流及相关符号示意图

最后，由于流体是均匀的，动压力 p 是与深度无关的。如果流体表面没有压力变化(如海表面气压均一)，则此动压力为

$$p = \rho_0 g\eta \tag{7.15}$$

式中，根据式(4.33)，g 为重力加速度。用上一个方程代替 p，则式(7.10)和式(7.14)会对变量 u、v 和 η 形成一个 3×3 的系统。垂直变量不再出现，自变量为 x、y 和 t。系统方程为

$$\frac{\partial u}{\partial t} + u\frac{\partial u}{\partial x} + v\frac{\partial u}{\partial y} - fv = -g\frac{\partial \eta}{\partial x} \tag{7.16a}$$

$$\frac{\partial v}{\partial t} + u\frac{\partial v}{\partial x} + v\frac{\partial v}{\partial y} + fu = -g\frac{\partial \eta}{\partial y} \tag{7.16b}$$

$$\frac{\partial \eta}{\partial t} + \frac{\partial}{\partial x}(hu) + \frac{\partial}{\partial y}(hv) = 0 \tag{7.16c}$$

尽管在大气和海洋中上述方程使用得都很频繁，但是上述方程被称为浅水方程。[①] 如果底部地形是平坦的，方程变为

$$\frac{\partial u}{\partial t} + u\frac{\partial u}{\partial x} + v\frac{\partial u}{\partial y} - fv = -g\frac{\partial h}{\partial x} \tag{7.17a}$$

$$\frac{\partial v}{\partial t} + u\frac{\partial v}{\partial x} + v\frac{\partial v}{\partial y} + fu = -g\frac{\partial h}{\partial y} \tag{7.17b}$$

$$\frac{\partial h}{\partial t} + \frac{\partial}{\partial x}(hu) + \frac{\partial}{\partial y}(hv) = 0 \tag{7.17c}$$

这一系列公式我们在层化模型(第 12 章)中还会遇到。

7.4　涡旋动力学

在研究地转流的过程中(7.1 节)，值得注意的是，压力项在二维散度的表达式中被抵消。我们现在来重复这个操作，但是保持增加的加速度项，利用式(7.10b)在 x 方向的导数减去式(7.10a)在 y 方向的导数。经过一些操作后，结果如下：

$$\frac{\mathrm{d}}{\mathrm{d}t}\left(f + \frac{\partial v}{\partial x} - \frac{\partial u}{\partial y}\right) + \left(\frac{\partial u}{\partial x} + \frac{\partial v}{\partial y}\right)\left(f + \frac{\partial v}{\partial x} - \frac{\partial u}{\partial y}\right) = 0 \tag{7.18}$$

其中，随体时间导数定义如下：

$$\frac{\mathrm{d}}{\mathrm{d}t} = \frac{\partial}{\partial t} + u\frac{\partial}{\partial x} + v\frac{\partial}{\partial y}$$

在求导过程中，要考虑到科氏参数的变化(在球体上随纬度变化，因此也随着位置变化)。下列项

$$f + \frac{\partial v}{\partial x} - \frac{\partial u}{\partial y} = f + \zeta \tag{7.19}$$

[①]　在没有旋转的情况下，该系列方程也被称为圣维南(Saint-Venant)方程，以纪念让·克劳德·巴雷·德·圣维南(Jean Claude Barré de Saint-Venant，1797—1886)，他首先在河流动力学中推导出这些方程。

是行星涡度(f)和相对涡度($\zeta = \partial v/\partial x - \partial u/\partial y$)的和。准确地说，涡度是个向量，但是由于水平流场与深度无关，所以垂向无剪切，也不存在具有水平轴的涡旋。涡度向量为严格的垂向，前述的表达式仅仅是垂向分量。

同样，连续方程式(7.14)中的项，也可以重新写成

$$\frac{\mathrm{d}}{\mathrm{d}t}h + \left(\frac{\partial u}{\partial x} + \frac{\partial v}{\partial y}\right)h = 0 \qquad (7.20)$$

如果我们现在考虑水平横截面积为 $\mathrm{d}s$ 的狭窄的流体柱，那么它的体积为 $h\mathrm{d}s$，由于不可压缩流体中体积守恒，所以下列方程成立：

$$\frac{\mathrm{d}}{\mathrm{d}t}(h\mathrm{d}s) = 0 \qquad (7.21)$$

这说明，如果质点在垂向被压缩(h 减小)，那么在水平方向上就要拉伸($\mathrm{d}s$ 增加)，反之亦然(图7.6)。将对 h 的式(7.20)和对 $h\mathrm{d}s$ 的式(7.21)结合，可以得到下列对 $\mathrm{d}s$ 的方程式：

$$\frac{\mathrm{d}}{\mathrm{d}t}\mathrm{d}s = \left(\frac{\partial u}{\partial x} + \frac{\partial v}{\partial y}\right)\mathrm{d}s \qquad (7.22)$$

上式说明，水平方向如果存在辐散($\partial u/\partial x + \partial v/\partial y > 0$)，那么水平横截面积 $\mathrm{d}s$ 将会增加；而水平方向如果存在辐合($\partial u/\partial x + \partial v/\partial y < 0$)，水平横截面积将会变小。这可由第一原理得到(参见解析问题7.4)。

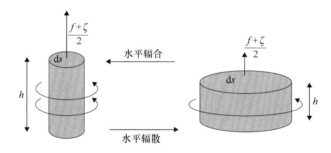

图7.6 体积和环流守恒的流体质点在垂向的压缩或拉伸。乘积 $h\mathrm{d}s$ 及 $(f+\zeta)\mathrm{d}s$ 在变形过程中守恒。作为推论，比值 $(f+\zeta)/h$ 称为位势涡度，也是守恒的

接下来，将式(7.18)和式(7.22)结合，可以得到

$$\frac{\mathrm{d}}{\mathrm{d}t}\left[(f+\zeta)\mathrm{d}s\right] = 0 \qquad (7.23)$$

表明乘积$(f+\zeta)\mathrm{d}s$对流体质点是守恒的。这个乘积可以被看成涡通量(在横截面的涡度量积分)，也就是质点的环量。式(7.23)是旋转二维流体在开尔文定理下的特殊表达，这保证非黏流体中环量的守恒性(Kundu，1990，124-128页)。

这一守恒原理与孤立系统角动量守恒原理类似。最好的例子是芭蕾舞演员踮起脚尖旋转,当她伸开双臂时,旋转变慢,而当手臂贴近身体时,旋转可以更快一些。同样在均匀地球流体流动中,当流体质点在某一截面被压缩(ds 减小),为了使流动守恒,它的涡度必须增加($f+\zeta$ 增加)。

如果环量和体积都是守恒的,它们的比值也将是守恒的。这一比值特别有用,因为它可以将质点的横截面积消掉,只留下流场的局地变量:

$$\frac{d}{dt}\left(\frac{f+\zeta}{h}\right)=0 \tag{7.24}$$

其中,

$$q=\frac{f+\zeta}{h}=\frac{f+\partial v/\partial x-\partial u/\partial y}{h} \tag{7.25}$$

称为位势涡度。之前的分析表明位势涡度为单位体积流体的环量。这一物理量将在该书的很多地方出现,在地球流体中起着根本性的作用。式(7.24)也可以从式(7.18)和式(7.20)得到,而不必引入变量 ds。

接下来我们回过头看快速旋转的、科氏力主导的流体。在这种情况下,罗斯贝数远远小于 1($Ro=U/\Omega L\ll1$),表明相对涡度($\zeta=\partial v/\partial x-\partial u/\partial y$,尺度为 U/L)与行星涡度(f,量级为 Ω)相比可以忽略。位势涡度可以简化为

$$q=\frac{f}{h} \tag{7.26}$$

其中,如果 f 为常数——如在实验室的旋转水缸中或经向跨度不大的地球流体中——这表明流体柱的高度守恒。特别地,如果上边界是水平的,流体质点必须沿着等深线流动,与存在泰勒柱一致(7.2 节)。如果 f 是变化的(参见 9.4 节),底部地形是平坦的,同样的约束条件[式(7.26)]告诉我们流动不能穿过纬圈,通常,流动必须沿着 f/h 的等值线流动。

在结束这一小节之前,我们先来得到一个之后非常有用的结果。考虑无量纲表达式

$$\sigma=\frac{z-b}{h} \tag{7.27}$$

为局地高于底部的高度与整个流体柱高度的比值,或者说高于底部的相对高度($0\le\sigma\le1$)。这一表达式在以后的章节会被称为 σ 坐标(参见 20.6.1 节)。它的随体时间导数为

$$\frac{d\sigma}{dt}=\frac{1}{h}\frac{d}{dt}(z-b)-\frac{z-b}{h^2}\frac{dh}{dt} \tag{7.28}$$

因为根据垂向速度的定义有 $dz/dt=w$,又因为 w 从底部($z=b$)的 db/dt 线性变化到顶部($z=b+h$)的 $d(b+h)/dt$,所以我们得到

$$\frac{\mathrm{d}z}{\mathrm{d}t} = w = \frac{\mathrm{d}b}{\mathrm{d}t} + \frac{z-b}{h}\frac{\mathrm{d}h}{\mathrm{d}t} \tag{7.29}$$

使用最后一个表达式来消除式(7.28)中的 $\mathrm{d}z/\mathrm{d}t$ 项，会消掉右边所有的项，得到

$$\frac{\mathrm{d}\sigma}{\mathrm{d}t} = 0 \tag{7.30}$$

因此，流体中的质点会保持它在流体柱中的相对位置。即使有垂向速度存在，流速场的结构也会是每一层流体贴在一起不产生变化。因此，在流体内部是没有翻转存在的，所有的流体层一起被挤压或者被拉伸。

7.5 刚盖近似

除了需要关注表面的快速波动情况(9.1节)，我们利用海洋中的大尺度运动相对比较慢这一事实，引入所谓的刚盖近似。罗斯贝数小的大尺度运动与地转平衡接近，动压力的尺度为 $p \sim \rho_0 \Omega UL$[参见式(4.16)]。因为在均匀流体中有 $p = \rho_0 g\eta$，表面高度变化 ΔH 的尺度为 $\Delta H \sim \Omega UL/g$。将后者代入垂向积分的体积守恒方程中比较各项的大小。假设时间尺度不小于惯性时间尺度 $1/\Omega$，我们可以得到

$$\frac{\partial \eta}{\partial t} + \frac{\partial}{\partial x}(hu) + \frac{\partial}{\partial y}(hv) = 0$$

$$\Omega\Delta H \qquad \frac{HU}{L} \qquad \frac{HU}{L}$$

式中，$\Omega\Delta H \sim \Omega^2 UL/g$，第一项的尺度与其他项的尺度之比为 $\Omega^2 L^2/gH$。在很多情况下，这一比值很小，

$$\frac{\Omega^2 L^2}{gH} \ll 1 \tag{7.31}$$

以及体积守恒方程中的时间导数项可以被忽略，得到

$$\frac{\partial}{\partial x}(hu) + \frac{\partial}{\partial y}(hv) = 0 \tag{7.32}$$

这被称为刚盖近似(图7.7)。

然而，这个近似在对方程进行数值求解时非常有用。现在，我们不使用连续方程的时间导数项来对 η 向前求解，也不从连续方程求解静压力 p，而是要寻找一个压力场，来保证在任意时刻，输运场 $(U, V) = (hu, hv)$ 是无散的。

浅水方程中的动量方程可以被重新写成输运的形式：

$$\frac{\partial}{\partial t}(hu) = -\frac{h}{\rho_0}\frac{\partial p}{\partial x} + F_x \tag{7.33a}$$

其中，

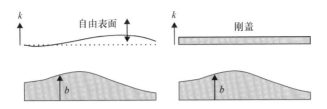

图 7.7　自由表面(左图)允许海表面随着流动起伏，而刚盖近似假设海表面固定不变，在此情况下压力不是均匀一致的，因为"盖子"会抵抗局地向上或向下的力

$$F_x = -\frac{\partial}{\partial x}(huu) - \frac{\partial}{\partial y}(hvu) + fhv$$

$$\frac{\partial}{\partial t}(hv) = -\frac{h}{\rho_0}\frac{\partial p}{\partial y} + F_y \tag{7.33b}$$

其中，

$$F_y = -\frac{\partial}{\partial x}(huv) - \frac{\partial}{\partial y}(hvv) - fhu$$

由于我们忽略了表面高度 η 的变化，可以代入之前的方程 $h=H-b$ 为坐标 x 和 y 的已知函数。我们现在的任务是要解式(7.33a)和式(7.33b)，得到满足式(7.32)的压力场 p。我们有两种方法来达到此目的，第一种方法是基于压力的诊断方程(7.6 节)，第二种方法是基于流函数公式(7.7 节)。

7.6　刚盖压力方程的数值解

压力方法是利用式(7.33a)和式(7.33b)来构建压力方程，并且满足无辐散限制。这是通过对式(7.33a)求关于 x 的导数，对式(7.33b)求关于 y 的导数，并且用式(7.32)来消掉时间导数项。将压力项放在公式左边，则得到

$$\frac{\partial}{\partial x}\left(\frac{h}{\rho_0}\frac{\partial p}{\partial x}\right) + \frac{\partial}{\partial y}\left(\frac{h}{\rho_0}\frac{\partial p}{\partial y}\right) = \frac{\partial F_x}{\partial x} + \frac{\partial F_y}{\partial y} = Q \tag{7.34}$$

这个压力方程即所谓的椭圆方程的原型。

为了使这一方程完善，必须有适当的边界条件。这些压力条件是从固体边界的不透水性和开边界的流入/流出条件(参见 4.6 节)推导出的。举个例子，如果边界平行于 y 轴(也就是 $x=x_0$)，并且无法穿透，我们需要 $hu=0$ (无法向外正常输运)，所以 x 方向的动量方程的输运形式可简化为

$$\frac{h}{\rho_0}\frac{\partial p}{\partial x} = F_x \tag{7.35}$$

而在平行于 x 轴(也就是 $y=y_0$)的非穿透性边界处，我们需要有 $hv=0$ ，来得到 y 方向

的动量方程为

$$\frac{h}{\rho_0}\frac{\partial p}{\partial y} = F_y \qquad (7.36)$$

换句话讲，沿非穿透性边界给出了法向压力梯度。在流入/流出的边界，表达式更复杂一些，但是仍然需要施加法向压力梯度条件。一个沿区域周界给定法向导数的椭圆方程被称为诺伊曼问题[①]。

在所有边界的任何一点处都需要一个唯一且充分的条件来得到椭圆方程式(7.34)的解。因为压力只以导数的形式在椭圆方程式(7.34)和边界条件式(7.35)及式(7.36)中出现，因此该解仅在一个额外的任意常数内被定义，这个常数可以在不影响流速场结果的情况下任意选择。但是，一般会选择使压力在整个区域平均为零的常数。由于 $p=\rho_0 g\eta$，这也相当于 η 在整个区域的平均值为零。

在计算上，可以通过将关于压力的椭圆方程在长方形区域进行离散，来得到解：

$$\frac{1}{\Delta x}\left(h_{i+1/2}\frac{\widetilde{p}_{i+1,j} - \widetilde{p}_{i,j}}{\Delta x} - h_{i-1/2}\frac{\widetilde{p}_{i,j} - \widetilde{p}_{i-1,j}}{\Delta x}\right)$$

$$+ \frac{1}{\Delta y}\left(h_{j+1/2}\frac{\widetilde{p}_{i,j+1} - \widetilde{p}_{i,j}}{\Delta y} - h_{j-1/2}\frac{\widetilde{p}_{i,j} - \widetilde{p}_{i,j-1}}{\Delta y}\right) = \rho_0 Q_{ij} \qquad (7.37)$$

这样会得到一系列关于 $\widetilde{p}_{i,j}$ 的线性方程，求每一格点的值将会有 5 个未知量(图 7.8)，在二维隐式扩散处理中(5.6 节)我们已经遇到这种情况了。还有一个循环依赖的量：右边 $\rho_0 Q_{ij}$ 只有得到流速分量才能得到，而这些速度分量需要知道压力梯度才能得到。因为动量方程是非线性的，这是一种非线性关系，构建和解线性方程的方法是不适用的。

一种自然的求解方法是逐步进行。如果假设在时间层 n 上，我们得到了无散的流场 $(\widetilde{u}^n, \widetilde{v}^n)$，那么我们可以用式(7.37)来计算同一时间上的压力，并用它在动量方程中的梯度来更新得到时间 $n+1$ 上的速度分量。尽管压力分布对应前一个时刻的无散流场，但无法保证更新后的速度分量仍为无散的。

我们再一次遇到了离散方程不能保持连续方程某些数学特性的问题。在这种情况下，我们利用散度和梯度算子的特性从原始方程中得到压力的诊断方程，但是除非特别注意，否则这些特性无法转换至数值空间中。

然而，通过借鉴压力方程式(7.34)的数学操作可以设计适当的离散方程：我们从速度方程入手，使用散度算子得到输运的散度，将其设为零，同时我们仍要保证在任意时刻，离散的输运场在有限的体积内是无散的。这可以表示为离散体积守恒：

[①] 如果压力本身在整个区域边界上给定，问题则为狄利克雷问题。

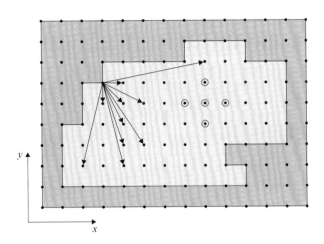

图 7.8　二维椭圆方程的离散化。模板为一个 5 点数组，计算点本身以及周围的 4 个点。周围的点又需要依靠它们周围的点，如此反复，直到边界为止。换句话讲，区域内部的点会受到所有其他内部和边界的值的影响。在所有的边界点处需要 1 个且仅需要 1 个边界条件

$$\frac{h_{i+1/2}\widetilde{u}_{i+1/2} - h_{i-1/2}\widetilde{u}_{i-1/2}}{\Delta x} + \frac{h_{j+1/2}\widetilde{v}_{j+1/2} - h_{j-1/2}\widetilde{v}_{j-1/2}}{\Delta y} = 0 \qquad (7.38)$$

预计会出现交错网格配置（图 7.9），我们很自然地意识到需要在网格左边和右边的中间$(i\pm1/2, j)$计算速度 $\widetilde{u}$，在网格顶部和底部的中间$(i, j\pm1/2)$计算 $\widetilde{v}$，这样计算式（7.38）中的散度颇为自然。相反，$\widetilde{p}$ 值在网格单元中间进行计算。对式（7.33a）和式（7.33b）的时间导数项进行蛙跳格式的离散，会得到

$$h_{i+1/2}\widetilde{u}_{i+1/2}^{\,n+1} = h_{i+1/2}\widetilde{u}_{i+1/2}^{\,n-1} + 2\Delta t F_{xi+1/2} - 2\Delta t h_{i+1/2}\frac{\widetilde{p}_{i+1} - \widetilde{p}}{\rho_0\Delta x} \qquad (7.39a)$$

$$h_{j+1/2}\widetilde{v}_{j+1/2}^{\,n+1} = h_{j+1/2}\widetilde{v}_{j+1/2}^{\,n-1} + 2\Delta t F_{yj+1/2} - 2\Delta t h_{j+1/2}\frac{\widetilde{p}_{j+1} - \widetilde{p}}{\rho_0\Delta y} \qquad (7.39b)$$

为了清楚，我们省略了下标 i、j 和 n。

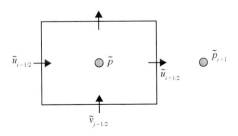

图 7.9　为了更容易满足体积守恒和计算压力梯度，对数值未知量的位置进行安排

现在要求无散约束的离散化形式的式（7.38）在时刻 $n+1$ 成立，我们可以通过联立方程式（7.39）来消去在这一时刻的速度。结果为我们所寻求的压力离散方程：

$$\frac{1}{\Delta x}\left(h_{i+1/2}\frac{\widetilde{p}_{i+1}-\widetilde{p}}{\Delta x}-h_{i-1/2}\frac{\widetilde{p}-\widetilde{p}_{i-1}}{\Delta x}\right)+\frac{1}{\Delta y}\left(h_{j+1/2}\frac{\widetilde{p}_{j+1}-\widetilde{p}}{\Delta y}-h_{j-1/2}\frac{\widetilde{p}-\widetilde{p}_{j-1}}{\Delta y}\right)$$

$$=\rho_0\left(\frac{F_{xi+1/2}-F_{xi-1/2}}{\Delta x}+\frac{F_{yj+1/2}-F_{yj-1/2}}{\Delta y}\right)$$

$$+\frac{\rho_0}{2\Delta t}\left(\frac{h_{i+1/2}\widetilde{u}_{i+1/2}^{n-1}-h_{i-1/2}\widetilde{u}_{i-1/2}^{n-1}}{\Delta x}+\frac{h_{j+1/2}\widetilde{v}_{j+1/2}^{n-1}-h_{j-1/2}\widetilde{v}_{j-1/2}^{n-1}}{\Delta x}\right) \quad (7.40)$$

那些下标仍然被省略。

很明显，除了最后一项，这个方程是式（7.34）的离散形式，且与方程式（7.37）类似。差别在最后一项，如果在时刻 $n-1$，输运场是无散的，那么该项会消失。我们保留了该项，以防止离散方程的数值解不准确。在方程中保留时刻 $n-1$ 上非 0 的离散散度项，其实是对离散方程进行了自动校正，以保证在新的时间 $n+1$ 上输运是无散的。忽略这个校正项会造成误差的逐渐累积，最终得到一个有散的输运场。

总之，算法是这样进行的：知道了时刻 n 及 $n-1$ 的速度值，我们利用迭代求解方程式（7.40）得到压力值，并用压力值通过式（7.39a）和式（7.39b）来得到新的速度值。对于迅速收敛迭代，压力的计算可以从上一个时间步的值初始化。这种迭代方法是数值误差的一个来源，式（7.40）的最后一项是防止误差累积。

这里的离散化虽然相对比较简单，但是在更普遍的高阶方法或者其他网格配置中，也可以使用这种方法。我们必须保证对输运场的散度算子与对压力梯度的散度算子的离散方法一致。另外，压力梯度在速度方程及椭圆压力方程的离散方法需要保持一致。总之，为了得到数学上一致的格式，下面方程中标注的相似的导数必须使用相同的离散方法离散化：

$$\underbrace{\frac{\partial}{\partial x}}_{(1)}\left(\frac{h}{\rho_0}\underbrace{\frac{\partial p}{\partial x}}_{(3)}\right)+\underbrace{\frac{\partial}{\partial y}}_{(2)}\left(\frac{h}{\rho_0}\underbrace{\frac{\partial p}{\partial y}}_{(4)}\right)=\underbrace{\frac{\partial}{\partial x}}_{(1)}F_x+\underbrace{\frac{\partial}{\partial y}}_{(2)}F_y$$

$$\frac{\partial}{\partial t}(hu)=-\frac{h}{\rho_0}\underbrace{\frac{\partial p}{\partial x}}_{(3)}+F_x$$

$$\frac{\partial}{\partial t}(hv)=-\frac{h}{\rho_0}\underbrace{\frac{\partial p}{\partial y}}_{(4)}+F_y$$

$$\underbrace{\frac{\partial}{\partial x}}_{(1)}(hu)+\underbrace{\frac{\partial}{\partial y}}_{(2)}(hv)=0 \quad (7.41)$$

这也意味着我们不可以借助于"黑箱式"的椭圆方程求解器得到压力场，并将它用到"手工"离散的速度方程中。

7.7　流函数方程的数值解

除了计算压力，刚盖近似常用的第二种方法是将速度流函数 ψ 推广到体积输运流函数 Ψ：

$$hu = -\frac{\partial(h\psi)}{\partial y} = -\frac{\partial\Psi}{\partial y} \tag{7.42a}$$

$$hv = +\frac{\partial(h\psi)}{\partial x} = +\frac{\partial\Psi}{\partial x} \tag{7.42b}$$

两条 Ψ 等值线之间的差可被看成这两条等值线之间的体积输运，高 Ψ 值在输运方向的右侧。

当根据式（7.42）来计算输运分量时，自动满足体积守恒公式［式（7.32）］，如 6.6 节所述，对应的数值解也是无散的。因此我们可以毫无顾虑地对控制 Ψ 的方程进行离散化，可以保证它的离散解对应　个正确的离散速度场。

为了得到流函数的数学公式，我们需要从动量方程中消掉压力项。这需要将式（7.33a）及式（7.33b）除以 h，将前者对 y 求导，后者对 x 求导，最后将两者相减。将输运分量 hu 和 hv 用流函数代替，得到

$$\frac{\partial}{\partial t}\left[\frac{\partial}{\partial x}\left(\frac{1}{h}\frac{\partial\Psi}{\partial x}\right) + \frac{\partial}{\partial y}\left(\frac{1}{h}\frac{\partial\Psi}{\partial y}\right)\right] = \frac{\partial}{\partial x}\left(\frac{F_y}{h}\right) - \frac{\partial}{\partial y}\left(\frac{F_x}{h}\right) = Q \tag{7.43}$$

方程右边的项可以利用流函数进行扩展，但是为了接下来的讨论，我们将所有的项总称为强迫项 Q。

我们现在利用蛙跳时间离散或者其他可以写成下列各式的时间离散格式：

$$\left[\frac{\partial}{\partial x}\left(\frac{1}{h}\frac{\partial\widetilde{\Psi}}{\partial x}\right)^{n+1} + \frac{\partial}{\partial y}\left(\frac{1}{h}\frac{\partial\widetilde{\Psi}}{\partial y}\right)^{n+1}\right] = F(\widetilde{\Psi}^n, \widetilde{\Psi}^{n-1}, \cdots) \tag{7.44}$$

如果使用蛙跳格式进行离散，右边的项为

$$F(\widetilde{\Psi}^n, \widetilde{\Psi}^{n-1}, \cdots) = \left[\frac{\partial}{\partial x}\left(\frac{1}{h}\frac{\partial\widetilde{\Psi}}{\partial x}\right)^{n-1} + \frac{\partial}{\partial y}\left(\frac{1}{h}\frac{\partial\widetilde{\Psi}}{\partial y}\right)^{n-1}\right] + 2\Delta t Q^n \tag{7.45}$$

知道了 $\widetilde{\Psi}^n$ 和 $\widetilde{\Psi}^{n-1}$ 之后，我们可以对上式进行数值评估。接下来相当于解方程式（7.44）得到 $\widetilde{\Psi}^{n+1}$。同样，需要解一个椭圆方程，就像上一节中的压力方程一样，可以使用相同的方法。

除了方程右边的项存在差异，还有其他的不同需要注意。首先，不同于导数项中含有 h，这里含有 $1/h$，这一值将使浅水区域流函数的导数值变大（$h\rightarrow0$，通常在边界

处），有可能放大边界条件的误差。这与压力方法是截然不同的，压力方法中垂向积分的压力梯度的影响在浅水区反而会减小。实际应用证明泊松方程式(7.40)的解比方程式(7.44)的解更适应条件，收敛性也更好。

第二个不同点在于对边界条件的数学表达式。在压力方法中，使用零法向速度可得到关于压力法向导数的条件，流函数公式只要求沿着固体边界处流函数为常数，即狄利克雷条件，这是一个显著的优势。当海洋模式的区域中有岛屿存在时会产生一个问题(图7.10)。知道非穿透性边界处流函数为常数不意味着我们知道这个常数应该是多少。这并不是无关紧要的小事，因为在海峡两端流函数的差决定了通过该海峡的流量。这个流量应该是根据流体动力学来决定的而不是由模式的操作者人为选择。

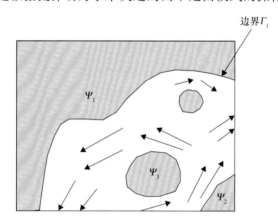

图 7.10　在海洋模式中有岛屿时的边界条件。流函数值在非穿透性边界处必须指定为常数。将外边界处流函数设为 Ψ_1 和 Ψ_2 是合理的，相当于确定了通过整个区域的总流量，但是将沿着岛屿的流函数设为 Ψ_3 在原则上是不允许的，因为绕着岛屿的流动依赖于内部解及其时间变化。很明显，需要一个关于岛屿流函数的预报方程

线性的流函数方程，并且方程右边项已知，允许解进行叠加，我们每次叠加一个岛屿：

$$\frac{\partial}{\partial x}\left(\frac{1}{h}\frac{\partial \psi_k}{\partial x}\right) + \frac{\partial}{\partial y}\left(\frac{1}{h}\frac{\partial \psi_k}{\partial y}\right) = 0 \tag{7.46}$$

在除了第 k 个岛屿的边界处有 $\psi_k=1$ 之外，其他所有边界处 $\psi_k=0$。每一个岛屿都会有一个相应的无量纲的流函数 $\psi_k(x,y)$ 可以组成全部的解

$$\Psi(x,y,t) = \Psi_f(x,y,t) + \sum_k \Psi_k(t)\psi_k(x,y) \tag{7.47}$$

式中，Ψ_f 是式(7.44)的特解，所有沿岛屿的边界流函数都设为零，所有外围边界和已知流量(图7.10中描述的入流边界)的地方流函数都为给定值。$\Psi_k(t)$ 是依赖时间的系数，岛屿的贡献必须乘上该系数才能构建完整的解。这些系数是什么是一个问题。

一种可能性是将动量方程在局地投影到与岛屿边界相切的方向上，与压力方程中决定边界条件的方法类似。在第 k 个岛屿的周长形成的闭合的等值线处使用斯托克斯定理会得到一个含时间导数项 $\mathrm{d}\Psi_k/\mathrm{d}t$ 的方程。对每一个岛屿重复此过程，会得到 N 个线性方程，其中 N 是岛屿的个数。这些方程可以对时间积分（Bryan et al.，1972）。这种方法由于某些原因而不再流行，其中一个原因是方程的非局地性。事实上，每一个岛屿的方程都既包括整个区域的面积分也包括线积分，区域是分散的会使得在各个并行计算机上计算存在严重困难。计算机之间不同积分模块信息交换的同时性极具挑战性。然而，流函数公式在大多数大尺度海洋模式中仍在使用。

7.8　拉普拉斯反演

因为泊松方程的反演在数值模式中是一个经常性任务，所以我们现在列出一些反演离散泊松方程的方法：

$$\frac{\widetilde{\psi}_{i+1,j} - 2\widetilde{\psi}_{i,j} + \widetilde{\psi}_{i-1,j}}{\Delta x^2} + \frac{\widetilde{\psi}_{i,j+1} - 2\widetilde{\psi}_{i,j} + \widetilde{\psi}_{i,j-1}}{\Delta y^2} = \widetilde{q}_{i,j} \tag{7.48}$$

方程右边是给定的，$\widetilde{\psi}$ 为未知的[①]。5.6 节使用虚拟时间迭代的方法被首先用来解 $\widetilde{\psi}_{i,j}$ 的线性系统。超松弛的雅克比方法有

$$\widetilde{\psi}_{i,j}^{(k+1)} = \widetilde{\psi}_{i,j}^{(k)} + \omega\epsilon_{i,j}^{(k)}$$

$$\left(\frac{2}{\Delta x^2} + \frac{2}{\Delta y^2}\right)\epsilon_{i,j}^{(k)} =$$

$$\frac{\widetilde{\psi}_{i+1,j}^{(k)} - 2\widetilde{\psi}_{i,j}^{(k)} + \widetilde{\psi}_{i-1,j}^{(k)}}{\Delta x^2} + \frac{\widetilde{\psi}_{i,j+1}^{(k)} - 2\widetilde{\psi}_{i,j}^{(k)} + \widetilde{\psi}_{i,j-1}^{(k)}}{\Delta y^2} - \widetilde{q}_{i,j} \tag{7.49}$$

式中，余项 ϵ 用来校正上一迭代 (k) 中的估计值。使松弛系数 $\omega > 1$（超松弛）会加速解的收敛，但同时有可能不稳定。如果考虑虚拟时间上的迭代，我们可以将参数 ω 放到一个虚拟的时间步上，进行数值稳定性分析。结果是当 $0 \leqslant \omega < 2$ 时，迭代是稳定的（解收敛）。根据 5.6 节中介绍的一般的迭代程序，式（5.56）中的矩阵 $\boldsymbol{B}$ 是对角化的。该算法至少需要与区域中的网格点数同样多的迭代步数来把信息传递到全区域。如果 M 为二维模式中网格点的总个数，那么 $\sqrt{M}$ 是网格"宽度"的估计值，将需要 $\sqrt{M}$ 次迭代来将信息从一侧传递到另一侧。通常为了收敛，需要 M 次迭代，当分辨率增加时，成本迅速增加变得不可接受。

---

① 推广至变系数方程相对简单，如前两节遇到的 h 或 $1/h$ 的例子。这里，为使符号简洁我们设定为常系数。

数值迭代中信息传递的有限的速度并不能反映椭圆方程的本质，理论上讲，互相关联性令任意地点的任意变化能在瞬间调整，我们觉得我们可以做得更好。因为实际上迭代只是用来得到收敛的解，我们不必效仿与时间有关的方程的解法，并且可以干预虚拟时间。

超松弛的高斯–赛德尔法中余项为

$$\left(\frac{2}{\Delta x^2} + \frac{2}{\Delta y^2}\right)\epsilon_{i,j}^{(k)} =$$

$$\frac{\widetilde{\psi}_{i+1,j}^{(k)} - 2\widetilde{\psi}_{i,j}^{(k)} + \widetilde{\psi}_{i-1,j}^{(k+1)}}{\Delta x^2} + \frac{\widetilde{\psi}_{i,j+1}^{(k)} - 2\widetilde{\psi}_{i,j}^{(k)} + \widetilde{\psi}_{i,j-1}^{(k+1)}}{\Delta y^2} - \widetilde{q}_{i,j} \qquad (7.50)$$

式中，上一个相邻点 $(i-1, j)$ 和 $(i, j-1)$ 中的计算值会马上用到（假设我们随着 i 和 j 的增加在区域内循环）。换句话讲，算法式(7.50)使用最新计算的值而无延迟。这不但节省了时间也节省了存储空间，因为新的值一计算出来立即可以取代旧的值。式(5.56)中的矩阵 B 是三对角矩阵，高斯–赛德尔迭代式(7.50)是通过向后代入来对矩阵求逆。这个方法被称为逐次超松弛(succesive over relaxation，SOR)。

在迭代中使用最新的 $\widetilde{\psi}$ 值会加速收敛但是收敛也不会十分迅速。只有当松弛系数 ω 为一个很特殊的值时，迭代次数会明显减少，从 $\mathcal{O}(M)$ 减少到 $\mathcal{O}(\sqrt{M})$（参见数值练习7.6）。但是 ω 的最优值依赖于边界条件的几何结构和类型，从最优值上稍有偏差，收敛的速率就会大大降低。作为指导，最优值满足

$$\omega \sim 2 - \alpha\frac{2\pi}{m} \qquad (7.51)$$

上式针对的是在每个方向都有 m 个格点的正方形的、各向同性的网格，并且根据边界条件的特性，有参数 $\alpha = \mathcal{O}(1)$。

因为操作简便，SOR 方法在数值模拟的早期颇为流行，但是后来当矢量计算机和并行计算机出现后，需要一些调整。迭代中的递归关系不允许在计算 $\widetilde{\psi}_{i-1,j}^{(k+1)}$ 和 $\widetilde{\psi}_{i,j-1}^{(k+1)}$ 之前就计算 $\widetilde{\psi}_{i,j}^{(k+1)}$，使得并行或者矢量计算机中独立的运算无法实现。后来，出现了所谓的红黑点法。该方法在两个称为"红"或"黑"点的交错的网格上(图7.11)进行两次雅克比迭代。

如果我们想进一步减少对泊松方程反演的计算量，我们必须利用式(7.48)的特殊性质和相应的待解的线性系统。对于泊松方程的离散形式[式(7.48)]，未知数之间的关系矩阵 A，储存为数组 x，其具有对称性和正定性（数值练习7.10）。因此，求解 $Ax = b$ 相当于解式(7.52)和式(7.53)最小化问题。

$$J = \frac{1}{2}x^{\mathrm{T}}Ax - x^{\mathrm{T}}b \qquad (7.52)$$

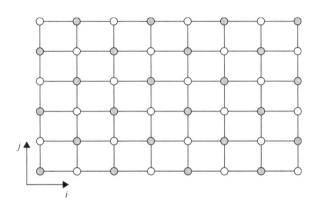

图 7.11　为了避免递推关系，离散域中有两条迭代路径，分别在白色和灰色的点上进行。当计算白色点的新值时，只用灰色点的值，这样白色点的值就可以独立的迅速被计算出来。在第二步迭代中反过来对灰色点进行计算，所有的计算都可以并行进行。因为原始算法与所谓的红黑树分区直接有关（Hagaman et al. ，2004），节点可以相应的进行着色，"红黑"是给两阶段扫描机制起的名字

$$\nabla_x J = Ax - b \qquad (7.53)$$

我们需要得到极小值而不是解线性方程。尽管看起来好像更难了，但是可以通过迭代方法来解决。当 J 关于 x 的梯度为零：即 $\nabla_x J = 0$ 时，可以得到 J 的最小值。此时余项 $r = Ax - b$ 为零，线性问题就可以得到解决。

使用最小化的方法（Golub et al. ，1990）来代替求解线性系统需要利用高效的求最小化的可能性。J 的梯度及余项很容易计算，对离散泊松方程产生的矩阵 A 只需要 $4M$ 次计算。想得到 J 的值，也可以立即从已经得到的梯度的两个标量积得到。最优化问题中使用的一个标准的最小化方法是通过沿梯度方向最小化余项。这种方法被称为最速下降法，对 x 更好的估计是在 J 减小最快的方向。从 x_0 及相应的余项 $r = Ax_0 - b$ 开始，对 x 更好的估计为

$$x = x_0 - \alpha r \qquad (7.54)$$

这让人回想起松弛方法。接下来选择参数 α 来使 J 最小。因为关于 α 方程是二次的，所以很容易通过下式得到 α（参见数值练习 7.7）：

$$\alpha = \frac{r^{\mathrm{T}} r}{r^{\mathrm{T}} A r} \qquad (7.55)$$

因为 A 是正定的，只要余项不为零，就能计算出 α；如果余项为零，就可以停止迭代，代表已经得到解了。否则，从 x 的新估计值可以得到新的余项和梯度，迭代需要继续进行：

Initialize by first guess（初始化第一个猜测值）

$$x^{(0)} = x_0$$

Loop on increasing k until the residual r is small enough(对 k 循环，直到 r 值足够小)

$$r = Ax^{(k)} - b$$

$$\alpha = \frac{r^\mathrm{T} r}{r^\mathrm{T} Ar}$$

$$x^{(k+1)} = x^{(k)} - \alpha r$$

End of loop on k(停止对 k 循环)

其中，每一次迭代中余项和最优下降参数 α 都是变化的。有趣的一点是每两次连续的迭代中的余项是正交的(数值练习 7.7)。

尽管这种方法很自然，但是它并不能很快地收敛，所以我们需要共轭梯度方法来更快地收敛。在共轭梯度法中，迭代不是在最快下降的方向进行，而是指定一系列记作 e_i 的方向。接下来我们需要在这些可能的方向中找到最小值：

$$x = x_0 - \alpha_1 e_1 - \alpha_2 e_2 - \alpha_3 e_3 - \cdots - \alpha_M e_M \tag{7.56}$$

如果有 M 个矢量 e_i，它们相互是线性独立的，对 M 个参数 α_i 最小化会得到准确的最小的 J。所以，我们不需要找到 M 个 x 分量，而是需要能得到最优的 x 的 M 个参数 α_i。这可以准确对线性系统进行求解。如果我们选择下式，则能将计算进行简化：

$$e_i^\mathrm{T} Ae_j = 0 \quad (i \neq j) \tag{7.57}$$

因为这样 J 的二次形式为

$$J = \frac{1}{2} x_0^\mathrm{T} Ax_0 - x_0^\mathrm{T} b$$

$$+ \frac{\alpha_1^2}{2} e_1^\mathrm{T} Ae_1 - \alpha_1 e_1^\mathrm{T}(Ax_0 - b)$$

$$+ \frac{\alpha_2^2}{2} e_2^\mathrm{T} Ae_2 - \alpha_2 e_2^\mathrm{T}(Ax_0 - b)$$

$$+ \cdots$$

$$+ \frac{\alpha_M^2}{2} e_M^\mathrm{T} Ae_M - \alpha_M e_M^\mathrm{T}(Ax_0 - b) \tag{7.58}$$

此表达式很容易得到各参数 α_k 的最小值，并且因为 $r_0 = Ax_0 - b$，会得到

$$\alpha_k = \frac{e_k^\mathrm{T} r_0}{e_k^\mathrm{T} Ae_k} \quad (k = 1, \cdots, M) \tag{7.59}$$

换句话讲，为了整体上的最小值和线性系统的解，我们只需要分别得到每一项的最小值。但是，困难在于如何选择一系列方向 e_k。因此，思路是当我们进行每一步迭代时选择方向，当余项足够小时就停止迭代。最开始我们可以认为设定方向，一般是

最速下降方向 $e_1 = Ax_0 - b$。然后一旦我们得到了满足方程式(7.57)的 k 个方向，我们就只需要沿着式(7.59)中的方向 e_k 来求最小值：

$$x^{(k)} = x^{(k-1)} - \alpha_k e_k \tag{7.60}$$

这样会得到一个新的余项 $r_k = Ax^{(k)} - b$

$$
\begin{aligned}
r_k &= r_{k-1} - \alpha_k A e_k \\
&= r_0 - \alpha_1 A e_1 - \alpha_2 A e_2 - \cdots - \alpha_k A e_k
\end{aligned} \tag{7.61}
$$

这表明，我们不需要根据式(7.59)计算 α_k，根据式(7.57)的性质，我们可以用

$$\alpha_k = \frac{e_k^T r_{k-1}}{e_k^T A e_k} \tag{7.62}$$

这一结果及式(7.61)是因为连续的余项是与之前的方向 e_i 正交的，所以在那些方向上不需要重复。表达式(7.62)在实际操作中更可行，因为只需要存储之前迭代中得到的余项。下一个方向 e_{k+1} 有一系列线性独立的矢量通过格拉姆-施密特正交化方法得到。对这些余项计算的矢量使用共轭梯度方法，它们是互相正交并且线性独立的。当对式(7.57)使用格拉姆-施密特正交化算法时，我们发现新方向 e_{k+1} 可以根据最后一个余项及查找方向很容易得出(Golub et al., 1990)：

$$e_{k+1} = r_k + \frac{\| r_k \|^2}{\| r_{k-1} \|^2} e_k \tag{7.63}$$

从上式可以进行下一步。因此该算法比最速下降法稍微复杂，而且我们不需要存储所有的余项和查找方向，甚至 x 的中间值也不需要存储，只需要为了接下来的算法保存每个最新得到的余项：

Initialize by first guess（初始化第一个猜测值）

$$x^{(0)} = x_0, \quad r_0 = Ax_0 - b, \quad e_1 = r_0, \quad s_0 = \| r_0 \|^2$$

Loop on increasing k until the residual r is small enough（对 k 循环，直到 r 值足够小）

$$\alpha_k = \frac{e_k^T r_{k-1}}{e_k^T A e_k}$$

$$x^{(k)} = x^{(k-1)} - \alpha_k e_k$$

$$r_k = r_{k-1} - \alpha_k A e_k$$

$$s_k = \| r_k \|^2$$

$$e_{k+1} = r_k + \frac{s_k}{s_{k-1}} e_k$$

End of loop on k（停止对 k 循环）

因为我们对独立的每一项分别求最小值，所以我们肯定可以在 M 步之内得到 J 的最小值在舍入误差之内。共轭梯度法需要 M 次迭代来得到准确解，对二维离散泊松方

程求解中的特殊的稀疏矩阵求逆需要的计算量为 M^2。但是实际操作中不需要找出准确的最小值，只需要连续几步求最小值的操作，一般在 $M^{3/2}$ 次操作之后就会收敛。这看起来并不比最优超松弛法更好，但是共轭梯度法一般都很可靠，并且不需要超松弛参数。如果进行适当的预处理，共轭梯度法可以非常迅速地收敛。

预处理仍需要保证问题的对称性，需要引入一个稀疏三角形矩阵 L，原始问题可写为

$$L^{-1}AL^{-T}L^{T}x = L^{-1}b \tag{7.64}$$

现在我们需要处理未知量 $L^{T}x$ 和修正矩阵 $L^{-1}AL^{-T}$。如果选择合适的 L，该矩阵为对称的；如果选择合适的 A，该矩阵为正定的。得到的含有修正矩阵和未知量的算法与经过对矩阵矢量的乘积重新排列之后的原始的共轭梯度算法非常接近。差别在于含有 $M^{-1}r$，其中 $M^{-1} = L^{-T}L^{T}$。因为 $Mu = r$ 的解为 $u = M^{-1}r$，L 的稀疏性和三角特性使得计算能快速进行。如果将对称正定矩阵 $A = CC^{T}$ 进行楚列斯基分解得到 $L = C$，其中 C 是三角形矩阵，只需要一步共轭梯度法就可以，因为可以直接得到 A 的逆矩阵。正因为如此，L 经常是由楚列斯基分解得到的，但是计算不完全并且计算成本很高，强制使 L 成为稀疏矩阵。这样会得到不完全的楚列斯基预处理[①]，虽然分解的计算成本降低了，但是与完全的楚列斯基分解相比需要的迭代步数增加了。另一方面，与没有预处理的楚列斯基分解相比，有预处理又会减少迭代的步数。所以最好的方法是有预处理，预处理的选择需要依问题而定。有时候也需要考虑迭代的稳定性问题。

大部分线性代数软件包含共轭梯度方法，涉及解非对称性问题的推广。在这种情况下，我们可以考虑增广（加倍）的问题：

$$\begin{pmatrix} 0 & A \\ A^{T} & 0 \end{pmatrix} \begin{pmatrix} y \\ x \end{pmatrix} = \begin{pmatrix} b \\ c \end{pmatrix} \tag{7.65}$$

这样问题是对称的，并且有相同的解 x。

对特殊的线性系统如泊松方程更有效的解法是使用快速傅里叶变换（FFT，参见附录 C）。例如，当离散常数是一致的，边界条件比较简单时，可以使用循环分解简化方法（Ferziger et al.，1999）。但在这种情况下，我们也可以使用谱方法结合 FFT 来立即反演拉普拉斯算子（参见 18.4 节）。使用这些方法，计算量可被减少为 $M \log M$。

最后，对规模很大的问题最有效的方法是多重网格方法。这种方法从模仿扩散的虚拟时间变化方法入手，虚拟时间变化方法在处理小尺度问题上非常有效［离散扩散方程式（5.34）的阻尼率］，而大尺度问题上收敛比较慢。但是大尺度问题可被看成在空间

---

① 更一般地说，不完全 LU 分解用下稀疏三角形矩阵与上稀疏三角形矩阵的乘积来近似任何矩阵 A。

网格距较大的网格上，这样尺度相对来说变小，收敛会加快(顺便使用较大的虚拟时间步长)。因此多重网格方法引入一系列网格，在不同网格上对不同的长度尺度进行迭代来加速收敛。一般的，该方法从粗糙网格入手，只需要几步就可以得到解的大致形式。将这个解插值到分辨率较高的网格上，经过更多次数的迭代，如此反复进行，直到网格分辨率达到要求的分辨率。也可以在高分辨率的网格上进行平均后得到解的估计值，然后重新在粗分辨率网格上进行迭代。因此多重网格方法是在不同尺度的网格上进行迭代(Hackbusch，1985)，在每个尺度的网格上进行正确次数的迭代，并且选择下一步迭代所需要的网格(高分辨率还是低分辨率)。对于选择得比较好的方案，收敛所需要的步数逐渐趋向 M，因此多重网格方法是处理大规模问题的最有效方法。在每个尺度的网格上的迭代方法可以是红黑型超松弛方法，也可以是其他的具有收敛特性的合适的方法。

关于解大型和稀疏代数系统的问题我们只是做了简单的介绍，以了解可能的方法。读者应意识到，对特定的问题有大量的数值求解器可用。因为这些都针对具体的计算机硬件进行了优化，因此离散化泊松方程大规模反演的实际操作应该留给可使用的计算机系统提供的程序库。何时停止迭代及恰当的预处理方案由操作模式者来决定。

解析问题

7.1　一个实验在直径为 20 cm 的圆柱形容器中进行，在容器中注入密度均匀的水(中心深 15 cm)，并以 30 r/min 旋转。由源/汇装置产生一个最大速度为 1 cm/s 的稳态流场。水的黏性为 10^{-6} m²/s，证明该流场满足地转条件。

7.2　(泰勒-普劳德曼定理的推广)将式(3.19)和式(3.22)中的 f_* 项引入到式(7.2a)和式(7.2c)中，证明快速旋转流体运动表现出沿旋转轴方向的柱状行为。

7.3　证明 7.2 节最后的结论，在不规则底边界和上边界之间的地转流只能沿等深线方向运动。

7.4　由第一原理出发，建立流体团水平截面的演化公式(7.22)。

7.5　深度为 H，以 $f/2$ 速率快速旋转的流体中(图 7.12)，存在匀速流 U。底部(固定)有高 $H'(<H/2)$ 的障碍物，流动在其周围发生局部偏转，形成静止的泰勒柱。固体盖子以 $2U$ 的速度沿流动的方向移动，也具有与底部障碍物相同的凸起，并使原本均匀的流动发生局部偏转，形成另一个静止的泰勒柱。两个障碍物与运动方向一致，这样二者就会在某一时刻发生叠加。假设流体是均匀无摩擦的，那么泰勒柱将发生什么变化?

7.6　如图 7.13 所示，垂向均匀但横向存在剪切的沿岸流流向一个悬崖。假设急

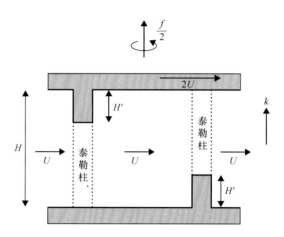

图 7.12　解析问题 7.5 中假想系统的示意图

流的速度在离岸消失，$H_1 = 200$ m，$H_2 = 160$ m，$U_1 = 0.5$ m/s，$L_1 = 10$ km，$f = 10^{-4}$ s^{-1}，请由此确定出悬崖急流下游的速度剖面和宽度。如果下游深度仅有 100 m 时，会发生什么？

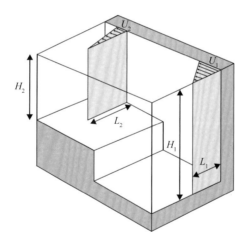

图 7.13　剪切的沿岸急流流经一个悬崖（问题 7.6）

7.7　问题 7.6 中悬崖上游和下游的跨越沿岸急流的动压力有什么不同？令 $H_2 =$ 160 m，$\rho_0 = 1\ 022$ kg/m^3。

7.8　设想，一条深 200 m 的狭窄水道位于一个地形多变的宽阔海湾（图 7.14）。请描述出水道出流流向大海的路径和速度剖面。令 $f = 10^{-4}$ s^{-1}。只求解水流的直线延伸，忽略角落。

7.9　位势涡度 $q = 5 \times 10^{-7}$ m^{-1}s^{-1} 均匀的稳定洋流，以体积通量 $Q = 4 \times 10^5$ m^3/s 沿着

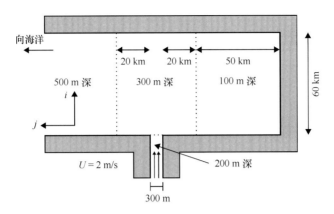

图 7.14　解析问题 7.8 中所述的理想海湾和水道的几何形状

均匀倾斜的底部(底部斜率 $S=1$ m/km)等深线流动。请证明海流的速度剖面是抛物形的，速度最大值的深度和流的宽度是多少？令 $f=10^{-5}$ s^{-1}。

7.10　请证明，在顶部垂直速度远小于底部垂直速度的情况下，也可以得到刚盖近似。建立支持你的假设的必要的尺度条件。

数值练习

7.1　水平地表之上的气压场 p 由以下公式在矩形网格上给出：

$$p_{i,j} = P_H \exp\left(-\frac{r^2}{L^2}\right) + p_\epsilon \xi_{i,j}, \quad r^2 = (x_i - x_c)^2 + (y_i - y_c)^2 \tag{7.66}$$

其中，变量 ξ 是均值为零、标准差为 1 的正态分布的随机变量。高压异常 $P_H = 40$ hPa，其空间分布半径 $L = 1\,000$ km。选取 $p_\epsilon = 5$ hPa 为背景"噪声"气压水平。矩形网格中心点位于 (x_c, y_c)，网格间等距分布，间距为 $\Delta x = \Delta y = 50$ km。计算并画出 $f = 10^{-4}$ s^{-1} 时的地转流。估算在该有限差分格式体积守恒的严格程度。如果 $p_\epsilon = 10$ hPa 或者 $\Delta x = \Delta y = 25$ km 会怎样？请解释你的发现。

7.2　打开文件 mad_oer_merged_h_18861.nc，利用基于卫星数据重建的海表高度计算湾流附近的地转流。读取数据可通过 topexcirculation.m 文件。经度纬度转换为局部笛卡儿坐标系，可用以下关系：纬度 1°≈111 km，经度 1°=111 km×cos(纬度)(高度计数据为 CLS 空间海洋学部的产品，也可参见 Ducet et al.，2000)。

7.3　利用海平面高度气压场计算欧洲上空的地转风。首先计算 2000 年 12 月的月平均海平面压强，再计算每日变化。读取数据可通过 Era40.m。计算时请使用局地科氏力，局地的地理距离转换可参考数值练习 7.2 给出的关系式。

假设规划去一趟维多利亚湖北部的航行，计算结果会是什么样？(ECMWF ERA-40

数据由 ECMWF 数据服务器获得）

7.4 利用红黑算法计算式（7.48）在如图 7.15 所绘海盆中的解。式（7.48）右边 $\tilde{q}_{i,j} = -1$，在所有边界上 $\tilde{\psi}_{i,j} = 0$。基于余量与 b 的比值来实施终止（迭代）的判据。

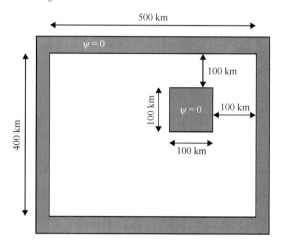

图 7.15　数值练习 7.4 提及的理想海盆的几何形状

7.5 使用 testpcg.m 中收敛性更好的共轭梯度法求解数值练习 7.4。

7.6 使用基于超松弛的高斯-赛德尔法重新求解数值练习 7.4，其中 ω 的取值范围为 0.7~1.999。对于每一个选定的 ω，计算从 0 开始直至余量达到预先设定的阈值再终止。画出达到收敛所需迭代次数以 ω 为自变量的函数图像。设计一个寻找最优 ω 的数值工具。改变每个方向上网格数量，重复该问题，网格数量依次选取 20、40、60、80 和 100。考察迭代次数和最优 ω 以网格数为自变量的函数关系。

7.7 在给定起始点和梯度 r 的条件下，证明式（7.55）所给的 α 能使式（7.52）中定义的 J 达到最小值。同时证明最速下降法中每一步迭代对应的余量都垂直于上一步的余量。从轴的原点开始，利用最速下降法找到式（7.52）的最小值，其中

$$A = \begin{pmatrix} 3 & 1 \\ 1 & 1 \end{pmatrix}, \ b = \begin{pmatrix} 6 \\ 2 \end{pmatrix} \tag{7.67}$$

观察此方法得到的连续近似值。（提示：在以两个未知数定义的二维平面，画出 J 的等值线，并绘出连接逐次近似值与解的线，在解点附近进行几次缩放）

7.8 以 Matlab^{TM} 函数的形式写出泊松方程的通用求解器。要求函数能提供屏蔽网格和随空间位置 (i, j) 变化网格距 $(\Delta x, \Delta y)$ 的变网格，同时要求如同式（7.44）中系数可变的拉普拉斯算子并满足以下应用场景。

在以风为主要驱动的浅水区域，例如小的湖泊、潟湖，流体通常处于由表面风应力、压力梯度和底摩擦所构成的平衡态。定义流函数 ψ 并消去压力梯度，我们能得到

以下的稳定流态方程：

$$\frac{\partial}{\partial x}\left(\frac{2\nu_E}{h^3}\frac{\partial\psi}{\partial x}\right) + \frac{\partial}{\partial y}\left(\frac{2\nu_E}{h^3}\frac{\partial\psi}{\partial y}\right) = \frac{\partial}{\partial y}\left(\frac{\tau^x}{\rho_0 h}\right) - \frac{\partial}{\partial x}\left(\frac{\tau^y}{\rho_0 h}\right) \tag{7.68}$$

式中，ν_E 是垂向涡黏性系数；$h(x, y)$ 是局部深度；(τ^x, τ^y) 是表面风应力分量。在这里我们选取 $\nu_E = 10^{-2}\,\mathrm{m^2/s}$，$\rho_0 = 1\,000\,\mathrm{kg/m^3}$，$h(x, y) = 50 - \left(x^2 + \frac{4y^2}{10}\right)$（深度单位为 m，水平方向单位为 km），$\tau^x = 0.1\,\mathrm{N/m^2}$，$\tau^y = 0$。计算域为 $x^2 + 4y^2 \leqslant 400\,\mathrm{km^2}$ 的椭圆形区域。

7.9　使用数值练习 7.8 中开发的数值工具模拟横跨白令海的定常流场，在这里我们假设式(7.68)右边为零。读取图 7.16 中的地形可使用 beringtop.m。将经纬度转换为局地笛卡儿坐标可使用数值练习 7.2 中的关系式，注意 cos（纬度）在这里选取为 cos(66.5°N) 以获得矩形网格。用恒定深度替代实际地形并保持陆地屏蔽网格不变再计算，并与真实地形的结果比较。

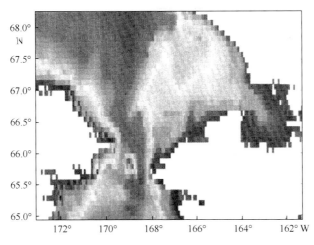

图 7.16　数值练习 7.9 的白令海模型。在计算流函数时，假定 169°W 以西的所有陆地点都有指定的流函数 $\Psi_1 = 0$，以东各点的 $\Psi_2 = 0.8\,\mathrm{Sv}$（$1\,\mathrm{Sv} = 10^6\,\mathrm{m^3/s}$）。为方便起见，可以考虑关闭东西边界，并使流函数沿开边界的法向导数为零

7.10　证明通过离散方程式(7.48)所获得的矩阵 $\boldsymbol{A}$ 是对称的，并且在改变方程两边符号的情况下是正定的。证明第二条特性使得对于任意 $z \neq 0$ 有 $z^T\boldsymbol{A}z > 0$。

7.11　计算基于超松弛的高斯–赛德尔法的迭代放大因子。你能推断出基于第一类边界条件(狄利克雷边界)下的最优超松弛系数吗？（提示：最优系数能保证系统中最慢的衰减过程尽可能快地完成）

杰弗里·英格拉姆·泰勒
（Geoffrey Ingram Taylor，1886—1975）

　　杰弗里·泰勒爵士被认为是 20 世纪最伟大的物理学家之一。他为我们对于流体动力学的理解做出了巨大的贡献，尽管他没有预见到地球流体力学的产生和发展，但是他对旋转流体力学的研究为该学科奠定了基础。同时，他还在湍流、航空以及固体力学方面均做出了开创性的工作。他与唯一一名助理工程师一起，维持着一个非常简陋的实验室。他总是喜欢独自解决全新的问题。（照片由剑桥大学出版社提供）

詹姆斯·赛勒斯·麦克威廉姆斯
（James Cyrus McWilliams，1946—　）

作为哈佛大学教授乔治·卡里尔（George Carrier）的学生，詹姆斯·麦克威廉姆斯是在地球流体力学领域把数学理论和计算模拟相结合的先驱。他的主要研究议题是平流如何产生全局有序与局部混沌的奇特组合，这在洋流中明显可见，大气和天体物理流动中也有类似现象。他的贡献涵盖了旋转和层结流体、波浪、湍流、边界层，以及海洋环流和计算方法等学科的众多议题。

麦克威廉姆斯的科学风格是在虚拟现实模拟中追求现象的发现，"在美好的日子里"去做动力学理解和解释并在自然界中加以证实。（照片来源：詹姆斯·赛勒斯·麦克威廉姆斯）

第8章 埃克曼层

摘要： 前述章节中忽略的摩擦力将在本章中讨论，摩擦力的主要作用在于形成水平边界层，以支持流体水平方向上的流动。其主要作用对于摩擦力主导的流速廓线数值处理用谱方法做了展示。

8.1 剪切湍流

由于大部分的地球流体系统的水平尺度远大于垂向尺度，垂向的局限使得流体运动主要是水平方向的，在这种情况下，水平主体运动与底部边界之间不可避免地产生摩擦力。摩擦力的出现降低了底部边界附近的流速，产生了速度剪切。在数学上，假设 u 表示水平某个方向上的速度分量，z 表示速度 u 距离底部的高度，那么在 z 足够小的情况下，u 是关于 z 的函数。函数 $u(z)$ 称为速度廓线，其导数 du/dz 即为速度剪切。

地球流体运动无处不在的湍流（高雷诺数）极大地增加了研究速度廓线的难度。因此，我们现有的知识大多来自实验室或者自然界中对真实流场的观测结果。

沿着平坦或者粗糙表面的剪切流动的湍流特性包括短时间或空间尺度上的变化，用于详细测量这些变化的最佳观测技术是针对实验室而非户外情况开发的。通过在实验室观测沿光滑平直表面的非旋转湍流流动得到以下结论：速度变化仅随着底边界施加的压力 τ_b、流体分子黏性系数 ν、流体密度 ρ 和距离底边界的高度 z 而变化。因此，

$$u(z) = F(\tau_b, \nu, \rho, z)$$

通过量纲分析，可以消去 τ_b 和 ρ 项共用但不存在于 u、ν 和 z 中的质量量纲，上述公式可以简化为

$$u(z) = F(\tau_b/\rho, \nu, z)$$

τ_b/ρ 与速度的平方量纲相同，因而通常将其定义为

$$u_* = \sqrt{\tau_b/\rho} \tag{8.1}$$

式中，u_* 称为摩擦速度或湍流速度。在物理上，u_* 的值与产生跨越流动的粒子交换和动量传递的涡旋的轨道速度有关。

因此，速度结构遵循关系式 $u(z) = F(u_*, \nu, z)$。进一步地，使用量纲分析将 F 简化为单变量函数：

$$\frac{u(z)}{u_*} = F\left(\frac{u_* z}{\nu}\right) \tag{8.2}$$

在旋转情况下，需要考虑科氏参数，函数 F 依赖于两个变量：

$$\frac{u(z)}{u_*} = F\left(\frac{u_* z}{\nu}, \frac{fz}{u_*}\right) \tag{8.3}$$

8.1.1 对数廓线

非旋转条件下函数 F 的实验测定已经不胜枚举，每次所得结果并无不同，故这里只列举一个相关研究就足够了（图 8.1）。当作出速度比 u/u_* 与无量纲距离 $u_* z/\nu$ 的对数曲线时，虽然并非所有的点都聚合在一条曲线上，表明尚有其他相关变量未考虑，但是曲线在两个数量级（$u_* z/\nu$ 从 10^1 到 10^3）范围内表现为直线。

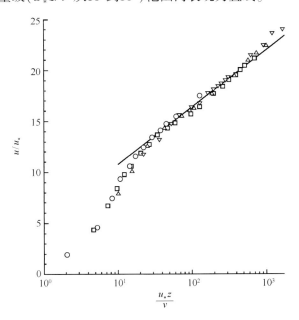

图 8.1　Wei 等（1989）测量的不同雷诺数下，充分发展的水槽湍流的平均速度廓线：圆圈代表 $Re = 2\,970$，正方形代表 $Re = 14\,914$，上三角代表 $Re = 22\,776$，下三角代表 $Re = 39\,582$。该对数线性图上的直线对应式（8.2）的对数廓线（Pope，2000）

若速度线性依赖于距离的对数，那么我们可以将这部分速度的剖面表示为

$$\frac{u(z)}{u_*} = A \ln \frac{u_* z}{\nu} + B$$

经过反复的实验验证，当误差不超过 5% 时，常数 $A = 2.44$、$B = 5.2$（Pope，2000）。习惯上将上述公式表达为

$$u(z) = \frac{u_*}{\kappa} \ln \frac{u_* z}{\nu} + 5.2 \, u_* \qquad (8.4)$$

式中，$\kappa = 1/A = 0.41$ 称为冯·卡门常数[①]。

对于更加贴近壁面即对数律失效的部分，或许可以通过层流解来逼近。恒定层流应力 $\nu \mathrm{d}u/\mathrm{d}z = \tau_\mathrm{b}/\rho = u_*^2$ 意味着 $u(z) = u_*^2 z/\nu$。忽略两种速度剖面之间的过渡区域（在该区域，速度廓线从一个解逐渐变化为另一个解），我们可以尝试连接这两种解决方案。这样做会得到 $u_* z/\nu = 11$，这设定了层流边界层的厚度 δ 作为 z 在 $u_* z/\nu = 11$ 的值，即

$$\delta = 11 \frac{\nu}{u_*} \qquad (8.5)$$

大部分书籍中（如 Kundu，1990），当流速剖面完全是层流时，取 $\delta = 5\nu/u_*$，将 $5\nu/u_*$ 与 $30\nu/u_*$ 之间的区域标记为缓冲层，即层流与充分发展的湍流之间的过渡区域。

对于通常环境下的水体，分子黏性系数 ν 等于 1.0×10^{-6} m^2/s，但是海洋中的摩擦速度罕有小于 1 mm/s 的。这说明海洋中 δ 几乎不可能超过 1 cm，即小于通常排列在海洋盆地底部的鹅卵石、涟漪和其他凹凸体的高度。对于大气而言亦相似，在简单分布的温度和压强条件下，空气黏性系数 ν 约为 1.5×10^{-5} m^2/s，摩擦速度很少低于 1 cm/s，使 $\delta < 5$ cm，小于大部分陆地的不规则变化和海上的波高。

在这种情况下，凹凸不平的底面上的速度廓线不再取决于流体的分子黏度，而是取决于所谓的粗糙度 z_0，使得

$$u(z) = \frac{u_*}{\kappa} \ln \frac{z}{z_0} \qquad (8.6)$$

如图 8.2 所示。需要特别注意的是，粗糙度 z_0 并非表面隆起的平均高度，而是它的一小部分，约为 1/10（Garratt，1992，第 87 页）。

8.1.2 涡黏性

我们在 5.2 节已经提到涡动扩散或涡黏性是什么以及如何在均匀湍流场的情况下，即远离边界的情况下用公式表达。在边界附近，湍流不再是各向同性的，需要用另一种方式表达。

在黏性流体的牛顿定律中，切向应力 τ 与速度剪切 $\mathrm{d}u/\mathrm{d}z$ 成正比，比例系数为分子黏性系数 ν，相似地，对湍流系统有

[①] 为纪念第一个引入该表达方式的匈牙利物理学家和工程师西奥多·冯·卡门（Theodore von Kármán，1881—1963）在德国工作期间对流体力学所做的杰出贡献。

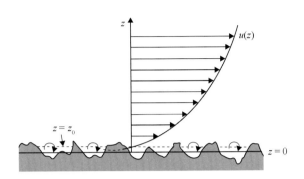

图 8.2 粗糙表面附近的速度廓线。粗糙度 z_0 小于表面不规则凹凸的平均高度。
因此，速度 u 在表面粗糙的内部某处降为零，局部流动衰减为各顶点之间的
小旋涡，因为由对数廓线预测的负值在物理上是不真实的

$$\tau = \rho_0\, \nu_{\mathrm{E}}\, \frac{\mathrm{d}u}{\mathrm{d}z} \tag{8.7}$$

式中，湍流黏性系数 ν_{E} 替代分了黏性系数 ν。对沿粗糙表面流体的对数廓线式（8.6）而言，速度剪切 $\mathrm{d}u/\mathrm{d}z = u_*/\kappa z$，流体内部应力 τ 均匀（至少在边界附近没有明显其他外力作用条件下）：$\tau = \tau_{\mathrm{b}} = \rho\, u_*^2$，则

$$\rho_0\, u_*^2 = \rho_0\, \nu_{\mathrm{E}}\, \frac{u_*}{\kappa z}$$

因此，

$$\nu_{\mathrm{E}} = \kappa z u_* \tag{8.8}$$

需要注意的是，与分子黏性不同，湍流黏性在空间上并不是不变的，因为它不是一个流体属性，而是流体运动的属性。从其量纲（$L^2 T^{-1}$），我们可以证明式（8.8）在量纲上的正确性，ν_{E} 亦可以表达为摩擦速度与长度的乘积，即

$$\nu_{\mathrm{E}} = l_{\mathrm{m}} u_* \tag{8.9}$$

式中，l_{m} 为混合长，定义为

$$l_{\mathrm{m}} = \kappa z \tag{8.10}$$

该参数化有时被用于边界层以外的情况（参见第 14 章）。

以上忽略了旋转。当考虑旋转作用时，边界层的特征将发生显著改变。

8.2 摩擦和旋转

在建立地球流体运动控制方程之后（4.1 节至 4.4 节），量纲分析被运用在控制方程上以评估各组成项的相对重要性（4.5 节）。在水平动量方程式（4.21a）和式（4.21b）中，对比各项与科氏力项，并定义了相应的无量纲比值。针对垂直摩擦的无量纲比值为埃

克曼数。

$$Ek = \frac{\nu_{\mathrm{E}}}{\Omega H^2} \tag{8.11}$$

式中，ν_{E} 表示涡黏性；Ω 表示环境转速；H 表示运动的高度/深度尺度（若流体均匀，则 H 取流体的总厚度）。

与实验室实验相同，经典地球流体运动的特征是埃克曼数极小。例如，在中纬度海洋（$\Omega \simeq 10^{-4}\,\mathrm{s}^{-1}$），用强化的涡黏性 $\nu_{\mathrm{E}} = 10^{-2}\,\mathrm{m}^2/\mathrm{s}$（远大于 $1.0 \times 10^{-6}\,\mathrm{m}^2/\mathrm{s}$ 的分子黏性），模拟的流动贯穿深度约 1 000 m，其埃克曼数约为 10^{-4}。

埃克曼数小表明在作用力平衡中，垂直黏性所起的作用非常小，因此，可以从方程中舍去。尽管，忽略垂直黏性项通常被证明是非常有效的，但是仍然存在损失。摩擦项伴随动量方程中所有项的最高阶偏导数出现。当忽略摩擦项时，微分方程的阶数降低，边界条件并不能全部同时应用，通常，必须接受沿底边界滑动。

自路德维希·普朗特[①]及其边界层一般理论建立以来，我们认识到在这种环境下，流体系统表现出两种截然不同的特性：距离边界一定距离的流体内部，通常忽略摩擦作用；相反地，在边界附近或者离开边界少许距离，即所谓边界层，摩擦的作用使层内流速由流体内部的速度降为边界上的零。

边界层的厚度 d 需满足埃克曼数量级为 1，即摩擦是主要作用力：

$$\frac{\nu_{\mathrm{E}}}{\Omega d^2} \sim 1$$

由此可以得到

$$d \sim \sqrt{\frac{\nu_{\mathrm{E}}}{\Omega}} \tag{8.12}$$

显而易见的是，d 远小于高度 H，边界层仅仅是流动区域中非常小的一部分。引用上述海洋中各物理量的典型数值（$\nu_{\mathrm{E}} = 10^{-2}\,\mathrm{m}^2/\mathrm{s}$、$\Omega \simeq 10^{-4}\,\mathrm{s}^{-1}$），边界层厚度 d 约为 10 m。

由于科氏效应，与非旋转流体边界层有很大不同，地球流体运动的摩擦边界层称为埃克曼层。尽管经典边界层不具备特定的厚度和随顺流或时间增长，旋转流体深度尺度 d 的存在表明埃克曼层可以用固定的厚度 d 表征。需要注意的是，当旋转消失时（$\Omega \to 0$），d 趋于无限大，表明了旋转与非旋转流体的本质区别。旋转不仅仅造成了边界层具有固定长度尺度，我们现在将证明，当接近边界时，它还会改变速度矢量的方向，导致横向流的产生。

---

① 参见本章末尾人物介绍。

8.3 底部埃克曼层

让我们研究底部平坦、均质流体中的均匀地转流(图8.3)。底部向流体施加与流动反向的摩擦力，使底部附近的薄层中的速度逐渐降为零。现在我们求解该层的结构。

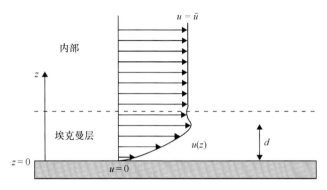

图 8.3 平坦底部的摩擦力对旋转结构中均匀流体的影响

当不存在水平梯度(称内部流体均匀)和时间变化时，根据连续方程式(4.21d)可得 $\partial w/\partial z = 0$，因此薄层内边界附近 $w = 0$。其余公式遵循式(4.21a)至式(4.21c)的简化形式：

$$- fv = - \frac{1}{\rho_0} \frac{\partial p}{\partial x} + \nu_{\mathrm{E}} \frac{\partial^2 u}{\partial z^2} \tag{8.13a}$$

$$+ fu = - \frac{1}{\rho_0} \frac{\partial p}{\partial y} + \nu_{\mathrm{E}} \frac{\partial^2 v}{\partial z^2} \tag{8.13b}$$

$$0 = - \frac{1}{\rho_0} \frac{\partial p}{\partial z} \tag{8.13c}$$

式中，f 表示科氏参数(这里取常数)；ρ_0 表示流体密度；ν_{E} 表示涡黏性(为简化计算亦取常数)。保留压强 p 的水平梯度项是因为均匀流体需要均匀变化的压强(7.1 节)。为方便起见，我们假设流体内部流动的方向，即速度 $\bar{u}$ 方向为 x 轴。则边界条件为

$$底部(z = 0)：u = 0, \ v = 0 \tag{8.14a}$$

$$朝向内部(z \gg d)：u = \bar{u}, \ v = 0, \ p = \bar{p}(x, \ y) \tag{8.14b}$$

由式(8.13c)，所有深度的动压力 p 相同；因而，$p = \bar{p}(x, \ y)$ 在流体内部和边界均成立。在流体内部($z \gg d$，数学上可以等同于 $z \to \infty$)，式(8.13a)和式(8.13b)将速度和压力梯度联系起来：

$$0 = - \frac{1}{\rho_0} \frac{\partial \bar{p}}{\partial x}$$

$$f\,\bar{u} = -\frac{1}{\rho_0}\frac{\partial \bar{p}}{\partial y} = 独立于\ z$$

把这些导数代入相应的方程中，这些方程现在适用于任意深度，得到

$$-fv = \nu_{\mathrm{E}}\frac{\mathrm{d}^2 u}{\mathrm{d}z^2} \tag{8.15a}$$

$$f(u - \bar{u}) = \nu_{\mathrm{E}}\frac{\mathrm{d}^2 v}{\mathrm{d}z^2} \tag{8.15b}$$

现在寻找 $u = \bar{u} + A\exp(\lambda z)$ 和 $v = B\exp(\lambda z)$ 形式的解，我们发现 λ 满足 $\nu^2\lambda^4 + f^2 = 0$，即

$$\lambda = \pm(1\pm i)\frac{1}{d}$$

式中，距离 d 定义为

$$d = \sqrt{\frac{2\nu_{\mathrm{E}}}{f}} \tag{8.16}$$

这里，我们将限于科氏参数 f 取正值的情况（北半球）。注意距离定义类似式(8.12)。边界条件式(8.14b)排除了指数增长的解，余下

$$u = \bar{u} + \mathrm{e}^{-z/d}\left(A\cos\frac{z}{d} + B\sin\frac{z}{d}\right) \tag{8.17a}$$

$$v = \mathrm{e}^{-z/d}\left(B\cos\frac{z}{d} - A\sin\frac{z}{d}\right) \tag{8.17b}$$

运用剩余的边界条件式(8.14a)，导出 $A = -\bar{u}$、$B = 0$ 或

$$u = \bar{u}\left(1 - \mathrm{e}^{-z/d}\cos\frac{z}{d}\right) \tag{8.18a}$$

$$v = \bar{u}\,\mathrm{e}^{-z/d}\sin\frac{z}{d} \tag{8.18b}$$

这些解具有若干重要特性。首先，我们注意到接近内部解的距离在量级上大约为 d。由此，式(8.16)给出了边界层厚度，d 被称为埃克曼深度。对比式(8.12)证实了早期的论点，即边界层厚度是对应于局地埃克曼数接近 1 的一个厚度。

上述解亦告诉我们，在边界层中存在垂直于内部流动的流动（$v \neq 0$）。非常靠近底部的区域（$z \to 0$），该分量与顺流流速（$u \sim v \sim \bar{u}z/d$）相等，意味着近底速度与内部流速左侧呈 45°（图 8.4）。若 $f < 0$，则边界层流动偏向内部流向右侧。进一步地，在 u 达到最大值（$z = 3\pi d/4$）处，流动方向上的流速大于内部流速（$u = 1.07\,\bar{u}$）。黏性偶尔能够愚弄我们！

计算主流垂向的净输运具有启发性：

$$V = \int_0^\infty v\,\mathrm{d}z = \frac{\bar{u}\,d}{2} \tag{8.19}$$

这与内部流体运动速度和埃克曼深度成正比。

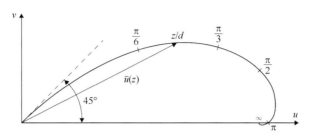

图 8.4 底部埃克曼层的速度螺旋线。图所示为北半球($f>0$)，
偏转位于上层流体的左侧，南半球则偏向右侧

8.4 对非均匀流的推广

我们现在考虑一种更加复杂的内部流动，即空间非均匀流动，其变化发生于充分大的尺度上，足以满足地转平衡（即罗斯贝数小，参见 7.1 节）。从而

$$-f\,\bar{v} = -\frac{1}{\rho_0}\frac{\partial\bar{p}}{\partial x}, \quad f\,\bar{u} = -\frac{1}{\rho_0}\frac{\partial\bar{p}}{\partial y}$$

式中，压强 $\bar{p}(x, y, t)$ 为任意。设科氏参数取常数，则该流场无散（$\partial\bar{u}/\partial x + \partial\bar{v}/\partial y = 0$）。边界层方程简化为

$$-f(v - \bar{v}) = \nu_{\mathrm{E}}\frac{\partial^2 u}{\partial z^2} \tag{8.20a}$$

$$f(u - \bar{u}) = \nu_{\mathrm{E}}\frac{\partial^2 v}{\partial z^2} \tag{8.20b}$$

且其解满足边界条件（对 $z \to \infty$，$u \to \bar{u}$ 和 $v \to \bar{v}$）有

$$u = \bar{u} + \mathrm{e}^{-z/d}\left(A\cos\frac{z}{d} + B\sin\frac{z}{d}\right) \tag{8.21}$$

$$v = \bar{v} + \mathrm{e}^{-z/d}\left(B\cos\frac{z}{d} - A\sin\frac{z}{d}\right) \tag{8.22}$$

这里，积分"常数"A 和 B 与 z 无关，但是通过 $\bar{u}$ 和 $\bar{v}$ 依赖于 x、y。设底部（即 $z=0$）处有 $u=v=0$，则解表达为

$$u = \bar{u}\left(1 - \mathrm{e}^{-z/d}\cos\frac{z}{d}\right) - \bar{v}\,\mathrm{e}^{-z/d}\sin\frac{z}{d} \tag{8.23a}$$

$$v = \bar{u}\,\mathrm{e}^{-z/d}\sin\frac{z}{d} + \bar{v}\left(1 - \mathrm{e}^{-z/d}\cos\frac{z}{d}\right) \tag{8.23b}$$

贡献给边界层流动的输运的各分量可以表示为

$$U = \int_0^\infty (u - \bar{u})\, \mathrm{d}z = -\frac{d}{2}(\bar{u} + \bar{v}) \tag{8.24a}$$

$$V = \int_0^\infty (v - \bar{v})\, \mathrm{d}z = \frac{d}{2}(\bar{u} - \bar{v}) \qquad \text{、} \tag{8.24b}$$

由于该输运不一定与流体内部流场平行，因此它可能具有非零的散度。事实上，

$$\frac{\partial U}{\partial x} + \frac{\partial V}{\partial y} = \int_0^\infty \left(\frac{\partial u}{\partial x} + \frac{\partial v}{\partial y} \right) \mathrm{d}z = -\frac{d}{2}\left(\frac{\partial \bar{v}}{\partial x} - \frac{\partial \bar{u}}{\partial y} \right) = -\frac{d}{2\rho_0 f} \nabla^2 \bar{p} \tag{8.25}$$

当内部流场具有相对涡度时，边界层流场产生辐聚和辐散。图8.5描述了该现象。疑问随之而来：发生了辐聚和辐散时，流体去了哪里或者来自何处？因为底部存在固体边界，所以唯一的可能是流体内部通过垂向运动补偿。然而需要注意的是(7.1节)，地转运动必须满足

$$\frac{\partial \bar{w}}{\partial z} = 0 \tag{8.26}$$

即，垂向运动必须贯穿整个深度的流体。当然，埃克曼层流场的辐散与埃克曼层的深度 d 成比例，而 d 非常小，垂向运动很弱。

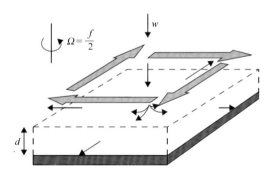

图8.5 底部埃克曼层辐散和流场内部的下降补偿运动。如大的水平箭头所指示，当内部出现反气旋流涡时出现该现象。相似地，流体内部的气旋式运动导致埃克曼层辐聚和内部的上升运动

内部的垂向运动称为埃克曼抽吸(Ekman pumping)，可通过连续方程式(4.21b)的垂向积分来计算，这里 $w(z=0)=0$ 和 $w(z \to \infty) = \bar{w}$：

$$\bar{w} = -\int_0^\infty \left(\frac{\partial u}{\partial x} + \frac{\partial v}{\partial y} \right) \mathrm{d}z = \frac{d}{2}\left(\frac{\partial \bar{v}}{\partial x} - \frac{\partial \bar{u}}{\partial y} \right) = \frac{d}{2\rho_0 f} \nabla^2 \bar{p} = \frac{1}{\rho_0} \sqrt{\frac{\nu_\mathrm{E}}{2f^3}} \nabla^2 \bar{p} \tag{8.27}$$

因此，平均流的涡度越大，上升流或下降流运动越显著，且越靠近赤道，这一现象越明显(随着科氏力参数 $f = 2\Omega \sin \varphi$ 减小，埃克曼层深度 d 变大)。气旋运动(在北半球为逆时针)中垂向运动向上，反气旋运动则向下(在北半球为顺时针)。

在南半球 $f<0$，埃克曼层深度 d 必须使用 f 的绝对值重新定义：$d = \sqrt{2\nu_{\mathrm{E}}/|f|}$，前述结论仍然成立：气旋运动中垂向运动向上，反气旋运动则向下。不同之处在于南半球气旋运动是顺时针，反气旋运动是逆时针。

8.5 非平坦地形上的埃克曼层

值得注意的是：不规则地形对埃克曼层的结构产生怎样的影响，更重要的是，对内部流动垂向速度大小的影响。为此，我们考虑非平坦地形上的非空间均匀的内部水平地转运动$(\bar{u}, \bar{v})$，该地形相对于水平参考面的海拔高度为 $z=b(x, y)$。保留地球流体运动的约束条件（4.3 节），即运动的水平尺度远大于垂向厚度，所以我们假设在底部任何区域坡度$(\partial b/\partial x, \partial b/\partial y)$均很小$(\ll 1)$。这一约束条件在大气和海洋普遍成立。

我们的控制方程依旧是式（8.20），结合连续方程式（4.21d），但是边界条件变为

$$底部(z=b)：u=0, v=0, w=0 \tag{8.28}$$

$$朝向内部(z \gg b + d)：u - \bar{u}, v - \bar{v} \tag{8.29}$$

解为式（8.23），其中 z 替换为 $z-b$：

$$u = \bar{u} - \mathrm{e}^{(b-z)/d}\left(\bar{u}\cos\frac{z-b}{d} + \bar{v}\sin\frac{z-b}{d}\right) \tag{8.30a}$$

$$v = \bar{v} + \mathrm{e}^{(b-z)/d}\left(\bar{u}\sin\frac{z-b}{d} - \bar{v}\cos\frac{z-b}{d}\right) \tag{8.30b}$$

我们注意到，边界层的垂向厚度仍然定义为 $d = \sqrt{2\nu_{\mathrm{E}}/f}$。然而，现在的边界层是倾斜的，通过垂直于底部的距离定义的厚度受到底部小斜坡余弦值的影响而减小。

那么，通过连续方程确定垂向运动：

$$
\begin{aligned}
\frac{\partial w}{\partial z} = &-\frac{\partial u}{\partial x} - \frac{\partial v}{\partial y} = \mathrm{e}^{\frac{b-z}{d}}\left\{\left(\frac{\partial\bar{v}}{\partial x} - \frac{\partial\bar{u}}{\partial y}\right)\sin\frac{z-b}{d}\right. \\
&+ \frac{1}{d}\frac{\partial b}{\partial x}\left[(\bar{u}-\bar{v})\cos\frac{z-b}{d} + (\bar{u}+\bar{v})\sin\frac{z-b}{d}\right] \\
&\left.+ \frac{1}{d}\frac{\partial b}{\partial y}\left[(\bar{u}+\bar{v})\cos\frac{z-b}{d} - (\bar{u}-\bar{v})\sin\frac{z-b}{d}\right]\right\}
\end{aligned}
$$

这里我们已经假设内部地转运动无散$[\partial\bar{u}/\partial x + \partial\bar{v}/\partial y = 0$，参见式（7.5）$]$。从底部 $z=b$ 垂直积分，即从垂向运动消失的底部（u 和 v 均为零，$w=0$）积分到垂向运动均匀分布（$w=\bar{w}$）的内部（$z\to+\infty$），有

$$\bar{w} = \left(\bar{u}\frac{\partial b}{\partial x} + \bar{v}\frac{\partial b}{\partial y}\right) + \frac{d}{2}\left(\frac{\partial\bar{v}}{\partial x} - \frac{\partial\bar{u}}{\partial y}\right) \tag{8.31}$$

因此，内部垂向运动包含两个部分：一个分量是确保底部没有垂直于底边界的运动[参

见式(7.7)]；另一个分量，假若底部水平平坦，是埃克曼抽吸贡献[参见式(8.27)]。

实现垂直于底部的流动分量的消失必须通过内部的非黏性动力过程，产生对 $\bar{w}$ 的第一个贡献。边界层的作用是使靠近底部的切向速度逐渐降低为零，这解释了对 $\bar{w}$ 的第二个贡献。需要注意，埃克曼抽吸不受底部坡面的影响。

上述解亦可以运用到大气边界层的底部。Akerblom(1908)首先进行了此类尝试，匹配接近地面的对数层(8.1.1节)。更高处的埃克曼层由 Van Dyke(1975)完成。然而，通常情况下，低层大气处于稳定(层结)或不稳定(对流)状态，埃克曼动力过程占主导地位的中性状态更多的是例外，而非常规。

8.6　表面埃克曼层

埃克曼层不仅沿着底面发生，而且在任何存在水平摩擦应力的地方都会发生。例如，海面受到风力影响的情况下就是此类情况。事实上，沃恩·华费特·埃克曼[1]首先考察了这种情况。在前往北极地区的航行中，弗里乔夫·南森[2]已经注意到：冰山并非顺风漂移，而是步调一致地沿着偏离风向右侧一定角度的方向运动。当时，他的学生埃克曼推测，这个角度偏移的原因是地球自转并且紧接着给出了现在以他的名字命名的数学表达式。公式解答最初发表于埃克曼1902年的博士论文中，并在三年后发表了更加完整的文章(Ekman，1905)。在随后的一篇文章(Ekman，1906)中，埃克曼提及了他的理论与底层大气的相关性，风速在低层大气中随着高度增加，逐渐接近地转值。

我们考虑图8.6描述的情形，其中局地海洋的内部流场 $(\bar{u}, \bar{v})$ 表面受风应力 (τ^x, τ^y) 强迫。此外，假设达到稳定条件，流体均质且在其内部满足地转条件，我们得到表面埃克曼层的流场 (u, v) 满足下面的方程和边界条件：

$$-f(v - \bar{v}) = \nu_E \frac{\partial^2 u}{\partial z^2} \qquad (8.32a)$$

$$+f(u - \bar{u}) = \nu_E \frac{\partial^2 v}{\partial z^2} \qquad (8.32b)$$

$$\text{表面}(z = 0)：\rho_0 \nu_E \frac{\partial u}{\partial z} = \tau^x，\rho_0 \nu_E \frac{\partial v}{\partial z} = \tau^y \qquad (8.32c)$$

$$\text{朝向内部}(z \to -\infty)：u = \bar{u}，v = \bar{v} \qquad (8.32d)$$

上述方程组的解为

---

① 参见本章结尾的人物介绍。

② 弗里乔夫·南森(Fridtjof Nansen，1861—1930)，挪威海洋科学家，以其北极考察与诺贝尔和平奖(1922)闻名于世。

$$u = \bar{u} + \frac{\sqrt{2}}{\rho_0 fd} \mathrm{e}^{z/d} \left[\tau^x \cos\left(\frac{z}{d} - \frac{\pi}{4}\right) - \tau^y \sin\left(\frac{z}{d} - \frac{\pi}{4}\right) \right] \tag{8.33a}$$

$$v = \bar{v} + \frac{\sqrt{2}}{\rho_0 fd} \mathrm{e}^{z/d} \left[\tau^x \sin\left(\frac{z}{d} - \frac{\pi}{4}\right) + \tau^y \cos\left(\frac{z}{d} - \frac{\pi}{4}\right) \right] \tag{8.33b}$$

我们注意到在式(8.33)中，(u, v)与内部运动$(\bar{u}, \bar{v})$偏离完全是风应力造成的。换句话说，该过程不依赖于内部流场。而且，风生流分量反比于埃克曼层的深度d，并且可能非常显著。在物理上，假如流体近乎非黏性(黏性系数v_E小，因此d小)，中等强度表面强迫就可以产生巨大的漂流速度。

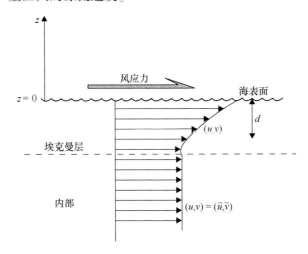

图 8.6 海表风应力形成的表面埃克曼层

风驱动的表面埃克曼层的水平输运分量可表达如下：

$$U = \int_{-\infty}^{0} (u - \bar{u}) \, \mathrm{d}z = \frac{1}{\rho_0 f} \tau^y \tag{8.34a}$$

$$V = \int_{-\infty}^{0} (v - \bar{v}) \, \mathrm{d}z = \frac{-1}{\rho_0 f} \tau^x \tag{8.34b}$$

出人意料的是，埃克曼输运的方向垂直于风应力(图8.7)，北半球指向风应力右侧，南半球指向左侧。这解释了弗里乔夫·南森观测到的现象：在北大西洋，当大部分体积淹没于海表以下的冰川随风漂流时，步调一致地沿着风向右侧方向运动。

如同对于底部埃克曼层那样，让我们计算流场的散度，对整个边界层积分：

$$\int_{-\infty}^{0} \left(\frac{\partial u}{\partial x} + \frac{\partial v}{\partial y} \right) \mathrm{d}z = \frac{1}{\rho_0} \left[\frac{\partial}{\partial x}\left(\frac{\tau^y}{f}\right) - \frac{\partial}{\partial y}\left(\frac{\tau^x}{f}\right) \right] \tag{8.35}$$

当f取常数时，由于地转流是无散的，贡献完全来自风应力。它正比于风应力旋度，更重要的是，不受黏性大小的影响。进一步可证实，当涡黏性随着空间改变时，这一特性依然不变(参见解析问题 8.7)。

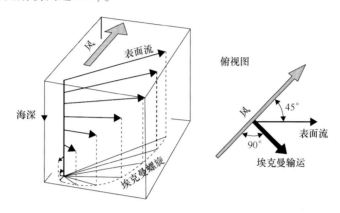

图 8.7　表面埃克曼层结构。图中所示为北半球($f>0$)，
漂流偏向表面应力的右侧，南半球则相反

假如风应力旋度不为零，埃克曼输运的散度必须由贯穿流体内部的垂向速度提供。对连续方程式(4.21d)做垂向积分，以 $w(z=0)$ 和 $w(z \to -\infty) = \bar{w}$ 穿过埃克曼层，得到

$$\bar{w} = + \int_{-\infty}^{0} \left(\frac{\partial u}{\partial x} + \frac{\partial v}{\partial y} \right) \mathrm{d}z = \frac{1}{\rho_0} \left[\frac{\partial}{\partial x} \left(\frac{\tau^y}{f} \right) - \frac{\partial}{\partial y} \left(\frac{\tau^x}{f} \right) \right] = w_{\mathrm{Ek}} \qquad (8.36)$$

该垂向速度称为埃克曼抽吸。在北半球($f>0$)，顺时针方向的风场(旋度为负)产生下沉运动[图 8.8(a)]，逆时针方向的风场对应上升运动[图 8.8(b)]。在南半球，方向则相反。埃克曼抽吸是风驱动次表层海洋运动的非常重要的动力机制(Pedlosky，1996；或参见第 20 章)。

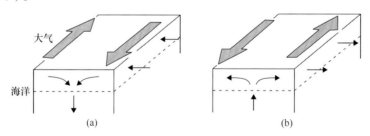

图 8.8　剪切风作用下的埃克曼抽吸(北半球示例)

8.7　真实地转流中的埃克曼层

上述底部和表面埃克曼层模型是高度理想化的，我们不期待理想模型的解与真实大气和海洋观测非常匹配(个例除外；见图 8.9)。在诸多因素中，湍流、层结和水平梯

度是导致本质区别的三大要素。

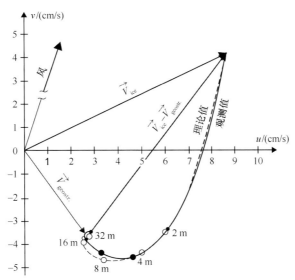

图 8.9 位于 84.3°N 漂流冰川之间的观测流和基于涡黏性 $\nu_E = 2.4 \times 10^{-3} \, \text{m}^2/\text{s}$ 理论预测之间的

对比[摘自《深海研究》*Deep-Sea Research*，第 13 期，Kenneth Hunkins，Ekman drift currents

in the Arctic Ocean，p. 614，© 1996，获得培格曼出版公司(Pergamon Press Ltd)许可]

    注意到第 4 章的结尾提及：地转流具有较大的雷诺数，因此处于湍流状态。参考 4.2 节，将流体的分子黏性替换为远高于分子黏性的涡黏性是认识到湍流加强动量通量的第一次尝试。然而，在诸如埃克曼层存在的剪切流中，湍流并非均匀的，在剪切大的地方湍流运动更加剧烈；在边界附近，湍流涡旋的大小受到限制。在欠缺湍流准确理论的情况下，人们提出了几种方案。对底层来说，涡黏性被认为是垂向变化的(Madsen，1977)且依赖于底部应力(Cushman-Roisin et al.，1997)。其他方案也以公式的形式给出并取得不同程度的成功(参见 4.2 节)。尽管模型与实际观测之间存在许多不同，但是如下两种结论普遍成立。第一个结论是，边界附近流速与内部流速或表面应力(取决于埃克曼层的类型)的夹角在 5°~20° 范围内变化，总是远小于 45° 的理论值(图 8.10)，也可参见 Stacey 等(1996)。

    第二个结论是，埃克曼层厚度的垂向尺度满足

$$d \simeq 0.4 \frac{u_*}{f} \qquad (8.37)$$

式中，u_* 为式(8.1)定义的湍流摩擦速度。数值因子由观测所得(Garratt，1992，附录 3)。尽管 0.4 是最为普遍接受的数值，有证据证明在特定的海洋条件下，0.4 的取值略微偏大(Mofjeld et al.，1985；Stigebrandt，1985)。

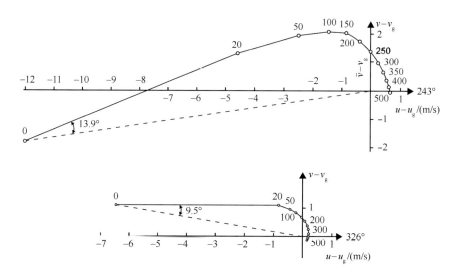

图 8.10　风矢量减去地转风作为锡利群岛（Scilly Isles）附近海洋摩擦层高度（单位：m）的函数。上图为暖空气经过冷水上方的情况；下图为冷空气经过暖水上方的情况（摘自 Roll，1965）

u_* 为湍流速度，取最大湍涡的尺寸为（未知）埃克曼层深度 d，有

$$\nu_{\mathrm{E}} \sim u_* d \tag{8.38}$$

那么，利用式（8.12）确定边界层厚度，我们可以得到

$$1 \sim \frac{\nu_{\mathrm{E}}}{fd^2} \sim \frac{u_*}{fd}$$

可以通过上述公式即可推导式（8.37）。

　　前述埃克曼层的公式未考虑的另一个重要影响因素是垂向密度层结。尽管层结的作用在第 11 章之前未做详细讨论，在此处简单预测密度随深度的逐渐变化（密度小的流体位于密度大的流体之上）阻碍了垂向运动，从而削弱了湍流运动造成的垂向混合；它也令不同分层内的运动之间的一致性减弱并产生重力内波。因此，层结减少埃克曼层的厚度，增加流速方向随着深度的偏转（Garratt，1992，6.2 节）。在考虑密度层结条件下，研究海洋风生埃克曼层，推荐阅读 Price 等（1999）的文章。

　　受底部加热影响，日间近地面和暖流海面的大气层处于对流状态。在这种情况下，埃克曼动力作用弱于对流活动，除了其上的地转风，地面热量通量的强度是另一决定因素。相关基本模型在后续章节中说明（14.7 节）。因为埃克曼动力学起次要作用，该层被称为大气边界层。感兴趣的读者可以阅读 Stull（1988）、Sorbjan（1989）、Zilitinkevich（1991）或者 Garratt（1992）相关书籍。

8.8　薄层流动的数值模拟

目前为止的理论大部分依赖于湍流黏性为常数的假设。然而，对于真实流体而言，极少出现均匀的湍流，而且必须考虑涡旋扩散廓线。如此复杂使得分析非常繁琐甚至几乎不可能实现，故而需要引入数值方法。

为说明该方法，我们恢复非定常项并且假设涡黏性垂向变化（图 8.11），但是保留流体静力近似式（8.13c）和流体密度均匀的假设。速度 u 和 v 控制方程为

$$\frac{\partial u}{\partial t} - fv = -\frac{1}{\rho_0}\frac{\partial p}{\partial x} + \frac{\partial}{\partial z}\left(\nu_E(z)\frac{\partial u}{\partial z}\right) \tag{8.39a}$$

$$\frac{\partial v}{\partial t} + fu = -\frac{1}{\rho_0}\frac{\partial p}{\partial y} + \frac{\partial}{\partial z}\left(\nu_E(z)\frac{\partial v}{\partial z}\right) \tag{8.39b}$$

$$0 = -\frac{1}{\rho_0}\frac{\partial p}{\partial z} \tag{8.39c}$$

通过式（8.39c）可见，水平压力梯度不依赖于 z。

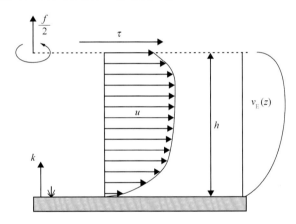

图 8.11　垂直方向受限制的流体运动，受底部和顶部埃克曼层影响，其垂向速度廓线不均匀。垂直结构可以通过贯穿整个流体的一维模型计算，其中湍流黏性 ν_E 可以随深度变化

对控制方程应用标准有限体积方法，但是鉴于我们已经数次使用该方法，这里布置了使用该方法的练习（参见数值练习 8.5）。作为替代，我们介绍另一个数值方法。该方法将使用预先选定的基函数 φ_j 对速度做展开，N 个基函数的有限项和构造一个试探解：

$$\widetilde{u}(z,\ t) = a_1(t)\varphi_1(z) + a_2(t)\varphi_2(z) + \cdots + a_N(t)\varphi_N(z) = \sum_{j=1}^{N} a_j(t)\varphi_j(z) \tag{8.40a}$$

$$\widetilde{v}(z,\ t) = b_1(t)\varphi_1(z) + b_2(t)\varphi_2(z) + \cdots + b_N(t)\varphi_N(z) = \sum_{j=1}^{N} b_j(t)\varphi_j(z) \tag{8.40b}$$

问题简化为寻找计算当 $j=1$，$\cdots$，N 时未知系数 $a_j(t)$ 和 $b_j(t)$ 的途径，所得系数需使速度的试探解尽可能接近精确解。换句话说，我们需要试探解 $\widetilde{u}$ 替代 x 方向动量方程所得剩余项 r_u，

$$\frac{\partial \widetilde{u}}{\partial t} - f\widetilde{v} + \frac{1}{\rho_0}\frac{\partial p}{\partial x} - \frac{\partial}{\partial z}\left(\nu_{\mathrm{E}}\frac{\partial \widetilde{u}}{\partial z}\right) = r_u \tag{8.41}$$

需尽可能小，相似地，y 方向动量公式的 r_v 亦需要尽可能小。剩余项 r_u 和 r_v 量化试探解的截断误差，目标是最小化剩余项。

配置方法需要区域内有限点 z_k 的剩余项为零。如果两个序列中的每一个都包含 N 个项，那么还需要 N 个点使得剩余项 r_u 和 r_v 为零，因而得到 $2N$ 个约束，其中包含 $2N$ 个未知数 $a_j(t)$ 和 $b_j(t)$。只要微小的变化，这些方程就足够确定系数 $u_j(t)$ 和 $b_j(t)$ 随时间的变化。在当前的情况下，这种情况几乎是确定的，因为方程是线性的，并且时间的导数 $\mathrm{d}a_j(t)/\mathrm{d}t$ 和 $\mathrm{d}b_j(t)/\mathrm{d}t$ 出现在线性微分方程中，这是一个相对简单的问题，需要通过数值求解，尽管矩阵可能只有很少个零。然而，在某些情况下，方程可能是病态化的，因为配置点 z_k 选择不当（Gottlied et al.，1977）。

在选定点要求零残差的另一种方法是最小化全局度量的误差。例如，我们将方程乘以 N 个不同的权重函数 $w_i(z)$ 并关于整个区域积分，权重函数需满足如下条件：

$$\int_0^h w_i \, r_u \mathrm{d}z = 0 \tag{8.42}$$

对于相伴的方程也是如此。需要注意的是，我们需要式(8.42)仅对有限集合的函数 w_i，$i=1,\cdots,N$ 成立。如果我们要求对任意函数 w 积分为零，那么试探解就是方程的精确解，因为 r_u 和 r_v 在任意位置恒等于零，但是这几乎是不可能的，因为我们能够支配的仅有 $2N$ 个方程和非无穷大自由度。权重剩余项式(8.42)必须满足

$$\int_0^h w_i\left[\frac{\partial \widetilde{u}}{\partial t} - f\widetilde{v} + \frac{1}{\rho_0}\frac{\partial p}{\partial x} - \frac{\partial}{\partial z}\left(\nu_{\mathrm{E}}\frac{\partial \widetilde{u}}{\partial z}\right)\right]\mathrm{d}z = 0 \tag{8.43}$$

对下标 i 所有值，有

$$\sum_{j=1}^N \int_0^h (w_i\,\varphi_j \mathrm{d}z)\,\frac{\mathrm{d}a_j}{\mathrm{d}t} - f\sum_{j=1}^N \int_0^h (w_i\,\varphi_j \mathrm{d}z)\,b_j + \frac{1}{\rho_0}\frac{\partial p}{\partial x}\int_0^h (w_i \mathrm{d}z)$$

$$- w_i(h)\,\nu_{\mathrm{E}}\left.\frac{\partial u}{\partial z}\right|_h + w_i(0)\,\nu_{\mathrm{E}}\left.\frac{\partial u}{\partial z}\right|_0 + \sum_{j=1}^N \int_0^h\left(\nu_{\mathrm{E}}\frac{\mathrm{d}w_i}{\mathrm{d}z}\frac{\mathrm{d}\varphi_j}{\mathrm{d}z}\,\mathrm{d}z\right)a_j = 0 \tag{8.44}$$

将式(8.44)中的 as 替换为 bs，bs 替换为 $-as$，x 替换为 y，u 替换为 v，可得到 y 方向相似的动量方程。需要注意的是，上述讨论的前提是压力梯度不依赖于深度 z。若已知（例如海表风应力）底部和表面应力（最后一行的第一项和第二项）可以用它们的值代替。

正如我们已经提及的，若对任意权重函数，式(8.44)均成立，那么可以获得该方

程的精确解，但是若式（8.44）仅对有限权重函数序列成立，那么寻求使得残差非零但是正交于权重函数的近似解。[①] 若使用 N 个不同权重，那么两个方程的加权残差需为零，我们得到 $2N$ 个不同的微分方程，其中含有 $2N$ 个未知数 a_j 和 b_j。为了用统一格式书写方程组，我们定义方矩阵 M 和 K 以及列向量 s：

$$M_{ij} = \int_0^h w_i\,\varphi_j \mathrm{d}z, \quad K_{ij} = \int_0^h \nu_\mathrm{E} \frac{\mathrm{d}w_i}{\mathrm{d}z} \frac{\mathrm{d}\varphi_j}{\mathrm{d}z}\,\mathrm{d}z, \quad s_i = \int_0^h w_i \mathrm{d}z \qquad (8.45)$$

然后，将系数 a_j 和 b_j 记为列向量 a 和 b，函数 w_i 记为列向量 w。权重残差方程的矩阵形式表示为

$$M\frac{\mathrm{d}a}{\mathrm{d}t} = +fMb - Ka - \frac{1}{\rho_0}\frac{\partial p}{\partial x}s + \frac{\tau^x}{\rho_0}w(h) - \frac{\tau_b^x}{\rho_0}w(0) \qquad (8.46a)$$

$$M\frac{\mathrm{d}b}{\mathrm{d}t} = -fMa - Kb - \frac{1}{\rho_0}\frac{\partial p}{\partial y}s + \frac{\tau^y}{\rho_0}w(h) - \frac{\tau_b^y}{\rho_0}w(0) \qquad (8.46b)$$

只要表面应力、底部应力和压力梯度随时间的变化已知，那么该微分方程组可以通过第 2 章任意一种时间积分方法求解。

现在剩下的就是提供系数 a_j 和 b_j 的初始条件，这需要由流场初始条件推导（参见数值练习 8.1）。求解式（8.46）后，利用已知系数 a_j 和 b_j 的值可以结合式（8.40）展开方法重构解，该方法称为加权余量法。

关于边界条件需要提醒一句。在离散的方程中出现应力项，故剪切应力的上、下边界条件被自动计入。因此，方便应用诺伊曼边界条件（也叫自然条件）。基函数无须特殊要求，并且在施加压力条件的边界处权重仅仅需要不为零。然而，当边界应力未知时，这种情况通常发生在无滑动的刚性边界，此时 $u=v=0$。积分中并不出现 u 和 v 在边界的取值，为兼容边界条件，基函数的选择需谨慎。在无滑动刚性条件下，相关边界需 $\varphi_j = 0$，从而边界速度消失。这称为本质边界条件。

到目前为止，除了在上述提及的相关边界约束外，基函数 φ_j 和权重 w_i 均为任意的，合理的选择可以成就有效的方法。伽辽金法（Galerkin method）采用相当自然的选择使展开式中权重等于基函数。选择恰当的基函数集 φ_j，可以使更多的函数构成精确解。使用伽辽金法，其组成的两个矩阵 M 和 K 是对称矩阵[②]：

$$M_{ij} = \int_0^h \varphi_i\,\varphi_j \mathrm{d}z, \quad K_{ij} = \int_0^h \nu_\mathrm{E} \frac{\mathrm{d}\varphi_i}{\mathrm{d}z} \frac{\mathrm{d}\varphi_j}{\mathrm{d}z}\,\mathrm{d}z, \quad s_i = \int_0^h \varphi_i \mathrm{d}z \qquad (8.47)$$

基函数 φ_j 不需要跨越整个区域，但是需要在除有限个子区域之外始终为零。解可

---

① 两个函数的正交，此处理解为两个函数乘积在某一区域的积分为零。在这个例子中，残差与所有权重函数正交。

② 在有限元术语中，M 和 K 分别被称为质量矩阵与刚度矩阵。

以解释为基本局部解的叠加。为此，数值区域分割为若干子区域，称为有限元，一维有限元是线段，二维为三角形，在各有限元内，仅几个基函数非零。这有效地降低了矩阵 $\boldsymbol{M}$ 和 $\boldsymbol{K}$ 的计算量。有限元方法是处理微分方程最先进和灵活的方法之一，但也是最难正确实现的方法[参见 Hanert 等(2003)用于实现二维海洋模型]。感兴趣的读者可以参考专业文献：Buchanan(1995)和 Zienkiewicz 等(2000)关于有限元方法的介绍，Zienkiewicz 等(2005)关于有限元在流体动力学中的应用。

对于底部边界条件 $u = v = 0$，取 $w_j(0) = \varphi_j(0) = 0$，除包含底应力的项消失之外，式(8.46)没有改变。该方法涉及耦合所有未知数 a_j 和 b_j 的矩阵，要求在每个时间步长对初始矩阵求逆(N^3 运算)，然后进行矩阵向量相乘(N^2 运算)。

对于一维埃克曼层而言，问题可以通过选择满足式(8.48)的特殊基函数进一步简化(Davies，1987；Heaps，1987)为

$$\frac{\partial}{\partial z}\left[\nu_{\mathrm{E}}(z)\,\frac{\partial \varphi_j}{\partial z}\right] = -\varrho_j\,\varphi_j(z) \tag{8.48a}$$

$$\varphi_i(0) = 0, \quad \left.\frac{\partial \varphi_j}{\partial z}\right|_{z=h} = 0 \tag{8.48b}$$

换句话说，选择式(8.48a)等号左侧括号内的扩散算子的本征函数为 φ_j，ϱ_j 为特征值。将式(8.48a)乘以 φ_j，再对等号左侧项分部积分并结合边界条件式(8.48b)得到

$$\int_0^h \nu_{\mathrm{E}}\,\frac{\mathrm{d}\varphi_i}{\mathrm{d}z}\,\frac{\mathrm{d}\varphi_j}{\mathrm{d}z}\,\mathrm{d}z = \varrho_j\int_0^h \varphi_i\,\varphi_j\mathrm{d}z \tag{8.49}$$

注意到若 $i = j$，那么式(8.49)所有项都是二次的，即正值，本征值与扩散系数正负号相同。交换下标 i 和 j，我们有

$$\int_0^h \nu_{\mathrm{E}}\,\frac{\mathrm{d}\varphi_j}{\mathrm{d}z}\,\frac{\mathrm{d}\varphi_i}{\mathrm{d}z}\,\mathrm{d}z = \varrho_i\int_0^h \varphi_j\,\varphi_i\mathrm{d}z \tag{8.50}$$

用式(8.49)减去式(8.50)得

$$(\varrho_i - \varrho_j)\int_0^h \varphi_i\,\varphi_j\mathrm{d}z = 0$$

说明，若对不同特征值而言，基函数 φ_i 和 φ_j 正交：

$$\int_0^h \varphi_i(z)\varphi_j(z)\,\mathrm{d}z = 0 \qquad (若\ i \neq j) \tag{8.52}$$

最后，因为基函数是在任意乘法因子内定义的，我们可以将其标准化，有

$$\int_0^h \varphi_i(z)\varphi_j(z)\,\mathrm{d}z = \delta_{ij} = \begin{cases} 0 & (若\ i \neq j) \\ 1 & (若\ i = j) \end{cases} \tag{8.53}$$

当选择本征函数作为伽辽金法的基函数时就得到了谱方法。谱方法是非常优雅的方法，因为大幅减少了系数方程。本征函数的正交性即式(8.53)使得 $\boldsymbol{M} = 1$，即单位矩

阵，式(8.49)的矩阵形式简化为 $\boldsymbol{K} = \boldsymbol{\varrho}\,\boldsymbol{M} = \boldsymbol{\varrho}$，其中 $\boldsymbol{\varrho}$ 是特征值 ϱ_j 组成的对角矩阵。最后，$\boldsymbol{a}$ 和 $\boldsymbol{b}$ 的 j 分量方程简化为

$$\frac{\mathrm{d}a_j}{\mathrm{d}t} = + f\,b_j - \varrho_j\,a_j - \frac{1}{\rho_0}\frac{\partial p}{\partial x}s_j + \frac{\tau^x}{\rho_0}\varphi_j(h) \tag{8.54a}$$

$$\frac{\mathrm{d}b_j}{\mathrm{d}t} = - f\,a_j - \varrho_j\,b_j - \frac{1}{\rho_0}\frac{\partial p}{\partial y}s_j + \frac{\tau^y}{\rho_0}\varphi_j(h) \tag{8.54b}$$

需要注意的是，因为特征值是正值，等号右侧第二项对应 a_j 和 b_j 振幅的阻尼，与扩散的物理阻尼一致。

由于由一组正交基函数实现的解耦[①]，我们不再求解 $2N$ 方程组的系统，而是求解 2 个方程组的 N 个系统。这使得运算得到了显著简化：标准伽辽金法每一步均需要对一个 $2N \times 2N$ 方阵求逆和乘法运算，运算量量级为 $4N^2$，相比之下，谱方法需要解 N 遍 2×2 方程组，运算量正比于 N。当需要大量的时间步长计算时，计算机的负荷大致减少一个计算因子 N。以典型的 $10^2 \sim 10^3$ 基函数为例，谱方法的使用节省的机时非常可观。本征函数的初步探索具有非常重要的价值。

原则上，对良态的 $\nu_E(z)$ 来说，存在无限的、可数个特征值 ϱ_j，并且完整的本征函数的集合 φ_j 能够分解任意函数。因此可以通过仅保留有限数量的本征函数来获得近似解，那么接下来的问题就是应该保留多少个函数以及哪些函数应该保留。为了了解获得哪一个，我们可以假设黏性系数 $\nu_E(z)$ 为常数，在这种情况下，特征问题的解是（对 $j = 1, 2, \cdots$ 来说）：

$$\varphi_j = \sqrt{\frac{2}{h}}\sin\left[(2j-1)\frac{\pi}{2}\frac{z}{h}\right]$$

$$\varrho_j = (2j-1)^2\frac{\pi^2\nu_E}{4h^2}$$

$$s_j = \frac{2\sqrt{2h}}{\pi(2j-1)}$$

$$\varphi_j(h) = (-1)^{(j+1)}\sqrt{\frac{2}{h}}$$

上式中引入缩放因子 $\sqrt{2/h}$ 以满足标准化要求式(8.53)。现在，从本征函数的角度，将谱分析方法理解为速度解展开式中使用的特殊本征函数，更容易理解其命名。正弦函数实际上等同于傅里叶级数中的作用，将周期函数分解为不同波长构成。系数 a_j 和 b_j 直接理解为不同模态的振幅，换句话说，即傅里叶模态对应的能量。因此，a_j 和 b_j 集合

---

① 仅当方程为线性。

提供了对解的波谱的理解。

我们进一步观察到，特征值 ϱ_j 越大，函数空间振荡得越快，从而有利于捕捉更加细微的结构。因此，一个更高精度的解需要获得展开式中更多的特征值，正如在有限差分中添加网格点以获得更高的分辨率一样。保留的函数数目 N 是有关分辨的尺度问题。对于一个有 N 个自由度的有限差分表达式，覆盖该领域的网格均匀，分辨率为 $\Delta z = h/N$，可以解析的最小尺度波数为 $k_z = \pi/\Delta z$（参见 1.12 节）。在谱分析法中[1]，保留的最高模态对应波数 $k_z = N\pi/h$，这与有限差分方法相同。因此，两种方法足以代表含有相同数量未知数波数的相同的波谱。此外，两种方法求解耗费的机时都正比于未知数的个数。那么，使用谱方法的优势在于何处？

除了使用傅里叶分量直接解释系数 a_j 和 b_j，谱分析方法的本质优势在于，对于充分平缓的解与边界条件（Ganuto et al.，1988），随着基函数的数量 N 的增加，所得数值解向精确解快速收敛。为解释这一说法，我们通过从矩阵方程中删除 $\mathrm{d}a_j/\mathrm{d}t$ 和 $\mathrm{d}b_j/\mathrm{d}t$，并在重组解决方案之前计算系数 a 和 b，计算表面无外力强迫的地转流的定常解。即使只有 5 个基函数（即等同于使用 5 个格点），数值解依然能准确捕捉到精确解的变化（图 8.12）。进一步地，由于不同系数 a_j 的方程是解耦的，增加 N 的值不影响上一步计算的系数，只是为数值解增加新的一项，每个项带来额外的分辨率。新增加项的振幅正比于系数 a_j 和 b_j，随着下标 j 的增加，系数快速减小（见图 8.13——注意坐标轴对数刻度），说明数值解快速收敛。

为了不丢失解的重要分量，不可避免地需要使用本征函数的排序，保留所有的本征函数，即序列长度为预选的 N。受较大的 N 所限，相对光滑的解收敛速度快于有限差分方法计算的任意阶结果（Gottlieb et al.，1977）。这是谱方法的显著优势，也是谱方法广泛应用于求解近精确数值解的原因。

伽辽金谱方法的替代方法是强制误差在特定的网格点消失，导致所谓的拟谱方法（Fornberg，1988）。对于所有的配置法来说，均不需要对域上的积分进行评估。

在总结描述函数展开法时，我们强调数值近似的基础与有限差分方法中使用的点值采样大不相同。在空间上，基函数 φ_j 连续，因而不需要近似即可以进行微分和运算。数值误差仅与用于展开解的有限基函数的数量有关。

---

[1]　谱方法适合求解连续性较好的问题，对于变化剧烈的或有间断的问题，谱方法适用性较差。所以若解及边界条件变化较为平缓，则用谱方法较易求解，收敛较快。

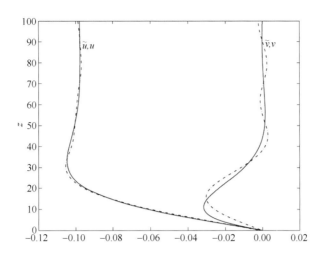

图 8.12　无滑动底边界和无外力强迫的上边界条件下，沿 y 轴压力梯度强迫的速度廓线。
上部地转流分量为 $u=0.1$ 和 $v=0$。实线表示精确解，点划线表示谱方法只取 5 个模态的
数值解。需要注意的是，两条线非常贴近。数值解的振荡暗示解展开中使用的正弦函数

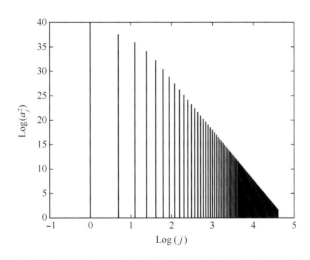

图 8.13　将谱方法应用于图 8.12 所示情形下计算的系数 a_j 序列。采用对数坐标，
图中显示，振幅随着模态数的增加而快速减小，向精确解收敛的速度很快

解析问题

8.1　经观察，搅拌茶杯底部的茶叶碎片会向中心凝聚成团。使用埃克曼层动力学
解释这一现象，并解释茶叶向中心凝聚为何与搅拌的方向无关（顺时针或者逆时针）。

8.2　假设位于 45°N 地球表面的大气埃克曼层能够通过涡黏性 $\nu_E = 10\ \text{m}^2/\text{s}$ 模拟。

若该层以上的地转流为 10 m/s 且为均匀的，那么，穿过等压线的流场的垂向积分是多少？是否存在垂向速度？

8.3　纽约(41°N)上空气象观测展现出一个中性大气边界层(无对流和层结)和海拔高于街道 1 000 m 的 12 m/s 的西向地转风。在中性条件下，埃克曼动力学适用。使用涡黏性 $\nu_E = 10$ m²/s，确定 381 m 高的帝国大厦上的风速和风向。

8.4　9 m/s 的南风吹过台北市内(25°N)。假设大气为中性以便运用埃克曼动力理论并设涡黏性 $\nu_E = 10$ m²/s，计算从街道至台北国际金融中心摩天大楼顶部(高于街道 509 m)的速度廓线。单位高度和沿风向单位长度的风应力可以表示为 $F = 0.93\rho L V^2$，其中 $\rho = 1.20$ kg/m³ 是标准大气密度，$L = 25$ m 为建筑物的宽度，$V(z) = (u^2 + v^2)^{1/2}$ 表示相应高度上的风速。根据以上条件，计算作用于台北国际金融中心南立面上的风压力。

8.5　证明尽管在存在水平梯度的情况下 $\bar{w}$ 或许不为零，即使使用短距离 d 作为垂向长度尺度，动量方程中的垂向对流项 $\partial u / \partial z$ 和 $\partial v / \partial z$ 依然可以忽略。

8.6　你正在为一个公司工作，计划在深度为 3 000 m 的海洋底部存放高放射性废物。已知该处(33°N)位于永久逆时针涡旋中心。在局地，涡旋流动可以理解为角速度为 10^{-5} s^{-1} 的刚体旋转。假设海洋均匀、稳定地转流，估算涡旋中心上升率。高放射性废物到达海表需要多少年？其中，$f = 8 \times 10^{-5}$ s^{-1}，$\nu_E = 10^{-2}$ m²/s。

8.7　由动量方程式(8.32)的垂向积分而非解答式(8.33)更简单地推导公式式(8.36)，并考虑非均匀涡黏性，与控制方程式(4.21a)和式(4.21b)相同，此时方程右侧垂直导数内部的 ν_E 保留。

8.8　在 15°—45°N 之间，经过北太平洋的风包含大部分的信风(东风)带(15°—30°N)和中纬度西风带(30°—45°N)。风应力表达式为

$$\tau^x = \tau_0 \sin\left(\frac{\pi y}{2L}\right), \quad \tau^y = 0 \quad (-L \leqslant y \leqslant L)$$

式中，$\tau_0 = 0.15$ N/m²(最大风应力)；$L = 1\ 670$ km。令 $\rho_0 = 1\ 028$ kg/m³，科氏参数取 30°N 的值，计算埃克曼抽吸，指向为何？计算北太平洋 15°—45°N 纬度带(宽度为 8 700 km)的垂向体积通量。将你的答案单位表示为 Sv(1Sverdrup = 1Sv = 10^6 m³/s)。

8.9　科氏参数随着纬度的变化近似表示为：$f = f_0 + \beta_0 y$，其中 y 表示北向坐标(β-平面近似，参见 9.4 节)。利用这些，证明海洋表面埃克曼层以下的垂向速度可以表示为

$$\bar{w}(z) = \frac{1}{\rho_0}\left[\frac{\partial}{\partial x}\left(\frac{\tau^y}{f}\right) - \frac{\partial}{\partial y}\left(\frac{\tau^x}{f}\right)\right] - \frac{\beta_0}{f}\int_z^0 \bar{v}\,\mathrm{d}z$$

式中，τ^x 和 τ^y 分别表示纬向和经向风应力分量；$\bar{v}$ 是埃克曼层以下地转部分内部的经向速度。

8.10　计算风应力为 $0.2\ N/m^2$ 的北风作用下，4 m 深潟湖水平速度垂向分布。潟湖咸水密度取 $1\ 020\ kg/m^3$。科氏参数 $f = 10^{-4}s^{-1}$，黏性系数 $\nu_E = 10^{-2}\ m^2/s$。咸水层中净输送的方向为何？

8.11　基于 $f = 0$ 重做解析问题 8.10，并比较两种结果。总结科氏力在这个例子中扮演的角色。

8.12　关于常数黏性系数，寻找式 (8.13a) 至式 (8.13c) 的定常解，在 h 为有限深、上表面无外力作用以及无滑动地边界的区域内，y 方向压力梯度均匀。研究 h/d 变化时解的性质，并与无限深度的解进行比较。然后，推导无压强梯度但是上表面存在 y 方向应力的定常解。

数值练习

8.1　我们如何通过物理变量 $u = u_0(z)$ 和 $v = v_0(z)$ 的初始条件获得展开式 (8.40) 系数 a_j 和 b_j 的初始条件？［提示：研究最小二乘法和在式 (8.42) 的意义上强迫初始误差为零的方法，在何时两种方法能够得到相同的解？］

8.2　使用 spectralekman. m 计算解析问题 8.12 的数值定常解。当 $h/d = 4$ 时，对比精确解和数值解，对比收敛速度作为 $1/N$ 的函数进行评估，其中 N 表示测试解中使用的本征函数的数量。比较两种情况下（上表面是否有应力强迫）收敛速度并做解释。

8.3　使用 spectralekman. m 探索解如何作为 h/d 的函数变化，以及在模态数 N 如何影响你所得边界层解的分辨率。

8.4　修改 spectralekman. m 程序允许随时间演变，但风应力和压力梯度保持为常数。时间积分使用梯形方案。从静止开始并观察时间演变，你观察到了什么？

8.5　在式 (8.39a) 和式 (8.39b) 中，使用有限体积法，对科氏力项进行时间分解，并使用显式欧拉法对扩散项进行离散化。设涡黏性均匀，通过与稳定解析解的对比检验你的程序。然后，使用随 z 变化的黏性系数 $\nu_E = \kappa z(1 - z/h)u_*$。在这种情况下，你是否能够找到扩散算子的本征函数并且概述伽辽金法？（提示：参考勒让德多项式及其性质）

8.6　假设有限差分方案中，你的垂向格点间隔大于粗糙度 z_0，你计算速度的第一个点位于高于底部 $\Delta z/2$ 处。使用对数廓线推导作为 $\Delta z/2$ 高度处的速度的函数的底部应力。然后，在数值练习 8.5 有限体积法中，使用该表达式作为最底层格点的应力条件替代无滑动条件。

沃恩·华费特·埃克曼
（Vagn Walfrid Ekman，1874—1954）

　　埃克曼出生于瑞典，在挪威威廉·皮叶克尼斯和弗里乔夫·南森的指导下度过了成长岁月。某一天，南森要求皮叶克尼斯让他的一个学生根据南森极地考察所获海冰的漂流方向总是在风向的右侧的观测结果，对地球自转对风生流的影响进行理论研究。埃克曼被选中，其后在1902年发表的博士论文中给出了具体解答。

　　作为瑞典隆德大学力学和数学物理教授，埃克曼成为他这一代最著名的海洋学家。埃克曼是杰出的理论学家，同时亦被证明是一位经验丰富的实验师。埃克曼设计了以自己的名字命名的海流计，并被广泛应用。此外，埃克曼通过著名的室内实验解释了"死水"现象（参见图1.4）。［照片由皮埃尔·韦兰德（Pierre Welander）提供］

路德维希·普朗特
（Ludwig Prandtl，1875—1953）

德国工程师路德维希·普朗特被流体现象和它们的数学表达所吸引。1901 年，他成为汉诺威大学力学教授，在那里他建立了世界著名的空气动力学和流体动力学研究所。1904 年，普朗特在从事机翼理论特别是摩擦阻力研究时，发展了边界层概念，引入了数学方法。其中心思想是认为摩擦仅在边界层附近的一个薄层内起作用，薄层之外的流体可视作非黏性的。

普朗特在弹性力学、超音速流体、湍流特别是边界层附近的剪切湍流方面的研究也取得了令人瞩目的成果。混合长度和无量纲比均以普朗特的名字命名。

有人说，普朗特对于物理现象敏锐的观察能力被有限的数学能力平衡，这一缺陷使他寻找弥补短板的方法，即减少对研究对象的数学描述。因而，也许边界层技术在需求中诞生。（照片由美国物理联合会 Emilio Segrè 视觉档案馆提供）

第9章　正压波

摘要： 本章旨在探讨无黏均匀旋转流体中存在的多种波动，并分析便于模拟波动传播的数值网格设置，特别是针对潮汐和风暴潮的预测。

9.1　线性波动力学

线性方程式最易求解，因此在探索更复杂的非线性动力学前阐明可能的线性过程并研究其特性以深入了解地球流体动力学特征是明智的。前面章节中使用的控制方程式本质上是非线性的，因此只能通过对研究中的流动增加限制条件才能实现这些方程式的线性化。

动量方程式(4.21a)和式(4.21b)中的科氏加速度项本质上是线性的，无需任何近似。由于这些项是地球流体动力学的中心项，上述情况是极其幸运的。与此相反，所谓平流项(或对流项)现在都是二次的，不符合条件。因此，我们只考虑低罗斯贝数的情形：

$$Ro = \frac{U}{\Omega L} \ll 1 \tag{9.1}$$

这通常通过主要关注相对较弱的流动(小 U)、大尺度(大 L)或快速旋转(大 Ω)(在实验室中)的流动来实现。表示速度的局地时间变化率的项($\partial u/\partial t$ 和 $\partial v/\partial t$)是线性的且在此保留，以允许进行非定常流的研究。因此，假设时间罗斯贝数量级近似为1：

$$Ro_{\mathrm{T}} = \frac{1}{\Omega T} \sim 1 \tag{9.2}$$

我们将条件式(9.1)和式(9.2)进行对比得出结论，我们将考虑的是演化相对较快的缓慢流场。我们是在追求不可能的事情吗？其实不是，因为快速运动的扰动并不要求流速快。换言之，信息可能比物质质点传播得更快；该情形下，流动呈现波动场的形式。一个典型的例子是，在池塘投入石子后，池塘水面形成的同心涟漪不断传播；能量辐射开来，但没有明显的水流流过池塘。为了与上述提及的量相一致，波动速度(或波速)的尺度 C，可定义为在额定的演变时间 T 内覆盖了距离 L 的信号速度，由于式

(9.1)和式(9.2)的限制，其可与流速进行比较：

$$C = \frac{L}{T} \sim \Omega L \gg U \tag{9.3}$$

因此，我们现在的目标是考虑波动现象。

为了尽可能阐明地球流体流动中基本波动过程的机制，我们将进一步限于关注均匀无黏流动，而浅水模型(7.3 节)足以帮助我们实现这一目的。在先前所有限制条件的基础上，水平动量方程式(7.9a)和式(7.9b)简化为

$$\frac{\partial u}{\partial t} - fv = -g\frac{\partial \eta}{\partial x} \tag{9.4a}$$

$$\frac{\partial v}{\partial t} + fu = -g\frac{\partial \eta}{\partial y} \tag{9.4b}$$

式中，f 是科氏参数；g 是重力加速度；u 和 v 分别是 x 和 y 方向上的速度分量；η 是表面位移($\eta = h - H$，流体总深度 h 减去流体平均厚度 H)；自变量是 x、y 和 t。流动是垂向均匀的，因此不存在垂向坐标(7.3 节)。

就表面高度 η 而言，如果平均深度 H 是恒定的(平底)，连续方程式(7.14)可展开为

$$\frac{\partial \eta}{\partial t} + \left(u\frac{\partial \eta}{\partial x} + v\frac{\partial \eta}{\partial y} \right) + H\left(\frac{\partial u}{\partial x} + \frac{\partial v}{\partial y} \right) + \eta\left(\frac{\partial u}{\partial x} + \frac{\partial v}{\partial y} \right) = 0$$

对于表面的垂直位移 η，我们引入尺度 ΔH，上式中的 4 个项量级依次为

$$\frac{\Delta H}{T}, \ U\frac{\Delta H}{L}, \ H\frac{U}{L}, \ \Delta H\frac{U}{L}$$

根据式(9.3)，L/T 比 U 大得多；与第一项相比，第二项与第四项可忽略不计，最后得出线性化方程式：

$$\frac{\partial \eta}{\partial t} + H\left(\frac{\partial u}{\partial x} + \frac{\partial v}{\partial y} \right) = 0 \tag{9.5}$$

为了实现该方程式的平衡，要求 $\Delta H/T$ 与 UH/L 同量级，再一次根据式(9.3)，

$$\Delta H \ll H \tag{9.6}$$

因此，我们将只考虑小振幅波的情形。

式(9.4a)到式(9.5)组成的方程组决定了无黏均匀旋转的流体的线性波动力学。为了方便解释，我们将只针对科氏参数 f 正值进行数学推导，然后陈述 f 分别为正负值情况下的结论。f 为负值情况下的推导将留着作为练习题。不熟悉相速度、波数矢量、频散关系和群速度的读者在研究地球流体波动前可参阅附录 B。有关地球流体波动的综述见 LeBlond 等(1978)的著作，Pedlosky(2003)也对非线性进行了研究。

9.2　开尔文波

开尔文波(Kelvin wave)是需要侧边界支持来传播的扰动。因此，开尔文波最常发生在海洋中有海岸线的地方，它可以沿着海岸线传播。为方便起见，我们采用海岸及离岸等海洋术语。

考虑一个简单模型，就是一个上方是自由表面、下方以水平底部为界、且一侧(假设为 y 轴)存在垂直壁面边界的流体层(图 9.1)。沿着该侧边界($x=0$ ，海岸)，法向速度必须为零($u=0$)，但流体无黏性会产生非零切向速度。

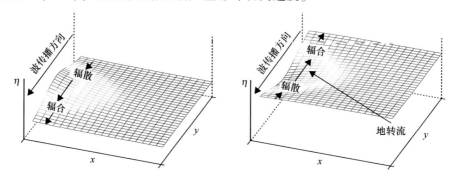

图 9.1　上升和下降开尔文波。在北半球，两种波都沿着其右侧的海岸传播，但是伴随的海流是不同的。 x 方向的动量方程中的地转平衡使速度 v 在凸起部分最大，并朝向使地转平衡成立的方向。由于不同凸起上的地转流流速不同，辐散和辐合会造成海面的上升或下降，而上升或下降都使波在任一情况下(凸起或凹陷)沿着 y 的负向传播

威廉·汤姆森(William Thomson)爵士(后成为开尔文男爵)于 1879 年在爱丁堡皇家学会演讲时谈道，他认为垂直于侧边界的速度分量为零表明该速度分量可能在其他地方都为零。因此，我们预先假定，在整个域中，

$$u = 0 \tag{9.7}$$

并根据这点研究其结果。尽管式(9.4a)包含有关 x 的导数，式(9.4b)和式(9.5)只包含与 y 和时间相关的导数。消除表面高度可得出沿岸速度的单一方程式：

$$\frac{\partial^2 v}{\partial t^2} = c^2 \frac{\partial^2 v}{\partial y^2} \tag{9.8}$$

其中，

$$c = \sqrt{gH} \tag{9.9}$$

为非旋转浅水中表面重力波的波速。

上式主要控制一维非频散波的传播，并有通解

$$v = V_1(x, \ y + ct) + V_2(x, \ y - ct) \tag{9.10}$$

其中包含两个波，一个波沿 y 减小的方向传播，另一个波沿相反方向传播。回到式(9.4b)或式(9.5)，u 设为零，我们可以很容易得到表面位移为

$$\eta = -\sqrt{\frac{H}{g}} V_1(x,\ y+ct) + \sqrt{\frac{H}{g}} V_2(x,\ y-ct) \tag{9.11}$$

任何附加常数可通过合理定义平均深度 H 来消除。函数 V_1 和 V_2 的结构可经余下的方程式(9.4a)来判定：

$$\frac{\partial V_1}{\partial x} = -\frac{f}{\sqrt{gH}} V_1, \quad \frac{\partial V_2}{\partial x} = +\frac{f}{\sqrt{gH}} V_2$$

或

$$V_1 = V_{10}(y+ct)\, \mathrm{e}^{-x/R}, \quad V_2 = V_{20}(y-ct)\, \mathrm{e}^{+x/R}$$

式中，长度 R 定义为

$$R = \frac{\sqrt{gH}}{f} = \frac{c}{f} \tag{9.12}$$

这结合了该问题中的三个常量。在数值因子中，R 是波（例如，当前波）在惯性周期（$2\pi/f$）内以速度 c 传播所覆盖的距离。由于稍后就会阐明的原因，该量称为罗斯贝变形半径，或更简单地称为变形半径。

两个独立解中，第二个随离海岸的距离呈指数增长，在物理上是不合理的。因此，另一个就是最通解：

$$u = 0 \tag{9.13a}$$

$$v = \sqrt{gH}\, F(y+ct)\, \mathrm{e}^{-x/R} \tag{9.13b}$$

$$\eta = -HF(y+ct)\, \mathrm{e}^{-x/R} \tag{9.13c}$$

式中，F 是其变量的任意函数。

开尔文波随边界的距离呈指数衰减，因此开尔文波被称为陷波。无边界的情况下，开尔文波在远距离处是无界的，因此无法存在；长度 R 是截陷距离的度量。在沿岸方向上，波以表面重力波的速度在无变形的情况下传播。在北半球（$f>0$，正如前面的分析所述），波沿着其右侧的海岸传播；在南半球，波沿着其左侧的海岸传播。注意，尽管波传播的方向是唯一的，但沿岸流速的正负向是任意的：上升波（即 $\eta>0$ 的海面凸起）存在与波向相同的流动，而下降波（即 $\eta<0$ 的海面凹陷）将伴随着与波向相反的流动（图9.1）。

在无旋转的限制下（$f \to 0$），截陷距离无限增加，波动退化为简单重力波，波峰和波谷的方向与海岸垂直。

表面开尔文波（如前文所述，其与需要层结的内部开尔文波是不同的，参见第13章）由海岸区中的海洋潮汐和局地风效应引起。例如，英国东北海岸上的风暴可引起逆

时针沿北海海岸传播的开尔文波，并最终到达挪威的西海岸。该开尔文波大约在40 m深的水中传播 2 200 km，在约 31 h 内完成其旅程。

远离海岸的开尔文波的振幅会发生衰减，这一特性在英吉利海峡十分明显。北大西洋潮汐从西边进入海峡，向东朝北海方向传播（图 9.2）。潮汐本质上是以海岸为界的旋转流体中的表面波，具有开尔文波的特征并在传播时沿其右方的海岸（也就是法国）。这部分解释了潮汐沿法国海岸传播时比沿对面数十千米外的英国海岸明显要高的原因（图 9.2）。

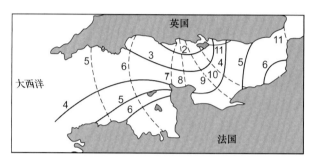

图 9.2　英吉利海峡中 M2 潮汐的等潮时线（虚线），时间（h）为阴历时间，展示潮汐从北大西洋向东传播。等潮差线（实线，所标值的单位为 m）反映了沿法国海岸（也就是与开尔文波相一致的波传播的右侧）的振幅较大［Gill（1982）根据 Proudman（1953）改编］

9.3　惯性重力波（庞加莱波）

现在我们去掉侧边界，解除对 $u = 0$ 的限制。式（9.4a）到式（9.5）组成的方程组仍是完整的。在 f 是常数以及平底的情况下，所有系数都是常数，可得出傅里叶模态解。u、v 和 η 作为常数因子乘以周期函数

$$\begin{pmatrix} \eta \\ u \\ v \end{pmatrix} = \Re \begin{pmatrix} A \\ U \\ V \end{pmatrix} e^{i(k_x x + k_y y - \omega t)} \tag{9.14}$$

其中，符号 $\Re$ 表示下文所述的实部；k_x 和 k_y 分别是 x 和 y 方向上的波数；ω 是频率。方程组变成代数形式：

$$-i\omega U - fV = -igk_x A \tag{9.15a}$$

$$-i\omega V - fU = -igk_y A \tag{9.15b}$$

$$-i\omega A + H(ik_x U + ik_y V) = 0 \tag{9.15c}$$

该方程组允许有平凡解 $U = V = A = 0$，除非其系数行列式为零。因此，只有以下情形，波才会出现：

$$\omega\left[\omega^2 - f^2 - gH(k_x^2 + k_y^2)\right] = 0 \qquad (9.16)$$

该条件被称为频散关系，波动频率由波数大小 $k = (k_x^2 + k_y^2)^{1/2}$ 和问题中的常量表示出来。第一个根 $\omega = 0$ 对应稳定的地转状态。回到式（9.4a）到式（9.5），时间导数设为零，我们发现其即为 7.1 节中所描述的控制地转流的方程式。换言之，地转流可看成任意波长的捕捉波。如果底部非平坦，这些"波"将不复存在，并被泰勒柱所替代。

剩余的两个根

$$\omega = \sqrt{f^2 + gHk^2} \qquad (9.17)$$

及与其反号的根对应于真实的行波，称为庞加莱波（Poincaré wave），其频率始终是超惯性的。在无旋转的极限情况下（$f = 0$），频率是 $\omega = k\sqrt{gH}$，相速是 $c = \omega/k = \sqrt{gH}$。波变成典型的浅水重力波。波数较大的极限情况下 [$k^2 \gg f^2/gH$，即波长明显短于式（9.12）中定义的变形半径] 也会出现相同的结果。这并不让人太过惊讶，该波过短且比较快，因此难以受地球自转影响。

另一极端，波数较小时（$k^2 \ll f^2/gH$，即波长明显大于变形半径），地球自转效应主导，可得 $\omega \approx f$。该极限情况下，流动几乎是横向均匀的，所有流体质点一致移动，每个都在按照圆形惯性振荡，正如 2.3 节描述。如果波数为中间值，则频率（图 9.3）总是大于 f，波是超惯性的。鉴于庞加莱波展现了重力波和惯性振荡的混合特征，因此常被称为惯性-重力波。

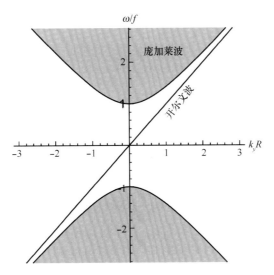

图 9.3　回顾 f 平面和平坦底面上开尔文波和庞加莱波的频散关系。庞加莱波（灰色阴影）能够在所有方向上传播，因此在 k_y 方面占据连续频谱，开尔文波（对角线）只沿着边界传播

因为相速 $c = \omega/k$ 取决于波数，不同波长的波分量以不同速度传播，该波是频散的。

这与非频散开尔文波形成对比；无论非频散开尔文波的廓线如何，其信号都是在无变形的情况下传播的。这些符号的详细信息参见附录 B。

假潮、潮汐和海啸都是正压重力波的实例。假潮是驻波，由侧边界上反射的两个波长相等、传播方向相反的波叠加形成。假潮发生在封闭的水体中，如湖泊、海湾和半封闭的海域。在亚得里亚海中，风形成的假潮与高潮的不合时宜的叠加会导致威尼斯的洪水泛滥(Robinson et al.，1973)。

海啸是水下地震引起的波。海啸的波长范围从数十千米到数百千米。海啸是正压波，但其相对较高的频率(数分钟的时间)使其只会略受科氏力的影响。海啸进入浅水时，其振幅逐渐放大，使得海啸最终成为大灾难；因此，原本只是海洋中船只很难注意到的、无害的 1 m 波，最后变成海滩上数米高的巨浪灾难。1960 年 5 月 22 日太平洋上、2004 年 12 月 26 日印度洋上和 2011 年 3 月 11 日日本附近的太平洋海域都发生过灾难性的海啸。我们可以相对容易地通过计算机模型预测海啸传播。有效预警系统的关键是较早探测到原始地震以便能及时跟踪海啸从起源点快速(速度为 $\sqrt{gH}$)传播至海岸线的过程，在狂浪袭击前发出警告。

在结束本节之前，需要提醒注意是否违反静压假定。确实，波长较短(与流体深度同量级或更短)时，频率高(周期明显短于 $2\pi/f$)，垂向加速度(在海面等于 $\partial^2\eta/\partial t^2$)接近重力加速度 g。在这种情况下，静力近似不成立，垂向刚性的假设不再有效，问题变成三维的。为了研究非静力重力波，读者可参阅 LeBlond 等(1978)第 10 节和 Pedlosky (2003)的第三讲。

9.4　行星波(罗斯贝波)

开尔文波和庞加莱波都是相对快速的波，而我们也想了解旋转的均匀流体是否可支持另一种较慢的波。例如，当系统稍有变动时，稳定地转流(对应先前章节中发现的零频率解)它可发展为缓慢演变(频率略高于零)吗？答案是肯定的，其中一种就是行星波，其中时间演变起源于微弱但重要的行星效应。

正如 2.5 节中所述的，在球状的地球(一般而言也可指行星或恒星)上，科氏参数 f 与自转速率 Ω 和纬度的正弦值 φ 的乘积成正比：

$$f = 2\Omega \sin \varphi$$

交替的气旋和反气旋等大型波动影响了日常天气，在较小范围内，湾流蜿蜒跨越数个纬度；对于这些而言，我们需要考虑科氏参数的经向变化。如果 y 坐标指向北，并从参考纬度 φ_0 测量(假设是在考虑中的波的中间某个纬度)，那么 $\varphi = \varphi_0 + y/a$，其中 a 是地球半径(6 371 km)。将 y/a 看作小扰动，科氏参数可通过泰勒级数展开：

$$f = 2\Omega \sin \varphi_0 + 2\Omega \frac{y}{a} \cos \varphi_0 + \cdots \tag{9.18}$$

保留前两项，变成

$$f = f_0 + \beta_0 y \tag{9.19}$$

式中，$f_0 = 2\Omega \sin \varphi_0$ 是参考科氏参数；$\beta_0 = 2(\Omega/a) \cos \varphi_0$ 是所谓的 β 参数。地球上典型的中纬度处的值是 $f_0 = 8 \times 10^{-5}\,\mathrm{s}^{-1}$ 和 $\beta_0 = 2 \times 10^{-11}\,\mathrm{m}^{-1}\,\mathrm{s}^{-1}$。没有保留 β 项的笛卡儿坐标系被称为 f 平面，保留 β 项的笛卡儿坐标系被称为 β 平面。为了确保精度，下一步是保留完整的球面几何结构（我们在整本书中避免这一点）。β 平面近似的严格论证可见 Veronis（1963，1981）、Pedlosky（1987）和 Verkley（1990）。

注意，只有在 $\beta_0 y$ 项小于主要的 f_0 项时，β 平面表示才在中纬度成立。对于经向长度尺度为 L 的运动，这意味着

$$\beta = \frac{\beta_0 L}{f_0} \ll 1 \tag{9.20}$$

其中，无量纲比值 β 可被称为行星数。

控制方程式变成

$$\frac{\partial u}{\partial t} - (f_0 + \beta_0 y) v = - g \frac{\partial \eta}{\partial x} \tag{9.21a}$$

$$\frac{\partial v}{\partial t} + (f_0 + \beta_0 y) u = - g \frac{\partial \eta}{\partial y} \tag{9.21b}$$

$$\frac{\partial \eta}{\partial t} + H\left(\frac{\partial u}{\partial x} + \frac{\partial v}{\partial y}\right) = 0 \tag{9.21c}$$

现在成为大小项的混合。大项（f_0、g 和 H 项）包含稳定的 f 平面的地转动力学；小项（时间导数和 β_0 项）是扰动，尽管较小，但控制波的演变。在一级近似中，大项是主导，因此得出 $u \simeq -(g/f_0) \partial \eta / \partial y$ 和 $v \simeq +(g/f_0) \partial \eta / \partial x$。在式（9.21a）和式（9.21b）的小项中使用该一级近似得出

$$- \frac{g}{f_0} \frac{\partial^2 \eta}{\partial y \partial t} - f_0 v - \frac{\beta_0 g}{f_0} y \frac{\partial \eta}{\partial x} = - g \frac{\partial \eta}{\partial x} \tag{9.22}$$

$$+ \frac{g}{f_0} \frac{\partial^2 \eta}{\partial x \partial t} + f_0 u - \frac{\beta_0 g}{f_0} y \frac{\partial \eta}{\partial y} = - g \frac{\partial \eta}{\partial y} \tag{9.23}$$

由这些方程式用来求解 u 和 v 时很简单：

$$u = - \frac{g}{f_0} \frac{\partial \eta}{\partial y} - \frac{g}{f_0^2} \frac{\partial^2 \eta}{\partial x \partial t} + \frac{\beta_0 g}{f_0^2} y \frac{\partial \eta}{\partial y} \tag{9.24}$$

$$v = + \frac{g}{f_0} \frac{\partial \eta}{\partial x} - \frac{g}{f_0^2} \frac{\partial^2 \eta}{\partial y \partial t} - \frac{\beta_0 g}{f_0^2} y \frac{\partial \eta}{\partial x} \tag{9.25}$$

最后的表达式可被看作速度场的正则摄动级数中所包含的首项和第一修正项。我们将每个展开式的第一项确定为地转速度。与之相对，下一项和较小项就是非地转的。

代入连续方程式(9.21c)得出表面位移的单一方程式：

$$\frac{\partial \eta}{\partial t} - R^2 \frac{\partial}{\partial t} \nabla^2 \eta - \beta_0 R^2 \frac{\partial \eta}{\partial x} = 0 \tag{9.26}$$

式中，∇^2是二维拉普拉斯算子；$R = \sqrt{gH}/f_0$是变形半径，该变形半径由式(9.12)定义，但现在已适当修改为常量。与初始方程组不同，上述方程式具有常系数，可以求出傅里叶形式的解$\cos(k_x x + k_y y - \omega t)$。频散关系为

$$\omega = -\beta_0 R^2 \frac{k_x}{1 + R^2(k_x^2 + k_y^2)} \tag{9.27}$$

式中，频率ω是波数分量k_x和k_y的函数。这类波被称为行星波或罗斯贝波，以纪念卡尔·古斯塔夫·罗斯贝：他首先提出该波动理论来解释中纬度天气型的系统运动。我们立即注意到，如果β修正未予保留($\beta_0 = 0$)，频率将变为零。这就是9.3节所述的$\omega = 0$解的情况，对应f平面上的稳定地转流。我们的近似可用来解释另外两个根缺失的原因。确实，将时间导数处理成较小项(与假设较小罗斯贝数的作用相同，$Ro_T \ll 1$)，我们只保留了较低的频率(明显低于f_0)。在波动动力学术语中，这称为滤波。

式(9.27)给出的频率确实比较小，这很容易验证。用$L(\sim 1/k_x \sim 1/k_y)$来度量波长，可能出现两种情况：$L \lesssim R$或$L \gtrsim R$；因此频率尺度为

$$较短波：L \lesssim R, \ \omega \sim \beta_0 L \tag{9.28}$$

$$较长波：L \gtrsim R, \ \omega \sim \frac{\beta_0 R^2}{L} \lesssim \beta_0 L \tag{9.29}$$

在任一情况下，前提[式(9.20)]即$\beta_0 L$远小于f_0，意味着ω明显小于f_0(亚惯性波)，而这正如我们所预期的那样。

现在我们来探讨行星波的其他属性。首先也是最重要的，纬向相速

$$c_x = \frac{\omega}{k_x} = \frac{-\beta_0 R^2}{1 + R^2(k_x^2 + k_y^2)} \tag{9.30}$$

总是负的，意味着相位是向西传播的(图9.4)。鉴于波数k_y的正负不确定，经向相速$c_y = \omega/k_y$的正负向也无法确定。因此，行星波只能朝西北、正西或西南方向传播。其次，较长波($1/k_x$和$1/k_y$都明显大于R)一直向西传播，速度为

$$c = -\beta_0 R^2 \tag{9.31}$$

这是允许的最大波速。

波数空间(k_x, k_y)中，恒定频率ω的等值线是圆，由下列方程定义：

$$\left(k_x + \frac{\beta_0}{2\omega}\right)^2 + k_y^2 = \left(\frac{\beta_0^2}{4\omega^2} - \frac{1}{R^2}\right) \tag{9.32}$$

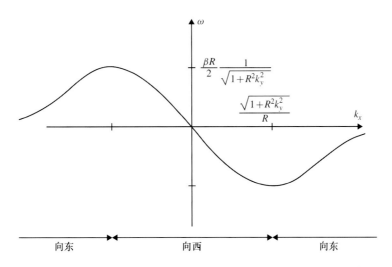

图 9.4　行星(罗斯贝)波的频散关系。频率 ω 随纬向波数 k_x 变化，经向波数 k_y 为常数。
随着曲线斜率的逆转，能量纬向传播的方向也会反向

详细说明见图 9.5。只有在半径是实数的情况下，也就是如果 $\beta_0^2 > 4\omega^2/R^2$，该圆才会存在。这意味着最大频率的存在：

$$|\omega|_{\max} = \frac{\beta_0 R}{2} \tag{9.33}$$

如果超出这一频率，行星波是不存在的。

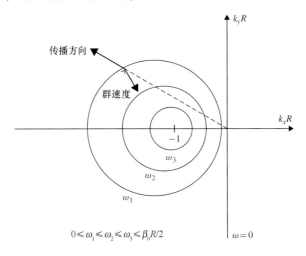

图 9.5　行星波频散关系几何表示。每个圆圈对应一个固定频率，频率随着半径的减小而增加。
波数为 (k_x, k_y) 的波的群速度是在 (k_x, k_y) 点垂直于圆周并指向中心的一个向量

群速度也就是波包能量传播的速度，定义为向量 $(\partial\omega/\partial k_x,\ \partial\omega/\partial k_y)$，是函数 ω 在

波数平面(k_x, k_y)上的梯度（参见附录 B）。因此，群速度与 ω 的等值线圆正交。根据简单的代数知识，我们可以得出群速度向量是向内的，指向圆的圆心。因此，长波（较小 k_x 和 k_y，图 9.5 中靠近原点的点）存在向西的群速度，而能量是由较短波向东传播的（较大 k_x 和 k_y，圆圈相反方向上的点）。这种区别在图 9.4 中也很明显，这体现斜率发生的逆转（$\partial\omega/\partial k_x$，正负号改变）。

9.5 地形波

科氏参数的细小变化可将稳定的地转流变成缓慢移动的行星波，轻微的海底不规则性也可以造成这种转变。诚然，地形变化涉及的尺度和形状繁多，为了以最简形式对波动过程进行说明，在此只讨论底面坡度较小且均匀的情况。我们同样使科氏参数为常数。后一选择可允许我们使用方便参考的轴的方向，所以我们在对地形波与行星波的类比的预期中，将 y 轴对准地形梯度的方向。因此，流体在静止时的深度可表示为

$$H = H_0 + \alpha_0 y \tag{9.34}$$

式中，H_0 是平均参考深度；α_0 是底面坡度且坡度较小，从而得出

$$\alpha = \frac{\alpha_0 L}{H_0} \ll 1 \tag{9.35}$$

式中，L 是运动的水平长度尺度。地形参数 α 的作用与式(9.20)中定义的行星参数类似。

底面坡度的存在在连续方程中引入了新的项。我们从用于浅水的连续方程式(7.14)入手，将瞬时流体层深度表示为（图 9.6）：

$$h(x, y, t) = H_0 + \alpha_0 y + \eta(x, y, t) \tag{9.36}$$

得出

$$\frac{\partial\eta}{\partial t} + \left(u\frac{\partial\eta}{\partial x} + v\frac{\partial\eta}{\partial y}\right) + (H_0 + \alpha_0 y)\left(\frac{\partial u}{\partial x} + \frac{\partial v}{\partial y}\right)$$
$$+ \eta\left(\frac{\partial u}{\partial x} + \frac{\partial v}{\partial y}\right) + \alpha_0 v = 0$$

我们再一次通过使用很小的罗斯贝数（明显小于时间罗斯贝数）来除去非线性项以研究线性动力学。由于式(9.35)，H_0 旁边的 $\alpha_0 y$ 项也可去掉。

通过动量方程式(9.4a)和式(9.4b)，方程组现在变成

$$\frac{\partial u}{\partial t} - fv = -g\frac{\partial\eta}{\partial x} \tag{9.37a}$$

$$\frac{\partial v}{\partial t} + fu = -g\frac{\partial\eta}{\partial y} \tag{9.37b}$$

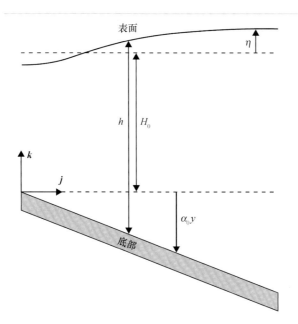

图 9.6 倾斜底部上方的均匀流体层以及相关符号

$$\frac{\partial \eta}{\partial t} + H_0 \left(\frac{\partial u}{\partial x} + \frac{\partial v}{\partial y} \right) + \alpha_0 v = 0 \tag{9.37c}$$

在与控制行星波的方程组类比中，上述方程组包含了大项和小项。大项（包含 f、g 和 H_0 项）包含稳定地转动力学，对应频率为零。但最后一个方程式存在小 α_0 项，地转流无法保持稳定，时间导数项起作用。我们很自然地认为这些时间导数项与大项相比是较小项，与 α 类似。换言之，时间罗斯贝数 $Ro_T = 1/\Omega T$ 预计与 α 相当，所以波频率

$$\omega \sim \frac{1}{T} \sim \alpha\Omega \sim \alpha f \ll f$$

是亚惯性的，这与行星波的情况相同，其中 $\omega \sim \beta f_0$。

我们利用时间导数项为小量，取大的地转项作为一级近似：$u \simeq -(g/f)\partial\eta/\partial y$，$v \simeq +(g/f)\partial\eta/\partial x$。

将这些表达式代入小的时间导数，得出下一级近似：

$$u = -\frac{g}{f}\frac{\partial \eta}{\partial y} - \frac{g}{f^2}\frac{\partial^2 \eta}{\partial x \partial t} \tag{9.38a}$$

$$v = +\frac{g}{f}\frac{\partial \eta}{\partial x} - \frac{g}{f^2}\frac{\partial^2 \eta}{\partial y \partial t} \tag{9.38b}$$

相对误差只是 α^2 的量级。将在连续方程式(9.37c)中的速度分量 u 和 v 替换成表达式式(9.38a)和式(9.38b)，得出关于单一未知数表面位移 η 的方程：

$$\frac{\partial \eta}{\partial t} - R^2 \frac{\partial}{\partial t} \nabla^2 \eta + \frac{\alpha_0 g}{f} \frac{\partial \eta}{\partial x} = 0 \tag{9.39}$$

v 的非地转成分由于量级相当于 α^2，所以从 $\alpha_0 v$ 项中去掉，而其他所有项量级近似于 α。注意，将上一公式与控制行星波的式（9.26）类比，两式几乎是相同的，只是用 $\alpha_0 g / f$ 代替 $-\beta_0 R^2$。这里，变形半径定义为

$$R = \frac{\sqrt{gH_0}}{f} \tag{9.40}$$

也就是，最接近原始定义式（9.12）的常数。$\cos(k_x x + k_y y - \omega t)$ 形式的波状解直接给出频散关系式：

$$\omega = \frac{\alpha_0 g}{f} \frac{k_x}{1 + R^2(k_x^2 + k_y^2)} \tag{9.41}$$

就是式（9.27）的地形类似物。我们再次注意到如果附加成分（此处是 α_0）不存在，频率为零，流动会是稳定且地转的。因为这些波动的存在主要归因于底面坡度，这些波动被称为地形波。

有关地形波的传播方向、相速和最大可能频率的讨论与行星波类似。x 方向上的相速（也就是沿着等深线的）由下列公式给出：

$$c_x = \frac{\omega}{k_x} = \frac{\alpha_0 g}{f} \frac{1}{1 + R^2(k_x^2 + k_y^2)} \tag{9.42}$$

与 $\alpha_0 f$ 同号。因此，地形波在北半球传播时，其右方较浅。因为行星波向西传播（即其右侧为北），这两种波之间的相似点是"北浅"和"南深"（在南半球，地形波传播时，左侧较浅，类似点为"南浅"和"北深"）。

地形波的相速随波数变化，因此是频散的。沿等深线的最大可能波速是

$$c = \frac{\alpha_0 g}{f} \tag{9.43}$$

这是长波 $(k_x^2 + k_y^2 \to 0)$ 的速度。式（9.41）用下式表示：

$$\left(k_x - \frac{\alpha_0 g}{2f\omega R^2}\right)^2 + k_y^2 = \left(\frac{\alpha_0^2 g^2}{4f^2 R^4 \omega^2} - \frac{1}{R^2}\right) \tag{9.44}$$

我们注意到这里存在最大频率：

$$|\omega|_{\max} = \frac{|\alpha_0| g}{2|f| R} \tag{9.45}$$

这表明频率高于先前阈值的强迫是无法引起地形波的。这种强迫要么生成一种无法传播的扰动，要么产生惯性-重力波等更高频率的波。然而，这种情形比较罕见；除非底面坡度非常小，式（9.45）给出的最大频率会接近或超过惯性频率 f；在应用式（9.45）

前，（地形波的）理论就已不再成立。

我们以西佛罗里达陆架为例。西佛罗里达陆架位于墨西哥湾东部，此处海洋深度在离岸 200 km 处逐渐增加到 200 m（$\alpha_0 = 10^{-3}$），纬度（27°N）得出 $f = 6.6 \times 10^{-5}\ \text{s}^{-1}$。我们使用平均深度 $H_0 = 100$ m，得到 $R = 475$ km 和 $\omega_{max} = 1.6 \times 10^{-4}\ \text{s}^{-1}$。这一最大频率对应最小周期 11 min，大于 f，违反了亚惯性运动的条件，因此是无意义的。然而，波动理论适用于频率远小于最大值的波。例如，如果波长（沿等深线）为 150 km（$k_x = 4.2 \times 10^{-5}\ \text{m}^{-1}$，$k_y = 0$），则 $\omega = 1.6 \times 10^{-5}\ \text{s}^{-1}$（时间为 4.6 d）和波速 $c_x = 0.38$ m/s。

在地形坡度限制在海岸壁和平底海渊之间的情况下（例如大陆架），地形波可能会被捕获，这点与开尔文波不同。在数学上，解在离岸的横向等深线方向上不是周期性的，而是呈现出几种可能的剖面（本征模）。每个模态都有相应的频率（特征值）。该波称为陆架波。有兴趣的读者可在 LeBlond 等（1978）和 Gill（1982，408–415 页）著作中找到这些波的相关阐述。

9.6　行星波与地形波之间的类比

我们已经讨论了两种低频波的一些数学相似性。本节旨在探究此类类比的根本，比较其在两种波中起作用的物理过程。

让我们转到式（7.25）定义的、名为位势涡度的量。在 β 平面上以及倾斜底面上（为方便起见，定义成经向），位势涡度的表达式变成

$$q = \frac{f_0 + \beta_0 y + \partial v / \partial x - \partial u / \partial y}{H_0 + \alpha_0 y + \eta} \tag{9.46}$$

我们假设较小 β 效应和较小罗斯贝数，则分子由 f_0 主导，所有其他项相对很小。同样地，由于底坡度和表面位移都很小，H_0 是分母中的主要项。分数的泰勒展开式得出

$$q = \frac{1}{H_0}\left(f_0 + \beta_0 y - \frac{\alpha_0 f_0}{H_0} y + \frac{\partial v}{\partial x} - \frac{\partial u}{\partial y} - \frac{f_0}{H_0}\eta\right) \tag{9.47}$$

在这种形式下，很明显行星项和地形项（分别是 β_0 和 α_0 项）的作用是相同的。鉴于现在 $R = (gH_0)^{1/2}/f_0$，系数 β_0 和 $-\alpha_0 f_0 / H_0$ 之间的类比与早先式（9.20）中的 $-\beta_0 R^2$ 和式（9.35）中的 $\alpha_0 g/f$ 是相同的。其中的物理意义如下：正如行星效应造成位势涡度梯度（越向北，其值越大），地形效应也存在位势涡度梯度，其值在较浅位置更大。

位势涡度梯度的存在提供了波存在所必需的弹性效应（即"回复力"）。事实上，考虑图 9.7，其中第一组代表位势涡度梯度中静止的北半球流体（从顶部看），我们将该流体视为由各种位势涡度值的带组成的。另外两组展示相同流体带在行星效应或地形效应产生波状扰动后的情形。

在行星效应（中间组）下，波峰中的流体质点发生向北的位移，并且可以看出其涡

度 $f_0 + \beta_0 y$ 增加。这些流体团为补偿和保存其初始位势涡度，必须形成负相对涡度，也就是顺时针旋转，这是通过曲线箭头来表示的。同样地，波谷中的流体质点产生向南的位移，其涡度减少，同时伴随着相对涡度的增加，也就是逆时针旋转。我们现在研究那些目前还未发生位移的中间质点。这些中间质点被夹在两个反向旋转的涡旋块的中间，就像不幸被夹在两个齿轮中间的手指或快速通过滚动印刷机的报纸，被涡旋流动裹挟，开始在经向移动。在图上从左到右，位移是从波峰向南到波谷，从波谷向北到波峰。向南位移形成新的波谷，而向北位移生成新的波峰。净效应是这种波型的西向移动，这解释了行星波向西传播的原因。

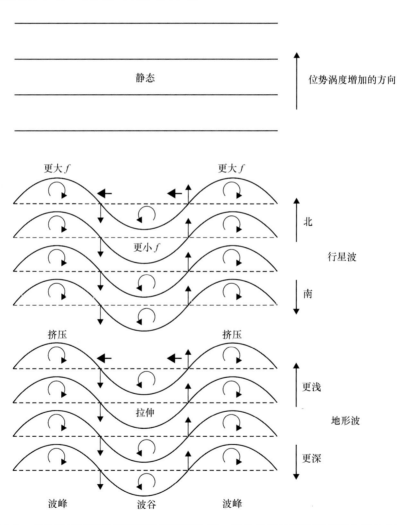

图 9.7　驱动行星波和地形波的物理机制比较。发生位移的流体团在新位置处会形成顺时针涡度或逆时针涡度。中间的流体质点由邻近涡旋夹卷，波动向前移动

在图 9.7 的第三组中，由于地形坡度，上述运动在位势涡度梯度的情形下重复出现。在波峰中，流体团向较浅环境移动。这种垂直挤压导致流体团水平横截面变大（参见 7.4 节），反过来这将导致相对涡度的减少。同样地，波谷中的流体团会经历垂直拉伸、横截面积缩小和相对涡度的增加。从那时开始，就与行星波的情况相同了。净效应是波谷–波峰形态的传播，其中浅水端在右侧。

行星波与地形波之间的相似性在实验室实验设计方面非常有用。旋转槽中的倾斜底面可代替 β 效应，否则将无法通过实验来模拟 β 效应。必须注意的是，只要在上述类比成立的情况下，这种代替就是可接受的。必须满足以下三个条件：没有层结、坡度平缓和运动缓慢。如果存在层结，倾斜底部首先影响接近底部的流体运动，而真正的 β 效应的影响是在所有各层上均匀的。并且，如果坡度不是平缓的，运动并不微弱，位势涡度的表达式无法像式（9.47）中一样线性化，类比是无效的。

9.7　荒川网格

上述推演旨在通过将控制方程简化成最简单但有意义的成分以解释波动在浅水中传播的基本物理机制。当我们对该类简化存在疑问或需要在更为现实的环境中计算波动时，就可以使用数值模式。为了清晰起见，我们将在简化情形下使用广泛适用的数值技术。惯性重力波是最简单的情形，其核心机制是旋转和重力（参见 9.3 节）。在深度为 H 的均匀流体一维域中，线性化控制方程是

$$\frac{\partial \eta}{\partial t} + H\frac{\partial u}{\partial x} = 0 \tag{9.48a}$$

$$\frac{\partial u}{\partial t} - fv = -g\frac{\partial \eta}{\partial x} \tag{9.48b}$$

$$\frac{\partial v}{\partial t} + fu = 0 \tag{9.48c}$$

空间上直接二阶中心有限差分得到以下方程：

$$\frac{\mathrm{d}\widetilde{\eta}_i}{\mathrm{d}t} + H\frac{\widetilde{u}_{i+1} - \widetilde{u}_{i-1}}{2\Delta x} = 0 \tag{9.49a}$$

$$\frac{\mathrm{d}\widetilde{u}_i}{\mathrm{d}t} - f\widetilde{v}_i = -g\frac{\widetilde{\eta}_{i+1} - \widetilde{\eta}_{i-1}}{2\Delta x} \tag{9.49b}$$

$$\frac{\mathrm{d}\widetilde{v}_i}{\mathrm{d}t} + f\widetilde{u}_i = 0 \tag{9.49c}$$

当我们分析该二阶方法（图 9.8 的上图）时，我们观察到有效网格距是 $2\Delta x$，从某种意义上讲，所有导数都是在该距离上取得的。这不是理想状态，因为实际网格距（即邻近

网格节点之间的距离)只有 Δx。为了有所改善，我们发现计算 η 需要用到 u 的空间导数，而 u 的计算需要 η 的梯度。计算 η 的导数最自然的位置在 η 的两个网格点之间的中间点，因为那里的梯度近似是二阶的且使用的步长只有 Δx，因此计算速度 u 的最自然的位置是在 η-网格节点之间的中间距离上。同样地，计算 η 时间变化的最自然的位置是在 u 节点之间的中间距离上。由此看来，以交错的方式为 u 和 η 定位网格节点可允许两个物理量的场在距离 Δx 上进行二阶空间差分(图 9.8 的下图)。形式上，该交错网格上的离散化取如下形式[①]：

$$\frac{\mathrm{d}\,\widetilde{\eta}_i}{\mathrm{d}t} + H\frac{\widetilde{u}_{i+1/2} - \widetilde{u}_{i-1/2}}{\Delta x} = 0 \tag{9.50a}$$

$$\frac{\mathrm{d}\,\widetilde{u}_{i+1/2}}{\mathrm{d}t} - f\widetilde{v}_{i+1/2} = -g\frac{\widetilde{\eta}_{i+1} - \widetilde{\eta}_i}{\Delta x} \tag{9.50b}$$

$$\frac{\mathrm{d}\,\widetilde{v}_{i+1/2}}{\mathrm{d}t} + f\widetilde{u}_{i+1/2} = 0 \tag{9.50c}$$

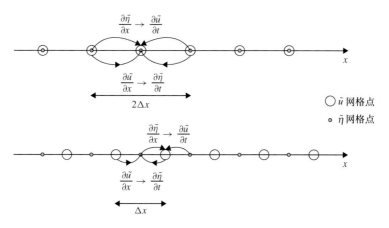

图 9.8　对于定义在相同网格点的变量 $\widetilde{\eta}$ 和 $\widetilde{u}$(上图)，惯性重力波的离散化要求空间导数的近似是在距离 $2\Delta x$ 上进行的，即使网格本身的分辨率是 Δx。然而，如果变量 $\widetilde{\eta}$ 和 $\widetilde{u}$ 是在两个不同网格上定义的(下图)，两者之间间距为 $\Delta x/2$，空间导数可很方便地在网格间距 Δx 上进行离散化。每个箭头的原点表示影响箭头结束位置所在节点处的时间变化的变量

　　因此，空间差分可以在距离 Δx(而不是 $2\Delta x$)上进行。鉴于该方法在空间上是中心差分，是二阶的，其离散误差在无任何额外计算[②]的情况下可减少 4 倍。交错网格相比

---

①　我们人为选择将 $\widetilde{\eta}$ 放在整数网格上，将 $\widetilde{u}$ 放在半网格上，也可以做出相反选择。
②　两种方法使用相同数量的网格点来覆盖给定的域，且两种格式都要求相同数量的运算。

基本同位网格的优点是数值方法在固定成本下优化的最佳例子。

但是，正如我们现在将要展示的，性能的提升并不是交错网格方法的唯一优势。如果科氏力可忽略不计 $(f \to 0)$，消去式 (9.48) 中的速度项，可得到 η 的单一波动方程式：

$$\frac{\partial^2 \eta}{\partial t^2} = c^2 \frac{\partial^2 \eta}{\partial x^2} \tag{9.51}$$

式中，$c^2 = gH$。该方程式是双曲型方程的原型，具有下列形式的通解：

$$\eta = E_1(x + ct) + E_2(x - ct) \tag{9.52}$$

其中，函数 E_1 和 E_2 是由初始条件和边界条件设定的。因此通解是两个以速度 $\pm c$（图 9.9）向相反方向传播的信号的组合。$x+ct$ 和 $x-ct$ 的等值线定义为解沿其传播的特征线。对于 $t=0$，可以看出，需要两个初始条件：一个针对 η，另一个针对其时间导数（即速度场），然后才能得到第一步的两个函数 E_1 和 E_2。随后，当特征不再源于初始条件而是边界条件时，解会首先受最接近的边界条件的影响且最后同时受这两种条件的影响。如果边界是非穿透性的，条件就是 $u=0$，可解释为 η 的零梯度条件。对于离散化式 (9.50)，必要的数值边界条件与解析条件相一致，但非交错网格式 (9.53) 则需要额外条件以达到附近的边界点。我们已经了解到 $(4.7$ 节$)$ 处理人为条件的方式。

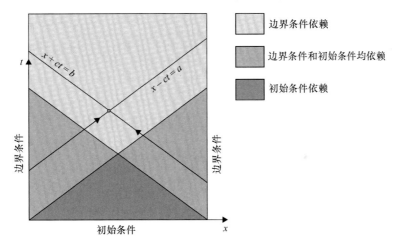

图 9.9　波动方程式 (9.51) 的特征线 $x+ct$ 和 $x-ct$。来自两个初始条件和一个边界条件的信息沿着这些线传播，以便通过一种独特的方式在域的任意点 (x, t) 设置解的值

现在我们将注意力转到非交错网格中存在的问题——即会在域内出现虚假、驻定、解耦的模态。为了阐述这些问题，我们使用科氏力为零的标准蛙跳时间离散格式，因此非交错离散化变成

$$\frac{\widetilde{\eta}_i^{n+1} - \widetilde{\eta}_i^{n-1}}{2\Delta t} = -H\frac{\widetilde{u}_{i+1}^n - \widetilde{u}_{i-1}^n}{2\Delta x} \tag{9.53a}$$

$$\frac{\widetilde{u}_i^{n+1} - \widetilde{u}_i^{n-1}}{2\Delta t} = -g\frac{\widetilde{\eta}_{i+1}^n - \widetilde{\eta}_{i-1}^n}{2\Delta x} \tag{9.53b}$$

对于交错网格，我们同样通过使用时间上的向前–向后法引入一种时间交错形式：

$$\frac{\widetilde{\eta}_i^{n+1} - \widetilde{\eta}_i^n}{\Delta t} = -H\frac{\widetilde{u}_{i+1/2}^n - \widetilde{u}_{i-1/2}^n}{\Delta x} \tag{9.54a}$$

$$\frac{\widetilde{u}_{i+1/2}^{n+1} - \widetilde{u}_{i+1/2}^n}{\Delta t} = -g\frac{\widetilde{\eta}_{i+1}^{n+1} - \widetilde{\eta}_i^{n+1}}{\Delta x} \tag{9.54b}$$

由于第二个方程式右侧的 $\widetilde{\eta}^{n+1}$ 项，看起来我们需要处理隐式格式，但应注意的是，当我们将前一方程式在时间上递进一步时，这个量其实已经计算出来了。我们求解第一个方程式可得到域内任何位置的 $\widetilde{\eta}^{n+1}$，从这一意义上来讲，该格式是显式的；然后，立即将其代入第二个方程中，再不需要对任何矩阵求逆来计算 $\widetilde{u}^{n+1}$。

对于所有蛙跳和交错的形式，我们需要注意虚假模态。此处仅仅通过消去每个方程组中的离散场 $\widetilde{u}$ 就能找到这些虚假模态。通过第一个方程式进行有限时间差分和对第二个方程式进行有限空间差分就可以消去[①]。这是直接模仿消去两个控制方程式 (9.48) 中的速度来得到式 (9.51) 时所用的数学上求微分的方法。对于非交错和交错网格，我们得到

$$\widetilde{\eta}_i^{n+2} - 2\widetilde{\eta}_i^n + \widetilde{\eta}_i^{n-2} = \frac{c^2\Delta t^2}{\Delta x^2}(\widetilde{\eta}_{i+2}^n - 2\widetilde{\eta}_i^n + \widetilde{\eta}_{i-2}^n) \tag{9.55}$$

$$\widetilde{\eta}_i^{n+1} - 2\widetilde{\eta}_i^n + \widetilde{\eta}_i^{n-1} = \frac{c^2\Delta t^2}{\Delta x^2}(\widetilde{\eta}_{i+1}^n - 2\widetilde{\eta}_i^n + \widetilde{\eta}_{i-1}^n) \tag{9.56}$$

这两个公式都是波动方程式 (9.51) 的直接二阶离散化，第一个公式中的空间和时间步长是第二个公式中的两倍。鉴于双曲线方程的传播速度是 $\pm c$，且相应特征线必须在数值依赖域中，所以每种情况下的 CFL 标准是 $|c|\Delta t/\Delta x \leqslant 1$。

离散化式 (9.55) 表明非交错网格容易产生解耦模态。的确，对于 n 和 i 的偶数值，所有涉及的网格编号都是偶数的，所以变化与 n 或 i 为奇数编号的点完全无关，奇数编号的点在时间上和空间上均为估计值。此处有 4 个独立演变的不同解，四者之间唯一的联系是通过初始条件和边界条件实现的（图 9.10 的左图）。尽管这些解耦模态在理论

---

① 对于非交错版本，我们进行下列形式的消去：$\Delta x[(9.53a)^{n+1} - (9.53a)^{n-1}] - \Delta tH[(9.53b)_{i+1} - (9.53b)_{i-1}]$。

上可接受，但彼此之间的"距离"会在模拟的过程中有所增加，在解中产生不合需求的空间–时间振荡。有时这可能导致没有物理意义的定常解（图 9.10），例如速度为零、$\tilde{\eta}$ 在两个不同常量之间的空间中交替的解。这一类型的解明显是虚假的。与之相反，交错方程式（9.56）产生的唯一定常解是具有物理意义的。这是一种期望的属性。

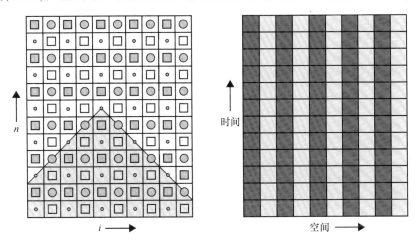

图 9.10　4 种不同的解，每种都用不同符号标记，在非交错网格中独立演变。数值依赖域如阴影区所示（左图）。虚假定常模态在两个常量之间交替（右图），与原有控制方程式不相容

更普遍地，空间离散化的虚假定常解可根据状态变量向量 x、空间离散化算子 $\boldsymbol{D}$ 和半离散方程式进行分析：

$$\frac{\mathrm{d}x}{\mathrm{d}t} + \boldsymbol{D}x = 0 \tag{9.57}$$

因此，虚假定常模态可在下式的非零解中找到：

$$\boldsymbol{D}x = 0 \tag{9.58}$$

在矩阵计算（线性代数）术语中，虚假模态只存在矩阵 $\boldsymbol{D}$ 的零空间中。在波动方程情况下，图 9.10 右图描绘的解肯定不是物理上的有效解，但却满足方程式（9.58）。

然而，所有非零定常解（零空间的成员）并不一定都是虚假的，在存在科氏力项的情况下，可能得到物理上可接受的非零定常解，也就是地转平衡。在那种情况下，离散化的地转平衡解也是零空间式（9.58）的一部分。因此，在相应物理定常解已知的情况下，离散化算子的零空间有时也是值得分析的。

我们已经发现交错网格在一维中存在优势，现在将在二维中对其进行探讨，但我们很快就意识到推广该方法的途径不止一种。的确，我们有 3 个状态变量 u、v 和 η，且这些变量可在不同的网格中进行计算。同位版本也就是所谓的 A–网格模型易于给

定，在流体厚度均匀的情况下，将式(9.4a)到式(9.5)离散化[1]得到

$$\frac{\mathrm{d}\widetilde{\eta}}{\mathrm{d}t} = - H \frac{\widetilde{u}_{i+1} - \widetilde{u}_{i-1}}{2\Delta x} - H \frac{\widetilde{v}_{j+1} - \widetilde{v}_{j-1}}{2\Delta y} \tag{9.59a}$$

$$\frac{\mathrm{d}\widetilde{u}}{\mathrm{d}t} = + f \widetilde{v} - g \frac{\widetilde{\eta}_{i+1} - \widetilde{\eta}_{i-1}}{2\Delta x} \tag{9.59b}$$

$$\frac{\mathrm{d}\widetilde{v}}{\mathrm{d}t} = - f \widetilde{u} - g \frac{\widetilde{\eta}_{j+1} - \widetilde{\eta}_{j-1}}{2\Delta y} \tag{9.59c}$$

很明显，虚假定常解是存在的，且速度仍为零($\widetilde{u} = \widetilde{v} = 0$)，$\widetilde{\eta}$ 在空间网格上两个常量之间交替(图9.11)。

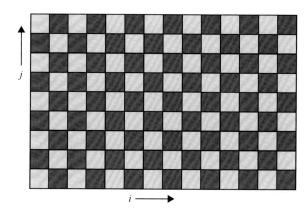

图 9.11　A 网格上，在两个常量之间交替的虚假定常 $\widetilde{\eta}$ 模态(用两个不同的灰度表示)，由于显而易见的原因，该模态被称为棋盘模态

从同位网格入手，我们可以通过不同方式分布变量来创造各种交错网格。这些网格被命名为荒川网格以纪念荒川昭夫(Akio Arakawa)[2]，并分为 A、B、C、D 和 E 类(取决于状态变量在整个网格中的分布，图 9.12；Arakawa et al.，1977)。对于这里考虑的线性方程组，可以看出(Mesinger et al.，1976)E 网格是旋转后的 B 网格，我们无须对其进一步进行分析。

我们已经遇到的二维交错网格是所谓的 C 网格(图 9.12 中的左下图)。对于平流[回顾式(6.58)]和刚盖压力公式[回顾式(7.38)]，我们默认假设速度 u 是在压力节点 $(i+1, j)$ 和 (i, j) 之间的中间点计算的，v 是在节点 (i, j) 和 $(i, j+1)$ 之间的中间点计算

---

① 　与前面一样，我们只写出与 i 和 j 不同的下标。
② 　参见本章结尾的人物介绍。

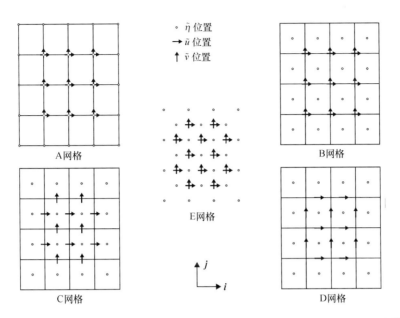

图 9.12　5 种荒川网格。在 A 网格上，$\tilde{\eta}$、$\tilde{u}$ 和 $\tilde{v}$ 是同位的，而在 B、C、D 和 E 网格上是交错的。注意 E 网格(中图)上的网格点密度比其他邻近节点之间距离相同的网格的要高

的。在当前的波动问题中，该方法得出散度和压力梯度项的直接二阶离散化形式：

$$\left(\frac{\partial u}{\partial x} + \frac{\partial v}{\partial y}\right)_{i,\,j} \simeq \frac{\tilde{u}_{i+1/2} - \tilde{u}_{i-1/2}}{\Delta x} + \frac{\tilde{v}_{j+1/2} - \tilde{v}_{j-1/2}}{\Delta y} + \mathcal{O}(\Delta x^2,\ \Delta y^2) \qquad (9.60)$$

$$\left.\frac{\partial \tilde{\eta}}{\partial x}\right|_{i+1/2,\,j} \simeq \frac{\tilde{\eta}_{i+1} - \tilde{\eta}}{\Delta x} + \mathcal{O}(\Delta x^2) \qquad (9.61a)$$

$$\left.\frac{\partial \tilde{\eta}}{\partial y}\right|_{i,\,j+1/2} \simeq \frac{\tilde{\eta}_{j+1} - \tilde{\eta}}{\Delta y} + \mathcal{O}(\Delta y^2) \qquad (9.61b)$$

与平流和海面压力问题完全相同(图 9.13)。但如果我们要处理科氏项的离散化，由于速度分量不是在同一点定义的，C 网格可能会出现问题。u 所在的网格节点$(i+1/2,\ j)$处的 $\mathrm{d}u/\mathrm{d}t$ 方程的积分需要知道速度 v，而这只有在节点$(i,\ j\pm1/2)$处可知。因此，需要进行插值。最简单的格式是取周围值的平均值：

$$v\big|_{i+1/2,\,j} \simeq \frac{\tilde{v}_{j+1/2} + \tilde{v}_{i+1,\,j+1/2} + \tilde{v}_{j-1/2} + \tilde{v}_{i+1,\,j-1/2}}{4} \qquad (9.62)$$

其中，右边的值现在可通过 $\tilde{v}$ 的可用值计算。类似用来估计并不处于定义位置的变量的平均法可用来对其他交错网格上的方程进行离散化。例如，B 网格是 η 在整数指标格点上定义、速度分量在角点$(i\pm1/2,\ j\pm1/2)$上定义的网格。对于该网格，由于两个速

度分量都是同位的，科氏项不需要任何平均，但网格排列需要 η 的导数在 x 方向的点 $(i+1/2, j+1/2)$ 处。我们通过适当的平均对该项进行近似：

$$\left.\frac{\partial \widetilde{\eta}}{\partial x}\right|_{i+1/2,\,j+1/2} \simeq \frac{\dfrac{\widetilde{\eta}_{i+1,\,j+1} + \widetilde{\eta}_{i+1}}{2} - \dfrac{\widetilde{\eta}_{j+1} + \widetilde{\eta}}{2}}{\Delta x} \tag{9.63}$$

$\partial u/\partial x$ 则采用类似方法，在 (i, j) 处进行。每个网格上的完整空间离散化都可用类似的方式实现，具体推导则留作练习题（数值练习 9.2）。

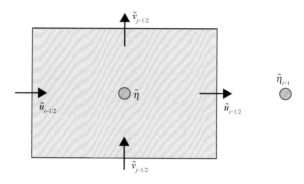

图 9.13　C 网格上的离散化。式(9.60)最自然地将散度算子离散化，
而压力梯度是用式(9.61)计算的

我们可以通过傅里叶分析研究不同网格上的波传播特性，为此，取

$$\begin{pmatrix} \widetilde{\eta} \\ \widetilde{u} \\ \widetilde{v} \end{pmatrix} = \Re \begin{pmatrix} A \\ U \\ V \end{pmatrix} e^{i(ik_x\Delta x + jk_y\Delta y - \widetilde{\omega}t)} \tag{9.64}$$

将该类解代入各有限差分格式，用共同的指数因子相除，得出以下方程式：

$$-i\widetilde{\omega}U - f\alpha V = -ig\alpha_x k_x A \tag{9.65a}$$

$$-i\widetilde{\omega}V + f\alpha U = -ig\alpha_y k_y A \tag{9.65b}$$

$$-i\widetilde{\omega}A + H(i\alpha_x k_x U + i\alpha_y k_y V) = 0 \tag{9.65c}$$

式中，系数 α、α_x 和 α_y 随网格的类型变化，详见表 9.1。

表 9.1　A、B、C 和 D 网格的离散频散关系中涉及的参数定义（$2\theta_x = k_x\Delta x$，$2\theta_y = k_y\Delta y$）

网格	α	$\alpha_x k_x \Delta x$	$\alpha_y k_y \Delta y$
A	1	$\sin 2\theta_x$	$\sin 2\theta_y$

续表

网格	α	$\alpha_x k_x \Delta x$	$\alpha_y k_y \Delta y$
B	1	$2 \sin \theta_x \cos \theta_y$	$2 \sin \theta_y \cos \theta_x$
C	$\cos \theta_x \cos \theta_y$	$2 \sin \theta_x$	$2 \sin \theta_y$
D	$\cos \theta_x \cos \theta_y$	$2 \cos \theta_x \cos \theta_y \sin \theta_x$	$2 \cos \theta_x \cos \theta_y \sin \theta_y$

对于物理解，只有当方程组的行列式为零时，非零解才能存在，这得出了离散波物理学的频散关系：

$$\widetilde{\omega}\left[\,\widetilde{\omega}^{\,2} - \alpha^2 f^2 - gH(\alpha_x^2 k_x^2 + \alpha_y^2 k_y^2)\,\right] = 0 \tag{9.66}$$

这是式(9.16)的离散类似物。

对于小波数值($k_x \Delta x \ll 1$ 和 $k_y \Delta y \ll 1$)，即较长、好分辨的波，由于 α、α_x 和 α_y 都趋向于 1，我们能恢复其物理频散关系。对于较短的波，数值频散关系可通过误差估计来详细分析：

$$\frac{\omega^2 - \widetilde{\omega}^{\,2}}{\omega^2} = \frac{(1 - \alpha^2) + R^2\left[\,(1 - \alpha_x^2)k_x^2 + (1 - \alpha_y^2)k_y^2\,\right]}{1 + R^2(k_x^2 + k_y^2)} \geqslant 0 \tag{9.67}$$

除了简单叙述 $\widetilde{\omega}^{\,2} \leqslant \omega^2$ 外，误差分析由于涉及 R、$1/k_x$、$1/k_y$、Δx 和 Δy 5 个长度尺度[①]，因而变得非常复杂。为简单起见，我们取 $\Delta x \sim \Delta y$ 和 $k_x \sim k_y$ 来简化问题。然后对所考虑的波动定义其长度尺度为 $L \sim 1/k_x \sim 1/k_y$。在 $\alpha_x \sim \alpha_y$ 情况下，我们能够区分两种情形：

$$较短的波：L \lesssim R，\omega^2 \sim \frac{gH}{L^2} \tag{9.68}$$

$$较长的波：L \gtrsim R，\omega^2 \sim f^2 \tag{9.69}$$

较短的波由重力主导，ω^2 上的相对误差表现为

$$\frac{\omega^2 - \widetilde{\omega}^{\,2}}{gH/L^2} \sim (1 - \alpha_x^2) \tag{9.70}$$

如果波很好分辨($\Delta x \ll L$)，因为 $\alpha_x \to 1$，4 种网格中的误差都趋向为零。对于勉强可分辨的波($\Delta x \sim L$)，离散中的误差最大，其中 α_x 和 α_y 将最大限度地偏离 1。从这个意义上来讲，A、B 和 D 网格中的误差比 C 网格中的大(表 9.1)。

较长的波是由旋转主导的，ω^2 上的相对误差表现为

$$\frac{\omega^2 - \widetilde{\omega}^{\,2}}{f^2} \sim (1 - \alpha^2) \tag{9.71}$$

---

① 注意，由于离散化，讨论中添加了两个长度尺度，Δx 和 Δy。

同样，对于所有波数，α 应保持接近 1，以至 B 网格胜过 C 网格和 D 网格。至于误差上的细节，在参数空间内通过 abcdgrid. m 进行研究得出相对误差场，这正如图 9.14 所描述的 $R/\Delta x$ 等各种分辨率水平一样。误差能进一步通过群速度行为分析（数值练习 9.5）和在包括行星波在内的广义动力学的背景下进行研究，并明确区分经向波和纬向波的行为（Dukowicz，1995；Haidvogel et al. ，1999）。

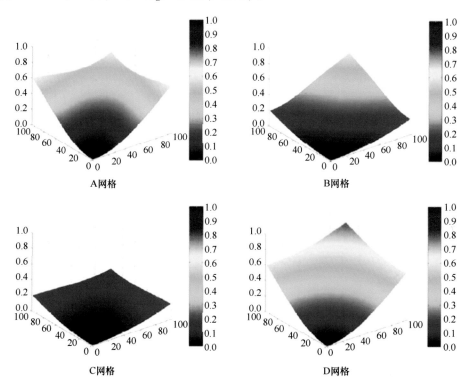

图 9.14　对于与变形半径（$R/\Delta x = R/\Delta y = 2$）相当的中间分辨率，频率误差式（9.67）描述成 $k_x\Delta x$ 和 $k_y\Delta y$ 的函数。图中并未展示波数高于 $k_x\Delta x = \pi/2$ 的波，x 轴和 y 轴是按 $\pi/2$ 的百分比标注的。D 网格明显表现最差。对于分辨率较高的波，B 网格的误差较低，而对于较短波，C 网格的误差较低

　　A 网格存在虚假模态，D 网格总是存在准确度的问题，因此 4 种网格中，B 网格和 C 网格最有研究意义。鉴于波长高达 $\Delta x \sim L$ 的波需要以有效的方式加以分辨，只要 $\Delta x \ll R$，就可优先选择 C 网格；而如果 $R \ll \Delta x$，式（9.70）和式（9.71）中的误差较少，在此基础之上，可以选择 B 网格。这证实了交错网格上半离散方程式的更为详细的误差分析（Haidvogel et al. ，1999；Mesinger et al. ，1976），尽管额外的时间离散化或边界条件的实现可能带来稳定性问题（Beckers，1999；Beckers et al. ，1993）。同样，时间离散化进一步使误差分析复杂化，有时可能逆转误差特征（Beckers，2002）。虽然如此，

网格间距较大时，我们只捕捉大尺度运动（这些运动都是近地转的），因此在网格间距较大时应选择 B 网格，在网格间距较小时应选择 C 网格。鉴于科氏力在这种情形下占主导，其离散化至关重要。而与 C 网格相反，B 网格并不需要对速度分量进行空间平均，因此最好使用 B 网格。压力梯度作为另一个主导力，能够在 C 网格上更好地展示。如果网格分辨率很高，在 4 个间距较小的节点上对大尺度地转平衡进行平均就不会使地转解退化，C 网格就能更好地捕捉重力波和平流等较小尺度过程。

根据上述解释，我们可以为交错变量建立一些通用规则。将变量放置在网格上以使主导过程以最佳可能的方式进行离散化，我们从这一目标着手，就能在不影响整个模型准确度的情况下使用准确度稍低的离散算子来代表次要过程。然而，实际上，主导过程可能随时间和空间变化，没有单一方法可以保证工作的一致性，但我们至少应该进行尝试。例如，如果示踪物的平流是研究重点，C 网格可推广为垂向速度定义在各网格单元顶部和底部的三维情形。在那种情况下，平流通量很容易通过 6.6 节中所述的平流格式之一（不需要进行速度插值）进行计算。类似地，如果非均匀湍流中的扩散是主要的作用过程，示踪节点之间的扩散系数的定义可允许湍流通量的直接离散化，则无需对扩散系数进行平均。

9.8　潮汐与风暴潮的数值模拟

描述浅水动力学的二维方程式（7.16）是用以发展垂向充分混合沿海海域的风暴潮模型的基本方程。沿海海平面上升（风暴潮）的预测依赖于从远处有风暴的海域产生的向海岸传播的波动。浅水方程能很好地对该类波动的传播进行描述，因此可用来进行预报，但我们需要考虑一些额外过程。这些额外过程包括海面风应力（波动是通过海面风应力生成的）和底部摩擦（导致波动在传播过程中的衰减）。我们观察到，浅水方程假设流动与垂直坐标无关；为了考虑上述两个应力，可以从观察入手。如果情况不是如此，我们至少也能尝试预测深度平均的速度的演变：

$$\bar{u} = \frac{1}{h}\int_{b}^{b+h} u\,\mathrm{d}z, \;\; \bar{v} = \frac{1}{h}\int_{b}^{b+h} v\,\mathrm{d}z \tag{9.72}$$

式中，$z=b$ 是底部高度；h 是水深。通过对包含 x 动量方程在内的三维控制方程垂直积分，可以推导出 $\bar{u}$ 的控制方程：

$$\frac{\partial u}{\partial t} = \frac{\partial}{\partial z}\left(\nu_{\mathrm{E}}\frac{\partial u}{\partial z}\right) + F(u) \tag{9.73}$$

式中，$F(u)$ 项包含了除时间导数和垂直扩散以外的所有项。我们可以进行垂直积分，得到

$$\frac{1}{h}\int_b^{b+h}\frac{\partial u}{\partial t}\,\mathrm{d}z = \frac{\tau^x}{\rho_0 h} - \frac{\tau_b^x}{\rho_0 h} + \overline{F(u)} \tag{9.74}$$

其中类似于式(4.34)的边界条件已分别用于海面风应力 τ 和海底应力 τ_b。从物理角度上讲，这些应力在此处是体积力，作用于以深度平均速度如平板移动的流体层 h 上(图9.15)。

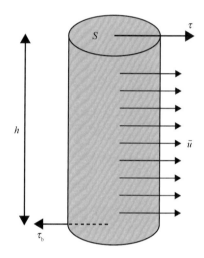

图9.15　对于体积为 hS、以平均速度 $\bar{u}$ 移动的流体柱，在无侧向摩擦和压力的情况下，牛顿第二定律得出与表面应力 τ 和底部摩擦 τ_b 相关的力：$\rho_0 hS\mathrm{d}u/\mathrm{d}t = (\tau-\tau_b)S$

然而，积分过程中可能出现两大难题。首先，表面高度是随时间变化的，并不能对式(9.74)左边的对时间求导与积分进行简单的次序交换①。第二点，也是根本的难点：由于方程的非线性，我们无法让 $F(u)$ 与 $F(\bar{u})$ 相等，即

$$\overline{F(u)} \neq F(\bar{u}) \tag{9.75}$$

以至于我们无法将式(9.74)右边表示为只是平均速度的函数。积分之后的方程就需要进行一些参数化。因此，浅水模型包含额外的水平扩散式的参数化。

为简单起见，控制方程用似乎未曾发生深度平均的形式表示，直接忽略上划线(‾)算子。结果是，需要将 $\tau/(\rho_0 h)$ 和 $-\tau_b/(\rho_0 h)$ 项增加到二维动量方程式(7.9a)和式(7.9b)的右边，然后对非线性效应进行参数化。风应力 τ 表现为方程中的外部施加的源项，而海底应力取决于流动本身，即 $\tau_b = \tau_b(u, v)$。海底应力取决于近海底的速度廓线而控制方程只提供速度的垂直平均，因此这里也存在一个难点，也需要参数化。最简单的版本是线性底摩擦，其中摩擦项与速度是线性关系，并与速度方面相反：

---

① 该问题可通过使用莱布尼茨法则来解决，正如15.6节中所应用的。

$$\tau_{\mathrm{b}}^{x} = - r\rho_0 u, \quad \tau_{\mathrm{b}}^{y} = - r\rho_0 v \tag{9.76}$$

式中，r 是带速度量纲（LT^{-1}）的系数。线性公式在解析研究或谱方法研究中特别占优势。但是这些公式未能将海底边界层的湍流特性考虑在内，湍流中应力最好表示为速度的二次函数（参见第 14 章）：

$$\tau_{\mathrm{b}}^{x} = - \rho_0 C_{\mathrm{d}} \sqrt{u^2 + v^2}\, u, \quad \tau_{\mathrm{b}}^{y} = - \rho_0 C_{\mathrm{d}} \sqrt{u^2 + v^2}\, v \tag{9.77}$$

式中，无量纲拖曳系数 C_{d} 要么是常量，要么取决于流动本身。

最后，与移动的大气压力扰动 $p_{\mathrm{atm}}(x, y, t)$ 相关的直接驱动力可通过将其包含在表面上的压力边界条件式（4.32）中来考虑，$p = \rho_0 g\eta + p_{\mathrm{atm}}$。

我们现在可以通过考虑风暴在海岸附近堆积水的过程来估计风在浅水中引起的风暴潮（图 9.16）。这种水的累积会使表面高度增加（风暴潮），随后产生一种逆压梯度。这种逆压梯度可能会慢慢变强与风应力抵消。当这种平衡实现时，风应力产生的海面坡度由下式主导：

$$\frac{\partial \eta}{\partial x} \simeq \frac{\tau}{\rho_0 g h} \tag{9.78}$$

该关系式提供了风暴潮振幅 A 作为 L（风吹的距离）的函数：

$$A \simeq \frac{L\tau}{\rho_0 g h} \tag{9.79}$$

注意水越浅，效应越强。换言之，风暴潮在海岸附近、水位较浅的位置上会增强。

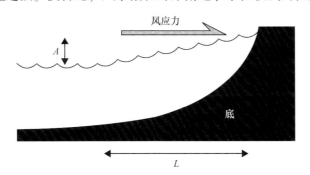

图 9.16　风暴在海岸附近累积水的过程，产生一种逆压梯度，
如果逆压梯度能抵消风应力，就能实现平衡

当风暴潮与潮汐叠加时，可能影响巨大，因此了解如何计算潮汐高度也很重要。潮汐是海水在月球和太阳的万有引力作用下所产生的强迫重力波。以下的推演在大气中同样成立，但大气潮相关的速度远远小于大气扰动产生的风速。因此，大气中的潮汐一般可忽略不计，而海洋中的潮流的量级可能比其他海流大。

为了对月球和太阳的万有引力的净效应进行量化，我们必须意识到整个系统是移动的。因此，使用牛顿定律时不能像第 2 章一样，简单将轴固定在地球中心。相反，我们在太阳系的绝对轴 $\boldsymbol{I}$、$\boldsymbol{J}$ 和 $\boldsymbol{K}$ 中使用牛顿定律时，可计算月球引力下的流体团的绝对加速度 $\boldsymbol{A}$ 和地球的绝对加速度 $\boldsymbol{A}_e$[①]：

$$\rho \boldsymbol{A} = \rho \boldsymbol{\gamma} + \rho \boldsymbol{f} \tag{9.80}$$

$$M_e \boldsymbol{A}_e = M_e \boldsymbol{\gamma}_e \tag{9.81}$$

我们把除月球引力以外所有作用于流体团上的力重新组合为 $\rho \boldsymbol{f}$。引力[②] $\rho \boldsymbol{\gamma}$ 和 $M_e \boldsymbol{\gamma}_e$ 涉及引力常量 $G = 6.67 \times 10^{-11} \, \mathrm{Nm}^2/\mathrm{kg}^2$，地球质量 $M_e = 5.973\ 6 \times 10^{24} \, \mathrm{kg}$，月球质量 $M_m = 7.349 \times 10^{22} \, \mathrm{kg}$，地球与月球之间的距离 D_m 约为 385 000 km，考虑的流体团所在的点到月球的实际距离 d_m（图 9.17）。两个重力加速度是指向月球的中心的，量级为

$$\gamma = \frac{GM_m}{d_m^2}, \quad \gamma_e = \frac{GM_m}{D_m^2} \tag{9.82}$$

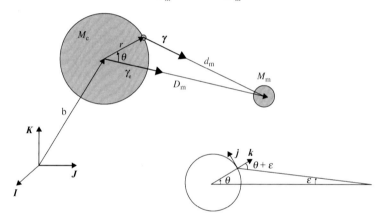

图 9.17　月球会同时对地球表面的流体团和整个地球本身起作用。引潮力源于地球与月球之间的相互吸引以及地球上的局地万有引力

我们并不太关心地球本身的运动，但却需要知道地球的加速度，将其从流体团的绝对加速度 $\boldsymbol{A} = \boldsymbol{A}_e + \mathrm{d}^2 r/\mathrm{d}t^2$ 中减掉。因此，流体团对于地球的相对加速度变成

$$\frac{\mathrm{d}^2 \boldsymbol{r}}{\mathrm{d}t^2} = \boldsymbol{f} + (\boldsymbol{\gamma} - \boldsymbol{\gamma}_e) \tag{9.83}$$

在无天体引力的情况下，公式将变成 $\mathrm{d}^2 r/\mathrm{d}t^2 = \boldsymbol{f}$，所以我们注意到其效应是增加了所谓的引潮力（每单位体积）：

$$\rho \boldsymbol{f}_t = \rho (\boldsymbol{\gamma} - \boldsymbol{\gamma}_e) \tag{9.84}$$

---

① 可以用类似的方法研究太阳的影响。

② 应该清楚的是，对于流体团，引力是按每单位体积来算的，而对于地球，我们说的是完整的力。

我们注意到该力是两种几乎相同的力之间的差值，其局地垂直分量如下：

$$f_\uparrow = \gamma \cos(\theta + \epsilon) - \gamma_e \cos\theta \tag{9.85}$$

由于角 ϵ 极小(图 9.17，右下图)，表达式可被简化。通过展开 $\cos(\theta+\epsilon)$ 并使用

$$\cos\epsilon \simeq 1, \quad D_m \sin\epsilon \simeq r\sin\theta \tag{9.86}$$

得出

$$f_\uparrow = \frac{GM_m}{D_m^2}\left[\left(\frac{D_m^2}{d_m^2} - 1\right)\cos\theta - \frac{D_m^2}{d_m^2}\frac{r\sin\theta}{D_m}\sin\theta\right] \tag{9.87}$$

引潮力公式中 d_m 并不实用(你能在任何时刻说出你到月球的准确距离吗?)。所以我们使用等式 $r\cos\theta + d_m\cos\epsilon = D_m$ 和较小的 ϵ 来获得

$$d_m \simeq D_m\left(1 - \frac{r}{D_m}\cos\theta\right) \tag{9.88}$$

同样由于 ϵ 较小，r/D_m 也被认为很小[①]。我们去掉 r/D_m 中的较高阶项：

$$\frac{D_m^2}{d_m^2} \simeq 1 + 2\frac{r}{D_m}\cos\theta \tag{9.89}$$

因此引潮力的垂直分量可简化为

$$f_\uparrow \simeq \frac{GM_m}{D_m^3}r(3\cos^2\theta - 1) \tag{9.90}$$

为了将引潮力的大小与地球表面上的重力加速度 $g = GM_e/r^2 = 9.81 \text{ m/s}^2$ 对比，我们得出比值 $\delta = f_\uparrow/g$，并发现其量级近似为

$$\delta \sim \frac{r^3 M_m}{D_m^3 M_e} \sim \mathcal{O}(10^{-7}) \tag{9.91}$$

因此可以看出，不管与重力 g 还是任何其他沿垂向作用的力相比，与月球相关的引潮力可完全忽略不计。这是否意味着引潮力对所观察到的潮汐无关呢? 引潮力当然是发挥作用的，只不过不是通过我们错误认为的局地垂直引力，而是下文将要计算的水平引力分量。

沿局地北向轴(图 2.9 中的 j)的引潮力分量经几次简化(类似上文中的)后变成

$$f_\leftarrow \simeq -\frac{GM_m}{D_m^3}3r\cos\theta\sin\theta \tag{9.92}$$

该力分量的量级与垂直分量相同，但鉴于所有水平力都远小于重力，水平引潮力是不可忽略的，且会使得流体发生辐合或辐散。该力沿地球表面的空间分布使其会在朝向月球的区域产生隆起，并在直径相反的地方产生第二个隆起。具体解释是，对于与月

---

① 在地球–月球系统中，其值约为 $6\,400/385\,000 \approx 0.017$。

球的距离小于 D_m 的点，月球的引力超过了地球-月球共转相关的离心力，而地球的另一边则相反。这是太阴潮的基本机制（图9.18）。太阳潮的基本机制与太阴潮类似，其中太阳代替月球的位置，但质量更大，距离更远。

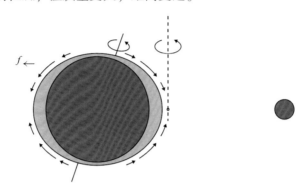

图9.18　地球和月球围绕其共同的质心的运动产生一种离心力，这种离心力要弱于月球对面向其的地球点的万有引力。合成的水平引潮力 f_t 容易生成一个朝月球方向的隆起。在背对月球的地球的另一边，离心力大于月球的万有引力，水平力会产生第二个背对月球的隆起。鉴于地球是围绕其南-北轴旋转的，两个隆起相对于大陆移动

由于地球旋转和月球运动，我们公式中涉及的角度 θ 总是随时间变化，且必须通过天文计算来确定（Doodson，1921）。这些计算也会将地球-月球距离 D_m 的变化考虑在内，这会引起引潮力的缓慢调整。三角学计算揭示了运动的不同周期，最显著的周期是由于地球和月球的共转，导致月球相对于地球上的特定点每 24 h 50 min（地球旋转周期是 24 h，月球在相同方向上沿太阳旋转，所以导致延迟）完成一次旋转。但由于相距半个地球周长的地球两端分别有两个隆起[从数学角度上讲是由于式（9.92）中的乘积 $\cos\theta\sin\theta$]，主要的太阴潮的周期只有上述周期一半，即 12 h 25 min。

实用中值得注意的是，引潮力可从所谓的引潮势推导出来（参见解析问题9.8）。在局地笛卡儿坐标系中，引潮力可表示为

$$f_t = -\left(\frac{\partial V}{\partial x}, \frac{\partial V}{\partial y}, \frac{\partial V}{\partial z}\right) \quad \text{其中,} \quad V = -\frac{GM_m}{D_m^3}\frac{r^2}{2}(3\cos^2\theta - 1) \tag{9.93}$$

我们需要做的仅仅是计算局地引潮势，取其局地导数，并将其作为引潮力代入浅水方程中。

引潮势也可用来估计潮汐振幅。鉴于引潮力（也就是引潮势的梯度）的形式类似于与海面高度相关的压力梯度，我们可以了解什么样的 η 分布（记作 η_e）可抵消引潮力以至没有运动产生。很明显，下列情况就符合这一情况：

$$\eta_e = -\frac{V}{g} = \frac{GM_m}{D_m^3}\frac{r^2}{2g}(3\cos^2\theta - 1)$$

$$= \mathcal{O}\left(\frac{GM_{\mathrm{m}}}{D_{\mathrm{m}}^3}\frac{r^2}{g}\right) \sim 0.36 \text{ m} \tag{9.94}$$

这定义了由牛顿首先推导出来的所谓平衡潮。如果流体能够服从引潮力与隆起产生的压力梯度相平衡，则这就是潮汐高程。然而事实上，海洋中的大陆和地形特征并不允许海水保持平衡。不仅平衡潮永远不会实现，而且引潮势也需要将潮汐和潮汐自身引力造成的固体地球变形考虑在内而做进一步调整（Hendershott，1972）。

我们可以通过与定义平衡潮相同的方式，来确定可恰好抵消气压扰动 p_{atm} 的海面高度：

$$\eta = -\frac{p_{\mathrm{atm}}}{\rho_0 g} \tag{9.95}$$

这可以作为一级近似来估计大气压力对 η 测量的效应，称为逆气压响应。

对于实际潮汐预测，我们求助于数值方法。为此，我们整合了本章前文提及的所有项，并加上引潮力的分量。可用于浅水模型并同时用来预测潮汐和风暴潮的控制方程是

$$\frac{\partial u}{\partial t} + u\frac{\partial u}{\partial x} + v\frac{\partial u}{\partial y} - fv = -\frac{1}{\rho_0}\frac{\partial p}{\partial x} + \frac{\tau^x}{\rho_0 h} - \frac{\tau^x_{\mathrm{b}}}{\rho_0 h} - \frac{\partial V}{\partial x} + \frac{1}{h}\frac{\partial}{\partial x}\left(\mathcal{A}\frac{\partial hu}{\partial x}\right) + \frac{1}{h}\frac{\partial}{\partial y}\left(\mathcal{A}\frac{\partial hu}{\partial y}\right) \tag{9.96a}$$

$$\frac{\partial v}{\partial t} + u\frac{\partial v}{\partial x} + v\frac{\partial v}{\partial y} + fu = -\frac{1}{\rho_0}\frac{\partial p}{\partial y} + \frac{\tau^y}{\rho_0 h} - \frac{\tau^y_{\mathrm{b}}}{\rho_0 h} - \frac{\partial V}{\partial y} + \frac{1}{h}\frac{\partial}{\partial x}\left(\mathcal{A}\frac{\partial hv}{\partial x}\right) + \frac{1}{h}\frac{\partial}{\partial y}\left(\mathcal{A}\frac{\partial hv}{\partial y}\right) \tag{9.96b}$$

$$p = \rho_0 g\eta + p_{\mathrm{atm}} \tag{9.96c}$$

以及式（7.14）和式（9.93）。注意风与潮汐的驱动力性质完全不同。风应力是一种表面力，因此存在因子 $1/h$；而引潮力是作用在整个水体的体积力。因此，引潮力在海洋较深处更重要。这可能使我们感到惊讶，毕竟我们常常在海岸附近观察到最高的潮汐，但这里 h 却很小！在多数情况下，潮汐是在海洋较深处生成的，在那里引潮力作用在厚水层上，产生辐合/辐散，局地改变了海面高度。然后，海面高度就以开尔文波和惯性-重力波的形式传至浅海和沿岸地区，深度的减少使其振幅增加（图 9.2）。

一些陆架模型可通过利用远处开边界上的潮汐高程（在不考虑局地引潮力的情况下）将这些波传播到关心区域的方式进行潮汐预测。这与风应力在浅海中是主要局地强迫的想法一致。确实，在 10 000 m 深的海盆中，引潮力相当于 75 m/s 的风造成的表面摩擦，而在 100 m 的浅海中，7.5 m/s 的风已经与局地引潮力相当了。图 9.19 给出了在开边界情形下潮汐计算的例子。在该图中，我们注意到有些节点上的潮汐振幅为零，相位不确定。每个这样的点都称为无潮点，各种波分量会在这里相互抵消（相消干涉）。

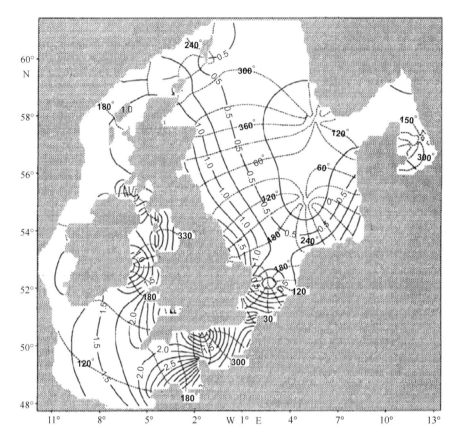

图 9.19   月球在欧洲大陆架西北部生成的潮汐振幅(实线)和相位(虚线)(Eric Delhez)

我们刚刚发展的模型的数值实现是比较可行的，毕竟我们已经遇到过其所有的要素：时间积分、平流、科氏项、压力梯度、扩散，这些都已在前面章节详细探讨过。唯一剩余项就是包含底部应力的项。对于该项，如果该项用二次关系表达，我们建议使用 Patankar 技术(14.6 节将对其进行详细论述)对其离散化：

$$\tau_{\mathrm{b}}^{x} = -\rho_0 C_{\mathrm{d}} \sqrt{(u^n)^2 + (v^n)^2}\, u^{n+1}, \quad \tau_{\mathrm{b}}^{y} = -\rho_0 C_{\mathrm{d}} \sqrt{(u^n)^2 + (v^n)^2}\, v^{n+1} \qquad (9.97)$$

鉴于每个过程都有数种方法可用，各过程的结合将带来大量可能的数值实现，这些数值实现都采用空间二维结构，成本相对较低。这就解释了人们在地球流体模拟相对较早的时期开发了大量二维数值模型的原因(Backhaus，1983；Heaps，1987；Nihoul，1975)。

解析问题

9.1   证明在南半球开尔文波是沿着其左侧海岸传播的。

9.2   中国与韩国之间的黄海(平均纬度：37°N)的平均深度是 50 m，沿海岸线周长为 2 600 km，开尔文波需要多长时间才能绕整个黄海海岸传播？

9.3　证明在较大波长下，惯性−重力波退化为一种质点在其中进行圆形惯性振荡的流场。

9.4　海峡被模型化为两个垂直边界之间的平底狭长地带。假设流体是均匀、无黏的，科氏参数是恒定的，对可沿该海峡传播的所有的波进行描述。

9.5　考虑年周期的季节变化强迫的行星波。如果 $f_0 = 8 \times 10^{-5}\ \mathrm{s}^{-1}$，$\beta_0 = 2 \times 10^{-11}\ \mathrm{m}^{-1}\,\mathrm{s}^{-1}$，$R = 1\,000$ km，可允许的纬向波长的值域是什么？

9.6　由于科氏参数沿赤道为零，其通常在热带过程的研究中表示成

$$f = \beta_0 y$$

式中，y 是距离赤道的距离（正向往北）。线性波方程式的形式如下：

$$\frac{\partial u}{\partial t} - \beta_0 y v = -g\frac{\partial \eta}{\partial x} \tag{9.98}$$

$$\frac{\partial v}{\partial t} + \beta_0 y u = -g\frac{\partial \eta}{\partial y} \tag{9.99}$$

$$\frac{\partial \eta}{\partial t} + H\left(\frac{\partial u}{\partial x} + \frac{\partial v}{\partial y}\right) = 0 \tag{9.100}$$

式中，u 和 v 是纬向速度和经向速度；η 是表面位移；g 是重力；H 是海洋静止时的深度。探讨波在无经向速度的情况下纬向传播的可能性。该波的传播速度是多少，传播方向是什么？在沿赤道传播时，该波会被截陷吗？如果这样，截陷距离是多少？该波与中纬度的波动（f_0 不为零）有什么相似之处吗？

9.7.　在无严格垂直旋转向量情况下找出非静力方程组的波动解：

$$\frac{\partial u}{\partial t} - fv + f_* w = -\frac{1}{\rho_0}\frac{\partial p}{\partial x} \tag{9.101a}$$

$$\frac{\partial v}{\partial t} + fu = -\frac{1}{\rho_0}\frac{\partial p}{\partial y} \tag{9.101b}$$

$$\frac{\partial w}{\partial t} - f_* u = -\frac{1}{\rho_0}\frac{\partial p}{\partial z} \tag{9.101c}$$

$$\frac{\partial u}{\partial x} + \frac{\partial v}{\partial y} + \frac{\partial w}{\partial z} = 0 \tag{9.101d}$$

流体是均匀（$\rho = 0$）、无黏（$v = 0$）且无限深的。尤其考虑与开尔文波（$x = 0$ 时，$u = 0$）的等价波动和庞加莱波。

9.8　运用局地极坐标系证明引潮力可从引潮势式（9.93）导出。

9.9　假设不存在大陆，海洋的平均深度是 3 800 m，估计重力波沿赤道绕地球一周的平均传播时间，并将该时间与潮汐周期比较。

9.10 基于太阳的质量及其与地球的距离，你认为太阳潮的强度与太阴潮相比如何？在哪个周期合力会产生最强烈的潮汐？

9.11 已知直径为100 km、风速 U 为150 km/h 的飓风接近佛罗里达，预计10 m深的近岸海域中的风暴潮高度如何？使用以下风应力公式：$\tau = 10^{-6}\rho_0 U^2$。

9.12 假设2004年12月26日印度尼西亚苏门答腊岛附近的地震通过海床10 min 内的上升运动产生一种表面波（海啸），估计波的波长。简单起见，假设均匀深度 $h = 4$ km。同时估计探测到地震与海啸到达4 000 km 外的海岸线之间的时间。如果你不用均匀深度而使用 sumatra.m 上提供的深度廓线 $h(x)$，你将如何估计传播时间？探讨在什么条件下可以使用不平坦地形上重力波的局地波速。（提示：将波长与地形变化的长度尺度进行对比）

9.13 为避免9.5节中长距离上无限深度的问题，现在假设流动发生在宽度为 L 的海峡内，地形波会因侧边界的存在而如何变化？

9.14 考虑 f 平面上波长为 $\lambda = 2\pi/k$ 的惯性–重力波，沿 x 轴传播（即 $k_x = k$ 和 $k_y = 0$），写出偏微分方程式并对其进行求解，得出与 $\cos(kx-\omega t)$ 成比例的 u、η 以及与 $\sin(kx-\omega t)$ 成比例的 v，然后计算每单位水平面积内的动能和势能，定义为

$$KE = \frac{1}{\lambda}\int_0^\lambda \frac{1}{2}\rho_0(u^2+v^2)H\mathrm{d}x \tag{9.102a}$$

$$PE = \frac{1}{\lambda}\int_0^\lambda \frac{1}{2}\rho_0 g\eta^2\mathrm{d}x \tag{9.102b}$$

每个都涉及 η 的振幅，表明动能总是大于势能；$f=0$（纯重力波）的情况除外，这种情况存在能量均分。

9.15 以去年夏季发生的飓风或台风为例，标注其接近海岸时飓风眼或台风眼中的压力距平值，并确定那时的逆气压响应。

数值练习

9.1 推导式(9.53)和式(9.54)的数值稳定性条件，你能对参数 $c\Delta t/\Delta x$ 进行解释吗？请将其与CFL判据进行对比。

9.2 阐明式(9.4a)到式(9.5)的B网格、C网格和D网格上的空间离散化。

9.3 在Matlab上实施式(9.4a)到式(9.5)的C网格，与 η 相同网格位置上的流体厚度可变。使用式(9.54)中的时间离散化，采用分解算法处理科氏项。然后使用自己的代码，利用准确解进行初始化，模拟出不同 $\Delta x/R$ 和 $k_x^2 R^2$ 值的纯开尔文波。（提示：在 x 方向使用周期边界条件，在 y 方向使用第二个非穿透性边界条件，在 $y = 10R$ 处是合理的，从 shallow.m 着手）

9.4 分析地转平衡以离散傅里叶模态在 B 网格和 C 网格上表示的方式。

9.5 使用式(9.66)中的数值频散关系探讨不同荒川网格的群速度误差。使用 $\Delta x = \Delta y$，区分两种波：$k_x \neq 0$，$k_y = 0$ 和 $k_x = k_y$。通过取 $R/\Delta x = 0.2$，1，5 以改变分辨率，其中 R 是变形半径。

9.6 设计模型的理想交错网格，其中涡黏性 ν_E 与 $|\partial u/\partial z|\, l_m^2$ 成比例，其中 l_m 是指定混合长度，速度 u 的数值由包含垂直湍流扩散的控制方程确定。

9.7 假设你需要计算二维 C 网格上离散速度场上相对涡度的垂直分量，哪里是计算相对涡度的最自然的节点？你能看出此处使用 D 网格的优点在哪里吗？

9.8 你能设想把底部地形变化作为诱发海啸的因素纳入浅水方程的可能性吗？

9.9 数值练习9.3中取可变深度，将以下地形应用其中：

$$h = H_0 + \Delta H\left[1 + \tanh\left(\frac{x - L/2}{D}\right)\right]$$

式中，$H_0 = 50$ m；$D = L/8$；$\Delta H = 5H_0$。

在 $x = 0$ 和 $x = L = 100$ km 使用固体边界，在 y 方向上长度为 $5L$ 的域上采用周期边界条件，从速度为零、宽度为 $L/4$ 的高斯海面高程、海盆中心高度为 1 m 开始，使用摩擦系数为 $r = 10^{-4}$ m/s 的线性底部摩擦，研究 $f = 10^{-4}$ s^{-1} 时海面高度的变化。

9.10 应用数值练习9.3中的条件，模拟在均匀地形的方形海盆上的均匀风应力引起的风暴潮，然后再用数值练习9.9给出的地形进行模拟。底部摩擦使用二次定律形式［式(9.77)］。

威廉·汤姆森（开尔文勋爵）
（William Thomson，Lord Kelvin，1824—1907）

威廉·汤姆森在 22 岁时就成为苏格兰格拉斯哥大学的自然哲学教授，很快就被认为是他那个时代领先的发明家和科学家。1892 年，由于威廉为横越大西洋电缆成功铺设做出的技术和理论贡献，他被授予拉格斯（Largs）"开尔文男爵"。此外，作为詹姆斯·普雷斯科特·焦耳的朋友，他帮助建立了坚实的热力学理论，并首次定义了绝对温标。他也为热机的研究做出了重要贡献。他与赫尔曼·冯·亥姆霍兹一起，估计了地球和太阳的年龄，并涉足流体力学。他有关所谓开尔文波的理论在 1879 年发表（以威廉·汤姆森的名义）。他所留下的 300 余份原始论文几乎涉及了科学的各个方面。据他所言，他无法理解任何不能建立模型的东西。（照片由 A. G. Webster 提供）

荒川昭夫
（Akio Arakawa，1927—）

　　荒川昭夫于 1950 年进入日本气象厅，并于 1961 年在东京大学获得博士学位。随后他前往洛杉矶的加利福尼亚大学（UCLA）从事科研工作。当时大气环流计算机模型已经能够再现类似天气的运动，但时间持续不长，超出两周模拟后，计算模式看起来就不再像天气。荒川的工作表明，问题在于不适当的数值程序导致的虚假能量的产生。他也找到了补救方法，包括确保网格层面上的能量和涡度拟能（涡度的平方）守恒。

　　他所提出并在后来以他的名字命名的网格是在关于网格点上变量分布对惯性重力波频散影响的研究（Arakawa et al.，1977）中发展的。荒川对运用数值模式进行天气预报这一科学领域的贡献重要而且深远。（照片来源：荒川昭夫）

第 10 章　正压不稳定

摘要： 前面章节中探讨的波动是在静止流体中演变的，在传播时未发生增长或衰减。而本章探讨的是在流场中的波，该波动在特定条件下会消耗平均流中包含的能量来增长，且同时保持涡度守恒。数值部分介绍了等值线动力学方法，该方法专门为涡度守恒的重要应用而设计。

10.1　什么让波动不稳定？

前面章节(9.4 节至 9.5 节)中所描述的行星波和地形波存在的主要原因是位势涡度梯度的存在。对于行星波，该梯度存在的原因是行星的球形结构；而对于地形波，该梯度是由底部坡度引起的。因此，我们自然也想了解存在相对涡度梯度的剪切流是否也能维持类似的低频波。

然而，由于多种原因，情况变得完全不同。首先，流不但产生所需的位势涡度梯度，而且会传输波型，并且由于流剪切，这种平移输送是有差别的，波型将快速变形。此外，流中可能存在某处，在该处波速等于流速，该处称为临界层，通常允许波流之间剧烈的能量转移。因此，波可能从流中获得能量，并随着时间增长。如果发生这种情况，一个无关紧要的小扰动可能变成非常大的扰动，初始流可能会高度扭曲，变得无法辨认。流动称为是不稳定的。为了将这种情况与斜压流体中发生的其他不稳定(即那些涉及层结的不稳定，参见第 14 章和第 17 章)区别开来，我们一般称上述过程为正压不稳定。

均匀剪切流的稳定性理论是流体力学中发展较为成熟的一个部分(参见 Kundu，1990，11.9 节；Lindzen，1988)。在这里，我们解决了包括科氏力在内的问题，但又将我们的研究局限于建立一般性质和解决一个特定情况的问题。

10.2　剪切流中的波

为了以相对清晰且易于处理的形式探讨既有流动中波动的特征，我们通常做以下假设：流体是均匀、无黏的，并且底部和表面水平且平坦，但科氏参数是可以改变的（即保留 β 效应）。控制方程（4.4 节）是

$$\frac{\partial u}{\partial t} + u\frac{\partial u}{\partial x} + v\frac{\partial u}{\partial y} + w\frac{\partial u}{\partial z} - fv = -\frac{1}{\rho_0}\frac{\partial p}{\partial x} \tag{10.1a}$$

$$\frac{\partial v}{\partial t} + u\frac{\partial v}{\partial x} + v\frac{\partial v}{\partial y} + w\frac{\partial v}{\partial z} + fu = -\frac{1}{\rho_0}\frac{\partial p}{\partial y} \tag{10.1b}$$

$$0 = -\frac{\partial p}{\partial z} \tag{10.1c}$$

$$\frac{\partial u}{\partial x} + \frac{\partial v}{\partial y} + \frac{\partial w}{\partial z} = 0 \tag{10.1d}$$

式中，科氏参数 $f = f_0 + \beta_0 y$ 随向北坐标 y（9.4 节）变化。正如 7.3 节中所述，最初在垂向上均匀的水平流在不存在垂直摩擦的情况下，且会一直保持下去。在地球流体动力学术语中，这被称为正压流，而我们考虑的就是这种情形。因此，我们分别去掉式（10.1a）和式（10.1b）中 $w\partial u/\partial z$ 项和 $w\partial v/\partial z$ 项。根据式（10.1d），$\partial w/\partial z$ 必须与 z 无关，这意味着 w 与 z 呈线性关系。但因为垂向速度在顶部和底部为零，w 在任何位置都为零（$w = 0$）。连续方程式可简化为

$$\frac{\partial u}{\partial x} + \frac{\partial v}{\partial y} = 0 \tag{10.2}$$

对于基本态，我们选择任意经向分布的纬向流：$u = \bar{u}(y)$，$v = 0$。这就是非线性方程的一个准确解，只要压力分布 $p = \bar{p}(y)$ 满足地转平衡

$$(f_0 + \beta_0 y)\,\bar{u}(y) = -\frac{1}{\rho_0}\frac{\mathrm{d}\bar{p}}{\mathrm{d}y} \tag{10.3}$$

接下来，我们增加一个小扰动，用来表示任意的小振幅波。我们记作：

$$u = \bar{u}(y) + u'(x, y, t) \tag{10.4a}$$

$$v = v'(x, y, t) \tag{10.4b}$$

$$p = \bar{p}(y) + p'(x, y, t) \tag{10.4c}$$

式中，扰动 u'、v' 和 p' 远小于基本流的相应变量（即 u' 和 v' 远小于 $\bar{u}$，p' 远小于 $\bar{p}$）。代入式（10.1a）、式（10.1b）和式（10.2）以及利用扰动项较小的特征进行随后的线性化，得出

$$\frac{\partial u'}{\partial t} + \bar{u}\frac{\partial u'}{\partial x} + v'\frac{\mathrm{d}\bar{u}}{\mathrm{d}y} - (f_0 + \beta_0 y)v' = -\frac{1}{\rho_0}\frac{\partial p'}{\partial x} \tag{10.5a}$$

$$\frac{\partial v'}{\partial t} + \bar{u}\frac{\partial v'}{\partial x} + (f_0 + \beta_0 y)u' = -\frac{1}{\rho_0}\frac{\partial p'}{\partial y} \tag{10.5b}$$

$$\frac{\partial u'}{\partial x} + \frac{\partial v'}{\partial y} = 0 \tag{10.5c}$$

最后一个方程允许存在流函数 ψ，其定义为

$$u' = -\frac{\partial \psi}{\partial y}, \quad v' = +\frac{\partial \psi}{\partial x} \tag{10.6}$$

因此，上式表示的是沿流线、右侧流函数值较高的流动。

我们对动量方程式（10.5a）和式（10.5b）进行交叉微分并消除速度分量，得出流函数的单一方程式：

$$\left(\frac{\partial}{\partial t} + \bar{u} \frac{\partial}{\partial x} \right) \nabla^2 \psi + \left(\beta_0 - \frac{\mathrm{d}^2 \bar{u}}{\mathrm{d} y^2} \right) \frac{\partial \psi}{\partial x} = 0 \tag{10.7}$$

该公式存在依赖于 $\bar{u}$（因此只依赖于经向坐标 y）的系数。因此纬向上的正弦波就是其解：

$$\psi(x, y, t) = \varphi(y) \, \mathrm{e}^{\mathrm{i}(kx - \omega t)} \tag{10.8}$$

代入后，得出振幅 $\varphi(y)$ 的二阶常微分方程：

$$\frac{\mathrm{d}^2 \varphi}{\mathrm{d} y^2} - k^2 \varphi + \frac{\beta_0 - \mathrm{d}^2 \bar{u}/\mathrm{d} y^2}{\bar{u}(y) - c} \varphi = 0 \tag{10.9}$$

式中，$c = \omega/k$ 是传播的纬向速度。这种类型的方程称为瑞利方程（Rayleigh，1880）。该方程的关键特征是第三项中的非常数系数，且其分母可能为零，从而产生奇点。

对于边界条件，为简单起见，我们假设流体是夹在两个壁面边界（即 $y = 0$ 和 L）内的。因此，我们需要考虑纬向通道内纬向流上的波。很明显，大气或海洋中不会存在这样的纬向通道，但会存在很多在经向上范围有限的波状纬向流。对流层上部的大气急流、哈特勒斯角（36°N）附近向海方向偏离的墨西哥湾流和南极绕极流都是很好的例子。同样，木星上的大气层除大红斑和其他涡旋外，几乎全是由交替风向的纬向带组成，称为环带或条带（参见图 1.5）。

如果边界使得流体无法进入或离开通道，v' 在这里就为零，且式（10.6）表明流函数在各边界上必须是一个常数。换言之，边界是流线。只有当波振幅遵守以下条件时，才有可能出现这种情况：

$$\varphi(y = 0) = \varphi(y = L) = 0 \tag{10.10}$$

式（10.9）和式（10.10）的二阶、齐次性问题就是本征值问题：解是平凡的（$\varphi = 0$），除非相速取特定值（特征值）；在该情况下，非零函数 φ（本征函数）除包含一个与之相乘的任意常数外是确定的。

特征值 c 通常可能为复数。如果 c 容许函数 φ，则复共轭 c^* 容许复共轭函数 φ^*，因此也是另一个特征值。可以通过式（10.9）的复共轭来进行验证。因此，复特征值都是成对的。

将特征值分解为实部和虚部：

$$c = c_r + i c_i \tag{10.11}$$

我们注意到流函数 ψ 存在 $\exp(k c_i t)$ 形式的指数因子，该因子会根据 c_i 的正负值增长或衰减。因为特征值是成对的，任何衰减模式将对应一个增长模式。因此，相速 c 中非零虚部的存在将自动保证增长的扰动的存在，从而保证基本流的不稳定。乘积 $k c_i$ 就是增长率。与之相反，为了使基本流稳定，相速 c 必须是纯实数的。

由于数学上的困难，我们无法判定任意速度分布 $\bar{u}(y)$ 的 c 值（即使对于理想化但非平凡的剖面，分析也很难），我们不应尝试准确求解问题式（10.9）至式（10.10），而应建立一些积分属性，通过这种做法建立较弱的稳定性判据。

我们将式（10.9）乘以 φ^*，然后对整个域积分，在分部积分后得到

$$-\int_0^L \left(\left| \frac{\mathrm{d}\varphi}{\mathrm{d}y} \right|^2 + k^2 |\varphi|^2 \right) \mathrm{d}y + \int_0^L \frac{\beta_0 - \mathrm{d}^2 \bar{u}/\mathrm{d}y^2}{\bar{u} - c} |\varphi|^2 \mathrm{d}y = 0 \tag{10.12}$$

该表达式的虚部为

$$c_i \int_0^L \left(\beta_0 - \frac{\mathrm{d}^2 \bar{u}}{\mathrm{d}y^2} \right) \frac{|\varphi|^2}{|\bar{u} - c|^2} \mathrm{d}y = 0 \tag{10.13}$$

以下两种情形都是可能的：要么 c_i 为零，要么积分为零。如果 c_i 为零，基本流就无增长扰动，因此是稳定的。但如果 c_i 不为零，则积分必须为零，这要求量

$$\beta_0 - \frac{\mathrm{d}^2 \bar{u}}{\mathrm{d}y^2} = \frac{\mathrm{d}}{\mathrm{d}y} \left(f_0 + \beta_0 y - \frac{\mathrm{d}\bar{u}}{\mathrm{d}y} \right) \tag{10.14}$$

至少在域的范围内变更一次正负值。我们进行概括，得出不稳定的必要条件是式（10.14）在域内某处为零。与之相反，稳定的充分条件是式（10.14）在域内任何处都不为零（在边界上可能为零，但在域内不为零）。从物理学上看，基本流的总涡度 $f_0 + \beta_0 y - \mathrm{d}\bar{u}/\mathrm{d}y$ 必须在域内达到极值，才会产生不稳定。该结果首先是由 Kuo（1949）推导出来的。

接下来，通过考虑式（10.12）的实部，我们可以使第一判据更加具体化，采取下式：

$$\int_0^L (\bar{u} - c_r) \left(\beta_0 - \frac{\mathrm{d}^2 \bar{u}}{\mathrm{d}y^2} \right) \frac{|\varphi|^2}{|\bar{u} - c|^2} \mathrm{d}y = \int_0^L \left(\left| \frac{\mathrm{d}\varphi}{\mathrm{d}y} \right|^2 + k^2 |\varphi|^2 \right) \mathrm{d}y \tag{10.15}$$

如果发生不稳定，式（10.13）中的积分为零。我们将该积分与 $(c_r - \bar{u}_0)$ 相乘（其中 $\bar{u}_0$ 是任意实常数），将结果代入式（10.15），注意到，对于非零扰动，式（10.15）的右边一直为正，得到

$$\int_0^L (\bar{u} - \bar{u}_0) \left(\beta_0 - \frac{\mathrm{d}^2 \bar{u}}{\mathrm{d}y^2} \right) \frac{|\varphi|^2}{|\bar{u} - c|} \mathrm{d}y > 0 \tag{10.16}$$

该不等式要求表达式

$$\left(\bar{u} - \bar{u}_0 \right) \left(\beta_0 - \frac{\mathrm{d}^2 \bar{u}}{\mathrm{d}y^2} \right) \tag{10.17}$$

至少在域的一些有限部分为正。因为对于任意常数 $\bar{u}_0$，这必须成立，特别是在 $\beta_0 - \mathrm{d}^2\bar{u}/\mathrm{d}y^2$ 为零且 $\bar{u}_0$ 等于 $\bar{u}(y)$ 的值时，这也必须是成立的。所以更严格的不稳定标准是：不稳定的必要条件是 $\beta_0 - \mathrm{d}^2\bar{u}/\mathrm{d}y^2$ 至少在域内有一次为零，且 $(\bar{u} - \bar{u}_0)(\beta_0 - \mathrm{d}^2\bar{u}/\mathrm{d}y^2)$ [其中，$\bar{u}_0$ 是第一个表达式为零时 $\bar{u}(y)$ 的值] 至少在域的有限部分为正值。尽管这一更为严格的标准仍未给不稳定提供充分条件，但通常还是很有用的。

10.3　波速与增长率的界限

前面的分析告诉我们，当满足某些条件时，不稳定就可能发生。我们自然就会想到一个问题：如果流动是不稳定的，扰动会增长多快？在任意剪切流 $\bar{u}(y)$ 的一般情况下，不可能精确判定非稳定扰动的增长率。然而，我们可以相对容易地推导出增长上限，且也能在这个过程中判定出扰动相速的上下限。为简单起见，我们将注意点放在 f 平面上 ($\beta_0 = 0$)，这种情形下的求导是由 Howard(1961) 完成的。此后，我们将在不做推导的情况下引用 β 平面的结果。

分析从变量[1]变换开始：

$$\varphi = (\bar{u} - c) a \tag{10.18}$$

这将式(10.9)转化为

$$\frac{\mathrm{d}}{\mathrm{d}y}\left[(\bar{u} - c)^2 \frac{\mathrm{d}a}{\mathrm{d}y} \right] - k^2 (\bar{u} - c)^2 a = 0 \tag{10.19}$$

式中，β_0 设为零。根据式(10.8)，a 的边界条件与 φ 的相同，也就是 $a(0) = a(L) = 0$。

我们考虑不稳定波的情形。在该情形下，c 存在非零虚部，a 不为零，且是复数。通过将上式与 a 的复共轭 a^* 相乘并对整个域积分，我们获得一个表达式，其实部和虚部为

$$\text{实部：} \int_0^L \left[(\bar{u} - c_r)^2 - c_i^2 \right] P\mathrm{d}y = 0 \tag{10.20}$$

$$\text{虚部：} \int_0^L (\bar{u} - c_r) P\mathrm{d}y = 0 \tag{10.21}$$

式中，$P = |\mathrm{d}a/\mathrm{d}y|^2 + k^2 |a|^2$ 是非零正量。根据式(10.21)，式(10.20)可改写成

$$\int_0^L \left[\bar{u}^2 - (c_r^2 + c_i^2) \right] P\mathrm{d}y = 0 \tag{10.22}$$

根据式(10.21)可推断 $(\bar{u} - c_r)$ 在域内某处必须为零，表明相速 c_r 在 $\bar{u}(y)$ 的最大值和最

---

① 可以看出新的变量 a 是经向位移，其随体时间导数是速度的 v 分量。

小值之间：

$$U_{\min} < c_r < U_{\max} \tag{10.23}$$

从物理上来讲，至少在某个位置处，波形扰动（如果是不稳定的）传播的速度会与此扰动的背景流动流速相同。换言之，域内总是有一个位置，波在其中相对流无相对运动并在适当的位置增长。正是波流之间的这种局部耦合允许波从流中提取能量而增长。这一相速等于流速的位置就被称为临界层。

我们根据 c 的实部的界限，现在寻找其虚部的界限。为了实现这一做法，我们引入显然成立的不等式：

$$\int_0^L (\bar{u} - U_{\min})(U_{\max} - \bar{u}) P \mathrm{d}y \geqslant 0 \tag{10.24}$$

然后将其展开，用式（10.21）替换 $\bar{u}$ 中所有线性项以及式（10.22）替换二次项，得到

$$\left[\left(c_r - \frac{U_{\min} + U_{\max}}{2} \right)^2 + c_i^2 - \left(\frac{U_{\max} - U_{\min}}{2} \right)^2 \right] \int_0^L P \mathrm{d}y \leqslant 0 \tag{10.25}$$

因为 P 的积分只能是正值，前面括号中的量必须为负：

$$\left(c_r - \frac{U_{\min} + U_{\max}}{2} \right)^2 + c_i^2 \leqslant \left(\frac{U_{\max} - U_{\min}}{2} \right)^2 \tag{10.26}$$

该不等式表明，在复平面中，数 $c_r + \mathrm{i}c_i$ 必须存在于中心为 $[(U_{\min}+U_{\max})/2, 0]$，半径为 $(U_{\max}-U_{\min})/2$ 的圆圈内。鉴于我们比较关心随着时间增长的模态，即 c_i 为正，只有该圆圈的上半部分与此相关（图 10.1）。该结果称为霍华德（Howard）半圆定理。

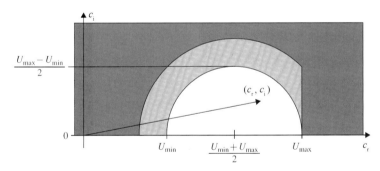

图 10.1　半圆定理如图所示，波数为 k 的增长扰动相速必须为 c_r，增长率需为 kc_i，向量 (c_r, c_i) 的顶端才能在背景剪切流 $\bar{u}(y)$ 的最小速度与最大速度构成的半圆内。当考虑 β 效应时，向量的顶端必须在包含半圆、浅灰区域的稍微扩大的域内

可以从不等式（10.26）或图 10.1 中容易看出，c_i 是存在上界的：

$$c_i \leqslant \frac{U_{\max} - U_{\min}}{2} \tag{10.27}$$

扰动的增长率 kc_i 同样也是有上限的。

在 β 平面上，积分和不等式的处理稍微复杂但也仍然可行，Pedlosky（1987，7.5节）证明前面有关 c_r 和 c_i 的不等式必须改成

$$U_{\min} - \frac{\beta_0 L^2}{2(\pi^2 + k^2 L^2)} < c_r < U_{\max} \tag{10.28}$$

$$\left(c_r - \frac{U_{\min} + U_{\max}}{2}\right)^2 + c_i^2 \leqslant \left(\frac{U_{\max} - U_{\min}}{2}\right)^2 + \frac{\beta_0 L^2 (U_{\max} - U_{\min})}{2(\pi^2 + k^2 L^2)} \tag{10.29}$$

式中，L 是域的经向宽度；k 是纬向波数（图 10.1）。式（10.28）左侧的西向速度因为行星波的存在发生飘移［见纬向相速，式（9.30）］。最后一个不等式容易得出增长率 kc_i 的上限。了解相速 c_r 和增长率 kc_i 的界限对于特定应用中用数值方法寻找稳定性阈值是有用的（Proehl，1996）。

10.4 简单例子

前文有关不稳定的存在及其属性的考虑都比较抽象，因此我们将举例解释这些概念。为简单起见，我们仅考虑 f 平面（$\beta_0 = 0$），并取分段线性剪切流（图 10.2）：

$$y < -L: \quad \bar{u} = -U, \quad \frac{d\bar{u}}{dy} = 0, \quad \frac{d^2\bar{u}}{dy^2} = 0 \tag{10.30}$$

$$-L < y < +L: \quad \bar{u} = \frac{U}{L} y, \quad \frac{d\bar{u}}{dy} = \frac{U}{L}, \quad \frac{d^2\bar{u}}{dy^2} = 0 \tag{10.31}$$

$$+L < y: \quad \bar{u} = +U, \quad \frac{d\bar{u}}{dy} = 0, \quad \frac{d^2\bar{u}}{dy^2} = 0 \tag{10.32}$$

式中，U 是正常数，域宽现在是无穷大的。尽管二阶导数在域的三个分段内都为零，但在节点不为零。随着 y 增加，一阶导数 $d\bar{u}/dy$ 从零变为正，然后再为零，可以说二阶导数在第一个节点（$y = -L$）为正，在第二个节点（$y = +L$）为负。因此，$d^2\bar{u}/dy^2$ 在域内改变了正负值，这满足不稳定存在的第一个条件。第二个条件也就是式（10.17），现在简化为

$$-\bar{u} \frac{d^2\bar{u}}{dy^2}$$

其在域内有些部分为正，因为 $d^2\bar{u}/dy^2$ 的正负值与廓线各节点处的 $\bar{u}$ 的相反，第二个条件也是满足的。因此，不稳定的必要条件都得到满足，尽管并不保证一定存在不稳定，我们也可以预期会发生不稳定。

我们现在继续处理这个解。在 3 个域段中，控制方程式（10.9）简化为

$$\frac{d^2\varphi}{dy^2} - k^2\varphi = 0 \tag{10.33}$$

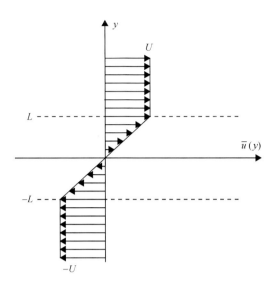

图 10.2　可供解析处理的理想化剪切流廓线。该廓线满足不稳定的

两个必要条件，并且对长波是不稳定的

并存在 $\exp(+ky)$ 和 $\exp(-ky)$ 类型的解。这在每个域段内引入了两个积分常数，总共为 6 个。之后会应用这 6 个条件。首先，在很远处，要求 φ 为零：

$$\varphi(-\infty) = \varphi(+\infty) = 0$$

接着，$y = \pm L$ 处经向位移的连续性要求 φ 在此处也是连续的[根据式(10.19)和 $\bar{u}(y)$ 廓线的连续性]：

$$\varphi(-L-\epsilon) = \varphi(-L+\epsilon) \text{ 和 } \varphi(+L-\epsilon) = \varphi(+L+\epsilon)$$

式中，ϵ 取任意小值。最后，控制方程式(10.9)在连接域段的整个线上的积分

$$\int_{\pm L-\epsilon}^{\pm L+\epsilon} \left[(\bar{u}-c) \frac{d^2\varphi}{dy^2} - k^2(\bar{u}-c)\varphi - \frac{d^2\bar{u}}{dy^2}\varphi \right] dy = 0$$

经分部积分后，表明

$$(\bar{u}-c)\frac{d\varphi}{dy} - \frac{d\bar{u}}{dy}\varphi$$

在 $y=-L$ 和 $y=+L$ 处都必须是连续的。获得该结果的另一方式就是跨越不连续面对式(10.19)进行积分，该式是保守形式。

　　应用这 6 个条件将产生关于 6 个积分常数的齐次方程组。当该方程组存在非平凡解时——也就是说，其行列式为零时，非零扰动存在。通过代数求解得出

$$\frac{c^2}{U^2} = \frac{(1-2kL)^2 - e^{-4kL}}{(2kL)^2} \tag{10.34}$$

式(10.34)是频散关系，给出波速 c 与波数 k、流动参数 L 和 U 的关系。该公式得出唯

一的实数 c^2，要么为正要么为负。如果是正值，c 是实数且扰动不会增长；如果 c^2 为负，c 是虚数；两个解之一对应着指数增长的模态[a 与 $\exp(kc_it)$ 成比例]。很明显，不稳定阈值是 $c^2=0$，在这种情况下，频散关系式(10.34)得出 $kL=0.639$。因此，这里存在临界波数 $k=0.639L$ 或临界波长 $2\pi/k=9.829L$，将稳定波与不稳定波区分开来(图10.3)。通过检验同一频散关系可以看出较短波($kL>0.639$)可以在无增长的情况下传播(因为 $c_i=0$)，而较长波($kL<0.639$)在无传播的情况下呈指数增长(因为 $c_r=0$)。总之，剪切基本流对于长波扰动是不稳定的。

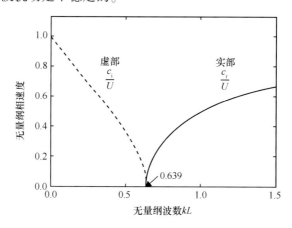

图 10.3　图 10.2 中所述的剪切流上的波动的频散关系[式(10.34)]图，
c_i 非零时的较低波数对应于增长的波

　　一项有趣的任务是寻找增长最快的波动，因为至少在有限振幅效应变得重要以及之前的理论失效之前，该波动都是主要波动。为此，我们寻找使 kc_i 最大的 kL 值，其中 c_i 是式(10.34)的正虚根。答案是 $kL=0.398$，从而得出最快增长波型的波长：

$$\lambda_{最快增长} = \frac{2\pi}{k} = 15.77L = 7.89(2L) \tag{10.35}$$

这意味着主导不稳定早期阶段的扰动的波长大约是剪切区宽度的 8 倍，其增长率是

$$(kc_i)_{\max} = 0.201\frac{U}{L} \tag{10.36}$$

得出 $c_i=0.505U$。这会作为练习留给读者来验证前面的数值。

　　在这点上，阐明长波扰动增长的物理机制具有启发性。图 10.4 展示了基本流场，其中叠加了一个波形扰动。两条不连续的线之间的相位差有利于波动放大。中间流体具有顺时针涡度，侵入涡度为零的邻近带中，并产生局地涡度异常，这种异常可被视为涡旋。这些涡旋在其附近生成顺时针旋转的流动，如果波长足够长，两条不连续的线的间隔相对较短，一侧的涡旋与另一侧的涡旋会发生相互作用。在适当的相位差下

(例如，图 10.4 中所述的)，不同涡旋相互夹卷进一步进入无涡度区，因此放大了波动的波峰和波谷。波动放大后，剪切基本流无法持续。随着波增长，非线性项开始变得重要，并且达到一定饱和度。最终状态(图 10.4)是减弱的环境剪切流中嵌入一系列顺时针涡旋(Dritschel，1989；Zabusky et al.，1979)。

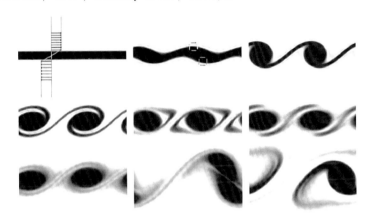

图 10.4　图 10.2 中所述的剪切流不稳定的有限振幅发展。波的峰谷诱生涡旋场，这反过来放大了这些波谷和波峰。波动不会传播，但会随着时间放大
(此处显示的系列图是由第 16 章发展的 chcarcdflow. m 生成的)

Lindzen(1988)基于系统内存在两个特殊位置，提出了不稳定产生的另一机制。第一个特殊位置是临界层 y_c，此处波速等于基本流的速度 $|c_r = \bar{u}(y_c)|$；另一个是 y_0，此处基本流的涡度达到极值[此处式(10.14)改变正负号]。在 y_0-y_c 方向上传播的波会经历反射，也就说，波在进入 $[y_0, y_c]$ 区间时，将向其起源地区反射，其振幅大于到达时的振幅。如果边界或使波(简单)反射的其他位置存在，波将返回超反射的地区，然后继续传播。回波的连续反射会造成其指数增长。

10.5　非线性

我们通过 10.2 节注意到，非线性平流项是基本流 $\bar{u}(y)$ 不稳定的原因。我们通过对方程关于稳态解进行线性化来分析稳定性，并用 $\bar{u}\partial u'/\partial x$ 替换 $u\partial u/\partial x$ 项，这将得到线性方程组和波动形式的解，并保留基本流 $\bar{u}$ 的平流。当发生不稳定时，速度扰动随时间增长，在线性化成立的初始阶段后，速度扰动将增强到 $u'\partial u'/\partial x$ 不能忽略的强度。非线性部分则需要数值模拟的帮助。在诸如当前问题的非黏性问题中，我们会面临一个严重问题(该问题已在引论部分提及)就是短波会混叠在较长波中。

正如 1.12 节中所述的时间序列相关内容，采样(数值模拟：离散化)对可分辨的频

率设置了一些限制。以空间代替时间，相同的分析应用在空间上，波数分别为 k_x 和 $k_x +$ $2\pi/\Delta x$ 的波无法在空间间距 Δx 的离散化中彼此区分。如果波数 k_x 大于 $\pi/\Delta x$，在离散化过程中会被误认为是较小波数 $k_x - 2\pi/\Delta x$ 或 $2\pi/\Delta x - k_x$。图 10.5 所示的这种对变化太快的波动的误判是截断波数 $\pi/\Delta x$ 的反映。任意波都可分解成其谱分量，我们假设一系列波（波包）的谱的形式如图 10.6 所示。鉴于较高波数的波可在截断波数周围反射进可分辨区，相关波谱能量也将从较短未分辨的波转至较长分辨波。如果能级随波数的减少而下降，波谱变化将在截断值附近最强。换言之，处于分辨能力边缘的波的能量最容易受混叠影响，表现为勉强分辨的波中不必要的过多的能量。这就是为什么当与网格大小相当的尺度上，模型结果要慎重审视的原因。但问题还不限于此。

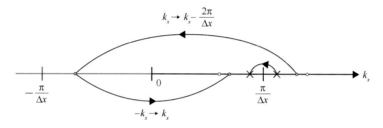

图 10.5　未分辨的波数为 $k_x > \pi/\Delta x$ 的短波可转换到可分辨的波数 $|k_x - 2\pi/\Delta x|$，对应于波数约为截断波数 $\pi/\Delta x$ 的反射，如在 $\pi/\Delta x$ 右侧的空心圆、"×"符号和灰点表示的波数的 3 个特定值以及它们所混叠的波数（均在 $\pi/\Delta x$ 左侧）

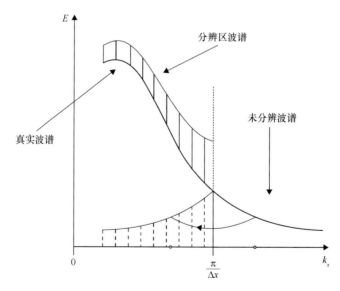

图 10.6　混叠造成的波谱变更，这能有效地将波谱的数值上不能分辨的部分（$k_x \geqslant \pi/\Delta x$）折叠成可分辨的尺度。能量谱在截断波数附近下降越快，混叠问题就越小。波谱改变限于最短可分辨波附近

当非线性平流起作用时，混叠问题尤其令人烦恼，因为方程中的二次项会产生谐波：如果速度场源于两个波的叠加，波数分别为 k_1 和 k_2，且振幅和相位相同，

$$u = u_1 + u_2, \text{ 其中 } u_1 = Ae^{ik_1x} \text{ 和 } u_2 = Ae^{ik_2x} \tag{10.37}$$

则平流项 $u\partial u/\partial x$ 的贡献为下列形式：

$$A^2i(k_1 + k_2)e^{i(k_1+k_2)x} \tag{10.38}$$

这引入了较高波数 k_1+k_2 的新波谱分量。即使两个原始波能够被网格分辨，新产生的较短波仍可能会被混叠并被误认为是较长波。当 $k_1+k_2>\pi/\Delta x$ 时，就会发生这种情形。因此，非线性平流产生混叠问题，会严重妨碍计算，尤其当这种混叠是新产生的波的波数恰好与原始波的波数相同（如 k_1）时。该情况下，我们就有了一个反馈环，其中分量 u_1 与另一个分量相互作用，没有如预期生成较短波，但却增加了其自身的振幅。该过程是自我重复的，很快自我放大波的振幅将达到不可容忍的水平。这就是由 Philips（1956）首先指出的非线性计算不稳定。

当 k_1 与 k_2 的相互作用满足混叠条件且新波混叠为原始波数之一（这里是 k_1）时，该自我放大就会发生

$$(k_1 + k_2) \geqslant \frac{\pi}{\Delta x} \quad \text{和} \quad \frac{2\pi}{\Delta x} - (k_1 + k_2) = k_1 \tag{10.39}$$

为了避免任何网格分辨的波数（即对于在 0 和 $\pi/\Delta x$ 之间变化的 k_2 的所有可能值）发生这种情形，k_1 不能在区间 $\pi/(2\Delta x)$ 到 $\pi/\Delta x$ 之间取值。该要求有点严格，毕竟 k_1 和 k_2 都不能超过 $\pi/(2\Delta x)$。k_1 或 k_2 的最高允许值是将 $k_1 = k_2$ 代入式（10.39），得出 $k_{max} = 2\pi/(3\Delta x)$。换言之，如果我们能够避免波长小于 $2\pi/k_{max} = 3\Delta x$ 的所有波，混叠导致的非线性不稳定可被阻止。然而，从初始条件阻止这些波是远远不够的，因为这些波迟早会由较长波之间的非线性相互作用而生成。解决方法就是当较短波一生成，就消除这些波，这可以通过滤波来完成。

滤波是一种模拟物理耗散的耗散形式，但被设计用来优先去除不必要的波，也就是那些数值网格分辨的尺度最短的波。这可以通过下节中讨论的滤波器来实现。16.7节会介绍解决与平流项相关的混叠和非线性数值不稳定问题的其他方法。在我们结束本章之前，也会介绍一种完全不同的方法，该方法通过完全不使用网格来避免混叠现象。这一方法就是等值线动力学，可沿流体质点运动路径对其进行跟踪，因此消去随体时间导数中的平流项。

10.6　滤波

我们在前文已经知道蛙跳法会产生虚假模态（时间上翻转），并且刚刚认识到 $2\Delta x$ 截断附近的空间模态（空间上的"锯齿"结构）不易被模拟，容易发生混叠。我们进一步

展示了非线性是如何在 $2\Delta x$ 模态周围产生混叠的。自然而然地，我们现在想要从数值解中去除这些不需要的振荡。对于空间锯齿结构，已经找到去除较短波的方法：物理扩散。然而，模型中的物理扩散不足以一直抑制或甚至控制 $2\Delta x$ 模态，所以引入具有数值特性的额外耗散就变得很有必要，这就称为滤波。

本节中，我们着重关注旨在抑制短波的显式滤波。从物理扩散算子产生的离散滤波器着手：

$$\hat{c}_i^{\,n} = \tilde{c}_i^{\,n} + \varkappa \underbrace{\left(\tilde{c}_{i+1}^{\,n} - 2\,\tilde{c}_i^{\,n} + \tilde{c}_{i-1}^{\,n}\right)}_{\simeq \Delta x^2 \frac{\partial^2 c}{\partial x^2}} \qquad (10.40)$$

式中，新(滤过的)值 $\hat{c}_i^{\,n}$ 自此代替原(未过滤的)值 $\tilde{c}_i^{\,n}$。前面的公式等价于引入一个扩散率为 $\varkappa\,\Delta x^2/\Delta t$ 的扩散项，这增强了物理扩散(如果存在)。

该滤波器的行为可借助于傅里叶模[$\exp(ik_x i\Delta x)$]来分析，因此给出了"放大"因子——在这种情形下，实际上是阻尼因子：

$$\varrho = 1 - 4\,\varkappa \sin^2\left(\frac{k_x \Delta x}{2}\right) \qquad (10.41)$$

对于良好分辨的波，放大因子接近于1(不改变振幅)，而对于 $2\Delta x$ 的波($k_x = 2\pi/2\Delta x$)，其值是 $1-4\varkappa$。因此，$\varkappa = 1/4$ 值将在单通道滤波器中消除最短的波，但中间波长也会部分减少，一般使用 $\varkappa$ 的较小值以防对中尺度的解造成不必要的抑制。因此，我们必须在清除 $2\Delta x$ 分量以及对剩余解造成最小损害之间进行折中。

为了减少这样的折中，我们可以使用更具选择性的滤波器。这些滤波器都是双调和型，需要更多模格点。例如：

$$\hat{c}_i^{\,n} = \tilde{c}_i^{\,n} + \frac{\varkappa}{4} \underbrace{\left(-\tilde{c}_{i+2}^{\,n} + 4\,\tilde{c}_{i-1}^{\,n} - 6\,\tilde{c}_i^{\,n} + 4\,\tilde{c}_{i+1}^{\,n} - \tilde{c}_{i+2}^{\,n}\right)}_{\simeq -\Delta x^4 \frac{\partial^4 c}{\partial x^4}} \qquad (10.42)$$

得出更多尺度选择性阻尼因子

$$\varrho = 1 - \varkappa \left[4\sin^2\left(\frac{k_x \Delta x}{2}\right) - \sin^2\left(\frac{2k_x \Delta x}{2}\right) \right] \qquad (10.43)$$

$\varkappa = 1/4$ 时，两种滤波器的差别见图 10.7。扩散型和双调和滤波器[分别是式(10.40)和式(10.42)]利用相同的 $\varkappa$ 值消除 $2\Delta x$ 模态。图 10.7 显示，比起双调和滤波器，中尺度分量更容易受扩散型滤波器的影响。然而，双调和滤波器模板中存在负系数，因此可能引入非单调特征式(10.42)。

对于扩散型滤波器，双调和滤波器有时通过 $-\mathcal{B}\,\partial^4 \tilde{c}/\partial x^4$ 形式的额外项而在非离散化模型方程中成为显式，其中 $\mathcal{B} = \varkappa\,\Delta x^4/(4\Delta t)$。当然，这种方法可扩展到更大的模板，令尺度选择性增强，但需要额外的计算。

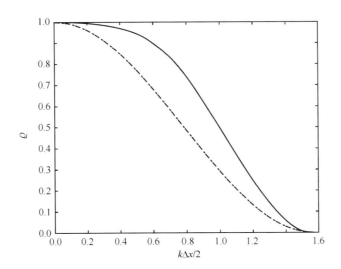

图 10.7 两个不同滤波器的阻尼因子随波长的变化：$\varkappa=1/4$ 时，常规扩散[式(10.40)，
虚线]和双调和算子[式(10.42)，实线]。两种滤波器都完全消除了 $2\Delta x$ 模态($\varrho=0$)，
但双调和滤波器阻止了较少的中尺度分量(这种情况下 ϱ 接近 1)，从这种意义上讲，
双调和滤波器更具尺度选择性

应当注意的是，滤波器中使用的系数取决于网格间距和时间步长，而物理参数不
是——除非它们对次网格尺度效应进行参数化。在后一情况下，参数化中也涉及网格
尺寸，参见 4.2 节。然而，我们不应混淆这些不同的概念：物理分子扩散、微湍流(涡
旋)扩散、引入的次网格尺度扩散(用于对大于湍流运动但小于网格间距的尺度上的混
合进行参数化)、与显式滤波相关的扩散(本节研究的主题)以及数值格式(完全未写入
代码的)导致的数值扩散。不幸的是，作者提及其模型的扩散参数时，不会明确指出该
扩散属于何种类型。

对于时间滤波，我们可以采用相同的滤波技术。因为空间滤波器通过式(10.40)获
得的过滤后的版本代替模型值，消除随时间翻转模态的一种方式是

$$\hat{c}^n = \tilde{c}^n + \varkappa(\tilde{c}^{n+1} - 2\tilde{c}^n + \tilde{c}^{n-1}) \tag{10.44}$$

然而，这种方法需要存储 $\tilde{c}$ 之前的值用于之后的滤波，因此不是很实用。另外，时
间步 n 上的滤波必须等到时间步 $n+1$ 上的值已经计算得到才能进行。这并未避免虚假
模态与物理模态之间的非线性相互作用。因此最好将滤波与时间积分结合起来，并且
在滤波后的解一旦可用就用其代替未滤波的解。例如，假设通过蛙跳格式获得 $\tilde{c}^{n+1}$ 的
新值：

$$\tilde{c}^{n+1} = \hat{c}^{n-1} + 2\Delta t Q(t, \tilde{c}^n) \tag{10.45}$$

式中，用通常的源项 Q 将所有空间算子重新组合。我们用下式对 $\tilde{c}^n$ 滤波：

$$\hat{c}^n = \tilde{c}^n + \varkappa(\tilde{c}^{n+1} - 2\tilde{c}^n + \hat{c}^{n-1}) \qquad (10.46)$$

并将其立即存储到 $\tilde{c}^n$ 的数组中。注意 $\hat{c}^{n-1}$（而不是 $\tilde{c}^{n-1}$）出现在滤波和蛙跳步骤中，因为滤波值已取代初始值。该滤波器就是阿塞林（Asselin）滤波器（Asselin，1972），常用于使用蛙跳时间离散化的模型中。为了不造成过度滤波，可以使用 $\varkappa$ 的较小值。作为选择，可间歇性应用或通过变化 $\varkappa$ 的强度来应用滤波器。

更多可选择的时间上的滤波器可以从空间滤波器式（10.42）得到启发，但这些滤波器涉及更多的时间层（双调和滤波器涉及 5 个时间层），因此需要储存状态向量的额外的中间值，而蛙跳格式只需要储存 3 个时间层的值。

还存在其他滤波器，其中一些是基于简单欧拉格式对蛙跳时间积分做间歇性再初始化。但我们在使用所有这些滤波器时，需要谨慎处理，因为这些滤波器会过滤掉一部分物理解或改变截断误差。

10.7　等值线动力学

前面的稳定性分析和混叠问题给我们带来引入另一数值法的好机会，也就是所谓的边界元法。该方法首先被诺尔曼·扎布斯基（Norman Zabusky）[①]用来进行涡旋计算（Zabusky et al.，1979）。为了阐明这一方法，我们从简单任务入手——从二维中的已知涡度分布中得到速度场。涡度 ω 与速度分量 u 和 v 的关系式为

$$\frac{\partial v}{\partial x} - \frac{\partial u}{\partial y} = \omega \qquad (10.47)$$

通过该定义的反演，伴随面积为 ds 和均匀涡度为 ω 的局地涡斑的速度在无边界条件（也就是无限域）的情况下为

$$2\pi r dv_\theta = \omega ds \qquad (10.48)$$

式中，$r = \sqrt{(x-x')^2 + (y-y')^2}$；$v_\theta$ 是垂直于与连接涡斑和所关注的点的连线的速度分量（图 10.8 的左侧）。结果通过直接利用斯托克斯定理得出——该定理说明速度沿等值线的环流（这里是半径为 r 的圆），也就是 $2\pi r dv_\theta$，等于涡度在该等值线内（这里是 ωds）的积分。

在向量符号中，与涡度为 ω 的微面元 ds 相关的无穷小速度是

$$d\boldsymbol{u} = \frac{\omega}{2\pi r} \frac{\boldsymbol{k} \times (\boldsymbol{x} - \boldsymbol{x'})}{r} ds \qquad (10.49)$$

---

① 参见本章结尾人物介绍。

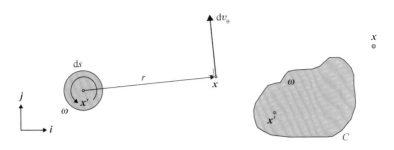

图 10.8　与面积为 ds 和涡度为 ω 的无穷小涡斑相关的速度元 dv_θ（左图）。等值线 C 内非零
涡度在有限涡斑上的积分可以给出相关速度场（右图）。注意涡斑外的域是无限宽的

这可在有限面积对空间上非均匀分布的 $\omega(x,y)$ 积分（图 10.8 的右侧）。我们得到

$$\boldsymbol{u}(x,y) = \frac{1}{2\pi}\iint \omega(x',y')\,\frac{\boldsymbol{k}\times(\boldsymbol{x}-\boldsymbol{x}')}{r^2}\,dx'dy' \qquad (10.50)$$

这将速度场作为涡度分布的函数，得到非旋转的速度场。在无限域（即无边界条件）中，后者为零。现在假设存在常值涡度的单一斑块：

$$u(x,y) = \frac{\omega}{2\pi}\iint \frac{-(y-y')}{(x-x')^2+(y-y')^2}\,dx'dy' \qquad (10.51a)$$

$$v(x,y) = \frac{\omega}{2\pi}\iint \frac{(x-x')}{(x-x')^2+(y-y')^2}\,dx'dy' \qquad (10.51b)$$

其中，积分是在其等值线 C 界定的涡斑上进行的（图 10.8）。注意被积函数是下列函数的导数：

$$\varphi = \ln\left[\frac{(x-x')^2+(y-y')^2}{L^2}\right] \qquad (10.52)$$

我们可以将速度分量重新写作：

$$u(x,y) = \frac{\omega}{4\pi}\iint \frac{\partial\varphi}{\partial y'}\,dx'dy' = -\frac{\omega}{4\pi}\oint_C \varphi\,dx' \qquad (10.53a)$$

$$v(x,y) = \frac{\omega}{4\pi}\iint -\frac{\partial\varphi}{\partial x'}\,dx'dy' = -\frac{\omega}{4\pi}\oint_C \varphi\,dy' \qquad (10.53b)$$

我们采用分部积分将非零涡度的面积分简化为沿其周长的线积分。符号 $\oint$ 表示积分被当作 x' 和 y' 沿闭合周长 C 变化，斑块在左侧。因此，我们可将均匀涡度为 ω 的涡斑造成的任意点上的速度向量 $\boldsymbol{u}$ 表示为

$$\boldsymbol{u}(x,y) = -\frac{\omega}{4\pi}\oint_C \ln\left[\frac{(x-x')^2+(y-y')^2}{L^2}\right]d\boldsymbol{x}' \qquad (10.54)$$

当出现数个涡斑时，我们需要做的就是将这些不同涡斑的贡献叠加。然而，当一

个涡斑包含在另一涡斑中时，就会出现一些困难。例如，在图 10.9 中，涡度为 ω_3 的涡斑完全在涡度为 ω_2 的涡斑中。对于 ω_2 斑块，等值线积分分成两个部分，一个是沿逆时针旋转的外围的等值线 C_2（涡度 ω_2 在其左侧），另一个是沿顺时针旋转的内圈的等值线 C_3（涡度 ω_2 还在其左侧）。对于 ω_3 斑块，需要重复后一线积分，但这次需要逆时针进行积分，且 ω_3 在其被积函数中。最后两个积分相加得到沿 C_3 逆时针进行的一个积分，其中涡度差 $\delta\omega_3 = \omega_3 - \omega_2$ 在其被积函数中。对于任意数量的等值线，我们有

$$\boldsymbol{u}(x,\ y) = -\frac{1}{4\pi}\sum_{m}\delta\omega_m \oint_{C_m} \ln\left[\frac{(x-x')^2 + (y-y')^2}{L^2}\right]\mathrm{d}x' \qquad (10.55)$$

此处求和是在所有等值线上进行的；$\delta\omega_m$ 是等值线 C_m 上的涡度差（内部值减去外部值）。

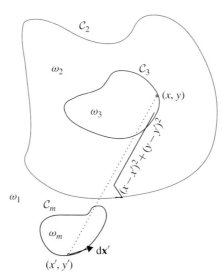

图 10.9　当得到速度需要涉及数条等值线时，等值线积分必须彼此相加，沿等值线的相关量是整条线上的涡度差。在此图描述的情况中，等值线 C_3 上的涡度差是 $\omega_3 - \omega_2$

至此，我们创建了一个诊断工具，从给定的涡度分布中得到速度场。为了预测这些涡斑的演变，现在必须求解涡度的控制方程。在不存在摩擦或其他改变涡度过程的情况下，涡度是守恒的，仅仅由流动平流输送。因此，任意给定涡斑中的点涡度守恒，并留在其原有涡斑中。我们所要做的是预测各涡斑边界的演变，也就是等值线的演变，因此该方法称为等值线动力学。

等值线上的点是物理流体点，因此随局地流速移动，也就是式（10.55）在等值线点上取的速度场。实际上，该积分很少能被解析求解，必须采用数值方法。最自然的离散化是将所有等值线分段（图 10.10），等值线积分将简化为离散作用的总和。当计算速

度的点(x, y)在进行积分的同一等值线上，并最终与点(x', y')相重合时，积分离散化就必须处理一个奇点。避免这个问题的一个简单方式是使用交错方法进行积分，也就是对节点j和$j+1$之间中间距离上的被积函数进行求值（图 10.10）：对于等值线k（k可能等于m）上的点(x_i^k, y_i^k)（速度在该等值线上计算），等值线C_m上的积分块可近似为

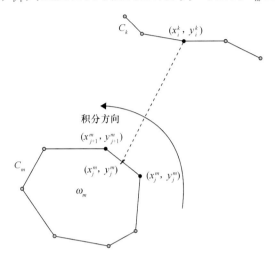

图 10.10 通过使用沿点$\left[(x_j^m + x_{j+1}^m)/2, (y_j^m + y_{j+1}^m)/2 \right]$上的第$m$条等值线的被积函数的中点求值实现等值线积分的离散化。通过这种方式，当求解积分的点(x_i^k, y_i^k)位于进行积分的同一等值线上时，对数的奇性可以避免

$$I_m(x_i^k, y_i^k) = \sum_{j=1}^{N} \ln \left[\frac{(x_i^k - \bar{x}_j^m)^2 + (y_i^k - \bar{y}_j^m)^2}{L^2} \right] (x_{j+1}^m - x_j^m) \quad (10.56a)$$

$$J_m(x_i^k, y_i^k) = \sum_{j=1}^{N} \ln \left[\frac{(x_i^k - \bar{x}_j^m)^2 + (y_i^k - \bar{y}_j^m)^2}{L^2} \right] (y_{j+1}^m - y_j^m) \quad (10.56b)$$

其中，

$$\bar{x}_j^m = \frac{x_{j+1}^m + x_j^m}{2}, \quad \bar{y}_j^m = \frac{y_{j+1}^m + y_j^m}{2} \quad (10.57)$$

式中，总和包括第m条等值线的N个分段[①]。为了使等值线闭合，方便起见，我们定义$x_{N+1}^m = x_1$和$y_{N+1}^m = y_1$。注意，因为m依次等于k，j依次等于i，对数内的表达式不为零，因此这里不存在奇点。最后，一旦各个积分计算完成，通过对所有等值线积分进行求和可以得到速度分量：

---

① 当然每条等值线上的分段数量可能有所不同，这种情况下，$N = N_m$。

$$u(x_i^k, y_i^k) = -\frac{1}{4\pi}\sum_m \delta\omega_m I_m(x_i^k, y_i^k)$$

$$v(x_i^k, y_i^k) = -\frac{1}{4\pi}\sum_m \delta\omega_m J_m(x_i^k, y_i^k)$$

各等值线 k 上的各节点 i 可随时间依速度移动：

$$\frac{\mathrm{d}x_i^k}{\mathrm{d}t} = u(x_i^k, y_i^k) \tag{10.58a}$$

$$\frac{\mathrm{d}y_i^k}{\mathrm{d}t} = v(x_i^k, y_i^k) \tag{10.58b}$$

时间积分可用第 2 章中介绍的任意方法来完成。拉格朗日（即随流体流动）位移会导致等值线变形（参见 12.8 节中的拉格朗日法）。

此处所列的简单数值积分法比较容易实现（如 contourdyn.m）。为了尝试这一方法，我们模拟均匀涡度的窄带的演变（图 10.11）。曲率除外，该情况是 10.4 节中的剪切层不稳定的情形。注意剪切层的不稳定不断增长，表现为滚动波。

图 10.11   等值线动力学模拟的均匀涡度的窄带的演变

该方法也能用来研究无限域中无黏涡斑的演变和相互作用（图 10.12），其明显的优势是不存在混叠，且原则上不需要增加数值耗散以稳定非线性平流。实际上，一些耗散是必要的，因为涡旋的撕裂和剪切能够生成越来越细的丝状体，在没有黏性的情况下不会消失。因为沿着细丝一侧的积分几乎抵消了另一侧的积分，模型做了不必要的计算，最好是能将细丝切断。

因为离散化只使用各等值线上有限数量的流体质点，等值线无法被追踪至其最短尺度；当邻近点在一些地方过于接近，或在其他处距离过远时，就有必要进行一些特殊处理。需要去除一些密集点或在稀疏的地方增加新的点。处理这些问题的流程被称为"等值线手术"，并已由 Dritschel（1988）优化。这消除了一些细微结构，相当于数值耗散。

最后，我们发现等值线动力学方法可巧妙地将欧拉涡度演变的二维问题（即在二维的固定点数组上）转换成拉格朗日法处理的移动一维等值线的问题（即利用跟随流体的点）。这降低了问题的复杂性，但我们必须意识到该方法的计算成本仍与 M^2N^2（N 个分段的 M 条等值线）成比例；因为对于 MN 离散点中的每一个点，必须对所有其他点进行求和。然而，由于未知量的一维分布，与欧拉模型（其中泊松方程必须在二维中求解）相比，分辨率有所提高（参见 16.7 节）。这里不存在边界条件，涡度在等值线间是恒定的，我们利用了这两个事实，因此可减少复杂性。为了进一步减少计算数量，我们注意到积分主要是由奇点附近的贡献主导的。因此，与奇点距离较远的点的作用可用不太精确的方式处理，而不损害整个准确度。方法之一是对这些点进行分组。该简化可将计算成本降低至 $MN \log(MN)$ 次操作（Vosbeek et al.，2000）。通过将高阶解析函数拟合到接近奇点的等值线点匹配并对得出的被积函数准确积分，也可以提高数值积分的精度。

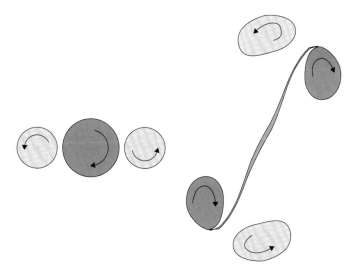

图 10.12　两个正涡斑在一个涡度为负值、面积为正涡斑块两倍的涡旋的两侧。根据两个初始涡旋的距离，有数种可能的结果（左图），其中之一就是涡旋破裂，生成一对涡旋（右图）

对于无边界的连续涡度分布，我们仍然能通过将连续涡度分为离散涡度层的方式来进行（参见数值练习 10.5）。这种方法可以推广至层结系统和更复杂的控制方程（Mohebalhojeh et al.，2004）。

解析问题

10.1　证明式（10.18）引入的变量 a（正如脚注说明的）是经向位移的大小。

10.2　你能说出下列在 f 平面上流场的稳定性特征是什么吗？

$$\bar{u}(y) = U\left(1 - \frac{y^2}{L^2}\right) \qquad (-L \leqslant y \leqslant +L) \tag{10.59}$$

$$\bar{u}(y) = U \sin \frac{\pi y}{L} \qquad (0 \leqslant y \leqslant L) \tag{10.60}$$

$$\bar{u}(y) = U \cos \frac{\pi y}{L} \qquad (0 \leqslant y \leqslant L) \qquad (10.61)$$

$$\bar{u}(y) = U \tanh\left(\frac{y}{L}\right) \qquad (-\infty \leqslant y \leqslant +\infty) \qquad (10.62)$$

10.3 速度分布为

$$\bar{u}(y) = U\left(\frac{y}{L} - 3\frac{y^3}{L^3}\right)$$

的纬向剪切流存在于 β 平面上的通道 $-L \leqslant y \leqslant +L$ 中。证明如果 $|U|$ 小于 $\beta_0 L^2/12$，该流动是稳定的。

10.4 大气急流是对流层上部的蜿蜒纬向流，在中纬度天气中发挥主要作用。如果不考虑空气密度的变化，我们可以将平均急流建模为纯纬向流，且与高度无关，并按下式规律在经向变化：

$$\bar{u}(y) = U \exp\left(-\frac{y^2}{2L^2}\right)$$

式中，常数 U 和 L 分别是速度和宽度的特征尺度，取值为 40 m/s 和 570 km。急流中心 $(y=0)$ 在 45°N，其中 $\beta_0 = 1.61 \times 10^{-11} \, \text{m}^{-1}\text{s}^{-1}$。对于纬向传播的波，该急流是否不稳定？

10.5 验证 10.4 节中研究的特殊剪切流的半圆效应。换言之，证明稳定波动中 $|c_r| < U$，不稳定波中 $c_i < U$。同时，证明最大增长率 kc_i 所对应的波长是 15.77L，正如正文所述。

10.6 推导图 10.13 的急流状廓线的频散关系并确定稳定阈值。

10.7 变成 $y = -a$ 和 $y = a$ 之间的通道，重做解析问题 10.6。

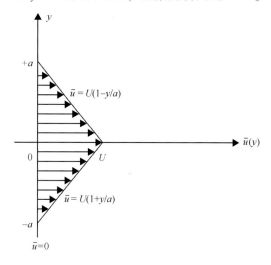

图 10.13 急流状廓线（用于解析问题 10.6）

数值练习

10.1　对 u 的控制方程 $du/dt = -u^3$ 中的三次项进行非线性混叠分析。你认为混叠在该特例中并不重要的原因是什么？

10.2　内部涡度均匀、外部涡度为零的椭圆涡旋块称为基尔霍夫涡旋。使用 contourdyn.m 和 itest=1 研究纵横比为 2∶1 和 4∶1 的基尔霍夫涡旋，你发现了什么？采用另一时间积分格式（其中包括显式欧拉格式）并分析其应用到圆形涡旋上会怎样？［提示：Love(1983)给出了基尔霍夫涡旋的稳定性分析］

10.3　使用 contourdyn.m 和 itest=4 进行实验，其中两个相同的涡旋被置于不同距离处。从 dist=1.4 开始，然后尝试 1.1，会发生什么？你会修改哪些数值参数来改善数值模拟？

10.4　利用 contourdyn.m 模拟图 10.12 中的涡旋分离。

10.5　通过在同心环中使用 M 个不同涡度值对涡度呈线性变化（边缘涡度为零、中心涡度最大）的圆形涡旋进行离散化，然后用 $M=3$ 对其演变进行模拟。

10.6　通过修改 shearedflow.m 以模拟最不稳定的周期扰动的演变来验证在解析问题 10.6 的发现（有关数值方面的细节，详见 16.7 节）。

10.7　使用 shearedflow.m，根据下列给出的廓线分布研究所谓的比克利急流：

$$\bar{u}(y) = U \operatorname{sech}^2\left(\frac{y}{L}\right) \qquad (-\infty < y < +\infty) \qquad (10.63)$$

路易斯·诺伯格·霍华德
（Louis Norberg Howard，1929—）

　　数学家和流体动力学家路易斯·诺伯格·霍华德，在流体动力稳定和旋转流方面做出了许多贡献。霍华德还因其自然对流的理论和实验研究而闻名。他和威廉·马尔库斯（Willem Malkus）一起，建立了简单对流水车模型，该模型就像真实的对流一样，可展示静止、稳定和周期性及混沌特征。霍华德是伍兹霍尔海洋研究所一年一度的地球流体动力学暑期学院的常任讲师。在那里，他渊博的知识和条理清晰的讲解给听众留下了深刻的印象。（照片来源：路易斯·诺伯格·霍华德）

诺尔曼·朱利叶斯·扎布斯基
（Norman Julius Zabusky，1929—）

　　诺尔曼·朱利叶斯·扎布斯基接受过电气工程师方面的教育，早期从事等离子体物理学方面的研究，因此他一生都致力于通过计算模拟来研究流体湍流。涡动力学是他研究的核心。20 世纪 90 年代中期，他提出了等值线动力学的方法（本章有介绍），高精度研究无黏性情况下二维流中涡度的特征。运用其自身设计的低耗散三维湍流模型，能够详细记录涡管变形和重联的复杂过程。他坚信研究流体湍流需要对弱耗散系统中的非线性相干结构进行数学理解。此外，扎布斯基教授也着迷于跨越时代与文化的空气和水中波及涡旋的艺术再现。他曾创作了图书《从艺术到现代科学：理解波和湍流》。（照片来源：美国罗格斯大学）

第三部分

层 结 效 应

第 11 章 层 结

摘要: 在研究了均匀流体的旋转作用之后,我们将注意力转移到地球流体动力学的另一独有特征,即层结。首先,引入衡量层结强弱的基本参数布伦特-维赛拉频率(浮力频率)和相关无量纲比弗劳德数,并给出物理解释。在数值部分,主要给出模式模拟中不稳定层结的处理方法。

11.1 引言

如第 1 章所述,地球流体动力学相关问题主要关注具有旋转和层结属性之一或者二者兼备的流体运动。前述章节中,我们的注意力仅仅集中在旋转作用,并通过均匀流体的假设绕开了层结的影响。需要注意的是,旋转使得流体具有向圆柱型流体形态运动的强烈倾向,在垂向上呈现刚性特征。

相比之下,层结流体由各种不同密度的流体团组成,其受到重力作用使得高密度流体团位于低密度流体团之下。垂向层结引入了流体不同属性的显著垂向梯度,进而成为影响流场的一个因素。因此,层结的加入将会削弱因旋转作用而形成的垂向刚性。反过来,密度大的流体倾向位于密度较低的流体下方则赋予了整个流体系统水平刚性。

层结导致具有不同密度流体团之间出现一定的解耦,因而层结系统通常比均匀系统具有更多的自由度。我们预期层结的出现使得更多的运动形态的存在成为可能。当层结基本上处于垂向分布时(例如,不同密度层互相堆叠),则能够维系内部重力波(第13 章)。当层结存在水平分量时,则能够产生额外的波动。这些波动可以使流体运动处于平衡(第 15 章),或者,如果当它们的发展以消耗系统的有效位能为前提时,则可以导致流体系统的不稳定(第 17 章)。

11.2 静力稳定性

我们首先讨论处于静力平衡的流体。仅当存在水平外力作用时才会产生流体运动,因此处于静力平衡的流体是水平均匀的,层结仅存在于垂向方向(图 11.1)。

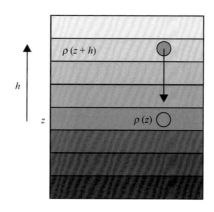

图 11.1　在层结环境中，当一个密度为 $\rho(z)$ 的不可压缩流体团从高度 z 垂直上升至高度 $z+h$，由于该流体团与周围流体之间存在着 $\rho(z) - \rho(z + h)$ 的密度差，所以受到浮力作用

直观上，假如重的流体团位于轻的流体团下方，那么流体系统是稳定的；反之，重的流体团位于轻的流体团之上，系统倾向于翻转，流体系统不稳定。现在，我们验证这一直观印象。假设高度为 z 的流体团密度为 $\rho(z)$，位于某参考层之上，用该流体团替代高度为 $z+h$、密度为 $\rho(z+h)$ 的更高层次上的流体团（图 11.1）。若流体不可压缩，尽管外部压强产生较小的变化，产生位移的流体团仍保持原有密度，并且基于阿基米德浮力定律，新的层次上受到方向垂直向下、大小等于自身重力与被替代流体团重力之差的力的作用，即

$$g[\rho(z) - \rho(z + h)]V$$

式中，V 表示流体团的体积。如上述公式所述，若该力方向垂直向下，那么力是正值。由牛顿定律（质量与加速度的乘积等于作用力）得

$$\rho(z) V \frac{\mathrm{d}^2 h}{\mathrm{d}t^2} = g[\rho(z + h) - \rho(z)]V \tag{11.1}$$

由于地转流体通常仅为较弱层结，虽然密度差异足以驱动或者影响流体运动，但是相对流体平均或者参考密度而言依然很微弱。这就是布西内斯克近似的本质（3.7节）。在本例中，相似地，我们以参考密度 ρ_0 替换式（11.1）等号左侧的 $\rho(z)$，使用泰勒展开近似等号右侧的密度之差，得到

$$\rho(z + h) - \rho(z) \simeq \frac{\mathrm{d}\rho}{\mathrm{d}z}h$$

式（11.1）等号两端同时除以体积 V，有

$$\frac{\mathrm{d}^2 h}{\mathrm{d}t^2} - \frac{g}{\rho_0} \frac{\mathrm{d}\rho}{\mathrm{d}z}h = 0 \tag{11.2}$$

该公式意味着可能有两种情况出现。系数 $-(g/\rho_0)\mathrm{d}\rho/\mathrm{d}z$ 非正即负。若为正（ $\mathrm{d}\rho/\mathrm{d}z < 0$，

则对应高密度位于低密度之下的流体），我们定义物理量 N^2 如下

$$N^2 = -\frac{g}{\rho_0}\frac{\mathrm{d}\rho}{\mathrm{d}z} \qquad (11.3)$$

上述方程的解具有振荡特征，频率为 N。物理上，这表示当向上移动时，流体团比周围流体重，受到向下的回复力，进而下降，在此过程中，获得垂向速度；返回位移的初始层时，流体团的惯性使其继续向下运动，此时，周围流体密度高于该流体团密度。流体团的浮力为向上的回复力，振荡维持在平衡层周围。物理量 N 定义为式（11.3）的平方根，是振荡的频率，因而被称为浮力频率，更普遍地，称其为布伦特–维赛拉频率，以纪念首次强调该频率对层结流体的重要性的两位科学家（两位科学家的介绍参见本章结尾的人物介绍）。

若式（11.1）的系数为负值（即 $\mathrm{d}\rho/\mathrm{d}z>0$，对应高密度流体团位于低密度流体团之上），方程解表现出指数增长，显然为不稳定的标志。向上移动的流体团密度小于周围流体密度，运动持续使得该流体团距离初始层越来越远。显而易见，微小的扰动不仅仅使得单一流体团远离初始位置，亦使得其余流体团同样参与流体的翻转运动，直至实现较轻流体位于较重流体之上的最终平衡。然而，若施加于流体的扰动是永久的，如底部加热或者上层冷却，流体将处于连续搅动运动中，这一过程称之为对流。

11.3 大气层结

对于可压缩流体而言，诸如我们的行星大气中的空气，密度可以通过如下两种途径之一变化：压强改变或系统内能变化。第一种情况下，压强变化不造成热交换（即绝热压缩或膨胀），并伴随着密度和温度的改变：三个物理量同时增加（或减小），尽管变化比例互不相同。若流体由热含量相等的微团构成，下方的流体团承担其上部所有流体团的重量，因此，压缩甚于上部流体，系统将出现层结，高密度、高温度的流体在低密度和冷流体团下层。然而，这样的层结并非与动力过程相关，因为如果流体团之间交换是绝热的，流体团根据本地压强改变自身密度和温度，并未改变整体流体系统。

相反地，内能改变具有重要的动力学意义。在大气中，通常因为热通量（如赤道加热或者高纬度冷却，或者日循环）或者大气组分的变化（如水汽）而改变内能。尽管有绝热压缩或膨胀，流体团间的这种变化仍然存在，并造成驱动运动的密度差。因而，在可压缩流体中，必须区分动力造成的密度变化与非动力造成的密度变化。这样的区分引出了位密的概念。

首先，我们考虑中性（绝热）大气——即由相同内能的气体微团构成。进一步，假设该大气由多种气体成分混合而成，符合理想气体规律。基于以上假设，我们将状态方程和绝热守恒定律书写为如下形式：

$$p = R\rho T \qquad (11.4)$$

$$\frac{p}{p_0} = \left(\frac{\rho}{\rho_0}\right)^{\gamma} \qquad (11.5)$$

式中，p、ρ 和 T 分别表示压强、密度①和绝对温度；$R = C_p - C_v$、$\gamma = C_p/C_v$ 表示理想气体常数②；p_0、ρ_0 表示参考压强和参考密度，用来描述流体内能的高低，相应的参考温度 T_0 通过式(11.4)计算，即 $T_0 = p_0/R\rho_0$。利用温度表示压强和密度如下：

$$\frac{p}{p_0} = \left(\frac{T}{T_0}\right)^{\gamma/(\gamma-1)} \qquad (11.6a)$$

$$\frac{\rho}{\rho_0} = \left(\frac{T}{T_0}\right)^{1/(\gamma-1)} \qquad (11.6b)$$

静止条件下，大气处于静态平衡状态，需要满足静力平衡方程

$$\frac{\mathrm{d}p}{\mathrm{d}z} = -\rho g \qquad (11.7)$$

利用式(11.6a)和式(11.6b)消去 p 和 ρ，得到温度方程：

$$\frac{\mathrm{d}T}{\mathrm{d}z} = -\frac{\gamma-1}{\gamma}\frac{g}{R} = -\frac{g}{C_p} \qquad (11.8)$$

在推导过程中，我们认为p_0、ρ_0以及T_0不随高度 z 变化，这符合大气由内能相同的流体团构成的假设。式(11.8)表明该大气的温度必须随着高度的增加而均匀降低，降低的速率为 g/C_p，约为 10 K/km，这一温度梯度被称为绝热直减率。物理上，位于下层的气团承受的压强大于上层气团，因而具有更高的密度和温度。这就解释了为什么山顶空气温度低于山谷温度。

在大气运动的研究中，默认考虑与绝热直减率的偏离而非实际温度梯度。我们通过将上述讨论中的不可压缩流体换为可压缩流体，同样分析流体团的垂直移动来证明这一点。考虑压强 p、密度 ρ 和温度 T 随高度 z 变化的层结气体，但是三种物理量的变化并非必须符合式(11.8)，即流体的内能分布不均匀。流体满足静力平衡方程式(11.7)。现在考虑高度为 z 的流体团，压强、密度和温度函数分别为：$p(z)$、$\rho(z)$ 和 $T(z)$。设想该流体团从原始高度绝热上升一小段距离 h。根据静力方程，这一变化造成压强改变 $\delta p = -\rho gh$，加之绝热运动的限制条件，依据式(11.5)和式(11.6a)的密度和温度改变：$\delta\rho = -\rho gh/\gamma RT$ 和 $\delta T = -(\gamma-1)gh/\gamma R$。因此，新的密度为$\rho' = \rho + \delta\rho = \rho - \rho gh/\gamma RT$。但是，在新的层次上，周围气体的密度是通过层结决定的：$\rho(z+h) \simeq \rho(z) + (\mathrm{d}\rho/\mathrm{d}z)h$。周围气体施加在该流体团上的外力和自身的重力与替换的流体团的重力之差（即

---

① 与前述章节不同，此处 p 和 ρ 表示全压强和真密度。

② 对空气而言，$C_p = 1\,005$ J/(kg·K)，$C_v = 718$ J/(kg·K)，$R = 287$ J/(kg·K)，$\gamma = 1.4$。

浮力)不同，单位体积上表示为

$$F = g\left[\rho_{环境} - \rho_{微团})\right] = g\left[\rho(z+h) - \rho'\right] \simeq g\left(\frac{\mathrm{d}\rho}{\mathrm{d}z} + \frac{\rho g}{\gamma RT}\right)h$$

因为我们仅考虑理想气体$(p = R\rho T)$，压强、密度和温度的垂向梯度满足关系：

$$\frac{\mathrm{d}p}{\mathrm{d}z} = RT\frac{\mathrm{d}\rho}{\mathrm{d}z} + R\rho\frac{\mathrm{d}T}{\mathrm{d}z}$$

由静力平衡方程式(11.7)给定的压力梯度下，密度和温度梯度之间的关系如下，

$$\frac{1}{\rho}\frac{\mathrm{d}\rho}{\mathrm{d}z} + \frac{1}{T}\frac{\mathrm{d}T}{\mathrm{d}z} + \frac{g}{RT} = 0$$

施加在流体团的外力可以通过温度梯度表达：

$$F \simeq -\frac{\rho g}{T}\left(\frac{\mathrm{d}T}{\mathrm{d}z} + \frac{g}{C_p}\right)h$$

若

$$N^2 = -\frac{g}{\rho}\left(\frac{\mathrm{d}\rho}{\mathrm{d}z} + \frac{\rho g}{\gamma RT}\right) \tag{11.9a}$$

$$= +\frac{g}{T}\left(\frac{\mathrm{d}T}{\mathrm{d}z} + \frac{g}{C_p}\right) \tag{11.9b}$$

为正，那么外力作用使得该流体团向初始层次移动，流体层结稳定。我们可以清晰地看到，相关物理量并非真实温度梯度而是对于绝热梯度的偏离$-g/C_p$。在前述有关不可压缩的稳定层结流体的例子中，N 表示垂向振荡的频率，称为层结或者布伦特–维赛拉频率。

为了避免从温度梯度中减去绝热梯度，引入位温的概念。位温，记做 θ，定义为流体团绝热运动到压强为参考压强的参考层时具有的温度[①]。由式(11.6a)，我们有

$$\frac{p}{p_0} = \left(\frac{T}{\theta}\right)^{\gamma/(\gamma-1)}$$

因而，

$$\theta = T\left(\frac{p}{p_0}\right)^{-(\gamma-1)/\gamma} \tag{11.10}$$

对应的密度称为位密，记做 σ：

$$\sigma = \rho\left(\frac{p}{p_0}\right)^{-1/\gamma} = p_0/\boldsymbol{R}\theta \tag{11.11}$$

浮力频率的定义方程式(11.9b)简化为

---

① 在大气中，参考压强通常设定为标准海平面压强，即 $1\,013.25\ \mathrm{mbar} = 1.013\,25 \times 10^5\ \mathrm{N/m}^2$。

$$N^2 = -\frac{g}{\sigma}\frac{\mathrm{d}\sigma}{\mathrm{d}z} = +\frac{g}{\theta}\frac{\mathrm{d}\theta}{\mathrm{d}z} \tag{11.12}$$

对比式(11.3)所示的浮力频率定义发现，位密的引入使得我们能够将可压缩流体视作不可压缩流体处理。

白天的陆地上方，底层大气通常受到更高的地面加热，并处于湍流对流状态。对流层并不仅覆盖时间平均的位温梯度为负的区域，亦覆盖时间平均的位温梯度为正的区域(图11.2)。因此，通过某一层的N^2的正负号并不能确定该层的稳定性。鉴于此，Stull(1991)主张使用一种非局地的衡量方法确定静力稳定性。上述讨论同样适用于受到表面冷却的上层海洋。

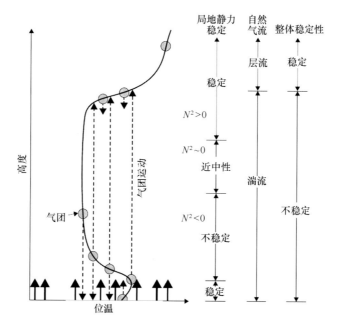

图11.2　暖地表上方底层大气的常见位温剖面图。来自地表的加热破坏大气的平衡，引发对流和湍流。需要注意的是，对流层延伸到N^2为负和略超出N^2负值区且N^2为正值。这种情况表示，正的N^2未必表示局地稳定。整体稳定性指即使发生有限幅度的位移依然不能破坏流体团稳定性的区域(Stull，1991)

对于潮湿的气体，水汽的C_p高于干空气，受水汽的热力学因素影响，绝热直减率减小。考虑上升大气团的温度下降，空气的相对湿度有可能达到100%，进而发生凝结，水滴形成云层。水汽凝结过程释放潜热，大气团持续上升减少了温度的降低。绝热直减率进一步减小为饱和绝热直减率，如图11.3的描述。

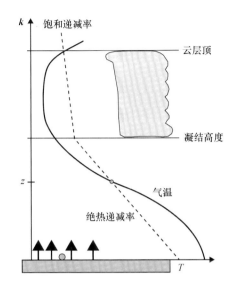

图 11.3　流体团位于高度为 z 的分层附近，局地温度梯度（实线）大于绝热直减率（虚线），
处于不稳定状态。流体团向上移动，最终达到饱和，发生凝结，温度直减率减小。
若高层大气发生相反的过程，那么云层垂向方向的延伸受到限制

11.4　对流调整

当海洋或大气中存在重力不稳定性时，非流体静力学运动往往会通过狭窄的对流
柱恢复稳定。在大气中是上升的羽流和热流，在海洋中是所谓的对流烟囱（Marshall
et al.，1999）。绝大部分模式并不能分辨这一活跃的垂向运动，因而引入对流方案的参
数化以去除不稳定。模拟与对流相关的垂向混合，可以通过在控制方程中添加附加项
来实现对其参数化。通常的做法是，在任何 $N^2 \leqslant 0$ 的情况下，增加涡黏性和涡动扩散
（Cox，1984；Marotzke，1991）。其余的参数化（图 11.4）代码类型：

```
while there is any denser fluid being on top of lighter fluid
   loop over all layers
      if density of layer above > density of layer below
         mix properties of both layers, with a volume-weighted
            average
      end if
   end loop over all layers
end while
```

海洋环流模式（Bryan，1969；Cox，1984）首次应用此种参数化方案。

然而，在实际应用中，此方案导致的混合太过剧烈。因为模型瞬间混合水平网格
大小为 $\Delta x \Delta y$ 的单元网格内流体的各种属性，该网格内的物理对流尺度更小且仅混合局
地部分流体物理属性。因此，在对流不破坏新分层上的平衡的条件下，仅裹挟部分物

质的假设下，数值混合倾向于被流体团交换替代(Roussenov et al.，2001)。显然仍存在一些任意性，并用不同的应用均需要对应的校准。此外，改变时间步长可以很明显地改变混合速率。

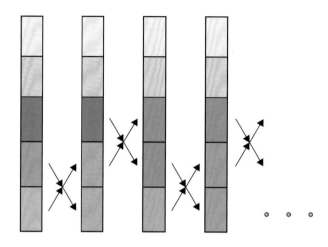

图 11.4 　从底部加热的流体的对流调整过程示意图。图中位于密度更大的网格下方的流体与相邻网格进行成对混合直至整个流体柱达到稳定

在大气应用中，情况更为复杂，需要我们考虑更多的影响因素，因为涉及凝结、潜热的释放及对流降水等。大气对流参数化包括垂向温度和湿度的精细调整(Betts，1986；Kuo，1974)。

11.5　层结的重要性：弗劳德数

在 1.5 节中已经确立：当罗斯贝数为单位量级或更小时，在动力上，旋转作用至关重要。罗斯贝数比较流体团一个惯性时间尺度内的水平运动距离($\sim U/\Omega$)和运动长度尺度(L)相对大小。当前者小于后者时，旋转作用变得明显。受此启发，我们会产生疑问：是否存在一个类似的数来衡量层结的重要性。基于前述章节，我们可以预期：在层结流体中，浮力频率 N 和层结流体的垂向尺度 H 将会起到与 Ω 和 L 相似的作用。

为了形象地展示该无量纲数的推导过程，我们令层结流体的垂向厚度为 H、浮力频率为 N，以水平速度 U 流经长度为 L、高度为 Δz 的障碍物(图 11.5)。我们可以将此过程类比于底层大气环境中风吹过山脉的情形。障碍物的出现强迫部分流体垂向运动，因而，需要供应相应的势能消耗。层结将会在某种程度上限制或最小化该垂向运动，进而使得流体团绕过障碍物而非垂直越过。限制作用越显著，层结所起的作用越重要。

经过障碍物周围所花费的时间约为流体团以速度 U 通过水平距离 L 的时间，即 $T=L/U$。为了翻越高度 Δz，流体需要的垂向速度量级为

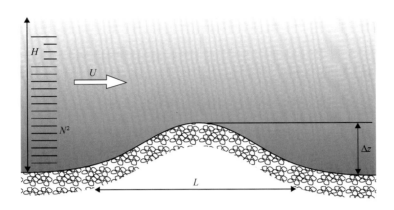

图 11.5　层结流体遇到障碍物的情形：强迫部分流体团向浮力相反的方向垂向运动

$$W = \frac{\Delta z}{T} = \frac{U\Delta z}{L} \quad\quad (11.13)$$

垂直位移与障碍物的高度尺度量级相同，若已知层结流体的密度函数为 $\rho(z)$，造成的密度扰动量级为

$$\Delta\rho = \left|\frac{\mathrm{d}\bar{\rho}}{\mathrm{d}z}\right|\Delta z = \frac{\rho_0 N^2}{g}\Delta z \quad\quad (11.14)$$

式中，$\bar{\rho}(z)$ 表示流体垂向上的密度分布。反过来，通过静力平衡作用，密度变化导致上述尺度的压强扰动，如下：

$$\Delta P = gH\Delta\rho = \rho_0 N^2 H\Delta z \quad\quad (11.15)$$

由于水平方向上的作用力平衡，压力梯度必然伴随着流体的速度变化 $[u\partial u/\partial x + v\partial u/\partial y \sim (1/\rho_0)\partial p/\partial x]$：

$$\frac{U^2}{L} = \frac{\Delta P}{\rho_0 L} \Rightarrow U^2 = N^2 H\Delta z \quad\quad (11.16)$$

通过上述最后一个表达式，垂直辐合 W/H 与水平辐散 U/L 的比为

$$\frac{W/H}{U/L} = \frac{\Delta z}{H} = \frac{U^2}{N^2 H^2} \quad\quad (11.17)$$

我们注意到若 U 小于乘积 NH，W/H 必然小于 U/L，即垂直辐合不能完全满足水平辐散。造成的结果是迫使部分流体水平偏转，以使 $\partial u/\partial x$ 被 $-\partial v/\partial y$ 更好地平衡而非被 $-\partial w/\partial z$ 平衡。层结越强，U 相较 NH 越小，W/H 与 U/L 的差距越大。

通过上述论证，我们得出结论：

$$Fr = \frac{U}{NH} \quad\quad (11.18)$$

称为弗劳德数，是一个衡量层结重要性的指标。若 $Fr \lesssim 1$，层结作用重要，Fr 越小，层

结作用越重要。

与旋转流体的罗斯贝数相似，

$$Ro = \frac{U}{\Omega L} \qquad (11.19)$$

式中，Ω 表示角速度；L 表示当前水平尺度。弗劳德数和罗斯贝数均为水平速度尺度与频率和长度尺度乘积的比，相关的频率和长度分别是浮力频率和高度尺度，在旋转流体中，为旋转速率和水平长度尺度。

我们进一步深化上述分析。正如弗劳德数度量了层结流体的垂向速度［通过式（11.17）］，罗斯贝数能够衡量旋转流体的垂向速度。通过 7.2 节我们已经明白，剧烈旋转的流体（Ro 趋向 0）中不存在垂向速度的辐合，即使有地形存在，这是地转流体中水平方向不存在辐散所致[①]。实际上，罗斯贝数不能为零，流体运动不可能完全地转。以 Ro 衡量重要性的非线性项产生了同等重要的地转速度的修正项。因此，水平辐散 $\partial u/\partial x + \partial v/\partial y$ 非零，其量级与 RoU/L 相同。因为辐散与垂直辐合 $-\partial w/\partial z$ 相对应，其量级为 W/H，所以，在旋转流体中，

$$\frac{W/H}{U/L} = Ro \qquad (11.20)$$

对比式（11.17）至式（11.20），我们注意到，就垂向速度而言，弗劳德数的平方类似于罗斯贝数。

在类比分析中，寻求旋转流体中的泰勒柱与层结流体的相似性非常具有吸引力。回顾旋转流体（$Ro = U/\Omega L \ll 1$）中产生泰勒柱的实验，我们不禁疑惑在层结清晰的流体（$Fr = U/NH \ll 1$）中进行相同实验，将会发生什么现象？基于式（11.17），垂向位移受到严格限制（$\Delta z \ll H$），暗示着障碍物使得该层上的流体几乎保持水平偏转（非旋转流体不具有垂向刚性倾向，位于障碍物之上各层的流体团运动不受障碍物的影响）。若障碍物的宽度占据了整个区域，则阻断了流体的水平绕行，且障碍物所在分层的流体上游和下游的运动均被阻止。层结流体中的水平阻塞类似于旋转流体中的垂向泰勒柱。Veronis（1967）进一步分析了均质旋转流体和层结非旋转流体的相似性。

11.6　旋转和层结组合

在上述讨论的基础上，我们现在可以分析在真实地球流体中，当旋转和层结作用同时存在时，将会发生什么。接下来的讨论保持不变，区别仅在于为了获得水平速度尺度，在水平动量方程中我们引入了地转平衡［详见式（7.4）］：

---

① 为了便于分析相似性，我们在此不考虑 β 效应。

$$\Omega U = \frac{\Delta P}{\rho_0 L} \Rightarrow U = \frac{N^2 H \Delta z}{\Omega L} \tag{11.21}$$

垂直辐合与水平辐散的比可以表达为

$$\frac{W/H}{U/L} = \frac{\Delta z}{H} = \frac{\Omega L U}{N^2 H^2} = \frac{Fr^2}{Ro} \tag{11.22}$$

这是一个非常重要的特殊情形。根据上述量纲分析，垂直辐合和水平辐散的比 $(W/H)/(U/L)$ 可以通过 Fr^2、Fr^2/Ro 或 Ro 表达，取决于垂直运动是否受层结、旋转或两者共同作用控制 (图 11.6)。因此，若 $(Fr^2/Ro)<Ro$，那么，层结对垂向运动的限制作用大于旋转，即层结占主导地位；反之，若 $(Fr^2/Ro)>Ro$，则旋转占主导地位。

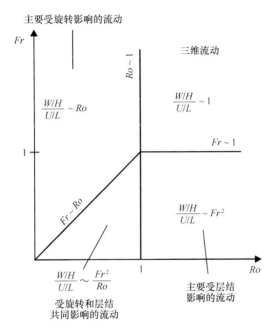

图 11.6 不同尺度的垂直辐合 (辐散) W/H 与水平辐散 (辐合) 之比的简单图示，该比值可表示为作为罗斯贝数 $[Ro = U/(\Omega L)]$ 和弗劳德数 $[Fr = U/(NH)]$ 的函数

值得注意的是，Ro 位于式 (11.22) 的分母，这暗示着当存在层结时，旋转作用倾向于增加垂向速度尺度。然而，当且仅当水平辐合 $(W/H \leqslant U/L)$ 存在时，方能发生垂直辐散，必须满足以下不等式：

$$Fr^2 \leqslant Ro \tag{11.23}$$

即

$$\frac{U}{NH} \leqslant \frac{NH}{\Omega L} \tag{11.24}$$

在给定了流体运动的角速度 (Ω) 和层结 (N) 以及维度 (L、H) 信息后，上述分析的结果确定了流场量级上限。若速度是外部施加的（如由上游条件），则由不等式给出可能的扰动的水平或垂直长度尺度。最后，若系统的所有的量都是外部施加的，并且它们不满足不等式(11.24)，将会发生类似泰勒柱或阻塞现象。

式(11.24)的不等号右侧可以定义一个新的无量纲数 $NH/\Omega L$，称为罗斯贝数与弗劳德数之比。因为历史原因，且该无量纲数在无量纲分析中更为方便，该无量纲数的平方通常定义为

$$Bu = \left(\frac{NH}{\Omega L}\right)^2 = \left(\frac{Ro}{Fr}\right)^2 \tag{11.25}$$

对之冠以伯格(Burger)数的名字，是为了纪念阿莱温·P. 伯格(Alewyn P. Burger)(1927—2003)对地转运动研究的贡献(Burger，1958)。在应用中，伯格数是衡量受旋转作用影响的层结流体的有效指标。

在典型地球流体中，高度尺度远小于水平长度尺度($H \ll L$)，但角速度 Ω 与浮力频率 N 之间同样存在差异。尽管地球的旋转速度对应 24 h 周期，浮力频率通常对应更短的周期，在大气和海洋中约为数十分钟量级。这说明，通常 $\Omega \ll N$，这令伯格数的量级为 1 成为可能。

若 Fr^2/Ro 与 Ro 量级相同，那么层结和旋转对流体的影响相当。在这种情况下，弗劳德数与罗斯贝数相当，进而，伯格数的量级为 1。令水平长度尺度取特殊的值：

$$L = \frac{NH}{\Omega} \tag{11.26}$$

对于前述的 Ω 和 N 尺度，海洋的高度尺度 H 取 100 m、大气的高度尺度取 1 km，海洋和大气的水平长度尺度量级分别为 50 km 和 500 km。在上述尺度量级下，旋转和层结作用相伴存在。在后续的章节(第 15 章)中，我们将会证明以上定义的尺度即为内变形半径。

解析问题

11.1 墨西哥湾流的显著特征就是水体表面温度约为 22℃，当深度达 800 m 时，水温仅为 10℃。设热膨胀系数为 $2.1 \times 10^{-4} K^{-1}$，计算浮力频率。旋转和层结作用相当时需要的水平长度为多少？比较该长度尺度与墨西哥湾流的宽度。

11.2 当温度随着高度增加，大气中出现逆温，与温度随着高度增加而减小的正常情况相对。这种情况对应的大气层结非常稳定，因此缺少通风（出现烟雾等）。当逆温设为 $dT/dz = 0$ 时，浮力频率为多少？令 $T = 290$ K、$C_p = 1\,005$ m^2 $s^{-2}K^{-1}$。

11.3 一个气象探测气球穿过低层大气，同时测量温度和气压数据，读取、传输数据给地面观测站，观测站位于 1 028 mbar、温度为 17℃，显示温度梯度 $\Delta T/\Delta p$ 为

6℃/100 mbar，估算浮力频率。若大气为中性，读数为多少？

　　11.4　速度为 10 m/s 的风吹过海表，遇到钻石山（Diamond Head）——位于夏威夷瓦胡岛东南沿岸的一座死火山。该火山高 232 m，宽 20 km。稳定大气的浮力频率量级为 0.02 s^{-1}，与该火山的高度对比，垂直位移大小如何？这意味着层结的重要性如何？科氏力在该例中是否重要？

　　11.5　设风速与浮力频率相同，山高 1 000 m、宽 500 km，重新计算解析问题 11.4。

　　11.6　图 11.7 为垂直探测的大气温度廓线，分析每个廓线的稳定性。

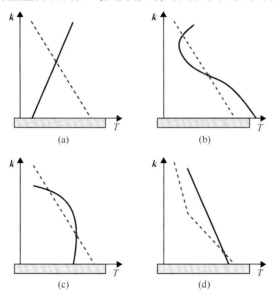

图 11.7　各种温度垂向廓线（实线），它们的直减率（虚线）对应特定的流体团（点）

数值练习

　　11.1　使用 medprof.m 读取 Mediterranean 平均温度和盐度垂向廓线，计算垂直分辨率的各层的 N^2（关于单元格平均数据），你将得出什么结论？（提示：状态方程使用 ies80.m）

　　11.2　当 N^2 为负时，湍流扩散系数变化范围为 $10^{-4} \sim 10^{-2}$ m^2/s，使用数值练习 5.4 的扩散方程求解器，模拟当初始垂向温度梯度为 0.3℃/m、高度为 50 m 的水柱，表面以 100 W/m^2 失去热量时水柱的演变。盐度保持不变，研究 Δz 和 Δt 发生变化的影响。

　　11.3　实现 11.4 节概述的算法，以消除瞬时重力不稳定。湍流扩散系数取常数 $10^{-4} m^2/s$，模拟与数值练习 11.2 中相同的问题。

戴维·布伦特
（David Brunt，1886—1965）

　　作为一位才华卓著的英国数学家，戴维·布伦特的事业始于天文学，分析天体变量的统计特征。在第一次世界大战期间，他的研究方向转为气象学。他对天气预报产生了浓厚兴趣，并且将自己的统计方法应用到大气观测中，以寻找主要周期。1925 年，戴维·布伦特意识到通过周期性行为外推不可能预报天气，并将注意力转向动力学途径，这种方法在 19 世纪末期由威廉·费雷尔（William Ferrl）开创，并得到了由威廉·皮叶克尼斯进一步推动。

　　1926 年，他于英国皇家气象学会就层结大气中质点的垂直振荡发表演讲。随后在刘易斯·弗莱·理查森引导下，他查阅了芬兰科学家维略·维赛拉前一年发表的关于振荡频率的论文，这一物理量现在被称为布伦特-维赛拉频率。

　　布伦特继续致力于解释物理过程中观察到的现象，特别是在大气的气旋和反气旋理论以及热交换方面取得了突出贡献。《物理与动力气象学》（1934）是其研究成果的巅峰之作，奠定了他在现代气象学的创始人地位。（照片来源：伦敦拉斐特）

维略·维赛拉
（Vilho Väisälä，1889—1969）

　　虽然维略·维赛拉在芬兰赫尔辛基大学（University of Helsinki，Finland）获得数学博士学位，但是他觉得自己的专业颇为平淡，继而投身于气象学研究。维略·维赛拉供职于芬兰多个研究机构，包括 Ilala 气象观测站（Ilala Meteorological Observation Station），在那里他从事气象观测仪器研发，在这方面他极具独创性。依靠仪器研发的经验，维略·维赛拉于 1936 年成立了气象仪器加工公司——维赛拉公司，该公司现在已经覆盖全球五大洲。在发明创造和商业活动之外，维赛拉对大气物理学方面有浓厚兴趣，先后发表文章 100 余篇，被翻译成 9 种语言。（照片来源：维赛拉档案馆，赫尔辛基）

第 12 章　层 化 模 型

摘要：流体元密度守恒的假设有利于把垂直坐标上的深度换成密度。新方程能够清晰论述位势涡度动力学，并适用于垂直离散化，这就是层化模型。对一系列流体层进行分层可以理解为垂直离散化，其中垂向网格是流体流的物质面，这就很自然地引出了拉格朗日法。注意：为规避术语问题，我们在这里只讨论海洋。大气的情况，分别采用高度和位势密度代替深度与密度。

12.1　从深度到密度

由于稳定层结要求密度向下单调增加，因此密度可在纵坐标上替代深度。如果单个流体团的密度守恒，大多数地球流体流动的情况大致如此，那么就可在数学上大为简化，而新方程会在许多情况下表现出明显的优势。因此值得较详细地阐述变量的变换。

在原先的笛卡儿坐标系中，z 是自变量，密度 $\rho(x, y, z, t)$ 是因变量，表示位于 (x, y) 处、时间 t 和深度 z 处的水密度。在变换坐标系 (x, y, ρ, t) 中，密度成为自变量，$z(x, y, \rho, t)$ 成为因变量，表示密度 ρ 在 (x, y) 处和时间 t 时的深度。密度恒定的表面称为"等密度面"或简称为"等密面"。

根据表达式 $a = a[x, y, \rho(x, y, z, t), t]$ 的微分法（其中，a 表示任意函数），表达式的转换规则如下：

$$\frac{\partial}{\partial x} \rightarrow \frac{\partial a}{\partial x}\bigg|_z = \frac{\partial a}{\partial x}\bigg|_\rho + \frac{\partial a}{\partial \rho}\frac{\partial \rho}{\partial x}\bigg|_z$$

$$\frac{\partial}{\partial y} \rightarrow \frac{\partial a}{\partial y}\bigg|_z = \frac{\partial a}{\partial y}\bigg|_\rho + \frac{\partial a}{\partial \rho}\frac{\partial \rho}{\partial y}\bigg|_z$$

$$\frac{\partial}{\partial z} \rightarrow \frac{\partial a}{\partial z} = \frac{\partial a}{\partial \rho}\frac{\partial \rho}{\partial z}$$

$$\frac{\partial}{\partial t} \rightarrow \frac{\partial a}{\partial t}\bigg|_z = \frac{\partial a}{\partial t}\bigg|_\rho + \frac{\partial a}{\partial \rho}\frac{\partial \rho}{\partial t}\bigg|_z$$

当 $a=z$ 时，得出 $0 = z_x + z_\rho \rho_x$，$1 = z_\rho \rho_z$，等等（其中下标表示导数）。这给出的规则是，把 ρ 的导数（z 恒定）换成 z 的导数（ρ 恒定）。针对 a 而不是 z，我们得出

$$\frac{\partial a}{\partial x}\bigg|_z = \frac{\partial a}{\partial x}\bigg|_\rho - \frac{z_x}{z_\rho}\frac{\partial a}{\partial \rho} \tag{12.1}$$

用 y 或 t 替换 x，有类似表达式，并且有

$$\frac{\partial a}{\partial z} = \frac{1}{z_\rho}\frac{\partial a}{\partial \rho} \tag{12.2}$$

此处，下标表示导数。图 12.1 描述了规则式（12.1）的几何解释。

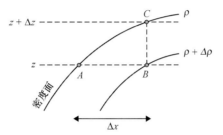

图 12.1　式（12.1）的几何解释。任意函数 a 在恒定深度 z 和恒定密度 ρ 下的 x 导数分别为 $[a(B)-a(A)]/\Delta x$ 与 $[a(C)-a(A)]/\Delta x$。两个导数的差值为 $[a(C)-a(B)]/\Delta x$，表示 a 的垂直导数 $[a(C)-a(B)]/\Delta z$ 乘以密度面坡度 $\Delta z/\Delta x$。最终，垂直导数可分解成 a 关于 ρ 的导数，$[a(C)-a(B)]/\Delta \rho$，与 $\Delta z/\Delta \rho$ 的比值

流体静力学方程式（4.19）可以写成

$$\frac{\partial p}{\partial \rho} = -\rho g \frac{\partial z}{\partial \rho} \tag{12.3}$$

水平气压梯度表示为

$$\frac{\partial p}{\partial x}\bigg|_z = \frac{\partial p}{\partial x}\bigg|_\rho - \frac{z_x}{z_\rho}\frac{\partial p}{\partial \rho} = \frac{\partial p}{\partial x}\bigg|_\rho + \rho g \frac{\partial z}{\partial x} = \frac{\partial P}{\partial x}\bigg|_\rho$$

类似地，$\partial p/\partial y$（z 恒定）转变成 $\partial P/\partial y$（ρ 恒定）。新函数 P 在密度坐标系中表示密度压力，可定义为

$$P = p + \rho g z \tag{12.4}$$

新函数 P 被称为"蒙哥马利位势"[①]。此后，当没有歧义时，位势可简单称为压力。用 P 替换压力，则流体静力平衡式（12.3）可表示为更紧凑的形式：

---

　①　该命名是为了纪念雷蒙德·B. 蒙哥马利，他于 1937 年首次引入该概念，请参见本章结尾的有关蒙哥马利个人介绍。

$$\frac{\partial P}{\partial \rho} = gz \tag{12.5}$$

这进一步表明，当密度是垂直坐标时，P 是压力的自然替代物。

除此之外，对 x、y 和时间的所有求导都在密度不变时进行；没有必要再使用下标 ρ。

利用式(12.1)至式(12.3)以及显性关系式 $\left.\partial\rho/\partial x\right|_\rho = 0$，在没有扩散的情况下，密度守恒方程式(4.21e)可求得垂向速度如下：

$$w = \frac{\partial z}{\partial t} + u\frac{\partial z}{\partial x} + v\frac{\partial z}{\partial y} \tag{12.6}$$

前述方程简单表明，与表面流体质点须停留在表面上类似，垂向速度是质点一直停留在均匀密度面上所必需的[参见式(7.12)]。借助表达式(12.6)，消掉控制方程组中的垂向速度。首先，物质导数式(3.3)的简化二维形式如下：

$$\frac{\mathrm{d}}{\mathrm{d}t} = \frac{\partial}{\partial t} + u\frac{\partial}{\partial x} + v\frac{\partial}{\partial y} \tag{12.7}$$

式中，导数求导在密度恒定时展开。由于跨密度面不存在运动，因此在第三空间方向上不存在对流项。

在无摩擦且存在旋转的情况下，水平动量方程式(4.21a)与式(4.21b)转换为

$$\frac{\mathrm{d}u}{\mathrm{d}t} - fv = -\frac{1}{\rho_0}\frac{\partial P}{\partial x} \tag{12.8a}$$

$$\frac{\mathrm{d}v}{\mathrm{d}t} + fu = -\frac{1}{\rho_0}\frac{\partial P}{\partial y} \tag{12.8b}$$

我们注意到，方程与原来的方程几乎相同。尽管如此，但差异依然很重要：现在的物质导数沿着密度面，如式(12.7)所示；压力 p 已被式(12.4)定义的蒙哥马利位势 P 替代；所有时间和水平导数都在密度不变时求导。然而，需要注意，u 和 v 仍是真实的水平速度分量，速度测量并不沿着倾斜密度面进行。该特性对于正确应用侧边界条件很重要。

为了把方程组补充完整，根据规则式(12.1)和式(12.2)转换连续方程式(4.21d)。然后利用式(12.6)消去垂向速度，可得出

$$\frac{\partial h}{\partial t} + \frac{\partial}{\partial x}(hu) + \frac{\partial}{\partial y}(hv) = 0 \tag{12.9}$$

式中，为方便起见，引入的标量 h 与 $\partial z/\partial\rho$（即关于密度的深度导数）成正比。从实用性考虑，我们希望 h 具有高度量纲，因此先引入任意的恒定密度差 $\Delta\rho$，定义 h 为

$$h = -\Delta\rho\frac{\partial z}{\partial\rho} \tag{12.10}$$

这样，h 可解释为密度 ρ 与 $\rho+\Delta\rho$ 之间的流体层厚度。此时，$\Delta\rho$ 是任意值，但在之后的层化模型发展中，自然会选用 $\Delta\rho$ 表示相邻流体层之间的密度差。

现在已经完成了坐标变换。新的控制方程组包括两个水平动量方程式（12.8a）和式（12.8b）、流体静力平衡方程式（12.5）、连续方程式（12.9）以及关系式（12.10），因此形成了针对因变量 u、v、P、z 以及 h 5 个变量 5 个方程的封闭方程组。一旦求得方程组的解，压力 p 和垂向速度 w 可从式（12.4）和式（12.6）中求得。

控制方程也使用 4.6 节中的相关边界和初始条件。我们仅需根据式（12.1）与式（12.2）求出在笛卡儿坐标下的导数，以便在新坐标系中提供辅助条件。由于与新坐标中的密度相互作用，导致浮力变化的热量通量与质量通量不容易合并在一起。由于在等密度模型的大多数应用中忽略了密度不守恒的过程，此处也不作研究，但可参阅 Dewar（2001）有关等密度模型中混合层动力学的详细论述。

自从上述蒙哥马利（Montgomery，1937）的工作以来，很多应用将密度替换为垂直变量，尤其是在以下的研究中：Robinson（1965）的惯性流研究、Hodnett（1978）与 Huang（1989）的永久性海洋温跃层研究以及 Sutyrin（1989）的孤立涡研究。Hoskins 等（1985）则对气象方面进行了综述。

12.2　层化模型

层化模型是一种理想化的方法，它将层结流体流动表示为一种有限数值的分层流体流动模式，流体一层一层地堆叠，每层都具有均匀的密度。层化模型的演化由离散型方程组控制，其中密度作为垂直变量，其不是连续变化而是逐阶变化的：密度限定为设定的有限个值。层化模型是水平层模型的密度相似物，水平层模型通过对垂直变量 z 的离散后获得。

每个流体层（$k=1\sim m$，其中 m 表示流体层数目）具有以下特征：密度 ρ_k（不变）、厚度 h_k、蒙哥马利位势 P_k、水平速度分量 u_k 和 v_k。划分两个相邻流体层边界的表面称为界面，用高度 z_k 描述，从平均海面高度开始（向下为负值）测量。海表面位移用 z_0 表示［图 12.2（a）］。界面高度可从海底[①]递归得到，即

$$z_m = b \tag{12.11}$$

向上可得到

$$z_{k-1} = z_k + h_k \quad (k = m \sim 1) \tag{12.12}$$

该几何关系式可视为式（12.10）的离散形式，用于定义 h。

---

① 注意，与使用指数（随笛卡儿坐标方向增加）通用方法相反的是，我们选择向下增加指数 k，并与等密度模型的传统符号以及新纵坐标 ρ 向下增加保持一致。

按照类似的方式，对流体静力关系式(12.5)离散，得到另一种递归关系，可从顶部计算蒙哥马利位势 P，即

$$P_1 = p_{atm} + \rho_0 g z_0 \tag{12.13}$$

向下可得到

$$P_{k+1} = P_k + \Delta \rho g z_k \quad (k = 1 \sim m - 1) \tag{12.14}$$

在写出式(12.13)时，我们把最顶层的密度 ρ_1 选为参考密度 ρ_0。大气压 p_{atm} 的梯度很少起到显著作用，通常会忽略 p_{atm} 对 P_1 的贡献。如果将层化模型适用于低层大气，则 p_{atm} 代表了高层大气中的压力分布，也可以视为非活动常数。

为方便起见，引入以下约化重力：

$$g' = \frac{\Delta \rho}{\rho_0} g \tag{12.15}$$

递归关系式(12.12)与式(12.14)可得出关于界面高度与蒙哥马利位势的简单表达式。当最多为 3 层时，这些方程如表 12.1 所概括。

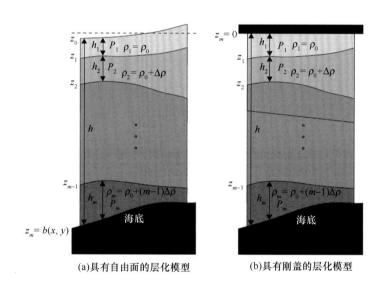

(a)具有自由面的层化模型　　(b)具有刚盖的层化模型

图 12.2　具有 m 个活动层的层化模型

表 12.1　层化模型

一层：	
$z_0 = h_1 + b$	$P_1 = \rho_0 g (h_1 + b)$
$z_1 = b$	

两层：

$z_0 = h_1 + h_2 + b$	$P_1 = \rho_0 g (h_1 + h_2 + b)$
$z_1 = h_2 + b$	$P_2 = \rho_0 g h_1 + \rho_0 (g + g') (h_2 + b)$
$z_2 = b$	

三层：

$z_0 = h_1 + h_2 + h_3 + b$	$P_1 = \rho_0 g (h_1 + h_2 + h_3 + b)$
$z_1 = h_2 + h_3 + b$	$P_2 = \rho_0 g h_1 + \rho_0 (g + g') (h_2 + h_3 + b)$
$z_2 = h_3 + b$	$P_3 = \rho_0 g h_1 + \rho_0 (g + g') h_2 + \rho_0 (g + 2g') (h_3 + b)$
$z_3 = b$	

在某些应用中去掉表面重力波很有帮助，因为表面重力波比内波和近地转扰动传播快得多。为此，我们假想系统被刚盖覆盖[图 12.2(b)]，以消除表面起伏。这就是刚盖近似，已在 7.5 节中的正压运动研究中介绍过。在刚盖近似的情况下，设置 z_0 为零，只有 $m-1$ 个独立层厚度。其结果是，其中一个蒙哥马利位势不能通过流体静力关系导出。如果选用该位势作为最底层的位势，由递归关系式可得出表 12.2 中的方程。

表 12.2　刚盖模型

一层：

$z_1 = -h_1$	P_1 变量
$h_1 = h$, 固定	

两层：

$z_1 = -h_1$	$P_1 = P_2 + \rho_0 g' h_1$
$z_2 = -h_1 - h_2$	P_2 变量
$h_1 + h_2 = h$, 固定	

三层：

$z_1 = -h_1$	$P_1 = P_3 + \rho_0 g' (2h_1 + h_2)$
$z_2 = -h_1 - h_2$	$P_2 = P_3 + \rho_0 g' (h_1 + h_2)$
$z_3 = -h_1 - h_2 - h_3$	P_3 变量
$h_1 + h_2 + h_3 = h$, 固定	

在另一些情况下，主要是在上层海洋过程的研究中，可设想最底层是无限深、静止的(图12.3)。把 m 作为活动层的数目，我们赋予(深海)最底层的指标为 $m+1$。不存在运动时，蒙哥马利位势相同。在不失一般性的情况下，蒙哥马利位势的值可设置为零：$P_{m+1}=0$。当最多为 3 个活动层时，由递归关系式可得出表 12.3 中的方程。由于这些表达式不涉及全重力 g 而仅涉及其约化值 g'，该模型被称为约化重力模型。

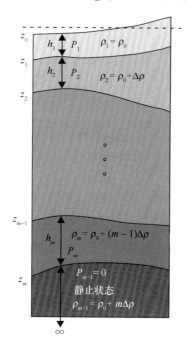

图 12.3 约化重力层化模型。假设深海处于静止状态的理由是需要保持流量 hu_{m+1} 和动能 hu_{m+1}^2 有界，当最后一层流体的深度增加至无限大时，速度必然消失。在这种情况下，更深一层流体的压力趋于常量，我们将该常量设为零

表 12.3 约化重力模型

一层：	
$z_1 = -h_1$	$P_1 = \rho_0 g' h_1$
两层：	
$z_1 = -h_1$	$P_1 = \rho_0 g' (2h_1 + h_2)$
$z_2 = -h_1 - h_2$	$P_2 = \rho_0 g' (h_1 + h_2)$
三层：	
$z_1 = -h_1$	$P_1 = \rho_0 g' (3h_1 + 2h_2 + h_3)$
$z_2 = -h_1 - h_2$	$P_2 = \rho_0 g' (2h_1 + 2h_2 + h_3)$
$z_3 = -h_1 - h_2 - h_3$	$P_3 = \rho_0 g' (h_1 + h_2 + h_3)$

在表 12.3 中，$z_1 = -h_1$ 是一个需要解释的近似值。自由面不是位于 $z = z_0 = 0$ 处，而是我们向上积分至上表面时，由式（12.13）给出。对于单层，在不存在大气压变化时，可得出

$$P_2 = 0 \rightarrow P_1 = -\Delta\rho g z_1 = \rho_0 g z_0 \qquad (12.16)$$

进而得出：$gz_0 = -g'z_1$。当 $h_1 = z_0 - z_1$ 时，可得出 $z_0 = -(g'/g)z_1$ 且 $h_1 = -(1 + g'/g)z_1 \approx -z_1(g' \ll g)$。这意味着，较轻密度水体上的表层会抬升。为了保持最底层的压力均匀，轻水层的增厚需通过在平均海平面以上增加水来补偿。

这可直接推广至 3 个以上活动层的情况。当需要的结构为物理上相关的较少几层时，前面的推导可扩展至各层之间具有非均匀密度差。从数学上来说，这相当于不均匀间距网格点上垂直密度坐标的离散化。

一旦流体层厚度、界面深度以及流体层压强（更准确地说，是蒙哥马利位势）都相互关联，通过汇集各层的水平动量方程式（12.8a）与式（12.8b）以及连续方程式（12.9），来完成控制方程组，写出每一层的方程表。

11.6 节推导出，长度 $L = NH/\Omega$ 为水平尺度，而旋转与层结在该水平尺度上的作用相同。此时值得注意的是，在这一点上为层结系统创制类似物。在系统中引入典型流体层厚度 H（比如某一初始时刻，最上层的最大深度）以及两个相邻流体层（比如最上面的两层）的密度差 $\Delta\rho$，浮力频率的平方可近似表达为

$$N^2 = -\frac{g}{\rho_0}\frac{\mathrm{d}\rho}{\mathrm{d}z} \backsimeq \frac{g}{\rho_0}\frac{\Delta\rho}{H} = \frac{g'}{H} \qquad (12.17)$$

式中，$g' = g\Delta\rho/\rho_0$，表示前文定义的约化重力。代入式（12.17）中关于 L 的定义可得出 $L \backsimeq (g'H)^{1/2}/\Omega$。最后，由于环境旋转速率仅通过科氏参数 f 进入动力过程，所以更方便引入长度尺度（称为"变形半径"）：

$$R = \frac{\sqrt{g'H}}{f} \qquad (12.18)$$

为了区分上述长度尺度与由均匀旋转流体（会出现全重力加速度 g）导出的相同形式的长度尺度式（9.12），一般来说，为消除歧义，习惯使用内变形半径和外变形半径分别表达式（12.18）与式（9.12）。因为地球流体内的密度差通常为 1% 或小于平均密度，所以大多数内变形半径小于外变形半径的 1/10。

当该模型由一个静止深渊之上的单活动层组成时，控制方程简化为

$$\frac{\partial u}{\partial t} + u\frac{\partial u}{\partial x} + v\frac{\partial u}{\partial y} - fv = -g'\frac{\partial h}{\partial x} \qquad (12.19a)$$

$$\frac{\partial v}{\partial t} + u\frac{\partial v}{\partial x} + v\frac{\partial v}{\partial y} + fu = -g'\frac{\partial h}{\partial y} \qquad (12.19b)$$

$$\frac{\partial h}{\partial t} + \frac{\partial}{\partial x}(hu) + \frac{\partial}{\partial y}(hv) = 0 \qquad (12.19c)$$

用下标表明该流体层是多余的，已被省略。系数 $g' = g(\rho_2 - \rho_1)/\rho_0$ 称为约化重力。除了用约化数 g' 替换全重力加速度 g 之外，方程组与平坦海底上浅水模型的方程组 [式(7.17)] 相同，因而称为浅水约化重力模型。因浅水约化重力模型的垂直简洁性允许在数学复杂性最低的情况下研究水平过程，因此该模型将会在后续部分章节中用到。最后回顾一下，科氏参数 f 可看作常数(f 平面)或纬度的函数($f = f_0 + \beta_0 y$，β 平面)。

12.3 位势涡度

针对层化模型，我们可以再现对浅水模型(7.4 节)的涡度分析。首先，流体在任何层次的相对涡度 ζ 可定义为

$$\zeta = \frac{\partial v}{\partial x} - \frac{\partial u}{\partial y} \qquad (12.20)$$

类比式(7.25)，位势涡度的表达式如下：

$$q = \frac{f + \zeta}{h} = \frac{f + \partial v/\partial x - \partial u/\partial y}{h} \qquad (12.21)$$

该表达式除了分母中式(12.10)给出的差分厚度而非系统的全部厚度之外，其他与正压流体的表达式相同。不存在摩擦时，可得出表达式(12.21)随流体流动守恒(物质导数为零)。

仿照对正压流体对该守恒性的解释如下：当两个连续密度面之间的流体层被挤压(图 12.4 中从左至右)时，体积守恒要求流体变宽，而环量守恒反过来要求旋转速度减慢；净效应是涡度 $f + \zeta$ 按照流体层厚度 h 的比例减小。

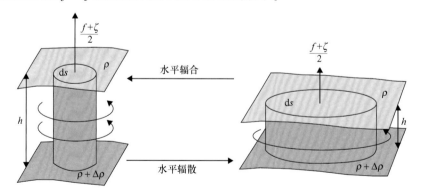

图 12.4　处于辐散(挤压)或辐合(拉伸)状态的流体遵守体积守恒和环量守恒。
$h\mathrm{d}s$ 与 $(f + \zeta)\mathrm{d}s$ 的乘积在转化中守恒，意味着 $(f + \zeta)/h$ 也是守恒的

12.4 两层模型

鉴于以最简单可行的形式表达层结系统，通常选用两层模型。因为两层模型可以通过约化重力 g' 保留层结效应，也可以把方程和变量的数量降至最低。根据表 12.1，针对 6 个未知项（h_1、u_1、v_1、h_2、u_2、v_2），两层模型的无黏性控制方程表示为

$$\frac{\partial u_1}{\partial t} + u_1 \frac{\partial u_1}{\partial x} + v_1 \frac{\partial u_1}{\partial y} - f v_1 = -g \frac{\partial (h_1 + h_2 + b)}{\partial x} \tag{12.22a}$$

$$\frac{\partial v_1}{\partial t} + u_1 \frac{\partial v_1}{\partial x} + v_1 \frac{\partial v_1}{\partial y} + f u_1 = -g \frac{\partial (h_1 + h_2 + b)}{\partial y} \tag{12.22b}$$

$$\frac{\partial u_2}{\partial t} + u_2 \frac{\partial u_2}{\partial x} + v_2 \frac{\partial u_2}{\partial y} - f v_2 = -g \frac{\partial h_1}{\partial x} - (g + g') \frac{\partial (h_2 + b)}{\partial x} \tag{12.22c}$$

$$\frac{\partial v_2}{\partial t} + u_2 \frac{\partial v_2}{\partial x} + v_2 \frac{\partial v_2}{\partial y} + f u_2 = -g \frac{\partial h_1}{\partial y} - (g + g') \frac{\partial (h_2 + b)}{\partial y} \tag{12.22d}$$

$$\frac{\partial h_1}{\partial t} + \frac{\partial (h_1 u_1)}{\partial x} + \frac{\partial (h_1 v_1)}{\partial y} = 0 \tag{12.22e}$$

$$\frac{\partial h_2}{\partial t} + \frac{\partial (h_2 u_2)}{\partial x} + \frac{\partial (h_2 v_2)}{\partial y} = 0 \tag{12.22f}$$

如果我们引入表面高度 η 和两层之间的界面的垂直位移 a，且 $h_1+h_2+b=H+\eta$ 以及 $h_2+b=H_2+a$，其中 H 和 H_2 分别表示两个常数：平均表面水位和平均界面水位，它们均从参考基准面测量，底部高度 b 也从参考基准面测量（图 12.5），沿 x 方向的压力项可改写为

$$-g \frac{\partial (h_1 + h_2 + b)}{\partial x} = -g \frac{\partial \eta}{\partial x} \tag{12.23a}$$

$$-g' \frac{\partial (h_2 + b)}{\partial x} = -g' \frac{\partial a}{\partial x} \tag{12.23b}$$

类似地，沿 y 方向的压力项也可以按照这种方式改写。

通常，解析研究中使用两层模型，线性化后更加简单。线性化方程组如下：

$$\frac{\partial u_1}{\partial t} - f v_1 = -g \frac{\partial \eta}{\partial x} \tag{12.24a}$$

$$\frac{\partial v_1}{\partial t} + f u_1 = -g \frac{\partial \eta}{\partial y} \tag{12.24b}$$

$$\frac{\partial u_2}{\partial t} - f v_2 = -g \frac{\partial \eta}{\partial x} - g' \frac{\partial a}{\partial x} \tag{12.24c}$$

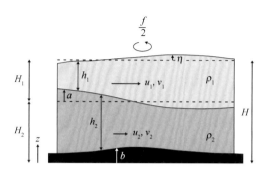

图 12.5　两层模型的符号标记：界面的垂直位移 a，海面高度 η，参考高度 H_1 和 H_2

$$\frac{\partial v_2}{\partial t} + f u_2 = - g \frac{\partial \eta}{\partial y} - g' \frac{\partial a}{\partial y} \tag{12.24d}$$

$$\frac{\partial(\eta - a)}{\partial t} + \frac{\partial(H_1 u_1)}{\partial x} + \frac{\partial(H_1 v_1)}{\partial y} = 0 \tag{12.24e}$$

$$\frac{\partial a}{\partial t} + \frac{\partial\left[(H_2 - b) u_2\right]}{\partial x} + \frac{\partial\left[(H_2 - b) v_2\right]}{\partial y} = 0 \tag{12.24f}$$

式中，$H_1 = H - H_2$ 表示最上层的平均厚度。

在平坦海底($b=0$)的情形中，为了方便求解和阐明动力学，把一组 6 个耦合方程分解成两组各 3 个方程很有意义。为此，我们寻找一个流体层的变量与其他流体层的变量类似 $u_2 = \lambda u_1$、$v_2 = \lambda v_1$ 和 $\eta = \mu a$ 这种类型的比例关系。如果满足以下等式，则动量方程式(12.24c)至式(12.24d)与式(12.24a)至式(12.24b)相同：

$$\frac{\lambda}{1} = \frac{g\mu + g'}{g\mu} \tag{12.25}$$

如果满足以下等式，连续方程式(12.24f)与式(12.24e)相同：

$$\frac{1}{\mu - 1} = \frac{H_2 \lambda}{H_1} \tag{12.26}$$

消掉前述两个方程的 μ，可以得出比例系数 λ 的方程如下：

$$H_2 \lambda^2 + \left(H_1 - H_2 - \frac{g'}{g} H_2\right)\lambda - H_1 = 0 \tag{12.27}$$

忽略掉小比率 $g'/g = \Delta\rho/\rho_0 \ll 1$，方程的一对解为

$$\lambda = \frac{(H_2 - H_1) \pm (H_2 + H_1)}{2 H_2} \tag{12.28}$$

选择正号，可得 $\lambda = 1$，意味着垂向为均匀流($u_1 = u_2$ 且 $v_1 = v_2$)，称为正压模态。界面位移 a 与表面高度 η 相关，即 $a = \eta/\mu = H_2\eta/H$。界面位移是海面高程按垂直比例分配的部分。正压模态下，不存在密度差。

在式 (12.28) 中，选择负号，当满足 $\lambda = -H_1/H_2$，$H_2 u_2 = -H_1 u_1$ 且 $H_2 v_2 = -H_1 v_1$，可得到另一种模态。该模态下，垂直积分的输运为零。式 (12.25) 给出了垂直高度之间的比值 $\mu = -g'H_2/gH$，该比值较小，且近似于相对密度差 $\Delta\rho/\rho_0$。这说明，与界面位移 a 相比，海面高度 η 较弱。该模态下，垂向流得到补偿，且表面呈近刚性。也就是说，该模态是内模态，称为斜压模态。

分别控制每个模态的方程可按照以下方式得到。在正压模态下，我们定义 $u_T = u_1 = u_2$，$v_T = v_1 = v_2$ 且令 $a = H_2\eta/H$。在 $\Delta\rho/\rho_0$ 阶误差内，动量方程简写成一组方程，即

$$\frac{\partial u_T}{\partial t} - f v_T = - g\,\frac{\partial \eta}{\partial x} \tag{12.29a}$$

$$\frac{\partial v_T}{\partial t} + f u_T = - g\,\frac{\partial \eta}{\partial y} \tag{12.29b}$$

同时每个连续方程简写为

$$\frac{\partial \eta}{\partial t} + H\,\frac{\partial u_T}{\partial x} + H\,\frac{\partial v_T}{\partial y} = 0 \tag{12.29c}$$

如果我们设定时间尺度为 $1/f$，长度尺度为 L，速度分量尺度为 U，动量方程表明，表面高度在 fLU/g 阶。在连续方程中代入这些尺度，需满足 $f(fLU/g) \sim HU/L$，这样有长度尺度的平方 $L^2 \sim gH/f^2$。可据此定义正压 (或外) 变形半径如下:

$$R_{\text{external}} = \frac{\sqrt{gH}}{f} \tag{12.30}$$

类似地，通过定义 $u_B = u_1 - u_2$ 且 $v_B = v_1 - v_2$，并设置 $\eta = -(g'H_2/gH)a$，可得到控制斜压模态的方程。对于斜压模态，利用 $H_1 u_1 = -H_2 u_2$，动量方程相减，得出

$$\frac{\partial u_B}{\partial t} - f v_B = + g'\,\frac{\partial a}{\partial x} \tag{12.31a}$$

$$\frac{\partial v_B}{\partial t} + f u_B = + g'\,\frac{\partial a}{\partial y} \tag{12.31b}$$

连续方程相减，得出

$$- \frac{\partial a}{\partial t} + \frac{H_1 H_2}{H}\,\frac{\partial u_B}{\partial x} + \frac{H_1 H_2}{H}\,\frac{\partial v_B}{\partial y} = 0 \tag{12.31c}$$

为了确定相应的变形半径，我们设定时间尺度为 $1/f$，长度尺度为 L'，速度分量尺度为 U'。根据动量方程，界面位移的尺度为 $fL'U'/g'$。在连续方程中代入这些尺度，需满足 $f(fL'U'/g') \sim H_1 H_2 U'/HL'$，这样有长度尺度的平方 $L'^2 \sim g'H_1 H_2/f^2 H$。这反过来又可以定义斜压 (或内) 变形半径如下:

$$R_{\text{internal}} = \frac{1}{f}\sqrt{\frac{g'\,H_1 H_2}{H_1 + H_2}} \tag{12.32}$$

注意，由于约化重力 g' 比全重力 g 小得多，所以 $R_{internal}$ 明显短于 $R_{external}$。如果用 $-a$ 替换 η，用斜压对应速度替换正压速度，用 g' 替换 g 以及用 $h = H_1 H_2 / (H_1 + H_2)$ 替换 H，则式(12.29)与式(12.31)的形式相同，即可解释变形内径。变形半径在正压模态中的作用此时被内模态的内变形半径替代。同样，重力波传播速度被重力内波传播速度替代，表示如下：

$$c = \sqrt{\frac{g' H_1 H_2}{H_1 + H_2}} = \sqrt{g' \bar{h}} \qquad (12.33)$$

而且，重力内波传播速度比重力外波速度小得多。因为式(12.31)结构上与式(12.29)相同，公式的解也会相同；第9章浅水方程的所有波解也可应用于内模态，并对重力和深度作出恰当定义。在解释方程的解时，我们只需注意垂直结构的差异。正压模态是垂向均匀（图12.6的左侧图），而斜压模态是零输送，因而每一层的速度相反（图12.6的右侧图）。

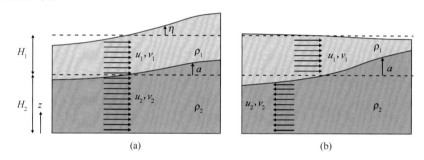

图 12.6　正压模态(a)与斜压模态(b)。在正压模态下，界面与海面以相同相位运动，两个流体层上的速度是均匀的。在斜压模态下，与界面位移相比，海面位移很弱，且移动方向相反。斜压模态下的速度方向彼此相反，不产生流体净输送

当出现两个以上流体层时，模态的数量相应增加。3个流体层对应3个模态，依此类推。在无穷个层次的连续层结的极限情况下，我们预计会有无穷个垂直模态。我们将在13.4节中再次遇到这种情况。

12.5　湖泊中的风生假潮

两层模型的有趣应用是热层结湖泊的假潮。夏季中纬度的大多数湖泊都会发生热层结，直到夏末时，湖面开始冷却。水体通常分为混合相对均匀的较热表层（称为"湖上层"）和较冷底层（称为"湖下层"），由温度快速变化的薄层（温跃层）分离开。波沿着湖面和温跃层传播，波在湖尽头的反射形成驻波，称为"假潮"或"定振波"。假潮往往是对风强迫的响应：风吹刮一段时间后，会把上层水拖曳至顺风侧，继而抬高水位并

降低顺风端的温跃层；风停止吹动时，水层处于不平衡状态，温暖的水开始在湖面来回晃动，形成假潮。

最简单的假潮模型假定不存在旋转效应（因为湖泊通常比海洋小得多），湖底平坦且没有摩擦（为了简化分析起见）。为了说明该假潮模型，我们使用非旋转的两层模型（$f=0$），水域限制在平坦湖底与两个侧边界之间。

首先，我们通过式（12.29）专注正压模态。如果我们对式（12.29a）关于 x 求偏导，对式（12.29b）关于 y 求偏导以及对式（12.29c）关于 t 求偏导，然后从最后一式中减去前两式，可得出

$$\frac{\partial^2 \eta}{\partial t^2} = gH\left(\frac{\partial^2 \eta}{\partial x^2} + \frac{\partial^2 \eta}{\partial y^2}\right) \tag{12.34}$$

我们熟识这是通用的二维波动方程。侧边界的非穿透性转化为 η 的法向导数为零，如式（12.29a）所示，$f=0$ 且 $u=0$。即

$$\frac{\partial \eta}{\partial x} = 0, \quad x = 0, \ L \tag{12.35}$$

L 表示湖泊沿 x 方向的长度。类似地，如果湖泊沿 y 方向上的宽度为 W，则

$$\frac{\partial \eta}{\partial y} = 0, \quad y = 0, \ W \tag{12.36}$$

在矩形域，容易证实：

$$\eta = A\cos(\omega t)\cos\left(\frac{m\pi x}{L}\right)\cos\left(\frac{n\pi y}{W}\right) \tag{12.37}$$

是式（12.34）的解。只要 m 与 n 是整数，且符合以下等式时，该公式的解就满足所有 4 个边界条件：

$$\omega^2 = gH\left(\frac{m^2\pi^2}{L^2} + \frac{n^2\pi^2}{W^2}\right) \tag{12.38}$$

当 $m=n=0$ 时，该公式的解对应于静止的情况。对于 $L \geqslant W$ 的细长湖盆，当 $m=1$，$n=0$ 时，可获得最平缓模态。在这种情况下，假潮的驻波频率表示为

$$\omega = \pi\frac{\sqrt{gH}}{L} \tag{12.39}$$

最平缓模态特别重要，因为该模态具有最稳定的结构，以最慢的速率耗散。同样，由于大气强迫通常随着湖泊长度变微弱，并且在一级近似中认为是均匀的，所以风强迫更可能产生最平缓模态。

把 gH 替换为 $g'H_1H_2/(H_1+H_2)$，我们即可把前面的结果扩展至斜压模态，并按照图 12.6 的斜压模态解释速度振荡。最低模态频率（对应更长的振荡周期）表示为

$$\omega = \frac{\pi}{L}\sqrt{g'\frac{H_1 H_2}{H_1 + H_2}} \tag{12.40}$$

密度界面的晃动与表面的振荡类似。在湖泊内部的假潮，上层速度方向与下层速度方向相反，结果是流向湖泊一侧近湖面的水通过湖泊另一侧近湖底的水流得到补偿，而湖面高程没有显著变化。

存在逆转时(f不再为零），驻波模式不再由纯重力波叠加形成，而是由重力内波叠加形成，其数学求解更为复杂。特别是，会引起所谓的无潮点（振幅为零）（参见 9.8 节）。有兴趣的读者可参考 Taylor（1921）的论述。

假潮不仅发生在湖泊，也发生在海洋近岸。亚得里亚海顺着西洛可风（sirocco）发生的经向假潮与潮汐增水共同作用，可造成威尼斯水灾（Cushman - Roisin et al.，2001）。斯堪的纳维亚半岛的峡湾也曾观察到内假潮（Arneborg et al.，2001）。

12.6　能量守恒

审视层化模型中的能量是很有意义的，因为该模型给出了表述动能和势能的量的公式。为此，我们恢复了非线性项、科氏加速度以及非均匀海底地形，将我们的注意力集中在式（12.22）描述的两层模型上，其压力梯度由式（12.23）给出。

没有摩擦就不会产生耗散，并且我们预期总能量守恒，也就是动能（KE）和势能（PE）的和守恒。动能和势能分别定义为

$$KE = \frac{\rho_0}{2}\iiint (u^2 + v^2)\,\mathrm{d}z\mathrm{d}y\mathrm{d}x = \frac{\rho_0}{2}\iint \left[\int_b^{H_2+a}(u_2^2 + v_2^2)\,\mathrm{d}z + \int_{H_2+a}^{H_1+H_2+\eta}(u_1^2 + v_1^2)\,\mathrm{d}z\right]\mathrm{d}y\mathrm{d}x$$

$$= \frac{\rho_0}{2}\iint \left[h_2(u_2^2 + v_2^2) + h_1(u_1^2 + v_1^2)\right]\mathrm{d}y\mathrm{d}x \tag{12.41}$$

$$PE = \iiint \rho g z\,\mathrm{d}z\mathrm{d}y\mathrm{d}x$$

$$= \iiint_b^{H_2+a}\rho_2 g z\,\mathrm{d}z\mathrm{d}y\mathrm{d}x + \iiint_{H_2+a}^{H_1+H_2+\eta}\rho_1 g z\,\mathrm{d}z\mathrm{d}y\mathrm{d}x \tag{12.42}$$

注意，我们如何使用布西内斯克近似：在势能中，在紧邻 g 的位置使用实际密度（ρ_1 或 ρ_2）；在动能中，使用参考密度（ρ_0）替换实际密度。

根据封闭海盆中的质量守恒，显然有

$$\iint \eta\,\mathrm{d}y\mathrm{d}x = 0, \qquad \iint a\,\mathrm{d}y\mathrm{d}x = 0 \tag{12.43}$$

因此，至多有一个附加常数的情况下，势能可表示为

$$PE = \frac{\rho_0}{2}\iint (g\eta^2 + g'a^2)\,\mathrm{d}y\mathrm{d}x \tag{12.44}$$

这表明，界面的垂向位移 a 需比海面高度 η 大得多，才能对势能的贡献相同。根据前述定义，处于参考状态 $\eta = 0$ 且 $a = 0$ 时，势能为零。任何偏离参考状态的情况都会产生正的势能，该量称为有效位能(参见 16.4 节)。

为了构建能量收支，我们用 $h_1 u_1$ 乘以式(12.22a)，并利用式(12.22e)，首先得出

$$\frac{\partial}{\partial t}\left(\frac{h_1 u_1^2}{2}\right) + \frac{\partial}{\partial x}\left(u_1 \frac{h_1 u_1^2}{2}\right) + \frac{\partial}{\partial y}\left(v_1 \frac{h_1 u_1^2}{2}\right) - f h_1 u_1 v_1 h_1$$
$$= -\frac{\partial(g h_1 u_1 \eta)}{\partial x} + g\eta \frac{\partial(h_1 u_1)}{\partial x} \tag{12.45}$$

然后，我们用 $h_1 v_1$ 乘以式(12.22b)，并利用(12.22e)，把所得结果代入式(12.45)，对封闭域或周期域求积分，可得出

$$\frac{\mathrm{d}}{\mathrm{d}t}\iint\left(h_1 \frac{u_1^2 + v_1^2}{2}\right)\mathrm{d}y\mathrm{d}x = \iint g\eta\left[\frac{\partial(h_1 u_1)}{\partial x} + \frac{\partial(h_1 v_1)}{\partial y}\right]\mathrm{d}y\mathrm{d}x \tag{12.46}$$

这表明，上层动能可以通过输送的散度来改变。

类似地，我们可得到控制第二层动能演化的公式，即

$$\frac{\mathrm{d}}{\mathrm{d}t}\iint\left(h_2 \frac{u_2^2 + v_2^2}{2}\right)\mathrm{d}y\mathrm{d}x = \iint(g\eta + g'a)\left[\frac{\partial(h_2 u_2)}{\partial x} + \frac{\partial(h_2 v_2)}{\partial y}\right]\mathrm{d}y\mathrm{d}x \tag{12.47}$$

关于势能平衡，我们用 $g\eta$ 乘以式(12.22e)，并在域内求积分，即

$$\frac{\mathrm{d}}{\mathrm{d}t}\iint g\frac{\eta^2}{2}\mathrm{d}y\mathrm{d}x = \iint\left\{g\eta\frac{\partial a}{\partial t} - g\eta\left[\frac{\partial(h_1 u_1)}{\partial x} + \frac{\partial(h_1 v_1)}{\partial y}\right]\right\}\mathrm{d}y\mathrm{d}x \tag{12.48}$$

然后用 $g'a$ 乘以式(12.22f)，利用关系式 $\partial h_2/\partial t = \partial a/\partial t$，并对域内求积分，可得出

$$\frac{\mathrm{d}}{\mathrm{d}t}\iint g'\frac{a^2}{2}\mathrm{d}y\mathrm{d}x = \iint -g'a\left[\frac{\partial(h_2 u_2)}{\partial x} + \frac{\partial(h_2 v_2)}{\partial y}\right]\mathrm{d}y\mathrm{d}x \tag{12.49}$$

使用式(12.22)代替式(12.48)右边的 $\partial a/\partial t$，我们可确认出式(12.46)至式(12.49)右边的相似项但符号相反。这些相似项表示不同形式的动能及势能之间的能量交换。通过添加 4 个方程，相似项互相抵消。乘以 ρ_0 之后，我们最终得到能量守恒的表述：

$$\frac{\mathrm{d}}{\mathrm{d}t}(PE + KE) = 0 \tag{12.50}$$

除了验证动势能的表达式以外，上述分析也确认了不同能量形式之间的交换项。潜在的机制是水平流动(影响动能)的辐合/辐散伴随水体的堆积/下降(以补偿的方式影响势能)。

12.7　数值层化模型

垂直坐标的离散化通过层化来实现(12.2 节)，简化了基于等密度面坐标控制方程

的数值模型的发展。事实上，我们得出一组 m 层的控制方程，而垂直坐标不复存在。换句话说，我们把一个三维问题转换成一个 m 个耦合的二维问题。

由于可以直接推广层化方法并在各层使用不同的 $\Delta\rho$ 值，因而可以很容易地定义流体层以便跟踪物理意义明确的水团。一旦使用 $\Delta\rho$ 值定义流体层，只有二维"水平"结构相关的流体层需要离散，而这类离散操作已在浅水方程的内容中完成（9.7 节和 9.8 节）。由于每个等密度层的控制方程与无黏浅水方程的控制方程很相似，我们只需"重复"执行每层的浅水方程，并改写压力。我们注意到，一旦知道流体层的厚度对式（12.14）简单求积分就可以很容易计算出层化系统中的压强，或者在各层之间的密度差变化时直接推广到层化系统，我们可利用体积守恒方程（与浅水系统的体积守恒方程相似）计算出层厚度。最后，可以恢复浅水方程中被忽略的动力过程。计入最下层和最上层在底部和顶部的应力，如同我们在浅水方程中所做的一样，通过添加摩擦项。通过引入依赖每个界面速度差的项来适应各层之间的摩擦。内摩擦项须在相互摩擦的两层的方程中以相反的符号出现，一层损失的动量由另一层获得。

最后，未能分辨的水平次网格尺度过程可用参数化表示，比如用侧向涡黏性表示（如添加拉普拉斯算子项）。这里需要指出的是，新坐标系里形成的侧向扩散（ρ 为常数时，对 $\partial/\partial x$ 求导）沿着等密度面混合，而不是沿着水平面混合（z 为常数）（参见 20.6.2 节），这往往对以下情况有利：如果我们认为较短尺度运动更容易沿密度表面产生，因为它们不涉及任何浮力。次网格尺度过程用参数化表示为沿着等密度面的扩散，称为等密度扩散，自然地包含在层化模型的控制方程中。换句话说，不会发生跨密度面扩散和层结侵蚀，水质量守恒。

同时，这是流体层化模式的主要优势和劣势。如果物理系统阻止混合，层化模型模拟运动和振荡不会对密度层结造成任何数值破坏，这是流体层化模式的优势，否则就是影响三维模型的常见问题。但是，如果物理系统发生了显著的垂向混合或垂向对流，层化模型要求增加一项，该项表示把流体从一层输送（挟卷）到另一层。危险在于流体层可能会损失很多流体，进而变薄，在动力学上已无关紧要，至少在区域的某些范围内应被去除。此外，流体层界面与底面或顶部表面相交（图 12.7）。换句话说，每个流体层存在的范围可能不是整个区域，而且可能随时间变化。追踪流体层的边缘则是一个非常重要的问题。

当出现静力不稳定时，这个问题会更糟，因为坐标变换会失效。与强垂向混合和静力不稳定相关的问题解释了等密度面模型很少用于大气模拟的原因。相比海洋，大气模拟中发生对流和相关静力不稳定要频繁得多。

海洋层化模型遇到的另一个困难在于，根据其结构，每个流体层内的密度是恒定的，因而温度和盐度不会独立改变。然而，物理边界条件对于温度（热通量）和盐度（蒸发、降水)是各自独立的。最后，当研究区域同时包括深海和海岸时，不容易使用等密度面模型，因为密度结构的多样性，不适合通过密度层的单一组合表示。

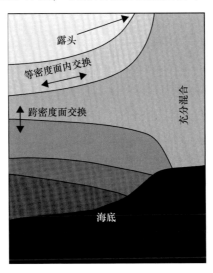

图 12.7 层化模型应用中，当等密度线与表面(露头)、底部相交，或互相交合时，需特别注意。通常，表面露头在锋面附近出现，或者伴随强混合事件发生，而底部交叉可能在陡峭地形区发生

数值层化模型提供了原始模型、刚盖近似以及约化重力模型等版本供选择。所选的模型会影响数值性质。例如，约化重力模型中，所有方程的重力 g 被 g' 替代，结果是表面重力波不再传播。这从数值角度上来说是可取的。的确，浅水模型的数值稳定性通常要求为以下类型(参见9.7节)：

$$\frac{\sqrt{gh}\,\Delta t}{\Delta x} \leqslant \mathcal{O}(1) \tag{12.51}$$

用约化重力代替重力，数值稳定性约束表示为

$$\frac{\sqrt{g'h}\,\Delta t}{\Delta x} \leqslant \mathcal{O}(1) \tag{12.52}$$

由于 $g' \ll g$，式(12.52)比式(12.51)的约束严格程度降低很多。使用刚盖近似时，模型中不再出现全重力 g，式(12.51)类型的稳定性条件也不再使用。更长的时间步长可以用于两种情况。

既不使用刚盖近似也不使用约化重力法的原始层化模型，表面重力波可能存在，与其他数值稳定性条件相比，该模型的稳定性条件式(12.51)的约束可能很强，有必要进行优化。一种强力算法是对稳定性约束的项作隐式处理。在控制层厚度的方程中的速度场应与动量方程中的表面高度项一同作隐式处理。根据式(12.13)，表面压力 $P_1 = p_{atm} + \rho_0 g\eta$，表面高度项会在所有动量方程中出现。和式(12.14)表示，η 成为所有其

他流体层中压力项的一部分。采用隐式格式时，须对所有方程同时求解，进而形成一个相当大的稀疏线性系统，并在每个时间步长对该线性系统进行求逆。对快波的传播使用长时间步长也会降低快波的传播特性。

更好的方法是，记住表面重力波由表面位移产生，且位移中伴随着流场垂向积分的辐合/辐散，需用比其余动力过程更短的时间步长处理相应的动力学。通过垂向平均，可构建流体正压分量的控制方程。但是，非线性项会造成问题，因为乘积的平均值不等于平均值的乘积。结果是，控制正压模态的方程包含一些斜压项。幸运的是，由于斜压项变化很慢，而正压模态演进很快，斜压项在方程其余部分向前积分时呈"冻结"状态，称为"模态分解"（图 12.8）。

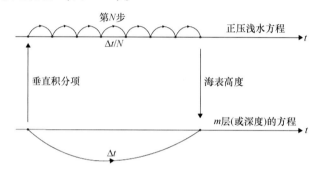

图 12.8　在给定时间步下，根据所有流体层厚度的信息可以计算缓慢的斜压项（暂时呈"冻结"状态）。流体流的正压分量（浅水类方程）可在几个短时间步内随时间向前推进，直到整个较长时间步 Δt 被覆盖。在新时间级下，表面高度 η 可用于所有流体层，随时间向前推进流体的内部结构

在这样的方案中，表面高度 η 积分了 N 次，而其余动力过程仅向前积分了一次。考虑到 g 与 g' 的典型值，较长时间步长通常要比表面波要求的短时间步长大一个数量级。由于浅水方程（短时间步长）的解仅涉及 3 个方程而不是 $3m$ 个方程，可通过模态分解技术节省一个数量级的计算成本。

完成 N 个正压步长和后续单个斜压步长后，可能会出现一个问题。使用正压方程的新高度 η^{n+1} 计算每个流体层的动量方程时，会在新时间层产生速度 u_k^{n+1} 和 v_k^{n+1}。由于方程的非线性，根据相应的流体层厚度对速度进行加权求和得到的输运与 N 个子步后得到的输运并不相同。如果不去校正这种不匹配，就会产生不稳定性（Killworth et al.，1991）。对单个流体层方程求解后得到速度场，然后校正速度场，即可避免这种错配，确保输运的加权和等于浅水方程中预测的输运。该方法也可应用于具有自由面的水平层模型或任意三维模型。总体思路是对控制方程进行初步垂向积分，以此确认正压分量并随时间向前积分，且其时间步长短于其余方程的时间步长。

除上述困难以外，我们可以保持坐标线（以及数值网格）与动力学的显著特征相匹

配的明显优势。这解释了数值层化模型的成功之处，数个广泛使用的数值等密度模型均是基于 Hurlburt 等（1980）、Bleck 等（1992）以及 Hallberg（1995）的继承性发展。然而，现代的趋势是不再使用单纯层化模型，而是使用更加广义的垂直坐标模型，这将在 20.6.1 节中涉及。

12.8 拉格朗日法

层化模型中关于 ρ 的守恒方程被大大简化了，因为坐标面与流体的物质面重合，这是拉格朗日法的标志。欧拉表示法中，流动特征分配在固定点上。与欧拉表示法相反的是，拉格朗日法中，沿着流体团跟踪流体流特征。层化模型仅在垂直方向这样处理而不是在空间的所有 3 个方向上跟踪流体流特征。这激励我们探索完全的拉格朗日模型。

完全拉格朗日模型不仅仅跟踪物质面，而且跟踪单独流体团。选用密度作为层化模型的纵坐标时，可消除平流中的垂向速度；完全拉格朗日法可消除所有平流项，因此在平流项离散化相关的问题中最需要关注。敏锐的读者可能在 6.4 节中已心生疑惑：为什么我们大费周章经历所有这些复杂的欧拉方案去寻找单纯的平流问题的解决方案。这个疑虑可以通过以下物质导数简单陈述：

$$\frac{\mathrm{d}c}{\mathrm{d}t} = 0 \tag{12.53}$$

当流体团的初始值为 c^0 时，有一毫无疑问的解 $c = c^0$。然而，单一流体团的浓度不会分散在域内的每一处，而是集中在某个特定位置。为了确定浓度分布，我们首先需要计算不同位置发出的一组流体团的轨迹。为此，我们需回到速度的基本定义：

$$\frac{\mathrm{d}x}{\mathrm{d}t} = u[x(t), y(t), z(t), t] \tag{12.54a}$$

$$\frac{\mathrm{d}y}{\mathrm{d}t} = v[x(t), y(t), z(t), t] \tag{12.54b}$$

$$\frac{\mathrm{d}z}{\mathrm{d}t} = w[x(t), y(t), z(t), t] \tag{12.54c}$$

并对 N 个流体团分别在时间上求积分。如果起始位置为 (x_p^0, y_p^0, z_p^0)，其中 $p = 1 \sim N$，对前述方程求积分，得到这 N 个相同流体团在时间 t 的位置 $[x_p(t), y_p(t), z_p(t)]$。这是拉格朗日法的核心，显然要求始终了解速度场。

域内任意点 c 的值可通过由最近流体团进行插值或通过网格单元（分箱）内的平均值求得，这取决于区域内流体团的数量。不论选用哪一种求值方法，有效的做法是，保证域内在任何时候都尽可能均匀覆盖足量密集的流体团。如果有区域基本没有流体团覆盖，就不能推测出该区域的浓度，这也是拉格朗日法存在的第一个问题：对于初始相对均匀分布的流体团，流体的辐合与辐散迟早会在一些区域内聚集流体团，并使域内其他区域的流体团减少（图 12.9）。需设计一种算法，消除区域内多余的流体团，并在空区域内增加新流体团。概略地说，如果 L 与 H 分别表示三维流动（表面为 S，深度为 D）的水平向和垂向长度尺度，我们至少需要 $DS/(L^2H)$ 个流体团，这大约是相同三维欧拉流场模型所需的网格框数量，如式（1.17）。然而由于拉格朗日流体团有聚集并离开覆盖率较低的区域的倾向，通常还需要 10~100 倍数量的流体团才能解决同一流动。

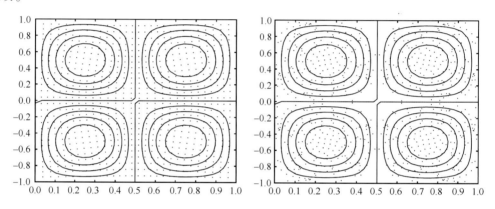

图 12.9　在多个环流圈的流场中，计算流体团位移。流体团沿定常的流线
（实线）运动，并使一些区域为空。使用 traj2D. m 查看动画版

时间积分本身对方法也造成一定的约束：对式（12.54）进行精确时间积分时，我们必须能够在时间步长内遵守速度场的空间变化，要求

$$U\Delta t \leqslant L \tag{12.55}$$

不然轨迹计算会不精确。出于相同的原因，我们也需遵循流动的时间变化，即如果流动随时间尺度 T 变化，则 $\Delta t \ll T$。

另一个重要的方面与轨迹积分相关。除了上述的精确度要求以外，会遇到两种误差来源。第一种误差来源是，时间离散本身通常不会确保计算可逆。如果时间或速度可逆，数值积分不会把流体团还原至初始位置（参见数值练习 12.5）。因此，时间积分导致弥散。第二种误差来源与模型计算速度场本身的知识有关，因而仅在离散位置上可用。对于矩形网格上给定的速度场，穿过任意位置 $[x(t)，y(t)，z(t)]$ 的轨迹计算需要在相邻网格点中间插值。其产生的插值误差将影响轨迹的后续计算，并引起流体团之间额外的弥散。

除了上述限制条件之外，拉格朗日法还是很容易实施的。通过流体团的随机位移（也称为"无规行走"）模拟混合来考虑扩散，可根据以下公式：

$$x^{n+1} = x^n + \int_{t^n}^{t^{n+1}} \left[u[x(t), y(t), z(t), t] + \frac{\partial \mathcal{A}}{\partial x} \right] dt + \sqrt{2\Delta t \, \mathcal{A}} \, \xi \qquad (12.56)$$

式中，$\mathcal{A}$表示所需的扩散率；ξ 表示高斯分布[①]（具有零平均值和单位标准差）的随机变量（Gardiner，1997）。

可以证明[如 Gardiner(1997)、Spagnol 等(2002)以及 Spivakovskaya 等(2007)]，由前述随机方程导致的流体团分布符合以下方程：

$$\frac{\partial c}{\partial t} + u \frac{\partial c}{\partial x} = \frac{\partial}{\partial x} \left(\mathcal{A} \frac{\partial c}{\partial x} \right) \qquad (12.57)$$

大量流体团依据式(12.56)运动，类似于浓度依式(12.56)演变。这就容易理解 $\partial \mathcal{A}/\partial x$ 项在时间积分中的作用，并在所研究区域内 $\mathcal{A}$ 为局部最小值的情况下加以说明，比如在密度跃层附近（数值练习 12.8）。

如果动量方程也通过拉格朗日法求解，流体团的动量主要在压力梯度力作用下沿轨迹变化。有一种优雅的方法可以求得与一组给定质量的流体团相对应的压力分布，称为质点网格法（Cushman-Roisin et al.，2000；Esenkov et al.，1999；Pavia et al.，1988）。

解析问题

12.1　把近岸开尔文波理论(9.2 节)推广应用到刚盖情况下、平坦海底的两层系统。特别是，近岸开尔文波截陷的波速和尺度是多少？

12.2　在浅水约化重力模型情况下，请推导出能量守恒原理。然后，分离出动能和势能的贡献。

12.3　请证明浅水约化重力系统的定常流动伯努利函数 $B = g'h + (u^2 + v^2)/2$ 守恒。

12.4　请建立控制方程来描述单层模型中的运动，该模型位于非平坦海底以上、密度略低的静止厚层以下。

12.5　请求解以下类型的浅水约化重力模型：

$$h(x, t) = x^2 A(t) + 2xB(t) + C(t) \qquad (12.58a)$$

$$u(x, t) = x U_1(t) + U_0(t) \qquad (12.58b)$$

$$v(x, t) = x V_1(t) + V_0(t) \qquad (12.58c)$$

试问，求得的解对应哪种运动类型？该运动类型的时间变率是什么？（取 $f =$ 常数）

12.6　请利用浅水方程(如单一密度层)中的刚盖近似，分析波在 β 平面上的频散

---

① 应注意的是，在大多数模型中，随机变量不遵循高斯分布而是呈均匀分布。这种情况可以接受的条件是，只要时间步长够短，能够让一连串多时间步长等于累加起来的大量随机步长。根据中心极限定理（Riley et al.，1977），多步长过程遵循高斯分布。

关系。请证明不存在重力波以及唯一的频散关系与行星波式(9.27)对应。怎样利用刚盖近似中的假设条件来解释频散关系中的差异？（提示：请回顾7.5节）

12.7　在地中海西部，沿阿尔及利亚海岸流动的大西洋水比地中海水略轻。如果密度差是 1.0 kg/m³，大西洋水层厚度是 150 m，那么与轻水入侵相关的海面位移有多大？（提示：假设较低层处于静止状态）

12.8　请证明式(12.21)下面的推断：不存在摩擦的情况下，所定义的位势涡度随流动守恒。具体说来，请利用式(12.7)证明位势涡度的物质导数为零。

数值练习

12.1　利用约化重力模型改写数值练习9.3中的浅水方程模型来模拟假潮。

12.2　选用水平荒川网格，对线性两层模型进行时间离散，使用不需要求解线性方程组的离散化方案，并给出忽略科氏力时的稳定性分析。

12.3　完成数值练习12.2的离散化，并再现12.5节的数值解。

12.4　请对流体层方程正压分量中的海面高度作隐式处理。利用荒川 C 网格，对体积守恒的散度项和动量方程的压力梯度项作隐式处理。忽略科氏力，从方程中消除未知的速度分量，得到 η^{n+1} 的方程。把该方法与联合使用7.6节刚盖近似的压力计算作比较，并解释当你使用很长的时间步长时会发生什么。

12.5　使用不同的时间积分技术来计算与以下二维流场相关的轨迹：

$$u = -\cos(\pi t)y, \quad v = +\cos(\pi t)x \tag{12.59}$$

请解释从 $t=0$ 到 $t=1$ 时的结果。请证明梯形模式在时间上可逆。

12.6　在数值练习12.5中计算轨迹时请应用无规行走，并验证无规行走的频散属性。（提示：从区域中间的密集质点云开始）

12.7　将大量流体团初始分布在规则网格上，水平平流图6.18的示踪场。利用 tvdadv2D. m 查看怎样定义速度场和初始浓度分布。当你稍后需要计算任意位置的浓度时，会遇到什么问题？

12.8　在周期性区域（介于 $x=-10L$ 至 $x=10L$ 之间）中应用式(12.56)，不存在平流但存在扩散，扩散可由以下等式得出

$$\mathcal{A} = \mathcal{A}_0 \tanh^2\left(\frac{x}{L}\right) \tag{12.60}$$

开始时，左边半个域内（$x<0$）均匀分布着流体团，而右边另一半域内（$x>0$）不存在流体团。在有和没有 $\partial\mathcal{A}/\partial x$ 项的两种情况下，模拟上述演变过程，并就你的模拟结果进行讨论。取 $L=1\,000$ km 且 $\mathcal{A}_0=1\,000$ m²/s。（提示：当质点越过边界时，对质点妥善重置可保证区域的周期性，模在这里是一个有趣而有用的函数）

雷蒙德·布雷斯林·蒙哥马利
（Raymond Btaislin Montgomer，1910—1988）

　　雷蒙德·布雷斯林·蒙哥马利是卡尔·古斯塔夫·罗斯贝的学生，被誉为杰出的描述性物理海洋学家。蒙哥马利把导师和其他现代理论家推导出的动力学结论应用到观测中，他发展了表征水团和海流的精确方法。蒙哥马利选择沿等密度面而不是沿水平面分析观测结果，这种方法让他提出了现在以其名字命名的蒙哥马利位势。他能够追踪水团跨洋盆的流动，并得出一幅清晰的大洋环流图。蒙哥马利的演讲和著作出版以异乎寻常的清晰准确著称，因而他也是受世人敬仰的批评家和评论家。（照片由蒙哥马利夫人提供，Hideo Akamatsu 拍摄）

詹姆斯·约瑟夫·奥布赖恩
（James Joseph O'Brien，1935—2016）

　　詹姆斯·约瑟夫·奥布赖恩以化学家身份开始其职业生涯后，决定转行进入海洋学，并在这门学科中找到了更大的智力挑战。大约在 1970 年，计算机开始展现出解决海洋环流等复杂动力系统的能力。奥布赖恩很快成为物理海洋学和海气相互作用数值模拟领域的领导者。从他早期的沿岸上升流模型中，我们可以了解沿岸上升流这一重要海洋进程。他是第一个通过数值模拟来说明热带太平洋上的风对产生厄尔尼诺事件至关重要。奥布赖恩在数值应用过程中（很多应用都使用层化模型）发现，计算机模型中群速度的误差往往比相位传播速度的误差还要麻烦。

　　奥布赖恩教授向大量研究生和年轻研究人员传递了他对数值模拟、海洋学和海气相互作用的无限热情，这些人后来在美国及世界各地担任要职。（照片来源：佛罗里达州立大学）

第 13 章 内　　波

摘要：本章主要介绍垂直层结流体中存在的重力内波。在推导频散关系和介绍内波的特性之后，简要讨论了地形波和非线性效应。本章还介绍垂直模态的分解，并将其作为一个本征值问题进行数值处理。

13.1　从表面波到内波

从童年开始，每个人都见过、感受过表面波，并对其充满好奇。浴缸和厨房水槽中水的晃动、池塘水面的涟漪、岸边的海浪以及离岸更远处的涌浪，都是表面水波的表现。有时我们对它们不感兴趣，有时它们又吸引着我们。但无论我们的反应如何，对它们是否感兴趣，水波的产生都是重力与惯性之间的一种简单平衡。水面向上移动时，重力把它往下拉，使流体产生垂向速度（势能转化为动能），同时由于惯性的原因，水面穿越到平衡面以下，导致振荡。振荡的相位变化使波传播。表面波携带能量却不能输运水体，它们会自然出现在任何没有造成整体水体位移的扰动中，例如摇晃半满的水瓶，把一块石头投入池塘，或是海面上的一场风暴。

由于水的密度远大于水面上方的空气密度，重力将水面恢复到水平位置。毫无疑问，只要两种流体的密度不同，相同机制就会发挥作用。当暖空气覆盖在冷空气上面时，这一情况也会频繁出现，这时波动可以从云层的起伏反映出来，而且这种波动有时具有明显的周期性（图 13.1）。海洋中的一个实例，即众所周知的死水现象（图 1.4），就是上层较轻的水层与下层密度较大的水层交界面处发生的波动。这些波动虽然表面上看不出来，但却会对海上航行的船只产生巨大的阻力（1.3 节）。

但这样的界面波并非仅存在于两种密度截然不同的流体和单一交界面之中。在 3 种不同密度和两个交界面的情况下，可能出现两种内波模态；如果中间层相对薄，上下两个交界面的垂直位移相互作用，使能量从一层传到另一层。在一个连续层结流体的情况下，内波可能有无限种模态，波的传播具备水平和垂直分量（图 13.2）。无论波动的形式如何复杂，其机制是相同的：重力与惯性持续相互作用，势能与动能之间持续相互转化。

图 13.1　大气中存在内波的证据。水汽的存在导致上升的空气凝结（波峰），
揭示了内波的存在，表现为波状的云（照片由本书其中一位作者于 2005 年 2 月在
阿尔及利亚阿杰尔高原拍摄）

图 13.2　海洋内波的海面现象。内波的向上能量传播改变了表面波的性质，使内波在
太空中可见。在"亚特兰蒂斯"（*Atlantis*）号航天飞机 1990 年 11 月 19 日于菲律宾锡布图
水道（5°N，119.5°E）上空拍摄的照片中，可以看到潮汐产生的大量内波向北传播，
进入苏禄海（NASA 照片 STS-38-084-060）

13.2　内波理论

为了研究最纯粹的内波，有必要提出下列假设：不存在旋转，所有方向的空间是无限的，不存在任何形式的耗散机制，流体运动和波幅都很小。最后一个假设可允许控制方程的线性化。然而，我们需要恢复之前被忽略的一个项，即垂向动量方程中的垂向加速度 $\partial w/\partial t$。这样做是预期垂向加速度在重力波中可能扮演重要角色（回顾 11.2 节中讨论的层结流体中流体的垂向振荡，其中就涉及垂向加速度）。加入这一项打破了流体静力平衡，但只能如此！最终，我们可以把流体密度做如下分解：

$$实际流体密度 = \rho_0 + \bar{\rho}(z) + \rho'(x, y, z, t) \tag{13.1}$$

式中，ρ_0 是参考密度（纯常数）；$\bar{\rho}(z)$ 是环境平衡层结密度；$\rho'(x, y, z, t)$ 是波动（环境层结密度的上升和下降）引起的密度脉动。不等式 $|\bar{\rho}| \ll \rho_0$ 是用来证明布西内斯克近似的合理性（3.7 节）。我们需要另一个不等式 $|\rho'| \ll |\bar{\rho}|$ 将波方程线性化。总压力场以类似的方式分解。在前述的假设下，控制方程变为（4.4 节）：

$$\frac{\partial u}{\partial t} = -\frac{1}{\rho_0}\frac{\partial p'}{\partial x} \tag{13.2a}$$

$$\frac{\partial v}{\partial t} = -\frac{1}{\rho_0}\frac{\partial p'}{\partial y} \tag{13.2b}$$

$$\frac{\partial w}{\partial t} = -\frac{1}{\rho_0}\frac{\partial p'}{\partial z} - \frac{1}{\rho_0}g\rho' \tag{13.2c}$$

$$\frac{\partial u}{\partial x} + \frac{\partial v}{\partial y} + \frac{\partial w}{\partial z} = 0 \tag{13.2d}$$

$$\frac{\partial \rho'}{\partial t} + w\frac{\mathrm{d}\bar{\rho}}{\mathrm{d}z} = 0 \tag{13.2e}$$

引入式（11.3）定义的浮力频率（布伦特-维赛拉频率），末项中的 $\mathrm{d}\bar{\rho}/\mathrm{d}z$ 可转变为

$$N^2 = -\frac{g}{\rho_0}\frac{\mathrm{d}\bar{\rho}}{\mathrm{d}z} \tag{13.3}$$

为简单起见，我们将假定 N 在整个流体中都是均匀的，这与垂向线性密度变化相对应。因为上述线性方程式中的所有系数都是常数，我们可寻求波状解：

$$e^{i(k_x x + k_y y + k_z z - \omega t)}$$

将导数转换成乘积（如 $\partial/\partial x$ 变成 ik_x），式（13.2）变成一个五元齐次代数方程式。如果行列式为零，解则为非零。ω 为波数 k_x、k_y 和 k_z 以及浮力频率 N 的函数，必须满足

$$\omega^2 = N^2 \frac{k_x^2 + k_y^2}{k_x^2 + k_y^2 + k_z^2} \tag{13.4}$$

这就是重力内波的频散关系。

通过审视这一关系，可以解释波的很多特性。首先，分子总是小于分母，这就意味着波频永远不会超过浮力频率；即，正频率情况下：

$$\omega \leqslant N \tag{13.5}$$

这一上限的由来可以追溯到式（13.2c）中的垂向加速度项。诚然，若没有该项，式（13.4）中的分母就从 $k_x^2 + k_y^2 + k_z^2$ 变成 k_z^2，这表示只要 $k_z^2 + k_y^2 \ll k_z^2$，非静力项就可忽略不计。这种情况发生于水平方向波长远大于垂直方向波长，且这些波的频率远远小于 N 值。若波长逐步缩短，非静力项的作用则越来越重要，频率会逐渐上升，但其上限仍为 N 值。我们可能会问：如果以大于 N 的频率扰动该层结流体，会发生什么情况。答案是，在那么短的时间内，流体质点不会以自身自然频率振动，相反的，它们会跟随加诸其上的任何位移进行运动；干扰变成一种局部湍流，且内波带不走任何能量。D'Asaro 等（2000）分析了海洋里中性浮标取得的数据，证明在层结水域，ω/N 的值在 0.2~1 之间的波动通常是内波；而在同一地点，高于 1（$1 < \omega/N < 50$）则对应于湍流脉动。

从频散关系式（13.4）得出的另一重要特性是频率依赖于波与水平面的角度，而非波数大小（即波长）。由于 $k_x = k \cos\theta \cos\phi$，$k_y = k \cos\theta \sin\phi$，且 $k_z = k \sin\theta$，其中 $k = (k_x^2 + k_y^2 + k_z^2)^{1/2}$ 是波数的大小，θ 是波与水平面的角度（正或负），ϕ 是其水平投影到 x 轴的角度，我们可以得到

$$\omega = \pm N \cos\theta \tag{13.6}$$

这说明频率只依赖于波数的坡度和浮力频率。式中的正负号表示内波可在两个方向中的一个方向传播，沿着波数方向向上或者向下。另一方面，如果内波频率是外加强迫所致（例如潮汐强迫），不管波长如何，所有波都以与水平面固定的角度传播。频率越低，方向倾斜度越高。在非常低频率的极限，传播是纯垂向的（$\theta = 90°$）。

13.3 内波的结构

我们旋转 x 轴和 y 轴，使波数向量包含在 (x, z) 垂直面中（即，$k_y = 0$，y 方向上没有变化，且没有 v 速度分量）。剩余两项速度分量和密度脉动的表达式是

$$u = -A \frac{g\omega k_z}{N^2 \, k_x} \sin(k_x x + k_z z - \omega t) \tag{13.7a}$$

$$w = +A \frac{g\omega}{N^2} \sin(k_x x + k_z z - \omega t) \tag{13.7b}$$

$$p' = -A \frac{\rho_0 g k_z}{k_x^2 + k_z^2} \sin(k_x x + k_z z - \omega t) \tag{13.7c}$$

$$\rho' = + A\rho_0 \cos(k_x x + k_z z - \omega t) \tag{13.7d}$$

k_x、k_z 和 ω 全部为正时，波的结构如图 13.3 所示。上升流（波峰）和下降流（波谷）在水平方向和垂直方向交替，等相位线（即连接波峰的线）垂直于波数向量。式（13.7）中的三角函数显示，如果沿波数（k_x，k_z）方向以下述速度移动（参见附录 B），相位 $k_x x + k_z z - \omega t$ 不随时间变化：

$$c = \frac{\omega}{\sqrt{k_x^2 + k_z^2}} \tag{13.8}$$

c 是相速，即峰线和谷线移动的速度。因为速度分量 u 和 w 与密度波动的相差为 $90°$，速度在波峰和波谷上为零，在 $1/4$ 波长处最大。式（13.7a）和式（13.7b）中的正负号表示当一个分量为正时，另一分量就为负，如图 13.3 所示，向右为下降运动，向左为上升运动。速度比（$-k_x/k_z$）进一步表明水流垂直于波数向量，而与峰线和谷线平行。内波是横波。w 和 ρ' 方程式中正负号的对比显示上升运动先于波峰，下降运动亦先于波谷，并最终各自形成下一个波峰和波谷。因此，内波向前移动，因为波数是向上倾斜的，也向上移动。

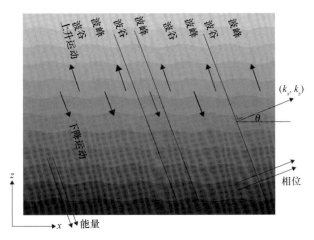

图 13.3　内波的垂直结构

能量的传播是由波群速度给出的，即频率相对于波数的梯度（附录 B）：

$$c_{gx} = \frac{\partial \omega}{\partial k_x} = + \frac{\omega k_z^2}{k_x(k_x^2 + k_z^2)} \tag{13.9}$$

$$c_{gz} = \frac{\partial \omega}{\partial k_z} = - \frac{\omega k_z}{(k_x^2 + k_z^2)} \tag{13.10}$$

其方向垂直于波数（k_x，k_z），是向下的。因此，尽管波峰和波谷向上移动，能量却是向下传播的。读者可以验证，无论频率和波数分量是正号或负号，相位和能量总是在同一水平方向和相反垂直方向传播(尽管速度不同)。

现在让我们将注意力转向极端情况。第一种情况是纯水平方向波数($k_z = 0$，$\theta = 0$)。那么频率就是N，相速就是N/k_x。垂直方向无任何波动意味着所有波峰和波谷都是垂直并排的。运动是绝对垂直的，群速度为零，这意味着能量没有传播。另一极端情况是纯垂直方向波数($k_x = 0$，$\theta = 90°$)。频率为零，意味着一个稳定的状态。这时就不存在波的传播。速度是纯水平方向的，在横向保持不变。我们可想象出来的画面是一叠平板，每片平板都在以自己的速度沿着自己的方向移动，没有变形。若边界有障碍阻止了某一深度上的流动，在该深度上任何流体，无论与该障碍距离远近，都不可移动。这一发生在高度层结流体在极低频率下的现象，正是11.5节最后部分讨论的阻塞现象，类似于旋转流体中的泰勒柱。

在层结和旋转流体中，内波频率的最低值不是零而是惯性频率f(参见解析问题13.3)。在此极限(频率f)，波动是惯性振荡形式，流体呈现水平圆形轨迹(2.3节)。该极限行为是均匀旋转流体中惯性–重力波的一种特性(9.3节)，层结旋转流体中的内波是均匀旋转流体的惯性–重力波的三维扩展，所以有这种特性不足为奇。

13.4 垂直模态和本征值问题

到目前为止，我们研究的都是均匀层结、无限和非旋转空间这一简化情况下的内波。也就是说，我们只研究波长远远短于空间区域的尺度和N^2显著变化的长度的内波以及频率充分高而不受地球旋转影响的内波。

如果我们检视密度的实际垂直分布及其相关浮力频率(图13.4)，很明显，垂直层结很不均匀，因而，除了在极短的垂直波长的情况，我们应该质疑之前理论的有效性。如果内波的波长与层结变化的空间尺度相当，则内波情况如何？

我们以较简单的分析来回答该问题，假设水深恒定并利用刚盖近似消除表面波(7.5节和12.2节)。我们采用f平面近似恢复旋转。我们假设整个液柱都满足$f^2 < N^2(z)$，这是自然界中的典型情况，即

$$N^2(z) = -\frac{g}{\rho_0}\frac{\mathrm{d}\bar{\rho}}{\mathrm{d}z} > f^2 > 0 \tag{13.11}$$

在这些框架下，控制小扰动的方程式如下：

$$\frac{\partial u}{\partial t} - fv = -\frac{1}{\rho_0}\frac{\partial p'}{\partial x} \tag{13.12a}$$

$$\frac{\partial v}{\partial t} + fu = -\frac{1}{\rho_0}\frac{\partial p'}{\partial y} \tag{13.12b}$$

$$\frac{\partial w}{\partial t} = -\frac{1}{\rho_0}\frac{\partial p'}{\partial z} - \frac{g}{\rho_0}\rho' \tag{13.12c}$$

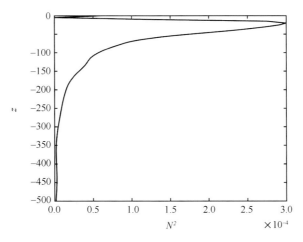

图 13.4 西地中海浮力频率的平方(N^2，单位为 s^{-2}），以气候平均密度廓线计算得出

（数据来源于 Medar©）

$$\frac{\partial u}{\partial x} + \frac{\partial v}{\partial y} + \frac{\partial w}{\partial z} = 0 \tag{13.12d}$$

$$\frac{\partial \rho'}{\partial t} + w \frac{\mathrm{d}\bar{\rho}}{\mathrm{d}z} = 0 \tag{13.12e}$$

对于单纯内波，我们不用静力近似。对于均匀地形，我们可以分离变量法找出下列形式的解：

$$u = \mathcal{F}(z)\,\mathcal{U}(x,\ y)\ \mathrm{e}^{-\mathrm{i}\omega t} \tag{13.13a}$$

$$v = \mathcal{F}(z)\,\mathcal{V}(x,\ y)\ \mathrm{e}^{-\mathrm{i}\omega t} \tag{13.13b}$$

$$p' = \rho_0\,\mathcal{F}(z)\,\mathcal{P}(x,\ y)\ \mathrm{e}^{-\mathrm{i}\omega t} \tag{13.13c}$$

$$w = \mathrm{i}\omega \mathcal{W}(z)\,\mathcal{P}(x,\ y)\ \mathrm{e}^{-\mathrm{i}\omega t} \tag{13.13d}$$

$$\rho' = -N^2\,\frac{\rho_0}{g}\,\mathcal{W}(z)\,\mathcal{P}(x,\ y)\ \mathrm{e}^{-\mathrm{i}\omega t} \tag{13.13e}$$

如在控制方程式（13.12）中用这类形式的解，式（13.12e）已得到满足，剩下的 4 个方程式可以简化为

$$-\mathrm{i}\omega\,\mathcal{U} = f\mathcal{V} - \frac{\partial \mathcal{P}}{\partial x} \tag{13.14a}$$

$$-\mathrm{i}\omega\,\mathcal{V} = -f\mathcal{U} - \frac{\partial \mathcal{P}}{\partial y} \tag{13.14b}$$

$$(\omega^2 - N^2)\,\mathcal{W} = -\frac{\mathrm{d}\mathcal{F}}{\mathrm{d}z} \tag{13.14c}$$

$$\frac{1}{\mathcal{P}}\left(\frac{\partial \mathcal{U}}{\partial x} + \frac{\partial \mathcal{V}}{\partial y}\right) = -\mathrm{i}\,\frac{\omega}{\mathcal{F}}\,\frac{\mathrm{d}\mathcal{W}}{\mathrm{d}z} \tag{13.14d}$$

前两个方程式不依赖于 z，第三个方程式既不依赖于 x 也不依赖于 y，而最后一个方程式的左边不依赖于 z，右边不依赖于 x 和 y。只有最后一个方程式的左右都是常数，该方程才可解。考虑到量纲，我们称该常数为 $\mathrm{i}\omega/gh^{(j)}$，其中 $h^{(j)}$ 具有深度量纲，通常称为相当深度。这种叫法的原因很快就会清楚。将式（13.14d）的右边

$$-\mathrm{i}\,\frac{1}{\mathcal{F}}\,\frac{\mathrm{d}\mathcal{W}}{\mathrm{d}z} = \frac{\mathrm{i}}{gh^{(j)}}$$

代入式（13.14c），得出控制垂直模态 $\mathcal{W}(z)$ 的方程式：

$$\frac{\mathrm{d}^2\mathcal{W}}{\mathrm{d}z^2} + \frac{(N^2 - \omega^2)}{gh^{(j)}}\mathcal{W} = 0 \tag{13.15}$$

其中，水平结构 $\mathcal{U}$、$\mathcal{V}$、$\mathcal{P}$ 可利用式（13.14d）的结果求解式（13.14a）和式（13.14b）：

$$\frac{\partial \mathcal{U}}{\partial x} + \frac{\partial \mathcal{V}}{\partial y} = \frac{\mathrm{i}\omega}{gh^{(j)}}\mathcal{P} \tag{13.16}$$

这 3 个方程式与水深恒定的浅水波方程（9.1 节）具有相同的结构。我们看到表面高度 η 被替换为 $\mathcal{P}/g$，深度 h 被替换为 $h^{(j)}$。因而，我们可以很快重新求得浅水理论的波解，并验证有 $(\mathcal{U}, \mathcal{V}, \mathcal{P}) = (U, V, P)\mathrm{e}^{\mathrm{i}(k_x x + k_y y)}$ 形式的波（水平方向周期解，U、V 和 P 为常数），遵循惯性波重力（庞加莱波）的频散关系：

$$\omega^2 = f^2 + gh^{(j)}(k_x^2 + k_y^2) \tag{13.17}$$

在水平方向有限区域内，(k_x, k_y) 只能允许有离散值，这种可能性在此处不予探讨，而是将 (k_x, k_y) 当作已知量。

13.4.1　垂直本征值问题

现在我们知道了波的水平结构，那么我们必须找到其相关的垂直结构。将水平频散关系式（13.17）代入垂直模态方程式（13.15），得到以下方程式：

$$\frac{\mathrm{d}^2\mathcal{W}}{\mathrm{d}z^2} + (k_x^2 + k_y^2)\,\frac{N^2(z) - \omega^2}{\omega^2 - f^2}\,\mathcal{W} = 0 \tag{13.18}$$

边界条件为

$$\mathcal{W} = 0, \quad \text{在 } z = 0 \text{ 和 } z = H \text{ 时} \tag{13.19}$$

对应于上面的刚盖和下面的平底。

我们得到一个带有齐次边界条件的齐次微分方程式。除非 ω 为一个特殊值，该方程式的解为 $\mathcal{W} = 0$。事实上，有一系列的 ω 特殊值可以让 $\mathcal{W}$ 不为 0。这些值被称为本征值，相对应的 $\mathcal{W}(z)$ 解被称为本征函数，在我们的例子中称为垂直模态。

13.4.2　频率的界限

如同在 13.2 节中，我们知道 $\omega^2 < N^2$，我们预料波动频率应该有一些界限。为了找

出这些界限，我们使用积分法，这与分析剪切流稳定性的方法(10.2 节)相似。

我们将式(13.18)乘以复共轭 w^*，在区域内垂直积分，对其第一项求分部积分，并利用边界条件式(13.19)，我们得到

$$\int_0^H \left| \frac{\mathrm{d}W}{\mathrm{d}z} \right|^2 \mathrm{d}z = (k_x^2 + k_y^2) \int_0^H \frac{N^2 - \omega^2}{\omega^2 - f^2} \, |W|^2 \mathrm{d}z \qquad (13.20)$$

对于常见情况，$f^2 < N^2$，只要 ω 是实数，显然只能有以下范围内的值：

$$f^2 \leqslant \omega^2 \leqslant N_{\max}^2 \qquad (13.21)$$

如果不在该范围内，则式(13.20)的右边就会是负值，与左边的正值不符。

但是，我们可以讨论一下 ω 是否可能为复数。首先，不可能是纯虚数，因为 $\omega = \mathrm{i}\omega_i$ 会让式(13.20)右边的值为负值①。一般情况下 $\omega = \omega_r + \mathrm{i}\omega_i$，我们只需考虑式(13.20)中的虚部：

$$\Im\left(\frac{N^2 - \omega^2}{\omega^2 - f^2} \right) = -2\,\omega_r \omega_i \, \frac{N^2 - f^2}{(\omega_r^2 - \omega_i^2 - f^2)^2 + 4\,\omega_r^2 \omega_i^2} \qquad (13.22)$$

任何 $\omega_i \neq 0$ 都不满足式(13.20)，因为等号左边的实部与右边的虚部不符。因此，式(13.20)确实只能为实数 ω。

总结以上讨论，对于 $f^2 < N^2$，单纯的波动运动的频率在式(13.21)范围内。与式(13.5)对比，我们看到，地转的效果是消除了低频。我们还注意到，与之前很多次情况一样，如果存在频率为 ω 的波，则也存在一个频率为 $-\omega$ 的波，即传播方向相反的波。

13.4.3　常数 N^2 的简单例子

我们可以用解析法解旋转有限域均匀层结的内波问题。本征值问题的解如下：

$$W(z) = \sin k_z z, \quad k_z = j\frac{\pi}{H} \quad (j = 1,\ 2,\ 3,\ \cdots) \qquad (13.23)$$

同时伴有频散关系：

$$\omega^2 = \frac{(k_x^2 + k_y^2)\,N^2 + k_z^2 f^2}{k_x^2 + k_y^2 + k_z^2} \qquad (13.24)$$

由于垂向空间尺度的有限性，垂向波数 k_z 取离散值，而相应的函数 $W(z)$ 构成一组离散的本征函数。我们已在 12.4 节中预期本征函数的数量是无限的。我们可以验证所有频率都在式(13.21)范围内，并认知本征函数的空间结构与无限区域中的本征函数的空间结构是一样的，但只有能满足边界条件的波长才是允许的。

---

① 我们从开始就假设 $0 \leqslant f^2 \leqslant N^2$，而有兴趣的读者可以分析 $N^2 < 0$ 时静力不稳定的情况。在这种情况下，复数 ω 是可能出现的，这是我们在物理上可以预料到的。

同样的，常数 $gh^{(j)}$（目前仍未定）只能取一组离散值中的一个值：

$$gh^{(j)} = \frac{\omega^2 - f^2}{k_x^2 + k_y^2} = \frac{N^2 - f^2}{k_x^2 + k_y^2 + \left(j\dfrac{\pi}{H}\right)^2} \qquad (13.25)$$

由于此处 $gh^{(j)}$ 在每种模态的水平结构中的作用与 gH 在浅水系统中的作用一致，我们可以得出类似的变形半径：

$$R_j = \frac{\sqrt{gh^{(j)}}}{f} \qquad (13.26)$$

该内变形半径的作用与浅水系统中外变形半径的作用一致。内变形半径的特性之一是确立水平尺度，在此水平尺度，旋转与重力（通过层结）起作用，如海岸内开尔文波的横向截陷尺度即为内变形半径（参见解析问题 13.9）

根据 $\omega^2/f^2 = 1 + (k_x^2 + k_y^2) R_j^2$，波长短于变形半径的波主要受到层结的影响，而波长较长的波主要受旋转控制。因此变形内径是旋转与层结起同样重要作用的尺度。需要注意的是，该尺度因模态的不同而有所差异，模态越高，半径越短。垂直方向（$j \gg 1$）变化越快的波，其变形半径越短，受到旋转的影响要大于垂直变化更平滑的波动。

当形态比 $k_x^2 + k_y^2 \ll k_z^2$ 较小，而层结 $f^2 \ll N^2$ 较强时，变形半径的表达式可归纳为

$$R_j \simeq \frac{NH}{j\pi f} \qquad (j = 1, 2, 3, \cdots) \qquad (13.27)$$

用均匀层结的优势在于[对比式（13.4）]可说明旋转与有限区域如何影响波的频散关系，但其不足之处是不能确定高度非均匀层结的系统（如有局地密度跃层的系统）的本征频率。

虽然有渐近分析法[①]用于处理此类本征值问题，但在通常情况下，数值法更简单准确。这在分析具体的系统时更为明显。在实际应用中，密度廓线可实测，或从气候数据集中获取离散的垂直层次上的数据。

13.4.4　垂直模态数值分解

此处所选择的离散化是一种简单的有限差分技术。为简单起见，假定均匀的网格间距为 Δz。我们分别在平底和刚盖面（图 13.5）选定首末格点，这样做是因为边界条件是对未知变数设置的。精确解 w 在位置 z_k 处的离散值为 w_k，因而离散化表述为

$$w_{k+1} + w_{k-1} - 2w_k + \Delta z^2 (k_x^2 + k_y^2) \frac{N^2(z_k) - \omega^2}{\omega^2 - f^2} w_k = 0 \quad (k = 2, 3, \cdots, m-1)$$

$$(13.28)$$

---

① 参见 Bender 等（1978）中的 WKB 方法。

其中，

$$w_1 = 0, \quad w_m = 0 \tag{13.29}$$

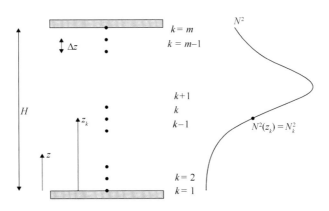

图 13.5　垂直模态离散化所用符号

将所有 $\boldsymbol{w}_k$ 列入阵列 $\boldsymbol{w}$，该等式可以矩阵形式重新表述为

$$\boldsymbol{A}(\omega^2) \, \boldsymbol{w} = 0 \tag{13.30}$$

式中，矩阵 $\boldsymbol{A}$ 为三对角矩阵（即其在扩散问题中的形式，参见 5.5 节），并依赖于 ω^2。可能存在的 ω 频率，是使 $\boldsymbol{w}$ 值为非零的频率，而这种情况仅在奇异系统下发生，即

$$\det(\boldsymbol{A}) = 0 \tag{13.31}$$

这时，问题就简化成了求解 $\boldsymbol{A}$ 的行列式的零值。使行列式为零的每个 ω^2 值所对应的离散空间本征模态 $\boldsymbol{w}$ 即为式（13.30）的解。在线性代数中，找出给定奇异矩阵的矢量是个标准问题，等同于找出矩阵 $\boldsymbol{A}$ 的零空间。因而，通过寻找 $\boldsymbol{A}$ 行列式为零时的 ω^2 值，进而用线性代数软件包确定与现有奇异矩阵相关的零空间，得到内波的离散垂直结构，最终求得该方程的解。

然而求解复杂函数的零值并不容易，即便我们借助理论上的 ω^2 界限式（13.21），使用搜索算法，我们仍面临漏掉某些零值的风险。我们也不能确保式（13.31）的数值解会落在这一范围内。在范围之外的解显然是非物理解。

为了将变量 ω^2 孤立出来，我们重新调整式（13.30），并将之表述为

$$-\frac{\omega^2}{f^2}\big[-w_{k+1} - w_{k-1} + (2+\epsilon)\, \boldsymbol{w}_k\big] + \big[-w_{k+1} - w_{k-1} + (2+\epsilon N_k^2 f^{-2})\, w_k\big] = 0 \tag{13.32}$$

$\epsilon = \Delta z^2 (k_x^2 + k_y^2) > 0$。由于边界条件很容易满足，$k$ 值限定为 $2 \leqslant k \leqslant m-1$。式（13.32）可以表述为线性方程：

$$\boldsymbol{B}\boldsymbol{w} = \lambda \boldsymbol{C}\boldsymbol{w} \quad \left(\lambda = \frac{\omega^2}{f^2}\right) \tag{13.33}$$

式中，矩阵 $\boldsymbol{B}$ 和 $\boldsymbol{C}$ 为三对角矩阵且不受 ω^2 约束。矩阵 $\boldsymbol{B}$ 和 $\boldsymbol{C}$ 的次对角线和超对角线上都有 -1，而矩阵 $\boldsymbol{C}$ 对角线重复了 $2+\epsilon$，矩阵 $\boldsymbol{B}$ 对角线重复了 $2 + \epsilon N_k^2/f^2$。此外，由于矩阵 $\boldsymbol{B}$ 和 $\boldsymbol{C}$ 对角占优，它们都是对称正定矩阵。

式 (13.33) 表述的是一个标准线性代数问题 (即广义本征值问题)，已有解法和定理 (如瑞利-里茨不等式是数值练习 13.2 的主题)。

我们可以用更为熟悉的形式重新表述这一问题。任一正定矩阵的逆矩阵是存在的，因此，可通过定义 $\tilde{\boldsymbol{w}} = \boldsymbol{C}\boldsymbol{w}$，重新导出标准本征值问题：

$$\boldsymbol{A}\tilde{\boldsymbol{w}} = \lambda \tilde{\boldsymbol{w}} \text{ 且 } \boldsymbol{A} = \boldsymbol{B}\boldsymbol{C}^{-1} \tag{13.34}$$

找到了本征值 λ 与本征矢量 $\tilde{\boldsymbol{w}}$ 后，离散的物理模态 $\boldsymbol{w}$ 可通过 $\boldsymbol{w} = \boldsymbol{C}^{-1}\tilde{\boldsymbol{w}}$ 重建。

我们可以确定的是，该问题只有实解。由于矩阵 $\boldsymbol{B}$ 和 $\boldsymbol{C}$ 均为对称正定矩阵，将给定本征值 λ_j 和本征矢量 $\boldsymbol{w}^j$ 的式 (13.33) 乘以转置复共轭 $\boldsymbol{w}^{j*}$，我们可证明[①]对于任一 j 值，λ_j 必定是实数。

需要注意的是，与存在无限模态的解析解相反，只有有限数目 $(m-2)$ 的本征值与模态可从离散型计算得到。

为验证上述数值解法，我们计算了均匀 N^2 情况下的数值解，并与式 (13.23) 至式 (13.24) 的已知解析解进行比较。正如我们所预期的，即使格点数量不多，最大本征值 (与最长垂向波长对应) 得到了很好的体现 (图 13.6)。然而，频率越靠近 f，其波长越短，越需要更细的分辨率。如要精确地模拟模态 j，我们要求格距 $j\Delta z \ll H$。

13.4.5 集中于密度跃层中的内波

我们现在用上述数值方法分析 N^2 廓线存在极大值的情况，这一情况对应着密度变化较大的深度区，即密度跃层。我们以密度廓线示意图 (图 13.7) 为例，其中浮力频率在 N_0 到 N_1 之间，即 $f^2 < N_0^2 < N^2(z) < N_1^2$。

前 3 种模态 (最大频率，图 13.7) 及其垂向廓线 (图 13.7 左侧图) 显示，大振幅和最大梯度集中在 $N^2(z)$ 的峰值 (即密跃层) 附近。可借助式 (13.18) 中的 $(N^2 - \omega^2)/(f^2 - \omega^2)$ 进行理解。若该因子为正，则本征函数本质上是振荡的；若为负，则表现为指数式衰减。由于 $N_0^2 < \omega^2 < N_1^2$ (图 13.7 右侧图)，该解在域内的正负值会发生变化，其解在 $\omega^2 \leq N^2$ 区域内为振荡，而在此区域之外变为指数式的变化，在域边界处趋近于零。在 $\omega^2 = N^2$ 处的点被称作转折点。ω^2 在两处与 N^2 的峰相交，因此，密跃层有两个转折点，

---

① 利用 $\boldsymbol{w}^{j*}\boldsymbol{B}\boldsymbol{w}^j$ 和 $\boldsymbol{w}^{j*}\boldsymbol{C}\boldsymbol{w}^j$ 都是实值这个事实 (因为正定矩阵 $\boldsymbol{B}$ 和 $\boldsymbol{C}$ 的性质)。

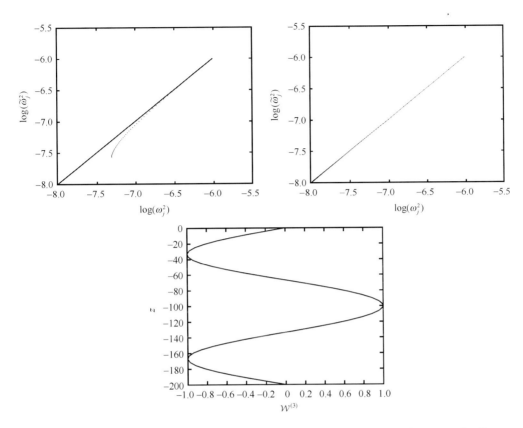

图 13.6 用 50 个(左上图)与 450 个(右上图)垂直格点，计算内模态频率的 $\log(\tilde{\omega}_j^2)$ 值，

并与 $\log(\omega_j^2)$ 的精确值对比。下图：第三垂直模态的数值廓线，明确对应于 $\sin(3\pi z/H)$

一个在上面，一个在下面。

高模态(图 13.8)的 ω^2 值逐渐减小，且趋近 N^2 最小值，而转折点则会移出密跃层直至消失。更高模态的 ω^2 值则降到 N^2 最小值以下。这些高模态每一处都有振荡结构(图 13.8)。令人惊讶的是，此时密跃层附近的振幅却是最小的。究其原因，则是因为密跃层附近频率差异最大($\omega^2 - N^2$ 最大)，因而，共振行为随着离开密跃层的距离而加强，从而导致振幅变大。

更高模态的频率 ω 趋近惯性频率 f，并出现新的形式(图 13.9)。密跃层的界层开始解耦，其中一种模态的振荡完全在密跃层的一边，而下一种模态则完全在另一边，这种形式随模态数的增加而轮流出现。密跃层起着屏障的作用。在密跃层急剧变化(N^2峰值极高)的极限情况下，层结就会有效地变成一个两层系统。该系统中，每层中接近惯性频率的波都可以独立存在。

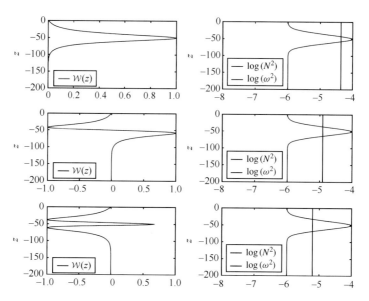

图 13.7　不均层结(有峰值的 N^2)的前 3 种模态(左图)。ω^2 值与 N^2 廓线对比(右图)。
请注意，ω^2 值在 N^2 的极端值之间

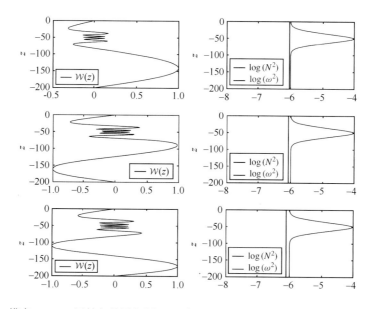

图 13.8　模态 10~12(层结与前图相同)。左侧图显示模态的垂直结构，而右侧图将 ω^2 值
与 N^2 进行了对比。请注意，密跃层附近的精细结构以及 ω^2 值在 N^2 最小值以下

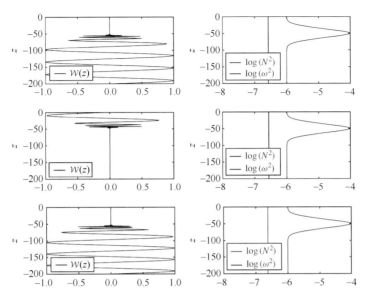

图 13.9 模态 26~28(层结与前两图相同)。左侧图显示模态的垂直结构,而右侧图将 ω^2 值与 N^2 进行了对比。这些模态的频率趋近惯性频率 f,振荡几乎全部发生在密跃层的界面处。也就是说,密跃层就是两种近惯性波之间的屏障

13.5 背风波

几乎在任何有时空变化能量源的地方,经由无数种动力过程,内波会在大气和海洋中产生。海洋中可以产生内波的因素包括倾斜海底上的海潮,海洋上层的海水搅动(尤其是在飓风来袭时),不稳定的剪切流以及潜艇的行驶。大气中产生内波的特别有效机制是风吹过不平坦的地形,如山脉和丘陵乡村。我们之所以把后者作为阐释内波理论的示例,是因为该示例在气象方面具有一定的重要性,其本身只需要简单的数学处理。

采用前述的线性波理论,我们把讨论限于小振幅波和稍不平坦的地形。

在上述限制条件下,我们可以研究单一波长的地形,其结果可利用线性叠加原理构建更加普遍的解。模型(图 13.10)由均匀浮力频率 N 的层结气团构成,该气团以速度 U 在略呈微波状的地形上方流动。地面高度为振幅 H(波谷与波峰之间的高度差为 $2H$)和波数 k_x(波长为 $2\pi/k_x$)的正弦函数 $b = H\cos k_x x$。我们选择的风向(模型图的 x 轴)与波谷和波峰的走向垂直。因此,这是一个二维问题。

因为我们的理论是针对没有基本气流的波,我们将 x 轴以风速移动,地形便以速度 U 在 x 轴负方向移动:

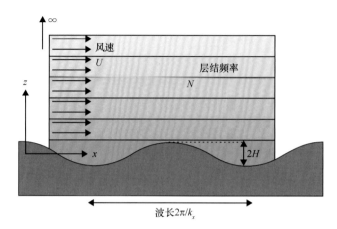

图 13.10　崎岖地形上方的层结流。我们假设波峰与波谷之间的高度差很小，以符合线性
分析的要求。通过基本波动解的叠加得到任何地貌结构上方的流动

$$z = b(x + Ut) = H\cos[k_x(x + Ut)] = H\cos(k_x x - \omega t) \tag{13.35}$$

式中，频率定义为

$$\omega = -k_x U \tag{13.36}$$

频率是一个负量。起初在底部的质点必须始终在底部（没有气流通过地面），其边界条
件为

$$w = \frac{\partial b}{\partial t} + u\frac{\partial b}{\partial x} \qquad (z = b) \tag{13.37}$$

在小振幅假设下，其线性化即为

$$w = \frac{\partial b}{\partial t} = H\omega\sin(k_x x - \omega t) \qquad (z = 0) \tag{13.38}$$

问题的解必须同时为类型式（13.7）并满足条件式（13.38），可直接表述为

$$u = k_z UH\sin(k_x x + k_z z - \omega t) \tag{13.39a}$$

$$w = -k_x UH\sin(k_x x + k_z z - \omega t) \tag{13.39b}$$

$$p' = -\rho_0 k_z U^2 H\sin(k_x x + k_z z - \omega t) \tag{13.39c}$$

$$\rho' = \frac{\rho_0 N^2 H}{g}\cos(k_x x + k_z z - \omega t) \tag{13.39d}$$

式中，垂直波数 k_z 必须满足频散关系式（13.4）：

$$k_z^2 = \frac{N^2}{U^2} - k_x^2 \tag{13.40}$$

最后一个表达式的数学结构表明，我们必须区分以下两种情况：$N/U > k_x$ 且 k_z 为实数，
或者 $N/U < k_x$ 且 k_z 为虚数。请注意，式（13.39）需在运动参考坐标中求解。若需在地形

固定坐标中求得定常解，则应添加风平流。

13.5.1 辐射波

我们先探讨前文提及的当层结充分强（$N > k_x U$）或地形波长很长（$k_x < N/U$）时出现的情况。在物理上，当质点以平均风速 U 从一个波谷到下一个波谷（即上下各一次）所花的时间 $2\pi/k_x U$ 比自然振荡周期 $2\pi/N$ 长，就会激发内波。我们求式（13.40）中 k_z 的解，得到两个解：

$$k_z = \pm \sqrt{\frac{N^2}{U^2} - k_x^2} \tag{13.41}$$

但是因为波的能量源在流体的底部，只有具有向上群速度的波才有物理意义。我们根据式（13.10）和式（13.36），选择正根。

在固定地形坐标（图 13.11）中，波的结构稳定，所有的密度面都像该地形一样起伏，没有垂直衰减，但迎风方向相位随高度倾斜。波阵面（波峰的连线）和垂直轴之间的角，即波数向量与水平轴之间的角 θ 为

$$\cos \theta = \frac{k_x U}{N} \tag{13.42}$$

因此，$k_x = k \cos \theta$，$k_z = k \sin \theta$，$k = (k_x^2 + k_z^2)^{1/2}$。固定坐标中的群速度等于相对于流动风的群速度，由式（13.10）得出，其中 $\omega = -k_x U$，加上 x 轴方向的速度 U：

$$c_{gx} = -U \frac{k_z^2}{k^2} + U = U \cos^2 \theta \tag{13.43}$$

$$c_{gz} = U \frac{k_x k_z}{k^2} = U \sin \theta \cos \theta \tag{13.44}$$

群速度必须向上倾斜，与波数的方向一致（图 13.11）。因此，能量向上顺风辐射。我们不计算能量通量，只计算地形对流动的气团施加的拖曳力。拖曳力即负的雷诺应力，为

$$拖曳力 = + \rho_0 \overline{uw}\big|_{z=0} = -\frac{1}{2}\rho_0 k_x k_z U^2 H^2$$

其中，上横线表示一个波长的平均值；负号表示阻力。该力的存在也与高压分布在波形地面的迎风坡，低压分布在静风区有关。显然，风受阻作用。

13.5.2 陷波

第二种情况是，在弱层结（$N < k_x U$）或短波（$k_x > N/U$）情况下，就出现 k_z 为虚值。为了避免处理虚数，我们将量 a 定义为 k_z 的正虚部，即 $k_z = \pm ia$：

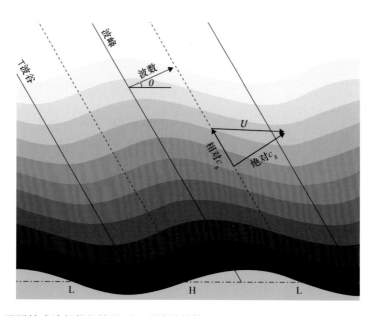

图 13.11　强层结或波长较长情况下地形波的结构($k_x U < N$)。请注意，没有垂直衰减，而有随高度变化的相位平移。相对于地面群速度是向上的，顺风的。压力分布(迎风坡处是高压，静风区是低压)对移动的气团施加了拖曳力

$$a = \sqrt{k_x^2 - \frac{N^2}{U^2}} \tag{13.45}$$

解包含 z 的指数函数。根据问题的物理性质，我们只保留从地面向上衰减的函数。在以风速 U 移动的参考坐标中，解为

$$u = aUHe^{-az} \cos(k_x x - \omega t) \tag{13.46}$$

$$w = -k_x UHe^{-az} \sin(k_x x - \omega t) \tag{13.47}$$

$$p' = -\rho_0 aU^2 He^{-az} \cos(k_x x - \omega t) \tag{13.48}$$

$$\rho' = \frac{\rho_0 N^2 H}{g} e^{-az} \cos(k_x x - \omega t) \tag{13.49}$$

　　波的结构如图 13.12 所示。密度面以与地形相同的波长起伏，但振幅随高度衰减，没有垂直位相平移。由于波限于地面附近(在厚度为 $1/a$ 的边界层)，没有向上的能量辐射。没有能量损失，这可由没有拖曳力证实：

$$拖曳力 = +\rho_0 \left.\overline{uw}\right|_{z=0} = 0$$

因为 u 和 w 正交，雷诺应力消失。实际情况是高压分布在山谷，低压分布在山顶，压力分布不会导致逆风做功。

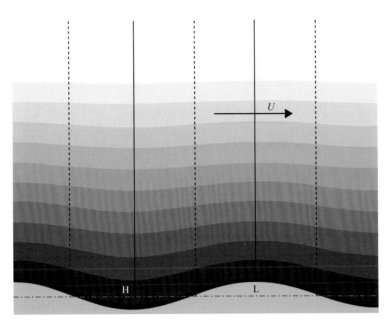

图 13.12　层结较弱或波长较短情况下的地形波结构($N < k_x U$)。请注意，振幅随高度衰减且没有垂直位相平移。压力分布(高压分布在山谷，低压分布在山顶)对移动的气团没有施加拖曳力

13.6　非线性效应

我们目前有关内波的讨论只严格适用于内波振幅很小的情况，实际上，内波振幅可能会很大。例如，Liu 等(2006)在吕宋海峡(中国南海)观测到的内波振幅高达 140 m。

显而易见的问题是：内波动力学何时成为非线性？比较内波引起的质点位移与波长，即可得出答案。如果质点位移比波长短得多，则平流过程就不重要，线性分析是合理的。水平速度为 $u = U \sin(k_x x + k_z z - \omega t)$，则流体质点的最大水平位移为 U/ω，水平波长为 $2\pi/k_x$。因此，我们要求 $U/\omega \ll 2\pi/k_x$，或者式(13.4)满足

$$U \ll \frac{2\pi N}{\sqrt{k_x^2 + k_z^2}} \leqslant \frac{2\pi N}{k_z}$$

因为 $2\pi/k_z$ 是垂直波长，可作为质点运动的深度尺度(用 H 表示)，线性的评判标准变为

$$Fr = \frac{U}{NH} \ll 1 \qquad (13.50)$$

因此，前面有关内波的描述只适用于弗劳德数(基于波诱导的速度和垂直波长)远远小于 1 的情况。请注意，NH 近似于波的水平相速度，该判据可解释为线性分析限于流体

速度比波速小很多的情况。如果以上条件无法满足，就不能忽视非线性效应，谱分析随之失效。

第一个可能产生的影响就是波破碎。波峰(或波谷)超过其他的波和波卷动(这与海滩上的冲浪类似)。这种波的不稳定性是波运动本身造成的，称为平流不稳定性。低能量的波不会翻转，但可能足够强劲，不符合线性理论。波相互作用产生谐波，能量分布在连续的频谱上，通常在频率和波数上跨越数十倍。

深海(即远离地形有重要影响的地区)中观察到的内波谱都非常相似(Munk，1981)，这说明存在一个有普遍性的内波谱。Garrett 等根据该观察结果，在 1972 年提出了一个内波能量谱的原型。该谱经过修改和完善后(Garrett et al.，1979；Munk，1981)，称为加勒特-芒克(Garrett-Munk)内波谱(GM 谱)。能量密度谱的表达式为

$$E(k, m) = \frac{3f \, NEmm_*^{3/2}}{\pi \, (m + m_*)^{5/2}(N^2k^2 + f^2m^2)} \tag{13.51}$$

式中，$k = \sqrt{k_x^2 + k_y^2}$ 表示水平波数；$m = k_z$ 表示垂直波数；m_* 是通过观测结果确定的参考波数；E 表示总体能量大小的无纲量常数(图 13.13)。

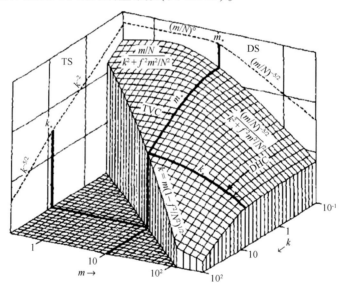

图 13.13 Garrett 等(1979)的海洋通用内波谱。能量密度谱 E 是 k 和 m(即水平波数和垂直波数)的函数。此二维谱可以对 m 或 k 积分，得到拖曳谱(TS)或抛弃谱(DS)

GM 谱是以经验为依据，其形成是基于观测结果、简单量纲分析和基础物理学。GM 谱已被证实符合大量观测结果，由此他们提出以下假设(Munk，1981)：深海中的内波的平均状况在某种程度上是通过饱和过程而非外部生成过程调控。Lvov 等(2001)提出了一种理论，其结果接近但不能准确再现 GM 谱。

在沿海地区，地形的不规则性对内波的产生起着主导作用，单一频率（潮汐）的波群并不罕见。在某种情况下，频散效应（不同波数的波，波速不同）可以消减非线性趋陡效应（波峰或波谷超过其他的波），产生称为内孤立波的强波（Turner，1973，第 3 章）。图 13.2 展示了一系列内孤立波的表面特征。

理论、现场观测和实验室模拟表明，如果存在剪切流，内波特征会发生很大改变。虽然一般理论超过我们目前的研究范围，但值得注意的是，像均质流体的水平剪切流中的波一样，内波也可能遇到垂向剪切流（波速等于局地流速）中的临界层。

理论分析表明，在层结流体弱至中强度剪切流（$du/dz < 2N$）[无旋转：Booker 等（1967）；旋转：Jones（1967）]中的内波接近临界层时，内波垂直波数无限增加，群速变为水平，且与流同向。此外，能量达到临界深度所需的时间是无限的，这意味着耗散作用变得重要。从物理上来说，能量在临界层不会被聚集和放大，而会被吸收和耗散。

较强的剪切流（$du/dz > 2N$）中会出现不稳定性。类似于水平剪切流的正压不稳定性（第 10 章），垂向剪切流的不稳定性将在下一章探讨。

解析问题

13.1　在近岸海域，海水密度从表面的 1 028 kg/m³ 到 100 m 处的 1 030 kg/m³，最大的内波频率是多少呢？相应的周期又是多长时间？

13.2　内波由挪威海岸的 M2 分潮引起（周期为 12.42 h）。如果浮力频率 N 为 $2×10^{-3}$ s⁻¹，那么能量传播方向与水平面的夹角是多少呢？（提示：能量朝群速度方向传播）

13.3　推导出内重力波在旋转情况下的频散关系（假设 $f < N$）。证明内重力波的频率必须始终比 f 高，而比 N 低。比较垂直相速与垂直群速度。

13.4　风以 10 m/s 的速度吹过崎岖地带，会产生背风波。如果浮力频率等于 0.03 s⁻¹，地形的变化是正弦曲线，等高线与风向垂直，波长为 25 km，波谷与波峰之间的高度差为 500 m，计算垂直波长、波阵面（等位相面）与水平面的夹角和地面上的最大水平速度。在何处（波峰、波谷还是最大斜坡处）能观察到最大速度？

13.5　当大风以 75 km/h 的速度吹过多丘陵的乡村，如果地形高度类似 4 km 波长和 40 m 振幅的正弦曲线，且气团的浮力频率为 0.025 s⁻¹，那么，气团在地面平均高度以上 1 000 m 和 2 000 m 处的垂直位移是多少？

13.6　计算纯内波的动能和势能密度。

13.7　证明满足频散关系的单个内波不仅是线性扰动方程的解，还是完全非线性方程的解。如果系统中存在两个波，情况又如何？

13.8 使用式(13.12)中的流体静力近似，讨论垂直有限域中浮力频率为 $N(z)$ 的层结系统内波。证明分离常数是待计算的本征值，相关的变形半径不再依赖于水平波数的平方 $k_x^2 + k_y^2$。

13.9 使用常数分离方法探究是否存在内开尔文波。可以根据需要，使用式(13.12)中长波(或流体静力)的假设，特别对于均匀 N^2 的情况。

13.10 挪威北部纳尔维克附近的肖门峡湾，长度 L 为 25 km，平均深度 H 约为 110 m，浮力频率 N 约为 2.0×10^{-3} s^{-1}。内波波长等于肖门峡湾长度的最低的两个频率是多少？

13.11 尽管系统式(13.2)存在 4 个时间导数，但我们得到的频散关系却只有一对本征频率，你能解决这个悖论吗？

数值练习

13.1 利用纯内波频散关系式(13.4)，制作一个动画说明两个波在大小为(L_x，H)的(x，z)平面上的叠加。使用两个振幅相等的波，波数向量分别为($k_x = 35/L_x$，$k_z = 10/H$)和($k_x = 40/L_x$，$k_z = 12/H$)，你能看到群速度吗？

13.2 对于方程式(13.33)的矩阵和本征值，证明：

$$\lambda_{min} \leqslant \frac{\boldsymbol{x}^T \boldsymbol{B} \boldsymbol{x}}{\boldsymbol{x}^T \boldsymbol{C} \boldsymbol{x}} \leqslant \lambda_{max} \tag{13.52}$$

为了证明瑞利-里茨不等式(13.52)，$\boldsymbol{B}$ 和 $\boldsymbol{C}$ 为对称正定矩阵，

- 假设所有的本征值都不同；
- 证明 $(\boldsymbol{w}^i)^T \boldsymbol{B} \boldsymbol{w}^j = \delta_{ij}$ 且 $(\boldsymbol{w}^i)^T \boldsymbol{C} \boldsymbol{w}^j = \delta_{ij}$；
- 证明所有的本征向量 $\boldsymbol{w}^i$，$i = 1, \cdots$ 为线性无关；
- 将任意向量 $\boldsymbol{x}$ 表示为独立向量的加权和，用瑞利-里茨商表达式证明瑞利-里茨不等式。

采用代码 iwave.m 估计界限。方法是用一系列随机向量 $\boldsymbol{x}$ 计算瑞利-里茨估计量 $(\boldsymbol{x}^T \boldsymbol{B} \boldsymbol{x})/(\boldsymbol{x}^T \boldsymbol{C} \boldsymbol{x})$ 并存储最小值和最大值。探讨增加随机向量的数量后，界限如何变得越来越精确。

13.3 将 $\omega^2 = (1+\tilde{\lambda}) f^2$ 代入式(13.32)并重新定义 $\boldsymbol{B}$，证明所有的本征值 ω_i 均满足 $\omega_i^2 \geqslant f^2$。说明该问题可转化成一个标准的本征值问题。

将 $\omega^2 = (1-\tilde{\lambda}) N_{max}^2$ 代入式(13.32)并重新定义 $\boldsymbol{B}$，证明所有的本征值 ω_i 均满足 $\omega_i^2 \leqslant N_{max}^2$。

13.4　采用 iwavemed. m 从海洋数据集中读取温度和盐度场廓线，例如 Levitus[①] 气候数据集，并计算墨西哥湾流区的变形半径。若要阅读气候图集，你可以使用 levitus. m，然后选择一个地点。

13.5　采用 iwave. m，使用数值方法评估均匀层结情况下本征值和本征函数的收敛速度。

13.6　使用 13.4.4 节中的相同方法，对剪切流不稳定性方程式(10.9)的本征值问题进行离散求解。如何评价有关矩阵的正定性？请在解析问题 10.2 中找出你认为可能不稳定的廓线的数值本征值和增长率。

---

① 参见 http：//www. cdc. noaa. gov/cdc/data. nodc. woaq4. html.

沃尔特·海因里希·芒克
（Walter Heinrich Munk，1917—2019）

　　沃尔特·海因里希·芒克出生于奥地利，在美国接受教育。芒克在斯克里普斯海洋研究所参加哈拉尔德·斯韦尔德鲁普办的一个暑期项目时，对海洋学产生了兴趣，很快便对海洋波动痴迷。这是因为战时人们需要对海浪和涌浪进行预报，还因为芒克发现波动研究是对中等复杂问题（简单周期振荡和混沌态之间的问题）的挑战。年复一年，芒克最终完成了对所有波长的波的研究，从反射阳光的小周期毛细波到辽阔海洋中的潮汐。芒克与克里斯托弗·加勒特（Christopher Garrett）合作研究内波，提出了深海中内波能量分布的通用谱，现在称之为加勒特-芒克内波谱。最近，芒克开始对声波感兴趣，开创了海洋断层扫描法，用实测声波的传播时间来确定海洋温度的大尺度结构。
[照片源自杰夫·科迪亚（Jeff Cordia）]

阿德里安·埃德蒙·吉尔
(Adrian Edmund Gill，1937—1986)

　　阿德里安·埃德蒙·吉尔出生于澳大利亚，在英国开启职业生涯。吉尔的著作涵盖了一系列广泛的话题，包括风生洋流、赤道陷波、热带大气环流以及厄尔尼诺-南方涛动现象，最后出版了《大气-海洋动力学》(Gill，1982)。吉尔最大的贡献是提出了简单而富有启蒙性的地球流体模型。有人(半开玩笑地)说，他可以把所有的问题简化为一个简单的常系数的常微分方程，所有必要的物理都包括在内。虽然吉尔从未获得教授职称，但他指导了剑桥大学和牛津大学无数的学生。他为人谦逊慷慨，乐于将自己的想法与学生和同事分享，为大家所怀念。[照片来源：牛津大学吉尔曼(Gillman)和索姆(Soame)]

第 14 章　层结流体中的湍流

摘要：前面章节中已经探讨了层结流体中有序波状流动，本章将关注更复杂的运动，如垂向混合、流体不稳定性、强迫湍流和对流。这类现象不易获得方程式的解析解，因而本章的重点是通量收支和尺度分析。在讨论数值的章节中，我们将列出一些方法，用数值模型表示混合和湍流。

14.1　层结流体的混合

湍流混合产生垂向运动和翻转。均匀流体中所需的能量只用于克服机械摩擦（参见 5.1 节和 8.1 节），但是在层结流体中，还需要做功以抬高重流体团以及降低轻流体团。我们来研究一下图 14.1 中的系统。开始时，该系统由相同厚度的两个流体层组成，流体的密度和水平流速不同。假设发生了混合，一段时间过后，系统变成一层有平均密度和平均流速的流体。[①] 因为开始时，较重的流体（密度为 ρ_2）位于较轻的流体（密度为 ρ_1）下方，重心位于中间深度以下，而最后的重心正好位于中间深度。因此，重心在混合的过程中上升了，系统肯定获得了势能。换句话说，系统克服浮力而做了功。如果初始深度相同：$H_1 = H_2 = H/2$，平均密度是 $\rho = (\rho_1 + \rho_2)/2$，增加的势能是

$$
\begin{aligned}
PE_{\text{gain}} &= \int_0^H \rho_{\text{final}} gz\mathrm{d}z - \int_0^H \rho_{\text{initial}} gz\mathrm{d}z \\
&= \frac{1}{2}\rho g H^2 - \left[\frac{1}{2}\rho_2 g \frac{H^2}{4} + \frac{1}{2}\rho_1 g \frac{3H^2}{4} \right] \\
&= \frac{1}{8}(\rho_2 - \rho_1) g H^2
\end{aligned}
\tag{14.1}
$$

随之而来的问题是，增加的能量来自何处？地球流体没有人工干预，因而必须存在自然能源供应，否则混合不会发生。在这种情况下，只要初始速度分布不均匀，动能就会在混合过程中释放。在没有外力且布西内斯克近似 $\rho_1 \backsimeq \rho_2 \backsimeq \rho_0$ 的情况下，动量

[①]　该例证由威廉·K. 杜瓦（William K. Dewar）教授提供。

守恒，意味着最终的匀速是初始速度的平均值：$U=(U_1+U_2)/2$。实际造成动能损失：

$$KE_{\text{loss}} = \int_0^H \frac{1}{2}\rho_0\, u_{\text{initial}}^2 \mathrm{d}z - \int_0^H \frac{1}{2}\rho_0\, u_{\text{final}}^2 \mathrm{d}z$$

$$= \frac{1}{2}\rho_0\, U_2^2\, \frac{H}{2} + \frac{1}{2}\rho_0\, U_1^2\, \frac{H}{2} - \frac{1}{2}\rho_0\, U^2 H$$

$$= \frac{1}{8}\rho_0\,(U_1 - U_2)^2 H \tag{14.2}$$

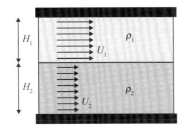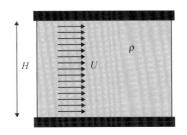

图 14.1　具有剪切流速的两层层结流体的混合。抬升重流体并降低轻流体都需要克服浮力对系统做功而增加系统势能。同时，系统动能在混合时减少。只有当动能的减少量超过势能的增加量时，混合才可以自发进行

只有当损失的动能超过增加的势能时，完全垂向混合才可能自发进行，即

$$\frac{(\rho_2 - \rho_1)gH}{\rho_0\,(U_1 - U_2)^2} < 1 \tag{14.3}$$

此不等式的物理意义是初始密度差应充分小至不能产生不可逾越的重力屏障。换句话说，初始剪切流速应充分大，才能提供所需的能量。当条件式 (14.3) 无法满足时，混合只会在初始交界面周围发生并且不会扩展至整个系统。若要确定此类局部混合的特征，需要进行更详细的分析。

我们考虑无限延伸的两种流体系统（图 14.2），上下层的密度和速度分别是 ρ_1、ρ_2 和 U_1、U_2。我们来探讨无穷小振幅界面波。数学推导（此处不再重新推导）显示，如果 (Kundu，1990，11.6 节)

$$(\rho_2^2 - \rho_1^2)g < \rho_1\rho_2 k\,(U_1 - U_2)^2 \tag{14.4}$$

或者对于布西内斯克流体 $\rho_1 \backsimeq \rho_2 \backsimeq \rho_0$：

$$2(\rho_2 - \rho_1)g < \rho_0 k\,(U_1 - U_2)^2 \tag{14.5}$$

波数为 k（相应的波长为 $2\pi/k$）的正弦扰动将不稳定。

作稳定性分析时，必须考虑所有波长的波，据此得出结论，总有充分短的波会引起不稳定。因此，双层剪切流也总是不稳定的，称之为开尔文-亥姆霍兹不稳定性。除其他情况外，这种不稳定性还在风产生水波的过程中发挥作用。

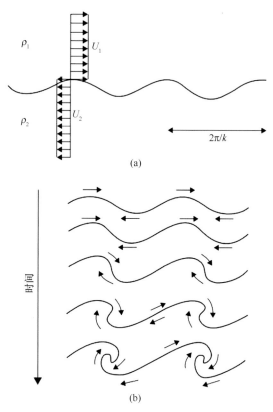

图 14.2　开尔文-亥姆霍兹不稳定性：(a)波数为 k 的初始扰动波；(b)不稳定扰动随时间的演变。短波系统总是不稳定，先是变陡，然后翻转，最终发生混合。随着波的翻转，波的纵向和横向尺度变成相仿

以上分析显示，界面波引起了流体扰动并将扰动延伸至交界面的两边(范围相当于波长)。不稳定波在不断加强的过程中形成了高度相当于波宽度的卷动(图 14.2、图 14.3 和图 14.4)。

波的卷动和破碎引起了湍流混合，我们预期混合区的深度(用 ΔH 表示)近似于最长的不稳定波的波长。在这种情况下，判据式(14.5)变为以下等式：

$$\Delta H \sim \frac{1}{k_{min}} = \frac{\rho_0 (U_1 - U_2)^2}{2(\rho_2 - \rho_1)g} \tag{14.6}$$

如果流体系统的深度为有限深度 H，则之前的理论不再适用，但是通过量纲分析我们预期除了数值因子不同外，结论仍然成立。当流体深度 H 大于 ΔH 时，混合必定限制在厚度为 ΔH 的一层流体，然而对于流体深度 H 小于 ΔH 的情况，即

$$H \lesssim \frac{\rho_0 (U_1 - U_2)^2}{(\rho_2 - \rho_1)g} \tag{14.7}$$

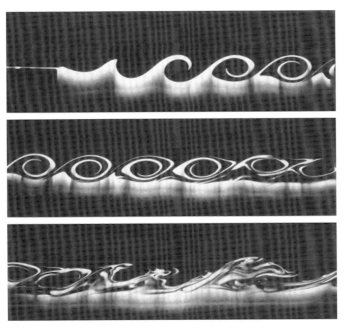

图 14.3　在实验室产生的开尔文-亥姆霍兹不稳定性。此处，从左向右流动的两层流体涌入到薄板下游(从第一张照片的左侧可以看到)。流动较快的上层流体密度略低于下层流体。下游距离表示时间(每张照片上从左到右，从顶板到底板)。起初，波以二维方式(在照片的垂向平面内)成形并翻转，最终发生了三维运动，引起扰动并完成混合(由 Greg A. Lawrence 提供。若要了解有关实验室实验的更多信息，请参见 Lawrence et al.，1991)

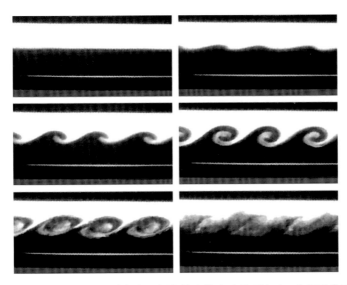

图 14.4　在实验室由两种不同密度和颜色的流体产生的开尔文-亥姆霍兹不稳定性

(照片由 GFD-online，Satoshi Sakai，Isawo Iizawa，Eiji Aramaki 提供)

混合将延伸至整个系统。注意最后这个由波动理论导出的不等式与由能量分析得到的不等式(14.3)之间的相似性。

图 14.5 和图 14.6 是大气中局地云体形成的开尔文–亥姆霍兹不稳定性的一个实例。我们在海洋中也可观察到开尔文–亥姆霍兹不稳定性(Woods，1968)。

图 14.5　在阿尔及利亚天空中观察到的开尔文–亥姆霍兹不稳定性实例

(照片由本书其中一位作者拍摄)

图 14.6　在撒哈拉沙漠上方观察到的开尔文–亥姆霍兹不稳定性实例

(照片由本书其中一位作者拍摄)

14.2　层结剪切流的不稳定性：理查森数

在之前的章节中，我们只研究了密度和水平速度不连续的情况，发现该不连续层结总是不稳定的。不稳定性引起混合，然后混合会一直进行，直到速度廓线结构稳定。问题随之而来：对于渐变的密度层结，临界速度切变是多少？在该临界速度切变之下时系统稳定，而在该临界速度切变之上时，便会发生混合。为了回答该问题，我们需要研究层结剪切流的稳定性。

我们首先研究一个二维 (x, z) 非黏、非扩散流体，水平速度和垂向速度为 (u, w)，动压力为 p，密度异常为 ρ。我们预期垂向运动会有重要作用，故在垂向动量方程(4.3 节)中恢复了加速度项，等式变为

$$\frac{\partial u}{\partial t} + u\frac{\partial u}{\partial x} + w\frac{\partial u}{\partial z} = -\frac{1}{\rho_0}\frac{\partial p}{\partial x} \tag{14.8a}$$

$$\frac{\partial w}{\partial t} + u\frac{\partial w}{\partial x} + w\frac{\partial w}{\partial z} = -\frac{1}{\rho_0}\frac{\partial p}{\partial z} - \frac{\rho g}{\rho_0} \tag{14.8b}$$

$$\frac{\partial u}{\partial x} + \frac{\partial w}{\partial z} = 0 \tag{14.8c}$$

$$\frac{\partial \rho}{\partial t} + u\frac{\partial \rho}{\partial x} + w\frac{\partial \rho}{\partial z} = 0 \tag{14.8d}$$

基本流体状态是垂向密度层结 $[\rho = \bar{\rho}(z)]$ 中稳定的水平剪切流 $[u = \bar{u}(z), w = 0]$。与之相应的压力场 $\bar{p}(z)$ 遵循 $\mathrm{d}\bar{p}/\mathrm{d}z = -g\bar{\rho}(z)$。加入一个极小的扰动 $(u = \bar{u} + u', w = w', p = \bar{p} + p', \rho = \bar{\rho} + \rho')$，并将方程式线性化得出

$$\frac{\partial u'}{\partial t} + \bar{u}\frac{\partial u'}{\partial x} + w'\frac{\mathrm{d}\bar{u}}{\mathrm{d}z} = -\frac{1}{\rho_0}\frac{\partial p'}{\partial x} \tag{14.9a}$$

$$\frac{\partial w'}{\partial t} + \bar{u}\frac{\partial w'}{\partial x} = -\frac{1}{\rho_0}\frac{\partial p'}{\partial z} - \frac{\rho' g}{\rho_0} \tag{14.9b}$$

$$\frac{\partial u'}{\partial x} + \frac{\partial w'}{\partial z} = 0 \tag{14.9c}$$

$$\frac{\partial \rho'}{\partial t} + \bar{u}\frac{\partial \rho'}{\partial x} + w'\frac{\mathrm{d}\bar{\rho}}{\mathrm{d}z} = 0 \tag{14.9d}$$

引入扰动流函数 ψ，经由 $u' = +\partial\psi/\partial z$，$w' = -\partial\psi/\partial x$，浮力频率 $N^2 = -(g/\rho_0)(\mathrm{d}\bar{\rho}/\mathrm{d}z)$ 和水平方向傅里叶结构 $\exp[\mathrm{i}k(x-ct)]$，我们可将问题简化为一个以 z 为变量的 ψ 方程式：

$$(\bar{u} - c)\left(\frac{\mathrm{d}^2\psi}{\mathrm{d}z^2} - k^2\psi\right) + \left(\frac{N^2}{\bar{u} - c} - \frac{\mathrm{d}^2\bar{u}}{\mathrm{d}z^2}\right)\psi = 0 \tag{14.10}$$

该方程被称为泰勒-戈德斯坦方程(Goldstein, 1931；Taylor, 1931)。该方程式决定了层结平行流中扰动的垂直结构。请注意式(14.10)与瑞利方程式(10.9)(可决定没有层结但存在旋转时可以控制水平剪切流扰动结构)在形式上的相似性，我们因而可采用相同的分析方法。

首先需要说明边界条件。对于在垂向被两个水平面 $z = 0$ 以及 $z = H$ 限定的区域，我们将垂向速度定为零，或者以流函数表示：

$$\psi(0) = \psi(H) = 0 \tag{14.11}$$

我们发现方程式及其相应的边界条件构成了一个本征值问题：除非相速 c 取一个特殊的值（本征值），否则解为平凡解（$\psi = 0$）。通常本征值可能会是复数，但是如果 c 可得出函数 ψ，则其共轭复数 c^* 可得出函数 ψ^*，且为另一个本征值。取式（14.10）和式（14.11）的共轭复数，可以很容易证明这一点。因此，复数本征值都是成对的。在每一对本征值中，其中一个本征值的虚部为正数，这对应指数般增长的扰动。c 有一个非零虚部，这可保证至少存在一个不稳定的模态。相反的，唯有所有可能的相速 c 都是纯实数，流才是稳定解。

在一般情况下[任意剪切流 $\bar{u}(z)$]，不可能求解式（14.10）和式（14.11），因而我们会像 10.2 节一样导出积分约束条件。虽然我们可建立各种约束条件，但最有力的约束条件是通过定义如下的函数 φ：

$$\psi = \sqrt{\bar{u} - c}\,\varphi \tag{14.12}$$

用来替换 ψ 而获得的。式（14.10）和边界条件式（14.11）变为

$$\frac{d}{dz}\left[(\bar{u} - c)\frac{d\varphi}{dz}\right] - \left[k^2(\bar{u} - c) + \frac{1}{2}\frac{d^2\bar{u}}{dz^2} + \frac{1}{\bar{u} - c}\left(\frac{1}{4}\left(\frac{d\bar{u}}{dz}\right)^2 - N^2\right)\right]\varphi = 0$$

$$\tag{14.13}$$

$$\varphi(0) = \varphi(H) = 0 \tag{14.14}$$

将式（14.13）乘以共轭复数 $\varphi *$，对区域的垂直方向上积分并利用条件式（14.14），我们得到

$$\int_0^H\left[N^2 - \frac{1}{4}\left(\frac{d\bar{u}}{dz}\right)^2\right]\frac{|\varphi|^2}{\bar{u} - c}\,dz$$

$$= \int_0^H(\bar{u} - c)\left(\left|\frac{d\varphi}{dz}\right|^2 + k^2|\varphi|^2\right)dz + \frac{1}{2}\int_0^H\frac{d^2\bar{u}}{dz^2}|\varphi|^2\,dz \tag{14.15}$$

式中，竖线表示共轭复数的模。该表达式的虚部为

$$c_i\int_0^H\left[N^2 - \frac{1}{4}\left(\frac{d\bar{u}}{dz}\right)^2\right]\frac{|\varphi|^2}{|\bar{u} - c|^2}\,dz = -c_i\int_0^H\left(\left|\frac{d\varphi}{dz}\right|^2 + k^2|\varphi|^2\right)dz \tag{14.16}$$

式中，c_i 是 c 的虚部。如果流体每一处都满足 $N^2 > \frac{1}{4}(d\bar{u}/dz)^2$，则前面的等式要求 c_i 乘以一个正值等于 c_i 乘以一个负值，结果是该 c_i 必须为零。我们需用 $M = |d\bar{u}/dz|$（称为普朗特频率）定义理查森数：

$$Ri = \frac{N^2}{(d\bar{u}/dz)^2} = \frac{N^2}{M^2} \tag{14.17}$$

如果判据：

$$Ri > \frac{1}{4} \tag{14.18}$$

在区域中任意一处都成立，则层结剪切流稳定。

请注意，该条件并不是说如果域中某处的理查森数低于 1/4，c_i 必须非零。不等式(14.18)是稳定性的充分条件，而其反向不等式是不稳定性的必要条件。大气、海洋和实验室数据表明，式(14.18)的反向不等式通常能够对不稳定性作出可靠预测。

如果剪切流在深度 H 以内，速度从 U_1 到 U_2，密度从 ρ_1 到 ρ_2($\rho_2 > \rho_1$)以线性方式变化，则

$$M = \left| \frac{\mathrm{d}\bar{u}}{\mathrm{d}z} \right| = \frac{|U_1 - U_2|}{H}, \quad N^2 = -\frac{g}{\rho_0}\frac{\mathrm{d}\rho}{\mathrm{d}z} = \frac{g}{\rho_0}\frac{\rho_2 - \rho_1}{H}$$

作为不稳定性的必要条件，理查森条件变为

$$\frac{(\rho_2 - \rho_1)\, gH}{\rho_0\, (U_1 - U_2)^2} < \frac{1}{4} \tag{14.19}$$

这与式(14.3)的相似并非巧合。两个条件都暗示了可能发生破坏层结剪切流的大扰动。右边数值系数不同，是因为选择的基本廓线不同[式(14.3)为不连续，式(14.19)为线性]，还因为分析所得的式(14.3)没有提供垂向运动的动能消耗。将式(14.3)中的 1 变为式(14.19)中的 1/4，这也与条件式(14.3)所指的完全混合相符，而式(14.19)是不稳定性发生的一个条件。

更重要的是，式(14.3)和式(14.19)的相似性为理查森数赋予了物理意义：它本质上是势能与动能之间的比率，分子是混合时必须克服的势能障碍，分母是混合时必须克服的动能障碍。事实上，英国气象学家刘易斯·弗莱·理查森[①]正是通过能量分析，在 1920 年首次提出无量纲比率，理查森数当然以他的名字命名了。然而直到 40 年后才出现了条件式(14.18)的正式证明(Miles，1961)。

在本节结束之前，有必要提及一下，检查某些积分可得到波速 c 实部和虚部的范围。该分析由路易斯·诺伯格霍华德[②]提出，已应用于正压不稳定性的研究(10.3 节)。下面我们概述一下霍华德对层结剪切流情况的推导。首先，我们介绍由微小波扰动引起的垂向位移 a，定义为

$$\frac{\partial a}{\partial t} + \bar{u}\frac{\partial a}{\partial x} = w$$

或

$$(\bar{u} - c)\, a = -\psi \tag{14.20}$$

---

① 请参见本章结尾的人物介绍。
② 请参见第 10 章结尾的人物介绍。

然后从式(14.10)和式(14.11)中消去 ψ，得到变量 a 的等效方程式：

$$\frac{d}{dz}\left[(\bar{u}-c)^2\frac{da}{dz}\right]+\left[N^2-k^2(\bar{u}-c)^2\right]a=0 \qquad (14.21)$$

$$a(0)=a(H)=0 \qquad (14.22)$$

乘以共轭复数 a^* 后，对区域进行积分并使用边界条件，得到

$$\int_0^H(\bar{u}-c)^2Pdz=\int_0^H N^2|a|^2dz \qquad (14.23)$$

式中，$P=|da/dz|^2+k^2|a|^2$ 是一个非零正值。该方程式的虚部表明，如果存在不稳定性($c_i\neq 0$)，c_r 的值必须在 $\bar{u}$ 的最大值和最小值范围内，即

$$U_{min}<c_r<U_{max} \qquad (14.24)$$

物理上，不断增长的扰动与流体一起以中等速度行进，域中存在至少一个临界层，该处的扰动相对于局部流动是静止的。正是波和流之间的局地耦合让波从流中提取能量并利用该能量不断加强。

式(14.23)的实部：

$$\int_0^H\left[(\bar{u}-c_r)^2-c_i^2\right]Pdz=\int_0^H N^2|a|^2dz \qquad (14.25)$$

可以按照10.3节中使用的相似方法进行处理，可获得以下不等式：

$$\left(c_r-\frac{U_{min}+U_{max}}{2}\right)^2+c_i^2\leqslant\left(\frac{U_{max}-U_{min}}{2}\right)^2 \qquad (14.26)$$

也就是说，在复平面上，数值 $c=c_r+ic_i$ 必须在以 $\bar{u}$ 为实轴直径的圆内。不稳定性要求一个正虚值 c_i，因而我们关注的范围局限于圆的上半部分(图10.1)。该结论称为霍华德半圆定理。这意味着 c_i 以 $(U_{max}-U_{min})/2$ 为界限，为不稳定扰动的增长率提供一个有用的上限，即

$$kc_i\leqslant\frac{k}{2}(U_{max}-U_{min}) \qquad (14.27)$$

14.3 湍流闭合：k 模型

雷诺平均方程(4.1节)显示，小尺度的过程(如湍流和混合中涉及的那些过程)通过所谓的雷诺应力(源于动量方程中的非线性平流项)影响平均流。雷诺应力一向用来表示扩散通量，借助涡黏性来模拟。但是涡黏性的具体值却从未被讨论过。事实是，为该参量设定一个值并非易事，这是因为该参数不代表某种独特的流体特性(如分子黏性)，而是反映了特定流体的湍流程度。因此，涡黏性的值不应是一个常数，而应取决于在某一时间和空间流动的特征。我们希望湍流的局地强度与大尺度和已分辨尺度的流场的特性相关。换句话说，确定涡黏性实际上是问题的一部分，我们需要研究脉动

的实际行为。

一种简单的方法是，用未进行平均化处理的 u 原方程，减去其雷诺平均值式 (4.4)，然后计算脉动 (如 u')，以获得脉动 u' 的方程以及其他相关变量的方程。原则上，求解这些扰动方程，我们就应该能确定脉动 (如 u' 和 w')，进而得到乘积和雷诺平均值 (如 $\langle u'w' \rangle$)。可惜，这方法行不通。

为了说明问题的本质，我们引入 $\mathcal{L}$ (一个任意线性算子) 来简化符号，从更简洁的二次非线性方程式开始：

$$\frac{\partial u}{\partial t} + \mathcal{L}(uu) = 0 \qquad (14.28)$$

其雷诺平均方程式 (参见 4.1 节) 为

$$\frac{\partial \langle u \rangle}{\partial t} + \mathcal{L}(\langle u \rangle \langle u \rangle) + \mathcal{L}(\langle u'u' \rangle) = 0 \qquad (14.29)$$

通过该方程，我们可以采用减法运算得到控制脉动 u' 的方程：

$$\frac{\partial u'}{\partial t} + 2\mathcal{L}(\langle u \rangle u') + L(u'u') - L(\langle u'u' \rangle) = 0 \qquad (14.30)$$

求解此方程可得到 u'，进而计算雷诺应力 $\langle u'u' \rangle$。但这显然是不现实的，因为我们最初为了不用求解脉动而将脉动分离。我们只想得到特定乘积的平均值，并不想知道任何细节。基于这一想法，我们先来看看脉动方程式 (并非脉动的解)，并建立一个平均值的方程式。做法是将式 (14.30) 乘以脉动，然后取乘积的平均值[①]。这样便得到了一个我们所要的 $\langle u'u' \rangle$ 预测方程式：

$$\frac{1}{2}\frac{\partial \langle u'u' \rangle}{\partial t} + 2\langle u'\mathcal{L}(\langle u \rangle u') \rangle + \langle u'\mathcal{L}(u'u') \rangle = 0 \qquad (14.31)$$

在该方程中，我们令 $\langle u' \rangle = 0$ 是因为按照定义，脉动没有平均值。

式 (14.31) 最后一项为三阶相关，但目前无法导出三阶相关的方程式。如果我们建立该三阶项 (或三阶矩) 的控制方程，则会出现一个四阶项，然后依此类推。那么，我们遇到一个闭合问题，在闭合的某一过程中，需根据低阶乘积，把未知的高阶乘积参数化，但要符合湍流的物理现象并保持较小的模型误差。

人们普遍认为 (根据直觉而非证明)，进行截断和参数化的项的阶数越高，模型误差就越小。通常在现场数据和实验室实验中，都是二阶相关截断 (Gibson et al.，1978；Pope，2000)。采用的模型均为完全二阶闭合方案或二阶矩闭合方案，该二阶模型使用依赖于三阶相关水平的闭合假设的演化方程计算有关变量乘积的所有雷诺应力。

---

① 此处，我们假设平均运算可与时间和空间导数互换。另外，平均数的平均就是第一个平均值。如果我们得到的平均值不是多项条件的平均值 (所谓的"总体平均值")，而是随着时间和空间变化求得的平均值，则有必要将时间或空间尺度的脉动与平均流的脉动明显区别开来 (Burchard，2002)。

此处我们只探讨两个最简单版本的二阶式方案。在二阶式方案中，只有一些二阶矩由其演化方程确定，而其他二阶矩则由不含时间导数的更简单方程（所谓的诊断方程）控制。这类模型仍称为二阶闭合方案，并通过明确命名参数化的高阶矩来加以区分。接下来要讲的 k 模型就是一个示例。

我们先要找出湍流的重要特点。我们根据湍流特点建立实用的闭合方案。湍流的最明显特点是可以让流体有效混合。这就是为什么我们在咖啡中加入牛奶时会搅拌，而不是等待分子扩散使牛奶均匀地分布在咖啡中。湍流加强混合，这也是为什么雷诺应力经常用于表示扩散项。平均流的剪切会导致不稳定性，而不稳定性会通过不同尺度的涡表现出来。大涡反映了平均流的各向异性，而小尺度的快速脉动会出现不规律性和各向同性。但是，这两种脉动之间没有明显区别，只有广泛的转变，称为能量串级（Kolmogorov，1941；图 14.7）。用于串级的涡旋（速度尺度为 $\mathring{u}$，直径为 d）的雷诺数很大，与黏性衰减时间相比其演变速度更快。非线性平流占主导地位，迅速将涡旋分成较小的涡旋。考虑到不稳定性，从平均流中不断提取的能量逐渐从大涡旋转移到小涡旋，而涡度没有因黏性而有明显的损失。最终，这些能量在最小尺度上耗散。由于串级过程中没有耗散，整个串级过程中耗散率守恒。在串级过程中黏性对耗散率没有影响，因而与耗散率 ϵ 相关的参数就是涡的速度尺度 $\mathring{u}$ 和长度尺度 d。由翻转尺度决定的时间尺度可表示为 $d/\mathring{u}$，即 $\epsilon = \epsilon(\mathring{u}, d)$，量纲上的正确关系为

$$\epsilon = \left(\frac{c_\mu^0}{4}\right)^{3/4} \frac{\mathring{u}^3}{d} \tag{14.32}$$

式中，我们引入了校准常数 $c_\mu^0 \sim 0.1$，这在稍后会用到。我们又得到了 5.1 节的结论。另外，ϵ 的值是从平均流（速度尺度 u_m 和长度尺度 l_m 称为宏观尺度）中提取的值，$\epsilon = \epsilon(\mathring{u}, d) = \epsilon(u_m, l_m)$。

关系式（14.32）显示，对于已知的湍流串级 $\mathring{u} \propto d^{1/3}$，小涡旋比大涡旋的动能要少，因而大部分动能来自尺度为 l_m 的最大的涡旋（图 14.7）。因此，根据 5.1 节的式（5.8），动能谱随波数的增加而减少。湍流串级也可用涡度解释。在三维空间中，涡旋管被其他相邻或内含的涡旋管扭曲和拉伸（与图 10.12 中二维应变的方式相似）。根据不可压缩性，在任何一个方向拉伸，必有另一个方向的压缩，环量守恒要求涡度增加。因此，涡度随着涡长度尺度减小而增加。

当然，串级无法继续向下达到任意小尺度。在某些小但仍为有限的尺度上，分子黏性开始起作用。此时的尺度 l_v 就是黏性摩擦作为动量方程中主要项时的尺度，即呈现数量级为 1 的雷诺数（惯性与摩擦之比）：

$$\frac{u \partial u / \partial x}{\nu \, \partial^2 u / \partial x^2} \sim \frac{u_v^2 / l_v}{\nu u_v / l_v^2} = \mathcal{O}(1) \tag{14.33}$$

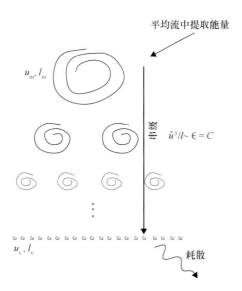

图 14.7　"大涡旋中套着很多小涡旋，是为了给它们提供速度；小涡旋中还有更小的涡旋，
直到最后由于黏性，可能最终要达到分子层次。"这是刘易斯·弗莱·理查森经常被引用的
一句话，摘自他在 1922 年出版的一本著作。这句话恰当地总结了湍流建模中使用的概念，
根据湍流模型，湍流会导致能量从较大和不稳定的流逐步转移到了耗散能量的最小涡旋

黏性汇出现时的长度尺度 l_v 和速度尺度 u_v 称为微尺度或黏性尺度。上述方程表明存在
以下关系：

$$\frac{u_v \, l_v}{\nu} \sim 1 \tag{14.34}$$

式(14.32)在该尺度下仍然成立，因而我们又得到

$$\epsilon \propto \frac{u_v^3}{l_v} = \frac{u_m^3}{l_m} \tag{14.35}$$

我们消去式(14.35)和式(14.34)之间的 u_v 以及用 u_m 表示宏观尺度的雷诺数 $u_m l_m / \nu$ 来确
定涡旋串级中的尺度范围：

$$\frac{l_m}{l_v} \sim Re^{3/4} \tag{14.36}$$

因此，高雷诺数流动其特征是宽阔的涡旋串级。

　　另一方法是从式(14.32)和式(14.34)中消去 u_v，将耗散发生时的尺度表示为耗散
率和分子黏性的函数：

$$l_v \sim \epsilon^{-1/4} \, \nu^{3/4} \tag{14.37}$$

为了耗散能量，最终的涡旋越小，平均流向湍流中输入的能量越多。或者回到更熟悉
的例子，即我们搅拌咖啡越用力，涡旋就越小，混合就越有效率。有必要提及一下，

最终决定扩散的是分子黏度。湍流串级只是增加了对流体团的剪切和撕裂，从而增加最初分离流体团间的接触以及空间梯度，这样分子扩散就可更有效地进行(图 14.8)。

从最长至最短的涡尺度，对能谱方程式(5.8)求积分，得到惯性区内的总动能为

$$\int_{\pi/l_{\mathrm{m}}}^{\pi/l_{\mathrm{v}}} E_{\mathrm{k}} \mathrm{d}k = \frac{u_{\mathrm{m}}^2}{2}\left(1 - \frac{1}{\sqrt{Re}}\right) \sim \frac{u_{\mathrm{m}}^2}{2} \tag{14.38}$$

因此，流体中的总湍流动能与大涡旋的总动能没有多少区别。

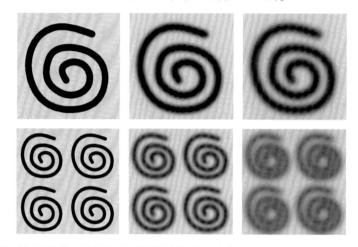

图 14.8 随着时间的推移，涡旋尺寸对耗散的影响。随着时间从左到右不断增加，顶行说明了大尺度结构上的渐进扩散效应，底行显示了小尺度结构上的渐进扩散效应。请注意小尺度结构上的扩散是如何更有效率的。对于相同的分子扩散系数，尺度越小，混合效率越高，因为不同特性的区域联系更加紧密[图片由汉斯·伯查德(Hans Burchard)提供]

我们对如何从平均流中提取能量已有所了解，我们可以回到通过涡黏性表示模型中的串级效应的挑战。我们只研究湍流串级局地特性(所谓的"单点闭合模型")的参数化而不涉及非局地参数。对于平均流，我们假设湍流提取能量的尺度为 l_{m}。因为我们没有显式地解决串级及其相关的速度脉动 u'，涡黏性造成的耗散必须每次都提取能量 ϵ。为了做到这一点，基于涡黏性的雷诺数必须保持数量级为 1：

$$\frac{u_{\mathrm{m}} l_{\mathrm{m}}}{\nu_{\mathrm{E}}} \sim 1 \tag{14.39}$$

涡黏性概念确保流体团以涡速度 u_{m} 移动了距离 l_{m}，并与其他流体团交换动量，就像分子在扩散中交换动量一样(分子间的动量交换发生在平均自由程)。在这种情况下，称 l_{m} 为混合长就不足为奇了。

通过式(14.39)，我们使用涡黏性方法能够从平均流中提取一些能量。我们还要求每单位时间内提取的总能量等于 ϵ。假设已知耗散率，我们要求

$$\frac{u_m^3}{l_m} = \frac{\epsilon}{(c_\mu^0/4)^{3/4}} \qquad (14.40)$$

总之，要建立涡黏性的公式，必须知道尺度 u_m 和 l_m。如果还知道耗散率 ϵ，则可利用式(14.40)减少尺度的数量。另外，如果知道宏观尺度上的动能 k，则可又多得一个确定速度尺度的关系式：

$$k = \frac{u_m^2}{2} \qquad (14.41)$$

动能 k 也可用于计算耗散率式(14.40)：

$$\epsilon = (c_\mu^0)^{3/4} \frac{k^{3/2}}{l_m} \qquad (14.42)$$

已知 k 和 ϵ，便可计算出涡黏性 ν_E 并完成闭合方案。此刻，读者可能会提出异议，使用微尺度耗散率计算宏观尺度的长度听起来有些矛盾，但是在科尔莫戈罗夫理论中，微尺度下的耗散率等于宏观尺度下的能量输入，因此两者有联系，该悖论也迎刃而解。这个理由以及前文大多数推理都基于湍流统计平衡态的思想。在统计平衡态下，每个时刻，平均流中的能量输入始终与最短尺度情况下的能量消耗相匹配。

路德维希·普朗特[1]是最早成功尝试通过速度尺度和长度尺度量化涡黏性的人之一，他考虑垂向剪切水平流 $\langle u \rangle(z)$，假设速度脉动是统计上随机的，但水平速度脉动 u' 和垂向速度脉动 w' 之间的非零相关性除外。在这种情况下：

$$\langle u'w' \rangle = r \sqrt{\langle u'^2 \rangle} \sqrt{\langle w'^2 \rangle} \qquad (14.43)$$

式中，r 是 u' 和 w' 之间的相关系数。假设每个速度脉动都与相干结构(导致相关性)的速度尺度 u_m 成比例，则可得到以下方程式(带有一个常数比例系数 c_1)：

$$\langle u'w' \rangle = c_1 u_m^2 \qquad (14.44)$$

因为涡黏性定义为

$$\langle u'w' \rangle = -\nu_E \frac{\partial \langle u \rangle}{\partial z} \quad (\nu_E = u_m l_m) \qquad (14.45)$$

我们得到只取决于平均流的涡黏性表达式以及首个湍流闭合模型：

$$u_m = l_m \left| \frac{\partial \langle u \rangle}{\partial z} \right| \quad 和 \quad \nu_E = l_m^2 \left| \frac{\partial \langle u \rangle}{\partial z} \right| \qquad (14.46)$$

此处，引入了绝对值以确保涡黏性为正值。我们注意到，该模型在预测剪切增强的情况下，湍流扩散增加，这与我们的直觉相符，即剪切不稳定且引起湍流。

普朗特还需确定的唯一参量就是混合长，混合长涉及所有校准常数。混合长视特定情况而定，尤其是特定情况的几何形态。例如，沿刚性边界移动的流体特点是，涡

---

[1]　参见第 8 章结尾的人物介绍。

旋的大小随着与边界距离的增大而增大，因此离边界距离越远，l_m就越大。

因为$\langle u'w'\rangle$在刚性边界时为零，雷诺应力也应在刚性边界时为零。按照当前的闭合方案，雷诺应力表示为$-l_m^2\,|\,\partial\langle u\rangle/\partial z\,|^2$，显然，混合长在边界处也应为零。因此，我们常将固体边界附近的混合长表示为$l_m=\kappa z$，其中z是与边界的距离，κ是所谓的冯·卡门常数（如 Nezu et al.，1993；参见 8.1 节）。

我们可修改上述的闭合方案（依赖混合长l_m的概念），以适应层结的稳定效应，并推广到三维空间。普朗特模型可视为对更复杂的湍流闭合方案的简化，我们首先要证明这一点，然后探讨闭合模型的修改。虽然普朗特模型从代数角度来看具有一定优势，很容易实现，但不足之处是，普朗特模型假定湍流强度仅取决于瞬时流。不考虑记忆效应，一旦混合消除了剪切，涡黏性便下降为零，而在现实中，湍流从不会突然停止，而是逐渐衰减。这是所谓的零方程湍流模型中的一个问题。显然，我们需要更复杂的模型。

为了建立具有记忆效应的模型，我们寻求带有二阶矩时间导数的控制方程式（预测方程式，而非诊断方程式）。首先，我们注意到，总流体积守恒方程式（3.17）和平均流体积守恒方程式（4.9）之差为速度脉动提供了约束条件：

$$\frac{\partial u'}{\partial x}+\frac{\partial v'}{\partial y}+\frac{\partial w'}{\partial z}=0 \tag{14.47}$$

我们在导出雷诺应力的控制方程式时可以使用该约束条件。最适合的诊断方程式是湍流动能k和耗散率ϵ的方程式，因为这两个方程式都描述了湍流环境的主要特征。这两个方程式的值也设定了涡黏性的尺度范围。

此处，我们先来建立所谓的湍流动能模型，其中k定义[①]为

$$k=\frac{\langle u'^2\rangle+\langle v'^2\rangle+\langle w'^2\rangle}{2} \tag{14.48}$$

从式（14.32）和式（14.38）可得知，大部分的湍流动能都包含在大涡中，因而我们可以使用大涡速度尺度$\sqrt{2k}$，采用闭合方法，建立一个关于k的控制方程式。

取式（3.19）和式（4.7a）之差，我们得到关于脉动u'的演化方程，将该演化方程与u'相乘。对v'和w'的方程式作相同处理，然后将这三者加起来，使用方程式（14.47），经过繁冗的代数运算，我们得到以下有关k的演变方程式：

$$\frac{\mathrm{d}k}{\mathrm{d}t}=P_s+P_b-\epsilon-\left(\frac{\partial q_x}{\partial x}+\frac{\partial q_y}{\partial y}+\frac{\partial q_z}{\partial z}\right) \tag{14.49}$$

为了更好地理解其物理含义，我们对该演变方程式的各项进行了整理。首先，时间导

---

① 准确来说，k是每单位质量流体湍流动能。但是，由于布西内斯克近似，能量与单位质量能量之比是参考密度ρ_0，是一个常数。

数是基于平均流的随体导数，即

$$\frac{\mathrm{d}}{\mathrm{d}t} = \frac{\partial}{\partial t} + \langle u \rangle \frac{\partial}{\partial x} + \langle v \rangle \frac{\partial}{\partial y} + \langle w \rangle \frac{\partial}{\partial z}$$

我们注意到，科氏力未做机械功，因而科氏项互相抵消并不奇怪，也不会影响动能平衡。

在未用近似处理的情况下，其他项①是

$$P_s = - \langle u'u' \rangle \frac{\partial \langle u \rangle}{\partial x} - \langle u'v' \rangle \frac{\partial \langle u \rangle}{\partial y} - \langle u'w' \rangle \frac{\partial \langle u \rangle}{\partial z}$$

$$- \langle v'u' \rangle \frac{\partial \langle v \rangle}{\partial x} - \langle u'v' \rangle \frac{\partial \langle v \rangle}{\partial y} - \langle v'w' \rangle \frac{\partial \langle v \rangle}{\partial z}$$

$$- \langle w'u' \rangle \frac{\partial \langle w \rangle}{\partial x} - \langle w'v' \rangle \frac{\partial \langle w \rangle}{\partial y} - \langle w'w' \rangle \frac{\partial \langle w \rangle}{\partial z} \qquad (14.50)$$

$$P_b = - \langle \rho'w' \rangle \frac{g}{\rho_0} \qquad (14.51)$$

$$\frac{\epsilon}{\nu} = \langle \frac{\partial u'}{\partial x} \frac{\partial u'}{\partial x} \rangle + \langle \frac{\partial u'}{\partial y} \frac{\partial u'}{\partial y} \rangle + \langle \frac{\partial u'}{\partial z} \frac{\partial u'}{\partial z} \rangle$$

$$+ \langle \frac{\partial v'}{\partial x} \frac{\partial v'}{\partial x} \rangle + \langle \frac{\partial v'}{\partial y} \frac{\partial v'}{\partial y} \rangle + \langle \frac{\partial v'}{\partial z} \frac{\partial v'}{\partial z} \rangle$$

$$+ \langle \frac{\partial w'}{\partial x} \frac{\partial w'}{\partial x} \rangle + \langle \frac{\partial w'}{\partial y} \frac{\partial w'}{\partial y} \rangle + \langle \frac{\partial w'}{\partial z} \frac{\partial w'}{\partial z} \rangle \qquad (14.52)$$

$$q_x = \frac{1}{\rho} \left\langle \left(p' + \frac{u'^2 + v'^2 + w'^2}{2} \right) u' \right\rangle - \nu \frac{\partial k}{\partial x} \qquad (14.53)$$

q_y 和 q_z 的表达式与此类似。所有项都涉及未知的平均值，现在我们需要对这些平均值做出闭合假设。

P_s 涉及平均流和湍流，因而 P_s 源于这两者间的交互作用。因为大尺度流存在剪切，我们将其称为剪切生成。显然，第二项 P_b 涉及湍流浮力对垂直层结做的功，与势能变化相关，我们因此称之为浮力生成。正如预期那样，耗散率 ϵ 涉及湍流运动的分子黏性耗散。最后，向量 (q_x, q_y, q_z) 只涉及压力和速度的湍流脉动，它们在湍流动能平衡式 (14.49) 中的散度形式表明，这些向量代表湍流造成的 k 的空间再分布，不会引起能量的生成或耗散。

现在，所有各项必须用状态变量来模拟。例如，未知项中出现的雷诺应力由已给出的涡黏性参数化取代。我们定义形变张量 (即应变率张量) 为

---

① 严格来说，耗散项应该为 $\epsilon = 2\nu \| D \|^2$，其中脉动的形变张量 D 与式 (14.54) 相似，这里使用的定义通常称为"伪耗散"。

$$D = \frac{1}{2} \begin{pmatrix} 2\dfrac{\partial u}{\partial x} & \left(\dfrac{\partial u}{\partial y} + \dfrac{\partial v}{\partial x}\right) & \left(\dfrac{\partial u}{\partial z} + \dfrac{\partial w}{\partial x}\right) \\[2mm] \left(\dfrac{\partial u}{\partial y} + \dfrac{\partial v}{\partial x}\right) & 2\dfrac{\partial v}{\partial y} & \left(\dfrac{\partial v}{\partial z} + \dfrac{\partial w}{\partial y}\right) \\[2mm] \left(\dfrac{\partial u}{\partial z} + \dfrac{\partial w}{\partial y}\right) & \left(\dfrac{\partial v}{\partial z} + \dfrac{\partial w}{\partial x}\right) & 2\dfrac{\partial w}{\partial z} \end{pmatrix} \tag{14.54}$$

雷诺应力张量为

$$\tau = \begin{pmatrix} \langle u'u' \rangle & \langle u'v' \rangle & \langle u'w' \rangle \\ \langle u'v' \rangle & \langle u'v' \rangle & \langle v'w' \rangle \\ \langle u'w' \rangle & \langle v'w' \rangle & \langle w'w' \rangle \end{pmatrix} \tag{14.55}$$

得出的涡黏性模型是

$$\tau = -2\nu_E D + \frac{2k}{3} I \tag{14.56}$$

右边第一项是我们很熟悉的一个将(湍流)应力与应变率相关联的表达式。第二项(与 k 成比例并涉及单位矩阵 I)的出现需要解释一下。如果没有第二项，参数化存在缺陷。左边应力张量的迹必须与右边应力张量的迹相等，这一约束条件要求第二项必须存在。在实践中，第二项不占主导地位，第二项的值很容易在 k 模型中计算出。利用式(14.56)，在式(14.50)中用平均流特征表示剪切应力生成 P_s。

对于浮力生成项 P_b，我们借助涡动扩散方法来模拟速度和密度相关：

$$\langle \rho'w' \rangle = -\kappa_E \frac{\partial \langle \rho \rangle}{\partial z} = \kappa_E \frac{\rho_0}{g} N^2 \tag{14.57}$$

式中，κ_E 为湍流扩散系数，是闭合方案的一部分。除了 κ_E 项，P_b 项不需要做任何处理。

通量项 q_x、q_y 和 q_z 在式(14.49)中以散度形式出现，只负责 k 的空间再分布。该项涉及湍流量，故可作为 k 的湍流扩散来模拟。由于速度和压力的相关性[①]，涡黏性 ν_E 而非涡动扩散 κ_E 用于通量计算。

总结而言，各项的参数化如下：

$$P_s = 2\nu_E \| \langle D \rangle \| \tag{14.58}$$

$$P_b = -\kappa_E N^2 \tag{14.59}$$

$$q_x = -\nu_E \frac{\partial k}{\partial x}, \quad q_y = -\nu_E \frac{\partial k}{\partial y}, \quad q_z = -\nu_E \frac{\partial k}{\partial z} \tag{14.60}$$

我们注意到，已被参数化的项 P_s 与湍流(从平均流中提取能量并将能量转移到湍流中)概念一致。同样地，P_b 的负符号表明因为混合层结稳定的系统(14.2 节)需要增加

---

① 在最先进的模型中，湍流动能的涡动扩散是由涡动扩散除以所谓的"施密特数"。

势能，因而层结抑制湍流。

通过对各项的参数化，控制湍流动能演变的式(14.49)变为

$$\frac{\mathrm{d}k}{\mathrm{d}t} = P_s + P_b - \epsilon + \mathcal{D}(k) \tag{14.61}$$

$$\mathcal{D}(k) = \frac{\partial}{\partial z}\left(\nu_E \frac{\partial k}{\partial z}\right) \tag{14.62}$$

请注意，湍流扩散已简化为其垂向分量。随后需要对水平部分进行水平次网格尺度的参数化。

在适当的边界条件下，如果我们知道如何计算 ϵ、涡黏性 ν_E 和涡动扩散 κ_E，我们就能预测 k 的演变。使用式(14.42)计算出 ϵ 并给定混合长 l_m，该湍流闭合方案称为 k 模型或单方程湍流模型。用湍涡的能量可以可靠地估计湍涡速度，因此可以通过以下方程式估计涡黏性：

$$\nu_E = \frac{c_\mu}{(c_\mu^0)^{3/4}} \sqrt{k}\, l_m \tag{14.63}$$

请注意，用这个方案，混合长必须单独给定。这通常基于流的几何考虑来完成。然后，用式(14.35)求得 ϵ 的值，代入式(14.61)中预测 k。常数 c_μ^0 就是式(14.42)中的常数，而 c_μ 是一个校准参量。

涡动扩散 κ_E 以类似的方法获得

$$\kappa_E = \frac{c_\mu'}{(c_\mu^0)^{3/4}} \sqrt{k}\, l_m \tag{14.64}$$

其中的校准常数 c_μ' 与 c_μ 不同。这两个参数稍后将定义为剪切和层结的函数。

虽然每个状态变量可以有各自的湍流扩散系数，但为简单起见，我们只引入两个不同的湍流扩散系数(Canuto et al., 2001)。对于各种标量场的扩散，我们仅用 κ_E 表示，因为这些标量都有相同的湍流输送。κ_E 用于表示密度、盐度、温度和湿度或任何其他示踪剂浓度的扩散。涡黏性 ν_E 则用于动量 k 和 ϵ(动力学变量)的扩散。

在探讨更高阶闭合方案之前，我们先验证一下当前模型用于简单流场(如密度均匀的垂向剪切流)时的表现。我们用 x 轴表示平均流方向，z 轴表示剪切方向。用此坐标，平均场不随 x 和 y 而改变(图 14.9)，速度场 $u = \langle u \rangle + u'$，$w = w'$。平均流只取决于 z 并遵循

$$\frac{\partial \langle u \rangle}{\partial t} = -\frac{1}{\rho_0}\frac{\partial \langle p \rangle}{\partial x} + \frac{\partial}{\partial z}\left(\nu \frac{\partial \langle u \rangle}{\partial z} - \langle u'w' \rangle\right) \tag{14.65}$$

压力梯度是均匀的，x 轴上距离 L 处的压强差是 $p_2 - p_1$。流的动能 $KE = \langle (u^2 + v^2 + w^2) \rangle / 2$，可分解为平均流的动能和湍流的动能：

$$KE = \frac{\langle u \rangle^2}{2} + k \qquad (14.66)$$

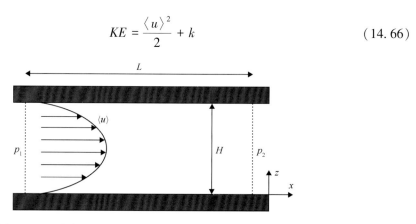

图 14.9　两个水平面之间的流(受到外界压力梯度的作用力)

将式(14.65)乘以$\langle u \rangle$, 构建关于平均流动能的控制方程。我们可以对湍流部分的控制脉动方程式作相同处理(此处不再赘述)。对当前流进行简化, 得到

$$\frac{\partial}{\partial t} \frac{\langle u \rangle^2}{2} = -\frac{1}{\rho_0} \frac{\partial \langle p \rangle \langle u \rangle}{\partial x} + \frac{\partial}{\partial z}\left[\langle u \rangle \left(\nu \frac{\partial \langle u \rangle}{\partial z} - \langle u'w' \rangle \right) \right]$$

$$- \nu \left(\frac{\partial \langle u \rangle}{\partial z} \right)^2 + \underline{\langle u'w' \rangle \frac{\partial \langle u \rangle}{\partial z}}$$

$$\frac{\partial k}{\partial t} = -\underline{\langle u'w' \rangle \frac{\partial \langle u \rangle}{\partial z}} - \epsilon + \frac{\partial q_z}{\partial z} \qquad (14.67)$$

第二个方程式中的划线项可视为湍流的剪切生成, 我们注意到, 该划线项还在第一个方程式中出现, 但符号相反。很明显, 湍流需消耗平均流能量才能产生剪切。参考前文概述的涡黏性方法, 剪切生成项表示为

$$P_s = -\langle u'w' \rangle \frac{\partial \langle u \rangle}{\partial z} = \nu_E \left(\frac{\partial \langle u \rangle}{\partial z} \right)^2 \qquad (14.68)$$

对于正的涡黏性, 能量提取自平均流而供给了湍流。

如果我们对两个能量方程在距离 L 和区域高度范围内求积分, 假设状态稳定(对于平均值), 利用底部($z=0$)和顶部($z=H$)速度(平均流和湍流)为零这一条件, 使用闭合方案, 我们得到

$$\left(\frac{p_1 - p_2}{\rho_0} \right) \frac{UH}{L} = \int_0^H (\nu_E + \nu) \left(\frac{\partial \langle u \rangle}{\partial z} \right)^2 \mathrm{d}z \qquad (14.69)$$

式中, $U = (1/H)\int_0^H \langle u \rangle \mathrm{d}z$ 是流入和流出截面的平均速度。对于湍流动能, 我们有相似的平衡：

$$\int_0^H \epsilon \mathrm{d}z = \int_0^H \nu_E \left(\frac{\partial \langle u \rangle}{\partial z} \right)^2 \mathrm{d}z \qquad (14.70)$$

现在我们来解释这些平衡。在没有湍流的情况下，涡黏性为零，平均流的方程式(14.69)显示，较高压力梯度输入使能量增加，平均流就必须产生更强的剪切，这样分子黏性才可以耗散掉这些能量。但是，当剪切增加时，平均流趋于不稳定，最终变为湍流。现在我们可以看到，因为右边 $\nu_E \gg \nu$，所以在剪切很小的情况下，能量从平均流中提取。湍流的能量平衡式(14.70)证实，提取自平均流的能量在黏性汇中被 ϵ 耗散。我们证实了分子黏性是能量取终的汇，但是在小得多的湍流尺度上。

14.4　其他闭合方案：k–ϵ 和 k–kl_{m}

为了形成方程式的闭合系统，之前的单方程湍流模型需要预先给定混合长。为了避免这一点，需要从一个控制方程式(k 方程式)转到两个控制方程式(k 和 l_{m}，或 k 和 ϵ 方程式)。因此，大量文献都提出了 k 和 l_{m} 组合的控制方程式，或者是 k 和 ϵ 组合的控制方程式，这并不奇怪。根据这两个已计算出的量，第三个量通常可以通过代数关系式(14.42)确定，然后通过式(14.63)或类似的表达式确定涡黏性。

海洋中的耗散率可用微型廓线仪测量(Lueck et al.，2002；Osborn，1974)，因此，在湍流模拟过程中，ϵ 是第二个方程式有吸引力的候选项。采用与处理 k 相似的方法巧妙处理速度脉动的方程式，我们构造一个 ϵ 的方程：

$$\frac{\mathrm{d}\epsilon}{\mathrm{d}t} = Q \tag{14.71}$$

式中，右侧包含一系列涉及高阶相关性的复杂表达式(Burchard，2002；Rodi，1980)。与 k 方程式不同的是，这些项不能用涡黏性方法进行系统性表述，需要附加假设，而不是有根据的推测。最常见的办法是使用 k 方程式中与能量产生相关的项，将其用于线性组合以封闭能量耗散源项。通常，能量的空间再分布通过湍流扩散来模拟。归根到底，关于 ϵ 的控制方程式表示如下：

$$\frac{\mathrm{d}\epsilon}{\mathrm{d}t} = \frac{\epsilon}{k}(c_1 P_s + c_3 P_b - c_2 \epsilon) + \mathcal{D}(\epsilon) \tag{14.72}$$

式中，P_s 和 P_b 项与 k 方程式中相同；系数 c_1、c_2 和 c_3 是校准常数：$c_1 \approx 1.44$，$c_2 \approx 1.92$，$-0.6 \leqslant c_3 \leqslant 0.3$。该模型计算的两个湍流量是 k 和 ϵ，消去式(14.63)和式(14.42)之间的混合长 l_{m}，将涡黏性表示为 k 和 ϵ 的函数，即

$$\nu_E = c_\mu \frac{k^2}{\epsilon} \tag{14.73}$$

该方程式概述了一系列可能的其他湍流模型中的一个特定两方程湍流模型。无须构建 ϵ 的控制方程式，通过式(14.42)给出的 k、ϵ 和 l_{m} 这三个变量之间的联系，可建立关于 l_{m} 的方程式或关于 l_{m} 和 k 组合的方程式。

地球流体领域中一个十分流行的方案是 Mellor 等（1982）的 k-kl_m 模型。该模型的 kl_m 控制方程式是

$$\frac{\mathrm{d}kl_m}{\mathrm{d}t} = \frac{l_m}{2}\left[E_1 P_s + E_3 P_b - \left(1 - E_2 \frac{l_m^2}{l_z^2}\right)\epsilon\right] + \mathcal{D}(kl_m) \qquad (14.74)$$

式中，E_1、E_2 和 E_3 是校准常数。对于式（14.72），源项是 P_s、P_b 和 ϵ 的线性组合。该闭合模型新增了长度尺度 l_z，给定 l_z 的值，使 l_m 在固体边界处消失。在 k-ϵ 模型中，如果应用了正确的边界条件，则可以"自动"实现这一点（Burchard et al.，2001）。除了这一点差别，这两个公式在结构上是相同的。这是因为在不存在空间变异的情况下，根据式（14.42），式（14.72）和式（14.74）是等效的。区别在于流体输送的量：k-ϵ 模型中的量是耗散，而 Mellor-Yamada 模型中的量是 kl_m。

事实上，借助两个参数 a 和 b（当 $a = 0$，$b = 1$ 时，可恢复 k-ϵ 模型；当 $a = 5/2$，$b = -1$ 时，可获得 k-kl_m 模型），可建立关于 $k^a \epsilon^b$ 的广义演变方程。改变 a 和 b 的值，就会改变流体输送的第二个量的性质（Umlauf et al.，2003）。不管选择哪种组合，该类模型都属于两方程模型，不需要额外给定的空间函数（除了混合长 l_z）。

抛开更加复杂的闭合方案，我们结束对湍流模拟的描述。注意到，这里讨论的所有湍流闭合方案都是基于局地特性，即不使用非局地信息来参数化雷诺应力，这些模型称为单点闭合方案。使用非局地信息来推断局地湍流特性的模型称为两点闭合方案（Stull，1993）。

现在，我们回到本书其他部分使用的符号（不再区别平均流属性和湍流属性）。从这里开始，再次用 u 表示平均速度。

14.5 混合层模拟

前两节讲述的湍流模型通常适用于三维流。在地球流体动力学中，我们可利用流体的小形态比来简化模型（Umlauf et al.，2005）。特别是，应变率张量可简化为

$$\boldsymbol{D} = \frac{1}{2}\begin{pmatrix} \sim 0 & \sim 0 & \dfrac{\partial u}{\partial z} \\[2mm] \sim 0 & \sim 0 & \dfrac{\partial v}{\partial z} \\[2mm] \dfrac{\partial u}{\partial z} & \dfrac{\partial v}{\partial z} & \sim 0 \end{pmatrix} \qquad (14.75)$$

剪切生成可简化为

$$P_s = \nu_E M^2, \quad M^2 = \left(\frac{\partial u}{\partial z}\right)^2 + \left(\frac{\partial v}{\partial z}\right)^2 \qquad (14.76)$$

我们借机定义普朗特频率 M。另外，湍流扩散主要在垂向进行，因为垂向距离更短，梯度更大。另一方面，研究较小形态比的流体，必然要求流体在水平方向上的步长加大，因此，需要对水平次网格尺度过程分别处理。通常，用水平扩散(扩散系数为 $\mathcal{A}$)对此类过程模拟：

$$\mathcal{D}(\;) = \frac{\partial}{\partial x}\left(\mathcal{A}\frac{\partial}{\partial x}\right) + \frac{\partial}{\partial y}\left(\mathcal{A}\frac{\partial}{\partial y}\right) + \frac{\partial}{\partial z}\left(\nu_{\mathrm{E}}\frac{\partial}{\partial z}\right) \tag{14.77}$$

上式清楚显示 ν_{E} 模拟实际湍流，而 $\mathcal{A}$ 则是将水平方向未分辨的过程考虑在内，其尺度长于 l_{m} 但短于模型中使用的水平网格。

假设在水平方向上为科尔莫戈罗夫类型的湍流能量串级，则可能的闭合方式是

$$\mathcal{A} \sim (\Delta x)^{4/3}\epsilon_{\mathrm{H}}^{1/3} \tag{14.78}$$

此式受 $\nu_{\mathrm{E}} \sim l_{\mathrm{m}}^{4/3}\epsilon^{1/3}$ 启发［由式(14.63)和式(14.42)推导出］。对于 $\mathcal{A}$ 的估计，ϵ_{H} 是水平方向未分辨过程的能量耗散。根据 Okubo(1971)的研究，不同情况下的耗散率都类似(图 14.10)。

水平过程中另一个次网格尺度的参数化受普朗特模型(Smagorinsky，1963)的启发：

$$\mathcal{A} \sim \Delta x \Delta y\left[\left(\frac{\partial u}{\partial x}\right)^2 + \left(\frac{\partial v}{\partial y}\right)^2 + \frac{1}{2}\left(\frac{\partial u}{\partial y} + \frac{\partial v}{\partial x}\right)^2\right]^{1/2} \tag{14.79}$$

在该公式中，混合长被平均网格间距代替，这可保证小于该网格大小的所有尺度均可作为未分辨的运动来处理。借助式(14.79)前部的系数以及分母中的系数 Δx^2 和 Δy^2(对扩散项中水平二阶导数进行数值离散处理后产生)，斯马戈林斯基公式可解释为数值滤波器(10.6 节)。该滤波器作用于网格分辨率，滤波器的强度巧妙地取决于流动的局部剪切力。

与湍流闭合方案相比，次网格尺度参数化研究还不是很成熟，因而我们将次网格参数化放在一边，继续讨论垂向湍流模拟。特别是我们要说明假设剪切力生成、浮力生成与耗散之间存在瞬时和局部平衡(例如，存在定常湍流和均匀湍流中)，普朗特模型可以恢复。在这种情况下，湍流动能平衡式(14.61)简化为

$$P_{\mathrm{s}} + P_{\mathrm{b}} = \epsilon \tag{14.80}$$

对于层结流体(浮力频率为 N)中的垂向剪切流 $\langle u \rangle$，对给定混合长为 l_{m} 的式(14.63)和式(14.42)，能量生成与能量耗散之间的均衡导致

$$k = \frac{c_{\mu}}{(c_{\mu}^0)^{3/2}}l_{\mathrm{m}}^2 M^2(1 - R_{\mathrm{f}}) \tag{14.81}$$

式中，通量理查森数 R_{f} 定义为

$$R_{\mathrm{f}} = \frac{-P_{\mathrm{b}}}{P_{\mathrm{s}}} = \frac{c_{\mu}'}{c_{\mu}}\frac{N^2}{M^2} = \frac{c_{\mu}'}{c_{\mu}}Ri \tag{14.82}$$

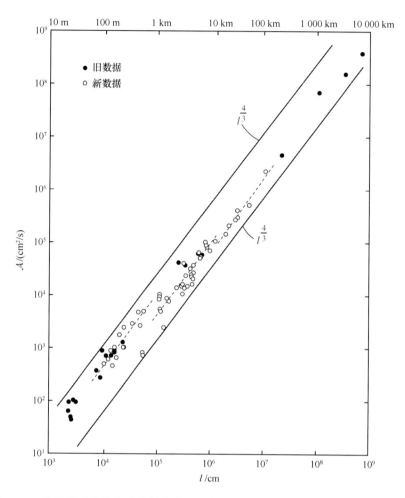

图 14.10　典型地球流体流动中作为截断尺度的函数的水平涡动扩散（Okubo，1971）

涡黏性为

$$\nu_E = \left(\frac{c_\mu}{c_\mu^0}\right)^{3/2} l_m^2 M \sqrt{1-R_f} \qquad (14.83)$$

我们恢复了普朗特闭合式（14.46），其中的涡黏性通过通量理查森数计入了层结的稳定作用。上述最简单的模型可视为更加复杂模型的特例。

　　将所谓的稳定函数引入参数化，可更好地适用于混合层流动。此类公式的推导超出了本章内容，我们只概述一般方法。推导先从关于雷诺应力张量的独立分量的控制方程式开始，将速度脉动的控制方程式乘以其他速度脉动，取平均值即可。此外，高阶项需要简化假设。时空变化在类似于式（14.80）的均衡假设情况下可忽略，也可在平流扩散方程中进行启发式描述。根据推导过程中闭合假设的性质，最终结果称为代数雷诺应力模型。在这些模型中，雷诺应力经常出现在非线性代数系统中，需要求解该系统以取得个别应力。对雷诺应力作额外的近似处理，最终获得雷诺应力的表达式（作为平均流属性的函数）。不管在什么样的情况下，式（14.73）类型的公式都会出现，其中函数 c_μ 可能相当复杂。

在所有的二阶代数湍流闭合方案中，雷诺应力都依赖于两个无量纲稳定性参数：

$$\alpha_N = \frac{k^2}{\epsilon^2} N^2, \quad \alpha_M = \frac{k^2}{\epsilon^2} M^2 \tag{14.84}$$

根据推导过程中使用的不同假设，稳定函数也存在很大差异（Canuto et al.，2001；Galperin et al.，1989；Kantha et al.，1994；Mellor et al.，1982）。如果推导过程中假设 $P_s + P_b = \epsilon$，则可得所谓的准平衡型函数（Galperin et al.，1988）。通常，这些函数比其他公式的功能更强（请参见相关讨论：Deleersnijder et al.，2008）。图 14.11 中描述的 Umlauf 等（2005）稳定函数为

$$\nu_E = c_\mu \frac{k^2}{\epsilon} \tag{14.85}$$

$$\kappa_E = c'_\mu \frac{k^2}{\epsilon} \tag{14.86}$$

稳定函数的系数为

$$c_\mu = \frac{s_0 + s_1 \alpha_N + s_2 \alpha_M}{1 + d_1 \alpha_N + d_2 \alpha_M + d_3 \alpha_N \alpha_M + d_4 \alpha_N^2 + d_5 \alpha_M^2} \tag{14.87}$$

$$c'_\mu = \frac{s_4 + s_5 \alpha_N + s_6 \alpha_M}{1 + d_1 \alpha_N + d_2 \alpha_M + d_3 \alpha_N \alpha_M + d_4 \alpha_N^2 + d_5 \alpha_M^2} \tag{14.88}$$

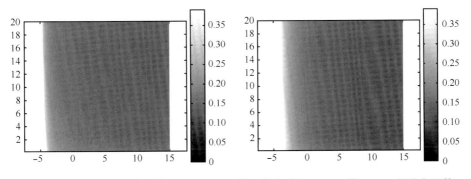

图 14.11　使用表 14.1 给出的参量值，以 α_N 和 α_M 的函数表示出 Umlauf 等（2005）的稳定函数 c_μ 和 c'_μ

表 14.1　Canuto 等（2001）闭合方案中使用的参数

$s_0 = 0.106\ 66$	$s_1 = 0.017\ 34$	$s_2 = -0.000\ 12$	$s_4 = 0.112\ 04$	$s_5 = 0.004\ 51$	$s_6 = 0.000\ 88$
$d_1 = 0.255\ 4$	$d_2 = 0.028\ 71$	$d_3 = 0.005\ 22$	$d_4 = 0.008\ 67$	$d_5 = -0.000\ 03$	$c_\mu^0 = 0.076\ 8$

14.6　帕坦卡型离散

湍流闭合方案不能求得解析解，需用数值求解。因而在介绍数值离散之前，有必要强调一下：有关湍流变量的方程式是在一系列假设后得到的模型。如果不仔细推导，则会出现不一致。例如，根据式（14.81），湍流动能不能为负值，但是，如果因为某些原因，当通量理查森数大于1，则 k 的均衡值变为负值，且涡黏性式（14.83）不再成立。因此，任何湍流闭合方案的首要限制条件就是闭合方案需具备基本的物理意义。例如，关于 k 模型，式（14.61）的解总是正值（参见解析问题14.8）。

假设湍流闭合方案遵循所有的物理和数学要求，那么我们需保证随后的数值离散也遵循这些要求（参见数值练习14.2）。现在，我们可能理解了在处理平流问题（6.4节）的过程中，为什么对单调性特征进行了大量讨论。如果本应为正值的变量变成了负值，在非线性存在时就会造成很大影响。在控制湍流动能和耗散的方程式中，可从源项的值看出存在的问题。有时候，良定义的数学和数值运算也可能会导致意想不到的问题。例如，示踪剂 c（具有均匀的空间分布）的二次汇：

$$\frac{\mathrm{d}c}{\mathrm{d}t} = -\mu c^2 \qquad (14.89)$$

用初始条件 c^0 求得的解为

$$c(t) = \frac{c^0}{1 + \mu t c^0} \qquad (14.90)$$

如果 c^0 为正，则表现正常，但如果 c^0 为负，则解最后将变得不可接受。如果存在空间变化，此类问题或许更难发现，但问题同样严重。

采用隐式算法，对非线性源项或汇项进行求解，这会加强数值稳定性，因此可以减少数值过冲或下冲的趋势（例如，避免不具有物理意义的负值）。但计算代价是在每个时间步长内，得求逆或解非线性代数方程。也就是说，使用标准的迭代方法，例如皮卡（Picard）方法、试位（Regula Falsi）方法、牛顿-拉弗森（Newton-Raphson）方法，找到函数零值（参见 Dahlquist et al.，1974；Stoer et al.，2002）。但是，在每个网格点和每个时间步长内都要重复该步骤，该方法的使用可能会很繁琐。因为需要多次重复该步骤，在求根过程中经常出现不确定性问题，始终会存在不收敛或收敛为非物理解的风险。

帕坦卡（Patankar，1980）介绍了一种方法，该方法采用某种隐式算法（无须解决非线性代数方程）表达非线性源项的离散化。为了介绍该方法，我们先将状态向量 x（由模型变量组成的向量）的空间控制方程进行离散化：

$$\frac{\partial x}{\partial t} = \boldsymbol{M}(x) \qquad (14.91)$$

方程式右边集合了所有离散空间算子。使用我们已讨论过的某一离散方法对时间进行离散处理，更新数值状态变量 x 的算法可表示为以下类型

$$Ax^{n+1} = Bx^n + f \tag{14.92}$$

式中，A 和 B 为离散化结果；f 可能包含强迫项、源项、汇项和边界条件。如果现在我们将一个衰减项添加到控制方程式

$$\frac{\partial x}{\partial t} = M(x) - Kx \tag{14.93}$$

矩阵 $K = \mathrm{diag}(K_i)$ 是对角矩阵，具有不同衰减率 K_i（状态向量的每个分量都有一个衰减率），对衰减项进行显式离散化，得到改进的算法为

$$Ax^{n+1} = (B - C)x^n + f \tag{14.94}$$

式中，$C = \mathrm{diag}(K_i \Delta t)$ 也是对角矩阵。换句话说，采用隐式算法对衰减项求解，可以得到

$$(A + C)x^{n+1} = Bx^n + f \tag{14.95}$$

运算中的唯一修改是转化了 $A - C$（而非 A），因为只改变了对角，运算的工作量增加不多。

帕坦卡使用了一个简单却十分有用的技巧，即采用以伪线性方式书写的非线性汇 $-K(c)c$。只要 $K(c)$ 对所有 c 都保持有界（且为正），我们即可用该方法定义相应的 K 来表示任意汇项。每个网格点使用的离散为

$$-K(\tilde{c}_i^{\,n}) \tilde{c}_i^{\,n+1} \tag{14.96}$$

该离散具有一致性。要计算 $\tilde{c}_i^{\,n+1}$，只需像修改式（14.95）一样修改该系统，把项 $K_i(\tilde{c}_i^{\,n}) \Delta t$ 添加到 A 的对角。

该方法很简单，但是如何保持正值呢？对正值 $\tilde{c}^{\,n}$ 采用显式离散不能保证任意时间步长的值为正，因为只要 $K(\tilde{c}^{\,n}) \Delta t > 1$，

$$\tilde{c}^{\,n+1} = \tilde{c}^{\,n} - K(\tilde{c}^{\,n}) \Delta t\, \tilde{c}^{\,n} = [1 - K(\tilde{c}^{\,n}) \Delta t]\, \tilde{c}^{\,n}$$

就为负。相比而言，帕坦卡方法取代了显式计算，即

$$\tilde{c}^{\,n+1} = \frac{\tilde{c}^{\,n}}{1 + K(\tilde{c}^{\,n}) \Delta t}$$

该式一直为正值。只要 $K(c)$ 在 $c \to 0$ 时有界，该方法就有效。否则，当接近零时，计算程序就会溢出。

但是为什么不通过选择足够短的时间步长来强制 $K(\tilde{c}^{\,n}) \Delta t \leqslant 1$？在所谓的"刚性问题"中，$K$ 的值差异很大，因而受最大 K 值限制的时间步长可能过于小。除非使用时间

步自适应让短时间步长的情形减至最少，否则几乎无法确保时间步长足够小而让 $\tilde{c}$ 始终为正，在大多数的计算过程中不使用过小的时间步长。在非线性耦合方程中，刚性很难度量。只要使用了显式离散，生态系统模型就容易产生负值。让人沮丧的是，这样的问题偶尔会出现。帕坦卡方法的好处在于，可以避免在快速衰减过程中产生时间步长的限制。

现在我们来稍微推广一下帕坦卡方法，将汇项减弱，但源项增强这一情况考虑在内。对于含有源项（生成项 $P \geq 0$）和汇项[消减项 $-K(c)c \leq 0$]的单个方程式，使得

$$\frac{dc}{dt} = P(c) - K(c)c \tag{14.97}$$

使用帕坦卡型离散方法得到

$$\tilde{c}^{n+1} = \tilde{c}^n + \Delta t \left\{ \frac{P^n}{\tilde{c}^n} \left[\alpha \tilde{c}^{n+1} + (1 - \alpha) \tilde{c}^n \right] - K(\tilde{c}^n) \left[\beta \tilde{c}^{n+1} + (1 - \beta) \tilde{c}^n \right] \right\} \tag{14.98}$$

式中，α 和 β 是隐性系数。该方程式可以直接求得 $\tilde{c}^{n+1}$ 的解。

在某些问题中，式(14.97)的解倾向于平衡解 c^*，使得 $P(c^*) = K(c^*)c^*$，围绕该平衡值无波动。如果

$$P(c) \lesseqgtr K(c)c \quad (c \lesseqgtr c^*) \tag{14.99}$$

则相对容易表达上述情况。

然后可以证明（数值练习 14.8），只要符合以下条件：

$$\frac{1}{\Delta t} \geq \frac{P - Kc}{c^* - c} + \frac{\alpha P - \beta Kc}{c} \tag{14.100}$$

求得的数值解就能满足浓度值始终为正值且收敛趋于平衡值 c^*。

为了获得限制性最少的时间步长，最好选择 $\alpha = 0$，$\beta = 1$。例如，当 $P = c^r$ 且 $K = c^r$ 时，对于任何 $r > 0$ 的值，平衡值 $c^* = 1$。如果 $\alpha = 0$ 且 $\beta = 1$，则帕坦卡方法可以实现趋于该平衡值（可用任意大的时间步长）的稳定收敛。

该示例不是纯学院式的，敏锐的读者可能已经发现，$r = 1/2$ 对应于采用固定混合长的(14.3 节)湍流闭合方案中典型的源/汇项。在模拟生物过程中，逻辑斯谛方程式会出现 $r = 1$ 的情况。

与 Burchard 等(2003，2005)中描述的欧拉格式相比，上述方法适用于一组耦合方程，确保分量间的守恒以及更高阶收敛性。这种方法对包含输送的生态系统模型具有特殊意义。

14.7　风混合和穿透对流

与混合一样，层结流体中的湍流需要克服浮力，层结充当湍流的调节器。我们将之前提出的一些概念(尤其是混合深度的概念)用于湍流的量化，如式(14.6)所示：

$$\Delta H = \frac{\rho_0 \, (U_1 - U_2)^2}{2g(\rho_2 - \rho_1)} \tag{14.101}$$

湍流的一个重要度量标准是摩擦速度 u_*(用于衡量湍流速度脉动)[①]。因此，局地水平向速度差值的数量级为 u_*，式(14.101)的分子被同量纲表达式 $\rho_0 u_*^2$ 取代。同样，差值 $(\rho_2 - \rho_1)$ 解释为局部湍流密度脉动，乘积 $u_*(\rho_2 - \rho_1)$ 解释为垂向密度通量 $\overline{w'\rho'}$(撇号表示湍流脉动，上横线表示平均值)的度量。引入这些量后，式(14.101)转换为湍流相似物：

$$L = \frac{\rho_0 \, u_*^3}{\mathcal{K} \, g \, \overline{w'\rho'}} \tag{14.102}$$

该长度尺度表示流体深度，层结将强度为 u_* 的涡旋限制在该流体深度。两位苏联海洋学家在 1954 年首次指出该长度尺度在层结湍流研究中的重要性。为了纪念这两位苏联海洋学家，该长度尺度以莫宁-奥布霍夫长度(Monin-obukhov length)命名。分母中的系数 $\mathcal{K}$ 是卡门常数($\mathcal{K} = 0.41$)。我们通常在边界层应用中引用冯·卡门常数来方便数学运算，该常数在 8.1.1 节中首次遇到。

如果密度变化完全因为温度层结，则通量 $\overline{w'\rho'}$ 等于 $-\alpha\rho_0\overline{w'T'}$，其中 α 是热膨胀系数，T' 是温度脉动。这种情况常见，所以莫宁-奥布霍夫长度通常定义为

$$L = \frac{u_*^3}{-\mathcal{K} \, \alpha g \, \overline{w'T'}} \tag{14.103}$$

14.7.1　风混合

应用以上理论，我们探讨上层海洋的湍流混合层在风应力作用下是如何演变的(图14.12)。首先我们假设，海洋层结具有均匀的浮力频率 N，密度随深度线性增长的方程式如下：

$$\rho = -\frac{\rho_0 \, N^2}{g} z \tag{14.104}$$

式中，z 是垂向坐标，负向向下(海面是 $z = 0$)；ρ 是偏离参考密度 ρ_0(海面初始密度)的

[①]　摩擦的特性反映了湍流边界层理论的历史传承，并不意味着此处的摩擦非常重要。

密度偏差。在一段时间 t 后，部分海洋层结遭到侵蚀，发展为深度 h 的混合层（图 14.12）。混合层的密度已经变得均匀，在海面没有加热、蒸发和降水的情况下，该密度已等同于最初深度 h 以上的平均密度：

$$\rho_1 = \frac{\rho_0 N^2 h}{2g}$$

该混合层以下的密度仍然未变，$\rho_2 = \rho(z = -h) = \rho_0 N^2 h / g$，并且存在密度突变：

$$\Delta \rho = \rho_2 - \rho_1 = \frac{\rho_0 N^2 h}{2g} \tag{14.105}$$

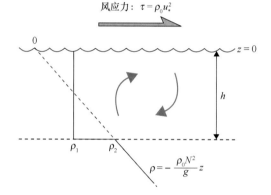

图 14.12　海洋混合层在风应力作用下的发展

混合导致密度较大的流体上升而密度较小的流体下降，因此增加了势能。时间 t 内，增加的势能为

$$PE = \int_{-h}^{0} \rho_1 gz\,\mathrm{d}z - \int_{-h}^{0} \rho gz\,\mathrm{d}z$$

$$= \frac{1}{12} \rho_0 N^2 h^3 \tag{14.106}$$

因此，势能的增加率为

$$\frac{\mathrm{d}PE}{\mathrm{d}t} = \frac{1}{4} \rho_0 N^2 h^2 \frac{\mathrm{d}h}{\mathrm{d}t} \tag{14.107}$$

能量由海面风提供。如果风应力为 τ，则湍流摩擦速度 u_* 由式（8.1）给出（参见 Kundu，1990，12.11 节）：

$$\tau = \rho_0 u_*^2 \tag{14.108}$$

τ 对流体粒子（速度为典型速度 u_*）做功的速率与 τu_* 或 $\rho_0 u_*^3$ 成比例。引入比例系数 m 来说明确切的功率（所做的功已减去转换为动能的部分，且最终耗散），我们得出：$\mathrm{d}PE / \mathrm{d}t = m\rho_0 u_*^3$，或根据式（14.107）得出

$$N^2 h^2 \frac{\mathrm{d}h}{\mathrm{d}t} = 4mu_*^3 \qquad (14.109)$$

观测结果和实验室实验表明 $m = 1.25$。对式(14.109)求积分，以获得混合层瞬时深度：

$$h = \left(\frac{12mu_*^3}{N^2} t \right)^{1/3} \qquad (14.110)$$

我们需对莫宁-奥布霍夫长度作出评估。根据式(14.105)和式(14.109)，海洋混合层以速率 $\mathrm{d}h/\mathrm{d}t$ 侵蚀下面的层结时，湍流须克服密度突变 $\Delta\rho$，导致混合层底部的密度成为密度通量，大小为

$$\overline{w'\rho'} = \frac{\mathrm{d}h}{\mathrm{d}t}\Delta\rho = \frac{2m\rho_0 u_*^3}{gh} \qquad (14.111)$$

根据该底部通量值，我们得出莫宁-奥布霍夫长度式(14.102)为

$$L = \frac{1}{2m\mathcal{K}}h \qquad (14.112)$$

在数值 $\mathcal{K} = 0.40$ 且 $m = 1.25$ 的情况下，L 就是 h。L 与 h 之间的一致性是偶然的(特别是 $\mathcal{K}$ 更接近 0.41，而非 0.40)，但是湍流混合层深度的数量级仍然是莫宁-奥布霍夫长度，这赋予了莫宁-奥布霍夫长度直接的物理意义。

先前的内容说明了上层海洋混合层演变的一个方面。该问题已有大量的调查研究，读者想取得进一步的信息，可参考 Kraus(1977)主编的书中对该问题的概述以及 Pollard 等(1973)发表的文章(特别明确地讨论了科氏效应和理查森数的相关性)。另请参见 8.7 节。

有关机械运动引起低层大气和海底上方混合的内容可在 Sorbjan(1989，4.4.1 节)和 Weatherly 等(1978)著作中分别找到。实验室实验和相关理论的综述由 Fernando (1991)给出。

14.7.2　穿透对流

对流是指垂向运动改变系统中热量分布的过程。在前面小节末尾的示例中，上层海洋的搅拌由风应力的机械作用引起，属于强迫对流。当唯一的能量源是热源(如强加的温差或强加的热流)时就会发生自然或自由对流。然后热流体上升，冷流体下沉，与对流过程相关联的运动从浮力所做的功中获得能量。

不稳定的大气边界层是地球流体中经常出现的一种自然对流现象(Sorbjan，1989)。白天太阳辐射穿过大气层到达地球(地面或海洋)时被吸收。地球重新发射在红外线频率范围内的辐射，从大气层下面有效地加热大气。因此，大气的最底层通常是最不稳定的对流区域，称为大气边界层。该层大气会造成通风，对人类非常有益。当大气稳

定向下层结至地面时，就会出现所谓的"逆温"情况，此时空气纹丝不动，让人感觉不适。另外，如果存在污染源，污染就会停滞不动，造成危害，例如美国洛杉矶出现烟雾的情况（Stern et al.，1984）。

显而易见，自然对流中搅拌运动的强度取决于热力强迫的强度以及流体的运动（黏性）阻力和传热（传导性）阻力。举一个传统示例：对流发生在夹在两个水平刚性平板之间高度为 h 并从下加热的流体层中。强迫力为两个平板之间的温度差 ΔT，下面平板比上面平板的温度更高。温差较低的情况下，流体黏性系数 ν 和热扩散率 κ_T 阻止对流运动，流体保持静止，热量只通过分子扩散传递（传导）。随着温度差增大，其他条件保持不变，底部的热流体最终上浮，冷流体则从上方下沉。

如果黏性是限制因素，从向上浮力 $-g\rho'/\rho_0 \sim \alpha g\Delta T$（$\alpha$ 是热膨胀系数）和摩擦阻力 $\nu\partial^2 w/\partial z^2 \sim \nu w_*/h^2$ 之间的平衡可估计出对流速度的大小 w_*，即

$$w_* \sim \frac{\alpha g\Delta T\,h^2}{\nu} \tag{14.113}$$

将对流热通量 $\overline{w'\,T'} \sim w_*\Delta T \sim \alpha g\Delta T^2 h^2/\nu$ 与传导通量 $\kappa_T\partial T/\partial z \sim \kappa_T\Delta T/h$ 对比，我们得到以下比值：

$$Ra = \frac{\alpha g\Delta T^2 h^2/\nu}{\kappa_T\Delta T/h} = \frac{\alpha g\Delta T\,h^3}{\nu\kappa T} \tag{14.114}$$

该比值称为瑞利数，这是为了纪念第一个用定量方法研究该问题（1916）的英国科学家瑞利勋爵。[①]

理论显示（Chandrasekhar，1961），当瑞利数超过临界值（依赖于边界条件的性质）时，就会发生对流。对于夹在两个刚性平板之间的流体，瑞利数的临界值为 $Ra = 1\,708$。瑞利数略高于此临界点时，对流以平行的二维涡卷或六角形流体胞形式有序地流动。瑞利数更高时，会发生随时间变化的不规则运动，对流显示出较弱的组织性。

地球流体几乎都属于瑞利数较高的类型，因为空气和水的相关高度高、分子黏性值以及传导性低。在大气边界层，瑞利数通常会超过 10^{15}，对流表现为近地面间歇性形式温暖的空气团（称为热泡），然后上升穿过对流层，冷空气在热泡上升时慢慢沉降，完成对流循环。在这种情况下，黏性和热扩散率起次要作用，流体的主要特征不再依赖于黏性和热扩散率。

从应用角度考虑大气边界层在地面恒热流的作用下，如何从初始的稳定层结进行演变（图 14.13）。在时间 $t=0$ 时，假设空气线性层结，位温廓线表示如下：

$$\overline{T}(z) = T_0 + \Gamma z \tag{14.115}$$

---

① 瑞利与开尔文是同一时代的人，参见第 9 章结尾人物介绍部分的合影。

式中，T_0 是地面的初始位温；Γ 是垂向位温梯度，对应的浮力频率为 $N = (\alpha g \Gamma)^{1/2}$。假设地面向上热流（由 $\rho_0 C_p Q$ 表示）恒定。一段时间 t 后，对流向上侵蚀层结，直达高度 $h(t)$ 处。对流层的温度 $T(t)$ 根据上升热泡的瞬时分布而变化，但是，平均而言，温度几乎不随高度变化。在此期间的热量收支要求受影响流体的热含量变化必须等于积蓄的来自地面的热量，即

$$\rho_0 \, C_p \int_0^h (T - \bar{T}) \, dz = \int_0^t \rho_0 \, C_p Q dt \tag{14.116}$$

由此给出对流层高度及其温度之间的第一重关系如下：

$$h(T - T_0) - \frac{1}{2}\Gamma h^2 = Qt \tag{14.117}$$

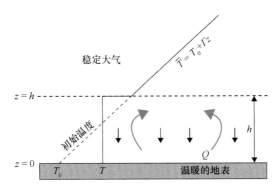

图 14.13　不稳定的大气边界层。地表提供的热量产生了对流，对流逐渐侵蚀了上面的层结

对流层高度及其温度之间的另一重关系来自机械能平衡。因为没有机械能来源，所以在摩擦力作用下，系统的总动能和总势能会随时间衰减。采用一级近似，与系统的势能变化量相比，动能和势能因摩擦力衰减的能量微乎其微（有待后面验证）。这说明采用一级近似，时间 t 时单位面积上的势能与初始时间时单位面积上的势能相等，即

$$\int_0^{h(t)} \rho_0 \alpha T g z dz = \int_0^{h(t)} \rho_0 \alpha \bar{T} g z dz \tag{14.118}$$

进而推导出：

$$T - T_0 = \frac{2}{3}\Gamma h \tag{14.119}$$

此式的物理意义是，地面温升是高度 h 处温度变化的 2/3（根据初始温度梯度，见图 14.13）。奇怪的是，对流层上部 1/3 处的温度有所下降，而流体整体受热。这是冷空气从下至上运动造成的。

式（14.117）加上式（14.119）表明了大气边界层厚度和位温随时间演变：

$$h = \sqrt{\frac{6Qt}{\Gamma}} \tag{14.120}$$

$$T = T_0 + \sqrt{\frac{8\Gamma Q t}{3}} \qquad (14.121)$$

大气边界层随时间的平方根增长。对流运动对周围层结的逐渐侵蚀称为穿透对流。

我们现在已经能够估计出动能的贡献。由于对流是通过在整层范围内上升的热泡完成的，因此，对流翻转与大气边界层的深度相同，因而莫宁–奥布霍夫长度一定与大气边界层厚度差不多。让莫宁–奥布霍夫长度与大气边界层厚度相等，我们可以得到

$$\frac{w_*^3}{\mathcal{K}\alpha g Q} = h \qquad (14.122)$$

式中，符号 w_* 代替了 u_*，表明湍流运动不是由机械性因素（如剪切应力）造成的，而是由热泡引起的。以上等式可衡量湍流速度 w_*：

$$w_* = (\mathcal{K}\alpha g h Q)^{1/3} \qquad (14.123)$$

当瑞利数太高，黏性不再是主导参量时，方程式（14.123）可取代式（14.113），估算出动能为 $\rho_0 w_*^2 h/2$。去掉数值系数，动能与瞬时势能的比值为

$$\frac{KE}{PE} \sim (Nt)^{-2/3} \qquad (14.124)$$

在表达式（14.124）中，$N = (\alpha g \Gamma)^{1/2}$，表示未扰动层结的频率。通常 $1/N$ 大约为数分钟，而大气边界层在数小时内形成，因此乘积 Nt 的值很大，这也是之前为什么忽略动能对总体能量平衡贡献的原因。更何况，由摩擦力引起的动能衰减率在总体能量平衡中也不重要。最后需要提及的是，如果 w_* 表示热泡的速度尺度，则热流 $Q = \overline{w'T'}$ 由这些热泡传递，热泡的温度与下沉流体的温度差大约为 $T_* = Q/w_*$。

上文列举的应用是大气对流的一个简单示例。一般而言，大气边界层中的对流运动受到许多因素（包括风，对流运动反过来又影响风）的影响。我们已积累了大量大气边界层物理学的知识，感兴趣的读者可以参考 Sorbjan（1989）或 Garratt（1992）。

在数值模型中，是否可以得到对流视对流相对于系统的长度尺度而定。当对流长度尺度很小，无法被分辨时，得使用数值对流调整（参见 11.4 节）。

解析问题

14.1 层结剪切流由深度分别为 H_1 和 H_2 的两层组成，各自密度和速度分别为 ρ_1、U_1 和 ρ_2、U_2（图 14.1 左图）。如果第二层的厚度是第一层厚度的 3 倍，且第二层是不流动的，那么第一层的速度（该速度下的动能足够大，可实现完全混合）最小值是多少？（图 14.1 右图）

14.2 海洋中，暖流（$T = 18\,℃$）以速度 $10\ \mathrm{cm/s}$ 在不流动的寒冷层（$T = 10\,℃$）上方流动，两层的盐度相同，热膨胀系数为 $2.54 \times 10^{-4}\ \mathrm{K}^{-1}$，最长不稳定波的波长是多少？

14.3　用公式表示层结剪切流的理查森数，该剪切流具有均匀浮力频率 N 和线性速度廓线(从底部的速度为零到高度 H 处的速度 U)。然后，将该理查森数与弗劳德数联系起来，证明只有在弗劳德数超过 2 的情况下才会出现层结剪切流不稳定。

14.4　在远离海岸和强流的海区，上层水体稳定层结，频率为 $N = 0.015\ \text{s}^{-1}$。风暴经过该海区，在 10 h 内平均施加的压力为 0.2 N/m²。风暴结束后，混合层的深度是多少？(海水密度取 $\rho_0 = 1\,028\ \text{kg/m}^3$)

14.5　一海洋气团以速度 10 m/s 吹过寒冷海域，发展为垂直方向上 8℃/km 的稳定位温梯度。然后海洋气团吹到了温暖的大陆，底部以 200 W/m² 的速率加热。假设气团速度不变，则近岸 60 km 处对流层的高度是多少？典型的垂向对流速度是多少？[取 $\rho_0 = 1.20\ \text{kg/m}^3$，$\alpha = 3.5 \times 10^{-3}\ \text{K}^{-1}$，$C_p = 1\,005\ \text{J/(kg·K)}$]

14.6　对于不断加厚的大气边界层，证明热泡上升速度比大气边界层加厚速度快($w_* > \text{d}h/\text{d}t$)，并且热泡的温差比大气边界层顶部的温度跃变要小[$T_* < (T - T_0)/2$]。

14.7　为什么涡黏性是正值？如果 $\nu_E \leqslant 0$，能量平衡会发生什么变化？

14.8　使用式(14.63)、式(14.64)和式(14.42)中固定的 M^2、N^2、l_m，且 $c_\mu/c_\mu' = 0.7$，思考下列湍流动能 k 的控制方程：

$$\frac{\partial k}{\partial t} = \nu_E M^2 - \kappa_E N^2 - \epsilon$$

证明只要 k 的初始值为非负值，该控制方程的解就始终是非负值。

数值练习

14.1　假设湍流动能平衡由局地能量生成和耗散主导，你会如何定义一维水柱模型的交错网格？

14.2　使用一种数值方法，使均匀 $k\text{-}\epsilon$ 模型中衰减湍流动能 k 为正值。

14.3　说明对于统计平衡中的湍流，稳定函数只依赖于理查森数。

14.4　将微尺度考虑在内，ϵ 的典型值为 10^{-3} W/kg，重新评估模拟地球流体动力学(尺度小至耗散尺度)所需的计算能力。

14.5　与 l_m 相比，你觉得对垂向网格间距 Δz 应该有哪些要求？

14.6　建立一个包括 $k\text{-}\epsilon$ 闭合方案的一维模型。如果需要帮助，请查看 kepsmodel. m，但是不要作弊。

14.7　使用数值练习 14.6 中的程序或 kepsmodel. m 来模拟解析问题 14.4 中风混合的例子。特别要考虑有或没有科氏力的情况下，以速度矢端线图形式(u、v 轴)表示表面速度随时间的演变。然后在风不停止的情况下重复该计算，再次对比有或没有科氏力的情况下，表面速度随时间的演变。做法是跟踪这两种情况混合层深度的演变，如

图 14.14 所示。

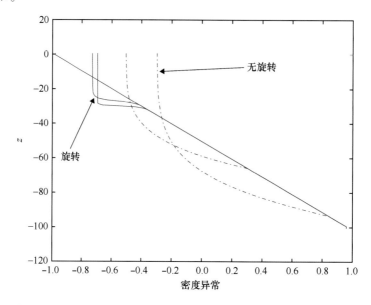

图 14.14 稳定表面风正在消除均匀层结。在无旋转的情况下，混合层加深(虚线显示的两条廓线)；在旋转的情况下，混合层稳定(实线显示的两条廓线)，并且密跃层强度增大。参见数值练习 14.7

14.8 证明式(14.100)是式(14.98)的充分条件，使式(14.98)的数值解会收敛到平衡值 c^*，始终为正且不跨越 $c=c^*$。

14.9 模拟海洋中的对流(初始层结均匀，$N=0.015\ s^{-1}$)，然后加上会使海面产生不稳定的热损失 200 W/m^2。将热度通量转换为密度异常通量，并使用无旋转的一维模型。从静止状态开始，使用一种方法检测混合深度以及跟踪混合深度随时间演变。以同样方法模拟并分析数值练习 14.7 中风混合的例子，并与 14.7 节的理论结果相比较。

刘易斯·弗莱·理查森
(Lewis Fry Richardson，1881—1953)

与同时代和后代中的很多科学家不同，刘易斯·弗莱·理查森对气象学的兴趣不是源于战争。相反，在第一次世界大战期间，理查森辞去了英国气象局的固定职位，加入了法国救护队照护伤员。第一次世界大战后，理查森又回到了英国气象局（参见第 1 章结尾处的历史注释）。当气象局转移到空军部后，理查森再次离开了，因为他深信"科学应该服从道德"。

理查森的科学贡献大致可分为三类：求解微分方程的有限差分法、气象学以及国家战争与和平的数学模式。在计算机预测天气出现之前，理查森结合这两个兴趣，设想出数值天气预测（参见 1.9 节）。1919—1920 年期间，理查森的无量纲比公式（现在以理查森的名字命名）可在他一系列关于大气湍流和扩散的里程碑式的论文中找到。为了寻找让国家保持和平的合理方法，理查森发展了战争与和平的数学理论。

据理查森同时代人描述，他是一位头脑清楚的思想家和演讲者，但对行政工作毫无热情，喜欢独处。他承认自己"不善聆听，因为自己为思绪而分心"。[照片由巴萨诺（Bassano）和范戴克（Vandyk）提供于伦敦]

乔治·林肯·梅勒

（George Lincoln Mellor，1929—　）

　　乔治·梅勒一生都致力于研究各种形式的流体湍流，早期对喷气发动机的空气动力学和湍流边界层的兴趣导致其对层结的地球流体涡流产生了更大兴趣。在 20 世纪 70 年代中叶，梅勒与山田哲司共同研发了一种闭合方案来模拟层结流体中的湍流，该方案现已用于全球范围内大气和海洋模式中。1982 年，他们合著的论文发表在《地球物理与空间物理的评论》上，成为该领域被引用最多的论文之一。

　　梅勒也作为普林斯顿海洋模型（Princeton Ocean Model，POM）的设计师而为大家所熟知。该模型在全球，特别是在沿海地区以及湍流混合比较明显的地区广泛用于模拟海洋动力。梅勒也是教科书《物理海洋学导论》（美国物理联合会出版，1996）的作者。（照片由普林斯顿大学提供）

第四部分

旋转和层结的共同效应

第 15 章　层结旋转流体动力学

摘要： 地转运动可以在密度不均匀性的调整中产生，并使层结流体远离重力平衡。水平密度梯度和垂向速度剪切之间的关系是关键所在，称为热成风关系。海洋沿岸上升流是层结旋转流体动力学的一个很好示例。因为地转调整过程中会形成大的梯度和不连续性（锋面），因而数值部分给出了如何在计算机模式中处理大的梯度。

15.1　热成风

考虑这样的情况：冷气团楔于地面与暖气团之间（图 15.1），则层结既有水平分量，也有垂直分量。在数学上，密度是高度 z 和距离 x（即从冷气团到暖气团）的函数。现在，假设流动是定常的地转流且满足静力平衡：

$$-fv = -\frac{1}{\rho_0}\frac{\partial p}{\partial x} \tag{15.1}$$

$$\frac{\partial p}{\partial z} = -\rho g \tag{15.2}$$

式中，v 是水平方向 y 上的速度分量，p 是压力场。对式(15.1)求 z 的导数，并使用式(15.2)消去 $\partial p/\partial z$，我们得到

$$\frac{\partial v}{\partial z} = -\frac{g}{\rho_0 f}\frac{\partial \rho}{\partial x} \tag{15.3}$$

因此，如果水平速度存在垂向剪切，则水平密度梯度可以保持在定常状态。当密度在水平的两个方向上都有变化时，下式同样适用：

$$\frac{\partial u}{\partial z} = +\frac{g}{\rho_0 f}\frac{\partial \rho}{\partial y} \tag{15.4}$$

这些看似简单的关系其实具有深远的意义。这些关系表明，由于科氏力的存在，系统可以在不调整密度面分布使之趋于水平的情况下维持平衡。换句话说，地球旋转

可以在没有任何连续的能量供应的情况而使系统脱离静止状态。

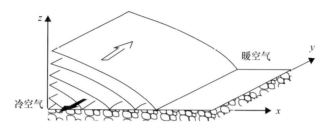

图 15.1　存在水平密度梯度的情况下，流动具有垂向剪切，
流速随高度的变化称为热成风

注意速度场(u, v)的值无法具体获得，只能得到它们的垂向剪切 $\partial u/\partial z$ 和 $\partial v/\partial z$ 的值，这意味着速度肯定随高度而变化（在图 15.1 的情况中，$\partial \rho/\partial x$ 为负值，$\partial v/\partial z$ 为正值）。例如，地面以上某高度处的风速和风向可能与地面上的风速和风向完全不同。速度存在垂直梯度，也意味着除了在一些离散高度面上否则速度不能为零。气象学家将这样的流动命名为热成风。[①]

当存在显著的密度差异时（如冷暖锋之间），层化系统可能是适用的。在这种情况下（图 15.2），系统可以由两个密度（ρ_1 和 ρ_2，$\rho_1 < \rho_2$）和两个速度（v_1 和 v_2）表示。式(15.3)可以被离散成

$$\frac{\Delta v}{\Delta z} = -\frac{g}{\rho_0 f}\frac{\Delta \rho}{\Delta x}$$

式中，我们取 $\Delta v = v_1 - v_2$，$\Delta \rho = \rho_2 - \rho_1$，得到

$$v_1 - v_2 = -\frac{g}{\rho_0 f}(\rho_2 - \rho_1)\frac{\Delta z}{\Delta x} \tag{15.5}$$

比值 $\Delta z/\Delta x$ 是界面的斜率。该方程式被称为马古列斯关系式（Margules，1906），虽然 Helmholtz(1888)在更早的时候已经得到了该关系对纬向流更为一般的形式。

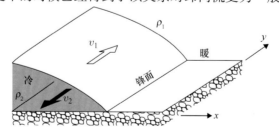

图 15.2　图 15.1 的层化版本，由此得到马古列斯关系式

---

①　虽然热成风是气象学上的一个术语，但海洋学家也用它来表示存在水平密度梯度时，地转平衡中存在剪切流。

热成风的概念在大气和海洋数据分析中都非常有用，因为温度和其他影响密度的变量(如压强和比湿，或者海水盐度)的观测数据比速度数据要多得多。例如，知道了温度和湿度随高度的分布情况以及表面风的数据(开始积分)，便可以计算出地面以上的风速和风向。在海洋研究中，尤其是在大尺度海洋环流的研究中，由于局部涡旋影响，零散的海流计数据不具有代表性，因而海盆尺度的环流分布是未知的。出于这个原因，海洋学家通常假定，流动在某个很深的深度(如 2 000 m)上为零，然后从那个深度向上积分热成风关系来估计表面流速。虽然该方法很方便(方程式为线性方程，不需要对时间积分)，但我们应记住，式(15.3)和式(15.4)是基于严格的地转平衡的假设而得到的。显而易见，该方法并不是每个地方和所有时间都适用。

15.2　地转调整

现在我们可能会问图 15.1 和图 15.2 中描述的情况是如何出现的。在大气中，从温暖的热带地区到寒冷的极地地区之间存在的温度梯度是全球大气的一个永久特性，虽然风暴可能有时会改变某些地方的温度梯度的大小。洋流可以把来源和密度存在巨大差异的水团带到一起并相互接触。最后，沿岸过程(如淡水径流)可以在近海的咸水与近岸的淡水之间造成密度差异。因此，存在可以让不同流体团接触的各种机制。

通常，不同流体团之间的接触是短暂的，没有时间实现热成风平衡。沿岸上升流便是一个示例：沿岸风会引起海洋中的离岸埃克曼漂流，而海岸附近的表层水损耗使下面较重的水上涌(请参见本章的后面章节内容)。这种就是初始时未达到平衡，逐渐进行调整的情况。

我们简单研究一个两水团刚刚接触而发生动力学调整的例子。想象一个无限深的海洋，它的一半突然被加热[图 15.3(a)]，被加热这一侧的海水形成了温暖的上层，而另一侧以及下面的海水仍然相对较冷[图 15.3(b)]。我们还可以想象两侧之间有一个垂直的门，阻止了水从一边溢到另一边。上层形成后，或把中间的门移去后，海洋处于不平衡的状态，较轻的表层水会流到冷的一侧，调整过程开始。在没有旋转的情况下，我们很容易想到，只有当较轻的海水均匀分散到整个水域，流动才会停止，系统会静止。但如我们将要看到的，如果旋转效应明显，情况就并非如此。

在科氏力的影响下，由初始流动产生的向前的加速度会引起流动的偏转(北半球偏右)，最终在密度不均匀而引起的压力梯度的作用下达到地转平衡状态。结果只是伴随着水平流动有有限的流体溢出[图 15.3(c)]。

为了用数学方法描述该过程，我们使用 f 平面上的约化重力模型式(12.19)，根据图 15.3(b)的符号，约化重力常数 $g' = g(\rho_0 - \rho_1)/\rho_0$。我们忽略 y 方向上的变化，但保留 y 方向上的速度 v，得到

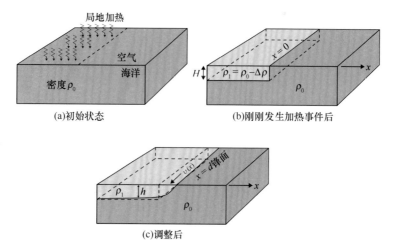

图 15.3　地转调整的一个简单示例

$$\frac{\partial u}{\partial t} + u\,\frac{\partial u}{\partial x} - fv = -\,g'\,\frac{\partial h}{\partial x} \qquad (15.6a)$$

$$\frac{\partial v}{\partial t} + u\,\frac{\partial v}{\partial x} - fu = 0 \qquad (15.6b)$$

$$\frac{\partial h}{\partial t} + \frac{\partial}{\partial x}(hu) = 0 \qquad (15.6c)$$

初始条件（即刚刚增温后）为：当 $x<0$ 时，$u=v=0$，$h=H$；当 $x>0$ 时，$h=0$。边界条件为：当 $x\to-\infty$ 时，u 和 $v\to0$ 且 $h\to H$，而锋面处的速度分量 u 由随体导数 $u=\mathrm{d}x/\mathrm{d}t$ 给出，其中 $x=\mathrm{d}(t)$ 时 $h=0$，移动点在界面露头的地方。该非线性问题不能解析求解，但是存在一个属性，即上述方程控制的流体质点具有以下形式的位势涡度：

$$q = \frac{f + \partial v/\partial x}{h} \qquad (15.7)$$

最初，所有的质点都有 $v=0$，$h=H$，并具有相同的位势涡度 $q=f/H$。因此，整个轻流体层的位势涡度始终都保持着统一的值 f/H：

$$\frac{f + \partial v/\partial x}{h} = \frac{f}{H} \qquad (15.8)$$

这种属性让我们无须处理复杂的中间演变，而将初始状态与最终状态联系起来。

　　当调整完成后，时间导数为零。然后，式（15.6c）要求 hu 为常数，因为在某点 $h=0$，因而该常数必须为零，这意味着 u 处处都为零，式（15.6b）简化为零=0，毫无意义。最后，式（15.6a）意味着速度与压力梯度（由倾斜界面引起）之间达到地转平衡：

$$-fv = -\,g'\,\frac{\mathrm{d}h}{\mathrm{d}x} \qquad (15.9)$$

式(15.9)给出了两个未知量(速度和深度分布)之间的关系。位势涡度守恒原理式(15.8)在最终状态依然适用,该原理给出了第二个方程式,从而将初始扰动的信息传递到最终状态。

尽管眼下面临一个问题,即原始控制方程式(15.6a)至式(15.6c)为非线性方程,但是式(15.8)和式(15.9)是线性的,并且很容易得到它们的解。消去这两个方程式之间的 $v(x)$ 或 $h(x)$,可以得到一个关于其余变量的二阶微分方程,该方程存在两个指数解。舍弃当 $x \to -\infty$ 仍增长的指数解,并运用边界条件($x = d$ 时 $h = 0$),得到

$$h = H \left[1 - \exp\left(\frac{x - d}{R}\right) \right] \qquad (15.10)$$

$$v = - \sqrt{g'H} \exp\left(\frac{x - d}{R}\right) \qquad (15.11)$$

式中,R 为变形半径,定义为

$$R = \frac{\sqrt{g'H}}{f} \qquad (15.12)$$

d 是未知的露头位置(h 为零的位置)。为了确定该距离,我们必须再次将初始状态与最终状态关联起来,这次采用体积守恒原理①。排除无穷远处(没有任何活动)的一个有限位移,我们要求 $x = 0$ 左边的轻水的损耗完全由右边的重水补偿,即

$$\int_{-\infty}^{0} (H - h)\, \mathrm{d}x = \int_{0}^{d} h \,\mathrm{d}x \qquad (15.13)$$

然后得到关于 d 的超越方程,该方程的解非常简单:

$$d = R = \frac{\sqrt{g'H}}{f} \qquad (15.14)$$

因此,轻水在调整过程中溢出的最大距离正是变形半径,这就是后者命名的由来。

请注意,R 在其分母中有科氏参数 f。因此,当 f 不为零时,扩展距离 R 不是无限的。换句话说,因为地球旋转导致的科氏效应,扩展是有限的。当然,在非旋转框架中,扩展是无限的。

大气和海洋中经常存在横向不均匀性,然后大气和海洋会进行调整形成某种形态,这些形态会改变不均匀性,但仍可以维持这些不均匀性。这些形态处于或接近地转平衡,而且可以持续很长时间。这解释了为什么不连续性(例如锋面)在大气和海洋中屡见不鲜。正如前面的例子表明,锋面以及伴随的风或流会在变形半径距离内发生。为了描述在该长度尺度上观察到的活动,气象学家采用了"天气尺度"这一表述,而海洋

---

① 我们使用体积守恒原理来确定锋面位置并允许某些能量损失,而不能使用相反的条件,根本原因是质量传播与能量传播截然不同的特性。后者可以通过波动传播到很远(无限远)的地方而不发生流体的净位移,而质量的传播则需要平流的发生。

学家倾向于使用"中尺度"这一形容词。

我们可以改变初始假设的扰动，来形成各种地转锋面，所有锋面均处于定常状态。图 15.4 中提供了一系列示例(取自己发表的研究)。按照顺序依次是：在平底区域，由突然的局地加热(冷却)而产生的表面至底部的锋面；在陆架坡折区，由于存在不同的陆架水团和深层水团而产生的自表至底的锋面；表面至表面的双层锋面；两层层结流的局部混合产生的三层锋面。感兴趣的读者可以参考 Rossby(1937，1938)的原作，Veronis(1956)的文章，Blumen(1972)的综述，以及 Stommel 等(1980)、Hsueh 等(1983)和 van Heijst(1985)有关特定情况的文章。Ou(1984)研究了连续层结流体的地转调整，发现如果初始条件充分远离平衡，则在调整过程中会出现密度不连续性。换句话说，锋面可以从早期的连续条件自发出现。

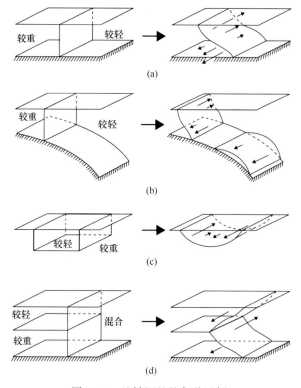

图 15.4　地转调整的各种示例

在前面的情况中，两个水平方向中有一个方向上没有变化。一般情况下(参见 Hermann et al.，1989)会产生准地转的随时间变化的流动。

15.3　地转调整的能量学

前面的地转调整理论借助于位势涡度守恒原理和体积守恒原理，但是没有提及能量(在非耗散型系统中也要必须守恒)。由于已经求得了解,我们所能做的就是检查一下能量收支,有惊喜等着我们呢!

初始时,系统处于静止状态,没有动能($KE_i = 0$),而初始势能(横向的单位长度上)为①

$$PE_i = \frac{1}{2} \rho_0 \int_{-\infty}^{0} g' \, H^2 \mathrm{d}x \tag{15.15}$$

虽然该表达式是无限的,但是我们只对初始势能与最后势能的差感兴趣。因此,没有任何问题了。在最后状态,速度 u 为零,动能为

$$KE_f = \frac{1}{2} \rho_0 \int_{-\infty}^{d} h v^2 \mathrm{d}x \tag{15.16}$$

势能为

$$PE_f = \frac{1}{2} \rho_0 \int_{-\infty}^{d} g' h^2 \mathrm{d}x \tag{15.17}$$

在扩展过程中,一些较轻的水升高了,而一些较重的水下降了,取代了轻水的位置。因此系统的重心降低了,我们预计势能会减小,计算得到

$$\Delta PE = PE_i - PE_f = \frac{1}{4} \rho_0 g' H^2 R \tag{15.18}$$

一些动能已通过设定水平流而产生,其量值为

$$\Delta KE = KE_f - KE_i = \frac{1}{12} \rho_0 g' H^2 R \tag{15.19}$$

因此,正如我们所看到的,减少的势能只有 1/3 转换为了动能,我们不禁要问:释放的另外 2/3 的势能哪里去了?答案就在于调整过程中出现的瞬变:一些依赖时间的运动如重力波(此处指界面上的内波),这些重力波可以无限传播,将能量辐射到调整区域以外。在现实中,这类波在传播过程中会耗散能量,因而系统中的能量净减。产生的动能与释放的势能之比因情况而异(Ou,1986),但是倾向于保持在 1/4 至 1/2 之间。

地转调整状态有一个有趣的特性,即其对应于最大的能量损失,从而对应于最低能量的状态。让我们用现有的特例来证明此命题。系统的能量始终为

$$E = PE + KE = \frac{\rho_0}{2} \int_{-\infty}^{d} \left[g' h^2 + h(u^2 + v^2) \right] \mathrm{d}x \tag{15.20}$$

并且我们知道变化满足位势涡度守恒:

①　为证实式(15.15)是势能的正确表达式,求解解析问题 12.2,并用其作为模板来证明用于建立 12.6 节中的两层系统能量守恒的方法。

$$f + \frac{\partial v}{\partial x} = \frac{f}{H} h \tag{15.21}$$

我们现在通过变分原理来寻找对应于最低能量水平式(15.20)并受式(15.21)约束的状态：

$$\mathcal{F}(h, u, v, \lambda) = \frac{\rho_0}{2} \int_{-\infty}^{+\infty} \left[g'h^2 + h(u^2 + v^2) - 2\lambda\left(f + \frac{\partial v}{\partial x} - \frac{fh}{H}\right) \right] dx \tag{15.22}$$

对于任意 δh、δu、δv 和 $\delta\lambda$：

$$\delta\mathcal{F} = 0 \tag{15.23}$$

因为表达式(15.20)是正定的，因此极值就是最小值。三个状态变量 h、u 和 v 以及拉格朗日乘子 λ 的变分分别为

$$\delta h: \quad g'h + \frac{1}{2}(u^2 + v^2) + \frac{f}{H}\lambda = 0 \tag{15.24a}$$

$$\delta u: \quad hu = 0 \tag{15.24b}$$

$$\delta v: \quad hv + \frac{\partial\lambda}{\partial x} = 0 \tag{15.24c}$$

$$\delta\lambda: \quad f + \frac{\partial v}{\partial x} - \frac{f}{H}h = 0 \tag{15.24d}$$

式(15.24b)给出了 $u = 0$，而消去式(15.24a)和式(15.24c)中的 λ 得到

$$\frac{\partial}{\partial x}\left(g'h + \frac{1}{2}v^2\right) + \frac{f}{H}(-hv) = 0$$

或

$$g'\frac{\partial h}{\partial x} + v\left(\frac{\partial v}{\partial x} - \frac{f}{H}h\right) = 0$$

最后，用式(15.24d)将最后这个方程式简化为

$$g'\frac{\partial h}{\partial x} - fv = 0$$

综上所述，在最低能量状态下，u 为零，跨等压线的速度是地转的，即稳定的地转状态。

研究表明，前面的结论在任意多层位势涡度分布的一般情况下仍然有效，只要系统在一个水平方向上没有变化。因此，地转调整状态对应于最低能量水平是一个普遍规律。这可以解释为什么地球流体通常处于准地转平衡状态。

15.4　沿岸上升流

15.4.1　涌升过程

　　风吹过海洋产生埃克曼层和洋流。深度平均的流动(称为埃克曼漂流)与风之间存在一个夹角，根据一个简单的理论(8.6 节)，此夹角为90°(北半球向右)。因此，当风沿着海岸吹的时候，会引起向岸或离岸的埃克曼漂流，海岸则成为漂流移动的障碍。在北(南)半球，如果海岸在风向的左(右)侧，则漂流是离岸流(图 15.5)。如果是这种情况，上层的水减少，造成的低压使下层水上涌，填补至少一部分由离岸漂流腾出的空间。这种现象称为沿岸上升流。海水向上移动后需要有海水对下层进行补充，这是由深海中的向岸流完成的。概括来讲，沿海岸吹的风(在北/南半球，海岸在风向的左侧/右侧)引起了上层的离岸流、沿岸的上升流以及下层的向岸流。

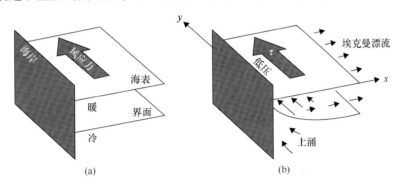

图 15.5　沿岸上升流的发展示意图

　　然而这种流动并不仅仅是在跨海岸的垂直面内这么简单。沿岸的低压还通过地转维持着一个沿岸流，同时，下层的垂直拉伸产生了相对涡度和剪切流。或者换个角度来看，垂直位移产生了水平密度梯度，而横向密度梯度又引起热成风以及剪切流。因此流动的形态其实是相当复杂的。

　　引起沿岸上升流的根本原因是辐散的埃克曼漂流。另外，除了沿岸边界的这类辐散，我们可以很容易设想出其他原因。还有另外两种上升流值得注意：一种是沿着赤道的上升流，另一种是在高纬度地区的上升流。在赤道处，信风不断从东向西吹。在赤道的北边，埃克曼漂流指向右侧或者说远离赤道；在赤道的南边，埃克曼漂流指向左侧，同样也远离赤道(图 15.6)。因此，沿着赤道会发生水平辐散，质量守恒要求必须有上升流存在(Gill，1982，第 11 章；Yoshida，1959)。

　　在高纬度地区，上升流经常在冰的边缘(所谓的海冰边缘区)发生。均匀风施加在冰面和开阔水面的应力不同；而移动的冰反过来也会对其下方的海洋施加应力。净效应就是存在着复杂的各个角度的应力和速度分布，可能产生的结果就是，冰边缘的海流不匹配(图 15.6)。对于风与冰边缘之间的某些角度，流动会发生辐散，又会产生上升流来弥补水平流的辐散(Hakkinen，1990)。

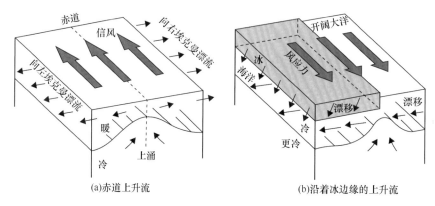

图 15.6　其他类型的上升流

上升流现象，尤其是沿岸上升流，已经引起了极大的关注，主要是因为其与生物海洋学有一定关联，因而与渔业有关联。简而言之，当满足以下两个条件，海洋中的小生物(浮游植物)就会激增：光照和营养供给。通常，营养物质存在于阳光照不到的深海水域，因而海水中要么缺少光照，要么缺少营养。上升流区域属于例外，在这些区域，深层富含营养的海水会上升到表层，受到阳光的照射，从而有利于生物活动。利于形成上升流的风大多数情况下会出现在大陆的西海岸，这些地区的盛行风吹向赤道。感兴趣的读者若要回顾关于沿岸上升流的观测以及对沿岸上升流生物学意义的讨论，可以参考 Richards(1981)编辑的文章。

15. 4. 2　沿岸上升流的简单模型

考虑 f 平面($f>0$)的约化重力海洋，以一堵垂直的墙为边界，并受到位于其左侧的墙施加的表面应力的作用[图 15.5(a)]。流动的上层(被定义为包括整个垂向埃克曼层)为离岸漂流。由于选择的是约化重力模型，下层是无限深且静止的。在沿岸方向没有变化的情况下，运动方程为

$$\frac{\partial u}{\partial t} + u\frac{\partial u}{\partial x} - fv = -g'\frac{\partial h}{\partial x} \tag{15.25a}$$

$$\frac{\partial v}{\partial t} + u\frac{\partial v}{\partial x} + fu = \frac{\tau}{\rho_0 h} \tag{15.25b}$$

$$\frac{\partial h}{\partial t} + \frac{\partial}{\partial x}(hu) = 0 \tag{15.25c}$$

式中，x 是离岸坐标；τ 是沿岸风应力；所有其他符号为常用符号[图 15.5(b)]。

上述方程组看似简单，但却是非线性的，无法求得解析解。因此，我们通过假设风应力 τ 很弱，从而海洋的响应也很弱，将这些方程进行线性化。注意 $h = H - a$，其中 H 是未受扰动的上层的厚度，a 是界面处很小的向上的位移，我们将方程写为

$$\frac{\partial u}{\partial t} - fv = g' \frac{\partial a}{\partial x} \tag{15.26}$$

$$\frac{\partial v}{\partial t} + fu = \frac{\tau}{\rho_0 H} \tag{15.27}$$

$$-\frac{\partial a}{\partial t} + H \frac{\partial u}{\partial x} = 0 \tag{15.28}$$

这组方程包含两个独立的对 x 的导数，因此要求有两个边界条件。自然而然，u 在岸边变为零（$x = 0$），a 在远离海岸处变为零（$x \to +\infty$）。

该问题的解取决于初始条件，可以取为是静止状态（$u = v = a = 0$）。Yoshida（1955）被公认首次推导出该问题的解（扩展到两个移动的水层）。但是，因为风存在脉动性，上升流很难作为时间上的独立事件发生，因此我们更想研究前面线性方程组的周期解。取 $\tau = \tau_0 \sin \omega t$，其中 τ_0 在时间和空间上都为常数，我们注意到解必须为 $u = u_0(x) \sin \omega t$，$v = v_0(x) \cos \omega t$ 且 $a = a_0(x) \cos \omega t$ 的形式。将剩下的 x 方向的常微分方程进行代入和求解，得到

$$u = \frac{f \tau_0}{\rho_0 H(f^2 - \omega^2)} \left[1 - \exp\left(-\frac{x}{R_\omega}\right) \right] \sin \omega t \tag{15.29a}$$

$$v = \frac{\omega \tau_0}{\rho_0 H(f^2 - \omega^2)} \left[1 - \frac{f^2}{\omega^2} \exp\left(-\frac{x}{R_\omega}\right) \right] \cos \omega t \tag{15.29b}$$

$$a = \frac{-f R_\omega \tau_0}{\rho_0 g' H \omega} \exp\left(-\frac{x}{R_\omega}\right) \cos \omega t \tag{15.29c}$$

式中，R_ω 为修正后的变形半径，定义为

$$R_\omega = \sqrt{\frac{g' H}{f^2 - \omega^2}} \tag{15.30}$$

根据前面的解，我们得出结论，上升流或下降流存在于距离海岸 R_ω 的范围内。远离海岸处（$x \to \infty$）的界面位移为零，流场包括埃克曼漂流：

$$u_{\mathrm{Ek}} = \frac{\tau_0}{\rho_0 f H} \sin \omega t, \quad v_{\mathrm{Ek}} = 0 \tag{15.31}$$

在很长的周期上，例如数周和数月（$\omega \ll f$），距离 R_ω 变为变形半径，垂向的界面位移

会相当大(实际中，风在转向前会非常稳定地朝一个方向吹)，并且远场振荡变得比埃克曼漂流小得多。显而易见，对于非常大的垂向位移和较低的频率，我们必须确保线性化的假设仍然有效，即 $|a| \ll H$。根据强迫项以及 $R_\omega \approx \sqrt{g'H}/f$，该条件转化为

$$\frac{\tau_0}{\rho_0 \omega H} \ll \sqrt{g'H} \qquad (15.32)$$

接下来很快就会对该条件给予解释。

在超惯性频率($\omega > f$)情况下，量 R_ω 变为虚量，表明远离海岸时解并没有衰减而是会呈现振荡。从物理学上说，海洋的响应没有被截陷于海岸附近，并且会激发惯性重力波(9.3 节)。这些波向外辐射，会充满整个海盆。因此，根据其频率，风向海洋传输的能量要么保留在局地，要么被辐射出去。

15.4.3 有限振幅的上升流

如果风力充分强劲或吹了充分长的时间，则密度界面就可以上升到表层，从而形成锋面。持续的风会将该锋面吹向离岸区域并将较冷的海水带到表层，这种成熟状态称为完全上升流(Csanady，1977)。显而易见，之前的线性理论不再适用。

由于非线性让情况更加复杂，现在我们只研究风吹过一段时间后海洋的最后状态。式(15.25b)表示为

$$\frac{d}{dt}(v + fx) = \frac{\tau}{\rho_0 h} \qquad (15.33)$$

式中，$d/dt = \partial/\partial t + u \partial/\partial x$ 是离岸方向流体质点的随体时间导数，可以在一段时间内进行积分，得到

$$(v + fx)_{\text{at end of event}} - (v + fx)_{\text{initially}} = I \qquad (15.34)$$

风脉冲 I 是跟随某流体质点在一段时间内的风应力项 $\tau/\rho_0 h$ 的积分。虽然每个流体团受到的风脉冲无法准确确定，但可以通过假设风活动相对短暂来估计。然后可以通过使用局地应力值并将 h 替换为 H，近似得到时间积分：

$$I \simeq \frac{1}{\rho_0 H} \int_{\text{event}} \tau dt \qquad (15.35)$$

如果初始状态为静止状态，则式(15.34)意味着初始时离海岸距离为 X 的质点在风停止后，距离海岸距离为 x，并且有沿岸速度为 v，使得

$$v + fx - fX = I \qquad (15.36)$$

在随后的调整直到达到平衡的过程中，式(15.33)($\tau = 0$)表明 $v + fx$ 保持不变，式(15.36)在风停止后仍然成立。

如果空间分布均匀的风吹过等深的海洋层，则漂流速度也均匀，不会给流体团带

来涡度。因此，当均匀风吹过均匀层，位势涡度守恒（另参见解析问题 15.9）。风吹过后，在没有其他强迫力的情况下，位势涡度在整个调整过程中守恒：

$$\frac{1}{h}\left(f + \frac{\partial v}{\partial x}\right) = \frac{f}{H} \tag{15.37}$$

根据式（15.25c），一旦达到稳定状态后，不再有任何离岸速度（$u = 0$）。剩余的式（15.25a）简化为简单的地转平衡，与式（15.37）结合得到解：

$$h = H - A \exp\left(-\frac{x}{R}\right) \tag{15.38}$$

$$v = A \sqrt{\frac{g'}{H}} \exp\left(-\frac{x}{R}\right) \tag{15.39}$$

式中，R 现在是传统的变形半径（$\sqrt{g'H}/f$）。积分常数 A 代表涌升状态的幅度，通过式（15.36）与风脉冲相关联。必须对两种可能的结果进行研究：界面没有上升到表层（图 15.7，情况 I）；或界面已经露头，形成了一个锋面并让冷水域暴露在海岸附近的表层（图 15.7，情况 II）。

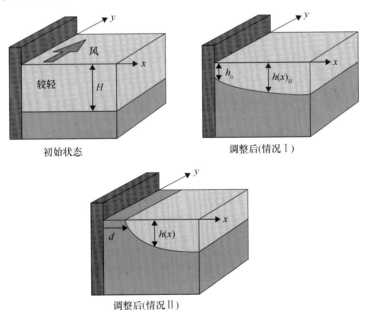

初始状态　　　　　　　调整后(情况 I)

调整后(情况 II)

图 15.7　沿岸风吹过一段时间后，沿岸上升流的两种可能结果。弱风或短暂风吹过后（情况 I），界面涌升但是没有到达表层。强风或长时间风（情况 II）导致界面上升至表层，然后在表层形成锋面；该锋面被吹向离岸海域，使得下面的冷水暴露到表面。第二种情况对应于成熟的上升流，有利于生物活动

在情况 I 中，初始时在岸边的质点（$X = 0$）仍然在原处（$x = 0$），式（15.36）得到

$v(x=0)=I$。如果 $A=I(H/g')^{1/2}$，则解式(15.39)满足该条件。海岸边的深度 $h(x=0)=H-A$ 必须为正值，从而要求 $A \leqslant H$，即 $I \leqslant (g'/H)^{1/2}$。换句话说，如果风太弱或太短暂，产生的脉冲小于临界值 $(g'/H)^{1/2}$，则会出现情况 I 中没有锋面或部分涌升的情况。

在更有趣的情况 II 中，锋面形成了，初始时靠近沿岸的质点 $(X=0)$ 现在离岸有一定距离 $(x=d \geqslant 0)$，标记着锋面的位置。这里的层厚度 $h(x=d)=0$，求解式(15.38)得到 $A=H \exp(d/R)$。根据式(15.39)，锋面处的沿岸速度为 $v(x=d)=(g'/H)^{1/2}$。最后，式(15.36)根据风脉冲确定了离岸位移 d：

$$d = \frac{I}{f} - R \qquad (15.40)$$

由于该位移必须为正值，因而要求 $I \geqslant (g'/H)^{1/2}$。从物理学上说，如果风充分强劲或时间充分久，可以让净脉冲大于临界值 $(g'/H)^{1/2}$，则密度界面就会上升到表层并形成锋面，该锋面被风吹向离岸区域，从而让下面的冷水域暴露到表面。请注意情况 I 和情况 II 的实现条件是如何相辅相成的。

顺便提一下条件式(15.32)现在如何解释。其左边是一段时间 $1/\omega$ 后的风脉冲，该值必须小于临界值 $(g'/H)^{1/2}$，以避免出现锋面露头的情况，因为这种情况会让线性假设失效。

式(15.40)有一个简单的物理解释，如图 15.8 中所描述。根据式(8.34a)，离岸埃克曼速度 u_{Ek} 是科氏力来平衡沿岸风应力所必需的速度：

$$u_{\mathrm{Ek}} = \frac{\tau}{\rho_0 f h} \qquad (15.41)$$

进行时间积分后，得到的净离岸位移与风脉冲成正比：

$$x_{\mathrm{Ek}} = \frac{I}{f} \qquad (15.42)$$

如果我们现在假设是风引起了该幅度的离岸漂移，而表层海水像实心平板一样移动，我们就会得到图 15.8 的中间结构。但是这种情况不会持续，接下来必须开始调整，从而导致与 15.2 节探讨的扩展相似的向岸的扩散，即在变形半径距离内的扩展。因此，我们得到了图 15.8 和式(15.40)的最终结构。

15.4.4 上升流锋面的变化

到目前为止，我们只探讨了离岸方向的情况，也就是沿着平直海岸发生的均匀上升流。在现实中，风通常是局地的，海岸线也不是笔直的，因而上升流不可能是均匀的。局地上升流以开尔文波的形式沿着海岸传播，北半球海岸在传播方向的右侧。这

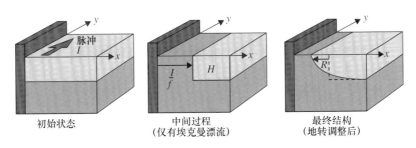

图 15.8　将沿岸上升流的形成过程分解成两步：首先，风引起离岸埃克曼漂流；随后，进入地转调整过程

种再分配不仅降低了强迫区上升流的速率，还产生了非强迫区的上升流。因此，上升流模型必须保留相当一部分海岸以及风场的时空变化（Crepon et al., 1982；Brink, 1983）。

因为上升流锋面是存在高度剪切流的区域，极有可能是不稳定的区域。在前面章节中提及的两层模式中，该剪切由锋面处不连续的流动所体现。暖水层在垂直挤压的影响下形成了反气旋涡度（即与地球自转方向相反），并形成了沿着风方向的流动。在锋面的另一侧，暴露的下层被垂直拉伸，形成了气旋性涡度（即与地球自转方向相同），并形成了逆风方向的流动。因此，锋面两侧的流动方向相反，从而产生较大的剪切，正如我们所看到的（第 10 章），该剪切很不稳定。除了在水平剪切中提供动能，暖水层的扩展也可以将势能从层结中释放（斜压不稳定；参见第 17 章）。有人在海岬处观察到寒冷上涌的水形成了离岸的急流，这些急流穿过锋面，在暖水层穿行，最后分离形成成对的反向旋转的涡旋（Flament et al., 1985）。这解释了为什么中尺度湍流与上升流锋面有关［参见图 15.9 以及 Strub 等（1991）所写的文章］。

这种情况非常复杂，建模需要仔细。不规则的地形和海岸线可能影响很大，因而需要足够的空间分辨率，然而只有当模式中不存在过度的数值耗散时，才能对不稳定性进行精确模拟。

15.5　大气锋生

大气锋面是冷暖气团之间明显的边界，已成为日常天气预报的常见特征。当冷气团赶上暖气团，从而使所经之处气温变低时，就会出现冷锋，冷锋在气象图中表示为带尖峰的线（图 15.10）。与此相反，当暖气团赶上冷气团，从而使局地气温变高时，就会出现暖锋，暖锋在气象图中表示为带半圆的线（图 15.11）。大气中形成急剧的温度梯

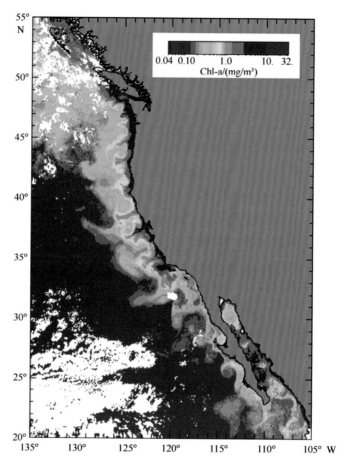

图 15.9 北美太平洋沿岸的 SeaWiFS 卫星图像显示，从下加利福尼亚半岛(墨西哥)到温哥华岛
(加拿大)出现了沿岸上升流现象。阴影部分表示海水中的叶绿素浓度，从图中可以看出，高值
(浅色区)位于生物活性高的区域，低值(深色区)位于生物活性低的区域。注意，不稳定使
上升流锋面发生弯曲(合成图像由美国缅因大学海洋科学学院安德鲁·托马斯博士提供)

度的过程称为锋生，在温度图中很容易识别(图 15.11)。锋面这个词由威廉·皮叶克尼
斯[①]率先提出，他在第一次世界大战期间发起了对气旋和锋面形成的研究工作，并提出
两种气团的交汇与军事交锋类似，称该交界面为锋面。锋生研究已经有很长的历史，
有关内容读者可以查阅 Sawyer(1965)、Eliassen(1962)以及 Hoskins 等(1972)的开创性
论文。在 Pedlosky(1987，8.4 节)的著作中可以找到比本节更详细的数学描述。

锋生所涉及的物理过程极其复杂，我们先来进行运动学分析以了解给定速度场如
何改变热量分布，增加温度梯度。观测结果显示，锋面的产生相对较快，通常不超过

————————————
① 参见第 3 章结尾的人物介绍。

一天，因此我们可以忽略局地加热效应。另外，通过局地差别加热来形成锋面要求热通量有非常大的梯度，这一情况不太可能出现。因此，我们只关注由平流引起的温度变化。

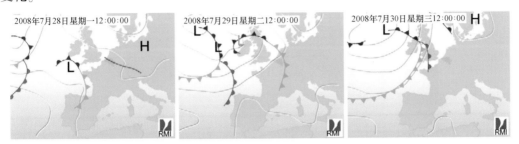

图 15.10　锋面在接近比利时(深色阴影标注的国家)过程中的演变。暖锋由带半圆的线表示，冷锋由带三角的线表示。标志所在的锋面一侧表示锋面的移动方向。对于第一张图居中偏下的冷锋，锋面西边的冷气团向东移动。事实上，该冷锋第二天就从西向东越过了比利时(中间图)。一天后(右图)，该锋面从地图上消失了。与此同时，从西边出现了一个暖锋，后面紧跟着一个冷锋。当冷锋赶上暖锋后，夹在两个锋面之间的暖空气就会被抬升离开表层。新锋面(称为"锢囚锋")的两侧都是冷空气。

　这种锋面由交替的带半圆和带三角的线表示(右侧平面图上部居中位置)(比利时皇家气象研究所)

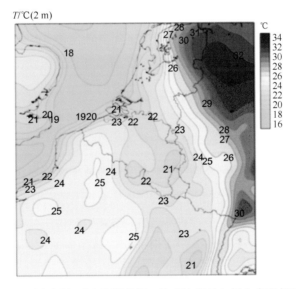

图 15.11　与图 15.10 中间图相对应的温度场。注意冷锋是如何向东驱赶暖空气的。有些暖空气被赶上来的冷空气抬升，从而出现凝结。这解释了为什么冷锋过境一般会伴随着降雨(比利时皇家气象研究所)

　　在最简单的例子(图 15.12)中，假设了一个水平速度场为

$$u = \omega x, \quad v = -\omega y \tag{15.43}$$

式中，ω 是形变率。我们注意到该速度场满足体积守恒定律：

$$\frac{\partial u}{\partial x} + \frac{\partial v}{\partial y} = 0 \tag{15.44}$$

这意味着垂向速度在我们假设的平面上为零。

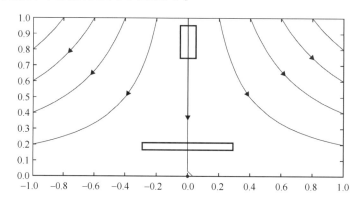

图 15.12　流场 $u = \omega x$，$v = -\omega y$ 引起的锋生。一些流体质点在坐标 $(x = 0, y = 0.9)$ 附近形成了一个向下游移动过程中在 x 方向拉伸的矩形。当流体质点到达 $y = 0.2$（图中下方的矩形）处时，根据体积守恒需要，为了弥补 x 轴方向的辐散，y 轴方向会发生辐合来挤压流体质点。部分后面的流体质点已追赶上了前面的流体质点。在没有加热或冷却的情况下，单个流体质点温度守恒，预先存在于 y 轴方向的温度梯度越来越大。如果在有限的时间内形成了无限的温度梯度，则形成锋面（Frontogenesis. m 可以用于跟踪其他流体质点）

现在假设该流场对初始在 y 方向上存在梯度的温度场进行平流。忽略湍流混合、可压缩性和加热，单个流体质点温度守恒，温度场由平流方程控制：

$$\frac{\mathrm{d}T}{\mathrm{d}t} = \frac{\partial T}{\partial t} + u\frac{\partial T}{\partial x} + v\frac{\partial T}{\partial y} = 0 \tag{15.45}$$

该方程对 x 进行偏微分得到

$$\frac{\mathrm{d}}{\mathrm{d}t}\left(\frac{\partial T}{\partial x}\right) = -\omega\frac{\partial T}{\partial x} \tag{15.46}$$

由于初始温度梯度只存在于 y 轴方向，所以 $\partial T/\partial x$ 最初为零，且随后始终为零。因此，温度梯度的强度可能会变化，但方向不变。

更有趣的是，式（15.45）关于 y 的微分得到

$$\frac{\mathrm{d}}{\mathrm{d}t}\left(\frac{\partial T}{\partial y}\right) = \omega\frac{\partial T}{\partial y} \tag{15.47}$$

该方程表明，流体质点的温度梯度的大小随着时间呈指数增加：

$$\frac{\partial T}{\partial y} = \frac{\partial T}{\partial x}\bigg|_{t=0}\mathrm{e}^{\omega t} \tag{15.48}$$

已知空气质点在 y 轴方向的位置变化由以下方程控制：

$$\frac{\mathrm{d}y}{\mathrm{d}t} = v = -\omega y \Rightarrow y = y_0 \mathrm{e}^{-\omega t} \qquad (15.49)$$

因此，所有的流体团都向 $y=0$ 位置汇聚。也就是说初始时 x 坐标相同、相隔距离为 δy_0 的两个流体团距离将会越来越近。每个流体质点保持初始温度不变，因而温度梯度相应增加。

我们现已了解平流是如何使温度梯度增大，但通过保持流场不变，忽略了增加的热力梯度会反过来影响动力学性质这一事实。实际上，温度梯度越大，产生的热成风必然越强劲，这将改变对温度进行平流的风速。也就是说，速度场和温度场之间存在双向耦合。事实证明，这种耦合加快了梯度增大的过程，从而可以在有限的时间内达到无限的温度梯度。

由于动力学加速以及较小的空间尺度，地转无法实现，因而我们的模型需要保留非线性加速度效应(惯性)。但是，锋面区域具有很强的空间各向异性(穿过锋面发生巨变，沿着锋面发生轻微变化)，因而我们的模型只可以保持单方向地转。这就产生了半地转方法(Hoskins et al.，1972)。

x 轴与锋面一致，大梯度在 y 轴方向，地转速度分量为 u。较弱的速度 v 地转不成立。密度(温度的函数)作为重要的动力学变量被保留，f 平面上的半地转方程为

$$\frac{\mathrm{d}u}{\mathrm{d}t} - fv = -\frac{1}{\rho_0}\frac{\partial p}{\partial x} \qquad (15.50a)$$

$$+ fu = -\frac{1}{\rho_0}\frac{\partial p}{\partial y} \qquad (15.50b)$$

$$- \alpha g T = -\frac{1}{\rho_0}\frac{\partial p}{\partial z} \qquad (15.50c)$$

$$\frac{\partial u}{\partial x} + \frac{\partial v}{\partial y} + \frac{\partial w}{\partial z} = 0 \qquad (15.50d)$$

$$\frac{\mathrm{d}T}{\mathrm{d}t} = 0 \qquad (15.50e)$$

形成了关于 5 个变量的 5 个方程，即 3 个速度分量(u，v，w)、压强 p 和温度 T。注意，密度通过一个线性状态方程被消去，温度是密度为 ρ_0 时的温度。

在第一个方程中，因为 u 大 v 小，加速度项 $\mathrm{d}u/\mathrm{d}t$ 保留在科氏项 fv 左边，从而打破了 x 轴方向动量收支中的地转平衡。还要注意，第一个方程和最后一个方程中都保留了完整的随体导数：

$$\frac{\mathrm{d}}{\mathrm{d}t} = \frac{\partial}{\partial t} + u\frac{\partial}{\partial x} + v\frac{\partial}{\partial y} + w\frac{\partial}{\partial z} \qquad (15.51)$$

对式 (15.50b)求 z 的导数，式(15.50c)求 y 的导数，相结合得到了热成风平衡：

$$\frac{\partial u}{\partial z} = -\frac{\alpha g}{f}\frac{\partial T}{\partial y} \tag{15.52}$$

接下来，我们定义下面的量：

$$q = \left(f - \frac{\partial u}{\partial y}\right)\frac{\partial T}{\partial z} + \frac{\partial u}{\partial z}\frac{\partial T}{\partial y} \tag{15.53}$$

这是位势涡度的一种形式。该变量 q 是非常有用的，因为移动的流体质点保持着该量的守恒。事实上，经过一些繁冗的代数计算，通过前面的方程可以得到简单的守恒方程：

$$\frac{\mathrm{d}q}{\mathrm{d}t} = 0 \tag{15.54}$$

为了使用尽可能简单的模型，我们关注 q 初始时各处都为零的流动。流体质点的 q 随时间守恒，各处的 q 随后保持为零：

$$\left(f - \frac{\partial u}{\partial y}\right)\frac{\partial T}{\partial z} + \frac{\partial u}{\partial z}\frac{\partial T}{\partial y} = 0 \tag{15.55}$$

后面我们可以了解到，这类流动拥有的属性有助于数学求解，但其不是退化的。

现在我们对流场进行具体的研究，选择本节前面使用的变形场，增加一些项来反映热力梯度锐化将影响热成风平衡从而影响流场本身的事实。我们假设以下类型的解：

$$u = +\omega x + u'(y,\ z,\ t) \tag{15.56a}$$

$$v = -\omega y + v'(y,\ z,\ t) \tag{15.56b}$$

$$p = -\rho_0 f\omega xy - \frac{1}{2}\rho_0 \omega^2 x^2 + p'(y,\ z,\ t) \tag{15.56c}$$

$$w = w(y,\ z,\ t) \tag{15.56d}$$

$$T = T(y,\ z,\ t) \tag{15.56e}$$

写出这些表达式时要注意包含与基本的变形场$(\omega x,\ -\omega y)$处于地转平衡的压强场项。此外，因为锋面的各向异性，我们预计除基本变形场以外的所有分量都与 x 轴无关。代入式(15.50)得到

$$\frac{\mathrm{d}u'}{\mathrm{d}t} + \omega u' - fv' = 0 \tag{15.57a}$$

$$fu' = -\frac{1}{\rho_0}\frac{\partial p'}{\partial y} \tag{15.57b}$$

$$\alpha\rho_0 gT = \frac{\partial p'}{\partial z} \tag{15.57c}$$

$$\frac{\partial v'}{\partial y} + \frac{\partial w}{\partial z} = 0 \tag{15.57d}$$

$$\frac{\mathrm{d}T}{\mathrm{d}t} = 0 \tag{15.57e}$$

我们并未采用任何线性化方法，并且式(15.57a)和式(15.57e)中的随体导数都是原来的导数，除了对 x 的导数(现在为零)。请注意，总速度 v 出现在了该随体导数中。利用热成风关系式(15.52)和 $q=0$，式(15.55)变为

$$\frac{\partial u'}{\partial z} = -\frac{\alpha g}{f}\frac{\partial T}{\partial y} \tag{15.58}$$

$$\left(f - \frac{\partial u'}{\partial y}\right)\frac{\partial T}{\partial z} + \frac{\partial u'}{\partial z}\frac{\partial T}{\partial y} = 0 \tag{15.59}$$

接下来，我们定义所谓的地转坐标：

$$Y = y - \frac{u'}{f} \tag{15.60}$$

其结合了梯度所在的 y 坐标以及横向方向的流。因为 $\mathrm{d}y/\mathrm{d}t = v$，这个量有一个简单的随体导数：

$$\frac{\mathrm{d}Y}{\mathrm{d}t} = -\omega Y \tag{15.61}$$

使用这个新变量代替 u'，式(15.59)($q=0$)变为

$$\frac{\partial Y}{\partial y}\frac{\partial T}{\partial z} - \frac{\partial Y}{\partial z}\frac{\partial T}{\partial y} = 0 \tag{15.62}$$

该式可以改写为

$$-\frac{\partial Y/\partial y}{\partial Y/\partial z} = -\frac{\partial T/\partial y}{\partial T/\partial z} = S \tag{15.63}$$

最后一个方程表明，垂直平面(y，z)内 Y 线的斜率 S 等于 T 线的斜率。这意味着 Y 的等值线与 T 的等值线(等温线)一致，我们可以写成

$$Y = Y(T,\ t) \tag{15.64}$$

该方程表明在(y，z)平面，如果 T 是常数，Y 也是常数。时间 t 在这里起着参数的作用。

利用热成风关系式(15.58)，等温线的斜率 S 可以用 Y 和 T 表示为

$$S = -\frac{\partial T/\partial y}{\partial T/\partial z} = -\frac{f^2}{\alpha g}\frac{\partial Y/\partial z}{\partial T/\partial z} = -\frac{f^2}{\alpha g}\frac{\partial Y}{\partial T} \tag{15.65}$$

该方程利用了 Y 是 T 的函数这一事实，这使 S 也只是温度 T(及时间参数 t)的函数。逻辑上，如果 S 沿等温线不变，则该等温线具有均匀的斜率，为一条直线。由此可见，所有的等温线都为直线①。注意，不同的等温线斜率可能不同，有的等温线斜率大，有

---

① 由于选择 $q=0$，因此这些等温线为直线。

的等温线斜率小，而且单个等温线的斜率可能随时间发生变化。

接下来，我们再重新看控制 Y 的时间变化的式（15.61）。利用 Y 不是 x 的函数而只是 T 和时间的函数以及 $dT/dt = 0$，我们得到

$$\frac{dY}{dt} = \frac{\partial Y}{\partial t}\bigg|_{T=\text{const}} + \frac{\partial Y}{\partial T}\frac{dT}{dt} \tag{15.66}$$

$$\frac{\partial Y}{\partial t}\bigg|_{T=\text{const}} = -\omega Y \tag{15.67}$$

其解为

$$Y = Y_0(T)\, e^{-\omega t} \tag{15.68}$$

式中，Y_0 是 Y（只是 T 的函数）的初始分布，我们无须指定。

将 Y 代入 S 式（15.65）中，我们得到

$$S = -\frac{f^2}{\alpha g}\frac{dY_0}{dT}\, e^{-\omega t} \tag{15.69}$$

因此，每条等温线的斜率都随着时间推移减小[1]，但是有些等温线比其他等温线减小幅度更大。现在需要确定如何将不同的等温线之间进行比较。

为了获得位移，我们首先对水平速度在水平边界和非穿透性（$w = 0$）边界[如陆地上的平地或海面及其上方的对流层顶（图 15.13）]之间进行垂向积分。体积守恒式（15.57d）规定：

$$\frac{\partial \bar{v}}{\partial y} = -\omega \tag{15.70}$$

式中，$\bar{v}$ 是速度分量 v（不只是 v'）的垂向平均值。假设速度 v 是距离我们研究的锋面区域很远的变形场 $-\omega y$ 的速度，式（15.70）表明，各处的平均速度 $\bar{v}$ 均为 $-\omega y$。这意味着平均来说，一个流体柱会向着 $y = 0$ 移动，并且相邻流体柱之间的 y 方向的距离会随着时间推移呈指数减小。

由于在 $z = H/2$ 周围的倾斜并未改变这两条等温线之间的体积（因为 T 是守恒量，因而它们是物质面），中间高度 $z = H/2$ 处两条线之间的距离 Δ 必须按照 $\Delta = \Delta_0 e^{-\omega t}$ 的形式指数减小。这意味着给定等温线中间层 $z = H/2$ 处 y 的位置正是地转坐标 Y。另外，根据斜率 S 的定义，我们可以明确得出

$$Y = y - \frac{z - H/2}{S} \tag{15.71}$$

虽然最后这个方程似乎是用 y 和 z 表示 Y，但我们最好将该方程看作是用变量 Y 和 S（只依赖 T 和时间）来表示等温线的 (y, z) 结构。我们知道 Y 和 S 如何随时间变化，因而可

---

[1] 也可以通过直接对控制方程进行变换来证明，参见解析问题 15.13。

以确定每条等温线从初始状态的演变。

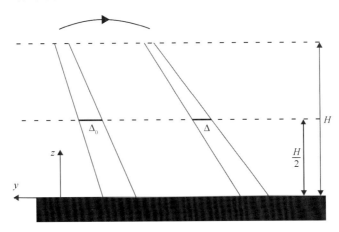

图 15.13　两条等密度线中间高度处的距离 Δ 随着时间推移而减小，形式为 $\Delta = \Delta_0 \mathrm{e}^{-\omega t}$

假定初始时 $z = H/2$ 处的温度分布是单调的，即

$$T(y,\ z = H/2,\ t = 0) = F(y) \qquad (15.72)$$

因为 F 为单调函数，故存在反函数 $G = F^{-1}$，该函数以温度表示出了地转坐标的初始分布：

$$Y_0 = G(T) \qquad (15.73)$$

因为 $z = H/2$ 处 $Y = y$。请注意，函数 G 与 F 一样也是单调函数。等温线的初始斜率已知为

$$S_0(T) = -\frac{f^2}{\alpha g}\frac{\mathrm{d}Y_0}{\mathrm{d}T} \qquad (15.74)$$

然后我们利用关系式 $Y = Y_0 \mathrm{e}^{-\omega t}$ 和 $S = S_0 \mathrm{e}^{-\omega t}$ 来追踪单个等温线随时间的变化。图 15.14 是用代码 sgfrontogenesis. m 绘制的图，使用初始温度分布 F（在 $y = 0$ 附近时梯度稍有加强）。

我们注意到，根据式（15.69），等温线斜率逐渐减小。这是重力松弛的一种形式，这种情况下，重的流体（左下区域中的冷空气）侵入下面，轻的流体（右上区域中的暖空气）抬升。在初始温度梯度稍大的中心区域，等温线的松弛加剧（$|\mathrm{d}Y_0/\mathrm{d}T|$ 的值变小）。一些等温线逐渐越过其旁边的等温线。在有限的时间内形成了一对不连续的特征。不连续性首先出现在顶部边界和底部边界，然后向内传播，最终在中层相遇。物理学上将温度不连续性现象解释为锋面，即温度在很短距离内变化迅速的区域。注意在下（上）边界处，不连续性分别在 y 的正值（负值）区域出现，在根据基本变形流 $v = -\omega y$ 定义的辐散区的较暖（较冷）一侧。这种转变是由流场的 v' 分量引起的。

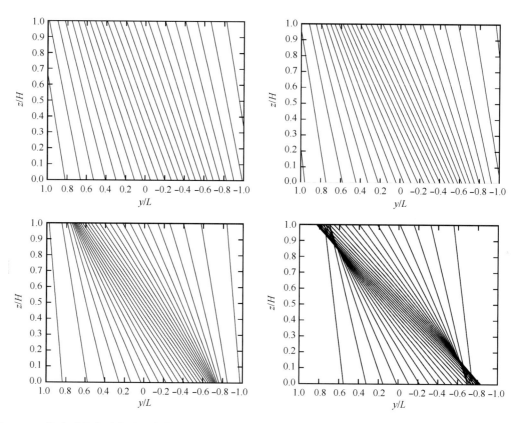

图 15.14　锋生过程中垂向平面内等温线的变化，注意等温线中心处的斜率逐渐变小。最终(最后的图)，
一些等温线越过了其旁边的等温线，与它们相交。物理学上，温度不连续性在有限的时间内形成，
称为锋面。请注意，不连续性首先出现在顶部边界和底部边界处，然后(未显示)向内传播，
最终到达中层

根据式(15.71)得出等温线与底面($z = 0$)在以下位置处相交：

$$y_b = Y - \frac{H}{2S} = Y_0\, e^{-\omega t} - \frac{H}{2S_0}\, e^{+\omega t} \qquad (15.75)$$

或使用式(15.74)得出

$$y_b = Y_0\, e^{-\omega t} + \frac{\alpha g H}{2f^2} \frac{1}{dY_0/dT}\, e^{+\omega t}$$

$$= Y_0\, e^{-\omega t} + \frac{\alpha g H}{2f^2} \frac{dT}{dY_0}\, e^{+\omega t} \qquad (15.76)$$

当两条相邻等温线的地面位置重合后，即它们的地面位置都是 y_b 而保持着不同的
温度时，这两条等温线开始相交。数学上用随 T 的非零变化 y_b 不变表示，即

$$\frac{\partial y_b}{\partial T} = 0 \qquad (15.77)$$

将变量 T 转换为变量 Y_0（与其呈单调关系），用式（15.73），我们可以将之前的条件式转换为

$$\frac{\partial y_b}{\partial Y_0} = 0 \qquad (15.78)$$

得到

$$e^{-\omega t} + \frac{\alpha g H}{2f^2}\frac{d^2 T}{dY_0^2}e^{\omega t} = 0 \qquad (15.79)$$

最后这个方程中，二阶导数 $d^2 T/dY_0^2$ 由中层的初始温度分布即式（15.72）和式（15.73）所知。因此，对于每条二阶导数为负值的等温线，都存在一个有限的时间 t，表示为

$$t = \frac{1}{2\omega}\ln\left[\frac{2f^2}{\alpha g H(-d^2 T/dY_0^2)}\right] \qquad (15.80)$$

条件式（15.77）得到满足。此时等温线开始与其旁边的等温线相交，然后出现了温度的不连续。锋面出现的时间 t_f 是上述可能时间中最短的时间：

$$t_f = \frac{1}{2\omega}\ln\left[\frac{2f^2}{\alpha g H \,|\, d^2 T/dY_0^2\,|_{max}}\right] \qquad (15.81)$$

为了让结果更具体些，我们可以假设坐标 y 向北朝向较冷空气移动（图 15.14 的情况）。在此情况下，dY_0/dT 为负值，dT/dY_0 也为负值。找出负值 $d^2 T/dY_0^2$ 的最大值就相当于要选出初始中层温度随纬度降低最快的位置对应的等温线。

　　等温线开始相交后，温度场变为多值的，数学解从而失去物理意义。现实中，耗散过程（动力不稳定、摩擦和扩散）变得尤其重要，因为该过程可以使温度为空间唯一的函数，并保持很大但有限的热梯度。

15.6　强梯度的数值处理

　　前面小节提到了强梯度（我们称为锋面）的出现和移动。如果我们在固定网格上用数值方法来描述这类锋面，立即会遇到一个问题，就是需要非常高的空间分辨率。事实上，为了在水平方向上正确表示出锋面，我们需要确保 $\Delta x \ll L$。其中，Δx 为水平网格间距，L 是需要求解的锋面长度尺度，L 在跨越锋面的方向上可能会很小。如果整个模型中都采用高分辨率进行计算，代价太高昂，最好只对锋面区采用高分辨率。这可以通过嵌套方法实现，就是根据需要将分辨率较高的模型嵌入到分辨率较低的模型中（Barth et al.，2005；Spall et al.，1991）。这种情况下，模型连接处网格的大小发生突变，可能会导致数值问题，因而需要特别注意（数值练习 15.9）。为了改进该方法，我们可以让模型中的网格间距逐渐变化，而不是突然变化。

　　我们在讨论时间离散化时已提出过这种基于变分辨率的方法（参见图 4.10）。当时，

我们提到了时间尺度突然减小的问题，在这期间采用更短的时间步长克服了此问题。现在要解决的是空间离散化问题，我们要寻求一种以最优方式使用非均匀分辨率的方法。

首先，我们根据一个已知函数 $f(x)$ 来布点 x_i，该函数可能与该问题中一个变量直接相关也可能不相关，最优的布点方式是平均来看相邻点之间的 f 差异接近。通过这种方法，f 变化大的区域比 f 变化小的区域的点更密集。为了让点与点之间的变化恒定，即

$$\left| f_{i+1} - f_i \right| = 常数 \tag{15.82}$$

式中，f_i 代表 x_i 位置处 f 的已知值，我们寻求以下类型的单调坐标变换：

$$x = x(\xi, \; t) \tag{15.83}$$

变量 ξ 分布均匀，而变量 x 分布不均匀。根据新坐标 ξ，f 均匀变化意味着

$$\left| \frac{\partial f}{\partial \xi} \right| = 常数 \tag{15.84}$$

或者，对 ξ 求导后：

$$\frac{\partial}{\partial \xi} \left| \frac{\partial f}{\partial \xi} \right| = 0 \tag{15.85}$$

如果我们用原始的物理变量 x 来表示 f 的变化，则该问题就简化为寻找满足以下方程的函数 $x(\xi)$：

$$\frac{\partial}{\partial \xi} \left(\left| \frac{\partial f}{\partial x} \right| \frac{\partial x}{\partial \xi} \right) = 0 \tag{15.86}$$

由于我们要研究的是离散化问题，因而我们寻找的是满足以下方程的离散位置 x_i：

$$\left| \frac{\partial f}{\partial x} \right|_{i+1/2} (x_{i+1} - x_i) - \left| \frac{\partial f}{\partial x} \right|_{i-1/2} (x_i - x_{i-1}) = 0 \tag{15.87}$$

不失一般性，我们此处取 $\Delta \xi = 1$。

此方程为非线性方程，因为 f 的导数必须在未知位置进行计算。为克服这一困难，我们采用迭代法（参见 5.6 节的迭代求解方法）：

$$x_i^{(k+1)} = x_i^{(k)} + \alpha \Delta t \left[\left| \frac{\partial f}{\partial x} \right|_{i+1/2} (x_{i+1}^{(k)} - x_i^{(k)}) - \left| \frac{\partial f}{\partial x} \right|_{i-1/2} (x_i^{(k)} - x_{i-1}^{(k)}) \right] \tag{15.88}$$

式中，上标 (k) 只是一个指标，用于表示求解过程中的迭代次数，即伪时间。如果该方法最终收敛 $x_i^{(k+1)} = x_i^{(k)}$，式（15.88）中的括号部分消失就说明已求得解。

前面的迭代法可以解释为对网格节点伪演化方程的数值求解：

$$\frac{\partial x}{\partial t} = \alpha \frac{\partial}{\partial \xi} \left(\left| \frac{\partial f}{\partial x} \right| \frac{\partial x}{\partial \xi} \right) \tag{15.89}$$

式中，系数 α 是一个可调数值参数，决定求解的速度。如果对 f 梯度的数值计算以直接中间差分进行，则迭代规则式（15.88）简化为

$$x_i^{(k+1)} = x_i^{(k)} + \alpha \Delta t \left[\left| f_{i+1}^{(k)} - f_i^{(k)} \right| - \left| f_i^{(k)} - f_{i-1}^{(k)} \right| \right] \tag{15.90}$$

式中，$f_i^{(k)}$ 代表 $f(x_i^{(k)})$。在已知边界位置处，用规定 x 的值来对该算法进行补充。

如果函数 f 在区域中的大部分位置都是常数，则该公式存在一个问题。在构建网格时，因为这些区域的 f 没有变化，因而在这些区域没有网格节点。补救办法是在 f 梯度非常小的区域引入趋向于均匀点分布的趋势，例如，

$$x_i^{(k+1)} = x_i^{(k)} + \alpha \Delta t \left[w_{i+1/2}(x_{i+1}^{(k)} - x_i^{(k)}) - w_{i-1/2}(x_i^{(k)} - x_{i-1}^{(k)}) \right] = 0 \qquad (15.91)$$

将代替 $|\partial f/\partial x|$ 的函数 w 写为

$$w = \left| \frac{\partial f}{\partial x} \right| + w_0 \qquad (15.92)$$

此方法中，参数 w_0 控制着网格倾向均匀分布。理想情况下，其值应介于 f 梯度的低值与高值之间。通过这种方法，在 f 梯度小的情况下，w 近似 w_0，而且该算法还求解出方程 $\partial^2 x/\partial \xi^2 = 0$，得到均匀分布的网格。另一方，在 f 梯度陡峭的情况下，w_0 可忽略不计，我们重新获得网格点与 f 梯度成正比的式(15.88)。图 15.15 中展示了一个示例。

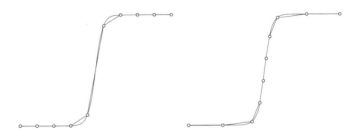

图 15.15　描述变化剧烈的函数的网格节点，由平滑线所示。左图为均匀采样，右图为自适应网格（在梯度陡峭的地方采用较高分辨率）。图中也显示了节点之间的线性插值(线段)

因此网格位置可以通过重复应用扩散型（不要与物理扩散相混淆）式(15.91)获得。此处只计算网格节点的位置，后面可能会在此非均匀网格上对动力学方程（可能没有任何扩散）进行离散。

借助这种自适应方法，只要所选函数 f 能有效模拟解的预期变化，我们就能模拟强的梯度。还有让网格点分布不均匀的其他方法（Liseikin，1999；Thompson et al.，1985），这些方法通常都旨在降低离散误差。

空间分布不均匀的网格可以固定方式也可以自适应方式使用。以固定方式使用时，开始时生成一次网格，然后在之后的计算中保持不变。这种方法可以在预先知道如由地形造成的陡峭梯度的位置的情况下采用。另外，它让模拟者可以放大他们感兴趣的特定区域。以自适应方式使用时，网格可以随时间移动，尽可能随着动力学相关特性的范围变化（Burchard et al.，2004）。随之而来的问题就是要找到一个有效的自适应规则，此规则要在离散化算子中反映出来。其与固定网格上的标准方法的修正可以使用

一维示踪方程来说明：

$$\frac{\partial c}{\partial t} + \frac{\partial(uc)}{\partial x} = \frac{\partial}{\partial x}\left(\mathcal{A}\frac{\partial c}{\partial x}\right) \tag{15.93}$$

可以通过类似于用密度坐标代替深度坐标变换来构建自适应网格。对于一维问题，我们将 ξ 作为新坐标计算 $c[\xi(x, t), t]$。网格生成提供了 $x(\xi, t)$，变换规则遵循 12.1 节中所述：

$$\frac{\partial \xi}{\partial t} = -\frac{\partial x/\partial t}{\partial x/\partial \xi}, \quad \frac{\partial \xi}{\partial x} = \frac{1}{\partial x/\partial \xi} \tag{15.94}$$

新坐标系 (ξ, t) 中关于 c 的方程为

$$\frac{\partial x}{\partial \xi}\frac{\partial c}{\partial t} - \frac{\partial x}{\partial t}\frac{\partial c}{\partial \xi} + \frac{\partial(uc)}{\partial \xi} = \frac{\partial}{\partial \xi}\left[\mathcal{A}\left(\frac{\partial x}{\partial \xi}\right)^{-1}\frac{\partial c}{\partial \xi}\right] \tag{15.95}$$

所有关于 ξ 的空间导数都在网格均匀分布的新坐标系中进行求解并使用标准离散方法。另外，最好使用通量形式的方程：

$$\frac{\partial}{\partial t}\left(\frac{\partial x}{\partial \xi}c\right) + \frac{\partial}{\partial \xi}\left[\left(u - \frac{\partial x}{\partial t}\right)c\right] = \frac{\partial}{\partial \xi}\left[\mathcal{A}\left(\frac{\partial x}{\partial \xi}\right)^{-1}\frac{\partial c}{\partial \xi}\right] \tag{15.96}$$

因子 $\partial x/\partial \xi$ 很容易解释，即为物理空间中的网格间距（$\Delta\xi = 1$ 时的 Δx），$\partial x/\partial t$ 项是网格节点的移动速度。新坐标系中的时间偏导数衡量对固定的 ξ，单位时间内 x 的位移。

在 ξ 网格的数值空间中，平流项涉及速度差 $u - \partial x/\partial t$，即相对于移动网格的流速。实际上这是平流项对于节点输送信息的速度。如果我们随着流速移动网格，则相对速度为零，我们相当于在使用拉格朗日法。读者可能已经意识到自适应网格存在一个特殊情况，即第 12 章中的层化模型。在该模型中，离散层的垂向位置以拉格朗日方式随着密度界面移动，形式上不再有垂向速度。

然而，使用自适应网格后，网格移动速度不一定与流速对应，而是要选择跟随强的梯度。必须仔细确保该方法的数值稳定性，因为柯朗数现在包括了有效速度，有效速度不同于实际速度，在网格漂移速度与流体速度相反的地方会更大。

坐标变换的一个替代方案是通过直接在物理空间中移动的格点进行空间积分，在移动网格上对方程进行离散。在两个连续的移动网格点 $x_i(t)$ 和 $x_{i+1}(t)$ 之间积分方程式（15.93），与有限元法（3.9 节）类似，我们得到

$$\int_{x_i(t)}^{x_{i+1}(t)} \frac{\partial c}{\partial t}\mathrm{d}x + q_{i+1} - q_i = 0 \quad \left(q = uc - \mathcal{A}\frac{\partial c}{\partial x}\right) \tag{15.97}$$

我们的目的是求解未知量，即网格平均的浓度，这要求我们把时间导数从积分里面移动到外面。为此，我们必须要注意，积分边界随时间变化，使用莱布尼茨法则：

$$\frac{\partial}{\partial t}\int_{x_i(t)}^{x_{i+1}(t)} c\,\mathrm{d}x + c(x_i, t)\frac{\partial x_i}{\partial t} - c(x_{i+1}, t)\frac{\partial x_{i+1}}{\partial t} + q_{i+1} - q_i = 0 \tag{15.98}$$

对修改后的通量进行定义：

$$\hat{q} = \left(u - \frac{\partial x}{\partial t} \right) c - \mathcal{A} \frac{\partial c}{\partial x} \qquad (15.99)$$

移动网格上的有限体积方程为

$$\frac{\partial}{\partial t} \int_{x_i(t)}^{x_{i+1}(t)} c \, dx + \hat{q}_{i+1} - \hat{q}_i = 0 \qquad (15.100)$$

该方程与简单的有限体积收支方程相似，只不过该方程将网格漂移速度 $\partial x/\partial t$ 从流速 u 中减去了。将 $\tilde{c}_i$ 定义为格元平均密度并重新标记网格位置（为了清晰起见，使用 1/2 指标），前面的方程可以改写为

$$\frac{\partial}{\partial t} \left[\left(x_{i+1/2} - x_{i-1/2} \right) \tilde{c}_i \right] + \hat{q}_{i+1/2} - \hat{q}_{i-1/2} = 0 \qquad (15.101)$$

按照这种形式，方程在空间上是离散的，但在时间上仍是连续的。

　　将该方程推广至三维空间，方法也类似，结果依然是将网格漂移速度的平流项从物理速度场中减去。实施过程中的问题涉及节点相对于网格单元的放置（一维空间中的单元边界或区间中心点，二维和三维空间中有限元的角点或中心点；参见数值练习 15.4 和数值练习 15.5）。

　　最后，正确处理网格尺寸变化的时间离散化也很重要。通常，原始收支方程的数学特性未必由数值算子所共享。特别是，我们必须确保对式（15.101）进行时间离散时保持数值网格的"体积" $\partial x/\partial \xi$ 不变，即对于常数 c，从而让时间离散方程式（15.101）同样得到满足。如果没有满足方程，就会有一个人为的源 c。这与平流问题中要求通量的散度算子必须与物理体积守恒方程中使用的散度算子一致类似（6.6 节）。

15.7　非线性平流格式

　　除了使用移动网格跟随陡峭梯度（锋面），我们还可以尝试通过代价适当的数值离散来以固定的网格捕捉陡峭梯度。6.4 节中提及的全变差下降平流格式就是这类方法中的一种。显而易见，平流格式在锋面位移中起着至关重要的作用，因而越来越多的研究旨在设计出更准确的平流格式也就在情理之中了。

　　如我们在 6.4 节中所见，基本的迎风格式是单调的，不产生人为的极值，但是它会快速消除强烈的变化。相反，高阶平流格式可以更好地保持梯度，但是会造成数值解的振荡（非物理极值）。接下来举一些研究示例，这些研究都旨在设计出单调的且比迎风格式更准确的格式。通量校正传输（flux-corrected transport，FCT）法（Boris et al.，1973；Zalesak，1979）在数值网格上进行两次处理，第一次采用迎风格式，第二次添加尽可能多的抗耗散项（来恢复陡峭梯度）而不产生振荡。通量限制器法（Hirsch，1990；

Sweby，1984)下文会进行更详细的讲解，将高阶通量计算降阶为问题区域附近的迎风通量。最后，本质不振荡法(Harten et al.，1987)在间断点附近采用不同的插值函数。

这些方法的共同特点(Thuburn，1996)是它们都允许格式根据局地解改变处理。这种反馈违反了戈杜诺夫定理的线性前提，可以克服戈杜诺夫定理造成的恼人的结果(6.4节)，该定理指出唯一的单调线性格式只有一阶迎风格式。因此，我们希望通过在公式中巧妙地引入一些非线性项来找到一种单调的格式，虽然潜在的物理问题是线性问题！一般策略如下：当可能出现过冲或下冲时，非线性将被激活，在这种情况下，格式中增加了数值扩散项。当解为光滑解时，格式仍可以保持为高阶格式，这将优于一阶迎风格式。

为了在一维空间设计出这种自适应格式，我们先来定义用来衡量解的变化的量，称为全变差：

$$TV^n = \sum_i \left| \tilde{c}_{i+1}^{\,n} - \tilde{c}_i^{\,n} \right| \tag{15.102}$$

该求和是对所有感兴趣的网格点进行。如果出现以下情况，则称全变差下降：

$$TV^{n+1} \leqslant TV^n \tag{15.103}$$

TV 值是对出现的振荡的一个量化，如使用蛙跳格式或拉克斯-温德罗夫平流格式时出现的振荡。

假设数值格式可以改写为以下形式：

$$\tilde{c}_i^{\,n+1} = \tilde{c}_i^{\,n} - a_{i-1/2}(\tilde{c}_i^{\,n} - \tilde{c}_{i-1}^{\,n}) + b_{i+1/2}(\tilde{c}_{i+1}^{\,n} - \tilde{c}_i^{\,n}) \tag{15.104}$$

式中，系数 a 和 b 可能依赖于 $\tilde{c}$。接下来我们要证明，当满足以下条件时，如此定义的格式为全变差下降：

$$0 \leqslant a_{i+1/2} \,和\, 0 \leqslant b_{i+1/2}, \quad a_{i+1/2} + b_{i+1/2} \leqslant 1 \tag{15.105}$$

注意，$b_{i+1/2}$ 与 $a_{i+1/2}$ 一起出现在全变差下降条件式中，但 $a_{i-1/2}$ 出现在数值格式中。格式[式(15.104)]在点 $i+1$ 处写为

$$\tilde{c}_{i+1}^{\,n+1} = \tilde{c}_{i+1}^{\,n} - a_{i+1/2}(\tilde{c}_{i+1}^{\,n} - \tilde{c}_i^{\,n}) + b_{i+3/2}(\tilde{c}_{i+2}^{\,n} - \tilde{c}_{i+1}^{\,n})$$

从中减去式(15.104)，得到变化的演变方程为

$$\tilde{c}_{i+1}^{\,n+1} - \tilde{c}_i^{\,n+1} = (1 - a_{i+1/2} - b_{i+1/2})(\tilde{c}_{i+1}^{\,n} - \tilde{c}_i^{\,n})$$
$$+ b_{i+3/2}(\tilde{c}_{i+2}^{\,n} - \tilde{c}_{i+1}^{\,n}) + a_{i-1/2}(\tilde{c}_i^{\,n} - \tilde{c}_{i-1}^{\,n})$$

然后我们取两边的绝对值(记住，总和的绝对值小于各项绝对值的总和)，假设满足条件式(15.105)，然后对所有的网格点求和，得到

$$\sum_i \left| \tilde{c}_{i+1}^{\,n+1} - \tilde{c}_i^{\,n+1} \right| \leqslant \sum_i (1 - a_{i+1/2} - b_{i+1/2}) \left| \tilde{c}_{i+1}^{\,n} - \tilde{c}_i^{\,n} \right|$$
$$+ \sum_i b_{i+3/2} \left| \tilde{c}_{i+2}^{\,n} - \tilde{c}_{i+1}^{\,n} \right| + \sum_i a_{i-1/2} \left| \tilde{c}_i^{\,n} - \tilde{c}_{i-1}^{\,n} \right|$$

忽略边界效应或假设周期性条件，我们可以移动最后两个求和中的指标 i 以利用 $|\tilde{c}_{i+1}^{\,n} - \tilde{c}_i^{\,n}|$ 汇聚所有的和。然后，利用全变差下降条件式（15.105），得到

$$\sum_i |\tilde{c}_{i+1}^{\,n+1} - \tilde{c}_i^{\,n+1}| \leqslant \sum_i (1 - a_{i+1/2} - b_{i+1/2}) |\tilde{c}_{i+1}^{\,n} - \tilde{c}_i^{\,n}|$$
$$+ \sum_i b_{i+1/2} |\tilde{c}_{i+1}^{\,n} - \tilde{c}_i^{\,n}| + \sum_i a_{i+1/2} |\tilde{c}_{i+1}^{\,n} - \tilde{c}_i^{\,n}|$$
$$\leqslant \sum_i |\tilde{c}_{i+1}^{\,n} - \tilde{c}_i^{\,n}|$$

最后这个不等式正是式（15.103），从而证明如果条件式（15.105）得到满足则离散方程式（15.104）就是全变差下降。

平流不会增加方差（参见 6.1 节），在这种情况下，具有全变差下降性质的离散化显得很有趣。因此我们来设计针对具有正速度 u 的一维平流问题的非线性全变差下降格式，我们结合欧拉显式格式：

$$\tilde{c}_i^{\,n+1} = \tilde{c}_i^{\,n} - \frac{\Delta t}{\Delta x}(\tilde{q}_{i+1/2} - \tilde{q}_{i-1/2}) \tag{15.106}$$

$$\tilde{q}_{i-1/2} = \tilde{q}_{i-1/2}^{\,\mathrm{L}} + \Phi_{i-1/2}(\tilde{q}_{i-1/2}^{\,\mathrm{H}} - \tilde{q}_{i-1/2}^{\,\mathrm{L}}) \tag{15.107}$$

其中低阶通量

$$\tilde{q}_{i-1/2}^{\,\mathrm{L}} = u\,\tilde{c}_{i-1}^{\,n}$$

是迎风通量，扩散太强，而高阶通量：

$$\tilde{q}_{i-1/2}^{\,\mathrm{H}} = u\,\tilde{c}_{i-1}^{\,n} + u\,\frac{1-C}{2}(\tilde{c}_i^{\,n} - \tilde{c}_{i-1}^{\,n})$$

会得到二阶非单调格式（6.4 节）。权重因子 Φ 可以随解变化，当出现过大的变化时，Φ 趋向于零（利用迎风格式的阻尼特性），但当解为光滑解时，为了保持准确性，Φ 接近 1。换句话说，Φ 控制着格式中的抗耗散量，称为通量限制器。下文中我们假设 Φ 为正值，柯朗数 C 满足柯朗–弗里德里希斯–列维条件（$C \leqslant 1$）。那么这种带有加权通量的格式就可以扩展为

$$\tilde{c}_i^{\,n+1} = \tilde{c}_i^{\,n} - C\left[\tilde{c}_i^{\,n} + \Phi_{i+1/2}\frac{(1-C)}{2}(\tilde{c}_{i+1}^{\,n} - \tilde{c}_i^{\,n})\right]$$
$$+ C\left[\tilde{c}_{i-1}^{\,n} + \Phi_{i-1/2}\frac{(1-C)}{2}(\tilde{c}_i^{\,n} - \tilde{c}_{i-1}^{\,n})\right] \tag{15.108}$$

很容易看出来，这种形式无法确保全变差下降，因为系数 $b_{i+1/2}$ 乘以 $\tilde{c}_{i+1}^{\,n} - \tilde{c}_i^{\,n}$ 总是为负。但是，我们可以将该项与迎风格式项归为一起：

$$\tilde{c}_i^{\,n+1} = \tilde{c}_i^{\,n} - C\left[1 - \Phi_{i-1/2}\frac{(1-C)}{2} + \Phi_{i+1/2}\frac{(1-C)}{2}\frac{(\tilde{c}_{i+1}^{\,n} - \tilde{c}_i^{\,n})}{(\tilde{c}_i^{\,n} - \tilde{c}_{i-1}^{\,n})}\right](\tilde{c}_i^{\,n} - \tilde{c}_{i-1}^{\,n})$$

最后的形式为

$$\tilde{c}_i^{n+1} = \tilde{c}_i^n - a_{i-1/2}(\tilde{c}_i^n - \tilde{c}_{i-1}^n) \tag{15.109}$$

尽管系数$a_{i-1/2}$依赖于解，毕竟我们设计的是非线性方法，因而存在这种依赖性不足为怪。可以通过增加条件式(15.105)而让这种格式全变差下降，简化为$0 \le a_{i-1/2} \le 1$，有

$$a_{i-1/2} = C\left[1 - \Phi_{i-1/2}\frac{(1-C)}{2} + \Phi_{i+1/2}\frac{(1-C)}{2}\frac{(\tilde{c}_{i+1}^n - \tilde{c}_i^n)}{(\tilde{c}_i^n - \tilde{c}_{i-1}^n)}\right] \tag{15.110}$$

我们现在要找到一个简单方法来指定$\Phi_{i-1/2}$和$\Phi_{i+1/2}$，以使该格式在任何情况下都保持全变差下降。

函数$\tilde{c}$以差分比的形式出现在参数$a_{i-1/2}$中：

$$r_{i+1/2} = \frac{\tilde{c}_i^n - \tilde{c}_{i-1}^n}{\tilde{c}_{i+1}^n - \tilde{c}_i^n} \tag{15.111}$$

这是对$\tilde{c}$的变化的度量：对于$r_{i+1/2} = 1$，$\tilde{c}$在涉及的3个点上线性变化，而对于$r_{i+1/2} \le 0$，存在局地极值。因此参数$r_{i+1/2}$可以决定局地权重因子Φ的值。如果$r_{i+1/2}$为负（存在局地极值），我们要求$\Phi_{i+1/2} = 0$，因为如果高阶格式被激活，网格尺度的局地变化就会产生新的极值。

全变差下降条件要求：

$$0 \le C + \frac{C(1-C)}{2}\left[\frac{\Phi_{i+1/2}}{r_{i+1/2}} - \Phi_{i-1/2}\right] \le 1 \tag{15.112}$$

理想情况下，我们对$i-1/2$上Φ值的选择是与$i+1/2$上的Φ值无关的，否则我们就要对联立方程组进行求解。为此，我们对最坏的情况即$\Phi_{i+1/2} = 0$做了准备。然后我们需要确保$\Phi_{i-1/2}$不要太大以实现$a_{i-1/2} > 0$，这意味着

$$\Phi_{i-1/2} \le \frac{2}{(1-C)} \tag{15.113}$$

将$\Phi_{i-1/2}$和$\Phi_{i+1/2}$的角色对调，当$\Phi_{i-1/2} = 0$时出现最坏的情况，从而要求：

$$\frac{\Phi_{i+1/2}}{r_{i+1/2}} \le \frac{2}{C} \tag{15.114}$$

以确保$a_{i-1/2} \le 1$。因为对所有的i值都必须满足这两个条件，因而要成为全变差下降格式，则要求满足以下关于Φ的条件：

$$\Phi \le \frac{2}{(1-C)} \quad \text{和} \quad \frac{\Phi}{r} \le \frac{2}{C} \tag{15.115}$$

其中的指标不再重要。实际中，参数C是变化的，因而不等式变得很麻烦。为了避免这个难题，我们再次依靠建立在最糟情况下的充分条件。因为零$\le C \le 1$，因而可以确

保全变差下降特性的充分条件是

$$\Phi \leqslant 2 \quad \text{和} \quad \frac{\Phi}{r} \leqslant 2 \tag{15.116}$$

最后，我们要找到可以同时满足这两个条件的函数 $\Phi(r)$，有很多这样的函数可供选择。我们利用这一优势，尝试保持着最高阶的格式。如果 r 接近 1，解就为光滑解，近似为一条直线，二阶方法就可以很好地处理。因此我们强制性取 $\Phi(1) = 1$。附带说一下，拉克斯-温德罗夫格式和比姆-沃明格式也取 $\Phi(1) = 1$，但是这些格式没有满足全变差下降条件（图 15.16）。

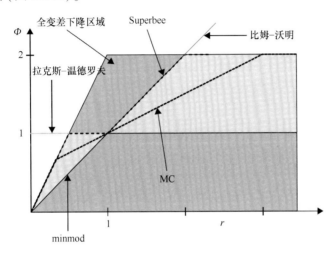

图 15.16　全变差下降区域以及一些标准的限制器。拉克斯-温德罗夫格式中 $\Phi = 1$，该格式有一部分不在全变差下降区域内（$r < 0.5$），同样地，比姆-沃明格式中 $\Phi = r$，也不完全位于全变差下降区域内。其他的限制器（minmod、MC 和 Superbee）是全变差下降格式

可接受的限制器示例有（图 15.16）：

- van Leer：$\Phi = \dfrac{r + |r|}{1 + |r|}$；
- minmod：$\Phi = \max[0, \min(1, r)]$；
- Superbee：$\Phi = \max[0, \min(1, 2r), \min(2, r)]$；
- MC：$\Phi = \max\{0, \min[2r, (1+r)/2, 2]\}$。

注意通量限制器计算依赖于流向，如果流速变号，则计算 Φ 时所涉及的比率 r 必须调整（数值练习 15.8）。

在讲解了这么多有关设计全变差下降格式的内容之后，细心的读者可能会问全变差下降格式与我们最初想要得到的单调格式之间是什么关系。从式（15.109），我们看到因为 $0 \leqslant a_{i-1/2} \leqslant 1$，$\tilde{c}_i^{n+1}$ 是通过 $\tilde{c}_i^n$ 和 $\tilde{c}_{i-1}^n$ 的线性插值获得的。因此，$\min(\tilde{c}_i^n, \tilde{c}_{i-1}^n) \leqslant$

$\tilde{c}_i^{n+1} \leq \max(\tilde{c}_i^n, \tilde{c}_{i-1}^n)$，不会出现任何新的局地极值（按照数值分析行话说，即不存在过冲或下冲的情况），如果所有的值初始时都为正值，则一定始终为正值。

这可以在使用 Superbee 限制器的标准测试案例上得到验证（图 15.17）。事实上，该格式将解保持在初始界限范围内，与之前的方法相比，所得结果得到极大改善。该方法尤其适用于带有强梯度和强锋面的地球流体力学应用。但是，偶尔在部分计算中使用迎风格式可以将形式的截断误差降低到二阶以下。而且当没有强梯度，解为光滑解时，四阶方法通常胜过二阶全变差下降格式。由于这个原因，已经得到了四阶全变差下降格式（Thuburn，1996）。很明显，选择一种格式还是另一种格式取决于模拟的优先次序（守恒性、单调性、准确性、易实施性、鲁棒性、稳定性）以及对解的预期行为（强烈变化、平缓、稳定状态等）。

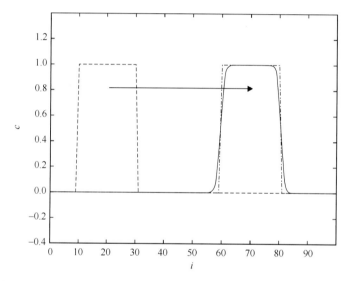

图 15.17　应用于"帽子"信号传输的平流格式（$C = 0.5$），使用全变差下降 Superbee 限制器，
计算 100 个时间步。注意，平流项的数值格式未产生新的极值，并且与迎风格式相比，
数值耗散大大降低

解析问题

15.1　在特定的时间和地区，地面大气温度由南向北以每 35 km 降低 1℃ 的速率减小，并且有充分理由假设该梯度随着高度变化不大。如果地面无风，那么海拔 2 km 处的风速是多少？风向如何？为了回答此问题，我们取纬度 = 40°N，平均温度 = 290 K，并且地面压强均匀分布。

15.2　一艘驶往位于 38°N 处的墨西哥湾流的船提供了流动的断面图，然后近似为两层模型（图 15.18），暖水层的密度 $\rho_1 = 1\,025\ \text{kg/m}^3$，深度 $h(y) = H - \Delta H \tanh(y/L)$，

覆盖在密度 $\rho_2 = 1\,029\ \text{kg/m}^3$ 的冷水层上。取 $H = 500\ \text{m}$、$\Delta H = 300\ \text{m}$、$L = 60\ \text{km}$，并假设下层没有流动，上层处于地转平衡，请确定表层的流型。墨西哥湾流的最大流速是多少？在何处达到最大流速？另外，将急流宽度(L)与变形半径进行比较。

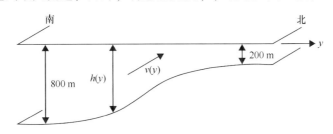

图 15.18　墨西哥湾流的断面图，表示为一个两层的地转流(解析问题 15.2)

15.3　从密度坐标系(第 12 章)下的控制方程推导出离散的马古列斯关系式(15.5)。

15.4　直布罗陀海峡连接地中海和北大西洋，海峡上层是来自大西洋的入流，下层是等量的较咸的地中海水的出流。直布罗陀海峡途经塔里法(Tarfia)这一段是其最窄的地方，只有 11 km 宽，650 m 深。流体层结酷似一个两层结构，相对密度差为 0.2%，交界面从西班牙沿岸(北部)的 175 m 倾斜至非洲沿岸(南部)的 225 m。取 $f = 8.5 \times 10^{-5}\ \text{s}^{-1}$，将此横截面近似成一个矩形，并假设两个层中的体积输送相等，但流向相反，请估算体积输送。

15.5　请给出图 15.4(c)所描述的暖水带的地转调整状态。变量如下：$\rho_0 =$ 下层水的密度，$\rho_0 - \Delta \rho =$ 暖水的密度，$H =$ 暖水层的初始厚度，$2a =$ 暖水带的初始宽度，$2b =$ 调整后的暖水带的宽度。特别是要确定 b 的值并研究当初始半宽度 a 比变形半径小得多或大得多时，限制是怎样的。

15.6　求出如图 15.19 所示初始结构中地转调整状态的解，并计算最终稳定状态下势能转化为动能的比例。

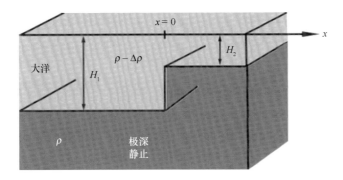

图 15.19　地转调整前的状态(解析问题 15.6)

15.7　在法国阿尔卑斯山脉(45°N)的一个山谷中，山谷一侧离地 500 m 处坐落着村庄 A，山谷另一侧离地 200 m 处坐落着村庄 B(图 15.20)。两个村庄之间的水平距离为 40 km。一天，A 村庄的一位牧羊人，同时也是一位优秀的气象学家，监测到其所在村庄冷风嗖嗖，气温只有 6℃。在给她的表弟(B 村庄的铁匠)打过电话后，她了解到 B 村气温竟高达 18℃，舒适宜人，她的表弟正在享受这美好宁静的下午呢！假设之所以出现这一匪夷所思的现象是因为 A 村有冷风吹过(图 15.20)，她能够确定风速的下限，你可以吗？另外，风朝哪个方向吹？(提示：不要忽略了空气的可压缩性)

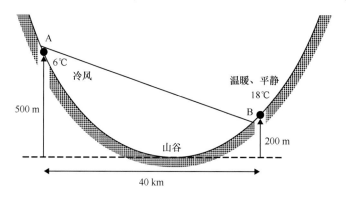

图 15.20　山谷中的气团，风是怎样的？(解析问题 15.7)

15.8　对两层海洋(深度 H_1 和 H_2 处未被干扰)使用线性化方程，海洋底部平坦并受到空间分布均匀的沿岸风应力的作用：

$$\frac{\partial u_1}{\partial t} - f v_1 = g' \frac{\partial a}{\partial x} - \frac{1}{\rho_0} \frac{\partial p_2}{\partial x}, \quad \frac{\partial u_2}{\partial t} - f v_2 = -\frac{1}{\rho_0} \frac{\partial p_2}{\partial x}$$

$$\frac{\partial v_1}{\partial t} + f u_1 = \frac{\tau}{\rho_0 H_1}, \quad \frac{\partial v_2}{\partial t} + f u_2 = 0$$

$$-\frac{\partial a}{\partial t} + H_1 \frac{\partial u_1}{\partial x} = 0, \quad \frac{\partial a}{\partial t} + H_2 \frac{\partial u_2}{\partial x} = 0$$

研究上升流对随时间振荡的风应力的响应。边界条件是：沿岸没有流动($x = 0$ 时，$u_1 = u_2 = 0$)，在距离很远处没有垂向位移(当 $x \to +\infty$，$a \to 0$)。探讨活动的下层是如何影响上层动力学的以及下层会出现什么情况。

15.9　研究在什么条件下，式(15.37)上方文字中"如果风应力空间均匀，则位势涡度守恒"的断言是有效的。

15.10　在位于中纬度($f = 10^{-4}$ s^{-1})的一个沿岸海域处，有一个 50 m 厚的暖水层覆盖在下方更厚一些的冷水层上。两层之间的相对密度差为 $\Delta \rho / \rho_0 = 0.002$。海表承受的均匀风应力为 0.4 N/m^2，风持续刮了 3 d。描述引起的上升流是怎样的，密度界面的露头如何？锋面的离岸距离是多少？

15.11　海水在受到风应力扰动后会进行调整达到稳定状态，请将该理论推广至两层海洋。为了简单起见，只考虑初始层厚度相同（$H_1 = H_2$）的情况。

15.12　因为冰面比较粗糙，因而覆盖着海冰的海水比表面无冰的海水所受的风应力更大。假设冰的漂移方向与风向夹角为 20°，开阔无冰区域水体漂移方向与风向夹角为 90°，而冰下水体漂移方向与冰漂移方向夹角为 90°，冰下的水层所承受的风应力是开阔无冰水表层所承受的风应力的两倍，请确定就冰缘方向而言，哪些风向有利于产生上升流。

15.13　从式（15.67）中推出，在位势涡度为零的锋生过程中，等密度线的斜率

$$S = -\frac{\partial T/\partial y}{\partial T/\partial z} = -\frac{\partial Y/\partial y}{\partial Y/\partial z} = -\frac{f^2}{\alpha g}\frac{\partial Y/\partial y}{\partial T/\partial y} \tag{15.118}$$

以下列形式演变：

$$\frac{\mathrm{d}S}{\mathrm{d}t} = -\omega S \tag{15.119}$$

（提示：利用 $q = 0$）

数值练习

15.1　研究 upwelling. m 中对哪些控制方程进行了离散化。然后使用该程序模拟沿岸上升流，看看露头条件式（15.40）是否符合实际。观察用于处理露头的算法 flooddry. m，并讨论如果不使用该算法会如何。

15.2　对 upwelling. m 增加离散化的动量平流并重做数值练习 15.1，然后在使用 upwelling. m 模拟的过程中确定：

$$I \simeq \frac{1}{\rho_0}\int_{\text{event}} \frac{\tau}{h}\mathrm{d}t$$

并与估算值式（15.35）比较。（提示：记住，I 是针对单个流体质点计算的）

15.3　使用 adaptive. m，观察使用均匀网格或自适应网格的线性插值函数是如何近似原始函数 functiontofollow. m 的。通过对线性插值在很高的分辨率网格上采样来量化误差，并计算该插值与原始函数之间的均方根误差。描述该误差在网格自适应过程中是怎样的。

15.4　分析用于模拟使用迎风离散格式和可选自适应网格的平流问题的程序 adaptiveupwind. m（图 15.21）。解释网格大小如何变化以及网格速度如何必须以一致的方式进行离散。使用一个常数值 c 来验证你的分析。修改网格自适应过程中涉及的参数，尝试通过以物理速度移动网格节点实现拉格朗日法，在固定的区域中会出现什么问题？

15.5　定义并移动界面处的网格节点，重做数值练习 15.4，然后计算中心的集中

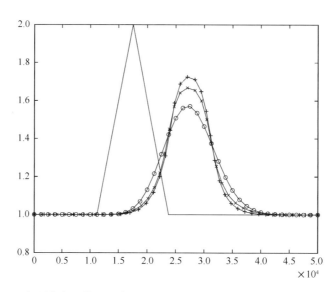

图 15.21 呈三角形分布，使用固定网格的迎风平流（大多数耗散解）以及包含或不包含拉格朗日平流的自适应网格，最好的解通过拉格朗日平流方程获得，参见数值练习 15.4

点的位置。

15.6 证明使用通量限制器函数 $\Phi = r$ 可以恢复 6.4 节的比姆–沃明格式。完成该格式并将其应用于"顶帽"信号平流传输标准问题中。与图 6.9 使用拉克斯–温德罗夫格式得到的解相比，该方法得到的解如何？

15.7 将全变差下降格式 Superbee 限制器应用于"顶帽"信号的平流传输，然后再应用于正弦信号的平流传输，你观察到了什么？你能解释此现象并选择另一限制器来验证自己的解释是否正确吗？使用 tvdadv1D.m 进行实验。

15.8 利用问题的对称性，写出一维情况下 $u \leqslant 0$ 时的通量限制器格式。

15.9 在非均匀网格上应用蛙跳平流格式，定义标量 c 在宽度可变的网格中心。研究区域的跨度为 $x = -10L$ 至 $x = 10L$。对于初始化和域下游端边界，使用欧拉迎风格式。对于 $x < 0$ 的情况，网格间距为 Δx，对于 $x > 0$ 的情况，网格间距使用 $r\Delta x$ 表示。采用匀速 $u = 1$ m/s。模拟时间窗为 $15L/u$ 并展示每个时间步上的解。使用最大值 $C = 0.5$。初始位于 $x = -5L$ 处，宽度为 L 的高斯分布的平流：

$$c(x, \ t = 0) = \exp\left[- (x + 5L)^2 / L^2 \right] \tag{15.121}$$

使用 $\Delta x = L/4$、$L/8$、$L/16$ 与 $r = 1$、$1/2$、2、$1/10$、10 的所有组合，尤其要观察当斑块越过 $x = 0$ 时出现什么情况。

乔治·维罗尼斯
（George Veronis，1926—　　）

乔治·维罗尼斯是从一名应用数学家转变为一名海洋学家的，他从地球流体动力学发展初期就是该学科发展的推动者。他与威廉·马尔库斯共同发起了伍兹霍尔海洋研究所地球流体力学暑期项目，该项目自创立后持续了 50 余年，将全球的海洋学家、气象学家、物理学家和数学家聚集一堂，共同探讨与地球流体相关的问题。

维罗尼斯因其对海洋环流、旋转与层结流体、旋转或者无旋情况下的热对流以及双扩散过程的理论研究而闻名。他的世界大洋环流模型是基于行星地转动力学以及热学过程的非线性而进行的分析研究。在该研究中，他指出西边界流如何跨越风生流涡边界，从而将世界上的所有海洋连成一个单一的环流系统。

作为一名卓越的教师，维罗尼斯蜚声在外，他能够极其简单清晰地解释晦涩难懂的概念。（照片来源：乔治·维罗尼斯）

吉田浩三
（Kozo Yoshida，1922—1978）

　　吉田浩三在职业生涯早期曾研究过长波（海啸）和短波（风浪）。后来在斯克里普斯海洋研究所工作期间，他转而研究上升流现象，这成为他一生的兴趣。他因为对沿岸和赤道上升流的动力学理论的阐述而赢得尊重和声誉。赤道地区表层由风驱动的向东的流动被称为吉田急流。吉田浩三晚年的主要研究领域为黑潮–日本沿海的主要流动，他撰写了数本书籍，并促进海洋学在年轻科学家中发展。

　　吉田浩三以非常真诚和逻辑严密著称，他从不回避行政职责，并在第二次世界大战后的日本极力强调国际合作的重要性。［照片由山形俊男（Toshio Yamagata）提供］

第 16 章 准地转动力学

摘要: 若时间尺度超过一天,地球流体的流动通常处于近地转状态,根据这一性质可以建立简化的动力学方程。本章推导出了传统准地转动力学及其在线性和非线性体系中的应用。准地转模型的核心部分,即涡度平流,在数值模型中需特别注意,为此提出了荒川雅可比行列式。

16.1 简化假设

当罗斯贝数小于或等于 1 时,旋转效应变得重要(1.5 节和 4.5 节)。罗斯贝数越小,旋转效应越强,则科氏力与惯性力相比越大。事实上,大多数大气与海洋运动的特征是罗斯贝数远低于 1(Ro 为 0.01~0.2)。在这种条件下我们可以声明:在一级近似情况下,科氏力是主要作用力,且与压力梯度达成平衡状态,导致地转平衡(7.1 节)。我们在第 7 章阐述了完全的地转流体理论,而在第 9 章研究了近地转小振幅波。然而这两章的内容分析都仅限于均质流体情况。这里,我们再次研究连续层结流体和非线性动力学这两种情况下的近地转运动。本章使用的很多内容来自查尼[①]的一篇奠定了准地转动力学基础的开创性文章(Charney, 1948)。

地转平衡是一种线性诊断关系,没有变量的乘积,也没有时间导数。由此产生的数学优势解释了常规使用近地转动力学的原因——近地转的潜在基本假设虽然不总是有效,但其方程形式上最简单。

从数学上来看,当水平动量方程中表示相对加速度、非线性平流和摩擦力项都可以忽略不计时,就会出现近地转平衡状态。这要求时间罗斯贝数(4.5 节)

$$Ro_{\mathrm{T}} = \frac{1}{\Omega T} \tag{16.1}$$

罗斯贝数

$$Ro = \frac{U}{\Omega L} \tag{16.2}$$

---

① 参见本章结尾处人物介绍。

和埃克曼数

$$Ek = \frac{\nu_E}{\Omega H^2} \tag{16.3}$$

这些都同时较小。上述表达式中，Ω 是地球（抑或研究中的行星或恒星）的自转角速度；T 是运动的时间尺度（即流场大幅度演变的时间跨度）；U 是流体的特征水平速度；L 是流体延伸或变化的水平空间尺度；ν_E 是垂向涡黏性；H 是流体的垂向尺度。

埃克曼数（4.5节）小意味着垂向摩擦力可以忽略不计，但流体边缘薄层的情况可能除外（第8章）。如果将比流体中流体粒子运行快得多的小振幅波排除在外，则时间罗斯贝数式（16.1）小于或等于罗斯贝数式（16.2）（关于这一论据的讨论，读者可参考9.1节）。使用排除法，我们仍然要求罗斯贝数式（16.2）较小，这一点可从以下任一方面进行验证：速度相对较弱（U 值小）或者流场在水平方向延伸广阔（L 值大）。最简单的常用方法是考虑速度相对较弱（U 值小）的这一种可能性，由此形成的理论则称为准地转动力学。然而，我们应该清楚，某些大气与海洋运动可以由于其他原因而处于近地转状态，如大尺度的快速运动（Cushman-Roisin，1986）。这种近地转运动称为锋地转，通常被误认为是准地转动力学。

16.2 控制方程

为推导准地转方程做准备，最方便的方法是首先限定密度面垂向位移较小（图16.1）。在 (x, y, z) 坐标系中，我们写作

$$\rho = \bar{\rho}(z) + \rho'(x, y, z, t) \quad (|\rho'| \ll |\bar{\rho}|) \tag{16.4}$$

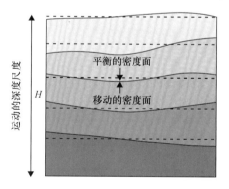

图 16.1 运动较弱的旋转层结流体，可使用准地转动力学描述

由于密度面近乎水平，使用密度坐标系并没有真正的优势，因此，我们在这里使用传统方法，在 (x, y, z) 笛卡儿坐标系中阐述准地转动力学。

密度分布 $\bar{\rho}(z)$，不依赖于时间，且水平均匀，构成了基本层结，基于此，导致了

流体处于静力平衡的静止状态。我们假设，基本层结已经建立并通过对抗导致层结均质化的垂向扩散来维持。准地转公式并不考虑基本层结的原因以及其维持，只关注轻微扰动的运动行为。

以下是有意义的启发式数学推演，强调对主要思想的利用，而非进行系统的方法。读者如果对准地转动力学正则扰动分析的严格推导感兴趣，请参考 Pedlosky（1987）专著第 6 章。

4.4 节的控制方程，其中 $\rho = \bar{\rho}(z) + \rho'(x, y, z, t)$ 和 $p = \bar{p}(z) + p'(x, y, z, t)$ 在 β 平面上。为简单起见，没有摩擦力和扩散，则有

$$\frac{\mathrm{d}u}{\mathrm{d}t} - f_0 v - \beta_0 y v = -\frac{1}{\rho_0} \frac{\partial p'}{\partial x} \tag{16.5a}$$

$$\frac{\mathrm{d}v}{\mathrm{d}t} + f_0 u + \beta_0 y u = -\frac{1}{\rho_0} \frac{\partial p'}{\partial y} \tag{16.5b}$$

$$0 = -\frac{\partial p'}{\partial z} - \rho' g \tag{16.5c}$$

$$\frac{\partial u}{\partial x} + \frac{\partial v}{\partial y} + \frac{\partial w}{\partial z} = 0 \tag{16.5d}$$

$$\frac{\partial \rho'}{\partial t} + u \frac{\partial \rho'}{\partial x} + v \frac{\partial \rho'}{\partial y} + w \frac{d\bar{\rho}}{dz} = 0 \tag{16.5e}$$

式中，平流算子则表示为

$$\frac{\mathrm{d}}{\mathrm{d}t} = \frac{\partial}{\partial t} + u \frac{\partial}{\partial x} + v \frac{\partial}{\partial y} + w \frac{\partial}{\partial z} \tag{16.6}$$

在密度方程式（16.5e）中，使用 $|\rho'|$ 远小于 $|\bar{\rho}|$ 的基本假设，去掉 $w \partial \rho'/\partial z$ 这一项。在该方程中，我们还忽略密度扩散（方程右边），与存在基本垂向层结这一前提保持一致。最终，由于基本层结处于静力平衡状态，所以相关项抵消，方程中只留下运动造成的扰动压力 p'。

若密度扰动 ρ' 值小，则压力扰动 p' 值也小，根据水平动量方程，水平速度较弱，科氏项较小，速度乘积得到的非线性平流项的值则更小。为方便起见，我们将用"非常小"来表示这些项和其他更小的项。这样，平流项与科氏力项的比值，即罗斯贝数也小。我们现在假设并进行后验，时间尺度与惯性周期（$2\pi/f_0$）相比较长，则局地加速度项的值也非常小。最后，为保证 β 平面近似仍适用，我们再要求 $|\beta_0 y| \ll f_0$。满足全部假设后，我们会发现，正如所料，动量方程中的主导项与地转平衡中的主导项一致：

$$-f_0 v = -\frac{1}{\rho_0} \frac{\partial p'}{\partial x} \tag{16.7a}$$

$$+f_0 u = -\frac{1}{\rho_0} \frac{\partial p'}{\partial y} \tag{16.7b}$$

如第 7 章所提到的，该地转态是奇异的，导致水平散度为零 $(\partial u/\partial x + \partial v/\partial y = 0)$，这通常意味着（如在平底上）不存在任何垂向速度。若是层结流体，则意味着密度面没有升降，也没有压力扰动和时间变化。

为了探究该平衡态以外的动力学状态，我们考虑用微小的非地转运动修正速度

$$u = u_g + u_a, \quad v = v_g + v_a \tag{16.8}$$

式中，第一项代表地转分量，定义为

$$u_g = -\frac{1}{f_0 \rho_0} \frac{\partial p'}{\partial y} \tag{16.9a}$$

$$v_g = +\frac{1}{f_0 \rho_0} \frac{\partial p'}{\partial x} \tag{16.9b}$$

而 (u_a, v_a) 表示非地转修正。

对于较小的时间导数项、平流项以及 β 项式（16.5a）和式（16.5b），我们利用地转近似式（16.7）来替代速度，并保留较大科氏力项中的地转分量和非地转分量。与水平平流相比，垂直平流是小的，而相比科氏力项，垂直平流本身已经是很小的修正项，因此忽略垂向平流项，我们得到

$$-\frac{1}{\rho_0 f_0}\frac{\partial^2 p'}{\partial y \partial t} - \frac{1}{\rho_0^2 f_0^2} J\left(p', \frac{\partial p'}{\partial y}\right) - f_0 v - \frac{\beta_0}{\rho_0 f_0} y \frac{\partial p'}{\partial x} = -\frac{1}{\rho_0}\frac{\partial p'}{\partial x} \tag{16.10a}$$

$$+\frac{1}{\rho_0 f_0}\frac{\partial^2 p'}{\partial x \partial t} + \frac{1}{\rho_0^2 f_0^2} J\left(p', \frac{\partial p'}{\partial x}\right) + f_0 u - \frac{\beta_0}{\rho_0 f_0} y \frac{\partial p'}{\partial y} = -\frac{1}{\rho_0}\frac{\partial p'}{\partial y} \tag{16.10a}$$

符号 $J(\cdot, \cdot)$ 代表雅可比算子，其定义为 $J(a, b) = (\partial a/\partial x)(\partial b/\partial y) - (\partial a/\partial y)(\partial b/\partial x)$。

从以上方程中，我们很容易提取出 u 和 v 的更准确表达式：

$$u = u_g + u_a = -\frac{1}{\rho_0 f_0}\frac{\partial p'}{\partial y} - \frac{1}{\rho_0 f_0^2}\frac{\partial^2 p'}{\partial t \partial x} - \frac{1}{\rho_0^2 f_0^3} J\left(p', \frac{\partial p'}{\partial x}\right) + \frac{\beta_0}{\rho_0 f_0^2} y \frac{\partial p'}{\partial y} \tag{16.11a}$$

$$v = v_g + v_a = +\frac{1}{\rho_0 f_0}\frac{\partial p'}{\partial x} - \frac{1}{\rho_0 f_0^2}\frac{\partial^2 p'}{\partial t \partial y} - \frac{1}{\rho_0^2 f_0^3} J\left(p', \frac{\partial p'}{\partial y}\right) - \frac{\beta_0}{\rho_0 f_0^2} y \frac{\partial p'}{\partial x} \tag{16.11b}$$

与式（16.7）不同，该方程含有地转流和一阶非地转修正项。改进的估计流场的散度不为零但值很小，因为这仅由偏离非辐散地转流的较弱速度引起。

把上述表达式代入连续方程式（16.5d）中，我们得到

$$\frac{\partial w}{\partial z} = \frac{1}{\rho_0 f_0^2}\left[\frac{\partial}{\partial t}\nabla^2 p' + \frac{1}{\rho_0 f_0} J(p', \nabla^2 p') + \beta_0 \frac{\partial p'}{\partial x}\right] \tag{16.12}$$

式中，$\nabla^2 = \partial^2/\partial x^2 + \partial^2/\partial y^2$ 是二维拉普拉斯算子。我们注意到，方程右边的项仅仅是由于存在非地转分量，因此，垂向速度与非地转项同量级，从而证明对去掉平流中的 w 项是合理的。

我们现在来关注密度守恒方程式(16.5e)。第一项非常小，因为 ρ' 小而时间尺度很长。同样地，最后一项的值也非常小。根据前文的结论，垂向速度是由于本来很弱的水平速度的非地转修正导致的。中间项包含很小的密度扰动和同样很小的水平速度。因此该方程中，不需要考虑式(16.11)的修正，使用地转表达式(16.7)已足够，使得

$$\frac{\partial \rho'}{\partial t} + \frac{1}{\rho_0 f_0} J(p', \rho') - \frac{\rho_0 N^2}{g} w = 0 \tag{16.13}$$

式中，浮力频率 $N^2(z) = -(g/\rho_0)\, \mathrm{d}\, \bar{\rho}/\mathrm{d}z$ 已经介绍过了。对上一个方程除以 N^2/g，对 z 取导数，再用静力平衡式(16.5c)消去密度，我们得到

$$\frac{\partial}{\partial t}\left[\frac{\partial}{\partial z}\left(\frac{1}{N^2} \frac{\partial p'}{\partial z} \right) \right] + \frac{1}{\rho_0 f_0} J\left[p', \frac{\partial}{\partial z}\left(\frac{1}{N^2} \frac{\partial p'}{\partial z} \right) \right] + \rho_0 \frac{\partial w}{\partial z} = 0 \tag{16.14}$$

式(16.12)和式(16.14)构成了一个扰动压力 p' 和垂向拉伸 $\partial w/\partial z$ 的二元系统。消去两个方程中的 $\partial w/\partial z$，我们得到了一个关于 p' 的方程：

$$\frac{\partial}{\partial t}\left[\nabla^2 p' + \frac{\partial}{\partial z}\left(\frac{f_0^2}{N^2} \frac{\partial p'}{\partial z} \right) \right] + \frac{1}{\rho_0 f_0} J\left[p', \nabla^2 p' + \frac{\partial}{\partial z}\left(\frac{f_0^2}{N^2} \frac{\partial p'}{\partial z} \right) \right] + \beta_0 \frac{\partial p'}{\partial x} = 0 \tag{16.15}$$

这就是 β 平面上连续层结流体非线性运动的准地转方程。通常，我们会将该方程变换为位势涡度方程，通过 $p' = \rho_0 f_0 \psi$，将压力场转换为流函数 ψ，结果为

$$\frac{\partial q}{\partial t} + J(\psi, q) = 0 \tag{16.16}$$

式中，q 为位势涡度：

$$q = \nabla^2 \psi + \frac{\partial}{\partial z}\left(\frac{f_0^2}{N^2} \frac{\partial \psi}{\partial z} \right) + \beta_0 y \tag{16.17}$$

一旦获得了 q 和 ψ 的解，可从式(16.7a)、式(16.7b)和式(16.13)中获得原变量：

$$u_{\mathrm{g}} = - \frac{\partial \psi}{\partial y} \tag{16.18a}$$

$$v_{\mathrm{g}} = + \frac{\partial \psi}{\partial x} \tag{16.18b}$$

$$u_{\mathrm{a}} = - \frac{1}{f_0} \frac{\partial^2 \psi}{\partial t \partial x} - \frac{1}{f_0} J\left(\psi, \frac{\partial \psi}{\partial x} \right) + \frac{\beta_0}{f_0} y \frac{\partial \psi}{\partial y} \tag{16.18c}$$

$$v_{\mathrm{a}} = - \frac{1}{f_0} \frac{\partial^2 \psi}{\partial t \partial y} - \frac{1}{f_0} J\left(\psi, \frac{\partial \psi}{\partial y} \right) - \frac{\beta_0}{f_0} y \frac{\partial \psi}{\partial x} \tag{16.18d}$$

$$w = - \frac{f_0}{N^2}\left[\frac{\partial^2 \psi}{\partial t \partial z} + J\left(\psi, \frac{\partial \psi}{\partial z} \right) \right] \tag{16.18e}$$

$$p' = \rho_0 f_0 \psi \tag{16.18f}$$

$$\rho' = -\frac{\rho_0 f_0}{g}\frac{\partial \psi}{\partial z} \tag{16.18g}$$

如果方程中保留湍流耗散，控制位势涡度发展的方程就会变得复杂，但在大部分数值应用中，可近似用如下方程：

$$\frac{\partial q}{\partial t} + J(\psi,\ q) = \frac{\partial}{\partial x}\left(\mathcal{A}\frac{\partial q}{\partial x}\right) + \frac{\partial}{\partial y}\left(\mathcal{A}\frac{\partial q}{\partial y}\right) + \frac{\partial}{\partial z}\left(\nu_{\text{E}}\frac{\partial q}{\partial z}\right) \tag{16.19}$$

式中，q 的定义参见式(16.17)。

16.3 长度尺度与时间尺度

表达式(16.17)显示 q 是位势涡度的一种形式。事实上，最后一项表示行星涡度的贡献，而第一项 $\nabla^2\psi = \partial v/\partial x - \partial u/\partial y$ 是相对涡度。中间项可追溯到位势涡度[如式(12.21)]经典定义中分母所代表的层厚变化。事实上，根据式(16.18g)，这一项度量了 ρ' 的垂向变化，这与密度面之间的厚度变化直接相关，因而，它是垂向拉伸的线性形式(参见解析问题16.7)。虽然 q 的表达式(16.17)与式(12.21)中定义的位势涡度量纲不相同，但这里我们遵循惯例，仍称之为位势涡度，而非另立其他名称。

将位势涡度表达式的前两项，即相对涡度和垂向拉伸进行比较最为有趣。L 和 U 分别表示水平向长度尺度和速度尺度，根据式(16.18a)和式(16.18b)，流函数 ψ 的尺度与 LU 相当。如果 H 是垂向长度尺度，但未必是流体深度，则对位势涡度的影响如下：

$$\text{相对涡度} \sim \frac{U}{L},\ \text{垂向拉伸} \sim \frac{f_0^2 UL}{N^2 H^2} \tag{16.20}$$

前一项与后一项的比值是

$$\frac{\text{相对涡度}}{\text{垂向拉伸}} \sim \frac{N^2 H^2}{f_0^2 L^2} = Bu \tag{16.21}$$

这就是11.6节所定义的伯格数。出现弱层结或者长度尺度大(如伯格数很小，$NH \ll f_0 L$)时，垂向拉伸起到主导作用，而运动则与近地转平衡(第7章)中的均质旋转流的运动相似，其中地形变化的影响很大。若伯格数较大 ($NH \gg f_0 L$)，即强层结或长度尺度较短时，相对涡度起到主导作用，层结在垂直方向上降低耦合，而各层趋于表现为二维形式，仅受到本层涡度形态的搅动，与上下层发生的一切无关。

当层结和长度尺度相匹配，使得伯格数达到数量级 1 时，流体将展现出丰富的运动方式。而这一情形出现的条件是

$$L = \frac{NH}{f_0} \tag{16.22}$$

正如 12.2 节所提到的，这个特定长度为内部变形半径。为了说明这一点，我们先引入名义上的密度差 $\Delta\rho$ 表示典型的周围流体层结的密度垂向变化。如此一来，$|\,\mathrm{d}\bar\rho/\mathrm{d}z\,| \sim \Delta\rho/H$，且 $N^2 \sim g\Delta\rho/\rho_0 H$。将约化重力定义为 $g' = g\Delta\rho/\rho_0$，通常远小于全重力 g，我们因此得到

$$N \sim \sqrt{\frac{g'}{H}} \tag{16.23}$$

由定义式(16.22)可得

$$L \sim \sqrt{\frac{g'H}{f_0}} \tag{16.24}$$

对于均质旋转流，将该表达式与定义式(9.12)的内部变形半径比较，我们注意到，小得多的约化重力加速度替代了重力加速度，得出的结论是，相比均质流体中类似的运动，层结流体的运动尺度更小。

在总结本节之前，我们需要回到时间尺度的讨论。在求导之前假设只关注缓慢发展的运动，也就是时间尺度 T 远大于惯性时间尺度 $1/f_0$(即 $T \gg \Omega^{-1}$)。这就把 $\partial u/\partial t$ 和 $\partial v/\partial t$ 降低到主导地转平衡的小扰动水平。现在我们已经完成了分析，应该检查一致性。

准地转运动的时间尺度可通过检查其在位势涡度形式下的控制方程确定，这一过程非常简单。式(16.16)的平衡要求方程左边两项同阶：

$$\frac{Q}{T} \sim \frac{UL}{L}\frac{Q}{L}$$

式中，Q 是位势涡度尺度，无论对其起主导作用的是相对涡度($Q \sim U/L$)还是垂向拉伸项($Q \sim f_0^2 UL/N^2 H^2$)，LU 是流函数尺度。前叙表述的结果是

$$T \sim \frac{L}{U} \tag{16.25}$$

换言之，时间尺度是平流决定的。准地转结构演化的时间尺度 T，这一时间类似于一个质点以名义上的速度 U 走完空间尺度 L 所需的时间。举例来说，当质点绕流旋转一周时，涡旋流动(如大气气旋)已有显著的发展。

由于准地转方程源于罗斯贝数较小($Ro = U/\Omega L \ll 1$)，其直接条件是时间尺度必须远长于自转周期：

$$T \gg \frac{1}{\Omega} \tag{16.26}$$

这与我们的前提一致。然而，还需要注意，没有矛盾只能说明准地转理论的一致性。这意味着，缓慢发展的准地转运动可能存在，而其他非准地转运动也并不能排除。后者中，我们能够区分出其他类型的近地转运动(Cushman-Roisin, 1986；Cushman-

Roisin et al.，1992；Phillips，1963），当然还有完全非地转运动（参见第 13 章和第 15 章的示例）。然而，非地转流通常在惯性时间尺度上发展演化（$T \sim \Omega^{-1}$），准地转以外的地转运动类型通常在较长的时间尺度上发展演化（$T \gg L/U \gg \Omega^{-1}$）。

16.4 能量

准地转理论的应用频繁，因此有必要研究与之相关的近似能量平衡。将控制方程式（16.6）乘以流函数 ψ，对整个三维空间区域积分，然后经过数次分部积分后，我们得到

$$\frac{\mathrm{d}}{\mathrm{d}t} \iint \frac{1}{2} \rho_0 \mid \nabla \psi \mid^2 \mathrm{d}x\mathrm{d}y\mathrm{d}z + \frac{\mathrm{d}}{\mathrm{d}t} \iiint \frac{1}{2} \rho_0 \frac{f_0^2}{N^2} \left(\frac{\partial \psi}{\partial z} \right)^2 \mathrm{d}x\mathrm{d}y\mathrm{d}z = 0 \qquad (16.27)$$

基于刚性的底与上表面假设以及水平方向上任意组合的周期性、刚壁或者在远距离处衰减，在边界项上的项都被设定为零。

式（16.27）表示机械能平衡：动能与势能的总和守恒。一旦速度分量用流函数 $(u^2 + v^2 = \psi_y^2 + \psi_x^2 = \mid \nabla \psi \mid^2)$ 表示，动能对应的第一个积分比较显著。这时，默认第二个积分表示势能，且势能不显著。根据物理学基本原理，势能定义如下：

$$PE = \iiint \rho gz \mathrm{d}x\mathrm{d}y\mathrm{d}z \qquad (16.28)$$

使用式（16.18g），可得出 ψ 的线性非二次项表达式。

该差异可通过定义有效位能解决，有效位能的概念由 Margules（1903）首先提出，经过 Lorenz（1955）进一步完善。由于流体占有一定的体积，某一处流体的上升必定伴随着其他位置流体的下降，因此，某处势能的增加必然来自至少是部分来自其他地方势能的减少。那么，重要的不是流体的总势能，只是瞬时扰动密度分布中有多少可以转化为势能。我们将有效位能 APE 定义为上述现有势能与流体在基本层结未被扰动时势能之间的差异。

使用两层层结流体最能说明这种情况（图 16.2）：密度为 ρ_1 的较轻流体漂浮在密度为 ρ_2 的较重流体上方。流体运动时，界面位于下层静止高度 H_2 以上的 a 处。由于体积守恒，平面 a 水平域上方的积分等于零。与扰动状态相关的势能为

$$PE(a) = \iint \left[\int_0^{H_2+a} \rho_2 gz\mathrm{d}z + \int_{H_2+a}^H \rho_1 gz\mathrm{d}z \right] \mathrm{d}x\mathrm{d}y = \iint \left[\frac{1}{2} \rho_1 gH^2 + \frac{1}{2} \Delta\rho gH_2^2 \right] \mathrm{d}x\mathrm{d}y$$

$$+ \iint \Delta\rho H_2 a\mathrm{d}x\mathrm{d}y + \iint \frac{1}{2} \Delta\rho ga^2 \mathrm{d}x\mathrm{d}y$$

式中，H 为总高度，密度差 $\Delta\rho = \rho_2 - \rho_1$。第一项表示非扰动状态下的势能，而第二项消失，原因是 a 均值为零。则第三项为有效位能：

$$APE = PE(a) - PE(a = 0) = \iint \frac{1}{2} \Delta \rho g a^2 \mathrm{d}x\mathrm{d}y \tag{16.29}$$

引入浮力频率$N^2 = -(g/\rho_0)\,\mathrm{d}\,\bar{\rho}/\mathrm{d}z = g\Delta\rho/\rho_0 H$并推广到三维空间，我们得到

$$APE = \iiint \frac{1}{2} \rho_0 N^2 a^2 \mathrm{d}x\mathrm{d}y\mathrm{d}z \tag{16.30}$$

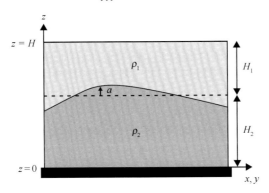

图 16.2　两层层结，用于解释有效位能概念

连续层结中，流体质点的垂向位移 a 与密度扰动直接相关，因为一个点的密度异常是来自不同垂向层的质点朝向该点运动引起的：

$$\rho'(x,\ y,\ z,\ t) = \bar{\rho}\,[z - a(x,\ y,\ z,\ t)] - \bar{\rho}\,(z)$$

$$\simeq -a\,\frac{\mathrm{d}\bar{\rho}}{\mathrm{d}z} = \frac{\rho_0\,N^2}{g}a \tag{16.31}$$

该泰勒展开可通过小的垂向位移这一基本假设予以证明。结合式(16.30)和式(16.31)，并根据式(16.18g)的流函数来表达密度扰动，即能量预算式(16.27)中出现的积分，我们得到

$$APE = \iiint \frac{1}{2} \rho_0 \frac{f_0^2}{N^2} \left(\frac{\partial \psi}{\partial z}\right)^2 \mathrm{d}x\mathrm{d}y\mathrm{d}z \tag{16.32}$$

有效位能对时间的变化率可表达为

$$\frac{\mathrm{d}}{\mathrm{d}t}APE = g\iiint \rho' w \mathrm{d}x\mathrm{d}y\mathrm{d}z \tag{16.33}$$

将式(16.18e)和式(16.18g)代入式(16.33)和对雅可比项分部积分进行验证。结果表明，当重的流体质点上升(ρ'和 w 都是正数)而轻的质点下沉(ρ'和 w 都是负数)时，势能增加。

最后需要注意的是，尺度分析可得到动能 KE 与有效位能 APE 的比值：

$$\frac{KE}{APE} \sim \frac{N^2 H^2}{L^2 f^2} \sim Bu \tag{16.34}$$

这也是伯格数的另一种解释：伯格数是动能与势能的比值。

16.5 层结流体中的行星波

在第 9 章，我们注意到，惯性-重力波是超惯性的($w \geq f$)，而开尔文波则要求在某一个水平方向上存在非地转平衡[参见式(9.4b)，$u=0$]。因此，准地转理论不能用于描述这两类波，却可以描述慢波，尤其是 β 平面上的行星波。

研究连续层结流体中的行星(罗斯贝)波的三维行为很有启发性。该理论从线性化的准地转方程出发，假定浮力频率恒定且无耗散(出于数学上的简明性考虑)。由式(16.16)和式(16.17)可以得出

$$\frac{\partial}{\partial t}\left(\nabla^2\psi + \frac{f_0^2}{N^2}\frac{\partial^2\psi}{\partial z^2}\right) + \beta_0\frac{\partial\psi}{\partial x} = 0 \tag{16.35}$$

我们求 $\psi(x, y, z, t) = \varphi(z)\cos(k_x x + k_y y - \omega t)$ 形式的波状解，其中水平向波数为 k_x 和 k_y，频率为 ω，振幅为 $\varphi(z)$。将波状解代入式(16.35)，可得到振幅的垂直结构，表示如下：

$$\frac{\mathrm{d}^2\varphi}{\mathrm{d}z^2} - \frac{N^2}{f_0^2}\left(k_x^2 + k_y^2 + \frac{\beta_0 k_x}{\omega}\right)\varphi = 0 \tag{16.36}$$

求解该方程需要垂向的边界条件。我们假设流体的下界是水平面，而上界是自由面。在大气中的类似情况对应的是存在于平坦地形或海平面上以及对流层顶之间的对流层。

在底部(即 $z=0$)，垂向速度消失，且式(16.18e)的线性化形式意味着 $\partial^2\psi/\partial z\partial t = 0$，或者

$$\frac{\mathrm{d}\varphi}{\mathrm{d}z} = 0 \quad (\text{当 } z = 0 \text{ 时}) \tag{16.37}$$

在自由面[即 $z=h(x, y, t)$]，压力是均匀的。由于存在参考密度 ρ_0(采用布西内斯克近似时消除该项，参见 3.7 节)、基本层结 $\bar{\rho}(z)$ 以及扰动压力，总压力包含了流体静压，我们得到

$$P_0^{①} - \rho_0 gz + g\int_z^h \bar{\rho}(z')\,\mathrm{d}z' + p'(x, y, h, t) = \text{常数} \tag{16.38}$$

在自由面，$z=h$。由于自由面上的质点始终在自由面上(无流入/流出)，我们也可以表述：

$$w = \frac{\partial h}{\partial t} + u\frac{\partial h}{\partial x} + v\frac{\partial h}{\partial y} \quad (\text{当 } z = h \text{ 时}) \tag{16.39}$$

---

① 应为 p_0，原著此处有误。——译者注

接下来，前述两个方程将被线性化。令 $h = H + \eta$，当自由面位移 $\eta(x, y, t)$ 足够小，可以保证线性波动合理。我们将变量 p' 和 w 从平均表面水平 $z = H$ 进行泰勒展开，并系统地去掉所有涉及波的变量的乘积。这两个方程简化为

$$-\rho_0 g \eta + p' = 0 \text{ 且 } w = \frac{\partial \eta}{\partial t} \quad （当 z = H 时） \qquad (16.40)$$

消除 η 使得 $\partial p' / \partial t = \rho_0 g w$，再用流函数表示为

$$\frac{\partial}{\partial t}\left(\frac{\partial \psi}{\partial z} + \frac{N^2}{g} \psi\right) = 0 \quad （当 z = H 时） \qquad (16.41)$$

最后，用振幅表示为

$$\frac{\mathrm{d}\varphi}{\mathrm{d}z} + \frac{N^2}{g} \varphi = 0 \quad （当 z = H 时） \qquad (16.42)$$

式（16.36）及其两个边界条件式（16.37）和式（16.42）共同定义了本征值问题。其具有下述形式：

$$\varphi(z) = A \cos k_z z \qquad (16.43)$$

的解已满足边界条件式（16.37）。将该解代入式（16.36），得到联系波频率 ω 与波数分量 k_x、k_y 和 k_z 的频散关系：

$$\omega = -\frac{\beta_0 k_x}{k_x^2 + k_y^2 + k_z^2 f_0^2 / N^2} \qquad (16.44)$$

代入边界条件式（16.42），则波数 k_z 需满足条件：

$$\tan k_z H = \frac{N^2 H}{g} \frac{1}{k_z H} \qquad (16.45)$$

如图 16.3 所示，离散解有无数个。由于 k_z 值为负时所得到的解与 k_z 值为正时得到的解相同 [参见式（16.43）和式（16.44）]，则有必要仅考虑后一个解集（$k_z > 0$）。

回到定义 $N^2 = -(g/\rho_0)\,\mathrm{d}\bar\rho/\mathrm{d}z$，式（16.45）右边的 $N^2 H/g$ 比值等于 $\Delta\rho/\rho_0$，其中 $\Delta\rho$ 是基本层结 $\bar\rho(z)$ 顶部与底部的密度差。因此，系数 $N^2 H/g$ 非常小，这表明式（16.45）的第一个解离原点非常近（图 16.3）。这时，$\tan k_z H$ 可近似为 $k_z H$，使得

$$k_z H = \frac{NH}{\sqrt{gH}} \qquad (16.46)$$

方程右侧的分数是内重力波速度与表面重力波速度的比，该比值很小。还需要注意，这种模态在 $g \to \infty$ 的极限情况下消失。如果我们在这一区域的顶部加上刚盖，则可获得该值。

由于 $k_z H$ 值很小，对应的垂向波是近似均匀的。将前述 k_z 的值代入式（16.44）：

$$\omega = -\frac{\beta_0 k_x}{k_x^2 + k_y^2 + f_0^2 / gH} \qquad (16.47)$$

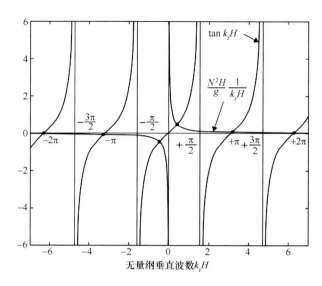

图 16.3　式(16.45)图解。曲线的每个相交点都会得到垂向波数k_z合理的值。离原点最近的一对值对应于完全不同于其他值的解

可得到频散关系独立于浮力频率 N，且与均质流体［参见式(9.27)］中行星波的频散关系相同。由于垂向上基本均匀，我们可以断定该波是系列波的正压分量。

k_z的其他解也可通过相同程度的近似确定。由于$N^2 H/g$值很小，式(16.45)有限解非常接近 $\tan k_z H$ 的零值(图 16.3)，因此可近似为

$$k_{zn} = n \frac{\pi}{H} \quad (n = 1, 2, 3, \cdots) \tag{16.48}$$

与正压波不同，这些波长的波存在显著的垂向变化，因此称为斜压的。斜压波的频散关系

$$\omega_n = - \frac{\beta_0 k_x}{k_x^2 + k_y^2 + (n\pi f_0 / NH)^2} \tag{16.49}$$

在形式上与式(16.47)相同，表明斜压波也是行星波。总之，层结的出现使得行星波存在无限个离散模态，其中一个是正压的，其他是斜压的。

比较正压波与斜压波的频散关系式(16.47)和式(16.49)，我们注意到，f_0^2/gH 比值的分母被$(\pi f_0/NH)^2$的倍数替代，后者要大得多，再次重申，因为 $N^2 H/g$ 的值非常小。物理上来看，正压分量受到较大的外变形半径$\sqrt{gH}/f_0$［参见式(9.12)］的影响，而斜压波受到短很多的内变形半径NH/f_0［参见式(16.22)］的影响。

在大气中，这两种变形半径的差异并不总是很大。例如，在中纬度地区（如45°N，$f_0 = 1.03 \times 10^{-4}$ s^{-1}），对流层高度 $H = 10$ km，浮力频率 $N = 0.01$ s^{-1}。这使得$\sqrt{gH}/f_0 =$

3 050 km，且 $NH/f_0 = 972$ km。N^2H/g 的比值是 0.102，并不是非常小。与之相反，在海洋中这两种变形半径的差异则非常明显。例如，$H = 3$ km 且 $N = 2 \times 10^{-3}$ s^{-1}，这使得 $\sqrt{gH}/f_0 = 1\,670$ km，且 $NH/f_0 = 58$ km。

　　无论何种情况下，所有的行星波都有纬向相速，即

$$c_n = \frac{\omega_n}{k_x} = -\frac{\beta_0}{k_x^2 + k_y^2 + (n\pi f_0/NH)^2} \tag{16.50}$$

由于纬向相速总是为负，因此斜压波的传播方向只能向西[1]，且向西的速度区间如下：

$$-\beta_0 R_n^2 < c_n < 0 \tag{16.51}$$

该区间的下限接近最长波（$k_x^2 + k_y^2 \to \infty$）。长度 R_n 定义如下：

$$R_n = \frac{1}{n}\frac{NH}{\pi f_0} \quad (n = 1,\ 2,\ 3,\ \cdots) \tag{16.52}$$

该长度为内变形半径，对应不同的斜压模态。n 值越大，k_{zn} 值越大，垂向的波逆转越多，其纬向传播受限越大。因此，由东向西（或由西向东，条件是群速度为正值）传输信息，输运能量最活跃的波是正压波和第一斜压分量。事实上，观测显示仅这两种模态就可输运海洋中 80%~90% 的能量。

　　现在，我们把注意力转向斜压行星波的空间结构。为简单起见，我们以第一模态（$n = 1$）为例，该模态对应的波在垂向上存在一个反转。我们将 k_y 值设为零，重点关注该波的纬向分布。则流函数、压力和密度分别如下：

$$\psi = A\cos k_z z \cos(k_x x - \omega t) \tag{16.53a}$$

$$p' = \rho_0 f_0 \psi = \rho_0 f_0 A\cos k_z z \cos(k_x x - \omega t) \tag{16.53b}$$

$$\rho' = -\frac{\rho_0 f_0}{g}\frac{\partial \psi}{\partial z} = +\frac{\rho_0 f_0 k_z}{g} A\sin k_z z \cos(k_x x - \omega t) \tag{16.53c}$$

地转速度分量为

$$u_g = -\frac{\partial \psi}{\partial y} = 0 \tag{16.54a}$$

$$v_g = +\frac{\partial \psi}{\partial x} = -k_x A\cos k_z z \sin(k_x x - \omega t) \tag{16.54b}$$

我们可以确认，该速度分量与波无关，因为其垂向速度不能导致密度面产生位移并允许动能和势能相互转化。因此，该动力学的本质在于非地转速度分量，

---

[1]　子午相速 ω_n/k_y 值可能为正，也可能为负，取决于 k_y 的符号。

$$u_a = -\frac{1}{f_0}\frac{\partial^2\psi}{\partial t\partial x}$$

$$= -\frac{k_x\omega}{f_0}A\cos k_z z\cos(k_x x - \omega t) \quad (16.55\text{a})$$

$$v_a = -\frac{\beta_0}{f_0}y\frac{\partial\psi}{\partial x}$$

$$= +\frac{\beta_0 k_x}{f_0}yA\cos k_z z\sin(k_x x - \omega t) \quad (16.55\text{b})$$

$$w = -\frac{f_0}{N^2}\frac{\partial^2\psi}{\partial t\partial z}$$

$$= +\frac{f_0\omega k_z}{N^2}A\sin k_z z\sin(k_x x - \omega t) \quad (16.55\text{c})$$

该非地转运动的三维散度应该为零，我们留给读者作为一个练习，即对这一结果进行验证。相应的波结构已在图 16.4 中显示，解释如下。

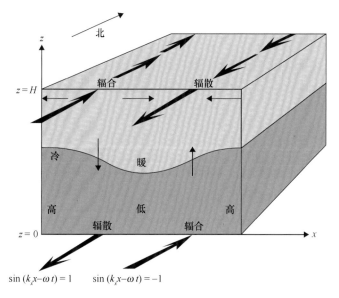

图 16.4　斜压行星波结构。构建该图解时，我们假设 $f_0 > 0$，$k_x > 0$，$k_y = 0$，且 $k_z = \pi/H$，得到 $\omega < 0$ 和一个垂向单一反转的波结构

　　由于底部不能发生垂向位移，因此不存在密度异常。由于表面的垂向位移仅在正压（外）模态下才起重要作用，而这里是斜压（内）模态，因此垂向位移在顶部可以忽略不计。然而在内部，垂向位移影响很大，其中一个最大值在最低斜压模态（此处已给出描述）的中层。中间密度面上升时，下方出现较重（较冷）流体，形成冷异常。同样的，

暖异常则伴随着在半个波长之外下沉。由于较冷流体较重，而较暖流体较轻，因此，冷异常下方的底部压力较大，而暖异常下方的底部压力较小。最低阶近似时，所产生的纬向压力梯度则驱动一个交替的地转经向流 v_g，见式（16.54b）。在北半球（如图 16.4 所描述），底层流速其右侧的压力较大，因此，假设南向流动在高压的东侧，而北向流动在低压的东侧。由于波的斜压特性，垂向上存在反转，顶部附近的速度与下方的速度相反（图 16.4）。

在 β 平面上，科氏参数的变化引起经向流辐合或辐散。在北半球，向北意味着 f 的增大，在均匀压力梯度下，速度减小，北向流辐合而南向流辐散。辐合-辐散型态需要纬向或垂向或纬向垂向组合的非地转速度。根据图 16.4，基于式（16.55c）和式（16.55a），两个横向分量都在起作用，且每个横向分量都部分减缓了经向流的辐合-辐散。垂向辐合对水平向辐合的相对重要性表示为

$$\frac{k_z W}{k_x U} = \frac{f_0^2}{N^2} \frac{k_z^2}{k_x^2} \tag{16.56}$$

根据波的长度尺度，我们重新得到伯格数的倒数。

随后产生的中层的垂向速度引起辐合流场上方和辐散流场上方发生下沉，从而将上层的多出流体部分输运到下层的亏缺部分，并在半个波长之外造成隆升，这里的垂直状况相反。下沉产生暖异常，而上升产生冷异常。从图 16.4 中我们可以看到，这一过程发生在已有异常以西 1/4 波长处，从而引起波型向西移动。结果就是，波型向西稳定移动。

16.6　一些非线性效应

准地转方程式（16.16）的原始形式是流函数的二阶方程。因此，小振幅假定以研究线性波状态是必要的，现在应该问一问非线性发挥什么作用。明显的原因是，非线性方程不能求得通解。非线性引起波与波之间的相互作用，从而产生谐波并将能量向更宽的谱范围扩展。根据数值模拟（McWilliams，1989；Rhines，1977），得到一种复杂的非稳定运动状态，称为地转湍流。

虽然后面章节（18.3 节）还会对该专题进行更加全面的论述，但这里有必要提一下，地转湍流具有形成相干结构（McWilliams，1984，1989）的自然趋势。相干结构表现为独特而强大的涡旋，与涡旋完成一个周转的时间相比，可进行清楚识别并长时间追踪，如图 18.17 中示例所示。涡流包含不成比例的可用能量，是高度非线性的，涡流中间留下相对较弱的线性波场。也就是说，成熟状态的地转湍流呈现为非线性局地涡旋和线性非局地波的二元结构。

我们选择有限振幅的局地涡型解来研究非线性效应。为了简化分析，我们假设了

无黏流体和均匀层结(N=常数)。另外，预计可能会出现类似行星波的纬向漂移，因而我们寻找x轴方向稳定平移的解。因此，我们规定

$$\frac{\partial q}{\partial t} + J(\psi,\ q) = 0 \qquad (16.57)$$

$$q = \nabla^2\psi + \frac{f_0^2}{N^2}\frac{\partial^2\psi}{\partial z^2} + \beta_0 y \qquad (16.58)$$

式中，函数$\psi = \psi(x-ct,\ y,\ z)$在远距离处为零。

因为变量x和t只出现在$x-ct$组合中，因此时间导数可以被转化为x导数($\partial/\partial t = -c\partial/\partial x$)，方程变为

$$J(\psi + cy,\ q) = 0$$

该方程存在通解：

$$q = \nabla^2\psi + \frac{f_0^2}{N^2}\frac{\partial^2\psi}{\partial z^2} + \beta_0 y = F(\psi + cy) \qquad (16.59)$$

此时，函数F是其变量$\psi + cy$的任意函数。因为是局地涡旋，流函数在远距离处(包括经向坐标y有限值范围内的大纬距)必须为零。根据方程式(16.59)，得出

$$\beta_0 y = F(cy)$$

以及函数F是线性函数：$F(\alpha) = (\beta_0/c)\alpha$。当然，函数$F$可能是多值的，$\psi + cy$闭合的等值线(在涡旋范围内为封闭曲线)上的$F$值与其他$\psi + cy$非闭合的等值线上的$F$值不同，$\psi + cy$的等值线并不连接至无穷远。也就是说，两条不同等值线上相同的$\psi + cy$可以对应两个不同的F值。

虽然注意到了这种可能性，但目前我们的注意力仅限于延伸至无穷远的区域，在该区域F是线性的，根据式(16.59)得到：

$$\nabla^2\psi + \frac{f_0^2}{N^2}\frac{\partial^2\psi}{\partial z^2} = \frac{\beta_0}{c}\psi \qquad (16.60)$$

假设顶部和底部存在刚性表面，当$z=0$和H时，$\partial\psi/\partial z=0$，从而限制垂直模态的数量。最重要的斜压模态结构为$\psi = a(r,\ \theta)\cos(\pi z/H)$，其中$(r,\ \theta)$是与笛卡儿坐标$(x-ct,\ y)$相对应的极坐标。根据式(16.60)，解的水平结构由幅度$a(r,\ \theta)$限定，必须满足：

$$\frac{\partial^2 a}{\partial r^2} + \frac{1}{r}\frac{\partial a}{\partial r} - \frac{1}{r^2}\frac{\partial^2 a}{\partial\theta^2} - \left(\frac{1}{R^2} + \frac{\beta_0}{c}\right)a = 0 \qquad (16.61)$$

此处，

$$R = \frac{NH}{\pi f_0} \qquad (16.62)$$

是内变形半径(为了方便起见，方程中引入了因子 π)。该方程存在方位角方向上正弦函数和经向方向上贝塞尔函数的解。

因为势能与垂直位移的平方积分成正比，因此能量有限的局地涡结构要求流函数场(与 a 成正比)在远距离处的衰减快于 $1/r$。这一要求排除了第一类贝塞尔函数(此类函数只随 $r^{-1/2}$ 衰减)，然后我们保留了呈指数衰减的修正贝塞尔函数：

$$a(r,\,\theta) = \sum_{m=0}^{\infty} (A_m \cos m\theta + B_m \sin m\theta)\, K_m(kr) \qquad (16.63)$$

其中由

$$k^2 = \frac{1}{R^2} + \frac{\beta_0}{c} \qquad (16.64)$$

定义的因子 k 必须为实数。这个条件表明：涡的漂移速度 c 必须小于 $-\beta_0 R^2$ 或大于零，换句话说，c 必须在线性行星波的速度范围之外[参见式(16.51)]。因为方程的解包含 k 与经向距离 r 的乘积，所以 k 的倒数可以看作涡的宽度：

$$L = \frac{1}{k} = \frac{R}{\sqrt{1 + \beta_0 R^2/c}} \qquad (16.65)$$

传播(向东或向西)得越快，L 越接近变形半径 R。向东传播的涡 $(c > 0)$ 宽度小于 R，而向西传播的涡 $(c < 0)$ 宽度更大些。

原点处的贝塞尔函数 K_m 是奇异的，并且涡流中心附近解式(16.63)失效。纠正方法是，在 $r=0$ 附近，F 采用另一种函数形式(不同于之前的使用形式)，从而改变解的特征。我们在此对这种解(称为"偶极子")不予探讨，感兴趣的读者可以参阅 Flierl 等(1980)的文章。

我们现在来探讨纬向急流(如蜿蜒曲折的大气急流)上的扰动。波和有限振幅扰动沿纬向传播，净速度等于它们各自的漂移速度加上急流平均速度。从原始地点(如山脉)向上游或下游传播，除非净速度为零。在向下游传播的情况中，当扰动速度 c 等于急流平均速度 U 且与其相反时，扰动静止，因而能持续很长的时间。通常，纬向急流(大气中的急流、海洋中的墨西哥湾暖流以及木星大红斑纬度处的盛行风)向东流，因此我们取 U 为正值。数学上要求 $c = -U$(向西)，然后出现两种情况：U 小于或大于等于 $\beta_0 R^2$。对于 $U < \beta_0 R^2$ 的情况，c 在行星波范围内，扰动为一行星波列，造成急流的蜿蜒曲折。根据频散关系式(16.50)，其应用于最重要的垂直模态($n=1$)以及零经向波数($m=0$)，纬向波长表示为

$$\lambda = \frac{2\pi}{k_x} = 2\pi R \sqrt{\frac{U}{\beta_0 R^2 - U}} \qquad (16.66)$$

如果急流向下游传播时速度变化，则波长进行局地调整，随 U 增加。但是，如果 U

$\geqslant\beta_0 R^2$（有限振幅），孤立扰动是可能存在的，急流也可能被强烈地扰动变形。孤立的扰动可能出现，因而急流可能会被剧烈扭曲。前述理论表明长度尺度满足以下方程：

$$L = \frac{1}{k} = R\sqrt{\frac{U}{U - \beta_0 R^2}} \tag{16.67}$$

16.7 准地转海洋模拟

准地转模型是第一个天气预报系统的核心（参见第 5 章和本章末尾的人物介绍），其成功的原因在于高度简化的数学和数值计算，同时捕捉到了对天气预报至关重要的动力学本质。因为计算能力有限，最初的几种模型都是二维的。这里我们要说明这些二维模型的核心数值特征，因为它们代表了后续三维模型的数值特征。

二维模型中，在没有摩擦和湍流的情况下，控制准地转动力学的方程简化为

$$\frac{\partial q}{\partial t} + J(\psi, q) = 0 \tag{16.68}$$

位势涡度 q 定义为

$$q = \nabla^2\psi + \beta_0 y \tag{16.69}$$

从式（16.68）中很容易看出，雅可比算子 J 在该数学运算中起着核心作用。该算子有数种不同的数学表达形式：

$$J(\psi, q) = \frac{\partial\psi}{\partial x}\frac{\partial q}{\partial y} - \frac{\partial\psi}{\partial y}\frac{\partial q}{\partial x} \tag{16.70a}$$

$$= \frac{\partial}{\partial x}\left(\psi\frac{\partial q}{\partial y}\right) - \frac{\partial}{\partial y}\left(\psi\frac{\partial q}{\partial x}\right) \tag{16.70b}$$

$$= \frac{\partial}{\partial y}\left(q\frac{\partial\psi}{\partial x}\right) - \frac{\partial}{\partial x}\left(q\frac{\partial\psi}{\partial y}\right) \tag{16.70c}$$

这样我们就可以很容易地写出相应的有限差分形式（均具有二阶精度）（参见图 16.5 的网格表示法）：

$$J^{++} = \frac{(\tilde{\psi}_4 - \tilde{\psi}_8)(\tilde{q}_6 - \tilde{q}_2) - (\tilde{\psi}_6 - \tilde{\psi}_2)(\tilde{q}_4 - \tilde{q}_8)}{4\Delta x\Delta y} \tag{16.71a}$$

$$J^{+\times} = \frac{[\tilde{\psi}_4(\tilde{q}_5 - \tilde{q}_3) - \tilde{\psi}_8(\tilde{q}_7 - \tilde{q}_1)] - [\tilde{\psi}_6(\tilde{q}_5 - \tilde{q}_7) - \tilde{\psi}_2(\tilde{q}_3 - \tilde{q}_1)]}{4\Delta x\Delta y}$$

$$\tag{16.71b}$$

$$J^{\times+} = \frac{\left[\tilde{q}_6(\tilde{\psi}_5 - \tilde{\psi}_7) - \tilde{q}_2(\tilde{\psi}_3 - \tilde{\psi}_1) \right] - \left[\tilde{q}_4(\tilde{\psi}_5 - \tilde{\psi}_3) - \tilde{q}_8(\tilde{\psi}_7 - \tilde{\psi}_1) \right]}{4\Delta x \Delta y}$$

$$(16.71c)$$

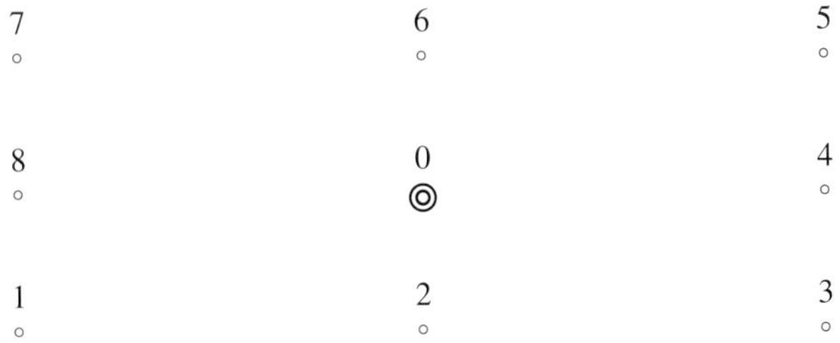

图 16.5　围绕标记为 O 的中心点的雅可比算子 $J(\psi, q)$ 的网格表示法。离散化方法 J^{++} 式(16.71a)在侧边点 2、4、6 和 8 取值 ψ 及 q；离散化方法 $J^{+\times}$ 式(16.71b)在侧边点 2、4、6 和 8 取值 ψ，在角点 1、3、5 和 7 取值 q；而离散化方法 $J^{\times+}$ 切换了 ψ 和 q 的值

我们可使用多种离散化方法，那么哪种方法可以得到最好的模型呢？因为所有方法的截断误差都具有二阶精度，因此我们不得不利用其他属性(如守恒定律)来确定哪种离散化方法最优。例如，我们通过闭合式非穿透性边界(边界上 ψ 均匀)内的二维 S 平面域或借助周期边界确定下面的积分约束。

$$\int_S J(\psi, q)\, \mathrm{d}S = 0 \tag{16.72}$$

$$\int_S q J(\psi, q)\, \mathrm{d}S = 0 \tag{16.73}$$

$$\int_S \psi J(\psi, q)\, \mathrm{d}S = 0 \tag{16.74}$$

表达式(16.74)与动能演变相关。另外，我们得到一个反对称属性：

$$J(\psi, q) = - J(q, \psi) \tag{16.75}$$

通常，数值离散化不能确保离散解相应的积分守恒特性。荒川昭夫(参见第 9 章结尾的人物介绍)巧妙地将不同形式的雅可比算子进行组合，在离散格式中保持积分守恒特性。对于 α 和 β 任意值，组合

$$J = (1 - \alpha - \beta) J^{++} + \alpha J^{+\times} + \beta J^{\times+} \tag{16.76}$$

使得离散化后的结果一致。因此我们尝试为 α 和 β 赋值，以确保尽可能多的属性同时守恒。

离散积分形式的式(16.74)对涉及乘积 $\psi_{i,j} J_{i,j}$ 的各项求和，或使用图 16.5 更简短的表示法，诸如以下项：

$$\Delta x \Delta y \psi_0 J_0 \tag{16.77}$$

根据式(16.71a)离散化的雅可比矩阵涉及

$$4\Delta x \Delta y \, \widetilde{\psi}_0 \, J_0^{++} = \widetilde{\psi}_0 \, \widetilde{\psi}_4 (\widetilde{q}_6 - \widetilde{q}_2) + \cdots \tag{16.78}$$

对域内各项(包含了 $\psi_4 J_4$ 的贡献)求和(积分)，我们发现了带有相反符号的类似项：

$$4\Delta x \Delta y \, \widetilde{\psi}_4 \, J_4^{++} = -\widetilde{\psi}_0 \, \widetilde{\psi}_4 (\widetilde{q}_5 - \widetilde{q}_3) + \cdots \tag{16.79}$$

但因为 q 值不同，这些项无法相互抵消。如果研究另一种离散化方法 $J^{+\times}$，我们就会发现可以互相抵消的项：

$$4\Delta x \Delta y \, \widetilde{\psi}_0 \, J_0^{+\times} = \widetilde{\psi}_0 \, \widetilde{\psi}_4 (\widetilde{q}_5 - \widetilde{q}_3) + \cdots \tag{16.80}$$

和

$$4\Delta x \Delta y \, \widetilde{\psi}_4 \, J_4^{+\times} = -\widetilde{\psi}_4 \, \widetilde{\psi}_0 (\widetilde{q}_6 - \widetilde{q}_2) + \cdots \tag{16.81}$$

如果我们添加 $(J^{++} + J^{+\times})$，然后在域内求积分，ψJ 乘积就会成对相互抵消。同样的逻辑也适用于其他组合项，例如点 0 和点 6 之间的项。因此，如果将 $(J^{++} + J^{+\times})/2$ 用于雅可比矩阵的离散化，就遵守了式(16.74)的约束条件。

其实还有更好的方法。因为 $\psi J^{\times +}$ 不包含项 $\widetilde{\psi}_0 \widetilde{\psi}_4$ 和 $\widetilde{\psi}_0 \widetilde{\psi}_6$，但包含带乘积 $\widetilde{\psi}_0 \widetilde{\psi}_5$ 的项：

$$4\Delta x \Delta y \, \widetilde{\psi}_0 \, J_0^{\times +} = \widetilde{\psi}_0 \, \widetilde{\psi}_5 (\widetilde{q}_6 - \widetilde{q}_4) + \cdots \tag{16.82}$$

$$4\Delta x \Delta y \, \widetilde{\psi}_5 \, J_5^{\times +} = \widetilde{\psi}_0 \, \widetilde{\psi}_5 (\widetilde{q}_4 - \widetilde{q}_6) + \cdots \tag{16.83}$$

这些项互相抵消。结果证明，我们能够以任意数量的 $J^{\times +}$（$1 - \alpha - \beta$ 等于 α，且 β 为任意值）掺杂到和式 $(J^{++} + J^{+\times})$ 中。

同样地，如果我们取和式 $(J^{++} + J^{\times +})$ 或 $J^{+\times}$ 或其组合，遵守约束条件式(16.73)，则域中所有网格点的 qJ 之和为零。因此，如果我们取 $1 - \alpha - \beta = \alpha = \beta$（要求 $\alpha = \beta = 1/3$），便可以同时满足式(16.74)和式(16.73)。

我们现在来核实反对称关系式(16.75)。使用 J^{++} 与和式 $(J^{+\times} + J^{\times +})$ 可以满足该关系式，因而组合 $(J^{++} + J^{+\times} + J^{\times +})/3$ 也可以满足该关系式。综上所述，$\alpha = \beta = 1/3$ 是理想值。因为使用理想值，可将式(16.73)至式(16.75)从连续状态方程转换为离散状态方程进行处理。这种非常流行的离散化方法称为荒川雅可比行列式。

准地转演变过程中的第二基本要素是 q 和 ψ 之间的关系式，其核心项为

$$q = \frac{\partial^2 \psi}{\partial x^2} + \frac{\partial^2 \psi}{\partial y^2} \tag{16.84}$$

该项也是二维 f 平面上唯一剩下的项。式(16.68)给出了 q 的时间演变方程，当 q 值重

新计算时，式(16.84)可以看作求解 ψ 的方程。因此，我们需要在每个时间步反演一个泊松方程(已在 7.8 节提及)。在第一个准地转模型中，反演通过逐次超松弛迭代法完成，偶尔在向量计算机上使用红黑法。

解析问题

16.1　推导一层准地转方程

$$\frac{\partial}{\partial t}\left(\nabla^2\psi - \frac{1}{R^2}\psi\right) + J(\psi,\ \nabla^2\psi) + \beta_0\frac{\partial\psi}{\partial x} = 0 \tag{16.85}$$

式中，$R=(gH)^{1/2}/f_0$ 来自浅水模型式(7.17)(假设表层位移弱小)。与 16.5 节提及的行星波相比，该方程产生的这些波具有哪些动力学特征？

16.2　证明 16.4 节结尾处的论断，即有效位能的时间变化率与密度扰动和垂向速度乘积的积分成正比。

16.3　以严谨的方式阐明准地转近似和方程的线性化所使用的尺度假设。对垂向位移的正限制条件是什么？

16.4　证明假设刚性上表层(结合平底假设)有效取代了无穷大的外部变形半径，还要证明 16.5 节中垂向波数 k_z 的近似解变成精确解。

16.5　在 f 平面($\beta_0=0$)上使用准地转模式研究地形波，首先确定适当的底部边界条件。

16.6　在 f 平面上建立准地转系统(没有摩擦并且 N^2 水平均匀)的 Omega 方程。Omega 方程提供了垂向速度的诊断形式(即无须时间积分)。该公式涉及与密度场(观察到的)相关联的地转流(u_g, v_g)：

$$N^2\frac{\partial^2 w}{\partial x^2} + N^2\frac{\partial^2 w}{\partial y^2} + f^2\frac{\partial^2 w}{\partial z^2} = \frac{\partial Q_x}{\partial x} + \frac{\partial Q_y}{\partial y} \tag{16.86}$$

式中，

$$Q_x = + 2f\left(\frac{\partial u_g}{\partial z}\frac{\partial v_g}{\partial x} + \frac{\partial v_g}{\partial z}\frac{\partial v_g}{\partial y}\right)$$

$$Q_y = - 2f\left(\frac{\partial u_g}{\partial y}\frac{\partial v_g}{\partial z} + \frac{\partial u_g}{\partial z}\frac{\partial u_g}{\partial x}\right)$$

16.7　证明对于常数 N^2，式(16.17)定义的位势涡度 q 是式(12.21)定义的位势涡度 q 的线性化结果。

$$\widetilde{q} = \frac{f_0}{h_0} + \frac{q}{h_0} \tag{16.87}$$

式中，h_0 是未受扰动的层厚度。线性化假设垂向位移较小且水平速度较弱。(提示：未

受扰动的层高度与 N^2 直接相关，为了进行线性化处理，将 $1/h$ 表示为垂向密度梯度的函数）

16.8 使用准地转方程的约化重力情况

$$\frac{\partial q}{\partial t} = J(\psi, q) \quad \left(q = \nabla^2\psi - \frac{\psi}{R^2} + \beta_0 y\right) \tag{16.88}$$

证明涡旋的质量中心以速度 $\beta_0 R^2$ 向西传播。这里质量中心的坐标 $[X(t), Y(t)]$ 定义为

$$X = \frac{\iint x\psi\,\mathrm{d}x\mathrm{d}y}{\iint \psi\,\mathrm{d}x\mathrm{d}y}, \quad Y = \frac{\iint y\psi\,\mathrm{d}x\mathrm{d}y}{\iint \psi\,\mathrm{d}x\mathrm{d}y} \tag{16.89}$$

（提示：计算 $\mathrm{d}X/\mathrm{d}t$ 和 $\mathrm{d}Y/\mathrm{d}t$）

数值练习

16.1 在封闭的二维空间（大小为 L）调整 qgmodel. m 来验证数值守恒式（16.72）。对比蛙跳差分格式和显式欧拉时间离散方法，对以下公式给出的流函数进行初始化：

$$\psi = \omega_0 L^2 \sin\left(\frac{\pi x}{L}\right) \sin\left(\frac{\pi y}{L}\right) \tag{16.90}$$

在所有 4 个侧边（$x=0$、$x=L$、$y=0$ 和 $y=L$）上，边界都是非穿透性的并且流函数保持为零。取 $\omega_0 = 10^{-5}\,\mathrm{s}^{-1}$ 且 $L = 100\,\mathrm{km}$。为了简便起见，沿周边涡度取为零。

16.2 从 qgmodelrun. m 开始，然后推广该代码至二维 β 平面。另外，如 10.6 节所述，添加超黏性（双调和扩散），重做数值练习 16.1（包含 β 项）的模拟，取 $\beta_0 = 2\times10^{-11}\,\mathrm{m}^{-1}\,\mathrm{s}^{-1}$ 且 $L = 3\,000\,\mathrm{km}$。观察流函数的演变。（提示：把相对涡度作为动力学变量并将 β 效应表示为相对涡度控制方程中的一个强迫项，如在雅可比算子内）

16.3 在 f 平面上模拟涡旋的演变。首先令涡旋的中心位于原点处，其流函数由

$$\psi = -\omega_0 L^2 (r + 1)\,\mathrm{e}^{-r} \quad \left(r = \frac{\sqrt{x^2 + y^2}}{L}\right) \tag{16.91}$$

给出，取 $L = 100\,\mathrm{km}$ 且 $\omega_0 = 10^{-5}\,\mathrm{s}^{-1}$，然后将 ψ 初步计算中使用的 r 乘以 $1+\epsilon\cos(2\theta)$ 来扰动该方程。其中，θ 是方位角，ϵ 是一个小参数，如为 ~ 0.03。在方形区域 $[-10L, 10L]\times[-10L, 10L]$ 中执行计算，周边 ψ 值取为零。

16.4 重做数值练习 16.3，初始涡旋由

$$\omega = \begin{cases} -\omega_0 & (0 < r/L < 1/\sqrt{2}) \\ +\omega_0 & (1/\sqrt{2} \leq r/L < 1) \\ 0 & (1 \leq r/L) \end{cases} \tag{16.92}$$

定义，并验证你是否得到了图 16.6 中所示的涡旋演变。

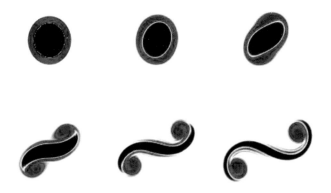

图 16.6　受扰动的涡旋斑块在准地转框架中的演变

16.5　调整 qgmodel. m 来模拟 10.4 节提及的正压流不稳定性或分析 shearedflow. m，使用受不稳定波扰动的基本流进行初始化。规定 $y = \pm 10L$ 处的流函数值为零，取代 y 轴方向为无穷域。在 x 轴方向应用周期性边界条件。位势涡度 q 使用的是什么边界条件？如果想使用双调和扩散（10.6 节），会遇到哪些与边界条件相关的问题？在任何情况下，模拟都取弱扩散。

16.6　使用 Matlab™ 程序 pcg 和共轭梯度法（参见 7.8 节）得到一个更高效的泊松方程求解器，并重做数值练习 16.5。如果有必要，可以在互联网上查找泊松方程求解器的多网格版本以减少计算时间。

16.7　调整超松弛参数以减少数值练习 16.5 中的模拟计算时间。然后模拟解析问题 10.4 中示意性的具有长波状扰动的大气急流。在第二次实验中，将急流的强度减少 4 倍。在第三次实验中，保持较低的速度但是禁用 β 项。讨论解析问题 10.4 的解的稳定性。

16.8　取 $L = 50$ km 且 $U = 1$ m/s，模拟解析问题 10.5 中三角形急流的演变。（提示：在足够长的域中用相当长的波扰动纬向流）

朱尔·格雷戈里·查尼
（Jule Gregory Charney，1917—1981）

　　朱尔·查尼是动力气象学的重要贡献者，他强烈主张将研究问题进行巧妙的简化不仅是求解答案的必经之路，也是理解物理机制的关键所在。查尼在学生时代就研究了大尺度大气流动的不稳定性，并阐明了现在称为斜压不稳定（第 17 章）的机制。他的论文发表于 1947 年。次年，他发表了一篇文章来概述准地转动力学（本章主要内容）。接下来，他便把注意力转向了数值天气预报，而这是刘易斯·弗莱·理查森大约 30 年前的设想。在 20 世纪 50 年代早期，最早的天气模拟取得了成功，这不仅有约翰·冯·诺伊曼第一台电子计算机的功劳，也有查尼明智选择简化动力学——准地转方程的功劳。后来，查尼在让世界各地官员认识到数值天气预报意义的过程中发挥了重要作用。同时，他在热带气象学、地形扰动不稳定性、地转湍流和湾流方面的研究也获得了当之无愧的认可。查尼把自己强大的直觉应用于系统的尺度分析，尺度分析现在已经成为地球流体动力学研究的支柱。（照片引自麻省理工学院档案室）

艾伦·理查德·罗宾逊
（Allan Richard Robinson，1932—2009）

艾伦·罗宾逊被誉为"现象学家"，是地球流体动力学的奠基人之一，对旋转和层结流体力学、边界层流动、大陆架波和海洋温跃层的维持做出了开创性贡献。他的成就源于坚信"保持对大自然的好奇心是推动研究的主要动力和理念"。20世纪 70 年代，罗宾逊独自主持或联合主持了一系列国际项目，确立了大洋中尺度涡即海洋内部天气的存在和重要性。他在研究中建立了海洋预报的数值模型，并强调海洋物理学在调节生物活动中的作用。罗宾逊对海洋预报模型的数据同化技术发展的贡献也非常卓著。20 世纪 80—90 年代，他带领一个主要来自地中海邻国的国际科学家小组推动了地中海海洋科学的发展。后来，他牵头了一个来整合跨学科的全球近岸海洋知识的项目。（艾伦·理查德·罗宾逊，哈佛大学）

第17章　旋转层结流体的不稳定性

摘要：在层结流体中，并不是所有的地转流都是稳定的，因为有些地转流很容易受到不断增长的扰动影响。本章介绍了两种导致地转流不稳定的主要机制：单个流体质点的运动（称为惯性不稳定）和流体的有序运动（称为斜压不稳定）。在这两种情况下，扰动的动能均来自原始流动释放的势能。斜压不稳定是产生中纬度气旋与反气旋的根源，使天气如此多变。天气扰动的发展演变本质上是非线性的，因而本章介绍了两层准地转模型，用以模拟斜压不稳定在线性发展阶段之后的演变。

17.1　不稳定的两种类型

流体流动不稳定大致有两种类型。一种是"局地"或"一点上"，即流体中的每个质点（至少部分质点）均处于不稳定状态，这类不稳定的一个典型例子就是静力不稳定。静力不稳定发生在逆向层结（上层流体密度大，下层流体密度小）的情况下：如果流体发生位移（向上或向下），流体质点就会受到浮力的作用，被拉离原始位置；其他所有质点分别会受到相同的浮力拉力，因而流体会产生巨大翻转、混合。在无摩擦的情况下，这样的运动不存在特定的时空尺度。

仅当流体在第一种不稳定情况下仍然稳定，才会出现第二种不稳定类型。第二种不稳定随时间逐渐发展并依赖于许多（即便不是所有）质点的协同作用，因此称为"全局不稳定"或"有序不稳定"。这种不稳定体现为具有优先波长的波的时间增长，最终翻转并形成涡旋。第10章中（具体参见10.4节）提及的正压不稳定就属于这种类型。

旋转层结流体可能会受到这两种类型不稳定的影响。局地不稳定称为惯性不稳定，全局不稳定称为斜压不稳定。表17.1总结了这两种不稳定的不同特征。

表 17.1　流体流动受到的两种类型不稳定特征对比

局地不稳定	全局不稳定
质点表现出单独行为	质点协同作用
运动随机进行	运动以波动形式进行
不稳定标准只取决于流动的局地特性	不稳定标准取决于流动的特性和扰动的波长
不稳定与边界条件无关	不稳定对边界条件敏感
不稳定是非常剧烈的(翻转、混合)	不稳定是渐进的(波动和涡旋形成)
例子：上层重流的翻转	例子：开尔文–亥姆霍兹不稳定
在旋转层结流体中：惯性不稳定	在旋转层结流体中：正压–斜压混合不稳定

　　斜压不稳定实际上隶属于另一种更普遍的不稳定，称为正压–斜压混合不稳定，在流体水平方向和垂直方向都存在剪切时出现。斜压不稳定是原始流动水平方向不存在剪切时的极端情况，而正压不稳定(第 10 章)是原始流动垂直方向不存在剪切时的极端情况。

17.2　惯性不稳定

　　在本节中，我们将探讨突变性失稳的可能性。在突变性失稳的情况下，流体质点一旦发生位移离开其平衡位置，就会越来越远。这种不稳定之所以具有突变性是因为，如果一个质点离开其原始位置，所有其他质点也会离开，接着便出现翻转、混合乃至混沌。

　　这类不稳定还可以划归为惯性不稳定，因为加速度是造成系统中质点位移越来越远的关键因素。因为惯性不稳定的形成过程中存在某种对称性，惯性不稳定有时称为对称不稳定(Holton，1992)，这在接下来的推导中将展现出该特性。

　　我们首先假设热成风平衡状态下的非黏性稳定流在垂直平面(x, z)内变化，平衡状态下剪切速度为$v(x, z)$，倾斜的层结为$\rho(x, z)$。非黏性稳定流体须处于地转平衡和流体静力平衡状态：

$$- fv = - \frac{1}{\rho_0} \frac{\partial p}{\partial x} \tag{17.1a}$$

$$0 = - \frac{1}{\rho_0} \frac{\partial p}{\partial z} - \frac{g\rho}{\rho_0} \tag{17.1b}$$

消去两个等式之间的压力 p，得到热成风平衡方程：

$$f \frac{\partial v}{\partial z} = - \frac{g}{\rho_0} \frac{\partial \rho}{\partial x} \tag{17.2}$$

根据这些流体特征，我们通过：

$$N^2 = -\frac{g}{\rho_0}\frac{\partial \rho}{\partial z} = \frac{1}{\rho_0}\frac{\partial^2 p}{\partial z^2} \tag{17.3}$$

定义浮力频率 N；同样地，定义以下两个有用的量：

$$F^2 = f\left(f + \frac{\partial v}{\partial x}\right) = f^2 + \frac{1}{\rho_0}\frac{\partial^2 p}{\partial x^2} \tag{17.4}$$

$$fM = f\frac{\partial v}{\partial z} = -\frac{g}{\rho_0}\frac{\partial \rho}{\partial x} = \frac{1}{\rho_0}\frac{\partial^2 p}{\partial x \partial z} \tag{17.5}$$

注意，N^2、F^2 和 fM 这 3 个量的量纲均为频率的平方。但是，虽然前两个量都定义为平方形式，我们仍需考虑到它们为负值的可能性。

接下来，我们在 x – z 平面内添加时间依赖项和速度分量 u 与 w 来扰动该流体，同时假设与该平面垂直方向仍无变化。为了清晰起见，我们进一步假设非黏性流，并只研究 f 平面。预计垂向加速度很大，因而考虑到垂直方向可能不处于流体静力平衡：

$$\frac{\mathrm{d}u}{\mathrm{d}t} - fv = -\frac{1}{\rho_0}\frac{\partial p}{\partial x} \tag{17.6a}$$

$$\frac{\mathrm{d}v}{\mathrm{d}t} + fu = 0 \tag{17.6b}$$

$$\frac{\mathrm{d}w}{\mathrm{d}t} = -\frac{1}{\rho_0}\frac{\partial p}{\partial z} - \frac{g\rho}{\rho_0} \tag{17.6c}$$

等式中的 $\mathrm{d}/\mathrm{d}t$ 表示随体导数（跟随质点运动）。

我们来跟踪该流体中的单个流体质点，该质点的移动坐标为 $[x(t), z(t)]$，在垂直平面的速度分量为

$$u = \frac{\mathrm{d}x}{\mathrm{d}t}, \; w = \frac{\mathrm{d}z}{\mathrm{d}t} \tag{17.7}$$

利用这些速度分量可以将等式（17.6b）转换为

$$\frac{\mathrm{d}v}{\mathrm{d}t} + f\frac{\mathrm{d}x}{\mathrm{d}t} = 0 \tag{17.8}$$

因为 f 是模式中的常数，$v + fx$ 是运动的不变量[①]，由此得出结论，如果质点水平位移为 Δx，则水平速度会发生变化 Δv，使得

$$\Delta v + f\Delta x = 0 \tag{17.9}$$

再利用等式（17.7）将等式（17.6a）和等式（17.6c）中的 u 和 w 消去，得到

$$\frac{\mathrm{d}^2 x}{\mathrm{d}t^2} - fv = -\frac{1}{\rho_0}\frac{\partial p}{\partial x} \tag{17.10a}$$

---

① 有时被称为地转动量。

$$\frac{\mathrm{d}^2 z}{\mathrm{d} t^2} = -\frac{1}{\rho_0}\frac{\partial p}{\partial z} - \frac{g\rho}{\rho_0} \tag{17.10b}$$

请注意，这些等式右边的压力项是质点位置 (x, z) 的复杂函数。

我们现在假设，研究中的流体质点离开了原始位置，水平方向上的微小位移为 Δx，垂直方向上的微小位移为 Δz：$x(t) = x_0 + \Delta x(t)$，$z(t) = z_0 + \Delta z(t)$，这样，就可以将这些方程线性化。注意，y 轴方向的位移对动力学平衡没有任何影响，因而可以忽略。忽略压缩性的影响，我们假设位移没有改变质点密度。质点在新位置处于非平衡状态，在垂直方向上受到浮力作用，而在水平方向上不再处于地转平衡状态。这些作用力均在压力梯度新的局地值中反映。小位移的局地值通过泰勒展开获得

$$\left.\frac{\partial p}{\partial x}\right|_{\text{at } x+\Delta x,\, z+\Delta z} = \left.\frac{\partial p}{\partial x}\right|_{\text{at } x,\, z} + \Delta x \left.\frac{\partial^2 p}{\partial x^2}\right|_{\text{at } x,\, z} + \Delta z \left.\frac{\partial^2 p}{\partial x \partial z}\right|_{\text{at } x,\, z} \tag{17.11a}$$

$$\left.\frac{\partial p}{\partial z}\right|_{\text{at } x+\Delta x,\, z+\Delta z} = \left.\frac{\partial p}{\partial z}\right|_{\text{at } x,\, z} + \Delta x \left.\frac{\partial^2 p}{\partial x \partial z}\right|_{\text{at } x,\, z} + \Delta z \left.\frac{\partial^2 p}{\partial z^2}\right|_{\text{at } x,\, z} \tag{17.11b}$$

减去未扰动状态，控制位移演变的方程表示为

$$\frac{\mathrm{d}^2 \Delta x}{\mathrm{d} t^2} - f\Delta v = -\frac{1}{\rho_0}\left(\frac{\partial^2 p}{\partial x^2}\right)\Delta x - \frac{1}{\rho_0}\left(\frac{\partial^2 p}{\partial x \partial z}\right)\Delta z \tag{17.12a}$$

$$\frac{\mathrm{d}^2 \Delta z}{\mathrm{d} t^2} = -\frac{1}{\rho_0}\left(\frac{\partial^2 p}{\partial x \partial z}\right)\Delta x - \frac{1}{\rho_0}\left(\frac{\partial^2 p}{\partial z^2}\right)\Delta z \tag{17.12b}$$

根据式 (17.9) 得出，$\Delta v = -f\Delta x$。第一个等式表明，x 轴方向上作用力的不平衡部分是因为科氏力改变了 $f\Delta v$，部分是由于新位置压力梯度的影响。根据牛顿第二定律，产生了水平加速度 $\mathrm{d}^2 \Delta x / \mathrm{d} t^2$。同样，第二个等式表明，压力的改变导致流体垂直方向失衡，质点在新环境施加的浮力作用下获得垂向加速度 $\mathrm{d}^2 \Delta z / \mathrm{d} t^2$。

因为这些等式是线性的，所以我们可以求得以下形式的解：

$$\Delta x = X \exp(\mathrm{i}\omega t)，\quad \Delta z = Z \exp(\mathrm{i}\omega t) \tag{17.13}$$

如果频率 ω 为实数，质点会在其原始平衡位置周围振荡，此时流体是稳定的。相反，如果 ω 是复数且带有负虚部，解则包括指数增长，质点漂离其原始位置，此时流体是不稳定的。

把以上类型的解代入控制方程，得到关于振幅 X 和 Z 的二元系统：

$$(F^2 - \omega^2)\Delta x + fM\Delta z = 0 \tag{17.14a}$$

$$fM\Delta x + (N^2 - \omega^2)\Delta z = 0 \tag{17.14b}$$

我们在该系统中引入了式 (17.3)、式 (17.4) 和式 (17.5) 中定义的量。仅当 ω 满足以下等式时：

$$(F^2 - \omega^2)(N^2 - \omega^2) = f^2 M^2 \tag{17.15}$$

才存在非零解，其中 ω^2 的根为

$$\omega^2 = \frac{F^2 + N^2 \pm \sqrt{(F^2 - N^2)^2 + 4f^2M^2}}{2} \qquad (17.16)$$

问题是，ω^2 是一个值为负还是两个值都为负？在这种情况下，至少 ω 的一个根带有负虚部。

在讨论一般情况之前，讨论两种极端情况是有启发性的。第一种极端情况是无旋转的层结情况（v 是常数，ρ 只是 z 的函数；$F^2 = fM = 0$ 且 $N^2 \neq 0$），这种情况下

$$\omega^2 = \frac{N^2 \pm \sqrt{N^4}}{2} = 0 \ \text{或} \ N^2 \qquad (17.17)$$

如果 $N^2 \geqslant 0$，则所有的 ω 值都是实数，即密度向下增大（$\mathrm{d}\rho/\mathrm{d}z < 0$）。如若不然，流体的上层密度大，下层密度小，就会出现翻转。这种情况就是 11.2 节中提及的静力不稳定。

第二种极端情况是纯粹剪切（v 只是 x 的函数，ρ 是常数；$F^2 \neq 0$ 且 $fM = N^2 = 0$），这种情况下：

$$\omega^2 = \frac{F^2 \pm \sqrt{F^4}}{2} = 0 \ \text{或} \ F^2 \qquad (17.18)$$

如果 $F^2 \geqslant 0$，则所有的 ω 值都是实数，也就是 $f(f + \partial v/\partial x) \geqslant 0$，即 $(f + \partial v/\partial x)$ 与 f 同号。如果 F^2 为负值，则流体在水平方向混合。这就是纯粹的惯性不稳定。

第二种情况中的结果没有第一种情况中的结果直观明了，因而需要对第二种情况进行物理解释。为此，我们来跟踪质点水平位移的演变过程（图 17.1）。根据式（17.9），质点在移动 Δx 的过程中，地转动量守恒且速度发生变化。由于质点本身的速度发生了变化以及新位置的压力梯度发生了变化这两个原因，质点到达新位置后，作用在质点上的科氏力不再与压力梯度相等。因此，质点不再处于地转平衡状态而是在 x 轴方向获得了净加速度。此时，质点要么被推回原始位置，要么进一步加速脱离现在的位置，这要取决于科氏力是大于还是小于局地压力梯度。如图 17.1 所示，在北半球（$f > 0$），质点向右位移（$\Delta x > 0$）才能达到稳定。该质点新速度 $v - f\Delta x$ 低于周围质点速度 $v + \Delta x(\partial v/\partial x)$，因而被推回原始位置。在满足 $f + \partial v/\partial x > 0$ 时，质点才能达到稳定。

一般情况下，根据式（17.16），满足以下等式时：

$$F^2N^2 = f^2M^2 \qquad (17.19)$$

$\omega^2 = 0$，则流体状态在稳定与不稳定之间切换。围绕该关系式，ω^2 根的符号如图 17.2 中

所示。从该图中明显看出，满足以下三个条件时，才能达到稳定①:

$$F^2 \geqslant 0, \quad N^2 \geqslant 0, \quad \text{且} F^2 N^2 \geqslant f^2 M^2 \tag{17.20}$$

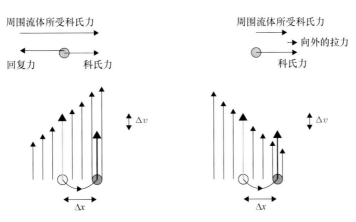

图 17.1　一个流体质点在向右移动(位移距离 $\Delta x > 0$)的过程中，地转动量守恒且速度降到 $v(x) - f \Delta x$。在左图中，该质点在新位置的新速度低于周围质点速度 $v(x+\Delta x) = v(x) + (\mathrm{d}v/\mathrm{d}x)\Delta x$，并且其自身的科氏力(从左向右)不足以平衡局部压力梯度(从右向左)。因此，该质点受到净残余力即回复力(从右向左)的作用而被推回原始位置。在右图中，情况正好相反:该质点的新速度超过周围质点的速度，并且其自身的科氏力(从左向右)大于局部压力梯度(从右向左)，净残余力(从左向右)将质点推离现在位置。第一种情况中，流体是稳定的;第二种情况中，流体是不稳定的

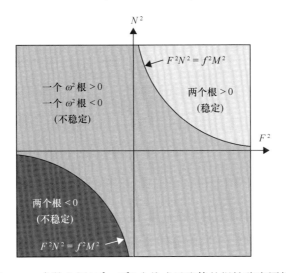

图 17.2　参数空间(F^2, N^2)内热成风流体的惯性稳定图解

---

① 请注意，单独满足 $F^2 N^2 \geqslant f^2 M^2$ 无法达到稳定。如果 F^2 和 N^2 均为负值，也可以满足该条件。

第三个条件最为奇妙并需要进行一些物理解释。为此，我们令 F^2 和 N^2 都为正值，并定义垂直 (x,z) 平面内曲线的斜率（正向朝下），且曲线上的地转动量 $v+fx$ 和密度 ρ 为常量：

$$S_{动量} = 线 v 的斜率 + fx = 常量 = \frac{\partial(v+fx)/\partial x}{\partial(v+fx)/\partial z} = \frac{F^2}{fM} \tag{17.21}$$

$$S_{密度} = 线 \rho 的斜率 = 常量 = \frac{\partial\rho/\partial x}{\partial\rho/\partial z} = \frac{fM}{N^2} \tag{17.22}$$

稳定性阈值 $F^2N^2 = f^2M^2$ 对应于等动量和等密度曲线。通常，速度在 x 轴方向变化急剧，在 z 轴方向变化不明显。而密度变化正相反，密度在 z 轴方向上的变化比 x 轴方向上快。因此，等动量线的斜率通常比等密度线的斜率要大。结果证明，系统此时是稳定的 $F^2N^2 > f^2M^2$（图 17.3 的左图）。

随着热成风不断增大，动量曲线的斜率变小，而密度曲线的斜率变大，直到它们相交。相交后，密度曲线的斜率开始大于动量曲线的斜率，即 $F^2N^2 < f^2M^2$，系统此时是不稳定的（图 17.3 中右图）。质点快速漂离其初始位置，流体快速重新排列直到达到临界稳定，就如上层密度大、下层密度小的流体（$N^2 < 0$）出现静力不稳定，导致混合直到密度均匀（$N^2 = 0$）。也就是说，密度曲线斜率大于地转动量曲线斜率的情况无法持久，因为这种情况下流体会快速调整，直到这些曲线吻合。

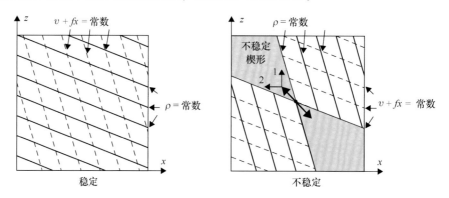

图 17.3 左图：等地转动量 $(v+fx)$ 线的斜率大于等密度 (ρ) 线的斜率时，为稳定状态。右图：等地转动量线的斜率小于等密度线的斜率时，为不稳定状态；楔形带内发生位移的所有质点（如图上突出显示的那个质点）都被浮力（1）和地转失稳联合作用（2）拉离原始位置

在不稳定状态下，可以看到（参见解析问题 17.6），越来越大的质点位移位于动量线和密度线之间的楔形带内（图 17.3 右图）。正因如此，这一过程得到了另一名称：楔形不稳定。

17.3　斜压不稳定机制

在热成风平衡中，地转和流体静力共同作用使流体处于平衡状态。假设惯性不稳定(请参见前一节内容)情况下，流体保持稳定，此时平衡状态下的能量并不是最少，因为较轻流体扩散到较重流体上方，降低了密度表面的坡度和重心，势能因此降低。同时，也会减小压力梯度以及相关的地转流和系统动能。显而易见，静止状态的能量最少(势能最小，动能为零)。

在热成风中，不会自发和直接地出现密度分布松弛以趋于静止。只有在流体柱受到垂向拉伸和挤压时才会发生变化，如果位势涡度不变，就不会出现拉伸和挤压。

摩擦力能改变位势涡度，在摩擦力的缓慢作用下，热成风衰减，最终系统静止。但是，在受到明显的摩擦力影响之前，还有一种更加快速的过程。

如果相对涡度发挥作用，则可以在位势涡度守恒的情况下发生流体团的垂向拉伸和挤压。如我们在 12.3 节看到的，垂向拉伸的层结流体柱产生了气旋相对涡度，而受挤压的层结流体柱获得了反气旋涡度。在受到轻微扰动的热成风系统中，不同位置同时发生的垂直拉升和挤压产生了相互作用的涡旋形态。在特定条件下，这种相互作用会增加初始扰动，从而强迫系统演变而脱离原始状态。

从物理学上说，密度表面稍有松弛就会释放一些势能，由此产生的拉伸和挤压会产生新的相对涡度。释放的势能以自然方式为流体运动提供所需的动能。如果条件允许，流体运动又导致密度场进一步松弛以及产生更强的涡旋。随着时间的推移，原始热成风衰减，大涡旋形成。涡旋大大增加了系统的速度剪切，从而大大增强了摩擦作用。因此，与通过摩擦作用改变热成风相比，更为有效的方式是，将势能转化为动能，产生新的相对涡度，达到更低能量水平。

现在来研究热成风流体的扰动如何生成有利于增长的相对涡度分布。只需使用图 17.4 所描述的理想化两层流体模型就足以实现此目的。在讨论的过程中，我们忽略 β 效应并将 x 轴方向与热成风($U_1 - U_2$)的方向一致。然后，界面沿 y 轴向上倾斜(图 17.4 中间平面图)。扰动上层流导致上层的一些流体团沿 y 轴移动到较浅区域(图 17.4 左侧中间平面图)。这些流体团受到垂向挤压，因而获得反气旋涡度(图中顺时针方向)。因为密度界面不是刚性底面而是柔性表面，因而会轻微倾斜，使上层流体团所受挤压减小，而下层流体团所受挤压增大。因此，下层的流体团也在同一位置产生反气旋涡度。请注意，更浅一侧的界面的降低也会导致有效位能的减少。

在其他地方，扰动导致上层流体团朝相反方向移动，即向更深的区域移动。流体团在较深区域受到垂向拉伸，同样，由于界面的柔性，上层流体团只受到部分拉伸，界面上升导致下层流体团受到互补拉伸。因此，两层流体团都产生了相对气旋涡度(图中的逆时针方向）。请注意，较深一侧的界面的抬升也是朝向有效位能递减的方向。如果扰动具有周期性（如图中所示），则上层交替进行的正负位移会产生跨层交替的反气旋涡度和气旋涡度柱。这些涡旋运动柱之间的流体团被夹带着朝图中箭头标示的方向移动，从而产生后续位移。这些位移不是发生在原始位移的波峰和波谷，而是发生在波峰与波谷之间，它们不会导致扰动增强，只能引起扰动平移①。因此，上层的位移模式生成传播的波动。行进方向（图 17.4 左上图中的 c_1）与热成风（U_1-U_2）方向相反。

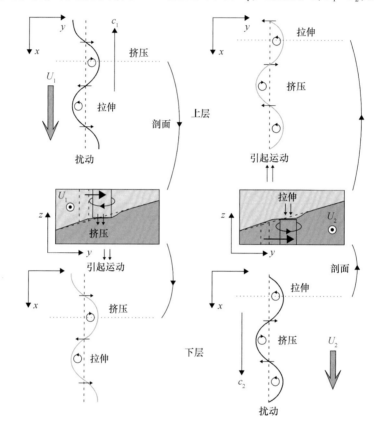

图 17.4　热成风平衡中两层流体的垂直位移导致的挤压和拉伸形态。挤压生成反气旋涡度（北半球顺时针运动），而拉伸生成气旋涡度（北半球逆时针运动）。密度界面具有柔性，因而两层流体均产生挤压和拉伸。因此，上层（左上平面图）的跨流位移导致下层（左下平面图）同时产生互补的挤压和拉伸形态。反之亦然，下层（右下平面图）的跨流位移导致上层（右上平面图）产生相同的挤压和拉伸形态。当这两组形态相互加强时，扰动便加强

　　同样地，下层（图 17.4 右图）的跨越流动（U_1，U_2）的位移使两层流体都生成了拉伸和挤压模式。不同之处在于，因为密度界面本身具有斜度，y 轴方向（图中右侧中

---

① 此处波的机制与 9.6 节讨论的行星波和地形波的机制相同。

图)的位移伴随着拉伸而非挤压。涡旋运动之间的流体团依次产生位移,位移形态再次以波的形式行进(图 17.4 右下图中的 c_2),行进方向就是热成风方向。

　　各层中的单个位移形态只生成涡度波,扰动整体加强还是衰减取决于两种位移形态是互相加强还是互相抵消。如果上层和下层位移引起的涡度形态正交,则一组互补的涡旋运动(分别为图 17.4 的右上图和左上图)会与另一组的波峰和波谷相遇,随后发生的交互要么有助于扰动加强要么使扰动衰减。如果空间相位差导致某一层的位移形态朝着该层(上层为 U_1-U_2,下层为 U_2-U_1)的热成风流体方向漂移,如图 17.5 所描述,则一个形态的涡旋运动会增大另一个形态的位移,两层之间的扰动互相增强,系统脱离其初始平衡状态。

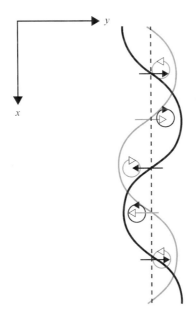

图 17.5　热成风流体的两层都发生位移时,两种位移形态的相互作用以及上层流体的涡管。
此图描述了一对互相加强的形态,即一种涡旋运动形态加大了另一种形态的位移。
下层流体也可以得到类似的图形。因此可以得出,如果某一层的两种形态结合后,
产生自我增强,则在另一层中也可以自我增强,这就是斜压不稳定的本质

　　前面的描述指出两层位移之间需要特定的相位排列,并强调涡度生成的作用。扰动增强的另一个要求是:扰动的波长不能太短也不能太长,使垂向拉伸和挤压有效生成相对涡度。为了用最简单的项表示出这一点,我们在 f 平面上研究位势涡度的准地转形式:

$$q = \nabla^2 \psi + \frac{\partial}{\partial z}\left(\frac{f^2}{N^2}\frac{\partial \psi}{\partial z}\right) \tag{17.23}$$

式中，ψ 是流函数；f 是科氏参数；N 是浮力频率；∇^2 是二维拉普拉斯算子。对于波长为 L 的位移形态，第一项（表示相对涡度）近似为

$$\nabla^2 \psi \sim \frac{\Psi}{L^2} \tag{17.24}$$

式中的流函数尺度 ψ 与位移振幅成正比。如果系统高度为 H，则第二项（表示垂向拉伸）的尺度为

$$\frac{\partial}{\partial z}\left(\frac{f^2}{N^2}\frac{\partial \psi}{\partial z}\right) \sim \frac{f^2 \Psi}{N^2 H^2} = \frac{\Psi}{R^2} \tag{17.25}$$

我们将变形半径定义为 $R = NH/f$。

现在，如果 L 远大于 R，则相对涡度无法与垂向拉伸（扩展项）平衡。也就是说，不允许存在垂向拉伸，因而各层发生的位移趋于协调同步以减小各层流体团的挤压和拉伸。相反，如果 L 远小于 R，则相对涡度主导位势涡度。两层解耦，没有足够的势能来满足增长的扰动。概括起来就是，位移波长与变形半径同量级时，最利于扰动增长。

两层相互作用的另一个要求与流体相对传播速度相关。很明显，上述相互作用必须持久才能让正反馈机制持续。而这仅当两层扰动相对于固定观测者的传播速度相同时才能实现。上层流速为 U_1，扰动行进速度为 c_1（方向相反），因此相对速度为 $U_1 - c_1$。下层流速为 U_2，扰动行进速度为 c_2（方向相同），因此相对速度为 $U_2 + c_2$。如果需要两层相互作用持久，则要求：

$$U_1 - c_1 = U_2 + c_2 \tag{17.26}$$

暂时忽略波在行进过程中因 β 效应导致的不对称，c_1 和 c_2 表示地形波（与两层之间的倾斜界面相关）的传播速度。层厚度相同时，对称性要求 $c_1 = c_2$，依据条件式（17.26）得出：$c_1 = c_2 = (U_1 - U_2)/2$。不稳定的绝对行进速度为 $U_1 - c_1 = U_2 + c_2 = (U_1 + U_2)/2$，即平均流速。

脉动普遍存在，因而热成风平衡中的流动会不断受到扰动。大多数扰动都会产生良性作用，因为扰动不具备适当的相位排列和波长。但扰动最终会具有合适相位和波长，从而让系统不可逆转地脱离平衡状态。我们得出结论，热成风平衡中的流体本质上是不稳定的。流体不稳定过程的关键因素是随高度变化的相位移动，而起决定作用的波必须具有斜压结构。为了反映这一事实，该过程称为斜压不稳定。

中纬度气旋和反气旋天气是大气急流斜压不稳定的重要表现。查尼[①]最早对垂直剪切流（热成风）的不稳定进行分析以及解释不稳定机制与天气的相关性。Charney（1947）在 β 平面上对连续层结流体的稳定性进行了分析，Eady（1949）在 f 平面上独立完成了分

---

① 参见第 16 章结尾的人物介绍。

析。将两人的理论进行对比，结果表明，β 效应起到稳定影响作用。简单地说，改变行星涡度（通过经向位移）是允许垂向拉伸和挤压而同时保持位势涡度的另一种方式。相对涡度不再是必不可少的，在有些情况下甚至被充分抑制，使热成风在所有波长的扰动下保持稳定。

17.4　斜压不稳定的线性理论

自查尼和伊迪（Eady）的分析之后，已有大量稳定性分析（涉及稳定性的各个方面）发表。Phillips（1954）将连续垂向层结理想化为一个两层系统；Pedlosky（1963）将两层系统的研究推广，允许背景流中存在任意水平剪切；Pedlosky 等（2003）则将此方法推广应用于时间振荡的背景流。Barcilon（1964）将埃克曼层的影响考虑在内，研究了摩擦对斜压不稳定的影响；Orlanski（1968，1969）研究了非准地转效应和底坡的重要性。随后，Orlanski 等（1973）、Gill 等（1974）和 Robinson 等（1974）都确定，斜压不稳定是观测到的海洋中尺度（从数十米到数万米）海洋变异现象的主要原因。

本节我们只介绍由 Phillips（1954）创建的简单数学模型，因为该模型可以对前面章节中描述的机制加以最好地说明。菲利普斯（Phillips）在 β 平面（$\beta_0 \neq 0$）上进行了分析，流体位于平底（$z=0$）上方和刚盖（$z=H$，常数）下方。假设流体由厚度均为 $H/2$ 的两层组成，上层密度为 ρ_1，下层密度为 ρ_2。进一步假设流体为非黏性的（$\mathcal{A}$ 和 $\nu_E = 0$）。基本流在水平方向上均匀分布且流动是单向的，但每层的速度不同：

$$\bar{u}_1 = U_1, \quad \bar{v}_1 = 0 \quad \left(\frac{H}{2} \leqslant z \leqslant H \right) \tag{17.27a}$$

$$\bar{u}_2 = U_2, \quad \bar{v}_2 = 0 \quad \left(0 \leqslant z \leqslant \frac{H}{2} \right) \tag{17.27b}$$

我们将会看到，正是两层之间的速度差 $\Delta U = U_1 - U_2$（即垂直剪切应力）引起了不稳定。为了简单起见，选择准地转动力学加以解释，我们需要引入流函数 ψ 和位势涡度 q，这两个量须遵循式（16.16）和式（16.17）：

$$\frac{\partial q}{\partial t} + J(\psi, q) = 0 \tag{17.28a}$$

$$q = \nabla^2 \psi + \frac{f_0^2}{N^2} \frac{\partial^2 \psi}{\partial z^2} + \beta_0 y \tag{17.28b}$$

因为两层厚度相同，因而浮力频率视为均匀，这与 12.2 节的层化模型一致。在该模型中，相同的层高对应于均匀的层结。第二个等式包含了 z 的导数，必须经过"离散化"处理，使其合乎两层模式。为此，我们将值 ψ_1 和 ψ_2 放在每层的中间层，将另外两个值 ψ_0 和 ψ_3 分别放在每层等距处的上层和下层（图 17.6）。后面这两个值超出了界限，定义这些值只是为了在垂直方向强制执行边界条件。平底和刚盖近似要求这些层上的垂向速度为零，根据式（16.18e），可转化为 $\partial\psi/\partial z = 0$。边界条件以离散化形式表示为 $\psi_0 = \psi_1$ 且 $\psi_3 = \psi_2$。二阶导数可以近似为

$$\left.\frac{\partial^2\psi}{\partial z^2}\right|_1 \approx \frac{\psi_0 - 2\psi_1 + \psi_2}{\Delta z^2} = \frac{\psi_1 - 2\psi_1 + \psi_2}{(H/2)^2} = \frac{4(\psi_2 - \psi_1)}{H^2}$$

$$\left.\frac{\partial^2\psi}{\partial z^2}\right|_2 \approx \frac{\psi_1 - 2\psi_2 + \psi_3}{\Delta z^2} = \frac{\psi_1 - 2\psi_2 + \psi_2}{(H/2)^2} = \frac{4(\psi_1 - \psi_2)}{H^2}$$

类似地，我们对浮力频率进行离散：

$$N^2 = -\frac{g}{\rho_0}\frac{\mathrm{d}\rho}{\mathrm{d}z} \approx -\frac{g}{\rho_0}\frac{\rho_1 - \rho_2}{\Delta z} = +\frac{2g(\rho_2 - \rho_1)}{\rho_0 H} = \frac{2g'}{H} \tag{17.29}$$

我们将其中的约化重力定义为 $g' = g(\rho_2 - \rho_1)/\rho_0$。同样，按以下方式定义斜压变形半径也很方便：

$$R = \frac{1}{f_0}\sqrt{g'\frac{H_1 H_2}{H_1 + H_2}} = \frac{\sqrt{g'H}}{2f_0} \tag{17.30}$$

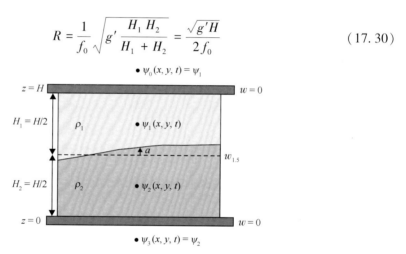

图 17.6　在准地转模型中用密度均匀的两层表示垂直层结

这两个控制方程组可以改写为

$$\frac{\partial q_1}{\partial t} + J(\psi_1,\ q_1) = 0 \tag{17.31a}$$

$$\frac{\partial q_2}{\partial t} + J(\psi_2,\ q_2) = 0 \tag{17.31b}$$

其中，位势涡度 q_1 和 q_2 用流函数项 ψ_1 和 ψ_2 表示为

$$q_1 = \nabla^2\psi_1 + \frac{1}{2R^2}(\psi_2 - \psi_1) + \beta_0 y \tag{17.32a}$$

$$q_2 = \nabla^2 \psi_2 - \frac{1}{2R^2}(\psi_2 - \psi_1) + \beta_0 y \qquad (17.32\text{b})$$

由这些量得到以下几个主要的物理变量[参见方程式(16.18)]：

$$u_i = -\frac{\partial \psi_i}{\partial y}, \quad v_i = +\frac{\partial \psi_i}{\partial x} \qquad (17.33\text{a})$$

$$w_{1.5} = \frac{2f_0}{N^2 H}\left[\frac{\partial(\psi_2 - \psi_1)}{\partial t} + J(\psi_1, \psi_2)\right] \qquad (17.33\text{b})$$

$$p_i' = \rho_0 f_0 \psi_i \qquad (17.33\text{c})$$

其中 $i = 1$，2。两层之间密度界面的垂直位移 a 从流体静力平衡 $p_2' = p_1' + (\rho_2 - \rho_1)ga$ 得到，用流函数表示为

$$a = \frac{f_0}{g'}(\psi_2 - \psi_1) \qquad (17.34)$$

相同的方程组从 12.4 节的两层模型中得到。按照第 16 章的微扰法，该模型的每一层都应用了准地转方法。

与式(17.27)相对应的 ψ_i 和 q_i 的基本状态值表示为

$$\bar{\psi}_1 = -U_1 y, \quad \bar{q}_1 = \left(\beta_0 + \frac{\Delta U}{2R^2}\right)y \qquad (17.35\text{a})$$

$$\bar{\psi}_2 = -U_2 y, \quad \bar{q}_2 = \left(\beta_0 - \frac{\Delta U}{2R^2}\right)y \qquad (17.35\text{b})$$

将扰动 ψ_i' 和 q_i' 分别添加到 $\bar{\psi}_i$ 和 $\bar{q}_i$，两者振幅都无穷小，使得等式为线性的，我们由式(17.31)和式(17.32)得到

$$\frac{\partial q_i'}{\partial t} + J(\bar{\psi}_i, q_i') + J(\psi_i', \bar{q}_i) = 0 \qquad (17.36\text{a})$$

$$q_1' = \nabla^2 \psi_1' + \frac{1}{2R^2}(\psi_2' - \psi_1') \qquad (17.36\text{b})$$

$$q_2' = \nabla^2 \psi_2' - \frac{1}{2R^2}(\psi_2' - \psi_1') \qquad (17.36\text{c})$$

消去 q' 并使用式(17.35)替换基本流的量，得到关于 ψ_1' 和 ψ_2' 的一对耦合方程：

$$\left(\frac{\partial}{\partial t} + U_1 \frac{\partial}{\partial x}\right)\left[\nabla^2 \psi_1' + \frac{1}{2R^2}(\psi_2' - \psi_1')\right] + \left(\beta_0 + \frac{\Delta U}{2R^2}\right)\frac{\partial \psi_1'}{\partial x} = 0 \qquad (17.37\text{a})$$

$$\left(\frac{\partial}{\partial t} + U_2 \frac{\partial}{\partial x}\right)\left[\nabla^2 \psi_2' - \frac{1}{2R^2}(\psi_2' - \psi_1')\right] + \left(\beta_0 - \frac{\Delta U}{2R^2}\right)\frac{\partial \psi_2'}{\partial x} = 0 \qquad (17.37\text{b})$$

这两个方程的系数不随 x、y 和时间变化，因而这些变量的正弦函数就是一个解，我们将解写作

$$\psi_i' = \Re\left[\,\varphi_i\, e^{i(k_x x + k_y y - \omega t)}\,\right] \qquad (17.38)$$

其中，φ_1 和 φ_2 形成一对未知数，表示波扰动的垂直结构，k_x 和 k_y 是水平波数分量（都为实数），ω 是角频率。符号 $\Re$ 表示只保留其后面的实数部分。如果频率 ω 为带有正虚部的复数，则随时间呈指数增长，波是不稳定的。代入式（17.37）得到关于 φ_1 和 φ_2 的代数方程：

$$(U_1 - c)\left[-k^2\varphi_1 + \frac{1}{2R^2}(\varphi_2 - \varphi_1)\right] + \left(\beta_0 + \frac{\Delta U}{2R^2}\right)\varphi_1 = 0 \qquad (17.39a)$$

$$(U_2 - c)\left[-k^2\varphi_2 - \frac{1}{2R^2}(\varphi_2 - \varphi_1)\right] + \left(\beta_0 - \frac{\Delta U}{2R^2}\right)\varphi_2 = 0 \qquad (17.39b)$$

在这两个等式中，我们定义 $c = \omega/k_x$ 以及 $k^2 = k_x^2 + k_y^2$。此时，将 φ 值分解为正压分量和斜压分量是有用的：

$$正压分量：A = \frac{\varphi_1 + \varphi_2}{2} \qquad (17.40a)$$

$$斜压分量：B = \frac{\varphi_1 - \varphi_2}{2} \qquad (17.40b)$$

将前面两个等式相加和相减得到

$$\left[2\beta_0 - k^2(U_1 + U_2 - 2c)\right]A - k^2\Delta U B = 0 \qquad (17.41a)$$

$$\left(\frac{1}{R^2} - k^2\right)\Delta U A + \left[2\beta_0 - \left(k^2 + \frac{1}{R^2}\right)(U_1 + U_2 - 2c)\right]B = 0 \qquad (17.41b)$$

请注意，不存在剪切（$\Delta U = 0$）的情况下，不难理解，正压行星波（波速 $c = U - \beta_0/k^2$ 时）才可能有纯粹的正压解（$B = 0$，$A \neq 0$）。

前面的两个等式形成了关于常数 A 和常数 B 的齐次耦合线性方程组，其解为平凡解 $A = B = 0$，除非系统的行式列为零。该方程有非平凡解需满足以下等式：

$$R^2 k^2 (1 + R^2 k^2)\left(\frac{U_1 + U_2 - 2c}{\Delta U}\right)^2 - 2\frac{\beta_0 R^2}{\Delta U}(1 + 2R^2 k^2)\left(\frac{U_1 + U_2 - 2c}{\Delta U}\right)$$

$$+ 4\frac{\beta_0^2 R^4}{\Delta U^2}R^2 k^2(1 - R^2 k^2) = 0 \qquad (17.42)$$

方程的 c 解表示为

$$\frac{U_1 + U_2 - 2c}{\Delta U} = \frac{\beta_0 R^2}{\Delta U}\frac{2R^2 k^2 + 1}{R^2 k^2(R^2 k^2 + 1)}$$

$$\pm \frac{1}{R^2 k^2(R^2 k^2 + 1)}\sqrt{\frac{\beta_0 R^4}{\Delta U^2} - R^4 k^4(1 - R^4 k^4)} \qquad (17.43)$$

从方程中可以很清楚地看到，只要根号下的值为正数，即波数 k 满足以下条件式，波

的相速 c 就是实数：

$$R^4 k^4 (1 - R^4 k^4) \leqslant \left(\frac{\beta_0 R^2}{\Delta U}\right)^2 \tag{17.44}$$

$Rk = 1/2^{1/4} = 0.841$（图 17.7）时，函数 $R^4 k^4 (1 - R^4 k^4)$ 为最大值 $1/4$，因此，只要

$$|\Delta U| \leqslant 2\beta_0 R^2 = \frac{\beta_0 g' H}{2 f_0^2} \tag{17.45}$$

任何波数的扰动都满足该条件。也就是说，当速度切变 ΔU 很弱，不超过 $2\beta_0 R^2$ 时，系统对所有的微小扰动都保持稳定。换句话说，剪切是不稳定的，因为 ΔU 越强，越有可能超过阈值。相比而言，β 效应比较稳定，因为 β_0 越大，阈值越高。

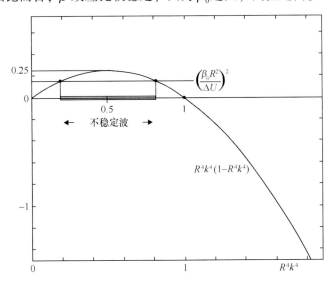

图 17.7　两层斜压不稳定的不稳定区间。波数 k 落在阴影线区间内的
小振幅波不稳定并且随时间增长

当速度剪切超过阈值，条件式（17.45）就得不到满足，不是所有的波数都满足条件式（17.44）。波数为 $k = \sqrt{k_x^2 + k_y^2}$（区间范围为 $k_{\min} < k < k_{\max}$）的扰动是不稳定的，其中：

$$k_{\min} = \left(\frac{1 - \sqrt{1 - 4\beta_0^2 R^4 / \Delta U^2}}{2R^4}\right)^{1/4} \tag{17.46a}$$

$$k_{\max} = \left(\frac{1 + \sqrt{1 - 4\beta_0^2 R^4 / \Delta U^2}}{2R^4}\right)^{1/4} \tag{17.46b}$$

请注意，不稳定波不仅随时间增长而且不断传播。根据式（17.43），当 c 为复数时，波速的实数部分为

$$\Re(c) = \frac{U_1 + U_2}{2} - \frac{\beta_0}{2k^2} \frac{1 + 2R^2 k^2}{1 + R^2 k^2} \tag{17.47}$$

因此，纬向传播速度表示为 $(U_1 + U_2)/2$ 或者基本流的平均速度减去（向西）行星波的速度。

从图 17.7 或等式（17.45），我们看到，只有剪切 ΔU 充分大时，β 平面上才会出现不稳定。随着 ΔU 不断增大，当 $\Delta U = 2\beta_0 R^2$ 时，稳定流第一次出现不稳定。在此剪切水平上，唯一不稳定模态的波数为 $k = 1/(2^{1/4} R) = 0.841/R$，波长为

$$\lambda = \frac{2\pi}{k} = 7.472R \tag{17.48}$$

对于给定 $\Delta U > 2\beta_0 R^2$ 的情况，有一系列波长和波数（$k_{min} < k < k_{max}$）对应于不稳定波，而且式（17.48）表示的波长并不是增长最快的波的波长。

因为存在 β 效应，所以找出增长最快的波相当复杂。为了尽量简化分析，我们只研究 f 平面（$\beta_0 = 0$，导致 $k_{min} = 0$，$k_{max} = 1/R$）。当考虑更小的尺度时，这是合理的，相对大气而言，海洋更加典型。波数 $k < 1/R$ 的所有扰动都不稳定，对应的所有波长大于 $2\pi R$。当有限振幅效应开始起作用时，让系统变形最厉害的扰动（即不稳定开始时最明显的扰动）就是具有最大增长率 ω_i（ω 的虚部）的扰动。在 f 平面上，方程式（17.43）给出 $c = c_r + \mathrm{i} c_i$，实部为 $c_r = (U_1 + U_2)/2$，正虚部为

$$c_i = \frac{\Delta U}{2} \sqrt{\frac{1 - k^2 R^2}{1 + k^2 R^2}} \quad (kR < 1) \tag{17.49}$$

增长率为 $\omega_i = k_x c_i$，并且当 k_x 和 k_y 满足以下等式时达到最大值：

$$k_x = \frac{\sqrt{\sqrt{2} - 1}}{R} = \frac{0.644}{R}, \ k_y = 0 \tag{17.50}$$

扰动模式增长最快的波长为 $\lambda = 9.763\ R$。

现在我们再来看看前面（17.3 节）讨论的问题，并利用前面的解来确认这些问题。首先，不稳定的临界波长（$2\pi R$）和扰动增长最快的波长（9.763 R）都与 R 成正比。这一事实可证明以下推断，即扰动本身如果要自放大，其尺度就要变形半径的量级。从物理学上来说，这一点还验证了不稳定过程中，需要重新调整相对涡度和垂向拉伸之间的位势涡度。

上层流体横向位移与下层流体横向位移之间必要的相位关系验证如下，我们通过线性化表达式

$$v' = \frac{\partial d}{\partial t} + \bar{u} \frac{\partial d}{\partial x} \tag{17.51}$$

根据经向速度定义每层的横向位移 d。用流函数扰动（$v' = \partial \psi'/\partial x$）表示 v'，并使用波形

解 $d_i = \Re [D_i \exp i (k_x x + k_y y - \omega t)]$，我们得到

$$D_i = \frac{\varphi_i}{U_i - c} \tag{17.52}$$

从该方程推导出上层横向位移与下层横向位移之比：

$$\frac{D_1}{D_2} = \frac{U_2 - c}{U_1 - c} \frac{A + B}{A - B} \tag{17.53}$$

对于 $U_1 > U_2$（即 $\Delta U > 0$）情况下 f 平面上增长最快的波，波数为 $k = 0.644/R$，两层的位移之比为

$$\frac{D_1}{D_2} = 0.66 - i0.75 = \cos(49°) + i \sin(-49°) \tag{17.54}$$

从物理学上来说，$-49°$ 意味着上层位移比下层位移超前（沿着基本流的流动方向）。移位并不是预期的 $90°$ 相位正交，而是根据上一节简单物理推理所预期的方向。

但是从观测的角度来看，我们对与流函数 [参见式（17.33c）] 成正比的压力场更感兴趣。在线性理论无法确定的乘以任意常数范围内，压力场与增长最快的扰动相关联，用流函数扰动的垂直结构表示为

$$\frac{\varphi_1}{\varphi_2} = \frac{A + B}{A - B} = \cos(66°) + i \sin(66°) \tag{17.55}$$

由此我们得出结论，与上层压力形态的波峰和波谷相比，下层压力形态的波峰和波谷滞后 1/5 至 1/6 个波长。

最后得到的最大增长率表示为

$$\omega_i = k_x c_i = \frac{\Delta U}{R} \frac{\sqrt{2} - 1}{2} \tag{17.56}$$

如果我们假设很小的罗斯贝数 Ro（须根据准地转近似得出），我们发现 $\omega_i \lesssim 0.2 f Ro \ll f$。因此增长的特征时间尺度比 f^{-1} 长很多，这样该解符合准地转理论。

最后，我们简要研究一下边界（当 $y = 0$ 和 $y = L$ 处的垂直墙壁）的约束效应。基本流在 x 轴方向满足非穿透条件，因此无须调整。扰动流的法向速度在边界处必须为零，根据式（17.33a），这就要求 $y = 0$ 和 $y = L$ 处 $\partial \psi / \partial x = 0$。式（17.38）给出了 ψ，仅当流函数的正弦结构（以 y 表示）为 $k_y L = n\pi (n = 1, 2, \cdots)$ 时，两个边界条件才能同时成立。在这种情况下：

$$k^2 R^2 = \left(k_x^2 + \frac{n^2 \pi^2}{L^2} \right) R^2 \tag{17.57}$$

根据式（17.46），$k^2 R^2 < 1$ 时才会出现不稳定，边界之间必须距离充分远以满足：

$$\frac{R^2}{L^2} \leqslant \frac{1}{\pi^2} \tag{17.58}$$

也就是说，区域必须足够宽才能容纳不稳定，否则不稳定就无法发展。

有趣的是，前面的不等式(17.58)表明，与基本流(宽度为 L)相关的伯格数不应超过 0.1。根据式(16.34)，这意味着基本流中的能量主要以有效位能的形式存在。储备的位能为不稳定增长提供能量。请注意，对于扰动本身，伯格数的量级约为 1，因为不稳定的尺度为变形半径。

17.5 热传输

17.3 节形成的定性推论围绕以下观点展开：如果热成风平衡中的流体不稳定，流体会通过密度表面松弛寻求较低的能量水平以达到简单的重力平衡。如果我们讨论的是大气流，则冷空气是重流体，暖空气是轻流体。密度表面松弛是指一股暖空气溢出到冷空气上方(图 17.4 中 y 轴正方向)，一股冷空气侵入到暖空气下方(图 17.4 中 y 轴负方向)。换句话说，我们预计会出现净热通量，通常越接近赤道，大气温度越高，因而是极向输运的热通量。我们来看看之前的线性理论是如何预测的。

东西方向(x 轴方向)每单位长度在南北方向(y 轴方向)上的垂向积分热通量定义为

$$q = \rho_0 \, C_p \int_0^H \overline{vT} \, \mathrm{d}z \tag{17.59}$$

方程中的 C_p 是等压(干空气中为 1 005 J kg^{-1}K^{-1}，海水中为 4 186 J kg^{-1}K^{-1})下流体的比热容；T 是温度；上划线表示沿 x 轴方向在一个波长区间的平均。在图 17.6 的两层模式中，垂向积分简单明确，如下所示：

$$q = \rho_0 \, C_p \left[\overline{v_2 T_2 (H_2 + a)} + \overline{v_1 T_1 (H_1 - a)} \right]$$

$$= \rho_0 \, C_p \left[\overline{v_2 a} \, T_2 - \overline{v_1 a} \, T_1 \right] \tag{17.60}$$

每层的温度均匀，因而对波长积分得到 $\overline{v_1} = 0$ 以及 $\overline{v_2} = 0$。使用 $v_i = v_i' = \partial \psi_i' / \partial x$ 和 $a = f_0 (\psi_2' - \psi_1') / g'$，然后利用 $\overline{\partial \psi_i'^2 / \partial x} = 0$ 和 $\overline{\partial (\psi_2 \psi_1) / \partial x} = 0$，我们相继得到

$$q = \frac{\rho_0 \, C_p f_0}{g'} \left[T_2 \overline{\frac{\partial \psi_2'}{\partial x} (\psi_2' - \psi_1')} - T_1 \overline{\frac{\partial \psi_1'}{\partial x} (\psi_2' - \psi_1')} \right]$$

$$= \frac{\rho_0 \, C_p f_0}{g'} \left[-T_2 \overline{\psi_1' \frac{\partial \psi_2'}{\partial x}} - T_1 \overline{\psi_2' \frac{\partial \psi_1'}{\partial x}} \right]$$

$$= \frac{\rho_0 \, C_p f_0}{g'} (T_1 - T_2) \overline{\psi_1' \frac{\partial \psi_2'}{\partial x}} \tag{17.61}$$

使用周期结构式(17.38)和模态分解式(17.40)等冗长代数计算相继得到

$$\overline{\psi_1'\frac{\partial\psi_2'}{\partial x}} = \frac{k_x}{2}\big[\Im(\varphi_1)\Re(\varphi_2) - \Re(\varphi_1)\Im(\varphi_2)\big]\,\mathrm{e}^{2\Im(\omega)t}$$

$$= k_x\big[\Re(A)\Im(B) - \Im(A)\Re(B)\big]\,\mathrm{e}^{2\Im(\omega)t}$$

方程式(17.41a)的实部和虚部为

$$\big[2\beta_0 - k^2(U_1 + U_2 - 2c_r)\big]\Re(A) - k^2c_i\Im(A) = k^2\Delta U\Re(B)$$

$$\big[2\beta_0 - k^2(U_1 + U_2 - 2c_r)\big]\Im(A) + k^2c_i\Re(A) = k^2\Delta U\Im(B)$$

式中，c_r 和 c_i 分别代表 c 的实部和虚部。由这些关系式得出

$$\Re(A)\Im(B) - \Im(A)\Re(B) = \frac{c_i}{\Delta U}|A|^2 \tag{17.62}$$

将关系式合并，我们最终得到热通量的表达式：

$$q = \frac{\rho_0 C_p f_0 \Im(\omega)}{g'\Delta U}(T_1 - T_2)|A|^2\,\mathrm{e}^{2\Im(\omega)t} \tag{17.63}$$

从该表达式可以很清楚地看到，仅当波不稳定(ω 的虚部非零且为正时)，热通量才为非零正数，这与之前物理论证所预测的一样。也就是说，大气流的热通量是极向的。

因为地球在热带地区温度高，在高纬度地区温度低，全球热量收支要求各个半球存在向极净热通量。大气和海洋中都存在热通量。在大气中，热带地区的高温和高纬度的低温共同维持着整个斜压不稳定的热成风系统。尺度相当于斜压变形半径($R \sim$ 1 000 km)的涡旋携带着极向热量并引起热成风结构松弛，而热成风结构由热带地区的高温和高纬度的低温共同维持。因此，天气的气旋和反气旋是大气中主要的经向传热机制。如果没有斜压不稳定，气旋和反气旋就不会存在，那么天气预报也会容易很多，但是热带地区要热得多，而极区又冷得多。另外，占据支配地位的纬向风阻碍了跨纬度的有效混合，通过严格限制诸如火山灰的扩散等方式加剧某些问题。此外，大气变化小意味着温度和湿度对比会大大减小，从而减少中纬度地区的降水。总而言之，我们必须承认大气中的斜压不稳定是非常有益的。

海洋中的情况却大不相同。经向边界阻碍热成风式洋流环绕地球，海洋环流由大尺度流涡(第20章)组成。这些流涡的经向分支，尤其是西边界流(北大西洋的墨西哥湾流，北太平洋的黑潮)是向高纬度传输热量的主要机制(Siedler et al., 2001)。这极大地降低了通过涡流传输极向热量的需求。斜压不稳定在洋流(如南极绕极流、墨西哥湾流和黑潮延续体)较强的地方比较活跃，但是涡流跨纬度传输的热量很少。请注意，海洋中的斜压变形半径明显小于大气中的斜压变形半径，因此，海洋中的涡流聚合效应在区域尺度上要比在行星尺度上明显。

17.6　整体判据

17.4 节中提及的理论是物理学上公认的斜压不稳定简化版本。本节我们不打算对

继查尼、伊迪和菲利普斯开创性研究之后发表的众多分析［感兴趣的读者可以在 Pedlosky(1987)的书中找到相关研究］进行回顾。我们仍然研究积分关系，并从中得出不稳定的一些必要而非充分条件。我们已经将积分研究应用于均质流体的水平剪切流(10.2 节)和非旋转的层结流体的垂向剪切流(14.2 节)中。虽然可以用一般公式表示之前两种情况和斜压不稳定，但通过准地转方程的分析来强调斜压不稳定的必要条件是最行之有效的方法①。以下推导是基于 Charney 等(1962)的工作成果。

我们还是从等式(17.28)着手，尽管浮力频率均匀，但这次我们保持垂直方向连续变化。向存在水平和垂向剪切的基本纬向流$\bar{u}(y, z)$添加微扰动，得到

$$\frac{\partial q'}{\partial t} + J(\bar{\psi}, q') + J(\psi', \bar{q}) = 0 \tag{17.64a}$$

$$q' = \nabla^2 \psi' + \frac{f_0^2}{N^2} \frac{\partial^2 \psi'}{\partial z^2} \tag{17.64b}$$

在这种情况下，$\bar{\psi}(y, z)$是与基本纬向流($\bar{u} = -\partial \bar{\psi}/\partial y$)相关的流函数，基本位势涡度通过以下等式与基本纬向流相关：

$$\bar{q} = \frac{\partial^2 \bar{\psi}}{\partial y^2} + \frac{f_0^2}{N^2} \frac{\partial^2 \bar{\psi}}{\partial z^2} + \beta_0 y \tag{17.65}$$

将式(17.64b)和式(17.65)代入式(17.64a)，得到关于流函数扰动ψ'的单一等式。该等式包括通过$\bar{\psi}$和$\bar{q}$依赖于基本流结构的非常数系数。这些系数只依赖y和z，因而可以得到以x和时间表示的波形解：$\psi'(x, y, z, t) = \Re\{\varphi(y, z)\exp[ik_x(x - ct)]\}$。振幅函数$\varphi(y, z)$必须遵循

$$\frac{\partial^2 \varphi}{\partial y^2} + \frac{f_0^2}{N^2} \frac{\partial^2 \varphi}{\partial z^2} + \left(\frac{1}{\bar{u} - c} \frac{\partial \bar{q}}{\partial y} - k_x^2 \right) \varphi = 0 \tag{17.66}$$

其中，$\bar{q}$由式(17.65)定义。

再次将上边界和下边界取作刚性水平表面，边界上的垂向速度必须为零。根据式(16.18e)，这意味着基本流和扰动之间分解后，线性化得到

$$(\bar{u} - c) \frac{\partial \varphi}{\partial z} - \frac{\partial \bar{u}}{\partial z} \varphi = 0 \quad (z = 0, H) \tag{17.67}$$

在经向方向，我们将域理想化为两面垂直墙之间的通道(宽度为L)，其中的经向速度$v' = \partial \psi'/\partial x$为零。因此，需满足

$$\varphi = 0 \quad (y = 0, L) \tag{17.68}$$

将式(17.66)乘以φ的复共轭φ^*，然后对区域在经向和垂向上进行积分，最后使用先前的边界条件进行分部积分，我们得到

---

① 实际上，该方程消除了开尔文-亥姆霍兹不稳定，但保留了正压不稳定。

$$\int_0^H \int_0^L \left[\left| \frac{\partial \varphi}{\partial y} \right|^2 + \frac{f_0^2}{N^2} \left| \frac{\partial \varphi}{\partial z} \right|^2 + k_x^2 |\varphi|^2 \right] dydz$$

$$= \int_0^H \int_0^L \frac{1}{\bar{u} - c} \frac{\partial \bar{q}}{\partial y} |\varphi|^2 dydz + \int_0^L \left[\frac{f_0^2}{N^2} \frac{1}{\bar{u} - c} \frac{\partial \bar{u}}{\partial z} |\varphi|^2 \right]_0^H dy$$

$$(17.69)$$

该等式的虚部为

$$c_i \left\{ \int_0^H \int_0^L \frac{|\varphi|^2}{|\bar{u} - c|^2} \frac{\partial \bar{q}}{\partial y} dydz + \int_0^L \left[\frac{f_0^2}{N^2} \frac{|\varphi|^2}{|\bar{u} - c|^2} \frac{\partial \bar{u}}{\partial z} \right]_0^H dy \right\} = 0 \qquad (17.70)$$

不稳定的一个必要条件是 c_i 不能为零（使扰动增强），根据式（17.70），这意味着大括号内的量必须为零。因此，不稳定的条件如下：①$\partial \bar{q}/\partial y$ 在域中改变符号，或②$\partial \bar{q}/\partial y$ 的符号与上边界 $\partial \bar{u}/\partial z$ 的符号相反，或③$\partial \bar{q}/\partial y$ 的符号与下边界 $\partial \bar{u}/\partial z$ 的符号相同。

稳定的一个充分条件是上述 3 个条件一个也不满足。

继续推导之前，我们先将该结果应用于不存在 β 效应（$\beta_0 = 0$）的均匀剪切流 $\bar{u} = Uz/H$。然后得到 $\bar{q} = 0$ 且 $\partial \bar{u}/\partial z = U/H$，从而将式（17.70）简化为

$$c_i \int_0^L \frac{f_0^2 U}{N^2 H} \left[\frac{|\varphi(y, H)|^2}{|U - c|^2} - \frac{|\varphi(y, 0)|^2}{|c|^2} \right] dy = 0 \qquad (17.71)$$

很明显，等式中的积分符号是不确定的，稳定性无法得到保证，因而流体不稳定（Eady，1949）。如果我们在边界[如 $\bar{u}(z) = U(3z^2/H^2 - 2z^3/H^3)$]和 β 平面（$\partial \bar{q}/\partial y \simeq \beta_0$）上选择没有垂向剪切的弱流场，（经过更冗长的数学推导）得出如下结论：该流体对所有扰动不稳定。这一点说明斜压不稳定对基本流场结构的敏感性。

式（17.70）还应用于水平剪切但垂向均匀的流体 $\bar{u}(y)$。位势涡度梯度表示为 $d\bar{q}/dy = \beta_0 - d^2\bar{u}/dy^2$，将式（17.70）简化为

$$c_i \left[H \int_0^L \frac{|\varphi|^2}{|\bar{u} - c|^2} \left(\beta_0 - \frac{d^2 \bar{u}}{dy^2} \right) dy \right] = 0 \qquad (17.72)$$

我们重新得到 10.2 节[参见等式（10.13）]的正压不稳定结果，从而得出结论：上述不稳定条件包括正压不稳定和斜压不稳定。换言之，正压不稳定和斜压不稳定是正压-斜压混合不稳定的组成部分。

Charney 等（1962）通过假设热成风消失（如均匀温度）和/或令 $H \to \infty$，$\bar{u}(H) \to 0$，探讨了上边界和下边界处 $\partial \bar{u}/\partial z$ 为零的情况。式（17.70）中只剩下了第一个积分，不稳定的必要条件是：$\partial \bar{q}/\partial y$ 在域中的某处为零。该条件与 10.2 节的正压不稳定条件形式相同但内容不同。

根据 Gill 等（1974），如经向方向存在底坡，3 个条件中的最后一个条件③修改

如下：

③底部 $z = b(y)$ 处 $\partial \bar{q} / \partial y$ 的符号与 $\partial \bar{u} / \partial z - (N^2 / f_0) \mathrm{d} b / \mathrm{d} y$ 的符号相同。

因此，底坡可使流体稳定也可使流体不稳定。如果底坡同 β 效应一样，在相同方向产生位势涡度梯度（即较浅处的流体流向高纬度区；参见图 9.6），则底坡为稳定因素，否则就为不稳定因素。但是，这没有考虑到地球上普遍存在的纬向地形梯度（如，对大气来说北美洲的落基山脉，以及对海洋来说大西洋中脊）。

现今存在大量关于斜压不稳定的研究，感兴趣的读者可以参阅 Gill（1982，第 13 章）、Pedlosky（1987，第 7 章）和 Vallis（2006，第 6 章和第 9 章）的内容。

17.7 有限振幅的发展演变

存在不稳定性时，指数式增长最终导致扰动的振幅与基本流的大小相比不再为小量。这时，线性理论不再适用，我们必须使用非线性方程，并像以往一样使用数值方法求解。我们现在的任务是使用准地转近似求解等式（13.72）和式（13.73）。由于这些方程与 16.7 节中二维准地转模型的等式很像，我们先离散二维准地转模型的方程，再套用以解决现在的问题。此外，为研究斜压不稳定，基于基本流是定常的这一事实，只需要更新扰动变量。因此，我们求解：

$$\frac{\partial q_1'}{\partial t} + J(\psi_1, q_1) = 0 \tag{17.73a}$$

$$\frac{\partial q_2'}{\partial t} + J(\psi_2, q_2) = 0 \tag{17.73b}$$

注意，雅可比算子 J 涉及流函数和位势涡度，而位势涡度由基本流和扰动组成。因此，单独更新扰动分量并不涉及任何线性化。若我们使用 16.7 节的荒川雅可比行列式，则方程式（13.73）很容易离散。至于时间积分，最简单的方法就是诸如预估校正法等显式方法。已知时间层 n 上的流函数和涡度时，我们很容易计算出时间层 $n+1$ 上的位势涡度。

一旦获得新的时间层上的扰动 q_1' 和 q_2'，我们需要求解一对泊松方程式（17.36b）和式（17.36c）以计算同一时刻各自的流函数，为下一个时间层做准备。然而，求解这些泊松方程比第 16 章的二维情况要复杂得多，因为这里有两个耦合方程。为了克服这一复杂性，我们使用高斯-赛德尔迭代方法，同时研究 ψ_1' 和 ψ_2'，忽略 "′" 并采用上标 $^{(k+1)}$ 的迭代，联立方程的迭代结果如下：

$$\psi_1^{(k+1)} = \psi_1^{(k)} + \alpha \left\{ \nabla^2 \psi_1 - q_1 + \frac{\left[\psi_2^{(k)} - \psi_1^{(k)} \right]}{2R^2} \right\}$$

$$\psi_2^{(k+1)} = \psi_2^{(k)} + \alpha \left\{ \nabla^2 \psi_2 - q_2 - \frac{\left[\psi_2^{(k)} - \psi_1^{(k+1)} \right]}{2R^2} \right\}$$

取离散网格中最新可用的 ψ 值来计算空间算子 ∇^2，并在固定的时间层上进行迭代[①]。参数 α 包含了离散化常数和超松弛参数。这种方法易于实现，且可以推广到两层以上的情况。

针对现有的两层模型，另一种选择是将 q_1 和 q_2 分解成各自的正压和斜压部分，从而解耦方程。式(17.73a)和式(17.73b)的和差将产生两个可能采用不同迭代方法进行独立求解的非耦合方程。

一旦迭代收敛，就会获得新的时间层上的两个扰动流函数，从而评估总的(基本流+扰动)流函数和位势涡度。然后重新计算荒川雅可比行列式，继续时间积分。

为了初始化整个流程，提供涡度或流函数的初始条件就足够了。若提供流函数作为初始条件，可定义式(17.36b)和式(17.36c)，通过流函数推导出初始位势涡度，并开始时间积分。若提供涡度作为初始条件，则需先求解(反演)泊松方程才能开始时间步进。

我们还需提供足够的边界条件。在 x 轴方向上，域长度由扰动的波长决定，而扰动的稳定性将在下面讨论。很容易将周期性条件应用于流函数和涡度。在 y 轴方向上，我们假设是边界为 $y=0$ 和 $y=L$ 的通道。零法向速度这一条件迫使特定时刻沿边界的流函数趋于一致。$t=0$ 时，常数的值由未受扰动流体的初始条件决定。分析性研究中，这些常数保持不变。依据是，分析解的流函数扰动在 x 轴方向上存在波结构，这就要求波的振幅在边界上为零。

对于非线性方程，情况有所不同，因为需确保具有基本流和扰动的瞬时流函数沿边界为常数。然而允许常数的值随时间变化。物理原因在于，有可能两层之间的交界面趋于平坦，导致每层中横跨通道的累积流减弱。现在的问题与 7.7 节中遇到的一个问题相似——岛屿外围流函数的值需由其自身的流动演变来决定。准确严谨地确定准地转模型中这一边界条件请参照 McWilliams(1997)。这里我们采用了 Phillips(1954)的较简单方法，该方法适用于我们的例子。等密度模型中速度分量 u 的原来的方程可转化为

$$\frac{\partial u}{\partial t} + \frac{1}{2} \frac{\partial u^2}{\partial x} + v \frac{\partial u}{\partial y} = fv - \frac{1}{\rho_0} \frac{\partial P}{\partial x} \tag{17.74}$$

为简单起见，无须指出我们参考的是哪一层，因为每一层都有相同类型的方程。我们对前述 x 轴方向上波长 λ 的方程求积分。考虑到周期性，方程左边第二项和右边第二

---

① 不要混淆时间指标 n 和迭代指标 (k)。

项对积分并没有影响。只要边界与 x 轴方向一致，则非穿透性要求 $v=0$，且左边第三项与右边第一项消失。剩下的第一项的积分必须自行消失。根据流函数 $(u=-\partial\psi/\partial y)$，我们得到

$$\text{在与 } x \text{ 轴平行的界面上} \qquad \int_0^\lambda \frac{\partial^2\psi}{\partial y\partial t}\mathrm{d}x = 0 \qquad (17.75)$$

结论是，由非穿透性边界的流函数决定的常数值可从式（17.75）中获得。

$y=0$ 时，执行这一新的边界条件。为确定在新时间步沿边界的 $\psi_{i,1}=C_1$ 的值，我们离散方程式（17.75）为

$$c_1^{n+1} = c_1^0 + \frac{1}{m}\sum_{i=1}^{m}\left(\psi_{i,2}^{n+1} - \psi_{i,2}^0\right) \qquad (17.76)$$

该方程总和涵盖了沿边界的所有网格点。因此，待确定的边界值取决于域内部 $\psi_{i,2}^{n+1}$ 的未知值，而该未知值则取决于边界条件。要解决这种循环相依关系，可将常量 C_1 的求值代入泊松求解器的迭代中，并在高斯-赛德尔迭代过程中，更新内部及边界上的 ψ 值。

若泊松求解器仅适用于扰动 ψ'，边界条件公式则更简单：$\int_0^\lambda \partial\psi/\partial y\mathrm{d}x$ 的初始值由基本流固定，而 $\int_0^\lambda \partial\psi'/\partial y\mathrm{d}x$ 则需始终保持为零。

上文概述的数值算法已在 baroclinic. m 中应用，现在用于模拟 17.3 节中所述的斜压不稳定，并扩展应用至非线性框架中。我们展示了发展演变（图 17.8）过程中，模型在不同时刻的模拟结果。为简单起见，我们令 $U_2=-U_1$，从而运用线性扰动理论预测了在原地增长的波。

最初，发展演化过程符合理论预测：扰动增长没有位移，维持了两层之间预期的相移。然而不久以后，扰动达到成熟期，扰动振幅与基本流强相近。然后，我们使用的是非线性框架。现在，两层之间的相移减少，交界面松弛。这些变化表明了流体的正压化（图 17.9），即两层的行为越来越像，好像已经变成一层了。这一点可由位势涡度的结构予以证实——在模拟后期，位势涡度的垂直结构几乎一致。我们由此推断，斜压不稳定释放了有效位能，并利用这些位能使涡旋加强，并加强流的正压分量。

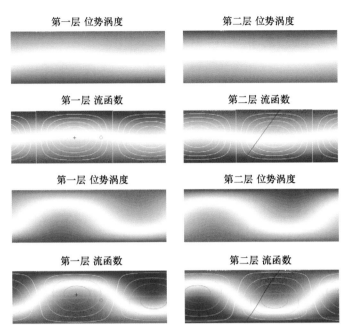

图 17.8　扰动热成风的演化。系统演化过程中，每组两张快照共 4 幅图，按呈现顺序分别显示上层位势涡度、下层位势涡度、上层流函数及下层流函数。后两幅图中，等值线描绘了流函数扰动。上层流函数图中已经添加了表示上层(十字)和下层(圆圈)最大 ψ' 值位置的符号。下层流函数图中显示了描述交界面 x 轴平均位置的线条。白色部分将正值和负值分隔开。至于扰动，等值线的值一直在变化。读者需运行 baroclinic.m 或者观看随文件一起提供的视频，才能观看系统演化过程的计算机动画

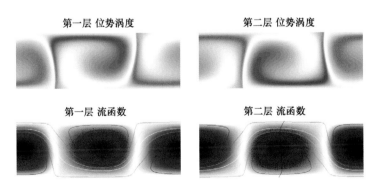

图 17.9　流体不稳定性的正压化的进一步演化

解析问题

17.1　不考虑动量因素，假设我们交换图 17.10 中的流体质点 1 和质点 2。证明当质点 1 和质点 2 连线的斜率为等密度面斜率的一半时，释放的位能最大。证明每单位

483

体积所释放的位能 ΔPE 表示如下：

$$\Delta PE = \frac{\rho_0}{4} N^2 L^2 \qquad (17.77)$$

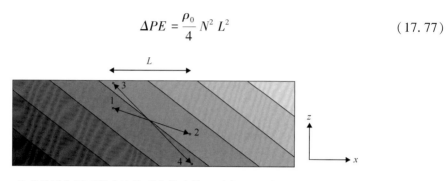

图 17.10　热成风平衡下系统内流体质点的交换。质点 1 和质点 2 的交换导致位能释放，而质点 2 和质点 4 的交换导致位能明显增加。阴影颜色越浅表示流体越轻

17.2　证明 17.6 节结尾部分所做的论断，即在垂向剪切流中，

$$\bar{u}(z) = U\left(3\frac{z^2}{H^2} - 2\frac{z^3}{H^3}\right)$$

当 $0 \leqslant z \leqslant H$ 时，β 平面斜压稳定的条件是 U 值须在临界值以下。那么，临界值是多少呢？

17.3　建立一个包含扰动变量平方形式的能量平衡，然后导出一个包含总速度平方形式的能量平衡，请确定它们之间的能量类型及能量交换。

17.4　比较 17.4 节中最不稳定波的位能和动能。

17.5　假设交界面 $a = \bar{a}(y)$ 存在一般初始分布，且每一列的总输运量为零，建立这种情况下小扰动必须遵守的线性化方程。请证明在线性交界面上，通过 $U_1 = -U_2$ 可得到公式(17.37)。

17.6　证明 17.2 节结尾部分所做的论断，即楔形不稳定的不稳定状态对应于沿着地转表面和等密度面之间运动的质点。[提示：求解矢量位移 $(\Delta x, \Delta z)$ 运动的方程式(17.14)，并研究矢量位移运动的方向]

17.7　将斜压不稳定的两层模型应用于大气情况，其中，区域高度 $H \sim 7$ km 包含了典型浮力频率 $N = 10^{-2}$ s^{-1} 的对流层。计算最不稳定模态的波长，并与你每天在报纸或者网络上看到的天气图上的天气形式进行比较。然后，计算增长率，并与典型天气预报的预报期进行比较。

数值练习

17.1　编写式(17.43)的代码并以 ΔU 为变量画图，波数对应最大增长率，增长率

对应不同的 β_0 和 R。

17.2　如果不使用边界条件式(17.75)，而在边界上保持 ψ 的初始值，请运用 baroclinic. m 来判断会发生什么？

17.3　使用 baroclinic. m 来探索改变区域宽度的影响。

17.4　运用 baroclinic. m 并在离散中添加 β 项。在宽区域中运用这一新的程序，并通过证明式(17.45)对应于稳定极限的情形来分析 β 效应的影响。若有必要，使用求解数值练习 17.1 的程序。

17.5　将更多一般交界面分布的可能性纳入 baroclinic. m 中，并分析局地斜压急流，其中间深度附近的交界面位移为

$$a = \frac{f_0 UR}{g'} \tanh\left(\frac{y}{R}\right) \qquad (17.78)$$

式中，R 为内变形半径；U 为急流速度；y 为横跨通道的坐标，原点位于通道中间。

17.6　将能量演变和能量传输的诊断纳入 baroclinic. m 中，请核实在多大程度上数值离散是能量守恒的，并验证其他的时间离散是否能够提高模拟精度。

约瑟夫·彼得罗斯基
（Joseph Pedlosky，1938— ）

　　作为朱尔·格雷戈里·查尼的学生，约瑟夫·彼得罗斯基追随导师的足迹并对斜压不稳定产生了极大兴趣。他很快就成为这一领域的学术权威，推演出了新的不稳定判据，并发展了近无黏性流中斜压扰动增长的非线性理论。此外，他还对旋转层结流、大洋温跃层、墨西哥湾流及大洋环流的研究做出了重要贡献。1979 年，彼得罗斯基出版了第一部关于地球物理流体力学的专著，该书极大地推动了地球物理流体力学学科的系统化。

　　彼得罗斯基开展研究的方法是先找到一个足够简单、可以完全求解但又物理信息丰富的问题。然后，据他本人说："再围绕这个问题做大量思考，直至能把该问题及其结果讲给外行人听。"他对于条理明晰的这种不懈追求，促使其不仅成为一名备受尊重的科学家，同时也成为一名备受推崇的演讲者。（照片来源：约瑟夫·彼得罗斯基）

彼得·布鲁梅尔·莱因斯
(Peter Broomell Rhines, 1942—)

　　彼得·莱因斯学习航空航天工程，但在麻省理工学院和剑桥大学的教授让他接触了罗斯贝波和位势涡度，从此迷上了地球流体力学。在其职业生涯中，莱因斯对于地球物理现象的研究兴趣非常广泛，涉及大洋环流、海洋涡旋、大气动力学以及气候动力学。他解决问题的方法也非常多样化，运用了模式转变理论(关于海洋中位势涡度均匀化)、原创实验室实验、深入的数值模拟(在地转湍流中)，以及对"北极世界的白色与蓝色边缘"进行的具有挑战性的海洋考察。

　　莱因斯获奖颇丰，这些奖项强调了他"惊人的物理洞察力和对观测结果的深入鉴别力"，也表彰了他"开启新探索领域的优雅理论研究"。莱因斯仍然很谦虚，他声称："对于地球物理流体力学这样一种研究者稀少的学科来说，人生短暂但又足够长久，足以研究这一领域的诸多方面。"(照片由彼得·布鲁梅尔·莱因斯提供)

第 18 章 锋面、急流和涡旋

摘要： 当罗斯贝数不小时，动力学是非线性且非准地转的，这种体系就表现为锋面和急流。后者通过压力梯度与前者关联。强急流弯曲并甩出涡旋，这些涡旋充斥着这一体系。本章最后简要讨论了地转湍流，这是科氏效应影响下的众多涡旋相互作用的状态，这一问题特别适合用来介绍求解非线性问题的谱方法。

18.1 锋面和急流

18.1.1 起源与尺度

在大气和海洋中，两种起源不同、特性迥异的流体团相遇的情况屡见不鲜，这使得存在相对狭窄的(相比主要流体团的尺度)、特性空间变化比其余部分更快的局部过渡区域，这种流体属性梯度增强的区域叫作锋面。

通常，相邻的流体团密度不同，其锋面也伴随着相对较大的压力梯度。在科氏力的作用下，地转调整过程的作用导致了与锋面一致的相对强的流。每种流体团的主体部分中较弱的密度梯度将运动限制在锋面区域，而流动则显示急流的形式。大气中最值得注意的急流是在 45°N、海平面上方数千米(气压大约为 300 mbar)附近，在副热带和极地气团(图 18.1)间的边界处发现的所谓的极锋急流。通过热成风关系：

$$f \frac{\partial u}{\partial z} = \frac{g}{\rho_0} \frac{\partial \rho}{\partial y} \tag{18.1}$$

我们可以很容易地看到，海平面上较低的速度必须随着高度的上升而增加，从而变成在高海拔强烈的向东的流动，其形成原因是两个气团之间的南北温度梯度。在海洋中，从海面到海底的锋面通常存在于大陆坡附近，这是由于大陆架上和深海中水特性的不同，这种锋面总是伴随着沿陆架的海流(图 18.2)。

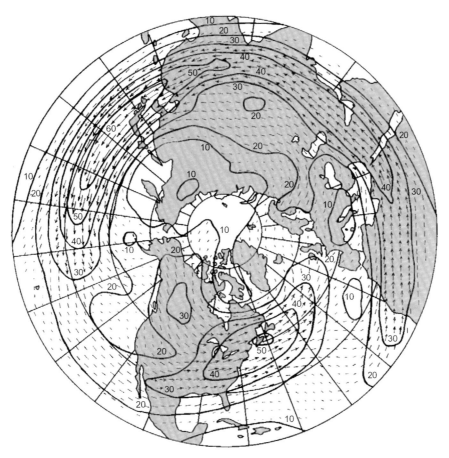

图 18.1　1991 年 1 月北半球 300 mbar 等压面上的月平均风场(m/s)。注意与 45°N 平行处的急流，

北太平洋东部和北大西洋东部上方除外，其上方可见阻塞(源自美国商务部国家海洋和大气管理局国家气象局)

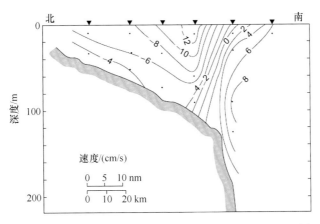

图 18.2　1979 年 4 月，横跨乔治亚浅滩(41°N, 67°W)南部侧翼的大陆坡的沿陆架流的月平均值(cm/s)，

正值表示指向页面的流动[来自 Beardsley 等(1983)，由 Gawarkiewicz 等(1992)改编]

根据 15.1 节，水平密度梯度与水平速度的垂向梯度同时出现可以产生热成风平衡，而这一平衡可能维持很长一段时间。前文关于地转调整的讨论（15.2 节）说明了一个流体团侵入另一个密度不同的流体团之后如何达到这一平衡，并指出过渡区域的宽度可由内变形半径度量，表达式为

$$R = \frac{\sqrt{NH}}{f} \sim \frac{\sqrt{g'H}}{f} \tag{18.2}$$

分别对应于连续层结和层化结构。这里，f 为科氏参数，H 为适当的高度尺度（假设锋面系统中密度面位移较大），N 为浮力频率，g' 为相应的约化重力。若不同流体团之间的密度差为 $\Delta\rho$，则对应的压力差为 $\Delta P \sim \Delta\rho gH = \rho_0 g'H$，且通过地转，速度尺度为

$$U = \frac{\Delta P}{\rho_0 fR} \sim \frac{g'H}{fR} = \sqrt{g'H} \tag{18.3}$$

因此，内变形半径也可以表达为 $R = U/f$，并从中识别惯性振荡半径（参见 2.3 节）。这里这两者是一致的，原因是我们假设了锋面结构 $\Delta H = H$。

弗劳德数及罗斯贝数分别为

$$Fr = \frac{U}{NH} \sim \frac{\sqrt{g'H}}{fR} \sim 1 \tag{18.4}$$

$$Ro = \frac{U}{fR} \sim \frac{\sqrt{g'H}}{fR} \sim 1 \tag{18.5}$$

这两者都接近 1，意味着在急流中层结和旋转效应同等重要（参见 11.6 节）。

急流速度有最大值，该最大值的区域或多或少与最大密度梯度区域一致，而在该区域的两侧，速度衰减。对应的剪切流形成相对涡度的分布，即右侧为顺时针分布，而左侧为逆时针分布（在北半球分别是反气旋的和气旋的）。该剪切涡度尺度为 $Z = U/R \sim f$，可与行星涡度相比拟。注意：若相对涡度是强烈反气旋的，总涡度的符号可能与 f 相反。因此使用位势涡度守恒时需要注意。

18.1.2 曲流

观测显示，除非受到当地地形的强烈限制，否则所有的急流都表现出曲流形态。当流体团流入曲流中时，其路径发生弯曲，受到横向离心力的影响，其量级为 $\mathcal{K}U^2$，其中，$\mathcal{K}$ 为轨迹的局地曲率（曲率半径的倒数）。该力可通过减少或增加科氏力来达到，前提是该流体团的速度由 ΔU 进行调整，从而使得 $f\Delta U \sim \mathcal{K}U^2$，或

$$\frac{\Delta U}{U} \sim \frac{\mathcal{K}U}{f} \sim \mathcal{K}R \tag{18.6}$$

注意，结果 $\mathcal{K}R$ 实质上是变形半径除以曲率半径。

在北半球（$f > 0$），科氏力对流体团右侧起作用，因此向右转动可能导致左侧离心力作用，使得科氏力变大且加速（$\Delta U > 0$）（图 18.3）；同样，向左转动则伴随着急流减速（$\Delta U < 0$）。在南半球，结论则相反。但是无论何种情况，根据式（18.6），曲率越大，速度变化越大。

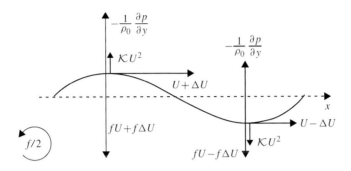

图 18.3　相同压力梯度下，向右转动需要更大的速度用于科氏力平衡压力和离心力。
向左转动则相反，且速度减小

考虑相对涡度的变化也可以得到相同的结果。暂且忽略 β 效应和任何垂向拉伸或挤压，相对涡度守恒。局地的表达式为

$$\zeta = \frac{\partial v}{\partial x} - \frac{\partial u}{\partial y} = \frac{\partial V}{\partial n} - \mathcal{K}V \tag{18.7}$$

其中，$V = (u^2 + v^2)^{1/2}$ 为流速（尺度为 U）；n 为跨越急流的坐标（局地速度右侧为正值，且尺度为 R）；$\mathcal{K}$ 为射流的路径曲率（顺时针方向为正）。第一项，$\partial V/\partial n$ 为剪切流结果；第二项，$-\mathcal{K}V$ 代表流转向产生的涡度，我们称这些结果为切变涡度和轨道涡度（参见图 18.4 和解析问题 18.11）。向右转动时（$\mathcal{K} > 0$），流体团获得顺时针轨道涡度，量级近似于 $\mathcal{K}U$，这必定是牺牲了切变涡度 $\Delta U/R$。再次将 $\mathcal{K}U$ 等化 $\Delta U/R$，同样得到式（18.6）。

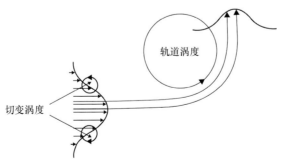

图 18.4　急流的切变涡度与轨道涡度区别

切变涡度的变化意味着流体团急流轴的移动。为显示这一点，让我们举例说明：流体团在曲流上游拥有最大速度（即在急流轴上），但没有切变涡度和轨道涡度。若该流体团在曲流中向右转动，则获得顺时针轨道涡度，而这必定以同等大小的逆时针切变涡度作为补偿。因此，该流体团现在必定位于急流的左翼。占据急流轴线的流体团（拥有最大速度，因而没有剪切涡度）则位于急流上游右翼并用其全部顺时针切变涡度交换了同等顺时针轨道涡度。由此可得出明确结论：向右曲流中的流体团在急流轴线上向左移动，而向左曲流中的流体团在急流轴线上向右移动（这一规则很容易记忆：流体团在横跨急流时遵循离心力的方向）。

通过曲流得到这些涡度调整的结果是边缘附近的流体团可能与急流分开，或者由急流捕获。事实上，急流边缘的流体团可能并没有充足的切变涡度可以与轨道涡度进行交换（图 18.5）。

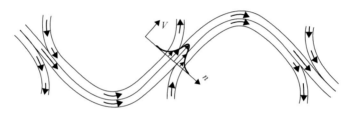

图 18.5　蜿蜒的急流边缘的流体团的分离与捕获。这一过程产生的原因是曲流所需要的涡度调整引起边际流体团逆转其速度。当急流不再有曲率时，曲流边缘内侧附近的流体团的速度发生逆转。同样，流体团从曲流出口处外侧加入急流

前述注意事项忽略了 β 效应，科氏力可凭此改变。让我们将自己限定在北半球东向的西风急流的情境中，即大气急流和哈特勒斯角以东的北大西洋墨西哥湾流。在北部曲流偏移中，称为波峰（因为它在地图中很高），曲率是向右的或反气旋的（图 18.6）。经向位移 Y——曲流的振幅导致了科氏力增大至近似 $\beta_0 Y U$，并作用于流体团右边。然而，近似 $\mathcal{K} U^2$ 的离心力作用于其左边。可能的情形有 3 种：$\beta_0 Y$ 远小于、近似或远大于 $\mathcal{K} U$。

- 若 $\beta_0 Y$ 远小于 $\mathcal{K} U$，则曲流振幅较弱（Y 值小）且/或曲流波长较短（$\mathcal{K}$ 值大），这时，β 效应可缓冲曲率效应，但并不明显，且前述结论在定性上不变。

- 若 $\beta_0 Y$ 近似 $\mathcal{K} U$，则 β 效应与曲率效应可相互平衡，使得急流结构几乎不受影响。对于正弦曲流 $Y_{(x)} = A \sin k_x x$，其中 A 为曲流振幅，$\lambda = 2\pi / k_x$ 为波长，x 为东向坐标，我们推导出在曲流峰值（$\sin k_x x = +1$），径向位移 Y 为 A，曲率 $\mathcal{K} = -(\mathrm{d}^2 Y / \mathrm{d} x^2) / [1 + (\mathrm{d} Y / \mathrm{d} x)^2]^{3/2}$ 为 $k_x^2 A$，平衡 $\beta_0 Y \sim \mathcal{K} U$ 得到 $\beta_0 \sim k_x^2 U$ 或者

$$\lambda = \frac{2\pi}{k_x} = 2\pi \sqrt{\frac{U}{\beta_0}} \tag{18.8}$$

这就得出了特定的长度尺度

$$L_\beta = \sqrt{\frac{U}{\beta_0}} \tag{18.9}$$

我们称之为临界曲流尺度。Cressman（1948）注意到其对大气急流长波的发展的重要性，而在 Moore（1963）获得的洋流运动模型的解也显示了该尺度的曲流。随后，Rhines（1975）证明了这一相同尺度如何在 β 平面上的地转湍流的演变中起到关键作用。

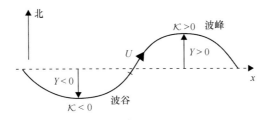

图 18.6　β 平面上东向急流的曲流（北半球）。若经向位移 Y，曲率 $\mathcal{K}$，急流速度 U 关联 $\beta_0 Y \simeq \mathcal{K}U$，
则行星涡度和轨道涡度的变更是可比拟的，且符号相反，使急流的速度廓线（切变涡度）
相对不受扰动

- 在非常宽广的曲流中，其中径向位移很大而曲率很小（$\beta_0 Y \gg \mathcal{K}U$），$\beta$ 效应会减弱曲率效应，而交换几乎只存在于行星涡度和切变涡度的变化之中。在曲流波峰（f 较大）中，切变涡度必须减弱气旋或加强反气旋（图 18.7）。

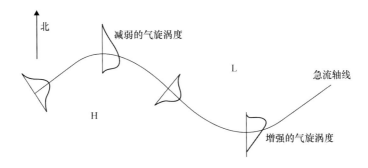

图 18.7　非常宽广的曲流中的切变涡度变化。这是由 β 效应引起的，它随纬度的变化改变科氏力。
本图是为北半球南北位移而作，字母 H 和 L 分别表示高压和低压区域

　　急流中的曲流并不能保持静止，反而通常向下游且极少向上游传播。如前文所述，传播的方向可通过涡度来推断。在没有 β 效应的情况下（或 $\beta_0 Y \ll \mathcal{K}U$），向左和向右转动分别造成顺时针与逆时针的切变涡度。将这些涡度异常用作图法表示为曲流顶端的涡度（图 18.8a），我们推断不同拐点（转向点）的夹卷速度都有一个指向下游的分量，且曲流形态向下游平移，在西风急流中该方向向东。在 β 效应较大且忽略曲率（$\beta_0 Y \gg$

$\mathcal{K}U$）的另一极端情况下，涡度异常在波谷处为气旋的，在波峰处为反气旋的（图 18.8b），拐点处的夹卷速度全部指向西向，在西风急流中则为上游。这一机制与 9.4 节中用于解释行星波的西向相位传播的机制相同（将图 18.8b 与图 9.7 进行比较）。

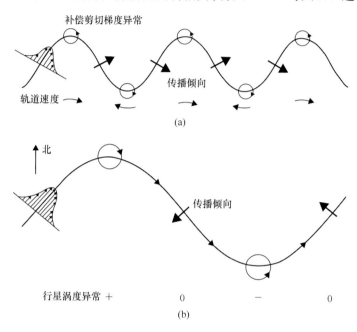

图 18.8　示意图描述解释了为什么东向急流的（a）曲率和（b）β 效应可引起曲流向下游和上游的传播

因此，我们注意到曲率和 β 效应引起东向急流相反的曲流传播趋势。将 $\beta_0 Y$ 与 $\mathcal{K}U$ 进行比较——或者将波长与临界曲流尺度进行比较，效果相等——我们得出结论：若前者大于后者，则曲流向上游传播（西向的），反之亦反。若该趋势相互抵消，则曲流静止，这种情况发生于其波长近似临界曲流尺度时。由于（临界曲流）尺度很长（海洋中为 220 km，大气中为 1 600 km，$\beta_0 = 2 \times 10^{-11}$ m^{-1}s^{-1} 且 U 值范围为 $1 \sim 50$ m/s），所观测的曲流通常为曲率型和向东传播的。

18.1.3　多平衡态

由于临界曲流尺度取决于急流速度 U，且由于关系式 $\beta_0 Y \sim \mathcal{K}U$ 取决于曲流形状（若曲流并非正弦的，则 Y 和 $\mathcal{K}$ 并非简单相关），曲流静止的临界尺寸取决于急流速度和曲流形状。该结论是黑潮双态性解释的基础（图 18.9）。日本海岸线和该区域的海底地形促使北太平洋西部的强流穿过两个海峡：屋久岛南部（30°N，130°E），以及靠近伊豆海脊的三宅岛和八丈岛之间（34°N，140°E）。

在这两点之间，黑潮会有以下两种形态之一：相对笔直的路径或有明显南向偏移

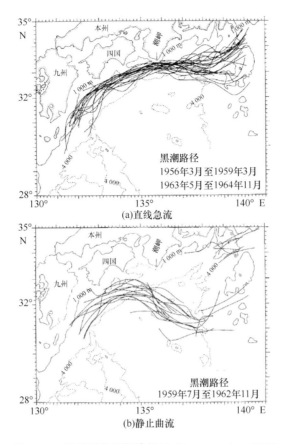

图 18.9 观测到的黑潮路径(Robinson et al.，1972)

的弯曲路径。每种形态持续数年，而从一种形态转变为另一种形态则相对迅速。解释这两种形态的理论(Masuda，1982；Robinson et al.，1972)认为半波长满足地理状况的静止曲流可能存在也可能不存在，这取决于急流速度。计算显示，若急流速度不超过特定阈值，则曲流状态出现。在低于该阈值的任何速度下，均存在满足地理限制的静止曲流。速度较大时，不可能存在静止曲流，而急流必为直线路径。

这种海洋中的情形在大气中叫作阻塞，某种意义上，这个词在这里的使用与在第 11章中是不同的。这里，阻塞是一种中纬度现象，其特征是在不规则地形(图 18.1)上方向东的急流中异常持续的静止曲流。这一理论(Charney et al.，1979；Charney et al.，1981)再次援引平衡解的多重性，包括正常状态(无曲流)和异常阻塞情况(曲流较大)。

18.1.4 拉伸和地形效应

至此，我们对于急流曲流的涡度调整的考量包含了总量不变情况下行星、切变和轨道涡度的交换。这只针对平底上方的正压急流时是正确的，而在斜压急流中，可能出现垂向拉伸，位势涡度而非涡度才是守恒量。

包含动量和质量平衡的相关动力学的完整的理论已经超出了我们的讨论范围，我们这里只推导曲流中的流体团的垂向拉伸趋势。假设由于曲流的曲率和垂向拉伸，这种交换仅存在于轨道涡度间，我们推断曲流波峰（反气旋轨道涡度）降低了总涡度，因而需要该液柱垂向厚度成比例降低。在曲流波谷中，流体柱垂向拉伸，且向急流的反气旋方向移动。在湾流等海洋表面急流中，这种改变会引起接近波峰的上涌和接近波谷的沉降。现场观察（Bower et al.，1989）和数值模拟（图 18.10）都证实了这种反应。

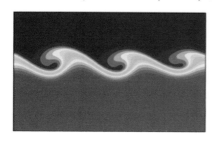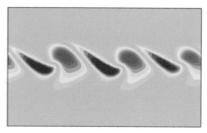

图 18.10　锋面曲流的海表温度场（左图）与显示涌升和沉降环流圈的垂向速度分布（右图）。
注意，垂向速度的最大值出现在曲流的波峰和波谷之间（来自 Rixen et al.，2001）

正如曲流产生垂向拉伸或挤压，地形导致的垂向拉伸或挤压也可能引起曲流。为说明这一点，我们考虑 β 平面上遭遇地形阶梯状变化（图 18.11）的纬向急流（正压或斜压）。若急流为东向（通常情形），且进入更深的区域，层厚中的扩展首先转化为远离赤道的气旋偏转。由于科氏参数随着远离赤道而增大，该气旋涡度逐渐在下游被更大的行星涡度交换，而急流曲率减弱。进一步向极地的前进逆转了轨道涡度，围绕新的纬度来回振荡（图 18.11a）。急流轴线的平均北向位移 Y 对应于垂向拉伸和增强的行星涡度之间的交换：

$$\frac{\beta_0 Y}{f_0} \sim \frac{\Delta H}{h} \tag{18.10}$$

式中，ΔH 为地形变化的高度；h 为急流上游的厚度。由于第一曲流定在地形突变的位置，该曲流需是静止的，因此波长需与临界曲流尺度相近。

同理，可通过进入较浅区域的东向急流得出如下结论：当式（18.10）中的 ΔH 为负时，流动表现为围绕向赤道方向有净偏移处的驻定振荡。然而，该论点不适用西向急流。进入一个较深的区域时，流体团获得气旋涡度，向赤道移动，其行星涡度减小，从而进一步增加轨道涡度。很明显，如果这样，则急流自身循环。然而，急流开始在阶梯地形之前扭曲（图 18.11b），并获得反气旋曲率，其中负的轨道涡度由行星涡度的增加进行补偿。这样，急流以斜角到达阶梯地形。越过阶梯地形的涡度调整的性质在于逐步恢复急流的原始纬向方向。净经向位移仍然存在，这表明行星涡度和垂向厚度变化之间的平衡。读者可验证该位移仍由式(18.10)给定。

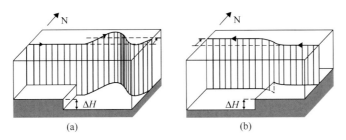

图 18.11　通过阶梯地形的东向和西向急流。(a)东向急流产生了振荡行为，而(b)西向急流
开始感受到上流阶梯地形的影响，并产生单一曲流。两者都经历了净经向位移 $Y = f_o \Delta H / \beta_0 h$，
其符号取决于阶梯地形向上或是向下

18.1.5　不稳定

除了传播，急流的曲流也会扭曲并经常增长，自身闭合，并形成与急流其余部分脱离开的涡旋。这种急流结构的有限变化由不稳定性引起，其性质为正压(第 10 章)、斜压(第 17 章)或混合型。接下来，正压不稳定得以发展是从水平剪切流中提取动能来促进曲流发展。急流剪切越大，正压不稳定的可能性越大。然而，斜压不稳定与从热成风平衡的水平密度分布转换而来的有效位能相关。虽然 10.4 节所讨论的示例显示正压不稳定的临界波长与急流宽度同尺度，而斜压不稳定的临界波长则与内变形半径相关［参见式(17.48)］。若两者的长度尺度相当，正如有限罗斯贝数的斜压急流，这两种过程可能同等活跃，且不稳定最可能是混合型(Griffiths et al.，1982；Killworth et al.，1984；Orlanski，1968)。β 效应使情况进一步复杂化，有时会促进涡旋脱离过程：增长的曲流的较大经向位移引发了西向传播趋势，而曲流附着于其他急流的高曲率区域引发了下游传播趋势。这导致了情况的复杂化：其结果对不同效应的相对大小的影响极其敏感(Flierl et al.，1987；Robinson et al.，1988)。墨西哥湾流的曲流和涡旋脱离说明了这一复杂性。

天气尺度扰动的发展——这一过程现在称为气旋生成——被认为主要是由斜压不稳定引发的，而所伴生的冷锋和暖锋等精细尺度过程，则由非地转动力学进行解释。感兴趣的读者可参阅 Holton(1992)的著作和 15.5 节。

18.2　涡旋

涡旋或涡，被定义为相对持久的闭合环流。持久的意思是嵌入结构中的流体团的周转时间远比该结构仍可辨认的时间短。气旋是一种涡旋，其中的旋转运动与地球自转相同——在北半球逆时针转动，南半球顺时针转动。反气旋则相反——在北半球顺时针，在南半球逆时针。

涡旋的原型是 f 平面上稳定的圆周运动。运用圆柱坐标，我们可以将径向 r（向外测量）上的力的平衡表达为

$$-\frac{v^2}{r} - fv = -\frac{1}{\rho_0}\frac{\partial p}{\partial r} \tag{18.11}$$

式中，v 为轨道速度（逆时针为正）；p 为压力（或蒙哥马利位势）。v 和 p 可能均随垂向坐标变化，即高度 z 或密度 ρ。该方程称为梯度风平衡，它代表了 3 种力的平衡：离心力（第一项）、科氏力（第二项）和压力（第三项）。虽然离心力指向始终向外，但科氏力和压力的指向可以向内或向外，这取决于轨道流的方向和中心压力。

如果我们引进以下尺度，U 为轨道速度，L 为 r（测量涡旋半径），ΔP 为环境值与涡旋中心的压力差，式（18.11）每项的尺度为

$$\frac{U^2}{L}, \quad fU, \quad \frac{\Delta P}{\rho_0 L} \tag{18.12}$$

当罗斯贝数较低时，$R_0 = U/fL \ll 1$，相对于第二项，第一项是可以忽略的（即相比科氏力，离心力较小），其结果是近地转的：

$$fU = \frac{\Delta P}{\rho_0 L} \tag{18.13}$$

这样 $U = \Delta P/(\rho_0 fL)$。由于压力差很大可能是由密度异常 $\Delta \rho$ 引起的，流体静力学平衡要求 $\Delta P = \Delta \rho gH = \rho_0 g'H$，其中 H 为适当高度尺度（涡旋厚度），而 $g' = g\Delta\rho/\rho_0$ 为约化重力。这就使得 $U = g'H/fL$，且

$$Ro = \frac{U}{fL} = \frac{g'H}{f^2 L^2} = \left(\frac{R}{L}\right)^2 \tag{18.14}$$

其中，我们得出内变形半径 $R = (g'H)^{1/2}/f$。结果是，当相比变形半径，水平尺度较大时，则出现小的罗斯贝数。这种情况通常发生在中纬度地区最大的天气尺度气旋和反气旋以及大尺度海洋流涡中（图 18.12 的顶部）。注意，在该分析中，罗斯贝数与伯格数一致。因此，其最小值意味着宽阔的（水平尺度大的）流涡中的涡旋主要受垂向拉伸而非相对涡旋约束（参见 16.3 节）。同时，该流涡的能量受到有效位能而非式（16.34）中所示的动能的支配。

当尺度近似变形半径时，可使 L 等于 R，罗斯贝数近似于 1，速度尺度为 $U = (g'H)^{1/2}$，且离心力与科氏力相当。在低压力处附近，向外的离心力部分平衡向内的压力，两者之间的压力差为科氏力。相比之下，作用于高压力处的流动的科氏力则须平衡向外的压力和向外的离心力（图 18.12 的中部）。因此，反气旋中的轨道速度大于同样尺寸等量气压异常的气旋的轨道速度。热带飓风（Anthes，1982；Emmanuel，1991）以及墨西哥湾流脱出的所谓流环（Flierl，1987；Olson，1991）都属于长度尺度近似变形

半径的涡旋的范畴。

当半径日益变短，离心力的重要性就逐渐增加，若 $L \ll R$，科氏力则可忽略。气旋-反气旋的名称就失去意义，而相关特性则显示了压力异常。低压力处附近的向内的力则由向外的离心力平衡，而无须考虑旋转的方向（图 18.12 的底部）。这种状态被称为旋衡性平衡，具体实例见龙卷和浴缸旋涡。不存在中心压力大的涡旋，原因是压力和离心力都是向外的。

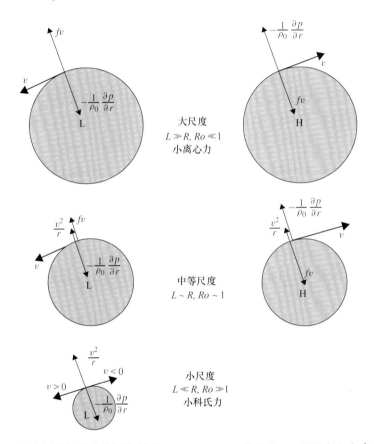

图 18.12 北半球圆形涡旋中的压力梯度 $-(1/\rho_0)\,\partial p/\partial r$，科氏力 fv，以及离心力 v^2/r 的平衡。字母 L 和 H 分别代表低压和高压

确定给定压力异常可以存在的反气旋的最小规模是非常有趣的。回到梯度风平衡，我们引入 $v = -fr/2 + v'$，写成

$$\frac{f^2 r}{4} + \frac{1}{\rho_0}\frac{\partial p}{\partial r} = \frac{1}{r}v'^2 \geq 0 \qquad (18.15)$$

对涡旋半径 a 积分，定义压力异常 $\Delta p = p(r=0) - p(r=a)$，我们得到

$$a^2 \geqslant \frac{8\Delta p}{\rho_0 f^2} \tag{18.16}$$

对于低压力中心（$\Delta p < 0$），该不等式不会产生任何约束；而对于高压力中心（$\Delta p > 0$），它规定了最小涡旋半径，在该最小值以下，高压力中心不能单独以孤立的稳定结构存在。

现在，让我们检查现有涡旋如何在其周围的流体中移动。为此，我们考虑单层流体中包含的涡旋，该涡旋可能存在于流体的最底层、最上层或者中间任何一层。若该层的局地厚度为 h，压力（实际为蒙哥马利位势）为 p，我们在密度坐标中写下：

$$\frac{\partial u}{\partial t} + u\frac{\partial u}{\partial x} + v\frac{\partial u}{\partial y} - fv = -\frac{1}{\rho_0}\frac{\partial p}{\partial x} \tag{18.17a}$$

$$\frac{\partial v}{\partial t} + u\frac{\partial v}{\partial x} + v\frac{\partial v}{\partial y} + fu = -\frac{1}{\rho_0}\frac{\partial p}{\partial y} \tag{18.17b}$$

$$\frac{\partial h}{\partial t} + \frac{\partial}{\partial x}(hu) + \frac{\partial}{\partial y}(hv) = 0 \tag{18.17c}$$

我们进一步将自己限定在 f 平面上。远离涡旋中心，在被认为环境流体处，我们假设存在稳定的均匀流动 $(\bar{u}, \bar{v})$ 和均匀厚度梯度 $(\partial\bar{h}/\partial x, \partial\bar{h}/\partial y)$。根据式（18.17a）和式（18.17b），该流为地转流，而根据式（18.17c），其流向必须与等厚度面的方向一致：

$$-f\bar{v} = -\frac{1}{\rho_0}\frac{\partial\bar{p}}{\partial x} \tag{18.18a}$$

$$+f\bar{u} = -\frac{1}{\rho_0}\frac{\partial\bar{p}}{\partial y} \tag{18.18b}$$

$$\bar{u}\frac{\partial\bar{h}}{\partial x} + \bar{v}\frac{\partial\bar{h}}{\partial y} = 0 \tag{18.18c}$$

厚度梯度被保留了下来，因为在某些情况下，上层或下层的热成风可能伴随着该厚度的变化。同时，若涡旋存在于最下层，厚度梯度则可能代表了底面坡度。当环境流特性在水平方向上变化的尺度远大于涡旋直径，$\bar{u}$、$\bar{v}$ 以及 $\bar{p}$ 和 $\bar{h}$ 均一的假设是合理的。定义涡旋的速度分量、压力和层厚的变化为 $u' = u - \bar{u}$，$v' = v - \bar{v}$，$p' = p - \bar{p}$ 和 $h' = h - \bar{h}$，我们可以将式（18.17）变形如下：

$$\frac{\partial u'}{\partial t} + (\bar{u} + u')\frac{\partial u'}{\partial x} + (\bar{v} + v')\frac{\partial u'}{\partial y} - fv' = -\frac{1}{\rho_0}\frac{\partial p'}{\partial x} \tag{18.19a}$$

$$\frac{\partial v'}{\partial t} + (\bar{u} + u')\frac{\partial v'}{\partial x} + (\bar{v} + v')\frac{\partial v'}{\partial y} + fu' = -\frac{1}{\rho_0}\frac{\partial p'}{\partial y} \tag{18.19b}$$

$$\frac{\partial h'}{\partial t} + \frac{\partial(h'\bar{u})}{\partial x} + \frac{\partial(h'\bar{v})}{\partial y} + \frac{\partial}{\partial x}[(\bar{h} + h')u'] + \frac{\partial}{\partial y}[(\bar{h} + h')v'] = 0 \tag{18.19c}$$

接下来，我们可以定义由涡旋造成的异常层体积：

$$V = \iint h' \mathrm{d}x\mathrm{d}y \qquad (18.20)$$

其中，积分涵盖了层的全部水平区间。假设涡旋引起的扰动 h' 已完全局地化以使前述积分有限，运用连续方程式(18.19c)，并对各项分部积分显示该体积的时间导数：

$$\frac{\mathrm{d}V}{\mathrm{d}t} = \iint \frac{\partial h'}{\partial t} \mathrm{d}x\mathrm{d}y \qquad (18.21)$$

正如我们所预期的那样消失了。利用体积加权平均来定义涡旋位置的坐标：

$$X = \frac{1}{V}\iint x\,h' \mathrm{d}x\mathrm{d}y, \quad Y = \frac{1}{V}\iint y\,h' \mathrm{d}x\mathrm{d}y \qquad (18.22)$$

我们可以通过计算涡旋位移的时间导数来追踪它。对于 X，我们相继得到

$$
\begin{aligned}
\frac{\mathrm{d}X}{\mathrm{d}t} &= \frac{1}{V}\iint x\,\frac{\partial h'}{\partial t}\mathrm{d}x\mathrm{d}y, \\
&= \frac{-1}{V}\iint \left\{ x\,\bar{u}\,\frac{\partial h'}{\partial x} + x\,\bar{v}\,\frac{\partial h'}{\partial y} + x\,\frac{\partial}{\partial x}\left[(\bar{h}+h')u'\right] + x\,\frac{\partial}{\partial y}\left[(\bar{h}+h')v'\right] \right\}\mathrm{d}x\mathrm{d}y \\
&= \frac{+1}{V}\iint \left[\bar{u}\,h' + (\bar{h}+h')\,u'\right]\mathrm{d}x\mathrm{d}y \\
&= \bar{u} + \frac{1}{V}\iint hu'\mathrm{d}x\mathrm{d}y \qquad (18.23)
\end{aligned}
$$

同样，我们也可以得到另一个坐标的方程：

$$\frac{\mathrm{d}Y}{\mathrm{d}t} = \bar{v} + \frac{1}{V}\iint hv'\mathrm{d}x\mathrm{d}y \qquad (18.24)$$

在不知道涡旋的精确结构情况下，不能评估前述积分。然而，二阶导数将获得加速度（$\partial u'/\partial t$，$\partial v'/\partial t$），该加速度由运动方程式(18.19a)和式(18.19b)提供。对于 X 坐标，我们得到

$$
\begin{aligned}
\frac{\mathrm{d}^2 X}{\mathrm{d}t^2} &= \frac{1}{V}\iint \left[\frac{\partial h'}{\partial t}u' + (\bar{h}+h')\frac{\partial u'}{\partial t}\right]\mathrm{d}x\mathrm{d}y = \frac{-1}{V}\iint \left[\frac{\partial}{\partial x}(huu') + \frac{\partial}{\partial y}(hvu')\right]\mathrm{d}x\mathrm{d}y \\
&\quad + \frac{f}{V}\iint hv'\mathrm{d}x\mathrm{d}y - \frac{1}{\rho_0 V}\iint h\,\frac{\partial p'}{\partial x}\mathrm{d}x\mathrm{d}y \qquad (18.25)
\end{aligned}
$$

与涡旋运动相关的压力异常 p' 可通过流体静力平衡与层厚异常相关联。若其他层不运动，且一直保持其压力值，则涡旋内的压力异常由相关层上方的压力异常为零的式(12.14)的积分和合适的约化重力 g' 的定义给定：

$$p' = \rho_0\,g'\,h' \qquad (18.26)$$

注意，如果涡旋包含在非平坦底部上方的最低层中，则底部高度不会出现在式(18.26)，转而进入相应的平均流的流体静力学平衡。

注意：式(18.25)中的第一项积分消失，原因是当远离涡旋时 u' 和 v' 为零，使用式(18.24)可消除第二项积分，而第三项积分，对之分部积分，可使用式(18.26)进行简化，我们得到

$$\frac{\mathrm{d}^2 X}{\mathrm{d}t^2} = f\frac{\mathrm{d}Y}{\mathrm{d}t} - f\,\bar{v} + g'\frac{\partial \bar{h}}{\partial x} \qquad (18.27)$$

对二阶导数 Y 进行相似处理，得到

$$\frac{\mathrm{d}^2 Y}{\mathrm{d}t^2} = -f\frac{\mathrm{d}X}{\mathrm{d}t} + f\,\bar{u} + g'\frac{\partial \bar{h}}{\partial y} \qquad (18.28)$$

由于假设 $\bar{h}$ 的梯度均匀，且 f、$\bar{u}$ 和 $\bar{v}$ 都是常数，可求解前述两个方程，得到涡旋的速度：

$$\frac{\mathrm{d}X}{\mathrm{d}t} = \left(\bar{u} + \frac{g'}{f}\frac{\partial \bar{h}}{\partial y}\right)(1 - \cos ft) - \left(\bar{v} - \frac{g'}{f}\frac{\partial \bar{h}}{\partial x}\right)\sin ft \qquad (18.29\mathrm{a})$$

$$\frac{\mathrm{d}Y}{\mathrm{d}t} = \left(\bar{v} - \frac{g'}{f}\frac{\partial \bar{h}}{\partial x}\right)(1 - \cos ft) + \left(\bar{u} + \frac{g'}{f}\frac{\partial \bar{h}}{\partial y}\right)\sin ft \qquad (18.29\mathrm{b})$$

其中，积分常数是在涡旋开初不平移的假设下确定的。在前述求解过程中，我们识别出平均漂移上叠加的惯性振荡。而平均漂移有两个分量：

$$c_x = \bar{u} + \frac{g'}{f}\frac{\partial \bar{h}}{\partial y}, \quad c_y = \bar{v} - \frac{g'}{f}\frac{\partial \bar{h}}{\partial x} \qquad (18.30)$$

等式右边第一项 $(\bar{u}, \bar{v})$ 表示涡旋被其包含层的环境运动夹卷，这种夹卷与惯性振荡并不能将涡旋与单一流体团分开。与 $\bar{h}$ 梯度成正比的等式右边第二项的成因虽然不甚明显，但却将涡旋与流体团分开。

涡旋附近存在厚度梯度意味着位势涡度的不均匀分布，而这是涡旋的漩涡运动重新分配的；涡旋边缘的流体团因而进行伸展或挤压，并发展涡度异常，进而作用于涡旋的主体部分，造成位移。正如图18.13中示例所述，在北半球，层厚向北递减，引起北向运动的流体团的挤压和南向运动的流体团的拉伸（涡旋的旋转状况在此无关紧要）。这就使得涡旋北翼的流体获得反气旋涡旋而南翼的流体获得气旋涡旋。两种涡度异常都会引起涡旋块体的西向位移。式(18.30)确认这些条件（$\partial \bar{h}/\partial x = 0$，$\partial \bar{h}/\partial y < 0$，$f > 0$）意味着 c_x 为负值，而 c_y 为零。一般规则是，在北半球，涡旋在移动时，其薄层在其右侧，南半球则在其左侧。

含涡流层中的梯度的成因可能为两种原因中的一种。若在其上或下的其他层中，流的速度与涡旋层不同，则存在热成风，它经由马古列斯关系式［参见式(15.5)］要求密度面的倾斜和因此导致的层厚的变化。在这种情况下，前段所述的涡旋感应机制致

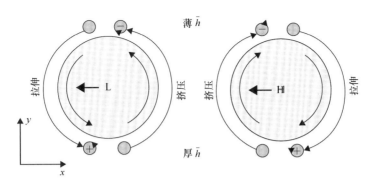

图 18.13　嵌入不同厚度层的涡旋的横向漂移。周围流体的平流导致气旋和反气旋涡旋，
并共同引起涡旋沿等厚度线漂移。在北半球（如图所示），涡旋移动时薄层在其右侧，
在南半球则方向相反

使涡旋漂移与同方向热成风一致留给读者。而层厚变化的另一个原因则是海底地形。若涡旋包含在下层中，且层下边界为斜底，涡旋周围的流体团将随斜坡面上下移动，并进行涡度调整。结果是（仍见图 18.13），在北半球，涡旋漂移较浅区域在涡旋的右侧，南半球则在其左侧。Nof（1983）讨论了这种机制对于海底冷涡的影响。

注意，若涡旋从静止位置出发，它并非立即与层厚梯度呈横向移动，而是沿梯度向上，正如式（18.29）的解中时间值较小时所示。若是斜底，则意味着涡旋首先向下移动，逐渐在该方向上获得速度之后，在科氏力的作用下轨迹偏移成与地形梯度呈横向（垂直）（将这种情形与解析问题 2.9 进行比较）。

由于地形坡度与 β 效应之间的相似（参见 9.6 节），前述结论也可用于推测涡旋在 β 平面上的运动。不考虑极性（气旋或反气旋的），涡旋有自我引起的西向趋势。重复对图 18.13 所做的论证，随着将由厚到薄的方向替换为朝北方向，我们得出结论：从南端到北端夹卷的周边流体团获得了行星涡度，并由此获得了反气旋相对涡度。同理，从北到南夹卷的周边流体团获得了气旋相对涡度。两者在涡旋中心纬度的综合效应就是西向漂移。理论（Cushman-Roisin et al.，1990，以及相关参考）显示诱发速度的量级为 $\beta_0 R^2$，其中 R 为内部变形半径，且反气旋中的值要略大于气旋中的值。然而，在大气和海洋中，这一速度通常太小，以至于相比环境流的夹卷流难以被留意到。

西向漂移除了可以用位势涡度来解释，我们还可以用力平衡来解释漂移。在北半球反气旋涡的北侧，地转速度小于受同样压力梯度（图 18.14）平衡科氏力影响的南侧。速度差导致涡旋西（东）翼的辐合（辐散），这反过来引起密度面的垂向位移，导致涡随着东翼的上涌和西翼的沉降向侧面滑动。而对于气旋，同样的推理再次产生了西向的位移。

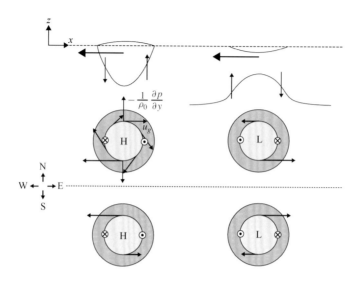

图 18.14　反气旋(左侧)和气旋(右侧)的西向漂移的另一种解释。顶部的垂直剖面显示较轻流体的反气旋核(左上)以及与气旋(右上)相关的减少的层厚。下图为横跨赤道(虚线)的俯视图，并显示了速度场。与北到南速度差相关的辐合和辐散模式导致涡旋向西移动，无论其旋转方向如何

　　前述推导意味着假设涡旋相关所有变量随着远离涡核而迅速衰减，以使所有积分有限。然而，在诸如由层厚梯度(见前文)或 β 平面($\beta_0 = \mathrm{d}f/\mathrm{d}y$)产生的位势涡度梯度面前，可能有波动(9.4 节和 9.5 节)，且能量可能从涡旋向外辐射很长一段距离，在那里产生不可忽略的与涡相关运动。事实证明，通过考虑涡旋的早期演化，至少定性预测这些波的效应是可能的。图 18.15 描述了被涡旋带动移动的周围流体团在其前四分之一周期(圆周运动)的相对涡度调整。对于线性波(9.6 节)，在层厚梯度和 β 效应之间存在类比，向薄层侧与向极运动在动力学上是相似的，因为它们都指向位势涡度增加。转动四分之一圈后，涡旋周围的流体团通过拉伸(或挤压)或行星涡度的减少(或增加)获得相对涡度。正如图 18.15 所示，北半球的累积效应是气旋向层厚降低的方向或向北移动。反气旋则向相反方向移动。由于涡旋向上述方向移动，其内部流体也会经历相似的拉伸或挤压或行星涡度变化。无论何种情况，最终结果都是相对涡度的绝对值减小，导致涡旋的总体旋转减弱。

　　在研究飓风运动中，Shapiro(1992)清晰地展示了如何用刚总结出的机制来解释飓风中心轨迹(低压力中心，因此是气旋的)。这里，β 平面相对不重要，但是高空西风的存在及其所伴随的层厚梯度(越向南越厚)综合作用，使飓风向西北方向运动。

　　关于地球物理涡旋的讨论还应该解决其他方面的问题，如轴对称化(尽管各向异性的产生条件，仍假设近圆形状)、不稳定性、次级运动、摩擦旋转减弱、波辐射等。部分原因是篇幅所限，不能在此进行深入讨论，但主要是这些方面在大气和海洋中差异

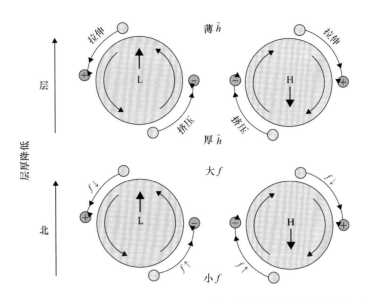

图 18.15　涡旋的二次漂移。周围流体的平流导致涡旋两翼的气旋和反气旋涡旋，它们综合作用
导致所示漂移。除了图 18.13 所描绘的之外，漂移分量是垂直的。上图仍为北半球绘制。
在南半球，气旋仍然沿着较小层厚或极向运动，而反气旋沿着较大层厚或赤道向运动

很大，对大气涡旋感兴趣的读者可参考 Anthes（1982）的专题著作，而对海洋涡旋感兴趣的读者可以参阅 Robinson（1983）主编的论著。我们也对地球物理学涡旋进行了实验室模拟，而涡旋不稳定相关的讨论，参见 Griffiths 等（1981）的论文。

18.3　地转湍流

我们在 16.6 节中介绍准地转动力学中的非线性效应时提及过地转湍流研究，即对大量的相互作用的涡旋进行研究。本节中，我们从涡旋角度来研究该问题，不做准地转假设。

当一些涡旋同时存在并且相互之间距离不远时，涡旋之间相互作用是避免不了的。涡旋受到剪切力作用并剥离旁边的涡旋的侧面，有时会与旁边的涡旋合并形成更大的涡旋。被剪切的部分有的卷起叠加形成新的更小的涡旋，或者在摩擦作用下消散，也就是说会合并或消失。如果有很多涡旋同时存在，我们最好是从统计意义上对这种情况进行描述。

只需要考虑 3 个运动积分，即动能、有效位能和涡度拟能（涡度平方的积分），就能相当简单地推导出很多的重要特征，我们将这 3 个积分定义如下：

$$\text{动能：} KE = \frac{1}{2} \rho_0 \iiint (u^2 + v^2)\, dxdydz \tag{18.31a}$$

$$\text{有效位能：} APE = \frac{1}{2} \rho_0 \iiint N^2 h^2 dxdydz \tag{18.31b}$$

$$\text{涡度拟能：} S = \frac{1}{2} \iiint \left(\frac{\partial v}{\partial x} - \frac{\partial u}{\partial y} \right)^2 \mathrm{d}x\mathrm{d}y\mathrm{d}z \tag{18.31c}$$

在动能表达式中，垂向速度通常无关紧要（只要流体静力平衡，垂向速度就无关紧要）。如果水平速度为 U，区域深度为 H，水平区域面积为 A，则动能大小约为 $\rho_0 U^2 HA$。有效位能已在式（16.29）中定义。如果密度表面的垂向位移为 ΔH（自然有 $\Delta H \leqslant H$），并且如果通过 $g' = N^2 H$ 引入约化重力［参见式（18.2）］，则有效位能约为 $\rho_0 g' \Delta H^2 A$。对于平均大小为 L 的涡旋，涡度为 U/L，涡度拟能为 $(U/L)^2 HA$。最后，如果我们调用地转来设定速度尺度，我们表述为 $f_0 U \sim g'\Delta H/L$（除非有可观的正压分量），然后将上述 3 个表达式改写为

$$KE \sim \rho_0 \left(\frac{g'\Delta H}{f_0 L} \right)^2 HA \tag{18.32a}$$

$$APE \sim \rho_0 g' \Delta H^2 A \tag{18.32b}$$

$$S \sim \left(\frac{g'\Delta H}{f_0 L^2} \right)^2 HA \tag{18.32c}$$

动能和位能之比为

$$\frac{KE}{APE} \sim \frac{g'H}{f_0^2 L^2} = \left(\frac{R}{L} \right)^2 \tag{18.33}$$

式中，R 为内变形半径。此处我们识别出方程式（16.34）的伯格数。

随着涡旋之间相互作用的进行，涡旋的剪切和撕裂引入了更小尺度的运动，直到摩擦耗散变得重要。因为随着长度尺度的减小，涡度拟能与动能相比增长更快，而有效位能不受影响，因此摩擦消除的涡度拟能比动能多，无疑比势能也多。采用一级近似，我们假设总能量守恒，而涡度拟能随时间衰减。在固定区域（HA = 常数）并且 f_0 和 g' 均取常数值（没有加热也没有冷却），根据式（18.32c），涡度拟能降低要求以比率 $\Delta H/L^2$ 降低。

在短的长度尺度（$L \ll R$）情况下，通过式（18.33）得出能量主要由动能组成，能量近似守恒要求 $\Delta H/L$ 近似为常数。只有当长度尺度 L 稳定增长，涡旋振幅 ΔH 也成比例增长时，才能两个要求都满足。因此，平均而言，涡旋变得更大更强。显而易见，因为空间不变，涡旋会变得更少。因此，涡旋会趋于不断合并。每次合并时能量被整合到更大的结构中，伴随着涡度拟能的损失。因而涡场逐渐呈现双重模式：越来越少和越来越大的涡旋（长度尺度不断增加的相干结构）在剪切不断增强且越来越紊乱的流体（长度尺度不断减少的非相干流）中存在。

随着涡旋长度尺度不断增加至变形半径，位能的相对重要性增加。因为有效位能像 ΔH^2 这样增加，因而平均涡旋振幅 ΔH 的进一步增加要求动能相应减少以保证总能量守恒，$\Delta H^2/L^2$ 必须减小。结果是，ΔH 和 L 继续增加但不再成正比，L 增加得比 ΔH 快。

随着长度尺度继续增加，表明涡旋继续合并，最终长度尺度会远远大于 R。然后，

能量主要以位能形式存在，能量守恒要求 ΔH 值达到饱和。只有长度尺度 L 继续增加，涡度拟能才会在摩擦作用下继续减少（Rhines，1975；Salmon，1982）。总而言之，大量的涡旋相互作用而能量不增加，导致出现涡旋变少、变大这一不可逆转的趋势。这意味着从随机初始涡度场中出现了相干结构。平均涡旋幅度只会增加到一个特定点。当所有的有效能量都以有效位能形式存在时，才可能出现最大涡旋幅度，即

$$\Delta H_{max} \sim \sqrt{\frac{E}{\rho_0 g' A}} \qquad (18.34)$$

式中，E 是系统中的总能量（$E = KE + APE$）；A 是系统的水平区域面积。如果涡旋幅度超过区域的深度 H，则涡旋振幅就会受到区域深度的限制并且不是所有的能量都能转换为位能；一定比例的能量必须保留为动能形式，这意味着对长度尺度 L 的限制。

在 McWilliams（1984，1989）的著作中可以找到关于准地转湍流中相干涡旋的开创性研究成果。连续合并的趋势（Galperin et al.，2004；Williams et al.，1988，以及其中的参考文章）是解释木星大气层中"大红斑"（图 1.5）为何可以持久存在的理论基础。这便引出一个问题，即为什么地球不像木星一样大气中存在永久主导涡旋。这是由于在非绝热加热和地形的影响下，大气涡旋不断形成，然后消亡。也就是说，地球大气中的地转湍流从不会长时间自由发展演变。同样地，海洋上的风强迫以及内波和沿海地区的耗散相结合，从而阻止海洋地转湍流内部演化。

18.4　地转湍流的模拟

大量涡旋相互作用的研究以及地转湍流的统计分析中，侧边界不是研究的重点并且可以引入空间周期性（好似相同的域在空间的几个方向上重复）将其忽略。在这种情况下，可以使用特定的无网格谱法进行数值模拟。我们已经知晓了一种用于解决线性问题的频谱技术（参见 8.8 节），现将其用于解决非线性问题。

为了简化起见，我们针对一层准地转系统（带有刚盖和尺度选择性的双调和涡度耗散）设计数值方案（参见 10.6 节）。因此 f 平面上的控制方程为

$$\frac{\partial q}{\partial t} + J(\psi, q) = -\mathcal{B}\left(\frac{\partial^4 q}{\partial x^4} + 2\frac{\partial^4 q}{\partial x^2 \partial y^2} + \frac{\partial^4 q}{\partial y^4}\right) \qquad (18.35a)$$

$$\frac{\partial^2 \psi}{\partial x^2} + \frac{\partial^2 \psi}{\partial y^2} = q \qquad (18.35b)$$

方程中的参数 $\mathcal{B}$ 控制着衰减强度，流函数 ψ 和位势涡度 q 均展开为截断的正弦函数和余弦函数，感兴趣的周期性区域为 $0 \leqslant x \leqslant L_x$ 和 $0 \leqslant y \leqslant L_y$。为了方便起见，我们使用复指数代替正弦和余弦函数，写为

$$\widetilde{\psi}(x, y, t) = \sum_k \sum_l \Psi_{kl}(t)\, e^{i\frac{2\pi k x}{L_x}}\, e^{i\frac{2\pi l y}{L_y}} \qquad (18.36a)$$

$$\tilde{q}(x, y, t) = \sum_k \sum_l \mathcal{Q}_{kl}(t)\, \mathrm{e}^{\mathrm{i}\frac{2\pi kx}{L_x}}\, \mathrm{e}^{\mathrm{i}\frac{2\pi ly}{L_y}} \tag{18.36b}$$

依赖于时间的系数 $\boldsymbol{\Psi}_{kl}$ 和 $\mathcal{Q}_{kl}$（也称为"谱系数"）是傅里叶空间模态的振幅，它们随时间的变化值构成了问题的解。我们将式（18.35）乘以 $\exp(-2\mathrm{i}\pi\,k'x/L_x)\exp(-2\mathrm{i}\pi\,l'y/L_y)$ 并在区域上积分得到控制它们演变的方程。正弦函数和余弦函数的正交性分离了 $\mathcal{Q}_{k'l'}$ 的时间演变，将 k' 和 l' 重新标为 k 和 l，得到

$$\frac{\partial \mathcal{Q}_{kl}}{\partial t} + \frac{1}{L_x L_y}\int_0^{L_x}\int_0^{L_y} J(\tilde{\psi}, \tilde{q})\, \mathrm{e}^{-\mathrm{i}\frac{2\pi kx}{L_x}}\, \mathrm{e}^{-\mathrm{i}\frac{2\pi ly}{L_y}} \mathrm{d}y\mathrm{d}x = -\,\alpha_{kl}\,\mathcal{Q}_{kl} \tag{18.37}$$

其中，

$$\alpha_{kl} = \mathcal{B}\left[\left(\frac{2\pi k}{L_x}\right)^2 + \left(\frac{2\pi l}{L_y}\right)^2\right]^2 \tag{18.38}$$

注意包含导数的耗散项是如何巧妙地转化为代数运算以及根据值 α_{kl} 如何清楚地看出不同波长的振幅衰减。

将相同的频谱映射应用于式（18.35a），我们得到有关流函数振幅的控制方程：

$$-\left[\left(\frac{2\pi k}{L_x}\right)^2 + \left(\frac{2\pi l}{L_y}\right)^2\right]\boldsymbol{\Psi}_{kl} = \mathcal{Q}_{kl} \tag{18.39}$$

现在求解泊松方程相当简单，因为方程已变为代数方程并且对涡度流函数的还原已简化为除法运算。请注意，对于波数 $k=l=0$，无须除以零，因为流函数已经确定为直到相差任意常数 $\boldsymbol{\Psi}_{00}$，该任意常数在动力学中不起作用。所有的线性运算都简化为在谱空间中的运算，即与波长 L_x/k 和 L_y/l 相关联的离散空间 (k, l)。另外，通过物理空间中给定的流函数初始场可以很容易地转化为谱系数的初始条件。因为截断级数中使用了周期函数，因而已考虑到周期性边界条件，我们只需要使用式（18.73）计算振幅的时间演变。解出振幅后，级数式（18.36）就可以在任何位置求值以获得在物理空间上的解。

但是，还要计算式（18.37）积分项中非线性雅可比矩阵项的贡献。该项中的每个导数都可以借助基函数的导数来表示，例如：

$$\frac{\partial \tilde{\psi}}{\partial x} = \sum_k \sum_l a_{kl}\, \mathrm{e}^{\mathrm{i}\frac{2\pi kx}{L_x}}\, \mathrm{e}^{\mathrm{i}\frac{2\pi ly}{L_y}}$$

$$a_{kl} = \mathrm{i}\,\frac{2\pi k}{L_x}\,\boldsymbol{\Psi}_{kl} \tag{18.40}$$

其他导数 $\partial\tilde{\psi}/\partial y$、$\partial\tilde{q}/\partial x$ 和 $\partial\tilde{q}/\partial y$ 也可以如此表示。然后雅可比矩阵项可以由这些级数展开式的乘积表示为

$$J(\tilde{\psi}, \tilde{q}) = \frac{4\pi^2}{L_x L_y}\sum_i \sum_j \sum_m \sum_n (jm - in)\,\boldsymbol{\Psi}_{ij}\,\mathcal{Q}_{mn}\, \mathrm{e}^{\mathrm{i}\frac{2\pi(i+m)x}{L_x}}\, \mathrm{e}^{\mathrm{i}\frac{2\pi(j+n)y}{L_y}} \tag{18.41}$$

因为基函数存在正交性质，因此大多数这些项投影到式（18.37）中的 (k, l) 分量上

后都变为零，除了项 $i+m=k$ 和 $j+n=l$。使用式(18.39)消去流函数振幅并引入相互作用系数 c_{mnkl}，最后我们得到控制位势涡度谱系数时间演变的方程式：

$$\frac{\partial \mathcal{Q}_{kl}}{\partial t} = -\alpha_{kl} \, \mathcal{Q}_{kl} - \sum_m \sum_n c_{mnkl} \, \mathcal{Q}_{mn} \, \mathcal{Q}_{k-m,\, l-n} \tag{18.42}$$

对于 $\mathcal{Q}_{kl}$ 的时间积分，任何前述的数值方法都可使用，因为相互作用系数 c_{mnkl} 与参数 α_{kl} 同样为已知，均依赖于模型中使用的物理耗散的特定形式。非线性项清楚地反映了不同尺度波分量(涡旋)之间的相互作用。

该方法可以自动包括周期性边界条件并且无须每一时间步都进行泊松方程反演。它还进一步避免了另一个可能困扰非线性数值模型的问题，即由于与较低的可分辨的波数相互作用而产生的较高的不能分辨的波数的混淆(参见 1.12 节和 10.5 节)。因为我们在频谱空间操作，因而很容易忽视非线性组合产生(通过将相应的相互作用系数设为零)的较高波数。

因此，该方法既有一定优势也有一主要缺点，即计算成本。如果我们保留空间每个方向的傅里叶系数 N，则式(18.42)中的每次求和都涉及 N 项，双重求和则要做 N^2 次运算。因此，对于每个傅里叶振幅的 N^2 方程，我们必须进行 N^2 运算求解与非线性项相关联的和。计算量与 N^4 成正比(M^2 涉及未知数的数量 M)。因为建立地转湍流模型的目的之一是研究湍流本身，因此必须避免不切实际的次网格尺度参数化，并尝试采用非常高的空间分辨率。该方法的计算成本很快会变得令人望而却步。

谱方法的重大突破在于发现了转换方法(Orszag，1970)。基本思路是在物理空间和频谱空间之间来回切换，从而在需要计算最少的空间内执行各项任务。因此，首先通过生成系数在谱空间内计算导数，如式(18.40)所示。然后可以从傅里叶级数的任何位置(在感兴趣的物理域的规则网格点上)计算空间导数。当雅可比行列式中的所有导数都按此方法计算出来后，空间导数可以在物理空间中根据每个网格点处的乘积计算出来。利用规则网格点上雅可比行列式的值求得其波数空间的谱振幅，从而可以计算涡度谱系数的时间变化(图 18.16)。因为在物理域中，雅可比行列式相关的运算复杂量只与网格点的数量 M 成正比，因此如果转换成本低于 M^2，则这样的迂回运算是有价值的。

为了让这种方法切实可行，物理域和谱空间之间来回切换所需的计算量必须低于在各自空间内省去的计算量。出现这种情况是因为存在一种用于物理域和谱空间之间来回切换的快速变换方法。

在一维情况下，傅里叶变换可以通过所谓的快速傅里叶变换算法(FFT，参见附录 C)有效实现，该算法只需要对 N 傅里叶模态和 N 网格点进行 $N \log N$ 运算。在二维情况下，我们先沿着 x 轴方向执行 N 的快速傅里叶变换，每个 y 值执行一次。N 的每次变换都需要进行 $N \log N$ 运算，因此我们执行 $N^2 \log N$ 运算。接着我们在另一个方向对后

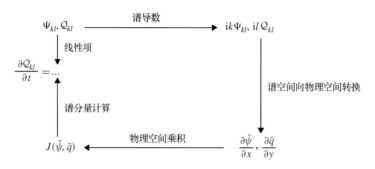

图 18.16　变换过程示意图：使用变换方法将雅可比行列式作为谱分量 Q_{kl} 的强迫项进行求值

者系数执行 N 快速傅里叶变换，因而需要进行 $N^2 \log N$ 运算。总的来说就是，$N^2 \log N^2$ 或就未知数的总量 M 而言，从物理域切换到频谱空间需要进行 $M \log M$ 运算，反之亦然。在物理空间中通过乘积计算雅可比行列式时需要进行 M 运算，因而主要就是进行变换运算，但是如果雅可比矩阵在频谱空间中计算，其中需要花费 M^2 运算。M（事实上，M 必须很大以获得高分辨率）越大，所需降低的运算量越多。

当然，该转换方法可以推广应用于任何其他在谱空间中不易计算出的项，例如示踪物的非线性源项。唯一需要做的就是使用快速傅里叶变换算法从谱空间切换到物理域，在空间网格点上计算这些复杂项，然后通过逆变换返回谱空间。

只要所有的导数解都是光滑解，就可以证明将截断频谱级数收敛为精确解比计算 M 的任意次幂都要快。该方法因此极具吸引力。顺便补充一点，我们发现了一种可以求解经典泊松方程的方法，即通过变换方法在周期域上进行 $M \log M$ 运算而求解。

可惜的是，变换法的优点部分地被其缺点所削弱，即由于物理空间内乘积导致的混叠。从 10.5 节中可以看出，对于网格间距 Δx，如果从解中系统地删除波长介于 $2\Delta x$ 和 $3\Delta x$ 之间的模态，则我们就可以避免二次项的混叠。但是如果删除模态，分辨率就会下降，因此必须转变一下要求：对于需要进行分辨的最短波长 λ，我们必须创建一个物理网格使 $\Delta x = \lambda/3$，而非 $\Delta x = \lambda/2$，这是分辨 λ 所需的最小网格。构建此网格时，不加入振幅介于 $2\Delta x$ 和 $3\Delta x$ 之间的投影网格，以便计算二次项时不会出现混叠。也就是说，我们只需要用 $3/2N$ 网格点代替 N，以确保物理空间中的乘积不会导致非线性的计算不稳定。实际中，可以先用 $N/2$ 零元素填充包含傅里叶系数的数组，然后进行变换，从而有效地执行高分辨率采样的生成。这相当于令较高波数的信号为零振幅，然后在常规网格（带 $3N/2$ 点）上使用标准的快速傅里叶变换算法（参见附录 C）计算得到的级数展开式。这种处理方法既保留了谱方法的优势，同时还可避免产生混叠。

在谱空间进行运算的另一优势在于：对结果进行谱分析相当简单而且初始条件的功率谱非常容易控制。这对进行地转湍流的统计分析（从已知统计谱廓线的随机场开始)尤其有用。通常，生成随机场是为了实现随机流函数(呈零均值高斯分布并且方差取决于波数)。然后通过模拟可以看出，涡旋在不同的耗散条件下是如何变得有序(图 18.17)以及功率谱是如何演变的。

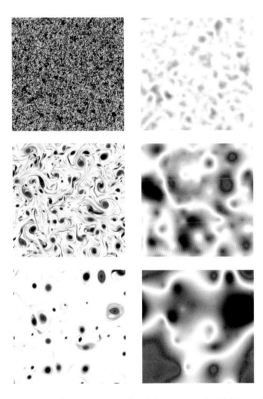

图 18.17　随机初始场中孤立涡旋的出现。周期域中 3 个连续时刻的涡度(左)和流函数(右)。采用 qgspectral. m 中实现的谱方法来进行模拟

解析问题

18.1　考虑呈高斯分布的急流 $u(y) = U \exp(-y^2/2L^2)$ 的中心流体团($y=0$)，其中 $U = 10$ m/s 以及 $L = 100$ km。在 f 平面上，曲率为 $K = 1/800$ km 的向右蜿曲流动中的该流体团获得多大切变涡度? 在 β 平面上，经向位移 Y 为多少时，才能让该流体团速度和位置都保持不变?

18.2　对于一层约化重力模型式(12.19)，在 f 平面上表示稳定圆形涡旋的梯度风平衡。如果中心层厚度为 H，并且在半径为 a[即 $h(r=0) = H$, $h(r=a) = 0$]时密度界面露出，证明 H 和 a 必须满足不等式:

$$a \geqslant \frac{\sqrt{8g'H}}{f} \tag{18.43}$$

18.3　取其他位置的一段急流廓线 $u(y) = U(1 - |y|/a)$，$|y| \le a$，$u(y) = 0$(参见图 10.13)，将其弯曲产生顺时针涡旋。在 f 平面上并且不存在垂向变化的情况下，要使每个轨道上的涡度不变，速度廓线应是什么样的？与跨越急流的压力差相比，涡旋中的压力异常如何？最后，证明具有每个涡度的流体的比例在涡旋中与在平直急流中相同。

18.4　确定北半球东向急流(流经阶梯上升地形，然后又流经同等高度的阶梯下降地形)的特性。流振荡是否跨越了下降地形？此外，对两种地形之间的距离分别长于以及短于临界曲流尺度的这两种情况进行讨论。

18.5　针对南半球的西向急流重做前一问题，即解析问题 18.4。

18.6　飓风"雨果"(1989 年 9 月 10 日在北大西洋形成，持续至 22 日，见图 18.18)在 9 月 17 日刮过瓜德罗普岛时的最大风速为 62 m/s，低压中心气压为 941.4 mbar(Case et al.，1990)。假设飓风外的正常压力为 1 010 mbar，估量风暴的半径以及离心力相对于科氏力的重要性(纬度为 16°N)。

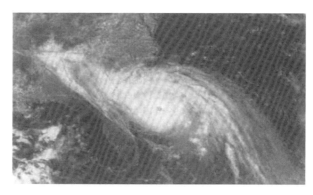

图 18.18　1989 年 9 月 21 日晚，当飓风"雨果"接近美国东南海岸时，拍摄的可见光卫星云图(图片由美国商务部国家海洋和大气管理局提供)

18.7　在约化重力模型($p = \rho_0 g' h$)中使用梯度风平衡式(18.11)，研究类透镜解，在这种解中，中心最深处($r = 0$ 时，$h = H$)和周边露头处($r = R$ 时，$h = 0$)之间的界面呈现为抛物线形状，证明流为固体自转。将涡旋半径 R 与中心深度 H 相关联并讨论宽/浅涡旋和窄/深涡旋的极限情形，是否重新得到了式(18.16)类型的不等式？

18.8　在一级近似下，木星厚厚的大气层可以用一个 $g' = 2.64 \text{ m/s}^2$ 约化重力系统来模拟。已知行星半径为 69 000 km，木星上的一天相当于地球上的 10 h，推导出图 18.19 风速图中一些经向截面的移动流体的厚度 h。

18.9　速度为 U 的均匀东向流流经平坦底面，呈直角接近阶梯状地形。$x = 0$ 处，地势从 H_0 变为 H_1。请采用刚盖近似在 β 平面上求 $x > 0$ 时的定常流函数。你能求解中临界曲流尺度吗？(提示：在流线上位势涡度守恒，表明阶梯处流函数值与涡度值之间的

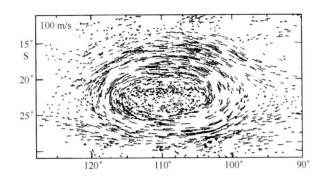

图 18.19　通过"旅行者"号宇宙飞船拍摄的系列图像跟踪小块云团的特征之后得到木星"大红斑"
　　　　　内及周围的速度场。每个矢量原点用点来表示［图片由 Dowling 等（1988）提供］

关系已知，因此在阶梯范围外同样适用）

　　18.10　针对西向流，重做解析问题 18.9。

　　18.11　证明等式（18.7）。［提示：使用 Frenet（自然）坐标系］

数值练习

　　18.1　使用 qgspectral.m 对不同的涡旋场进行实验，然后使用六阶导数计入 β 效应
和高阶耗散。

　　18.2　将关于能量、涡度拟能和波长的诊断计入 qgspectral.m 并使用不同的涡黏性
值进行模拟。另外也计入关于：

$$k_e = \frac{\int k \, |\, k \, \Psi_k \,|^2 \mathrm{d}k}{\int |\, k \, \Psi_k \,|^2 \mathrm{d}k} \tag{18.44}$$

$$k_o = \frac{\int k \, |\, Q_k \,|^2 \mathrm{d}k}{\int |\, Q_k \,|^2 \mathrm{d}k} \tag{18.45}$$

的诊断。其中，积分是对所有波数 $k = \sqrt{k_x^2 + k_y^2}$ 的积分。观察这些量的时间演变并给予
解释。

　　18.3　将 qgspectral.m 推广至两层系统，已给出方程式（17.31）。尤其要注意
式（17.32）中的垂向耦合并在谱空间中精确地解决该耦合问题。改变参数 R，以研究垂
直层结的影响。

梅尔文·欧内斯特·斯特恩
（Melvin Ernest Stern，1929—2010）

梅尔文·斯特恩是伍兹霍尔海洋研究所（参见第1章结尾处的历史介绍）地球流体力学暑期项目的重要贡献者，自该项目启动以来便对该领域的发展起到了举足轻重的影响。他早期在气象学方面的工作为我们理解斜压不稳定（与朱尔·查尼合作）和盐指现象（一种小尺度的海洋扩散过程）做出了重要贡献。斯特恩在出版其著作《海洋环流物理学》（*Ocean Circulation Physics*）之后便更多地投身于涡旋研究中，他因偶极子解（参见16.6节）以及关于急流和急流涡旋交互的开创性研究而闻名，并用原创且富有启发性的实验室实验补充了其理论结果。（照片由第一作者提供）

彼得·道格拉斯·基尔沃斯
(Peter Douglas Kilworth，1949—2008)

彼得·基尔沃斯是阿德里安·吉尔(参见第 13 章结尾处的人物介绍)的学生，其研究范围几乎涉及海洋模拟的各个方面。他以对理论海洋学(包括波动和稳定性分析)和数值模式发展的贡献而闻名遐迩。彼得·基尔沃斯有着广泛的兴趣爱好，甚至包括社交网络，他用自己在处理海洋学问题时培养的数学和模拟技能来分析社交网络。此外，彼得·基尔沃斯被《海洋模拟》(*Ocean Modelling*)的作者和评审员誉为极具敏锐力并反应迅速的编辑。他因对理论海洋学做出了深远的贡献而被授予诸多荣誉，这些贡献大大增进了我们对海洋环流发生过程的了解。[照片由萨拉·基尔沃斯(Sarah Killworth)提供]

第五部分

热 点 问 题

第19章 大气环流

摘要: 本章简要回顾了控制地球气候的主要因素,首先概述了全球热量收支,然后描述了大尺度的对流圈并回顾了主要风系,最后介绍了天气预报以及模拟云动力学所面临的挑战。另外,本章还对天气预报现代业务化模型的组成部分进行了描述。

19.1 气候与天气

气候与天气是有区别的,天气是指一天到一星期的时间尺度大气的详细情况,而气候是指一段时间内盛行的或平均的天气状况。换句话说,地球气候可以被认为是大气的基本状态,随着时间(数年、数百年、数千年,甚至更久)发生变化,而天气对应于大气连续及短暂的不稳定状态。全球对流是驱动全球气候变化的引擎,全球对流将热量从暖和的热带地区带往寒冷的极地地区,其主要表现形式为分布全球的盛行风。

现已有大量关于气候和天气动力学的书籍。如果读者想要了解比本章介绍更深层次的内容,可以参阅 Gill(1982)的经典书籍以及由 Marshall 等(2008)编写的可读性很强的教科书,这两本书都是从地球物理流体动力学的角度撰写的。

19.2 地球热量收支

因为地核长期以来逐渐冷却,传输到地球表面的热量微乎其微,太阳辐射可以被认为是地表热量的唯一来源。太阳从其热表面($T \simeq 5\ 750\ K$)以短波形式($200 \sim 4\ 000\ nm$;$1\ nm = 10^{-9}\ m$)发射出其大部分能量,短波辐射中的40%在可见光范围内($400 \sim 670\ nm$)。根据斯特藩-玻尔兹曼定律,一种所谓的黑体(一种完美的辐射发射器和吸收器)发射出依赖于其温度的辐射通量 F:

$$F = \sigma T^4 \tag{19.1}$$

式中,σ 为常数,$\sigma = 5.67 \times 10^{-8}\ Wm^{-2}K^{-4}$;$T$ 为绝对温度。将太阳理想化为黑体,我们得到从太阳表面发射的能量通量为 $F_{sun} = 6.2 \times 10^7\ W/m^2$。鉴于太阳的大小、太阳与地球

的距离以及地球暴露于太阳下的区域，地球只接收到太阳非常微小的一部分能量输出：
（1 376 W/m²），平均到整个地表（等于正对太阳的投影面积的4倍），该入射通量为 $I =$
344 W/m²。

现在我们先不考虑大气层的厚度，而将地球陆地和海洋表面加上大气层理想化为
与下方绝缘的薄层。入射辐射中的一部分被雪、冰、某些类型的云以及其他明亮的东
西反射到太空中去。α 作为反射系数，称为反照率（$\alpha \simeq 0.34$），被反射的辐射量为
$R = \alpha I = 117$ W/m²。入射通量与被反射的辐射之差就是被地表吸收的辐射：$A = I - R =$
$(1-\alpha)I = 227$ W/m²（图19.1）。因为地球整体处于热平衡①之中（其温度不会持续增
加），因而地球逸出的辐射与吸收的辐射相匹配，发射的辐射通量 E 等于 A。逸出辐射
的波长比入射太阳辐射的波长要长，称为长波辐射。假设针对太阳，地球作为一个黑
体，使用之前的值我们得到

$$\sigma T^4 = E = 227 \text{ W/m}^2 \tag{19.2}$$

然后推导出地球的平均温度为 $T = 251$ K $= -21℃$。该值明显低于我们所知的地球平均温
度（约15℃）。该简单模型之所以不可靠是因为其忽略了大气层。之前的值更多的是代
表大气层顶的温度，而非大气层下的温度。

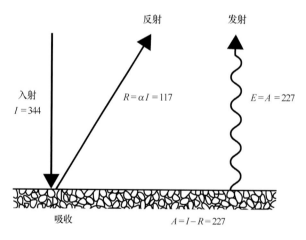

图 19.1 地球热量收支估算最简单的模型。直线表示短波辐射，波浪线代表长波辐射
（通量值单位用 W/m²表示）。该模型未考虑大气层，此时地球平均温度为−21℃

接下来，我们将大气层与地表区分开来（图19.2）。来自太阳的入射短波辐射不变
（$I = 344$ W/m²），其中一部分 α_1（$= 0.33$）被反射回太空（$R_1 = \alpha_1 I = 113.5$ W/m²），主要

① 地球接收的热量有些转换为机械能（风）和化学能（光合作用），但是这些最终都被耗散并重新转换为热量。

被云层反射，其次被一些颗粒物反射，还有一部分 β_1（$=0.49$）被传输到地表（$T_1 = \beta_1 I = 168.6 \text{ W/m}^2$），剩下的则被大气层吸收。地表接收到的太阳辐射一部分 α_2（$=0.04$）被地表（雪、冰等）反射（$R_2 = \alpha_2 T_1 = 6.8 \text{ W/m}^2$），剩下的（$A_2 = T_1 - R_2 = 161.8 \text{ W/m}^2$）被地表吸收。从地表反射出去的 R_2 部分中，一部分 β_1 通过大气层反射到太空中（$T_2 = \beta_1 R_2 = 3.4 \text{ W/m}^2$），而剩下的则被大气层吸收。因此，大气层从太阳（$I - R_1 - T_1$）直接吸收并从下面的地球（$R_2 - T_2$）间接吸收短波辐射，净吸收量为

$$A_1 = (I - R_1 - T_1) + (R_2 - T_2)$$
$$= [1 - \alpha_1 - \beta_1 + \beta_1 \alpha_2 (1 - \beta_1)] I$$
$$= 65.3 \text{ W/m}^2 \tag{19.3}$$

大气层和地表都会发射长波辐射，发射的辐射量等于它们吸收的短波辐射和长波辐射的总量。如果大气层发射的通量为 E_1，其中一些会向上到太空去，剩下的向下到地球。因为大气层顶部（逸出辐射的来源处）比下层（下达地球的辐射的来源处）冷，因而到达太空的辐射量与达到地球的辐射量不等，分别为 36% 和 64%。因此，地球除了从大气层接收到总量为 A_2 的短波辐射，还接收到总量为 $0.64E_1$ 的长波辐射，其发射的辐射量 E_2 必须等于这两者之和：

$$E_2 = A_2 + 0.64E_1 \tag{19.4}$$

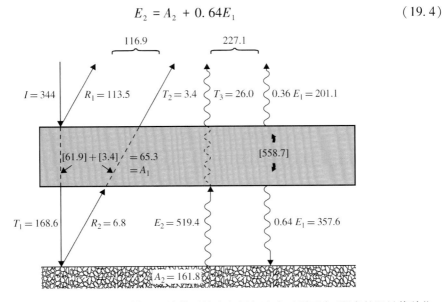

图 19.2　地球热量收支估算的第二种模型，该模型将大气层与地表区别开来（所有的通量值单位都用 W/m² 表示）。在该模型中，地球平均温度为非常暖的 36℃。该模型考虑并夸大了温室效应（地表与大气层之间的通量环）。请注意，温室效应是如何让来自地球和大气层的长波辐射超过来自太阳的入射短波辐射通量的

此时，E_1和E_2仍然未知，但是我们已经可以得出结论：大气层向地表发射辐射的存在建立了一个环路，地表由此发射一些辐射，其中一部分辐射又返回到地球。因此，地球在有大气层存在的情况下（相比没有大气层的情况下）必须发射更多的辐射，并且根据斯特藩-波尔兹曼定律，温度也会更高。这就是温室效应，之所以这么命名是因为这种效应与温室玻璃窗捕获长波红外辐射的相似性[①]。

由地表发射然后进入大气层中的辐射量E_2中，一部分β_2（$= 0.05$）被传输并消失在太空中（$T_3 = \beta_2 E_2$），剩下的则被大气层吸收（$E_2 - T_3$）。如果大气层吸收的短波辐射和长波辐射分别为A_1和$E_2 - T_3$，则其总发射量必须等于这两者之和，即

$$E_1 = A_1 + E_2 - T_3$$
$$= A_1 + (1 - \beta_2) E_2 \tag{19.5}$$

从式（19.4）和式（19.5），我们得到发射通量$E_1 = 558.7 \text{ W/m}^2$，$E_2 = 519.4 \text{ W/m}^2$。请注意，两个都比入射通量$I = 344 \text{ W/m}^2$高。然后，使用斯特藩-玻尔兹曼定律式（19.1），我们估算地球的平均温度为$T = (519.4/\sigma)^{1/4} = 309 \text{ K} = 36℃$。由于大气层的覆盖效应（温室效应），该温度比第一次估算的温度要高，但是高得不切实际。

实际当中，温室效应使温度变高，但水循环又可以降低些温度。海洋和陆地上的水蒸发时，蒸发潜热从地球表面释放出来（潜热是指在恒定温度下，使某物质相变所需要的热量，此处指由液体水转变为水汽，水的蒸发潜热是$2.5 \times 10^6 \text{J/kg}$）。水汽上升穿过大气层，冷凝成云，然后以雨水的形式（液相）降落回地球。因此，从地表释放的潜热被释放到大气中，产生从地球到大气层的非辐射形式存在的净热通量。该潜热通量通过对流热传输进行传输。估算总的非辐射热通量为$H = 113.6 \text{ W/m}^2$，则地球和大气热量平衡式（19.4）和式（19.5）必须修改为（图19.3）：

$$E_2 = A_2 + 0.64 E_1 - H \tag{19.6a}$$
$$E_1 = A_1 + E_2 - T_3 + H \tag{19.6b}$$

得到$E_1 = 573.2 \text{ W/m}^2$以及$E_2 = 415.0 \text{ W/m}^2$。根据辐射定律，我们推导出地表的平均温度的正确估计：$T = (415.0/\sigma)^{1/4} = 292 \text{ K} = 19℃$。第三次估算结果与实际中全球季节地表平均温度吻合良好。总的来说，我们得出结论，大气层导致的温室效应（尤其对于长波辐射近乎不透明）抬升了地表的温度，而水循环消除了温室效应的部分影响。

[①] 事实上，这种看法不正确，因为实际中温室的保温主要是由于玻璃屏障消除了对流，使用聚乙烯塑料覆盖的温室与用玻璃覆盖的温室保暖效果几乎相同。

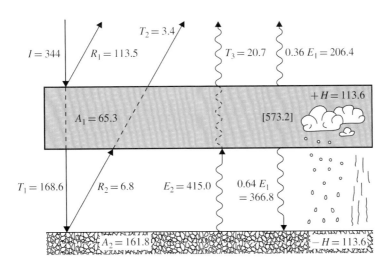

图 19.3　地球热量收支估算的第三种模型，包括大气和水文循环(所有的通量值单位都用 W/m² 表示)。这种情况包括受水文循环影响的温室效应，导致地球表面的实际平均温度为 19℃

19.3　直接与间接对流圈

前面探讨全球平均热量收支时忽略了所有的空间变化。但是因为热带地区曝晒程度较高，因而这些地区接收到的太阳辐射所占比例更大，这一点不容忽视。地球低纬度地区比极地附近接收到的热量多得多，但地球逸出辐射传播得更均匀，随纬度变化只有轻微缩减(图 19.4)。这导致低纬度地区的热量过多而高纬度地区的热量不足，从而产生向极热传输。乔治·哈得来[①]猜测，传输过程中伴随着热驱动大气环流：温暖的热带空气上升并向两极流去，在两极处冷却并下沉，沿着地表返回热带地区(Hadley，1735)。结果证明，哈得来的观点部分正确，因为这种对流环流在赤道两边都存在；部分错误，因为这些经向环流只延伸至 30°S 和 30°N。

事实上，因为角动量守恒，因此不可能存在跨越赤道流向极地的单个哈得来环流圈。在没有摩擦的情况下，相对于地球静止的赤道气团 m 组成的环面，其绝对角动量守恒。因此，当环面上的气团 m 向两极运动至纬度 φ 处时，角动量守恒要求 $ma^2\Omega = mr(\Omega r + u) = ma\cos\varphi(\Omega a\cos\varphi + u)$，其中 a 为地球半径，$r = a\cos\varphi$ 为环面到地球旋转轴之间的距离，这会导致高纬度地区出现不切实际的超高风速 u。

在 30°N 以北和 30°S 以南处观察到了不同的环流，而在 60°N 和 60°S 之外又发现了哈得来所预测的环流。由于哈得来提出的对流圈理论遵循我们的直觉，因而通常称

---

① 英国物理学家和气象学家(1685—1768)，首个对信风做出解释的人。

为直接环流圈。这些接近赤道的直接环流也被称为哈得来环流。与此相反，在中纬度发现的反向环流称为间接环流。我们此处的目的是以某种定性的方式解释为什么会存在这些反向的经向环流。这并不容易解释，因为这涉及中纬度地区瞬态天气系统（风暴）的总体效应。

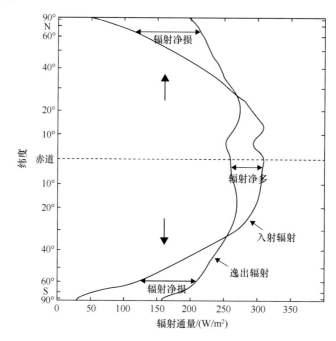

图 19.4　不同纬度的平均辐射通量（根据 1974—1978 年期间的卫星数据计算所得）。纬度尺度模拟了纬度带之间的表面区域范围，入射辐射是指被地球和大气层吸收的太阳短波辐射，逸出辐射是指离开大气层的长波辐射（图片由 Winston et al.，1979 提供）

　　首先我们注意到，虽然从理论上来讲，单向对流圈可以跨越整个半球，但这样不稳定。处于热成风平衡的强纬向流经向温度梯度大时会产生斜压不稳定。事实上，伴随地球上这种交替环流结构一同出现的较温和的纬向风自身就是不稳定的，中纬度的天气变幻莫测就可以很好地说明这一点。根据我们对斜压不稳定的讨论（17.4 节），这类不稳定演变成可以经向传输热量的相干涡旋系统，称为气旋和反气旋（17.5 节）。因此，在中纬度地区，热量传输不会以垂直环流的形式（如哈得来环流）输送，而是通过水平环流输送：在一侧，涡旋将暖空气推向极地，而在另一侧，涡旋将冷空气推向赤道。接下来我们将分析中纬度这些天气系统的累积作用如何有效地向极传热，从而逆转垂直剖面上的经向环流。

　　开始分析之前，我们先对控制方程做些修改。首先，偏离参考密度 ρ_0 的密度偏差使用温度距平 T（测量所取的是与参考密度对应的温度）表示：$\rho = -\rho_0 \alpha T$，其中 $\alpha = 1/T_0$

是热膨胀系数。然后，忽略黏性和热扩散率，但是在温度方程中加入热源项或冷源项以表示热带地区获得的热量以及在高纬度地区失去的热量。从式(4.21)，我们得到

$$\frac{\partial u}{\partial t} + u\frac{\partial u}{\partial x} + v\frac{\partial u}{\partial y} + w\frac{\partial u}{\partial z} - fv = -\frac{1}{\rho_0}\frac{\partial p}{\partial x} \qquad (19.7\text{a})$$

$$\frac{\partial v}{\partial t} + u\frac{\partial v}{\partial x} + v\frac{\partial v}{\partial y} + w\frac{\partial v}{\partial z} + fu = -\frac{1}{\rho_0}\frac{\partial p}{\partial y} \qquad (19.7\text{b})$$

$$\frac{\partial p}{\partial z} = \rho_0 \alpha g T \qquad (19.7\text{c})$$

$$\frac{\partial u}{\partial x} + \frac{\partial v}{\partial y} + \frac{\partial w}{\partial z} = 0 \qquad (19.7\text{d})$$

$$\frac{\partial T}{\partial t} + u\frac{\partial T}{\partial x} + v\frac{\partial T}{\partial y} + w\frac{\partial T}{\partial z} = \frac{Q}{\rho_0 C_p} \qquad (19.7\text{e})$$

式中，Q 是之前提到过的热力强迫(以 W/m^3 为单位表示)。我们只分析北半球，将热带地区(向北坐标上 y 为较低值的地区)的 Q 取正值，将高纬度地区(向北坐标上 y 为较高值的地区)的 Q 取负值。因此，梯度 $\partial Q/\partial y$ 为负。选择基丁笛卡儿坐标系的 β 平面方程而不选择球面坐标中更加准确的方程，本着以定性方式强调物理过程的高度简化分析是合理的。

接下来我们将纬向平均定义为对任何已知 y 值和 z 值以及时间 t 值情况下的 x 值求平均值。直接得到线性方程式(19.7c)和式(19.7d)的纬向平均：

$$\frac{\partial \bar{p}}{\partial z} = \rho_0 \alpha g \bar{T} \qquad (19.8)$$

$$\frac{\partial \bar{v}}{\partial y} + \frac{\partial \bar{w}}{\partial z} = 0 \qquad (19.9)$$

方程中的上划线表示纬向平均。使用撇号表示平均值偏差(例如，$u = \bar{u} + u'$ 等)并通过方程式(19.7d)，将方程式(19.7b)的纬向平均表示为

$$\frac{\partial \bar{v}}{\partial t} + \bar{v}\frac{\partial \bar{v}}{\partial y} + \bar{w}\frac{\partial \bar{v}}{\partial z} + f\bar{u} = -\frac{1}{\rho_0}\frac{\partial \bar{p}}{\partial y} - \frac{\partial}{\partial y}\overline{v'^2} - \frac{\partial}{\partial z}\overline{v'w'} \qquad (19.10)$$

温度向北显著递减($\partial \bar{T}/\partial y < 0$)造成的大经向压力梯度($\partial \bar{p}/\partial y$)通过显著的纬向流($\bar{u}$)达到平衡。相比而言，经向环流圈($\bar{v}$, $\bar{w}$)要弱得多，相应的涡通量($\overline{v'^2}$, $\overline{v'w'}$)也较弱。因此，前面的方程可以简化为

$$f\bar{u} = -\frac{1}{\rho_0}\frac{\partial \bar{p}}{\partial y} \qquad (19.11)$$

通过静力平衡方程式(19.8)和地转关系式(19.11)，给出热成风关系式：

$$f\frac{\partial \bar{u}}{\partial z} = -\alpha g\frac{\partial \bar{T}}{\partial y} \qquad (19.12)$$

此关系式使平均纬向风的垂向切变与平均经向温度梯度相关联。随着北半球的温度向北递减（$\partial \overline{T}/\partial y < 0$，$f > 0$），风切变指数为正值（$\partial \overline{u}/\partial z > 0$），表明随着高度增加风更加西风化(向东吹)。

最后，我们将纬向平均应用于剩下的两个方程式(19.7a)和式(19.7b)，得到

$$\frac{\partial \overline{u}}{\partial t} + \overline{v}\,\frac{\partial \overline{u}}{\partial y} + \overline{w}\,\frac{\partial \overline{u}}{\partial z} - f\overline{v} = -\frac{\partial}{\partial y}\overline{u'v'} - \frac{\partial}{\partial z}\overline{u'w'} \tag{19.13a}$$

$$\frac{\partial \overline{T}}{\partial t} + \overline{v}\,\frac{\partial \overline{T}}{\partial y} + \overline{w}\,\frac{\partial \overline{T}}{\partial z} = \frac{\overline{Q}}{\rho_0 C_p} - \frac{\partial}{\partial y}\overline{v'T'} - \frac{\partial}{\partial z}\overline{w'T'} \tag{19.13b}$$

根据之前的讨论，与天气系统中水平环流相关的涡动量通量和热通量（$\overline{u'v'}$和$\overline{v'T'}$）预计会至关重要，因而保留了对应项。但是，我们忽略了垂直涡通量（$\overline{u'w'}$和$\overline{w'T'}$）。保留了温度垂直平流项（$\overline{w}\partial \overline{T}/\partial z$）是因为有很大程度的垂向层结。与经向涡输送相比，平均经向和垂向平流项都不重要。鉴于这些考虑，之前两个方程的重要项为

$$\frac{\partial \overline{u}}{\partial t} - f\overline{v} = -\frac{\partial}{\partial y}\overline{u'v'} \tag{19.14}$$

$$\frac{\partial \overline{T}}{\partial t} + \frac{N^2}{\alpha g}\overline{w} = \frac{\overline{Q}}{\rho_0 C_p} - \frac{\partial}{\partial y}\overline{v'T'} \tag{19.15}$$

我们在方程中通过 $N^2 = \alpha g\partial \overline{T}/\partial z$ 引入了浮力频率 N，我们假设 N 不会随着 y 发生显著变化。

将 f 乘以第一个式对 z 的导数，将 αg 乘以第二个式对 y 的导数，然后两者相加，通过方程式(19.12)消去时间导数，我们得到

$$\underbrace{\frac{\partial \overline{w}}{\partial y} - \frac{f^2}{N^2}\frac{\partial \overline{v}}{\partial z}}_{=\omega} = \frac{\alpha g}{\rho_0 C_p N^2}\frac{\partial \overline{Q}}{\partial y} - \frac{\alpha g}{N^2}\frac{\partial^2}{\partial y^2}\overline{v'T'} - \frac{f}{N^2}\frac{\partial^2}{\partial y\partial z}\overline{u'v'} \tag{19.16}$$

在最后这个式中，左边的 ω 符号与垂直剖面中平均环流的方向直接相关。为了简化起见，我们还是只分析北半球。在直接环流中［图 19.5(a)］，$\overline{w}$向北递减，$\overline{v}$向上递增，从而得到负值 ω。另一方面［图 19.5(b)］，间接环流对应于左侧的正值 ω。

根据方程式(19.16)的等号右边部分，存在 3 个相互竞争影响环流状况的机制。热带地区之所以没有中纬度地区的涡活动，主要是因为加热（$\overline{Q}$项）。因为加热速率向北递减（$\partial \overline{Q}/\partial y < 0$），该项为负，因而垂直剖面中的环流为直接环流（图 19.5）。这种环流发生在约 30°N 以南的纬度内，热对流所驱动的环流就是哈得来环流。地面上的北风（向赤道吹）（$\overline{v} < 0$）在科氏力的作用下变为向右吹，产生了纬向东风（$\overline{u} < 0$），这样就形成了信风。

在北半球约 30°N 处涡活动最强烈，对应的项（$\overline{v'T'}$和$\overline{u'v'}$）主导式(19.16)的右边两

项。两项都诱导间接环流。这一点从 $\overline{v'T'}$ 可以很容易看出，从 $\overline{u'v'}$ 则不太容易得出该结论。乘积的平均 $\overline{v'T'}$ 与涡的经向热通量成正比。因为该净热通量必须向北，因而暖异常 ($T' > 0$) 有向北移动的倾向 ($v' > 0$)，而冷异常向南移动 ($T' < 0$, $v' < 0$)，两种情况都会导致 $\overline{v'T'}$ 净正相关。因为风暴活动在中纬度地区最强烈，$\overline{v'T'}$ 项在此处达到最大值。因此，二阶导数 $\partial^2 \overline{v'T'}/\partial y^2$ 必须为负。在式 (19.16) 中的该项前加上一个负号，相应项就为正。

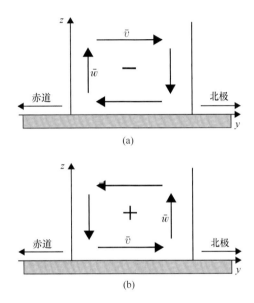

图 19.5　经向-垂直剖面上的大气环流：(a) 直接环流，也称为哈得来环流，$\partial \bar{w}/\partial y < 0$，$\partial \bar{v}/\partial z > 0$，且 $\omega < 0$；(b) 间接环流，也称为费雷尔环流，方向相反，且 ω 为正值

暖气团和冷气团在空中交汇，导致局部温度梯度增强。与此梯度保持热成风平衡的是向东流的极锋急流 (图 18.1)。急流要一直向东流 (虽然存在涡活动) 就需要有持续向东的动量输入 (即正异常 u' 必须输送到该纬度)。这一过程会受到涡的影响，涡从南方 ($u' > 0$, $v' > 0$) 和北方 ($u' > 0$, $v' < 0$) 输入正的动量异常。因此，急流南边的 $\overline{u'v'}$ 平均值为正，北边的为负，并且导数 $\partial \overline{u'v'}/\partial y$ 必须为负。在地面上没有发现急流，相关性 $\overline{u'v'}$ 就没有那么重要，因而我们得出结论，$\partial \overline{u'v'}/\partial y$ 随高度增加其负值越来越大，即 $\partial^2 \overline{u'v'}/\partial y \partial z$ 为负。在式 (19.16) 中该项前加上负号，则该项与其他涡通量项都为正，这些项一同克服 $\overline{Q}$ 项的作用。结果得到间接环流，称为费雷尔环流。在南半球也找到了相对应的间接环流。这些费雷尔环流延伸至南北纬 60°；超出该纬度后，涡活动在垂向产生热力环流，从而出现直接环流 (图 19.6)。

直接环流和间接环流跨纬度交替出现，导致地面纬向风相应交替：从信风东风带变为盛行西风带，然后又变为极地东风带(图 19.6)。

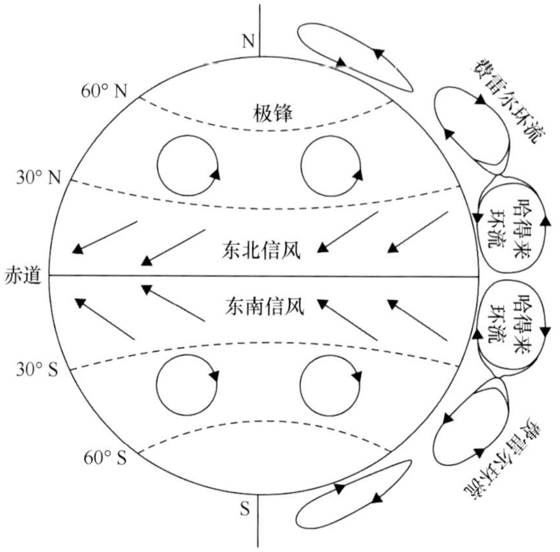

图 19.6　大气环流示意图：由经向方向的直接环流(哈得来环流)和间接环流(费雷尔环流)
以及纬向方向交替的风组成

19.4　大气环流模型

大气环流模型通常处于次网格尺度过程参数化和数值计算方面(1.9 节)发展的最前沿并在物理和数值离散方法方面不断变化。从首个使用单层准地转方法的实用模型开始，现已发展到可以在更短尺度上求解原始方程。采用数值求解的这些方程就是 4.4 节中的控制方程，并在方程中添加了湍流闭合、云参数化、辐射平衡和示踪演变。有关过去几十年内大气模型改进的描述超出了本书范围(请参阅 Randall，2000，包括了 20 世纪 90 年代取得的进展)，本节我们将重点介绍大气模型与海洋模型或一般的地球物理流模型相比具有哪些显著不同的特点。

全球范围内使用最广泛的天气预报模型包括欧洲中期天气预报中心(ECMWF，欧盟)和美国国家环境预报中心(NCEP，美国)使用的天气预报模型。两种模型均使用了一系列针对地球大气的物理模型和参数化方法。辐射平衡比 19.2 节中所述的要更加复杂，实际上，热力学方程应包括一个辐射局部源项，辐射取决于太阳方向、辐射波长、湿度和气溶胶及其他一些因素，后两者通过风输送，因此由平流扩散方程控制。因为不同波长的辐射特性不同，因此针对每种波长的辐射应该使用一个单独的辐射传输方程。在实际中，辐射按照波长可归结为至少两组频谱带：短波辐射和长波辐射，正如我们之前在简单的全球平均模型中所做的一样。该模型包括大气内部以及下边界(地球表面)水汽、臭氧、二氧化碳和云层对辐射的吸收(由此造成局部加热)。每个网格点上不仅要考虑到辐射的吸收,还要考虑到气溶胶和云层对辐射的散射以及地表和云层对辐射的反射。另外,还得处理臭氧对长波辐射的再发射。这些过程涉及一系列参数化过程,构成了模型特定的辐射传输方程。

ECMWF 模型使用基于 Orcrette(1991)的辐射方案:晴空条件下,短波辐射主要由气溶胶散射以及被水汽、臭氧、氧气、一氧化碳、甲烷和一氧化二氮吸收的影响和限制。利用水汽、二氧化碳和臭氧的吸收特性(与温度和气压有关)对晴空条件下的长波辐射进行模拟。多云天空的模拟则单独处理,它们的参数化包括云滴的吸收和散射特性,云具有光学厚度和散射特性。云物理学不仅对辐射传输的研究至关重要,对降水预报也起着举足轻重的作用。因为与典型的模型网格大小相比,云的尺寸偏小,因而要对云以某些方式参数化,这需要特别处理(19.6 节)。

如果要预报整个地球范围内的天气,大气环流模型(AGCM)必须考虑到地球的球形特征,因此控制方程自然要在球坐标系(附录 A)中表示。这既让模型复杂化也成为简化模式的根源。由于方程的性质更加复杂(系数现在取决于纬度 φ),并且因为某些系数中存在 $1/\cos\varphi$,因此每个极点处的数学奇异性更加复杂。后者会引起数值稳定性问题。

为了理解为什么会产生数值稳定性问题。我们假设使用经度-纬度坐标 (λ,φ) 进行离散化处理。令 $\Delta\lambda = 2\pi/M$,M 是东-西方向使用的网格点的数量。然后,两个相邻网格点之间的欧氏距离为 $\Delta x = a\cos\varphi\Delta\lambda$,$a$ 代表地球半径。很明显该距离 Δx 在极点处为零。因此,如果存在任何 $U\Delta t \leq \Delta x$(U 是不同纬度间相似量的物理传输速度)类的数值稳定性条件,则该稳定性条件在极点处比在赤道处更加严格,虽然这两个位置的潜在物理过程相似。如果一个极点将其稳定性条件强加于其余区域,则整体计算效率就会大大降低。这就是所谓的经向收敛问题,必须予以解决。如果经度-纬度区域使用了有限差分网格,则必须在两极附近使用隐式方案或滤波方法。

全球大气环流模型有一个显著的简化,即不存在任何侧向边界,因而不需要开放边界条件。区域模型(所谓的有限区域数值预报模型,简称 LAM)也通过在同时运行的大气环流模型中适当的嵌套避免了开放边界问题。ALADIN 模型(*Aire Limitee Adaptation dynamique Developpement Inter National*[①])是用于将处理过程从全球尺度降尺度到所需区域尺度的一种 LAM。ALADIN 使用高分辨率的地形以及更少的参数化过程模拟较小尺度的特征(如海风和雷暴)。

即使它们都没有侧向边界,但大气环流模型在区域的垂直边界上需要边界条件。

---

① 译文(译自法文):有限区域、动态适应、国际合作开发。

大气环流模型的上边界通常设在给定的等压面上（如 0.25 hPa）或远高于对流层的给定高度处（如 70 km），因为大多数天气现象都限于对流层中。上边界放置在远高于对流层顶的地方，是为了避免边界处波动的非物理反射。但这仍然是人为的边界，因为空气随高度逐渐变得稀薄，并且大气与太空之间没有明显的界线。虽然如此，但是我们通常会假设刚盖条件。在下边界，大气与海洋、陆地和冰盖相互作用，这些都需要具体定义热通量和动量通量。

根据当前过程的时间尺度，系统之间的相互作用可以得到简化（图 19.7）。如果与大气耦合系统（如冰川或植被）反应比较慢，则在反馈机制中就无须考虑其时间演变。可以假设在大气模型向前推移一段时间后较慢系统保持不变。例如，南极冰盖在天气预报模型能做出预报的几天内没有显著变化，在预报开始时对冰盖的观测足以约束预报期内的大气演变。

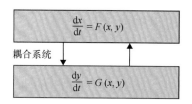

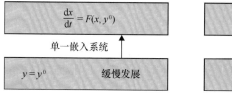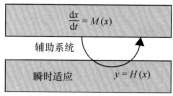

图 19.7　根据相互作用系统（如植被和云）的本征时间尺度与大气系统的本征时间尺度不同，其影响可能被简化为持续性的或瞬时适应的。只有当两种系统的时间尺度相当时，才会保留完全耦合的版本

相反，如果耦合分量与大气状态相比反应相对较快，则通常可建立准平衡规则，根据大气参数直接预报这些快速的适应。例如，地表的反射率会根据地表的不同特征而随时间有所变化，因此通常需要用到完整的土地利用模型，但是如果大气模型预报降雪，则需要立即更新用于模型中的反射率，以适应反射的变化。

如果非大气系统的时间尺度与大气系统相近并且与大气系统相互作用，则两个模型必须并行运行，并且一个系统所得信息必须提供给另一个系统。这种情况的一个很好的例子就是厄尔尼诺事件（参见 21.4 节）的预报。但是，这种耦合并不容易，首次尝试实现大气环流模型与海洋模型的耦合以进行气候计算时，需要大气和海洋之间的通量具有非物理不连续性。海洋模型对海洋表面风的分布误差非常敏感，因而要求大气模型提供的风场包括与海洋模型中的风场相同的时间尺度（频谱窗）。当通量没有进行这样或那样的修正时，大气模型和海洋模型就会逐渐漂移，导致不切实际的情况。若要模拟过去的气候变化，则有必要在通量表述中加入有关气候平均值的信息，通常是通过松弛到已知状态的方式。这意味着要把解的一部分纳入模型表述中。将先验知识加入模型不是一种完美的方法，因此基于这些模型预测的天气并不可靠。目前，人们对模型做出了一些改进，不再需要执行通量修正。耦合的海洋-大气模型现在是全球气候模型（纳入了大量的物理、生物和化学分量，如风、洋流、冰盖、水循环、植被、土地利用、碳和养分循环等）的核心。

模型的耦合允许考虑反馈，例如，由于加热导致的冰融化，随后反照率本身的变化改变了热量收支。其他反馈回路可通过化学反应实现。例如，臭氧层在气候条件变化时自身发生变化以改变辐射平衡。包含反馈回路的集成模型称为地球模拟器。它们纳入尽可能多的过程，而不是将这些过程当作强迫函数。请注意，因为需要很大的计算量，因此大多数的子模型经过优化以利用特定的计算机硬件（并行、分布式或共享），而让这些模型共同运作并不容易。因为物理耦合要求模型之间进行信息交换，称为在并行计算机上通讯。无论在物理相互作用模拟还是在技术编程方面，实现信息交换是一项极具挑战性的任务。更不用说，这类集成模型对理解模拟结果方面要求更加严苛，尤其当网格分辨率增高以及越来越多的物理过程得到求解时。毕竟模型特性与真实世界中的情况相同，而如我们所知，真实世界中的情况极其难理解。因此，现已有一套与大多数模型相关的统计和图形分析工具，以帮助模拟者处理模型产生的大量信息。

谈到天气预报时，应该指定该模型是用于每日天气预报、季节性气候预测还是气候变化情景。事实上，一个经常用来质疑气候变化研究能力的论点是该模型无法预测数天后的天气，而相关模型却被用于研究气候变化。这个论点忽略了天气与气候之间的区别（参见 19.1 节）。我们可能无法预测纽约下周的天气，但是仍然可以预测接下来几年内美国的温度会上升。这种情况与以下这种情况相似：模型无法预测湍流中单个的涡，但这不影响我们利用同类的约束原则和模型来预测这些涡对污染物传输的总体效应。问题仅在于所感兴趣的尺度不同，读者可以仔细研究图 1.7，会大有所获。只要模型能够对感兴趣的时间尺度和空间尺度上的过程有预测能力，该模型对其他尺度上的过程是否具有预测能力则无关紧要。

19.5 天气预报简述

对于天气预报（也就是数天之内的预报），除了大气本身的反馈，大多数的系统反馈也都可以被简化以及相对被动地呈现。例如，海-气热通量依赖于海表温度，理想情况下就需要一个完全耦合的海洋-大气模型，但是对于天气预报，大气模型可以依赖于对海表温度的估计，例如长期平均的海表温度、前几天观察到的海表温度、简单的混合层模型或这些的任意组合。

通常会使用观测结果来规定强迫，因此天气预报需要依靠密集的观测网络。但是，若要不断完善预测能力，不仅需要覆盖更加密集的观测网络和更好的数据同化技术，还需要更复杂的物理参数化方法、更有效的数值方法以及功能更强大的计算机以实现更高的空间分辨率。

现在的天气预报预测值都伴随着预测误差范围，因此，天气预报员在播报天气时可能会说事件发生的概率(如降水概率)。但是，不仅仅只是降水量预测存在偏差，它们还适用于温度、露点、风速、压力、云层、降雪、能见度及辐射等。虽然在过去几十年内天气预测能力有明显提高，但天气状况依然让人难以捉摸且难以预测，特别是极端天气事件。

19.6　云参数化

大气模型中遇到的最难的参数化可能是云参数化，因为云参数化过程中会同时遇到如下几个难题：所涉及的物理运算过程繁多而复杂，并且涵盖广泛的尺度。云涉及冰晶和水滴尺度水平(毫米尺度)的微观物理学，较大尺度水平(数百米)的对流相关过程，以及所有尺度水平的湍流。然而，任何一种云状态都无法在全球模型中显式地呈现。在全球模型的一个网格单元中，即使是最大的积云也仅仅覆盖空间的一小部分。

在最短的尺度下，导致降水的物理过程比较复杂，但是可以通过热力学予以解释，该过程涉及水在微小固体颗粒上的凝结(气溶胶)、刚形成的液滴之间的碰撞合并以及水滴与冰晶之间的相互作用(贝吉龙过程)。模型存在的问题就是无法表示每个液滴的这些过程，但是模型仍然必须要体现出模型中保留的变量层面的总体效应。云中液态水和冰的含量混合比[①]是需要计算的典型变量。因为液滴的形成受控于凝结核，因而气溶胶浓度也是一个相关变量。在单个网格单元内计算水分平衡、冰和水汽的含量时，控制方程中必须体现出水在三态(冰、液态水和水蒸气)之间的互相转换。问题是如何将这些微观物理过程外推至网格单元尺度。例如，根据网格单元内的水汽压分布，冷凝和蒸发可以同时存在(饱和水汽)。然而，模型只可以计算整个网格单元的一个值(图19.8)。

本节只是简单介绍云参数化，对云参数化方法进行概述超出了本节的范围。读者可以参阅 Randall 等(2003)的书籍了解相关综述以及其他参考文献。若想了解云参数化

---

① 混合比就是指每千克空气中所含的可变物的克数或千克数。

实例，可以查阅 Sundqvist 等 (1989) 的书籍。云参数化方法中最常用的变量包括无云区与有云区以及部分层状云覆盖区的湿度和温度、云中液态水和冰的混合比、雨和雪的混合比等。

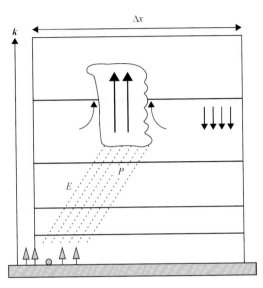

图 19.8　全球模型的数值网格太宽而无法表示单个的云。积云内部局部的向上运动以及其周围的沉降运动无法由表格分辨，然而，由向上运动的潮湿空气冷凝而形成的云以及相关降水会影响水平衡。如果积云周围夹带着不饱和空气，从而导致蒸发、冷却、削弱上升运动，情况更加复杂。空气饱和产生的降雨通常在模型中表示为水的损失，而液滴在向地面降落的过程中，可以穿过不饱和空气并蒸发。空气在该过程中得到冷却并在存在向下夹卷的情况下产生下沉气流。这些过程以及其他过程发生的空间尺度均比单个网格单元的尺度要短

　　某些云型的参数化比其他云型的参数化要简单些。层云与大规模的整体向上运动和层状凝结相关联，因而可以被模型网格捕捉到。相反，积云由小尺度的非静力对流运动形成，涉及上升热气流包括热泡的上升云塔无法被网格捕捉到，因而需要大量参数化。通常假设周围空气与模型解指定的属性在可分辨的尺度上是均匀的，以便可以从周围空气和云的温度、湿度等制定对流空气和环境空气之间的交换法则。

　　相变涉及的热量收支问题更为复杂。在比单个网格宽度短的距离内，冷凝变暖和蒸发变冷可以同时发生。由此产生了动力学中不能分辨的热梯度和运动问题，热梯度和运动改变了云的特征，云特征反过来又影响辐射、热含量等。换句话说，系统包括未分辨尺度的反馈机制。云不仅对每日的降雨预测至关重要，在气候动力学中也发挥着不可或缺的作用。因为白天的时候，云层可以削弱到达地球的太阳辐射，而晚上有保温作用，因而在热量收支中起着关键作用。气候变化反过来改变水循环和云量，因

而存在另一反馈。因为云动力学的极端复杂性，联合国政府间气候变化专门委员会（IPCC，2001）将云量变化确定为气候预测过程中的主要不确定因素之一。

19.7　谱方法

　　大气模型中使用的数值方法不断在改进，从使用荒川网格进行雅可比算子和泊松方程逆的离散化的准地转模型到使用半拉格朗日示踪物平流方案、基于原始方程（即无须任何准地转近似）的更加复杂的谱模型。大多数现代全球模型都基于这种方法，本节将对此方法进行概述。

　　谱模型使用的方法与准地转框架（参见16.7节）中谱模型使用的方法相同。它们使用了一系列截断的正交基函数，这些函数跨越了感兴趣的区域。对于全球模型，球面坐标不适合用三角函数（正弦和余弦）作经典傅里叶级数展开，而必须要使用更加复杂的球面函数。假设使用标准的有限体积或有限差分法处理垂向变量，则经度 λ 和纬度 φ 上的场变量 u 表示为函数 $Y_{m,n}$ 的级数，称为球面调和函数：

$$u(\lambda,\ \varphi,\ t) = \sum_m \sum_n a_{m,n} Y_{m,n}(\lambda,\ \sin\varphi) \tag{19.17}$$

其中，

$$Y_{m,n}(\lambda,\ \sin\varphi) = P_{m,n}(\sin\varphi)\,\mathrm{e}^{im\lambda} \tag{19.18}$$

纬向的展开级数在经度上是傅里叶型的，但是涉及 $\sin\varphi$ 的勒让德函数 $P_{m,n}$：

$$P_{m,n}(x) = \sqrt{\frac{(2n+1)(n-m)!}{2(n+m)!}}\,(1-x^2)^m\,\frac{\mathrm{d}^m}{\mathrm{d}x^m}P_n(x) \tag{19.19}$$

这些勒让德函数又根据 n 次的勒让德多项式来定义：

$$P_n(x) = \frac{1}{2^n n!}\,\frac{\mathrm{d}^n}{\mathrm{d}x^n}\big[(x^2-1)^n\big] \tag{19.20}$$

　　因为 P_n 是 n 次的多项式，因而只有当 $m \leqslant n$ 时，勒让德函数才不为零。扩展至 m 的负值需要与完整的傅里叶模态 $\exp(im\lambda)$ 相对应，因此我们将勒让德函数的定义扩展为 $P_{-m,n}(x) = (-1)^m P_{m,n}(x)$。方程式（19.19）前面用精心选择的系数，勒让德函数为正交：

$$\int_{-1}^1 P_{m,n}(x)\,P_{m,k}(x)\,\mathrm{d}x = \delta_{n,k} \tag{19.21}$$

其中，如果 $n=k$，勒让德函数为1；如果 n 为其他值，勒让德函数为零。

　　在半径为 r 的球面 S 上的，面积元 $r^2\cos\varphi\,\mathrm{d}\varphi\mathrm{d}\lambda$ 可以写作 $r^2\mathrm{d}\xi\mathrm{d}\lambda$，其中 $\xi = \sin\varphi$，使得

$$\frac{1}{r^2}\int_S Y_{m,n}\,Y_{p,k}^*\mathrm{d}S = \int_{-1}^1\int_0^{2\pi} Y_{m,n}\,Y_{p,k}^*\mathrm{d}\lambda\,\mathrm{d}\xi = 2\pi\,\delta_{m,p}\,\delta_{n,k} \tag{19.22}$$

其中，符号 $*$ 表示共轭复数。在球面坐标下基函数的水平拉普拉斯算子为

$$\nabla^2 Y_{m, n} = - \frac{n(n+1)}{r^2} Y_{m, n} \tag{19.23}$$

从而可在变换空间内使用代数方法求解泊松方程。注意，出人意料的是，伪[①]波数 $\sqrt{n(n+1)}/r$ 独立于 m。

可以利用球面调和函数的正交性，将控制方程乘以 $Y_{m, n}{}^*$ 并对全球面求积分，以获取振幅 $a_{m, n}(t)$ 单独的演化方程。为此，我们利用逆转换式(19.17)以及相关的正向变换：

$$a_{m, n} = \int_{-1}^{1} \left[\int_{0}^{2\pi} u(\lambda, \xi, t) e^{-im\lambda} d\lambda \right] P_{m, n}(\xi) d\xi \tag{19.24}$$

因为其符合正交特征。

对数值方案中总和的截断可以以多种方式实现(图 19.10)，唯一的限制条件为 $|m| \leqslant n$，可以通过下式得到

$$\widetilde{u} = \sum_{m=-M}^{M} \sum_{n=|m|}^{N(m)} a_{m, n} Y_{m, n} \tag{19.25}$$

空间分辨率的结构依赖于 $N(m)$ 所取的值。$N(m) = M$ 时(称为三角形截断)，球面上分辨率相同。其他截断在特定区域的分辨率更高(图 19.9 和图 19.10)。

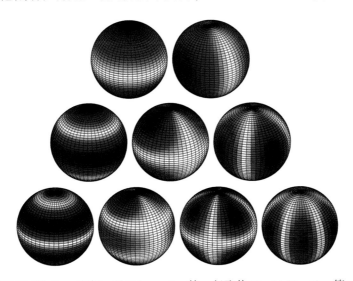

图 19.9　球面调和函数 $Y_{m, n}$ 实部，对于 (m, n)，第一行取值 $(0, 1)(1, 1)$，第二行取值 $(0, 2)$ $(1, 2)(2, 2)$，第三行取值 $(0, 3)(1, 3)(2, 3)(3, 3)$。白色标志正值与负值之间的分隔。图中未显示模态 $(0, 0)$ 是因为其值在球面上为常数

---

①　在笛卡儿坐标系中，傅里叶分解 $u = U\exp(ik_x x + ik_y y)$，通过类比得到 $\nabla^2 u = -(k_x^2 + k_y^2) u$。

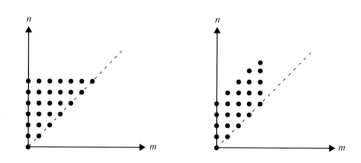

图 19.10　三角形截断和菱形截断，规定保留每个 n 值对应的 m 值。坐标中只显示正 m 值，负 m 值与正值对称。目前，三角形截断比最初作为首选的菱形截断更受欢迎

根据所选的截断来表示各种可能性，例如，T256L60 表示使用 $M=256$ 谱分量的三角形截断[①]。量 L60 代表使用 60 个离散层的垂直网格。

在 ECMWF 模型中，垂直分层使用混合坐标系统，系统中的垂直坐标 s 依赖于压力 p 和表面压 p_{surf}，表示为 $s=s(p,\ p_{surf})$，得到 $s(0,\ p_{surf})=0$（大气顶层）以及 $s(p_{surf},\ p_{surf})=1$（陆地或海洋表面）。这是一种广义的压力坐标，称为 σ 坐标，由 Phillips（1957）通过 $s=p/p_{surf}$ 引入并在 NCEP 中使用。现在的海洋模型中使用了更广义的混合垂直坐标，我们将在 20.6.1 节进行相应探讨。

使用离散积分方法不再可以确保基函数的正交性，对函数正变换后再进行逆变换无法保证可以完美返回为初始函数。对于离散傅里叶变换，正交性得以保持（参见附录 C 和 18.4 节），以便我们可以通过快速傅里叶变换求正变换的内积分值以及通过快速傅里叶逆变换求逆变换的内积分值。这些只是为了确保对方程式（19.24）外积分的数值处理保持正交性。

遗憾的是，没有与快速傅里叶变换相似的数值工具可以对勒让德展开式快速变换，因而我们必须求助于积分的数值求积法。首先，我们可以在一系列给定的纬度 φ_j，$j=1,\cdots,J$ 下执行快速傅里叶变换，令 $\xi_j=\sin\varphi_j$，以获得位置 ξ_j 处定义的傅里叶系数：

$$b_m(\xi_j,\ t)=\int_0^{2\pi}u(\lambda,\ \xi_j,\ t)\ \mathrm{e}^{-im\lambda}\mathrm{d}\lambda \tag{19.26}$$

然后使用这些位置 φ_j 的被积函数值通过数值积分估算依赖于时间的系数 $a_{m,n}$：

$$a_{m,n}=\sum_{j=1}^{J}w_j\,b_m(\xi_j,\ t)\,P_{m,n}(\xi j) \tag{19.27}$$

选择合适的权重 w_j 和位置 ξ_j 以便减少积分误差。如果被求值的被积函数的 J 点与 J 阶

---

　　①　注意，因为 m 取负值，因而实际分辨的波数事实上为 M，这与标准的快速傅里叶表示相反，后者只用正值，因此使用一半的波数（参见附录 C）。

勒让德多项式的零点重合，即 $P_J(\xi_j)=0$，以及权重为

$$w_j = \frac{2}{(1-\xi_j^2)\left[\dfrac{\mathrm{d}\,P_J}{\mathrm{d}(\xi)}(\xi_j)\right]^2} \tag{19.28}$$

利用高斯求积法对 $(2J-1)$ 阶多项式进行求积便可得到精确结果。

　　被积函数看起来不是多项式，因为勒让德函数包含平方根。但重要的是，可以正确处理对非线性项（如 $u\partial u/\partial\lambda$）的转换，而幸运的是，这些项包含勒让德函数的乘积，这些乘积可以变换为可以准确积分多项式，从而必须取点 J 的数量以便对非线性项结果的最高次的多项式正确积分。变换此类项要求对 3 个勒让德函数（每个 u 有一个勒让德函数，变换本身涉及第三个勒让德函数）进行求值。对于勒让德函数的最高次数，$m=M$，出现 $3M$ 阶多项式，因此我们必须使用 $J>(3M+1)/2$ 的点来对其精确求积分。

　　对于纬向的傅里叶变换，我们也面临混淆问题，可以使用与 18.4 节中相同的分析方法予以分析。因为 M 模使用 $(2M+1)$ 个网格点[①]，因而若要避免混淆问题就要在纬向上使用 $(3M+1)$ 个评估点。因此，具有 42 个模态的模型通常会优先使用有 128×64 个点的经度-纬度网格来评估非线性项（注意，向 2 的幂舍入以利用高效的快速傅里叶变换）。这种网格称为高斯网格或变换网格。基于高斯网格点数量的网格间距计算高估了实际分辨率，因为其旨在避免非线性关联项的混淆，实际较低的分辨率对应于与谱分解相关联的波数。

　　因此，转换方法让我们可以在谱空间内计算一些项（线性项），而在转换空间内计算其他项（不同参数化所得的二次平流项和非线性项），从而以最适当的方法处理各个项。在实践中，这意味着模型既用了谱方法也用了网格表示各个变量。

　　只要物理解足够光滑，球面调和谱方法就有很高的收敛速度。当解中存在锋面或跃变时，空间振荡会出现在快速变化的位置，这称为吉布斯现象。物理网格上相应的过冲或下冲可能会产生虚假的结果。例如，对于比湿的过冲可能会导致"幻雨"。

　　因为要在物理网格上计算一些项，因而经线向两极点的几何收敛性也是一个问题。对于平流部分，可以使用半拉格朗日方法解决这一问题，我们下一节就来介绍这种方法。

19.8　半拉格朗日方法

　　若要研究平流，我们需要再次讨论被动示踪物的浓度 c，只要扩散仍然可以忽略不计，示踪物沿流体团的轨迹守恒。拉格朗日法通过计算示踪物随时间变化的轨迹确保其浓度值守恒（12.8 节）。但是，如我们所见，纯拉格朗日法迟早会导致质点的分布不切实际，而且无法再确定几乎没有质点区域的浓度值。我们跟踪同一组质点一段时间

---

　　① 记住，求和是求 $-M$ 到 M 的总和。

后便出现了这个问题：一些质点流出系统或陷入滞点。半拉格朗日法在每一时间步使用一组不同的质点，从而避免了该问题。在 t^n 时选择一组质点，使得所选质点在 t^{n+1} 时到达数值网格的节点。这相当于向后积分一个时间步长以便质点找其来源。一旦确定了过去的位置，就可以通过在网格上已知值插值来确定这些位置的浓度(图 19.11)。

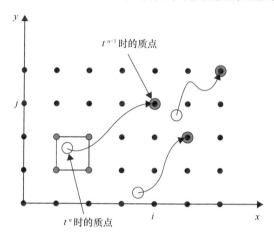

图 19.11　使用半拉格朗日方法时，向后积分质点轨迹以找出 t^{n+1} 时达到网格节点 (i, j) 处的流体质点的之前位置。知道这个位置后，就可以通过由附近值插值得到该位置的其他变量值，例如温度或浓度。插入的值在 t^{n+1} 时被平流输送带往新位置 (i, j)

为了简化起见，我们首先考虑在一维情况下使用半拉格朗日法，质点速度为正值 u 并且为均匀网格间距(图 19.12)。t^{n+1} 时到达网格节点 x_i 处的质点早些时刻 $t^n = t^{n+1} - \Delta t$ 所在位置为

$$x = x_i - u\Delta t \tag{19.29}$$

在网格间距为 Δx 的均匀网格上，位置 x 最有可能位于网格区间内而不是偶然位于另一网格点上，该网格区间为

$$x_{i-1-p} \leqslant x = x_i - u\Delta t \leqslant x_{i-p} \quad (p \text{ 为 } u\frac{\Delta t}{\Delta x} \text{ 整数部分}) \tag{19.30}$$

由于平流无耗散，因而我们可以通过插值法得出位置 x 处 $\tilde{c}_i^{n+1}$ 的值就是 $\tilde{c}^n$。通过线性插值法，我们得到

$$\tilde{c}_i^{n+1} = \frac{(x_{i-p} - x)}{\Delta x} \tilde{c}_{i-1-p}^n + \frac{(x - x_{i-1-p})}{\Delta x} \tilde{c}_{i-p}^n = \widetilde{C} \tilde{c}_{i-1-p}^n + (1 - \widetilde{C}) \tilde{c}_{i-p}^n \tag{19.31}$$

我们将其中的 $\widetilde{C}$ 定义为

$$\widetilde{C} = \left(\frac{u\Delta t}{\Delta x} - p\right) \tag{19.32}$$

这种格式是单调的，因而是一阶格式。显而易见，只要 $u\Delta t \leqslant \Delta x$（因而 $p=0$），该格式就相当于迎风格式。但是，与迎风格式相反，这种格式不需要稳定性条件，因为该方法使用了正确的插值网格间距。但是，仍然存在数值扩散，虽然从某种意义上说，该方法已经得到简化可以使用较大的时间步长并减少总时间步数的数量。对于给定模拟时间的情况，时间步数越少，数值扩散就越少。

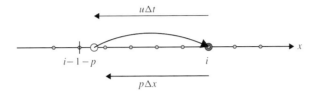

图 19.12　一维情况下的半拉格朗日法。浅灰色表示的质点在时间间隔 $\left[t^n,\ t^{n+1}\right]$ 内移动了距离 $u\Delta t$，在 t^{n+1} 时到达网格节点 i 处

为了减少插值法引入的扩散量，可以使用比线性插值法更好的二阶抛物线插值法，使用该方法得到的格式就相当于拉克斯–温德罗夫方法[①]。

在二维情况，该方法很容易推广为单个时间步数的后向轨迹，随后使用二维空间插值（双线性插值或双抛物线插值）。计算轨迹时需要考虑到流场$(u,\ v)$，如果 $U\Delta t \geqslant \Delta x$，这可能会变得相当复杂。如果速度场在轨迹上变化的尺度与网格尺度 Δx 相差无几，则计算后向轨迹时需要中等时间步长以保持准确性，因而运算量会迅速增加。

但是，如果速度在计算网格尺度内相对平滑（应该如此并且在极点处也应如此），即 $\Delta x \ll L$，只需简单的轨迹积分便可。事实上，如果 $\Delta x \ll U\Delta t \ll L$，半拉格朗日法比欧拉法高效得多，因为在每个时间步长，大量的网格点可以被平流"跳过"。因此，插值（以及相关扩散）减少，从而可以正确捕获轨迹的空间尺度，这是半拉格朗日法最大的优点。

如果 $\Delta x \sim L$，时间步长就与欧拉法相似。这种情况下最大的优势是，时间步长偶尔过大的情况下该方法具有稳定性。但是如果想要获得更高的准确性，就不应使用比 $U\Delta t \sim L$ 所允许的更长的时间步长。如果同时有许多不同的示踪物被平流输送（如在空气污染研究或生态系统模拟中），该方法就表现出相当大的优势，因为需要针对所有示踪物计算单一的、共同的轨迹。

对于非平流项（如源项/汇项和扩散项），可以采用分解算法，例如，首先在物理网格或谱空间使用半拉格朗日平流格式，然后再使用欧拉扩散格式。也可以沿着轨迹将源项的演变考虑在内（McDonald，1986）。与欧拉法的有限体积法相反，全局守恒更难

---

①　注意区别：在欧拉方法中，我们谈论的是插值计算通量，随后进行离散；而在该方法中我们谈论的是解本身的插值。

处理，但可以得到遵守(Yabe et al.，2001)。

解析问题

19.1 考虑常规的园艺温室，并将系统理想化：空气不起作用、地面吸收了所有的辐射，并以黑体再辐射，且玻璃完全可透短波(可见光)辐射，完全不透长波(热)辐射。此外，玻璃向内外发出的辐射相同。比较温室内外的地面温度。然后用两层玻璃且玻璃之间含有空气隔开的温室，再做一遍上述实验。

19.2 考虑图 19.2 和图 19.3 中的长波辐射通量，在每种情况下，地面向上的通量(E_2)都大于从大气中向下的通量($0.64 E_1$)，你能解释为什么吗？

19.3 考虑地球最原始的热量收支(没有大气和水循环)，并假设发射率与温度有以下关系：低温时，很多冰和云覆盖地球会产生较高的反射率，而高温时，冰和云消失，使得反射率降到零。相关函数为

$$\alpha = 0.5 \qquad\qquad (T \leqslant 250 \text{ K})$$
$$\alpha = \frac{270 - T}{40} \qquad (250 \text{ K} \leqslant T \leqslant 270 \text{ K})$$
$$\alpha = 0 \qquad\qquad (270 \text{K} \leqslant T) \qquad\qquad (19.33)$$

求解地球的平均温度 T。讨论几种解答。

19.4 运用地球模型的全球热量收支，包含大气层和水循环，探索最坏的情况：温室气体浓度升高，完全阻止了地球表面的长波辐射的传输，水循环强度不变，预期的全球变暖已经导致所有冰盖融化，有效消除了地表对于短波太阳辐射的反射。那么地表的全球平均气温将会是多少？(除了需要修改传输和反射系数以外，均使用文中所引用的参数值)

数值练习

19.1 T256 谱模式沿赤道的空间分辨率(单位：km)是多少？底层高斯网格需拥有多少格点以避免对流项混淆？

19.2 运用 spherical.m 考量图 19.9 中以外的其他基函数 $Y_{m,n}$。

19.3 估算与谱谐波相关的正变换和逆换变的计算成本。

19.4 除了两极附近网格间距减小的问题以外，你还可以找出两极地区与不使用谱分解的模型的其他问题吗？(提示：考虑一下大气环流模型的边界条件，先考虑经向，再考虑纬向)

19.5 利用 Abramowitz 等(1972)中给出的勒让德多项式的性质，已知将要求导的函数的频谱系数，找出空间导数的频谱系数。

爱德华·诺顿·洛伦茨
（Edward Norton Lorenz，1917—2008）

　　爱德华·洛伦茨的职业生涯始于第二次世界大战，这期间，他担任美军的天气预报员。后来，他获得了麻省理工学院气象学博士学位，并成为该校气象学的教授。20世纪60年代早期，在使用天气系统的早期数值模型时，洛伦茨曾对一个参数值引入过一个小误差，并导致了完全不同的天气状况。困惑于此，他将复杂问题减少到一组明显简单的方程（参见 22.1 节），且对任何极小的扰动的敏感性仍然存在，结果发现了大气动力学的混沌现象，并发表了一篇广受好评的论文（Lorenz，1963），该论文成为世界上被引用最频繁的论文之一。这一贡献开启了全新的研究领域，即确定性混沌和奇异吸引子。自此，富有诗意的名词"蝴蝶效应"就变成了描述系统的演变对其初始状态极为敏感的标准隐喻。[照片由简·洛班（Jane Loban）提供]

约瑟夫·斯马戈林斯基
（Joseph Smagorinsky，1924—2005）

　　作为纽约市人，约瑟夫·斯马戈林斯基学习气象学，并在美国气象局开始了其职业生涯。1955 年，他在华盛顿创立了地球物理流体动力学实验室，后来迁移至普林斯顿大学。20 世纪 50 年代是令人兴奋的年代，计算机的前景带来了天气可以由机器进行预测的希望。认识到这一机会，斯马戈林斯基发展了预测天气和气候的数值方法，从而深刻影响了天气预测的实践。尤其是他在 1955 年首次尝试了预测降水，这让他将辐射等补偿效应纳入考虑，并主张纳入全面的"物理包"，后来，这些变成了业务化模型的标准。

　　除了数值方法和模型，斯马戈林斯基对天气预报的贡献还包括在建立全球观测网方面起了主导作用。斯马戈林斯基在为自己设定远大目标的同时，还极具幽默感和平易近人的风格。［照片由迈克尔·奥尔特（Michael Oort）提供］

第 20 章　大 洋 环 流

摘要：本章结合地转、静力平衡和位势涡度的概念以研究中纬度海洋中的大尺度斜压环流。研究发现了斯韦尔德鲁普平衡、β 螺旋和许多大尺度海洋运动的特征。本章的数值部分概述了构建海洋海盆或地球范围内三维环流模型过程中遇到的问题。

20.1　大洋环流的成因

海洋运动在空间和时间上跨越了很宽的尺度。在一个极端，我们发现微滞流，与水力学中的微滞流没有什么不同；而在另一个极端，则是大尺度环流，它跨越洋盆并在气候时间尺度上演变。后一个极端是本章的目标。

有多种机制可以让海洋中的水团运动：月球和太阳所施加的引力、海平面的气压差、海面的风应力，以及大气冷却和蒸发所产生的对流。月球和太阳引发了周期性的潮汐，但不会产生显著的环流，而气压更没有多大作用。另一方面，高纬度地区的深对流产生的洋流导致深海中一种非常缓慢的运动，称为输送带（图 20.1）。这使海表的风应力成为海洋上层海盆尺度环流的主要驱动力。

海水对风应力的响应是因为海水的剪切的低阻力（低黏性，即使是被湍流黏性增大后仍然很低）以及风相对一致性。热带地区的信风（又称"贸易风"）就是很好的示例；它们如此稳定，克里斯多弗·哥伦布之后不久，直至蒸汽船出现，船只一直都是靠着这些信风来往于大西洋进行贸易，信风因此而得名。远离热带的地区吹着相反方向的风。信风从东方略微吹向赤道（根据南北半球，称它们为东南信风和东北信风更为贴切），而中纬度风从西向东吹，被称为西风（图 20.2）。一般来说，这些西风比信风更多变，但它们拥有一个主要的平均风分量，这两种风系共同作用可导致所有中纬度地区产生显著的大尺度环流：北大西洋和南大西洋环流、北太平洋环流和南太平洋以及印度洋环流。

海洋中的水体大体可以分为 4 个区域（图 20.3）。最上层是被海表风应力搅动的混合层，该层厚度约为 10 m 量级，在大尺度环流研究中，可以将其等同于埃克曼层（参见第 8 章），其特征为 $\partial\rho/\partial z \simeq 0$。混合层下面的水层称为季节性温跃层，每年冬天该层的垂直层结都会因为对流冷却而消失，该层厚度约为 100 m 量级。冬季对流的最大深度以下是主温跃层，每当季节性温跃层消退时，该层都会被留下的水体补给，该层始终处于层结状态（$\partial\rho/\partial z \neq 0$），其厚度约为 500~1 000 m 量级。最后剩下的一层包含了大部分海水，称为深渊层，该层海水温度很低并且移动缓慢。

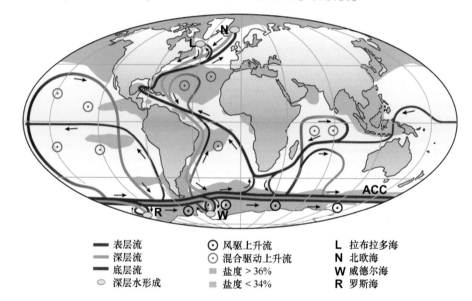

图 20.1　高纬度地区深对流形成的又冷又咸的海水被穿越洋盆的输送带带走。这些水体

最终会在温暖海区重新回到海表，并返回到深层对流中。环流周期约为

数百年到上千年（Kuhlbrodt et al.，2007）

将主温跃层和深渊层一起考虑就是所谓的海洋内部。虽然这两层中均存在中尺度海水运动，但在上层压力的脉动作用下，人们相信，在一级近似中，对海洋内部海水缓慢运动的研究可独立于对更小尺度、更高频率的海水运动过程的研究。

虽然水手们早就知道主要的洋流，如墨西哥湾流①，但是大洋环流理论却迟迟没有出现，这主要是由于当时缺乏系统的海表以下的数据。该学科真正始于哈拉尔德·斯韦尔德鲁普②和亨利·斯托梅尔③的开创性著作，哈拉尔德·斯韦尔德鲁普建立了大尺度海洋动力学方程（Sverdrup，1947），而亨利·斯托梅尔从首次提出关于墨西哥湾流的

---

①　本杰明·富兰克林在 1770 年因宣传和绘制了墨西哥湾流而荣获赞誉。

②　哈拉尔德·乌尔里克·斯韦尔德鲁普（1888—1957）是挪威海洋学家，在加利福尼亚州斯克里普斯海洋研究所任职期间对该领域做出了最大贡献。海洋学中使用的一种流量计量单位用的就是他的名字：1 sverdrup = 1 Sv = 10^6 m^3/s。

③　参见本章结尾的人物介绍。

正确理论开始(Stommel，1948)，对大洋环流研究的贡献是多方面的。如今，大洋环流理论已然构成了重要的知识体系(Marshall et al.，2008；Pedlosky，1996；Warren et al.，1981)。

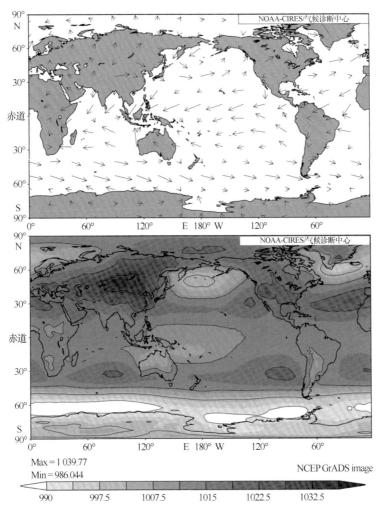

图 20.2　1968—1996 年间 1 月份海洋上方的平均主要风场以及相关的海表气压场
（来源于美国国家环境预报中心）

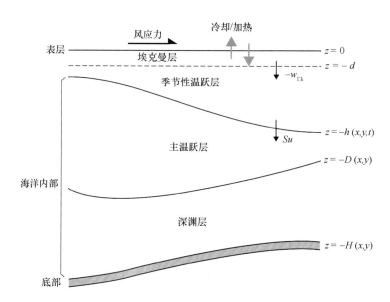

图 20.3 从大尺度环流的角度所看海洋垂直结构。请注意，各层的相对厚度不是按比例绘制的，因为深渊层的厚度比其他所有层厚度的总和都要厚得多

20.2 大尺度海洋动力学(斯韦尔德鲁普动力学)

海洋海盆的尺度与地球大小相当，因此需要使用球面坐标保证模型的准确度。但是本书只给出物理海洋学的概论，考虑到阐述的清晰性胜过准确性，我们会继续使用笛卡儿坐标，但包含 β 效应(9.4 节)。球面坐标(附录 A)并不会改变此处理论结果的定性性质(Pedlosky，1996，第 1 章)。

主温跃层和深渊层中的大尺度流动是缓慢近乎稳定的。因为时间尺度长，因而我们可以忽略所有的时间导数，同时它们长距离的低速度使罗斯贝数非常小，让我们可以忽略动量方程中的非线性平流项。此外，有强烈的迹象表明耗散不是大尺度动力学的重要特征，至少不是主要特征(Pedlosky，1996，第 6 页)。没有时间导数、平流和耗散，水平动量方程就简化为地转平衡方程：

$$- fv = - \frac{1}{\rho_0} \frac{\partial p}{\partial x} \tag{20.1a}$$

$$+ fu = - \frac{1}{\rho_0} \frac{\partial p}{\partial y} \tag{20.1b}$$

其中，科氏参数 f 包括 β 效应，这在长度尺度大的情况很重要：

$$f = f_0 + \beta_0 y \tag{20.2}$$

因此，y 坐标指向北，而 x 坐标指向东。系数 $f_0 = 2\Omega \sin \varphi$ 和 $\beta_0 = 2(\Omega/a) \cos \varphi$ 均依赖

于参考纬度 φ(可以看成研究的海盆的中间纬度)。

地转方程辅以流体静力平衡方程:

$$\frac{\partial p}{\partial z} = -\rho g \tag{20.3}$$

连续方程(不可压缩流体的质量守恒):

$$\frac{\partial u}{\partial x} + \frac{\partial v}{\partial y} + \frac{\partial w}{\partial z} = 0 \tag{20.4}$$

和能量方程,该能量方程描述的是热量和盐量守恒,但是表现为密度守恒,再次忽略时间导数:

$$u\frac{\partial \rho}{\partial x} + v\frac{\partial \rho}{\partial y} + w\frac{\partial \rho}{\partial z} = 0 \tag{20.5}$$

在前面的方程中,u、v 和 w 分别是向东、向北和向上方向的速度分量;ρ_0 是参考密度(常量);ρ 是密度异常(实际密度与 ρ_0 之差);p 是密度异常 ρ 导致的静压力;g 是地球重力加速度(常量)。这组关于 5 个未知量(u、v、w、p 和 ρ)的方程有些情况下被称为斯韦尔德鲁普动力学。

请注意,因为涉及密度方程式(20.5)中未知量的乘积,因而该问题是非线性问题。我们现在继续研究它的一些最直接属性。

20.2.1　斯韦尔德鲁普关系

在两个动量方程之间消去压力,从方程式(20.1b)对 x 的导数中减去方程式(20.1a)对 y 的导数,得到

$$\frac{\partial}{\partial x}(fu) + \frac{\partial}{\partial y}(fv) = 0 \tag{20.6}$$

或因为 f 是 y 的函数,而非 x 的:

$$f\left(\frac{\partial u}{\partial x} + \frac{\partial v}{\partial y}\right) + \beta_0 v = 0 \tag{20.7}$$

借助连续方程式(20.4),可以将其改写为

$$\beta_0 v = f\frac{\partial w}{\partial z} \tag{20.8}$$

斯韦尔德鲁普关系式是最简单的方程,具有明确的物理意义。因子 $\partial w/\partial z$ 表示垂向变化,任何伸展($\partial w/\partial z > 0$)或挤压($\partial w/\partial z < 0$)都要求涡度发生变化以实现位势涡度守恒,存在耗散的情况下也如此。该关系式与相对涡度无关①,可以改变流体团涡度的唯

---

① 相对涡度为 U/L,而行星涡度变化量约为 βL。前者远远小于后者,因为运动缓慢且距离很长,$L^2 \gg U/\beta$。

一途径是调整其行星涡度（图 20.4）。这就需要存在经向位移，经向速度为 v，以便达到正确的 f 值。

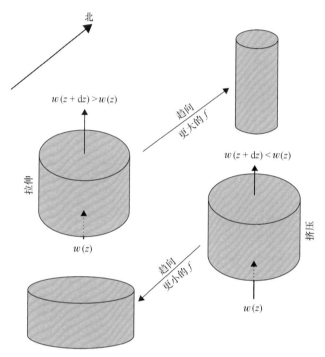

图 20.4 大尺度海洋环流中由垂直拉伸或挤压效应引起的流体团经向移动

但并非到此为止，我们还可以进行垂向积分：

$$\beta_0 \int_{-H}^{-d} v \mathrm{d}z = f[w(z=-d) - w(z=-H)]$$

式中，$z=-H(x, y)$ 表示海底；$z=-d$ 表示埃克曼层（图 20.3）的底部。请注意，在进行积分时，我们将季节性温跃层包括在内，这基于以下假设：虽然季节性温跃层具有季节性变化，但与惯性周期相比，其时间尺度很大且其中的流是近地转的。

深渊层流动极其缓慢，我们可以取 $w(z=-H)=0$，不管底部是斜坡或是否有底部埃克曼层。在埃克曼层的底部，埃克曼抽吸的垂向速度如方程式（8.36）所示，为

$$w_{\mathrm{Ek}} = \frac{1}{\rho_0}\left[\frac{\partial}{\partial x}\left(\frac{\tau^y}{f}\right) - \frac{\partial}{\partial y}\left(\frac{\tau^x}{f}\right)\right] \tag{20.10}$$

20.2.2 斯韦尔德鲁普输送

如果我们将从海底向埃克曼层底部的经向输送定义为南-北速度的垂向积分 $V = \int_{-H}^{-d} v \mathrm{d}z$，根据方程式（20.9）和方程式（20.10），得到

$$V = \frac{f}{\beta_0} w(z = -d) = \frac{f}{\beta_0} w_{Ek} = \frac{f}{\rho_0 \beta_0}\left[\frac{\partial}{\partial x}\left(\frac{\tau^y}{f}\right) - \frac{\partial}{\partial y}\left(\frac{\tau^x}{f}\right)\right] \quad (20.11a)$$

我们可以加上方程式（8.34b）提供的埃克曼层贡献：

$$V_{Ek} = -\frac{\tau^x}{\rho_0 f} \quad (20.11b)$$

得到总速度：

$$V_{total} = V + V_{Ek} = \frac{1}{\rho_0 \beta_0}\left(\frac{\partial \tau^y}{\partial x} - \frac{\partial \tau^x}{\partial y}\right) \quad (20.11c)$$

我们发现一个令人惊讶的结果，即南-北方向的垂向累积的流速分量不依赖于海盆的形状、大小或整体风应力分布，而只依赖于局地风应力的旋度。该方程称为斯韦尔德鲁普输送。

　　但是，纬向输送的情况并非如此，我们将纬向输送定义为对东-西速度 u 的垂向积分。将全部的海洋层归并在一起，我们可以从垂向积分的连续方程式（20.4）直接得到总输送速度 $U_{total} = \int_{-H}^{0} u\mathrm{d}z$：

$$\frac{\partial U_{total}}{\partial x} + \frac{\partial V_{total}}{\partial x} = 0 \quad (20.12)$$

得到

$$U_{total} = -\frac{1}{\rho_0 \beta_0}\int_{x_0}^{x} \frac{\partial}{\partial y}\left(\frac{\partial \tau^y}{\partial x} - \frac{\partial \tau^x}{\partial y}\right)\mathrm{d}x \quad (20.13)$$

其中，需要巧妙选取积分起点（$x = x_0$）。

　　理想情况下，我们希望对海盆东端和西端的流体均给予边界条件。例如，如果我们研究的海盆在东西端均受到南北海岸线限制（主要洋盆的近似），则纬向流速及其垂向积分速度（U_{total}）在两端应该为零，但不可能同时满足要求，因为只有一个常量（x_0）可以调整。如果我们设定 $x_0 = x_E$，即海盆东海岸的 x 值，然后我们对东端而不是西端施加非穿透性边界条件。反之亦然，如果我们设定 $x_0 = x_W$，即海盆西海岸的 x 值。结果是，该理论对海盆的一端不适用，如我们将在 20.3 节中所见，海盆两侧中必须有一侧存在边界层，结果证明这一侧为西边界。

20.2.3　热成风和 β 螺旋

　　在海洋内部，流体是近似地转的，如我们写出方程式（20.1）时所假设。如果我们现在求这些方程的垂向导数然后利用流体静力平衡方程式（20.3）消去 $\partial p/\partial z$，就可以得到热成风关系式：

$$\frac{\partial u}{\partial z} = +\frac{g}{\rho_0 f}\frac{\partial \rho}{\partial y} \quad (20.14a)$$

$$\frac{\partial v}{\partial z} = - \frac{g}{\rho_0 f} \frac{\partial \rho}{\partial x} \tag{20.14b}$$

这些是大尺度海洋数据分析中强有力的关系式。虽然海洋水体速度不容易测量[①]，但密度数据相对比较容易获得：将船舶温盐深系统（CTD）探头以相同间距反复投入海洋测量，对中尺度扰动作平滑处理所得数据表示整个洋盆大范围的密度情况，然后就能够相对简单地确定纬向和径向密度梯度。因此，我们可以将 $\partial \rho / \partial x$ 和 $\partial \rho / \partial y$ 当作已知量，利用它们推导出速度剪切（20.14）。

若要获得实际的速度分量 u 和 v，需要附加假设。传统方法是假设深层存在一个无流面（即无运动层），沿水平面压力场是均匀的。从该层向上对方程式（20.14）进行垂向积分，得到直到海表的水平速度。如果该层选取在相对比较静止的深渊层，并且执行向上积分以获取主温跃层的流速场，则该方法非常适用（Talley et al.，2007）。

现在再回顾热成风关系式，研究其有哪些有趣特征。为此，我们把水平速度（u，v）分解成大小 U 和方位角 θ：

$$u = U \cos \theta, \ v = U \sin \theta \tag{20.15}$$

从东部逆时针测量方位角 θ，并通过 $\theta = \arctan(v/u)$ 将其与速度分量相关联。其垂向变化为

$$\frac{\partial \theta}{\partial z} = \frac{1}{u^2 + v^2} \left(u \frac{\partial v}{\partial z} - v \frac{\partial u}{\partial z} \right) = \frac{-g}{\rho_0 f U^2} \left(u \frac{\partial \rho}{\partial x} + v \frac{\partial \rho}{\partial y} \right) = \frac{gw}{\rho_0 f U^2} \frac{\partial \rho}{\partial z} \tag{20.16}$$

最后一步利用了方程式（20.5）。

如我们所见，垂向速度与水平速度在垂直方向的转向（扭转）之间存在直接关系。在北半球（$f > 0$）且静力稳定的水体（$\partial \rho / \partial z < 0$），$\partial \theta / \partial z$ 与 w 符号相反。因此，在风应力顺时针旋转且埃克曼抽吸向下的中纬度地区，垂向速度 w 通常为负值，水平速度矢量随深度顺时针方向转动，该属性称为 β 螺旋（Schott et al.，1978；Stommel et al.，1977）。图 20.5 展示了来自北大西洋的示例。

转向意味着垂向不同层的水体来自不同的方向，因此具有不同的来源。但是，所有各层的水体运动都要受到斯韦尔德鲁普输送式（20.11c）的严格约束。因此，局部风应力旋度表现为对流动的约束而非强迫。

20.2.4 伯努利函数

在斯韦尔德鲁普动力学中，蒙哥马利位势被定义为 $P = p + \rho g z$ ［参见方程式（12.4）］，恰好起到了一个伯努利函数的作用。为了表明这一点，我们需要证明沿流线

---

① 极其难以直接获得深海水平速度的原因有很多，首先，深海流速几乎总是在中尺度上脉动，使得时间平均很容易落入噪声级内；其次，深水流速仪系泊设备价格昂贵且会摇摆，因此会将仪器漂移速度分量加入流速中。

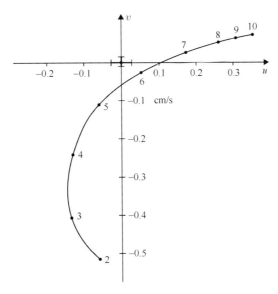

图 20.5　根据水文数据绘制 β 螺旋图，位于北大西洋 28°N，36°W 附近。曲线上的数字
表示深度（单位为 100 m），误差线在原点显示（由 Stommel et al.，1977 重新绘制）

P 守恒。因此我们计算其物质导数，对于定常流来说只包含空间导数：

$$\frac{\mathrm{d}P}{\mathrm{d}t} = u\frac{\partial P}{\partial x} + v\frac{\partial P}{\partial y} + w\frac{\partial P}{\partial z}$$

$$= u\left(\frac{\partial p}{\partial x} + gz\frac{\partial \rho}{\partial x}\right) + v\left(\frac{\partial p}{\partial y} + gz\frac{\partial \rho}{\partial y}\right) + w\left(\frac{\partial p}{\partial z} + \rho g + gz\frac{\partial \rho}{\partial z}\right) \qquad (20.17)$$

使用地转关系式(20.1)和流体静力平衡方程式(20.3)消去所有三个 p 的导数，从
而消去几个项，得到

$$\frac{\mathrm{d}P}{\mathrm{d}t} = gz\left(u\frac{\partial \rho}{\partial x} + v\frac{\partial \rho}{\partial y} + w\frac{\partial \rho}{\partial z}\right) \qquad (20.18)$$

根据密度守恒式(20.5)，上式结果为零。因此，沿流动的蒙哥马利位势 P 守恒[①]。如
果我们不怕麻烦，在密度坐标系(第 12 章)中表示这些方程就可以更直接地得到该
结果。

　　虽然前面的结果具有一定的吸引力，但却很少有用，由于压力测量由静力分量(由
ρ_0 产生的)主导以及因海面变化引起的深度不确定性，在深海中几乎不可能提取压力场
的动力学信号。相比而言，取决于密度场的位势涡度对数据处理更有用。

---

　　① 伯努利函数的一般表达式为 $B = \rho_0(u^2 + v^2 + w^2)/2 + p + \rho gz$，但是因为动量方程中忽略了平流，因而该表
达式中没有动能项，只留下最后两个项，这两个项共同组成了蒙哥马利位势。

20.2.5 位势涡度

在低罗斯贝数情况下，与科氏加速度相比，动量平流可以忽略不计，因此，位势涡度公式中不包括行星涡度之后的相对涡度。所以我们预计在大尺度海洋动力学中，位势涡度的表达式简化为行星涡度除以层厚度。在密度坐标系中具体形式为

$$q = \frac{f}{\Delta z / \Delta \rho} = -\frac{f}{\partial z / \partial \rho} \tag{20.19}$$

在深度坐标系中为

$$q = -f \frac{\partial \rho}{\partial z} \tag{20.20}$$

为了证明该表达式对于斯韦尔德鲁普动力学确实是守恒的，我们先求密度方程式(20.5)的垂向导数：

$$\frac{\mathrm{d}}{\mathrm{d}t}\left(\frac{\partial \rho}{\partial z}\right) + \frac{\partial u}{\partial z}\frac{\partial \rho}{\partial x} + \frac{\partial v}{\partial z}\frac{\partial \rho}{\partial y} + \frac{\partial w}{\partial z}\frac{\partial \rho}{\partial z} = 0 \tag{20.21}$$

如果现在我们利用热成风关系式(20.14)消去 u 和 v 的 z 导数，利用斯韦尔德鲁普关系式(20.8)消去 $\partial w / \partial z$，则中项抵消，我们得到

$$\frac{\mathrm{d}}{\mathrm{d}t}\left(\frac{\partial \rho}{\partial z}\right) + \frac{\beta_0 v}{f}\frac{\partial \rho}{\partial z} = 0 \tag{20.22}$$

意识到 $\beta_0 v = v(\mathrm{d}f/\mathrm{d}y) = \mathrm{d}f/\mathrm{d}t$，方程可以改写为

$$f \frac{\mathrm{d}}{\mathrm{d}t}\left(\frac{\partial \rho}{\partial z}\right) + \frac{\mathrm{d}f}{\mathrm{d}t}\frac{\partial \rho}{\partial z} = \frac{\mathrm{d}}{\mathrm{d}t}\left(f \frac{\partial \rho}{\partial z}\right) = 0 \tag{20.23}$$

这意味着沿流动的 $f(\partial \rho / \partial z)$ 守恒。因此，上述方程式(20.20)中定义的个别水团的位势涡度守恒。当流动为大尺度流且耗散较弱，即主温跃层和深渊层中的流动时，该守恒定律(如前面小节中所示的伯努利函数守恒)成立。

现在再来看看 β 螺旋并从位势涡度角度对其进行解释。两者的关系如图 20.6 中所示，β 螺旋与下列要素相关：位势涡度守恒、热成风和垂向速度影响。该图显示，如果水质点沿着南向轨迹前进时必须伴随着挤压效应，这会导致热成风随深度改变方向，因而产生 β 螺旋。

我们已经看到在海洋内部，运动水团的下列 3 个量同时守恒：密度 ρ、蒙哥马利位势 P、位势涡度 q。因为流动过程中 ρ 值始终不变，因而移动的水团被限定在等密度面上。同样，因为 P 也不变，因此移动的水团同样被限定在等蒙哥马利位势面上。根据这两个限制条件，我们得出结论，水团的运动轨迹是 ρ 表面和 P 表面之间的一条相交线。因为所有轨迹上的 q 值恒定，由此断定 q 必定是密度 ρ 和蒙哥马利位势 P 的函数：

$$q = Q(\rho, P) \tag{20.24}$$

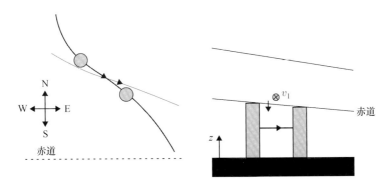

图 20.6　流体柱在向赤道移动的过程中行星涡度 f 减小，而层厚度减小。如果我们沿着轨迹跟踪
流体的垂直横截面（右平面图），根据轨迹，不会追踪到水柱横向流。因为层高度在接近赤道时
减小，因而必然出现热成风（右平面图上的 v_1 和左平面图上的灰色轨迹）。下方没有横向流，
水平速度矢量随着深度顺时针方向转动，与式（20.16）一致并向下垂直运动

　　通过分析来自北大西洋的海洋数据，Williams（1991）发现季节性温跃层的密度和深度在冬末时达到最大，使主温跃层中水体的位势涡度在等密度面上几乎是均匀的。尤其是在密度范围为 1 026.4~1 026.75 kg/m³ 的情况下（对应于 30°N 和 40°N 之间的主温跃层）更是如此。在这种情况下，我们可以将之前的关系式简化为单个变量的函数：

$$q = Q(\rho) \tag{20.25}$$

　　因为密度和位势涡度这两个变量均容易观察测量，因而这两个变量的绘制是利用观测构建大洋环流过程中的标准程序（另参见 22.3 节最优插值）。绘图可以显示出等密度面上位势涡度的等值线。因为密度和位势涡度都近乎守恒，因而可以将位势涡度作为标记用以追踪水团运动。

20.3　西边界流

　　研究方程式（20.13），我们得出结论，简化的斯韦尔德鲁普动力学不允许在洋盆的东侧和西侧同时施加非穿透性边界条件。因此，斯韦尔德鲁普动力学必定在洋盆的一侧失效，答案是洋盆的西侧必须存在一个尺度小于洋盆尺度的边界层。接下来我们进行验证。

　　北（南）半球中纬度洋盆上方风向为顺时针（逆时针），因为信风在热带地区从东往西吹，而远离赤道地区的西风从西往东吹（图 20.2）。从而在南北半球均产生向下的埃克曼抽吸和朝向赤道的斯韦尔德鲁普输送式（20.11c）。质量守恒要求流向赤道的水流必须由其他地方的极向流来补偿，但是极向流不符合斯韦尔德鲁普动力学原理。因此，该返回流的尺度必须比斯韦尔德鲁普动力学中的大尺度要小，也就是说它以狭窄边界流的形式存在。存在两个径向边界（海盆每侧各一个），因此只存在两种可能情况：极向流要么沿着东边界［图20.7(a)］流动，要么沿着西边界［图20.7(b)］流动。两种情况下，与海盆内部朝向赤道的斯韦尔德鲁普流相连接的极向流均会产生速度梯度（剪切速度）和相对涡度。

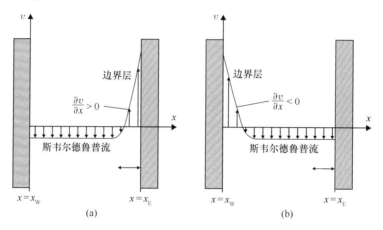

图20.7 北半球可能存在两种类型向北流动的边界流，以补偿大部分中纬度海洋海盆地区存在的向南流动的斯韦尔德鲁普流：(a)东侧边界流；(b)西侧边界流。根据动力学原理，前者已被否定，后者才是正确的边界流类型

为了易于论证，这里我们只研究北半球（得出的结论同样适用于南半球）。如果如图20.7(a)所示，极向流沿着东边界流动，则向北流动的极向流的速度剪切 $\partial v / \partial x$ 为正。该导数值很大，因为边界层很狭窄且速度必须很大以适应斯韦尔德鲁普流整体输送。相比而言，$\partial u / \partial y$ 的值却非常小。因此，如果流沿着东边界返回，相对涡度就为正值（$\zeta > 0$）。相反，如果极向流沿着西边界流动，速度剪切 $\partial v / \partial x$ 就为负值，因为 $\partial u / \partial y$ 的值仍然可以忽略，所以返回流的相对涡度就为负值（$\zeta < 0$）。但是返回流可以有哪种涡度呢？

当其返回到较高纬度时，行星涡度 f 增加，位势涡度 $(f + \zeta)/h$ 守恒要求 ζ 或 h 或两者均相应变化。因为相对涡度 ζ 在边界流中变得重要，因此 f 增加，ζ 就要减小，当水团存在于斯韦尔德鲁普流内部并进入边界流时，ζ 的值必须几乎为零减小到负值。西边界流完成了这一变化，而东边界流未完成。因此，我们否定了海盆东侧边界层的存在，且得出结论，所需的边界层位于海盆西侧［图20.7(b)］。

很明显，环流是不对称的：大部分地区都为缓慢向赤道流动的流（斯韦尔德鲁普输送），而西侧是流速很快的将水送回极地的狭窄边界流（图20.8）。边界流中比较著名的有北大西洋中的墨西哥湾流，其他海洋海盆中的西边界流分别如下：南大西洋的巴西海流、北太平洋的黑潮、南太平洋的东澳大利亚海流以及南印度洋的厄加勒斯海流。

环流最终以纬向流闭合，将西边界流的入口和出口与内部斯韦尔德鲁普流连接起来。朝向赤道的斯韦尔德鲁普输送在海洋海盆的西侧汇入强回流，这一现象被亨利·斯托梅尔命名为大洋环流西岸强化，亨利·斯托梅尔提出了首个论证明墨西哥湾流存在的正确理论（Stommel，1948）。

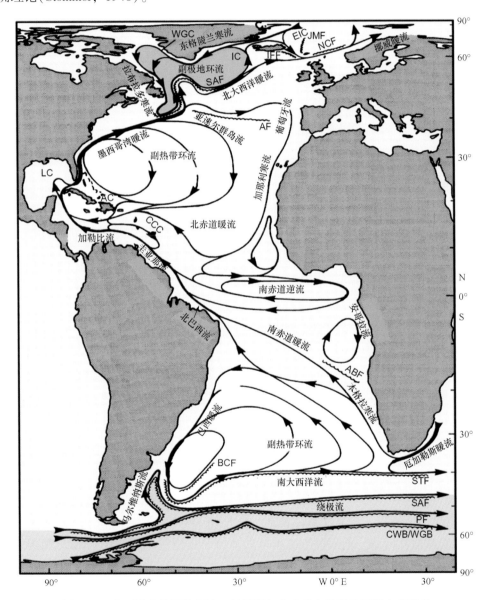

图 20.8　大西洋中的平均环流，显示了各个半球中纬度地区朝向赤道的
斯韦尔德鲁普流以及西边界流（Tomczak et al.，2003）

WGC：西格陵兰流；EIC：东冰岛流；JMF：扬马延海峡锋面；NCF：挪威流锋；IC：伊尔明厄流；

IFF：冰岛-法罗锋；SAF：亚北极锋；AF：亚速尔群岛锋；LC：环流；AC：安的列斯暖流；

CCC：加勒比逆流；ABF：安哥拉-本格拉锋；BCF：巴西流锋；STF：亚热带锋；

SAF：亚南极锋；PF：极锋；CWB/WGB：陆缘水边界/威德尔海环流边界

根据现有的解答，我们来概括一下结果。我们逐渐意识到大洋环流机制是相当复杂的，与表面应力施加在黏性流体上的简单扭矩相比显然不够直接，主要原因是黏性较弱以及科氏力效应太强，包括其随着纬度的变化。

情境如下：大尺度风（主要包括信风和西风）沿着海表生成风应力。因为海水黏性不大且行星自转强烈，因此风应力仅对很薄的一层海洋层（10 m 左右）产生直接影响。地球自转也生成了随风移动的上层水平流分量，这些水平流汇聚后向下流动进入下面的海洋内部（埃克曼抽吸）。虽然速度相对较弱，仅约 10^{-6} m/s（每年约移动30 m），但是该垂向流对水团产生了垂向挤压，导致水团变平且变宽，它们的行星涡度降低以保持循环。因此，这些水团被迫向赤道移动。在向赤道移动的过程中，这些水团与流速更慢的流汇聚，转向西流去并汇聚到下游增强的纬向流中。到达西边界后，流体转向并形成流速很快的向极流，因为流速很快使其相对涡度很大足以补偿行星涡度发生的相反的变化。

显而易见，我们所有的假设都消去了大量另外的动力过程，而这些过程可能会以某种方式影响大洋环流。惯性（由非线性平流项表示）对流体流速很快且狭窄的西边界层影响很大（罗斯贝数约为 1）。结果是，惯性导致该层强洋流脱离海岸，然后侵入海洋内部并在海洋内部自由地蜿蜒流动，有可能产生正压不稳定（参见第 10 章）。层结是另一需要充分考虑的方面。简单地说，层结的作用是使垂向流解耦，从而使其对底部摩擦的响应更小。另一方面，因为层结的存在产生的位能储存会导致斜压不稳定（第 17 章）。正压不稳定和斜压不稳定生成涡旋，涡旋反过来又导致动量水平净混合。最后，因为向极流动的西边界流（例如，墨西哥湾流）将暖水团带往更高的纬度，产生了大气-海洋热通量，导致海水冷却以及环流形态扭曲。感兴趣的读者可以参阅 Veronis（1981）的评论文章、Abarbanel 等（1987）写的书，以及 Cushman-Roisin（1987a）撰写的文章，以了解有关大洋环流动力学的更多信息。

20.4 温跃层环流

正如 20.1 节所述，季节性温跃层以下的区域由两个子区域构成，主温跃层和深渊层，两者合称海洋内部。前面章节所阐释的动力学适用于这两个子区域。现在，我们把注意力更多地放在两层之中位于上层的主温跃层上。

相比由高纬度地区的深层水对流形成的深渊层，主温跃层主要由来自表层的风驱动埃克曼抽吸引起的区域，且在中纬度地区最为明显。Talley 等（2007）编辑的图 20.9 总结了南、北大西洋，南、北太平洋和印度洋中密度的经向分布。他们揭示了上述五大洋区中相似的形态。密跃层在赤道处极强且极浅（100~200 m），垂直向下向两极扩展，并出现分裂成两个分支的倾向：一支在纬度 25°处浮出水面，另一支在纬度 35°附

近下降至 1 000 m，然后再次向上并在纬度 45°附近浮出水面。

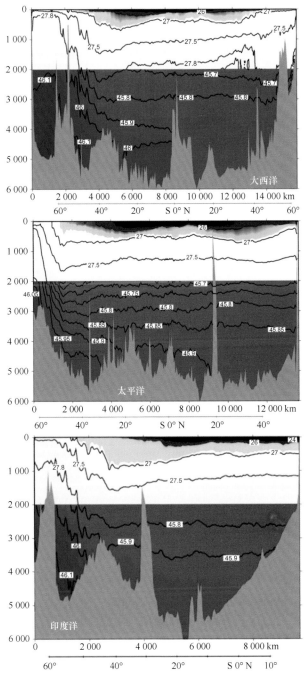

图 20.9　5 个主要海洋盆地中位势密度的经向结构（σ_θ 顶部，σ_4 底部，单位：kg/m³）。顶图：北大西洋和南大西洋；中图：北太平洋和南太平洋；底图：印度洋。数据是在世界大洋环流实验期间（1990—2002 年）收集的。变量 σ_θ 和 σ_4 是对高压下的压缩性效应进行过订正后的密度异常（Talley et al., 2007）

20.4.1 潜沉

在不变的海洋内部的顶部，水与季节性温跃层进行交换。若水从季节性温跃层至稳定内部，这一过程称为潜沉；或者，若水被季节性温跃层吞没，则称为夹卷，值得特别注意。

水进入主温跃层有几个过程：向下的埃克曼抽吸注入、冬天结束时对流混合层的消退，以及混合层内流的辐合（Cushman-Roisin，1987b）。这些过程综合起来才能产生潜沉，潜沉可定义为之前归属于季节性温跃层的流体沉积到海洋内部，数学上表达为每单位水平面积的体积流量（即以速度为量纲，尽管并非垂向速度）。

考虑宽度无穷小的流体柱，从季节性温跃层底部向上延伸至埃克曼层基流体。流体柱的密度在垂向上均匀，原因是季节性温跃层处于混合状态（根据定义）。用 $h(x, y, t)$ 来表示高度，其体积平衡为

$$\frac{\partial h}{\partial t} + \frac{\partial (h u_{ST})}{\partial x} + \frac{\partial (h v_{ST})}{\partial y} = -w_{Ek} - Su \tag{20.26}$$

式中，u_{ST} 和 v_{ST} 为季节性温跃层内东向和北向速度分量；w_{Ek} 为顶部的埃克曼抽吸（埃克曼层底部——参见图 20.3）；Su 为底部的潜沉速率。Su 值为正代表真正的潜沉（流进入主温跃层以下）；反之，Su 值为负则对应季节性温跃层捕获了海洋内部水，即夹卷。w_{Ek} 为负时则将水从海表混合层向下带入季节性温跃层。

若我们现在假设水平向速度（u_{ST}，v_{ST}）在季节尺度上以低频率和长长度尺度为特征，则必定是近地转的，我们可以写成

$$-\rho_0 f v_{ST} = -\frac{\partial p_{ST}}{\partial x}, \quad +\rho_0 f u_{ST} = -\frac{\partial p_{ST}}{\partial y} \tag{20.27}$$

其中，$f = f_0 + \beta y$；p_{ST} 为季节性温跃层内部的压力。式（20.26）的散度项则变为

$$\frac{\partial (h u_{ST})}{\partial x} + \frac{\partial (h v_{ST})}{\partial y} = J\left(\frac{p_{ST}}{\rho_0}, \frac{h}{f}\right) \tag{20.28}$$

式（20.26）可变形为

$$Su = -\frac{\partial h}{\partial t} - w_{Ek} - J\left(\frac{p_{ST}}{\rho_0}, \frac{h}{f}\right) \tag{20.29}$$

这显示潜沉是季节性温跃层消退、向下的埃克曼抽吸以及季节性温跃层中的地转流辐合的结合。

在继续讨论主温跃层中的运动之前，有必要就潜沉的时间变异做一些评论。正如 Stommel（1979）所言，在春季和夏季温跃层消退时留下的很多水在接下来的秋季和冬季被重新捕获，原因是在季节性温跃层再次进入之前，这些水并没有时间下沉至内部足

够的深度。很多潜沉是无效的，而输入海洋内部的有效的潜沉仅发生在冬季末这一相对较短的时间间隔内。这解释了为什么海洋内部的水特性系统地反映了冬季末海洋表层水的特性，而非夏季海洋表层水的特性（Stommel，1979）。Cushman-Roisin（1987b）曾更为详细地探索过季节性潜沉的运动学，并得出结论：有效潜沉的时间并没有斯托梅尔所给出的那么短，且潜沉的水中有 30% 左右没有被重新捕获，因而输入了海洋内部。

20.4.2　通风温跃层理论

主温跃层早期理论试图将所观察到的垂向温度结构解释为上涌的冷深渊层水和从海表向下的热扩散之间的局地对流–扩散平衡，或寻求基于由数学上的便利性的假设的分析解。这一范式随着 20 世纪 80 年代 Luyten 等（1983）题为"通风温跃层"的论文的发表而改变。该理论将混合层的潜沉与平流下降至层结温跃层结合起来。

场景如下：在中纬度海洋，埃克曼抽吸向下，混合层水潜沉至主温跃层；在温跃层，这些混合层水沿着密度表面运动，同时携带潜沉时具有的密度和位势涡度等海表特性。可以追溯至埃克曼抽吸向下的混合层底部的温跃层水层就是通风的，与提供温跃层水层的混合层的交叉处称为露头线。通风区域的主温跃层的垂直结构就反映了冬季（有效潜沉时间）海表的密度分布。Iselin（1938）很早就注意到这一事实。

在这些前提下，温跃层的问题则简化为通过追踪各个密度层上游到其各自的露头线来解决密度的垂直分层问题，其中（冬季）海表密度分布是已知的。由于潜沉及随后的沿密度表面运动的理念说明温跃层受到对流控制，则使用无黏且非扩散流体的理论似乎是合适的（Luyten et al.，1983）。该理论后来被 Huang（1989）扩展至连续层结。由于主温跃层中只有一个扇区可以追溯到海表条件已知的露头，而剩余部分在东边和西边形成所谓的"阴影区"，情况较为复杂。在这些阴影区，流动在没有表面接触的情况下循环，且推测其特征为缓慢但有效的位势涡度均匀化（Huang，1989）。

此处，我们将限定在确定主温跃层垂向厚度尺度，而非对通风温跃层理论及其伴随的阴影区复杂化进行阐释。

20.4.3　主温跃层尺度

主海洋温跃层环流的动力学受控于少数参量，即控制方程中的常数 f_0、β_0、ρ_0 和 g，以及通过边界条件代入的一些外部尺度：洋盆宽度 L_x；埃克曼抽吸典型大小 W_{Ek}；横跨温跃层的典型密度变化 $\Delta\rho$。

根据 Welander（1975），温跃层深度 h_{scale} 可通过斯韦尔德鲁普动力学方程中各项平衡导出。首先，压力尺度 $\Delta P = g h_{scale} \Delta\rho$ 由流体静力平衡式（20.3）得出，并通过式（20.1a）：$v \sim \Delta P/(\rho_0 f_0 L_x) = g h_{scale} \Delta\rho/(\rho_0 f_0 L_x)$ 遵循北–南速度尺度。垂向速度尺度

必须与埃克曼抽吸速度相近，因为在埃克曼层底部它们是相等的。由于经向和垂向速度的尺度已知，斯韦尔德鲁普关系式(20.8)意味着：

$$\beta_0 \frac{gh_{\text{scale}}\Delta\rho}{\rho_0 f_0 L_x} \sim f_0 \frac{W_{\text{Ek}}}{h_{\text{scale}}} \tag{20.30}$$

其中，遵循主温跃层深度尺度h_{scale}：

$$h_{\text{scale}} = \sqrt{\frac{f_0^2 L_x W_{\text{Ek}}}{\beta_0 g(\Delta\rho/\rho_0)}} \tag{20.31}$$

要看该尺度是否合理，让我们运用对应北大西洋约35°N处的数据。在该纬度，科氏力参量$f_0 = 8.4 \times 10^{-5}\ \text{s}^{-1}$，$\beta_0 = 1.9 \times 10^{-11}\ \text{m}^{-1}\text{s}^{-1}$，而洋盆宽度为10°—80°W，$L_x = 6\ 400\ \text{km}$。风应力旋度导致的埃克曼抽吸约为$W_{\text{Ek}} = 2\times10^{-6}\ \text{m/s}$，且相对密度差$\Delta\rho/\rho_0$约为0.002，我们得到$h_{\text{scale}} = 490\ \text{m}$，观测显示这一高度约为500 m。

由于洋盆深度远比该尺度深[①]，在主温跃层下方有大量的海水不受埃克曼抽吸影响，这就是深渊层，是下一部分的主题。正如我们将看到的，它是由高纬度大气冷却下的深对流驱动的。

20.5 深渊层环流

由于风应力只影响水柱中相对较小的部分，大部分形成深渊层的大洋海水必定受到其他机制驱动。事实证明，这一最大的水体是由于海表面极小部分即高纬度极度冷却的狭窄区域上发生的垂直对流而缓慢运动。

场景如下：海水暴露在高纬度非常冷且干燥的大气中引起收缩和蒸发，蒸发带走了纯净的水，将盐分留在海洋中，盐析排出的盐分进一步增加了剩余的液纯水的盐度，结果就是水非常冷、非常咸，密度明显大于典型海水；这些密度较大的水在重力作用下下沉，缓慢却有效地填充世界大洋的深渊层。已知由深对流形成的密度较大的水的区域为大西洋北方流入北冰洋的入口处和沿南极洲边缘的几处边缘海（威德尔海和罗斯海）。

要闭合这一循环，低纬度地区须发生缓慢上涌，从而将水返还至海表，在海表，这些水被加热，并可以再一次转移至高纬度地区，以完成循环（图20.10）。在三维空间中，该循环系统总体形成了所谓的输送带（图20.1），据信沿着这一路径往返一次需花费数千年。

作为例外，我们此处使用球面坐标，因为目前的分析并不比使用笛卡儿坐标复杂太多，且其结果更容易识别实际海洋特征。该分析与 Stommel 等（1960a，1960b）的分

---

① 海洋中的平均深度为3 720 m。

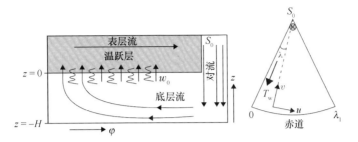

图 20.10　深渊层环流的高度简化模型，令西边界处"经线"为零(左图：侧视图；
右图：俯视图)。体积源 S_0 代表高纬度地区密度较大的水的形成

析结果非常一致。

动力平衡像往常一样简化成地转状态。现在，在球面坐标中［参见附录
式(A. 18)］，附以体积守恒：

$$- fv = - \frac{1}{a \cos \varphi} \frac{\partial p}{\partial \lambda} \tag{20.32a}$$

$$+ fu = - \frac{1}{a} \frac{\partial p}{\partial \varphi} \tag{20.32b}$$

$$\frac{1}{a} \frac{\partial u}{\partial \lambda} + \frac{1}{a} \frac{\partial}{\partial \varphi}(v \cos \varphi) + \frac{\partial}{\partial z}(w \cos \varphi) = 0 \tag{20.32c}$$

式中，a 为地球半径；λ 为经度；φ 为纬度；z 为局地垂直坐标；$f = 2\Omega \sin \varphi$ 为依赖纬度
的科氏力参量。消除前两式中的压力得到

$$\frac{\partial}{\partial \lambda}(fu) + \frac{\partial}{\partial \varphi}(fv \cos \varphi) = 0 \tag{20.33}$$

此处运用体积守恒式(20.32c)，我们复现斯韦尔德鲁普关系，在球面坐标中：

$$\beta v = f \frac{\partial w}{\partial z} \tag{20.34}$$

式中，$\beta = 2(\Omega/a) \cos \varphi$。

从平底横跨深渊层(从 $-H$ 到 0)进行垂直积分得到斯韦尔德鲁普输送：

$$\int_{-H}^{0} v \mathrm{d}z = V = a w_0 \tan \varphi \tag{20.35}$$

几乎所有的地方都具有正速度(上升流) w_0(因为密度较大的水的下沉仅限于较小的
角落区域)，深渊层流在北半球必定是北向的($\varphi > 0°$)，在南半球必定是南向的($\varphi <
0°$)，即极向无处不在。我们还注意到，横跨赤道($\varphi = 0°$)并没有斯韦尔德鲁普输送。
这显然是有问题的，因为直觉告诉我们，极地纬度地区的对流应该造成远离而非朝向
两极的流。这一悖论的解决办法是来自高纬度地区的流被限定在沿海洋海盆西边缘的

561

窄带内，而宽阔的深渊层流则由朝向高纬度的回流组成。

针对下面的讨论，我们现在把注意力放在北半球。从任意北纬 φ 至极地的水量平衡，包括深水源在内，要求内部携带的流（V 的边界积分）和深水流入（S_0）由进一步向南流动的西边界层流（T_w）进行补偿，以及顶部上升流的累积效应（w_0 的表面积分）为

$$S_0 + \int_0^{\lambda_1} Va\cos\varphi\,\mathrm{d}\lambda = T_w(\varphi) + \int_\varphi^{\pi/2}\int_0^{\lambda_1} w_0\,a^2\cos\varphi\,\mathrm{d}\lambda\,\mathrm{d}\varphi \qquad (20.36)$$

若上涌速度 w_0 均匀，通过式（20.35）消去 V，我们得到

$$S_0 + \sin\varphi\,\lambda_1\,a^2\,w_0 = T_w(\varphi) + (1 - \sin\varphi)\,\lambda_1\,a^2\,w_0 \qquad (20.37)$$

因而西边界层的输送必定是

$$T_w(\varphi) = S_0 + (2\sin\varphi - 1)\,\lambda_1\,a^2\,w_0 \qquad (20.38)$$

在极地处最大（$\varphi = \pi/2$），向赤道递减（$\varphi = 0°$）。可能出现 3 种情况。

情况 1：$S_0 = \lambda_1 a^2 w_0$。在这种情况下，从赤道向极地的上升流与极地处的来源完全相符。西边界涌流的输送为 $T_w = 2S_0\sin\varphi$，并在赤道处消失（$\varphi = 0°$）。由于斯韦尔德鲁普输送在赤道处也是零，两个半球是解耦的。我们还注意到，在极地附近，边界层流的强度是源头处的两倍，而北向的斯韦尔德鲁普流与源头处相等，意味着有一半的流是纯回流的。这一令人惊讶的特征看上去违背了斯托梅尔和阿伦斯（Arons）的直觉，因此他们进行了实验室实验（Stommel et al., 1960a, 1960b）来验证其发现。

情况 2：$S_0 > \lambda_1 a^2 w_0$。密度较大的水源强度大于分布的上升流，且过量的输送横跨赤道溢出至另一半球，这就是在北大西洋遇到的情况。

情况 3：$S_0 < \lambda_1 a^2 w_0$。水源不足以维持所需的上升流，需要以横跨赤道的北向边界层流以弥补这一差异，这种情况在北太平洋非常普遍。

在计算纬向速度 u 时，前述解决方案可以推广至任意 w_0 分布，要求东边界法向流为零，与沿西边界未待解的边界层位置一致。根据式（20.32a），知道正压深渊层式（20.35）经向速度，我们可以通过施加一个常数值计算压力。为了不失一般性，令沿东边界的常数值为零：

$$p = \frac{2\Omega\,a^2}{H}\sin^2\varphi\int_{\lambda_1}^\lambda w_0\mathrm{d}\lambda \qquad (20.39)$$

我们根据式（20.32b）推导出纬向速度：

$$u = -\frac{a}{H\sin\varphi}\frac{\partial}{\partial\varphi}\left(\sin^2\varphi\int_{\lambda_1}^\lambda w_0\mathrm{d}\lambda\right) \qquad (20.40)$$

对于均匀的 w_0，该式简化为

$$u = 2\frac{a}{H}w_0(\lambda_1 - \lambda)\cos\varphi \qquad (20.41)$$

其总是向东，意味着输入该流的边界层必须在海盆西侧。

速度场式(20.41)和式(20.35)产生图 20.11 左图所示的轨迹线,据此我们可以理解 Stommel(1958)提出的深渊层环流(图 20.11 右图)。

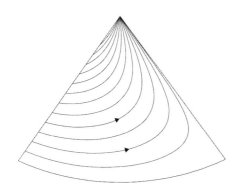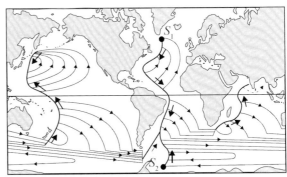

图 20.11　海盆扇形区中深渊层流的一些轨迹线(左图)

和 Stommel(1958)推测的深渊层环流(右图)

前述理论是地球流体动力学的有趣应用,但却几乎没有说明深渊层环流的复杂动力学。我们的主要假设是平底。众所周知,海底地形是支离破碎的,有大量的海脊障碍和引导水流的水道。海脊和水道对水流造成的特殊影响,包括集中的纬向流和回流形态,感兴趣的读者可以参考 Pedlosky(1996)的第 7 章。

20.6　海洋环流模式

海洋数值模拟的里程碑是由普林斯顿大学地球物理流体动力学实验室科学家(Bryan,1969;Bryan et al.,1972)开发的第一个普通海洋环流模式(ocean general circulation model,OGCM)。该海洋环流模式源代码及其后续变体模块化海洋模式(MOM)向科学界公布,促进了该海洋环流模式的广泛使用,尤其是模式的简单数值算法易于适应不同的用户。该模式的源代码基于经纬度坐标系上控制方程的简单二阶中心有限差分,海岸线和海底地形在经纬度坐标系中用阶梯表示,时间推进是蛙跳的。

该模式可以使用原始方程(即不依赖准地转近似,就像之前那样)进行海洋环流研究,但最终发现需要做一系列改进,尤其是球面坐标中子午线的极地辐合导致的奇点,产生所谓的极点问题。后来通过转换球面坐标系统,将"两极"重新安置在大陆上,或通过使用拓扑矩形网格(图 20.12)的曲线正交网格,极点问题得以避免。阶梯式地形(图 20.13)也不适用于模拟较小底坡及相关的位势涡度约束。作为回应,引入部分遮蔽的格元(Adcroft et al.,1997)。阶梯式地形引起的另一问题是典型深水形成的溢流表示较差(图 20.14)。已发展了特殊的算法解决这类问题(Beckmann et al.,1997)。需特别注意的是 DieCAST(Dietrich,1998),该算法使用改进的荒川 A 网格,水平方向为四阶精度。该模式的耗散异常低，可以更准确地模拟边界流、中尺度涡等较狭窄的特征。

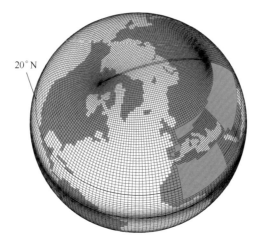

图 20.12　海洋模式网格：大陆上方有数值网格极点（法国 LODYC，ORCA 外形，Madec et al.，1998）

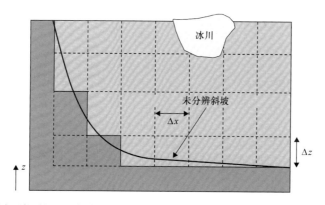

图 20.13　掩盖规则网格可以离散地形。对于矩形网格框而言，只有当 $\Delta z < \Delta x \,|\, \partial b / \partial x\,|$ 且底部为 $z = b(x, y)$ 时才能分辨斜坡较小的问题。否则，较小的斜坡将缓慢近似至平底。平底延伸了好几个网格步长，随后是突然的台阶。出现冰山或厚冰层（与近海表的垂直间距相比较厚）的情况下，还可以对上边界进行掩盖

　　除了上述改进外，也在不断地开发新一代模式。也许数值处理最显著的变化就是从结构化网格到非结构化网格的转变。大陆边界的出现仍然是谱模式应用的障碍（全球气候模式中使用较多），而非结构化网格经过设计后，可以遵循复杂的等高线。

　　对于沿笛卡儿坐标和经纬度离散的模型来说是自然的，结构化网格在拓扑结构上类似矩形网格，每一个格点在上方和下方的"东""西""北""南"方向有且仅有一个相邻的格点。非结构化网格则正好相反，每一个网格单元周围都有不同数量的相邻格点（图20.15），为地理覆盖提供了极大的灵活性。可以沿一侧添加微小单元来跟踪海岸线，

在底部添加微小单元可以解决峡谷问题，而增加距离单元的大小则可以将开放边界推至更远。模式研发的力度有增无减（Pietrzak et al. ，2005）。

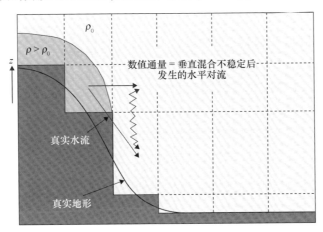

图 20.14 溢流的垂直剖面图，其中密度较大的底层水泻下斜坡。在阶梯式地形的情况下，对流将密度较大的水水平携带至密度较小的模式格点。很容易通过混合算法去除所产生的非物理静力不稳定，但会造成不好的影响，即会稀释密度较大的水脉

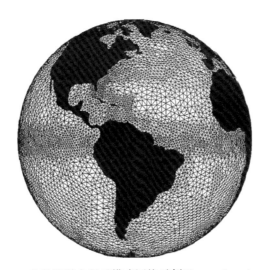

图 20.15 世界海洋有限元模式网格示例（Legrand et al. ，2000）

非结构化有限体积方法是对 5.5 节中有限体积方法的推广。5.5 节中的有限体积方法是对每一个有限体积进行积分，且全组覆盖模型区域。有限体积之间的物理耦合通过横跨共享界面的流量自然产生。相比之下，有限单元则从完全不同的途径（基于伽辽金法）着手（8.8 节）。该方法展开为对非正交基函数之和，且每一个控制方程在对模型空间进行积分之前均需乘以各个基函数。有限单元方法中使用的基函数（有时也称为试

验函数)性质特殊，仅在给定单元的情况下，基函数值非零。由于函数被迫遵循单元之间的某些连续性要求，单元之间会产生联系，这需要在每一个时间步长求解线性方程组(如求逆矩阵)，但是基函数的性质会使矩阵相对稀疏。

除了广泛使用的有限体积法和有限单元法，海洋模式中还应用了其他方案，如球形立体网格(化圆为方的三维推广，一些节点处具有特殊连通性，Adcroft et al.，2004)，以及谱单元法(Haidvogel et al.，1991)。谱单元法中，空间被较大单元覆盖，其中的谱级数用来近似求解。

可变分辨率的优势暴露了次网格尺度参数化的基本问题。由可变网格分辨的尺度是随区域变化的，因此，所涉及的参数化性质应在同一模型中随位置的不同而变化。在需要参数化的过程中，深水形成可能是最重要的例子(参见 11.4 节)。高密度水受到非静力对流使用而下沉，迫使所有静力模型进行某种形式的参数化。由于静力近似的有效性与流的形态比(垂向尺度对水平向尺度的比，参见 4.3 节)有关，非静力影响仅在极高的分辨率下才起作用，且大洋环流模式极少是非静力的。然而，形成高度局地化且密度较大的水会影响更大尺度的流，因而需要包含在模型中。处理这一问题直接且常见的方法是对流调整(参见 11.4 节)。对流调整中，每当水体在两个垂直对齐的格点之间密度反转时，温度和盐度仅由平均值取代，一直向下持续到密度反转消失。该方法虽然已使用多年，最终还是发现存在瑕疵(Cessi，1996)。它在最小能分辨的水平尺度上产生不稳定模。处理对流翻转的更好途径是通过灵活水平网格的局地网格细化，现在的静力海洋模型通常包含非静力选项，正如 MITgcm 中所使用的(Marshall et al.，1998)。

海洋环流模式的上边界需要特别注意，因为上边界是大气强迫力作用于海洋的地方。刚盖模型消除了快速表面重力波，允许更长的时间步长。然而，使用自由表面模式成为趋势，原因是自由表面模式的灵活性更大，适用性更广泛，包括潮汐描述。继续使用相当大的时间步长的技巧是(12.7 节)隐式、半隐式或模态分解方案处理表面高度的时间积分，而该方案的其他部分为显式。

因为海洋模式必须正确模拟海表温度和混合层深度，所以与大气的耦合(参见 19.4 节)仍然是一个难题。海表温度对海-气交换至关重要，而温度和混合层深度的乘积与水体的热含量直接相关，因此与热量收支也直接相关。由于空气的热容量较低，该模式的大气分量可能对海洋上层热含量的微小误差非常敏感。此外，由于混合层的演化很大程度上取决于湍流，因此需要特别注意涡黏性和扩散性的具体要求，尤其是垂直网格间距较为粗的情况。湍流闭合方案已在 14.3 节至 14.5 节中描述。

20.6.1 坐标系

海表附近的垂直分辨率对刻画海水之间的相互作用至关重要，大多数海洋模式在海表附近使用较短的垂直网格间距。垂直网格在模拟海洋内部中起着重要作用。问题的主要部分是将纵坐标与横坐标分开，必须分开是因为垂直方向与水平方向之间的几何形态比较小，动力学差异巨大。因此，我们假设水平离散使用的是本文前面章节中介绍的方法之一，现在重点关注垂直网格。

垂直网格可以非常灵活地处理，可变分辨率允许敏感部分(表面附近、整个密度跃层以及底部周围)采用高分辨率，而在不太重要的层次上采用低分辨率，以减少计算工作量。唯一的要求是，拓扑上一个格点位于另一个格点上方(下方)在物理上该格点也位于另一个格点上方(下方)。垂直坐标性质从顶部到底部灵活变化，可以从深度切换到密度再切换到底部追随坐标。这种混合网格模型通过以下两种方式实现：我们在所需的垂直空间中用有限体积积分技术处理控制方程并为每个网格单元写出一组控制方程，或者我们首先坐标交换，然后在新坐标系中沿着均匀网格对方程进行离散化处理(图 20.16；另参见 15.6 节)。

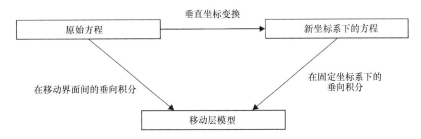

图 20.16　离散层的方程可以通过对每个选定层上的控制方程求积分得到，也可以通过移动坐标变换，在固定网格上做离散化处理获得。需要通过计算机求解的离散方程相同

物理空间中的直接积分需要进行参数化，因为除非做出一些假设，否则非线性项的积分不能使用单元平均值表示。相比之下，坐标变换后使用有限差分可能会掩盖对次网格尺度过程作参数化处理需求。但是，最终获得的离散方程相似，且选择哪种方法取决于模拟者选择的途径。

本节中我们给出了与第 12 章等密度面坐标变换极其类似的坐标变换方法。在初始笛卡儿坐标系 (x, y, z, t) 中，z 是自变量，而在变换后的坐标系中 (x, y, s, t)，新坐标 s 代替 z 成为自变量且 $z(x, y, s, t)$ 成为因变量，为给出位置 (x, y) 和时间 t 时找到值 s 的深度值。沿其 s 恒定的表面称为坐标面。根据微分表达式 $a = a[x, y, s(x, y, z, t), t]$，$a$ 表示任何变量，变量变换规则如下：

$$\frac{\partial}{\partial x} \rightarrow \frac{\partial a}{\partial x}\bigg|_z = \frac{\partial a}{\partial x}\bigg|_s + \frac{\partial a}{\partial s}\frac{\partial s}{\partial x}\bigg|_z$$

$$\frac{\partial}{\partial y} \rightarrow \frac{\partial a}{\partial y}\bigg|_z = \frac{\partial a}{\partial y}\bigg|_s + \frac{\partial a}{\partial s}\frac{\partial s}{\partial y}\bigg|_z$$

$$\frac{\partial}{\partial z} \rightarrow \frac{\partial a}{\partial z} = \frac{\partial a}{\partial s}\frac{\partial s}{\partial z}$$

$$\frac{\partial}{\partial t} \rightarrow \frac{\partial a}{\partial t}\bigg|_z = \frac{\partial a}{\partial t}\bigg|_s + \frac{\partial a}{\partial s}\frac{\partial s}{\partial t}\bigg|_z$$

这与第 12 章等密度坐标变换类似，而显著的差别是 s 不一定是沿着流动守恒的物理属性。坐标变换中的一个重要表达式是以下量：

$$\hbar = \frac{\partial z}{\partial s} \tag{20.42}$$

该量表示 s 发生一个单位变化时 z 的变化，因而为坐标层厚度的量度（与密度层厚度类似）。该量可以为正也可以为负，这取决于 s 是向上增加还是向下增加（如果 $s=\rho$，该量为负值，ρ 为第 12 章的密度坐标）。

新坐标系中物质导数的表达形式为

$$\frac{\mathrm{d}a}{\mathrm{d}t} = \frac{\partial a}{\partial t} + u\frac{\partial a}{\partial x} + v\frac{\partial a}{\partial y} + \omega\frac{\partial a}{\partial s} \tag{20.43}$$

其中，所有导数都取自变换后的空间（$\partial a/\partial x$ 为 s 恒定时的值）并且 ω 代替了垂向速度。ω 定义为

$$\omega = \frac{\partial s}{\partial t}\bigg|_z + u\frac{\partial s}{\partial x}\bigg|_z + v\frac{\partial s}{\partial y}\bigg|_z + w\frac{\partial s}{\partial z} \tag{20.44}$$

乘积 $\hbar\omega$ 是流相对于移动的 s 坐标面的垂向速度（参见 15.6 节）。显而易见，如果 s 是流的密度且随流动密度守恒（即不存在混合），$\omega=0$，我们会重新使用等密度坐标系消去垂向速度。如果将海洋表面和/或海洋底部当作坐标面，则边界处的"垂向"速度 ω 为零，因为流必须跟随实体边界。但是一般情况下，$\hbar\omega$ 不为零。

使用前文的变量变换规则转换体积守恒方程式（4.9）并定义垂向速度，得到

$$\frac{\partial\hbar}{\partial t} + \frac{\partial}{\partial x}(\hbar u) + \frac{\partial}{\partial y}(\hbar v) + \frac{\partial}{\partial s}(\hbar\omega) = 0 \tag{20.45}$$

导数在 s 空间求取。有趣的是，如果海洋表面和海底的 s 均常量，我们从底部向顶部积分，得到

$$\frac{\partial\eta}{\partial t} + \frac{\partial U}{\partial x} + \frac{\partial V}{\partial y} = 0 \tag{20.46}$$

因为

$$\int_{\text{bottom}}^{\text{surface}} \hbar\mathrm{d}s = z_{\text{surface}} - z_{\text{bottom}} \tag{20.47}$$

如果底部与时间无关，经过对时间求导之后，则得到表面高度 η 的时间导数。另外两个项涉及 U 和 V，作为垂向积分的输送：

$$U = \int u \hbar ds = \int u dz, \quad V = \int v \hbar ds = \int v dz \tag{20.48}$$

其中，积分从底部向顶部进行。我们可以复现垂向积分的体积守恒方程。

不管海洋表面和海洋底部是否作为坐标面，体积守恒会导致守恒形式的物质导数：

$$\hbar \left(\frac{\partial a}{\partial t} + u \frac{\partial a}{\partial x} + v \frac{\partial a}{\partial y} + \omega \frac{\partial a}{\partial s} \right) = \frac{\partial}{\partial t}(\hbar a) + \frac{\partial}{\partial x}(\hbar au) + \frac{\partial}{\partial y}(\hbar av) + \frac{\partial}{\partial s}(\hbar a\omega)$$

$$\tag{20.49}$$

该物质导数可视为 a 的含量在 s 层内的演变，尤其适合对变换后空间中的有限体积上求积分。

垂直扩散项在新坐标系中很容易变换为

$$\frac{\partial}{\partial z}\left(\nu_E \frac{\partial a}{\partial z} \right) = \frac{1}{\hbar} \frac{\partial}{\partial s}\left(\frac{\nu_E}{\hbar} \frac{\partial a}{\partial s} \right) \tag{20.50}$$

使得垂直扩散示踪物 c 的控制方程变为

$$\frac{\partial}{\partial t}(\hbar c) + \frac{\partial}{\partial x}(Hcu) + \frac{\partial}{\partial y}(\hbar cv) + \frac{\partial}{\partial s}(\hbar c\omega) = \frac{\partial}{\partial s}\left(\frac{k_E}{\hbar} \frac{\partial c}{\partial s} \right) \tag{20.51}$$

我们也可以变换水平扩散项，但通常情况下，水平变换会与次网格尺度过程的参数化相结合（参见 20.6.2 节）。

鉴于式（20.51）与笛卡儿坐标版本同构，指定了 $s(x, y, z, t)$ 的函数关系，s 模型就能以通常的方式实现，无须多费力。选择哪种方法则由模拟者自行决定。

除了利用 $s = \rho$ 或 $s = -\rho/\Delta\rho$ 的等密度面变换，还有另一种坐标变换，称为 σ 坐标系统（地形追随坐标的一种特殊形式），在海岸模拟中普遍使用。σ 坐标定义为

$$s = \sigma = \frac{z - b}{h}, \quad \hbar = h \tag{20.52}$$

坐标从底部 $[z = b(x, y)]$ 至表面 $[z = b(x, y) + h(x, y, t)]$ 的变换范围为 0～1，从而构成了坐标面（图 20.17）。跟随所有的地形斜坡和自由面流动，避免离散化方程在变换区域的问题。另外，计算使用的点都分布在水体上（$0 \leqslant \sigma \leqslant 1$）且垂直边界条件很简单，因而这些点得到了有效的利用，这也是海岸模拟中的主要优势。代表浅水的网格点比代表深水的网格点之间的间距要小，因而在最需要的时候提供最高的垂直分辨率（图 20.17）。

但是，在全球海洋模式中使用 σ 坐标变换引起了人们对压力梯度问题的担忧（Deleersnijder et al.，1992；Haney，1991）。虽然压力梯度问题最初为针对 σ 坐标确定的，但其实这种问题很普遍。接下来我们在一个广义坐标系中描述压力梯度问题。

例如，沿着 x 轴方向的水平压力梯度可以使用下列变换规则在新坐标系中计算：

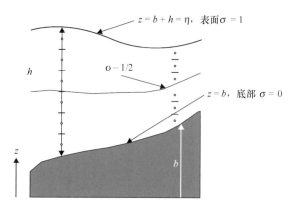

图 20.17　σ 坐标系将整个水柱分成同等数量的垂直网格单元，无论局地深度和表面高度如何

$$\left.\frac{\partial p}{\partial x}\right|_z = \left.\frac{\partial p}{\partial x}\right|_s + \frac{\partial p}{\partial s}\left.\frac{\partial s}{\partial x}\right|_z \qquad (20.53)$$

计算压力的流体静力平衡方程变为

$$\frac{\partial p}{\partial z} = \frac{1}{\hbar}\frac{\partial p}{\partial s} = -\rho g \qquad (20.54)$$

我们可以写出几个有关水平压力的数学等价表达式：

$$\frac{1}{\rho_0}\left.\frac{\partial p}{\partial x}\right|_z = \frac{1}{\rho_0}\left.\frac{\partial p}{\partial x}\right|_s + \frac{\rho g}{\rho_0}\left.\frac{\partial z}{\partial x}\right|_s \qquad (20.55a)$$

$$= \frac{1}{\rho_0 \hbar}J(p,\ z) \qquad (20.55b)$$

$$= \frac{1}{\rho_0}\left.\frac{\partial p}{\partial x}\right|_{\text{surface}} + \frac{\rho g}{\rho_0}\frac{\partial \eta}{\partial x} - g\int_{\text{surface}}^{s}J(\rho,\ z)\,\mathrm{d}s \qquad (20.55c)$$

$$= \frac{1}{\rho_0}\left.\frac{\partial P}{\partial x}\right|_s - \frac{gz}{\rho_0}\left.\frac{\partial \rho}{\partial x}\right|_s \qquad (20.55d)$$

最后一个表达式使用了蒙哥马利位势 $P = p + \rho gz$。对于第二个和第三个表达式，雅可比算子 J 在变换后的空间中定义为 $J(a,\ b) = (\partial a/\partial x)(\partial b/\partial s) - (\partial a/\partial s)(\partial b/\partial x)$。

　　对地形跟随模型的标准测试用来规定仅依赖于 z 的密度场和压力场（Beckmann et al.，1993；参见数值练习 20.4）。在这种情况下，水平压力梯度应该等于零，并且在没有外部驱动力的情况下，应该不会产生任何运动。方程式（20.55a）和式（20.55d）右侧的两个项在连续表述中相互抵消并且在离散化后也应相互抵消。但是两个项的性质不同，即使非常小心的进行数值离散化，也很可能会留下残差成为非零压力，产生非物理的水平运动。主要问题是，该误差通常不小，因为压力 $p(z)$ 的垂向变化很大，沿着斜坡 s 方向的压力梯度会产生一个大的垂直分量。

如果使用更高的分辨率可以消除该问题，就会出现另一个问题，即流体静力学一致性问题：垂直方向的分辨率比水平方向的分辨率提高更快（图 20.18），则计算水平压力梯度的数值模板可能涉及垂直方向很远处的网格点，并且水平导数可能会用外推法代替内插法进行计算。外推法会产生较大的相对误差（参见数值练习 3.5）以及不一致性。方程式（20.55a）至式（20.55d）中垂直梯度和水平梯度不是在相同深度计算的。如果简单的差分格式能满足下列斜率之间的条件，则避免使用外推法：

$$\left|\frac{\partial z/\partial x\big|_s}{\partial z/\partial s}\right| \leqslant \frac{\Delta s}{\Delta x} \tag{20.56}$$

变换空间中 z 线的斜率（左侧）不能大于相同空间中网格的形态比（右侧），这样一来，z 的等值线始终位于局地模板中。此处的约束条件与平流格式（6.4 节）依赖区域的约束条件没有什么不同。与图 20.13 中的问题相反，垂直网格间距有一个与坐标面斜率有关的下限。或者说，对于固定的垂直网格和给定的斜率，水平网格必须足够精细才能准确分辨斜率。

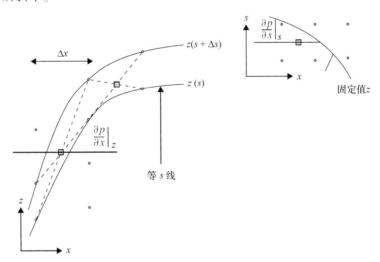

图 20.18　数值网格 (x, s) 中正方形位置处压力梯度的标准有限差分涉及离散网格的逻辑邻点，并与物理空间的虚线相连（左平面图）。对于右上点，计算使用的点是物理邻点，但对于左下点，计算使用的是远距离点，并进行外推

σ 坐标[①]的约束条件转换为对水体高度 h 的约束条件：

$$\left|\frac{1}{h}\frac{\partial h}{\partial x}\right| \leqslant \frac{\Delta\sigma}{\Delta x}\frac{1}{1-\sigma} \tag{20.57}$$

式中，$\Delta\sigma$ 和 σ 是所考虑的数值网格层上的值。σ 空间中均匀网格的约束条件在底层附

---

① 为了简化起见，此处我们忽略表面梯度。

近最为严格。

因此，最严重的问题出现在地势较浅但陡峭的地方，如陆架坡附近，这里与地形相关的长度尺度 $|(1/h)(\partial h/\partial x)|^{-1}$ 最小，须由网格间距分辨。因此，设计水平网格时，该长度尺度是额外需要考虑的尺度。陆架坡上的层结通常与地形相交，因而此处的压力梯度问题更严重：ρ 变化较大的地区与 $\partial z/\partial x|_s$ 值较大的地区一致，两者对水平压力贡献很大，因而导致显著的数值误差。该问题的解决方法包括高阶有限差分（使用更多的网格点且尽量少用外推法，McCalpin，1997）、计算压力前减去平均密度廓线 $\rho=\rho(z)$（Mello et al.，1998）、专门的有限差分法（Song，1998）、部分地形掩蔽法（用垂直断面代替斜坡，Beckers，1991；Gerdes，1993），或者简单地使用地形平滑算法。

通过上述对压力梯度的适当处理，广义的纵坐标非常有吸引力，已在好几种模式中使用（Pietrzak et al.，2002）。虽然实际上并未充分利用它们，而是预先规定了坐标面的位置。坐标面定位规则是尽量选取物理性质平滑的表面（图 20.19；另参见 15.6 节中的自适应网格）。在海洋环流模式中，网格模型应紧密追随海洋内部混合较弱的密度表面。

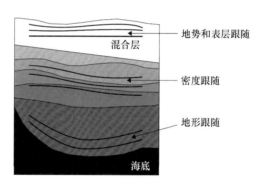

图 20.19　作为水深的函数的大多数具有物理意义的坐标面。在海表附近和混合层，横向坐标方向是水平的，或近似水平，以追随表面。海洋内部流体运动混合很少或不存在混合时，最好使用密度作为垂直坐标，坐标表面追随密度面。对于流被追追随的底部附近，最适合使用地形追随坐标

密度坐标不适合表示混合层，因而在海表附近优先使用 z 坐标。有一个模式几乎达到了这个要求，即 HYCOM（混合坐标海洋模式，Bleck，2002）。该模式是早期密度模式的扩展，允许混合层分布在多个 z 层上。为了进一步改进该模式，可以让底部附近的垂直坐标追随地形，如同 σ 坐标。

20.6.2　次网格尺度过程

定义网格且已知最短可分辨尺度，必须考虑次网格尺度过程。到目前为止，除湍

流之外，次网格过程都是通过水平扩散来模拟的，例如，

$$\mathcal{D}(c) = \frac{\partial}{\partial x}\left(\mathcal{A}\frac{\partial c}{\partial x}\right) + \frac{\partial}{\partial y}\left(\mathcal{A}\frac{\partial c}{\partial y}\right) \tag{20.58}$$

对任何量 c，如示踪物的浓度、温度、盐度，甚至是速度分量，出现一个问题，即该表达式中的导数是否应该是笛卡儿坐标或其他坐标中的导数。选择笛卡儿坐标意味着水平面存在混合的趋势，但这并不总能代表实际发生的情况。比如，沿着（可能是倾斜）密度表面更易发生混合，因为这个方向上的混合运动不受浮力的抑制。因此，我们根据物理学知识推断，混合发生在密度 ρ 恒定的表面，上式中的 x 导数和 y 导数为 ρ 取常值时的表达式。

表示为所选坐标中经典扩散的扩散算子可以被转换回笛卡儿坐标，如 Redi（1982）所做。但是要添加额外的项和非常数系数，并且与原始的算子相反，其离散化不再是单调的（Beckers Burchard et al.，1998）。

当然，扩散型参数化是建立在下列预期之上：未分辨的涡旋类似于扩散。但是，根据所研究的尺度，一些次网格尺度过程可能不被认为是海洋的随机混合，特别是在较大尺度上。内变形半径是能量运动的中心，在很大程度上是由斜压不稳定造成的（参见第 17 章）。因为海洋内变形半径最多只有数十千米，全球海洋模式通常无法分辨斜压不稳定性问题及由此产生的涡旋。如果不使用区域模式，则低分辨率的海洋模式必须对中尺度运动的影响进行参数化。斜压不稳定通过使密度表面变平坦释放位能，这一过程与纯混合完全不同。等密度扩散无法解释该过程，因为等密度扩散只沿等密度面进行，因此不能迫使等密度面变平坦。

建议采用 Gent–McWilliams 参数化（Gent et al.，1990；Gent et al.，1995）来替代扩散型参数化。该方案将团块速度添加到大尺度洋流，该速度的分量以星号表示，为

$$u^* = -\frac{\partial Q_x}{\partial z}, \quad v^* = -\frac{\partial Q_y}{\partial z}, \quad w^* = \frac{\partial Q_x}{\partial x} + \frac{\partial Q_y}{\partial y} \tag{20.59}$$

(Q_x, Q_y) 为

$$Q_x = -\frac{\kappa}{\rho_z}\frac{\partial \rho}{\partial x} = \kappa\frac{\partial z}{\partial x}\bigg|_{\rho} \tag{20.60a}$$

$$Q_y = -\frac{\kappa}{\rho_z}\frac{\partial \rho}{\partial y} = \kappa\frac{\partial z}{\partial y}\bigg|_{\rho} \tag{20.60b}$$

式中，$\rho_z = \partial \rho / \partial z$。

显而易见，这些量与等密度线的 x 和 y 斜率成正比，比例系数 κ 为可调模型参数，与扩散系数的量纲相同（长度/时间的平方）。因为导数使用笛卡儿坐标表示，因而很容易证明团块速度无散度，应该通过数值离散保持该特性。团块速度有效平流密度场，并使用所选的符号使锋面坡度减小（图 20.20），因此取代了斜压不稳定。需要注意的

是，该平流是在没有任何基本动力方程的情况下执行的，反映出这是对未分辨动力学问题的参数化过程。效应的强度由参数 κ 控制，Griffies（1998）展示了如何将团块平流与等密度扩散合并到单个算子中（只要两者的扩散系数相等）。若要了解有关海洋模式发展的更多的信息和最新综述，请参阅 Griffies 等（2000）的著作及其中的参考文献。

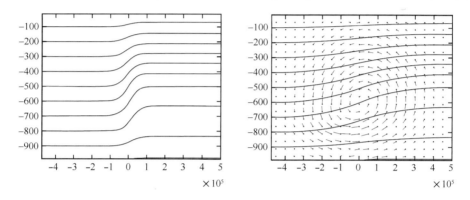

图 20.20　具锋面结构的密度场的垂直剖面，用倾斜的等密度线（左平面图）和相应的团块速度（右平面图，速度源自虚圆点端）表示。注意团块速度是如何适时松弛密度场，使一段时间后锋面变弱（右平面图，实线）。因为团块速度依赖于现存的斜率，因而等密度面的平坦化速度随着时间逐渐减小

解析问题

20.1　推导不规则海底地形上斯韦尔德鲁普输送的表达式。

20.2　将密度 ρ 作为纵坐标，推导水平速度随深度变化而发生的转向，证明通过变换成 z 坐标可以还原方程式（20.16）。

20.3　鉴于北太平洋的宽度约是北大西洋宽度的两倍，并且这两个洋盆均受到同样强风的影响，请对比这两处洋盆宽度上累积的斯韦尔德鲁普输送，结果用斯韦尔德鲁普单位（1 Sv = 10^6 m³/s）表示。

20.4　证明如果全球风力格局发生逆转，即如果中纬度地区埃克曼抽吸向上并且斯韦尔德鲁普输送朝向两极，则仍将发生西向强化。也就是证明，来自斯韦尔德鲁普输送的返回流必须受西边界的约束，无论海洋上方风应力旋度如何。

20.5　想象一片海洋覆盖了整个地球，就像大气层一样。如果没有西边界支持边界流返回向赤道方向流动的斯韦尔德鲁普流，则这种情况下环流形态是哪种？将所得结论与南极绕极流的存在联系起来。［有关该主要洋流的简明描述，请参见 Pickard 等（1990）所著书籍的 7.2 节或其他一些物理海洋学教科书］

20.6　考虑用于深海环流（跨越赤道的总流量为零）的斯托梅尔-阿伦斯模型，证明到达极地所用的时间与在纬度 φ_0 释放的水质点的初始经度无关。通过轨迹的时间积分

计算在均匀上升流情况下到达极地所用的时间。[提示：根据物质导数附录 A 式(A.17)，利用速度在球面坐标中的定义并在(λ, φ)域中对轨迹进行积分]

20.7 考虑方程式(20.59)的团块速度，该方程的扩散系数 κ 为常数。为了方便起见，在(x, z)垂直平面内探讨仅由该团块速度用平流输送的密度场存在定常解的可能性。找出对 Q_x 和 ρ 的一般条件后，假设这些变量和均匀垂直层结之间存在线性关系，以确定 ρ 的定常解。

数值练习

20.1 利用 iwavemed 中使用的密度数据计算地转速度。在 z 坐标中使用与 z 层相对应的密度数据，首先假设 500 m 处没有运动，然后计算海表和 2 000 m 深处的洋流。然后重新假设 1 500 m 处没有运动，进行同样计算。

20.2 使用 bolus 进行实验，研究垂直剖面(底部平坦)上等密度面的平坦化，然后在垂直剖面上变换至 σ 坐标，平面和地形为

$$h(x) = h_0 + \alpha x \qquad (20.61)$$

区域从 $x = -L/2$ 延伸至 $x = L/2$ 且 $\alpha L = h_0$。开始的密度分布与底部平坦情况下的相同。(提示：将团块平流项表示为垂直平面中的雅可比行列式，然后利用变量变换规则在新坐标系中表示该雅可比行列式，不要忘了使用变量变换规则来计算斜率)

20.3 从某处获取密度廓线并使用 bolus 计算团块速度，预计在边界附近会存在哪些问题？(提示：可以将 κ 当作随空间而变的校准参数)

20.4 使用 pgerror 探究固定密度异常剖面的压力梯度误差，根据下式，该固定密度异常剖面仅依赖于 z：

$$\rho = \Delta \rho \tanh\left(\frac{z + D}{W}\right) \qquad (20.62)$$

式中，D 和 W 控制密度跃层的位置与厚度。底部地形为

$$h(x) = H_0 + \Delta H \tanh\left(\frac{x}{L}\right) \qquad (20.63)$$

式中，L 和 ΔH 控制斜坡的坡度。计算 $f = 10^{-4}$ s^{-1} 情况下的误差和相关地转速度。改变垂直网格点数，水平网格点数，密度跃层的位置、深度和强度。如果只增加垂直网格点的数量会怎样呢？在 bcpgr 中对另一压力梯度表达式(20.55)进行离散化并对比。

20.5 底部地形在用于模型中之前，通常通过重复应用拉普拉斯式扩散使其平滑。鉴于流体静力学一致性的约束，你会提倡采用哪种滤波技术？{提示：记住，应用于函数 F 的拉普拉斯滤波法降低了域中的梯度的模(范数)$\iint [(\partial F/\partial x)^2 + (\partial F/\partial y)^2] dx dy$}

亨利·梅尔森·斯托梅尔
（Henry Melson Stommel，1920—1992）

　　早年，亨利·斯托梅尔考虑过以天文学作为自己的职业，但是为了在第二次世界大战期间能够平静地生活，他转向了海洋学。由于被时任所长的斯韦尔德鲁普拒录斯克里普斯海洋研究所研究生院，斯托梅尔没能获得博士学位。但这并没能让他却步，他很快认识到，在那个年代，海洋学几乎没有运用物理原理，因而在很大程度上是一种描述性科学，他开始着手提出动力学假设，并用观测结果进行检验。正是因为他，我们有了第一个正确的墨西哥湾流理论（1948 年）、深渊层环流理论（20 世纪 60 年代初）以及物理海洋学的几乎所有方面的许多重大贡献。

　　谦逊且不愿意引人注目，斯托梅尔依赖其敏锐的物理洞察力和简单的常识开发出简单的模型来阐释物理过程的作用和意义。他通常对数值模式持谨慎态度。尤其激励年轻科学家的是，斯托梅尔在他所选择的领域始终充满热情，正如他自己第一个承认的那样，该领域还处于发展初期。［照片由乔治·纳普（George Knapp）提供］

柯克·布赖恩
（Kirk Bryan，1929—　）

在 20 世纪 60 年代，当计算机大型主机刚刚可以用于科学研究的时候，柯克·布赖恩就与同事迈克尔·考克斯（Michael Cox，1941—1989 年）和学生伯特·塞姆特纳（Bert Semtner）合作，开始开发模拟海洋环流的代码。这项工作确实非常具有开创性，不仅仅是因为严格的硬件限制，还因为当时对数值稳定性、准确性、虚假模态等知之甚少。普林斯顿大学地球流体动力学实验室的所谓的布赖恩-考克斯代码很快成为海洋模式的主体，通常是其他代码的根源。

对气候变化的关注促使布赖恩在其职业生涯后期构建完全耦合的大气-海洋模式，而这鉴于其复杂性和截然不同的时间尺度，这些模式极具挑战。然而，布赖恩非但没有被这种复杂性吓倒，而是强调了大气与海洋过程以及运动尺度的互补性。

名声和无数的奖项随之而来，但是柯克·布赖恩保持了他的绅士风度，无论与谁接触，总是言辞友善。（照片由普林斯顿大学提供）

第 21 章　赤道动力学

摘要： 赤道附近的科氏力逐渐消失，所以热带地区表现出独特的动力学特征。在概述了只存在于赤道附近的线性波之后，本章最后将简单介绍厄尔尼诺现象，即热带太平洋西部暖水向东部间歇性输送的现象。为了进行季节性预报，我们将介绍另外一种基于经验关系的预报工具。

21.1　赤道 β-平面

赤道地区(纬度 $\varphi = 0°$)的科氏参数 $f = 2\Omega \sin \varphi$ 为零。水平方向没有科氏力，流动无法保持地转平衡，因而我们预计，热带地区和温带地区的动力学特征存在巨大差异。那么，第一个问题就是确定预期存在这种特殊效应的热带地区的经向范围。

这里将赤道作为经向轴的原点是最自然的，科氏参数的 β-平面近似(参见 9.4 节)，然后得到

$$f = \beta_0 y \tag{21.1}$$

式中，y 表示距离赤道的经向距离(向北为正)，$\beta_0 = 2\Omega/a = 2.28\times10^{-11}\,\mathrm{m^{-1}\,s^{-1}}$，$\Omega$ 和 a 分别表示地球自转的角速度和地球半径($\Omega = 7.29\times10^{-5}\,\mathrm{s^{-1}}$，$a = 6\,371$ km)。此处的科氏参数表示形式称为赤道 β-平面近似。

我们在前面章节讨论中纬度流体运动过程时(例如，第 16 章)指出，内变形半径在控制动力结构范围中起了重要作用：

$$R = \frac{\sqrt{g'H}}{f} = \frac{c}{f} \tag{21.2}$$

式中，g' 是描述层结特征适用的约化重力；H 是层厚度。f 随着 y 变化，故而 R 也随着 y 变化。如果与给定经向位置 y 的距离包括赤道，则赤道动力学须取代中纬度动力学。因此，确定热带地区宽度 R_{eq} 的标准如下(图 21.1)：

$$R_{eq} = R \quad (\text{当 } y = R_{eq} \text{ 时}) \tag{21.3}$$

将方程式(21.1)代入方程式(21.2)，得到

$$R_{eq} = \sqrt{\frac{c}{\beta_0}} \tag{21.4}$$

这称为赤道变形半径。前面已给出 β_0 的值以及 $c = (g'H)^{1/2} = 1.4$ m/s（热带海洋的典型值）（Philander，1990，第 3 章），我们估算 $R_{eq} = 248$ km 或 $2.23°$ 纬度。大气层结比海洋层结强得多，因而大气中的赤道变形半径要大出好几倍。这意味着，大气和海洋中热带地区与温带地区之间的毗邻处不同。

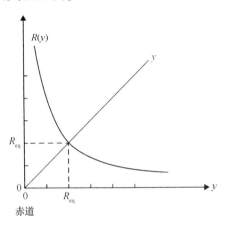

图 21.1　赤道变形半径的定义

c 表示速度（与波速相关），因此我们将赤道惯性时间 T_{eq} 定义为以速度 c 走过距离 R_{eq} 所用的时间。通过简单的代数运算得到

$$T_{eq} = \frac{1}{\sqrt{\beta_0 c}} \tag{21.5}$$

式中各变量取上述值，得到 T_{eq} 约为 2 d。

21.2　线性波理论

海洋波动在厄尔尼诺现象中起着重要作用，因而本节的重点是海洋波动。赤道海域层结通常由一个明显的暖水层、深水层和将两者分开的浅薄的温跃层组成（图 21.2）。当典型值 $\Delta\rho/\rho_0 = 0.002$，温跃层深度 $H = 100$ m 时，得出上文提及的 $c = (g'H)^{1/2} = 1.4$ m/s。这表明用于研究波动理论的一层约化重力模式立即被线性化：

$$\frac{\partial u}{\partial t} - \beta_0 yv = -g' \frac{\partial h}{\partial x} \tag{21.6a}$$

$$\frac{\partial v}{\partial t} + \beta_0 yu = -g' \frac{\partial h}{\partial y} \tag{21.6b}$$

$$\frac{\partial h}{\partial t} + H\left(\frac{\partial u}{\partial x} + \frac{\partial v}{\partial y}\right) = 0 \qquad (21.6c)$$

式中，u 和 v 分别表示纬向和经向速度分量；g' 表示约化重力 $g\Delta\rho/\rho_0(=0.02 \text{ m/s}^2)$；$h$ 表示层厚度变化(如果变厚为正值，如果变薄为负值)。

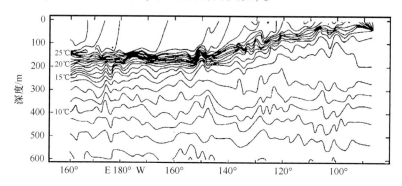

图 21.2 赤道地区的温度(单位:℃)，是深度和经度的函数。由 Colin 等(1971)
于 1963 年测量所得。注意，100~200 m 存在强温跃层

之前的方程组存在经向流为零的解。当 $v=0$ 时，方程式(21.6a)和式(21.6c)简化为

$$\frac{\partial u}{\partial t} = -g'\frac{\partial h}{\partial x}, \quad \frac{\partial h}{\partial t} + H\frac{\partial u}{\partial x} = 0$$

用 $x \pm ct$ 和 y 的任意函数表示前述方程式的解，而剩下的方程式(21.6b)设定了经向结构，对于远离赤道衰减的信号，由下式给出

$$u = cF(x-ct)\ e^{-y^2/2R_{eq}^2} \qquad (21.7a)$$

$$v = 0 \qquad (21.7b)$$

$$h = HF(x-ct)\ e^{-y^2/2R_{eq}^2} \qquad (21.7c)$$

其中，$F(\cdot)$ 是自变量的任意函数，$R_{eq} = (c/\beta_0)^{1/2}$ 是 21.1 节中介绍的赤道变形半径。该方程的解描述了波以速度 $c = \sqrt{g'H}$ 向东移动，沿赤道出现最大振幅，并在大致为赤道变形半径的距离内，随着纬度增加而对称的衰减。这与 9.2 节提及的沿岸开尔文波非常相似：波速等于重力波速度，不存在横向流动，具有非频散特征并在变形半径内衰减。这类波称为赤道开尔文波。然而，这类波的发现者是 Wallace 等(1968)而非开尔文。

方程组(21.6)存在其他波动解，更接近于惯性重力波(庞加莱波)和行星波(罗斯贝波)。为了求得这些波解，我们先求时间方向和纬向的周期解：

$$u = U(y)\ \cos(kx - \omega t) \qquad (21.8a)$$

$$v = V(y)\ \sin(kx - \omega t) \qquad (21.8b)$$

$$h = A(y)\ \cos(kx - \omega t) \tag{21.8c}$$

消去振幅函数 $U(y)$ 和 $A(y)$，得到控制经向速度的单一经向结构 $V(y)$ 方程式：

$$\frac{d^2 V}{dy^2} + \left(\frac{\omega^2 - \beta_0^2\, y^2}{c^2} - \frac{\beta_0 k}{\omega} - k^2\right) V = 0 \tag{21.9}$$

括号中的表达式依赖于变量 y，因而该方程式的解不是正弦曲线。事实上，对于足够大的 y 值，该系数为负值，因而我们预计，在距离赤道较远的地方，解呈指数性衰减。可以证明方程式(21.9)解的类型为

$$V(y) = H_n\left(\frac{y}{R_{eq}}\right) e^{-y^2/2R_{eq}^2} \tag{21.10}$$

式中，H_n 是 n 次多项式，只有满足以下方程式时，

$$\frac{\omega^2}{c^2} - k^2 - \frac{\beta_0 k}{\omega} = \frac{2n + 1}{R_{eq}^2} \tag{21.11}$$

才存在远离赤道衰减的解。因此，波形成了一组离散的模态($n = 0$，1，2，…)。方程式(21.11)表示频散关系，将频率 ω 作为每个模中波数 k 的函数。如图 21.3 所示，随着 k 的变化，每个 n 存在 3 个 ω 根(重要提示：这种情况下，波的相速 ω/k 不一定等于前文中开尔文波的速度 c)。

当 $n \geq 1$ 时，最大正根和负根对应的频率大于赤道惯性时间的倒数。方程式(21.11)中的 β 项导致曲线出现轻微不对称。如果没有 β 项，频率可以近似为

$$\omega \simeq \pm \sqrt{\frac{2n + 1}{T_{eq}^2} + g'Hk^2} \quad (n \geq 1) \tag{21.12}$$

这与表示惯性重力波频散关系的方程式(9.17)相似。因此，这类波是热带外的惯性重力波(9.3 节)在低纬度地区的延伸。

当 $n \geq 1$ 时，第三个根相对于另外两个根要小得多，对应于次惯性频率，因此这类波是中纬度行星波(9.4 节)在热带地区的延伸。在波长较长的情况下(k 值小)，这类波几乎是非频散的，并且以下列速度向西传播：

$$c_n = \frac{\omega_n}{k} \simeq -\frac{\beta_0 R_{eq}^2}{2n + 1} \quad (n \geq 1) \tag{21.13}$$

稍后将其与方程式(9.30)作比较。

$n = 0$ 属于特殊情况，其频率 ω_0 是下列方程式的根：

$$(\omega_0 + ck)\left(\omega_0 T_{eq} - \frac{1}{\omega_0 T_{eq}} - k R_{eq}\right) = 0 \tag{21.14}$$

结果表明，将 $U(y)$ 从控制方程中消去后，得到的根 $\omega_0 = -ck$ 是虚假解。事实上，我们消去 $U(y)$ 时，假设了 $\omega_0 + ck \neq 0$，因此我们不能将根 ω_0 作为有效解。另外两个根很容

易计算。如图 21.3 所示，这类波是兼具行星波特征和惯性重力波特征的混合波。最后，取 $n = -1$，即可得到开尔文波解（图 21.3）。

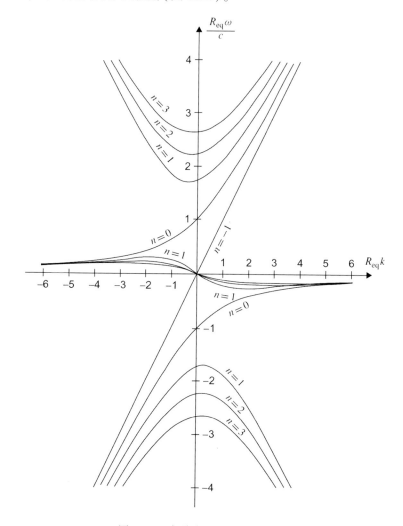

图 21.3　赤道陷波的频散关系图

方程式（21.10）的多项式不是任意的，而必须是所谓的埃尔米特多项式（Abramowitz et al.，1972，第 22 章）。前几阶多项式为 $H_0(\xi) = 1$、$H_1(\xi) = 2\xi$ 和 $H_2(\xi) = 4\xi^2 - 2$。根据解 $V(y)$，层厚度异常 $A(y)$ 可以通过反向代换得到。可以看出，如果 $y = V$ 为奇数，则 A 为偶数；如果 $y = V$ 为偶数，则 A 为奇数。偶数阶的波关于赤道反对称 $[h(-y) = -h(y)]$，而奇数阶的波关于赤道对称 $[h(-y) = h(y)]$。混合波是非对称的，而开尔文波是对称的。

赤道海洋受到扰动时（如变化的风），通过波的传播调整到新状态。在低频率的情况下(周期长于 T_{eq} 或约为 2 d),赤道海洋在调整过程中不会激发惯性重力波,而海洋响应完全由开尔文波、混合波和一些具有适当频率的行星波组成。此外,如果扰动关于赤道对称(通常对称程度很高),则排除混合波和偶数阶的所有行星波。开尔文波和波长较短的奇数阶行星波(如果存在)向东传输能量,而波长较长的奇数阶行星波则向西传输能量。图 21.4 显示了温跃层位移(由风应力异常作用于赤道海域上引起)的瞬时分布。东传的单峰开尔文波和西传的双峰最低阶行星波($n = 1$)显而易见。虽然这种情况明显过于理论化,但是人们普遍认为,赤道海洋中经常出现开尔文波、低阶行星波以及风生海流。

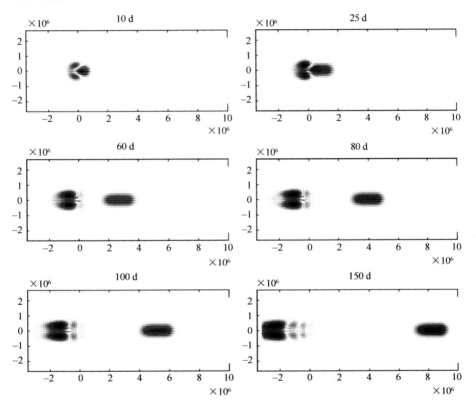

图 21.4　扰动(由赤道海洋一点施加 10 d 的风异常引起)随时间的分布变化。显而易见的是,
东传的单峰开尔文波和西传的相对较慢的双峰行星波(罗斯贝波)

至此,我们有很多有趣的话题可以讨论,例如,开尔文波遇到东边界时的反射(图 21.5)、绕岛波动以及由随时间变化的风引起的赤道洋流。关于上述这些话题,读者可以参阅更专业的文献(Gill,1982;Philander,1990;McPhaden et al.,1990;以及其中的参考文献),我们接下来仅着重介绍厄尔尼诺现象。

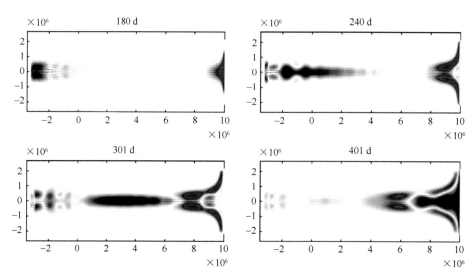

图 21.5　图 21.4 中波的持续传播。行星波(罗斯贝波)在西边界处反射回来变换为开尔文波，
而开尔文波在抵达东边界时反射回来生成行星波

21.3　厄尔尼诺-南方涛动

每年圣诞节前后，暖水沿着南美西海岸从赤道流向秘鲁及其周边地区。这些海水的水温比往常高出几摄氏度，盐度更低，干扰沿岸海水，特别是抑制了沿岸冷水的半永久性上涌。这种引人注意的现象，早期渔民们称为"厄尔尼诺"，西班牙语中意为"婴儿"，或更具体地称为"圣婴"，因为与圣诞节有关。

厄尔尼诺现象的发生时间有一定规律但并非周期性的(每 3~7 a 发生一次)。出现厄尔尼诺现象时，暖洋流的水量比以往正常年份的水量要多得多，严重干扰了(不管是好是坏)当地人们的生活。温暖海洋引起降水大增，可以在短短数周内将秘鲁沿海的干旱地区变为丰饶之地。但是，水温上升以及对沿岸冷水上涌的抑制会造成大范围浮游生物和鱼类减少。厄尔尼诺的生态和经济后果是显而易见的。厄尔尼诺发生时，秘鲁鱼类量大幅度减少，以鱼为食的海鸟大量死亡，海滩上死亡的鱼类和腐烂的鸟类尸体造成不卫生的空气条件，让问题变得更加复杂。

在科学界，"厄尔尼诺"这一名词仅限于此类反常事件，而拉尼娜现象表示相反的情况，即热带东太平洋水温异常降低的现象。20 世纪数次主要厄尔尼诺现象分别发生于 1904—1905 年、1913—1915 年、1925—1926 年、1940—1941 年、1957—1958 年、1972—1973 年、1982—1983 年、1986—1988 年、1991—1995 年及 1997—1998 年(最强烈的一次)；21 世纪至今的数次重大厄尔尼诺现象分别发生于 2002—2003 年、2004—2005 年和 2006—2007 年(WMO，1999；NOAA-WWW，2006)。人们对热带东太平洋这些现象发生的原因一直不太清楚，直到后来 Wyrtki（1973）发现，这与数千千米外热带太平洋中部和西部的变化有密切关系。现已确定（Philander，1990），厄尔尼诺由热带太平洋洋面上空的海表面风的变化引起。厄尔尼诺到来之前，赤道信风使暖水集中在热带太平洋海盆西部；当厄尔尼诺到来时，热带太平洋海表面风的变化会间歇性地释放并驱动温暖的海水，暖水向东流到美洲大陆并沿着海岸向南流动。这种情况相当复杂，海洋学家和气象学家花了 10 余年时间才对其中涉及的各种海洋和大气因素有所了解。

正常情况下，热带太平洋洋面上空盛行东北信风（东北风）和东南信风（东南风），二者汇聚于热带辐合带（intertropical convergence zone，ITCZ）并向西吹（19.3 节）。虽然热带辐合带每年都会发生经向迁移，但主要还是位于北半球（约 5°—10°N）。信风除了驱动暖水流向并聚集在热带太平洋西部外，还在东部海盆产生赤道上升流（15.4 节）。因此，在正常情况下，热带太平洋西部为暖池区，东部有冷的表层水。这种结构表现为温跃层向西加深，如图 21.2 所示。

厄尔尼诺异常事件的起源与太平洋西部信风减弱或热带太平洋中部出现温暖洋面温度异常有关。虽然其中一个可能先于另一个，但很快两个就会齐头并进。西部信风变弱使得温跃层倾斜变小并流出一些暖水；温跃层倾斜变小导致了下沉的开尔文波，开尔文波尾迹即海面温度暖异常。另一方面，海面温度暖异常对大气层局地加热，产生上升气流，从而需要水平气流辐合补偿。水平气流辐合自然而然地导致西侧出现向东吹的风，因此使得西边的信风减弱或转向（Gill，1980）。总之，太平洋西部信风减弱会导致海面异常温暖，反之亦然，从而发生反馈并增强扰动。在洋面暖异常的东边，水平气流辐合使得信风增强，信风增强转而加强了赤道上升流。赤道上升流使得温度降低，干扰了向东行进的下沉开尔文波，但目前尚不清楚哪一方占优势。在厄尔尼诺事件期间，海面温度暖异常向东传播并增强，暖水一旦到达美洲大陆，分为向北（较弱）和向南（较强）两支各自成为沿岸开尔文波（下降流）。接下来发生的事件如本节开头所描述。

厄尔尼诺事件发生时，其时间演变受到年循环的严格控制。暖水在 12 月左右到达秘鲁，大气环流的季节性变化要求在热带辐合带向北回归并且沿着赤道重新建立东南信风，情况恢复正常。

厄尔尼诺事件带来的影响相对较好地理解（Philander，1990）并且已被成功模拟（Cane et al.，1986）。如今，通常利用模式预报下一次厄尔尼诺事件的发生及其强度，提前 9～12 个月。目前尚不清楚的是大气–海洋系统在几年的尺度上的变化。已经清楚的是厄尔尼诺事件与南方涛动密切相关，更广泛的现象称为厄尔尼诺—南方涛动（El Niño-Southern Oscillation，ENSO）（Rasmusson et al.，1982）。南方涛动是一种关于全球大部分区域表面气压和降水分布的准周期性变化（Bromwich et al.，2000；Troup，1965）。

厄尔尼诺很大程度上取决于沃克环流（Walker circulation）的变化。这种大气环流

（Walker，1924）包括太平洋上方从东吹来的信风、海盆西部和印度尼西亚上方的低压与上升气流（伴随强降雨），以及海盆东部的高压、下沉气流和相对干燥的气候。沃克环流的强度可以通过塔希提岛（18°S，149°W）和达尔文市（澳大利亚北部港口市，12°S，131°E）之间的海平面压力差 ΔpTD 进行有效度量。在实际应用中，南方涛动指数（SOI）定义为（Troup，1965）：

$$SOI = 10 \frac{\Delta pTD\ 月均值 - \Delta pTD\ 长期均值}{\Delta pTD\ 标准差} \tag{21.15}$$

两地之间压力的负相关性近乎完美，这表明两者均属于更大的连贯系统的一部分。达尔文市的气压高于正常气压，同时塔希提岛的气压低于正常气压（南方涛动指数为负值），这与厄尔尼诺现象（图21.6）的出现密不可分。大概情况如下，南方涛动指数为负值的情况下，沃克环流不断变弱，减弱了东来信风，尤其在西太平洋。西太平洋暖池扩张，以赤道开尔文波的形式向东溢出，流入中部海盆，同时上方的低气压也发生向东的位移。在西来的低压作用下，异常西风加速了暖池的东移。这种形势向东发展，不断扩大，直到暖水抵达秘鲁沿岸，出现所谓的厄尔尼诺事件。厄尔尼诺事件发生后，西部的气压高于正常水平，印度尼西亚和澳大利亚地区出现干旱，而南美洲降雨强于常年。感兴趣的读者可以参阅相关专业书籍（D'Aleo，2002；Diaz et al.，2000；Philander，1990），了解有关厄尔尼诺事件各个方面和后果更完整的描述。

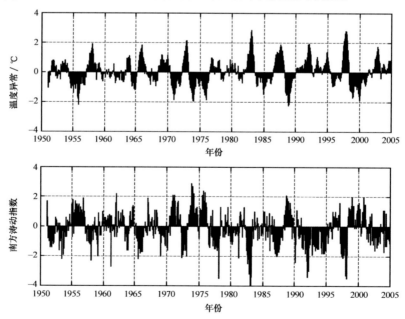

图21.6　热带太平洋中部温度异常以及南方涛动指数的时间序列（连续3个月的平均值）。高温异常（厄尔尼诺事件）和负指数值之间有很强的相关，这表明厄尔尼诺事件是全球气候变化的一部分。南方涛动指数时间演变的谱分析显示了每间隔3.5～4.5 a就会出现峰值（美国商务部国家海洋和大气管理局）

Jin(1997a，1997b)建立了一个 ENSO 概念模式，称为"充电–放电"振子模式，以最少的变量捕获了 ENSO 事件的主要特征。所考虑的情况是相对于平均气候状态的异常，后者的特征是沃克环流、东太平洋的上升流和西太平洋的暖水堆积。因此，模式中的变量为风应力异常(沃克环流减弱，表现为西风正异常)、海洋表层厚度异常(海洋表层厚度增厚表现为正异常)以及海表温度异常(厄尔尼诺事件发生期间，秘鲁海岸海表温度表现为正异常)。海洋分量在模式中被设定为平均深度 H 的单一约化重力层。该模式将太平洋西部海盆和东部海盆的两种深度异常区分开来，每个海盆赋予一个值，但无须进一步指明纬向结构和经向结构。厄尔尼诺现象和拉尼娜现象在太平洋东部分别表现为温度正异常和温度负异常，因而我们只需描述这类温度异常(图 21.7)。采用这样少数几个变量，我们就可以来建立关键的动力学。

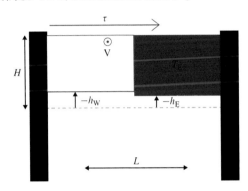

图 21.7　ENSO 简单示意图。将太平洋西部海盆和东部海盆的深度异常分别指定为 h_W 和 h_E，并且定义向下为正异常。太平洋东部海盆水体的温度为 T_E，并可以随着异常变暖或变冷。风吹过海面，τ 表示风应力异常，造成侧向输送 V

21.3.1　海洋

· **动力学**：在变化的风应力下，海洋通过波动的传播进行调整，但是调整所需的时间与季节变化及时间更长的 ENSO 事件相比要短得多。根据 Jin(1997a)的理论，我们假设纬向的风应力异常 τ 会瞬时伴随着太平洋东部海盆与西部海盆之间的一个异常压力差。在约化重力模式框架中，气压梯度异常表示为东部温跃层深度(h_E)和西部温跃层深度(h_W)之差，平衡要求

$$g' \frac{h_E - h_W}{L} = \frac{\tau}{\rho_0 H} \tag{21.16}$$

因此对于给定的风应力异常，我们根据其中一个深度，即可计算出另一个深度。根据体积守恒原理，我们可以得到关于这两个深度的另一个关系式。

我们进一步假设，纬向速度与风应力异常成正比：

$$U = \gamma \tau \tag{21.17}$$

其中，U 表示纬向速度异常的尺度；γ 是经验比例系数。这对于作用于类似赤道带的狭长非旋转型海盆的风应力来说是合理的（Mathieu et al.，2002）。

·**体积守恒**：ENSO 事件期间，温度异常主要集中在东太平洋，风应力异常则出现在西太平洋。首先从西边界无流动出发，对西太平洋暖池的体积守恒方程式（12.9）积分，从而确定体积平衡。纬向上力平衡式（21.16），西部海盆和东部海盆之间不存在纬向输送，因而水体只在经向上输送。因为深度异常是赤道带海水的特征，我们需要计算赤道带南北边界处的输送量。我们将赤道带视为向赤道两侧一个赤道变形半径的距离：$y = \pm R_{\mathrm{eq}}$，R_{eq} 的定义如方程式（21.4）所示。根据方程式（20.11c），经向上必须存在斯韦尔德鲁普输送和埃克曼输送。由于风异常与赤道一致，经向输送为

$$V = -\frac{1}{\rho_0 \beta_0} \frac{\partial \tau^x}{\partial y} \tag{21.18}$$

大气异常和海洋异常紧密耦合，因而我们可以假设这两种异常主要集中在赤道带（宽度为 $2R_{\mathrm{eq}}$）附近，并且风应力异常在赤道处为 τ，而在 $y \sim \pm R_{\mathrm{eq}}$ 处减小为零，我们估计：

$$V \approx \pm \frac{1}{\rho_0 \beta_0} \frac{\tau}{R_{\mathrm{eq}}} \tag{21.19}$$

如果异常位于北边界处，表达式右边为正号；如果异常位于南边界处，表达式右边为负号。由此得出，两个边界之间流的辐散为

$$D \approx \frac{\tau}{\rho_0 \beta_0 R_{\mathrm{eq}}^2} \tag{21.20}$$

流的辐散反过来又改变了西部的温跃层深度，因而控制该温跃层深度的控制方程为

$$\frac{\mathrm{d}h_{\mathrm{W}}}{\mathrm{d}t} = -D - rh_{\mathrm{W}} \tag{21.21}$$

方程右边最后一项表示通过侧向混合和边界层交换对海洋调整的一些阻尼。

·**热量收支**：如果将海洋表层用约化重力模式，则温度异常很容易改变 g' 的值，但改变不大。如果不存在异常，西部和东部海盆的热量收支认为是封闭的。如果偏离了这种未扰状态，则是出现了异常。东部海盆的温度受纬向平流或垂直平流的影响。

风应力异常 τ 导致的纬向速度异常 u 将背景气候态温度场移入或移出东部海盆[①]，我们可以写为

$$u \frac{\partial \overline{T}}{\partial x} \sim U \frac{T_{\mathrm{E}} - T_{\mathrm{W}}}{L} \tag{21.22}$$

---

① 尽管西部海盆与东部海盆之间的垂向平均速度为零，风引起的表面洋流仍可以让温度异常移动。

其中，U 是前面定义的纬向速度异常的尺度，并且通过方程式(21.17)与风应力异常相关，T_E 和 T_W 分别是太平洋东部海盆和西部海盆的气候态温度。如果 U 为正(风应力正异常 τ 下的向东流)，西部暖池中的暖水就会输送到东部(因为 $T_W > T_E$)，东部温度 T_E 因此上升。

对于垂直平流，情况就更微妙了。不存在异常的情况下，东部海水的垂直温度平流为

$$\overline{w}\,\frac{\partial\,\overline{T}}{\partial z} \sim \overline{w}\,\frac{\overline{T}_{\text{surf}} - \overline{T}_{-H}}{H} \tag{21.23}$$

其中，上划线指气候平均状态。上升流强度 $\overline{w}$ 与风应力成正比 $\overline{w} = -\overline{\alpha\tau}$，减号对应于正常偏东信风下的上升流。

风应力正异常 τ 减弱了上升流的强度，因而造成负上升流异常 $\widetilde{w}$。因此，比平时更浅(不那么冷)的海水被带到海表，这对应于正热通量异常。这种通量异常可以用方程式(21.23)(其中，$\overline{w}$ 被 $\overline{w} + \widetilde{w}$ 取代)与气候基本状态方程式(21.23)之差估算为

$$\widetilde{w}\,\frac{T_{\text{surf}} - T_{-H}}{H} \sim -\alpha\tau\,\frac{\Delta_v T}{H} \tag{21.24}$$

其中，$\Delta_v T$ 是气候态表层水与深层水之间的垂向温度差。

如果太平洋东部存在正的深度异常，则 $y = -H$ 处的温度不是气候态值，$-H + h_E$ 处的温度才是气候态值，因为正深度异常使温度廓线下移。海表温度异常使海表温度升高，取方程式(21.23)与这两个修改的温度值的差，参考方程式(21.23)，我们得到

$$-\overline{w}\left(\frac{T_E}{H} - \frac{\partial\,\overline{T}}{\partial z}\,\frac{h_E}{H}\right) \sim -\frac{\overline{w}}{H}\,T_E + \frac{\overline{w}\,\Delta_v T}{H^2}\,h_E \tag{21.25}$$

$\overline{T}_{-H+h_E}$ 附近线性化为 $\overline{T}_{-H}$。与 h_E 成正比项的符号说明，较深的温跃层导致暖水异常上涌，从而出现温度正异常。

将这 3 个因素合并到温度异常平衡中，我们得到：

$$\frac{\mathrm{d}T_E}{\mathrm{d}t} = -\left(r' + \frac{\overline{w}}{H}\right)T_E + \frac{\overline{w}\,\Delta_v T}{H^2}\,h_E + \left(\gamma\,\frac{\Delta_h T}{L} + \alpha\,\frac{\Delta_v T}{H}\right)\tau \tag{21.26}$$

其中，$\Delta_h T = T_W - T_E$ 是太平洋西部海盆和东部海盆正的气候态温度差。在右边的第一项中，我们添加了 h_W 的阻尼效应以及与大气交换产生的阻尼。

21.3.2　大气

与海洋相比，大气惯性小得多，因此我们可以假设东部的海面异常立即产生沃克环流，表示为

$$\tau = \mu T_E \tag{21.27}$$

耦合参数可以通过简化的大气模式（Gill，1980）来计算。

21.3.3　耦合模式

将上述各部分整合起来，我们最终得到 ENSO 事件简化模式的控制方程：

$$\frac{dh_W}{dt} = -\frac{\mu}{\rho\,\beta_0\,R_{eq}^2}\,T_E - rh_W \tag{21.28}$$

$$\frac{dT_E}{dt} = \left[\mu\left(\gamma\,\frac{\Delta_h T}{L} + \alpha\,\frac{\Delta_v T}{H} + \frac{\bar{w}\,L\Delta_v T}{H^3 g'\rho_0}\right) - r' - \frac{\bar{w}}{H}\right]T_E + \frac{\bar{w}\Delta_v T}{H^2}\,h_W \tag{21.29}$$

我们注意到，当耦合参数 μ 足够大时，温度方程呈现正的温度反馈。因为该项表示与大气和平流反馈的耦合，很明显，该项模拟了本节开头所描述的放大过程。

利用模式参数的实际值（用 jin. m 编码）所求得的解是一种阻尼振荡（图 21.8；动画执行文件 jinmodel. m），并模拟了图 21.9 中所描述的机制。虽然该模式完美捕捉了 ENSO 振荡存在温度与温跃层深度异常之间的位相漂移，并且振荡周期为 4 a，但是科学家们仍然在争论 ENSO 是否存在当前模式所描述的自然振荡周期，抑或是由一些外部效应所触发（Kessler，2002）。

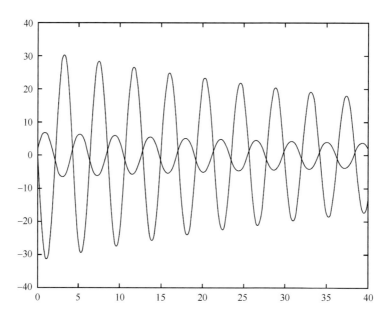

图 21.8　随时间（以年为单位）变化的温度异常（小振幅曲线）和深度异常（大振幅曲线）。
轻微阻尼振荡的周期约为 4 a。温度和深度尺度为任意的

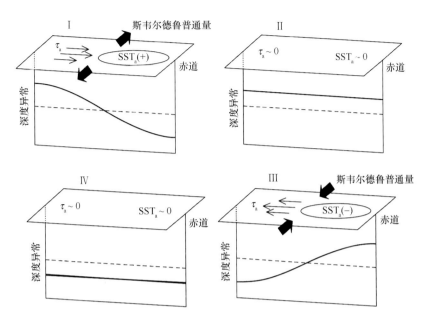

图 21.9　Meinen 等(2000)采用的 Jin(1997a, 1997b)提出的放电/充电机制。处于厄尔尼诺暖相位(相位Ⅰ)时，西风应力异常产生向极的斯韦尔德鲁普流，这使赤道太平洋的水离开赤道，并通过纬向动力平衡使太平洋东部异常暖水池的水移走。当东部暖池消失后，东西部温度异常随即消失，而与温度异常相关的沃克环流异常也消失(相位Ⅱ)。在该阶段的风是气候态沃克环流对应的风，形成正常态的赤道上升流。因为此时温跃层比往常要浅，东太平洋海水上涌带上来的冷水会比往常温度更低，拉尼娜相位开始。风应力异常逆转产生向赤道的斯韦尔德鲁普流，重新补给东部海区(相位Ⅲ)，直到温跃层大于平均深度(相位Ⅳ)。在该阶段，气候态上升流再次带上来的水会比往常更暖，然后又循环到暖相位(相位Ⅰ)。

21.4　厄尔尼诺-南方涛动预报

厄尔尼诺-南方涛动事件的预报备受社会关注，因为厄尔尼诺-南方涛动事件所带来的一系列后果影响着人们的日常生活，包括天气变化、干旱或洪涝出现，乃至影响农作物、捕鱼量和人类健康。厄尔尼诺-南方涛动事件的影响不仅存于赤道地区，也扩及遥远地区，如澳大利亚。因此，毫不奇怪，对厄尔尼诺或拉尼娜事件的可靠预报将为紧接而来的干扰做好准备大有帮助。

在预报厄尔尼诺-南方涛动时，月平均的天气型很重要，因为厄尔尼诺事件发生年份的每月天气与拉尼娜事件发生年份的每月天气截然不同。但是因为预报要持续好几个月甚至季节，海表温度不能当作已知，因此需要采用大气-海洋耦合模式。Zebiak 等(1987)认识到了这一点，并成功构建了首个用于预报厄尔尼诺-南方涛动的耦合模式。

大气和海洋之间的耦合具有重大意义，这一点可以通过下面的后报实验说明。通常，利用厄尔尼诺-南方涛动事件中观测到的海表温度变化可以帮助我们正确预报大气部分的变化；同样地，使用观测到的海表-大气通量变化有助于预报厄尔尼诺事件中海洋部分的变化。因此，预报中两部分都是必要的。

厄尔尼诺-南方涛动预报与天气预报不同，因为厄尔尼诺-南方涛动预报只预报平均情况。而天气预报主要受限于大气初始状况并且只能进行较短期的预报，季节性预报受益于海洋惯性，其可预报性可以持续几个月。因此，季节性预报主要取决于海洋中的初始状况。热带海洋观测是所有厄尔尼诺-南方涛动预报系统中的关键部分，最重要的数据由热带大气海洋观测计划（Tropical Atmosphere Ocean，TAO）锚系阵列以及测量海面高度和温度的卫星提供。

厄尔尼诺-南方涛动的季节性预报相对来说是比较成功的，因为厄尔尼诺-南方涛动是年际变率可预报性的最大单一来源。然而，即使信号很强，模式也必须能够在大气变化的主要高频信号中提取信息。因为模式的不确定性不可避免，这项任务很艰巨。模式比较是减少不确定性的一种方法（Mechoso et al.，1995；Neelin et al.，1992）。模式还用于识别遥相关，即遥远地区动力学现象与厄尔尼诺-南方涛动事件之间的相关性。如果识别了这种遥相关，就可以将厄尔尼诺的预报结果"外推到"其他地区。通常，遥相关的识别基于模式模拟和观测数据的统计分析，因而有多少预报模式就会识别多少遥相关。

预报也可以基于统计分析而非动力学模式。厄尔尼诺的经验预报模式首先从过去对精心选择的参数的观测开始，通过拟合跨数据点的曲线来寻找相关性，例如南方涛动指数的线性回归。自我学习方法，如神经网络法（Tangang et al.，1998）或遗传算法（Alvarez et al.，2001）独立选择"最佳"的函数，而非事先选好函数关系。数据被分成两组，一组为学习数据集，另一组为验证数据集。学习数据集为模式提供已知的输入数据和输出值，分别称为预报因子（如过去一年的南方涛动指数）和预报量（如待预报的接下来6个月的南方涛动指数）。如果有足够的输入/输出数据对可用，神经网络法或遗传算法就能够找到一种函数关系，可以最大程度减小所给数据集的输出误差。这种方法的缺陷是可能会发生过度拟合。如果函数关系包含的可调参数多于需要拟合的独立数据，则总是可以找到"完美"的拟合。但是，需要拟合的独立数据只适用于这一特定数据集。学习阶段过后，模式必须经过独立的验证数据集进行测试。如果从学习数据集转换为验证数据集后，模式的预报性能明显降低，则该模式是不可靠的。但是，如果验证成功，则与原始方程模式相比，这类模式的预测计算成本极低。

如果简单的模式具备预报能力，在基本预报方面很有价值，可以与更复杂的模式预报做比较。为了证明在业务预报中的使用是合理的，高度复杂的动力学模式必须证明，与统计模式相比，能够在预报能力方面占据一定优势(图 21. 10)。到目前为止，动力学模式似乎能够更好地预报早期阶段的厄尔尼诺事件，而事件发生后，统计模式的预报效果则更好。教训是，厄尔尼诺-南方涛动事件的触发因素很难识别，厄尔尼诺-南方涛动事件开始后，就会按照可重复的形态展开。

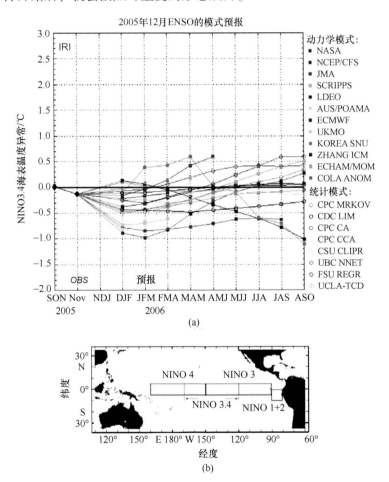

(a)

(b)

图 21. 10　借助数种模式(包括海洋/大气原始方程耦合模式和统计模式)，根据自 2005 年 12 月以来海表温度异常对厄尔尼诺事件进行的预报，此次预报针对海盆中部区域内的数个不同小区(参见图中图块)；预报结果显示，2006 年发生厄尔尼诺的概率较低[国际气候与社会研究所(International Research Institute for Climate and Society，IRI)]

当然，研究经验关系时可以以物理考虑作指导。对于厄尔尼诺事件，波动沿着赤道传播并在大陆边界处反射回来，这为我们提供了一个延迟反馈机制。可以将该反馈机制正式转换为延迟振子模式(Suarez et al.，1988)，该模式的控制方程可以表示为

$$\frac{\mathrm{d}T}{\mathrm{d}t} = aT(t) - aT^3(t) - bT(t-\delta) \tag{21.30}$$

式中，T 代表与厄尔尼诺相关的标准化温度异常；aT 模拟了大气扰动移动情况下初始开尔文波的正反馈；三次项 $-aT^3$ 表示经过一段时间后保持有界解的阻尼①；引入最后一个项 $-bT(t-\delta)$ 是为了表示初始西向罗斯贝波（后来转换为振幅相反的开尔文波，被反射回来）的负反馈。时滞 δ 显然是指波沿赤道传播的时间。如果负反馈非常强烈，则意味着存在某种程度的放大反射，可以触发一个相反事件，因而厄尔尼诺事件之后可能紧接着发生拉尼娜事件。如果想使用简单模式，就可以将该模式的参数拟合到观测值（参见数值练习 21.7）。

解析问题

21.1　赤道开尔文波需要多长时间可以跨越整个太平洋？

21.2　将赤道开尔文波理论推广到均匀层结的海洋，假设无黏和非静力运动，讨论赤道开尔文波与内波。

21.3　证明赤道上升流（15.4 节提及；参见图 15.6）在低频时的宽度必须限制在赤道变形半径的量级上。

21.4　在印度洋，位于同一经度并且关于赤道对称（纬度为±1.5°）的两组锚系流速仪连续记录了 12 d 内的速度振荡。此外，北部锚系观测的纬向速度领先于两个锚系经向速度周期的 1/4，领先于南部锚系观测纬向速度振荡周期的 1/2。层结导致 $c=1.2$ m/s。这种情况下观测到的是哪种波？该波的纬向波长是多少？将最大纬向速度与经向速度相比较，是否能确认其波长？

21.5　思考热带海洋中的地转调整。在无限深且静止的赤道海洋地区释放位势涡度为零的有浮力的（较轻的）海水后，最终的稳定状态是怎样的？为了简化起见，假设纬向不变且对赤道对称。

21.6　延迟振子模式式（21.30）需要哪种初始条件？

21.7　查找信息，核实 2005 年 12 月预报的 2006 年不太可能发生厄尔尼诺事件是否已成现实？

21.8　证明只要函数 F 足够小，$|F| \ll 1$，开尔文波控制方程的线性化就是有效的。

21.9　在具有任意风应力场的 β 平面上研究赤道上升流。使用 8.6 节的方法，但除了垂直扩散项之外再添加一个线性摩擦项，如果去掉该线性摩擦项，则求得的解会怎样？（提示：不要显式计算埃克曼层的垂直结构，而是进行垂向积分）

---

①　温度 T 始终可以改变尺度，使得三次项具有同线性反馈相同的系数。

数值练习

21.1　为延迟振荡方程式(21.30)设计一个数值求解器。针对不同的初始条件，取 $a^{-1}=50\,d$，$\delta=400\,d$，以及 $b^{-1}=90\,d$，求方程此时的解。然后，变为 $a^{-1}=1\,000\,d$，$b^{-1}=180\,d$ 后再求解。

21.2　设计一个数值版本的线性约化重力模式式(21.6)，将空间变化的纬向风应力添加进去，其形式为

$$\tau=\tau_0\,e^{-(x^2+y^2)/L^2} \tag{21.31}$$

在荒川 C 网格上使用有限差分方法，自己选择时间积分方案。开始时波为静止状态，然后连续 30 d 施加风应力。风应力大小和长度尺度分别取 $\tau_0=0.1\,N/m^2$（向东），$L=300\,km$。约化重力模式的参数为 $\rho/\rho_0=0.002$，温跃层深度 $H=100\,m$。第一次模拟时，使用边界为 $x=-3\,000\,km$，$x=10\,000\,km$ 和 $y=\pm2\,000\,km$ 的闭合域，模拟 600 d 内波的演变。

21.3　在数值练习 21.2 中设定的条件(具有封闭的南北边界)下，扰动最终沿着这些边界传播，这对应于哪种物理过程？开放区域以更改南北边界条件，并令 $v=\pm\sqrt{g'H}$。考虑南北边界的物理解释，为每个边界选择物理上合理的符号。

21.4　改变数值练习 21.3 中区域的拓扑结构，在西南角(左下方)和东北角(右上方)加入陆地点，表示太平洋两侧的大陆，然后重新模拟。与对称情况相比，您是否可以辨认出此时出现的模态？

21.5　寻找一种在荒川 C 网格上对科氏力项进行空间离散化处理的方法。从某种意义上说，乘以 $u_{i-1/2,j}$ 的演变方程，然后添加 $v_{i,j-1/2}$ 方程的类似乘积，就可以消除科氏力项，而不会产生机械功。(提示：分析 u 和 v 的哪些乘积出现，类似于 16.7 节中执行的荒川行列式分析，并探究如何通过 y 的变化来求平均值)

21.6　利用 soi.m 中 1991—2005 年间的海表温度异常值和南方涛动指数值，对数据窗口进行线性回归，并探究这些回归的外推法是否可以预报之后的海表温度值和南方涛动指数值。首先，使用 4 个月的数据窗口并尝试外推至下一个月。将该方法应用于所有可能的数据窗口，绘制出随时间变化的预报误差。将该预报误差与简单持续性(持续异常)对应的预报误差相比较，以确定该预报是否有用。然后，尝试更改数据窗口以改善预报结果。除了利用线性回归方法，还可以尝试高阶多项式拟合法。

21.7　重做数值练习 21.6 中的练习，尝试校准温度异常的延迟振子模式式(21.30)，然后使用校准后的模式进行外推。如果需要的话，可以使用几年的数据窗口。

S. 乔治·H. 菲兰德
（S. George H. Philander，1942— ）

　　乔治·菲兰德出生于南非一个诗人家庭，最先从事的是应用数学和物理学研究，后来进入哈佛大学获得博士学位，并开始从事海洋学研究。菲兰德对厄尔尼诺以及南方涛动现象的开创性研究使其在地球物理流体动力学研究方面赢得显赫地位。从揭示全球海洋与大气之间的联系开始，全球变暖和气候变化的科学研究自然成为其下一个科学追求。菲兰德被誉为"骨子里的传道授业者"，他热衷于将自己的知识传授给下一代，并因其清晰的思维和优雅的表达而备受赞誉。

　　菲兰德还是一位多产作家，为专家和非专家创作了多本关于厄尔尼诺和气候的作品，其中包括《我们与厄尔尼诺事件：我们怎样把神秘的秘鲁洋流转换为全球气候灾害》（2006 年），一本面向广大读者的广受好评的著作。（照片来源：普林斯顿大学）

葆拉·马拉诺特·里佐利
（Paola Malanotte Rizzoli）

葆拉·马拉诺特·里佐利获得量子力学博士学位，正当她在物理学领域取得杰出职业成就时，她工作的城市威尼斯发生了一场特大洪水，这让她改变了想法。她转而攻读物理海洋学并获得了第二个博士学位。她在物理海洋学领域的贡献显著且多样，涵盖了涡旋、飓风等持久的地球物理结构，以及大西洋和墨西哥湾流系统的数值模拟、黑海生态系统、数据同化以及热带-副热带相互作用。

里佐利教授在麻省理工学院任教并在世界各地开展讲座，她是一位充满活力的演讲者，也是一位鼓舞人心的科学家。除了教学和研究，她还在自己国家与国际上以多种身份为海洋学界服务。

里佐利从未放弃对威尼斯的热爱，参与开发了一种海闸系统来保护威尼斯免受洪水之灾和海平面上升的影响，目前该保护系统正在建设中。（照片由麻省理工学院档案馆提供）

第22章 资料同化

摘要： 本章概述可预测性问题以及以最佳方式将观测与模式计算相结合的方法，以指导模型计算，并改进对地球流体现象的模拟。这些方法使用了物理和统计推理，并依赖于某些近似值，以便促进其在业务预测模型中的实施。

22.1 资料同化的必要性

个人经验告诉我们：天气预报仅在发布后几日内可靠。发布日与预报时间之间的时段，称为预报时效，准确可靠的模式预报只有在预报时效不太长的情况下才能实现，通常中纬度天气预报提前不超过 1 周。对未来更长时间的预报不精确，因此非常简单的预报方法，如使用当天的气候平均值或保持今天的天气不变，可能与复杂的天气预报系统一样有效。在分析预测误差随预报时效延长而增加的原因前，我们需要提到，若需要定期进行预报，任何预报系统均需要定期重新初始化。为了推断出当前系统的准确状态，该自动重新初始化必须考虑最新的观测数据，这种操作方法在预报术语中称为场估计。该方法使得预报能在一个更好的基础下重新开始。

就天气预报而言，场估计是序列化的，使用从过去至预报开始的现有数据。对其他应用而言，仅构建过去状况的最佳场估计，此时预报开始之后的数据亦可以吸收在内，因此采用的是非序列化法。使用所有可用数据的一个典型例子是所谓再分析方法，该方法融合了给定时间内的所有可用的数据，能够提供任意时刻的最佳真实情况。

资料同化通过物理模型与序列化或非序列化观测数据的融合来实现。资料同化可以间歇性地进行，例如每天只使用前一天的可用数据，或当数据可以获取时连续地进行。

由于资料同化利用观测数据，当最新的数据资料可以获取时，即可在一定程度上量化预报结果的误差。预报误差可以用于评价预报系统的效能，即其预测能力的衡量标准。这里通常将预测的误差与基础预测的误差进行比较。基础预报是下列情形之一：持续预报(明天的天气将与今天的相同)、气候预报(下周的天气将会与过去 20 年相同时段平均天气一致)或随机预报(如上述预报之一加入零平均值的、指定方差的随机噪声)。预报能力的衡量标准之一是布赖尔(Brier)技巧评分 S,该评分通过实际预报系统的误差 ϵ^f 和对应的基础预报系统(或参考系统)的误差 ϵ^r 来计算(Brier,1950;另见 Wilks,2005):

$$S = 1 - \frac{\epsilon^f}{\epsilon^r} \tag{22.1}$$

显而易见,若预报系统误差(ϵ^f)等于基础预报系统的误差(ϵ^r),系统的技巧能力为零。根据这一标准,理想的技巧评分为 1(100%),当然,这是难以实现的。如果预报系统的技巧低于零,即使该预报系统能够提供可用信息,也认为其不比最基本的预报系统更好。技巧评分经常被用来量化新的预报系统相对于旧版系统的改进效果,此处 ϵ^r 取旧版系统的误差。

显然,上述技巧评分依赖于所选的误差范数 ϵ 的性质,比如,ϵ 可以取两个场之间的均方根(rms)误差,可以是最大温度误差或日照时间误差等,但更重要的是,技巧评分随预报时效而变化。预报时间越长,评分越低。我们自然会问:为什么做出准确的长期预报会如此困难?前述章节可能使我们片面地认为:地球流体力学就是由方程控制的系统,在一组适当的初始条件和边界条件下,该方程组存在唯一解。理论上情况就是这样,我们应该接受这样的观点:不完美的模型和不准确的边界条件,特别是在长期预报过程中,初始条件的误差具有积累的趋势,从而随着预报时效增加,降低技巧评分。实际情况更加严峻。即便我们能够将初始误差控制在任意小范围内(显然我们尚不具备这样的能力),初始条件的极小的改变依然能够使得某些方程的解快速发散。著名的洛伦茨方程(Lorenz,1963,135 页)展示了这种情况,其方程如下:

$$\frac{\mathrm{d}x}{\mathrm{d}t} = \sigma(y - x) \tag{22.2a}$$

$$\frac{\mathrm{d}y}{\mathrm{d}t} = rx - y - xz \tag{22.2b}$$

$$\frac{\mathrm{d}z}{\mathrm{d}t} = xy - bz \tag{22.2c}$$

式中,σ、r 和 b 是固定参数,x、y 和 z 随时间变化。这些方程是大气运动的谱模型的低阶截断形式,它们看起来很简单,但是却能产生所谓的混沌轨迹,这就会导致两个非常接近的初始条件,在一定时间的演化后产生截然不同的解(图 22.1)。显然,可预报性存在极限。

一般来说,在强非线性系统中,即使初始条件的误差任意小,误差的累积亦可以导致可预报性极限的存在。对全球大气而言,可预报性极限为 1~2 周;对于中纬度的海洋涡旋而言,可预报性极限则为 1 个月。因此,预报技巧会随着预报时效与系统可预报性极限的接近而减少不足为奇(图 22.2)。可预报性极限可通过时间延迟 $\Delta t > 0$ 解的自相关性来考察：

$$\rho(\Delta t) = \frac{\dfrac{1}{T}\displaystyle\int_{\Delta t}^{T} u(t)\,u(t-\Delta t)\,\mathrm{d}t}{\sqrt{\dfrac{1}{T}\displaystyle\int_{\Delta t}^{T} u(t)^2\mathrm{d}t}\sqrt{\dfrac{1}{T}\displaystyle\int_{\Delta t}^{T} u(t-\Delta t)^2\mathrm{d}t}} \tag{22.3}$$

其中，$T \to \infty$。该函数衡量了给定时刻方程的解与 Δt 时间之前的解的平均接近程度。在这种意义上，当延迟 Δt 时自相关值 ρ 接近于零，超过时间间隔 Δt 的解不再能够表征自己的过去，即超过该时间间隔，解与其自身"去相关"。换句话说，ρ 接近于零时的 Δt 值是动力过程的记忆时间。对于一个纯粹的随机系统而言，它就没有记忆能力，对于任意的时间延迟 Δt，自相关函数值为零。洛伦茨方程的可预报时间可以从图 22.3 中推断出来。值得注意的是，洛伦茨方程系统仍被认定是确定性系统，每一初始条件对应唯一解。可预报性的逐步降低意味着随着时间的推移，即使采用最好的数值修正手段和观测工具，我们也不太可能确定唯一的轨迹。

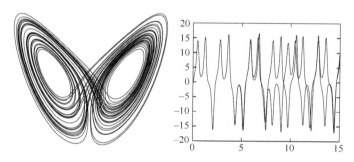

图 22.1　左图为 (x, z) 空间内洛伦茨方程的解在两个循环内摇摆的轨迹。对于具有细微区别的两个初始条件，相应的两个解的图像 $x(t)$ 相互追踪一段时间后发散(右图)。图可以通过求解洛伦茨方程式(22.2)得到，求解及绘图程序参见 chaos.m，其中 $\sigma = 10$，$r = 28$，$b = 8/3$

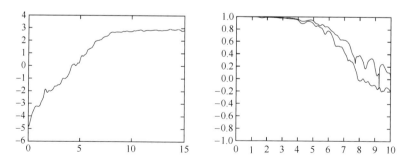

图 22.2　在初始条件有误的情况下，预报误差的对数是预报时效的函数，并随其增加而增加(左图)。对于两种不同的基准预报，技巧评分也是预报时效的函数，却随其增加而减少(右图)。上图中的每条曲线是经过对洛伦茨方程的 200 次模拟结果的集合平均处理所得

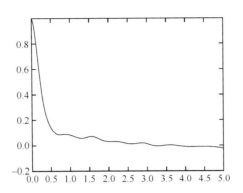

图 22.3　洛伦茨方程式(22.2)解 $x(t)$ 的自相关性是时间延迟 Δt 的函数。图中曲线是 200 条
不同轨迹的平均，这表明，在平均意义下，经过数个时间单位后当前解与前面
时刻的解的相关程度并不高

地球流体力学中，运动不仅受初始条件控制，也受边界条件控制，因而可预报期
限取决于边界条件与初始条件的相对重要性。如果系统对边界施加强迫的响应为主，
例如在开放边界处具有强海洋潮汐的半封闭浅海，则可以对该系统进行长期预报，并
且模型的预报技巧基本上依赖于强迫的准确性。由于强迫和边界条件通常是已知的，
预测技能在较长时间内仍然保持较高水平。可预报性问题主要出现在本质上由初始条
件控制的系统。全球大气没有侧边界，初始条件的设置需要极其小心，而预报技巧评
分会在开始阶段很高，然后快速下降。一般的系统都处在这两种极端情况之间，可预
报性也因而依赖于初始条件与边界条件的相对重要性(图 22.4)。

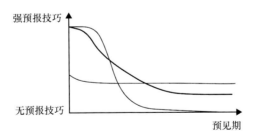

图 22.4　依赖边界条件的系统可预报性表现(图中较平坦的线)，依赖初始条件的系统可
预报性表现(图中最陡峭的线)和混合系统的可预报性表现(图中两条线之间的那条线)

尽管可预报性存在本身固有的问题，我们还是可以通过减少模型及其初始和边界
条件中最大的不确定性以最大限度地提高预报技巧，进一步推动预报系统的预报性极
限。我们可以将某些误差控制在可控的范围内，尤其是已归类的模型误差(参见 4.8
节)。本书中，我们已经讨论到了不同层面的模式简化方案，比如静力近似、准地转近
似和浅水模型。这些不同近似模型的时间和空间的数值离散进一步增加了误差来源。

对于基于观测场数据的初始条件和边界条件而言，我们亦可以辨别出一些不同类型的误差，其中最显著的莫过于仪器误差（众所周知，标准偏差较低）。1.8 节中我们还遇到了由于点观测（如一个城市中一次温度观测）并非我们真实关注的对象（如 50 km 尺度的温度）造成的代表性误差。当观测结果被分成若干时间段进行分析和同化时（如将某个航次期间收集的海洋数据集合成单个海洋"快照"），天气误差（如若干观测之间缺乏同时性）可能会成为一个问题，造成此误差的原因是波传播和时间偏移导致剧烈的多普勒效应（Rixen et al.，2001）。通常在评估观测误差时，必须考虑同化到预报模型中之前的数据处理（如插值）造成的误差。

模型误差和观测误差之间的区别并非始终十分清楚，数值网格的离散采样误差既可以视作模型误差（连续算子的截断），也可以视为观测误差（因观测数据不完整带来的不准确性）。在任何情况下，我们均面对着不完备的、被误差困扰的模型和观测。资料同化的主要目标就是通过利用数据以最好的方式来指导模式运行，减少这些误差对数值模拟的影响。资料同化的加入普遍延长预报可靠的预报时效。这仅仅是资料同化的优势之一，其他方面将在本章最后阐明。

下面介绍的数据同化方法主要是在大气模拟的背景下发展的（Bengtsson et al.，1981；Ghil et al.，1987；另见 Navon，2009 综述），后来被海洋界所采用（Evensen，1994；Ghil，1989；Ghil et al.，1991）。方法的表示采用由 Ide 等（1997）提出的统一符号，也是 Kalnay（2003）的参考书中采用的同一表示，为了保持与本书其他地方使用的符号一致，个别符号略做调整。更深入的教材请参考 Bennett（1992）、Malanotte-Rizzoli（1996）、Robinson 等（1998）及 Wunsch（1996）。

22.2　松弛逼近法

用于通过数据注入引导数值模拟的第一种方法是松弛逼近方法。它从状态向量 x 的控制方程开始，状态向量 x 是预测系统中变量的集合，

$$\frac{\mathrm{d}x}{\mathrm{d}t} = \mathcal{Q}(x, t)$$

上式中变量集上的算子 $\mathcal{Q}$ 代表模式方程。假设观测数据与状态向量的分量具有相同分布（即观测数据在与模式网格一致的网格上收集），将观测数据组合成向量 y（如果模型是正确的，y 应是 x 的值）。松弛逼近法仅仅是将正比于模式结果与观测之差的修正项添加到上面的方程中：

$$\frac{\mathrm{d}x}{\mathrm{d}t} = \mathcal{Q}(x, t) + \boldsymbol{K}(y - x) \tag{22.4}$$

上式中补充项是模式和观测的差与矩阵 $\boldsymbol{K}$ 的乘积。松弛逼近法中，矩阵 $\boldsymbol{K}$ 是由一系列

τ_i 表示的、称为弛豫时间的时间尺度组成的对角阵，该时间尺度可能因变量的不同而不同。$K_{ii} = 1/\tau_i$，若 $i \neq j$ 则 $K_{ij} = 0$。在没有误差的情况下，模式模拟结果 x 与观测值 y 之间的差为零。因此附加项仅在必要时充当校正，松弛逼近就是将模式结果向观测值靠拢。

松弛逼近的强度与松弛时间尺度 τ_i 的取值密切相关。如果松弛时间尺度相对于变量的演化时间尺度更长，则修正项较小并且被作为背景松弛。这种背景松弛常常使用气候态数据代替观测。当变量没有相应的观测值时，相应的松弛时间被简单地设置为无穷大。当仅在某些时刻有观测时，松弛时间尺度在数据可用时刻 t^0 附近由大变小，以确保数据平滑地插值到时间点上。时间相关函数的例子如下：

$$\frac{1}{\tau} = K \exp\left[-(t - t^0)^2 / T^2 \right] \tag{22.5}$$

式中，T 为适当的时间尺度，在该时间尺度上观测值可以对模拟进行松弛。当不同动力机制可以从物理上区分时，时间松弛也与空间相关。海洋模式中有一类特殊松弛叫作表面松弛，即将模拟的海面结果向实测的海面场数据松弛。即使将整个大气通量施加到海洋时，这种松弛通常也会保持较低的强度，以避免任何漂移（Pinardi et al.，2003）。另一种极端的情况是，当松弛时间短到了时间步长的水平，松弛逼近法就会直接使用观测值代替相应的模拟值，在单个时间步长进行时称为直接插入方法。

松弛逼近法在资料同化发展的早期被广泛使用，现在已被更复杂的技术所取代（见下文）。尽管如此，松弛逼近法在近边界层中仍然很常用，因为它可以理解为通过观测值校正的边界条件。这种情况下，修正的时间连续性可以有效避免模型出现突然冲击。

22.3 最优插值

前述方法虽然强大且在过去非常有效，但也仅是一种权宜之计，我们现在讨论一种基于合理的统计优化方法。特别是，该方法尤其是利用了不同变量间的相互关系来增强同化效果。为了表示此方法，我们将会采用一些新的不同符号。由于模式并不是在每一个时间步长上都进行序列同化的循环过程（图 22.5），我们记 x_n 为同化的特定同化循环[①]。我们还需要记住，实践中使用异常（即与参考状态的偏差）定义状态向量是非常有利的，同时要注意将其归一化以便与状态向量的不同要素之间可以相互对比。状态向量采集的是标准化速度和温度形式而非速度和温度本身。由于状态向量包含不同类型的变量，因此我们实际上是在寻找一种多变量方法。我们用上标"f"表示预报值，用上标"a"表示融合了预报和观测后的分析结果。

---

① 注意与前面提到的时间步长 n 上的变量 x^n 的区别。

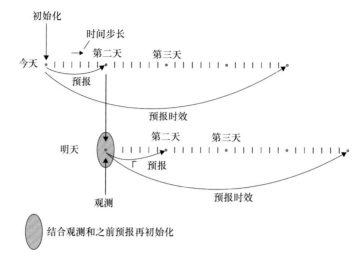

图 22.5 通过逐日序列的数据同化来自动重新初始化的示意图。在给定的日期，模式预报未来数天之内的状况。第二天，每日观测和预报结果两条信息均可获取。两条信息加以结合得到新的初始条件，可改进对未来数天的预报

　　为了阐明最优插值方法，我们从一个基本问题开始。假设在给定时刻，我们有两条真实状态未知的温度信息 T^t 的信息。这两条信息可能是测量得到，也可能是由模式模拟产生，且可能包含误差 ϵ。对于两个给定的值 T_1 和 T_2，我们有

$$T_1 = T^t + \epsilon_1, \ \langle \epsilon_1 \rangle = 0, \ T_2 = T^t + \epsilon_2, \ \langle \epsilon_2 \rangle = 0 \tag{22.6}$$

其中，我们假定 $\langle \rangle$ 表示平均，误差的平均值为零。换句话说，我们假设取值无偏。我们通过两个可用值的线性组合估算未知的真实温度：

$$T = w_1 T_1 + w_2 T_2 = (w_1 + w_2) T^t + (w_1 \epsilon_1 + w_2 \epsilon_2) \tag{22.7}$$

取平均，估算值为

$$\langle T \rangle = (w_1 + w_2) T^t \tag{22.8}$$

如果取 $w_1 + w_2 = 1$，我们就获得了真实状态的无偏估计。上面的这个例子中，事实上我们是利用了两条可用信息的加权平均，这是一种直观方法。因此，无偏估计，或者称"分析"，真实状态 T^a 为

$$T^a = (1 - w_2) T_1 + w_2 T_2 = T_1 + w_2 (T_2 - T_1) \tag{22.9}$$

但实际上存在误差：

$$T^a - T^t = (1 - w_2) \epsilon_1 + w_2 \epsilon_2 \tag{22.10}$$

该误差的平均值为零，但其方差不为零：

$$\langle (T^a - T^t)^2 \rangle = (1 - w_2)^2 \langle \epsilon_1^2 \rangle + w_2^2 \langle \epsilon_2^2 \rangle + 2(1 - w_2) w_2 \langle \epsilon_1 \epsilon_2 \rangle \tag{22.11}$$

　　实际误差 ϵ_1 和 ϵ_2 是未知的，否则我们就可以直接得到真实温度 T^t。然而，如果给

定误差源的某些基本信息，我们可以得到误差方差$\langle \boldsymbol{\epsilon}_1^2 \rangle$，或标准差$\sqrt{\boldsymbol{\epsilon}_1^2}$。若导致$T_1$和$T_2$的两条信息(观测所得或模式模拟)相互独立，则我们合理地推测误差$\boldsymbol{\epsilon}_1$和$\boldsymbol{\epsilon}_2$互不相关，从统计学角度来说就是$\langle \boldsymbol{\epsilon}_1 \boldsymbol{\epsilon}_2 \rangle = 0$。因此，分析的误差方差$\langle \boldsymbol{\epsilon}^2 \rangle$为

$$\langle \boldsymbol{\epsilon}^2 \rangle = (1 - w_2)^2 \langle \boldsymbol{\epsilon}_1^2 \rangle + w_2^2 \langle \boldsymbol{\epsilon}_2^2 \rangle \tag{22.12}$$

自然地，T^1最优估计是误差方差最小的估计。查找使上述方程右边项最小的w_2的值，我们有

$$w_2 = \frac{\langle \boldsymbol{\epsilon}_1^2 \rangle}{\langle \boldsymbol{\epsilon}_1^2 \rangle + \langle \boldsymbol{\epsilon}_2^2 \rangle} \tag{22.13}$$

对应的误差的最小方差：

$$\langle \boldsymbol{\epsilon}^2 \rangle = \frac{\langle \boldsymbol{\epsilon}_1^2 \rangle \langle \boldsymbol{\epsilon}_2^2 \rangle}{\langle \boldsymbol{\epsilon}_1^2 \rangle + \langle \boldsymbol{\epsilon}_2^2 \rangle} = \left(1 - \frac{\langle \boldsymbol{\epsilon}_1^2 \rangle}{\langle \boldsymbol{\epsilon}_1^2 \rangle + \langle \boldsymbol{\epsilon}_2^2 \rangle}\right) \langle \boldsymbol{\epsilon}_1^2 \rangle \tag{22.14}$$

此时温度估计为

$$T^a = T_1 + \left(\frac{\langle \boldsymbol{\epsilon}_1^2 \rangle}{\langle \boldsymbol{\epsilon}_1^2 \rangle + \langle \boldsymbol{\epsilon}_2^2 \rangle}\right)(T_2 - T_1) \tag{22.15}$$

我们观察到由T_1和T_2组合的误差方差比$\langle \boldsymbol{\epsilon}_1^2 \rangle$和$\langle \boldsymbol{\epsilon}_2^2 \rangle$都要小。利用两种来源的信息平均而言能够降低不确定性，即使其中一个误差相对较大。这就是资料同化用误差分析来减少系统整体不确定性的思路。若使用诸如方程式(22.12)的最小化之类的优化，则该过程能够极为有效地减少预报误差。

我们可以通过寻找使得分析结果和现有资料之间区别的加权量度最小的T值得到相同的最优估计，权重反比于信息的误差方差：

$$\min_T J = \frac{(T - T_1)^2}{2 \langle \boldsymbol{\epsilon}_1^2 \rangle} + \frac{(T - T_2)^2}{2 \langle \boldsymbol{\epsilon}_2^2 \rangle} \tag{22.16}$$

也就是说，相比于分析结果与相对不确定的观测值之间的差别，我们更加迫切需要，当观测值愈加准确时，分析结果接近观测。T取方程式(22.15)的T^a时，方程式(22.16)达到最小。

通过最优插值法，能够将减小误差的最优方法应用于模式预报中[①]。模式数据通常要远远多于现有观测数据[②]，所以模式数据x向量的大小M比观测数据y向量的大小P大很多。

---

① 有时也称为客观分析。不过，此处用词并非十分恰当，因为客观分析通常仅仅指与过去以纸笔对天气形态的主观分析相对的数学插值方法。

② 2006 年，欧洲中期天气预报中心的 ECMWF 模式使用$M = 3 \times 10^7$个状态变量的 T256 业务稽核天气预报模式，每 12 h 同化一次的观测数据量为$P = 3 \times 10^6$。墨卡托海洋模式 PSY3v1 的状态量$M = 10^8$个，每周同化的观测量仅为$P = 0.25 \times 10^6$个。

为了能在某一特定时间点将观测值融合到模式模拟中，我们构建变量 x^a，称为分析场，由可用观测值 y 与作为截止到该时间点的预报结果 x^f 的线性组合构成：

$$x^a = x^f + \boldsymbol{K}(y - \boldsymbol{H}x^f) \qquad (22.17)$$

上述过程用到线性观测算子 $\boldsymbol{H}$，该算子能选择模拟的状态变量并将其插值到对应的观测点，以便于量化模式与观测场之间的失配量 $(y - Hx^f)$（如温度预报值是插值到测量气温的气象站点上）。在某些情况下，$\boldsymbol{H}$ 可能含有联系多个预报场与未直接预报的观测参数的数学运算。例如，海洋卫星观测中包含的所谓 Gelbstoff（字面意思为黄色物质）是单位水柱中有机物的总量，而对应的扩散模型通常仅计算有机物的三维结构，$\boldsymbol{H}$ 矩阵必须累加跨越观测点的沿水柱高度范围内各个网格点的值。有时，模式变量与观测值之间的关系是非线性时，修正项称为更新向量，记作 d，替换为

$$d = y - \mathcal{H}(x^f) \qquad (22.18)$$

其中，$\mathcal{H}$ 代表非线性函数。此处，我们仅考虑假设模式与观测值是线性关系的矩阵 $\boldsymbol{H}$。

我们还需要提及的是观测误差的相关解释，它取决于数据的预处理情况以及观测算子的构建。例如卫星的测高数据可以沿卫星轨道来同化，其观测误差通过如下要素估算：仪器设备误差、代表性误差（由空间尺度的混叠所产生）、时间同步性误差（由时间步长划分产生）和使用 $\boldsymbol{H}$ 沿轨采样模型的插值误差。若为了方便操作，将卫星观测轨迹预先使用与模式相同的网格进项网格化，采用诸如空间最优插值方法（数值练习 22.2）的插值方案，会产生相关的误差协方差，在规定观测误差时必须将其考虑在内。由模式结果插值（通过 $\boldsymbol{H}$）到数据点通常引入的误差较少，因为模式网格点数量往往远高于观测点的数量。

矩阵 $\boldsymbol{K}$ 的大小为 $M \times P$，其中 M 是模式变量的数量，P 是观测数据的数量。确定矩阵 $\boldsymbol{K}$ 是为了获得"最佳"分析，即数据与模式的最佳融合。分析过程取决于预报和观测的误差场。预报误差为

$$\epsilon = x - x^t \qquad (22.19)$$

上式表示计算得到的 x 与真实状态 x^t（未知）之间的差。同样地，观测误差为

$$\epsilon^0 = y - y^t \qquad (22.20)$$

即使我们不知道实际状态未知的真实值，通过这些误差，我们依然可以定义统计平均和方差。显然地，无偏模型和观测的平均值（一阶矩）$\langle \epsilon \rangle$ 和 $\langle \epsilon^0 \rangle$ 均假设为零。观测的误差协方差矩阵为

$$\boldsymbol{R} = \langle \epsilon^0 \epsilon^{0T} \rangle \qquad (22.21)$$

如果每个观测都有其自身误差，则该矩阵为对角线各项非零的方阵。因此，我们在对角线上可以找到每次观测对应的误差方差。当两个单独进行的观测存在相关性时，相应非对角项也非零，卫星观测中偶尔会出现这种情况。需要注意的是，非对角元是对

称的，对于任意矢量 z，平方项 $z^T R z = \langle (z^T \epsilon^0)^2 \rangle$ 非负，那么协方差矩阵恒为半正定。如果误差是随机的，并张成整个状态向量空间，则协方差矩阵为严格正定的。

分析步骤式(22.17)可以表达为

$$x^t + \epsilon^a = x^t + \epsilon^f + K(\epsilon^0 - H\epsilon^f) + \underbrace{K(y^t - Hx^t)}_{0} \qquad (22.22)$$

上式中最后一项为零，因为依据定义，理想的模式将会与真实状态观测完全匹配。对应的分析场误差为

$$\epsilon^a = \epsilon^f + K(\epsilon^0 - H\epsilon^f) \qquad (22.23)$$

通过将式(22.23)乘以自身的转置并取平均，我们可以构建误差协方差 $\langle \epsilon^a \epsilon^{aT} \rangle$：

$$\langle \epsilon^a \epsilon^{aT} \rangle = \langle \epsilon^f \epsilon^{fT} \rangle + K \langle (\epsilon^0 - H\epsilon^f) \epsilon^{fT} \rangle$$
$$+ \langle \epsilon^f (\epsilon^{0T} - \epsilon^{fT} H^T) \rangle K^T$$
$$+ K \langle (\epsilon^0 - H\epsilon^f)(\epsilon^{0T} - \epsilon^{fT} H^T) \rangle K^T \qquad (22.24)$$

关于预报和分析的误差场(分别用上标"f"和"a"表示)，定义协方差矩阵如下：

$$P = \langle \epsilon \epsilon^T \rangle \qquad (22.25)$$

并做合理假定：观测误差与预报误差间没有相关性①，也就是 $\langle \epsilon^0 \epsilon^{fT} \rangle = 0$。分析之后，我们可以将误差协方差矩阵重新表示为

$$P^a = P^f - KHP^f - P^f H^T K^T + K(R + HP^f H^T) K^T$$
$$= P^f - P^f H^T A^{-1} HP^f + (P^f H^T - KA) A^{-1} (HP^f - AK^T) \qquad (22.26)$$

为方便起见，矩阵 A 定义为

$$A = HP^f H^T + R \qquad (22.27)$$

A 为对称矩阵，且极有可能为可逆矩阵②。

如果适当地缩放状态变量使得温度误差与速度误差比较成为可能，可以将分析场的总体误差 ϵ^a 视作误差向量的期望范数

$$\epsilon^a = \langle \epsilon^{aT} \epsilon^a \rangle \qquad (22.28)$$

而上式不过是协方差矩阵 $\langle \epsilon^a \epsilon^{aT} \rangle$ 的迹，分析误差的整体度量为

$$\epsilon^a = \text{trace}(P^a) \qquad (22.29)$$

大小为 $M \times P$ 的矩阵 K 目前仍未确定，合理的选择是使系统全局误差达到最小的 K。一种可行的方法是取方程式(22.26)的轨迹，并对 K 的所有分量轨迹进行微分，以找到全局误差的极值；方程式(22.26)是 K 的二次形式，且 A^{-1} 若存在则必为正定，保证了极值必为最小值。或者，我们可以将误差看作矩阵 K 的函数 $\epsilon^a(K)$，寻找最优的

---

① 观测误差与模式误差的去相关已由不同来源的信息所验证。
② P 和 R 是半正定矩阵，所以可能性不低。此外，当观测值和状态变量覆盖的范围较大时，相距较远的两点间的协方差通常较小，因此矩阵的对角线各项更为重要。

K 使得

$$\epsilon^a(K + L) - \epsilon^a(K) = 0 \qquad (22.30)$$

对任意的、距平较小的矩阵 L，上述方程均成立。关于 L 线性化后，我们有

$$\mathrm{trace}\left[- L(HP^f - AK^T) - (P^fH^T - KA) L^T \right] = 0 \qquad (22.31)$$

上式中的两项互为转置矩阵，迹相同，因此该共同迹消失就足够了。

$$\mathrm{trace}\left[(P^fH^T - KA) L^T \right] = 0$$

因为 L 是任意的，其矩阵系数必为零，因而分析误差最小的矩阵 K 为

$$K = P^fH^TA^{-1} = P^fH^T (HP^fH^T + R)^{-1} \qquad (22.32)$$

我们注意到为了使 K 能达到误差最小，A 必须为可逆矩阵。K 矩阵将模式预报与数据联系起来，与方程式（22.13）作用相似，称为卡尔曼增益矩阵。

将式（22.32）代入方程式（22.26），得到最小的分析误差协方差矩阵：

$$P^a = (1 - KH)P^f = \left[1 - P^fH^T (HP^fH^T + R)^{-1}H \right] P^f \qquad (22.33)$$

上式也与方程式（22.14）类似。我们注意到，最优的卡尔曼增益矩阵和最小的误差协方差均不依赖于观测或预报状态向量，仅依赖于这两者的统计误差协方差。依赖实际取值的只有状态矢量本身，将其优化分析后变为

$$x^a = x^f + P^fH^T (HP^fH^T + R)^{-1}(y - H x^f) \qquad (22.34)$$

通过把方程式（22.32）代入方程式（22.17），将预报值和观测值与各自的误差协方差 P^f 和 R 结合起来，这种方法称为最优插值。

在给定预报和观测误差协方差的情况下，最优插值的另一种推导方法叫作三维变分，三维变分的目的是找到一个状态矢量使如下表达的误差度量 J 达到最小：

$$J(x) = \frac{1}{2} (x - x^f)^T P^{f-1}(x - x^f) + \frac{1}{2} (Hx - y)^T R^{-1}(Hx - y) \qquad (22.35)$$

换句话说，这个过程是为了寻找最接近模式预报和观测的状态向量，并且让更正确的信息损失更小，与方程式（22.16）极为相似。找到的最优状态向量能够得到与方程式（22.34）相同的分析结果，这个留作练习（参见解析问题 22.4）。

最优插值也可以从真实场的最大似然估计来表示，也就是说，目标场应具备与真实场匹配最高可能性，若每种误差的概率密度函数服从高斯正态分布，这一点亦可以通过方程式（22.34）说明（Lorenc，1986）。无论采用何种方法，都需要量化所有误差方差，而这也是难点所在［参见 Lermusiaux 等（2006）的示例］。

22.4　卡尔曼滤波

在最优插值公式中，提供预报的动力模型并未显式出现。除了预报本身，仅需要预报误差协方差矩阵 P^f。所以，实际上只使用了关于模式的很少一部分信息。

例如，知道流体运动模型倾向于沿着特定方向（如流动本身或波动引导的方向）传播状态变量误差，或误差被不稳定模态放大，我们应当发问：资料同化系统如何将某些模型的属性考虑进去。为此，我们从如下事实出发，在同化进行的 n 和 $n+1$ 时刻之间，模式推进状态向量遵循如下公式：

$$x_{n+1} = \mathcal{M}(x_n) + f_n + \eta_n \qquad (22.36)$$

其中，f_n 表示时刻 n 与 $n+1$ 之间的外部强迫；η_n 表示模型在从上一次资料同化的时间层次 n 至即将进行的下一次资料同化的时间层次 $n+1$ 的多种时间步长之间运行时引入的误差。算子 $\mathcal{M}$ 代表模式的内部结构，从时间层次 n 的前期数值开始，历经多个时间步长，计算时间层次 $n+1$ 的状态向量。假定模式在时间层次 n 开始预报，对应的分析场取当时的同化数据、假设为线性模式（此处仅仅为了方便讨论），我们可以对上述方程近似如下：

$$x^f_{n+1} = \boldsymbol{M} x^a_n + f_n + \eta_n \qquad (22.37)$$

其中，矩阵 $\boldsymbol{M}$ 取代了方程式（22.36）的非线性算子 $\mathcal{M}$。这种矩阵只是此处为了讨论方便引入的一种优雅的方法表示，实际的业务化模式里并不用这些。未知的真实状态相似但不含模式误差，因此服从如下关系

$$x^t_{n+1} = \boldsymbol{M} x^t_n + f_n \qquad (22.38)$$

因而预报误差 $\epsilon^f = x^f - x^t$ 为

$$\epsilon^f_{n+1} = \boldsymbol{M} \epsilon^a_n + \eta_n \qquad (22.39)$$

上式右边项乘以自身的转置，并通过统计平均，获得误差协方差矩阵，我们得到了李雅普诺夫方程，该方程允许误差协方差矩阵随时间推进：

$$\boldsymbol{P}^f_{n+1} = \boldsymbol{M}\boldsymbol{P}^a_n\boldsymbol{M}^{\mathrm{T}} + \boldsymbol{Q}_n = \boldsymbol{M}\left(\boldsymbol{M}\boldsymbol{P}^a_n\right)^{\mathrm{T}} + \boldsymbol{Q}_n \qquad (22.40)$$

其中，模式误差的协方差矩阵定义如下：

$$\boldsymbol{Q}_n = \langle \eta_n \eta_n^{\mathrm{T}} \rangle \qquad (22.41)$$

与前面的讨论类似，假设不同来源的误差之间互不相关。由于强迫 f 在误差演化方程中消失，我们后面将不再保留这一项。注意，即使我们不显式地写出矩阵 $\boldsymbol{M}$ 的形式，误差协方差矩阵 $\boldsymbol{P}^a$ 的演变仍能在其每列 c 上用实际模式来计算，同诸如 $\boldsymbol{M}c$ 这种的误差协方差矩阵更新包含的操作所显示一样。为了启动误差演化方程的计算，我们还需要知道 $\boldsymbol{P}$ 的初始值，这与初始条件下的误差有关：

$$\boldsymbol{P}_0 = \langle (x_0 - x^t_0)(x_0 - x^t_0)^{\mathrm{T}} \rangle \qquad (22.42)$$

现在，我们已经得到计算误差协方差演化的方法，对应的卡尔曼滤波同化见图 22.6，其中包括对以线性误差传播的非线性模型的拓展（扩展卡尔曼滤波）。相较于最优插值，卡尔曼滤波的分析步骤本身没变，但是更新每一步同化过程中的误差协方差。概而言之，卡尔曼滤波对于最优插值的补充是，预报模式不仅可以及时推进状态变量，而且

可以及时推进其误差。

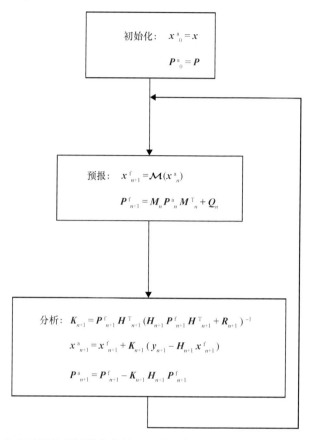

图 22.6 扩展卡尔曼滤波资料同化方案的处理步骤序列，其中的观测网变化（更改矩阵 $\boldsymbol{H}$），非线性模式预报算子 $\boldsymbol{M}$，以及同化时间内提供误差预报的模式线性化。注意：强非线性模式，比如生态系统研究中的诸多模式，会导致特殊问题（Robinson et al.，2002）

两个极端情况需要注意。其一，连续两次同化的时间间隔远小于模式模拟的动力过程本身的演化时间尺度，状态变量及其误差基本保持不变。对 $\boldsymbol{M} \sim \boldsymbol{I}$ 来说，模式因而可以认为是持续的，这时

$$P_{n+1}^{f} \sim P_{n}^{a} + Q_{n} \qquad (22.43)$$

换言之，预报误差是等于以前的分析场误差，不含平流或其他修正项，再加上两次同化之间模式模拟过程中引入的模式误差。对于构造良好的模式，上式的最后一项相对较小，这是因为时间积分小于关注的时间尺度。

另一种极端情况是，当同化很少进行时，模式很可能达到自身可预报性的极限，预报变得与随机过程无异。换句话说，预报本身就是模拟误差。数学上就相当于 $\boldsymbol{M} \sim \boldsymbol{0}$，因此有

$$P^{\mathrm{f}}_{n+1} \sim Q_n \tag{22.44}$$

上式意味着误差场对历史误差没有记忆能力，这也与突破预报性极限的要求相一致，但完全是由模拟造成的。显然，Q_n 在这种情况下比前面的例子的值更大，这是因为可预报期限本身就存在长期积分和误差放大的问题。

为了说明在一般情况下的卡尔曼滤波方法，我们首先需注意对于分析过程，误差协方差矩阵只出现在 $P^{\mathrm{f}}H^{\mathrm{T}}$ 这一组合项中，

$$P^{\mathrm{f}}H^{\mathrm{T}} = \langle \boldsymbol{\epsilon}^{\mathrm{f}}\boldsymbol{\epsilon}^{\mathrm{f}\mathrm{T}} \rangle H^{\mathrm{T}} = \langle (x^{\mathrm{f}} - x^{\mathrm{t}})(Hx^{\mathrm{f}} - Hx^{\mathrm{t}})^{\mathrm{T}} \rangle \tag{22.45}$$

该项为观测量与其他量的协方差。这是因为该项所对应的矩阵最终将乘以一个观测数据集大小的向量（P），它将信息从数据点位置有效地传播到模式网格。我们同时有

$$A = HP^{\mathrm{f}}H^{\mathrm{T}} + R = \langle (Hx^{\mathrm{f}} - Hx^{\mathrm{t}})(Hx^{\mathrm{f}} - Hx^{\mathrm{t}})^{\mathrm{T}} \rangle + R$$
$$= \langle (Hx^{\mathrm{f}} - y)(Hx^{\mathrm{f}} - y)^{\mathrm{T}} \rangle \tag{22.46}$$

这可以根据预报值观测部分的误差协方差结合相应的观测误差来解释，让我们想起方程式（22.13）中的 $\langle \epsilon_1^2 \rangle + \langle \epsilon_2^2 \rangle$。上式也表明依据更新向量 $Hx^{\mathrm{f}} - y$ 的统计结果，A^{-1} 是存在的。因为如果更新向量的分量总是为零，使得 A 变为奇异阵，这将意味着相应的模式部分永远不需要修正，因此将被数据分析过程排除在外。另外也要注意，卡尔曼增益矩阵 K 对较高精度的观测值会赋予更高的权重，并将该信息传输到其他位置上。

考虑状态向量 x 的 k^{th} 分量上单点观测的同化是有益的，在这种情况下：

- $P^{\mathrm{f}}H^{\mathrm{T}}$ 为一个 $M \times 1$ 的矩阵，分量为 P^{f}_{ik}，$i = 1, 2, \cdots, M$，该项的作用是从观测点 k 获得变化量并传输到状态向量的其他分量中。协方差矩阵因此具有利用远程信息进行校正的功能。协方差的结构依赖于当前问题（图 22.7）。在图 22.7 所示的例子中，分析后的误差协方差在数据点的位置减少，并经流场的平流而传播开。因此，在数据点的下游，误差协方差更小，反映了数据的远程影响。

- $(HP^{\mathrm{f}}H^{\mathrm{T}} + R)^{-1}$ 约化为标量 $(P^{\mathrm{f}}_{kk} + \epsilon_0^2)^{-1}$，其中 ϵ_0^2 为观测误差的方差，P^{f}_{kk} 为同一点上的预报误差协方差。

从上面的分析可知，考虑观测值和模拟的相对误差，同时误差协方差矩阵允许信息从数据点辐射到区域内其他范围和其他状态变量上。因此，同化大气温度廓线数据，可以有助于改变任何地方的风场；高度计观测的海面高度可以很好地用于调整深层海洋的密度场。相较大气的庞大的地面观测网络系统和通过探空气球进行垂向剖面观测的合理成本，维持海洋上的固定锚定浮标网络或对海洋内部进行采样的周期性船舶航行的费用要远远昂贵得多。因此，卫星数据在海洋预报中非常有价值，并且能够利用这些表面数据来获得海洋内部的密度场和流场。

由于上面我们采用了零偏差的假设和线性组合项的最小误差估计，因此这样构造的卡尔曼滤波器称作系统真实状态的最佳线性无偏估计。前面提出的其他线性方法，

比如松弛逼近法，效果没有这个方法好。有趣的是，卡尔曼滤波方法在某种程度上涵盖了其他同化方法。例如，在卡尔曼滤波器中，我们如果首先利用规定值来计算预报场的误差协方差，而不是通过模式来计算，那么卡尔曼滤波就简化为了最优插值。此外，如果误差和观测协方差矩阵不仅是预先规定的，而且还是对角化的，那么就变成了松弛逼近法。最后，如果将松弛时间尺度减小到零，则处理过程就变成了直接插入（仅将状态变量替换为观察值）。以上所有的方法，都可以称为滤波方法，因为它们仅使用了历史数据来估计局地场。

 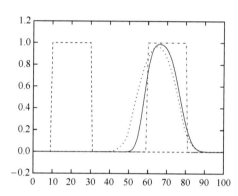

图 22.7　平流问题的同化实验，观测数据在每个时间步长上由点 $i=40$ 处提供。左图：表示误差协方差矩阵（暗色为低值区，亮色为高值区）。协方差矩阵沿其对角线具有最大值，且是局地的。同时注意，在数据点的下游，这些对角线值较低，因为精确数据减少此处误差；右图：平流场，初始模态（左边的方波信号），一段时间之后的状态（右边的方波信号），速度和数值扩散不准确情况下的实际模态（虚线），经资料同化修正后的模式结果（实线）。有关该实验的详细信息，请参阅 kalmanupwadv.m 文件

22.5　逆方法

卡尔曼滤波的运行仅依赖于历史信息，这也是业务化预报模式中唯一可用的信息。另外，该方法承认动力模式并不完善。当分析较长时间周期时，使用卡尔曼滤波优化的资料同化过程在模式模拟方面的主要缺点是：模拟的模式状态（状态变量的轨迹）不再是连续的，而是每次资料同化时都会表现出跳跃（图 22.8），动力学变量的这些值的突变可能引起非物理性冲击。对某些应用，系统需要避免任何形式的跳跃以便获得保持物理系统连续的模拟（图 22.9）。

当我们关注模式结果连续轨迹的获取时，比较合理的假设是：动力模式本身是完善的，除非不准确的初始条件、不准确的驱动力以及不准确的模式参数（如一个涡黏性系数）引入了误差，这些误差会造成模式预报与实际偏离。现在我们的想法是优化模式

的这些分量，使得在更长时段内，模式演化的能尽量贴近观测。系统在任意时刻的状态，不仅依赖于历史数据，也受到未来数据的影响。毋庸赘言，预报模式肯定无法实现这样的想法，但其着眼于模式的改进，在历史数据再分析方面仍然是一个行之有效的方法。这种使用一段时间内数据的方法，称为平滑算子。

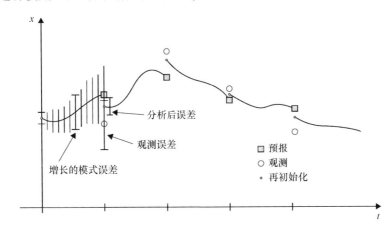

图 22.8　每当进行资料同化时，模拟轨迹均因为卡尔曼滤波中断。竖线描述误差水平，在预报中断期间，误差逐渐上升，但是每当同化开始，误差骤降

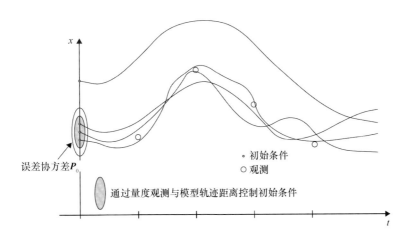

图 22.9　伴随方法选择时间上最贴近观测值的模式轨迹。用于创建不同轨迹的初始条件用以背景状态 x_0^b 为中心的概率密度描绘

逆模式的目标就是，利用 N 组数据集 y_n，在有限的时间间隔内通过搜索一个最佳的初始条件集 x_0，最小化模式与数据之间的偏差。该方法通过依据最小化如下定义的代价函数来进行

$$J = \sum_{n=0}^{N-1} \frac{1}{2} (\boldsymbol{H}_n x_n - y_n)^{\mathrm{T}} \boldsymbol{R}_n^{-1} (\boldsymbol{H}_n x_n - y_n) + J_{\mathrm{b}} \tag{22.47}$$

上式中，二次形式的第一项可以理解为观测（y_n）与对应的模式生成值（$\boldsymbol{H}_n x_n$）之间的适配度平方的加权和。添加项 J_{b}，主要的作用是避免初始条件场 x_0 与参考（背景）场 x_0^{b} 偏离太远。在这种情况下，添加项展开为

$$J_{\mathrm{b}} = \frac{1}{2} (x_0 - x_0^{\mathrm{b}})^{\mathrm{T}} P_0^{-1} (x_0 - x_0^{\mathrm{b}}) \tag{22.48}$$

上式的最小化将迫使初始条件向背景场靠拢。初始条件的背景场 x_0^{b} 可以由之前的预报或者气候态数据来提供。

为了达到代价函数 J 的最小化，我们需要强化约束条件：令模式解 x 满足

$$x_{n+1} = \mathcal{M}(x_n) \tag{22.49}$$

为了简化问题，我们再次求助于线性化方法

$$x_{n+1} = \boldsymbol{M}_n x_n \tag{22.50}$$

求满足约束条件组合的优雅方法是拉格朗日乘子法。通过这些乘子 λ_n，一系列约束条件式（22.50）被合并到代价函数中，形成如下表达式：

$$
\begin{aligned}
J = &\sum_{n=0}^{N-1} \frac{1}{2} (\boldsymbol{H}_n x_n - y_n)^{\mathrm{T}} \boldsymbol{R}_n^{-1} (\boldsymbol{H}_n x_n - y_n) \\
&+ \sum_{n=0}^{N-1} \lambda_n^{\mathrm{T}} (x_{n+1} - \boldsymbol{M}_n x_n) \\
&+ \frac{1}{2} (x_0 - x_0^{\mathrm{b}})^{\mathrm{T}} \boldsymbol{P}_0^{-1} (x_0 - x_0^{\mathrm{b}})
\end{aligned} \tag{22.51}
$$

然后，将增大的代价函数关于包括拉格朗日乘子在内的所有变量优化。这构成了一个新的变分问题，即所谓的四维变分。注意，我们在代价函数中考虑了初始观测场 x_0^{b} 以及沿途所有观测值 y_n（直至 $n=N-1$），但没有计入模拟结果 x_N。这样就可以将其视为基于系统演化模式的预报，其中系统演化模式要求尽可能接近前面 N 个观测值。

关于拉格朗日乘子优化式（22.51）（即关于 λ_n 的偏导数设为零）就回归到式（22.50）的 $n=0$ 到 $N-1$ 的模式约束条件。对初始状态 x_0 的变分得到

$$\nabla_{x_0} J = \boldsymbol{P}_0^{-1} (x_0 - x_0^{\mathrm{b}}) + \boldsymbol{H}_0^{\mathrm{T}} \boldsymbol{R}_0^{-1} (\boldsymbol{H}_0 x_0 - y_0) - \boldsymbol{M}_0^{\mathrm{T}} \lambda_0 \tag{22.52}$$

上式必然在最优解下为零。方程式（22.51）关于每个中间状态 x_m 的变分也必为零。注意到 x_m 既出现在 $n=m$ 的求和中，也出现在 $n=m-1$ 的求和中，将 m 转换成 n，我们得到下面的条件：

$$\boldsymbol{H}_n^{\mathrm{T}} \boldsymbol{R}_n^{-1} (\boldsymbol{H}_n x_n - y_n) - \boldsymbol{M}_n^{\mathrm{T}} \lambda_n + \lambda_{n-1} = 0 \quad (n = 1, \cdots, N-1) \tag{22.53}$$

最后，关于最终状态 x_N 变分，得到 $\lambda_{N-1} = 0$。

不同条件都能够改写成如下算法。我们首先估计初始条件的 x_0，然后执行下面的

操作步骤：

$$x_{n+1} = \boldsymbol{M}_n x_n \qquad (n = 0, \cdots, N-1) \qquad (22.54\text{a})$$

$$\lambda_{N-1} = 0 \qquad (22.54\text{b})$$

$$\lambda_{n-1} = \boldsymbol{M}_n^{\mathrm{T}} \lambda_n - \boldsymbol{H}_n^{\mathrm{T}} \boldsymbol{R}_n^{-1}(\boldsymbol{H}_n x_n - y_n) \qquad (n = N-1, \cdots, 1) \qquad (22.54\text{c})$$

在上述过程中，我们注意到模式与观测数据的失配量 $\boldsymbol{H}_n x_n - y_n$ 驱动了拉格朗日乘子值。加诸方程式(22.51)的驻定性条件当前均以满足，除了方程式(22.52)中的 $\nabla_{x_0} J$ 尚不为零。为此，拉格朗日乘子的迭代式(22.54c)能够在形式上扩展到 $n=0$，使得若不使用背景场（$\boldsymbol{P}_0^{-1}=0$），λ_{-1} 取值为 $-\nabla_{x_0} J$。但由于我们已经有了获得一个 J 的值和它相对于我们赖以优化解的变量的梯度的途径，对于初始条件的优化，我们可以使用数学上的任何通过梯度寻找最小值的最小化工具。最陡下降法或最有效的共轭梯度法（参见 7.8 节）是迭代算法，这些迭代过程根据函数梯度生成一系列减小代价函数 J 的状态（此处是对于 x_0）。因此，我们现在有一个相对简单的梯度计算方法，对模式向前积分，称为前向模式法；对模式向后积分以评估拉格朗日乘子，称为逆模式法，最终得到梯度（图 22.10）。

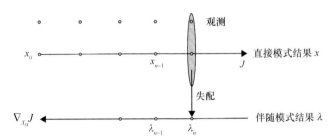

图 22.10　向前积分从可控(可调)参数的初始估计开始，而后提供模拟窗口的状态变量。逐步迭代过程中，模式与观测值的失配量存储起来，代价函数 J 的误差范数按照式(22.35)来定义，并累加起来。然后，以失配为驱动，共轭伴随模式关于时间向后积分。一旦计算到 $n=0$ 的起始状态，式(22.52)的梯度值就可以算出。如果不为零，模式就没有达到最优化，需要通过最小化代价函数 J 以及它关于控制参数的梯度的工具来计算改进估计的控制参数

然而，这个看似简单的算法掩盖了几个实际问题。拉格朗日乘子方程与带有 $\boldsymbol{M}$ 转置矩阵的前向模式非常接近，一个看似无害的区别是，出现的不是 $\boldsymbol{M}$ 而是其转置矩阵，我们不是将 $\boldsymbol{M}$ 矩阵而是将 $\boldsymbol{M}$ 矩阵的伴随矩阵代入 λ_n 得到时间序列。所以，我们将拉格朗日乘子的后向积分又称为伴随模式。实际问题是，数值模式从未显式生成矩阵 $\boldsymbol{M}$，这意味着需要对共轭非线性模式进行编程，对 λ 的作用等效于进行转置模型矩阵。还有一个实际问题是，随时间而变的模式需要存储模拟过程的中间结果，或者由于后向积分的特点，需要在一定程度上重新生成整个模拟时间段内的结果。读者可以参阅

Courtier 等(1994)的文章或者更早的 Talagrand 等(1987)的文章，了解更多有关伴随模式的内容。

以上优化方法可以应用于诸如选取涡黏性系数或边界条件参数等的优化。待优化的参数，称为控制参数，可以作为附加的状态变量引入到状态向量中，变成持续演化方程。需要注意的是，只有前向模式本身能够模拟正确结果的情况下，逆模式才有效。换句话说，将逆模式使用在一个极端不适合的模式并尝试通过估算合适的参数值来改进模式，需要承担这些参数值仅仅是临时的数值而不存在物理意义的风险。因此，必要的可能替代方案是放松动力学正确模式的假设并允许误差的存在，参考如前面卡尔曼滤波器的例子。

通过用所谓的弱限制来代替强约束条件式(22.50)，允许模式解偏离纯模式解，仅约束调整与式(22.50)偏差很大的值，只保留与模式匹配最好的结果，这样也可以达到满意的效果。我们这样做可以调整逆模式的代价函数，通过最小化来形成广义逆模式

$$J = \sum_{n=0}^{N-1} \frac{1}{2} (H_n x_n - y_n)^T R_n^{-1} (H_n x_n - y_n)$$

$$+ \sum_{n=0}^{N-1} \frac{1}{2} (x_{n+1} - M_n x_n)^T Q_n^{-1} (x_{n+1} - M_n x_n)$$

$$+ \frac{1}{2} (x_0 - x_0^b)^T P_0^{-1} (x_0 - x_0^b) \tag{22.55}$$

式中，Q 为模式的误差协方差矩阵。

关于初始条件的微分，有

$$\nabla_{x_0} J = P_0^{-1} (x_0 - x_0^b) + H_0^T R_0^{-1} (H_0 x_0 - y_0) - M_0^T Q_0^{-1} (x_1 - M_0 x_0) \tag{22.56}$$

关于中间状态($n = 1, \cdots, N-1$)的微分，导出附加条件：

$$H_n^T R_n^{-1} (H_n x_n - y_n) - M_n^T Q_n^{-1} (x_{n+1} - M_n x_n) + Q_{n-1}^{-1} (x_n - M_{n-1} x_{n-1}) = 0 \tag{22.57}$$

关于最终状态的微分得到 $x_N = M_{N-1} x_{N-1}$。

该方程组构成的体系可以以一种更为熟悉的方式书写：

$$x_n = M_{n-1} x_{n-1} + Q_{n-1} \lambda_{n-1} \quad (n = 1, \cdots, N) \tag{22.58a}$$

$$\lambda_{N-1} = 0 \tag{22.58b}$$

$$\lambda_{n-1} = M_n^T \lambda_n - H_n^T R_n^{-1} (H_n x_n - y_n) \quad (n = N-1, \cdots, 1) \tag{22.58c}$$

要求的梯度式(22.56)为零。这些方程与伴随模式方法式(22.54)非常类似，只是添加了包含直接模式中 Q 的项，允许模式误差传播。尽管与前面的模式类似，但是真实状况下的解比伴随方法复杂得多，并可以通过所谓的代表方法获得(Bennett，1992)。广义的逆模式方法得到的解不是前向模式的真实解，而是有效地在观测值与模式结果之间达到折中的解(图 22.11)。

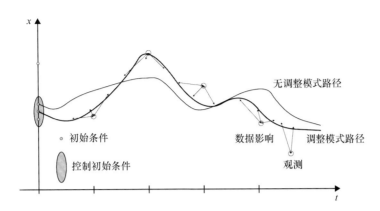

图 22.11   广义逆模式方法允许同时优化多个初始条件，并最大限度地减少模式与观测值的偏差

变分方法有吸引力，因为该方法允许有效模式校正，但是需要先验地规定观测值和模式的误差协方差，这是一个障碍。更重要的是，除了对作为总体量度的代价函数的值以外，变分方法并不伴随对最终分析的误差估计，这与卡尔曼滤波式（22.33）相反。原则上，利用代价函数关于控制参数的二阶导数，即黑塞（Hessian）矩阵，变分方法可以进行误差估计。直观上，如果代价函数下降得很快，即如果可以说它呈现"深井"状，那么与相对平坦的代价函数相比，最优化被约束得更好（图 22.12）。因此，黑塞（曲率）矩阵可以用来计算误差协方差，这个性质由 Rabier 等（1992）得到。

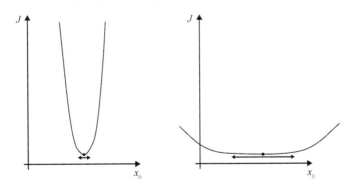

图 22.12   当 J 的黑塞矩阵（关于控制参数的二阶偏导数的集合）很大时，最小值往往得到很好的
约束（左图的"深井"状），最终状态的误差也很小。相反地，可调参数变化时，若代价函数的
值域范围很宽，没有能有效地控制住某些显著的 J 值，误差就会很大（右图"浅井"状）

获得带有误差估计的平滑轨迹的另一种方法是扩展卡尔曼滤波器，使其不仅包括历史数据，还包括未来的预测值。所谓的卡尔曼平滑器就是这样做的并且为线性系统提供整个模拟时段内与广义逆模式相同的结果。

类似地可以证明，在给定时间区间和初始误差协方差的情况下，对于相同数据的理想模式，标准的四维变分方法和卡尔曼滤波方法是彼此等价的。从某种意义上说，它们对于线性模式和线性的观测算子，具有相同的最终分析结果。

虽然证明了在某些情况下这两种方法等价，但是，当模式的、诸如线性和无偏性的基本假设违背时，这两种方法的结果就不一致了。不同的方法导致不同的输出结果。此外，不同的方法的实际实现可以千差万别，这将广泛地影响算法性能。

22.6　业务化模式

在实际应用中，提到的数据同化方法的实现需要考虑到日常运行模式通常需要执行的计算量。松弛逼近方法只增加了一个方程的线性项，与此相关的成本可以忽略不计。对于原始形式的最优插值，至少需要计算大小正比于观测数量大小的逆矩阵①。由于矩阵 H 大部分是由零组成，我们一般不需要考虑乘以 H 矩阵所消耗的计算成本。然而，对于全矩阵 $HPH^T + R$，其逆矩阵的计算成本大致为 P^3 次运算。另外，我们需要存储大小为 $M \times P$ 的 HP 矩阵。如果 P 很大，就会对计算资源造成很大负担。如果我们想要在分析之后计算误差协方差，所需的矩阵乘法要求 PM^2 次操作。如果只需要计算协方差矩阵的对角线（即误差矩阵局部的方差），操作次数下降到 PM，但计算量依然很大。

当然，依据卡尔曼滤波需要随时间更新误差协方差，计算需求就会增加。幸运的是，我们从来没有显式构造 M 矩阵使模式向前推进，但是 M 矩阵与向量的乘积实际上就相当于一次模式积分。所以，如果 M 矩阵乘以大小为 $M \times M$ 的另一矩阵，计算成本大小约为 M 次积分的计算成本，这是更新预报误差协方差的计算成本，且需与不进行资料同化时的单个模式积分的计算成本进行比较。

对于三维变分方法，计算成本也很大，因为如果没有已有的逆矩阵做支撑，每个协方差矩阵求逆需要 M^3 次运算。这种情况我们需要 M^2 次运算来计算每个代价函数，M 次运算来计算它的梯度，以及 K 次迭代来寻找最小值。为了达到最小值，理论上需要 $K=M$ 次迭代，但当 K 比 M 小得多时亦能够找到较好的估计。

对于四维变分方法，类似的计算成本估计值可以运用于对最小化过程中所需梯度的每次评估的前向模式的积分和其伴随模式的反向积分。对于 K 次迭代，需要计算 KM 次模式积分，而沿途每次估计代价函数的计算量时都需要 M^2 次操作，只有当误差协方差矩阵具有特殊形式（如对角矩阵）时，计算量才能减小些。

考虑到模式变量的 M（量级大约为 10^7 或 10^8）个数量以及业务化模式所使用的观察值的个数 P（量级约为 10^6），我们清楚地发现需要进行简化同化方法。否则，对于目前

---

① 这是假设协方差矩阵 P 或者对应的 HP 可以简单计算。

使用的状态向量和观测矩阵的规模，卡尔曼滤波器和三维变分都是不可行的，除非协方差矩阵形式非常特殊。对同化方法进行简化，通过从主要特征中筛选出不必要的元素使复杂性降低到可计算的程度同时保留同化方法本身的优点，这就需要模式构建的艺术。

观测的类型和数量会大大影响简化的可行性。在海洋中，出于业务的目的，观测值主要是来自卫星测量的海面数据(包括海面高度异常、海面温度、水色、海冰，以及将来非常有希望的盐度)和海岸带数据（潮汐间隙的海面高度），以及能够测量一定水深剖面的 Argo 浮标数据(Taillandier et al.，2006)。在大气中，其观测网比海洋观测网更密集，特别是全球各地都进行日常的无线电探空，为资料同化提供了大量观测数据。在简化同化方法时，一般要考虑到所融合数据的类型。对于海洋资料同化来说，方法是分两步进行同化，一步是只同化海面信息和其他剖面数据，此外还将特定的简化用于协方差。

大多数情况下，降低复杂性是合理的，因为系统演化过程中包含一系列物理上的阻尼模态，它们会渐渐消失，不需要修正。阻尼模态是通过地转平衡等吸引子的存在而产生的，然而，不稳定模态是我们天气形态的特征，同化过程必须应用。

简化的另一个途径是状态向量的大小。大量的数值状态变量主要是由于我们的数值需要使网格大小比感兴趣的尺度短，即 $\Delta x \ll L$ 和 $\Delta z \ll H$。这显然也意味着我们使用了比需要的实际自由度多很多的计算节点。因此，我们可以尝试减少资料同化程序的计算负担，把计算节点的数量有效地减少到与动力模式的自由度个数或观测数量相当。

简化同化方法过程的最流行方法之一是使用降秩后的协方差矩阵，记作

$$P \sim SS^{\mathrm{T}} \tag{22.59}$$

其中约化后的矩阵 S 的大小为 $M \times K$，显著小于 $M \times M$ 的大小，这是因为 K 比 M 小很多。容易证明 SS^{T} 矩阵秩[①]的大小至多为 K，因此称为降秩矩阵。使用简化程序，我们不再需要存储 P 矩阵，因为我们在简化时已存储了更小的 S 矩阵，凡是涉及 P 矩阵的矩阵乘法运算均约化到了 S 矩阵及其转置矩阵的矩阵乘法运算。P 矩阵乘以一个 $M \times M$ 大小的矩阵，运算次数不再是 M^3，而仅有 $2KM^2$。

我们也可以通过节省矩阵求逆的计算阶数来实现简化资料同化。降秩的效果可以用对角矩阵 R 来简单例证，矩阵 R 是所有观测点上带有协方差 μ^2 且不具相关性的观测误差。定义矩阵 $U = HS$，维数为 $P \times K$，$K \ll P$，我们有

$$PH^{\mathrm{T}} (HSS^{\mathrm{T}} H^{\mathrm{T}} + R)^{-1} = SU^{\mathrm{T}} (UU^{\mathrm{T}} + \mu^2 I)^{-1} = S (U^{\mathrm{T}} U + \mu^2 I)^{-1} U^{\mathrm{T}} \tag{22.60}$$

---

① 一个矩阵的秩是矩阵中线性不相关的列向量的个数。

最后一个等式可以通过矩阵运算直接证明，或者通过使用资料同化中最有用的矩阵恒等式这种特殊情况来说明，即所谓的谢尔曼-莫里森（Sherman-Morisson）公式（参见解析问题 22.8）。方程式（22.60）中最后一个运算是将矩阵从 $P \times P$ 矩阵转换成小得多的 $K \times K$ 矩阵。此处是同化过程计算效率大幅提升的地方。当 $\boldsymbol{R}$ 矩阵为非对角矩阵但是其逆矩阵易于计算时，也有相同的计算效率提升。

在集合预报方法（Houtekamer et al.，1998）中，前向模式可以构建一系列模拟结果，其中每个都是其他模拟结果的微扰，扰动可以由初始状态、强迫、参数值甚至是地形修正等引入。由此获得的模型结果的集合，可以从集合元素中估计系统的统计参数。实际上，K 个样本的方差估计的收敛速度也仅为 $1/\sqrt{K}$，因此我们期望构建一个大的集合，或以某种方式构建最优分布的集合（Evensen，2004）。

将集合预报方法和降秩矩阵方法组合起来，就能发展出一系列不同实现方式的资料同化方法（Barth et al.，2007；Brasseur，2006；Lermusiaux et al.，1999；Pham et al.，1998；Robinson et al.，1998）。集合预报方法不仅可以用于单个模式扰动过程的结果模拟，还可以扩展到包含不同模式，例如对不同模式的相同属性（超集合方法）进行模拟，这些模式甚至可以使用不同的物理参数化和控制方程（超级集合方法）。这样的组合可以显著减少误差，尤其是偏差（Rixen et al.，2007）。

其他简化方式出发点都是减少同化作用的状态向量大小。一种可能是用较粗的网格或经过简化的模式来计算传播误差的协方差（Fukumori et al.，1995）。有些动力平衡也可以用协方差来加以考虑。如果仅能观测到动力平衡的某一分量，如地转平衡系统中的海面高度分量，则不需要再同化速度分量。一旦修正了海面高度和密度，就可以利用地转平衡计算出速度的修正量。

业务化模式已经在某些应用中使用了相当一段时间，第二次世界大战结束后就开始了数值模式天气预报。现在全球有两个主要的机构提供全球的天气预报（欧洲中期天气预报中心和美国国家环境预报中心）。业务化的太平洋潮汐模式、飓风预报和海啸预警系统也很成熟，将专业机构的观测网数据纳入其中。海洋环流预报（MERSEA、HY-COM、HOPs 等）早在 2004 年 12 月公众对海啸预警需求之前就已经开始出现。

业务化模式的共同之处是：资料同化最初是用于减少模式误差。然而，要求业务化模式不仅可以进行预报，还能通过置信区间提供相应的不确定性，这是合理的，这也是现在的同化能做的。从科学的角度来看，我们可能会认为，预报校正过程并不为理解物理过程提供新的认识。实际上，分析同化的循环有助于理解误差的来源，并且可以从统计上验证模型结果与观测结果的一致性。此外，验证变化量（模式数据的偏离）和误差的估计是否与所使用的统计模型兼容，使我们能够识别两者不一致的地方。例如，变化量的平均值应该为零，以免系统中出现需要纠正的偏差。对预报值进行验证的过程（Jolliffe et al.，2003）不仅有助于理解模式动力学，而且还有助于了解模式和观测误差，并且可以帮助识别出需要改进的模式分量或观测系统分量。最后，我们可以从这些研究中提炼出自适应采样的方案（Lcrmusiaux，2007）。

解析问题

22.1 分析下面方程的精确解

$$\frac{\mathrm{d}u}{\mathrm{d}t} = +\tilde{f}\,v - \frac{u - u_0(t)}{\tau} \tag{22.61}$$

$$\frac{\mathrm{d}v}{\mathrm{d}t} = -\tilde{f}\,u - \frac{v - v_0(t)}{\tau} \tag{22.62}$$

式中，$u_0(t) = \cos(ft)$，$v_0 = -\sin(ft)$，松弛时间 $\tau = 1/(\alpha\tilde{f})$。这些方程代表了为追踪频率为 f 的惯性振荡的松弛逼近，因为这些方程所组成的模型倾向于产生频率为 $\tilde{f}$ 的惯性振荡，而 $\tilde{f}$ 并不是真实值。证明松弛逼近是怎样校正初始条件误差的，并区分该误差对振幅和相位的影响，然后研究 $\tilde{f}$ 和 f 的差异是如何影响到方程的解的。

22.2 已知真实场在空间上的协方差分布和给定点上的数据误差，试建立并描述一种将观测值插值到空间的最优插值方法。

22.3 假设背景场（或预报场）误差方差均匀分布，已知某一分析方法目前可以提供最优场及其对应的误差估计，如图 22.13 所示。参考图中的分析场的分布情况、误差场和空间结构，你将如何排序下面的物理量的大小：

· 观测误差

· 预报误差

且包括它们值的估计？在你看来，用于场分析的相关长度的粗略估计是多少？（提示：考虑观测值传播到区域中的方式以及协方差函数的重要性。特别是研究远离任何观测值以及远离其他任何数据点的单个观测值时分析的行为方式。图 22.13 的相关程序参考 divashow. m 文件）

22.4 证明方程式（22.35）的最小优化所得分析场与最优插值的结果相同，J 的最优值是多少？

22.5 天气预报通常局限于一到两周，之后预报技巧为零。为什么使用相同的地球流体动力学控制方程的气候模式却可以用来预测未来几十年呢？（提示：考虑状态变量和参数化的重要性）

22.6 底部摩擦参数化为二次定律 $\tau_\mathrm{b} = \rho_0\,C_\mathrm{d}\,u^2$，试证明即使对于 u 是无偏估计，底部应力的估计却是有偏的。给出误差方差。

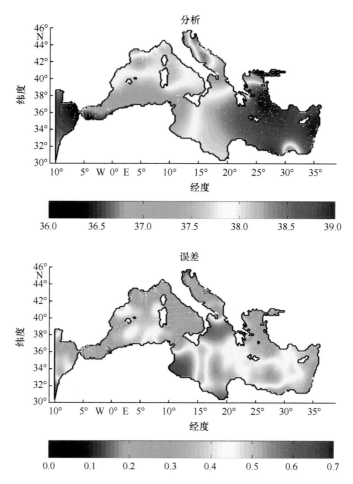

图 22.13 上图：地中海海表盐度数据的最优插值，白点表示数据站点；下图：相应的分析误差（与盐度的单位一致），假定观测误差和预报误差均匀分布。注意数据分布对误差估计的影响（数据插值变分分析，Brasseur et al.，1996）

22.7 证明下面的恒等式：

$$L^{\mathrm{T}}(LL^{\mathrm{T}} + \mu^2 I) = (L^{\mathrm{T}}L + \mu^2 I)^{-1} L^{\mathrm{T}} \tag{22.63}$$

是否需要满足一些条件才能使上式成立？

22.8 证明谢尔曼-莫里森公式：

$$(A + UV^{\mathrm{T}})^{-1} = A^{-1} - A^{-1}U(I + V^{\mathrm{T}}A^{-1}U)^{-1}V^{\mathrm{T}}A^{-1} \tag{22.64}$$

22.9 如果状态向量 x 观测误差为零，那么卡尔曼增益矩阵将如何表现？

22.10 假设误差-协方差矩阵 P 达到一个平稳值，推导满足稳定状态预报误差协方差必须满足的方程，并证明它是一个黎卡提(Ricatti)方程。你预计何时使用该误差协方差变得有趣？

22.11　你能够找到在技巧评分的定义式(22.1)中包含不为零的、完美模型 ϵ^p 的误差的理由吗？（提示：思考一个完美模式能够预报什么？）

22.12　你认为自相关何时为图 22.4 讨论的可预报性极限提供有用信息？

22.13　从李雅普诺夫方程式(22.40)也可以获得误差估计的经典结果。假如你使用状态方程 $\rho(T, S)$，测量的 T 和 S 分别受到方差为 σ_T^2 和 σ_s^2 的误差干扰。计算 ρ 的误差期望方差，并证明它可以写为方程式(22.40)的形式。试解释这种状况下的 Q 项。

22.14　高度计数据可以探测到卫星连续轨道之间海表高度抬升 $\Delta\eta$ 的变化。如果位势涡度在大尺度上守恒，我们可以预估海水的垂向密度廓线在卫星返回之前没有改变，但在垂向上移动了 Δz 的位移。假设该位移量是一个小量且在 $z=-z_0$ 处的压强恒定，试计算这个位移。忽略近表面附近的密度变化，如果卫星两次重访之间的海面高度增加，该位移的符号是什么？试用斜压模态解释你的结果，并说明如何将该结果应用于一个简单的资料同化方案中（参见 Cooper et al.，1996）。

数值练习

22.1　实施松弛逼近法并解决解析问题 22.1。如果 τ 减小，需要在时间步长上如何特别操作？如果在"观测值" u_0 和 v_0 中添加噪声并降低"伪数据"的采样率，会发生什么情况？

22.2　oigrav. m 程序已将一维重力波问题在 61 km 长和 100 m 深的计算区域内离散化为 61 个内部计算点，试在其上建立最优插值方案。使用文献中已有的模式进行对比实验，从静止状态开始模拟，起始为 40 cm 振幅的正弦波高，波长相当于计算区域的尺寸。从这个模拟可以提取伪数据，用以比较多个同化方案的优劣：

·海表高度 η 的采样点位于左边界的附近，计算区域总长的 1/3 处，每 10 s 采样和同化一次。

·海表高度的采样点位于计算区域的所有网格点上，每 10 min 采样和同化一次。

以上两种情况下，将标准差为典型高度计精度（2 cm）的随机噪声添加到"数据"中。设噪声在时间和空间上不相关。进行同化实验时，初始条件水面静止，海面高度为零。

规定预报协方差为点 x_i 和点 x_j 之间距离的函数，正比于以下相关函数

$$c(x_i, x_j) = \exp[-(x_i - x_j)^2 / R^2] \qquad (22.65)$$

式中，R 为相关长度。将该相关函数乘以估计的预报方差，可以获得预报协方差。

利用添加的扰动项，可以获得观测误差的协方差，给出系统模拟的演变结果，并定量给出 η 和速度的误差。

鉴于初始条件，你能建议使用背景场的哪种方差？分别调整取值并讨论这两种情

况对资料同化过程的影响。然后，改变相关长度的值，最后尝试其他时空覆盖的组合。［提示：为了方便编程，两个模拟过程（参考模式的运行和同化模式的运行）可以同时进行，这样可以在进行资料同化之前，就能诊断误差］

22.3 对 kalmanupwadv. m 文件中误差的规范、采样率及采样点位置等参数进行改变，分别做实验练习。

22.4 开发数值练习 22.3 的伴随模式，并使用与数值练习 22.3 卡尔曼滤波器相同的"观测值"优化初始条件。设定平流速度分别为 $C = U\Delta t / \Delta x = 0.2$ 和 $C = 1$，观察对模式误差的影响。此处 $C = 1$ 能获得理想的动力学模式，因为在这种情况下迎风格式是准确的。减少观测次数和忽略背景场初始条件会对实验产生什么影响？（提示：考虑欠定问题和超定问题）

22.5 估计目前天气预报模式在存储 P 矩阵时的电脑内存需求。

22.6 实现洛伦茨方程式（22.2）的集合卡尔曼滤波并仅对 $x(t)$ 的观测值进行同化。将时间间隔设置为 0.001、0.01、0.1 和 1，分别进行同化，考察观测频率的影响。

22.7 通过计算和使用从扰动初始条件的集合预报中估计的协方差函数，改进数值练习 22.2 的最优插值。

22.8 更新协方差矩阵，生成完整的卡尔曼滤波器，用此滤波器改进数值练习 22.2 的同化方案。为了便于编程，考虑显式构造转换矩阵 M。

迈克尔·吉尔
（Michael Ghil，1944—　　）

　　迈克尔·吉尔出生于匈牙利布达佩斯市，在罗马尼亚的布加勒斯特度过了高中时期，然后在以色列接受了工程学教育，在那里他作为军官供职于海军。移民美国之后，他在纽约大学柯朗数学科学研究所获得了博士学位，导师是彼得·拉克斯教授（参见第6章结尾的人物介绍）。

　　他的科学研究工作包括对气候系统模拟、混沌理论、数值与统计方法、资料同化和数学经济学的开创性贡献。吉尔提供了第四纪冰川循环的自相容理论、热带大气的低频变化理论和中纬度海洋年际变化理论。他是一位超级作家，他拥有十几本著作及200余篇研究和综述文章。

　　吉尔教授在巴黎高等师范学校和加利福尼亚大学洛杉矶分校从事教学工作。他喜欢向大量学生和年轻同事学习并与他们一起工作，并经常与他们保持联系。其中的许多人凭借自身的实力取得了可观的专业成就。吉尔能够流利地说6种语言。［照片由霞慕尼勃朗峰旅游局（Compagnie des Guides，Chamonix-Mont Blanc）的菲利普·布鲁尔（Philippe Brèure）提供］

尤金妮娅·卡尔奈
（Eugenia Kalnay，1942—　　）

　　尤金妮娅·卡尔奈在麻省理工学院获得气象学博士学位，导师是朱尔·查尼（见第16章结尾的人物介绍）。在同一系任职副教授之后，她成为 NASA 戈达德空间飞行中心全球模式和模拟部门的负责人，在那里她开发了准确而有效的"NASA 四阶全球模式"（NASA Fourth Order Global Model）。后来她担任美国国家气象局环境模拟中心主任，带头对美国国家气象局模式预报技巧进行重大改进。在她的领导下开展了许多成功计划，如集合预报、三维变分和四维变分资料同化、高级质量控制、季节和年际动力预报等。她还指导了 NCEP/NCAR 50 年再分析项目，1996 年的再分析文献是地球科学领域引用最多的论文之一。转向学术界后，卡尔奈教授在马里兰大学联合发起了天气混沌小组，该小组是集合卡尔曼滤波方法的领导者。

　　多年以来，卡尔奈因其对数值天气预报、资料同化和可预报性的贡献获得了包括世界气象组织著名的 IMO 奖在内的无数奖项。卡尔奈是这个领域的关键人物，是她在自己的书《大气模式、资料同化和可预报性》*Atmospheric Modeling，Data Assimilation，and Predictability*（2003）中所描述的许多关键技术的开创者。（照片由蒲朝霞提供，已获得使用许可）

附录 A　流体力学要点

摘要：本附录回顾总结了流体力学的基本原理，并说明了怎样在无穷小体积上建立平衡。然后对流体动力学的欧拉法和拉格朗日法加以区别，并在柱面坐标系和球面坐标下给出了几个方程和运算符作为参考。最后，概述了涡度和旋转之间的联系。

A.1　平衡

大多数流体力学的物理原理都可以视为一个量或另一个量的平衡，而最简单的平衡是对质量守恒。我们先论述一维情况，再从一维情况直接推广至三维情况。

对于一维平衡，我们考虑极短（无穷小）的流体段，沿坐标系 x 轴的长度为 dx（图 A.1）；我们规定，在运行时间 dt 内，流体段在某个时刻 $t + dt$ 的质量等于前一个时刻 t 的质量加上左边 $x - dx$ 流入的质量，并减去从右边 x 处流出的质量，即

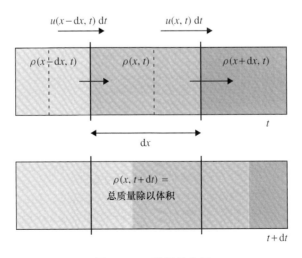

图 A.1　一维质量守恒

$$\underbrace{\rho(x,\ t+\mathrm{d}t)\,\mathrm{d}x}_{t+\mathrm{d}t时刻的质量} = \underbrace{\rho(x,\ t)\,\mathrm{d}x}_{t时刻的质量} + \underbrace{u(x-\mathrm{d}x,\ t)\,\mathrm{d}t\rho(x-\mathrm{d}x,\ t)}_{流入的质量} - \underbrace{u(x,\ t)\,\mathrm{d}t\rho(x,\ t)}_{流出的质量}$$

$$(\mathrm{A}.1)$$

除以时间间隔 $\mathrm{d}t$ 和空间间隔 $\mathrm{d}x$ 后，平衡可改写为

$$\frac{\rho(x,\ t+\mathrm{d}t)-\rho(x,\ t)}{\mathrm{d}t} + \frac{\rho(x,\ t)u(x,\ t)-\rho(x-\mathrm{d}x,\ t)u(x-\mathrm{d}x,\ t)}{\mathrm{d}x} = 0$$

$$(\mathrm{A}.2)$$

在 $\mathrm{d}t$ 与 $\mathrm{d}x$ 趋于 0 的极限情况下，差分变成微分，则得到一维质量守恒方程如下：

$$\frac{\partial\rho}{\partial t} + \frac{\partial}{\partial x}(\rho u) = 0 \qquad (\mathrm{A}.3)$$

注意，我们假设存在这种无穷小的极限，即与宏观特性的尺度相比显得极小，而与构成平衡的流体的分子大小相比显得却很大。这是连续介质力学的实质。

类似地，对于三维域(图 A.2)，平衡计算得出

$$\begin{aligned}
\rho(x,\ y,\ z,\ t+\mathrm{d}t)\mathrm{d}x\mathrm{d}y\mathrm{d}z &= \rho(x,\ y,\ z,\ t)\mathrm{d}x\mathrm{d}y\mathrm{d}z \\
&+ u(x-\mathrm{d}x,\ y,\ z,\ t)\mathrm{d}t\mathrm{d}y\mathrm{d}z\rho(x-\mathrm{d}x,\ y,\ z,\ t) \\
&- u(x,\ y,\ z,\ t)\mathrm{d}t\mathrm{d}y\mathrm{d}z\rho(x,\ y,\ z,\ t) \\
&+ v(x,\ y-\mathrm{d}y,\ z,\ t)\mathrm{d}t\mathrm{d}x\mathrm{d}z\rho(x,\ y-\mathrm{d}y,\ z,\ t) \\
&- v(x,\ y,\ z,\ t)\mathrm{d}t\mathrm{d}x\mathrm{d}z\rho(x,\ y,\ z,\ t) \\
&+ w(x,\ y,\ z-\mathrm{d}z,\ t)\mathrm{d}t\mathrm{d}x\mathrm{d}y\rho(x,\ y,\ z-\mathrm{d}z,\ t) \\
&- w(x,\ y,\ z,\ t)\mathrm{d}t\mathrm{d}x\mathrm{d}y\rho(x,\ y,\ z,\ t)
\end{aligned}$$

除以无穷小体积 $\mathrm{d}x\mathrm{d}y\mathrm{d}z$ 和时间间隔 $\mathrm{d}t$，得到连续极限下的质量守恒方程，也称为连续方程，如下所示：

$$\frac{\partial\rho}{\partial t} + \frac{\partial}{\partial x}(\rho u) + \frac{\partial}{\partial y}(\rho v) + \frac{\partial}{\partial z}(\rho w) = 0 \qquad (\mathrm{A}.4)$$

牛顿第二物理定律规定，质量乘以加速度等于合力，因而同样可以视为平衡。此时，动量(在每单位体积上，时间乘以速度)是进行平衡分析的量，每单位体积上的力是平衡来源。需要说明的是，此时的平衡分析属于二维类型(图 A.3)。

合适的出发点是质量平衡方程式(A.1)，我们用密度与速度的乘积替换该方程中的密度，来源是单位体积上的力。我们也从一维推广到二维，即

$$\begin{aligned}
\rho u\big|_{\mathrm{at}_{x,\ y,\ t+\mathrm{d}t}}\mathrm{d}x\mathrm{d}y &= \rho u\big|_{\mathrm{at}_{x,\ y,\ t}}\mathrm{d}x\mathrm{d}y \\
&+ \rho uu\big|_{\mathrm{at}_{x-\mathrm{d}x,\ y}}\mathrm{d}y\mathrm{d}t - \rho uu\big|_{\mathrm{at}_{x,\ y}}\mathrm{d}y\mathrm{d}t \\
&+ \rho uv\big|_{\mathrm{at}_{x,\ y-\mathrm{d}y}}\mathrm{d}x\mathrm{d}t - \rho uv\big|_{\mathrm{at}_{x,\ y}}\mathrm{d}x\mathrm{d}t \\
&+ x\ 方向的合力
\end{aligned}$$

$$(\mathrm{A}.5\mathrm{a})$$

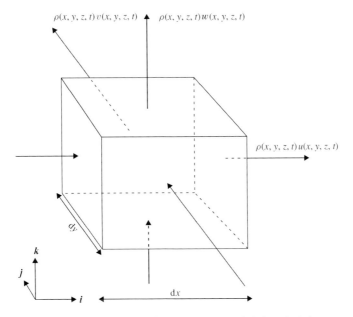

图 A. 2 三维质量平衡中，无穷小体积的边界上的质量流入和流出

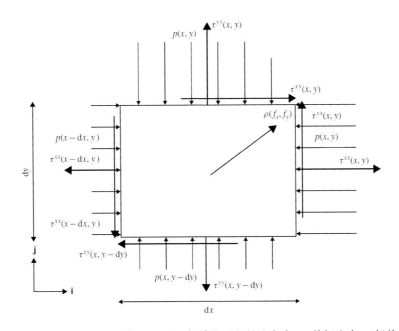

图 A. 3 流体中典型力的二维元素：压强 p(每单位面积的法向力)，剪切应力 τ(每单位面积的切向力)，以及内(体)力 $\rho(f_x, f_y)$。内(体)力通常为万有引力

$$\rho v\big|_{\text{at}_{x,\,y,\,t+dt}}dxdy = \rho v\big|_{\text{at}_{x,\,y,\,t}}dxdy$$

$$+ \rho v u\big|_{\text{at}_{x-dx,\,y}}dydt - \rho v u\big|_{\text{at}_{x,\,y}}dydt$$

$$+ \rho v v\big|_{\text{at}_{x,\,y-dy}}dxdt - \rho v v\big|_{\text{at}_{x,\,y}}dxdt$$

$$+ y\text{ 方向的合力} \qquad\qquad (\text{A.5b})$$

作用在流体元上的力如下：

$$x\text{ 方向的合力} = p\big|_{\text{at}_{x-dx,\,y}}dy - p\big|_{\text{at}_{x,\,y}}dy$$

$$- \tau^{xx}\big|_{\text{at}_{x-dx,\,y}}dy + \tau^{xx}\big|_{\text{at}_{x,\,y}}dy$$

$$- \tau^{xy}\big|_{\text{at}_{x,\,y-dy}}dx + \tau^{xy}\big|_{\text{at}_{x,\,y}}dx$$

$$+ \rho f_x dxdy \qquad\qquad (\text{A.6a})$$

$$y\text{ 方向的合力} = p\big|_{\text{at}_{x,\,y-dy}}dx - p\big|_{\text{at}_{x,\,y}}dx$$

$$- \tau^{yx}\big|_{\text{at}_{x-dx,\,y}}dy + \tau^{yx}\big|_{\text{at}_{x,\,y}}dy$$

$$- \tau^{yy}\big|_{\text{at}_{x,\,y-dy}}dx + \tau^{yy}\big|_{\text{at}_{x,\,y}}dx$$

$$+ \rho f_y dxdy \qquad\qquad (\text{A.6b})$$

这里，力 (f_x, f_y) 表示每单位质量的体力，而乘积形式 $\rho(f_x, f_y)$ 表示每单位体积的体力。注意，应力 τ 取决于流体和流动的性质，而剪切应力 τ^{xy} 和 τ^{yx} 大小相等、方向不同（图 A.3）。剪切应力大小相等，$\tau^{xy}(x, y) = \tau^{yx}(x, y)$，而如果不相等的话，则无穷小元素会受到无法抵消的力矩的作用。

所谓本构方程必须将应力分量与流体流动（往往是流动的速度剪切）联系起来（图 A.4）。

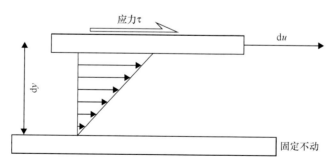

图 A.4　缓慢流动的应力与切变成比例：$\tau \propto du/dy$

在上述力作用下，除以 dxdy，我们得到沿 x 方向的动量平衡，即

$$\frac{\partial}{\partial t}(\rho u) + \frac{\partial}{\partial x}(\rho uu) + \frac{\partial}{\partial y}(\rho uv)$$

$$= \rho f_x - \frac{\partial p}{\partial x} + \frac{\partial \tau^{xx}}{\partial x} + \frac{\partial \tau^{xy}}{\partial y} \tag{A.7}$$

同样地，我们也得到沿 y 方向的动量平衡。推广至三维平衡的情况比较简单，可得到方程式（3.2）和式（3.3）。

注意，在固体力学中，牛顿第二定律是基于某一路径上给定的质量的（称为拉格朗日法），而不是对空间给定部分进行平衡分析（称为欧拉法）。由于物理定律相同，我们可以使用拉格朗日法或欧拉法推出相同的控制方程。为了证明方法的可行性，我们将流体或流场的特征场 $F(x, y, z, t)$ 的欧拉导数表示如下：

$$\frac{\partial F}{\partial t} = 在固定 x，y，z 处，F 关于 t 的导数 \tag{A.8}$$

换句话说，该欧拉导数表示观察者在固定位置得到的 F 的时间变化率。相反，拉格朗日法关系考虑的是随流体质点移动的变化，流体质点位置随时间变化，即 $(x, y, z) = [x(t), y(t), z(t)]$。坐标的时间变化描述了流体质点轨迹。$F$ 的时间变化（考虑位移随时间变化）即为 F 的全时间导数，表示为

$$\frac{\mathrm{d}F}{\mathrm{d}t} = F[x(t), y(t), z(t), t] 关于 t 的导数 \tag{A.9}$$

根据导数的链式法则，得出流体质点 F 的变化为

$$\frac{\mathrm{d}F}{\mathrm{d}t} = \frac{\partial F}{\partial x}\frac{\mathrm{d}x}{\mathrm{d}t} + \frac{\partial F}{\partial y}\frac{\mathrm{d}y}{\mathrm{d}t} + \frac{\partial F}{\partial z}\frac{\mathrm{d}z}{\mathrm{d}t} + \frac{\partial F}{\partial t} \tag{A.10}$$

因为 $[x(t), y(t), z(t)]$ 表示流体质点轨迹，位置随时间的变化 $\mathrm{d}x/\mathrm{d}t$ 实际上等于流体质点速度 u；同样地，$\mathrm{d}y/\mathrm{d}t = v$ 且 $\mathrm{d}z/\mathrm{d}t = w$，我们可以将拉格朗日导数 $\mathrm{d}F/\mathrm{d}t$（也称为随体导数）表示如下：

$$\frac{\mathrm{d}F}{\mathrm{d}t} = \frac{\partial F}{\partial t} + u\frac{\partial F}{\partial x} + v\frac{\partial F}{\partial y} + w\frac{\partial F}{\partial z} \tag{A.11}$$

该表达式将拉格朗日导数与欧拉导数联系起来，可在拉格朗日法和欧拉法之间切换。上述两个表达式的差别，也就是含有速度分量的各项的和，就是平流贡献。

从欧拉公式到拉格朗日公式的转换中，通过使用随体导数式（A.11），对质量守恒方程式（A.4）进行了操作：

$$\frac{1}{v}\frac{\mathrm{d}v}{\mathrm{d}t} = -\frac{1}{\rho}\frac{\mathrm{d}\rho}{\mathrm{d}t} = \frac{\partial u}{\partial x} + \frac{\partial v}{\partial y} + \frac{\partial w}{\partial z} \tag{A.12}$$

$v = 1/\rho$ 表示单位质量的体积；表达式 $\partial u/\partial x + \partial v/\partial y + \partial w/\partial z$ 表示流场的散度，流体辐散时，散度值为正，流体辐合时，散度值为负。当流体辐散（辐合）时，流体体积会

膨胀(缩小)，密度会降低(增大)。

在二维情况，我们可以进一步把散度与包含流体元的面积 S 相关联，得到

$$\frac{1}{S}\frac{\mathrm{d}S}{\mathrm{d}t} = \frac{\partial u}{\partial x} + \frac{\partial v}{\partial y} \tag{A.13}$$

该表达式在涡度研究中会非常有用，也作为留给读者的练习题，供读者用拉格朗日法推导动量方程，并解释所建立的方程。

A.2 柱面坐标系上的方程

上述方程都建立在矩形(笛卡儿)坐标系上，但在地球流体力学中，我们偶尔会遇到诸如涡旋的圆形结构，此时使用柱面坐标系就方便多了。空间的三个坐标分别是：径向距离 r，方位角 θ(以弧度为单位)，以及垂向坐标 z。

在柱面坐标系内，随体导数表示为

$$\frac{\mathrm{d}}{\mathrm{d}t} = \frac{\partial}{\partial t} + u\frac{\partial}{\partial r} + \frac{v}{r}\frac{\partial}{\partial \theta} + w\frac{\partial}{\partial z} \tag{A.14}$$

在该表示法中，u 表示径向速度，v 表示方位速度(对于三角意义上的质点转动为正，则 θ 增加)，w 表示垂向速度。

质量守恒方程和动量方程的水平与垂直分量如下所示：

$$\frac{\partial \rho}{\partial t} + \frac{1}{r}\frac{\partial}{\partial r}(\rho r u) + \frac{1}{r}\frac{\partial}{\partial \theta}(\rho v) + \frac{\partial}{\partial z}(\rho w) = 0 \tag{A.15a}$$

$$\rho\left(\frac{\mathrm{d}u}{\mathrm{d}t} - \frac{v^2}{r} - fv + f_* w\right) = -\frac{\partial p}{\partial r} + F_r \tag{A.15b}$$

$$\rho\left(\frac{\mathrm{d}v}{\mathrm{d}t} + \frac{uv}{r} + fu\right) = -\frac{1}{r}\frac{\partial p}{\partial \theta} + F_\theta \tag{A.15c}$$

$$\rho\left(\frac{\mathrm{d}w}{\mathrm{d}t} - f_* u\right) = -\frac{\partial p}{\partial z} - \rho g + F_z \tag{A.15d}$$

其中，F_r、F_θ 以及 F_z 表示应力项。标量场 ψ 的拉普拉斯算子表示为

$$\nabla^2 \psi = \frac{1}{r}\frac{\partial}{\partial r}\left(r\frac{\partial \psi}{\partial r}\right) + \frac{1}{r^2}\frac{\partial^2 \psi}{\partial \theta^2} + \frac{\partial^2 \psi}{\partial z^2} \tag{A.16}$$

极坐标是二维柱面坐标系，去掉了垂直坐标 z。

A.3 球面坐标系上的方程

当研究区域的尺度与地球半径相当，特别是研究区域为全球时，最好选用球面坐标系。空间的三个坐标分别是：地球中心的径向距离 r(通常沿局地垂直方向转换成 z，

从平均海平面开始测量），经度 λ，以及纬度[①] φ（用弧度而不是用度数表示）。随体导数表示为

$$\frac{\mathrm{d}}{\mathrm{d}t} = \frac{\partial}{\partial t} + \frac{u}{r \cos \varphi} \frac{\partial}{\partial \lambda} + \frac{v}{r} \frac{\partial}{\partial \varphi} + w \frac{\partial}{\partial r} \tag{A.17}$$

方程式（3.1）至式（3.3）表示为

$$\frac{\partial}{\partial t}(\rho \cos \varphi) + \frac{\partial}{\partial \lambda}\left(\frac{\rho u}{r}\right) + \frac{\partial}{\partial \varphi}\left(\frac{\rho v \cos \varphi}{r}\right) + \frac{1}{r^2}\frac{\partial}{\partial r}(r^2 \rho w \cos \varphi) = 0 \tag{A.18a}$$

$$\rho\left(\frac{\mathrm{d}u}{\mathrm{d}t} - \frac{uv \tan \varphi}{r} + \frac{uw}{r} - fv + f_* w\right) = -\frac{1}{r \cos \varphi}\frac{\partial p}{\partial \lambda} + F_\lambda \tag{A.18b}$$

$$\rho\left(\frac{\mathrm{d}v}{\mathrm{d}t} + \frac{u^2 \tan \varphi}{r} + \frac{vw}{r} + fu\right) = -\frac{1}{r}\frac{\partial p}{\partial \varphi} + F_\varphi \tag{A.18c}$$

$$\rho\left(\frac{\mathrm{d}w}{\mathrm{d}t} - \frac{u^2 + v^2}{r} - f_* u\right) = -\frac{\partial p}{\partial r} - \rho g + F_r \tag{A.18d}$$

式中，$f = 2\Omega \sin \varphi$，$f_* = 2\Omega \cos \varphi$。摩擦力分量 F_λ、F_φ 以及 F_r 的表达式较为复杂，此处不再重复。关于这些方程的详细推导过程，读者可参考 Gill（1982）著作的第 4 章。标量场 ψ 的拉普拉斯算子表示为

$$\nabla^2 \psi = \frac{1}{r^2 \cos^2 \varphi}\frac{\partial^2 \psi}{\partial \lambda^2} + \frac{1}{r^2 \cos \varphi}\frac{\partial}{\partial \varphi}\left(\cos \varphi \frac{\partial \psi}{\partial \varphi}\right) + \frac{1}{r^2}\frac{\partial}{\partial r}\left(r^2 \frac{\partial \psi}{\partial r}\right) \tag{A.19}$$

需要注意的是，因为地球半径比大气或海洋的厚度大得多，部分垂向导数可近似为

$$\frac{1}{r^2}\frac{\partial(r^2 a)}{\partial r} \simeq \frac{\partial a}{\partial z} \tag{A.20a}$$

$$\frac{1}{r^2}\frac{\partial}{\partial r}\left(r^2 \frac{\partial a}{\partial r}\right) \simeq \frac{\partial^2 a}{\partial z^2} \tag{A.20b}$$

A.4 涡度与旋转

涡度，顾名思义，代表了流体质点的旋转率。因为旋转也定义为绕着某个轴转动，所以涡度应为矢量。为简单起见，我们从水平面内的流动着手，旋转围绕垂直轴进行，涡度矢量沿垂直轴方向。只有旋转的强度是重要的，可定义为

$$\zeta = \frac{\partial v}{\partial x} - \frac{\partial u}{\partial y} \tag{A.21}$$

我们首先考虑围绕轴的原点旋转的刚体中的流动（图 A.5 左图）。流场表示为

---

① 与经典球面坐标系相比，我们不使用极化角而使用纬度。

$(u=-\Omega y,\ v=+\Omega x)$，由方程式（A.21）定义的涡度为 $\zeta=2\Omega$，是流动的旋转角速率的两倍，除了系数 2 以外看起来是非常直观的。

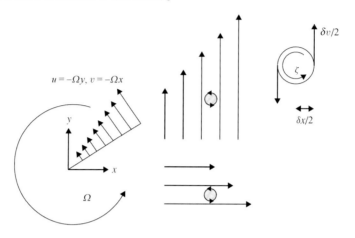

图 A.5　涡度与旋转

不仅做曲线运动的流体流存在涡度，直线剪切流也存在涡度，如图 A.5 中所示。例如，在流动 $v(x)$ 中，位于不同 x 位置的流体质点沿 y 方向以不同的速度流动，一些质点在运动过程中会赶超另一些质点。在流体中放置一条棍子，会观察到棍子的一端比另一端运动得快，会随着流动旋转。在数学上旋转通过涡度表示为

$$\zeta=\frac{\mathrm{d}v}{\mathrm{d}x} \tag{A.22}$$

从沿垂直轴向下看的三角（逆时针）意义上的旋转，涡度符号为正。

在三维空间内，涡度是速度矢量的旋度，涡度的三个分量分别表示为

$$\zeta_x=\frac{\partial w}{\partial y}-\frac{\partial v}{\partial z} \tag{A.23}$$

$$\zeta_y=\frac{\partial u}{\partial z}-\frac{\partial w}{\partial x} \tag{A.24}$$

$$\zeta_z=\frac{\partial v}{\partial x}-\frac{\partial u}{\partial y} \tag{A.25}$$

解析问题

A.1　请证明柱面坐标系上的速度分量表示如下：

$$u=\frac{\mathrm{d}r}{\mathrm{d}t},\ v=r\frac{\mathrm{d}\theta}{\mathrm{d}t},\ w=\frac{\mathrm{d}z}{\mathrm{d}t} \tag{A.26}$$

你能对这些公式作出解释吗？（提示：利用随体导数的定义）

A. 2　如果涡旋的速度场如下所示：

$$u = -\frac{\partial \psi}{\partial y}, \quad v = +\frac{\partial \psi}{\partial x} \tag{A.27}$$

其中流函数为

$$\psi = \omega L^2 \exp\left(-\frac{x^2 + y^2}{L^2}\right) \tag{A.28}$$

请确定涡旋的涡度。另外，请计算原点处以及 $x = 3L$，$y = 0$ 处的涡度。

A. 3　假设二维空间中的流动，采用柱面坐标系，径向速度分量为零，而方位速度分量仅依赖 r：

$$v = v(r) \tag{A.29}$$

计算围绕原点为中心，半径为 R 的圆的环流[①]。把计算结果与圆界定的平面内的涡度分布联系起来。[提示：涡度 $\zeta_z = (1/r)(\mathrm{d}/\mathrm{d}r)(rv)$]

A. 4　已知流的散度是密度随时间的相对变化，你能推导出柱面坐标系和球面坐标系上的散度算子表达式吗？（提示：参考质量守恒方程）

数值练习

A. 1　请画出解析问题 A. 2 中的速度场和涡度场。

---

① 环流是切向速度沿着所选路径的积分，此处简单地用方位速度与圆周长的乘积来表示。

附录 B 波 运 动 学

摘要： 由于众多地球流动现象可用波解释，因此在地球流体力学研究中需要了解波的基本性质。这里引入有关波数、频率、频散关系、相速度和群速度的概念，并给出它们的物理解释。

B.1 波数与波长

为了简化表达，易于用图解表示，我们将考虑二维平面波。也就是说，(x, y) 平面上的物理信号，随时间 t 变化，波峰线为直线。由于典型的波形是正弦函数，我们假设，用 a 表示系统中的一个物理变量，可以是压强、速度分量或者其他变量，按照以下形式演变：

$$a = A\cos(k_x x + k_y y - \omega t + \varphi) \tag{B.1}$$

系数 A 表示波的振幅（$-A \leqslant a \leqslant +A$），而下面因子为相位：

$$\alpha = k_x x + k_y y - \omega t + \varphi \tag{B.2}$$

相位包含随每个独立变量和常数 φ 变化的项，φ 称为参考相位。x、y、t 的系数 k_x、k_y、ω 分别称为 x 方向的波数及 y 方向的波数和角频率（通常简称为频率），用于说明波在空间的波动起伏有多快，随时间的振荡有多快。

波信号的等效表示式为

$$a = A_1\cos(k_x x + k_y y - \omega t) + A_2\sin(k_x x + k_y y - \omega t) \tag{B.3}$$

式中，$A_1 = A\cos\varphi$，且 $A_2 = -A\sin\varphi$，并有

$$a = \Re[A_c\, e^{i(k_x x + k_y y - \omega t)}] \tag{B.4}$$

式中，符号 $\Re[\ ]$ 表示实部，$A_c = A_1 - iA_2 = A\,e^{i\varphi}$ 是复振幅系数。数学表达式的选择通常取决于遇到的问题。式（B.3）常用于讨论以相同或正交相位共存的信号问题，而式（B.4）在给定用于波分析的动力学系统中首先选用。这里我们将使用式（B.1）。

波峰定义为时间 t 时 (x, y) 平面内的直线，沿着波峰的信号最大（$a = +A$）；同样地，波谷是信号最小（$a = -A$）的直线。通常，在某一时刻，信号大小相等的直线称为等相位线。此处考虑的平面波内所有波峰、波谷以及其他等相位线都是直线。图 B.1 描

绘了波数 k_x 与 k_y 为正值情况下的几条等相位线。

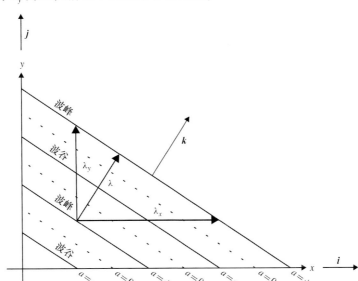

图 B.1 平面二维波信号的瞬时等相位线,是平行的直线。从一个波峰到另一个最近波峰的距离在 x 轴与 y 轴上分别表示为 λ_x、λ_y。波长 λ 是一条波峰线到另一条最近波峰线的最短对角线距离

由于正弦函数的振荡性,波峰线在恒定区间重复出现,使信号波动起伏。信号本身沿 x 方向重复的距离即为相位 $k_x x$ 增加 2π 的距离,表示为

$$\lambda_x = \frac{2\pi}{k_x} \tag{B.5}$$

同样地,信号本身沿 y 方向重复的距离为

$$\lambda_y = \frac{2\pi}{k_y} \tag{B.6}$$

量 λ_x 和 λ_y 称为沿 x、y 方向的波长。这些是观察者通过与 x 轴和 y 轴平行的缝隙观察到的波长。实际波长 λ 是一个波峰到另一个最近波峰的最短距离(图 B.1),因而比 λ_x、λ_y 都短。初等几何推导得到

$$\frac{1}{\lambda^2} = \frac{1}{\lambda_x^2} + \frac{1}{\lambda_y^2} = \frac{k_x^2 + k_y^2}{4\pi^2}$$

或者

$$\lambda = \frac{2\pi}{k} \tag{B.7}$$

式中,k 表示波数,定义如下:

$$k = \sqrt{k_x^2 + k_y^2} \tag{B.8}$$

注意，因为 λ^2 不等于 λ_x^2 与 λ_y^2 的和，所以点对 (λ_x, λ_y) 不能组成一个向量。但是，点对 (k_x, k_y) 可用于定义波数向量，即

$$\vec{k} = k_x \vec{i} + k_y \vec{j} \tag{B.9}$$

式中，$\vec{i}$、$\vec{j}$ 表示与轴同向的单位向量（图 B.1）。按照定义，波数 k 表示波数向量 $\vec{k}$ 的大小。

根据定义，任意给定时间的等相位线对应于表达式 $k_x x + k_y y = \vec{k} \cdot \vec{r}$ 为常数的线。其中，$\vec{r} = x\vec{i} + y\vec{j}$ 表示位置向量。从几何上看，这表明等相位线是那些从原点指向该点的向量在波数向量上投影相同的点组成的轨迹。这些点形成了垂直于 $\vec{k}$ 向量的直线，因此波数向量与所有等相位线垂直（图 B.1），即沿波动起伏方向。

B.2　频率、相速度与频散关系

我们来看看波动信号的时间变化。在固定位置（给定 x、y 处），观察者发现振荡信号，连续观察到两个最大信号的时间间隔就是相位 ωt 增加 2π 所用的时间，称为周期，表示为

$$T = \frac{2\pi}{\omega} \tag{B.10}$$

我们再来看看从某个时间 t_1 到下个时间 t_2 的特定波峰线（$a = A$），时间间隔 $\Delta t = t_2 - t_1$。在时间间隔 Δt 内，波峰已从一个位置推进到另一个位置（图 B.2）。时间 Δt 内与 x 轴的交点变化了 $\Delta x = \omega t_2 / k_x - \omega t_1 / k_x = \omega \Delta t / k_x$。这定义了波沿 x 方向的传播速度，即

$$c_x = \frac{\Delta x}{\Delta t} = \frac{\omega}{k_x} \tag{B.11}$$

同样地，波沿 y 方向的传播速度等于距离 $\Delta y = \omega t_2 / k_y - \omega t_1 / k_y$ 除以时间间隔 Δt，或者

$$c_y = \frac{\Delta y}{\Delta t} = \frac{\omega}{k_y} \tag{B.12}$$

但是，这些速度仅表示沿特定方向的传播速度。波的真正传播速度等于垂直于波峰线的传播距离 Δs（图 B.2），并由时间间隔 Δt 内波峰线所通过。同样，初等几何推导如下：

$$\frac{1}{\Delta s^2} = \frac{1}{\Delta x^2} + \frac{1}{\Delta y^2}$$

由此可推出：

$$\Delta s = \frac{\omega \Delta t}{k}$$

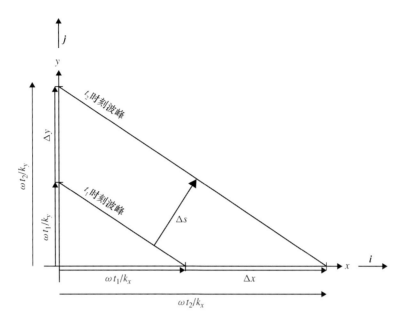

图 B.2 波峰从时间 t_1 到时间 t_2 的进程。传播距离 Δs 与时间间隔 $\Delta t = t_2 - t_1$ 的比值等于相速

式中，k 表示方程式(B.8)定义的波数。波峰线的传播速度表示为

$$c = \frac{\Delta s}{\Delta t} = \frac{\omega}{k} \qquad (\text{B.13})$$

因为所有等相位线以相同的速度传播(波随时间传播中得以保持正弦波形)，量 c 称为相速。注意，因为 c^2 不等于 $c_x{}^2 + c_y{}^2$(实际上，c 小于 c_x 和 c_y)，点对 (c_x, c_y) 不能组成一个物理向量。正如前文所讨论的，相位传播方向与波数向量 $\vec{k}$ 一致。

通常情况，波信号的表达式(B.1)作为特殊动力系统的解出现。因此，该表达式必须受到问题的物理学约束，并不是所有的参数都可以独立变化。我们假设，考虑中的系统最初不随时间变化(静止状态或定常流动)；在时间 $t = 0$ 时，受到变量 a 上一个 x、y 方向波数分别为 k_x、k_y 的正弦信号扰动，振幅为 A。我们直观觉察到，继扰动之后，该系统将随时间响应。如果该响应呈波动形式，则它的频率 ω 由系统决定。因此，频率可视为依赖于波数分量 k_x、k_y 以及振幅 A。在大多数情况下，系统的响应是波动，因为表示物理学的方程组是线性的，在这种情况下，数学分析得到的频率与扰动的振幅无关。因此，ω 通常仅是 k_x、k_y 的函数。

如果频率是波数分量的函数，可得出相速：

$$c = \frac{\omega(k_x, k_y)}{\sqrt{k_x^2 + k_y^2}} = c(k_x, k_y)$$

从物理学上来看，这表明合成信号的多种波会以不同的速度传播，致使信号随时间发生畸变。特别是，根据傅里叶分解定理，局地活动爆发包含了多个不同波长的波，随着时间推移，局地化会逐步减弱。这种现象称为频散，由频率 ω 与波数分量 k_x、k_y 组成的数学函数称为频散关系。

频散关系可用二维 (k_x, k_y) 平面内 ω 是常数的一组曲线表示，以图 B.3 为例。一维 $(k_x = k, k_y = 0)$ 或二维的各向同性的物理系统 (ω 仅是 k 的函数) 中，ω 对 k 的单一曲线足以表示频散关系。

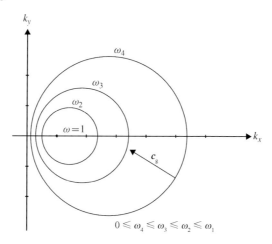

图 B.3　频散关系 $\omega = 2k_x / (k_x^2 + k_y^2 + 1)$ 的图示：波数平面 (k_x, k_y) 内 ω 为常数的曲线

在某些特殊的物理系统中，频散关系简化为频率 ω 与波数 k 之间的单一正比关系。所有波数的相速相同，所有波的传播完全一致，总信号的形状随时间推移保持不变。这类波称为非频散波。

B.3　群速度与能量传播

一般而言，一个波形会包含多个单波。一系列波叠加，产生相长干涉和相消干涉。与波发生相消干涉的区域相比，波发生相长干涉的区域内，波幅更大，能量更高。因此，能量分布是一列波的属性而不是单波的属性 (可以说，单波的能量均匀分布)。一列波的能量传播取决于干涉图形怎样移动，通常不等于出现的波的平均速度。为了证明这个原理，并确定能量传播的速度，我们仅研究两个一维波动，更准确地讲，两个振幅相同、波数基本相同的波：

$$a = A\cos(k_1 x - \omega_1 t) + A\cos(k_2 x - \omega_2 t) \tag{B.14}$$

式中，波数 k_1、k_2 接近二者的平均值 $k = k_1 + k_2 / 2$，而波数差值 $\Delta k = k_1 - k_2$ 小得多 ($|\Delta k| \ll |k|$)。由于两种波都遵守动力系统的频散关系 $\omega = \omega(k)$，所以两个频率 $\omega_1 = \omega(k_1)$、

$\omega_2 = \omega(k_2)$ 与频率的平均值 $\omega = (\omega_1 + \omega_2)/2$ 接近，比频率差值 $\Delta\omega = \omega_1 - \omega_2 (|\Delta\omega| \ll |\omega|)$ 大得多。通常在选好合适的空间和时间原点后，即可将表达式（B.14）中两个参考相位设置为零。

进行三角函数变换后，表达式（B.14）变为

$$a = 2A\cos\left(\frac{\Delta k}{2}x - \frac{\Delta\omega}{2}t\right)\cos(kx - \omega t) \tag{B.15}$$

该表达式显示为两种波的乘积形式。第二个余弦函数表示平均波动，波数和频率是包含信号的两个独立波的平均值。第一个余弦函数的波数小得多（波长更长），频率低得多。在较短 (k, ω) 波的周期内，较长波几乎不变。换句话说，(k, ω) 波被调制；如图 B.4 所示，波的振幅 $2A\cos[(\Delta kx - \Delta\omega t)/2]$ 随空间和时间缓慢变化。

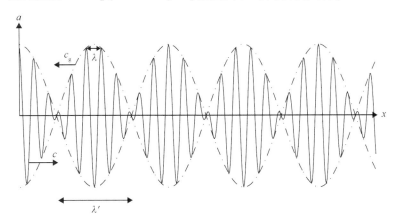

图 B.4　两种一维波（具有接近的波数）的干涉图样。波峰和波谷的传播速度为 $c = \omega/k$，
包络（虚线表示）传播的群速度为 $c_g = d\omega/dk$

虽然波信号表现的波长（从波峰至波谷，再至下一个波峰）等于 $\lambda = 2\pi/k$，包络的波长 $\lambda' = 1/2[2\pi/(\Delta k/2)] = 2\pi/\Delta k$ 长得多。波动图形是一连串波脉冲，每个波脉冲的长度为 λ'。在每个波脉冲内，波传播的相速为 $c = \omega/k$，而波脉冲传播的速度为 $c' = \Delta\omega/\Delta k$。

鉴于无穷小波数差，我们需要定义：

$$c_g = \frac{d\omega}{dk} \tag{B.16}$$

该等式表示波脉冲或者一群相似的波的传播速度，称为群速度。能量与每个波群相关，因此群速度也是波携带能量传播的速度。

上文描述的波是振幅相同的两个波。当两个波的振幅 A_1、A_2 不相同时，不能完全进行相消干涉（弱波不能完全抵消强波），波脉冲之间的夹断也不清晰。更确切地说，

调制包络的正值在 $A_1 + A_2$ 与 $|A_1 - A_2|$ 之间波动，而负值在 $-(A_1 + A_2)$ 与 $-|A_1 - A_2|$ 之间波动。而相长干涉区域能量更高，能量以群速度传播。

上述群速度与能量传播的理论很容易拓展至多维波动。例如，我们分别沿 x、y 方向定义二维波的群速度，如下所示：

$$c_{gx} = \frac{\partial \omega}{\partial k_x}, \quad c_{gy} = \frac{\partial \omega}{\partial k_y} \tag{B.17}$$

并得出频散关系 $\omega(k_x, k_y)$。该表达式是函数 ω 在波数空间 (k_x, k_y) 内的梯度分量，因而可解释为描述群速度的物理向量的分量，即

$$\vec{c}_g = \nabla_k \omega \tag{B.18}$$

式中，∇_k 表示与变量 k_x、k_y 相关的梯度算子。在二维图（图 B.3）上，向量群速度垂直于 ω 曲线，指向 ω 的高值。把 k_x、k_y 轴与平面的 x、y 轴对齐，可以得到能量在空间中的传播方向。

可马上推广至三维空间，例如第 13 章中广泛讨论的内波的例子。

解析问题

B.1 水深大于半个波长时，表面重力波的频散关系为 $\omega = \sqrt{gk}$，其中 g 表示重力加速度（$g = 9.81 \text{ m/s}^2$）。请证明，这些波的波长与周期的平方成正比。波长 10 m 的波的传播速度为多少？

B.2 请证明深水波（参见解析问题 B.1）的群速度总是小于相速度。

B.3 据前船长讲述，一个暴风雨的夜晚，在北大西洋中部，他观察到波长为几米长的波在不到 3 s 的时间内越过他驾驶的 51 m 长的船舶。请问，你相信他所描述的吗？

B.4 假设你位于海洋中间，且看见不远处有风暴。稍后，你观察到波长 5 m 的表面重力波经过。两个小时后，你观察到重力波的波长为 2 m。请问，风暴距离你多远？

B.5 找出波数为 k 的开尔文波（9.2 节）的频率 ω。请问，开尔文波是频散的吗？

B.6 请说明惯性重力波 $[\omega^2 = f^2 + gH(k_x^2 + k_y^2)$；9.3 节$]$ 的群速度总是小于相速。请问，群速度在哪个极限情况下接近相速？

B.7 当频率 ω 是比值 k_x/k_y 的函数时，请证明能量垂直于相位传播。

B.8 给出垂直面内波的频散关系（13.2 节）如下：

$$\omega = N \frac{k_x}{\sqrt{k_x^2 + k_z^2}}$$

式中，N 是常数；k_x 表示水平波数；k_z 表示垂直波数。请证明，相位和能量总是沿相同的水平方向传播，但是沿相反的垂直方向传播。

数值练习

B.1　使用动画来显示如下双波的时间序列（$t = 0 \sim 10\pi$，间隔为 $\pi/4$，）：

$$a(x, t) = A_1 \cos(k_1 x - \omega_1 t) + A_2 \cos(k_2 x - \omega_2 t)$$

式中，$A_1 = A_2 = 1$，$k_1 = 1.9$，$k_2 = 2.1$，$\omega_1 = 2.1$，$\omega_2 = 1.9$，x 的范围在 $0 \sim 100$。建议的间隔是 $x = 0.25$。注意短波 [波长 $= 4\pi/(k_1 + k_2) = \pi$] 沿 x 正方向的传播速度 $c = (\omega_1 + \omega_2)/(k_1 + k_2) = +1$，而波包沿相反方向以群速度 $c_g = (\omega_1 - \omega_2)/(k_1 - k_2) = -1$ 传播。这明确说明了一个不直观的事实：能量沿着与波峰和波谷行进的相反方向传播。换句话说，能量向波动上游传播并非不可能。

这个练习题的变化可以包括不均匀的振幅（比如：$A_1 = 1$ 且 $A_2 = 0.5$），以及修改的波数和频率值。

B.2　利用动画以及数值练习 B.1 中的相同的函数，$k_1 = 0.35$，$k_2 = 0.5$，$\omega_1 = 0.5$，$\omega_2 = 0.35$，其他值保持不变，请说明 a 与 $a^2/2$ 的变化。你能解释波明显更短的原因吗？

B.3　给出以下频散关系：

$$\omega = \frac{k}{(k^2 + 1)}$$

请分析由以下两种波构成的信号，即

$$a(x, t) = A_1 \cos[k_1 x - \omega(k_1)t] + A_2 \cos[k_2 x - \omega(k_2)t]$$

式中，ω 通过频散关系计算得出。如前所示，请说明 $A_1 = A_2 = 1$ 在以下情况中的变化：

- $k_1 = k_2 = 0.5$
- $k_1 = k_2 = 2$
- $k_1 = 1.95$，$k_2 = 2.05$
- $k_1 = 0.45$，$k_2 = 0.55$

你能解释这种行为吗？（提示：绘制频散关系）

B.4　用 $k_1 = 1$，$A_1 = 1$，$A_2 = 0$，$\omega_1 = 1$ 重做数值练习 B.1，然后把 x 的间隔换成 $\pi/4$、$\pi/2$，最后使用间隔 $4\pi/3$，请问你观察到了什么？

附录 C　数值格式概述

摘要： 本附录收集了最常用的数值格式，加以比较，并促进这些数值格式的应用。

C.1　三对角系统求解器

作为 **LU** 分解的特殊情况（Riley et al.，1977），可建立基于托马斯算法的有效的三对角系统求解器。我们假设存在 **L** 和 **U** 分解，**LU** 矩阵有（上下矩阵）相同的带宽为 2，也就是说，非零元素仅沿两个对角线存在。

$$
\begin{pmatrix}
a_1 & c_1 & 0 & 0 & \cdots & 0 \\
b_2 & a_2 & c_2 & 0 & \cdots & 0 \\
0 & b_3 & a_3 & c_3 & \cdots & 0 \\
\vdots & \vdots & \ddots & \ddots & \ddots & \vdots \\
0 & 0 & \cdots & b_{m-1} & a_{m-1} & c_{m-1} \\
0 & 0 & \cdots & 0 & b_m & a_m
\end{pmatrix}
=
\begin{pmatrix}
1 & 0 & 0 & 0 & \cdots & 0 \\
\beta_2 & 1 & 0 & 0 & \cdots & 0 \\
0 & \beta_3 & 1 & 0 & \cdots & 0 \\
\vdots & \vdots & \ddots & \ddots & \ddots & \vdots \\
0 & 0 & \cdots & \beta_{m-1} & 1 & 0 \\
0 & 0 & \cdots & 0 & \beta_m & 1
\end{pmatrix}
$$

$$
\times
\begin{pmatrix}
\alpha_1 & \gamma_1 & 0 & 0 & \cdots & 0 \\
0 & \alpha_2 & \gamma_2 & 0 & \cdots & 0 \\
0 & 0 & \alpha_3 & \gamma_3 & \cdots & 0 \\
\vdots & \vdots & \ddots & \ddots & \ddots & \vdots \\
0 & 0 & \cdots & 0 & \alpha_{m-1} & \gamma_{m-1} \\
0 & 0 & \cdots & 0 & 0 & \alpha_m
\end{pmatrix}
\tag{C.1}
$$

其中，第一个矩阵是待分解的初始三对角矩阵（元素 a_1 等已知），第二个矩阵 **L** 在对角线以下的一条线上存在非零元素，最后一个矩阵 **U** 在对角线以上的一条线上存在非零元素。

求出矩阵的乘积，乘积的元素 $(k, k-1)$、(k, k) 和 $(k, k+1)$ 如下：

$$b_k = \beta_k \, \alpha_{k-1} \qquad\qquad\qquad (\text{C.2a})$$

$$a_k = \beta_k \, \gamma_{k-1} + \alpha k \qquad\qquad\quad (\text{C.2b})$$

$$c_k = \gamma_k \qquad\qquad\qquad\qquad (\text{C.2c})$$

通过观察所有 k 满足 $\gamma_k = c_k$，求解上述关系式，用作 $\boldsymbol{L}$ 和 $\boldsymbol{U}$ 分量。第一行须满足 $a_1 = \alpha_1$，随后的几行通过以下表达式递归得出 α_k、β_k：

$$\beta_k = \frac{b_k}{\alpha_{k-1}}, \ \ \alpha_k = a_k - \beta_k \, c_{k-1} \quad (k = 2, \cdots, m) \qquad (\text{C.3})$$

假设 α_k 不为零，否则会出现不能分解的奇异矩阵。注意，不存在 β_1。

三对角矩阵 $\boldsymbol{A}$ 已分解成上三角矩阵和下三角矩阵的积。首先求解 $\boldsymbol{L}y = f$，可得到 $\boldsymbol{A}x = \boldsymbol{L}\boldsymbol{U}x = f$ 的解：

$$\begin{pmatrix} 1 & 0 & 0 & 0 & \cdots & 0 \\ \beta_2 & 1 & 0 & 0 & \cdots & 0 \\ 0 & \beta_3 & 1 & 0 & \cdots & 0 \\ \vdots & \vdots & \ddots & \ddots & \ddots & \vdots \\ 0 & 0 & \cdots & \beta_{m-1} & 1 & 0 \\ 0 & 0 & \cdots & 0 & \beta_m & 1 \end{pmatrix} \begin{pmatrix} y_1 \\ y_2 \\ y_3 \\ \vdots \\ y_{m-1} \\ y_m \end{pmatrix} = \begin{pmatrix} f_1 \\ f_2 \\ f_3 \\ \vdots \\ f_{m-1} \\ f_m \end{pmatrix} \qquad (\text{C.4})$$

从第一行向下进行，然后求解 $\boldsymbol{U}x = y$，即

$$\begin{pmatrix} \alpha_1 & \gamma_1 & 0 & 0 & \cdots & 0 \\ 0 & \alpha_2 & \gamma_2 & 0 & \cdots & 0 \\ 0 & 0 & \alpha_3 & \gamma_3 & \cdots & 0 \\ \vdots & \vdots & \ddots & \ddots & \ddots & \vdots \\ 0 & 0 & \cdots & 0 & \alpha_{m-1} & \gamma_{m-1} \\ 0 & 0 & \cdots & 0 & 0 & \alpha_m \end{pmatrix} \begin{pmatrix} x_1 \\ x_2 \\ x_3 \\ \vdots \\ x_{m-1} \\ x_m \end{pmatrix} = \begin{pmatrix} y_1 \\ y_2 \\ y_3 \\ \vdots \\ y_{m-1} \\ y_m \end{pmatrix} \qquad (\text{C.5})$$

从最下面一行向上进行，求得的解如下：

$$y_1 = f_1, \ \ y_k = f_k - \beta_k \, y_{k-1} \qquad (k = 2, \cdots, m) \qquad (\text{C.6})$$

$$x_m = \frac{y_m}{\alpha_m}, \ \ x_k = \frac{y_k - \gamma_k \, x_{k+1}}{\alpha_k} \qquad (k = m-1, \cdots, 1) \qquad (\text{C.7})$$

实际上，α 值可储存在最初储存 a_k 的向量 $\vec{a}$ 中，因为一旦已知 α_k，就不再需要 a_k。同样地，β 值可在最初储存 b_k 值的向量 $\vec{b}$ 中储存；γ 值可在向量 $\vec{c}$ 中储存。因为一旦计算出 y_k 的值，就不再需要 f_k 的值，所以 y、f 的值可共用同一个向量 $\vec{f}$。利用附加向量 $\vec{x}$ 求解时，仅需要 5 个向量，仅需要通过 m 个点上的 3 个循环就可以求解。这大约需要 $5m$ 次浮点运算，而不是矩阵求逆所需要的 m^3 次运算。这种算法在 MATLAB^{TM} 程序 thomas. m

中实现。

C.2 各阶的一维有限差分格式

表 C.1 均匀网格的标准有限差分算子

前向差分 $\mathcal{O}(\Delta t)$

	u^n	u^{n+1}	u^{n+2}	u^{n+3}	u^{n+4}
$\Delta t\,\dfrac{\partial u}{\partial t}$	-1	1			
$\Delta t^2\,\dfrac{\partial^2 u}{\partial t^2}$	1	-2	1		
$\Delta t^3\,\dfrac{\partial^3 u}{\partial t^3}$	-1	3	-3	1	
$\Delta t^4\,\dfrac{\partial^4 u}{\partial t^4}$	1	-4	6	-4	1

前向差分 $\mathcal{O}(\Delta t^2)$

	u^n	u^{n+1}	u^{n+2}	u^{n+3}	u^{n+4}	u^{n+5}
$2\Delta t\,\dfrac{\partial u}{\partial t}$	-3	4	-1			
$\Delta t^2\,\dfrac{\partial^2 u}{\partial t^2}$	2	-5	4	-1		
$2\Delta t^3\,\dfrac{\partial^3 u}{\partial t^3}$	-5	18	-24	14	-3	
$\Delta t^4\,\dfrac{\partial^4 u}{\partial t^4}$	3	-14	26	-24	11	-2

后向差分 $\mathcal{O}(\Delta t)$

	u^{n-4}	u^{n-3}	u^{n-2}	u^{n-1}	u^n
$\Delta t\,\dfrac{\partial u}{\partial t}$				-1	1
$\Delta t^2\,\dfrac{\partial^2 u}{\partial t^2}$			1	-2	1
$\Delta t^3\,\dfrac{\partial^3 u}{\partial t^3}$		-1	3	-3	1
$\Delta t^4\,\dfrac{\partial^4 u}{\partial t^4}$	1	-4	6	-4	1

后向差分 $\mathcal{O}(\Delta t^2)$

	u^{n-5}	u^{n-4}	u^{n-3}	u^{n-2}	u^{n-1}	u^n
$2\Delta t\,\dfrac{\partial u}{\partial t}$				1	-4	3
$\Delta t^2\,\dfrac{\partial^2 u}{\partial t^2}$			-1	4	-5	2
$2\Delta t^3\,\dfrac{\partial^3 u}{\partial t^3}$		3	-14	24	-18	5
$\Delta t^4\,\dfrac{\partial^4 u}{\partial t^4}$	-2	11	-24	26	-14	3

中心差分 $\mathcal{O}(\Delta t^2)$

	u^{n-2}	u^{n-1}	u^n	u^{n+1}	u^{n+2}
$2\Delta t\,\dfrac{\partial u}{\partial t}$		-1	0	1	
$\Delta t^2\,\dfrac{\partial^2 u}{\partial t^2}$		1	-2	1	
$2\Delta t^3\,\dfrac{\partial^3 u}{\partial t^3}$	-1	2	0	2	1
$\Delta t^4\,\dfrac{\partial^4 u}{\partial t^4}$	1	-4	6	-4	1

中心差分 $\mathcal{O}(\Delta t^4)$

	u^{n-3}	u^{n-2}	u^{n-1}	u^n	u^{n+1}	u^{n+2}	u^{n+3}
$12\Delta t\,\dfrac{\partial u}{\partial t}$		1	-8	0	8	-1	
$12\Delta t^2\,\dfrac{\partial^2 u}{\partial t^2}$		-1	16	-30	16	-1	
$8\Delta t^3\,\dfrac{\partial^3 u}{\partial t^3}$	1	-8	13	0	-13	8	-1
$6\Delta t^4\,\dfrac{\partial^4 u}{\partial t^4}$	-1	12	-39	56	-39	12	-1

注：改编自 Chung(2002)。

C.3 时间积分算法

表 C.2 $\mathrm{d}u/\mathrm{d}t=Q(t, u)$ 的标准时间积分法

欧拉法		
算法	格式	阶数
显式	$\tilde{u}^{n+1}=\tilde{u}^n+\Delta t\, Q^n$	Δt
隐式	$\tilde{u}^{n+1}=\tilde{u}^n+\Delta t\, Q^{n+1}$	Δt
梯形式	$\tilde{u}^{n+1}=\tilde{u}^n+\dfrac{\Delta t}{2}(Q^n+Q^{n+1})$	Δt^2
一般式	$\tilde{u}^{n+1}=\tilde{u}^n+\Delta t\left[(1-\alpha)Q^n+\alpha Q^{n+1}\right]$	Δt
多级法		
算法	格式	阶数
龙格–库塔法	$\tilde{u}^{n+1/2}=\tilde{u}^n+\dfrac{\Delta t}{2}Q(t^n, \tilde{u}^n)$ $\tilde{u}^{n+1}=\tilde{u}^n+\Delta t Q(t^{n+1/2}, \tilde{u}^{n+1/2})$	Δt^2
龙格–库塔法	$\tilde{u}_a^{n+1/2}=\tilde{u}^n+\dfrac{\Delta t}{2}Q(t^n, \tilde{u}^n)$ $\tilde{u}_b^{n+1/2}=\tilde{u}^n+\dfrac{\Delta t}{2}Q(t^{n+1/2}, \tilde{u}_a^{n+1/2})$ $\tilde{u}^*=\tilde{u}^n+\Delta t Q(t^{n+1/2}, \tilde{u}_b^{n+1/2})$ $\tilde{u}^{n+1}=\tilde{u}^n+\Delta t\left[\dfrac{1}{6}Q(t^n, \tilde{u}^n)+\dfrac{2}{6}Q(t^{n+1/2}, \tilde{u}_a^{n+1/2})\right.$ $\left.+\dfrac{2}{6}Q(t^{n+1/2}, \tilde{u}_b^{n+1/2})+\dfrac{1}{6}Q(t^{n+1}, \tilde{u}^*)\right]$	Δt^4
多步法		
算法	格式	截断阶数
蛙跳法	$\tilde{u}^{n+1}=\tilde{u}^{n-1}+2\Delta t\, Q^n$	Δt^2
亚当斯–巴什福思法（Adams–Bashforth）	$\tilde{u}^{n+1}=\tilde{u}^n+\dfrac{\Delta t}{2}(-Q^{n-1}+3Q^n)$	Δt^2
亚当斯–莫尔顿法（Adamas–Moulton）	$\tilde{u}^{n+1}=\tilde{u}^n+\dfrac{\Delta t}{12}(-Q^{n-1}+8Q^n+5Q^{n+1})$	Δt^3
亚当斯–巴什福思法（Adams–Bashforth）	$\tilde{u}^{n+1}=\tilde{u}^n+\dfrac{\Delta t}{12}(5Q^{n-2}-16Q^{n-1}+23Q^{n+1})$	Δt^3

预估校正法		
算法	格式	阶数
休恩（Heun）法	$\tilde{u}^* = \tilde{u}^n + \Delta t Q(t^n,\ \tilde{u}^n)$ $\tilde{u}^{n+1} = \tilde{u}^n + \dfrac{\Delta t}{2}\left[Q(t^n,\ \tilde{u}^n) + Q(t^{n+1},\ \tilde{u}^*)\right]$	Δt^2
蛙跳梯形法	$\tilde{u}^* = \tilde{u}^{n-1} + 2\Delta t\, Q^n$ $\tilde{u}^{n+1} = \tilde{u}^n + \dfrac{\Delta t}{2}\left[Q^n + 5Q(t^{n+1},\ \tilde{u}^*)\right]$	Δt^2
ABM 法	$\tilde{u}^* = \tilde{u}^n + \dfrac{\Delta t}{2}(-Q^{n-1} + 3\,Q^n)$ $\tilde{u}^{n+1} = \tilde{u}^n + \dfrac{\Delta t}{12}\left[-Q^{n-1} + 8Q^n + 5Q(t^{n+1},\ \tilde{u}^*)\right]$	Δt^3

C.4 偏导数的有限差分

在规则网格 $x = x_0 + i\Delta x$，$y = y_0 + j\Delta y$ 上，以下表达式均为二阶：

- 雅可比行列式 $J(a,\ b) = \dfrac{\partial a}{\partial x}\dfrac{\partial b}{\partial y} - \dfrac{\partial b}{\partial x}\dfrac{\partial a}{\partial y}$

$$J_{i,j}^{++} = \frac{(a_{i+1,j} - a_{i-1,j})(b_{i,j+1} - b_{i,j-1}) - (b_{i+1,j} - b_{i-1,j})(a_{i,j+1} - a_{i,j-1})}{4\Delta x \Delta y}$$

$$J_{i,j}^{+\times} = \frac{\left[a_{i+1,j}(b_{i+1,j+1} - b_{i+1,j-1}) - a_{i-1,j}(b_{i-1,j+1} - b_{i-1,j-1})\right]}{4\Delta x \Delta y}$$
$$- \frac{\left[a_{i,j+1}(b_{i+1,j+1} - b_{i-1,j+1}) - a_{i,j-1}(b_{i+1,j-1} - b_{i-1,j-1})\right]}{4\Delta x \Delta y}$$

$$J_{i,j}^{\times+} = \frac{\left[b_{i,j+1}(a_{i+1,j+1} - a_{i-1,j+1}) - b_{i,j-1}(a_{i+1,j-1} - a_{i-1,j-1})\right]}{4\Delta x \Delta y}$$
$$- \frac{\left[b_{i+1,j}(a_{i+1,j+1} - a_{i+1,j-1}) - b_{i-1,j}(a_{i-1,j+1} - a_{i-1,j-1})\right]}{4\Delta x \Delta y}$$

- 交叉导数

$$\left.\frac{\partial^2 u}{\partial x \partial y}\right|_{i+1/2,\,j+1/2} \simeq \frac{u_{i+1,j+1} - u_{i+1,j} + u_{i,j} - u_{i,j+1}}{\Delta x \Delta y}$$

$$\left.\frac{\partial^2 u}{\partial x \partial y}\right|_{i,j} \simeq \frac{u_{i+1,j+1} - u_{i+1,j-1} + u_{i-1,j-1} - u_{i-1,j+1}}{4\Delta x \Delta y}$$

- 拉普拉斯算子

$$\frac{\partial^2 u}{\partial x^2} + \frac{\partial^2 u}{\partial y^2}\bigg|_{i,j} \simeq \frac{u_{i+1,j} + u_{i-1,j} - 2u_{i,j}}{\Delta x^2} + \frac{u_{i,j+1} + u_{i,j-1} - 2u_{i,j}}{\Delta y^2}$$

C.5　离散傅里叶变换与快速傅里叶变换

在 x 在 $0\sim L$ 之间变化的周期域内（图 C.1），复函数 $u(x)$ 可在傅里叶模态下按照以下等式展开：

$$u(x) = \sum_{n=-\infty}^{+\infty} a_n \, e^{in\frac{2\pi x}{L}} \tag{C.8}$$

根据傅里叶模态[①]的正交性，有

$$\frac{1}{L}\int_0^L e^{i(n-m)\frac{2\pi x}{L}} dx = \delta_{nm} \tag{C.9}$$

复系数 a_n 可通过将式（C.8）乘以 $\exp(-im2\pi x/L)$ 并在区间上进行积分得出，即

$$a_m = \frac{1}{L}\int_0^L u(x) \, e^{-im\frac{2\pi x}{L}} dx \tag{C.10}$$

注意，我们本可以定义 $a_n = b_n/L$，这样 b_n 就成为没有因子 $1/L$ 的积分。不同的作者会使用不同的符号。

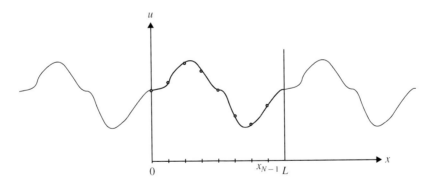

图 C.1　在 N 个等间隔点 x_0 到 x_{N-1} 上采样的周期信号。注意，根据周期性，
函数在 x_N 处的值与在 x_0 处的值相同，因而不需要 x_N

为了准确表示周期函数，求和须涵盖无穷多个傅里叶模态，这在有限计算机运算里是不可能的。离散傅里叶变换将无穷序列截断，保留前 N 项。先开始对函数 $u(x)$ 在 N 个等距点采样：$u_j = u(x_j)$，$x_j = j\Delta x$，$j = 0, \cdots, N-1$（$\Delta x = L/N$）。然后根据下式计算傅里叶系数：

①　δ_{ij} 称为克罗内克（Kronecker）delta 符号。如果 $i=j$，则 $\delta_{ij} = 1$；如果 $i \neq j$，则 $\delta_{ij} = 0$。

$$a_n = \frac{1}{N} \sum_{j=0}^{N-1} u_j \, e^{-inj\frac{2\pi}{N}} \tag{C.11}$$

采样的函数可通过对前 N 个模态①求和来重新建立，即

$$\widetilde{u}(x) = \sum_{n=0}^{N-1} a_n \, e^{in\frac{2\pi x}{L}} \tag{C.12}$$

显然，这相当于方程式（C.8）与式（C.10）的离散化和有限化版本。有趣的是，如果我们用系数 a_n 求 $\widetilde{u}(x_j)$ 的值，此时系数 a_n 是准确的，我们可重新使用网格点 $u(x_j)$ 的采样值。证明 $\widetilde{u}(x_j) = u(x_j)$ 是非常重要的，要利用式（C.11）给出的系数 a_n 来估计式（C.12）中 $\widetilde{u}(x_j)$ 的值。我们可相继得出

$$\widetilde{u}(x_j) = \sum_{n=0}^{N-1} a_n \, e^{in\frac{2\pi x_j}{L}} \tag{C.13}$$

$$= \sum_{n=0}^{N-1} \frac{1}{N} \sum_{m=0}^{N-1} u_m \, e^{-inm\frac{2\pi}{N}} \, e^{inj\frac{2\pi}{N}}$$

$$= \frac{1}{N} \sum_{m=0}^{N-1} u_m \left[\sum_{n=0}^{N-1} e^{i(j-m)n\frac{2\pi}{N}} \right]$$

$$= \frac{1}{N} \sum_{m=0}^{N-1} u_m \left[\sum_{n=0}^{N-1} \rho^n \right]$$

式中，

$$\rho = e^{i(j-m)\frac{2\pi}{N}} \tag{C.15}$$

当 $j \neq m$ 时，$\rho \neq 1$，几何级数取值如下：

$$\sum_{n=0}^{N-1} \rho^n = \frac{1 - \rho^N}{1 - \rho} \tag{C.16}$$

因为 $j-m$ 为整数，$\rho^N = 1$，所以几何级数将为零。当 $j = m$ 时，方括号之间的求和仅为 1 的和，等于 N，所以可以得出想要的结果 $\widetilde{u}(x_j) = u(x_j)$。

变换式（C.11）称为离散傅里叶正变换，而方程式（C.13）称为离散傅里叶逆变换。注意，正变换和逆变换的形式很相似，但有两个本质差别：指数的符号与因数 $1/N$ 的差别。对于无限傅里叶级数，缩放系数（先前是 $1/L$，现在是 $1/N$）偶尔位于逆变换而不是正变换的前面，取决于如何选择。

一旦傅里叶系数已知，方程式（C.12）可以很快给出只知道采样值 u_j 的函数 $u(x)$ 的连续可微插值。该插值可用来计算函数 $u(x)$ 在任意中间位置的值，也可以求出任意阶导数的值。一阶导数表示为

---

① 从 0 到 $N-1$ 进行任意截断，有时倾向于使用模数从 $-N/2$ 到 $N/2$ 的级数。

$$\frac{\mathrm{d}\,\widetilde{u}}{\mathrm{d}x} = \sum_{n=0}^{N-1} \mathrm{i}\,k_n a_n \mathrm{e}^{\mathrm{i}k_n x} \quad (k_n = \frac{2\pi n}{L}) \tag{C.17}$$

因此，我们要计算一阶导数，只需创建一组傅里叶系数 b_n，该组系数是傅里叶系数 a_n 的函数乘上一个因数：$b_n = \mathrm{i}\,k_n a_n$。这种简洁明了的性质是傅里叶变换有效性的关键所在。按照图示，我们得到

$$u(x) \xrightarrow{\text{采样}} u(x_j) \xrightarrow{\text{DFT}(u_j)} a_n \xrightarrow{\text{求导}} b_n = \mathrm{i}\,k_n a_n \xrightarrow{\text{IDFT}(b_n)} \frac{\mathrm{d}\widetilde{u}}{\mathrm{d}x}\Big|_{xj}$$

需注意的是，方程式（C.12）中第 $N-n$ 个模态的波数 k_{N-n} 与模态 n 的波数 k_n 对应的波长相同。这是因为两个指数的不同因数 $\exp(\mathrm{i}2\pi Nx/L) = \exp(\mathrm{i}2\pi x/\Delta x)$ 在每个采样点都等于 1。通过截断级数分辨的最短波长对应于：$n = N/2$，波数 $k = N\pi/L$ 或者波长 $2L/N = 2\Delta x$。实际上，数值项的最短波长表示简单振荡（+1，−1，+1，−1 等）会在每间隔 $2\Delta x$ 时重复。系数 a_0 对应于零波数分量，因而为平均值；一对点 (a_1, a_{N-1}) 包含波长 L 的信息（振幅和相位），(a_2, a_{N-2}) 包含波长 $L/2$ 的信息，以此类推，直到 $a_{N/2}$ 不包含相位信息[①]。我们可以看出，为什么有些离散傅里叶变换定义级数的指数 n 位于 $-N/2 \sim N/2$，而不是位于 $0 \sim N$。信息的内容或者 $N+1$ 个数都是相同的。

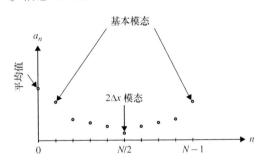

图 C.2 系数 a_n 包含了不同模态的振幅。求和从 0 到 $N-1$，$a_{N/2}$ 包含了最短波的振幅

截至目前，我们谈及的函数都是复函数。对于实值函数 u，系数 a_n 之间存在冗余：a_{N-n} 等于 a_n 的复共轭。只需使函数与其复共轭的傅里叶变换相等，就容易发现系数冗余了，因为实数总是其自身的复共轭。

一些算法充分利用了系数冗余。余弦傅里叶变换和正弦傅里叶变换与只使用余弦或正弦函数的离散傅里叶变换类似，如果已知问题的解满足特定的边界条件，这些变换就会特别有用。对于 $x=0$ 和 $x=L$ 处的齐次冯·诺伊曼条件（如函数的导数在两端为零），可选余弦傅里叶变换；而对于齐次狄利克雷条件（如函数本身在两端为零），则

---

① 对于 $2\Delta x$ 波，唯一可能的相移是移动 Δx，可通过振幅的符号改变来调和。

使用正弦函数展开可以保证自动满足边界条件。

离散傅里叶变换的不便之处在于，简单地用指数求和，需要长度为 N 的数据阵列。对于每个系数 a_n，计算 N 个指数共需要进行 N^2 次指数函数（或余弦函数或正弦函数）的计算。认识到即使对于很低的空间分辨率，代价都是极其昂贵的，Cooley 等（1965）引进了一种巧妙的方法，该方法可能有史以来都能在最著名的数值算法中享有一席之地。该方法将离散傅里叶变换的计算成本从 N^2 减少到 $N\log_2 N$ 次运算。非常有趣的是，该方法的最初构想（现在称为快速傅里叶变换）可追溯到 1805 年高斯时的研究（参见 1866 年高斯的再版合集），早在计算方法能够充分利用该方法以前就已经出现。

快速傅里叶变换是离散傅里叶变换在实际情况中的计算，如果 N 是偶数，级数可以分成用 j 表示的偶数项和奇数项：

$$N a_n = \sum_{\substack{j=0 \\ j\text{偶数}}}^{N-1} u_j\, \mathrm{e}^{-inj\frac{2\pi}{N}} + \sum_{\substack{j=0 \\ j\text{奇数}}}^{N-1} u_j\, \mathrm{e}^{-inj\frac{2\pi}{N}}$$

$$= \sum_{m=0}^{N/2-1} u_{2m}\, \mathrm{e}^{-inm\frac{2\pi}{(N/2)}} + \mathrm{e}^{-in\frac{2\pi}{N}} \sum_{m=0}^{N/2-1} u_{2m+1}\, \mathrm{e}^{-inm\frac{2\pi}{(N/2)}} \qquad （\text{C.18}）$$

我们在第一项求和里令 $j=2m$（j 是偶数），在第二项求和里令 $j=2m+1$（j 是奇数）。如果 N 可以被 2 整除，那么新的指数为 $N/2$ 个点，即点数的一半的离散傅里叶变换的指数。反过来说，如果 $N/2$ 本身能被 2 整除，系数可通过 $N/2$ 个点的一半即 $N/4$ 个点的变换得出。非常明显，当 N 重复被 2 整除，也就是当点的数量是 2 的幂时可得出最有利的条件，同时至少在 N 是 2 的倍数时也可以提高计算效率。

为了估计有 N 个数据的变换的计算成本 $C(N)$，我们注意到，计算成本 $C(N)$ 由两个大小为 $N/2$ 的变换的成本以及 N 个系数 a_n 都乘以 $\exp[-in(2\pi/N)]$ 组成，因此

$$C(N) = 2C(N/2) + N \qquad （\text{C.19}）$$

对于单点（$N=1$），只需要一步运算 $[C(1)=1]$，这样我们得到 $C(2)=4$，$C(4)=12$，$C(8)=32$，$C(16)=80$ 等，使得随 N 增加的渐近特性，即

$$C(N) \sim N\log_2 N \qquad （\text{C.20}）$$

这与蛮力方法相比充分提高，尤其在重复使用傅里叶正变换与逆变换的谱法应用中特别有趣（18.4 节）。

对已知傅里叶级数系数的函数进行插值可通过对多个指数函数（或正弦函数或余弦函数）求和得到，这些函数由方程式（C.12）在不同采样位置指定。然而，我们可以做得更好。假设我们已知函数在某些格点 $x_j = (j/N)L$，$j=0$，$\cdots$，$N-1$ 上的值，需要插值到更密的规则网格 $x_k = (k/M)L$，$k=0$，$\cdots$，$M-1$（$M>N$）上。一种插值方法是在初始网格上对函数进行离散傅里叶变换，在更密的网格允许而初始网格中没有的更高模态的振幅中增加一系列零值，然后进行傅里叶逆变换。这种在谱空间内外反复进行傅里叶

变换的方法乍看像是费时迂回，但是考虑到快速傅里叶变换的计算效率，这种过程其实还是非常有利的，这个过程称为"填充"。

解析问题

C.1　请通过泰勒展开式确定两种亚当斯-巴什福思格式的截断误差。

C.2　交叉导数的两个二阶近似中，哪个截断误差最低？

C.3　请在角点 $i+1/2$，$j+1/2$ 处建立雅可比行列式的有限差分近似，仅可使用最近网格点的值。

C.4　请证明因为离散傅里叶逆变换可以准确返回初始值集，所以离散傅里叶变换是准确的。

C.5　请证明 $C(N) \sim N \log_2 N$ 是递归关系式 $C(N) = 2C(N/2) + N$ 在 N 很大时的渐近行为。

数值练习

C.1　比较二阶亚当斯-巴什福思法和二阶蛙跳梯形法在对惯性振荡进行数值模拟中的行为。

C.2　在 (x, y) 平面内的规则网格上对函数 $u(x, y) = \sin(2\pi x/L) \cos(2\pi y/L)$ 进行离散。计算以下情况的数值雅可比行列式，并解释你的结果：

- $\widetilde{u}$ 与 $\widetilde{u}$
- $\widetilde{u}$ 与 $\widetilde{u}^2$
- $\widetilde{u}$ 与 $\widetilde{u}^3$

C.3　对函数 $f(x) = \sin(2\pi x/L)$ 在 $x = 0$ 和 $x = L$ 之间分别采样 10、20 或 40 个点来进行快速傅里叶变换。利用快速傅里叶变换得出的谱系数，绘制 x 上更高分辨率（如 200 个点）的傅里叶级数，并验证你恢复了初始函数，然后利用函数 $f(x) = x$ 重复，你观察到了什么？

C.4　利用填充技术而不是蛮力评估重做数值练习 C.3，来绘制傅里叶级数展开式。

参 考 文 献

Abarbanel, H. D. I., & Young, W. R. (Eds.) (1987). General Circulation of the Ocean. New York: Springer-Verlag, 291 pages.

Abbott, P. L., (2004). Natural Disasters (4th ed.). Boston: McGraw-Hill, 460 pages.

Abramowitz, M., & Stegun, I. A. (Eds.) (1972). Handbook of Mathematical Functions. New York: Dover, 1046 pages.

Adcroft, A., Campin, J.-M., Hill, C., & Marshall, J. (2004). Implementation of an atmosphereocean general circulation model on the expanded spherical cube. Monthly Weather Review, 132, 2845-2863.

Adcroft, A., Hill, C., & Marshall, J. (1997). Representation of topography by shaved cells in a height coordinate ocean model. Monthly Weather Review, 125, 2293-2315.

Akerblom, F. (1908). Recherches sur les courants les plus bas de l'atmosph'ere au-dessus de Paris. Nova Acta Regiae Societatis Scientiarum, Uppsala, Ser. 4, 2, 1-45.

Alvarez, A., Orfila, A., & Tintore, J. (2001). DARWIN: An evolutionary program for nonlinear modeling of chaotic time series. Computer Physics Communications, 136, 334-349.

Anthes, R. A. (1982). Tropical Cyclones: Their Evolution, Structure and Effects, Meteorological Monographs, 19(41), Boston: American Meteorological Society, 208 pages.

Arakawa, A., & Lamb, V. R. (1977). Computational design of the basic dynamical processes of the UCLA general circulation model. Methods in Computational Physics, 17, 173-265.

Arneborg, L., & Liljebladh, B. (2001). The internal seiches in Gullmar Fjord. Part I: Dynamics. Journal of Physical Oceanography, 31, 2549-2566.

Asselin, R. (1972). Frequency filter for time integrations. Monthly Weather Review, 100, 487-490.

Backhaus, J. O. (1983). A semi-implicit scheme for the shallow water equations for application to shelf sea modelling. Continental Shelf Research, 2, 243-254.

Barcilon, V. (1964). Role of Ekman layers in the stability of the symmetric regime in a rotating annulus. Journal of the Atmospheric Sciences, 21, 291-299.

Barth, A., Alvera-Azcárate, A., Beckers, J.-M., Rixen, M., & Vandenbulcke, L. (2007). Multigrid state vector for data assimilation in a two-way nested model of the Ligurian Sea. Journal of Marine Systems, 65, 41-59.

Barth, A., Alvera-Azcárate, A., Rixen, M., & Beckers, J.-M. (2005). Two-way nested model of mesoscale circulation features in the Ligurian Sea. Progress in Oceanography, 66, 171-189.

Batchelor, G. K. (1967). An Introduction to Fluid Dynamics. London and New York: Cambridge University Press, 615 pages.

Beardsley, R. C., Mills, C. A., Vermersch, J. A., Jr., Brown, W. S., Pettigrew, N., Irish, J., Ramp, S., Schlitz, R., & Butman, B. (1983). Nantucket Shoals Flux Experiment (NSFE'79). Part 2: Moored array data report. Woods Hole Oceanographic Institution Tech. Rep. No. WHOI-83-13, 140 pages.

Beckers, J.-M. (1991). Application of a 3D model to the Western Mediterranean. Journal of Marine Systems, 1, 315–332.

Beckers, J.-M. (1999). On some stability properties of the discretization of the damped propagation of shallow-water inertia-gravity waves on the Arakawa B-grid. Ocean Modelling, 1, 53–69.

Beckers, J.-M. (1999b). Application of Miller's theorem to the stability analysis of numerical schemes; some useful tools for rapid inspection of discretisations in ocean modelling. Ocean Modelling, 1, 29–37.

Beckers, J.-M. (2002). Selection of a staggered grid for inertia-gravity waves in shallow water. International Journal of Numerical Methods in Fluids, 38, 729–746.

Beckers, J.-M., Burchard, H., Campin, J.-M., Deleersnijder, E., & Mathieu, P.-P. (1998). Another reason why simple discretisations of rotated diffusion operators cause problems in ocean models. Comments on "Isoneutral diffusion in a z-coordinate ocean model". Journal of Physical Oceanography, 28, 1552–1559.

Beckers, J.-M., Burchard, H., Deleersnijder, E., & Mathieu, P.-P. (2000). Numerical discretisation of rotated diffusion operators in ocean models. Monthly Weather Review, 128, 2711–2733.

Beckers, J.-M., & Deleersnijder, E. (1993). Stability of a FBTCS scheme applied to the propagation of shallow-water inertia-gravity waves on various space grids. Journal of Computational Physics, 108, 95–104.

Beckmann, A., & Döscher, R. (1997). A method for improved representation of dense water spreading over topography in geopotential-coordinate models. Journal of Physical Oceanography, 27, 581–591.

Beckmann, A., Haidvogel, D. B. (1993). Numerical simulation of flow around a tall isolated seamount. Part I: Problem formulation and model accuracy. Journal of Physical Oceanography, 23, 1736–1753.

Bender, C. M., & Orszag, S. A. (1978). Advanced Mathematical Methods for Scientists and Engineers, International Series in Pure and Applied Mathematics, McGraw-Hill, 593 pages.

Bengtsson L., Ghil, N., & Kallen, E. (1981). Dynamic Meteorology: Data Assimilation Methods, Applied Mathematical Sciences, New York: Springer Verlag, 36, 330 pages.

Bennett, A. (1992). Inverse Methods in Physical Oceanography, Cambridge Monographs on Mechanics and Applied Mathematics, New York: Cambridge University Press, 346 pages.

Betts, A. K. (1986). A new convective adjustment scheme. Part I: Observational and theoretical basis. Quarterly Journal of the Royal Meteorological Society, 112, 677–691.

Bjerknes, V. (1904). Das Problem von der Wettervorhersage, betrachtet vom Standpunkte der Mechanik und der Physik (The problem of weather prediction considered from the point of view of Mechanics and Physics). Meteorologische Zeitschrift, 21, 1–7. (English translation by Yale Mintz, 1954, reprinted in The

Life Cycles of Extratropical Cyclones, M. A. Shapiro and S. Grønås, eds., American Meteorological Society, 1999, pages 1-4.)

Blayo, E., & Debreu, L. (2005). Revisiting open boundary conditions from the point of view of characteristic variables. Ocean Modelling, 9, 231-252.

Bleck, R. (2002). An oceanic general circulation model framed in hybrid isopycnic-cartesian coordinates. Ocean Modelling, 4, 55-88.

Bleck, R., Rooth, C., Hu, D., & Smith, L. T. (1992). Ventilation patterns and mode water formation in a wind- and thermodynamically driven isopycnic coordinate model of the North Atlantic. Journal of Physical Oceanography, 22, 1486-1505.

Blumen, W. (1972). Geostrophic adjustment. Reviews of Geophysics and Space Physics, 10, 485-528.

Booker, J. R., & Bretherton, F. P. (1967). The critical layer for internal gravity waves in a shear flow. Journal of Fluid Mechanics, 27, 513-539.

Boris, J., & Book, D. (1973). Flux-corrected transport. I. SHASTA, a fluid transport algorithm that works. Journal of Computational Physics, 11, 38-69.

Bower, A. S., & Rossby, T. (1989). Evidence of cross-frontal exchange processes in the Gulf Stream based on isopycnal RAFOS float data. Journal of Physical Oceanography, 19, 1177-1190.

Brasseur, P. (2006). Ocean data assimilation using sequential methods based on the Kalman Filter. In J. Verron, & E. Chassignet (Eds.), Ocean Weather Forecasting: An Integrated View of Oceanography (pp. 271-316). Dordrecht: Springer, (Part 4).

Brasseur, P., Blayo, E., & Verron, J. (1996). Predictability experiments in the North Atlantic Ocean: Outcome of a quasigeostrophic model with assimilation of TOPEX/POSEIDON altimeter data. Journal of Geophysical Research, 101, 14161-14174.

Brier, G. W. (1950). Verification of forecasts expressed in terms of probability. Monthly Weather Review, 78, 1-3.

Brink, K. H. (1983). The near-surface dynamics of coastal upwelling. Progress in Oceanography, 12, 223-257.

Bromwich, D. H., Rogers, A. N., Kållberg, P., Cullather, R. I., White, J. W. C., & Kreutz, K. J. (2000). ECMWF analyses and reanalyses depiction of ENSO signal in Antarctic precipitation. Journal of Climate, 13, 1406-1420.

Brunt, D. (1934). Physical and Dynamical Meteorology. Upper Saddle River, NJ: Prentice Hall, 411 pages. (Reedited in 1952)

Bryan, K. (1969). A numerical method for the study of the circulation of the World Ocean. Journal of Computational Physics, 4, 347-376.

Bryan, K., & Cox, M. D. (1972). The circulation of the world ocean: A numerical study. Part I, A homogeneous model. Journal of Physical Oceanography, 2, 319-335.

Buchanan, G. (1995). Schaum's Outline of Finite Element Analysis. New York: Mc Graw-Hill, 264 pages.

Burchard, H. (2002). Applied Turbulence Modelling in Marine Waters. Berlin: Springer, 229 pages.

Burchard, H., & Beckers, J.-M. (2004). Non-uniform adaptive vertical grids in one-dimensional numerical ocean models. Ocean Modelling, 6, 51-81.

Burchard, H., & Bolding, K. (2001). Comparative analysis of four second-moment turbulence closure models for the oceanic mixed layer. Journal of Physical Oceanography, 31, 1943-1968.

Burchard, H., Deleersnijder, E., & Meister, A. (2003). A high-order conservative Patankar-type discretisation for stiff systems of production-destruction equations. Applied Numerical Mathematics, 47, 1-30.

Burchard, H., Deleersnijder, E., & Meister, A. (2005). Application of modified Patankar schemes to stiff biogeochemical models for the water column. Ocean Dynamics, 10, 115-136.

Burger, A. P. (1958). Scale consideration of planetary motions of the atmosphere. Tellus, 10, 195-205.

Cane, M. A., Zebiak, S. E., & Dolan, S. C. (1986). Experimental forecasts of El Niño. Nature, 321, 827-832.

Canuto, V. M., Howard, A., Cheng, Y., & Dubovikov, M. S. (2001). Ocean turbulence. Part I: One-point closure model. Momentum and heat vertical diffusivities. Journal of Physical Oceanography, 31, 1413-1426.

Canuto, C., Hussaini, M. Y., Quarteroni, A., & Zang, T. A. (1988). Spectral Methods in Fluid Dynamics. Springer-Verlag, 558 pages.

Case, B., & Mayfield, M. (1990). Atlantic Hurricane Season of 1989. Monthly Weather Review, 118, 1165-1177.

Cessi, P. (1996). Grid-scale instability of convective adjustment schemes. Journal of Marine Research, 54, 407-420.

Chandrasekhar, S. (1961). Hydrodynamic and Hydromagnetic Stability. London and New York: Oxford University Press, 652 pages.

Charney, J. G. (1947). The dynamics of long waves in a baroclinic westerly current. Journal of Meteorology, 4, 135-163.

Charney, J. G. (1948). On the scale of atmospheric motions. Geofysiske Publikasjoner Oslo, 17(2), 1-17.

Charney, J. G., & DeVore, J. G. (1979). Multiple-flow equilibria in the atmosphere and blocking. Journal of the Atmospheric Sciences, 36, 1205-1216.

Charney, J. G., Fjöortoft, R., & von Neumann, J. (1950). Numerical integration of the barotropic vorticity equation. Tellus, 2, 237-254.

Charney, J. G., & Flierl, G. R. (1981). Oceanic analogues of large-scale atmospheric motions. In B. A. Warren, & C. Wunsch (Eds.), Evolution of Physical Oceanography (pp. 504-548). Cambridge, Massachusetts: The MIT Press.

Charney, J. G., & Stern, M. E. (1962). On the stability of internal baroclinic jets in a rotating atmosphere. Journal of the Atmospheric Sciences, 19, 159-172.

Chen, D., Cane, M. A., Kaplan, A., Zebiak, S. E., & Huang, D. (2004). Predictability of El Niño over

657

the past 148 years. Nature, 428, 733-736.

Chung, T. J. (2002). Computational Fluid Dynamics. New York: Cambridge University Press, 1012 pages.

Colella, P. (1990). Multidimensional upwind methods for hyperbolic conservation laws. Journal of Computational Physics, 87, 171-200.

Colin, C., Henin, C., Hisard, P., & Oudot, C. (1971). Le Courant de Cromwell dans le Pacifique central en février. Cahiers ORSTOM, Serie Oceanographie, 9, 167-186.

Conway, E. D., & the Maryland Space Grant Consortium (1997). An Introduction to Satellite Image Interpretation. Baltimore: The Johns Hopkins University Press, 264 pages.

Cooley, J., & Tukey, J. (1965). An algorithm for the machine calculation of complex Fourier series. Mathematics of Computation, 9, 297-301.

Cooper, M., & Haines, K. (1996). Altimetric assimilation with water property conservation. Journal of Geophysical Research, 101, 1059-1078.

Courant, R., Friedrichs, K. P., & Lewy, H. (1928). Über die partiellen Differenzengleichungen der mathematischen Physik. Mathematische Annalen, 100, 32-74.

Courant, R., & Hilbert, D. (1924). Methoden der mathematischen Physik I. Berlin: Springer Verlag, 470 pages.

Courtier, P., Thepaut, J. N., & Hollingsworth, A. (1994). A strategy for operational implementation of 4D-Var, using an incremental approach. Quarterly Journal of the Royal Meteorological Society, 120, 1367-1387.

Cox, M. (1984). A primitive three-dimensional model of the ocean. Rep. 1, Ocean Group, GFDL, Princeton University.

Crank, J. (1987). Free and Moving Boundary Problems. New York: The Clarendon Press, Oxford University Press, 424 pages.

Crépon, M., & Richez, C. (1982). Transient upwelling generated by two-dimensional atmospheric forcing and variability in the coastline. Journal of Physical Oceanography, 12, 1437-1457.

Cressman, G. P. (1948). On the forecasting of long waves in the upper westerlies. Journal of Meteorology, 5, 44-57.

Csanady, G. T. (1977). Intermittent 'full' upwelling in Lake Ontario. Journal of Geophysical Research, 82, 397-419.

Curry, J. A., & Webster, P. J. (1999). Thermodynamics of Atmospheres and Oceans. London: Academic Press, 467 pages.

Cushman-Roisin, B. (1986). Frontal geostrophic dynamics. Journal of Physical Oceanography, 16, 132-143.

Cushman-Roisin, B. (1987a). On the role of heat flux in the Gulf Stream-Sargasso Sea-Subtropical Gyre system. Journal of Physical Oceanography, 17, 2189-2202.

Cushman-Roisin, B. (1987b). Subduction. In P. Müller, & D. Henderson (Eds.), Dynamics of the Oceanic Surface Mixed Layer, Proc. HawaiianWinterWorkshop 'Aha Huliko'a (pp. 181-196). Hawaii Institute of

Geophysics Special Publication.

Cushman-Roisin, B., Chassignet, E. P., & Tang, B. (1990). Westward motion of mesoscale eddies. Journal of Physical Oceanography, 20, 758-768.

Cushman-Roisin, B., Esenkov, O. E., & Mathias, B. J. (2000). A particle-in-cell method for the solution of two-layer shallow-water equations. International Journal for Numerical Methods in Fluids, 32, 515-543.

Cushman-Roisin, B., Gačić, M., Poulain, P.-M., & Artegiani, A. (2001). Physical Oceanography of the Adriatic Sea: Past, Present, and Future. Dordrecht: Kluwer Academic Publishers, 230 pages.

Cushman-Roisin, B., & Malačič, V. (1997). Bottom Ekman pumping with stress-dependent eddy viscosity. Journal of Physical Oceanography, 27, 1967-1975.

Cushman-Roisin, B., Sutyrin, G. G., & Tang, B. (1992). Two-layer geostrophic dynamics. Part I: Governing equations. Journal of Physical Oceanography, 22, 117-127.

Dahlquist, G., & Björck, A. (1974). Numerical Methods. Englewood Cliffs: Prentice-Hall, 573 pages.

D'Aleo, J. S. (2002). The Oryx Guide to El Niño and La Niña. Westport, CT: Oryx Press, 230 pages.

D'Asaro, E. A., & Lien, R.-C. (2000). Lagrangian measurements of waves and turbulence in stratified flows. Journal of Physical Oceanography, 30, 641-655.

Davies, A. (1987). Spectral models in continental shelf sea oceanography. In N. Heaps (Ed.), Three-Dimensional Coastal Ocean Models (pp. 71-106). Washington, DC: American Geophysical Union.

Deleersnijder, E., & Beckers, J.-M. (1992). On the use of the σ-coordinate system in regions of large bathymetric variations. Journal of Marine Systems, 3, 381-390.

Deleersnijder, E., Hanert, E., Burchard, H., & Dijkstra, H. A. (2008). On the mathematical stability of stratified flow models with local turbulence closure schemes. Ocean Dynamics, 58, 237-246.

Dewar, W. K. (2001). Density coordinate mixed layer models. Monthly Weather Review, 129, 237-253.

Diaz, H. F., & Markgraf, V. (Eds.) (2000). El Niño and the Southern Oscillation. Multiscale Variability and Global and Regional Impacts (p. 512). Cambridge, UK: Cambridge University Press.

Dietrich, D. E. (1998). Application of a modified Arakawa 'A' grid ocean model having reduced numerical dispersion to the Gulf of Mexico circulation. Dynamics of Atmospheres and Oceans, 27, 201-217.

Dongarra, J. J., Duffy, I. A., Sorensen, D. C., & van der Vorst, H. A. (1998). Numerical linear algebra on high-performance computers. Society for Industrial and Applied Mathematics, 342 pages.

Doodson, A. T. (1921). The harmonic development of the tide-generating potential. Proceedings of the Royal Society A, 100, 304-329.

Dowling, T. E., & Ingersoll, A. P. (1988). Potential vorticity and layer thickness variations in the flow around Jupiter's Great Red Spot and White Oval BC. Journal of the Atmospheric Sciences, 45, 1380-1396.

Dritschel, D. G. (1988). Contour Surgery: A topological reconnection scheme for extended integrations using contour dynamics. Journal of Computational Physics, 77, 240-266.

Dritschel, D. G. (1989). On the stabilization of a two-dimensional vortex strip by adverse shear. Journal of Fluid Mechanics, 206, 193-221.

Ducet, N., Le Traon, P.-Y., & Reverdin, G. (2000). Global high resolution mapping of ocean circulation from Topex/Poseidon and ERS-1 and -2. Journal of Geophysical Research, 105, 19477-19498.

Dukowicz, J. (1995). Mesh effects for Rossby waves. Journal of Computational Physics, 119, 188-194.

Durran, D. (1999). Numerical Methods for Wave Equations in Geophysical Fluid Dynamics. New York: Springer, 465 pages.

Eady, E. T. (1949). Long waves and cyclone waves. Tellus, 1(3), 33-52.

Ekman, V.W. (1904). On dead water. Scientific Results Norwegian North Polar Expedition 1893-96, 5(15), 152 pages.

Ekman, V. W. (1905). On the influence of the earth's rotation on ocean currents. Archives of Mathematics, Astronomy and Physics, 2(11), 1-53.

Ekman, V. W. (1906). Beiträge zur Theorie der Meeresströmungen. Annalen der Hydrographie und maritimen Meteorologie, 9: 423-430; 10: 472-484; 11: 527-540; 12: 566-583.

Eliassen, A. (1962). On the vertical circulation in frontal zones. Geofysicke Publicasjoner, 24, 147-160.

Emmanuel, K. (1991). The theory of hurricanes. Annual Review of Fluid Mechanics, 23, 179-196.

Esenkov, O. E., & Cushman-Roisin, B. (1999). Modeling of two-layer eddies and coastal flows with a particle method. Journal of Geophysical Research, 104, 10959-10980.

Evensen, G. (1994). Sequential data assimilation with a nonlinear quasi-geostrophic model using Monte Carlo methods to forecast error statistics. Journal of Geophysical Research, 99, 10143-10162.

Evensen, G. (2004). Sampling strategies and square root analysis schemes for the EnKF. Ocean Dynamics, 54, 539-560.

Fernando, H. J. S. (1991). Turbulent mixing in stratified fluids. Annual Review of Fluid Mechanics, 23, 455-493.

Ferziger, J. M., & Perić, M. (1999). Computational Methods for Fluid Dynamics. Berlin: Springer Verlag, 390 pages.

Flament, P., Armi, L., & Washburn, L. (1985). The evolving structure of an upwelling filament. Journal of Geophysical Research, 90, 11765-11778.

Flierl, G. R. (1987). Isolated eddy models in geophysics. Annual Review of Fluid Mechanics, 19, 493-530.

Flierl, G. R., Larichev, V. D., McWilliams, J. C., & Reznik, G. M. (1980). The dynamics of baroclinic and barotropic solitary eddies. Dynamics of Atmospheres and Oceans, 5, 1-41.

Flierl, G. R., Malanotte-Rizzoli, P., & Zabusky, N. J. (1987). Nonlinear waves and coherent vortex structures in barotropic beta-plane jets. Journal of Physical Oceanography, 17, 1408-1438.

Fornberg, B. (1998). A Practical Guide to Pseudospectral Methods. Cambridge: Cambridge University Press, 242 pages.

Fox, R. W., & McDonald, A. T. (1992). Introduction to Fluid Mechanics (4th ed.). New York: John Wiley & Sons, 829 pages.

Fukumori, I., & Malanotte-Rizzoli, P. (1995). An approximate Kalman filter for ocean data assimilation: an example with an idealized Gulf Stream model. Journal of Geophysical Research, 100, 6777-6793.

Galperin, B., Kantha, L. H., Hassid, S., & Rosati, A. (1988). A quasi-equilibrium turbulent energy model for geophysical flows. Journal of the Atmospheric Sciences, 45, 55-62.

Galperin, B., Kantha, L. H., Mellor, G. L., & Rosati, A. (1989). Modeling rotating stratified turbulent flows with applications to oceanic mixed layers. Journal of Physical Oceanography, 19, 901-916.

Galperin, B., Nakano, H., Huang, H.-P., & Sukoriansky, S. (2004). The ubiquitous zonal jets in the atmospheres of giant planets and Earth's oceans. Geophysical Research Letters, 31, L13303.

Gardiner, C. W. (1997). Handbook of Stochastic Methods. Springer Series in Synergetics (Vol. 13, 2nd ed.), Berlin: Springer, 442 pages.

Garratt, J. R. (1992). The Atmospheric Boundary Layer. Cambridge: Cambridge University Press, 316 pages.

Garrett, C., & Munk, W. (1979). Internal waves in the ocean. Annual Review of Fluid Mechanics, 11, 339-369.

Gauss, C. F. (1866). Theoria interpolationis methodo nova tractata. Werke Band, Nachlass 3, 265-327 (Königliche Gesellschaften der Wissenschaften, Göttingen 1866).

Gawarkiewicz, G., & Chapman, D. C. (1992). The role of stratification in the formation and maintenance of shelf-break fronts. Journal of Physical Oceanography, 22, 753-772.

Gent, P. R., & McWilliams, J. C. (1990). Isopycnal mixing in ocean circulation models. Journal of Physical Oceanography, 20, 150-155.

Gent, P. R., Willebrand, J., McDougall, T. J., & McWilliams, J. C. (1995). Parameterizing eddyinduced tracer transports in ocean circulation models. Journal of Physical Oceanography, 25, 463-474.

Gerdes, R. (1993). A primitive equation model using a general vertical coordinate transformation. Part 1: Description and testing of the model. Journal of Geophysical Research, 98, 14683-14701.

Ghil, M. (1989). Meteorological data assimilation for oceanographers. I- Description and theoretical framework. Dynamics of Atmospheres and Oceans, 13, 171-218.

Ghil, M., & Childress, S. (1987). Topics in Geophysical Fluid Dynamics: Atmospheric Dynamics, Dynamo Theory and Climate Dynamics. New York: Springer-Verlag, 504 pages.

Ghil, M., & Malanotte-Rizzoli, P. (1991). Data assimilation in meteorology and oceanography. Advances in Geophysics, Academic Press, 33, 141-266.

Gibson, M. M., & Launder, B. E. (1978). Ground effects on pressure fluctuations in the atmospheric boundary layer. Journal of Fluid Mechanics, 86, 491-511.

Gill, A. E. (1980). Some simple solutions for heat-induced tropical circulation. Quarterly Journal of Royal Metereological Society, 106, 447-462.

Gill, A. E. (1982). Atmosphere-Ocean Dynamics. New York: Academic Press, 662 pages.

Gill, A. E., Green, J. S. A., & Simmons, A. J. (1974). Energy partition in the large-scale ocean circulation and the production of mid-ocean eddies. Deep-Sea Research, 21, 499-528.

Glantz, M. H. (2001). Currents of Change: Impacts of El Niño and La Niña on Climate and Society (2nd ed.). Cambridge University Press, 252 pages.

Godunov, S. K. (1959). A difference scheme for numerical solution of discontinuous solution of hydrodynamic equations. Mathematics Sbornik, 47, 271-306. (Translation: US Joint Publ. Res. Service, JPRS 7226, 1969).

Goldstein, S. (1931). On the stability of superposed streams of fluids of different densities. Proceedings of the Royal Society London A, 132, 524-548.

Golub, G. H., & Van Loan, C. F. (1990). Matrix Computations. Baltimore: The Johns Hopkins University Press, 728 pages.

Gottlieb, D., & Orszag, S. A. (1977). Numerical Analysis of Spectral Methods: Theory and Applications. Philadelphia, PA: Society for Industrial and Applied Mathematics, 170 pages.

Grant, H. L., Stewart, R.W., & Moilliet, A. (1962). Turbulence spectra from a tidal channel. Journal of Fluid Mechanics, 12, 241-268.

Griffies, S. M. (1998). The Gent-McWilliams skew flux. Journal of Physical Oceanography, 28, 831-841.

Griffies, S. M., Böning, C., Bryan, F. O., Chassignet, E. P., Gerdes, R., Hasumi, H., Hirst, A., Treguier, A.-M., & Webb, D. (2000). Developments in ocean climate modelling. Ocean Modelling, 2, 123-192.

Griffiths, R. W., Killworth, P. D., & Stern, M. E. (1982). Ageostrophic instability of ocean currents. Journal of Fluid Mechanics, 117, 343-377.

Griffiths, R.W., & Linden, P. F. (1981). The stability of vortices in a rotating, stratified fluid. Journal of Fluid Mechanics, 105, 283-316.

Gustafson, T., & Kullenberg, B. (1936). Untersuchungen von Trägheitsströmungen in der Ostsee. Svenska Hydrogr. Biol. Komm. Skrifter, Hydrogr., No. 13, 28 pages.

Hack, J. J. (1992). Climate system simulation: Basic numerical & computational concepts. In K. E. Trenberth (Ed.), Climate System Modeling (pp. 283-318). Cambridge: Cambridge University Press.

Hackbusch, W. (Ed.), (1985). Multi-Grid Methods and Applications. Springer Series in computational mathematics, 4, 377 pages.

Hadley, G. (1735). Concerning the cause of the general trade-winds. Philosophical Transactions of the Royal Society London, 39, 58-62.

Hageman, L. A., & Young, D. M. (2004). Applied Iterative Methods. New York: Dover Publications, 386 pages.

Haidvogel, D. B., & Beckmann, A. (1999). Numerical Ocean Circulation Modeling. Series on Environmental Science and Management, World Scientific Publishing Co., 318 pages.

Haidvogel, D. B., Wilkin, J. L., & Young, R. (1991). A semi-spectral primitive equation ocean circulation model using vertical sigma and orthogonal curvilinear horizontal coordinates. Journal of Computational Physics, 94, 151-185.

Häkkinen, S. (1990). Models and their applications to polar oceanography. In W. O. Smith, Jr. (Ed.), Polar Oceanography, Part A: Physical Science (pp. 335-384). Orlando: Academic Press, Chapter 7.

Hallberg, R.W. (1995). Some Aspects of the Circulation in Ocean Basins with Isopycnals Intersecting the

Sloping Boundaries, Ph.D. Thesis, Seattle: University of Washington, 244 pages.

Hanert, E., Legat, V., & Deleersnijder, E. (2003). A comparison of three finite elements to solve the linear shallow water equations. Ocean Modelling, 5, 17–35.

Haney, R. L. (1991). On the pressure gradient force over steep topography in sigma coordinate ocean models. Journal of Physical Oceanography, 21, 610–619.

Harten, A., Engquist, B., Osher, S., & Chakravarthy, S. R. (1987). Uniformly high order accurate essentially non-oscillatory schemes. Journal of Computational Physics, 71, 231–303.

Heaps, N. S. (Ed.) (1987). Three-dimensional Coastal Ocean Models . Coastal and Estuarine Series Volume 4, Washington, DC: American Geophys. U., 208 pages.

Helmholtz, H. von. (1888). Über atmosphärische Bewegungen I. Sitzungsberichte Akademie Wissenschaften Berlin, 3, 647–663.

Hendershott, M. C. (1972). The effects of solid earth deformation on global ocean tides. Geophysical Journal of the Royal Astronomical Society, 29, 389–402.

Hermann, A. J., Rhines, P. B., & Johnson, E. R. (1989). Nonlinear Rossby adjustment in a channel: beyond Kelvin waves. Journal of Fluid Mechanics, 205, 469–502.

Hirsch, C. (1990). Numerical Computation of Internal and External Flows. Vol. 2: Computational Methods for Inviscid and Viscous Flows. Chichester: John Wiley, 714 pages.

Hodnett, P. F. (1978). On the advective model of the thermocline circulation. Journal of Marine Research, 36, 185–198.

Holton, J. R. (1992). An Introduction to Dynamic Meteorology (3rd ed.). San Diego: Academic Press, 511 pages.

Hoskins, B., & Bretherton, F. (1972). Atmospheric frontogenesis models: Mathematical formulation and solution. Journal of the Atmospheric Sciences, 29, 11–37.

Hoskins, B. J., McIntyre, M. E., & Robertson, A. W. (1985). On the use and significance of isentropic potential vorticity maps. Quarterly Journal of Royal Meteorological Society, 111, 877–946.

Houtekamer, P. L., & Mitchell, H. L. (1998). Data assimilation using an ensemble Kalman filter technique. Monthly Weather Review, 126, 796–811.

Howard, L. N. (1961). Note on a paper of JohnW. Miles. Journal of Fluid Mechanics, 10, 509–512.

Hsueh, Y., & Cushman-Roisin, B. (1983). On the formation of surface to bottom fronts over steep topography. Journal of Geophysical Research, 88, 743–750.

Huang, R. X. (1989). On the three-dimensional structure of the wind-driven circulation in the North Atlantic. Dynamics of Atmospheres and Oceans, 15, 117–159.

Hurlburt, H. E., & Thompson, J. D. (1980). A numerical study of loop current intrusions and eddyshedding. Journal of Physical Oceanography, 10, 1611–1651.

Hunkins, K. (1966). Ekman drift currents in the Arctic Ocean. Deep-Sea Research, 13, 607–620.

Ide, K., Courtier, P., Ghil, M., & Lorenc, A. C. (1997). Unified notation for data assimilation: Operational, sequential and variational. Practice, 75, 181−189.

Ingersoll, A. P., Beebe, R. F., Collins, S. A., Hunt, G. E., Mitchell, J. L., Muller, P., Smith, B. A., & Terrile, R. J. (1979). Zonal velocity and texture in the Jovian atmosphere inferred from Voyager images. Nature, 280, 773−775.

Intergovernmental Panel on Climate Change (IPCC). (2001). Climate Change 2001: The Scientific Basis, Contribution of working group I to the third report assessment of the intergovernmental panel on climate change. J. T. Houghton, Y. Ding, D. J. Griggs, M. Noguer, P. J. van der Linden, X. Dai, K. Maskell and C. A. Johnson, eds. Cambridge University Press, 892 pages.

Iselin, C. O'D. (1938). The influence of vertical and lateral turbulence on the characteristics of the waters at mid-depths. Transactions, American Geophysical Union, 20, 414−417.

Ito, S. (1992). Diffusion equations, Translations of mathematical monographs, 114, American Mathematical Society, 225 pages.

Jin, F. F. (1997a). An equatorial recharge paradigm for ENSO. I. Conceptual model. Journal of the Atmospheric Sciences, 54, 811−829.

Jin, F. F. (1997b) An equatorial recharge paradigm for ENSO. II. A stripped-down coupled model. Journal of the Atmospheric Sciences, 54, 830−847.

Jolliffe, I. T., & Stephenson, D. B. (2003). Forecast Verification: A Practitioner's Guide in Atmospheric Science. Chichester: John Wiley and Sons, 240 pages.

Jones, W. L. (1967). Propagation of internal gravity waves in fluids with shear flow and rotation. Journal of Fluid Mechanics, 30, 439−448.

Kalnay, E. (2003). Atmospheric Modeling, Data Assimilation and Predictability. Cambridge: Cambridge University Press, 341 pages.

Kalnay, E., Lord, S. J., & McPherson, R. D. (1998). Maturity of operational numerical weather prediction: Medium range. Bulletin of the American Meteorological Society, 79, 2753−2769.

Kantha, L. H., & Clayson, C. A. (1994). An improved mixed layer model for geophysical applications. Journal of Geophysical Research, 99, 25235−25266.

Kessler, W. S. (2002). Is ENSO a cycle or a series of events? Geophysical Research Letters, 29, 2125.

Killworth, P. D., Paldor, N., & Stern, M. E. (1984). Wave propagation and growth on a surface front in a two-layer geostrophic current. Journal of Marine Research, 42, 761−785.

Killworth, P. D., Stainforth, D., Webb, D. J., & Paterson, S. M. (1991). The development of a free-surface Bryan-Cox-Semtner ocean model. Journal of Physical Oceanography, 21, 1333−1348.

Kolmogorov, A. N. (1941). Dissipation of energy in locally isotropic turbulence. Doklady Akademii Nauk SSSR, 32, 19−21 (in Russian).

Kraus, E. B. (Ed.), (1977). Modelling and Prediction of the Upper Layers of the Ocean. Oxford: Pergamon, 325 pages.

Kreiss, H.-O. (1962). Über die Stabilitätsdefinition für Differenzengleichungen die partielle Differentialgleichungen approximieren. Nordisk Tidskrift Informationsbehandling（BIT），2，153-181.

Kuhlbrodt, T., Griesel, A., Montoya, M., Levermann, A., Hofmann, M., & Rahmstorf, S.（2007）. On the driving processes of the Atlantic meridional overturning circulation. Reviews of Geophysics, 45, RG2001.

Kundu, P. K.（1990）. Fluid Mechanics. New York：Academic Press, 638 pages.

Kuo, H. L.（1949）. Dynamic instability of two-dimensional nondivergent flow in a barotropic atmosphere. Journal of Meteorology, 6, 105-122.

Kuo, H. L.（1974）. Further studies of the parameterization of the influence of cumulus convection on large-scale flow. Journal of the Atmospheric Sciences, 31, 1232-1240.

Lawrence, G. A., Browand, F. K., & Redekopp, L. G.（1991）. The stability of a sheared density interface. Physics of Fluids A, Fluid Dynamics, 3, 2360-2370.

Lax, P. D., & Richtmyer, R. D.（1956）. Survey of the stability of linear finite difference equations. Communications on Pure Applied Mathematics, 9, 267-293.

LeBlond, P. H., & Mysak, L. A.（1978）. Waves in the Ocean. Elsevier Oceanography Series, 20, Amsterdam：Elsevier, 602 pages.

Legrand, S., Legat, V., & Deleersnijder, E.（2000）. Delaunay mesh generation for an unstructuredgrid ocean general circulation model. Ocean Modelling, 2, 17-28.

Lermusiaux, P. F. J.（2007）. Adaptive modeling, adaptive data assimilation and adaptive sampling. Physica D, 230, 172-196.

Lermusiaux, P. F. J., Chiu, C.-S., Gawarkiewicz, G. G., Abbot, P., Robinson, A. R., Miller, R. N., Haley, P. J., Leslie, W. G., Majumdar, S. J., Pang, A., & Lekien, F.（2006）. Quantifying uncertainties in ocean predictions. Oceanography, 19, 92-105.

Lermusiaux, P. F. J., & Robinson, A. R.（1999）. Data assimilation via error subspace statistical estimation. Part I：Theory and schemes. Monthly Weather Review, 127, 1385-1407.

Lindzen, R. S.（1988）. Instability of plane parallel shear flow.（Toward a mechanistic picture of how it works.）Pure and Applied Geophysics, 126, 103-121.

Liseikin, V.（1999）. Grid Generation Methods. Berlin-Heidelberg：Springer, 362 pages. Liu, C.-T., Pinkel, R., Hsu, M.-K., Klymak, J. M., Chen, H.-W., & Villanoy, C.（2006）. Nonlinear internal waves from the Luzon Strait. Eos, Transactions of the American Geophysical Union, 87, 449-451.

Long, R. R.（1997）. Homogeneous isotropic turbulence and its collapse in stratified and rotating fluids. Dynamics of Atmospheres and Oceans, 27, 471-483.

Long, R. R.（2003）. Do tidal-channel turbulence measurements support $k^{-5/3}$? Environmental Fluid Mechanics, 3, 109-127.

Lorenc, A. C.（1986）. Analysis methods for numerical weather prediction. Quarterly Journal of Royal Meteorological Society, 112, 1177-1194.

Lorenz, E. N.（1955）. Available potential energy and the maintenance of the general circulation. Tellus, 7, 157-167.

Lorenz, E. N. (1963). Deterministic nonperiodic flow. Journal of the Atmospheric Sciences, 20, 130-141.

Love, A. E. H. (1893). On the stability of certain vortex motions. Proceedings of the London Mathematical Society Series 1, 25, 18-42.

Lueck, R. G., Wolk, F., & Yamazaki, H. (2002). Oceanic velocity microstructure measurements in the 20th century. Journal of Oceanography, 58, 153-174.

Lutgens, F. K., & Tarbuck, E. J. (1986). The Atmosphere. An Introduction to Meteorology (3rd ed.). Upper Saddle River, NJ: Prentice-Hall, 492 pages.

Luyten, J. R., Pedlosky, J., & Stommel, H. (1983). The ventilated thermocline. Journal of Physical Oceanography, 13, 292-309.

Lvov, Y. V., & Tabak, E. G. (2001). Hamiltonian formalism and the Garrett-Munk spectrum of internal waves in the ocean. Physical Review Letters, 87, 168501.

Madec G., Delecluse, P., Imbard, M., & Lévy, C. (1998). OPA 8.1 Ocean general circulation model reference manual. Note du Pôle de Modélisation (No. 11). Institut Pierre-Simon Laplace, 91 pages.

Madsen, O. S. (1977). A realistic model of the wind-induced Ekman boundary layer. Journal of Physical Oceanography, 7, 248-255.

Malanotte-Rizzoli, P. (1996). Modern Approaches to Data Assimilation in Ocean Modeling. New York: Elsevier, 468 pages.

Margules, M. (1903). Über die Energie der Stürme. Jahrb. Zentralanst. Meteorol. Wien, 40, 1-26. (English translation in Abbe, 1910, The Mechanics of the Earth's Atmosphere. A Collection of Translations. Misc. Collect. No. 51, Smithsonian Institution, Washington, D.C.)

Margules, M. (1906). Über Temperaturschichtung in stationär bewegter und ruhender Luft. Meteorologische Zeitschrift, 23, 243-254.

Marotzke, J. (1991). Influence of convective adjustment on the stability of the thermohaline circulation. Journal of Physical Oceanography, 21, 903-907.

Marshall, J., Jones, H., & Hill, C. (1998). Efficient ocean modeling using non-hydrostatic algorithms. Journal of Marine Systems, 18, 115-134.

Marshall, J., & Plumb, R. A. (2008). Atmosphere, Ocean, and Climate Dynamics: An Introductory Text. New York: Academic Press, 319 pages.

Marshall, J., & Schott, F. (1999). Open-ocean convection: observations, theory and models. Reviews of Geophysics, 37, 1-64.

Marzano, F. S., & Visconti, G. (Eds.), (2002). Remote Sensing of Atmosphere and Ocean from Space: Models, Instruments and Techniques. Dordrecht: Kluwer Academic Publishers, 246 pages.

Masuda, A. (1982). An interpretation of the bimodal character of the stable Kuroshio path. Deep-Sea Research, 29, 471-484.

Mathieu, P.-P., Deleersnijder, E., Cushman-Roisin, B., Beckers, J.-M., & Bolding, K. (2002). The role of topography in small well-mixed bays, with application to the lagoon of Mururoa. Continental Shelf Research, 22, 1379-1395.

McCalpin, J. D. (1994). A comparison of second-order and fourth-order pressure gradient algorithms in σ-co-ordinate ocean model. International Journal for Numerical Methods in Fluids, 128, 361-383.

McDonald, A. (1986). A semi-Lagrangian and semi-implicit two time-level integration scheme. Monthly Weather Review, 114, 824-830.

McPhaden, M. J. & Ripa, P. (1990). Wave-mean flow interactions in the equatorial ocean. Annual Review of Fluid Mechanics, 22, 167-205.

McWilliams, J. C. (1977). A note on a consistent quasi-geostrophic model in a multiply connected domain. Dynamics of Atmospheres and Oceans, 1, 427-441.

McWilliams, J. C. (1984). The emergence of isolated coherent vortices in turbulent flow. Journal of Fluid Mechanics, 146, 21-43.

McWilliams, J. C. (1989). Statistical properties of decaying geostrophic turbulence. Journal of Fluid Mechanics, 198, 199-230.

Mechoso, C. R., Robertson, A. W., Barth, N., Davey, M. K., Delecluse, P., Gent, P. R., Ineson, S., Kirtman, B., Latif, M., Letreut, H., Nagai, T., Neelin, J. D., Philander, S. G. H., Polcher, J., Schopf, P. S., Stockdale, T., Suarez, M. J., Terray, L., Thual, O., & Tribbia, J. J. (1995). The seasonal cycle over the tropical pacific in coupled ocean-atmosphere general-circulation models. Monthly Weather Review, 123, 2825-2838.

Meinen, C. S., & McPhaden, M. J. (2000). Observations of warm water volume changes in the equatorial Pacific and their relationship to El Niño and La Niña. Journal of Climate, 13, 3551-3559.

Mellor, G., Oey, L.-Y., & Ezer, T. (1998). Sigma coordinate pressure gradient errors and the seamount problem. Atmospheric and Oceanic Technology, 15, 1112-1131.

Mellor, G. L., & Yamada, T. (1982). Development of a turbulence closure model for geophysical fluid problems. Reviews of Geophysics and Space Physics, 20, 851-875.

Mesinger, F., & Arakawa, A. (1976). Numerical methods used in the atmospheric models. GARP Publications Series, No. 17, International Council of Scientific Unions, World Meteorological Organization, 64 pages.

Miles, J. W. (1961). On the stability of heterogeneous shear flows. Journal of Fluid Mechanics, 10, 496-508.

Mofjeld, H. O., & Lavelle, J. W. (1984). Setting the length scale in a second-order closure model of the unstratified bottom boundary layer. Journal of Physical Oceanography, 14, 833-839.

Mohebalhojeh, A. R., & Dritschel, D. G. (2004). Contour-advective semi-Lagrangian algorithms for many layer primitive equation models. Quarterly Journal of Royal Meteorological Society, 130, 347-364.

Montgomery, R. B. (1937). A suggested method for representing gradient flow in isentropic surfaces. Bulletin of the American Meteorological Society, 18, 210-212.

Moore, D. W. (1963). Rossby waves in ocean circulation. Deep-Sea Research, 10, 735-748.

Munk, W. H. (1981). Internal waves and small-scale processes. In B. A. Warren, & C. Wunsch (Eds.), Evolution of Physical Oceanography (pp. 264 – 291). Cambridge, Massachusetts：The MIT Press, Chapter 9.

Navon, I. M. (2009). Data assimilation for numerical weather prediction：A review. In S. K. Park, & L. Xu (Eds.), Data Assimilation for Atmospheric, Oceanic, and Hydrologic Applications (pp. 21–65). Berlin, Heidelberg：Springer.

Nebeker, F. (1995). Calculating the Weather：Meteorology in the 20th Century. San Diego：Academic Press, 251 pages.

Neelin, J. D., Latif, M., Allaart, M. A. F., Cane, M. A., Cubasch, U., Gates, W. L., Gent, P. R., Ghil, M., Gordon, C., Lau, N. C., Mechoso, C. R., Meehl, G. A., Oberhuber, J.-M., Philander, S. G. H., Schopf, P. S., Sperber, K. R., Sterl, A., Tokioka, T., Tribbia, J. J., & Zebiak, S. E. (1992). Tropical air-sea interaction in general-circulation models. Climate dynamics, 7, 73–104.

Nezu, I., & Nakagawa, H. (1993). Turbulence in Open-channel Flows. International Association for Hydraulic Research Monograph Series, Rotterdam：Balkema, 281 pages.

Nihoul, J. C. J. (Ed.) (1975). Modelling of Marine Systems, Elsevier Oceanography Series (Vol. 10), Amsterdam：Elsevier, 272 pages.

Nof, D. (1983). The translation of isolated cold eddies on a sloping bottom. Deep-Sea Research, 39, 171–182.

O'Brien, J. J. (1978). El Niño - An example of ocean/atmosphere interactions. Oceanus, 21(4), 40–46.

Okubo, A. (1971). Oceanic diffusion diagrams. Deep-Sea Research, 18, 789–802.

Okubo, A., & Levin, S. A. (2002). Diffusion and Ecological Problems (2nd ed.). New York：Springer, 488 pages.

Olson, D. B. (1991). Rings in the ocean. Annual Review of Earth and Planetary Sciences, 19, 283–311.

Orcrette, J. J. (1991). Radiation and cloud radiative properties in the ECMWF operational weather forecast model. Journal of Geophysical Research, 96, 9121–9132.

Orlanski, I. (1968). Instability of frontal waves. Journal of the Atmospheric Sciences, 25, 178–200.

Orlanski, I. (1969). The influence of bottom topography on the stability of jets in a baroclinic fluid. Journal of the Atmospheric Sciences, 26, 1216–1232.

Orlanski, I., & Cox, M. D. (1973). Baroclinic instability in ocean currents. Geophysical Fluid Dynamics, 4, 297–332.

Orszag, S. A. (1970). Transform method for calculation of vector-coupled sums：Application to the spectral form of the vorticity equation. Journal of the Atmospheric Sciences, 27, 890–895.

Osborn, T. R. (1974). Vertical profiling of velocity microstructure, Journal of Physical Oceanography, 4, 109–115.

Ou, H. W. (1984). Geostrophic adjustment：A mechanism for frontogenesis. Journal of Physical Oceanography, 14, 994–1000.

Ou, H. W. (1986). On the energy conversion during geostrophic adjustment. Journal of Physical Oceanography, 16, 2203-2204.

Patankar, S. V. (1980). Numerical Heat Transfer and Fluid Flow. New York: McGraw-Hill, 198 pages.

Pavia, E. G., & Cushman-Roisin, B. (1988). Modeling of oceanic fronts using a particle method. Journal of Geophysical Research, 93, 3554-3562.

Pedlosky, J. (1963). Baroclinic instability in two-layer systems. Tellus, 15, 20-25.

Pedlosky, J. (1964). The stability of currents in the atmosphere and oceans. Part I. Journal of the Atmospheric Sciences, 27, 201-219.

Pedlosky, J. (1987). Geophysical Fluid Dynamics (2nd ed.). New York: Springer Verlag, 710 pages.

Pedlosky, J. (1996). Ocean Circulation Theory. Berlin: Springer, 453 pages.

Pedlosky, J. (2003). Waves in the Ocean and Atmosphere: Introduction to Wave Dynamics. Springer, 260 pages.

Pedlosky, J., & Thomson, J. (2003). Baroclinic instability of time-dependent currents. Journal of Fluid Mechanics, 490, 189-215.

Pham D. T., Verron, J., & Roubaud, M. C. (1998). Singular evolutive extended Kalman filter with EOF initialization for data assimilation in oceanography. Journal of Marine Systems, 16, 323-340.

Philander, S. G. (1990). El Niño, La Niña, and the Southern Oscillation. Orlando, Florida: Academic Press, 289 pages.

Phillips, N. A. (1954). Energy transformations and meridional circulations associated with simple baroclinic waves in a two-level, quasi-geostrophic model. Tellus, 6, 273-286.

Phillips, N. A. (1956). The general circulation of the atmosphere: A numerical experiment. Quarterly Journal of Royal Meteorological Society, 82, 123-164.

Phillips N. A. (1957). A coordinate system having some special advantages for numerical forecasting. Journal of Meteorology, 14, 184-1851.

Phillips, N. A. (1963). Geostrophic motion. Reviews of Geophysics, 1, 123-176.

Pickard, G. L., & Emery, W. J. (1990). Descriptive Physical Oceanography: An Introduction (5th ed.). New York: Pergamon Press, 320 pages.

Pietrzak, J. (1998). The use of TVD limiters for forward-in-time upstream-biased advection schemes in ocean modeling. Monthly Weather Review, 126, 812-830.

Pietrzak, J., Deleersnijder, E., & Schroeter, J. (Eds.). (2005). The second international workshop on unstructured mesh numerical modelling of coastal, shelf and ocean flows (Delft, The Netherlands, September 23-25, 2003). Ocean Modelling, 10, 1-252.

Pietrzak, J., Jakobson, J., Burchard, H., Vested, H.-J., & Petersen, O. (2002). A three-dimensional hydrostatic model for coastal and ocean modelling using a generalised topography following co-ordinate system. Ocean Modelling, 4, 173-205.

Pinardi, N., Allen, I., De Mey, P., Korres, G., Lascaratos, A., Le Traon, P.-Y., Maillard, C., Manzella, G., & Tziavos, C. (2003). The Mediterranean Ocean Forecasting System: first phase of implementation

（1998-2001）. Annals of Geophysics, 21, 3-20.

Pollard, R. T., Rhines, P. B., & Thompson, R. O. R. Y. (1973). The deepening of the wind-mixed layer. Geophysical Fluid Dynamics, 4, 381-404.

Pope, S. B. (2000). Turbulent Flows. Cambridge: Cambridge University Press, 771 pages.

Price, J. F., & Sundermeyer, M. A. (1999). Stratified Ekman layers. Journal of Geophysical Research, 104, 20467-20494.

Proehl, J. A. (1996). Linear stability of equatorial zonal flows. Journal of Physical Oceanography, 26, 601-621.

Proudman, J. (1953). Dynamical Oceanography. London: Methuen, and New York: John Wiley, 409 pages.

Rabier, F., & Courtier, P. (1992). Four-dimensional assimilation in the presence of baroclinic instability. Quarterly Journal of Royal Meteorological Society, 118, 649-672.

Randall, D. (Ed.), (2000). General Circulation Model Development. Past, Present, and Future. International Geophysics Series (Vol. 70), Academic Press, 807 pages.

Randall, D., Khairoutdinov, M., Arakawa, A., & Grabowski, W. (2003). Breaking the cloud parameterization deadlock. Bulletin of the American Meteorological Society, 84, 1547-1564.

Rao, P. K., Holmes, S. J., Anderson, R. K., Winston, J. S., & Lehr, P. E. (1990). Weather Satellites: Systems, Data, and Environmental Applications. Boston: American Meteorological Society, 503 pages.

Rasmusson, E. M., & Carpenter, T. H. (1982). Variations in tropical sea surface temperature and surface wind fields associated with the Southern Oscillation/El Niño. Monthly Weather Review, 110, 354-384.

Rayleigh, Lord (JohnWilliam Strutt) (1880). On the stability, or instability, of certain fluid motions. Proceedings of the London Mathematical Society, 9, 57-70. (Reprinted in Scientific Papers by Lord Rayleigh, Vol. 3, 594-596).

Rayleigh, Lord (John William Strutt) (1916). On convection currents in a horizontal layer of fluid, when the higher temperature is on the under side. Philosophical Magazine, 32, 529-546 (Reprinted in Scientific Papers by Lord Rayleigh, Vol. 6, 432-446).

Redi, M. H. (1982). Oceanic isopycnal mixing by coordinate rotation. Journal of Physical Oceanography, 12, 1154-1158.

Reynolds, O. (1894). On the dynamical theory of incompressible viscous flows and the determination of the criterion. Philosophical Transactions of the Royal Society London A, 186, 123-161.

Rhines, P. B. (1975). Waves and turbulence on the beta-plane. Journal of Fluid Mechanics, 69, 417-443.

Rhines, P. B. (1977). The dynamics of unsteady currents. In E. D. Goldberg et al. (Eds.), The Sea (Vol. 6, pp. 189-318). New York: Wiley.

Rhines, P. B., & Young, W. R. (1982). A theory of the wind-driven circulation. I. Mid-ocean gyres. Journal of Marine Research, 40(suppl.), 559-596.

Richards, F. A. (Ed.), (1981). Coastal Upwelling. Coastal and Estuarine Sciences (Vol. 1). Washington, DC: American Geophysical Union, 529 pages.

Richardson, L. F. (1922). Weather Prediction by Numerical Process. Cambridge University Press. (Reprinted by Dover Publications, 1965, 236 pp.).

Richtmyer, R. D., & Morton, K.W. (1967). Difference Methods for Initial-value Problems (2nd ed.). New York: Interscience, John Wiley and Sons, 405 pages.

Riley, K. F., Hobson, M. P., & Bence, S. J. (1997). Mathematical Methods for Physics and Engineering. Cambridge University Press, 1008 pages.

Ripa, P. (1994). La Increíble Historia de la Malentendida Fuerza de Coriolis, La Ciencia/128 desde México, 101 pages.

Rixen, M., Beckers, J.-M., & Allen, J. T. (2001). Diagnosis of vertical velocities with the QGomega equation: a relocation method to obtain pseudo-synoptic data sets. Deep-Sea Research, 48, 1347-1373.

Rixen, M., & Ferreira-Coelho, E. (2007). Operational surface drift prediction using linear and nonlinear hyper-ensemble statistics on atmospheric and ocean models. Journal of Marine Systems, 65, 105-121.

Robinson, A. R., Tomasin, A., & Artegiani, A. (1973). Flooding of Venice: Phenomenology and prediction of the Adriatic storm surge. Quarterly Journal of Royal Meteorological Society, 99, 688-692.

Robinson, A. R. (Ed.), (1983). Eddies in Marine Science. Berlin: Springer-Verlag, 609 pages.

Robinson, A. R. (1965). A three-dimensional model of inertial currents in a variable-density ocean. Journal of Fluid Mechanics, 21, 211-223.

Robinson, A. R., & Lermusiaux, P. F. J. (2002). Data assimilation for modeling and predicting coupled physical-biological interactions in the sea. The Sea, 12, 475-536.

Robinson A. R., Lermusiaux, P. F. J., & Sloan, N. Q., III, (1998). Data assimilation. The Sea, 10, 541-594.

Robinson, A. R., & McWilliams, J. C. (1974). The baroclinic instability of the open ocean. Journal of Physical Oceanography, 4, 281-294.

Robinson, A. R., Spall, M. A., & Pinardi, N. (1988). Gulf Stream simulations and the dynamics of ring and meander processes. Journal of Physical Oceanography, 18, 1811-1853.

Robinson, A. R., & Taft, B. (1972). A numerical experiment for the path of the Kuroshio. Journal of Marine Research, 30, 65-101.

Robinson, I. (2004). Measuring the Oceans from Space: The Principles and Methods of Satellite Oceanography. Chichester and Heidelberg: Springer-Praxis, 670 pages.

Rodi, W. (1980). Turbulence Models and their Application in Hydraulics. Delft, The Netherlands: International Association for Hydraulic Research.

Roll, H. U. (1965). Physics of the Marine Atmosphere. New York: Academic Press, 426 pages.

Rossby, C. G. (1937). On the mutual adjustment of pressure and velocity distributions in certain simple current systems. I. Journal of Marine Research, 1, 15-28.

Rossby, C. G. (1938). On the mutual adjustment of pressure and velocity distributions in certain simple current systems. II. Journal of Marine Research, 2, 239-263.

Roussenov, V., Williams, R. G., & Roether, W. (2001). Comparing the overflow of dense water in isopycnic and cartesian models with tracer observations in the eastern Mediterranean. Deep-Sea Research, 48, 1255-1277.

Saddoughi, S. G., & Veeravalli, S. V. (1994). Local isotropy in turbulent boundary layers at high Reynolds number. Journal of Fluid Mechanics, 268, 333-372.

Saffman, P. G. (1968). Lectures on homogeneous turbulence. In N. J. Zabusky (Ed.), Topics in Nonlinear Physics (pp. 485-614). Berlin: Springer Verlag.

Salmon, R. (1982). Geostrophic turbulence. In A. R. Osborne & P. Malanotte-Rizzoli (Eds.), Topics in Ocean Physics, Proc. Int. School of Phys. Enrico Fermi LXXX (pp. 30-78). North-Holland: Elsevier Sci. Publ.

Sawyer, J. (1956). The vertical circulation at meteorological fronts and its relation to frontogenesis. Proceedings of the Royal Society London A, 234, 346-362.

Schmitz, W. J., Jr. (1980). Weakly depth-dependent segments of the North Atlantic circulation. Journal of Marine Research, 38, 111-133.

Schott, F., & Stommel, H. (1978). Beta spirals and absolute velocities in different oceans. Deep-Sea Research, 25, 961-1010.

Shapiro, L. J. (1992). Hurricane vortex motion and evolution in a three-layer model. Journal of the Atmospheric Sciences, 49, 140-153.

Siedler, G., Church, J., & Gould, J. (Eds.), (2001). Ocean Circulation and Climate: Modelling and Observing the Global Ocean . San Diego: Academic Press, 715 pages.

Smagorinsky, J. (1963). General circulation experiments with the primitive equations. I. The basic experiment. Monthly Weather Review, 91, 99-164.

Song, T. (1998). A general pressure gradient formulation for ocean models. Part I: Scheme design and diagnostic analysis. Monthly Weather Review, 126, 3213-3230.

Sorbjan, Z. (1989). Structure of the Atmospheric Boundary Layer. Englewood Cliffs, New Jersey: Prentice Hall, 317 pages.

Spagnol S., Wolanski, E., Deleersnijder, E., Brinkman, R., McAllister, F., Cushman-Roisin, B., & Hanert, E. (2002). An error frequently made in the evaluation of advective transport in twodimensional Lagrangian models of advection-diffusion in coral reef waters. Marine Ecology Progress Series, 235, 299-302.

Spall, M. A., & Holland, W. R. (1991). A nested primitive equation model for oceanic applications. Journal of Physical Oceanography, 21, 205-220.

Spiegel, E. A., & Veronis, G. (1960). On the Boussinesq approximation for a compressible fluid. The Astrophysical Journal, 131, 442-447.

Spivakovskaya, D., Heemink, A. W., & Deleersnijder, E. (2007). The backward Ito method for the Lagrangian simulation of transport processes with large space variations of the diffusivity. Ocean Science, 3, 525-535.

Stacey, M. W., Pond, S., & LeBlond, P. H. (1986). A wind-forced Ekman spiral as a good statistical fit to low-frequency currents in coastal strait. Science, 233, 470-472.

Stern, A. C., Boubel, R. W., Turner, D. B., & Fox, D. L. (1984). Fundamentals of Air Pollution. Academic Press, 530 pages.

Stigebrandt, A. (1985). A model for the seasonal pycnocline in rotating systems with application to the Baltic Proper. Journal of Physical Oceanography, 15, 1392-1404.

Stoer, J., & Bulirsh, R. (2002). Introduction to Numerical Analysis. Texts in Applied Mathematics (Vol. 12, 3rd ed.), New York: Springer-Verlag, 744 pages.

Stommel, H. (1948). The westward intensification of wind-driven ocean currents. Transactions American Geophysical Union, 29, 202-206.

Stommel, H. (1958). The abyssal circulation. Deep-Sea Research (Letters), 5, 80-82.

Stommel, H. (1979). Determination of water mass properties of water pumped down from the Ekman layer to the geostrophic flow below. Proceedings of the National Academy of Sciences USA, 76, 3051-3055.

Stommel, H., & Arons, A. B. (1960a). On the abyssal circulation of the world ocean - I. Stationary planetary flow patterns on a sphere. Deep-Sea Research, 6, 140-154.

Stommel, H., & Arons, A. B. (1960b). On the abyssal circulation of the world ocean - II. An idealized model of the circulation pattern and amplitude in oceanic basins. Deep-Sea Research, 6, 217-233.

Stommel, H., Arons, A. B., & Faller, A. J. (1958). Some examples of stationary planetary flow patterns in bounded basins. Tellus, 10, 179-187.

Stommel, H., & Moore, D. W. (1989). An Introduction to the Coriolis Force. Irvington, New York: Columbia University Press, 297 pages.

Stommel, H., & Schott, F. (1977). The beta spiral and the determination of the absolute velocity field from hydrographic station data. Deep-Sea Research, 24, 325-329.

Stommel, H., & Veronis, G. (1980). Barotropic response to cooling. Journal of Geophysical Research, 85, 6661-6666.

Strang, G. (1968). On the construction and comparison of difference schemes, SIAM Journal on Numerical Analysis, 5, 506-517.

Strub, P. T., Kosro, P. M., & Huyer, A. (1991). The nature of cold filaments in the California Current system. Journal of Geophysical Research, 96, 14743-14768.

Stull, R. B. (1988). Boundary-Layer Meteorology. Dordrecht, The Netherlands: Kluwer Academic Publishers, 666 pages.

Stull, R. B. (1991). Static stability - An update. Bulletin of the American Meteorological Society, 72, 1521-1529 (Corrigendum: Bull. Am. Met. Soc., **72**, 1883).

Stull, R. B. (1993). Review of nonlocal mixing in turbulent atmospheres: Transilient turbulence theory. Boundary-Layer Meteorology, 62, 21-96.

Sturm, T. W. (2001). Open Channel Hydraulics. New York: McGraw-Hill, 493 pages.

Suarez, M., & Schopf, P. (1988). A delayed action oscillator for ENSO. Journal of the Atmospheric Sciences, 45, 3283-3287.

Sundqvist, H., Berge, E., & Kristjansson, J. E. (1989). Condensation and cloud parameterization studies with a mesoscale numerical weather prediction model. Monthly Weather Review, 117, 1641-1657.

Sutyrin, G. G. (1989). The structure of a monopole baroclinic eddy. Oceanology, 29, 139-144 (English translation).

Sverdrup, H. U. (1947). Wind-driven currents in a baroclinic ocean, with application to the equatorial currents of the eastern Pacific. Proceedings of the National Academy of Sciences USA, 33, 318-326.

Sweby, P. K. (1984). High resolution schemes using flux-limiters for hyperbolic conservation laws. SIAM Journal on Numerical Analysis, 21, 995-1011.

Taillandier, V., Griffa, A., Poulain, P.-M., & Béranger, K. (2006). Assimilation of Argo float positions in the north western Mediterranean Sea and impact ocean circulation simulations. Geophysical Research Letters, 33, 11604.

Talagrand, O., & Courtier, P. (1987). Variational assimilation of meteorological observations with the adjoint vorticity equation. I: Theory. Quarterly Journal of Royal Meteorological Society, 113, 1311-1328.

Talley, J. D., Pickard, G. L., Emery, W. J., & Swift, J. (2007). Descriptive Physical Oceanography (6th ed.). Academic Press, 500 pages.

Tangang, F. T., Tang, B., Monahan, A. H., & Hsieh, W. W. (1998). Forecasting ENSO events: a neural network—extended EOF approach. Journal of Climate, 11, 29-41.

Taylor, G. I. (1921). Tidal oscillations in gulfs and rectangular basins. Proceedings of Royal Society London A, 20, 148-181.

Taylor, G. I. (1923). Experiments on the motion of solid bodies in rotating fluids. Proceedings of Royal Society London A, 104, 213-218.

Taylor, G. I. (1931). Effect of variation in density on the stability of superposed streams of fluid. Proceedings of Royal Society London A, 132, 499-523.

Tennekes, H., & Lumley, L. J. (1972). A First Course in Turbulence. Cambridge, Massachusetts: The MIT Press, 300 pages.

Thompson, J. F., Warsi, Z. U. A., & Mastin, C. W. (1985). Numerical Grid Generation: Foundations and Applications. North Holland, 483 pages.

Thomson, W. (Lord Kelvin) (1879). On gravitational oscillations of rotating water. Proceedings of Royal Society Edinburgh, 10, 92-100. (Reprinted in Phil. Mag., **10**, 109-116, 1880; Math. Phys. Pap., **4**, 141-148, 1910).

Thuburn, J. (1996). Multidimensional flux-limited advection schemes. Journal of Computational Physics, 123, 74-83.

Tomczak, M., & Godfrey, J. S. (2003). Regional Oceanography: An Introduction (2nd ed.). Delhi: Daya Publishing House, 390 pages.

Troup, A. J. (1965). The Southern Oscillation. Quarterly Journal of Royal Meteorological Society, 91, 490-506.

Turner, J. S. (1973). Buoyancy Effects in Fluids. Cambridge: Cambridge University Press, 367 pages.

Umlauf, L., & Burchard, H. (2003). A generic length-scale equation for geophysical turbulence models. Journal of Marine Research, 61, 235-265.

Umlauf, L., & Burchard, H. (2005). Second-order turbulence closure models for geophysical boundary layers. A review of recent work. Continental Shelf Research, 25, 795-827.

Vallis, G. K. (2006). Atmospheric and Oceanic Fluid Dynamics: Fundamentals and Large-scale Circulation. Cambridge: Cambridge University Press, 745 pages.

Van Dyke, M. (1975). Perturbation Methods in Fluid Mechanics. Stanford, CA: Parabolic Press, 271 pages.

van Heijst, G. J. F. (1985). A geostrophic adjustment model of a tidal mixing front. Journal of Physical Oceanography, 15, 1182-1190.

Verkley, W. T. M. (1990). On the beta-plane approximation. Journal of the Atmospheric Sciences, 47, 2453-2460.

Veronis, G. (1956). Partition of energy between geostrophic and non-geostrophic oceanic motions. Deep-Sea Research, 3, 157-177.

Veronis, G. (1963). On the approximations involved in transforming the equations of motion from a spherical surface to the β-plane. I. Barotropic systems. Journal of Marine Research, 21, 110-124.

Veronis, G. (1967). Analogous behavior of homogeneous, rotating fluids and stratified, non-rotating fluids. Tellus, 19, 326-336.

Veronis, G. (1981). Dynamics of large-scale ocean circulation. In B. A.Warren, & C.Wunsch (Eds.), Evolution of Physical Oceanography (pp. 140-183). Cambridge, Massachusetts: The MIT Press.

Vosbeek, P.W. C., Clercx, H. J. H., & Mattheij, R. M. M. (2000). Acceleration of contour dynamics simulations with a hierarchical-element method. Journal of Computational Physics, 161, 287-311.

Walker, G. T. (1924). Correlation in seasonal variations of weather, IX. A further study of world weather. Memoirs of the India Meteorological Department, 24, 275-333.

Wallace, J. M., & Kousky, V. E. (1968). Observational evidence of Kelvin waves in the tropical stratosphere. Journal of the Atmospheric Sciences, 25, 900-907.

Warren, B. A., & Wunsch, C. (1981). Evolution of Physical Oceanography: Scientific Surveys in Honor of Henry Stommel. Cambridge, Massachusetts: The MIT Press, 623 pages.

Weatherly, G. L., & Martin, P. J. (1978). On the structure and dynamics of the ocean bottom boundary layer. Journal of Physical Oceanography, 8, 557-570.

Wei, T., &Willmarth,W.W. (1989). Reynolds number effects on the structure of a turbulent channel flow. Journal of Fluids Mechanics, 204, 57-95.

Welander, P. (1975). Analytical modeling of the oceanic circulation. In Numerical Models of Ocean Circulation: Proceedings of a Symposium Held at Durham, New Hampshire, October 17-20,1972 (pp. 63-75).

Washington：National Acad. Sci.

Wilks, D. S. (2005). Statistical Methods in the Atmospheric Sciences (2nd ed.). Academic Press, 468 pages.

Williams, G. P., & Wilson, R. J. (1988). The stability and genesis of Rossby vortices. Journal of the Atmospheric Sciences, 45, 207−241.

Williams, R. G. (1991). The role of the mixed layer in setting the potential vorticity of the main thermocline. Journal of Physical Oceanography, 21, 1803−1814.

Winston, J. S., Gruber, A., Gray, T. I., Jr., Varnadore, M. S., Earnest, C. L., & Mannello, L. P. (1979). Earth-Atmosphere Radiation Budget Analyses from NOAA Satellite Data June 1974-February 1978 (Vol. 2). Washington, DC：National Environmental Satellite Service, NOAA, Dept. of Commerce.

WMO. (1999). WMO Statement on the Status of the Global Climate in 1998, WMO - No. 896. Geneva：World Meteorological Organization, 12 pages.

Woods, J. D. (1968). Wave-induced shear instability in the summer thermocline. Journal of Fluid Mechanics, 32, 791−800 + 5 plates.

Wunsch, C. (1996). The Ocean Circulation Inverse Problem. Cambridge：Cambridge University Press, 437 pages.

Wyrtki, K. (1973). Teleconnections in the equatorial Pacific Ocean. Science, 180, 66−68.

Yabe, T., Xiao, F., & Utsumi, T. (2001). The constrained interpolation profile method for multiphase analysis. Journal of Computational Physics, 169, 556−593.

Yoshida, K. (1955). Coastal upwelling off the California coast. Records of Oceanographic Works in Japan, 2 (2), 1−13.

Yoshida, K. (1959). A theory of the Cromwell Current and of the equatorial upwelling - An intepretation in a similarity to a coastal circulation. Journal of the Oceanographical Society of Japan, 15, 154−170.

Zabusky, N. J., Hughes, M. H., & Roberts, K. V. (1979). Contour dynamics for the Euler equations in two dimensions. Journal of Computational Physics, 30, 96−106.

Zalesak, S. T. (1979). Fully multidimensional flux-corrected transport algorithms for fluids. Journal of Computational Physics, 31, 335−362.

Zebiak, S. E., & Cane, C. A. (1987). A model El-Niño southern oscillation. Monthly Weather Review, 115, 2262−2278.

Zienkiewicz, O. C., & Taylor, R. L. (2000). Finite Element Method：Volume 1. The Basis (5th ed.). Butterworth-Heinemann, 712 pages.

Zienkiewicz, O. C., Taylor, R. L., & Nithiarasu, P. (2005). The Finite Element Method for Fluid Dynamics (6th ed.). Butterworth-Heinemann, 400 pages.

Zilitinkevich, S. S. (1991). Turbulent Penetrative Convection. Aldershot：Avebury Technical, 179 pages.